国家出版基金项目
NATIONAL PUBLICATION FOUNDATION

"十三五"国家重点出版物出版规划项目
量子科学出版工程（第一辑）

Control Theory
and Methods of
Quantum Systems

丛爽　匡森　著

量子系统
控制理论与方法

中国科学技术大学出版社

内 容 简 介

本书分别对封闭和开放量子系统的控制理论与方法进行研究,借鉴宏观系统控制理论中有效的思想理念、数学分析和设计方法,与量子系统特有的性能和控制目标相结合,发展和建立了有效解决量子信息、量子计算以及量子通信走向实用化过程中所遇到的相关问题的控制理论与方法,包括量子纯态、混合态、纠缠态的制备,各种量子态之间状态的高效、快速转移与操纵,量子门的制备方案,演化中量子状态的跟踪,开放量子系统的状态保持、保真以及容错.从系统控制角度,本书对理想和非理想量子系统的高精度操控以及量子系统的实际应用提供理论支持和科学基础.在控制理论方面,本书重点对基于李雅普诺夫稳定性理论的量子控制方法和收敛性能进行深入的探讨,提出了一套完整、统一的封闭量子系统李雅普诺夫控制的理论与方法,解决了封闭量子系统在具有衰减内部哈密顿量以及非全连接控制哈密顿量非理想情况下的量子系统的收敛控制问题.本书对所提出的控制理论与方法都同时进行了量子系统仿真实验的研究和性能的对比与分析.

本书可以作为量子物理化学、量子信息与通信以及对量子系统控制感兴趣的电子、力学工程、应用数学、计算科学等领域的研究生和科研人员的参考书籍.

图书在版编目(CIP)数据

量子系统控制理论与方法/丛爽,匡森著. —合肥:中国科学技术大学出版社,2019.9
(量子科学出版工程. 第一辑)
国家出版基金项目
"十三五"国家重点出版物出版规划项目
ISBN 978-7-312-04753-4

Ⅰ. 量… Ⅱ. ①丛… ②匡… Ⅲ. 量子—控制系统理论 Ⅳ. ①O413 ②TP273

中国版本图书馆 CIP 数据核字(2019)第 138823 号

出版	中国科学技术大学出版社
	安徽省合肥市金寨路 96 号,230026
	http：//press. ustc. edu. cn
	https://zgkxjsdxcbs. tmall. com
印刷	安徽国文彩印有限公司
发行	中国科学技术大学出版社
经销	全国新华书店
开本	787 mm×1092 mm 1/16
印张	39.5
字数	795 千
版次	2019 年 9 月第 1 版
印次	2019 年 9 月第 1 次印刷
印数	1—1000 册
定价	200.00 元

前言

　　量子系统控制理论与方法的研究在世界范围内越来越得到人们广泛的关注.有关量子系统控制的研究是一个多学科领域的交叉研究,直到今日,量子控制仍然是一个快速发展的研究方向,由于量子系统本身的特性,科学家们提出了很多需要面对并找到解决方案的科学问题.他们经过不断努力,已经能够将宏观系统中的控制理论与方法拓展到量子系统控制中,并进一步开发出量子系统控制理论与方法.量子系统控制理论与方法的发展将推动量子信息、量子计算和量子通信等领域的进步,为相关研究领域中的研究人员、科学家和工程师们提供解决问题的另一种途径,为系统地控制量子系统提供新的理论和方法.

　　本书是有关微观世界中的量子系统控制理论与方法的专业书籍,系统地介绍了有关量子系统控制理论与方法的原理、性能分析、控制律设计、系统仿真实验及其结果分析.本书作者都是率先在国内进行量子系统控制研究的学者,具有十多年在量子系统控制方面的研究经历和成果.

　　在量子信息、量子计算和量子通信中存在许多需要解决的问题,所有问题最终都可以归结为量子系统中的控制问题.量子系统控制理论与方法就是专门用来解决这些问题的.本书中的内容都是多年来作者所在的研究小组的研究成果,它们是宏观控制理论与微观量子系统特性相结合的结晶.书中所开发出的量子系统控制理论与方法对于解决现有的量子物理、量子化学、量子计算、量子通信和量子信息中存在的问题具有潜在的可能性.

本书具有以下特点:结合量子系统本身的物理和(或)化学特性,强调从原理和物理背景出发去研究量子系统的控制问题;所有的控制问题都有理论分析和控制律推导,确保设计出的控制策略具有可靠的理论基础;从不同的侧面和角度,采用不同的方法对系统特性进行分析;所有的控制策略都通过系统仿真实验进行效果的观察和结果的对比分析;对所存在的问题进行逐步深入的原因分析,尽可能地采用可行的办法加以解决;对所设计的控制器的收敛性从理论上进行严格的数学证明.结合宏观世界中的系统控制理论,本书特别注意挖掘量子系统本身所具有的特点和由此带来的可以利用以及所要注意的性能;将物理、化学中已有的处理方法应用到量子系统控制的设计中,并加以巧妙利用,使其成为量子系统控制的有效工具.通过本书,读者可以掌握一些在量子系统控制方面行之有效的设计方法,很快进入该研究领域并进行更加深入的研究.

本书可以作为量子物理化学、量子信息与通信以及对量子系统控制感兴趣的电子、力学工程、应用数学、计算科学等领域的研究生和科研人员的参考书籍.读者阅读本书的基础是掌握大学本科的量子力学导论的知识,不过本科生读者还需要掌握一些高等数学和代数知识.作者写本书的目的是:一方面,给有志于进行有关量子系统控制研究的读者提供一个继续深入学习和掌握量子系统分析以及控制策略设计的平台,使之能够很快地掌握相关方面的理论及数学设计技巧,有利于进行更深入的研究;另一方面,给熟悉量子动力学系统但缺少控制理论背景的研究生提供系统控制的理论与方法的工具,同时给在量子工程与量子信息方面具有实际经验的研究人员提供一本参考书.

本书是在大量的研究成果的基础上精心选择和撰写而成的,内容主要集中在量子系统控制理论与方法上,一共分两大部分:封闭量子系统和开放量子系统的控制理论与方法.封闭量子系统的控制理论与方法包括几何控制、棒棒控制、改进的最优控制策略、基于Krotov的最优控制.基于李雅普诺夫的量子控制方法是本书的亮点,专门用四章来介绍,其中两章分别介绍本征态转移控制和一般态转移,一般态转移包括叠加态、混合态等;一章专门用来讨论基于李雅普诺夫量子控制方法的收敛性问题;还有一章专门用来处理退化情况下的控制问题.对于其他类型状态的操纵如纠缠态的制备、混合态的纯化以及量子态的Schmidt分解专门安排一章.用六章来讨论开放量子系统模型、状态制备以及控制方法.用一章来讨论纠缠态的探测与制备.

还用一章来介绍开放量子系统的马尔可夫与非马尔可夫模型,在开放量子系统状态调控方面,涉及 Lindblad 主方程的最优布居数转移、相互作用粒子的纯度保持、基于相互作用的耗散补偿和弱测量及其在开放系统控制中的应用.对于无消相干子空间中量子态的控制与保持本书也用一章来进行讨论.对于动力学解耦量子控制方法本书也专门用一章来研究.和经典系统控制一样,量子系统控制也可分为状态调节与轨迹跟踪控制,我们用一章专门讨论量子系统的跟踪控制.最后一章是量子系统控制的具体应用.

　　本书的内容主要由第一作者及其所指导的研究生合作完成,第二作者主要合作完成了 1.3 节、3.2 节、4.1~4.3 节、4.5 节、6.1~6.2 节及 6.3 节部分内容,并完成了全书公式、图表、参考文献等的排序工作.在此有必要对所有的合作者表示感谢,他们分别是:已经毕业的博士生楼越升、杨洁、孟芳芳、杨霏、刘建秀和温杰,已经毕业的硕士生张媛媛、产林平和朱亚萍.

丛 爽　匡 森

2019 年 5 月 30 日

于中国科学技术大学

目录

第 2 章
量子系统模型的求解与分析 —— 050

第 6 章
基于李雅普诺夫的量子系统控制理论：收敛性分析 —— 221

第7章
退化情况下的李雅普诺夫控制方法 —— 261

第 10 章

开放量子系统状态调控 —— 388

第 11 章

无消相干子空间中量子态的控制与保持 —— 445

第 12 章

动力学解耦量子控制方法 —— 473

量子系统控制理论与方法
Control Theory and Methods of Quantum Systems

第 1 章

概　论

1.1　量子系统控制的发展状况

　　量子控制是人们继量子信息、量子计算、量子通信之后提出的又一个多学科交叉研究领域,是随着微观世界中量子体系的操纵和理论与实验技术研究的不断深入后对系统控制理论提出的新的需求与挑战,是量子力学理论与控制论交叉形成的新兴学科,主要用系统论和控制论的观点探讨量子体系动力学的演化规律、分析量子系统内部特性以及研究量子系统状态和轨迹调控与实现的系统控制理论与方法.量子体系的操纵及实验技术的研究已经有几十年的历史,物理学家和化学家们在分子、原子以及各种粒子的系统实验中已经积累了大量的系统理论分析与实验操纵的经验.迄今为止,物理实验已经表明系统使用控制理论方法对从量子信息处理到核磁共振的场范围内的微观粒子状态的控制可能会有重大的改进.量子信息是当前量子控制理论与技术得以应用的重要领域,包括量子计算和量子通信等重要研究方向.量子计算是当前物理以及计算机科学领域热门的研究课题.相比于经典计算,量子计算具有更强的并行能力,采用适当的量子算法可以在多项式时间尺度内解决如大数因子分解等经典难题.从本质上看,量子计算领域中很多基本问题如量子比特初态的制备、量子逻辑门的构造、量子消相干过程的抑制等都可以归结为控制问题,因此,量子系统控制理论的研究将为量子计算的研究提供强有力的理论支持.在量子通信过程中主要采用量子纠缠态作为通信资源.相比于经典通信,量子通信具有保密性好、信道容量高等优点.因此,量子通信的研究已成为国际研究的热点,也为各国安全部门所关注.量子通信领域中一些基本问题如纠缠态的制备和保持,从本质上讲也可以归结为控制问题,因此,量子系统控制理论与方法的发展也能促进量子通信技术的进步.将宏观领域中的系统控制理论延伸到微观尺度下的量子领域,或将系统控制的思想扩展到不受控于经典定律而由量子效应控制的物理系统,在最近的十几年里逐步成为国际上一个重要的交叉学科研究领域.我国国家中长期科技规划已将量子调控科学与技术作为基础研究中长期规划的一个重要组成部分,并将其作为我国科技取得原始性创新研究成果的重要机遇.量子系统控制理论作为量子调控领域的重要基础,已经成为国际科技界的一个前沿研究方向.

量子系统自身所具有的状态相干与消相干性、测量的塌缩性、量子纠缠性以及量子的不可克隆原理,都使得量子系统控制理论的研究与宏观系统控制理论的研究存在巨大的差异.虽然宏观系统控制理论已经成功地应用到包括航空航天、载人飞船在内的极其复杂的遥控系统中,但是如何将宏观系统控制理论中已经建立的系统控制的概念和方法拓展到微观的量子系统中,对微观粒子进行调控绝对是一项具有巨大挑战性的严峻课题.尽管物理学家和化学家们经过几十年的不断努力,已经开发出一些具有里程碑式的量子系统的实验验证装置和量子性能展现系统,但随着在实际应用中的量子系统复杂性的增加,人们越来越感觉到需要发展具有普适意义的量子系统控制理论,为实验验证与应用提供有效的控制理论与方法.这一方面需要借鉴宏观系统控制理论中有效的思想理念、数学分析和设计方法,同时与量子系统特有的性能和控制目标相融合,来有效地解决量子信息、量子计算以及量子通信走向实用化过程中所遇到的困难,为量子系统的控制提供理论支持和科学基础;另一方面需要建立一套适合量子系统控制的理论和方法,为更加深入理解量子系统与宏观系统控制的差异、理解量子系统的调控机理与内在规律提供帮助,真正实现量子力学理论与宏观控制理论的交叉与结合.

国内外学者先后开展量子控制理论研究的主要起因是新兴量子技术发展的需要.核磁共振、扫描隧道显微技术等新技术的发展,使人们对单个原子水平物质的操纵能力显著提高,量子光学、纳米科学以及固体物理等相关学科的发展也扩展了人们对于微尺度系统的认识,这些都为量子控制理论的发展和进一步的技术实现提供了物质保证.到目前为止,量子控制理论与技术运用得最为成功的领域是对具体的物理和化学系统的控制.例如,在化学反应中,通过注入激光脉冲、控制激光脉冲的相位和强度来影响最终的化学产物,即所谓化学反应的激光相干控制.朱棣文因发展了"用激光冷却和俘获原子的方法"而获得 1997 年诺贝尔物理学奖,兹韦勒因"利用超快闪烁激光研究化学反应"而获得 1999 年诺贝尔化学奖,也验证了这一观点.在这种背景下,量子控制得到了迅速发展.

　　量子系统控制,从 1983 年提出可控性的概念到现在已经历了 30 余年的发展,尽管还存在很多问题没有解决,却在快速成长着.可以说,在 1985 年之前,量子系统控制研究的重点是从可控性、可逆性、可观性的角度对量子系统进行了理论上的建模与分析(Huang,Tarn,1983;Ong,et al.,1984).1985～1992 年间,量子系统控制主要集中在开环控制的研究上.1988 年 Peirce 等人提出了几种近似算法(Peirce,et al.,1988a),把量子的无限维控制问题近似为有限维开环控制问题.1993 年 Warren 等人对量子力学系统控制理论进行了阶段性总结(Warren,et al.,1993),并结合当时的设备条件提出了利用激光对量子系统进行开环控制的一些具体方法.Viola 和 Lloyd 引入了量子"棒棒"控制(Viola,Lloyd,1998).然而,作为开环控制,其控制精度极大地依赖和受限于控制条件,因为在大部分情况下,开环控制是一种无监测纠错的顺序控制.从 1992 年至今,根据量子系统的不同应用领域里的具体情况,出现了开环控制和闭环控制并行研究的局面,其中,开环控制方法仍然较多地将经典控制理论中的方法向量子系统中扩展.在量子系统的闭环控制中,由于最初在测量上的局限性,首先采用的是学习控制的研究,如 1992 年 Judson 和 Rabitz 提出了量子系统的遗传控制算法(Judson,Rabitz,1992).20 世纪 90 年代,随着量子测量理论的进展和量子克隆理论的突破,基于实时测量的量子反馈控制成为了研究的重点,Wiseman 和 Milburn 基于探测零差的方法来达到反馈控制(Wiseman,Milburn,1993),Doherty 和 Jacobs 则是基于状态估计(Doherty,Jacobs,1999).这些方法对输出进行某些测量,以使得反馈信号可以被利用.开放量子系统中的反馈控制理论是由 Belavkin 首先引入的(Belavkin,1983).基于测量结果的反馈控制是开放量子系统的反馈控制,由 Wiseman 和 Milburn 于 1993 年实现(Wiseman,Milburn,1993),可以看成是对传统观点"量子系统反馈控制不可实现"的挑战,量子系统反馈控制在量子物理和量子信息领域显得极其重要,因为量子技术要实现复杂的工程系统,基于测量的量子反馈控制技术必然处在抑制系统噪声、动力学稳定性的核心位置.目前,国内有关量子系统控制的研究也形成了一定的氛围,在一些方面也做出了国际性研究成果(Zhang,Li,2006;Dong,et al.,2006;Ding,et al.,2008;Zhang,et al.,2006;Kuang,Cong,2008;Lou,et al.,2011;Zhang,et al.,2017;Hou,et al.,2016;Yang,et al.,2017).

量子控制理论及其应用已成为国际学术界的一个研究热点,特别是在 2000 年以后,量子物理、选键化学、系统论、控制论和信息论进一步交叉、渗透和融合,使对量子系统控制问题的研究得到了空前的重视.2000 年以来,控制界最重要的三个国际会议——美国控制与决策会议(CDC)、美国控制会议(ACC)、国际自动化联合协会大会(IFAC)先后通过设置量子控制专题邀请分会或组织量子控制的会前讲座等形式给予关注.近年来,美国、加拿大、澳大利亚等国的一些大学和科研机构纷纷成立与量子控制相关的实验室、研究组,如加利福尼亚理工学院、哈佛大学、多伦多大学和澳大利亚国立大学.从 2001 年开始,国际上就开始举办有关量子控制暑期学校,2004 年 7 月和 2006 年 8 月连续两次在加拿大多伦多大学召开"量子信息和量子控制会议".2007 年 8 月在美国萨乌瑞吉纳大学召开"光与物质量子控制会议".自 2006 年起,国际上有关"量子系统控制原理及其应用(PRACQSYS)"研讨会,分别在美国哈佛大学、日本东京大学、英国剑桥大学、澳大利亚悉尼大学等国际知名学府召开.中国科学技术大学合肥微尺度物质科学国家实验室、清华大学物理系、浙江大学物理系、中国量子力学协会于 2006 年 8 月在浙江大学召开"量子基础与技术:前沿与前途"国际会议,聚焦在量子信息科学与技术,在量子物理、计算机科学和计算技术之间建立新的交叉学科领域的桥梁.2009 年同样论题的国际会议于 7 月在上海举行.2010 年至今中国和澳大利亚控制界精英共举行 4 次"中澳(澳中)量子控制研讨会".通过量子控制研讨会或暑期学校等邀请控制论专家、物理学家和化学家共同参与以促进量子控制论的发展,各发达国家对量子控制理论研究的投入不断增加,并将其作为抢占未来信息技术制高点的一个重要研究方向.

目前已存在的量子体系控制场设计与实验技术主要分为开环设计和闭环设计两大类.

量子系统控制场开环设计方法主要包括二能级系统 π 脉冲法、李群分解方法、绝热通道技术(Garraway,Suominen,1998)、几何方法(Somaroo,et al.,1999;丛爽,2006b)以及其他的一些基于时变微分方程近似解的设计方法,其中,二能级系统 π 脉冲法利用旋波近似(RWA)来求解二能级系统的状态,得到共振脉冲的(包络)面积与拉比(Rabi)振荡的关系,通过设定脉冲面积来控制两个能级之间的概率分布;李群分解方法则将系统从初态到目标态的状态转移矩阵分解为一系列的幺正矩阵,每个幺正矩阵对应一个控制哈密顿量的作用,最后根据这些幺正矩阵来设计控制脉冲的包络形状,得到控制脉冲序列;几何方法是通过对量子算符几何意义的直观理解来设计控制律,比如基于 Bloch 球的二能级系统控制.其他一些基于时变微分方程近似解的方法有 Wei-Norman 分解(Wei,Norman,1964)、Cartan 分解(Gallardo,Leite,2003)、Magnus 分解(Magnus,1954)等.这些方法都有其特点和局限性,比如 π 脉冲法通过脉冲面积调节二能级系统的概率转移,具有一定的鲁棒性;李群分解便于物理实现,绝热通道技术鲁棒性好,但计算复杂,不便向更高能级扩展,几何方法易于理解,但同样很难向高阶扩展,其他一些基于方程近似求解的方法仅仅从数学上考虑问题,不仅计算复杂,而且不便于理解以及物理实现.

控制场闭环设计与实现的方法目前比较成功的有闭环学习算法、最优控制等,其中,闭环学习算法又包括遗传算法、梯度学习算法、非线性学习控制算法等,这一类算法不需要非常准确的系统模型,而是通过不断地调整、实验和参数择优最终选出比较有效的控制脉冲,比较适用于化学反应的控制,因为一些化学反应的时间尺度较大,且可以认为具有大量全同系综,便于实验实现和结果的测量;最优控制在宏观系统上应用得非常成功,在量子系统上也可以获得不错的控制结果,但其缺点与其优点一样明显:较大的计算量以及获得控制场的数值解,前者决定了它很难应用于实际的量子系统反馈控制,因为找不到运行速度足够快的计算机,后者导致了它所设计出的控制场很难在量子物理实验中实现.基于李雅普诺夫稳定性理论的量子控制设计方法的计算量则要小得多,因此相对来说它是个更不错的选择,但李雅普诺夫控制方法本身只是一个稳定控制,需要对其收敛控制进行深入研究以便提供效果更佳的控制策略.

即使已经发展出一些量子闭环控制策略,但严格地说,它并不是宏观意义上的具有状态反馈的闭环控制系统.比如用于化学反应中的闭环学习算法以及通过迭代实现的量子最优控制策略,其控制算法的实现都是通过对多批全同样本重新设计新的控制算法来达到期望目标的.每一次通过所获得的系统输出状态,计算出的新的控制量,不施加在原有的被控系统上,而施加在具有原初始状态的与原被控系统全同的被控系统上.所以这种控制策略仅适合于系综控制,不适合于单个粒子的调控.另外,从系统控制的角度来看,基于李雅普诺夫的量子控制方法是一种状态反馈控制,但是,由于受实际实验中量子信息直接获取的限制,目前所能实现的方案只能是通过求解被控系统的微分方程来获取系统反馈所需的状态,所以这就限制了该方法只能用于孤立的封闭量子系统.严格地说,这种控制策略只能称为"具有状态反馈的程序控制",或是"闭环设计,开环实现".

通过分析目前的研究现状可以看出,微观尺度下系统状态的调控理论、方法和实现与宏观世界系统控制的情况大不相同,需要进行更加深入的研究和探索.初步的研究表明,微观尺度下系统状态的调控在集体粒子系统与单个粒子系统上的调控方法存在机理上的差异;在单个粒子所处的不同状态上也存在着性质和本质上的区别,如纯态、混合态、纠缠态等,从而导致对这些态的调控理论、处理方法以及实现控制的技术手段都需要分别加以分析和研究.基于近年来已经取得的有关量子控制的理论与实验上的成果,整个微观尺度下的系统状态的控制策略与实现的探索时机已经成熟.

1.2 量子分子动力学中的操纵技术和系统控制理论

从 100 多年前发现量子力学起,量子系统的控制问题就一直是最重要的科学与技术的挑战之一.对于化学家们来说,能够改变化学反应物的产生率、控制化学反应的通道以便产生期望的生成物是长期梦寐以求的愿望.早期的研究是通过改变总体热动力学变量来实现的,如通过改变反应温度、压力等外部条件和寻求合适的催化剂来部分实现上述愿望.在化学反应的过程中经常遇到的情况是,仅有一部分催化剂通过结合形成了所期望的产物,而其余的催化作用形成了一定数量的不需要的产物,而且有些产物是不能够通过改变总体热动力学变量来产生的.因此,人们一直不断地在寻找更多其他可选择的有效方法来操控化学反应,并逐渐出现了利用电场或光场来进行的选择化学(Dahleh, et al.,1996).20 世纪 60 年代至 70 年代末兴起的"激光选键化学"是在化学反应中采用光子作为催化剂的,其基本方法是以一个基本的振动频率与该键相结合,通过产生共振来导致该键的断裂.也就是在所期望键的局部频率模式上,采用强激光存储足够的能量,并通过调节局部频率产生共振来断裂所选择的键(Ambartsumian,Letokhov,1976).此方法所存在的问题是,由于在分子中所关心的键与剩余物之间存在着耦合,很难将能量只定位在分子内部的某个键上.本质上,在每一个大分子特殊键上的能量存储只能保持很短时间,随后由于分子自由度的强耦合能量将会随机化(Bloembergen,Zewail,1984).分子化学中的这种行为被称为"分子内部的振动再分配(IVR)",其原因是处于振荡的状态不是本征态.为了解决此问题,需要利用量子分子动力学的波性质,在场的设计过程中,还需要涉及复杂的分子动力学和分子的量子干涉结构.人们采用扰动理论以及利用分子的量子波干涉性质,在场的设计上已经取得了一些成果,并逐渐认识到,操纵量子分子系统场的设计是一个控制理论问题.很明显,不仅波函数概率分布的动力学是重要的,而且初态和终态间的相位差,也就是量子"相干"的概念也是重要的.在操控电子和核运动的激光辐射的相干性质的重要性被认识后,就诞生了"相干控制".相干控制的有效方法已经开发出操控量子系统的相干动力学.相干控制中的基本成果是,对一个有限维的量子系统,通过对一小部分基本相干控制操作的重复应用,允许人们实现系统中任何所期望的幺正变换,这一成果促使核磁共振、量子光学、量子化学、原子和分子物理以及量子计算得到应用.目前"化学反应的人工控制"已经成为对化学反应进行人工控制的总目标,其中激光相干控制化学反应的分子动力学是当代化学最活跃的领域,突破了化学所受到的统计平衡分布的限制,从根本上改变化学合成和化学反应动力学等领域的面貌,使人类有可能制造出一些自然界没有的分子,特别是一些具有特殊功能的分子和分子器件,为可能出现的新型的化学化工和电子工业打下基础.

可以说分子尺度的量子调控研究,是从波函数工程的层次上来调控量子态的能级、时空分布和各种相干特性的.随着量子技术的成熟,量子控制的实际应用已经在腔量子电动力学(C-QED)、原子自旋系综、离子阱和 Bose-Einstein 压缩中得以实现,并使得量子控制技术及其理论成为一个迅速发展的研究领域.

1.2.1　量子分子动力学的操纵技术

1.2.1.1　被动控制与主动控制

量子相干控制是指对处于已知的初始状态(初始波函数、初始粒子数分布等)系统,通过使用特定的激光脉冲来控制某一动力学行为或过程,最终实现人们所需要的目标状态.利用量子相干控制的技术在相干控制化学反应、强激光控制电离、高次谐波的产生及相干控制量子态转移,并进而实现量子信息的处理和存储等方面有重要的应用价值.

相干控制具有两种独立的控制类型:被动控制和主动控制.被动控制的思想是希望利用外部作用来激发分子的一个选定的特殊反应自由度,使其相对于其他自由度来说特别"热",而且希望能量局域在该自由度上的时间超过能量重新分布所需要的时间或在该自由度上发生反应的时间短于能量重新分布所需要的时间,以此来达到控制选择反应通道的目的.被动控制的关键是制备出系统能够自身演化到期望产物的某个适当的量子初态,至于它将如何变化则由体系本身固有性质来决定,这个控制过程是被动的,因为由制备的量子态向期望产物演化所需要的时间是不能被实验者控制的,设计者只能对初始态的制备进行控制.所以此方法的成功,极大地取决于选择合适的分子,同时无法解决由分子内部的振动再分配所产生的能量泄漏问题,只能有选择性地激发一个特殊的振动模式,但在实际系统中只有很少一部分系统存在这种不同模式之间非耦合的情况.不过,被动控制已经成功地应用在选择合适的分子、键选择性的光子分解、状态选择以及选择键断裂等量子化学中.对于所有基于单光子激发的反应,光脉冲的宽窄、波形对反应控制影响不大,甚至脉冲激光和连续激光激发的效果也差不多.

对原子和分子更主动地操控需要对实验环境进行调整,对激发后系统状态的自行演化进行干预,这也是主动控制的基础,使分子从反应初始到反应结束都连续或间断地受到外部作用,以便分子在外部与体系自身哈密顿量的共同作用下演化到某个期望的产物通道,而且人们可以根据需要通过改变外部作用来调控化学反应.典型的一个实验就是在一个原子或分子中,通过操控一个外部电磁场对核和电子运动的控制,此操控可能涉及具有单频率激光和极变化的光学干涉技术,或涉及更复杂的如在时间和频率里的光学脉冲成型.主动控制的方法实际上是一种很一般的方法,但它在技术上要求很高,它采用光的相干性来驱动反应朝向期望的产物.此过程按照目标态的类型可以是单个本征态、一个本征态的叠加态(即波包)、一个或多个可能衰减成化学产物的连续态.激光具有单色性、偏振性、相干性等特性.激光技术的发展已经为化学家提供了性能优良的具有亮度高、脉冲短(飞秒量级)和频率可调的激光器.因而激光已成为反应物分子进行态选择、态制备或直接影响与控制反应过程的强有力的手段.

激光控制化学反应的操纵技术主要有以下几种:

(1) 在单分子反应中,利用激光相干性,采用两束或三束激光同时作用,控制产物的量子态布居数;

(2) 利用相干激光脉冲序列控制反应物的生成;

(3) 优化激光脉冲的形状及调节脉冲之间时延控制反应;

(4) 态-态反应动力学.

化学反应中的选态激发实际上就是单量子态的制备.相干控制就是利用两模或多模激光的振幅、频率和相位可调控的特性,针对分子的不同模态进行选择性激发,把分子制备到特定的状态.如利用激光场对分子进行定向和囚禁;利用激光对半导体中电流方向的控制,利用双色激光场相位特性控制分子光解等.

主动控制可以认为是量子状态的相干制备,即量子系统从某一个特定的初始状态出发,经过与激光脉冲的相互作用并利用其相干性,最终处于特定的相干态.量子状态的相干制备等价于实现布居数从特定的初始能级到其他能级的受控跃迁,即布居数转移的相干控制问题.

1.2.1.2 频域控制和时域控制

主动控制也可以根据控制化学反应输出的方法而细分为频域控制和时域控制,频域控制涉及的是连续波(CW)激光,时域控制采用的是脉冲激光.Brumer 和 Shapiro 用连续波激光开发出一种理论的量子力学干涉法(Brumer,Shapiro,1989).在时域中,Tannor 和 Rice 基于波包动力学提出了泵浦-当浦(pump-dump)方法(Tannor,Rice,1988)来进行操控,Peirce 及其合作者采用最优控制理论获得控制的最佳光学脉冲序列的设计(Peirce,et al.,1988a).还有其他一些研究小组也开发出脉冲成型方案并通过实验展现出相干控制(Weiner,1999).

量子系统的相干性来源于量子力学系统本征态的叠加,它使量子系统的状态产生不确定性.量子状态的不确定性导致人们不能通过一次测量来完全获知系统的信息,而只能得到系统处于某个本征态的概率,又称为布居数(population).量子系统受激光脉冲等激发后会处于激发态(即某一个相干叠加态),其各能态之间具有相干性,并具有一定的相对相位关系.因此,控制系统的演变不仅需要知道系统波函数的振幅,还需要知道其各能态之间的相对相位.由于散射等,量子系统会从激发态回到基态或低能激发态,相位关系也随之消失,这称为耗散,也称为消相干过程,这段时间相应地称为消相干时间.量子系统的相干控制就是在消相干时间内,利用系统的相位关系,根据量子干涉原理,采用激光等手段来控制量子系统状态的演变,甚至可以做到保持系统的相干性,抵消所发生的消相干(丛爽,楼越升,2008b).

实际上,由于被控对象的不同,所采用的控制手段也不尽相同.从物理机制上可以将量子系统的控制分为两类:微扰控制或称摄动控制(Berman,et al.,2001)和非微扰控制(Sussman,et al.,2005;Nazir,et al.,2004;Underwood,et al.,2003).微扰控制的方法类似于杨氏双缝实验,通过控制到目标态的多条通道之间的干涉来达到控制目的,这种控制方法也称为相干控制或者强共振控制,主要依赖于偶极耦合来控制电离速度和位置定位,具体包括光致势(light-induced potentials)绝热通道(partial adiabatic passage)(Garraway,Suominen,1998)、短脉冲序列抑制自发衰退(Frishman,Shapiro,2001)、量子相干的相干光学相位控制(Malinovsky,2004;Malinovsky,Sola,2004)等.这类控制在动力学过程中不改变被控系统的自由哈密顿量.非微扰控制的系统模型基于系统的非微扰描述,如美国的 Rabitz 教授提出的基于自适应成形激光脉冲非线性相互作用的反馈学习算法最优控制(Judson,Rabitz,1992;Pearson,et al.,2001;Bartels,2002),在多原子分子的强场分裂电离及原子电离化中运用得非常成功.在量子控制实现的技术方面主要有核磁共振技术(Vandersypen,Chuang,2004)、微波技术和快速激光脉冲技术(Hosseini,Goswami,2001;Ballard,et al.,2003),其原理都是通过控制所施加场的强度、频率、相位以及不同脉冲的组合来达到控制目的(丛爽,2006a;Malinovsky,Krause,2001).

1.2.1.3 频域控制中的 π 脉冲动力学方法

相干布居数转移的调控主要采用的是频域中的单个连续波控制,常用的方法有两大类:π 脉冲动力学方法(Unanyan,et al.,2001)和绝热通道动力学方法。后者中使用最广泛的是受激拉曼绝热通道过程(stimulated Raman adiabatic passage,简称 STIRAP),该过程利用了所谓的暗(dark)状态:由两个不发荧光的稳态或亚稳态构成的一个绝热状态(Vitanov,et al.,2001).π 脉冲动力学方法利用共振单光子跃迁或者相应的共振双光子拉曼跃迁,通过控制脉冲面积来建立相干态.

简单系统与激光相互作用的动力学及其布居数逆转中的相干控制,主要集中在单个光子的共振上,也可拓展到多光子的共振.描述一个分子系统最简单的模型可以是一个孤立的二能级系统,也可以是一个没有松弛或非同阶次的系综.此模型对于大部分与超快激光脉冲相互作用作为松弛过程(典型的为纳秒量级)幅值的系统,而常常被转变为一个非常实际的模型,与光-物质相互作用相比,作用时间极长.当一个量子系统具有彼此相互靠得很近,而同时又远离其他能级的双能级时,就可以看成二能级系统.自旋 $1/2$ 粒子是最常见的二能级系统,比如电子.π脉冲动力学方法使用两束与跃迁频率相同的具有一定相位关系的连续波激光形成一束旋转激光,当这束旋转激光与二能级系统相互作用时,可以使系统的两个能态的布居数发生周期性变化.具体地,若定义两个能态间的概率之差为 $\Omega(t)$:

$$\Omega(t) = |c_0(t)|^2 - |c_1(t)|^2 \tag{1.1}$$

则 $\Omega(t)$ 会产生周期性振荡,这称为拉比振荡.π脉冲法一般用于建立对应于两个非简并能级的状态 ψ_a 和 ψ_b 之间的相干叠加态:

$$\Phi(\theta, \varphi) = \cos\theta \cdot \psi_a + \mathrm{e}^{\mathrm{i}\varphi}\sin\theta \cdot \psi_b \tag{1.2}$$

其中,θ 为两状态的混合角;φ 为叠加相位.混合角 θ 与时间脉冲的面积 a 成正比:

$$\theta = a/2 = (1/2)\int_{-\infty}^{\infty}\Omega(t)\mathrm{d}t \tag{1.3}$$

即脉冲面积 a 为拉比频率的时间积分.因此要想使两个本征态的概率之比为 50%: 50%,只需要将脉冲面积 a 调整为 π/2.如果激光的作用面积为 π,则 $\Omega(t)$ 会从 1 变化到 -1,即可实现布居数从低能态到高能态的完全转移.所以这种方法被称为 π 脉冲法,因为控制时只取旋转激光的面积为 π 的方波脉冲,另外通过控制方波的面积可以达到不同的控制目的.研究表明,这种控制方法对脉冲的集体形状并不敏感,而对面积极为敏感.这种方法显然对脉冲的峰值及持续时间 T 都敏感.在李群分解方法(丛爽,2006a)中,最终得到的是一个 π 脉冲的序列,每个不同频率的脉冲对应不同能级之间的跃迁,这些脉冲按一定的顺序作用,实现将布居数在不同能级之间的转移.此脉冲序列由于非常直观,也被称为直觉脉冲序列.

相对于 π 脉冲方法,STIRAP 方法的抗干扰性显得更强,该方法中布居数的变化并不与单个脉冲的面积成比例,而是与脉冲之间的延迟时间、相位差或者脉冲之间拉比频率的比值相关.

在基于拉曼耦合的受激拉曼绝热通道中,初态和目标态通过中间态耦合在一起,将目标态和中间态耦合在一起的脉冲称为斯托克斯(Stokes)脉冲,而将中间态和初始态耦合在一起的脉冲称为泵浦(pump)脉冲,斯托克斯脉冲要超前于泵浦脉冲,如果斯托克斯脉冲的结束部分和泵浦脉冲的起始部分重叠,则被称为反直觉脉冲(counterintuitive impulse,简称 CI),可以实现布居数从初态到目标态的完全转移;如果斯托克斯脉冲和泵浦脉冲同时结束,则被称为半反直觉脉冲(half-counterintuitive impulse,简称 HCI),可以实现初态和目标态之间的最大相干,这也被称为部分绝热通道技术.

为更清楚地理解 STIRAP 方法,以 Λ 型能级原子为例进行说明.该原子具有两个基态能级,并通过一个共同的激发态能级耦合(拉曼耦合),记为 $\psi_a \leftrightarrow \psi_c \leftrightarrow \psi_b$,初始时刻布居数分布在 ψ_a,现要将全部(或部分)转移到 ψ_b. STIRAP 方法使用两个脉冲,具体操作顺序为:首先将耦合 $\psi_c \leftrightarrow \psi_b$ 的脉冲在系统上作用一段时间,然后再使耦合 $\psi_a \leftrightarrow \psi_c$ 的脉冲作用到系统上,两个脉冲之间部分相互重叠.第一个脉冲的结束部分与第二个脉冲的开始部分相互重叠的控制脉冲序列,被称为反直觉脉冲,此时,能将布居数完全从 ψ_a 转移到 ψ_b;两个脉冲同时结束的控制脉冲序列,被称为半反直觉脉冲,此时,可以实现 ψ_a 和 ψ_b 两个状态的相干叠加.可以通过调整两个脉冲之间的时间延迟来控制两个状态之间的布居数转移.用这种方法能够使得中间能级的布居数极小化,甚至使其为零,从而无需加热原子.

若要建立激发势能面上多能态的相干叠加,由于不可能使所有的跃迁满足共振及面积条件,所以从实用性上讲,对分子系统不存在超快 π 脉冲.

1.2.1.4　频域控制中的干涉路径控制方案

采用干涉路径的控制主要是由 Brumer 和 Shapiro 针对化学反应控制提出的(Brumer,Shapiro,1989).他们是认识到相干性与路径重要性比较早的两个人,并将相干性与路径重要性利用在化学反应的控制中.基本思想是常说的杨氏双缝实验,不用光波之间的干涉,而是采用分子与反应通道之间的量子力学干涉的模拟.通过调节相干光束的相位差和振幅大小来实现不同反应通道的选择.在此方案中,至少采用两个激光场来产生初始态与衰减终态集合之间的两条干涉路径,所导致的叠加态具有用两个不同分量的系数表示的最终产物的分量速率信息.这些系数以及分量速率由两个激光场的相对相位与幅值来确定,这意味着,通过变化相对相位和幅值能够控制由不同激光器产生的系统波函数的相干性来控制输出.此方法的技术实施需要控制相位差以及两个用来驱动不同激发路径的连续波激光源之间的幅值.由于从初态到终态的转移概率正比于与暂态相关的幅值的平方,所以只要能够找到两条独立地连接系统相同初态和终态的路径,就能够调节一个特定终态的布居数的概率.在二能级系统中,使用最多的是调频绝热通道,它有两种实现方式:激光频率调节为小于(或大于)跃迁频率,然后调节频率扫过跃迁频率;或者选用零调频激光脉冲(或称跃迁限制激光脉冲),并使用斯塔克(Stark)开关技术来扫描跃迁频率以实现共振.在这两种情况下,只要过程是绝热的,就能够完全实现布居数转移.连续波控制在对多能级原子及分子控制时要复杂得多,原先的方法由于消相干时间变短、能量重新分布、不同跃迁通道间的相干等原因或许就变得不可行或者实现起来困难得多.比如由于消相干时间变短,相应的脉冲时间也会变短,所以在控制复杂系统时多使用短脉冲或者超快脉冲,当脉冲周期小于两个光学周期时,拉比规则将发生大的偏离,而且使用短脉冲实现布居数转移要求大的电场幅值,因此,在许多原子及分子系统中偶极相互作用哈密顿量并不能充分地描述相互作用,极化项需要增加.对于较复杂的系统,主要有以下几种调控技术:

(1) 使用多束不同频率的具有一定相位关系的激光,以一定的时间顺序作用到目标系统,形成特定的干涉场,如绝热通道技术或部分绝热通道技术、泵浦-当浦方法等(Rangelov,et al.,2005);

(2) 使用在消相干时间内的各能态间的相位关系,采用两个或多个相同频率的有一定时间延迟的锁相脉冲来控制系统演化,如半导体相干控制中使用的双脉冲技术和脉冲序列技术(Malinovsky,2004);

(3) 使用单个调制脉冲来建立最优量子力学状态.

1.2.2　激光脉冲成型操纵技术

人们能够操控具体的脉冲构造,通过脉冲成型技术来获得一个期望的形状,既可以通过频域,也可以通过时域,从而导致主动的相干控制.为了能够选择性地引起化学反应的不同通道来加强特殊反应物的产量,同时抑制不期望产物,人们通过使用专门裁剪的激光脉冲,采用几种不同的原理来达到控制目的.脉冲成型技术还有其他方面的应用,如光学通信、远程感应、加强信号获取以及医学诊断、量子计算、生物应用和新的半导体装置等.

由很多频率构造的超快脉冲能够同时激活很多相干转移到被激发态,并且可以用一个成型的脉冲操纵它们到期望的结果.事实上,有关脉冲成型技术的进步与相干控制研究一直是紧密相连的.目前,快到兆分之一秒(trillionth of second),或称为皮秒(picosecond),也就是 10^{-12} 秒或更快的飞秒(10^{-15} 秒)的超快激光脉冲的发展已经成为主动操纵分子内部的振动再分配的关键.一个超快激光脉冲可以表示成一段频率范围内的许多单色光波的干涉叠加,该频率与脉冲持续时间成反比.短的超快脉冲持续时间导致宽的频谱,这与连续波激光的单色波长特性是不同的.超快激光脉冲一个相当重要的方面是它产生合适的成型脉冲的特性,因为脉冲成型产生的可实现性常常取决于对其测量的精度如何,对于连续波激光器,采用单色计作为频谱仪就足够了.

已有的方法可以用不同频域的相干连续激光束,也可以用一组相干激光脉冲序列,所有这些脉冲成型技术本质上都是利用相干光束或光脉冲与粒子相互作用的量子干涉原理.相干连续激光束是具有确定相位的多束单色激光,各激光束的初始相位随机而定,相互之间会发生相干干涉效应.由于脉冲序列不是单色波,没有单一相位.对于波形不一样的激光脉冲序列,对它们进行傅里叶频率分析,如果基频的单色波具有确定的相位差,就称它们为相干激光脉冲序列.

脉冲成型本质上涉及的是幅值、相位、频率和(或)内部脉冲分离的控制,较复杂的脉冲成型是对上述参数通过可程序化进行一个以上的多参数的控制,可以根据用户特性来产生复杂的超快光学波形.脉冲成型技术的应用已经使核磁共振(NMR)频谱仪产生了本质上的革命.事实上,许多复杂核磁共振脉冲序列的成功应用为光学频谱仪指明了发展的方向,这些对化学也将产生革命性的影响.不过一个实际的问题是,采用激光来实施脉冲成型或多脉冲序列是一件比在核磁共振中进行操控更困难的事情.光谱频谱仪语言的语法对所有核磁共振中的光子都具有相同的偶极动量,所有的样品都是光学薄镜片且没有传播效应.核磁共振转变器是完美稳定的单色辐射源,并且全部频谱都具有小的带宽.上述的这些假设在激光频谱仪中通常没有一个是成立的.选择性地激活单个转移或部分频率转移的能力变得十分重要,因为此能力能够纠正激光的不完美性和光谱复杂性.正是由于此原因,在激光选键化学和量子控制中分解 $50\sim100$ 飞秒及高功率的可程序化的脉冲成型起着重要作用,甚至最简单的脉冲成型(即与特殊转移的带宽相匹配或对多光子激活产生矩形脉冲器)也是有价值和广泛应用的.

1.2.3　波包泵浦-当浦方案

此技术是由 Tannor 和 Rice 基于波包动力学提出采用相干的超短激光脉冲的泵浦-当浦方案实现对化学反应的控制(Brumer,Shapiro,1989),其操作是首先采用一个脉冲将初始定态分子泵浦到激发态势能面上.在体系演化一个很短的时间延时之后,另一个称为当浦的激光脉冲诱导分子从激发态势能面到另一势能面的反应能态继续反应.对于一个给定的泵浦与当浦之间的时延,基于波包在势能表面上时延的位置可以选出反应通道.只要控制两个脉冲的相位结构以及两者之间的时延就能得到期望的选择结果.为了提高此控制方法的效率,可采用不同的时延方案,其中之一涉及通过控制与电子状态相耦合的超快激光脉冲强度对基态和(或)激发态布居数的控制.在一个激发态中对布居数的控制也可以通过操控具有时延的两个脉冲之间的相对相位来获得.

由于目前实验室里已经能够产生飞秒激光脉冲及其延时,几乎所有的化学反应都能够做到细致的调节.

波包泵浦-当浦方案分子尺度体系的量子操纵技术:

针对当今分子材料与器件研究中关于电荷输运、光电转换、器件原理等涉及量子力学效应的焦点问题,人们已经开始利用先进的分子尺度上的高分辨检测与操纵技术,如扫描探针显微技术、能谱技术、光谱技术,特别是将这些技术加以组合集成,从空间、能量、时间三个方面来对分子尺度体系的时空行为和能级结构进行高分辨、高灵敏表征,并进一步通过对特定化学键进行选择性剪裁,调制分子量子体系的结构与电子态,从能级和波函数的层次对分子尺度体系的结构、电子态、自旋态和光子态进行量子调控,实现对分子尺度物质分立能级结构、波函数及其量子效应的调控以及量子输运特性的认识与控制,揭示分子尺度体系中光电转换的电荷转移与能量转换动力学过程.通过利用光、电、磁外场的影响,研究分子-电极接触中的电子和自旋输运特性以及光电转换过程中电荷转移和激子衰变动力学,探索分子尺度物质中电荷输运、光电转换的量子调控问题以及相关分子器件的运作原理.调制后的性能经检测、分析后将反过来指导分子尺度物质的设计和制作,以便实现物理性能参数的优化,推动实用分子材料与器件的开发.

1.2.4　量子分子动力学的控制理论

分子尺度的量子行为和调控研究主要可以分成两个方面:一是利用化学和物理手段对分子尺度物质的维度、有序度、尺寸、掺杂等进行结构调控,以实现分子尺度物质特定的量子特性;二是利用环境和外场对分子尺度物质的电子态进行调制,以实现物质性能的量子调控.前者侧重分子材料的设计与制作,所需要的主要是对分子动力学的操纵技术;后者则侧重器件运作原理的认识和技术应用,其最终的调控性能依赖于量子系统控制理论开发与应用的水平.量子系统控制是直接对量子动力学进行的一种受控相干相互作用的应用.通常包括采用相干激光辐射来达到期望的系统目标态.将相干用来作为量子级控制的一种工具的主意源自化学动力学、非线性光学及激光光谱学,不过目前在很多物理与化学领域里常常是合在一起的.

利用系统控制理论来对量子系统进行控制,本身就是一个系统工程,它要经历系统建模、系统综合与分析,其中包括系统的可控性、可观性、可达性、稳定性等,以及控制器设计,其中包括收敛性的分析、系统仿真、性能测试等过程.

1.2.4.1　系统建模

虽然实际量子系统的模型可能是很复杂的,但是再复杂的系统也是由简单的系统复合而成的.只要能够把简单系统研究透彻,就有可能解决复杂问题.从系统控制的角度来看,任何一个控制系统必须至少由一个被控系统和一个控制器组成.在量子控制系统中,前者总是量子力学的,而后者既可以是量子的也可以是经典的.复杂的量子控制系统还具有测量系统输出的传感器.此类模型已经被应用到许多量子系统的控制中.量子系统可以是一个化学反应中的分子系综,受限于一个执行器产生的激光脉冲,该执行器由一个激光源、脉冲成型装置以及探测器组成.探测器为一个质量光谱仪,用来识别反应产物.量子系统可以是固态系统,如代表量子位的量子点系综,该系综具有执行器和分别由控制电极与单电子晶体管组成的传感器.量子系统还可以是核自旋的分子系综,该系综具有受限于产生分子和无线电频率场的执行器以及探测样本磁性的传感器.在建立起控制系统后,量子系统的状态既可以用希尔伯特空间矢量来表示,也可以用更为一般的密度矩阵算符,如作用在系统希尔伯特空间上的一个迹为 1 的正算符来表示.虽然大部分量子系统完整的希尔伯特空间很难是有限的或可分离的(如果包括离子状态的全部连续性甚至氧原子的希尔伯特空间也是不可分的),不过人们通常只对系统完整希尔伯特空间中有限维子空间的控制动力学感兴趣.因此一般假定感兴趣的希尔伯特空间是有限维的,且所有的算符都是矩阵表达式.一个孤立的封闭量子系统状态波函数 $|\psi(t)\rangle$ 的演化服从薛定谔方程(Schirmer,2007):

$$i\hbar \mid \dot{\psi}(t)\rangle = H(f(t)) \mid \psi(t)\rangle \tag{1.4}$$

它等价于由密度矩阵 $|\rho(t)\rangle$ 所表示的量子刘维尔方程:

$$i\hbar \mid \dot{\rho}(t)\rangle = [H(f(t)), \mid \rho(t)\rangle] \tag{1.5}$$

其中,$[A,B] = AB - BA$ 是对易子;$\hbar = h/(2\pi)$,h 为普朗克常数.为了方便起见,人们经常将 $\hbar$ 选为单位值 1.因此系统动力学是由哈密顿量 $H(f(t))$ 来确定的.$H(f(t))$ 是一个作用在系统希尔伯特空间上的算符,并且取决于由执行器产生的一组(经典的)控制场 $f(t) = (f_1(t), \cdots, f_M(t))$.

方程(1.4)和方程(1.5)之间的主要不同点是,前者仅适用于纯态系统,而后者适用于纯态和混合态系统(量子系综).然而,与薛定谔方程不同,量子刘维尔方程可以对消相干或弱测量系统通过增加(非哈密顿量的)超算符进行泛化.超算符是作用在希尔伯特空间算符上的算符,用以考虑对系统动力学测量以及耗散的贡献:

$$\dot{\rho}(t) = L_H(\rho(t)) + L_M(\rho(t)) + L_D(\rho(t)) \tag{1.6}$$

其中，$L_H(\rho(t)) = -\dfrac{i}{h}[H(f(t)), \rho(t)]$；$L_M$ 表示的内容为所实施的测量，如可以控制的传感器的结构；L_D 表示的内容通常为系统与环境之间不可控的相互作用．

由于对量子系统在物理上所规定的演化方程，甚至在开环控制情况下，至少在所描述的经典控制器模型中的量子控制基本上都是非线性的，只有在特殊情况下，系统与传感器以及环境的相互作用可以忽略，系统的动力学则完全由哈密顿算符 $H(f(t))$ 决定，并且量子控制的主要任务就是寻找有效的途径来设计这个哈密顿量以便达到一个期望的目标．所以同经典力学系统控制类似，对于量子力学系统的控制就是基于被控系统模型，根据某种系统控制理论来获得被控系统的状态随时间变化的规律．

1.2.4.2　量子控制系统的性能分析

量子系统中的控制问题，不论是量子物理中的状态制备，还是量子化学中的布居数转移，不论是实验中的状态或过程工程，还是观测量的最优化，都可以归结为两大类：状态转移与状态跟踪，合在一起称为状态调控，或状态控制．状态转移是解决一个将被控系统从已知的初始状态调控到指定的（期望的）目标状态的问题；状态跟踪是对一个变化的目标函数进行系统状态的跟踪控制．状态转移与状态跟踪之间的差别是，前者的目标状态是固定不动的，而后者的目标状态是非固定的、随时间变化的函数．

把状态调控问题具体到量子物理和量子化学中，状态转移包括状态制备、状态驱动、布居数转移、轨道转移控制等；系统跟踪包括状态跟踪和轨迹跟踪．

基于量子系统模型的控制函数在系统控制中称为控制律，它是系统哈密顿量中的一部分，所以在量子系统控制中也可以称其为哈密顿量的设计．为了避免太特殊而有必要给出一些附加的假设．一个比较好的实用的做法是把 $H(f(t))$ 分解成为两部分：一部分是系统自身部分 H_S，它描述系统内部的动力学且与控制器无关；另一部分是控制部分 $H_C(f(t))$．虽然 $H_C(f(t))$ 取决于非线性形式的控制函数 $f_m(t)$，在很多情况下假设在控制场分量 $f_m(t)$ 上是一个线性依赖关系：

$$H_C(f(t)) = \sum_{m=1}^{N} f_m(t) H_m \tag{1.7}$$

实际上，在一些应用如具有多控制电极的固态结构中存在多个独立的控制场．在仅有单个有效控制场如由一个激光脉冲感应的电磁场以及一个微波激射器或无线电频率场的情况下，控制哈密顿量可以进一步简化为 $H_C(f(t)) = f(t) H_1$．

从系统控制角度来看，任何一个建立了数学模型的被控系统，都需要对其本身所具有的特性进行分析，了解清楚后才能做到有的放矢，选择最有效的控制策略来进行控制和解决问题．根据不同的需要解决的问题，可以有选择性地对被控系统进行分析的内容

量子系统控制理论与方法
Control Theory and Methods of Quantum Systems

有系统的可控性、可观性、可达性、稳定性等.简单而言,可控性是指被控系统从任意初始状态回到系统稳定点的可能性;可达性是指被控系统从任意初始状态到达期望终态的可能性.在量子系统中用到的主要是可达性.如果一个被控系统是不可达的,就意味着无论你如何设计控制律都将无法达到你想要的目标,期望的任务完成不了.换句话说,不可能对一个不可控的系统进行控制器的设计,因为那是徒劳的.从另一个角度可以说,能够对一个系统进行控制器的设计,隐含说明该系统是可控的.一个被控系统是否可控是一个系统控制设计人员必须在控制器设计之前就要弄清楚的事情.所以在设计控制律之前对被控系统所具有的性质进行分析是十分必要和重要的.量子系统可达性分析的另一个目的是获得系统可达的条件,并在控制律的系统控制设计的整个过程中注意满足此条件以便达到控制的目标.比如,在线性控制律(方程(1.7))中,对能够设计成任意(幺正)过程到一个总体相位因子的充要条件是由 iH_c 和 iH_m ,$m = 1, \cdots, M$ 产生的李代数是 $u(N)$ 或 $su(N)$,其中 N 是有关希尔伯特空间的维数.这也是对一般量子系综的量子状态或观测变量可达性的充要条件.

1.2.4.3 开环控制系统与闭环控制系统

在量子系统控制中,就控制系统结构来分类可分为开环控制系统和闭环控制系统两大类.开环控制系统主要由实现控制律函数的控制器加被控系统组成,系统没有测量输出的传感器.被控系统在控制律函数的作用下直接给出系统输出,因此开环控制系统的控制精度极大地依赖和受限于控制条件.在系统输出端加上传感器,将输出状态进行测量并反馈到控制器的输入端作为控制器的输入变量,就成为闭环控制系统.从系统控制的角度来看,闭环控制是为了进行反馈控制.在闭环控制系统中,由于引入了对系统输出状态的反馈,控制器的输入变量变为系统的给定输入与系统输出之间的误差;所设计的控制律是误差的函数,其目的是使误差逐渐为零,当误差为零时,系统就达到了系统(输出)状态对期望的给定状态(或函数)的驱动(或跟踪)目标的实现.在控制律的作用下,整个目标是从任意初始的误差自动地减小到零的过程,所以说闭环控制系统是一个自动控制系统.实现系统自动控制的关键在于其控制律的输入是误差变量;误差变量是通过计算给定系统输入与系统输出之间的差来实现的,也就是说,系统输出状态的反馈是通过与给定输入相减(负号)来起作用的.所以具有闭环的反馈系统实际上是一个负反馈控制系统,从原理上讲,"负反馈控制"是实现自动控制的关键.

实际上,利用宏观控制理论所设计出的量子系统反馈控制律可以通过基于模型的状态计算来获得系统输出状态,设计出相应的反馈控制律.这种基于模型的状态反馈控制的前提是被控系统的状态确实能够按照模型进行演化.这意味着被控系统是一个封闭量子系统,因为该情况下从模型获得系统状态与实际被控系统输出是一致的.由于开放量子系统导致更复杂的数学模型,所以迄今为止绝大部分量子控制研究都限于封闭量子系统.从系统控制的角度来看,一个控制系统是否为反馈(或闭环)控制,主要取决于它是否与控制律与被控系统的输出状态有关,如果与系统输出有关就是反馈控制,无关就是开环控制.

针对每一种控制问题都已经产生出多种不同的控制策略,而每一种控制策略都具有自己的特性:适用范围及其局限性、计算量大小、求解及其实现难易以及控制性能上的差异.所以一个完整的量子系统控制过程实际上是一个选择合适的模型以及合适的控制策略来达到期望性能指标的过程,这就要求设计者熟悉多种不同模型及其相关控制策略的特点.

1.2.5 系统幺正演化矩阵的控制

1.2.5.1 系统幺正演化矩阵的求解

对于不与外界环境相互作用的封闭量子系统来说,描述量子力学系统的动力学演化规律的薛定谔方程是一个含时(偏)微分方程,即使如此,一般情况下也很难对其进行求解.所以,和处理经典力学系统控制一样,必须想其他办法,不通过对具体方程求解,也能够达到了解系统状态特性的目的.采用对幺正演化矩阵的设计就是一个切实可行的途径(丛爽,郑捷,2006).

根据系统控制理论研究一个被控系统,就是从它的数学模型入手,通过理论分析和推导合适的控制律来得到某个期望的结果.对量子系统控制的研究也不例外.量子系统的普适关系式就是薛定谔方程,即波函数与哈密顿量之间的微分关系式:$i\hbar\dot{\psi} = H\psi$.若已知波函数的初始值为 $\psi(0)$,则方程的通解为 $\psi(t) = U(t)\psi(0)$,其中 $U(t)$ 在系统控制中称为转移矩阵,在量子力学中称为状态演化矩阵,所以从控制理论角度上说,只要求出状态演化矩阵 $U(t)$,就可以获得任何时刻 t 的波函数 $\psi(t)$.$U(t)$该怎么求?如果 H 与时间无关,则有指数型的解 $U(t) = \mathrm{e}^{-iHt/\hbar}$,由此可见,只要 H 已知,就可求出 $U(t)$.但当外加了控制作用后,H 会随时间变化.此时,可以通过幺正变换,将该量子系统转换到与其对等的一个旋转量子系统中来获得不随时间变化的哈密顿算符.故在变换后的量子系统中可以套用不含时间因子的哈密顿算符 H' 对系统动力学方程进行求解.因此,外加控制作用后求解系统状态演化规律的过程,等同于对算符进行幺正变换后求解幺正演化矩阵的过程.对一个量子系统控制场的设计可以转化为对该系统幺正演化矩阵的设计.

1.2.5.2 系统幺正演化矩阵的分解

由一个复杂的高维的 H 所获得的 $U(t)$ 是无法直接在实验室里进行操纵和实现的, 所以实验物理领域里很早开始了有关单比特及两比特的简单量子逻辑门操纵的研究, 并已证明任何逻辑门都可以用两比特逻辑门来实现. 这告诉人们可以通过把复杂的高维的 $U(t)$ 分解为由单比特或两比特通用逻辑门的组合来实现高维转移矩阵的物理实现问题. 所以对转移矩阵 $U(t)$ 的分解成为量子系统控制中的一个重要研究方向, 采用最多的是 Cartan 分解、Schmidt 分解(Cong, Feng, 2008)、Wei-Norman 分解, 涉及的主要是数学问题. 对转移矩阵 $U(t)$ 分解的控制问题的描述为: 当给定初始态 $\psi(0)$ 及终态 $\psi(t_f)$ 的值时, 求可实现的状态演化矩阵 $U(t)$. 解决的方式就是将 $U(t)$ 分解为低维(通常是二维)的可实现的量子逻辑门. 如何分解以及怎样分解则涉及被控系统的具体参数. 这一问题转变到对幺正演化矩阵的控制就变成在外加控制场的作用下对期望的演化矩阵进行分解的问题(东宁, 丛爽, 2005). 已经证明, 如果系统是可控的, 则任意期望的幺正演化矩阵都可以找到一条轨迹到达, 数学上任意期望的幺正演化矩阵 $U(T)$ 都可以分解成指数因子的乘积形式, 而这些指数因子都是物理可实现的. 人们通过研究, 通过引入相关的分解理论, 结合量子系统的特征, 出现了许多分解方法.

Magnus 公式和 Wei-Norman 分解方法是用来求解一般不能直接积分求解的矩阵微分方程的. Magnus 于 1954 年针对一类矩阵微分方程的求解问题提出了 Magnus 公式定理: 方程中解 $U(t)$ 的表示只有一个指数因子, 其中的指数存在 l 个基的线性组合. Wei-Norman 分解方法是指在 1964 年由 Wei 和 Norman 提出的一种对系统在 $t=0$ 的附近的局部邻域的解可以由指数因子的乘积表示. Magnus 分解得到的幺正演化矩阵分解是直接对期望的幺正演化矩阵进行分解, 并且从全局来表示; 而 Wei-Norman 分解只是从局部邻域考虑的, 其解只能在 $t=0$ 附近的邻域分解.

Magnus 分解和 Wei-Norman 分解都是对系统的微分方程进行求解, 并获得指数因子的解的形式. 实际上只要知道了期望的幺正演化矩阵 $U(t)$, 加上系统状态的初始值, 就可以获得任意时刻的系统状态. 李群的一般分解是直接针对期望的幺正演化矩阵进行指数因子分解的, 根据脉冲控制场的特性, 把规定的时间间隔分成 K 段小区间, 每段小区间的幺正演化矩阵对应一个指数因子, 并且指数因子中的指数由脉冲积分得到.

与 Magnus 分解相比, 李群的一般分解也是分成 K 个指数因子的乘积, 但是李群的一般分解的每个指数都可以确定性地求出, 而 Magnus 分解的指数是不确定的; 李群的一般分解主要作用在于在时间间隔相等的情况下, 要得到期望幺正演化矩阵所需时间最少, 即得所分的 K 值最小. 当 K 值确定之后, 其相应的脉冲序列, 即控制场也就确定了.

所以李群的一般分解在脉冲宽度相等的情况下,可以通过寻找最优的脉冲控制场序列,使得期望的幺正演化矩阵的分段最少,也可称所需的时间最少.利用 Wei-Norman 分解只能模拟控制场与幺正演化矩阵的定性关系.不过利用李群的一般分解时,通常是在控制场的幅值变化与频率相比缓慢的假设下,只有这样假设才能使得指数因子的参数由对控制场的积分获得.李群的一般分解几乎适用于所有多能级的量子系统.

因为由薛定谔方程决定的量子系统方程中的幺正演化矩阵 $U(t)$ 所对应的李群 G 是 $SU(2^N)$,所以 Cartan 分解是一种在 $G = SU(2^N)$ 群上,将 G 分解成 $G = KAK$ 的三个子群相乘的数学分解方法.从数学角度上说,Cartan 分解的参数是针对由李群 G 所对应的李代数 g 来进行的.Cartan 分解给出了一种分解李代数的方法.对于一个给定的半单李代数 g(即除了单位元外,不存在阿贝尔子代数),可以通过 Cartan 分解使得该李代数 g 分解成更简单的子代数的直和,这是因为子代数的特征和性质更容易分析,也更容易实现.从另一个角度看,Cartan 分解是通过把系统转化到黎曼几何流形上进行分析:把得到期望的幺正演化矩阵的最少时间问题,转换成在流形域内从起始点到期望点之间寻找最短的路径问题,通过最短路径再反过来寻找最优的时间间隔,从而使得期望的幺正演化矩阵所需时间最少.在量子系统中应用 Cartan 分解,既可以将期望的幺正演化矩阵 U_F 分解成可实现的量子逻辑门,又可以根据实际控制时间的要求,确定具体的分解参数,以达到控制时间最短的目标.

1.2.6 几何控制

给定一组(独立的)控制哈密顿量 H_m,$m = 1,\cdots,M$,如果 iH_m,$m = 1,\cdots,M$ 产生全部李代数,则它是完备的.最简单的一般策略是拓展(幺正)目标过程 $U(t)$ 为一个指数 $\exp(icH_C)$(复数)旋转分量的乘积.迭代模式为(Schirmer,2007)

$$U(t) = \prod_{k=1}^{K}\left(\prod_{m=1}^{M}\exp(ic_{km}H_m)\right) \tag{1.8}$$

并采用李群分解方法来确定展开项中的系数 c_{km},从中可以通过关系式 $c_{km} = \int_0^{t_{mk}} f_{mk}(t)\mathrm{d}t$ 推导出合适的场强 f_{mk} 以及控制脉冲长度 t_{mk} 的数值.在平滑的常数场中,关系式可以简化为 $c_{km} = f_{mk}t_{mk}$.如果 H_m 是正交的,那么存在一个很好的解决此类问题的几何控制方法.不过大部分物理系统除了受限于由外加控制引起的动力学外,还受限于内部系统的动力学,这将导致一个漂移项 H_S,通常很难被消掉.在原理上可以通过用 $H_S + H_m$ 替代 H_S 将其放在式(1.8)的拓展项中,然而,即使 H_m 是正交的,拓展项中新的

有效的哈密顿量通常也不再是正交的,这将使问题变得复杂.另外,即使对一个给定问题可以找到一个分解,它也可能不是物理可实现的,因为 c_{km} 可能是负值.既然对应于 H_S 的有效控制是固定的($f_S = 1$),实施这样的一个旋转需要使系统在负时间上进行演化,这通常是不可能的(除非系统的演化是周期性的).应付漂移问题的通常方法是通过变换到一个由 $\mathrm{e}^{-\mathrm{i}tE_n}|n\rangle$ 给定的旋转框架(RF)上,其中,$\{|n\rangle: n = 1, \cdots, N = \dim H\}$ 是由 H_S 的本征值为 E_n 的本征态 $|n\rangle$ 组成的 H 的一个基,且 $H_S|n\rangle = E_n|n\rangle$.令 $U_S(t) = \exp(-\mathrm{i}tH_S)$,旋转框架中的动力学就由新的(相互作用图景)哈密顿量操控:

$$H'_S(f(t)) = U_S(t)^+ H_C(f(t)) U_S(t) \tag{1.9}$$

所以可以通过变换将漂移项消掉,不过先前在线性控制逼近中是独立于时间的哈密顿量 H_m,现在成了取决于时间的哈密顿量

$$H'_m(f(t)) = U_S(t)^+ H_m U_S(t) \tag{1.10}$$

需要进行进一步的逼近将控制场特别地分解为一些不同频率的分量,如

$$f(t) = \sum_{n,\,n'>n} A_{nn'}(t)\cos(\omega_{nn'}t + \phi_{nn'}) \tag{1.11}$$

其中,$\omega_{nn'} = (E_{n'} - E_n)/\hbar$ 是状态 $|n'\rangle$ 与 $|n\rangle$ 之间的转移频率;$A_{nn'}(t)$ 是幅值函数;$\phi_{nn'}$ 是常数相位.如果系统是强规则的,除非 $(n, n') = (m, m')$,否则 $\omega_{nn'} \neq \omega_{mm'}$,且转移频率 $\omega_{nn'}/\hbar$ 是可分离的,那么相对于 $2\pi/\omega_{nn'}$,式(1.11)具有变化较慢的幅值函数 $A_{nn'}(t)$,此时控制场的选择能够使我们通过频率选择的脉冲来具体地处理变换,并假定有下面的控制哈密顿量的分解:

$$H'_C = \sum_{n,\,n'>n} f_{nn'}(t) U_S(t)^+ H_{nn'} U_S(t) \tag{1.12}$$

其中,$f(t) = A_{nn'}(t)\cos(\omega_{nn'}t + \phi_{nn'})$.

既然 $2\cos(\omega_{nn'}t + \phi) = \mathrm{e}^{\mathrm{i}(\omega_{nn'}t + \phi)} + \mathrm{e}^{-\mathrm{i}(\omega_{nn'}t + \phi)}$,那么可以将控制场进一步分解为旋转的和反旋转的项.注意相对于具有元素 $\mathrm{e}^{-\mathrm{i}tE_n}$ 的特征基 $|n\rangle$,$U_S(t)$ 是对角的,且作旋转波逼近(RWA),即假定脉冲充分长以至于反旋转项的平均分布为零.可获得的简化的旋转波逼近的控制哈密顿量为

$$H_C^{\mathrm{RWA}} = \sum_{n,\,n'>n} \Omega_{nn'}(t) H_{nn'}(\phi_{nn'}) \tag{1.13}$$

其中,$\Omega_{nn'} = A_{nn'}(t)d_{nn'}/(2\hbar)$,$d_{nn'}$ 是暂态耦极力矩;$H_{nn'}(\phi_{nn'}) = x_{nn'}\cos\phi_{nn'} + y_{nn'}\sin\phi_{nn'}$,$x_{nn'} = |n\rangle\langle n'| + |n'\rangle\langle n|$,$y_{nn'} = \mathrm{i}(|n\rangle\langle n'| + |n'\rangle\langle n|)$.因此现在系统演化是如同所期望的受控于一个无漂移的、具有时间独立分量 $H_{nn'}$ 的控制哈密顿量.

RF 和 RWA 在物理学中是同时普遍存在的,且 RWA 控制哈密顿量在许多应用中是采用几何控制方案进行设计的起点.

1.2.7 量子最优控制理论

Rabitz 等人于 1988 年提出,对于给定的初态、希望选择的激发态以及完成激发的时间,可以对激光脉冲的波形进行裁剪,使分子被激发到位的效率最高.所采用的手段是基于 20 世纪 70 年代控制界提出的"最优控制理论"来设计一个激光场 $E(t)$ 驱动系统从时间 $t=0$ 的初始态到 $t=T$ 的期望终态的方法.该问题是基于寻找某个性能函数的极值来实现的,只要求出此极值,激光脉冲的最佳形状就可获知.对性能函数的寻优可获得含有待求激光场的一组微分方程,通过迭代来获得系统的最优控制场.此过程本质上涉及操控脉冲的频率、卷积以及相位,以便产生一个成型的波包,其演化有利于特殊通道的分解或特殊产物的产生.作为两点边界值问题,在固定激光器能量的条件下来获得对特定初始态和终态的最优化的激光脉冲的成型,就是量子最优控制.

量子系统的最优控制是指,在满足一定的性能指标最优的情况下,驱动量子系统从初始态到达期望的终态(Tesch,Riedle,2002),或者是从初始概率分布到达期望的概率分布(Nielsen,Chuang,2000;Boscain,et al.,2002).所以,性能指标的选取是实现量子系统最优控制非常关键的一步,控制量子系统的用途不同,其性能指标的选取就不同,相应的最优控制律的设计也不同.目前研究量子系统的最优控制所采用的性能指标主要包括:所需的转换时间最小(Khaneja,et al.,2001;D'Alessandro,2002)、所对应控制场的 L_2 范数最小(Grivopoulos,Bamieh,2003;Boscain,et al.,2002;Shen,et al.,1993)、量子系统受外部环境的影响最小(Khaneja,et al.,2003;D'Alessandro,Dobrovitski,2002)以及量子系统获得幺正转换的效率最高(Palao,Kosloff,2003;Palao,Kosloff,2002)等等.在以上的性能指标下,所采用的控制方法主要是解析与数值计算相结合的方法.此外所有最优控制场的设计都是基于给定的量子系统的结构来完成的.

在量子最优控制的具体设计过程中,量子控制问题被转化为所定义的性能指标的最大-最小问题,量子最优控制的设计之所以需要采用迭代求解过程,主要是由于在其设计的最优化求解中问题被转化为两点边值上的优化问题,所定义的系统状态与伴随状态相互耦合成两个微分方程.初始条件是给定的系统状态运动方程,终值条件涉及伴随状态.既然两个运动方程都取决于未知控制场,则必然不可避免地需要从猜定的初始控制场开始进行迭代来获得最优控制场.通过引入遗传算法等全局优化算法,最优控制可以获得全局最优控制值.由于迭代和优化过程均需要大量时间和计算量,所以最优控制适合量子化学的调控,不适合量子物理等需要快速响应的控制.

在实验室里已经显示出采用最优控制理论的闭环系统学习技术的成功.不过采用这种学习技术的闭环系统并不是量子反馈控制,虽然两者都依赖所获取的(经典)测量信息,不过前者是在很多复制系统上的重复实验,后者是通过弱测量依赖于同一系统的连续的观测量(例如零差探测仪或被动光子探测仪).

1.2.8 基于李雅普诺夫稳定性理论的量子控制方法

在反馈控制方法中,基于李雅普诺夫的方法由于可以避免最优控制中迭代的麻烦,最近几年里,得到了广泛和深入的研究,已经形成了一种新的量子控制理论基础.最近一些文章已经对比了李雅普诺夫控制设计法对量子系统的应用,针对纯态波函数建立的薛定谔方程(Vettori,2002;Ferrante,et al.,2002a;Grivopoulos,Bamieh,2003;Mirrahimi,Rouchon,2004a;Mirrahimi,Rouchon,2004b;Mirrahimi,et al.,2005),或针对密度算符建立的刘维尔-冯·诺依曼方程(Cong,Zhang,2008;Altafini,2007a)进行了李雅普诺夫控制设计.

基于李雅普诺夫控制的基本思想是,基于李雅普诺夫的间接稳定性理论,对于一个自治的量子系统 $X = f(x)$,构造一个李雅普诺夫函数 $V(x)$,它是一个定义在相空间 $\Omega(x)$ 上的可微标量函数,且对 $\forall x \in \Omega$,有 $V(x) \geqslant 0$.利用系统稳定性条件 $\dot{V}(x) \leqslant 0$,来求解此式成立情况下系统的控制律.所以基于李雅普诺夫控制设计的关键是李雅普诺夫函数 $V(x)$ 的构造.因为如果 $V(x)$ 构造得不合适,得不到 $\dot{V}(x) \leqslant 0$,则设计失败.而只要能够构造出一个 $V(x) \geqslant 0$,同时有 $\dot{V}(x) \leqslant 0$,就能够成功地设计出一个基于李雅普诺夫控制的控制律.必须强调的是,从系统控制理论的角度来看李雅普诺夫稳定性理论只是一个充分条件,不是必要条件,找不到这样一个 $V(x) \geqslant 0$ 的李雅普诺夫函数,使 $\dot{V}(x) \leqslant 0$,不能说系统不稳定,只能说该设计方法对该系统不适用.

基于李雅普诺夫方法控制的最大优势就是避免迭代求解,根据李雅普诺夫间接稳定性理论直接获得调控系统状态的控制律.这就使得极快速的量子控制有可能实现.但它的不足是:① 该控制律只是保证系统稳定的控制律,而不是保证系统收敛的控制律;② 正是①的局限性,导致它是一种局部最优控制,而不是全局最优控制,即有可能达不到期望目标态.目前有关基于李雅普诺夫控制的研究热点都是集中在如何克服它所具有的上述两个缺点上(Mirrahimi,Rouchon,2004a;Mirrahimi,Rouchon,2004b;Mirrahimi,

　　系统控制理论告诉我们:对于稳定量子系统,其状态轨迹的路径朝系统能量下降方向移动并停止在能量的极小值上.李雅普诺夫函数实际上就是一种能量函数.由于该方法引入李雅普诺夫函数 $V(x)$,且在保证系统稳定条件下的控制设计是通过求李雅普诺夫函数对时间的一阶导数,并令 $\dot{V}(x)=0$ 来求得控制律的,其方法等价于构造一个与李雅普诺夫函数相同的性能指标,通过求其最小情况下的控制,从这个角度上说,基于李雅普诺夫方法的控制就是一种(局部)最优控制,这就是李雅普诺夫函数与最优控制性能指标之间的关系.知道了李雅普诺夫函数的物理意义,有助于我们选择合适的李雅普诺夫函数.

　　可能有人会问:为什么系统控制中会出现那么多设计控制律的控制理论? 这是因为每一种控制理论都是针对一大类控制问题,在一定的条件下推导出的控制方法,所以只有在满足所有要求的条件下,使用该控制方法才能达到期望的效果.换句话说,每一种控制方法都有其适用范围、不同的使用要求和需要满足的条件,不同的实际问题就需要采用不同的控制方法来解决.量子系统的操纵技术也是如此.针对量子系统的控制,还需要在考虑量子系统自身所具有特性的基础上,发展出能够对具体量子系统进行控制的控制策略和控制方法,建立起量子系统控制理论的体系与框架.

1.3　量子系统中的状态估计方法

　　在整个量子系统控制发展的历程中,随着人们对闭环反馈控制需求的不断增长,同时量子系统状态独有的不可测量性使得量子系统状态的估计与辨识一直为人们的一个研究重点.本节将对现有的和测量有关的量子系统中状态辨识与估计方法进行介绍.

　　状态是一个物理系统的数学描述,它提供了这个系统过去以及将来的信息.Raymer和 Beck 在 2004 年曾经对状态作了如下标准陈述:"知道了一个物理对象的状态,就意味着知道了它的所有物理量的最可能的统计信息."状态估计技术是通过对系统进行测量尽可能获取其真实状态的一种方法.本质上,经典系统的状态估计和量子系统的状态估计有三点主要差别:第一,经典系统的状态通常有明确的物理意义,它是系统的一个实在的物理量,允许的条件下直接测量这个物理量通常就能得到相应的状态取值.而量子系统的状态,波函数或密度算子并不是一个实在的物理量,不能通过直接的状态测量来得到量子态的某个数值,而必须借助对量子系统的某些可观察量进行测量来推断出系统的状态.第二,理论上,经典系统是决定论的,如果系统没有受到外界的扰动影响,那么系统在任意时刻的状态都可以由初始状态完美确定;但当系统受到扰动影响时,系统的即时状态会带有各种噪声,这时就需要借助相应的估计技术来处理引入系统中的噪声,从而尽可能地获取系统的真实状态.量子系统在本质上是概率论的,即使量子系统没有受到任何干扰,测量量子系统的状态也将得到一个随机性的结果;如果量子系统受到扰动,为了获得其状态还需要额外处理相应的噪声.第三,在测量的实现手段上,经典系统上的测量通常不会给其状态造成实质性的破坏,因此原则上可以重复利用同一个系统进行多次测量.但量子系统非常脆弱,测量通常会对整个量子系统造成实质性的破坏,从而阻止人们重复利用同一个量子系统进行多次测量.

经典系统中的状态估计方法发展得较为成熟,但量子系统中的状态估计方法则很不成熟.事实上,大部分状态估计方法都是相对量子系统初始状态的重构而言的.既是如此,如果能够比较完美地重构出量子系统的初始状态,那么对于物理、化学领域中的实验以及量子系统控制的研究也具有重要意义.至于实时估计任意时刻量子系统的即时状态的问题,当前的研究文献则非常有限,并且存在较大研究空白.

1.3.1 量子系统状态估计的背景

根据量子系统固有的海森伯(Heisenberg)不确定性原理和量子不可克隆定理,人们不能对单个量子系统进行重复测量来完全复现出它的状态,其中,不确定性原理指人们不能对单个系统进行任意序列的测量而不引入对状态自身的回反(back-action)修正作用;量子不可克隆定理禁止人们完美复制任何一个未知量子态来实现对它的重复测量.量子系统的这些固有特性,使人们可以通过下述测量方式进行状态估计(D'Ariano, et al., 2004):使用相同宏观工序制备出具有同一状态的许多全同复本系统,并对每个复本系统进行不同(可观察量)的测量,这一方案在量子实验领域已非常通用.但是,随着控制理论逐渐介入到量子领域,也出现了完全不同于此的量子状态测量方式和基于系统论观点的状态估计技术,例如在单个量子系统的连续演化中进行的一系列测量的基础上,对有限维量子系统初始状态的估计(D'Alessandro, 2004);控制一个系综的演化,并根据一个可观察量上的信息实现的状态估计(Silberfarb, et al., 2005);基于对单个量子系统连续测量的历史记录进行的状态估计(Gambetta, Wiseman, 2001)等.

量子系统状态估计的应用涉及多个不同的方面(Silberfarb, et al., 2005;

Gambetta，Wiseman，2001；Buzek，et al.，1997），尤其是对纯化方案的研究将极大依赖于量子估计技术；在量子计算机中，要实现寄存器的读操作，即测量量子寄存器所表征的量子系统的状态，也必须借助量子状态重构技术；量子态的实验重构对于检验制备、检验由噪声和消相干引起的误差以及利用过程层析确定控制方案的精确度都是必需的；进一步，实时的状态估计可以改善超出标准量子极限的精确计量.

由于最初的量子状态重构过程与医学领域中的 X 射线层析术有类似之处，因此常将量子系统的状态估计技术（或量子状态重构技术）称为量子层析术（Baier，et al.，2005）.值得说明的是，在物理类文献中，量子层析术既包括量子系统的状态估计，又包括参数估计，且前者常称为状态层析，后者常称为过程层析；在工程类文献中，也涉及量子系统的状态估计和参数估计问题，但在术语上分别称为状态滤波和参数辨识（Baier，et al.，2005）.

1.3.2　基于测量全同复本系统的量子状态估计方法

任何量子力学重构方案都只是基于一组测量数据而对量子力学系统的密度算子进行的一种后验估计，这组测量数据要借助宏观测量仪器来得到.重构的质量取决于测得数据的质量和重构程序的效率（Buzek，2004）.本质上，基于多个全同复本系统的量子状态重构是通过重复测量这些复本系统（构成一个被测系综）的不同可观察量，然后根据测量结果的统计属性来重构出系统的状态.这里，被测系综上的可观察量的集合称为观测层次（Fick，Sauermann，1990）.

量子状态估计自 1933 年首先提出著名的 Pauli 问题（Pauli，1980）（即根据一个粒子的位置和动量的概率分布能否确定出该粒子的波函数）以来，已经经历了 80 多年的发展，出现了多种基于测量的估计方法，估计问题在理论和实验上均得到了相当好的发展.第一个系统化的方法始于 Fano 在 20 世纪 50 年代后期的工作（Fano，1957）.随着估计技术的不断发展，目前已形成了状态层析（ST）法、最大熵（MaxEnt）估计法、极大似然（ML）估计法、贝叶斯（Bayesian）估计法、最小方差（LS）估计法等五种具有代表性的状态重构方法.针对这几种典型重构方案，人们可以具体规定三种不同的情形（Buzek，2004）：第一，系统的所有可观察量可被精确测量.这种情况下，可以进行任意初始未知态的完全重构.人们将这种重构称为完全观测层次上的重构，其中一个典型例子是对光的量子态进行的标准层析重构.第二，只有系统的部分可观察量可被精确测量.这时，人们不能根据测得数据进行密度算子的完全重构.然而，被重构的密度算子仍然唯一决定了被测可观察量的平均值.人们将这一重构称为不完全观测层次上的重构.最大熵原理可以为这一情形提供舞台.第三,测量不能给我们提供充分的信息来准确确定出被测可观察量的平均值(或概率分布),而只能提供被测可观察量的本征态的出现频率.这时,人们可以使用诸如最大似然估计或量子贝叶斯推断的方法进行状态重构.

1.3.2.1 状态层析法

1957 年,Fano 首先系统论述了根据相同制备的复本系统上的重复测量来决定量子状态的问题(Fano,1957),他意识到需要两个以上的可观察量才可达到决定状态的目的,并把足以完全确定出系统密度算子的一组力学量称为 quorum.然而,对于一个粒子来说,除了位置、动量和能量外,很难设计出其他的可观察量,因此测量量子状态的基本问题一直未获得大的突破(D'Ariano,et al.,2004).直到 1990 年前后,人们在量子光学领域取得了理论和实验上的进展,这一局面才得以改观:1989 年,Vogel 和 Risken 推导了单模电磁场的旋转正交相位的概率分布(即对应于所有不同相位的边缘概率分布)与 Wigner 函数这一伪概率分布之间的一一对应关系,并指出由同差检测得到的边缘概率分布正是 Wigner 函数的 Radon 变换(Vogel,Risken,1989).这样,仿照经典成像技术中的处理,可以通过对同差测得的边缘概率分布进行逆 Radon 变换来得到 Wigner 函数,再从 Wigner 函数得到密度算子的矩阵元素,这就是量子光学中非常通用的“同差层析术”.本质上,这一估计方法需要对几类不对易的可观察量进行同时测量,这样在经典意义上不存在测量结果的联合概率密度.通常是通过测量其线性组合得到一个广义联合概率密度来实现的.

1993 年,美国 Oregon 大学的 Raymer 研究组利用这一方法首先实验完成了代表单模电磁场的谐振子的位置和动量的线性组合的测量,并对单模场的相干态和压缩态进行了重构.然而,这一方法却受到了无法控制的近似因素的影响,因为根据有限次数的测量无法得到边缘概率分布的解析形式,进而 Radon 逆变换所要求的光滑参数的条件就得不到满足.1994 年,D'Ariano 给出了实验测定光子数表象中辐射场的密度矩阵的第一个准确技术(D'Ariano,et al.,1994),它是通过简单平均同差数据的一个函数来实现的,避开了 Radon 逆变换这一环节.随后,D'Ariano 又把系统的密度算子表示为同差输出的边缘分布与一个核函数的卷积,从而进一步简化了这一技术(D'Ariano,et al.,1995).Munroe 等人在 1995 年利用这些技术实验测量了半导体激光的光子统计性,Schiller 等人在 1996 年测定了压缩真空的密度矩阵.尽管这些改进的方法没有用到 Radon 逆变换,但它们仍然源于光学同差层析术,因此仍然将它们归类为同差层析术.光学同差层析术的这些成功反过来又刺激了原子束状态重构的发展(Janicke,Wilkens,1995)以及分子振动(Dunn,et al.,1995)、氦原子系综(Kurtsiefer,et al.,1997)、Paul 阱中的单粒子(Leibfried,et al.,1996)等问题实验上的状态确定.

通过量子层析,在无限次测量的极限情况下,状态可以被完美复现.然而,实际情况中,测量次数总是有限的,于是状态重构就总会存在统计误差.对于无限维系统,密度矩阵元素中统计误差的传播会对最终的估计质量造成严重影响.Cassinelli 等人在 2000 年利用幺正李群的平方可积表示理论对这一方法进行了严格的数学证明.显然,这一方法假定了相应的李群表示是幺正表示,对于非幺正李群的推广还值得进一步的研究.D'Ariano 等人在 2000 年实现了同差层析从单模向任意模的一般化;使用群论又把层析方法从谐振子系统推广到了任意量子系统.一般地,仪器噪声会使估计算法成为有偏估计,针对任意已知的噪声,他们还设计了一种一般的数据分析方法来使估计程序无偏化.另外,为了改进给定的实验样本上的统计误差,他们还设计出了称为"自适应层析术"的算法.

1.3.2.2　最大熵估计法

实际实验中,常常只能测量到系统算子的有限个独立矩,这样就只测量了 quorum 中的可观察量的一个子集.这种情况下,人们不能得到系统的全部信息.换句话说,实验数据并不能给我们提供充分的信息来唯一确定出系统的密度算子(Buzek, et al., 1997),也就是说可能有许多密度算子满足已经测得的实验数据所施加的约束条件.根据这些密度算子对其纯态的偏离度,可以把这些密度算子相互区分开来:每一个这样的密度算子都具有不同的不确定性度量.相对于被选观测层次上已测得的期望值而言,人们希望以一种无偏的方式来找到一个符合要求的特殊密度算子(Buzek, 2004).根据最大熵的Jaynes 原理(Jaynes, 1957),该密度算子必须具有最大的不确定性度量.这样,人们借用这个附加标准就可以唯一重构出密度算子.

使用最大熵重构的前提是,必须对给定可观察量的期望值或概率分布能进行准确的测量.理论上,这意味着要对全同制备系统的一个系综进行无限次测量以得到那些需要的期望.但实际上,只要测量次数足够多,就可认为平均值得到了足够精确的测量.如果观测层次由 quorum 中的所有可观察量组成(即完全观测层次),那么最大熵重构可以替代标准量子层析重构.

最大熵重构方案并不要求对被重构状态的纯度有任何先验假设,即它可用来重构纯态也可用来重构统计混合态.这一方法已用于单色光场的量子态的重构、自旋系统的量子态的重构、不完全层析数据上 Wigner 函数的重构等背景(Buzek, 2004).

1.3.2.3　极大似然估计法

与经典情况类似,极大似然量子状态估计的基本思想也是通过构造一个似然函数来从整体上找到最可能产生已观测到的数据的状态,它考虑了密度矩阵元之间的先验知识,因此可以自然保持诸如封闭性和不确定关系之类的量子理论的结构.这一技术已用于量子相位的估计、光子数分布的估计和光学纠缠态的重构等问题(D'Ariano,et al.,2001;Hradil,et al.,2004).2000年,Banaszek等人提出了一个利用最大似然方法重构密度矩阵的通用技术(Banaszek,et al.,2000),它保持了估计的正定性和正规性,可以用于多模辐射场和自旋系统的密度矩阵的重构,并从本质上降低了统计误差,但没有给出显式的重构算法.2004年,Lvovsky提出了根据一组平衡同差测量来构造光学系综的密度矩阵的一个迭代期望最大化算法,它避开了计算边缘概率分布的中间步骤,可直接用于测得的数据.

与用在同差层析中的标准重构方法比较,极大似然量子状态估计有以下特点(Lvovsky,2004):首先,对于实验数据的有限性、离散性导致的统计噪声,最大似然估计方法通过把一定的低通滤波加到 Wigner 函数的 Fourier 图像上来,尽可能地提取无限维量子态上的完全信息.标准同差层析则通过附加一些数学假定来处理此问题,但在物理上并不易于实现.其次,标准同差层析方法中的回反投影算法并没有考虑密度算子的先验约束,这会导致密度矩阵出现负对角元之类的一些非物理特征.最大似然技术则允许人们在重构程序中考虑密度算子的正定性和幺迹性的约束条件,这样就总能产生物理上合理的系综.第三,最大似然技术可用于检测器效率不高的情况.而标准同差层析则要在重构程序中对检测器效率不高引起的正交噪声行为进行额外的纠正,因为统计误差会随着检测器效率的降低而快速增长.最大似然重构的缺点是,估计程序要涉及非常复杂的计算性,即使借助数值计算,也仍然是一个相当复杂的数值优化问题.

1.3.2.4 贝叶斯估计法

贝叶斯方法的核心是贝叶斯规则,即如何根据最新测得的数据来及时更新当前状态的知识(Schack,et al.,2001).最初,量子贝叶斯推断是为重构量子力学的纯态而研发的,由于纯态的平均一般是非纯态,这样被重构的密度算子对纯态的偏离(采用冯·诺依曼熵量度)用来作为重构质量的量度(Buzek,et al.,1998).Helstron 等人曾经指出,对于未知纯态的贝叶斯重构要受到与代价函数的选择有关的某些含糊性的影响.一般地,根据代价函数的选择,人们能得到不同的估计器(即被重构的密度算子).2001年,Schack等人在广义测量的框架内推导了一个对纯态和混合态均适用的量子贝叶斯规则及其精确的使用条件(一个系统的 N 个复本系统的初态可以交换),并把他们的方法成功用到了 N 个量子位的状态重构上.

1.3.2.5 最小方差估计法

本质上,最小方差重构基于以下事实:对于任何物理量子态而言,密度矩阵元素 ρ_{mn}

最终必然会随 mn 的增加而减小，这样就使密度矩阵在 mn 很大时可被有效地截断. 很明显，截断总要引起系统误差，不过，可以选择一个保证系统误差小于统计误差的截断参数来解决此问题. 由于最小方差法是基于对测得数据进行线性变换的方法，要求的计算量小，因此，利用该方法人们可以以一种非常简单的方式实时地重构出密度矩阵元素来；但同时可能产生由实验的不精确引起的"负概率". 一般地，通过增加测量次数可以限制"负概率"的出现.

最小方差法在降低估计的统计误差方面非常有优势（Opatrny，et al.，1997），其灵活性使我们可以根据较短时间间隔内记录的数据进行重构，如果被测得的数据对某些密度矩阵元素较为敏感，那么就可以构造所谓的规则化解，即把被重构的密度矩阵元的值设为零，而不是去处理其波动值. 规则化解降低了被重构的密度矩阵元的统计误差，但同时引起了系统误差. 因此，有必要优化这一规则化，以使引起的系统误差小于统计误差.

最小方差原理出现于 Legendre 和 Gauss 时代，目前已用于量子状态重构问题中，如借助量子态内窥镜检查对腔场量子态的重构（Bardroff，et al.，1996）、俘获离子的振动量子态的重构，借助平衡和不平衡同差检测对光场量子态的重构（Opatrny，et al.，1997）. 总之，最小方差估计假定实验数据带有理想的高斯噪声，正如前面所述，它允许人们借助适当的规则化来降低统计噪声，但原则上不能保证被重构的密度矩阵是正定的，事实上这要求测量次数要足够大.

总体上讲，当前人们已经对基于测量全同复本的量子状态估计进行了大量的研究和实验，目前的文献主要针对以上各种方法的特点，研究了相应的改进算法，并对各自的改进算法进行了相应的仿真验证，但在理论上并没有站到一定的高度，各种方法的可靠性并没有得到理论上的支持. 2005 年，Artiles 等人首次对层析重构中的类型函数投影估计器和过滤最大似然估计器的统计属性进行了尝试性研究（Artiles，et al.，2005），并给出了这两种估计器在不同范数下的一致性定理. 但留下了几个公开问题，如对检测器低效率情况下非高斯噪声的处理问题、算法的收敛率问题、低检测效率情况下最优估计器的设计问题、合理确定噪声情况下 Wigner 函数的核估计器问题、能否将估计方法用于测量装置的振动以及量子力学装置作用下状态变换的估计问题等.

1.3.3 基于系统论观点的量子状态重构方法

随着控制理论逐渐介入量子系统的操纵，从系统理论的角度考虑量子状态估计的问题也得到了一定的发展，并取得了相应的研究成果. 这一处理问题的角度与上面测量一个量子系统的许多全同复本系统的做法完全不同. 针对具体的测量方式和具体解决问题的场合,出现了下面三种状态估计的方案.

2003 年,美国 Iowa 州立大学的 D'Alessandro 考虑了只使用单个有限维量子系统,在已知该系统的一个非退化可观察量期望值的一个或更多个读数的情况下确定该系统的初始状态的问题(D'Alessandro,2003).他指出,通过生成一个李群上的所有幺正演化,并借助一系列适当的被控演化和测量,就可以使人们从系统可观性的角度提取初始状态上的信息.研究结果表明,可观性并不总是意味着根据适当的演化和测量就能推断出初始状态上的所有参数;但通过把系统与一个状态已知的辅助系统(探针系统)耦合起来,就有可能获取初始状态上的完全信息.2004 年,D'Alessandro 又研究了借助一系列适当的被控演化和选择性测量把此问题推广到可能退化的可观察量的情形(D'Alessandro,2004),给出了确定初始状态上未知参数的最大个数的一般算法,同时也讨论了当系统和探针联合可控时人们如何确定量子态上的所有参数的问题.这一方法在理论上是可行的,但实验中各种噪声的出现会使整个算法带有严峻的挑战性,因此使其实用化将是进一步值得研究的问题.

2005 年,Silberfarb 等人基于对全同制备系统的一个系综上的单个可观察量进行连续的弱测量,提出了一种新的量子状态重构方案.他要求此系综被整体驱动以使每个成员都经历着全同的、精心设计的动力学演化,此演化需要把新信息连续映射到被测量上,其中的状态估计借用了经典的贝叶斯滤波方法,并扩展了经典动力学演化的高斯随机变量的状态估计方案.这一估计是实时的,并对每个成员具有最小的扰动,从被测量上提取的信息有可能用来实现闭环量子反馈控制.

2001 年,Gambetta 和 Wiseman 研究了存在系统未知参数的情况下利用量子轨迹理论进行状态估计的问题,其中的估计方法主要借助了描述连续被检测的开放量子系统演化的量子轨迹理论,即通过考虑系统与环境的相互作用,并实时地测量环境来得到相应的条件状态(平均测量后状态的一个拆分)演化的随机主方程,进一步根据连续检测到的测量记录,并借助经典的概率统计方法来对系统的状态做出最佳估计.Gambetta 和 Wiseman 把他们的估计方法用于一个与未知拉比频率的经典电磁场耦合的两级原子的状态估计中,他们指出,估计的质量极大依赖于检测环境的不同方式.事实上,在每个时刻的这一估计在获取系统的真实状态时会存在较大的误差,研究能比较准确地获取系统真实状态的方法还存在非常大的空间.

综上所述,量子系统状态估计方法在数学原理上与经典状态估计并没有多大差别,根本差别在于量子系统状态本身的特殊性.围绕对于量子态的测量方式,出现了不同的量子状态估计方式,并最终导致状态估计的不同适用场合.

第一种测量方式是基于对某个系统的大量复本系统的一组独立可观察量进行测量(即测量一个系统就记录出此次测量的结果,接着重复测量第二个系统……)的,这一测量方案是目前量子状态估计中使用最多、最通用的一种测量方案,一般只能用于初始状态的重构,因为宏观仪器只能制备出大量全同的初始状态,而无法制备出大量全同的任意时刻的未知被控演化态,显然这一状态估计方案非常适合于实验前的初态决定,可以被看作实验的前期工作.第二种测量方式是只使用单个有限维量子系统,有可能再加上一个辅助系统,并借助适当设计的控制场,来从一系列适当的被控演化和测量中推断出系统初始状态中的未知参数,这一方案的适用场合类似于第一种测量情况.第三种测量方式是在适当控制场的作用下,基于对经历全同动力学演化的全同制备系统的一个系综上的单个可观察量进行连续的弱测量,来进行任意时刻的状态估计,有可能用于反馈控制中.第四种测量方式是对单个开放量子系统进行连续测量,并根据已测得的历史记录来实现相应的状态估计,被估计出的状态可用于量子系统的反馈控制中.

1.4　开放量子系统消相干控制研究进展

在实际应用中,量子系统的控制不可避免地要与外界环境相互作用,从而导致系统不再是孤立和封闭的,变成了开放量子系统.在量子信息(Nielsen,Chuang,2000)与量子通信的应用中,量子相干性起着重要的作用,如量子隐形传态(quantum teleportation)需要用到长时间处于纠缠态的共享量子比特对;作为许多量子算法基本特征的量子并行性来源于量子状态的相干叠加;量子计算的有效算法常常需要耗费较长的时间(微观尺度上).在光化学领域,相干控制(coherent control)(Brumer,Shapiro,2003)作为控制化学反应的重要工具具有广泛的应用.然而相干控制所表示的是一个幺正操作,它的控制作用并不能完全抵消消相干对系统所带来的影响(Recht,et al.,2002),因此如何在操控状态概率转移的同时抑制系统的消相干也就成为开放量子系统控制所要面对和需要解决的关键问题,且具有重要的应用价值.这也使得量子控制的一个重要目的为:在量子系统的消相干出现时对其进行抑制,保持量子的相干性,从而保持量子系统原有的信息.

1.4.1　量子系统中的消相干现象

封闭量子控制主要是幺正控制,即通过施加控制量来改变量子系统演化的算符是幺正的，这表示了一种局域操作.由于与控制量直接对应的是系统哈密顿量，因此在具体物理装置实现时，往往给出的是系统受控制的哈密顿量而不是受控制的幺正演化算符，因此幺正控制的问题便转化为哈密顿量控制的问题.在哈密顿控制问题中，所产生的群是李群，许多分析便在李群以及李代数的框架内展开.孤立或封闭的量子系统的演化遵循的是薛定谔方程（波函数表示）或刘维尔方程（密度矩阵表示）.目前对封闭量子系统状态的控制主要是采用相干控制技术（Brumer，Shapiro，2003）.此时由控制操作引起的量子系统演化是幺正演化，在这种情况下，量子系统是能控的.实际量子系统往往与同类量子系统、热浴、热库或测量仪器等环境相互耦合，由此导致所关心的被控系统不再是孤立或封闭量子系统，而变成开放量子系统.与环境相互耦合的开放量子系统引起量子状态纯度（purity）的降低和相干性的消失（Namiki，et al.，1997），这是一种普遍的物理现象.消相干的消失伴随着非幺正演化，即使系统和环境的耦合很弱，也能够对原来的幺正演化产生重大的影响，从而使得量子系统的状态难以长时间地处于相干叠加态和纠缠态，由此导致的后果便是量子系统向环境的信息流失或概率的泄漏.此时系统的动力学行为可由马尔可夫主方程（Markovian master equation）（Gorini，et al.，1976；Lindblad，1976；Alicki，Lendi，1987）来描述，也可运用李群和李代数的知识将其表示为相干向量的形式（Alicki，Lendi，1987）.对比于封闭系统的刘维尔方程，马尔可夫主方程增加了非幺正项，正是非幺正项的存在，量子系统不再保持幺正演化.此时，局域操作不能够完全抵消非幺正项的作用，因此对于开放量子系统而言，在相干控制作用下不一定是能控的；由非幺正项所描述的动力学效应便是消相干现象.

消相干作用根据其对量子系统产生的影响可分为三类：振幅消相干、相位消相干和去极化消相干（Nielsen，Chuang，2000；Namiki，et al.，1997）.振幅消相干能够引起系统的能量耗散，即能量从量子系统向环境中流失，例如原子与真空态耦合所引起的自激辐射（Scully，Zubairy，1997）就是一个振幅消相干现象.振幅消相干的一个显著特点是引起系统相干叠加态的各本征态概率幅的变化，如自激辐射的系统状态最终将处于基态.相位消相干则是纯粹的量子力学性质的噪声过程，与振幅消相干不同，它不会引起系统的能量损失.一个发生相位消相干的量子系统，它的能量本征态不会像时间函数那样随时间变化，但会积累一个正比于本征值的相位.当系统演化一段时间后，有关这个量子相位的部分信息——能量本征态之间的相对相位会被丢失.用密度矩阵来说明，则是对角线元素不变，而非对角线元素的期望值会随时间衰减到零.比如当一个光子通过波导传播发生的随机散射的情形.去极化消相干则既能引起系统能量的变化，也能引起能量本征态之间相对相位的变化.以量子比特为例，去极化消相干使得单量子比特最终处于完全混合态的1/2.

1.4.2　抑制消相干的控制策略

由于消相干现象的普遍性及其对量子通信、量子信息处理、量子计算以及化学过程的相干控制等领域发展的阻碍,近些年来人们展开了一系列相关的研究,如在能控性方面,Recht 等人于 2002 年讨论了消相干情况下纯幺正控制的问题,证明了"纯松弛半群"在具有唯一固定点的量子动力学半群(Alicki,Lendi,1987)条件下能对动力学等价状态进行控制;2004 年 Altafini 则借用了经典控制理论的概念,在李代数的框架下研究了单量子比特马尔可夫动力学系统在相干控制下的能控性,分别给出了可达、小段及有限时间能控性的条件.

目前针对消相干的抑制策略主要有:量子纠错编码(Steane,1999)、无消相干子空间(decoherence-free subspace)和无噪子系统(noiseless subsystem)(Lidar, Whaley,2003)、基于反馈或随机控制的策略(Mancini, Bonifacio,2001)以及包含量子奇诺(Zeno)效应的一些方法(Viola,Lloyd,1998;Viola, et al.,2000;Zanardi,1999;Vitali,Tombesi,2001;Viola,2002;Byrd,Lidar,2003).

量子纠错是由 Shor 和 Steane 分别于 1995 年和 1996 年独立提出的,其基本思想是用纠缠来对抗纠缠.与经典的纠错码类似,量子纠错码通过添加辅助量子比特来引入冗余.原先的量子比特和辅助比特之间相纠缠,当信息受到噪声污染之后,可以通过差错检测和恢复操作来恢复原状态.由于纠错编码是通过受控非门来实现量子比特之间的纠缠的,并不违反量子不可克隆定理,而差错检测并不是严格意义上的测量,因为它除了判断发生了哪种类型的差错之外并不提供原量子比特的更多信息(Mensky,1996),因此不会因塌缩而破坏量子比特信息.量子纠错理论证明,只要满足所谓的量子纠错条件(Brumer,Shapiro,2003),就能够通过量子编码的方式来纠正量子噪声产生的影响.

无消相干子空间的主要思想是在系统的希尔伯特空间中找出纯幺正的子空间,这一子空间中的状态能够对特定的消相干相互作用免疫.该系统的研究首先由 Palma 等人进行,他们发现在纯相位消相干过程中,可用 $R_z(\phi) = \mathrm{diag}(1, e^{i\phi})$ 来描述,拥有与环境相同相互作用的两量子比特可以不发生消相干,并以此来构成量子逻辑门的"无噪"编码.这一情况发生在状态由 $|01\rangle$ 和 $|10\rangle$ 张成的子空间中,此时这两个状态发生的相位跳变都是 $e^{i\phi}$,因此在子空间中成为了全局相位,不具有任何观测效应.随后,段路明和郭光灿(Duan,Guo,1998b)使用不同的方法研究了这一模型,提出了"相干保持状态"的概念,并证明了量子比特对能够防止集体(collective)相位消相干和耗散的发生.Zanardi 和

Rasetti 于 1997 年首先对自旋玻色子模型系统环境相互作用提出了无消相干子系统的一般数学理论框架,引入了"集体消相干"模型,并对一般的哈密顿量确立了系统环境相互作用中动力学对称性辨识的重要性,得出了无消相干状态的一般形式的条件(Zanardi, Rasetti, 1997b). Zanardi(Zanardi, 1998)和 Lidar 等人(Lidar, et al., 1998)分别独立地证明了无消相干状态可以从马尔可夫主方程的一般考虑得到,无消相干状态存在的完全一般条件则由 Lidar 等人以 Kraus 算子和表示 OSR 的形式得到.这些研究中所给出的例子本质上都具有相同的系统-环境对称性,即系统-环境耦合中量子比特排列的对称性,正是这一对称性引起了集体消相干,而且都是由多个量子比特来重新构造逻辑量子位.从这一点上看,它和量子纠错编码具有一定的相似性.

基于反馈的控制策略需要通过测量知道任意时刻系统的状态,然后根据一定的控制律来施加控制量,经典控制理论中有很多这类方法可供借鉴.在量子系统中,量子反馈有马尔可夫量子反馈、贝叶斯量子反馈以及量子弱测量策略.马尔可夫量子反馈采用直接反馈方式,即用当前测量结果作为全部的反馈信息来立即改变系统的哈密顿量,对系统以前的知识没有加以利用,如利用测量所得光电流作为反馈信息来改变腔系统的状态(Wiseman, Milburn, 1993).贝叶斯量子反馈源于 Doherty 和 Jacobs 于 1999 年提出的通过连续状态估计进行量子反馈控制的思想(Doherty, Jacobs, 1999).与马尔可夫估计不同,贝叶斯估计采用系统以前的信息以及当前测量的结果来估计系统当前最好的状态函数.弱测量是一种使用一次性仪表(如激光脉冲)的间接测量,可以避免被控系统状态因测量而产生的塌缩,因此它的优点是被控系统的状态不受影响或者影响很小,它的缺点是所获得被控系统的信息可能不完全.目前已有的基于反馈的量子控制算法主要有:最优控制算法(丛爽,2006b)、自适应学习算法(Pearson, et al., 2001)以及跟踪控制算法(Lidar, Schneider, 2005).以跟踪控制算法保持量子比特相干性为例,2005 年,Lidar 和 Schneider 在相位消相干的情况下,运用相干向量表示,得到在一定时间内保持相干性不变的控制律.

基于量子奇诺效应思想的方法包括频繁的幺正"棒棒"脉冲及其一般化:动力学解耦.特别地,前面所说的无消相干子空间就是动力学生成的量子奇诺子空间之一(Facchi, Pascazio, 2002).所谓的量子奇诺效应是指当频繁地对一个不稳定系统进行量子测量时,将会抑制或阻止它发生衰变或跃迁,连续的量子测量将使不稳定系统稳定地保持在它的初态上,完全不发生衰变或跃迁,不稳定初态的存活概率随测量频率的增加而增加(Misra, Sudarshan, 1977). Facchi 在 2005 年分析了量子奇诺控制、"棒棒"动力学解耦以及强连续耦合的情况,比较了用这三种策略来阻止消相干的难易程度:强连续耦合最易实现,棒棒解耦次之,量子奇诺控制最难实现,这说明非常频繁的测量或者非常强的耦合确实能够控制系统的演化并抑制消相干,该现象产生的物理机制与量子奇诺效应非常接近,从这一方面很好地说明了动力学解耦和量子奇诺效应的统一性(Facchi,et al.,2004).但是,如果测量不够频繁,或者耦合的程度不够强,则都会增强消相干现象,属于"反量子奇诺"效应.需要说明的是,这类基于量子奇诺效应的控制策略对于系统具有完全马尔可夫性的情况是无效的,因为它的一个前提条件是环境或者热浴(bath)需要保持其与系统相互作用的一些记忆,至少所施加的控制场能够如此,否则系统在与控制场相互作用时将失去之前的信息而无法保持在初态.

上述四种方法各有各的特点和作用:纠错编码和无消相干子空间的方法抑制消相干的效果较好,但不足的是对量子状态有要求,或者引进信息冗余来进行逻辑编码,或者对处于无消相干子空间内的状态进行编码,都需要额外的辅助系统与原系统实现纠缠.使用奇诺效应的动力学解耦过程则要求高频率的测量或者足够强的耦合程度,否则会引起"反奇诺效应",不但不能抑制消相干,反而会促进消相干的发生.另外,不能在解耦的同时对状态概率转移进行控制.基于反馈的控制不需要与辅助系统纠缠,可以对状态的演化进行操控,但由于引入的操作一般是幺正的,并不能完全阻止消相干的发生,只能在一定时间内实现一定程度的抑制.

随着科学技术的进步,对量子系统进行控制在科学技术的各个领域显示出越来越大的必要性和重要性,量子系统控制理论及其技术已经作为控制理论与量子物理、计算机科学及高新技术的一个交叉综合领域成为国际科技界的一个热门研究方向.从系统控制的角度和观点来看,若期望设计与实现的控制系统具有良好的调控性能、较强的鲁棒性以及对复杂被控系统的可控性,控制策略的发展方向只能是采用闭环系统的负反馈控制.量子状态测量在量子系统中所遇到的实际困难,使得这种在宏观系统控制中最简单的自动控制思想目前还比较难以实现.不过,已经出现的诸如弱测量以及一些参数估计与滤波等方法为复杂量子系统的进一步高精度的操控指明了方向,并带来了希望.科学技术总是在不断地向前发展的,尤其是物理、化学方面不断取得的新的实验成果,使人们对微观量子系统的特性不断有更深入的了解和认识.我们相信,随着对量子系统认识的不断深入,针对量子系统特性的量子调控方法会越来越多、越来越全面,最终会形成有效的量子系统控制理论.

1.5 开放量子系统量子态相干保持的控制策略

自从 20 世纪诞生以来,量子力学理论作为自然科学研究必不可少的基础理论,在很

量子系统控制理论与方法
Control Theory and Methods of Quantum Systems

多方面都取得了巨大的成功.如揭示了原子、原子核结构、化学键、物体超导电性、固体结构、半导体性质、基本粒子产生和湮灭等许多重要物理问题,而且也促成了现代微电子技术、激光技术、新能源技术、新材料科学的出现和发展.并且随着科学的不断进步,量子力学和经典信息论、计算技术的结合诞生了量子信息论和量子计算理论.到了20世纪末,量子信息和量子计算的蓬勃发展给人们描绘出一个崭新的时代——量子信息时代的美好蓝图.

在量子信息技术的背景下,一个非常重要的问题被提了出来,它就是量子态相干保持问题.在量子计算理论中,用到的一个重要因素就是量子纠缠(Steane,1996)——将量子比特序列处于各种正交态的叠加态上,往往这些叠加态是纠缠态,几乎所有的量子算法都要依赖这一奇妙的量子态.它不但是量子计算中核心的要素,而且也是相对于经典计算的一个优越所在.然而,纯叠加以及纠缠态都是很"脆弱"的.因为在微观世界,量子系统不能与环境有效隔离,这种相互作用激发出环境与系统之间的纠缠,使得系统的态,无论是叠加态还是纠缠态都遭到破坏,这就可能会使得某个或者某些量子位与环境的某些自由度发生作用并纠缠在一起,使量子关联效应减弱甚至消失,从而导致量子信息和量子计算过程中的噪声出现消相干现象.作为量子信息处理中的重要问题,量子消相干效应也是实现量子计算的主要障碍之一,克服消相干效应对系统状态的影响,容错地进行量子操作是实现量子计算的前提条件,也是实现量子计算机以引领人们探求微观世界奥秘的关键问题.

量子态的干涉性和纠缠性给量子信息和量子计算带来了光明灿烂的前景.然而,量子干涉的脆弱性也给量子信息和量子计算的物理实现带来了障碍.有这样几句话简单描述了量子信息和量子计算的过程(李明,2008):量子信息就是量子位所处的量子态,量子信息的演化遵循薛定谔方程,量子信息的传输就是量子态在量子通道中的传送,信息处理就是量子态的幺正变换,信息的提取则是对量子系统实行量子测量.在这一系列的过程中,量子位与环境的相互作用或者其他原因,使得量子位能量耗散或者相对位相改变,从而导致量子干涉性消失,量子信息散失在无法控制的环境中,这种现象就称为量子消相干.

在量子力学的研究过程中,量子相干性占有极其重要的地位.可以这样说,量子相干性是量子力学不同于经典力学的根本特征,几乎所有违反物理直觉的量子现象都是量子相干性的直接或者间接的后果.例如在物质波的双缝干涉实验中,如果是经典力学中的粒子,显然,它每次只能通过其中的一条缝,难以想象另一条缝的存在会对与它没有相互作用的粒子产生影响;但量子力学中的一个粒子却可以相干地同时通过两条缝,更准确地说,同时存在两个相干的概率幅;由于这两个不同概率幅之间的量子相干,才出现了干涉条纹.另外,所谓的宏观量子现象,例如玻激光、超导、超流等,它们的共同特点就是把量子相干性放大到宏观层次,故而也应该看作是量子相干性的一种具体体现.在当前十分活跃的量子信息和量子计算领域,在理论上最重要的特征就是利用了量子相干性,体现量子计算优越性的量子并行算法本质性地利用了量子相干性,可见,量子相干性是量子系统的特性.因此,以物理本质的角度而言,环境对系统相干性的影响是一个十分值得认真考虑的问题.就拿当前一个重要的研究方向——量子计算机的实现来说,当科研人员在努力实现这个目标时发现,一方面量子计算机依赖于量子位的相干叠加而具有大规模并行计算能力,另一方面量子位和环境之间的关联又破坏了量子计算的进行.虽然目前已实现了多种量子计算的技术方案,但它们实验上需要同时满足 DiVincenzo 的所有判据很困难,也无法预料这些方案的前景,因此在现有物理条件的基础上采用合理的手段达到对多体量子系统的有效控制,解决系统消相干和系统纠错问题是最重要的.

量子消相干现象,作为阻碍量子信息技术发展的重大难题,一直以来是专家学者研究的热点.到目前为止,人们也提出了多种方法来抑制量子消相干现象,但是没有完全抑制.虽然现有的方法都具有一定的局限性,但它们对特定情形下的消相干能给出好的抑制效果,以下对这些控制方法进行详细的阐述.

按照由简单到复杂的顺序,可以将抑制消相干的控制策略总体分成两大部分.它们分别是单一控制和复合控制.单一控制指的是按照某一种控制原理采用的控制方法对消相干进行抑制.按照大体时间顺序,单一的相干保持控制方法主要有编码方法(量子纠错编码、量子避错编码、量子防错编码)、量子动力学解耦(量子棒棒控制)、最优控制法、相干控制法以及反馈控制法等.而所谓复合控制是单一控制的一种结合,这其中就包括相干-反馈控制、最优-相干控制、最优-反馈控制以及最优-动力学解耦等.

1.5.1 编码方法

在经典控制理论中,当对一个对象进行控制时,人们通过分析往往发现能够达到控制要求的方法会有很多种.这些控制方法虽然原理不同,但都能得到很好的控制效果.这不仅可以使得控制途径变得更宽,让人们在不同的条件下根据技术要求使用更好的方法,还可以通过对它们进行分析比较,得到最好的控制方法.其实,不但在经典控制中是这样,在量子力学中亦是如此,专家学者从不同角度使用不同原理得到了多种消相干抑制方法.

人们最早提出的解决消相干问题的方法是来源于编码的方法,包括量子纠错编码、量子避错编码以及量子防错编码.

1.5.1.1 量子纠错编码

量子纠错编码是由 Shor 于 1995 年提出来的. 量子纠错编码的基本思想借鉴了经典编码理论中的线性纠错编码方法,它用 2^n 维希尔伯特空间的一个 2^k 维子空间来编码量子信息,使发生错误的态落在不同的正交子空间中. 但同时由于量子力学的不可克隆原理以及测量塌缩原理,需要对于量子纠错编码引入新的构建方法、存在判据以及纠错方式. Shor 的方法是首先引入冗余量子位,将信息量子比特位与这些冗余量子位纠缠起来,当某些量子位因消相干等原因出错时,可以通过测量辅助量子位确定发生错误的量子位的位置,从而使用相应的变换纠正错误. Shor 提出的纠错方案为量子重复编码,它利用 9 比特来编码 1 比特信息,可以纠正 1 位错. Shor 的方案简单,而且与经典重复编码有较直接的类比,但它的效率不高. 事实上,Steane 的编码方案(Steane,1996)对后来的量子纠错编码影响更大. 在该方案中,Steane 提出了互补基的概念,给出了量子纠错一些一般性的描述,并具体构造了一个利用 7 比特来编码 1 比特纠 1 位错的量子编码.

其实量子纠错编码是在一定的假设下才有效的. 由于在实际情况下,所有的量子比特均经历消相干,因此每个比特都有可能出错,发生错误的比特数是不定的. 所以要假设量子比特独立地发生消相干(亦即各个比特随机地出错).

1.5.1.2 量子避错编码

量子避错编码方法最初来源于无消相干子空间(DFS)(Chuang,Yamamoto,1995;Chuang,Yamamoto,1997;Suominem,et al.,1996)的思想,即在系统的状态空间中寻找一个小的子空间,在这个子空间中,系统的演化行为不受环境噪声的影响,仍为幺正. 对于无消相干子空间可以有两种描述方式,一种是通过系统环境耦合方程描述,即系统与环境相互作用的耦合哈密顿量作用到无消相干子空间上效果为零;另一种是通过主方程描述,即主方程中的环境作用项作用到无消相干子空间上效果为零,两者是等价的. 考虑到物理实现的需要,人们对无消相干子空间方法进行了推广,提出了无消相干子系统方法. 无消相干子系统方法是在多个量子比特中寻找若干与环境解耦的量子比特,此时将量子信息编码用到这些量子比特中就可以实现容错量子计算. 郭光灿和段路明用 DFS 方法提出了一种量子避错编码,他们考察了两个比特或多个比特消相干和一般耗散过程中的合作效应,观察到其中一种理想情况——集体消相干(完全合作消相干),而在集体消相干中存在相干保持态. 在量子避错编码方案中,相干保持态得到了本质性的利用. 这些方案一般都先建立相干保持态,然后将量子比特的输入态编码为相干保持态. 他们的方案基于量子比特的配对,配对的两个比特要求发生集体消相干,但不同对之间的量子比特既可以独立消相干,也可以合作消相干. 对于量子比特对,存在相干保持态,从而可以将比特的一般输入态编码为比特对的相干保持态,以达到克服消相干的目的.

相比于量子纠错编码,此方案具有适用范围广、效率高等特点.它只需要用 2 比特来编码 1 比特,而且该编码可以很简单地用量子控制非门来实现.但事实上,它也是在一定的假设条件(某些量子比特发生集体消相干)下进行的.因为量子避错编码方案利用了相干保持态,而相干保持态建立在某些量子比特发生集体消相干的假设之上.

1.5.1.3　量子防错编码

量子防错编码方案(Duan,Guo,1998a)的思想来源于量子奇诺效应.1977 年 Misra 和 Sudarshan 首先从理论上预言了量子奇诺效应的存在.他们证明了:测量将抑制量子状态的演化,亦即频繁的测量观测将把量子体系"冻结"在它的初态上,抑制或阻止它向其他状态的跃迁.由于对量子系统进行频繁的测量会使量子态的演化过程减慢,消相干过程当然也一样.如果测量的频率足够高,就可以防止系统状态发生消相干.该方法尚处于理论探讨阶段,量子奇诺效应的物理意义和哲学内涵都还没有得到圆满的解释,实现起来存在一些原理上的困难.

来源于编码的方法的想法非常直接,且和经典纠错理论有对应的关系,因此在退相干抑制研究的早期,人们在这方面投入了大量的精力.但是编码方法一个致命的不足在于它要引入大量的冗余量子位.以主动纠错编码为例,可以证明要想纠正一个量子位的错误,至少要引入四个量子位冗余,这在制备量子位还非常困难的今天,是很难让人接受的.另一方面,采用编码的方法还需要对系统以及环境作用加入一定的对称性假设.比如在 Shor 的主动纠错编码方案中就需要对量子位引入独立消相干的假设(即每个量子位均独立地与环境发生相互作用).而对于避错编码方案,虽然可以将退相干问题推广到整体消相干情形(即包含多比特间的量子关联错误),但并不是在所有的开放系统中都存在非平凡的无消相干子空间的.也就是说,若希望系统存在无消相干子空间,就需要对系统以及环境影响机制加入必要的对称性假设.

1.5.2　量子动力学解耦

虽然编码的方法直观且容易操作,但是存在一定的局限性.因此,针对编码方法的不足,人们希望引入主动控制的方法抑制消相干.最早提出的方法大多来源于物理直观或已有的物理实验技术,量子开放系统的动力学控制(解耦)方法基本的物理直觉源于核磁共振技术波谱学中平均相干效应的思想(Hahn,1950;Haeberlen,Waugh,1968).它的核心思想就是消除掉系统总哈密顿量中不想要的作用项.在核磁共振技术波谱学中人们通过适当的脉冲序列选择性地消除掉核自旋哈密顿量中不想要的作用项,如今它已成为核磁共振技术的重要组成部分.例如量子棒棒控制方法的产生就是受到了核磁共振中的回波技术的启发.回波技术的主要思想是通过设计适当的脉冲序列在核自旋哈密顿量中引入新的哈密顿量作用项以消除干扰作用的效果.在这种技术的启发下,Viola 和 Lloyd 在 1998 年提出了采用棒棒控制消相干抑制方案.这种方案的思想是在系统中加入高频的正弦脉冲序列,这个脉冲序列的振动频率要比环境截止频率高,通过这个高频脉冲的作用,部分抵消环境的影响,并在棒棒控制方法的基础上,人们进一步研究了棒棒控制所导致的动力学解耦控制的代数结构.发现动力学解耦控制的目标其实是通过控制使得环境与系统分别演化,也就是说系统与环境在演化过程中始终保持解耦状态.

量子动力学解耦过程的基本思想是,设计一个控制器——它包含一个经典的控制场,这个场仅与系统作用,其目的是通过引入这个控制场使得系统和环境的相互作用量尽可能地被消除,从而系统的受控动力学可以用等效哈密顿量表示.目前,主要有两种类型的动力学解耦方式:第一种是直接从控制器传播子方面入手来设计控制器;第二种是从整个复合系统的幺正演化方面入手来设计控制器.

与编码的方法相比,这种动力学控制方法的优点在于不需要引入冗余的量子比特,但是其缺点是它们都有着对控制场的强度要求任意大的、无约束的、需要产生超高频的脉冲.这种策略对于简单量子系统是有效的,但是并不符合规模化的需要,因为产生超高频的脉冲并不是一件容易的事情.另外,从效果上来看,量子动力学解耦和前面的被动纠错编码方法有相似之处,后者要求在无噪声子空间上系统状态和环境在演化过程中保持解耦.但前者是一种主动的方法,且通过合理地选择控制,可以保证在整个系统状态空间中都保持解耦,而不是仅仅在无噪声子空间上.

1.5.3　最优控制法

优化问题是经典控制中的一个基本问题,它一般是借用数学手段和计算机数值计算方法来寻找系统的最优控制解,而在寻优过程中不必列举和计算所有可能的控制解.其中的最优往往表现为一个目标函数在满足一定约束条件下的极大或极小.对于一个最优控制问题,首先必须定义被优化控制系统的性能指标和约束条件,进而建立各变量之间的数学模型,再通过对模型的分析求解得到优化控制策略.性能指标可根据实际需要选择时间最短、控制场能量最小或者某种综合性能指标最优的量.

最优控制是将经典控制理论应用于量子控制领域最早的也是最有效的几种方法之一.它也可以抽象为合适的函数空间上的极值求解问题,通常可以先选择一个恰当的目标函数,通过求解目标函数的极值来获得最优控制解.通常,一个量子最优控制问题包括目标函数的选择和最优控制解的求取两个最重要的步骤.量子控制中控制脉冲能量最小是一个经常选用的性能指标,因为这样的控制脉冲不但可以使系统的近似处理更加实际可行,而且还能够提高系统效率.同时,由于量子系统易受外界干扰,最优控制脉冲也有利于降低它对系统其他部分的干扰.在量子化学领域,利用最优控制的方法已经在实验上有选择性地打破了分子中的化学键,从而有效地控制化学反应.但是到目前为止,利用最优控制的方法讨论相干保持的研究还不是很多.2003 年 Khaneja 等人讨论了有消相干作用时在开放量子系统中引入最优控制的模型,但是控制的目标不是为了抑制消相干,而是讨论在消相干的影响下如何提高化学反应转化效率.D'Alessandro 和 Dobrovivitski 在 2002 年讨论了利用最优控制抑制消相干的问题,并引入了灵敏度函数的概念将其作为最优控制的优化指标.Zhang 等人在 2005 年利用最优轨线跟踪的方法讨论了退相干抑制,并在近似意义下得到了最优受控轨线和最优控制律的解析表达形式.2006 年,Jirari 和 Potz 进一步发展了对开放系统动力学的量子优化控制(在数学上,是一个动态约束下的泛函优化问题).他们在自旋-玻色子环境模型中加入与时间相关的控制场,用一系列 Bloch-Redfield 方程表达开放系统的主方程,定量地给出了控制外场对系统耗散过程的影响,从而最终控制自旋 Bloch 矢量的所有三个分量.

随着量子理论和技术的不断成熟,量子最优控制已经引起科学家们的广泛关注,不但用于分子系统、化学反应,也逐渐被用到量子比特系统的分析与设计中.量子最优控制不仅是一种量子控制策略,更是一种量子控制设计方法,它可以广泛地与量子闭环学习控制、量子反馈控制、量子相干控制结合,用于更有效地分析较复杂的量子消相干控制问题.

1.5.4 相干控制法

相干控制法在量子领域有着很重要的作用,它不但可以用来控制量子态的演化,也可以用来抑制量子消相干过程.在控制量子态的演化时,相干控制对处于已知的初始状态(初始波函数、初始粒子数分布等)系统,通过使用特定的激光脉冲来控制某一动力学行为或过程,最终实现人们所需要的目标状态.利用量子相干控制的技术在相干控制化学反应、强激光控制电离、高次谐波的产生及相干控制量子态转移并进而实现量子信息的处理和存储等方面都取得了重要的应用价值.

不但如此,相干控制也是一种重要的相干保持控制策略.它的基本原理是通过外加光场或电磁场与系统的某些力学量发生相互作用而加入系统中的.在半经典近似下,这相当于把一些哈密顿量(称为控制哈密顿量)加入系统原来的哈密顿量中以改变系统的能量.由于这种控制方式只引起系统动态的幺正演化过程,仍旧保持系统的相干性不变.2003年Altafini讨论了在相干控制作用下有限维开放量子系统模型的可控性问题,并研究指出此模型是不可控的.而后,Altafini在2004年以及Lidar和Schneider在2005年分别对简单的单比特量子系统模型,采用相干控制方法研究了退相干抑制问题.基于Altafini关于开放量子系统相干控制模型的可控性分析结果(Altafini,2003a),Zhang等人在2005年引入最优控制的方法极大化相干控制的控制效果.李明和何耀在2008年通过采用最优控制策略研究了二能级开放量子系统相干保持的情形.清华大学张靖和李春文于2006年对于二能级量子系统,考虑利用相干控制的方法对系统部分状态分量与环境解耦进行了研究,并给出了相应的结果.

相干控制虽然是一种很好的抑制消相干控制思想,但是单纯地使用相干控制克服消相干一般不能精确解耦,只能完成与环境的渐近解耦.如果想要能够精确解耦,就需要对系统加入很强的假设条件,这样的条件也是很难做到的.Lidar和Schneider于2005年讨论了这个问题,它的控制目标是能与环境噪声精确解耦.由于需要对时变线性系统严格求解,这一般是做不到的,因此本书在讨论过程中引入了一个很强的假设,即要求初始的控制矢量始终保持为常数.即便如此,得到的控制律形式也很复杂.因此,可以将相干控制与其他控制方法(最优控制、反馈控制等)结合起来,这样可以取得更好的控制效果.

1.5.5 反馈控制法

基于反馈的控制策略需要通过测量知道任意时刻系统的状态,然后根据一定的控制律来施加控制量,经典控制理论中有很多这类方法可供借鉴.在量子系统中,量子反馈有马尔可夫量子反馈、贝叶斯量子反馈以及量子弱测量策略.马尔可夫量子反馈采用直接反馈方式,即用当前测量结果作为全部的反馈信息来立即改变系统的哈密顿量,对系统以前的知识没有加以利用,如利用测量所得光电流作为反馈信息来改变腔系统的状态.贝叶斯量子反馈源于Doherty和Jacobs于1999年提出的通过连续状态估计进行量子反馈控制的思想.与马尔可夫估计不同,贝叶斯估计采用系统以前的信息以及当前测量的结果来估计系统当前最好的状态函数.弱测量是一种使用一次性仪表如激光脉冲的间接测量,可以避免被控系统状态因测量而产生的塌缩,因此它的优点是被控系统的状态不受影响或者影响很小,它的缺点是所获得被控系统的信息可能不完全.目前已有的基于反馈的量子控制算法主要有最优控制算法、自适应学习算法以及跟踪控制算法.以跟踪控制算法保持量子比特相干性为例,Lidar 和 Schneider 于 2005 年在相位消相干的情况下,运用相干向量表示,得到在一定时间内保持相干性不变的控制律.由于量子比特的非幺正演化使得量子比特状态在 Bloch 球上是按椭圆轨道进行演化的,其长轴为 z 轴,短轴在 x-y 平面上,因此 x-y 平面上的状态将会收缩,所以控制场的作用可以理解为:控制场试图旋转椭圆轨道,使得其短轴尽量向 z 轴靠拢,从而避免 x-y 平面上收缩,一直作用到所谓的崩溃时间.量子反馈控制的困难主要在于:第一,量子系统的信息抽取过程本身会带来干扰过强的测量,会引起量子系统状态波函数的塌缩,对一个单一量子系统,通过一次测量无法获取其全部信息;第二,由于量子态自身演化的快速性,量子控制中的测量滞后以及信息处理都会使得量子反馈控制变得更加困难,使得量子反馈控制主要集中在化学反应及光学控制领域(丛爽,楼越升,2008a).

随着量子信息技术的不断发展,现在已经出现了一些测量方法,它们既可以测量到量子所携带的信息,又可以不破坏量子相干性.如 Lloyd 提出了相干量子反馈控制策略,它不涉及破坏性的量子测量,利用量子逻辑处理,能保持量子相干性(Lloyd,2000).这将促进量子反馈控制方法更加广泛地用来克服量子消相干问题.

1.5.6 复合控制

在前面介绍的控制方法中,虽然它们都能够取得比较好的抑制效果,但是每种控制方法或多或少都有着一些缺点.因此,一种很自然的想法就是将它们当中的某些方法结合起来,扬长避短,利用各自的优点去补充对方在控制中的不足,这样可以使得控制效果更佳,例如相干控制一般只能控制到与环境渐近解耦,并不能完全克服消相干,如果加上最优控制,利用最优控制去极大化相干控制,则控制效果会更好(Zhang,et al.,2005).

1.5.6.1 最优-动力学解耦

最优-动力学解耦是保持量子相干性非常有效的方法之一.最优-动力学解耦方法的基本思想是通过一串精心设计的微波脉冲直接作用于自旋电子,让自旋电子反复翻转,"感受"到的外力上下翻转,消去电子自旋与环境中核自旋之间的耦合,保护电子自旋的量子相干性.2009 年,中国科学技术大学杜江峰研究小组和香港中文大学的刘仁保合作,通过电子自旋共振实验技术,首次通过固态体系实验实现了最优-动力学解耦,极大地提高了电子自旋相干时间,对固态自旋量子计算的真正实现具有重要意义.量子计算的本质就是利用量子的相干性,而在现实中,由于环境不可避免地会对量子系统发生耦合干扰,使量子的相干性随时间衰减,发生消相干,因此计算任务无法完成.该研究利用可以同时操控电子和核自旋的实验平台,通过脉冲电子顺磁共振,在温度从 50 K 到室温的范围内,实现了最优-动力学解耦及丙二酸晶体的电子自旋相干.他们用七个微波脉冲把一种叫丙二酸的材料里的电子自旋的相干时间从不足二千万分之一秒提高到了近三万分之一秒,这个时间已经能够满足一些量子计算任务的需要.同时研究人员指出,其他固体系统也可以实现最优-动力学解耦,比如氮中心空位晶体,这也为在室温下控制自旋量子相干打下了基础.

1.5.6.2　最优-相干控制

相干控制是通过外加光场或电磁场与系统的某些力学量发生相互作用而加入的.在半经典近似下,这相当于把一些哈密顿量加入系统原来的哈密顿量中以改变系统的能量.但是对于一些系统,如马尔可夫开放量子系统,将其系统主方程转化为实向量空间上的双线性受控方程,由于线性受控方程不可控的性质(Altafini,2003b),采用相干控制模型无法抑制消相干.因此一种可能的想法是在上述受控方程模型下,考虑引入最优控制研究消相干抑制问题,尽可能地极大化控制对消相干的抑制作用.

在运用最优控制的时候,一个非常重要的问题就是要选取适当的最优控制指标.这个指标一方面应该能够很好地描述量子态的相干性,另一方面应该便于计算.目前已有的描述退相干程度的最优指标,包括熵指标、保真度指标、轨线距离指标以及 Alessandro 和 Dobrovivitski 于 2002 年提出的灵敏度函数指标等.利用数值仿真的方法对各种指标进行比较可以发现,熵指标、灵敏度函数指标由于具有很强的非线性,一方面非常不容易计算,另一方面在用数值算法求解时,算法收敛性很差,同时可以发现保真度指标和轨线距离指标是等价的,这两种指标都可以化为一个二次型的最优指标,用数值算法求解时,算法收敛性较好.更重要的是,在引入一定有物理意义的假设下,最优控制问题在近似意义下可以解析求解.张靖于 2006 年研究了此问题,针对马尔可夫开放量子系统,得到基于马尔可夫近似的开放量子系统相干控制模型,但这个受控模型是不可控的,在研究中引入了最优控制,并采用轨线距离指标作为最优控制指标,得到了很好的控制效果.

1.5.6.3　最优-反馈控制

在前面的内容中已经指出,利用最优控制来克服系统消相干,主要考虑两个问题:目标函数的选择和最优控制解的求取.而且实际量子控制中控制脉冲能量最小是一个经常选用的性能指标,因为这样的控制脉冲不但可以使系统的近似处理更加实际可行,而且还能够提高系统效率.但是单纯的最优控制在开环的情况下缺乏很好的鲁棒性,系统目标在控制过程中存在波动.而且相关研究(张靖,2006)表明采用最优控制对三种类型的消相干情况(振幅消相干、相位消相干和去极化消相干)进行控制时,它只能对前两种产生作用,不能对去极化消相干情况进行控制,这些情况下结合反馈控制可以对最优控制策略进行修正,获得更好的控制效果.

2006 年,清华大学张靖研究了马尔可夫开放量子系统的消相干抑制问题(张靖,2006).首先对马尔可夫开放量子系统主方程模型引入密度矩阵相干向量表示.在相干向量表示下,主方程模型转化为实向量空间上的双线性受控方程.这个双线性方程由于不可控,可以采用最优控制法.在引入完全退相干条件、可控性假设、收敛性假设等具有明确物理意义的假设的基础上,得到在渐近意义下受控轨线是与自由演化动态同步的等幅振荡过程,但这个振荡振幅相比自由演化动态会有所损失.通过设计得到的控制律在渐近意义下是在已有实验技术中便于实现的正弦驱动信号.并针对去极化消相干情形,引入了反馈控制的方案对最优控制策略进行修正,通过对控制物理量进行连续测量,再根据测量结果施加幺正操作,如果量子测量探测到测量跳变,则施加幺正操作,提高了控制精度,扩大了最优控制的作用范围.

1.5.6.4 相干-反馈控制

相干-反馈控制方法是对开环相干控制的进一步补充.通过上节对相干控制的介绍可以发现,在开环的相干控制下,系统一般不能完全克服消相干,只能使得部分系统状态分量可以实现与环境渐近解耦.同时,它还需要经过大量的公式计算才能得到控制律,实现起来相当麻烦.因此,开环相干控制不具备足够的抗干扰性和鲁棒性.这些问题可以通过引入反馈控制策略来得到改善.由于与经典系统不同,对量子系统进行反馈控制存在本质的困难:根据量子力学的基本原理,反馈过程中所需的量子测量会在系统中引入附加的不可忽略的量子噪声,在设计控制律时必须同时考虑抑制这类噪声.单次测量中量子态的演化行为,由于含有随机项,对其控制需要涉及随机控制理论,分析比较复杂.所以在研究时,可考虑对多次测量结果取平均来解决这个困难.2006 年张靖和李春文研究了利用相干-反馈控制方法抑制二能级量子系统消相干,并且与 Lidar 和 Schneider 在2005 年发表的论文中给出的开环策略相比,张靖和李春文在研究中给出的控制律可通过测量得到,不需要通过求解微分方程得到,从而避免了 Lidar 和 Schneider 在研究中为了解析求解微分方程而引入很强的假设条件,控制律的形式也更便于物理实现.

1.6 本书内容安排

本书将分别对封闭以及开放量子系统的控制理论与方法进行研究,重点对基于李雅普诺夫稳定性理论的量子控制方法及其收敛性能进行深入的探讨.在量子状态调控方面,不但进行态-态转移、量子门操控以及轨迹跟踪控制,而且还对开放量子系统的状态保持、保真性以及容错性进行控制与系统仿真实验的研究及其性能的对比.本书共分为14章,具体内容安排如下:

在第1章概论中,分别从五个方面进行概述:量子系统控制的发展状况、量子分子动力学中的操纵技术与系统控制理论、量子系统中的状态估计方法、开放量子系统消相干控制研究进展和开放量子系统量子态相干保持的控制策略.

第2章是有关对量子系统模型的直接求解以及性能分析.重点从量子系统状态与Bloch球的几何关系以及量子纯态与混合态的几何代数分析来了解低维量子系统状态的演化轨迹与性能,并具体地对一种二阶含时量子系统状态演化的求解方法进行了详细的推导与分析.基于本章所进行的关系分析,专门讨论基于Bloch球的量子系统状态演化的轨迹控制.

第3章是关于封闭量子系统的控制方法.在与最优控制相关的控制方法中重点讨论了基于Krotov法的量子最优控制、基于最优搜索步长的封闭量子系统的控制和平均最优控制在量子系统中的应用.另外,还进行了利用相位的自旋1/2量子系统的相干控制、高维自旋1/2量子系统布居数转移的控制脉冲序列设计以及最优控制和李雅普诺夫控制方法的性能对比研究.

第4章借助经典系统中的李雅普诺夫稳定性理论开发出量子李雅普诺夫控制方法,系统地研究由纯态描述的封闭量子系统的状态控制问题.基于三种不同几何或物理意义的李雅普诺夫函数:基于距离的李雅普诺夫函数、基于状态间偏差的李雅普诺夫函数、基于一个虚拟力学量均值的李雅普诺夫函数,研究了相应的对本征态转移控制中三种基于李雅普诺夫设计方法.针对每一种李雅普诺夫方法,均详细给出了控制器的设计过程、讨论在控制场作用下系统对于目标态的收敛性分析等具体问题,从性能上对比了不同的量子李雅普诺夫控制方法.

第5章在第4章的基础上,继续采用基于李雅普诺夫的量子系统控制方法对一般量子状态转移,其中包括叠加态的制备、纯态量子系统最优控制、混合态的最优控制、任意纯态到期望混合态的驱动以及有效纯态的制备.

为了能够设计出收敛的而不仅仅是稳定的李雅普诺夫的量子系统控制理论,在第6章里专门对基于李雅普诺夫的量子系统控制理论进行收敛性分析.本章中重点讨论了理想条件下混合态量子系统的李雅普诺夫稳定化策略,分析了李雅普诺夫控制设计下混合态量子系统的轨线极限点特征,提出了量子系统的能量控制策略与轨迹规划控制.

针对实际量子系统很难满足第6章中提出的收敛性条件,第7章重点研究了退化情况下的李雅普诺夫控制问题,分别开发出基于距离、偏差和虚拟力学量均值的多控制哈密顿量的隐式李雅普诺夫方法,解决了任意状态转移的隐式李雅普诺夫控制问题.

第8章是关于纠缠态的探测与制备,包括量子系统的纠缠探测与纠缠测量、量子系统的 Schmidt 分解及其几何分析、两自旋系统相互作用图景下纠缠态的制备.

第9章是有关开放量子系统的模型的介绍,主要分为马尔可夫型和非马尔可夫型.在马尔可夫模型中,介绍了环境为热浴的开放量子系统模型,其中包括基于 Born 逼近的 Born 主方程、基于马尔可夫逼近的马尔可夫主方程以及常见的几种马尔可夫主方程.非马尔可夫开放量子系统动力学模型,主要包括 Nakajima-Zwanzig 主方程、时间无卷积主方程、微扰形式下的非马尔可夫主方程、非微扰形式下的非马尔可夫主方程、保持正定性的非马尔可夫主方程等.

第10章是对开放量子系统状态的调控,其中包括量子系统布居数转移最短路径的决策、Lindblad 型开放量子系统的布居数转移最优控制、开放量子系统的状态转移最优控制、相互作用粒子的纯度保持、利用相互作用的耗散补偿与弱测量及其在开放系统控制中的应用.

第11章是对无消相干子空间中量子状态的控制与保持,主要讨论了三个方面:一个 Λ 型三能级原子的相干态保持、一般的开放量子系统状态转移与相干保持和无消相干子空间中开放量子系统状态调控的收敛性.

第12章是有关动力学解耦的量子控制方法,分别介绍了振幅和相位消相干下的动力学解耦策略设计、一般消相干下的动力学解耦策略设计以及一种优化的动力学解耦策略设计.

第13章是有关量子系统的跟踪控制,其中包括基于李雅普诺夫方法量子状态的轨迹跟踪、量子系统的跟踪控制、不同目标函数的量子系统动态跟踪以及量子系统轨迹跟踪的收敛性证明.

第14章是量子系统控制的一个具体应用:相干反斯托克斯拉曼散射(CARS)相邻能级选择激发最佳可调参数的设计.本章针对甲醇溶液中 CH_3 对称和反对称伸缩振动的选

择激发问题,采用 Silberberg 提出的控制方法,根据相关公式及理论,分析了参数调控方法的内部机理,根据 CH_3 对称与反对称伸缩振动峰值大小之间的关系,通过一系列参数调整的实验,总结出泵浦光和斯托克斯光相位函数的矩形窗宽度和中心频率对目标函数的影响规律,从而确定出最佳可调参数以及能够实现相邻能级选择激发的范围.通过分析总结出实现相邻能级选择激发的参数调控方法.

第 2 章

量子系统模型的求解与分析

2.1　量子系统状态与 Bloch 球的几何关系

一个由波函数或态矢描述的量子状态称为纯态.量子系统的纯态一般采用希尔伯特空间中的态矢 $|\psi\rangle$ 表示,一个二能级量子系统的状态可以表示为

$$|\psi\rangle = \alpha |0\rangle + \beta |1\rangle \tag{2.1}$$

其中,α 和 β 为复数.

为满足归一化条件,令 $|\alpha|^2 + |\beta|^2 = 1$;$|0\rangle$ 和 $|1\rangle$ 为二维希尔伯特空间中的一组正交基,用矩阵形式表示为(Mosseri,Dandoloff,2001)

$$|0\rangle = \begin{bmatrix} 1 \\ 0 \end{bmatrix}, \quad |1\rangle = \begin{bmatrix} 0 \\ 1 \end{bmatrix} \tag{2.2}$$

一个量子系统的波函数也可以用极坐标形式表示为

$$| \psi \rangle = a \mathrm{e}^{\mathrm{i}\phi_a} | 0 \rangle + b \mathrm{e}^{\mathrm{i}\phi_b} | 1 \rangle \tag{2.3}$$

其中,a,ϕ_a,b 和 ϕ_b 为实参数.

通过定义相对相位 $\phi = \phi_b - \phi_a$,得到含有三个实参数的波函数为

$$| \psi \rangle = a | 0 \rangle + b \mathrm{e}^{\mathrm{i}(\phi_b - \phi_a)} | 1 \rangle = a | 0 \rangle + b \mathrm{e}^{\mathrm{i}\phi} | 1 \rangle \tag{2.4}$$

其中,a,b 和 $\phi = \phi_b - \phi_a$ 为实参数.

显然,式(2.4)中的状态仍满足归一化条件.令 $b\mathrm{e}^{\mathrm{i}\phi} = x + \mathrm{i}y$,其中,$x$ 和 y 为实数,则有

$$| a |^2 + | b\mathrm{e}^{\mathrm{i}\phi} |^2 = a^2 + | x + \mathrm{i}y |^2 = a^2 + x^2 + y^2 = 1$$

取欧氏空间中的球坐标:

$$x = r \sin \theta' \cos \phi, \quad y = r \sin \theta' \sin \phi, \quad z = r \cos \theta' \tag{2.5}$$

令 $r = 1$,有 $a = z$.一个量子系统的波函数可写为

$$\begin{aligned} | \psi \rangle &= z | 0 \rangle + (x + \mathrm{i}y) | 1 \rangle = \cos \theta' | 0 \rangle + \sin \theta'(\cos \phi + \mathrm{i} \sin \phi) | 1 \rangle \\ &= \cos \theta' | 0 \rangle + \mathrm{e}^{\mathrm{i}\phi} \sin \theta' | 1 \rangle \end{aligned} \tag{2.6}$$

因而,仅需两个实参数 θ' 和 ϕ 就可以确定单位球面上的一个点.

Bloch 矢量由三维欧氏空间单位球中的一个矢量 $n = (\sin \theta \cos \phi \quad \sin \theta \sin \phi \quad \cos \theta)$ 来表示.稍微进行一些计算可以发现,采用式(2.5)中所定义的球坐标并不能与 Bloch 球坐标完全对应,例如,当 $\theta' = 0$ 时,对应状态 $| 0 \rangle$;当 $\theta' = \pi/2$ 时,对应状态 $\mathrm{e}^{\mathrm{i}\phi} | 1 \rangle$,即 $0 \leqslant \theta' \leqslant \pi/2$ 就对应 Bloch 球面上所有的点,也就是说,笛卡儿坐标系中的上半单位球面对应整个 Bloch 球面.为了获得与 Bloch 球面上点的一一对应关系,有必要引入 $\theta = 2\theta'$,其中,$0 \leqslant \theta \leqslant \pi$,此时系统的波函数变为

$$| \psi(\theta, \phi) \rangle = \cos (\theta/2) | 0 \rangle + \mathrm{e}^{\mathrm{i}\phi} \sin (\theta/2) | 1 \rangle = \begin{bmatrix} \cos (\theta/2) \\ \mathrm{e}^{\mathrm{i}\phi} \sin (\theta/2) \end{bmatrix} \tag{2.7}$$

其中,$0 \leqslant \theta \leqslant \pi$;$0 \leqslant \phi \leqslant 2\pi$;$\mathrm{e}^{\mathrm{i}\phi}$ 为相对相位因子.

由式(2.7)获得的系统状态与 Bloch 球面坐标具有完全一一对应的关系.

从所推导出的式(2.5)和式(2.7)可以看出:对于一个用两个复数 α 和 β 表示的波函数 $| \psi \rangle$,可以通过确定两个(实数)角度 θ 和 ϕ,采用 Bloch 矢量表示,并画出具体在 Bloch 球上的位置,且纯态的 Bloch 矢量均在单位球面上,即有 $\| n \| = 1$.二能级量子系统状态可以对应三维欧氏中单位球面或球内的一个矢量,即 Bloch 矢量,这为人们理解量子比

特的物理意义和操作提供了方便.

下面将分别具体讨论纯态以及混合态量子系统的 Bloch 矢量的几何表示方法.

2.1.1 纯态与 Bloch 矢量的对应关系

量子比特的标准观测器为泡利(Pauli)矩阵,Pauli 矩阵可以表示为如下的形式(丛爽,2006a):

$$
\begin{cases}
\sigma_x = \begin{bmatrix} 0 & 1 \\ 1 & 0 \end{bmatrix} = |1\rangle\langle 0| + |0\rangle\langle 1| \\[2mm]
\sigma_y = \begin{bmatrix} 0 & -i \\ i & 0 \end{bmatrix} = i|1\rangle\langle 0| - i|0\rangle\langle 1| \\[2mm]
\sigma_z = \begin{bmatrix} 1 & 0 \\ 0 & -1 \end{bmatrix} = |0\rangle\langle 0| - |1\rangle\langle 1|
\end{cases}
\tag{2.8}
$$

状态 $|0\rangle$ 和 $|1\rangle$ 为 Pauli 矩阵 σ_z 的本征向量,所对应的本征值分别为 1 和 -1. $|0\rangle$ 和 $|1\rangle$ 所对应的 Bloch 矢量分别为

$$
|0\rangle = \begin{bmatrix} 1 \\ 0 \end{bmatrix} = |\psi(0,\phi)\rangle = \begin{bmatrix} \cos(0/2) \\ \sin(0/2)e^{i\phi} \end{bmatrix} \leftrightarrow n = (\sin 0 \cos \phi \quad \sin 0 \sin \phi \quad \cos 0)
$$
$$
= (0 \quad 0 \quad 1)
\tag{2.9}
$$

$$
|1\rangle = \begin{bmatrix} 0 \\ 1 \end{bmatrix} = |\psi(\pi,\phi)\rangle = \begin{bmatrix} \cos(\pi/2) \\ \sin(\pi/2)e^{i\phi} \end{bmatrix} \leftrightarrow n = (\sin \pi \cos \phi \quad \sin \pi \sin \phi \quad \cos \pi)
$$
$$
= (0 \quad 0 \quad -1)
\tag{2.10}
$$

若将 Bloch 球用三个垂直的直角坐标 $(x \quad y \quad z)$ 来表示,那么它就是由式(2.9)和式(2.10)所表示的坐标,从中可以看出: $|0\rangle$ 和 $|1\rangle$ 分别处于 z 轴的 1 和 -1 处,也就是 Bloch 球的北极和南极,如图 2.1 所示.

从图 2.1 中的量子状态所对应的坐标还可以看出: $|0\rangle$ 和 $|1\rangle$ 分别表示自旋 1/2 粒子系统的粒子沿 z 轴方向自旋向上和自旋向下的两个状态.矩阵 σ_x 的本征向量分别表示为 $|\uparrow_x\rangle = \dfrac{1}{\sqrt{2}}(|0\rangle + |1\rangle)$ 和 $|\downarrow_x\rangle = \dfrac{1}{\sqrt{2}}(|0\rangle - |1\rangle)$,它们称为 x 轴方向自旋状态,所对应的 Bloch 矢量分别为

$$| \uparrow_x \rangle = \frac{1}{\sqrt{2}}(|0\rangle + |1\rangle) = \left| \psi\left(\frac{\pi}{2}, 0\right) \right\rangle = \begin{pmatrix} \cos\dfrac{\pi}{4} \\ \mathrm{e}^{\mathrm{i}0}\sin\dfrac{\pi}{4} \end{pmatrix}$$

$$\leftrightarrow n = \left(\sin\frac{\pi}{2}\cos 0 \quad \sin\frac{\pi}{2}\sin 0 \quad \cos\frac{\pi}{2} \right) = (\,1 \quad 0 \quad 0\,)$$

$$| \downarrow_x \rangle = \frac{1}{\sqrt{2}}(|0\rangle - |1\rangle) = \left| \psi\left(\frac{\pi}{2}, \pi\right) \right\rangle = \begin{pmatrix} \cos\dfrac{\pi}{4} \\ \mathrm{e}^{\mathrm{i}\pi}\sin\dfrac{\pi}{4} \end{pmatrix}$$

$$\leftrightarrow n = \left(\sin\frac{\pi}{2}\cos \pi \quad \sin\frac{\pi}{2}\sin \pi \quad \cos\frac{\pi}{2} \right) = (\,-1 \quad 0 \quad 0\,)$$

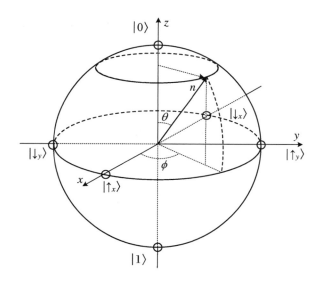

图 2.1 纯态量子系统的 Bloch 矢量

矩阵 σ_y 的本征向量 $| \uparrow_y \rangle = \frac{1}{\sqrt{2}}(|0\rangle + \mathrm{i}|1\rangle)$ 和 $| \downarrow_y \rangle = \frac{1}{\sqrt{2}}(|0\rangle - \mathrm{i}|1\rangle)$，称为 y 轴方向自旋状态，它们所对应的 Bloch 矢量分别为

$$| \uparrow_y \rangle = \frac{1}{\sqrt{2}}(|0\rangle + \mathrm{i}|1\rangle) = \left| \psi\left(\frac{\pi}{2}, \frac{\pi}{2}\right) \right\rangle = \begin{pmatrix} \cos\dfrac{\pi}{4} \\ \mathrm{e}^{\mathrm{i}\pi/2}\sin\dfrac{\pi}{4} \end{pmatrix}$$

$$\leftrightarrow n = \left(\sin \frac{\pi}{2} \cos \frac{\pi}{2} \quad \sin \frac{\pi}{2} \sin \frac{\pi}{2} \quad \cos \frac{\pi}{2} \right) = (0 \quad 1 \quad 0)$$

$$| \downarrow_y \rangle = \frac{1}{\sqrt{2}} (| 0 \rangle - \mathrm{i} | 1 \rangle) = \left| \psi \left(\frac{\pi}{2}, \frac{3\pi}{2} \right) \right\rangle = \begin{pmatrix} \cos \dfrac{\pi}{4} \\ \mathrm{e}^{\mathrm{i}3\pi/2} \sin \dfrac{\pi}{4} \end{pmatrix}$$

$$\leftrightarrow n = \left(\sin \frac{\pi}{2} \cos \frac{3\pi}{2} \quad \sin \frac{\pi}{2} \sin \frac{3\pi}{2} \quad \cos \frac{\pi}{2} \right) = (0 \quad -1 \quad 0)$$

综合上述对应关系,图 2.1 中还分别给出了状态 $| \uparrow_x \rangle$, $| \downarrow_x \rangle$, $| \uparrow_y \rangle$ 和 $| \downarrow_y \rangle$ 所对应的 Bloch 矢量.

在 Bloch 球面上,关于球心对称的任意两个 Bloch 矢量所对应的量子系统状态是正交的.对应式(2.7)所表示的波函数 $| \psi \rangle$,可以写出另一个表示形式的波函数 $| \phi \rangle$ 为

$$| \phi \rangle = \cos ((\pi - \theta)/2) | 0 \rangle + \mathrm{e}^{\mathrm{i}(\pi + \phi)} \sin ((\pi - \theta)/2) | 1 \rangle$$

显然,状态 $| \psi \rangle$ 和 $| \phi \rangle$ 所对应的 Bloch 矢量关于球心对称.

因为状态 $| \psi \rangle$ 和 $| \phi \rangle$ 的内积为

$$\begin{aligned} \langle \phi | \psi \rangle &= \cos ((\pi - \theta)/2) \cos \theta/2 + \mathrm{e}^{-\mathrm{i}(\pi + \phi)} \sin ((\pi - \theta)/2) \mathrm{e}^{\mathrm{i}\phi} \sin \theta/2 \\ &= \cos ((\pi - \theta)/2) \cos \theta/2 - \sin ((\pi - \theta)/2) \sin \theta/2 \\ &= \cos ((\pi - \theta)/2 + \theta/2) \\ &= \cos (\pi/2) \\ &= 0 \end{aligned}$$

所以状态 $| \psi \rangle$ 和 $| \phi \rangle$ 是正交的.

2.1.2 混合态的 Bloch 球几何表示

量子体系的混合态需要采用密度矩阵 ρ 来描述. ρ 又可以称为密度算子或密度算符. 对于任意混合态的密度矩阵,密度矩阵 ρ 描述的形式为 $\rho = \sum_i p_i | \psi_i \rangle \langle \psi_i |$,其中,$p_i$ 为对应状态 $| \psi_i \rangle$ 的概率,且有 $\sum_i p_i = 1$. 密度算子满足如下性质(Nielsen,Chuang,2000):

(1) 密度算子是厄米的:$\rho^+ = \rho$,或 $\rho_{ij} = \rho_{ji}^*$;

(2) 密度算子的迹为 1:$\mathrm{tr}(\rho) = 1$;

(3) 密度算子是半正定算子.

两个不同的混合态量子系统可产生相同的密度矩阵.假设有密度矩阵

$$\rho = \frac{3}{4} \mid 0 \rangle \langle 0 \mid + \frac{1}{4} \mid 1 \rangle \langle 1 \mid$$

定义

$$\mid m \rangle = \frac{\sqrt{3}}{2} \mid 0 \rangle + \frac{1}{2} \mid 1 \rangle, \quad \mid n \rangle = \frac{\sqrt{3}}{2} \mid 0 \rangle - \frac{1}{2} \mid 1 \rangle$$

则可以验证

$$\rho = \frac{3}{4} \mid 0 \rangle \langle 0 \mid + \frac{1}{4} \mid 1 \rangle \langle 1 \mid = \frac{1}{2} \mid m \rangle \langle m \mid + \frac{1}{2} \mid n \rangle \langle n \mid \qquad (2.11)$$

由式(2.11)可见,密度矩阵可以表示量子系统状态以 3/4 的概率处于状态 $\mid 0 \rangle$,1/4 的概率处于状态 $\mid 1 \rangle$,也可以表示量子系统状态以 1/2 的概率处于状态 $\mid m \rangle$,1/2 的概率处于状态 $\mid n \rangle$.

二能级量子系统的密度算子为 2×2 的矩阵,任意一个 2×2 的厄米矩阵都可以被分解为一个单位矩阵与三个 Pauli 矩阵的线性叠加:

$$\rho = \frac{I + n \cdot \sigma}{2} = \frac{I + n_x \sigma_x + n_y \sigma_y + n_z \sigma_z}{2} \qquad (2.12)$$

其中,$n = (n_x \quad n_y \quad n_z)$ 为 Bloch 矢量;$\sigma = (\sigma_x \quad \sigma_y \quad \sigma_z)$,$\sigma_x, \sigma_y, \sigma_z$ 为 Pauli 矩阵;I 为二维单位矩阵.

由于 Pauli 矩阵具有迹为零的特性,即 $\mathrm{tr}(\sigma_x) = \mathrm{tr}(\sigma_y) = \mathrm{tr}(\sigma_z) = 0$,故对式(2.12)求迹可得 $\mathrm{tr}(\rho) = \mathrm{tr}(I/2) = 1$.

又因 $\mathrm{tr}(\sigma_x \sigma_y) = \mathrm{tr}(\sigma_z \sigma_y) = \mathrm{tr}(\sigma_x \sigma_z) = 0$,$\mathrm{tr}(\sigma_x^2) = \mathrm{tr}(\sigma_y^2) = \mathrm{tr}(\sigma_z^2) = 1$,故

$$\langle \sigma_x \rangle = \mathrm{tr}(\rho \sigma_x) = \mathrm{tr}\Big(\frac{I \sigma_x + n_x \sigma_x \sigma_x + n_y \sigma_y \sigma_x + n_z \sigma_z \sigma_x}{2} \Big) = n_x$$

同理可得,$\langle \sigma_y \rangle = n_y$,$\langle \sigma_z \rangle = n_z$.由此可见:Pauli 算符 σ_x, σ_y 和 σ_z 力学量的平均值分别对应 Bloch 矢量在相应方向上的分量,且有

$$\mathrm{tr}(\rho^2) = \mathrm{tr}\Big(I \frac{1 + n_x^2 + n_y^2 + n_z^2}{4} \Big) = \frac{1 + \parallel n \parallel^2}{2}$$

其中,$\parallel n \parallel \leqslant 1$.当 $\parallel n \parallel = 1$ 时,量子系统为纯态,它们处于 Bloch 球面上;当 $\parallel n \parallel < 1$ 时,量子系统为混合态,它们处于 Bloch 球内.由此,我们可以推导出系统处于纯态的充要条件是 $\mathrm{tr}(\rho) = \mathrm{tr}(\rho^2) = 1$.

将 Pauli 矩阵(2.8)代入式(2.12),有

$$\rho = \frac{I + n \cdot \sigma}{2} = \frac{1}{2}\begin{pmatrix} 1 + n_z & n_x - i n_y \\ n_x + i n_y & 1 - n_z \end{pmatrix} \tag{2.13}$$

其中, $n = (n_x \quad n_y \quad n_z)$ 为 Bloch 矢量中的 $(x \quad y \quad z)$ 分量, n_x, n_y 和 n_z 的值可以用待定系数法求得.

式(2.13)为量子系统混合态密度矩阵与 Bloch 矢量的对应关系.因而,当密度矩阵给定时,Bloch 矢量可唯一确定.下面将根据式(2.13)具体求解量子态与 Bloch 矢量的对应关系:

(1) 对于给定的一个具体的混合态密度矩阵: $\rho = \frac{3}{4}|0\rangle\langle 0| + \frac{1}{4}|1\rangle\langle 1|$,有

$$\rho = \frac{3}{4}|0\rangle\langle 0| + \frac{1}{4}|1\rangle\langle 1| = \begin{pmatrix} \frac{3}{4} & 0 \\ 0 & \frac{1}{4} \end{pmatrix} = \frac{1}{2}\begin{pmatrix} 1 + \frac{1}{2} & 0 \\ 0 & 1 - \frac{1}{2} \end{pmatrix} \tag{2.14}$$

通过令式(2.13)和式(2.14)对应系数相等,可求得 $n_x = 0, n_y = 0$ 和 $n_z = \frac{1}{2}$.

(2) 对于量子态: $|\psi\rangle = \frac{1}{2}|0\rangle + \frac{\sqrt{3}}{2}|1\rangle$,其密度矩阵为

$$\rho = |\psi\rangle\langle\psi| = \left(\frac{1}{2}|0\rangle + \frac{\sqrt{3}}{2}|1\rangle\right)\left(\langle 0|\frac{1}{2} + \langle 1|\frac{\sqrt{3}}{2}\right)$$

$$= \frac{1}{4}|0\rangle\langle 0| + \frac{\sqrt{3}}{4}|0\rangle\langle 1| + \frac{\sqrt{3}}{4}|1\rangle\langle 0| + \frac{3}{4}|1\rangle\langle 1|$$

$$= \frac{1}{2}\begin{pmatrix} \frac{1}{2} & \frac{\sqrt{3}}{2} \\ \frac{\sqrt{3}}{2} & \frac{3}{2} \end{pmatrix} = \frac{1}{2}\begin{pmatrix} 1 + \left(-\frac{1}{2}\right) & \frac{\sqrt{3}}{2} + i0 \\ \frac{\sqrt{3}}{2} - i0 & 1 - \left(-\frac{1}{2}\right) \end{pmatrix}$$

此时可得 $n_x = \frac{\sqrt{3}}{2}, n_y = 0, n_z = -\frac{1}{2}$,该量子态对应的 Bloch 矢量 $n' = (n_x \quad n_y \quad n_z) = \left(\frac{\sqrt{3}}{2} \quad 0 \quad -\frac{1}{2}\right)$.因为 $\mathrm{tr}(\rho^2) = \mathrm{tr}(\rho) = \frac{4}{4} = 1$,所以该状态为纯态,且落在 Bloch 球面上;当密度矩阵 $\rho = I/2$ 时,可得 $n_x = 0, n_y = 0$ 和 $n_z = 0$;Bloch 矢量 $n = (0 \quad 0 \quad 0)$ 处于球心,该系统处于完全(最大)混合态,此时不能获取量子系统的任何信息.

2.1.3　小结

本节研究了二能级量子系统状态的 Bloch 球的几何表示方法.当系统为纯态时,对应的 Bloch 矢量位于单位球面上;当系统为混合态时,对应的 Bloch 矢量位于单位球面内,特别当系统状态对应 Bloch 球的球心时,系统处于完全混合状态,此时不能获取量子系统的任何信息.Bloch 球的几何表示方法对用复数表示的量子系统状态的认识具有直接和直观效果,为描述量子系统的状态、运动轨迹带来了方便.

2.2　纯态与混合态的几何代数分析

量子系统的纯态通常用希尔伯特空间中的矢量来表示,即态矢,记为$|\psi\rangle$.态矢的元素均为复数,这对我们分析量子系统是不方便的.几何代数中的量有非常直观的几何意义,它可以用向量来代替复数,用一些代数符号来代替矩阵和态矢,并且可用于描述同时具有标量和有方向量的物理体系,因而在量子系统的应用中有时采用几何代数表示方法是很合适的.

2.2.1　纯态的几何代数表示方法

考虑一个二能级纯态量子系统,系统的波函数为

$$|\psi\rangle = \alpha |0\rangle + \beta |1\rangle \tag{2.15}$$

其中,波函数满足归一化条件,即$|\alpha|^2 + |\beta|^2 = 1$;$|0\rangle$和$|1\rangle$为二维希尔伯特空间中的一组基,转换成矩阵形式为

$$|0\rangle = \begin{bmatrix} 1 \\ 0 \end{bmatrix}, \quad |1\rangle = \begin{bmatrix} 0 \\ 1 \end{bmatrix}$$

系统波函数的更一般表示形式为

$$| \psi \rangle = \begin{pmatrix} \cos(\theta/2)e^{-i\phi/2} \\ \sin(\theta/2)e^{i\phi/2} \end{pmatrix} e^{i\phi}$$

其中,$e^{i\phi}$ 为外部相位因子,可以不考虑其影响.

为便于问题的分析,令

$$| \psi \rangle = \begin{pmatrix} \cos(\theta/2)e^{-i\phi/2} \\ \sin(\theta/2)e^{i\phi/2} \end{pmatrix} = \begin{pmatrix} \psi_1 \\ \psi_2 \end{pmatrix} = \begin{pmatrix} a_0 + ia_3 \\ -a_2 + ia_1 \end{pmatrix} \tag{2.16}$$

显然有 $\psi_1 = a_0 + ia_3, \psi_2 = -a_2 + ia_1$,这样可以十分方便地用几何代数的方法来描述量子态.纯态量子系统的几何代数描述为

$$\psi = a_0 e + a_1 I\sigma_x + a_2 I\sigma_y + a_3 I\sigma_z \tag{2.17}$$

其中,$\sigma_x, \sigma_y, \sigma_z$ 为 Pauli 矩阵;$I = \sigma_x\sigma_y\sigma_z$;$e = \begin{pmatrix} 1 & 0 \\ 0 & 1 \end{pmatrix}$.

显然,可以用几何代数的方式来描述态矢 $|0\rangle$,此时式(2.17)中的参数为

$$a_0 = 1, \quad a_1 = 0, \quad a_2 = 0, \quad a_3 = 0$$

则 $\psi = a_0 e + a_1 I\sigma_x + a_2 I\sigma_y + a_3 I\sigma_z = 1$,即 $|0\rangle \leftrightarrow 1$.

由此可得:态矢 $|0\rangle$ 的几何代数表示形式为 1.同理可得,$|1\rangle \leftrightarrow -I\sigma_y$,即态矢 $|1\rangle$ 的几何代数表示形式为 $-I\sigma_y$.

下面给出式(2.17)的证明:

$$\psi = a_0 e + a_1 I\sigma_x + a_2 I\sigma_y + a_3 I\sigma_z$$

$$\leftrightarrow a_0 \begin{pmatrix} 1 & 0 \\ 0 & 1 \end{pmatrix} + a_1 \begin{pmatrix} i & 0 \\ 0 & i \end{pmatrix}\begin{pmatrix} 0 & 1 \\ 1 & 0 \end{pmatrix} + a_2 \begin{pmatrix} i & 0 \\ 0 & i \end{pmatrix}\begin{pmatrix} 0 & -i \\ i & 0 \end{pmatrix} + a_3 \begin{pmatrix} i & 0 \\ 0 & i \end{pmatrix}\begin{pmatrix} 1 & 0 \\ 0 & -1 \end{pmatrix}$$

$$= \begin{pmatrix} a_0 + ia_3 & a_2 + ia_1 \\ -a_2 + ia_1 & a_0 - ia_3 \end{pmatrix}$$

$$= \begin{pmatrix} \psi_1 & -\psi_2^* \\ \psi_2 & \psi_1^* \end{pmatrix}$$

其中,$\psi_1 = a_0 + ia_3$;$\psi_2 = -a_2 + ia_1$.

证明的过程是将 Pauli 矩阵直接代入,即可得到对应的矩阵表示形式.可见,矩阵第二列元素其实是由第一列元素所决定的,因此,在处理问题时没有必要考虑矩阵后一列元素.

由于

$$\begin{pmatrix} \psi_1 & -\psi_2^* \\ \psi_2 & \psi_1^* \end{pmatrix} \begin{pmatrix} 1 & 0 \\ 0 & 0 \end{pmatrix} = \begin{pmatrix} \psi_1 & 0 \\ \psi_2 & 0 \end{pmatrix}$$

$$\begin{pmatrix} 1 & 0 \\ 0 & 0 \end{pmatrix} = \frac{1}{2} \left[\begin{pmatrix} 1 & 0 \\ 0 & 1 \end{pmatrix} + \begin{pmatrix} 1 & 0 \\ 0 & -1 \end{pmatrix} \right] \leftrightarrow \frac{1}{2}(1 + \sigma_z) = E$$

因而,我们可以得出以下的对应关系:

$$\psi E \leftrightarrow \begin{pmatrix} \psi_1 & 0 \\ \psi_2 & 0 \end{pmatrix} \leftrightarrow |\psi\rangle$$

其中,ψE 为态矢 $|\psi\rangle$ 几何代数另外一种表示形式,可以认为 ψE 去掉了 ψ 中冗余自由度部分的影响,这对用几何代数的方法表示密度矩阵是有利的.

左矢 $\langle\psi| = |\psi\rangle^+ = (\psi_1^* \quad \psi_2^*)$,则左矢的几何代数表示形式为 $(\psi E)^\sim$,且对应关系如下:

$$(\psi E)^\sim \leftrightarrow \begin{pmatrix} \psi_1^* & \psi_2^* \\ 0 & 0 \end{pmatrix} \leftrightarrow \langle\psi|$$

到此为止,可以得到纯态密度矩阵的几何代数描述形式为 $(\psi E)(\psi E)^\sim$,对应关系如下:

$$\rho = |\psi\rangle\langle\psi| = \begin{pmatrix} \psi_1 & 0 \\ \psi_2 & 0 \end{pmatrix} \begin{pmatrix} \psi_1^* & \psi_2^* \\ 0 & 0 \end{pmatrix} \leftrightarrow (\psi E)(\psi E)^\sim$$

其中,$E = \frac{1}{2}(1 + \sigma_z)$;$\widetilde{E} = \frac{1}{2}(1 + \sigma_z)$;$E\widetilde{E} = \frac{1}{4}(1 + 2\sigma_z + \sigma_z^2) = \frac{1}{4}(1 + 2\sigma_z + 1) = \frac{1}{2}(1 + \sigma_z) = E$.

进一步,有

$$\rho \leftrightarrow (\psi E)(\psi E)^\sim = \psi E \widetilde{\psi} = \frac{1}{2}\psi(1 + \sigma_z)\widetilde{\psi} = \frac{1}{2}\psi\widetilde{\psi} + \frac{1}{2}\psi\sigma_z\widetilde{\psi} = \frac{1}{2}(1 + \psi\sigma_z\widetilde{\psi})$$

定义 $\psi\sigma_z\widetilde{\psi}$ 为极化矢量,极化矢量可以形象地描述量子系统的状态,并且极化矢量与态矢是一一对应的.为了使极化矢量的几何意义更明确,作以下推导:

令系统的波函数

$$|\psi\rangle = \begin{pmatrix} \cos(\theta/2)\mathrm{e}^{-\mathrm{i}\phi/2} \\ \sin(\theta/2)\mathrm{e}^{\mathrm{i}\phi/2} \end{pmatrix} = \begin{pmatrix} a_0 + \mathrm{i}a_3 \\ -a_2 + \mathrm{i}a_1 \end{pmatrix}$$

$$= \begin{bmatrix} \cos(\theta/2)\cos(\phi/2) - i\cos(\theta/2)\sin(\phi/2) \\ \sin(\theta/2)\cos(\phi/2) + i\sin(\theta/2)\sin(\phi/2) \end{bmatrix} \tag{2.18}$$

其中，$a_0 = \cos(\theta/2)\cos(\phi/2)$；$a_1 = \sin(\theta/2)\sin(\phi/2)$；$a_2 = -\sin(\theta/2)\cos(\phi/2)$；$a_3 = -\cos(\theta/2)\sin(\phi/2)$.

态矢 $|\psi\rangle$ 所对应的几何代数表达式为

$$
\begin{aligned}
\psi &= a_0 e + a_1 I\sigma_x + a_2 I\sigma_y + a_3 I\sigma_z \\
&= \cos(\theta/2)\cos(\phi/2) + \sin(\theta/2)\sin(\phi/2)I\sigma_x - \sin(\theta/2)\cos(\phi/2)I\sigma_y \\
&\quad - \cos(\theta/2)\sin(\phi/2)I\sigma_z \\
&= \cos(\theta/2)(\cos(\phi/2) - \sin(\phi/2)I\sigma_z) - \sin(\theta/2)(\cos(\phi/2) - \sin(\phi/2)I\sigma_z)I\sigma_y \\
&= e^{-I\sigma_z\phi/2}(\cos(\theta/2) - I\sigma_y\sin(\theta/2)) \\
&= e^{-I\sigma_z\phi/2}e^{-I\sigma_y\theta/2}
\end{aligned}
\tag{2.19}
$$

同理可得，ψ 的逆序为 $\tilde{\psi} = e^{I\sigma_y\theta/2}e^{I\sigma_z\phi/2}$.

极化矢量可以表示为 σ_x, σ_y 和 σ_z 的线性组合，即

$$
\begin{aligned}
\psi\sigma_z\tilde{\psi} &= e^{-I\sigma_z\phi/2}e^{-I\sigma_y\theta/2}\sigma_z e^{I\sigma_y\theta/2}e^{I\sigma_z\phi/2} \\
&= e^{-I\sigma_z\phi/2}\sigma_z(\cos\theta + I\sigma_y\sin\theta)e^{I\sigma_z\phi/2} \\
&= e^{-I\sigma_z\phi/2}(\sigma_z\cos\theta + \sigma_x\sin\theta)e^{I\sigma_z\phi/2} \\
&= \sigma_z\cos\theta + \sin\theta\, e^{-I\sigma_z\phi/2}\sigma_x e^{I\sigma_z\phi/2} \\
&= \sigma_z\cos\theta + \sin\theta\sigma_x(\cos\phi + I\sigma_z\sin\phi) \\
&= \sin\theta\cos\phi\sigma_x + \sin\theta\sin\phi\sigma_y + \cos\theta\sigma_z
\end{aligned}
\tag{2.20}
$$

显然，极化矢量 $\psi\sigma_z\tilde{\psi}$ 与 Bloch 矢量 $n = (\sin\theta\cos\phi \quad \sin\theta\sin\phi \quad \cos\theta)$ 是完全一致的. 纯态时系统极化矢量的模为 1，即 Bloch 矢量分布在单位球面上.

2.2.2　混合态的几何代数表示方法

混合态系综需要用一组态矢及其概率来描述，而不能用某一个 $|\psi\rangle$ 来描述. 因而，混合态系综只能用密度矩阵的形式来描述. 对于任意混合态系综的密度矩阵描述形式为 $\rho = \sum\limits_i p_i |\psi_i\rangle\langle\psi_i|$，其中，$p_i$ 对应状态 $|\psi_i\rangle$ 的概率，且有 $\sum\limits_i p_i = 1$. 此时系统的密度矩阵仍满足上述三条性质，并且两个不同的混合态量子系综可产生同一个密度矩阵.

对于混合态密度矩阵 $\rho = \sum_i p_i \mid \psi_i \rangle \langle \psi_i \mid , \sum_i p_i = 1$. 类似于纯态,密度矩阵的几何代数表达式为

$$\sum_i p_i (\psi_i E)(\psi_i E)^{\sim} = \sum_i p_i \psi_i E \widetilde{\psi}_i$$

$$= \sum_i p_i \psi_i \frac{1}{2}(1 + \sigma_z)\widetilde{\psi}_i = \frac{1}{2}\sum_i p_i \psi_i \widetilde{\psi}_i + \frac{1}{2}\sum_i p_i \psi_i \sigma_z \widetilde{\psi}_i$$

$$= \frac{1}{2} + \frac{1}{2}\sum_i p_i \psi_i \sigma_z \widetilde{\psi}_i = \frac{1}{2}\left(1 + \sum_i p_i \psi_i \sigma_z \widetilde{\psi}_i\right) \tag{2.21}$$

定义 $\sum_i p_i \psi_i \sigma_z \widetilde{\psi}_i$ 为极化矢量,由前面的分析可知,对任意的 i,纯态量子系统的极化矢量 $\psi_i \sigma_z \widetilde{\psi}_i$ 的模均为 1,且有 $\sum_i p_i = 1$,则混合态时极化矢量的模必然小于 1.

2.2.3 几何代数表示方法与 Bloch 矢量的对应关系

对于量子系统密度矩阵 ρ,Bloch 矢量定义为 n,有

$$\rho = \frac{I + n \cdot \sigma}{2} = \frac{I + n_x \sigma_x + n_y \sigma_y + n_z \sigma_z}{2} \tag{2.22}$$

其中,$n = (n_x \quad n_y \quad n_z)$ 为 Bloch 矢量;$\sigma = (\sigma_x \quad \sigma_y \quad \sigma_z)$,$\sigma_x, \sigma_y, \sigma_z$ 为 Pauli 矩阵;I 为二维单位矩阵. 将 Pauli 矩阵代入式(2.22)得

$$\rho = \frac{I + n \cdot \sigma}{2} = \frac{1}{2}\begin{bmatrix} 1 + n_z & n_x - \mathrm{i}n_y \\ n_x + \mathrm{i}n_y & 1 - n_z \end{bmatrix} \tag{2.23}$$

其中,$n = (n_x \quad n_y \quad n_z)$ 为 Bloch 矢量,n_x, n_y, n_z 的值可以用待定系数法求得.

下面说明量子系统几何代数表示中的极化矢量与 Bloch 矢量的关系,对于混合态密度矩阵:

$$\rho = \frac{3}{4}\mid 0 \rangle \langle 0 \mid + \frac{1}{4}\mid 1 \rangle \langle 1 \mid \tag{2.24}$$

由于态矢 $\mid 0 \rangle$ 的几何代数表示为 $\psi_1 = 1$,态矢 $\mid 1 \rangle$ 的几何代数表示为 $\psi_2 = -I\sigma_y$,由式(2.21)可得密度矩阵 ρ 的几何代数表示形式为

$$\frac{1}{2}\left(1 + \sum_i p_i \psi_i \sigma_z \widetilde{\psi}_i\right) = \frac{1}{2}\left(1 + \frac{3}{4}\psi_1 \sigma_z \widetilde{\psi}_1 + \frac{1}{4}\psi_2 \sigma_z \widetilde{\psi}_2\right)$$

式(2.24)中的混合态密度矩阵所对应的极化矢量为

$$\sum_i p_i \psi_i \sigma_z \widetilde{\psi}_i = \frac{3}{4} \psi_1 \sigma_z \widetilde{\psi}_1 + \frac{1}{4} \psi_2 \sigma_z \widetilde{\psi}_2$$

$$= \frac{3}{4} \cdot 1 \cdot \sigma_z \cdot 1 + \frac{1}{4}(-I\sigma_y)\sigma_z(-I\sigma_y)$$

$$= \frac{3}{4}\sigma_z - \frac{1}{4}\sigma_z = \frac{1}{2}\sigma_z$$

因而,该混合态密度矩阵所对应的用几何代数表示的极化矢量为$\frac{1}{2}\sigma_z$.

对于式(2.24)中的混合态密度矩阵:

$$\rho = \frac{3}{4}|0\rangle\langle 0| + \frac{1}{4}|1\rangle\langle 1| = \begin{pmatrix} \frac{3}{4} & 0 \\ 0 & \frac{1}{4} \end{pmatrix} = \frac{1}{2}\begin{pmatrix} 1+\frac{1}{2} & 0 \\ 0 & 1-\frac{1}{2} \end{pmatrix} \quad (2.25)$$

由式(2.23)和式(2.25)可得 $n_x = 0, n_y = 0$ 和 $n_z = \frac{1}{2}$,则 Bloch 矢量 $n = \begin{pmatrix} 0 & 0 & \frac{1}{2} \end{pmatrix}$.

该密度矩阵所对应的几何代数表示的极化矢量为 $0 \cdot \sigma_x + 0 \cdot \sigma_y + \frac{1}{2}\sigma_z = \frac{1}{2}\sigma_z$,而对应的 Bloch 矢量 $n = \begin{pmatrix} 0 & 0 & \frac{1}{2} \end{pmatrix}$,可见几何代数表示方法与 Bloch 球表示方法是完全一致的,即极化矢量中 σ_x, σ_y 和 σ_z 所对应的系数构成 Bloch 矢量.图 2.2 给出了 Bloch 矢量 n 的直观表示.

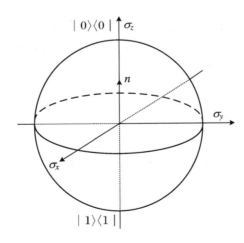

图 2.2　混合态量子系统 Bloch 矢量 n

几何代数在物理和工程领域得到越来越多的应用,它直观的表示形式使其产生其他方法不可替代的效果.它在量子信息和量子计算领域已有很广泛的应用,本节引入量子系统的密度矩阵,并将其表示成几何代数的形式,从而得到纯态量子系综和混合态量子系综的几何代数描述形式.通过几何代数中的极化矢量与 Bloch 矢量比较,可以很容易得到它们之间的对应关系,并得出它们在量子系统的描述上是完全一致的.

2.3 二阶含时量子系统状态演化的一种求解方法

量子控制的目标之一是,根据需要在预先选定的时间 T 内,操纵系统从一个已知的初始量子态 $|\phi(0)\rangle$ 到达期望的目标态 $|\phi(T)\rangle$.量子控制的被控对象主要是微观领域的量子系统,遵循的是量子力学定律,因而具有以下显著特点(曾谨言,2000):

(1) 微观性.微观世界的量子力学系统具有量子效应,由此产生的一系列区别于经典力学系统的现象,无法直接用经典控制的理论和方法加以解决,必须用量子控制的理论和方法来操纵微观系统的量子态.

(2) 相干性.量子系统的量子态之间可以发生相干叠加.量子计算、量子通信的许多优越性都源于量子系统的这一特性.但量子系统也容易受环境影响发生消相干,使其优越性丧失.因而量子控制应尽量保持系统状态的相干性,合理克服消相干现象对系统状态产生的影响.

(3) 不确定性.在量子控制中必须满足海森伯不确定性原理,即不对易的两个物理量的值无法同时精确获得,因而具有不确定性的特点.同时,根据量子测量假设,测量将导致量子态的塌缩,从而引入不确定性.因此,严格意义上的量子系统反馈控制在实验上还无法实现.

在量子相干控制领域中为了能够达到期望的控制目标,需要精心地选择控制理论进行控制律的设计.从数学模型上看,控制律的设计实际上就是改变量子系统状态所服从的演化方程的哈密顿量.控制律的设计可以分为开环和闭环两大类.最初人们得到的控制律多是通过开环设计得到的,即通过某种对量子状态演化方程的求解方法来分析系统动力学特性以及进行控制律设计.然而,就一般情况而言,施加了随时间变化了的外部控制律后,系统哈密顿量不再是常量,而是变成了时间的函数,这给对量子系统方程的求解和动力学特性的分析带来很大的困难.目前已有一些通过求解方程或者状态演化矩阵来设计控制律的方法,比如二能级系统的 π 脉冲动力学控制(丛爽,2006b)、李群分解

(Schirmer, 2001)、Wei-Norman 分解(Wei, Norman, 1964)、Magnus 分解(Magnus, 1954)等等,π 脉冲控制是对状态演化方程的直接求解,并不能直接推广到高阶系统中;李群分解是使用单频共振脉冲作用对状态转移矩阵进行分解,其控制哈密顿量的形式比较特殊;而 Wei-Norman 分解和 Magnus 分解则是状态转移矩阵局部邻域内的近似求解.本节的主要工作,是通过对一般二阶时变系统的系统矩阵的分析,针对一类特殊的高阶时变量子系统找出状态方程的求解方法,并利用哈密顿量的本征值、本征态与系统状态演化的关系来简化计算,从而为量子系统控制场的分析和设计打下一定的理论基础.

2.3.1　时变系统矩阵的一般分析

封闭量子系统的演化满足薛定谔方程:

$$i\hbar \mid \dot{\varphi} \rangle = \left(H_0 + \sum u_j H_j \right) \mid \dot{\varphi} \rangle \tag{2.26}$$

其中,H_0 为自由哈密顿量;H_j 为控制哈密顿量;u_j 为控制量;$\mid \varphi \rangle$ 为狄拉克符号,表示系统的状态,在数学形式上是一个复向量.可以将式(2.26)写成

$$\dot{X} = A(t)X \tag{2.27}$$

这是一个时变系统.众所周知,对于定常系统状态方程 $\dot{X} = AX$,给定初始值 $X(0)$,方程解的形式为 $X(t) = e^{At}X(0)$.然而当系统矩阵 A 是随时变化的一般情况时,一般无法简单地由关系式

$$X(t) = \exp\left(\int_0^t A(\tau)\mathrm{d}\tau \right) X(0) \tag{2.28}$$

给出方程(2.27)的解.因此考虑用微元法来求解时变系统(2.27).设一微小的时间间隔为 δt,在这一时间间隔内,系统矩阵 $A(t)$ 可以认为是不变的,因此可以用式(2.28)给出,于是得到

$$X(n \cdot \delta t) = \left(\prod_{k=0}^{n-1} \exp\left(A(k \cdot \delta t)\delta t \right) \right) X(0) \tag{2.29}$$

其中的求积符号表示依次左乘,即 k 较大的项在左边.若对于任意的 j,k(j,k 均为正整数)满足

$$e^{A(t+j\delta k)\delta t} \cdot e^{A(t+k\delta k)\delta t} = e^{(A(t+j\delta k)+A(t+k\delta k))\delta t} \tag{2.30}$$

即满足同底数幂相乘,底数不变,指数相加.由于无穷个微元的和可以用积分形式准确地表示出来,因此结合式(2.29)与式(2.30)就可以得到式(2.28).

方程(2.30)可以等价为对于 $\forall t_1, t_2 \in (0, t)$,满足 $\mathrm{e}^{A(t_1)} \cdot \mathrm{e}^{A(t_2)} = \mathrm{e}^{A(t_1) + A(t_2)}$.将 $\mathrm{e}^{A(t_1)}, \mathrm{e}^{A(t_2)}$ 和 $\mathrm{e}^{A(t_1) + A(t_2)}$ 按矩阵指数的行展开为 $\mathrm{e}^A = \sum_{k=0}^{\infty} A^k / k!$,并比较等式两边各项的系数,可以得到式(2.30)成立的充要条件是:对 $\forall t_1, t_2 \in (0, t)$,$A(t)$ 满足

$$A(t_1)A(t_2) = A(t_2)A(t_1) \tag{2.31}$$

从上面的推导过程可以看出,当 $A(t)$ 在时间上满足对易关系,即只有式(2.31)成立时,方程(2.27)的解才可以根据式(2.28)来确定.

由于矩阵 $A(t)$ 的复杂性使得找出所有符合式(2.31)的一般条件很困难,我们将通过推导与分析仅给出二阶矩阵所需要满足的条件:

(1) 对于具有对角形式的 $A(t)$,显然任意对角矩阵 $A(t)$ 均满足式(2.31),证明过程较简单,不再赘述.

(2) 考虑三角矩阵的情况,不妨假设一般时变情况下的上三角矩阵为 $A(t) = \begin{bmatrix} a_1(t) & a_2(t) \\ 0 & a_3(t) \end{bmatrix}$.将其代入式(2.31),经过矩阵乘法运算后可以得到

$$a_1(t_1)a_2(t_2) + a_2(t_1)a_3(t_2) = a_2(t_1)a_1(t_2) + a_3(t_1)a_2(t_2) \tag{2.32}$$

从式(2.32)可以得到 $a_2(t_1)(a_1(t_2) - a_3(t_2)) = a_2(t_2)(a_1(t_1) - a_3(t_1))$,对于任意的 $t_1, t_2, a_2(t_1) \neq a_2(t_2)$,那么要使式(2.32)依然成立就需要 $a_1(t_2) - a_3(t_2) = a_1(t_1) - a_3(t_1) = 0$,即 $a_1(t) = a_3(t)$,此时 $A(t)$ 为形如 $\begin{bmatrix} a(t) & b(t) \\ 0 & a(t) \end{bmatrix}$ 的矩阵.

因为只需将上三角矩阵转置即可得到下三角矩阵,所以对于下三角矩阵情况和上三角矩阵具有相似的结论,这里不再赘述.

(3) 对于更一般的情况(矩阵中不含零元素),考虑 $A(t) = \begin{bmatrix} a(t) & b(t) \\ d(t) & e(t) \end{bmatrix}$,将其代入式(2.32),要使等式成立,必须要有

$$\begin{cases} b(t_1)d(t_2) = b(t_2)d(t_1) \\ b(t_1)(a(t_2) - e(t_2)) = b(t_2)(a(t_1) - e(t_1)) \\ d(t_1)(a(t_2) - e(t_2)) = d(t_2)(a(t_1) - e(t_1)) \end{cases} \tag{2.33}$$

要使式(2.33)对 $\forall t_1, t_2 \in (0, t)$ 都成立,可以使 $c \cdot b(t) = d(t)$ 以及 $a(t) = e(t)$,c 为常数,即 $A(t)$ 为形如 $\begin{bmatrix} a(t) & b(t) \\ c \cdot b(t) & a(t) \end{bmatrix}$ 的矩阵.当 c 取 0 的时候回到三角矩阵的情况.

特别地,当取 $a(t) = b(t)$ 时,矩阵 $A(t)$ 的形式可以放宽为 $a(t) \cdot C$,其中 C 为常数矩阵.

综上所述,我们可以得到以下引理:

引理 2.1 若要求二阶矩阵 $A(t)$ 在时间上对易,则 $A(t)$ 必为以下三种情形之一:

$$\begin{cases} A(t) = \text{diag}\{\lambda_k(t)\} \\ A(t) = \begin{bmatrix} a(t) & c_2 \cdot b(t) \\ c_1 \cdot b(t) & a(t) \end{bmatrix}, \quad c_1, c_2 \in \{\text{const}\} \\ A(t) = a(t) \cdot C, \quad C \in \{\text{const}\}_{2\times2} \end{cases} \tag{2.34}$$

以上讨论了时变矩阵为二阶时的情况,当 $A(t)$ 的形式满足式(2.34)时,状态方程(2.27)的解可以由式(2.28)直接给出.下面将根据以上的推导结果,考虑一般时变系统的求解问题.

2.3.2 时变系统矩阵的变换

仍考虑状态方程为式(2.27)的时变系统,假设系统矩阵 $A(t)$ 具有更一般的形式:

$$A(t) = \begin{bmatrix} a_1(t) & b_1(t) \\ b_2(t) & a_2(t) \end{bmatrix} \tag{2.35}$$

为了能够按式(2.28)来直接地求解方程(2.27),必须对系统状态进行变换,使得对变换后的状态而言,系统的演化矩阵具有式(2.34)中的一种形式.下面我们将寻找这种变换.

现假设方程的状态为

$$X(t) = (x_1(t) \quad x_2(t))^{\mathrm{T}}$$

变换之后的状态为

$$X^*(t) = (x_1^*(t) \quad x_2^*(t))^{\mathrm{T}}$$

它们之间的变换关系为

$$X(t) = TX^*(t) = \begin{bmatrix} f_1(t) & f_2(t) \\ g_1(t) & g_2(t) \end{bmatrix} X^*(t) \tag{2.36}$$

其中,$f_i(t), g_i(t), i = 1, 2$ 为待定的变换函数.将式(2.35)和式(2.36)代入式(2.27),整

理后可得

$$
\begin{cases}
\dot{x}_1^* = \dfrac{(a_1 f_1 g_2 + b_1 g_1 g_2 - b_2 f_1 f_2 - a_2 f_2 g_1 - \dot{f}_1 g_2 + \dot{g}_1 f_2) x_1^*}{f_1 g_2 - g_1 f_2} \\[4mm]
\qquad + \dfrac{(a_1 f_2 g_2 + b_1 g_2^2 - b_2 f_2^2 - a_2 f_2 g_2 - \dot{f}_2 g_2 + \dot{g}_2 f_2) x_2^*}{f_1 g_2 - g_1 f_2} \\[4mm]
\dot{x}_2^* = \dfrac{(-a_1 f_1 g_1 - b_1 g_1^2 + b_2 f_1^2 + a_2 g_1 f_1 + \dot{f}_1 g_1 - \dot{g}_1 f_1) x_1^*}{f_1 g_2 - g_1 f_2} \\[4mm]
\qquad - \dfrac{(a_1 f_2 g_1 + b_1 g_1 g_2 - b_2 f_1 f_2 - a_2 g_2 f_1 - \dot{f}_2 g_1 + \dot{g}_2 f_1) x_2^*}{f_1 g_2 - g_1 f_2}
\end{cases}
\tag{2.37}
$$

分别令

$$
\begin{cases}
\dfrac{a_1 f_2 g_2 + b_1 g_2^2 - b_2 f_2^2 - a_2 f_2 g_2 - \dot{f}_2 g_2 + \dot{g}_2 f_2}{f_1 g_2 - g_1 f_2} = h_1(t) \\[4mm]
\dfrac{-a_1 f_1 g_1 - b_1 g_1^2 + b_2 f_1^2 + a_2 g_1 f_1 + \dot{f}_1 g_1 - \dot{g}_1 f_1}{f_1 g_2 - g_1 f_2} = h_2(t) \\[4mm]
\dfrac{a_1 f_1 g_2 + b_1 g_1 g_2 - b_2 f_1 f_2 - a_2 f_2 g_1 - \dot{f}_1 g_2 + \dot{g}_1 f_2}{f_1 g_2 - g_1 f_2} = e_1(t) \\[4mm]
\dfrac{-a_1 f_2 g_1 - b_1 g_1 g_2 + b_2 f_1 f_2 + a_2 g_2 f_1 + \dot{f}_2 g_1 - \dot{g}_2 f_1}{f_2 g_1 - g_2 f_1} = e_2(t)
\end{cases}
\tag{2.38}
$$

则式(2.27)可以写成

$$
\dot{X}^*(t) = A^*(t) X^*(t)
\tag{2.39}
$$

其中，$A^*(t) = \begin{bmatrix} e_1(t) & h_1(t) \\ h_2(t) & e_2(t) \end{bmatrix} = T^{-1}(t)(A(t)T(t) - \dot{T}(t))$.

于是可以通过设定 $h_j(t), e_k(t), j, k = 1, 2$ 的值,使得 $A^*(t)$ 具有式(2.34)中的三种形式之一,从而使得变换后的解可以写成式(2.28)的形式,即

$$
X^*(t) = \exp\left(\int_0^t A^*(\tau)\mathrm{d}\tau\right) X^*(0)
\tag{2.40}
$$

然后,根据变换(2.36)以及式(2.40)可以获得原方程(2.27)的解 $X(t)$ 的表达式;变换函数则可以通过式(2.38)确定.实际上通过式(2.38)求解变换函数不是一件很容易的事.因此,我们只要找到其中一种情形的解就可以了,不妨取第二种情形.因此假设

$$\begin{cases} h_1(t) = h_2(t) = h(t) \\ e_1(t) = e_2(t) = 0 \end{cases} \tag{2.41}$$

因式(2.41)中 $h(t)$ 未定,此时我们有两个已知的方程但是却有四个变量,为此必须减少变量的个数,于是可令

$$g_1(t) = f_2(t) = 0 \tag{2.42}$$

则式(2.38)可以简化为

$$\begin{cases} b_1(t)g_2(t)/f_1(t) = h(t) \\ b_2(t)f_1(t)/g_2(t) = h(t) \\ g_2(t)(a_1(t)f_1(t) - \dot{f}_1(t)) = 0 \\ f_1(t)(a_2(t)g_2(t) - \dot{g}_2(t)) = 0 \end{cases} \tag{2.43}$$

考虑到初始时刻系统状态并未改变,因此变换矩阵为单位矩阵,可以得到

$$\begin{cases} f_1(t) = \exp\left(\int_0^t a_1(\tau)\mathrm{d}\tau\right) \\ g_2(t) = \exp\left(\int_0^t a_2(\tau)\mathrm{d}\tau\right) \end{cases} \tag{2.44}$$

$$\begin{cases} b_1(t)g_2(t)/f_1(t) = h(t) \\ b_2(t)f_1(t)/g_2(t) = h(t) \end{cases} \tag{2.45}$$

对于一般情况而言,式(2.45)未必一定能够满足,不过对于量子系统而言,系统的哈密顿量具有其特殊性: $a_1(t)$, $a_2(t)$ 都是纯虚数,$\mathrm{i}b_1(t)$, $\mathrm{i}b_2(t)$ 是共轭的,于是 $g_2(t)/f_1(t) = -f_1(t)/g_2(t)$,$b_1(t) = -b_2(t)$,因此式(2.45)完全可以满足,而式(2.44)实际上表示了一种旋转变换.

2.3.3 基于系统矩阵本征值和本征态的简化运算

前面讨论了如何利用状态变换来改变一般时变量子系统的系统矩阵形式,使其可以用式(2.40)来求解系统的状态.变换后的系统矩阵 $A^*(t)$ 不是一个对角矩阵,这使得矩阵指数的计算不是很方便.为了简化求解系统状态的计算,我们希望利用系统矩阵的本征值和本征向量来获得它们与系统状态演化的关系,从而避免计算矩阵指数.

为了找出系统矩阵的本征值和本征向量与系统状态演化的关系,我们先考虑定常系统的情况.对于定常系统状态方程 $\dot{X} = AX$,假设其系统矩阵的本征值和本征态分别为

λ_j 和 X_j，即满足

$$AX_j = \lambda_j X_j \qquad (2.46)$$

若某一时刻系统状态处于某一个本征态 X_j，则在以后的任意时刻 t 系统的状态 $X(t) = \mathrm{e}^{\lambda_j t} X_j$ 也是系统的本征态. 于是，若某一时刻系统的状态为 $X(t_0) = \sum_j p_j X_j$，则在此后的任意时刻 t 系统的状态可以表示为 $X(t) = \sum_j \mathrm{e}^{\lambda_j t} p_j X_j$. 那么对于时变系统，情况会是怎么样的呢？ 还能不能写成下面式(2.47)的形式呢？

$$X(t) = \sum_j \mathrm{e}^{\int_0^t \lambda_j(\tau)\mathrm{d}\tau} p_j X_j(t) \qquad (2.47)$$

对于一般的时变系统，状态方程的解仍然可以写成式(2.47)的形式，但是由于某一时刻系统从初始本征态 $X_k(0)$ 经过一段时间演化后，不一定保持在其初始的本征态 $X_k(t)$ 上，因此其中的系数 p_j 将依赖于时间. 这对于简化计算并没有多大帮助. 对于量子系统的薛定谔方程，在绝热近似，即哈密顿量随时间变化极慢的条件下只要添加 Berry 绝热相因子即可(曾谨言，2000)，但这需要额外计算绝热相因子. 实际上，如果系统矩阵的形式比较特殊，我们确实可以直接利用式(2.47)计算系统的状态，而无需作任何近似.

定理 2.1 若二阶系统矩阵 $A(t)$ 具有引理中所述的三种形式之一，则系统的状态可以直接由式(2.47)给出.

证明 首先考虑 $A(t) = \mathrm{diag}\{\lambda_k(t)\}$ 的情况. 其本征值为 $\lambda_k(t)$，归一化本征态为 $X_k = (0 \quad \cdots \quad 1 \quad \cdots \quad 0)$，即第 k 项为1，其余为0. 若初始时刻系统的状态为 $X(0) = \sum_j p_j X_j$，将其代入式(2.28)，可得系统的状态表示为式(2.47).

其次考虑 $A(t) = \begin{bmatrix} a(t) & c_2 \cdot b(t) \\ c_1 \cdot b(t) & a(t) \end{bmatrix}$，$c_1, c_2 \in \{\mathrm{const}\}$ 的情况. 此时其本征值为 $a(t) \pm b(t)\sqrt{c_1 c_2}$，对应的归一化本征态为

$$\left(\sqrt{c_2/(c_1 + c_2)} \quad \pm \sqrt{c_1/(c_1 + c_2)} \right)^\mathrm{T}$$

将其本征态代入系统状态演化方程可知，一旦某一时刻 t_0 系统处于某一个归一化本征态，则经过任意时刻 t 后系统的状态为

$$X(t_0 + t) = \exp\left(\int_{t_0}^{t_0+t} (a(\tau) \pm b(\tau)\sqrt{c_1 c_2}) \mathrm{d}\tau \right) \left(\sqrt{c_2/(c_1 + c_2)} \quad \pm \sqrt{c_1/(c_1 + c_2)} \right)^\mathrm{T}$$

它也是系统的一个本征态，从而根据系统的线性特性，其解可以写成式(2.47)的形式.

当 $A(t) = a(t) \cdot C$，$C \in \{\mathrm{const}\}_{2 \times 2}$ 时，情况与前两种类似，其归一化本征态是固定

的,与时间无关,且初始本征态 $X_k(0)$ 经过演化后仍然是系统的本征态 $X_k(t)$.因此也能用式(2.47)表示.证毕.

由此可见,对于时变系统而言,若能够通过变换改变系统矩阵 $A(t)$ 为式(2.34)中特定的形式,则变换后的系统矩阵的归一化本征值都不随时间变化,是个常量,并且根据变换后系统矩阵的本征值和本征态以及初始状态的情况,可以直接写出系统方程的解.虽然对于一般的高阶时变系统来说,由于寻找这样的变换比较困难,此方法并不一定适用,但是对于某一类特殊的系统而言,该方法是适用的.

定理 2.2 对于一个阶数为 2^N、由 N 个二能级的粒子复合而成的量子系统,若其薛定谔方程可以变换为形式

$$\dot{X} = \left(\sum_j I_1 \otimes \cdots \otimes I_{j-1} \otimes A_j(t) \otimes I_{j+1} \otimes \cdots \otimes I_N\right)X \tag{2.48}$$

其中,$A_j(t)$ 表示第 j 个粒子变换后的系统矩阵,它们具有相同的归一化常值本征态,那么系统的状态 X 可由式(2.47)表示.

证明 假设 $A_j(t)$ 的归一化特征状态分别由 $|1\rangle$ 和 $|2\rangle$ 表示,对应的本征值为 $e_1^j(t)$ 和 $e_2^j(t)$,则系统(2.48)的本征态为 $|k\rangle_N = |l_1\rangle \otimes |l_2\rangle \otimes \cdots \otimes |l_N\rangle$,$l_j \in \{1,2\}$,$k \in \{1,2,\cdots,2^N\}$,对应的本征值为 $\lambda_k^{(N)}(t) = \sum_j e_{l_j}^j(t)$.若系统初始时刻处于某一个本征态 $|k\rangle_N$,则经过时间 t 后系统的状态为 $\exp\left(\int_0^t \lambda_k^{(N)}(\tau)\mathrm{d}\tau\right)|k\rangle_N$,于是根据系统的线性特性,系统的状态 X 可由式(2.47)表示.证毕.

当然,一般的量子系统并不一定能将其薛定谔方程变换为式(2.48)的形式,但对由 n 个具有 Ising 相互作用,即 z 方向的自旋相互作用的量子比特所组成的系统(Cong,Lou,2008b)而言,都可以很快地找到变换,使其薛定谔方程可以变换为定理2.2中式(2.48)的形式,因此利用变换后系统矩阵的本征值和本征态可以很方便地写出系统的状态,这为量子系统的分析以及控制场的设计提供了很大的帮助.它意味着对于变换后的量子系统来说,状态的演化并不改变它在本征态上的概率分布,而本征值则表示对应本征态的局部相位变化的角速度.从能量的角度来讲,这类系统的能量在时间上的积分是守恒的,不同的时刻能量发生变化是由系统的本征态在时间轴上的干涉造成的.我们正是通过改变系统的本征值来改变其本征态的干涉情况,从而设计控制场,达到控制量子状态的目的.

2.3.4 应用举例

前几节讨论了如何进行状态变换使得系统矩阵在变换后其归一化本征态具有不变性,并且利用此不变性对方程进行简化计算.具体地说,先是把被控量子系统的薛定谔方程写成式(2.27)的形式,接着根据式(2.42)和式(2.44)得到状态变换矩阵 $T(t)$ 的元素 $f_k(t)$ 和 $g_k(t)$,然后由式(2.45)计算变换后系统矩阵 $A^*(t)$ 反对角线上的元素 $h(t)$ 的值,再然后计算 $A^*(t)$ 的本征值 $\lambda_k(t)$ 和本征态 X_k,根据式(2.47)计算变换后的系统状态 $X^*(t)$,其中系数 p_k 根据系统的初始状态确定,最后根据式(2.36)得到原系统的状态 $X(t)$.下面将分别以一个自旋 1/2 粒子被控系统模型以及由两个自旋 1/2 粒子构成的复合系统作为对象,举例说明上述求解方法的过程.

1. 自旋 1/2 粒子情况

对于一个自旋 $-1/2$ 量子被控系统,其状态演化满足薛定谔方程

$$\mathrm{i}\hbar \, | \, \dot{\varphi} \rangle = H \, | \, \varphi \rangle = (H_0 + H_\mathrm{C}(\Omega(t), t)) \, | \, \varphi \rangle \tag{2.49}$$

其中,自由哈密顿量 $H_0 = -\dfrac{\hbar}{2} \begin{bmatrix} \omega_0 & 0 \\ 0 & -\omega_0 \end{bmatrix}$;$| \varphi \rangle$ 表示量子态,为复数域内 2×1 的向量,如自由哈密顿量的本征态为 $| 0 \rangle = (1 \quad 0)^\mathrm{T}$ 和 $| 1 \rangle = (0 \quad 1)^\mathrm{T}$;$H_\mathrm{C} = -\dfrac{\hbar}{2} \begin{bmatrix} 0 & \Omega(t)\mathrm{e}^{\mathrm{i}\omega t} \\ \Omega(t)\mathrm{e}^{-\mathrm{i}\omega t} & 0 \end{bmatrix}$ 为控制哈密顿量,$\Omega(t)$ 为与控制场强度成正比的拉比频率,ω 为控制场的频率,ω_0 为自旋粒子的本征频率.

令 $A(t) = H(t)/(\mathrm{i}\hbar)$,则薛定谔方程可以写成

$$| \, \dot{\varphi} \rangle = A(t) \, | \, \varphi \rangle \tag{2.50}$$

其中,$A(t) = \dfrac{\mathrm{i}}{2} \begin{bmatrix} \omega_0 & \Omega(t)\mathrm{e}^{\mathrm{i}\omega t} \\ \Omega(t)\mathrm{e}^{-\mathrm{i}\omega t} & -\omega_0 \end{bmatrix}$,于是有 $a_1(t) = \dfrac{\mathrm{i}}{2}\omega_0$,$a_2(t) = -\dfrac{\mathrm{i}}{2}\omega_0$,$b_1(t) = \dfrac{\mathrm{i}}{2}\Omega(t)\mathrm{e}^{-\mathrm{i}\omega t}$ 以及 $b_2(t) = \dfrac{\mathrm{i}}{2}\Omega(t)\mathrm{e}^{\mathrm{i}\omega t}$.

根据式(2.42)和式(2.44)可得

$$\begin{cases} f_1(t) = \mathrm{e}^{\mathrm{i}\omega_0 t/2} \\ g_2(t) = \mathrm{e}^{-\mathrm{i}\omega_0 t/2} \\ f_2 = g_1 = 0 \end{cases} \tag{2.51}$$

将式(2.51)代入式(2.45),得到

$$
\begin{cases}
\dfrac{i}{2}\Omega(t)e^{i(\omega-\omega_0)t} = h(t) \\[2mm]
\dfrac{i}{2}\Omega(t)e^{-i(\omega-\omega_0)t} = h(t)
\end{cases}
\tag{2.52}
$$

要使式(2.52)成立,控制场的频率就必须等于系统的本征频率,即满足共振条件

$$
\omega = \omega_0
\tag{2.53}
$$

于是变换后的系统矩阵为

$$
\begin{cases}
A^*(t) = \begin{bmatrix} 0 & h(t) \\ h(t) & 0 \end{bmatrix} \\[4mm]
h(t) = i\Omega(t)/2
\end{cases}
\tag{2.54}
$$

计算得到 $A^*(t)$ 的本征值和本征态分别为

$$
\begin{cases}
\lambda_\pm(t) = \pm i\Omega(t)/2 \\[2mm]
|\varphi_\pm\rangle = (|0\rangle \pm |1\rangle)/\sqrt{2}
\end{cases}
\tag{2.55}
$$

假设系统初始时刻处于 $|0\rangle = (|\varphi_+\rangle + |\varphi_-\rangle)/\sqrt{2}$,在式(2.47)中令 $t = 0$,可得

$$
p_1 = p_2 = 1/\sqrt{2}
\tag{2.56}
$$

于是根据式(2.47),变换后系统的状态为

$$
|\varphi^*(t)\rangle = \left(\exp\left(\int_0^t \lambda_+(\tau)d\tau\right)|\varphi_+\rangle + \exp\left(\int_0^t \lambda_-(\tau)d\tau\right)|\varphi_-\rangle\right)/\sqrt{2}
\tag{2.57}
$$

则由式(2.36)可知,原系统的状态为

$$
\begin{aligned}
|\varphi(t)\rangle &= T(t)|\varphi^*(t)\rangle \\
&= e^{i\omega_0 t/2}\cos\left(\int_0^t \Omega(\tau)/2d\tau\right)|0\rangle + e^{-i\omega_0 t/2}\sin\left(\int_0^t \Omega(\tau)/2d\tau\right)|1\rangle
\end{aligned}
\tag{2.58}
$$

2. 由两个自旋 1/2 粒子构成的复合系统

系统的薛定谔方程为

$$
i\hbar|\dot{\varphi}\rangle = \left(H_0 + H_C^{(1)}(t)\bigotimes I_2 + I_1 \bigotimes H_C^{(2)}(t)\right)|\varphi\rangle
\tag{2.59}
$$

其中

$$
H_0 = -\hbar\left(\omega_1\sigma_1^z \bigotimes I_2 + 2J\sigma_1^z \bigotimes \sigma_2^z + I_1 \bigotimes \omega_2\sigma_2^z\right)
$$

$$H_C^{(j)}(t) = -\frac{\hbar}{2}(\Omega_j(t)(e^{-i\omega_{pq}t}\sigma^- + e^{i\omega_{pq}t}\sigma^+))$$

$$\sigma_j^z = \frac{1}{2}\begin{pmatrix} 1 & 0 \\ 0 & -1 \end{pmatrix}, \quad \sigma^- = \begin{pmatrix} 0 & 0 \\ 1 & 0 \end{pmatrix}, \quad \sigma^+ = \begin{pmatrix} 0 & 1 \\ 0 & 0 \end{pmatrix}$$

ω_{pq} 是对耦合能级 p 和 q 的控制场频率,即 pq 的值视其在系统哈密顿量中的位置而定,如在第一行第二列或者第二行第一列,则 $pq = 12$.

采取与第一种情况中类似的变换:

$$T(t) = e^{H_0 t/(i\hbar)} \tag{2.60}$$

并取共振控制场,即

$$\omega_{12} = \omega_2 + J, \quad \omega_{13} = \omega_1 + J, \quad \omega_{24} = \omega_1 - J, \quad \omega_{34} = \omega_2 - J \tag{2.61}$$

则可以得到变换后的系统状态演化方程为

$$|\dot{\varphi}^*\rangle = (A_1(t) \otimes I_2 + I_1 \otimes A_2(t))|\varphi^*\rangle \tag{2.62}$$

其中,$A_j(t) = \dfrac{i}{2}\Omega_j\begin{pmatrix} 0 & 1 \\ 1 & 0 \end{pmatrix}$.

式(2.62)满足定理2.2的形式,因此可以利用式(2.47)来计算系统的状态.系统的归一化本征态及本征值分别为

$$\begin{cases} \lambda_1^{(N)}(t) = \dfrac{i}{2}(\Omega_1(t) + \Omega_2(t)), & |1\rangle_N = \dfrac{1}{2}(|00\rangle + |01\rangle + |10\rangle + |11\rangle) \\[2mm] \lambda_2^{(N)}(t) = \dfrac{i}{2}(\Omega_1(t) - \Omega_2(t)), & |2\rangle_N = \dfrac{1}{2}(|00\rangle - |01\rangle + |10\rangle - |11\rangle) \\[2mm] \lambda_3^{(N)}(t) = \dfrac{i}{2}(-\Omega_1(t) + \Omega_2(t)), & |3\rangle_N = \dfrac{1}{2}(|00\rangle + |01\rangle - |10\rangle - |11\rangle) \\[2mm] \lambda_4^{(N)}(t) = \dfrac{i}{2}(-\Omega_1(t) - \Omega_2(t)), & |4\rangle_N = \dfrac{1}{2}(|00\rangle - |01\rangle - |10\rangle + |11\rangle) \end{cases} \tag{2.63}$$

若假设系统的初始状态为 $|00\rangle = \dfrac{1}{2}\left(\sum_j |j\rangle_N\right)$,则根据式(2.36)以及式(2.47)可以得到

$$|\varphi\rangle = T(t)|\varphi^*\rangle$$

$$= \frac{1}{2}(e^{i(\omega_1 + \omega_2 + J)t}(\cos(S_1) + \cos(S_2))|00\rangle + ie^{i(\omega_1 - \omega_2 - J)t}(\sin(S_1) - \sin(S_2))|01\rangle$$

$$+ \mathrm{i}e^{\mathrm{i}(-\omega_1+\omega_2-J)t}(\sin(S_1)+\sin(S_2))\,|\,10\rangle + e^{\mathrm{i}(-\omega_1-\omega_2+J)t}(\cos(S_1)-\cos(S_2))\,|\,11\rangle)$$

$$(2.64)$$

其中，$S_1 = \int_0^t (\Omega_1(\tau)+\Omega_2(\tau))/2\mathrm{d}\tau$；$S_2 = \int_0^t (\Omega_1(\tau)-\Omega_2(\tau))/2\mathrm{d}\tau$.

通过设计适当的 $\Omega_j(t)$，即可获得不同的 S_j，它可以用来制备各个本征态. 比如令 $S_1=\pi/2, S_2=3\pi/2$ 则可以得到状态 $|\,01\rangle$，令 $S_1=S_2=\pi/2$ 则可以得到状态 $|\,10\rangle$，而令 $S_1=0, S_2=\pi$ 则可以得到状态 $|\,11\rangle$. 需要注意的是，利用式(2.64)制备不了纠缠状态，这是因为在将系统薛定谔方程变换为式(2.59)的时候对控制场存在一定的限制，即对应于同一个粒子的不同共振频率的控制场必须同时作用，否则系统的薛定谔方程不能变换为式(2.62)的形式，从而不能由式(2.47)得到任意时刻系统状态的表达式.

在本节的计算过程中，计算量主要用在变换矩阵 $T(t)$ 的求解以及变换后系统矩阵本征态的求解上. 对于 Ising 相互作用受控量子比特模型，$T(t)$ 都可以写成 $T(t)=e^{H_0 t/(\mathrm{i}\hbar)}$，而变换后系统矩阵的归一化本征态都是常量，相对来说比较容易计算，因此，本节所述方法在处理这类问题时具有很大的优势. 虽然对于一般的高阶时变系统而言，该方法并不适用，但值得强调的是，该方法对一大类具有 Ising 相互作用的受控量子比特模型非常有效，避免了对复杂矩阵指数的求解，提高了运算速度，并且对量子系统控制场的设计提供了很大的帮助.

2.4　基于 Bloch 球的量子系统轨迹控制

Bloch 球提供了对自旋 1/2 量子系统的重要的几何描述(Nielsen，Chuang，2000)，对系统的量子状态及其演化给出了清晰直观的理解. 它将单量子比特的状态映射为三维球上的点，而状态的幺正演化对应于这个点绕某向量旋转. 量子系统的相干向量，或者 Bloch 向量表示的 Bloch 方程(Allen，Eberly，1987)就是基于这种理解. 在此基础上发展的一系列分析方法，在量子计算、量子信息以及量子控制领域扮演了重要的角色，比如量子比特随机消相干的研究(Krzysztof，2001)、幺正演化算符的分解、相干控制能控性的分析(Altafini，2003b)、保持量子比特相干性的量子跟踪控制(Lidar，Schneider，2005)等. 最初的 Bloch 球表示只适用于单量子比特，如何将 Bloch 球几何描述的概念扩展到两个量子比特甚至更高维是个吸引人的问题.

对于单量子比特情况，本节将说明量子系统的 Bloch 球几何描述使得我们可以很直观地设计控制场来实现任意状态之间的幺正演化. 在这一情形下, 我们能够清楚地认识到实际物理实现时的控制场与这种数学表示之间的内在联系.

2.4.1 单量子比特的 Bloch 球表示

对比经典比特的 0 和 1, 单量子比特 (位) 的两个可能的状态是 $|0\rangle$ 和 $|1\rangle$. 根据量子力学可知, 上述封闭系统状态的演化服从薛定谔方程

$$i\hbar\,|\,\dot{\psi}\rangle = H\,|\,\psi\rangle \tag{2.65}$$

而 $|0\rangle$ 和 $|1\rangle$ 便是系统哈密顿量 H 的本征态. 由量子力学的状态叠加原理可知, 单量子位的纯态可以表示为

$$|\,\psi\rangle = \alpha\,|\,0\rangle + \beta\,|\,1\rangle \tag{2.66}$$

其中, α 和 β 是本征态的复系数, 其模的平方表示测量得到相应本征态的概率, 它们满足概率完备性:

$$|\,\alpha\,|^2 + |\,\beta\,|^2 = 1 \tag{2.67}$$

因此, 式 (2.66) 可改写为

$$|\,\psi\rangle = e^{i\varphi}\left(\cos\frac{\theta}{2}\,|\,0\rangle + e^{i\phi}\sin\frac{\theta}{2}\,|\,1\rangle\right) \tag{2.68}$$

由于状态的全局相位因子 φ 不具有任何观测效应, 因此式 (2.68) 的有效形式为

$$|\,\psi\rangle = \cos\frac{\theta}{2}\,|\,0\rangle + e^{i\phi}\sin\frac{\theta}{2}\,|\,1\rangle \tag{2.69}$$

其中, 参数 θ 和 ϕ 定义了三维单位球面上的一个点, 如图 2.3 所示. 这个球面被称为 Bloch 球面.

Bloch 球上的点的直角坐标用球坐标表示为

$$\begin{cases} x = \sin\theta\cos\phi \\ y = \sin\theta\sin\phi \\ z = \cos\theta \end{cases} \tag{2.70}$$

通过 Bloch 球使单量子位的状态有了直观的图解表示, 单量子位状态的任意幺正演化都可分解为状态在 Bloch 球上的旋转.

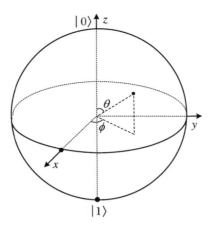

图 2.3　量子比特在 Bloch 球面上的表示

2.4.2　单自旋 1/2 粒子的控制

选取置于 z 方向恒定外加磁场 B_0 中的自旋 1/2 粒子作为被控对象,选 x-y 平面上的控制磁场为

$$\begin{cases} B_x = A\cos(\omega t + \phi) \\ B_y = -A\sin(\omega t + \phi) \end{cases} \tag{2.71}$$

此时的系统哈密顿量 H 由自由哈密顿量 H_0 和控制哈密顿量 H_C 组成:

$$H = H_0 + H_C \tag{2.72}$$

其中,自由哈密顿量和控制哈密顿量分别为

$$H_0 = -\frac{\hbar}{2}\omega_0\sigma_z, \quad H_C = \Omega(\mathrm{e}^{-\mathrm{i}(\omega t + \phi)}I^- + \mathrm{e}^{\mathrm{i}(\omega t + \phi)}I^+) \tag{2.73}$$

其中,$\omega_0 = \gamma B_0$ 是量子位在外加磁场中的本征频率,γ 是粒子的自旋磁比;$\Omega = \gamma A$ 是粒子的拉比频率,为实数;$\sigma_z = \begin{bmatrix} 1 & 0 \\ 0 & -1 \end{bmatrix}$;$I^- = \begin{bmatrix} 0 & 0 \\ 1 & 0 \end{bmatrix}$;$I^+ = \begin{bmatrix} 0 & 1 \\ 0 & 0 \end{bmatrix}$.

据此可写出哈密顿量 H 的矩阵形式:

$$H = -\frac{\hbar}{2}\begin{bmatrix} \omega_0 & \Omega\mathrm{e}^{\mathrm{i}(\omega t + \phi)} \\ \Omega\mathrm{e}^{-\mathrm{i}(\omega t + \phi)} & -\omega_0 \end{bmatrix} \tag{2.74}$$

因此在共振条件下,即控制脉冲的频率和系统的本征频率相同,$\omega = \omega_0$ 时,根据薛定谔方程可以解得系统的状态转移矩阵为

$$U(t) = \begin{bmatrix} \mathrm{e}^{\mathrm{i}\omega_0 t/2} & 0 \\ 0 & \mathrm{e}^{-\mathrm{i}(\omega_0 t + 2\phi)/2} \end{bmatrix} \begin{bmatrix} \cos\left(\dfrac{\Omega t}{2}\right) & \mathrm{i}\sin\left(\dfrac{\Omega t}{2}\right) \\ \mathrm{i}\sin\left(\dfrac{\Omega t}{2}\right) & \cos\left(\dfrac{\Omega t}{2}\right) \end{bmatrix} \begin{bmatrix} 1 & 0 \\ 0 & \mathrm{e}^{\mathrm{i}\phi} \end{bmatrix} \quad (2.75)$$

由式(2.75)的右式可以看出:状态转移矩阵 $U(t)$ 由从左到右的三个矩阵组成.这三个矩阵在 Bloch 球上所表现出的行为分别是:第一个矩阵和第三个矩阵的作用是使在 Bloch 球上的状态绕 z 轴旋转,其中,第三个矩阵使状态转过角度 ϕ,第一个矩阵使状态转过角度 $\omega_0 t + \phi$,并加上一个全局相移,第二个矩阵的作用是使 Bloch 球上的状态绕 x 轴旋转,转过的角度等于 Ωt.

通过对式(2.75)的分析可知,控制状态的演化,就是控制 Ω,ϕ 和 t 这三个参数.另一方面,对不同参数的选取,导致从任意给定初态到任意给定终态演化的状态转移矩阵不是唯一的.如图 2.4 所示,两条可行的演化路径都是从 Bloch 球上的初态 a 点演化到终态 d 点,其中,粗线为实际演化轨迹,细线为演化按照式(2.75)分解之后的状态变化情况.图 2.4(a)中,控制场的初相 ϕ 在式(2.75)中的第三个矩阵的作用下,使状态从 a 点绕 z 轴旋转到 b 点;然后第二个矩阵使状态从 b 点绕 x 轴旋转到 c 点,再在第一个矩阵的作用下,使状态由 c 点转化为 d 点.图 2.4(b)中控制场的初相为 0,则直接绕 x 轴旋转,使状态由 a 点转化为 e 点,然后在 $\omega_0 t$ 的作用下使状态由 e 点转化为 d 点.

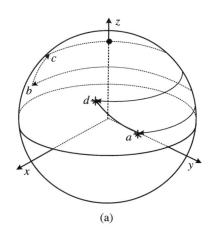
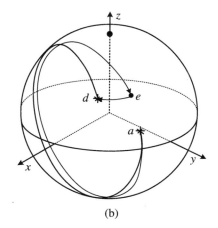

(a)   (b)

图 2.4 Bloch 球上状态演化的不同路径

为了唯一地确定状态在 Bloch 球上的演化路径,我们设计以下两种方案:控制场中 Ωt 最小时的情况以及给定时间 T 下的系统状态演化路径.

2.4.2.1 控制场中 Ωt 最小时的情况

此时要求在演化的过程中,绕 x 轴旋转的角度 Ωt 最小.对于 Bloch 球上的点 a:$(\theta_1, \phi_1, 1)$ 和点 d:$(\theta_2, \phi_2, 1)$,这个最小值为终态与初始态之间的夹角 $\Delta\theta = |\theta_2 - \theta_1|$.因为只有当 a 点和 d 点绕 z 轴旋转到 $x = 0$ 的平面上时,该平面与 Bloch 球面所交圆的半径才最大,a 点绕 x 轴旋转到 d 点的最小角度为 $\Delta\theta$,如图 2.5 所示,图中画的是 $\theta_1 > \theta_2$ 的情况,若 $\theta_1 \leqslant \theta_2$,则 a' 点和 d' 点应该在右侧,即其 y 轴分量大于零.由此可以确定 Ωt 的值.为了达到最小值,控制场初相 ϕ 的作用必须使得 a 点到达 a' 点.$\omega_0 t + \phi$ 的作用是使得状态由 d' 点演变为 d 点.另外,当外加恒定磁场的方向相反时,绕 z 轴旋转的方向也相反,利用这一点可以在一定程度上减少演化到终态所需的时间.

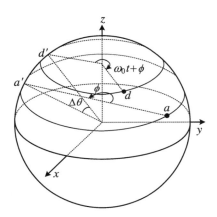

图 2.5　能量最小演化路径的控制参数关系

综上所述,要令控制场的 Ωt 最小,需要满足的条件是

$$\begin{cases} \Omega t = \Delta\theta \\ \phi = \dfrac{3\pi}{2} - \phi_1, \quad \theta_1 > \theta_2 \\ \phi = \dfrac{\pi}{2} - \phi_1, \quad \theta_1 \leqslant \theta_2 \\ \omega_0 t = \mathrm{mod}(\phi_1 - \phi_2, 2\pi) \end{cases} \tag{2.76}$$

如果对 Ω 的上限有限制,比如要求 $\Omega \leqslant \Omega_{\max}$,则根据式(2.76)有 $t \geqslant t_{\min} = \Delta\theta / \Omega_{\max}$,从而可得

量子系统控制理论与方法
Control Theory and Methods of Quantum Systems

$$t = \frac{\mathrm{mod}(\phi_1 - \phi_2, 2\pi) + 2k\pi}{\omega_0} \tag{2.77}$$

其中,k 由下式确定:

$$k = \mathrm{ceil}\left(\frac{\omega_0 t_{\min} - \mathrm{mod}(\phi_1 - \phi_2, 2\pi)}{2\pi}\right) \tag{2.78}$$

其中,函数 $\mathrm{ceil}(\cdot)$ 表示朝正无穷方向取整,即当 $\omega_0 t_{\min} \leqslant \mathrm{mod}(\phi_1 - \phi_2, 2\pi)$ 时取 0,否则取 1.

如果对操作过程完成的时间有要求,如 $t \leqslant t_{\max}$,同样可得

$$\Omega \geqslant \Omega_{\min} = \Delta\theta / t_{\max} \tag{2.79}$$

一般情况下对 Ω 和 t 都有要求,则根据上面的分析,它们必须满足

$$\begin{cases} t_{\min} \leqslant t \leqslant t_{\max} \\ \Omega_{\min} \leqslant \Omega \leqslant \Omega_{\max} \end{cases} \tag{2.80}$$

因此,在要求 Ωt 最小的情况下,一般需要满足式(2.76)和式(2.80).

需要强调的是,这样设计的演化路径,虽然外加控制量的 Ω 与 t 的乘积最小,但不论是在时间上,还是在 Bloch 球面的路径长度上,都不是最优(短)的.另外,我们说所设计控制场作用下系统状态演化轨迹的唯一性是由初态和终态参数的唯一性决定的,如果状态处于极点,即在 z 轴上时,由于 ϕ_1 或 ϕ_2 取值的任意性,此时轨迹并不唯一,这是一种特殊情况.

2.4.2.2 给定时间 T 下的系统状态演化路径

在实际的应用中,往往要求对状态的操作过程要足够快,比如在某一特定的时刻 T 完成,而并不一定要求 Ωt 最小.我们来讨论在此情况下 Ω 和初始相位的取值.

由于系统的本征频率 ω_0 在外加磁场不变的情况下是一个常数,给定 T 后,其作用是绕 z 轴旋转角度 $\omega_0 T$,如果让终态点 d 沿反方向旋转 $\omega_0 T$ 角度到达 d',等效于让这一作用抵消,即相当于不考虑 ω_0 的旋转作用后,问题变为求取控制参数 Ω 和 ϕ,使得系统从初态点 a 演化到 d'.控制场的初始相位 ϕ 的作用是在绕 x 轴旋转之前使 a 和 d' 绕 z 轴旋转角度 ϕ 到同一个 y-z 平面上的 a' 和 d'',绕 x 轴旋转之后又将 d'' 旋转回 d';通过确定两者在 y-z 平面上形成的角度:

$$\psi = \mathrm{mod}(\arg(y_{a'} + \mathrm{i} z_{a'}) - \arg(y_{d''} + \mathrm{i} z_{d''}), 2\pi)$$

可以确定 Ω,如图 2.6 所示.

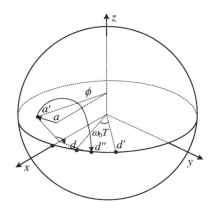

图 2.6   给定 T 情况下的演化路径

因此，控制场的初始相位 ϕ 满足

$$\tan\phi = \frac{\sin\theta_1\cos\phi_1 - \sin\theta_2\cos(\phi_2 + \omega_0 T)}{\sin\theta_1\sin\phi_1 - \sin\theta_2\sin(\phi_2 + \omega_0 T)} \tag{2.81}$$

根据式(2.81)可以得到控制场的初始相位 ϕ，而 Ω 可通过状态点 a' 和 d'' 在 y-z 平面上形成的角度 ψ 来确定：

$$\Omega = \psi/T \tag{2.82}$$

由球坐标和直角坐标的变换关系式(2.70)，可以得到

$$
\begin{aligned}
\tan\psi &= \tan(\Omega T) \\
&= \frac{\cos\theta_1\sin\theta_2\sin(\phi_2 + \omega_0 T + \phi) - \sin\theta_1\cos\theta_2\sin(\phi_1 + \phi)}{\sin\theta_1\sin\theta_2\sin(\phi_1 + \phi)\sin(\phi_2 + \omega_0 T + \phi) + \cos\theta_1\cos\theta_2}
\end{aligned} \tag{2.83}
$$

对于初始状态或终止状态为本征态的情况，$\psi = \Delta\theta$，而当 $(\theta_1 + \theta_2)/2 = \pi/2$ 时，有 $\psi = \pi$. 这时，根据式(2.82)，Ω 与 T 成反比. 对于一般的情形，根据式(2.81)和式(2.83)可以得到 Ω 与 T 的关系式：

$$\Omega = \begin{cases}
\arctan(f(T))/T, & \psi \in \left(0, \dfrac{\pi}{2}\right] \\[2mm]
(\pi - \arctan(f(T)))/T, & \psi \in \left(\dfrac{\pi}{2}, \pi\right] \\[2mm]
(\pi + \arctan(f(T)))/T, & \psi \in \left(\pi, \dfrac{3\pi}{2}\right] \\[2mm]
(2\pi - \arctan(f(T)))/T, & \psi \in \left(\dfrac{3\pi}{2}, 2\pi\right]
\end{cases} \tag{2.84}$$

其中，$f(T)$由下式定义：

$$f(T) =$$

$$\frac{\sqrt{\sin^2\theta_1 + \sin^2\theta_2 - 2\sin\theta_1\sin\theta_2\cos(\phi_2-\phi_1+\omega_0 T)}\left((-\cot\theta_1 - \cot\theta_2)\cos(\phi_2-\phi_1+\omega_0 T) + \dfrac{\cos\theta_1}{\sin^2\theta_1} + \dfrac{\cos\theta_2}{\sin^2\theta_2}\right)}{\cos^2(\phi_2-\phi_1+\omega_0 T) + \left(2\cot\theta_1\cot\theta_2 - \dfrac{\sin^2\theta_1+\sin^2\theta_2}{\sin\theta_1\sin\theta_2}\right)\cos(\phi_2-\phi_1+\omega_0 T) + \left(1 - \dfrac{(\sin^2\theta_1+\sin^2\theta_2)\cos\theta_1\cos\theta_2}{\sin\theta_1\sin\theta_2}\right)}$$

$$\tag{2.85}$$

式(2.81)、式(2.84)和式(2.85)给出了在给定时间 T 的情况下,控制参数所满足的条件.当 Ω 的大小有限制时,可以根据式(2.84)和式(2.85)得到 T 的取值范围.

接下来将分别针对上面所分析的两类条件进行系统仿真,以验证所设计的控制场的有效性.

2.4.3 数值仿真实验及其结果分析

基于上面几节的分析,本节中我们将进行系统数值仿真实验.为了更清楚地观察状态在 Bloch 球上的演化轨迹,在实验中将常数 ω_0 设定为比较小的值 5.自旋磁比 γ 是跟具体自旋粒子有关的常数,为了方便观察控制场的波形,取 $\gamma B_x = \Omega\cos(\omega_0 t + \phi)$.

2.4.3.1 Ωt 最小情况下的系统仿真实验

以实现单量子位状态从 $|0\rangle$ 到 $|1\rangle$ 翻转为例,此时 $\Delta\theta = \pi$,由于这两个状态在 $x\text{-}y$ 平面上的投影为 x 轴的原点,因此 ϕ_1 和 ϕ_2 可以取任何值.实验中 ϕ_1 取初态绕 x 轴旋转无穷小角度时所具有的值,ϕ_2 取绕 x 轴旋转至终态时所具有的值,即 $\phi_1 = \phi_2 = \pi/2$.根据式(2.76)的第三个条件和式(2.78)可以得到 $t = 1.2566, k = 1$,进一步根据式(2.76)的第一个条件得到 $\Omega = 2.5$,而根据式(2.76)的第二个条件有 $\phi = 0$.此时系统状态在 Bloch 球上的演化轨迹如图 2.7 所示,从中可以看出在控制脉冲作用下,系统状态成功地从 $|0\rangle$ 演化到 $|1\rangle$.但是状态演化的轨线却绕了 z 轴一圈,这主要是由于 ϕ_1 和 ϕ_2 取值造成的.

在初态和终态分别是 $|0\rangle$ 和 $|1\rangle$ 情况下,只要保证 $\Omega t = \pi$,就能实现从初态到终态的成功演化,只要 Ω 趋向于 ∞ 而 t 趋向于 0,就可以使演化轨迹长度趋向于最小值,即半圆的情况.从初态 $(|0\rangle + |1\rangle)/\sqrt{2}$ 到终态 $0.8|0\rangle + 0.6|1\rangle$ 的演化情况不同于从 $|0\rangle$ 到 $|1\rangle$ 翻转,如图 2.8 所示.此时的控制参数为 $\phi = 3\pi/2, \Omega = 0.2258, t = 1.2566, k = 1, \Delta\theta \approx 0.284$.由于 ϕ_1 和 ϕ_2 具有唯一值 $\phi_1 = \phi_2 = 0$,因此系统状态的演化具有唯一的一条轨线.从图 2.8 可以看到状态演化的轨线绕了 z 轴一圈,使得轨线变得更长,所需时间更

多.这是因为根据式(2.78)得到 $k=1$,即在 $\phi_1=\phi_2$ 的情况下,要求 Ωt 最小而设计控制场时 k 不可避免地增加了1,即状态演化轨线多绕 z 轴一圈.

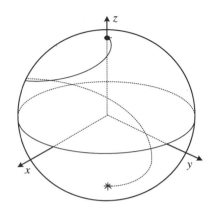

图 2.7　状态从 $|0\rangle$ 到 $|1\rangle$ 的翻转过程
　　　　在 Bloch 球上的演化轨迹

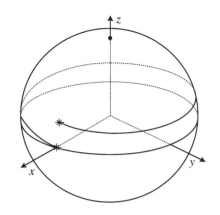

图 2.8　系统状态在 Bloch 球上的
　　　　演化轨迹

2.4.3.2　给定时间 T 下的系统仿真实验

同样以实现单量子位状态从 $|0\rangle$ 到 $|1\rangle$ 翻转为例,由于 $\sin\theta_1=\sin\theta_2=0$,想通过式(2.81)、式(2.84)、式(2.85)来确定控制参数并不现实,由推导式(2.81)、式(2.84)、式(2.85)的分析过程可知,时间 T 决定了终态的等效状态为终态绕 z 轴反方向旋转 $\omega_0 T$,初始相位 ϕ 的作用是使得终态的等效状态和初态绕 z 轴到同一个 y-z 平面.因为绕 z 轴的旋转并不改变初态和终态在 Bloch 球上的位置,而此时初态和终态已经在同一个 y-z 平面上,因此控制场的初始相位 ϕ 可以取任意值;绕 x 轴旋转的角度刚好等于 θ_1,θ_2 的差,即 $\psi=\Omega T=\pi$.所以当给定 $T=0.02$ 时,得到 $\Omega=50\pi$,实验中取 $\phi=0$.系统状态演化轨迹如图 2.9 所示.

对于初态 $(|0\rangle+|1\rangle)/\sqrt{2}$ 到终态 $0.8|0\rangle+0.6|1\rangle$ 的演化,给定 $T=0.02$,根据式(2.69)得到 $\theta_1=\pi/2,\theta_2\approx1.287,\phi_1=\phi_2=0$,并将 $\theta_1,\theta_2,\phi_1,\phi_2$ 的值代入式(2.81)就可以得到 $\phi=-0.4372$,代入式(2.84)和式(2.85)得到 $\Omega=36.125$.系统状态在 Bloch 球上的轨迹如图 2.10 所示.

通过将图 2.9、图 2.10 与图 2.7、图 2.8 进行比较,可看出轨线要短很多,不需要绕 z 轴旋转一圈,因为此时控制场的设计按给定的时间 T 完成演化,决定了由外加恒定磁场使系统状态绕 z 轴旋转的角度为 $\omega_0 T=\gamma B_0 T$.只是当 T 变小之后,需要的磁场强度

量子系统控制理论与方法
Control Theory and Methods of Quantum Systems

$A = \Omega/\gamma$ 将增大,通过式(2.82)可知,Ω 和 T 成反比关系,而式(2.85)是一个周期为 $\tau = 1/\omega_0$ 的有界函数,因此 Ω 的大小主要由 T 决定.

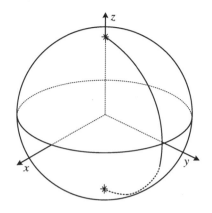 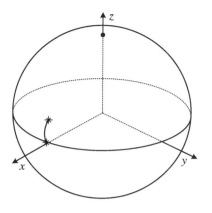

图 2.9　图 2.7 系统状态在给定　　　　　图 2.10　图 2.8 系统状态在给定
　　　　　时间 T 下的演化轨迹　　　　　　　　　　　时间 T 下的演化轨迹

第 3 章

封闭量子系统的控制方法

3.1 基于 Krotov 法的量子最优控制

最优控制是控制理论中重要的一个研究方向,可以说量子最优控制是系统控制理论在量子系统中应用最普遍和成功的一个控制理论(Rice,Zhao,2000),所谓最优控制,是指在使某个规定的性能指标达到最优值的条件下完成所要求的具体任务,所以性能指标的选择是最优控制设计过程中非常重要的一步,它是衡量系统在容许控制作用下性能的主要尺度.

具体到对量子系统进行最优控制,在性能指标的选择上主要从时间、能量以及效率转化上考虑,不同的量子系统具有不同的性质.根据具体问题可以归纳出一般量子系统所考虑的性能指标主要包括:

（1）时间最优（Khaneja，et al.，2001；D'Alessandro，2002）.时间最优是指系统从初始态到达期望终态的演化时间最少，或从初始态的概率分布到达期望终态概率分布的所需时间最少，其性能指标通常选定为

$$J_{时间} = \int_0^T 1 \mathrm{d}t \tag{3.1}$$

直接利用式（3.1）中 $J_{时间}$ 的表达式来求最优时间在实际应用中往往无法获得其最优解，实用的办法是通过对期望幺正演化算符的分解来获得最小时间（Khaneja，et al.，2001；Schirmer，2001）.

（2）能量最优（Grivopoulos，Bamieh，2003；Boscain，et al.，2002；Shen，et al.，1993）.能量最优是指系统从初始态到达期望终态所需的能量最少，或从初始态的概率分布到达期望终态概率分布所需的能量最少，其性能指标通常选定为

$$J_{能量} = \int_0^T \sum_{j=1}^m u_j^2(t) \mathrm{d}t \tag{3.2}$$

（3）幺正演化最优（Palao，Kosloff，2002；Palao，Kosloff，2003）.幺正演化最优是指系统的实际终态幺正演化算符 $U(T)$ 与期望的幺正演化算符 U_{d} 尽可能满足关系 $U(T) = \mathrm{e}^{\mathrm{i}\phi} U_{\mathrm{d}}$，其性能指标可以写成如下形式：

$$J_{幺正} = - \mathrm{Re}(\langle \psi_0 \mid U_{\mathrm{d}}^* U(T) \mid \psi_0 \rangle) \tag{3.3}$$

（4）松弛最优（Khaneja，et al.，2003；D'Alessandro，Dobrovitski，2002）.当量子系统受外部控制场作用时，量子系统与外部环境发生相互作用，使得量子系统发生松弛.一般定义受外部环境影响的敏感函数来作为性能指标，敏感函数值越小，量子系统的松弛就越小，意味着量子系统的实际轨迹偏离规定的轨迹越小.松弛最优的性能指标可以定义为

$$J_{松弛} = \eta = \frac{\langle \rho_{\mathrm{F}} \rangle(t)}{\langle \rho_0 \rangle(t)} \tag{3.4}$$

在实际应用中，人们往往是将上述性能指标通过单独或适当组合来进行不同最优控制策略的设计与实现.本节通过把一般最优控制理论（Grivopoulos，Bamieh，2003；Borzì，et al.，2002）以及 Krotov 方法（Palao，Kosloff，2003）应用到纯态量子系统中，并通过实例进行系统的数值仿真，对它们各自所具有的特点及相互之间的关系进行详细的分析与研究.

3.1.1 量子系统中的最优控制方法

为了考虑问题的方便,这里以单控制量作用为例进行最优控制方法的推导,所推导的情况在大多数条件下适用于多控制量输入情况.纯态量子系统的一般数学模型(丛爽,2004c)为

$$\mathrm{i}\hbar \mid \dot{\psi}\rangle = \bar{H}(u) \mid \psi\rangle = (H_0 + H_1 u) \mid \psi\rangle \tag{3.5}$$

其中,H_0 是系统内部的厄米算符;H_1 是系统外部的厄米算符;$u(t)$ 是所施加的控制场;$\hbar$ 是普朗克常量,为了分析方便,令 $\hbar = 1$,系统初始态设为 $|\psi(0)\rangle = \psi_0$,在规定时间 T 的期望终态为 $|\psi(T)\rangle = \psi_d$.

总结量子系统中的最优控制器的设计方法,可以分为一般最优控制法和 Krotov 方法,它们的主要差别体现为性能指标的选择以及哈密顿函数构造和求解过程的不同,下面针对系统(3.5)来讨论不同最优控制策略的具体推导.

量子系统一般最优控制的设计方法就是经典最优控制在量子系统中的直接应用,其设计过程如下:

3.1.1.1 性能指标的选择

性能指标的一般表达形式选为

$$J_1 = -\langle \psi(T) \mid P \mid \psi(T)\rangle + \frac{r}{2}\int_0^T u^2(t)\mathrm{d}t \tag{3.6}$$

其中,$P = |\psi_d\rangle\langle\psi_d|$ 是投影算符,如果 $|\psi(T)\rangle = \psi_d$,则性能指标 J_1 中的第一项为 -1,即达到最小.J_1 中的第一项是让实际终态与期望终态尽可能接近,而且

$$-\langle \psi(T) \mid P \mid \psi(T)\rangle = -\parallel\langle\psi_d \mid \psi(T)\rangle\parallel^2 = -\parallel\langle\psi_0 \mid U_d^* U(T) \mid \psi_0\rangle\parallel^2 \tag{3.7}$$

其中,$\langle\psi_0 \mid U_d^* U(T) \mid \psi_0\rangle$ 等同于式(3.3)所表示的幺正演化最优的性能指标 $J_{幺正}$,从此关系可以看出,J_1 中的第一项在实质上等同于 $J_{幺正}$.

性能指标 J_1 的第二项中的控制场 $u(t)$ 是实数,且该项的目的是使控制场 $u(t)$ 尽可能小,参数 r 反映控制场的权重.除了以上所定义的指标外,还可在范数意义上来定义性能指标为

$$J_2 = \frac{1}{2}\parallel\mid\psi(T)\rangle - \psi_d\parallel^2 + \frac{r}{2}\parallel u(t)\parallel^2_{L^2(C,[0,T])} \tag{3.8}$$

此时，J_2 中的控制场 $u(t)$ 可以是复数. J_2 中的第一项与 $J_{幺正}$ 的关系为

$$
\begin{aligned}
\frac{1}{2} \parallel \mid \psi(T)\rangle - \psi_d \parallel^2 &= 1 - \mathrm{Re}(\langle \psi_d \mid \psi(T) \rangle) \\
&= 1 - \mathrm{Re}(\langle \psi_0 \mid U_d^* U(T) \mid \psi_0 \rangle) \\
&= 1 - J_{幺正}
\end{aligned} \tag{3.9}
$$

所以，J_2 中的第一项在实质上也等同于式(3.3)所表示的幺正演化最优的性能指标 $J_{幺正}$.

根据文献(Borzì, et al., 2002)的定理可以知道，性能指标在范数定义下的最优控制问题存在最优解必须满足如下的关系式：$(\mid \bar{\psi}\rangle, \bar{u}) \in H^1(C^n, [0, T]) \times L^2(C, [0, T])$.

3.1.1.2　问题的转化

对于满足系统模型前提下求解性能指标为最小的优化问题，可以利用拉格朗日乘子把有约束的最小极值问题转变为无约束的最小极值问题.

对于性能指标为 J_1 的情况，哈密顿函数的形式可以构造为(Grivopoulos，Bamieh，2003)

$$
L_1(\mid \psi \rangle, \mid \lambda \rangle, u) = \frac{r}{2} u^2 + \mathrm{Re}(\mid \lambda \rangle^+ (\mathrm{i} \mid \dot{\psi}\rangle - (H_0 + H_1 u) \mid \psi \rangle)) \tag{3.10}
$$

其中，$\mid \lambda \rangle^+$ 表示 $\mid \lambda \rangle$ 的共轭转置；$\mid \lambda \rangle = (\lambda_1 \quad \lambda_2 \quad \cdots \quad \lambda_N)^{\mathrm{T}}$ 为拉格朗日乘子向量.

对于性能指标为 J_2 的情况，拉格朗日乘子公式可以构造为

$$
L_2(\mid \psi \rangle, \mid \lambda \rangle, u) = J_2 + \mid \lambda \rangle^+ (\mathrm{i} \mid \dot{\psi}\rangle - (H_0 + H_1 u) \mid \psi \rangle) \tag{3.11}
$$

3.1.1.3　最优解的获得

对于性能指标为 J_1 的情况，可以利用变分原理来进行求解. 由于时间 T 给定，且终态给定，采用变分原理得到性能指标 J_1 取极值的必要条件为

$$
\mid \dot{\psi}\rangle = \frac{\partial L_1}{\partial \mid \lambda \rangle}, \quad \mid \dot{\lambda}\rangle = -\frac{\partial L_1}{\partial \mid \psi \rangle}, \quad \frac{\partial L_1}{\partial u} = 0 \tag{3.12}
$$

把式(3.7)代入式(3.12)得到一组必要微分方程组：

$$
\mid \dot{\psi}\rangle = -\mathrm{i}(H_0 + H_1 u) \mid \psi \rangle, \quad \mid \psi(0)\rangle = \psi_0 \tag{3.13}
$$

$$
\mid \dot{\lambda}\rangle = -\mathrm{i}(H_0 + H_1 u) \mid \lambda \rangle, \quad \mid \lambda(T)\rangle = P \mid \psi(T)\rangle \tag{3.14}
$$

$$
ru(t) = -\mathrm{Im}(\mid \lambda \rangle^+ H_1 \mid \psi \rangle) \tag{3.15}
$$

对于性能指标为 J_2 的情况,可以根据文献(Borzì, et al., 2002)所给出的方法来求极值.通过分析可知,所构造的哈密顿函数 $L_2(|\bar\psi\rangle, |\bar\lambda\rangle, \bar u) = \min(L_2(|\psi\rangle, |\lambda\rangle, u))$ 的必要条件满足以下方程组:

$$|\dot\psi\rangle = -\mathrm{i}(H_0 + H_1 u(t))|\psi\rangle, \quad |\psi(0)\rangle = \psi_0 \tag{3.16}$$

$$|\dot\lambda\rangle = -\mathrm{i}(H_0 + H_1 u(t))|\lambda\rangle, \quad |\lambda(T)\rangle = -\mathrm{i}(|\psi(T)\rangle - \psi_{\mathrm{d}}) \tag{3.17}$$

$$u = \frac{1}{r}\mathrm{Re}\left(p \cdot \left(\frac{\partial(H_0 + H_1 u)}{\partial u_{\mathrm{r}}}|\psi\rangle\right)^*\right) + \mathrm{i} \times \frac{1}{r}\mathrm{Re}\left(p \cdot \left(\frac{\partial(H_0 + H_1 u)}{\partial u_{\mathrm{i}}}\right)|\psi\rangle\right)^*\right)$$

$$\tag{3.18}$$

其中,u_{r} 表示控制场 u 的实部;u_{i} 表示 u 的虚部.

对以上两种方法首先选定初始控制场 $u^{(0)}(t)$,然后利用式(3.13)至式(3.15)或者式(3.16)至式(3.18)进行迭代计算,就可以获得极值下的控制律.不过,在实际应用中我们发现,直接采用迭代计算法在一般情况下得不到收敛的解.所以有必要对以上迭代方法进行改进.

3.1.2 改进的量子最优控制方法

针对直接将经典最优控制应用到量子系统中所存在的问题,我们提出一种改进方法.改进的主要思路是变固定迭代步长为可变迭代步长,即先选取初始步长,然后每一步求解计算 J 对控制场 u 的梯度变化,通过所计算的梯度变化值来确定下一步的迭代步长.我们将该方法称为变尺度梯度方法.下面以性能指标 J_2 为例给出改进算法的具体迭代过程.

第一步:初始化,选择任意初始控制场 $u^{(0)}(t)$,$t \in [0, T]$,初始迭代步长选定为 s 以及步长变化量 $\beta \geqslant 1$,而参数 $c \ll 1$.

第二步:解方程(3.16)得到状态 $|\psi^{(0)}(t)\rangle$,把 $|\psi^{(0)}(T)\rangle$ 代入式(3.17),解方程(3.17)得到 $|p^{(0)}(t)\rangle$.为了方便起见,定义 $du_{\mathrm{r}} = dr$,$du_{\mathrm{i}} = di$,$\nabla J u_{\mathrm{r}} = \nabla J_{\mathrm{r}}$ 以及 $\nabla J u_{\mathrm{i}} = \nabla J_{\mathrm{i}}$.计算 J 对控制场 u 的梯度变化,$(dr \quad di)^{\mathrm{T}} = -G(\nabla J_{\mathrm{r}} \quad \nabla J_{\mathrm{i}})^{\mathrm{T}}$,$G$ 可以是单位矩阵,也可以是指标 J_2 的 Hessian 矩阵,性能指标 J_2 对控制场 u 的实部梯度变化 ∇J_{r} 与虚部梯度变化 ∇J_{i} 分别为

$$\nabla J_{\mathrm{r}} = r \times u_{\mathrm{r}}^{(0)} - \mathrm{Re}\left(p^{(0)} \times \left(\frac{\partial(H_0 + H_1 u)}{\partial u_{\mathrm{r}}}\psi^{(0)}\right)^+\right) \tag{3.19a}$$

$$\nabla J_{\mathrm{i}} = r \times u_{\mathrm{i}}^{(0)} - \mathrm{Re}\Big(p^{(0)} \times \Big(\frac{\partial (H_0 + H_1 u)}{\partial u_{\mathrm{i}}} \psi^{(0)} \Big)^{+} \Big) \tag{3.19b}$$

第三步:如果

$$J_2(u^{(0)} + s \times (d\mathrm{r} + \mathrm{i} \times d\mathrm{i})) < J(u^{(0)}) + c \times s \times [\nabla J_{\mathrm{r}}, \nabla J_{\mathrm{i}}] \times \begin{bmatrix} d\mathrm{r} \\ d\mathrm{i} \end{bmatrix}$$

则 $u^{(0)}(t) = u^{(0)} + s \times (d\mathrm{r} + \mathrm{i} \times d\mathrm{i})$,并且改变步长 $s = \beta \times s$,继续第二步,否则 $s = -0.5s$,继续第三步.如此反复,直到得到所要求的精度为止.

3.1.3 Krotov 最优控制设计方法

Krotov 最优控制设计方法是由 V. F. Krotov, I. N. Fel'dman 以及 Engrg 在 1983 年提出的一种数值迭代方法,由该方法产生的控制方法应用到量子系统中已经取得很好的效果(Palao, Kosloff, 2002; Palao, Kosloff, 2003).这里我们将基于 Krotov 方法给出一种新的最优控制设计方法.具体设计过程如下:

1. 选择性能指标

$$J_3[w] = F(\psi(T)) + \int_0^T g(t, u(t), \psi(t)) \mathrm{d}t \tag{3.20}$$

其中,w 是系统演化过程的变量:$w = (t, u, \psi)$.

2. 构造等同于性能指标的公式

$$L_3[w, \phi] = G(\psi(T)) - \int_0^T R(t, \psi(t), u(t)) \mathrm{d}t - \phi(0, \psi_0) \tag{3.21}$$

其中,$G(\psi(T)) = F(\psi(T)) + \phi(T, \psi(T))$,$\phi(t, \psi)$ 是一个需要构造的函数,这是非常关键的一步,且

$$R(t, \psi(t), u(t)) = \frac{\partial \phi}{\partial \psi} \cdot (-\mathrm{i}(H_0 + H_1 u)\psi) - g(t, u(t), \psi(t)) + \frac{\partial}{\partial t} \phi(t, \psi) \tag{3.22}$$

将定义的 $G(\psi(T))$ 和 $R(t, \psi(t), u(t))$ 代入 $L_3[w, \phi]$ 中可以得到 $L_3[w, \phi] = J_3[w]$.

3. 通过迭代计算来完成最优控制器的设计

迭代计算主要有下述三个步骤:

(1) 首先选择初始控制场 $u^{(0)}$,构造函数 $\phi(t,\psi)$ 使得初始值 $L_3[w^{(0)},\phi]$ 达到最大,这等价于以下条件:

$$R(t,\psi^{(0)}(t),u^{(0)}(t)) = \min_{\psi} R(t,\psi,u^{(0)}(t)) \tag{3.23}$$

$$G(\psi^{(0)}(T)) = \max_{\psi} G(\psi(T)) \tag{3.24}$$

(2) 选择一个使 $R(t,\psi(t),u(t))$ 为最大的新控制场 $u^{(1)}$: $u^{(1)} = \arg\max_{u} R(t,\psi,u)$,在控制场中含有状态 ψ,所以控制场 $u^{(1)}$ 与 ψ 要联合计算,其方法主要通过系统方程和新控制场 $u^{(1)}$ 的表达式来求解;

(3) 这样可保证获得的 $L_3[w^{(1)},\phi]$ 就比 $L_3[w^{(0)},\phi]$ 的值小,令控制场 $u^{(0)} = u^{(1)}$,依次重复计算,直到得到目标值为止.

对于具体的量子系统(3.5)来说,可以选择

$$F(\psi(T)) = -\langle \psi(T) \mid P \mid \psi(T) \rangle \tag{3.25}$$

$$g(t,u(t),\psi(t)) = r(u(t) - \tilde{u}(t))^2 \tag{3.26}$$

其中,$P = |\psi_d\rangle\langle\psi_d|$;$\tilde{u}(t)$ 是参考控制场.

将式(3.25)和式(3.26)代入式(3.20),可得系统的性能指标为

$$J_3[w] = -\langle \psi(T) \mid P \mid \psi(T) \rangle + \int_0^T r(u(t) - \tilde{u}(t))^2 \mathrm{d}t \tag{3.27}$$

构造函数:

$$\phi(t,\psi) = \langle x \mid \psi \rangle + \langle \psi \mid x \rangle \tag{3.28}$$

其中,$|x\rangle = \dfrac{\partial}{\partial \psi}\phi(t,\psi^{(0)})$,并且 $|x\rangle$ 必须满足微分方程式

$$\begin{cases} |\dot{x}\rangle = -\dfrac{\partial}{\partial\psi}\left(R(t,\psi^{(0)},u^{(0)},x) - \dfrac{\partial}{\partial t}\phi(t,\psi^{(0)})\right) = -\mathrm{i}(H_0 + H_1 u^{(0)})\mid x\rangle \\ |x(T)\rangle = \psi_d \end{cases} \tag{3.29}$$

同时,状态 $|\psi\rangle$ 满足系统方程

$$|\dot{\psi}\rangle = -\mathrm{i}(H_0 + H_1 u(t))\mid\psi\rangle, \quad |\psi(0)\rangle = \psi_0 \tag{3.30}$$

将 $L_3[w^{(1)},\phi]$ 减去 $L_3[w^{(0)},\phi]$ 可以得到下式:

$$L_3[w^{(1)},\phi] - L_3[w^{(0)},\phi]$$
$$= G(\psi^{(1)}(T)) - G(\psi^{(0)}(T)) + \int_0^T R(t,\psi^{(0)}(t),u^{(0)}(t))\mathrm{d}t$$

$$-\int_0^T R(t, \psi^{(1)}(t), u^{(1)}(t))\mathrm{d}t$$

$$= \Delta_1 + \Delta_2 \tag{3.31}$$

其中

$$\Delta_1 = G(\psi^{(1)}(T)) - G(\psi^{(0)}(T))$$

$$= (\langle \psi^{(1)}(T) \mid - \langle \psi^{(0)}(T) \mid)P(\mid \psi^{(1)}(T)\rangle - \mid \psi^{(0)}(T)\rangle) \leqslant 0$$

$$\Delta_2 = \int_0^T R(t, \psi^{(0)}(t), u^{(0)}(t))\mathrm{d}t - \int_0^T R(t, \psi^{(1)}(t), u^{(1)}(t))\mathrm{d}t$$

经计算得到

$$\Delta_2 = \int_0^T (2\mathrm{Im}(\langle x^{(0)} \mid H_1(u^{(1)} - u^{(0)}) \mid \psi^{(1)}\rangle) - r(u^{(1)} - u^{(0)})(u^{(1)} + u^{(0)} - \widetilde{u}))\mathrm{d}t$$

因为要使得 $L_3[w^{(1)}, \phi] - L_3[w^{(0)}, \phi] \leqslant 0$,必须保证 $\Delta_2 \leqslant 0$,所以要使得 Δ_2 的积分项内的值不大于零,通过分析可以得到

$$u^{(1)}(t) = \widetilde{u}(t) + r^{-1}\mathrm{Im}\langle x^{(0)} \mid H_1 \mid \psi^{(1)}\rangle \tag{3.32}$$

式(3.32)中的 $\mid x^{(0)}\rangle$ 和 $\mid \psi^{(1)}\rangle$ 是通过式(3.29)和式(3.30)计算得到的,而参考控制场通常可以选择 $\widetilde{u}(t) = u^{(0)}(t)$,也可以选择 $\widetilde{u}(t) = 0$,此时就等同于经典最优控制方法.如此反复,直到得到所要求的精度为止.

3.1.4 数值仿真实验及其性能分析

选择一个自旋 1/2 的单粒子量子系统作为研究对象,其所满足的薛定谔方程为

$$\mathrm{i}\hbar \mid \dot{\psi}\rangle = (\sigma_z + \sigma_x \cdot u(t)) \mid \psi\rangle \tag{3.33}$$

其中,$\sigma_z = \begin{pmatrix} 0.5 & 0 \\ 0 & -0.5 \end{pmatrix}$;$\sigma_x = \begin{pmatrix} 0 & 0.5 \\ 0.5 & 0 \end{pmatrix}$;$u(t)$ 是所施加的控制场;$\hbar$ 是普朗克常量,进行仿真实验时设 $\hbar = 1$.

系统初始态设为 $\mid \psi(0)\rangle = \psi_0 = (1 \quad 0)^{\mathrm{T}}$,期望终态为 $\mid \psi(T)\rangle = \psi_d = (0 \quad 1)^{\mathrm{T}}$.下面分别使用所提出的两种方法对该系统进行最优控制的系统仿真实验研究.

3.1.4.1 采用改进的最优控制设计方法

采用 3.1.2 小节中的变尺度梯度方法对所给的量子系统(3.33)进行最优控制的设

计以及系统仿真实验.实验中的参数分别取为 $s=0.1, \beta=1.5, c=0.0001, r=0.01$,初始控制场为 $u^{(0)}(t)=\dfrac{1}{10}\cos t+\mathrm{i}\times\dfrac{1}{10}\sin t$,时间 $T=10$ a.u.,采样周期为 0.01 a.u.,实验中的迭代停止条件为 $\Delta J_2\leqslant10^{-4}$.

仿真实验结果为:数值迭代求解的次数为 7,所获得的最优控制场的实数部分在 $-0.47\sim0.47$ 这个范围内变化,虚数部分在 $-0.3\sim0.3$ 这个范围内变化,其实际终态与期望终态之间的误差为 $\||\psi(T)\rangle-\psi_{\mathrm{d}}\|^2=1.2488\times10^{-4}$,最终所获得的最优性能指标为 $J_2=7.0775\times10^{-3}$.

根据求解结果进行的系统仿真实验结果如图 3.1 所示,其中,控制场的变化曲线如图 3.1(a)所示,实线是控制场的实部,虚线是控制场的虚部;系统状态的概率演化曲线如图 3.1(b)所示,实线是初态为激发态 1 的概率演化曲线,虚线是初态为基态 0 的概率演化曲线.

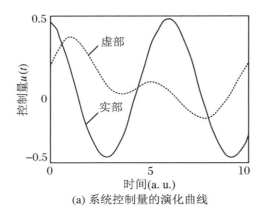
(a) 系统控制量的演化曲线

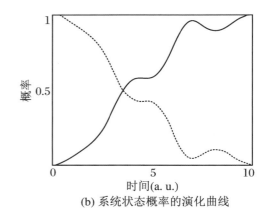
(b) 系统状态概率的演化曲线

图 3.1　变尺度梯度方法在自旋 1/2 粒子系统上的仿真结果

通过改变不同参数进行仿真实验可知,改变初始控制场、初始步长 s 和 β 值进行仿真实验,对实验结果的影响不大.如果只改变参数 r,其他参数不变,分别取 $r=1,0.1$,$0.01,0.001$,其性能指标如表 3.1 所示.从表 3.1 中可以看出,参数 r 变大,误差增大,性能指标也随之变大,但是控制场随着变小.反之,参数 r 变小,则误差减小,性能指标 J 也减小,而控制场随之变大.在实验过程中的迭代次数变化不大.由此可知,在控制场强度允许的情况下,应当尽量采用较小的 r 值.如果只改变规定时间 T,分别取 $T=1,5,10$,20,参数 $r=0.01$,其他参数不变,其性能指标如表 3.2 所示.从表 3.2 中可以看出,时间 T 变短,系统实际终态与期望终态之间的误差缓慢变大,当时间 T 减小到一定程度时,系统实际终态与期望终态之间的误差急剧增大.在上述参数条件下,误差发生急剧增大时

的时间大约是 $T=3$ a.u..反之,当时间 T 变大时,系统实际终态与期望终态之间的误差变小,性能指标也变小.

表 3.1　参数 r 改变时的性能指标

r	$\||\psi(T)\rangle-\psi_d\|^2$	J	迭代次数	最优控制场的实数部分变化
1	8.6613×10^{-1}	6.0867×10^{-1}	2	$-0.2\sim0.2$
0.1	2.9816×10^{-3}	6.8417×10^{-2}	6	$-0.43\sim0.43$
0.01	1.2488×10^{-4}	7.0775×10^{-3}	7	$-0.47\sim0.47$
0.001	4.1309×10^{-5}	7.3018×10^{-4}	7	$-0.48\sim0.48$

表 3.2　时间 T 改变时的性能指标

T(a.u.)	$\||\psi(T)\rangle-\psi_d\|^2$	J	迭代次数	最优控制场的实数部分变化
1	1.3258×10^{-1}	1.491×10^{-1}	17	$-5.7\sim0.34$
5	1.1852×10^{-4}	1.364×10^{-2}	12	$-0.84\sim0.96$
10	1.2488×10^{-4}	7.0775×10^{-3}	7	$-0.47\sim0.47$
20	8.1652×10^{-6}	3.9907×10^{-3}	7	$-0.27\sim0.27$

3.1.4.2　Krotov 设计方法

基于 Krotov 设计方法对所给系统(3.33)进行最优控制的设计与系统仿真实验,实验中的参数分别取为:初始控制场 $u^{(0)}(t)=0.5\cos t$,参数 $r=1$,时间 $T=10$ a.u.,采样周期为 0.01 a.u.,实验中的迭代停止条件为 $\Delta J_2\leqslant10^{-4}$.

仿真实验结果为:迭代次数为 33,所获得的最优控制场在 $-0.8\sim0.6$ 这个范围内变化,其系统实际终态与期望终态之间的误差为 $\||\psi(T)\rangle-\psi_d\|^2=1.0830\times10^{-9}$,最优性能指标为 $J_3=1.1289\times10^{-1}$,仿真结果如图 3.2 所示,其中,控制场的变化曲线以及系统概率的演化曲线分别如图 3.2(a)和图 3.2(b)所示,图 3.2(b)中的实线是初态为激发态 1 的概率演化曲线,虚线是初态为基态 0 的概率演化曲线.

通过改变不同参数进行仿真实验可知,当参数 λ 值增大时,系统实际终态与期望终态之间的误差增大,性能指标也增大,控制场幅值减小,而当 λ 值减小时,误差减小,控制场幅值增大,但 λ 值减小到一定程度时,系统的概率演化就会发生振荡,这主要是控制场过大造成的.

与一般最优控制设计方法所得结果相似,如果作用时间 T 变短,则系统实际终态与期望终态之间的误差缓慢变大,当时间 T 减小到一定程度时,其实际终态与期望终态之间的误差急剧增大,在上述参数条件下,误差发生急剧增大时的时间大约是 $T=5$ a.u..作用时间 T 变长,则情况相反.

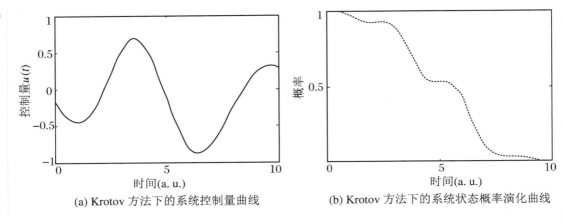

(a) Krotov 方法下的系统控制量曲线　　(b) Krotov 方法下的系统状态概率演化曲线

图 3.2　Krotov 方法在自旋 1/2 粒子系统上的仿真结果

当把系统方程(3.33)中的普朗克常量 $\hbar$ 作为一个变量来研究时,结果发现:如果从 $\hbar = 1$ 开始减小,系统在 $\hbar = 0.1$,$T = 1$ 时的仿真曲线与系统在 $\hbar = 1$,$T = 10$ 时的仿真曲线非常相近,随着 $\hbar$ 减小,得到相同误差时的作用时间 T 也减小,但是对于仿真来说,由于受限于计算机的精度,所以不能对 $\hbar$ 是普朗克常量的量子系统进行仿真,不过从中可以推断出:当 $\hbar$ 是普朗克常量时,完成任务所需要的时间也非常小.

3.2　基于最优搜索步长的量子控制

在量子力学系统中,有很多实际问题需要最优控制理论来解决,如核磁共振中的选择激发问题、化学反应中的选择性控制、选择性单分子反应等问题(Peirce,2003;Shi,Rabitz,1990).从控制的角度来说,最优控制问题的核心是要优化一个性能指标,该性能指标需要根据量子系统的实际需要来提出,其中包括最短时间控制(如克服分子内快速的能量转移)、最大转换控制、最小能量控制等.一般设所考察的封闭量子系统薛定谔方程的形式为

$$i\hbar \mid \dot{\psi}(t)\rangle = H \mid \psi(t)\rangle, \quad H = H_0 + H_{\mathrm{C}}, \quad H_{\mathrm{C}} = \sum_{l=1}^{L} H_l u_l(t) \quad (3.34)$$

其中,H_0 是内部哈密顿量;H_{C} 是外部控制作用于系统的哈密顿量;H_0 及 H_l 均不含时;$u_l(t)$ 是标量可实现实值控制场(函数),为简化分析,$\hbar$ 取 1.有关薛定谔方程及其在控制

中应用的内容可参考文献(Rosenbrock,2000).方程(3.34)所表达的系统模型在形式上是一个双线性系统,具体的形式可以是选定该系统所对应的希尔伯特空间中的一组基下的向量形式,也可以是将系统的状态写成幺正演化形式后所得的矩阵形式.

一般的性能指标常可以取为(Zhu,Rabitz,1998)

$$J = \omega_1 \langle \psi(T) \mid P \mid \psi(T) \rangle - \omega_2 \int_0^T \sum_l u_l^2 \mathrm{d}t \tag{3.35}$$

其中,$P = \mid \psi_{\mathrm{f}} \rangle \langle \psi_{\mathrm{f}} \mid$ 是给定的终态投影算符,为厄米算符.

式(3.35)中的第一项代表算符 P 在终端时刻 T 的期望值;P 表示系统状态 $\mid \psi(t) \rangle$ 演化到 T 时刻至目标态 $\mid \psi_{\mathrm{f}} \rangle$ 的投影(塌缩)概率,期望该值能尽量接近最大值.式(3.35)中的第二项代表控制能量,在量子系统控制中,施加给系统的控制能量应尽可能小,以免影响被操控粒子附近的其他粒子.ω_1 与 ω_2 是这两项性能指标的权重因子,控制效果与它们的具体取值无关,而仅由它们的相对取值决定.式(3.35)所示的性能指标的意义是,在时刻 T,在确保第一项的转移概率足够大的前提下,希望第二项在整个 T 内的控制能量尽可能小.整个最优控制问题的求解目标是对式(3.35)的极大化.

本节研究的内容是在假设终端时刻 T 给定,初始时刻 0 的初始状态 $\mid \psi_0 \rangle$ 和目标态 $\mid \psi_{\mathrm{f}} \rangle$ 也给定的情况下,求解使性能指标(3.35)为最大的情况下,系统(3.34)的最优控制律.此处的目标态 $\mid \psi_{\mathrm{f}} \rangle$ 与最优控制中的终态 $\mid \psi(T) \rangle$ 不同,终态 $\mid \psi(T) \rangle$ 表示一个自由终态.众所周知,迭代法对于二能级以上量子系统就不存在解析解,本节所采用的带有最优搜索步长的开关变尺度法对最优控制问题进行了数值迭代求解,详细推导了求解过程,并给出了系统仿真实例.

3.2.1 最优控制律的求解

本节将采用变分法推导出系统的最优控制律.首先利用拉格朗日乘子函数法将约束方程(3.34)代入性能指标(3.35)中,得到

$$J' = \omega_1 \langle \psi(T) \mid P \mid \psi(T) \rangle - \omega_2 \int_0^T \sum_{l=1}^L u_l^2 \mathrm{d}t$$

$$- 2\mathrm{Re}\left(\int_0^T \langle \lambda(t) \mid \left(\mathrm{i}\left(H_0 + \sum_{l=1}^L u_l(t)H_l \right) \mid \psi(t) \rangle + \mid \dot{\psi}(t) \rangle \right) \mathrm{d}t \right) \tag{3.36}$$

令

$$\bar{H} = -\omega_2 \sum_{l=1}^{L} u_l^2(t) - 2\text{Re}\left(\langle \lambda(t) \mid i\left(H_0 + \sum_{l=1}^{L} u_l(t)H_l\right) \mid \psi(t)\rangle\right) \quad (3.37)$$

并代入式(3.36)得

$$J' = \omega_1 \langle \psi(T) \mid P \mid \psi(T)\rangle + \int_0^T (\bar{H} - 2\text{Re}(\langle \lambda(t) \mid \dot{\psi}(t)\rangle))\mathrm{d}t$$

$$= \omega_1 \langle \psi(T) \mid P \mid \psi(T)\rangle + \int_0^T \bar{H}\mathrm{d}t - 2\text{Re}\left(\langle \lambda(t) \mid \psi(t)\rangle \Big|_0^T - \int_0^T \langle \dot{\lambda}(t) \mid \psi(t)\rangle\mathrm{d}t\right)$$

$$(3.38)$$

下面计算由控制量的变分 $\delta u_l(t)$ 引起的泛函 J' 的变分 $\delta J'$. 由于控制量的变分 $\delta u_l(t)$ 通过系统方程可引起状态的变分 $|\delta\psi(t)\rangle$,进而有终态的变分 $|\delta\psi(T)\rangle$,因此式(3.38)中泛函 J' 的变分为($|\lambda(t)\rangle$ 不变分)

$$\delta J' = 2\omega_1 \text{Re}(\langle \psi(T) \mid P \mid \delta\psi(T)\rangle) - 2\text{Re}(\langle \lambda(T) \mid \delta\psi(T)\rangle)$$

$$+ 2\text{Re}\left(\int_0^T \langle \dot{\lambda}(t) \mid \delta\psi(t)\rangle\mathrm{d}t\right) + \int_0^T \left(\sum_{l=1}^{L} \frac{\partial \bar{H}}{\partial u_l}\delta u_l(t) + \frac{\partial \bar{H}}{\partial \mid \psi\rangle} \mid \delta\psi(t)\rangle\right)\mathrm{d}t$$

$$(3.39)$$

由式(3.37)得

$$\frac{\partial \bar{H}}{\partial \mid \psi\rangle} = -2\text{Re}\left(\langle \lambda(t) \mid i\left(H_0 + \sum_{l=1}^{L} u_l(t)H_l\right)\right) \quad (3.40)$$

$$\frac{\partial \bar{H}}{\partial u_l} = -2\omega_2 u_l(t) - 2\text{Re}(\langle \lambda(t) \mid iH_l \mid \psi(t)\rangle)$$

$$= -2\omega_2 u_l(t) + 2\text{Im}(\langle \lambda(t) \mid H_l \mid \psi(t)\rangle) \quad (3.41)$$

对于式(3.39),考虑到式(3.40)、式(3.41),可选择 $|\lambda(t)\rangle$ 满足如下条件:

$$-2\text{Re}(\langle \dot{\lambda}(t) \mid) = \frac{\partial \bar{H}}{\partial \mid \psi\rangle} \quad (3.42)$$

$$\omega_1 \langle \psi(T) \mid P = \langle \lambda(T) \mid \quad (3.43)$$

这样,式(3.39)就成为

$$\delta J' = \int_0^T \left(\sum_{l=1}^{L} \frac{\partial \bar{H}}{\partial u_l}\delta u_l(t)\right)\mathrm{d}t \quad (3.44)$$

由于各 $u_l(t)$ 是相互独立的,且 $\delta u_l(t)$ 是任意的,由泛函必要条件 $\delta J' = 0$ 可得

$$\frac{\partial \bar{H}}{\partial u_l} = 0, \quad l = 1, 2, \cdots, L \quad (3.45)$$

考虑到系统的状态方程,由式(3.40)至式(3.45)可导出下列一组最优控制方程:

$$\mathrm{i} \mid \dot{\lambda}(t)\rangle = \left(H_0 + \sum_{l=1}^{L} u_l(t)H_l\right) \mid \lambda(t)\rangle \tag{3.46}$$

$$\mid \lambda(T)\rangle = \omega_1 P \mid \psi(T)\rangle \tag{3.47}$$

$$\mathrm{i} \mid \dot{\psi}(t)\rangle = \left(H_0 + \sum_{l=1}^{L} u_l(t)H_l\right) \mid \psi(t)\rangle \tag{3.48}$$

$$\mid \psi(0)\rangle = \mid \psi_0\rangle \tag{3.49}$$

$$\omega_2 u_l(t) = \mathrm{Im}(\langle \lambda(t) \mid H_l \mid \psi(t)\rangle), \quad l = 1, 2, \cdots, L \tag{3.50}$$

值得说明的是,式(3.46)的导出仅仅是式(3.40)代入式(3.42)后的一种可能的简化情形.上面的推导使用的是函数态矢的形式,下面我们将以向量态矢的等价形式对以上最优控制问题进行求解.

式(3.46)至式(3.50)是我们要求解的目标方程组,尽管已导出了控制场的函数形式,但遗憾的是,目前仅对于二能级量子系统可以求出解析解,对于二能级以上的多能级系统仍然难以求出解析解(D'Alessandro, Dahleh, 2001).显然,该方程组是典型的两点边值问题,可以使用数值迭代法求解,且最终得出的解将是系统性能指标的一个局部极值.

对上述最优控制问题,本节采用适用面较广泛的变尺度法进行求解.由于我们的目的是最大化式(3.35),因此本节的变尺度法实质上是"上升"法.本算法最关键的问题是确定下面迭代式中的搜索方向 p^k 和搜索步长 h^k:

$$u^{k+1} = u^k + h^k p^k \tag{3.51}$$

3.2.1.1 最佳搜索步长 h^k 的确定

一般来说,采用适当的固定步长也可达到搜索目的,但我们在实验中发现,如果所选固定步长过大将出现严重振荡,甚至不能收敛的现象;如果所选固定步长过小又会出现搜索次数过多的现象,降低效率.因此,通过寻找最佳搜索步长进行迭代求解是完全必要的.

假设第 k 次搜索至 u^k,则式(3.51)中的 u^k 和 p^k 均可事先确定,我们要合理确定出向 u^{k+1} 搜索时 h^k 的最优取值,就是要保证沿着 p^k 方向以步长 h^k 搜索至 u^{k+1} 时所得到的性能指标 J^{k+1} 最大.

记 $\tilde{H} = (H_1 \quad H_2 \quad \cdots \quad H_L)$,$u = (u_1 \quad u_2 \quad \cdots \quad u_L)^{\mathrm{T}}$,则式(3.48)可写为

$$i \mid \dot{\psi}(t) \rangle = (H_0 + \tilde{H}u) \mid \psi(t) \rangle \tag{3.52}$$

在进行迭代求解时,对于第 k 次搜索,我们总是以本次的第 r 个离散时刻的 $u(r)$ 作为下一时刻迭代的已知量来进行运算的,即

$$\mid \psi^k(r+1) \rangle = e^{-i(H_0 + \tilde{H}u^k(r)) \cdot \Delta t} \mid \psi^k(r) \rangle \tag{3.53}$$

其中,r,$r = 1, 2, \cdots, N$ 为第 k 次搜索中的第 r 个时间离散点,Δt 为时间步长.

考虑到式(3.51),可得到第 $k+1$ 次的性能指标为

$$J^{k+1} = \omega_1 \langle \psi^{k+1}(N) \mid P \mid \psi^{k+1}(N) \rangle - \omega_2 \langle u^k + h^k p^k \mid u^k + h^k p^k \rangle \tag{3.54}$$

其中,$\mid \psi^{k+1}(N) \rangle$ 可由式(3.53)在考虑式(3.51)的前提下迭代解出,式(3.54)的第一项是向量内积,第二项是希尔伯特空间中的函数内积. 显然,J^{k+1} 仅是 h^k 的函数,因此,理论上 h^k 的最优值是可以求取的.

3.2.1.2　搜索方向 p^k 的确定

在优化计算中,变尺度法是一种综合了最速下降法和阻尼牛顿法的优势的方法,较为常用的是 DFP 算法和 BFGS 算法以及在这两种算法基础上的开关算法,其中,开关算法是由 Fletcher 提出的,它可以克服 DFP 算法和 BFGS 算法分别会偶尔出现的奇异和无界现象(邓乃扬,1982). 变尺度法的迭代方向是

$$p^k = H^k \mathrm{grad}(J^k) \tag{3.55}$$

其中,H^k 是第 k 次迭代的尺度修正矩阵,$\mathrm{grad}(J^k)$ 是第 k 次搜索时性能指标对于 u^k 的梯度. 显然这个梯度并非常规意义下的函数梯度,而是希尔伯特空间中泛函对于其控制量函数的梯度,下面来求出这个梯度.

考虑到希尔伯特函数空间中复函数的内积及相应的范数定义,由泛函变分的原理、意义可得(叶庆凯,郑应平,1991)

$$\lim_{\| \delta u \| \to 0} \frac{\| J(u + \delta u) - J(u) - \delta J(u) \|}{\| \delta u \|}$$
$$= \lim_{\| \delta u \| \to 0} \frac{\| J(\mid \psi(T) \rangle + \delta \mid \psi(T) \rangle, \mid \psi(t) \rangle + \delta \mid \psi(t) \rangle, u + \delta u, t) - J(\mid \psi(T) \rangle, \mid \psi(t) \rangle, u, t) - M \|}{\| \delta u \|}$$
$$= 0 \tag{3.56}$$

其中,$M = \delta J(\mid \psi(T) \rangle, \mid \psi(t) \rangle, u, t)$,即 $J(u)$ 对于控制量 u 而言是 Frechet 可微的,故当 $\| \delta u \| \to 0$ 时,存在梯度 $\mathrm{grad}(J(u))$ 使下式成立:

$$\delta J(u, \delta u) = \langle \mathrm{grad}(J(u)) \mid \delta u \rangle \tag{3.57}$$

由式(3.57)、式(3.41)和式(3.44)可得到第 k 次优化的 J 的梯度为

$$\operatorname{grad}(J^k) = \frac{\partial \bar{H}^k}{\partial u^k} = -2\omega_2 u^k + 2\operatorname{Im}(\langle \lambda^k \mid \widetilde{H}^T \mid \psi^k \rangle) \qquad (3.58)$$

其中，u^k 的每个分量 u_l^k 与相应的 H_l 对应，$\widetilde{H}^T$ 是所有 H_l 的列向排列的简化记号.由此可得系统最优控制律的修正公式为

$$\Delta u^k(t) = u^{k+1}(t) - u^k(t) \qquad (3.59)$$

$$\Delta g J^k = \operatorname{grad}(J^{k+1}) - \operatorname{grad}(J^k) \qquad (3.60)$$

$$H_{\mathrm{DFP}}^{k+1} = H^k + \frac{\Delta u^k \Delta^T u^k}{\langle \Delta u^k \mid \Delta g J^k \rangle} - \frac{H^k \Delta g J^k \Delta^T g J^k H^k}{\langle \Delta g J^k \mid H^k \mid \Delta g J^k \rangle} \qquad (3.61)$$

$$H_{\mathrm{BFGS}}^{k+1} = \left(I - \frac{\Delta g J^k \Delta^T g J^k}{\langle \Delta g J^k \mid \Delta u^k \rangle} \right) H^k \left(I - \frac{\Delta g J^k \Delta^T u^k}{\langle \Delta g J^k \mid \Delta u^k \rangle} \right) + \frac{\Delta g J^k \Delta^T g J^k}{\langle \Delta g J^k \mid \Delta u^k \rangle} \qquad (3.62)$$

其中，$H^0 = I$，开关规律是，当 $\langle \Delta u^k \mid \Delta g J^k \rangle \geqslant \langle \Delta g J^k \mid H^k \mid \Delta g J^k \rangle$ 时，采用式(3.62)计算尺度矩阵，否则采用式(3.61)计算.

3.2.2　自旋 1/2 粒子系统的应用实例

由于自旋 1/2 粒子系统的数学模型是双线性的系统模型，它与宏观系统中的双线性系统在数学模型结构上具有完全一样的形式；另外，自旋 1/2 粒子系统在 x 轴、y 轴和 z 轴上的自旋与宏观世界中的刚体绕 x 轴、y 轴和 z 轴的旋转是一致的，所以从数学的角度来说，它们具有相同的特性，可以借用宏观世界的研究方式和结果来针对具体情况加以分析和应用.为了验证本节方法的有效性，我们来考察这个典型例子.假定这个例子是仅有一个控制作用的自旋 1/2 系统，设控制作用 $u(t)$ 仅在 y 轴方向上改变电磁场(Ferrante, et al., 2002a)，且选取自旋为 σ_z 表象，于是系统的薛定谔方程为

$$\mathrm{i}\hbar \mid \dot{\psi}(t) \rangle = (H_0 + u_1 H_1) \mid \psi(t) \rangle$$

其中，$H_0 = \sigma_z = \begin{bmatrix} 1 & 0 \\ 0 & -1 \end{bmatrix}$；$H_1 = \sigma_y = \begin{bmatrix} 0 & -\mathrm{i} \\ \mathrm{i} & 0 \end{bmatrix}$；$\hbar$ 取 1.

要执行量子信息中最简单的逻辑 NOT-门操作，就必须驱动状态 $\mid \psi \rangle$ 使之能在系统的两个本征态 $\mid 0 \rangle = \begin{bmatrix} 1 \\ 0 \end{bmatrix}$ 和 $\mid 1 \rangle = \begin{bmatrix} 0 \\ 1 \end{bmatrix}$ 之间相互转换.现在假定初态为 $\mid \psi_0 \rangle = \mid 0 \rangle$，而终态为 $\mid \psi_f \rangle = \mid 1 \rangle$，使用本节的方法进行系统的最优控制，实验中系统参数选为 $\omega_1 = 100$，

$\omega_2 = 1$，$T = 5$，初始控制 $u^0 = \sin t$，仿真系统控制的实验结果如图 3.3 所示，其中，图 3.3(a) 为性能指标(3.2)随迭代次数的变化过程；图 3.3(b) 为系统状态的转移概率；图 3.3(c) 为控制量在五个时间单位内的变化曲线.

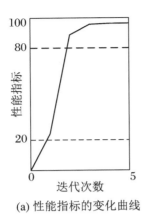 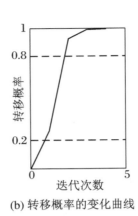 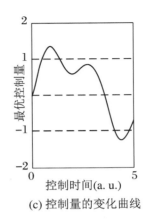

(a) 性能指标的变化曲线　　(b) 转移概率的变化曲线　　(c) 控制量的变化曲线

图 3.3　基于最优搜索步长的最优控制在自旋 1/2 系统上的仿真结果

实验中，即使采用最优搜索步长，也应适当选择最优步长的搜索范围，否则可能出现由于前一次搜索的最优步长过大而导致的振荡.经过多次实验，在一个给定的时间段 $[0, T]$ 内，我们得到了如下有关参数选择的影响规律：

第一，最优控制量随 T 的增大而减小，在固定 ω_1 不变时也随 ω_2 的增大而减小.

第二，在 ω_1 与 ω_2 相对取值不变的情况下，终态投影概率随 T 的增大而增大，而在 T 固定时则随 ω_1(相对 ω_2)的增大而增大；Huang 和 Tarn 在 1983 年指出，影响终态投影概率接近 1 的程度的因素有系统哈密顿量的属性、投影算符 P 的具体形式及性能指标的具体表达式(包括权重因子和终端时刻的取值)(Huang，Tarn，1983).

第三，对于本系统，当控制时间 T 很小时，达到较大转移概率的最优控制在整个 $[0, T]$ 上将围绕某常值小幅度变化，因此从物理易实现的角度考虑，在允许的情况下可以通过"退其最优，求其次优"的方法而取控制作用为"常值"控制，实验表明这种"次优"控制效果与相应的最优控制效果基本一致.

量子系统控制理论与方法
Control Theory and Methods of Quantum Systems

3.3　平均最优控制在量子系统中的应用

对于最优控制的设计,首先需要给出量子系统的数学模型,一个满足薛定谔方程的多能级量子系统的数学模型为

$$\mathrm{i}\,|\dot{\psi}\rangle = (H_0 + H_1 u(t))\,|\psi\rangle \tag{3.63}$$

其中,H_0 是系统内部的哈密顿量;H_1 是系统外部的哈密顿量;$u(t)$ 是控制场;状态 $|\psi\rangle$ 可以写成列向量形式:$|\psi\rangle = (c_1 \quad c_2 \quad \cdots \quad c_N)^{\mathrm{T}}$($N$ 表示系统的能级),c_j,$j = 1$,$2,\cdots,N$ 是复数,并且满足关系 $\sum\limits_{j=1}^{N} |c_j|^2 = 1$.

最优控制的目的就是寻找到控制场 $u(t) \in L^2[0,T]$,使得如下的性能指标最小,性能指标定义为

$$J = \frac{1}{2}\,\|u(t)\|_{L^2[0,T]}^2 = \frac{1}{2}\int_0^T u^2(t)\mathrm{d}t \tag{3.64}$$

同时,系统(3.63)要实现在规定时间为 T 的情况下从初始态 $|\psi_0\rangle$ 到达期望状态的概率分布 $\{|c_j(T)|^2 = p_j, j = 1,2,\cdots,N\}$,其中 $(p_1 \quad p_2 \quad \cdots \quad p_N)^{\mathrm{T}}$ 是在不同能级之间期望的概率分布.

在性能指标为式(3.64)的情况下,根据最优控制的理论,可以对系统(3.63)构造哈密顿函数:

$$H(|\psi\rangle, |\lambda\rangle, u) = \frac{1}{2}u^2(t) + \mathrm{i}\,|\psi\rangle^+ (H_0 + H_1 u(t))\,|\lambda\rangle$$
$$- \mathrm{i}\,|\lambda\rangle^+ (H_0 + H_1 u(t))\,|\psi\rangle \tag{3.65}$$

其中,$|\psi\rangle^+$ 表示 $|\psi\rangle$ 的共轭转置;$|\lambda\rangle = (\lambda_1 \quad \lambda_2 \quad \cdots \quad \lambda_N)^{\mathrm{T}}$ 是拉格朗日乘子,而且 λ_j,$j = 1,2,\cdots,N$ 是复数,此外在最优控制轨迹的条件下,$|\psi\rangle$ 和 $|\lambda\rangle$ 满足关系 $|\lambda\rangle^+ |\psi\rangle = 0$. 通过变分原理可以得到关系

$$|\dot{\psi}\rangle = \frac{\partial H}{\partial |\lambda\rangle^+}, \quad |\dot{\lambda}\rangle = -\frac{\partial H}{\partial |\psi\rangle^+}, \quad \frac{\partial H}{\partial u} = 0 \tag{3.66}$$

把式(3.65)代入式(3.66)得到

$$|\dot{\psi}\rangle = -\mathrm{i}(H_0 + H_1 u(t))|\psi\rangle \tag{3.67}$$

$$|\dot{\lambda}\rangle = -\mathrm{i}(H_0 + H_1 u(t))|\lambda\rangle \tag{3.68}$$

$$u(t) = \mathrm{i}|\lambda\rangle^+ H_1|\psi\rangle - \mathrm{i}|\psi\rangle^+ H_1|\lambda\rangle \tag{3.69}$$

把式(3.69)代入式(3.67)和式(3.68)得到

$$\mathrm{i}|\dot{\psi}\rangle = (H_0 + H_1 u(t))|\psi\rangle = (H_0 + \mathrm{i}V(|\lambda\rangle^+ H_1|\psi\rangle - |\psi\rangle^+ H_1|\lambda\rangle))|\psi\rangle \tag{3.70}$$

$$\mathrm{i}|\dot{\lambda}\rangle = (H_0 + H_1 u(t))|\lambda\rangle = (H_0 + \mathrm{i}H_1(|\lambda\rangle^+ H_1|\psi\rangle - |\psi\rangle^+ H_1|\lambda\rangle))|\lambda\rangle \tag{3.71}$$

为了达到目标,需给出最优控制的边界条件

$$|\psi(0)\rangle = \psi_0, \quad |c_j(T)| = p_j, \quad \mathrm{Im}(c_j^* \lambda_j) = 0 \tag{3.72}$$

其中,$\mathrm{Im}(\cdot)$表示取虚数;c_j^*表示c_j的共轭,并且$j = 1, 2, \cdots, N$.

为了分析方便,首先定义反哈密顿Ω:

$$\Omega = |\psi\rangle|\lambda\rangle^+ - |\lambda\rangle|\psi\rangle^+ \tag{3.73}$$

联合利用式(3.67)、式(3.68)、式(3.69)可以得到关系式

$$\dot{\Omega} = -\mathrm{i}[H_0 + H_1 u(t), \Omega] \tag{3.74}$$

所获得的控制场为

$$u(t) = \mathrm{i}|\lambda\rangle^+ H_1|\psi\rangle - \mathrm{i}|\psi\rangle^+ H_1|\lambda\rangle = \mathrm{i}\mathrm{tr}(H_1 \Omega) \tag{3.75}$$

其中,$\mathrm{tr}(H_1 \Omega)$为对$H_1 \Omega$求迹.

　　从以上的求解过程可以看出,系统(3.63)的最优控制的求解过程过于复杂,所以,在假设时间T相对很大的情况下,本节将采用 Grivopoulos 和 Bamieh 于 2003 年提出的平均理论对最优控制器重新进行设计:通过直接求解微分方程,得到最优控制场的解析解,避免了迭代求解二值边界条件的常规求解方式.本节将详细地给出整个求解过程,并在此基础上比较平均状态和实际状态的概率分布随时间演化的曲线以及不同参数条件下的量子系统,给出相关的结论.

3.3.1　利用平均方法进行最优控制

　　采用平均方法的基本思想是这样的:首先通过变换消除量子系统(3.63)的漂移项,

然后采用平均方法对其进行简化,由此得到近似于原系统(3.63)的平均系统,此时可以对所获得的平均系统利用最优控制理论进行解析求解来得到最优控制场.其具体求解过程如下:

3.3.1.1 原系统漂移项的消除

令

$$x = \exp(iH_0 t) | \psi \rangle \tag{3.76}$$

对式(3.76)两边进行微分得

$$\dot{x} = iH_0 \exp(iH_0 t) | \psi \rangle + \exp(iH_0 t) | \dot{\psi} \rangle \tag{3.77}$$

把式(3.63)代入式(3.77)得

$$\dot{x} = iH_0 \exp(iH_0 t) | \psi \rangle - i\exp(iH_0 t)(H_0 + H_1 u(t)) | \psi \rangle \tag{3.78}$$

化简式(3.78)得

$$\dot{x} = - i\exp(iH_0 t)H_1 u(t) | \psi \rangle \tag{3.79}$$

又由式(3.76)可得$| \psi \rangle = \exp(-iH_0 t)x$,并将结果代入式(3.79)得

$$\dot{x} = - i\exp(iH_0 t)H_1 u(t)\exp(-iH_0 t)x \tag{3.80}$$

为了书写方便,记

$$F(t) = \exp(iH_0 t)H_1 \exp(-iH_0 t) \tag{3.81}$$

根据多能级量子系统内部哈密顿量 H_0 的特点,可以得到如下关系:

$$F_{ij}(t) = H_{1ij}\exp(i(E_i - E_j)t) = H_{1ij}\exp(i\omega_{ij}t) \tag{3.82}$$

其中,式(3.82)中的 ω_{ij} 表示能级之间的跃迁频率.

根据以上分析,式(3.80)可记作

$$\dot{x} = - iu(t)F(t)x \tag{3.83}$$

3.3.1.2 平均系统的获得

平均方法的原理是,在系统微分方程等式右边的函数含有小变化量的函数情况下,该函数在任一时刻的值可以近似地由函数从该时刻到时间无穷大处的平均值来表示.

为了使得系统(3.83)可以利用平均方法,并且保持量子系统产生共振,令控制场为

$$u(t) = \varepsilon\left(u_0(\varepsilon \cdot t) + \sum_{i\neq j}^{N} \exp(\mathrm{i}\omega_{ij}t) u_{ji}(t)\right) \tag{3.84}$$

其中,u_0 是实函数;$u_{ij} = u_{ji}^*$;ε 表示很小的值.

把式(3.84)代入式(3.83)得

$$\dot{x} = -\mathrm{i}\varepsilon\left(u_0(\varepsilon \cdot t) + \sum_{i\neq j}^{N} \exp(\mathrm{i}\omega_{ij}t) u_{ji}(t)\right) F(t) x \tag{3.85}$$

由式(3.85)并结合式(3.82)可得

$$\dot{x}_i = -\mathrm{i}\varepsilon\left(u_0(\varepsilon \cdot t) + \sum_{i\neq j}^{N} \exp(\mathrm{i}\omega_{ij}t) u_{ji}(t)\right) \times \left(\sum_{j=1}^{N} H_{1ij}\exp(\mathrm{i}\omega_{ij}t) x_j\right) \tag{3.86}$$

根据平均理论,首先令 $\bar{x}$ 表示对 x 取平均值,为了书写方便,根据式(3.86)可以令

$$f(x, t, \varepsilon t, \varepsilon) = \left(u_0(\varepsilon \cdot t) + \sum_{i\neq j}^{N} \exp(\mathrm{i}\omega_{ij}t) u_{ji}(t)\right) \times \left(\sum_{j=1}^{N} H_{1ij}\exp(\mathrm{i}\omega_{ij}t) x_j\right)$$
$$\tag{3.87}$$

对式(3.87)求平均得

$$f_{\mathrm{av}}(x, \varepsilon t) = \lim_{\tau \to \infty} \frac{1}{\tau} \int_{t}^{t+\tau} f(x, t', \varepsilon t, 0)\mathrm{d}t' \tag{3.88}$$

经过计算得到式(3.86)的最终平均表达式为

$$\dot{\bar{x}}_i = -\mathrm{i}\varepsilon\left(H_{1ii}u_0(\varepsilon t)\bar{x}_i + \sum_{j\neq i} H_{1ij}u_{ij}(\varepsilon t)\bar{x}_j\right) \tag{3.89}$$

令 $\varepsilon = \dfrac{1}{T}$, $s = \varepsilon t = \dfrac{t}{T}$,则式(3.89)可以写为

$$\frac{\mathrm{d}\bar{x}_i}{\mathrm{d}s} = -\mathrm{i}\left(H_{1ii}u_0(s)\bar{x}_i + \sum_{j\neq i} H_{1ij}u_{ij}(s)\bar{x}_j\right) \tag{3.90}$$

把系统(3.63)得到的平均表达式(3.90)写成向量形式,其简写形式为

$$\frac{\mathrm{d}\bar{x}}{\mathrm{d}s} = -\mathrm{i}\,\tilde{H}_1[u_0, u_{ij}]\bar{x} \tag{3.91}$$

其中

$$\tilde{H}_1[u_0, u_{ij}] = \begin{pmatrix} H_{111}u_0(s) & H_{112}u_{12}(s) & \cdots & H_{11N}u_{1N}(s) \\ H_{121}u_{21}(s) & H_{122}u_0(s) & \cdots & H_{12N}u_{2N}(s) \\ \vdots & \vdots & & \vdots \\ H_{1N1}u_{N1}(s) & H_{1N2}u_{N2}(s) & \cdots & H_{1NN}u_0(s) \end{pmatrix} \tag{3.92}$$

3.3.2 控制器的设计

在得到原系统的平均系统(3.91)后,可以利用最优控制理论对系统(3.91)求最优控制场,其具体过程为:

首先将式(3.84)代入性能指标(3.64)得

$$
\begin{aligned}
J &= \int_0^T u^2(t)\mathrm{d}t = \frac{1}{T^2}\int_0^T \left(u_0(\varepsilon \cdot t) + \sum_{i\neq j}^N \exp(\mathrm{i}\omega_{ij}t)u_{ji}(t) \right)^2 \mathrm{d}t \\
&= \frac{1}{T}\int_0^1 \left(u_0(s) + \sum_{i\neq j}^N \exp(\mathrm{i}\omega_{ij}sT)u_{ji}(sT) \right)^2 \mathrm{d}s \\
&= \frac{1}{T}\int_0^1 \left(u_0^2(s) + \sum_{i\neq j}u_{ij}(s)u_{ji}(s) \right)\mathrm{d}s + \frac{1}{T^2}B(T)
\end{aligned}
\tag{3.93}
$$

由于式(3.93)中的第二项 $\frac{1}{T^2}B(T)$ 只与时间 T 有关,在时间 T 确定的情况下,为了使得性能指标 J 最小,可以不考虑 $\frac{1}{T^2}B(T)$ 项,只需考虑式(3.93)中的第一项,所以简化性能指标的形式为

$$
J = \frac{1}{T}\int_0^1 \left(u_0^2(s) + \sum_{i\neq j}u_{ij}(s)u_{ji}(s) \right)\mathrm{d}s = \frac{1}{T}\int_0^1 \left(u_0^2(s) + \sum_{i\neq j}|u_{ij}(s)|^2 \right)\mathrm{d}s
\tag{3.94}
$$

根据式(3.65)对系统(3.91)定义哈密顿函数为

$$
\begin{aligned}
H(\bar{x}_i,\bar{z}_i,u_{ij}) &= \frac{1}{2}u_0^2 + \frac{1}{2}\sum_{i\neq j}|u_{ij}|^2 - \mathrm{i}\bar{z}^+ \widetilde{H}_1[u_0,u_{ij}]\bar{x} + \mathrm{i}\bar{x}^+ \widetilde{H}_1[u_0,u_{ij}]\bar{z} \\
&= \frac{1}{2}u_0^2 + \frac{1}{2}\sum_{i\neq j}u_{ij}u_{ji} - \mathrm{i}H_{1ji}u_{ij}(\bar{x}_i\bar{z}_j^* - \bar{z}_i\bar{x}_j^*) - \mathrm{i}u_0\sum_i H_{1ii}(\bar{x}_i\bar{z}_i^* - \bar{z}_i\bar{x}_i^*)
\end{aligned}
\tag{3.95}
$$

同样根据变分原理的式(3.66)得到关系

$$
\frac{\mathrm{d}\bar{x}_i}{\mathrm{d}s} = \frac{\partial H}{\partial \bar{z}^+} = -\mathrm{i}\left(H_{1ii}u_0\bar{x}_i + \sum_{j\neq i}H_{1ij}u_{ij}\bar{x}_j \right)
\tag{3.96}
$$

$$
\frac{\mathrm{d}\bar{z}_i}{\mathrm{d}s} = \frac{\partial H}{\partial \bar{x}^+} = -\mathrm{i}\left(H_{1ii}u_0\bar{z}_i + \sum_{j\neq i}H_{1ij}u_{ij}\bar{z}_j \right)
\tag{3.97}
$$

$$u_{ij} = \mathrm{i}H_{1ji}(\bar{x}_i\bar{z}_j^* - \bar{z}_i\bar{x}_j^*) \tag{3.98}$$

$$u_0 = \mathrm{i}\sum_i H_{1ii}(\bar{x}_i\bar{z}_i^* - \bar{z}_i\bar{x}_i^*) \tag{3.99}$$

同样可以把式(3.98)和式(3.99)代入式(3.96)和式(3.97)得到

$$\frac{\mathrm{d}\bar{x}_i}{\mathrm{d}s} = H_{1ii}\bar{x}_i\sum_k H_{1kk}(\bar{x}_k\bar{z}_k^* - \bar{z}_k\bar{x}_k^*) + \sum_{j\neq i}\left|H_{1ij}\right|^2(\bar{x}_i\bar{z}_j^* - \bar{z}_i\bar{x}_j^*)\bar{x}_j \tag{3.100}$$

$$\frac{\mathrm{d}\bar{z}_i}{\mathrm{d}s} = H_{1ii}\bar{z}_i\sum_k H_{1kk}(\bar{x}_k\bar{z}_k^* - \bar{z}_k\bar{x}_k^*) + \sum_{j\neq i}\left|H_{1ij}\right|^2(\bar{x}_i\bar{z}_j^* - \bar{z}_i\bar{x}_j^*)\bar{z}_j \tag{3.101}$$

其边界条件是

$$\bar{x}(0) = |\psi_0\rangle, \quad |\bar{x}_i(1)|^2 = p_i, \quad \mathrm{Im}(\bar{x}_i^*(1)\bar{z}_i(1)) = 0 \tag{3.102}$$

为了解问题方便,令

$$L = \bar{x}\bar{z}^+ - \bar{z}\bar{x}^+ \tag{3.103}$$

则

$$L_{ij} = \bar{x}_i\bar{z}_j^* - \bar{z}_i\bar{x}_j^* \tag{3.104}$$

定义反哈密顿矩阵 $K = K(L)$,其中

$$K_{ij} = \left|H_{1ij}\right|^2 L_{ij}, \quad i \neq j \tag{3.105}$$

$$K_{ii} = H_{1ii}\sum_k H_{1kk}L_{kk} \tag{3.106}$$

所以式(3.100)和式(3.101)可以简化为

$$\frac{\mathrm{d}\bar{x}}{\mathrm{d}s} = K(L)\bar{x} \tag{3.107}$$

$$\frac{\mathrm{d}\bar{z}}{\mathrm{d}s} = K(L)\bar{z} \tag{3.108}$$

根据式(3.107)式(3.108)对 L 进行微分计算如下:

$$\begin{aligned}
\frac{\mathrm{d}L}{\mathrm{d}s} &= \dot{\bar{x}}\bar{z}^+ + \bar{x}\dot{\bar{z}}^+ - \dot{\bar{z}}\bar{x}^+ - \bar{z}\dot{\bar{x}}^+ \\
&= K(L)\bar{x}\bar{z}^+ + \bar{x}(K(L)\bar{z})^+ - K(L)\bar{z}\bar{x} - \bar{z}(K(L)\bar{x})^+ \\
&= K(L)\bar{x}\bar{z}^+ - K(L)\bar{z}\bar{x} + \bar{x}(K(L)\bar{z})^+ - \bar{z}(K(L)\bar{x})^+ \\
&= K(L)L - LK(L) \\
&= \left[K(L), L\right]
\end{aligned}$$

量子系统控制理论与方法
Control Theory and Methods of Quantum Systems

所以得到以下关系式：

$$\frac{\mathrm{d}L}{\mathrm{d}s} = \left[K(L), L\right] \tag{3.109}$$

同样可以计算得出 $\dfrac{\mathrm{d}L_{ii}}{\mathrm{d}s} = 0$，且由式(3.102)可得

$$L_{ii}(s) = L_{ii}(1) = -2\mathrm{i}\mathrm{Im}(\bar{x}_i^* \bar{z}_i) = 0 \tag{3.110}$$

根据式(3.106)和式(3.110)可以得到

$$K_{ii} = H_{1ii}\sum_k H_{1kk}L_{kk} = 0 \tag{3.111}$$

对式(3.100)和式(3.101)简化结果为

$$\frac{\mathrm{d}\bar{x}_i}{\mathrm{d}s} = \sum_{j \neq i} |H_{1ij}|^2 (\bar{x}_i \bar{z}_j^* - \bar{z}_i \bar{x}_j^*) \bar{x}_j \tag{3.112}$$

$$\frac{\mathrm{d}\bar{z}_i}{\mathrm{d}s} = \sum_{j \neq i} |H_{1ij}|^2 (\bar{x}_i \bar{z}_j^* - \bar{z}_i \bar{x}_j^*) \bar{z}_j \tag{3.113}$$

由式(3.84)、式(3.98)、式(3.99)、式(3.103)以及式(3.104)得到最优控制场为

$$u(t) = \frac{\mathrm{i}}{T}\sum_{kl} H_{1kl}\exp(\mathrm{i}\omega_{kl}t)L_{lk}\left(\frac{t}{T}\right) \tag{3.114}$$

实际状态与平均状态之间的近似关系为

$$|\psi(t)\rangle = \mathrm{e}^{-\mathrm{i}H_0 t}\bar{x}\left(\frac{t}{T}\right), \quad |\lambda(t)\rangle = \frac{1}{T}\mathrm{e}^{-\mathrm{i}H_0 t}\bar{z}\left(\frac{t}{T}\right) \tag{3.115}$$

利用平均方法获得的最优控制律与直接利用最优控制理论迭代所获得的最优控制律的最大不同在于：后者可以直接获得简单的解析解，而前者必须通过不断的迭代来获得.

3.3.3　数值仿真实验及其结果分析

本节将以一个分子系统中的三能级量子系统的群演化为例来进行最优控制，该量子系统的方程为

$$\mathrm{i}|\dot{\psi}\rangle = \left(\begin{bmatrix} E_1 & 0 & 0 \\ 0 & E_2 & 0 \\ 0 & 0 & E_3 \end{bmatrix} + \begin{bmatrix} H_{111} & H_{112} & H_{113} \\ H_{121} & H_{122} & H_{123} \\ H_{131} & H_{132} & H_{133} \end{bmatrix} u(t)\right)|\psi\rangle \tag{3.116}$$

3.3.3.1 共振频率较小时的数值仿真

为了分析简便,设定 $|H_{112}| = |H_{121}| = 1$, $|H_{123}| = |H_{132}| = 1$, $H_{113} = H_{131} = 0$,而且 $H_{1ij} = H_{1ji}^*$,同时能级之间的差设定为 $\omega_{21} = E_2 - E_1 = 1$, $\omega_{32} = E_3 - E_2 = 1.5$. 设计最优控制器使得系统在规定时间 T 内从初始态 $\psi_0 = (1 \quad 0 \quad 0)^\mathrm{T}$ 到达期望的能级概率分布为 $(p_1 \quad p_2 \quad p_3)^\mathrm{T} = (0 \quad 0 \quad 1)^\mathrm{T}$.

首先根据式(3.110)可以得到 $L_{11} = L_{22} = L_{33} = 0$;再由式(3.111)可以得到 $K_{11} = K_{22} = K_{33} = 0$;由式(3.104)可以得到 $L_{ij} = -L_{ji}^*$, $i \neq j$;由式(3.105)可以得到 $K_{12} = L_{12}$, $K_{21} = L_{21}$, $K_{23} = L_{23}$, $K_{32} = L_{32}$, $K_{13} = K_{31} = 0$;由式(3.109)和以上关系式可得

$$\frac{\mathrm{d}L_{12}}{\mathrm{d}s} = L_{13} L_{23}^* \tag{3.117}$$

$$\frac{\mathrm{d}L_{13}}{\mathrm{d}s} = 0 \tag{3.118}$$

$$\frac{\mathrm{d}L_{23}}{\mathrm{d}s} = -L_{12}^* L_{13} \tag{3.119}$$

由式(3.118)可以得到 $L_{13} = \omega \exp(\mathrm{i}\phi_{12} + \mathrm{i}\phi_{23})$,其中 ω 是常数,ϕ_{12}, ϕ_{23} 是相位,然后根据式(3.116)和式(3.118)得到式(3.117)和式(3.119)的解为

$$L_{12}(s) = \exp(\mathrm{i}\phi_{12}) A \cos(\omega s) \tag{3.120}$$
$$L_{23}(s) = -\exp(\mathrm{i}\phi_{23}) A \sin(\omega s) \tag{3.121}$$

由于 $L_{12}(1) = 0$,所以 $\omega = \left(n + \dfrac{1}{2}\right)\pi$,其中 n 是整数,根据式(3.107)得到微分方程为

$$\frac{\mathrm{d}\bar{x}}{\mathrm{d}s} = K(L)\bar{x} \tag{3.122}$$

其中

$$K(L) = \begin{bmatrix} 0 & \mathrm{e}^{\mathrm{i}\phi_{12}}\cos(\omega s) & 0 \\ -\mathrm{e}^{-\mathrm{i}\phi_{12}} A\cos(\omega s) & 0 & -\mathrm{e}^{\mathrm{i}\phi_{23}} A\sin(\omega s) \\ 0 & \mathrm{e}^{-\mathrm{i}\phi_{23}} A\sin(\omega s) & 0 \end{bmatrix}$$

边界条件是 $\bar{x}(0) = (1 \quad 0 \quad 0)^\mathrm{T}$, $\bar{x}(1) = (0 \quad 0 \quad \mathrm{e}^{\mathrm{i}\phi})^\mathrm{T}$,变换变量 $\bar{x}$ 为 y,即满足如下

关系:

$$y = \begin{pmatrix} y_1 \\ y_2 \\ y_3 \end{pmatrix} = \begin{pmatrix} \cos(\omega s) & 0 & \sin(\omega s) \\ 0 & 1 & 0 \\ -\sin(\omega s) & 0 & \cos(\omega s) \end{pmatrix} \begin{pmatrix} \bar{x}_1 \\ e^{i\phi_{12}}\bar{x}_2 \\ e^{i\phi_{12}+i\phi_{23}}\bar{x}_3 \end{pmatrix} \tag{3.123}$$

则微分方程(3.122)简化为

$$\frac{\mathrm{d}y}{\mathrm{d}s} = \begin{pmatrix} 0 & A & \omega \\ -A & 0 & 0 \\ -\omega & 0 & 0 \end{pmatrix} y \tag{3.124}$$

此时的边界条件根据式(3.123)得到

$$y(0) = (1 \quad 0 \quad 0)^{\mathrm{T}}, \quad y(1) = (\pm 1 \quad 0 \quad 0)^{\mathrm{T}} \tag{3.125}$$

由式(3.124)和式(3.125)得到微分方程(3.124)的解为

$$\begin{pmatrix} y_1 \\ y_2 \\ y_3 \end{pmatrix} = \begin{pmatrix} \cos\left(\sqrt{A^2+\omega^2}\,s\right) \\ (-A/\sqrt{A^2+\omega^2})\sin\left(\sqrt{A^2+\omega^2}\,s\right) \\ (-\omega/\sqrt{A^2+\omega^2})\sin\left(\sqrt{A^2+\omega^2}\,s\right) \end{pmatrix} \tag{3.126}$$

由 $y_1(1) = \pm 1$ 可得 $\cos\left(\sqrt{A^2+\omega^2}\,s\right) = \pm 1$, $\sqrt{A^2+\omega^2} = m\pi$, 其中 m 是整数, 所以

$$A = \sqrt{(m\pi)^2 - \omega^2} = \sqrt{(m\pi)^2 - \left(n+\frac{1}{2}\right)^2\pi^2}$$

其中 m, n 是整数并且 $m \geqslant n + \dfrac{1}{2}$.

根据式(3.94)和式(3.114)可以得到性能指标为 $J = 2\pi^2\left(m^2 - \left(n+\dfrac{1}{2}\right)^2\right)$, 如果要使得性能指标 J 最小, 则 $n = 0, m = 1$, 由此得到式(3.114)的控制场为

$$u(t) = \frac{2}{T} \times \left(-\frac{\sqrt{3}}{2}\pi\right)\cos\left(\frac{\pi}{2} \times \frac{t}{T}\right)\sin\left(t + \phi_{12} - \alpha_{12}\right)$$
$$+ \frac{2}{T} \times \frac{\sqrt{3}}{2}\pi\sin\left(\frac{\pi}{2} \times \frac{t}{T}\right)\sin\left(1.5t + \phi_{23} - \alpha_{23}\right) \tag{3.127}$$

其中, ϕ_{12}, ϕ_{23} 是任意相位; $\alpha_{ij} = \arg(V_{ij})$.

取时间 $T = 20\pi$, 任取相位, 根据控制场(3.127)以及量子系统(3.120)进行控制系统仿真实验, 所得结果如图 3.4 所示, 其中图 3.4(a)为系统群概率演化曲线, 实线表示实际

状态的概率曲线的变化,虚线表示平均状态的概率曲线的变化,图 3.4(b) 为控制场的曲线图.从图 3.4 可以看出,平均状态的概率演化曲线与实际状态的概率演化曲线非常相近,由平均理论所得到的最优控制场作用到实际量子系统中,可以近似获得期望目标.实验中若改变作用时间 T,观察曲线的变化,如果作用时间 T 变长,则实际曲线与平均曲线更接近,即两者之间的误差更小;反之则相反.

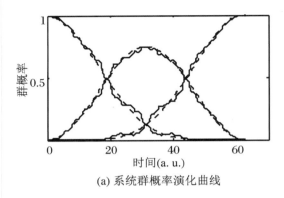

(a) 系统群概率演化曲线

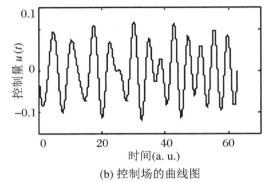

(b) 控制场的曲线图

图 3.4　平均最优控制在共振频率较小的三能级系统上的仿真结果

3.3.3.2　共振频率较大时的数值仿真

对于量子系统模型(3.116),在 3.1 节所示的参数中,只改变量子系统能级之间的差,即所对应的共振频率 ω_{21} 和 ω_{32},令 $\omega_{21}=100$,$\omega_{32}=150$,而其他参数保持不变,按照同样的方法利用平均理论以及最优控制理论得到最优控制场为

$$u(t) = \frac{2}{T} \times \left(-\frac{\sqrt{3}}{2}\pi\right) \cos\left(\frac{\pi}{2} \times \frac{t}{T}\right) \sin\left(100t + \phi_{12} - \alpha_{12}\right)$$

$$+ \frac{2}{T} \times \frac{\sqrt{3}}{2}\pi \sin\left(\frac{\pi}{2} \times \frac{t}{T}\right) \sin\left(150t + \phi_{23} - \alpha_{23}\right) \tag{3.128}$$

经过仿真可得到:所选取的作用时间 T 可以很小,所以在时间 $T = 0.3\pi$ 时,控制场为式(3.128),其相应控制场的曲线以及概率分布演化曲线如图 3.5 所示,其中图 3.5(a) 为系统群概率演化曲线,实线表示实际状态的概率曲线,虚线表示平均状态的概率曲线.

从仿真结果图 3.5 可以看出,与频率较小的量子系统相比,在要求误差相同的情况下,T 变小,相应的控制场的幅值从 ± 0.1 变大到 ± 10.

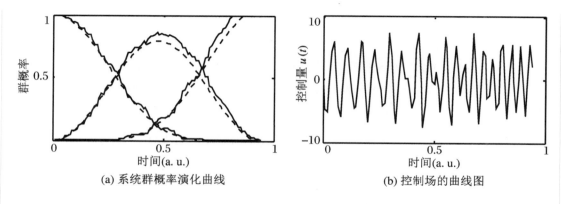

图 3.5　平均最优控制在共振频率较大的三能级系统上的仿真结果

不同量子系统,其共振频率不同,共振频率越大,实现给定目标所需的时间就越少,但是对同一个量子系统而言,作用时间越长,其平均曲线与实际曲线之间的仿真误差就越接近,此时利用平均理论和最优控制理论所得到的最优控制场,在应用到实际物理实验中实现的幺正演化的效率越高.

3.3.4　小结

同一能级中参数不同的量子系统,在相同的作用时间条件下,共振频率越大,其实际状态与平均状态之间存在的误差越小.参数相同的量子系统,控制时间越短,其实际状态与平均状态之间存在的误差越大;反之亦然,并且利用最优控制场所获得的终态值与期望值越接近,系统的幺正转换效率越高.

不过量子系统的能级越高,利用平均方法简化量子系统的难度就越大,相应地,获得最优控制场的难度也越大,获得解析的最优控制场几乎不可能,所以利用平均方法对量子系统进行最优控制只适用于低能级的量子系统.

3.4　自旋1/2粒子系统的相位相干控制

量子系统的相干性来源于量子力学系统本征态的叠加,它使量子系统的状态产生不确定性.量子状态的不确定性导致人们不能通过一次测量来完全获知系统的信息,而只能得到系统处于某个本征态的概率.量子系统的相干控制,就是利用系统的相位关系,根据量子干涉原理,用激光场来控制量子系统的演变.由于被控对象的不同(常见的有 1/2 自旋粒子、量子点、离子阱等),所采用的控制手段也不尽相同.从物理机制上可以将量子系统的控制分为两类:微扰控制或称摄动控制(perturbative control)(Berman,et al.,2001)和非微扰控制(nonperturbative control)(Nazir,et al.,2004;Underwood,et al.,2003).微扰控制的方法类似于杨氏双缝实验,通过控制到目标态的多条通道之间的干涉来达到控制目的,这种控制方法也称为相干控制(coherent control)或者强共振控制,主要是依赖于偶极耦合来控制电离速度和位置定位,具体包括光致势(light-induced potentials)绝热通道(partial adiabatic passage)(Garraway,Suominen,1998)、短脉冲序列抑制自发衰退(Frishman,Shapiro,2001)、量子相干的相干光学相位控制(Malinovsky,2004;Malinovsky,Sola,2004)等.这类控制在动力学过程中不改变被控系统的自由哈密顿量.非微扰控制的系统模型基于系统的非微扰描述,如美国的 Rabitz 教授提出的基于自适应成形激光脉冲非线性相互作用的反馈学习算法最优控制(Judson,Rabitz,1992;Bartels,2002),在多原子分子的强场分裂电离及原子电离化中运用得非常成功.从量子控制实现的技术上主要有核磁共振技术(Vandersypen,Chuang,2004)、微波技术和快速激光脉冲技术(Hosseini,Goswami,2001;Ballard,et al.,2003),其原理都是通过控制所施加场的强度、频率、相位以及不同脉冲的组合来达到控制目的(Malinovsky,2004;Malinovsky,Sola,2004;Malinovsky,Krause,2001).相干控制主要有以下几种方法:一是使用多束不同频率的具有一定相位关系的激光,以一定的时间顺序作用到目标系统,形成特定的干涉场,如绝热通道技术或部分绝热通道技术、泵浦-当浦方法等(Rangelov,et al.,2005;周艳微 等,2005;吴嵩,旷冶,2004);二是使用在消相干时间内的各能态间的相位关系,采用两个或多个相同频率的有一定时间延迟的锁相脉冲来控制系统演化,如半导体相干控制中使用的双脉冲技术和脉冲序列技术(Malinovsky,2004;Malinovsky,Sola,2004);三是使用单个调制脉冲来建立最优量子力学状态.在基于拉曼耦合受激拉曼绝热通道中,初态和目标态通过中间态耦合在一起,将目标态和中间态耦合在一起的称为斯托克斯脉冲,而将中间态和初始态耦合在一起的称为泵浦脉冲,斯托克斯脉冲要超前于泵浦脉冲,如果斯托克斯脉冲的结束部分和泵浦脉冲的起始部分重叠,则被称为反直觉脉冲,可以实现布居数从初态到目标态的完全转移;如果斯托克斯脉冲和泵浦脉冲同时结束,则被称为半反直觉脉冲,可以实现初态和目标态之间的最大相干,这也被称为部分绝热通道技术.

一般而言,数学分析的复杂程度和控制策略的可实现性直接取决于所选择的物理对象、控制手段以及所利用的物理原理.所以认识不同量子实验的控制物理机理对设计出好的控制策略至关重要.从控制的角度来看,我们希望能够通过将物理实现的方法与数学分析相结合,找到更简单有效的控制方法.

本节将针对两个自旋 1/2 粒子组成的封闭量子系统,建立具有 Ising 相互作用的量子系统模型.在此基础上利用半反直觉脉冲的部分绝热通道技术来设计控制脉冲序列,并通过固定控制脉冲幅值选择不同的控制脉冲的相对相位来达到实现相干终态制备的目的.在此基础上通过具体的系统数值仿真实验来获得系统状态概率与相位之间的关系图;通过设定不同的控制脉冲相对相位来得到系统不同的终态,根据所获得的关系图归纳出系统终态与相对相位之间的近似关系式;通过实验分析脉冲幅值和时间延迟对制备过程的影响,指出使用半反直觉脉冲序列的相对相位控制方法的优点和不足.

3.4.1　相干态的制备

二能级量子系统是最简单、具有重要应用价值的量子系统,当一个量子系统具有彼此相互靠得很近,而同时又远离其他能级的双能级时,就可以看成是二能级系统.自旋 1/2 粒子是最常见的二能级系统,比如电子.在此我们考虑自旋 1/2 粒子量子系统状态转移的控制脉冲设计问题.

自旋 1/2 量子系统的状态处于 z 方向的外加恒定磁场 B_0 中,选择在 x-y 平面上施加的控制激光脉冲为

$$B_C = B\cos(\omega t + \phi) \tag{3.129}$$

根据量子力学理论,封闭量子系统状态的演化服从薛定谔方程

$$i\hbar \mid \dot{\varphi} \rangle = H \mid \varphi \rangle \tag{3.130}$$

其中,哈密顿量 H 由自由哈密顿量 H_0 和控制哈密顿量 H_C 组成:

$$H = H_0 + H_C \tag{3.131}$$

考虑 Ising 相互作用模型,即只有相邻的量子位有 z 方向上的相互作用,此时系统自由哈密顿量为

$$H_0 = \sum_i - \hbar(\omega_i I_i^z + 2J_{i,i+1} I_i^z I_{i+1}^z - 2J_{n,n+1} I_n^z I_{n+1}^z) \tag{3.132}$$

在外加控制脉冲作用下系统的控制哈密顿量为

$$H_C = \sum_j - \frac{\hbar}{2}(\Omega_j(e^{-i(\omega_{pq} t + \phi_{pq})} I^- + e^{i(\omega_{pq} t + \phi_{pq})} I^+)) \tag{3.133}$$

其中，$\omega_i = \gamma_i B_0$，是右数第 i 个量子位在外加磁场中的本征频率，γ_i 为相应粒子的自旋磁比；ω_{pq} 是对应于 Ω_i 的耦合二能级 p，q 的激光脉冲的频率；J 是右数第 i 与第 $i+1$ 个粒子的相互作用强度；$I^z = \dfrac{1}{2}\begin{pmatrix} 1 & 0 \\ 0 & -1 \end{pmatrix}$；$I^- = \begin{pmatrix} 0 & 0 \\ 1 & 0 \end{pmatrix}$；$I^+ = \begin{pmatrix} 0 & 1 \\ 0 & 0 \end{pmatrix}$；$\Omega_i = \gamma_i B$ 是右数第 i 个粒子的拉比频率，为实数，其物理意义是布居数在相应能级间转移的频率，即在单量子位的情况，在控制量 B 为常数且控制脉冲频率和系统本征频率相同（即处于共振）的条件下，可得到系统的状态转移矩阵为

$$U(t) = \begin{bmatrix} e^{i\omega t/2} & 0 \\ 0 & e^{-i(\omega t + 2\phi)/2} \end{bmatrix} \begin{bmatrix} \cos\left(\dfrac{\Omega t}{2}\right) & i\sin\left(\dfrac{\Omega t}{2}\right) \\ i\sin\left(\dfrac{\Omega t}{2}\right) & \cos\left(\dfrac{\Omega t}{2}\right) \end{bmatrix} \begin{bmatrix} 1 & 0 \\ 0 & e^{i\phi} \end{bmatrix} \tag{3.134}$$

即布居数在系统两个能级之间转移的频率为 $\dfrac{\Omega}{2}$.

根据量子态的叠加原理，自旋 1/2 量子系统的波函数是其各个本征波函数的叠加：

$$|\varphi(t)\rangle = \alpha_1(t)|00\rangle + \alpha_2(t)|11\rangle + \alpha_3(t)|01\rangle + \alpha_4(t)|10\rangle \tag{3.135}$$

其中，α_i 为复系数，α_i^2 为各本征态的布居数，且满足 $\sum \alpha_i^2 = 1$ 的归一化条件.

根据 Ising 模型，并令 $\phi_{13} = \phi_{14} = \phi_{23} = 0$，且 $\phi_{24} = -\phi$，可以得到系统哈密顿量 H 为

$$H = H_0 + H_C = -\frac{\hbar}{2}\begin{pmatrix} \omega_1 + \omega_2 + J & 0 & \Omega_2 e^{i\omega_{13}t} & \Omega_1 e^{i\omega_{14}t} \\ 0 & -\omega_1 - \omega_2 + J & \Omega_1 e^{-i\omega_{23}t} & \Omega_2 e^{-i\omega_{24}t}e^{i\phi} \\ \Omega_2 e^{-i\omega_{13}t} & \Omega_1 e^{i\omega_{23}t} & \omega_1 - \omega_2 - J & 0 \\ \Omega_1 e^{-i\omega_{14}t} & \Omega_2 e^{i\omega_{24}t}e^{-i\phi} & 0 & -\omega_1 + \omega_2 - J \end{pmatrix}$$
$$\tag{3.136}$$

将式（3.135）和式（3.136）代入式（3.130）得到以 α_i 为变量的微分方程组为

$$\begin{cases} \dot{\alpha}_1 = \dfrac{i}{2}((\omega_1 + \omega_2 + J)\alpha_1 + \Omega_2 e^{i\omega_{13}t}\alpha_3 + \Omega_1 e^{i\omega_{14}t}\alpha_4) \\[2mm] \dot{\alpha}_2 = \dfrac{i}{2}((-\omega_1 - \omega_2 + J)\alpha_2 + \Omega_1 e^{-i\omega_{23}t}\alpha_3 + \Omega_2 e^{-i\omega_{24}t}e^{i\phi}\alpha_4) \\[2mm] \dot{\alpha}_3 = \dfrac{i}{2}((\omega_1 - \omega_2 - J)\alpha_3 + \Omega_2 e^{-i\omega_{13}t}\alpha_1 + \Omega_1 e^{i\omega_{23}t}\alpha_2) \\[2mm] \dot{\alpha}_4 = \dfrac{i}{2}((-\omega_1 + \omega_2 - J)\alpha_4 + \Omega_1 e^{-i\omega_{14}t}\alpha_1 + \Omega_2 e^{i\omega_{24}t}e^{-i\phi}\alpha_2) \end{cases} \tag{3.137}$$

对本征态系数 α_i 作如下变换：

量子系统控制理论与方法
Control Theory and Methods of Quantum Systems

$$\begin{cases} \alpha_1 = \alpha'_1 e^{i(\omega_1+\omega_2+J)t/2} \\ \alpha_2 = \alpha'_2 e^{i(-\omega_1-\omega_2+J)t/2} \\ \alpha_3 = \alpha'_3 e^{i(\omega_1+\omega_2+J-2\omega_{13})t/2} = \alpha'_3 e^{i(-\omega_1-\omega_2+J+2\omega_{23})t/2} \\ \alpha_4 = \alpha'_4 e^{i(\omega_1+\omega_2+J-2\omega_{14})t/2} = \alpha'_4 e^{i(-\omega_1-\omega_2+J+2\omega_{24})t/2} \end{cases} \tag{3.138}$$

将式(3.138)代入式(3.137),并将与 ω_{pq} 对应的 Ω_k 记为 Ω_{pq},则可得方程

$$\begin{pmatrix} \dot{\alpha}_1 \\ \dot{\alpha}_2 \\ \dot{\alpha}_3 \\ \dot{\alpha}_4 \end{pmatrix} = \frac{i}{2} \begin{pmatrix} 0 & 0 & \Omega_{13}(t) & \Omega_{14}(t) \\ 0 & 0 & \Omega_{23}(t) & \Omega_{24}(t)e^{i\phi} \\ \Omega_{13}(t) & \Omega_{23}(t) & 2\Delta_1 & 0 \\ \Omega_{14}(t) & \Omega_{24}(t)e^{-i\phi} & 0 & 2\Delta_2 \end{pmatrix} \begin{pmatrix} \alpha_1 \\ \alpha_2 \\ \alpha_3 \\ \alpha_4 \end{pmatrix} \tag{3.139}$$

其中,$\Delta_1 = \omega_{13} - (\omega_2 + J) = (\omega_1 - J) - \omega_{23}$,$\Delta_2 = \omega_{14} - (\omega_1 + J) = (\omega_2 - J) - \omega_{24}$ 是单光子失谐量;$e^{-i\phi}$ 为相位因子;ϕ 是拉比频率之间的相位差.

通过求解微分方程组(3.139),将获得的 α_i 代入式(3.138),就能够得到任意时刻的状态 $|\varphi\rangle$.为书写方便,式(3.139)省略了本征态系数中的"'".

这里我们将采用受激拉曼部分绝热通道技术,通过调整相对相位的相干控制方法来进行相干态的制备.

考虑两个粒子在状态 $|00\rangle$ 和 $|11\rangle$ 之间共振的情况,为简单起见,我们选择

$$\Omega_{13}(t) = \Omega_{14}(t) = \Omega_p(t), \quad \Omega_{23}(t) = \Omega_{24}(t) = \Omega_S(t); \quad \Delta_{1,2} = 0 \tag{3.140}$$

从式(3.139)中哈密顿算符的一般结构上可以很清楚地看到控制状态从 $|00\rangle$ 到 $|11\rangle$ 有两条途径:

$$|00\rangle \xrightarrow{\Omega_{13}(t)} |01\rangle \xrightarrow{\Omega_{23}(t)} |11\rangle, \quad |00\rangle \xrightarrow{\Omega_{14}(t)} |10\rangle \xrightarrow{\Omega_{24}(t)} |11\rangle$$

相位 ϕ 表示了两条途径的相干性,通过选择相位 ϕ 便可控制两条途径的相干性,从而达到控制目的.下面我们将利用 $\Omega_S(t)$ 超前 $\Omega_p(t)$(但是同时结束)的半反直觉脉冲序列来制备期望的量子态.对控制过程的分析基于绝热假设,即若在某一个时刻系统处于哈密顿量的本征态,则在那以后系统将一直处于哈密顿量的本征态,也就是说,如果某一时刻系统的状态 $|\psi(t_0)\rangle = \sum_i \beta_i |\varphi_i(t_0)\rangle$,$|\varphi_i(t_0)\rangle$ 是 t_0 时刻系统哈密顿量的本征态,则在之后的任意时刻 t,系统的状态 $|\psi(t)\rangle = \sum_i \beta_i |\varphi_i(t)\rangle$,$|\varphi_i(t)\rangle$ 是 t 时刻系统哈密顿量的本征态.

一般来说,式(3.139)的哈密顿具有的本征值的形式为 $\lambda_{1,2} = \mp\frac{1}{2}\lambda_-$;$\lambda_{3,4} = \mp\frac{1}{2}\lambda_+$,

其中

$$\lambda_{\mp} = \sqrt{\Omega_p^2(t) + \Omega_S^2(t) \mp \overline{\Omega}^2(t)}, \quad \overline{\Omega}^2(t) = \sqrt{\Omega_p^4(t) + \Omega_S^4(t) + 2\cos\phi\,\Omega_p^2(t)\Omega_S^2(t)}$$

当反直观脉冲开始作用,即 $\Omega_S(t)$ 超前 $\Omega_p(t)$ 时,可在哈密顿量本征状态的一般表达式中取极限 $\Omega_p(t)/\Omega_S(t) \to 0$,即此时仅有 $\Omega_S(t)$ 脉冲起作用,可得系统初始本征态为

$$\begin{cases} |c_1(0)\rangle \doteq \left(\dfrac{1}{\sqrt{2}} \quad 0 \quad -\dfrac{1}{2}\mathrm{i}\mathrm{e}^{\mathrm{i}\phi/2} \quad \dfrac{1}{2}\mathrm{i}\mathrm{e}^{-\mathrm{i}\phi/2} \right) \\[2mm] |c_2(0)\rangle \doteq \left(\dfrac{1}{\sqrt{2}} \quad 0 \quad \dfrac{1}{2}\mathrm{i}\mathrm{e}^{\mathrm{i}\phi/2} \quad -\dfrac{1}{2}\mathrm{i}\mathrm{e}^{-\mathrm{i}\phi/2} \right) \\[2mm] |c_3(0)\rangle \doteq \left(0 \quad \dfrac{1}{\sqrt{2}} \quad \dfrac{1}{2} \quad \dfrac{1}{2}\mathrm{e}^{-\mathrm{i}\phi} \right) \\[2mm] |c_4(0)\rangle \doteq \left(0 \quad \dfrac{1}{\sqrt{2}} \quad -\dfrac{1}{2} \quad -\dfrac{1}{2}\mathrm{e}^{-\mathrm{i}\phi} \right) \end{cases} \tag{3.141}$$

由此可得,系统的初始态是本征态的叠加态:$|00\rangle = (1/\sqrt{2})(|c_1(0)\rangle + |c_2(0)\rangle)$.

为获得使用半反直觉(HCI)脉冲的终态,可以取极限 $\Omega_p(t)/\Omega_S(t) \to 1$,此时 $\Omega_S(t)$ 与 $\Omega_p(t)$ 同时起作用,可得

$$\begin{cases} |c_1(\infty)\rangle \doteq \dfrac{1}{2}\left(\mathrm{e}^{-\mathrm{i}\phi/4} \quad -\mathrm{e}^{\mathrm{i}\phi/4} \quad -\mathrm{i} \quad \mathrm{i}\mathrm{e}^{-\mathrm{i}\phi/2} \right) \\[2mm] |c_2(\infty)\rangle \doteq \dfrac{1}{2}\left(\mathrm{e}^{-\mathrm{i}\phi/4} \quad -\mathrm{e}^{\mathrm{i}\phi/4} \quad \mathrm{i} \quad -\mathrm{i}\mathrm{e}^{-\mathrm{i}\phi/2} \right) \end{cases} \tag{3.142a}$$

$$\begin{cases} |c_3(\infty)\rangle \doteq \dfrac{1}{2}\left(\mathrm{e}^{-\mathrm{i}\phi/4} \quad \mathrm{e}^{\mathrm{i}\phi/4} \quad 1 \quad \mathrm{e}^{-\mathrm{i}\phi/2} \right) \\[2mm] |c_4(\infty)\rangle \doteq \dfrac{1}{2}\left(\mathrm{e}^{-\mathrm{i}\phi/4} \quad \mathrm{e}^{\mathrm{i}\phi/4} \quad -1 \quad -\mathrm{e}^{-\mathrm{i}\phi/2} \right) \end{cases} \tag{3.142b}$$

因此,我们可以得出结论,HCI 序列在绝热限制下可以制备状态:

$$\frac{1}{\sqrt{2}}(|00\rangle - \mathrm{e}^{\mathrm{i}\phi/2}|11\rangle) \quad 或 \quad \frac{1}{\sqrt{2}}(|01\rangle - \mathrm{e}^{-\mathrm{i}\phi/2}|10\rangle) \tag{3.143}$$

此结果是因为 $-|\varphi_i(t)\rangle$ 也是哈密顿量的本征态,这样可以根据选择不同的相位 ϕ 控制到期望的终态上.

3.4.2　数值仿真实验及其结果分析

本节中我们将采用相对相位的相干控制方法,对由两个自旋 1/2 粒子组成的封闭量

量子系统控制理论与方法
Control Theory and Methods of Quantum Systems

子系统进行相干态的制备的系统仿真实验.在控制脉冲的设计以及物理实现上,此方法的关键是两组控制脉冲必须同时结束,这时四个拉比频率之间的比值要固定不变.

通过固定幅值,即 Ω_{pq} 的大小以及 $\Omega_p(t)$ 滞后 $\Omega_S(t)$ 的时间,选择不同的相位来制备不同的量子终态.在时间段(0,3)内设计控制脉冲序列,所选用的 $\Omega_S(t)$ 与 $\Omega_p(t)$ 函数分别为

$$
\begin{cases}
\Omega_S(t) = \begin{cases}
k \cdot (1 - \cos(\pi \cdot t))^2/4, & 0 < t \leqslant 1 \\
k, & 1 < t \leqslant 2 \\
k \cdot (\cos(\pi \cdot (t-2)) + 1)^2/4, & 2 < t \leqslant 3 \\
0, & \{t \leqslant 0\} \cup \{t > 3\}
\end{cases} \\
\Omega_p(t) = \begin{cases}
k \cdot (1 - \cos(\pi \cdot (t-1)))^2/4, & 1 < t \leqslant 3 \\
0, & \{t \leqslant 1\} \cup \{t > 3\}
\end{cases}
\end{cases}
\tag{3.144}
$$

在固定幅值 k 为 37.5,$\Omega_p(t)$ 滞后 $\Omega_S(t)$ 的时间为 1 s 时,进行系统仿真实验.

首先根据式(3.139),选择不同的相对相位 ϕ,进行系统终态概率随控制相位变化的系统实验,结果如图 3.6 所示,其中,实线表示状态 $|00\rangle$ 的概率变化曲线,为 $\|a_1(T)\|^2$,虚线表示状态 $|11\rangle$ 的概率变化曲线,为 $\|a_2(T)\|^2$,双划线和点划线分别为状态 $|01\rangle$ 和 $|10\rangle$ 的概率变化,分别为 $\|a_3(T)\|^2$ 和 $\|a_4(T)\|^2$.从图 3.6 中可以看出,状态 $|01\rangle$ 和 $|10\rangle$ 的概率变化曲线是重合的,并且相位 $|\phi|$ 在一定的范围内,比如小于 $\pi/2$ 时,状态 $|00\rangle$ 和 $|11\rangle$ 的概率相同,状态 $|01\rangle$ 和 $|10\rangle$ 的概率相同,它们的概率作周期性的振荡.

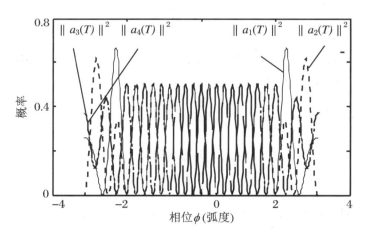

图 3.6 系统状态概率与相位关系图

在获得系统终态概率随控制相位关系的基础上,可以根据期望获得的目标态,通过

图 3.6 的关系来获得不同的控制相位. 图 3.7 是控制相位选为零的情况下, 系统状态概率在所设计的控制脉冲作用下的动态响应, 其中, 上图为输入系统的控制脉冲序列, 下图为系统状态随时间变化的概率. 从图 3.7 的下图可以看到, 状态概率在 $\Omega_p(t)$ 开始作用后才开始改变, 在脉冲结束时达到终态.

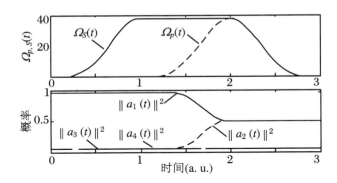

图 3.7　相位为零时被控状态概率变化曲线

根据图 3.7 的系统仿真结果可得终态为

$$| \varphi_1 \rangle = 0.707 | 00 \rangle - 0.707 | 11 \rangle - 0.002\,67i | 01 \rangle - 0.002\,67i | 10 \rangle$$
$$\doteq (| 00 \rangle - | 11 \rangle)/\sqrt{2} \tag{3.145}$$

这是一个 Bell 纠缠态.

图 3.8 为相位取 $\pi/30$ 时, 在所设计的控制脉冲作用下, 系统状态概率的变化曲线, 此时所获得的终态为

$$| \varphi \rangle = 0.500 | 00 \rangle - (0.499 + 0.026\,2i) | 11 \rangle + (0.500 + 0.010\,6i) | 01 \rangle$$
$$- (0.500 - 0.010\,6i) | 10 \rangle$$
$$\doteq \frac{1}{2} (| 00 \rangle - | 11 \rangle + | 01 \rangle - | 10 \rangle) \tag{3.146}$$

图 3.9 为相位取 $\pi/15$ 时, 在所设计的控制脉冲作用下, 系统状态概率的变化曲线, 此时所获得的终态为

$$| \varphi_2 \rangle = (0.706 + 0.035\,1i) | 01 \rangle - (0.706 - 0.035\,1i) | 10 \rangle \doteq (| 01 \rangle - | 10 \rangle)/\sqrt{2} \tag{3.147}$$

其所制备出的状态也是一个 Bell 纠缠态.

量子系统控制理论与方法
Control Theory and Methods of Quantum Systems

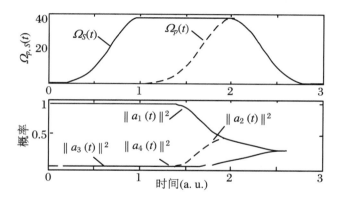

图 3.8　相位为 $\pi/30$ 时被控状态概率变化曲线

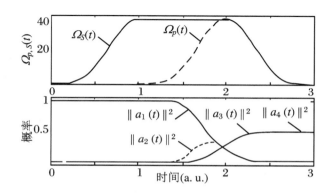

图 3.9　相位为 $\pi/15$ 时被控状态概率变化曲线

　　事实上,通过研究可以得出在一定的范围内,比如 $\phi\in(-2,2)$ 时,通过设定控制脉冲的相对相位所制备的终态和相对相位 ϕ 之间的关系可以用如下统一的公式来近似表示：

$$|\psi(t)\rangle \doteq \frac{1}{\sqrt{2}}(\cos(\omega_\varphi\phi)(|00\rangle - \mathrm{e}^{\mathrm{i}r_1\phi}|11\rangle) + \sin(\omega_\varphi\phi)\,\mathrm{e}^{\mathrm{i}r_3\phi}(|01\rangle - \mathrm{e}^{\mathrm{i}r_2\phi}|10\rangle))$$

(3.148)

式(3.148)中的 r_1,r_2,r_3 分别为 $r_1=1/2$, $r_2=-1/2$, $r_3=1/4$,当脉冲函数的幅值 $k=37.5$ 时, $\omega_\varphi\doteq7.3488=0.196k$.

　　通过系统仿真实验还可以得到以下结果：

　　(1) 改变脉冲函数的幅值,幅值越大,达到目标态所需时间越短.脉冲的幅值对结

果也有影响,比如强度太小,则无法完成状态的转化;强度太大,会引起动态响应过快从而产生振动,使得最终结果达不到目标状态.另外,幅值的增大会引起 ω_φ 的增大,使得 $(|00\rangle - e^{i\phi/2}|11\rangle)/\sqrt{2}$ 和 $(|01\rangle - e^{-i\phi/2}|10\rangle)/\sqrt{2}$ 的概率振荡加快.

(2) 改变 $\Omega_p(t)$ 滞后 $\Omega_S(t)$ 的时间,不改变上面的成分比重,也不改变 $|01\rangle$ 和 $|10\rangle$ 之间的比重,只对 $|00\rangle$ 和 $|11\rangle$ 之间的成分比重略有影响.时延取得太小,引起的概率振动很大.若时延大于 $0.7\,\mathrm{s}$,则最终结果没什么变化.

(3) 若压缩控制脉冲的时间,将原来的 $0 \sim 3\,\mathrm{s}$ 压缩为 $0 \sim 3\,\mathrm{ms}$,只要保持脉冲的强度(面积)不变,则得到的结果是不变的.

3.4.3　小结

本节通过使用有一定时间延迟的具有相对相位的半反直觉脉冲来制备相干态,并通过系统数值仿真来研究终态与控制脉冲相对相位的关系,指出在使用具有特定相对相位的控制脉冲时,可以制备 Bell 纠缠态,并根据仿真结果归纳出在一定范围内终态随相对相位变化的近似表达式(3.148).另外,也研究了脉冲的幅值、延迟时间对终态制备的影响.由此可以得出结论:在选择了合适的脉冲幅值和时间延迟之后,脉冲间的相对相位可以作为制备量子状态的控制参数.另外,使用半反直觉脉冲的控制方法,对脉冲的形状并不敏感,对两个脉冲之间的时间延迟也不敏感,而是对两个脉冲的有效面积比以及脉冲之间的相对相位敏感,前者可以增加这种控制方法的鲁棒性,后者可以通过锁相技术解决,因此这种方法在实现上具有较大的优势,其不足是控制中要求两个脉冲同时结束,这给实现带来一定的困难.另外,这种方法在超快领域也有其局限性,取而代之的是 Cao,Bardeen 和 Wilson(CBW)提出的"分子 π 脉冲"方法(Cao, et al., 1998).

3.5　高维自旋 1/2 系统布居数转移的控制

在这一节中,将对多量子位系统的控制场进行设计.由于多量子位系统是由独立或者相互作用的单量子位系统组成的,我们可以前面两节中设计的控制场作为基本控制场,利用它们的不同组合顺序的脉冲序列来进行控制.为了设计出合适的脉冲序列、有效的布居数转移路径,有必要对基本控制脉冲与系统哈密顿量的关系进行进一步明确.

3.5.1 控制脉冲与系统哈密顿量的关系

前面提到实现单量子位布居数转移一般有两种方法:π 脉冲动力学方法和绝热通道动力学方法.

π 脉冲动力学方法一般用于建立对应于两个非简并能级的状态 ψ_a 和 ψ_b 之间的相干叠加态:

$$\Phi(\theta, \varphi) = \cos\theta \cdot \psi_a + \mathrm{e}^{\mathrm{i}\varphi}\sin\theta \cdot \psi_b \tag{3.149}$$

其中,θ 为两状态的混合角;φ 为叠加相位.混合角 θ 与时间脉冲的面积 a 成正比:

$$\theta = \frac{a}{2} = \frac{1}{2}\int_{-\infty}^{\infty}\Omega(t)\mathrm{d}t \tag{3.150}$$

其中,a 可近似为拉比频率峰值以及持续时间宽度 T 的乘积,要产生两个本征态的概率之比为 50%:50%,只需要将脉冲面积调整为 $\pi/2$.这种方法显然对脉冲的峰值及持续时间 T 都敏感.

在李群分解方法中,最终得到的是一个 π 脉冲的序列,每个不同频率的脉冲对应了不同能级之间的跃迁,这些脉冲按一定的顺序作用,实现将布居数在不同能级之间的转移.由于这样的脉冲序列非常直观,也称之为直觉脉冲序列.

相对于 π 脉冲方法而言,绝热通道方法的抗干扰性显得更强,布居数的变化并不与单个脉冲的面积成比例,而是与脉冲之间的延迟时间、相位差或者脉冲之间拉比频率的比值相关,且能应用于更高能级的系统.

以自旋 1/2 粒子为例,单量子位的哈密顿量为式(3.131),当采用 π 脉冲方法进行控制时,由于控制场与系统是共振的,即 $\omega = \omega_0$,因此在旋转坐标系中,哈密顿量可以化为

$$H = -\frac{\hbar}{2}\begin{bmatrix} 0 & \Omega\mathrm{e}^{\mathrm{i}\phi} \\ \Omega\mathrm{e}^{-\mathrm{i}\phi} & 0 \end{bmatrix} \tag{3.151}$$

从式(3.151)中可以清晰地看出拉比频率 Ω 耦合了系统的两个能级,如图 3.10 所示,而且控制场的频率对应于共振频率,从而可以通过拉比频率 Ω 的作用改变所耦合的两个能级布居数的分布,以达到控制的目的.

现在先考虑两个量子位的情形.根据式(3.139),在共振条件下,即

$$\omega_{13} = \omega_2 + J, \quad \omega_{14} = \omega_1 + J, \quad \omega_{23} = \omega_1 - J, \quad \omega_{24} = \omega_2 - J \tag{3.152}$$

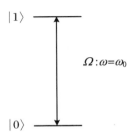

图 3.10　单量子位系统的能级结构示意图

并且将与 ω_{pq} 对应的 Ω_k 记为 Ω_{pq},可得方程

$$\begin{pmatrix} \dot{\alpha}_1 \\ \dot{\alpha}_2 \\ \dot{\alpha}_3 \\ \dot{\alpha}_4 \end{pmatrix} = \frac{\mathrm{i}}{2} \begin{pmatrix} 0 & 0 & \Omega_{13} & \Omega_{14} \\ 0 & 0 & \Omega_{23} & \Omega_{24} \\ \Omega_{13} & \Omega_{23} & 0 & 0 \\ \Omega_{14} & \Omega_{24} & 0 & 0 \end{pmatrix} \begin{pmatrix} \alpha_1 \\ \alpha_2 \\ \alpha_3 \\ \alpha_4 \end{pmatrix} \qquad (3.153)$$

　　根据方程(3.153),可得到系统的哈密顿量与系统能级结构及跃迁的情况,如图 3.11 所示.根据我们在式(3.135)中定义的每一个 α_i 与每个本征态之间对应的关系($|\varphi\rangle = \alpha_1|00\rangle + \alpha_2|11\rangle + \alpha_3|01\rangle + \alpha_4|10\rangle$),结合下标数字可得:$\Omega_{14}$ 和 Ω_{23} 分别是状态$|00\rangle$,$|10\rangle$之间和状态$|01\rangle$,$|11\rangle$之间的两个能级耦合的拉比频率,相应的控制脉冲作用在左边的粒子 2 上,而 Ω_{13} 和 Ω_{24} 分别是状态$|00\rangle$,$|01\rangle$之间和状态$|10\rangle$,$|11\rangle$之间的两个能级耦合的拉比频率,相应的激光控制脉冲作用在右边的粒子 1 上,也就是哈密顿量中在(i,j)位置上的 Ω_{ij} 表示状态 i 与 j 之间的拉比频率,且有多少个 Ω_{ij} 就表示有多少种跃迁情形.例如 H_{14} 和 H_{23}(及其转置)的位置,表示了四种不同的跃迁:

$$|00\rangle \leftrightarrow |10\rangle, \qquad |01\rangle \leftrightarrow |11\rangle \qquad (3.154)$$

　　知道了系统哈密顿量与系统能级结构及跃迁之间的关系,可以直接根据系统的能级结构及跃迁情况写出系统的哈密顿量:对应于所有允许跃迁的两个能级 p 和 q,在矩阵相应的(p,q)及其转置位置填上耦合两个能级的 Ω_{pq},最后添加比例系数 $-\hbar/2$,就得到了系统的哈密顿量.这样得到的哈密顿量所对应的模型方程的状态系数是作了变换的,类似于式(3.28).值得注意的是,对于同一个量子位比如左数第一个而言,Ω_{13} 和 Ω_{24} 的区分完全靠它们的频率,实际上,当 Ω_{13} 作用时,对能级$|01\rangle$,$|11\rangle$之间的布居数也有一定的影响,只是这种影响随着失谐的增大迅速减小,因此,只要量子位之间的相互作用强度比较大,认为 Ω_{13} 和 Ω_{24} 单独作用是完全可以的,因此 3.4 节中的控制场设计也是比较合理的.

量子系统控制理论与方法
Control Theory and Methods of Quantum Systems

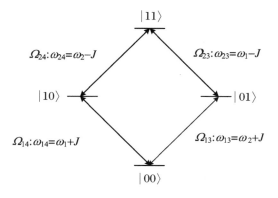

图 3.11　二量子位系统能级结构及跃迁情况示意图

3.5.2　控制脉冲序列的设计

　　绝热通道技术是在绝热条件下获得的,即若某时刻系统的状态是系统哈密顿量(随时间变化的)的本征态,则此后任意时刻系统的状态同样是哈密顿量的本征态.因此,只要确定哈密顿量的本征态对应的系数 c_i 以及 t 时刻本征态 $|\phi_i(t)\rangle$,就可以得到 t 时刻系统的状态.

　　但是这种分析方法是相当烦琐的,因为需要求出任意时刻系统哈密顿量本征态的通式.随着被控量子系统的量子位数的增加,以这样的方式来获得控制脉冲的设计过程是很困难的一件事,也是不实用的.

　　为了克服这一困难,我们先从系统模型的物理意义出发,根据直觉脉冲序列和半反直觉脉冲序列作用的特点,针对目标态中布居数的分布特点,通过确定布居数转移的路径,来确定所需要的耦合脉冲以及它们之间的时间顺序关系,然后通过参数寻优等方法确定具体的参数.这样就避免了求解复杂的特征态问题.以此方法可以设计出多量子位的系统控制脉冲序列.

　　简单地说,设计的具体步骤是:首先,根据系统的哈密顿量画出系统的能级结构示意图;其次,根据初始状态和目标状态的布居数分布确定布居数的转移路径;第三,确定使用的脉冲类型和作用顺序;最后,确定各个控制参数(Cong,Lou,2008a).下面通过三量子位系统来具体说明设计过程.

　　对于一个三量子位系统,假设其能级分布和跃迁情况如图 3.12 所示.图 3.12 只是一个示意图,因为实际上状态 $|001\rangle$,$|010\rangle$,$|100\rangle$ 和 $|011\rangle$,$|110\rangle$,$|101\rangle$ 所对应的能量并

不一定相等.但在本例中这并不重要,因为两个能级 i 与 j 之间的能级差只决定了对应于 Ω_{ij} 激光脉冲的频率,而与作为控制量的 Ω_{ij} 无关.为了方便起见,我们将图 3.12 看作一个立方体图,则立方体中平行的四条棱对应于作用在同一个粒子上的脉冲.

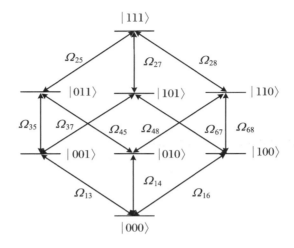

图 3.12   三量子位能级分布及跃迁情况示意图

定义在任意时刻该系统的状态为

$$|\varphi(t)\rangle = \alpha_1 |000\rangle + \alpha_2 |111\rangle + \alpha_3 |001\rangle + \alpha_4 |010\rangle + \alpha_5 |011\rangle$$
$$+ \alpha_6 |100\rangle + \alpha_7 |101\rangle + \alpha_8 |110\rangle \tag{3.155}$$

其中,α_i 是各个本征态的复系数.

根据自旋 1/2 粒子 Ising 模型的哈密顿量(3.132)和式(3.133),按照推导二量子位方程(3.139)的方法,可以得到三量子位系统的模型为

$$
\dot{\alpha} = \begin{bmatrix} \dot{\alpha}_1 \\ \dot{\alpha}_2 \\ \dot{\alpha}_3 \\ \dot{\alpha}_4 \\ \dot{\alpha}_5 \\ \dot{\alpha}_6 \\ \dot{\alpha}_7 \\ \dot{\alpha}_8 \end{bmatrix} = \frac{\mathrm{i}}{2} \begin{bmatrix} 0 & 0 & \Omega_{13} & \Omega_{14} & 0 & \Omega_{16} & 0 & 0 \\ 0 & 0 & 0 & 0 & \Omega_{25} & 0 & \Omega_{27} & \Omega_{28} \\ \Omega_{13} & 0 & 0 & 0 & \Omega_{35} & 0 & \Omega_{37} & 0 \\ \Omega_{14} & 0 & 0 & 0 & \Omega_{45} & 0 & 0 & \Omega_{48} \\ 0 & \Omega_{25} & \Omega_{35} & \Omega_{45} & 0 & 0 & 0 & 0 \\ \Omega_{16} & 0 & 0 & 0 & 0 & 0 & \Omega_{67} & \Omega_{68} \\ 0 & \Omega_{27} & \Omega_{37} & 0 & 0 & \Omega_{67} & 0 & 0 \\ 0 & \Omega_{28} & 0 & \Omega_{48} & 0 & \Omega_{68} & 0 & 0 \end{bmatrix} \begin{bmatrix} \alpha_1 \\ \alpha_2 \\ \alpha_3 \\ \alpha_4 \\ \alpha_5 \\ \alpha_6 \\ \alpha_7 \\ \alpha_8 \end{bmatrix} \tag{3.156}
$$

量子系统控制理论与方法
Control Theory and Methods of Quantum Systems

为计算及说明方便,我们假设 $\Omega_{13} = \Omega_{14} = \Omega_{16} = \Omega_p$,$\Omega_{25} = \Omega_{27} = \Omega_{28} = \Omega_S$ 以及 $\Omega_{35} = \Omega_{37} = \Omega_{45} = \Omega_{48} = \Omega_{67} = \Omega_{68} = \Omega_m$,并称初态 $|000\rangle$ 为第一级,中间态 $|001\rangle$,$|010\rangle$,$|100\rangle$ 为第二级,对应于一个量子位的翻转,状态 $|011\rangle$,$|110\rangle$,$|101\rangle$ 为第三级,对应于两个量子位的翻转,激发态 $|111\rangle$ 为第四级.Ω_p,Ω_m,Ω_S 分别对应于布居数可以在一二、二三、三四级之间的转移.我们的目的是要实现纠缠态制备:$|000\rangle + e^{i\varphi}|111\rangle$,即要实现一半布居数从第一级到第四级的转移.

为了达到这个目的,可以有两种方法:第一种方法是按顺序施加 Ω_p,Ω_m,Ω_S,用 Ω_p 实现一半布居数从第一级到第二级的转移,然后依次用 Ω_m 和 Ω_S 实现布居数从第二级到第三级和从第三级到第四级的完全转移,即用直觉脉冲序列;第二种方法是先用 Ω_p 和 Ω_m 的半反直觉脉冲序列,即 Ω_m 超前 Ω_p 并且同时结束,实现一半布居数从第一级到第三级的转移,然后用 Ω_S 实现布居数从第三级到第四级的完全转移.

3.5.3 数值仿真实验及其结果分析

1. 采用直觉脉冲序列的系统纠缠态的制备过程及结果分析

我们利用所提出的控制脉冲序列设计方法,对三量子位系统进行了系统纠缠态制备的系统仿真实验.实验中将时间分割成很小的时间段 Δt,可以近似地认为在这段时间内系统的哈密顿量,或者更具体地说是 Ω_p,Ω_m,Ω_S 保持不变,根据式(3.156)可得

$$
\begin{aligned}
&\alpha(t + \Delta t) \\
&= \exp\left(\frac{i}{2}
\begin{pmatrix}
0 & 0 & \Omega_p(t) & \Omega_p(t) & 0 & \Omega_p(t) & 0 & 0 \\
0 & 0 & 0 & 0 & \Omega_S(t) & 0 & \Omega_S(t) & \Omega_S(t) \\
\Omega_p(t) & 0 & 0 & 0 & \Omega_m(t) & 0 & \Omega_m(t) & 0 \\
\Omega_p(t) & 0 & 0 & 0 & \Omega_m(t) & 0 & 0 & \Omega_m(t) \\
0 & \Omega_S(t) & \Omega_m(t) & \Omega_m(t) & 0 & 0 & 0 & 0 \\
\Omega_p(t) & 0 & 0 & 0 & 0 & 0 & \Omega_m(t) & \Omega_m(t) \\
0 & \Omega_S(t) & \Omega_m(t) & 0 & 0 & \Omega_m(t) & 0 & 0 \\
0 & \Omega_S(t) & 0 & \Omega_m(t) & 0 & \Omega_m(t) & 0 & 0
\end{pmatrix}
\times \Delta t\right)\alpha(t)
\end{aligned}
$$

(3.157)

$$
\alpha(0) = (1 \quad 0 \quad 0 \quad 0 \quad 0 \quad 0 \quad 0 \quad 0)^{\mathrm{T}}
$$

(3.158)

以式(3.158)作为初始条件,根据式(3.157)进行迭代即可得到任意时刻 t 系统的状态.
实验中上升沿和下降沿都用余弦函数的平方来实现,其中脉冲的强度等一些参数通

过实验来进行调整.图 3.13(a)是顺序施加的直觉脉冲序列脉冲 $\Omega_p, \Omega_m, \Omega_s$,它们的峰值分别是 $1.21, 2.05$ 和 2.35;图 3.13(b)是在该脉冲序列的施加过程中,系统各本征态布居数的变化过程.

从图 3.13(b)中可以看到,当 Ω_p 结束,即 $t = 2$ 时,系统本征态 $|000\rangle$ 所处的第一级的布居数为 0.5,系统的其余的布居数均匀地转移到了本征态 $|001\rangle$,$|010\rangle$,$|100\rangle$ 上,也就是第二级;当 Ω_m 结束,即 $t = 4$ 时,第二级的布居数均匀地转移到了本征态 $|011\rangle$,$|110\rangle$,$|101\rangle$ 上,也就是第三级;Ω_S 的作用使第三级的布居数全部转移到了本征态 $|111\rangle$ 上,也就是第四级.最终使得布居数平均分布在第一级和第四级.由系统仿真结果可得,系统最终得到的状态为 $(|000\rangle - \mathrm{i}|111\rangle)/\sqrt{2}$.

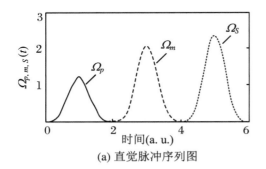

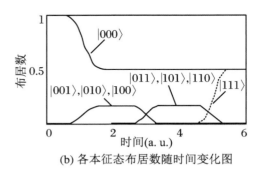

(a) 直觉脉冲序列图

(b) 各本征态布居数随时间变化图

图 3.13　利用直觉脉冲序列制备三量子位系统纠缠态的仿真实验结果

从图 3.13(b)中还可以看到,在 $1.5\sim2.5$ 和 $3.5\sim4.5$ 这段时间内,各本征态的布居数保持不变,因此可以把后两个脉冲提前作用,使得其和前一个脉冲重叠一秒钟,得到改进的直觉脉冲序列.图 3.14 是改进后脉冲的形状和各本征态布居数随时间的变化情况.从图3.14(b)可以看出,在 3.5 时刻就实现了目标状态.

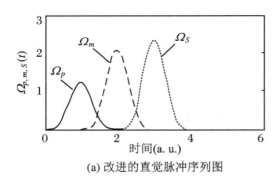

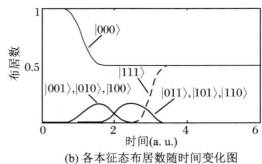

(a) 改进的直觉脉冲序列图

(b) 各本征态布居数随时间变化图

图 3.14　利用改进的直觉脉冲序列制备三量子位系统纠缠态的仿真实验结果

我们还做了脉冲面积与其作用效果之间关系的系统仿真实验,其结果如图 3.15 所示,其中,图 3.15(a)中各脉冲的峰值分别为 1.21,1.21,2.35,图中 Ω_m 的面积和图 3.14 中 Ω_m 的面积基本相等,但由于峰值减少而延长了作用时间.

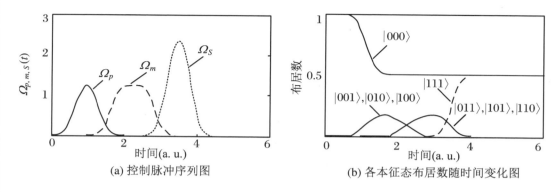

(a) 控制脉冲序列图 (b) 各本征态布居数随时间变化图

图 3.15　脉冲面积与其作用效果关系的仿真实验结果

根据式(3.150)任意两个状态的混合角 θ 与控制脉冲的面积成正比的关系可知,图 3.15 与图 3.14 的两种不同的直觉脉冲序列所制备的终态是相同的,所不同的只是时间上的长短.这一事实在实验中得到了证实:从图 3.15(b)中可以看到布居数转移的最终时间比图 3.14(b)中的慢了 0.5.

2. 采用半反直觉脉冲序列进行系统纠缠态的制备过程及结果分析

数值仿真实验中相应的脉冲序列的操控过程如图 3.16(a)所示,其中,最先开始作用的是 Ω_m,$t=1$ 时,Ω_p 开始作用,Ω_S 最后作用.三个脉冲的峰值分别为 3.58,1.94,2.35.图 3.16(b)给出了系统各本征态布居数在脉冲作用过程中的变化曲线,从中可以看出,运用半反直觉脉冲序列操控时,本征态 $|001\rangle$,$|010\rangle$,$|100\rangle$ 所对应的第二级的布居数的最大值约为运用直觉或半直觉脉冲序列时的四分之一.另外,整个操控过程所需的时间比图 3.14 中的缩短了 0.5.

从系统仿真实验中可以看出,根据对物理机理直观理解的基础上设计的控制脉冲序列,能够很好地实现对状态的操控,成功地制备纠缠态 $(|000\rangle - \mathrm{i}|111\rangle)/\sqrt{2}$,这充分说明了这种脉冲设计方法的有效性,对于相同的控制任务,所需的控制脉冲数量是一样的,所不同的只是脉冲施加的顺序、面积强度以及完成任务所需时间的长短.虽然本节只给出了三量子位的量子系统状态制备的情况,实际上这种设计方法由于具有简洁性,很容易向更高维情形扩展.比如对四量子位系统,根据 Ising 相互作用模型,可得系统所具有的能级结构及跃迁情况,如图 3.17 所示.

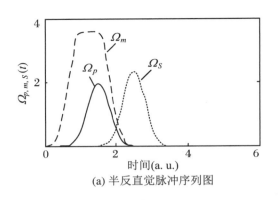

(a) 半反直觉脉冲序列图

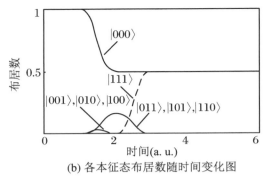

(b) 各本征态布居数随时间变化图

图 3.16　利用半反直觉脉冲序列制备纠缠态的仿真实验结果

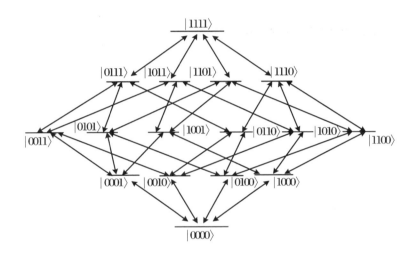

图 3.17　四量子位能级结构及跃迁示意图

定义系统任意时刻的状态为

$$|\varphi\rangle = \alpha_1 |0000\rangle + \alpha_2 |1111\rangle + \alpha_3 |0001\rangle + \alpha_4 |0010\rangle + \alpha_5 |0011\rangle + \alpha_6 |0100\rangle$$
$$+ \alpha_7 |0101\rangle + \alpha_8 |0110\rangle + \alpha_9 |0111\rangle + \alpha_{10} |1000\rangle + \alpha_{11} |1001\rangle + \alpha_{12} |1010\rangle$$
$$+ \alpha_{13} |1011\rangle + \alpha_{14} |1100\rangle + \alpha_{15} |1101\rangle + \alpha_{16} |1110\rangle \qquad (3.159)$$

根据图 3.17 所示的能级结构和跃迁示意图以及所定义的各本征态与 α_i 之间的关系,可以得到系统的哈密顿量为

$$H = -\frac{\hbar}{2}\begin{pmatrix}
0 & 0 & \Omega_{1,3} & \Omega_{1,4} & 0 & \Omega_{1,6} & 0 & 0 & 0 & \Omega_{1,10} & 0 & 0 & 0 & 0 & 0 & 0 \\
0 & 0 & 0 & 0 & 0 & 0 & 0 & 0 & \Omega_{2,9} & 0 & 0 & 0 & \Omega_{2,13} & 0 & \Omega_{2,15} & \Omega_{2,16} \\
\Omega_{1,3} & 0 & 0 & 0 & \Omega_{3,5} & 0 & \Omega_{3,7} & 0 & 0 & \Omega_{3,11} & 0 & 0 & 0 & 0 & 0 & 0 \\
\Omega_{1,4} & 0 & 0 & 0 & \Omega_{4,5} & 0 & \Omega_{4,8} & 0 & 0 & \Omega_{4,12} & 0 & 0 & 0 & 0 & 0 & 0 \\
0 & 0 & \Omega_{3,5} & \Omega_{4,5} & 0 & 0 & 0 & 0 & \Omega_{5,9} & 0 & 0 & 0 & \Omega_{5,13} & 0 & 0 & 0 \\
\Omega_{1,6} & 0 & 0 & 0 & 0 & 0 & \Omega_{6,7} & \Omega_{6,8} & 0 & 0 & 0 & 0 & 0 & \Omega_{6,14} & 0 & 0 \\
0 & 0 & \Omega_{3,7} & 0 & 0 & \Omega_{6,7} & 0 & 0 & \Omega_{7,9} & 0 & 0 & 0 & 0 & 0 & \Omega_{7,15} & 0 \\
0 & 0 & 0 & \Omega_{4,8} & 0 & \Omega_{6,8} & 0 & 0 & \Omega_{8,9} & 0 & 0 & 0 & 0 & 0 & 0 & \Omega_{8,16} \\
0 & \Omega_{2,9} & 0 & 0 & \Omega_{5,9} & 0 & \Omega_{7,9} & \Omega_{8,9} & 0 & 0 & 0 & 0 & 0 & 0 & 0 & 0 \\
\Omega_{1,10} & 0 & 0 & 0 & 0 & 0 & 0 & 0 & 0 & 0 & \Omega_{10,11} & \Omega_{10,12} & 0 & \Omega_{10,14} & 0 & 0 \\
0 & 0 & \Omega_{3,11} & 0 & 0 & 0 & 0 & 0 & 0 & \Omega_{10,11} & 0 & 0 & \Omega_{11,13} & 0 & \Omega_{11,15} & 0 \\
0 & 0 & 0 & \Omega_{4,12} & 0 & 0 & 0 & 0 & 0 & \Omega_{10,12} & 0 & 0 & \Omega_{12,13} & 0 & 0 & \Omega_{12,16} \\
0 & \Omega_{2,13} & 0 & 0 & \Omega_{5,13} & 0 & 0 & 0 & 0 & 0 & \Omega_{11,13} & \Omega_{12,13} & 0 & 0 & 0 & 0 \\
0 & 0 & 0 & 0 & 0 & \Omega_{6,14} & 0 & 0 & 0 & \Omega_{10,14} & 0 & 0 & 0 & 0 & \Omega_{14,15} & \Omega_{14,16} \\
0 & \Omega_{2,15} & 0 & 0 & 0 & 0 & \Omega_{7,15} & 0 & 0 & 0 & \Omega_{11,15} & 0 & 0 & \Omega_{14,15} & 0 & 0 \\
0 & \Omega_{2,16} & 0 & 0 & 0 & 0 & 0 & \Omega_{8,16} & 0 & 0 & 0 & \Omega_{12,16} & 0 & \Omega_{14,16} & 0 & 0
\end{pmatrix}$$

$$(3.160)$$

　　接下来的对控制的脉冲序列的设计方法与三量子位时并没有大的差别,通过确定布居数转移的路径可以很方便地选择相应的基本控制脉冲.这种设计方法不需要求解系统哈密顿量的特征状态的通式,具有明确的物理意义,因此非常直观和方便,它的不足之处在于需要利用优化算法或者数值仿真实验等方法确定各个控制参数.但对于简单的控制任务,比如布居数在本征态之间的完全转移,可以通过一定的算法进行路径选择,并根据预先制定的规则自动选取基本控制脉冲(丛爽 等,2007),这为量子位的操作提供了很大的方便.另外,值得强调的是该方法只是针对量子位系统的,对于一般的高能级量子系统,由于其哈密顿量的形式不具有特殊性,因此基本的控制脉冲将不一定有效.

3.6　两种量子系统控制方法的性能对比

　　量子控制理论的研究方向之一是经典的和现代的控制理论在量子系统上的应用.宏观控制领域中很常见的反馈控制由于需要测量,而对量子系统的任何观测都会破坏其状态,因而通常导致量子相干性的损失.然而,量子反馈控制较难实现.在开环控制中,就存在基于模型的量子反馈控制.Chen 等人和 Ramakrishna 等人在 1995 年、Gross 等人在 1993 年、Kosloff 等人在 1989 年就研究了这种基于反馈机制的开环控制.这种控制可以是最优控制,也可以是基于李雅普诺夫的控制方法(Grivopoulos,Bamieh,2003;Ferrante,et al.,2002a;Sugawara,2003;Vaidya,et al.,2003;Vettori,2002),它的反馈量来自于模型而不是测量.对量子系统的最优控制问题存在着很多种定义,有时间最优控制(Khaneja,et al.,2001)和许多其他最优控制(Ohtsuki,et al.,1999;Schirmer,2000;Maday,Turinici,2003;Khaneja,et al.,2005).它们结合各种约束条件,如脉冲能量、振幅、频率等.但是在最优控制方法下,对被控系统的不同描述方式,在求解控制律的过程中会产生不同的复杂度,并且最终推导得到的控制律也不同.在早先研究的基于李雅普诺夫方法控制量子系统的文(Ferrante,et al.,2002a)中只讨论了纯态系统,且目标状态须是自由哈密顿量 H_0 的本征态.文(Mirrahimi,et al.,2005)研究了目标状态不固定,随时间演化的情况.若系统动力学方程由薛定谔方程描述,则状态向量只能描述纯态.为了能将可描述的系统状态拓展至混合态,Altafini 采用了以密度矩阵描述系统状态的动力学方程(Altafini,2007a;Altafini,2007b).最优控制和基于李雅普诺夫的控制方法在宏观领域都已被广泛应用.最优控制,即动态最优化问题,就是指在给定条件下,对给定系统确定一种控制规律,使该系统能在规定的性能指标(目标函数)下具有最优值(Kuang,Cong,2008).从给定初始状态到目标集的转移可以通过不同的控制律来实现,为了在各种可行的控制律中找出一种效果最好的控制律,需要建立一种评价控制效果好坏或控制品质优劣的性能指标函数.性能指标函数的内容与形式,取决于最优控制问题所完成的任务.

通常情况下,对连续系统时间函数的最优控制问题的性能指标可以归纳为三种类型:① 只强调系统过程要求的积分型或 Lagrange 型性能指标;② 只强调系统终端性能的终端型或 Mager 型性能指标;③ 同时考虑动态性能指标和终端性能的综合型或 Bolza 型性能指标,它描述具有终端约束下的最小积分控制或在积分约束下的终端最小时间控制.性能指标与系统所受的控制作用和系统的状态有关,不仅取决于某个固定时刻的控制变量和状态变量,而且与状态转移过程中的控制向量和状态曲线有关,因此性能指标是一个泛函.当被控对象的运动特性由微分方程来描述、性能指标由泛函来表示时,确定最优控制函数的问题,就成了在微分方程约束下求泛函的条件极值问题.变分法就是研究泛函极值的一种经典方法,其中最常用的方法是极大值原理和动态规划.对于要满足状态方程等约束条件的被控系统,可将具有状态方程约束的变分问题转化成一种等价的无约束变分问题.当最优控制中的目标函数为一个多元普通函数时,其最优解即可以通过经典微分法对普通函数求极值的途径解决.最优控制理论是现代控制理论的重要组成部分.但它也有局限,例如最优控制一般需要迭代求解,不适用于对实时反馈要求极高的系统.而对于较复杂的被控系统,即使系统是线性的,最优控制问题的求解也常有大量的计算,这使得人们常退而求其次地选择次优控制.另外,用极大值原理确定出的最优控制一般不能消除或抑制由于参数的变动或环境的变化对系统造成的扰动.

当被控系统模型及其描述方式确定后,基于李雅普诺夫的控制方法是控制界常用的另一种求解控制律的途径.这是一种根据李雅普诺夫稳定性理论产生的控制方法.如果系统有一个渐近稳定的平衡状态,则当它转移到该平衡状态的邻域内时,系统所具有的能量随时间的增加而逐渐减少,直到在平衡状态达到最小值(张嗣瀛,高立群,2006).李雅普诺夫引入了一个虚构的广义能量函数来判断系统平衡状态的稳定性.这个虚构的广义能量函数被称为李雅普诺夫函数,记为 $V(x,t)$.这样,对于一个给定的系统,只要能构造出一个所谓正定标量的李雅普诺夫函数,且该函数对时间的导数为负定的,那么这个系统在平衡状态就是渐近稳定的.由李雅普诺夫稳定性理论设计出李雅普诺夫函数,就可以推导出能使该能量函数对时间的导数为负定的控制律.根据此基于李雅普诺夫的设计方法,不同的李雅普诺夫函数将得到不同的控制律,从而得到不同的控制效果.此方法的优势在于,只要能够构造出对时间的一阶导数保持负定的李雅普诺夫函数,推导出的控制律就能保证闭环控制系统不发散.而最大的困难在于如何构造出一个合适的李雅普诺夫函数,目前尚未有完备的构造李雅普诺夫函数的方法,很大程度上仍要凭借经验.

本节用密度算符描述被控系统状态,用刘维尔方程描述被控系统的演化过程,主要是通过理论推导、系统仿真实验和结果对比分析来进行有关最优控制和基于李雅普诺夫控制的算法在性能指标含义及其控制效果以及算法之间关系等方面的研究.

3.6.1 封闭量子系统的控制律

设封闭量子系统 S 受到数量有限的外部线性控制函数

$$f_m(t) = (f_1(t), f_2(t), \cdots, f_M(t)) \tag{3.161}$$

的作用,控制量 $f_m(t)$ 是定义在 $[t_0, t_f]$ 上的有界、可测、实值函数.此时,系统的总哈密顿量可以分解为

$$H = H_0 + \sum_{m=1}^{M} f_m(t) H_m \tag{3.162}$$

其中,$\sum_{m=1}^{M} f_m(t) H_m$ 即为控制哈密顿量 H_C.受控量子系统的动力学方程则可写为

$$\dot{\rho}(t) = -\frac{\mathrm{i}}{\hbar}[H_0, \rho(t)] - \frac{\mathrm{i}}{\hbar}\sum_{m=1}^{M} f_m(t)[H_m, \rho] \tag{3.163}$$

我们的目标是采用最优控制和李雅普诺夫方法分别进行封闭量子系统的控制律设计,对被控系统 S 施加不同方向的控制场 f_m,使系统状态 $\rho_c(t)$ 尽可能演化到目标状态 ρ_{tar}.下面分别详细给出这两种控制方法在应用于封闭量子系统时的控制律推导.

3.6.1.1 最优控制律

找到合适的控制场 f_m,使 $\rho_c(t)$ 逼近 ρ_{tar} 是我们的最终目标.因此,性能指标首先要考虑的就是状态转移的最优化.这里,我们采用被控状态到达目标状态的期望值 $\mathrm{tr}(\rho_c\rho_{\mathrm{tar}})$ 来表示状态转移的程度.同时,我们在性能指标中增加一项对控制场能量的限制.这样,最优控制问题的性能指标即成为典型的综合型性能指标:

$$J(t) = \mathrm{tr}(\rho_c\rho_{\mathrm{tar}}) - \lambda\int_{t_0}^{t}\sum_{m=1}^{M} f_m^2(t)\mathrm{d}t \tag{3.164}$$

其中,$\mathrm{tr}(\rho_c\rho_{\mathrm{tar}}) = \langle\psi|\rho_{\mathrm{tar}}|\psi\rangle = \langle\rho_{\mathrm{tar}}\rangle$ 是被控状态到达目标状态的期望值,期望值越大,系统状态越逼近目标态;$\int_{t_0}^{t}\sum_{m=1}^{M} f_m^2(t)\mathrm{d}t$ 是控制场的能量,我们希望能量消耗尽可能小;λ 为权重系数.为达到目标状态,需要通过施加控制场来增大 $J(t)$ 直至最大,即求取合适的 f_m 使被控对象 ρ_c 在 $t\in[t_0, t_f]$ 中的任何时刻都满足 $\frac{\mathrm{d}}{\mathrm{d}t}J(t)\geqslant 0$,也就是

$$\begin{aligned}
\frac{\mathrm{d}}{\mathrm{d}t}J(t) &= \frac{\mathrm{d}}{\mathrm{d}t}\left(\langle\rho_{\mathrm{tar}}\rangle - \lambda\int_{t_0}^{t}\sum_{m=1}^{M} f_m^2(t)\mathrm{d}t\right) \\
&= \frac{\mathrm{d}}{\mathrm{d}t}\langle\rho_{\mathrm{tar}}\rangle - \lambda\sum_{m=1}^{M} f_m^2(t) \\
&= \frac{\mathrm{d}}{\mathrm{d}t}(\langle\psi|\rho_{\mathrm{tar}}|\psi\rangle) - \lambda\sum_{m=1}^{M} f_m^2(t) \\
&= \langle\dot{\psi}|\rho_{\mathrm{tar}}|\psi\rangle + \langle\psi|\rho_{\mathrm{tar}}|\dot{\psi}\rangle - \lambda\sum_{m=1}^{M} f_m^2(t) \\
&\geqslant 0
\end{aligned} \tag{3.165}$$

代入薛定谔方程,得到

$$\begin{aligned}
\frac{\mathrm{d}}{\mathrm{d}t}J(t) = {}&\langle\psi|\mathrm{i}\Big(H_0 + \sum_{m=1}^{M} H_m f_m(t)\Big)\rho_{\mathrm{tar}}|\psi\rangle - \langle\psi|\mathrm{i}\rho_{\mathrm{tar}}\Big(H_0 + \sum_{m=1}^{M} H_m f_m(t)\Big)|\psi\rangle \\
&- \lambda\sum_{m=1}^{M} f_m^2(t)
\end{aligned}$$

$$= i\langle \psi \mid [H_0, \rho_{tar}] \mid \psi\rangle + \sum_{m=1}^{M} i\langle \psi \mid [H_m, \rho_{tar}] \mid \psi\rangle f_m(t) - \lambda \sum_{m=1}^{M} f_m^2(t)$$

$$\geqslant 0 \tag{3.166}$$

当 H_0 和 ρ_{tar} 互易时，$[H_0, \rho_{tar}] = 0$，整理式(3.166)可知控制场 $f_m(t)$ 需满足

$$i\langle \psi \mid [H_m, \rho_{tar}] \mid \psi\rangle f_m(t) - \lambda f_m^2(t)$$

$$= i\langle [H_m, \rho_{tar}]\rangle f_m(t) - \lambda f_m^2(t)$$

$$= i\mathrm{tr}(\rho_c[H_m, \rho_{tar}]) f_m(t) - \lambda f_m^2(t)$$

$$\geqslant 0, \quad m = 1, 2, \cdots, M \tag{3.167}$$

即

$$f_m(t)\left(f_m(t) - \frac{1}{\lambda}\mathrm{itr}(\rho_c[H_m, \rho_{tar}])\right) \leqslant 0, \quad m = 1, 2, \cdots, M \tag{3.168}$$

由此可得满足条件的控制场形式：

$$f_m(t) = \frac{iK}{\lambda}\mathrm{tr}(\rho_c[H_m, \rho_{tar}]) = \frac{iK}{\lambda}\mathrm{tr}(\rho_c H_m \rho_{tar} - \rho_c \rho_{tar} H_m) \tag{3.169}$$

其中，$K \in (0,1)$；$m = 1, 2, \cdots, M$；ρ_c 是最优控制每个采样周期的反馈量.

在基于模型的反馈控制中，ρ_c 的值来自于模型而不是测量所得. 由控制律形式可知，控制量与比例系数 K 成正比，与权重系数 λ 成反比.

式(3.169)即为保证系统性能指标为最大时的外加控制场 $f_m(t)$ 的表达式. 下面讨论当 $\lambda = 0$ 时的特殊情况，即性能指标不考虑对控制场能量的限制. 此时，性能指标简化为被控状态到达目标状态的期望值(Kuang, Cong, 2008)，这是一种终端型性能指标：

$$J'(t) = \mathrm{tr}(\rho_c \rho_{tar}) \tag{3.170}$$

为达到目标状态，同样要求取合适的 $f_m(t)$ 使被控对象 ρ_c 在 $t \in [t_0, t_f]$ 中的任何时刻都满足

$$\frac{\mathrm{d}}{\mathrm{d}t}J'(t) = \frac{\mathrm{d}}{\mathrm{d}t}\mathrm{tr}(\rho_c \rho_{tar}) \geqslant 0 \tag{3.171}$$

由式(3.165)至式(3.167)的推导可知，当 $[H_0, \rho_{tar}] = 0$ 时，$f_m(t)$ 需满足

$$\frac{\mathrm{d}}{\mathrm{d}t}J'(t) = \sum_{m=1}^{M} \mathrm{itr}(\rho_c[H_m, \rho_{tar}]) f_m(t) \geqslant 0 \tag{3.172}$$

即在各个方向上需满足

$$\mathrm{itr}(H_m \rho_{tar} \rho_c - \rho_{tar} H_m \rho_c) f_m(t) \geqslant 0, \quad m = 1, 2, \cdots, M \tag{3.173}$$

又因为

$$|\operatorname{tr}(\rho_{c}[H_{m},\rho_{\text{tar}}])|^{2}\geqslant 0,\quad m=1,2,\cdots,M \tag{3.174}$$

故控制场各方向上分量的形式可设计为

$$\begin{aligned} f_{m}(t)&=-\mathrm{i}K\operatorname{tr}(\rho_{c}[H_{m},\rho_{\text{tar}}])^{*}\\ &=-\mathrm{i}K\operatorname{tr}(\rho_{c}H_{m}\rho_{\text{tar}}-\rho_{c}\rho_{\text{tar}}H_{m})^{*} \end{aligned} \tag{3.175}$$

其中，$K\in(0,+\infty)$；$m=1,2,\cdots,M$. 显然，式(3.175)的形式与 $\lambda\neq 0$ 时的控制律 (3.169)有相像之处，它们的区别在于式(3.175)不含 λ 且多一个复共轭符号. 这使得式 (3.175)与 $\lambda=1$ 时的式(3.169)有相同的实部值，而虚部值互为相反数.

3.6.1.2　基于李雅普诺夫方法的控制律

基于李雅普诺夫方法是一种有效的控制方法. 通过构造合适的李雅普诺夫函数，使 其对时间的一阶导数保持非正，即可推导出控制律.

考虑基于虚拟物理量的李雅普诺夫方法(Kuang，Cong，2008)，设 P 为此厄米虚拟 量. 已知当系统处于 P 的本征态时，P 的均值等于此本征态对应的本征值. 若 P_{tar} 是 P 的 最小本征值，其对应的本征向量 $|\psi_{\text{tar}}\rangle$ 为系统的目标状态，则当 $|\psi\rangle=|\psi_{\text{tar}}\rangle$ 时，$\langle\psi|P|\psi\rangle$ $=P_{\text{tar}}$. 这样，当控制场驱动 $\langle\psi|P|\psi\rangle$ 下降至 P_{tar} 时，系统状态就会被驱动至 $|\psi_{\text{tar}}\rangle$. 由此 考虑将 P 的均值 $\langle\psi|P|\psi\rangle$ 设为李雅普诺夫函数 V. 类似 3.1 节最优控制中的思想，在李 雅普诺夫控制方法中，也可以施加对控制场能量的限制，则此时的李雅普诺夫函数设为

$$V=\langle\psi|P|\psi\rangle+\lambda\int_{t_{0}}^{t}\sum_{m=1}^{M}f_{m}^{2}(t)\mathrm{d}t \tag{3.176}$$

故 V 对时间的一阶导数为

$$\begin{aligned} \dot{V}&=\frac{\mathrm{d}}{\mathrm{d}t}\Big(\langle\psi|P|\psi\rangle+\lambda\int_{t_{0}}^{t}\sum_{m=1}^{M}f_{m}^{2}(t)\mathrm{d}t\Big)\\ &=\langle\dot{\psi}|P|\psi\rangle+\langle\psi|P|\dot{\psi}\rangle+\lambda\sum_{m=1}^{M}f_{m}^{2}(t)\\ &=\mathrm{i}\langle\psi|[H_{0},P]|\psi\rangle+\mathrm{i}\sum_{m=1}^{M}\langle\psi|[H_{m},P]|\psi\rangle f_{m}(t)+\lambda\sum_{m=1}^{M}f_{m}^{2}(t) \end{aligned} \tag{3.177}$$

由于 $\mathrm{i}\langle\psi|[H_{0},P]=0|\psi\rangle$ 不含控制量，可设计合适的 P 满足 $[H_{0},P]=0$，则由 $\dot{V}\leqslant 0$ 可 推出

$$\mathrm{i}\langle\psi|[H_{m},P]|\psi\rangle f_{m}(t)+\lambda f_{m}^{2}(t)=f_{m}(t)\Big(f_{m}(t)+\frac{\mathrm{i}}{\lambda}\langle\psi|[H_{m},P]|\psi\rangle\Big)$$

量子系统控制理论与方法
Control Theory and Methods of Quantum Systems

$$\leqslant 0, \quad m = 1, 2, \cdots, M \tag{3.178}$$

进而可得到满足 $\dot{V} \leqslant 0$ 的控制场形式:

$$f_m(t) = -\frac{\mathrm{i}K}{\lambda} \langle \psi \mid [H_m, P] \mid \psi \rangle = -\frac{\mathrm{i}K}{\lambda} \mathrm{tr}(\rho_c [H_m, P]) = -\frac{\mathrm{i}K}{\lambda} \mathrm{tr}(\rho_c H_m P - \rho_c P H_m)$$

$$\tag{3.179}$$

其中, $K \in (0, 1); m = 1, 2, \cdots, M$.

当 $P = -\rho_{\mathrm{tar}}$ 时,式(3.179)等同于最优控制律(3.169).

下面考虑 $\lambda = 0$ 时的特例,此时李雅普诺夫函数为

$$V' = \langle \psi \mid P \mid \psi \rangle \tag{3.180}$$

当 $[H_0, P] = 0$ 时,其对时间的一阶导数为

$$\dot{V}' = \mathrm{i} \langle \psi \mid [H_m, P] \mid \psi \rangle f_m(t) \tag{3.181}$$

由 $\dot{V}' \leqslant 0$ 可推出控制律

$$f_m(t) = \mathrm{i}K (\langle \psi \mid [H_m, P] \mid \psi \rangle)^* = \mathrm{i}K \mathrm{tr}(\rho_c [H_m, P])^*$$

$$= \mathrm{i}K \mathrm{tr}(\rho_c H_m P - \rho_c P H_m)^* \tag{3.182}$$

其中, $K \in (0, +\infty); m = 1, 2, \cdots, M$.

当 $P = -\rho_{\mathrm{tar}}$ 时,式(3.182)等同于最优控制律(3.175).这里反馈量 ρ_c 也来自于模型.而式(3.182)与式(3.179)的关系等同于最优控制中式(3.175)与式(3.169)的关系.

3.6.2 数值仿真实验及其结果分析

为了比较两种控制方法下的控制效果并分析参数的取值,我们对自旋 1/2 粒子系统和五能级量子系统分别进行了仿真实验.假设我们仅在 y 方向上施加控制电磁场.控制系统的刘维尔方程为

$$\dot{\rho}(t) = -\mathrm{i}[H_0, \rho(t)] - \mathrm{i}[H_1 f_1, \rho(t)] \tag{3.183}$$

3.6.2.1 自旋 1/2 粒子系统仿真实验

假设此自旋 1/2 粒子系统的系统内部哈密顿量和控制哈密顿量分别为 $H_0 = \sigma_z =$

$$\begin{bmatrix} 1 & 0 \\ 0 & -1 \end{bmatrix}, H_1 = \sigma_y = \begin{bmatrix} 0 & -i \\ i & 0 \end{bmatrix}.$$ 被控系统初始状态为 $\rho_0 = \mathrm{diag}(1,0)$，目标状态为 $\rho_{\mathrm{tar}} = \mathrm{diag}(0,1)$.

为了分析控制律性能，我们设计了四组系统仿真实验. 初始扰动量为 $f_1(0) = 0.02$，采样周期为 $\Delta t = 0.01$.

A 组系统：取性能指标权重系数 $\lambda = 0$，即性能指标只考虑系统的状态转移，不对控制场能量进行限制，控制场比例系数 $K = 0.2$. 在 A 组中，又分别选取三个不同的 P，$P_1 = -\rho_{\mathrm{tar}} = \mathrm{diag}(0, -1)$，$P_2 = \mathrm{diag}(1, -1)$，$P_3 = \mathrm{diag}(1, -5)$. $A(1)$ 中的 P 为目标态的相反数，此时采用的是终端型性能指标下的最优控制律(3.176)，$A(2)$，$A(3)$ 采用的是终端型能量函数下的李雅普诺夫控制律(3.182).

B 组系统：取性能指标权重系数 $\lambda = 1$，即以 $1:1$ 的权重同时兼顾状态转移的最大化和能量消耗的最小化，控制场比例系数同 A 组，$K = 0.2$. C 组的性能指标权重系数与 B 组相同，$\lambda = 1$，控制场比例系数增大至 $K = 0.5$. D 组的性能指标增大至 $\lambda = 2$，控制场比例系数同 C 组，$K = 0.5$. 在 B，C，D 三组中，也分别用 P_1，P_2，P_3 进行实验，其中，$B(1)$，$C(1)$，$D(1)$ 采用综合型性能指标下的最优控制律(3.169)，而 $B(2)$，$B(3)$，$C(2)$，$C(3)$，$D(2)$，$D(3)$ 采用的是综合型能量函数下的李雅普诺夫控制律(3.179). 这样共设计了四组 12 例仿真实验.

表 3.3 是按照上述实验条件得到的 12 例系统仿真实验数值结果，分别记录了每例实验的系统最大状态转移概率 p、消耗的控制场能量 $\sum f^2$、达到最大转移概率的时间 t，并给出了布居数转移图和控制场变化图，其中，A 组是对控制场能量不加限制时的实验结果，B，C，D 组是对控制场能量施加不同限制时的实验结果. 分析表 3.3 中的 $A(i)$ 与 $B(i)$，$C(i)$，$D(i)$，$i = 1, 2, 3$ 的实验结果可以得到以下几个规律：

表 3.3　对自旋 1/2 粒子系统的仿真实验结果

diag(1,0) →diag(0,1)	组别	P	最大状态转移概率 p	控制场能量 $\sum f^2$	控制时间 t	布居数转移图	控制场变化图
A： $\lambda = 0$； $K = 0.2$； $f_1(0) = 0.02$	$A(1)$	$\begin{pmatrix} 0 & 0 \\ 0 & -1 \end{pmatrix}$	100%	20.002	72.91		
	$A(2)$	$\begin{pmatrix} 1 & 0 \\ 0 & -1 \end{pmatrix}$	100%	40.003	36.70		

diag(1,0)→diag(0,1)	组别	P	最大状态转移概率 p	控制场能量 $\sum f^2$	控制时间 t	布居数转移图	控制场变化图
A： $\lambda=0$； $K=0.2$； $f_1(0)=0.02$	$A(3)$	$\begin{pmatrix}1 & 0\\0 & -5\end{pmatrix}$	100%	120.01	12.01		
B： $\lambda=1$； $K=0.2$； $f_1(0)=0.02$	$B(1)$	$\begin{pmatrix}0 & 0\\0 & -1\end{pmatrix}$	100%	20.002	71.23		
	$B(2)$	$\begin{pmatrix}1 & 0\\0 & -1\end{pmatrix}$	100%	40.003	36.70		
	$B(3)$	$\begin{pmatrix}1 & 0\\0 & -5\end{pmatrix}$	100%	120.01	12.01		
C： $\lambda=1$； $K=0.5$； $f_1(0)=0.02$	$C(1)$	$\begin{pmatrix}0 & 0\\0 & -1\end{pmatrix}$	100%	50.004	29.20		
	$C(2)$	$\begin{pmatrix}1 & 0\\0 & -1\end{pmatrix}$	100%	100.01	14.47		
	$C(3)$	$\begin{pmatrix}1 & 0\\0 & -5\end{pmatrix}$	100%	300.04	8.77		
D： $\lambda=2$； $K=0.5$； $f_1(0)=0.02$	$D(1)$	$\begin{pmatrix}0 & 0\\0 & -1\end{pmatrix}$	100%	25.002	58.54		
	$D(2)$	$\begin{pmatrix}1 & 0\\0 & -1\end{pmatrix}$	100%	50.004	29.20		
	$D(3)$	$\begin{pmatrix}1 & 0\\0 & -5\end{pmatrix}$	100%	150.01	9.94		

（1）关于 λ 的取值. $A(i)$ 和 $B(i)$ 有相同的 K 和 $f_1(0)$ 值, $A(i)$ 中 $\lambda = 0$, $B(i)$ 中 $\lambda = 1$,两者在控制场能量、控制时间、布居数转移图和控制场变化图上都基本相同; $C(i)$ 和 $D(i)$ 也有相同的 K 和 $f_1(0)$ 值, $C(i)$ 中 $\lambda = 1$, $D(i)$ 中 $\lambda = 2$, $C(i)$ 的控制场能量大于 $D(i)$ 的控制场能量, $C(i)$ 的控制时间小于 $D(i)$ 的控制时间.这证实了对控制场能量的限制会直接导致消耗能量 $\sum f^2$ 的减小,从而间接导致完成控制所需的时间 t 增大.仅有当权重系数 $\lambda = 1$ 时,这种限制不起作用.这是因为对控制场能量施加限制时的控制律 $f_m(t) = \dfrac{\mathrm{i}K}{\lambda}\mathrm{tr}(\rho_\mathrm{c}H_m\rho_\mathrm{tar} - \rho_\mathrm{c}\rho_\mathrm{tar}H_m)$ 在 $\lambda = 1$ 时和对控制场能量不施加限制时的控制律 $f_m(t) = -\mathrm{i}K\mathrm{tr}(\rho_\mathrm{c}H_m\rho_\mathrm{tar} - \rho_\mathrm{c}\rho_\mathrm{tar}H_m)^*$ 具有相等的实部值,从而产生了相同的控制效果.当权重系数 $\lambda \geqslant 1$ 时, λ 越大,能量消耗越小,控制时间越长.

（2）关于 K 的取值. $B(i)$ 和 $C(i)$ 有相同的 λ 和 $f_1(0)$ 值, $B(i)$ 中 $K = 0.2$, $C(i)$ 中 $K = 0.5$, $B(i)$ 的控制场能量小于 $C(i)$ 的控制场能量, $B(i)$ 的控制时间大于 $C(i)$ 的控制时间.这说明了控制场比例系数 K 越大,消耗控制场能量 $\sum f^2$ 越大,完成控制所需的时间 t 越短.

（3）关于最大转移概率.令目标状态 $|\psi_\mathrm{tar}\rangle$ 为 H_0 的一个本征态,将满足 $\langle\psi_\mathrm{tar}|H_m|\lambda_j\rangle = 0$, $m = 1, 2, \cdots, M$; $j \in \{1, 2, \cdots, N\}$ 的状态集合张成的子空间表示为 D_1,其补集表示为 D_2.只要选取合适的 P,李雅普诺夫稳定性理论会保证 V 逐渐减小至 D_1.故若 D_1 中只有唯一的本征态 $|\psi_\mathrm{tar}\rangle$,则它会以 100% 的概率达到 $|\psi_\mathrm{tar}\rangle$.而若 D_1 中还有其他本征态,则只能保证它以 100% 的概率达到 D_1.表 3.3 中的自旋 1/2 粒子系统例子中, D_1 中只有唯一的本征态 $|\psi_\mathrm{tar}\rangle$,因此 $|\psi_\mathrm{tar}\rangle$ 在 12 例实验中都以 100% 的概率达到.

（4）关于 P 的选取. P 的本征值需满足 $P_\mathrm{tar} < \{D_1$ 中的其他本征值$\} \leqslant \{$初始状态对应的本征值$\} \leqslant \{D_2$ 中的其他本征值$\}$（Kuang, Cong, 2008）.满足此条件时, P 中 D_2 对应的本征值与 D_1 对应的本征值之差越大, V 从 D_2 下降至 D_1 的速率越大,即控制时间 t 越短.对表 3.3 中的四组实验分别选取 $P_1 = -\rho_\mathrm{tar} = \mathrm{diag}(0, -1)$, $P_2 = \mathrm{diag}(1, -1)$, $P_3 = \mathrm{diag}(1, -5)$, D_2 对应的本征值与 D_1 对应的本征值之差分别为 1,2,6,依次增加, $A(1)$, $A(2)$, $A(3)$ 的控制时间分别为 72.91,36.70,12.01,依次减小, B, C, D 三组实验结果亦如此.

比较四组参数条件下得到的仿真实验结果:在 λ 和 $f_1(0)$ 值相同的条件下, C 组的 K 值是 B 组的 2.5 倍, $C(i)$ 得到的控制场能量平均是 $B(i)$ 的 2.5 倍, $C(i)$ 得到的控制时间平均是 $B(i)$ 的 45.4%;在 K 和 $f_1(0)$ 值相同的条件下, D 组的 λ 值是 C 组的 2 倍, $D(i)$ 得到的控制场能量平均是 $C(i)$ 的 50%, $D(i)$ 得到的控制时间平均是 $C(i)$ 的 1.7 倍;在 λ, K 和 $f_1(0)$ 值相同的条件下, P_1 和 P_2 的控制场能量 $\sum f^2_{P_1}$ 和 $\sum f^2_{P_2}$ 分别平均是 P_3 的控制场能量 $\sum f^2_{P_3}$ 的 16.7%,33.3%, P_1 和 P_2 的控制时间 t_{P_1} 和 t_{P_2} 分别平均

是 P_3 的控制时间 t_{P_3} 的 5.3 倍、2.7 倍.总结 K，λ 和 P 的变化规律,若侧重于耗费更小的控制场能量 $\sum f^2$,则可以通过减小 K、增大 λ、选取使 V 下降速率较小的 P(如 P_1)来实现;若侧重于获得更短的控制时间 t,则可以通过增大 K、减小 λ、选取使 V 下降速率较大的 P(如 P_3)来实现.

3.6.2.2 五能级量子系统仿真实验

假设此五能级量子系统的系统内部哈密顿量和控制哈密顿量分别为

$$H_0 = \mathrm{diag}(1.0, 1.2, 1.3, 2.0, 2.15), \quad H_1 = \begin{pmatrix} 0 & 0 & 0 & 1 & 1 \\ 0 & 0 & 0 & 1 & 1 \\ 0 & 0 & 0 & 1 & 1 \\ 1 & 1 & 1 & 0 & 0 \\ 1 & 1 & 1 & 0 & 0 \end{pmatrix}$$

被控系统初始状态为 $\rho_0 = \mathrm{diag}(1, 0, 0, 0, 0)$,目标状态为 $\rho_{\mathrm{tar}} = \mathrm{diag}(0, 0, 0, 0, 1)$.

为了分析控制律性能,我们设计了四组系统仿真实验.初始扰动量为 $f_1(0) = 0.015$,采样周期为 $\Delta t = 0.1$.

A 组系统:性能指标权重系数 $\lambda = 0$,即性能指标只考虑系统的状态转移,不对控制场能量进行限制,控制场比例系数 $K = 0.15$.在 A 组中,分别选取四个不同的 P,$P_1 = -\rho_{\mathrm{tar}} = \mathrm{diag}(0, 0, 0, 0, -1)$,$P_2 = \mathrm{diag}(1, 1.2, 1.3, 0.9, 0.6)$,$P_3 = \mathrm{diag}(1, 1.2, 1.3, 0.9, 0.2)$,$P_4 = \mathrm{diag}(1.1, 1.2, 1.3, 1, 0.8)$.$A(1)$ 中的 P 为目标态的相反数,采用的是终端型性能指标下的最优控制律(3.175),$A(2)$,$A(3)$,$A(4)$ 采用的是终端型能量函数下的李雅普诺夫控制律(3.182).

B 组系统:性能指标权重系数 $\lambda = 1$,以 1:1 的权重同时兼顾状态转移的最大化和能量消耗的最小化,控制场比例系数同 A 组,$K = 0.15$.C 组的性能指标权重系统与 B 组相同,$\lambda = 1$,控制场比例系数增大至 $K = 0.2$.D 组的性能指标增大至 $\lambda = 2$,控制场比例系数同 C 组,$K = 0.2$.在 B,C,D 三组中,也对 P_1,P_2,P_3,P_4 分别进行实验,其中,$B(1)$,$C(1)$,$D(1)$ 采用综合型性能指标下的最优控制律(3.169),而 $B(2)$,$B(3)$,$B(4)$,$C(2)$,$C(3)$,$C(4)$,$D(2)$,$D(3)$,$D(4)$ 采用的是综合型能量函数下的李雅普诺夫控制律(3.179).这样共设计了四组 16 例仿真实验.

表3.4 是按照上述实验条件得到的 16 例系统仿真实验数值结果,分别记录了每例实验的系统最大状态转移概率 p、消耗的控制场能量 $\sum f^2$、达到最大转移概率的时间 t,并给出了布居数转移图和控制场变化图.

表 3.4　对五能级量子系统的仿真实验结果

$\mathrm{diag}(1,0,0,0,0)$ $\rightarrow$ $\mathrm{diag}(0,0,0,0,1)$	组别	P	最大状态转移概率 p	控制场能量 $\sum f^2$	控制时间 t	布居数转移图	控制场变化图
$A:$ $\lambda=0;$ $K=0.15;$ $f_1(0)=0.015$	$A(1)$	$\begin{pmatrix} 0 & 0 & 0 & 0 & 0 \\ 0 & 0 & 0 & 0 & 0 \\ 0 & 0 & 0 & 0 & 0 \\ 0 & 0 & 0 & 0 & 0 \\ 0 & 0 & 0 & 0 & -1 \end{pmatrix}$	98.025%	1.473 8	244.1		
	$A(2)$	$\begin{pmatrix} 1 & 0 & 0 & 0 & 0 \\ 0 & 1.2 & 0 & 0 & 0 \\ 0 & 0 & 1.3 & 0 & 0 \\ 0 & 0 & 0 & 0.9 & 0 \\ 0 & 0 & 0 & 0 & 0.6 \end{pmatrix}$	99.955%	0.601 3	289.9		
	$A(3)$	$\begin{pmatrix} 1 & 0 & 0 & 0 & 0 \\ 0 & 1.2 & 0 & 0 & 0 \\ 0 & 0 & 1.3 & 0 & 0 \\ 0 & 0 & 0 & 0.9 & 0 \\ 0 & 0 & 0 & 0 & 0.2 \end{pmatrix}$	99.006%	1.192 4	275.9		
	$A(4)$	$\begin{pmatrix} 1.1 & 0 & 0 & 0 & 0 \\ 0 & 1.2 & 0 & 0 & 0 \\ 0 & 0 & 1.3 & 0 & 0 \\ 0 & 0 & 0 & 1 & 0 \\ 0 & 0 & 0 & 0 & 0.8 \end{pmatrix}$	99.979%	0.451 1	313.0		
$B:$ $\lambda=1;$ $K=0.15;$ $f_1(0)=0.015$	$B(1)$	$\begin{pmatrix} 0 & 0 & 0 & 0 & 0 \\ 0 & 0 & 0 & 0 & 0 \\ 0 & 0 & 0 & 0 & 0 \\ 0 & 0 & 0 & 0 & 0 \\ 0 & 0 & 0 & 0 & -1 \end{pmatrix}$	98.025%	1.473 8	244.3		
	$B(2)$	$\begin{pmatrix} 1 & 0 & 0 & 0 & 0 \\ 0 & 1.2 & 0 & 0 & 0 \\ 0 & 0 & 1.3 & 0 & 0 \\ 0 & 0 & 0 & 0.9 & 0 \\ 0 & 0 & 0 & 0 & 0.6 \end{pmatrix}$	99.955%	0.601 3	289.9		
	$B(3)$	$\begin{pmatrix} 1 & 0 & 0 & 0 & 0 \\ 0 & 1.2 & 0 & 0 & 0 \\ 0 & 0 & 1.3 & 0 & 0 \\ 0 & 0 & 0 & 0.9 & 0 \\ 0 & 0 & 0 & 0 & 0.2 \end{pmatrix}$	99.006%	1.192 4	275.9		
	$B(4)$	$\begin{pmatrix} 1.1 & 0 & 0 & 0 & 0 \\ 0 & 1.2 & 0 & 0 & 0 \\ 0 & 0 & 1.3 & 0 & 0 \\ 0 & 0 & 0 & 1 & 0 \\ 0 & 0 & 0 & 0 & 0.8 \end{pmatrix}$	99.982%	0.451 1	313.0		

$\text{diag}(1,0,0,0,0)$ $\rightarrow$ $\text{diag}(0,0,0,0,1)$	组别	P	最大状态转移概率 p	控制场能量 $\sum f^2$	控制时间 t	布居数转移图	控制场变化图
$C:$ $\lambda=1;$ $K=0.2;$ $f_1(0)=0.015$	$C(1)$	$\begin{pmatrix}0&0&0&0&0\\0&0&0&0&0\\0&0&0&0&0\\0&0&0&0&0\\0&0&0&0&-1\end{pmatrix}$	96.702%	1.938 4	280.3		
	$C(2)$	$\begin{pmatrix}1&0&0&0&0\\0&1.2&0&0&0\\0&0&1.3&0&0\\0&0&0&0.9&0\\0&0&0&0&0.6\end{pmatrix}$	99.913%	1.048 8	248.1		
	$C(3)$	$\begin{pmatrix}1&0&0&0&0\\0&1.2&0&0&0\\0&0&1.3&0&0\\0&0&0&0.9&0\\0&0&0&0&0.2\end{pmatrix}$	98.014%	1.575 8	331.8		
	$C(4)$	$\begin{pmatrix}1.1&0&0&0&0\\0&1.2&0&0&0\\0&0&1.3&0&0\\0&0&0&1&0\\0&0&0&0&0.8\end{pmatrix}$	99.937%	0.601 2	273.3		
$D:$ $\lambda=2;$ $K=0.2;$ $f_1(0)=0.015$	$D(1)$	$\begin{pmatrix}0&0&0&0&0\\0&0&0&0&0\\0&0&0&0&0\\0&0&0&0&0\\0&0&0&0&-1\end{pmatrix}$	99.423%	0.996 6	205.9		
	$D(2)$	$\begin{pmatrix}1&0&0&0&0\\0&1.2&0&0&0\\0&0&1.3&0&0\\0&0&0&0.9&0\\0&0&0&0&0.6\end{pmatrix}$	99.998%	0.401 1	348.1		
	$D(3)$	$\begin{pmatrix}1&0&0&0&0\\0&1.2&0&0&0\\0&0&1.3&0&0\\0&0&0&0.9&0\\0&0&0&0&0.2\end{pmatrix}$	99.835%	0.800 8	244.1		
	$D(4)$	$\begin{pmatrix}1.1&0&0&0&0\\0&1.2&0&0&0\\0&0&1.3&0&0\\0&0&0&1&0\\0&0&0&0&0.8\end{pmatrix}$	99.987%	0.300 8	429.2		

表 3.4 中 A 组是对控制场能量不加限制时的实验结果,B,C,D 组是对控制场能量施加不同限制时的实验结果.分析表 3.4 中的 $A(i)$ 与 $B(i),C(i),D(i),i=1,2,3,4$ 的实验结果可以得到以下几个规律:

(1) 关于 λ 的取值.$A(i)$ 和 $B(i)$ 有相同的 K 和 $f_1(0)$ 值,$A(i)$ 中 $\lambda=0$,$B(i)$ 中 $\lambda=1$,两者在控制场能量、控制时间、布居数转移图和控制场变化图上也都基本相同;$C(i)$ 和 $D(i)$ 有相同的 K 和 $f_1(0)$ 值,$C(i)$ 中 $\lambda=1$,$D(i)$ 中 $\lambda=2$,$C(i)$ 的控制场能量大于 $D(i)$ 的控制场能量,$C(2)$ 和 $C(4)$ 的控制时间 248.1,273.3 分别小于 $D(2)$ 和 $D(4)$ 的控制时间 348.1,429.2.这符合对控制场能量的限制直接导致消耗能量 $\sum f^2$ 的减小,从而间接导致完成控制所需的时间 t 增大的规律.当权重系数 $\lambda=0$ 和 $\lambda=1$ 时,不同控制律得到了相同的实部值,产生了相同的控制效果.当权重系数 $\lambda \geqslant 1$ 时,λ 越大,能量消耗 $\sum f^2$ 越小,控制时间 t 越长.C 组中存在两个数值结果不符合规律,$C(1)$ 和 $C(3)$ 的控制时间理应分别小于 $D(1)$ 和 $D(3)$ 的控制时间,实际仿真结果中 $C(1)$ 和 $C(3)$ 的控制时间 280.3,331.8 分别大于 $D(1)$ 和 $D(3)$ 的控制时间 205.9,244.1.分析 $C(1)$ 和 $C(3)$ 的布居数转移图可以发现,相较其他例的布居数转移图,在布居数从第 1 量子位转移至第 5 量子位的过程中,有更多的能量消耗在了第 2,3,4 量子位上,这使得整个布居数转移过程花费了比期望中更多的时间.

(2) 关于 K 的取值.$B(i)$ 和 $C(i)$ 有相同的 λ 和 $f_1(0)$ 值,$B(i)$ 中 $K=0.15$,$C(i)$ 中 $K=0.2$,$B(i)$ 的控制场能量小于 $C(i)$ 的控制场能量,$B(i)$ 的控制时间大于 $C(i)$ 的控制时间.这说明了控制场比例系数 K 越大,消耗控制场能量 $\sum f^2$ 越大,完成控制所需的时间 t 越短.

(3) 关于最大转移概率.此例中,除了目标状态 $|\psi_{\text{tar}}\rangle$ 外,D_1 中还存在对应 P_4 的另一本征态 $|\lambda_4\rangle$.这使得控制过程只能保证系统状态被操控至 D_1,而无法以 100% 的概率达到 $|\psi_{\text{tar}}\rangle$.采用本节中的两种控制律得到的 16 例仿真实验结果中,最大状态转移概率能基本达到 99% 以上.

(4) 关于 P 的选取.P 的本征值需满足 $P_{\text{tar}} < \{D_1$ 中的其他本征值$\} \leqslant \{$初始状态对应的本征值$\} \leqslant \{D_2$ 中的其他本征值$\}$.此时,P 中 D_2 对应的本征值与 D_1 对应的本征值之差越大,V 从 D_2 下降至 D_1 的速率越大,控制时间 t 越短.对表 3.3 中的四组实验分别选取 $P_1 = -\rho_{\text{tar}} = \text{diag}(0,0,0,0,-1)$,$P_2 = \text{diag}(1,1.2,1.3,0.9,0.6)$,$P_3 = \text{diag}(1,1.2,1.3,0.9,0.2)$,$P_4 = \text{diag}(1.1,1.2,1.3,1,0.8)$,这里 D_1 和 D_2 都不只单对应一个本征值,无法简单地比较两者对应的本征值间的差值大小.但若不同 P 对应的五个本征值分别只有一个不同,依然可以由此比较 V 从 D_2 下降至 D_1 的速率大小,从而判断出控制时间 t 的长短.在此五能级量子系统例子中,除去有特例的 C 组,A,B,D 三组的控制时间 t 都符合 $t_{P_4} > t_{P_2} > t_{P_3} > t_{P_1}$ 的次序,这说明了 P_4,P_2,P_3,P_1 使 V 从 D_2 下

降至 D_1 的速率依次增大.

比较四组不同参数条件下得到的系统仿真实验结果:在 λ 和 $f_1(0)$ 值相同的条件下,C 组的 K 值是 B 组的 1.3 倍,$C(i)$ 得到的控制场能量平均是 $B(i)$ 的 1.4 倍,若除去特例 $C(1)$ 和 $C(3)$,则 $C(i)$ 得到的控制时间平均是 $B(i)$ 的 86.4%;在 K 和 $f_1(0)$ 值相同的条件下,D 组的 λ 值是 C 组的 2 倍,$D(i)$ 得到的控制场能量是 $C(i)$ 的 47.6%,不考虑 $C(1)$ 和 $C(3)$,$D(i)$ 得到的控制时间平均是 $C(i)$ 的 1.5 倍;在 λ,K 和 $f_1(0)$ 值相同的条件下,P_1,P_2 和 P_3 的控制能量 $\sum f_{P_1}^2$,$\sum f_{P_2}^2$ 和 $\sum f_{P_3}^2$ 分别平均是 P_4 的控制时间 $\sum f_{P_4}^2$ 的 3.3 倍、1.4 倍、2.6 倍,P_1,P_2 和 P_3 的控制时间 t_{P_1},t_{P_2} 和 t_{P_3} 分别平均是 P_4 的控制时间 t_{P_4} 的 68.0%,89.3%,77.7%(不考虑特例).总结 K,λ 和 P 的变化规律,若侧重于耗费更小的控制场能量 $\sum f^2$,则可以通过减小 K、增大 λ、选取使 V 下降速率较小的 P(如 P_4)来实现;若侧重于获得更短的控制时间 t,则可以通过增大 K、减小 λ、选取使 V 下降速率较大的 P(如 P_1)来实现.

3.6.3　小结

对于封闭量子系统状态转移问题,最优控制和李雅普诺夫控制方法都是有效的控制方法.将李雅普诺夫函数视为最优控制的性能指标,则李雅普诺夫函数对时间的一阶导数负定的求解过程可以理解为对性能指标求最值的过程,在这种意义下,最优控制和李雅普诺夫控制方法是等同的.

本节中的最优控制性能指标采用被控状态到达目标状态的期望值,或兼考虑对控制场能量的限制.而李雅普诺夫控制方法采用基于虚拟物理量的李雅普诺夫函数.当此虚拟物理量选取为系统的被控状态时,可以完全转化成本节中的最优控制方法,此时李雅普诺夫函数相应地可以理解为最优控制时的性能指标.

分析本节中采用的四种广义性能指标,考虑对控制场能量限制的最优控制性能指标 $J(t) = \mathrm{tr}(\rho_c \rho_{\mathrm{tar}}) - \lambda \int_{t_0}^{t} \sum_{m=1}^{M} f_m^2(t) \mathrm{d}t$,兼容了不施加此限制的最优控制性能指标 $J(t) = \mathrm{tr}(\rho_c \rho_{\mathrm{tar}})$,同样考虑此限制作用的李雅普诺夫函数 $V = \langle \psi \mid P \mid \psi \rangle + \lambda \int_{t_0}^{t} \sum_{m=1}^{M} f_m^2(t) \mathrm{d}t$ 的控制效果,兼容了相应的不考虑此限制的李雅普诺夫函数 $V = \langle \psi \mid P \mid \psi \rangle$ 的控制效果.此外,$V = \langle \psi \mid P \mid \psi \rangle + \lambda \int_{t_0}^{t} \sum_{m=1}^{M} f_m^2(t) \mathrm{d}t$ 还同时包含了性能指标 $J(t) = \mathrm{tr}(\rho_c \rho_{\mathrm{tar}}) - \lambda \int_{t_0}^{t} \sum_{m=1}^{M} f_m^2(t) \mathrm{d}t$ 的情况.综上所述,$V = \langle \psi \mid P \mid \psi \rangle + \lambda \int_{t_0}^{t} \sum_{m=1}^{M} f_m^2(t) \mathrm{d}t$ 是最有代表性的李雅普诺夫函数和最优控制性能指标.

第 4 章

基于李雅普诺夫的量子系统控制理论：
本征态制备

本章将借助经典系统中的李雅普诺夫理论,系统研究由纯态描述的封闭量子系统的状态控制问题.基于三种不同几何或物理意义的李雅普诺夫函数,研究相应的三种李雅普诺夫设计方法.针对每一种李雅普诺夫方法,均要详细研究其控制器的设计过程和在控制场作用下系统对于目标态的收敛性分析等具体问题.首先,介绍本章的研究背景,包括对实现量子系统状态驱动问题的方法的介绍以及对量子李雅普诺夫方法的一些说明.然后,分别在 4.1 节、4.2 节、4.3 节讨论基于距离、偏差和虚拟力学量均值的李雅普诺夫方法,其中,在基于状态之间距离的方法中,我们将提出可以直接用于初始态与目标态正交情况下的控制律的设计方法;在基于状态之间偏差的方法中,我们将给出闭环系统渐近收敛性的严格证明思路;在基于一个虚拟力学量均值的方法中,我们将推导闭环系统在更弱条件下的最大不变集,并分析其结构,提出虚拟力学量的构造方法.在此基础上,我们将在 4.4 节通过对一个五能级量子系统的仿真实验,比较涉及的几种李雅普诺夫方法.在 4.5 节,还将以基于状态间距离的李雅普诺夫函数为例,借助向量处理方法研究控制律取值范围的扩展问题.

20 世纪 90 年代以来,随着飞秒激光技术的问世和量子信息技术、量子测量、量子克隆技术上一系列研究成果的出现(Armen, et al., 2002;Geremia, et al., 2003;Zhang, et al., 2000),人们对量子系统的反馈控制表现出了很大的兴趣,例如量子光学中的马尔可夫反馈(Wiseman, Milburn, 1993)、基于估计或滤波的反馈(Doherty, Jacobs, 1999;Edwards, Belavkin, 2005)等.但是,一些量子动力学(如分子动力学)要求的超短控制时间限制了观测和反馈的应用,因此应用中盛行的控制方式仍然是开环控制.事实上,由于同样的原因和量子测量本身的局限性,当前的开环控制仍然占有主要地位.一般来说,量子系统可以被分成两类:封闭量子系统和开放量子系统.封闭量子系统以幺正方式演化,其动力学由薛定谔方程或非耗散刘维尔方程支配.由于与环境的相互作用,开放系统的动力学不再是幺正的.在开环量子控制中,封闭系统的状态驱动是一类重要问题,即给定一个初始态和一个目标态,如何找到一些可实现的控制场来驱动初始态至目标态.

毫无疑问,最优控制技术是一类重要的方法.这一技术中,控制的目标通常是以一种复杂的数值迭代方式求解驱动问题以搜索最优的控制场,同时最大化从初态至终态的转移概率,并最小化一个能量类型的代价函数(Kuang, Cong, 2006;Shi, Rabitz, 1990;Zhu, Rabitz, 1998;Schirmer, et al., 1999).Sugawara 从一般意义上发展了操纵量子动力学的一种局部控制理论(Sugawara, 2003),它是局部最优化方法的一般化,可用于转移路径控制、布居数转换控制和波包成形控制.基于自适应跟踪算法的解耦技术也可以用来处理量子控制问题(Zhu, Rabitz, 2003b).伴随着跟踪,可以以一种非迭代的方式获得控制场,但付出的代价是需要处理沿着控制路径可能出现的场的奇异性.幺正群的因子分解技术也可用于实现状态驱动(Altafini, 2002;Constantinescu, Ramakrishna, 2003;Ramakrishna, et al., 2002),但要借助李群分解来实现幺正算子的显式生成.另外,利用李雅普诺夫理论设计相应的控制律也是一类非常重要的方法(Cong, Kuang, 2007;Kuang, Cong, 2008;Vettori, 2002;Ferrante, et al., 2002a;Ferrante, et al., 2002b;Grivopoulos, Bamieh, 2003;Mirrahimi, et al., 2005;Mirrahimi, Rouchon, 2004b).其基本设计思想是,借助李雅普诺夫稳定性定理,通过保证一个选定的控制李雅普诺夫函数的一阶时间导数非正(即保证李雅普诺夫不断下降)来设计系统的控制律,并实现相应的状态控制.

原则上说,只要一个量子系统是可控的,人们就能设计出期望的控制律.利用李雅普诺夫稳定性理论进行控制律设计的一个优点是,设计出来的控制律不会使闭环系统发散.这一方法中的一个关键问题是选择适当的李雅普诺夫函数.一般来说,不同的李雅普诺夫函数会导致不同设计的控制律以及不同的控制效果.根据具体的几何或物理意义设计李雅普诺夫函数就是寻找李雅普诺夫函数的一种好办法,本章将分别根据两个状态间的距离、两个状态间的偏差、一个虚拟力学量的均值选择李雅普诺夫函数,并进行相应的设计和分析.

本章仅处理有限维量子系统,并假定所考虑的系统是可控的.我们将满足 $|\psi_1\rangle = e^{i\theta}|\psi_2\rangle$ 的两个单位态矢 $|\psi_1\rangle$ 和 $|\psi_2\rangle$ 称为等价态矢.所有等价态矢的集合构成一个态矢等价类.物理上,等价态矢具有相同的观测意义,为了避免等价类中全局相位带来的麻烦,我们将忽略等价状态间的全局相位,并将同一个等价类中的所有状态都看作同一个状态.

4.1 基于距离的李雅普诺夫控制方法

量子态间距离的概念很多,本节将基于其中的 Hilbert-Schmidt 距离来选择相应的控制李雅普诺夫函数,然后在考虑初始态与目标态正交问题的基础上进行相应控制律的设计,并利用拉塞尔(LaSalle)原理分析系统的稳定性,最后通过数值仿真例子验证本节的理论结果.

4.1.1 量子状态之间的距离

在某一表象中考虑问题,则量子系统的任意纯态可以写为一个复值列矢量的形式.因此,我们可以借助两个复矢量间的欧几里得距离来定义两个纯态 $|\psi_1\rangle$ 和 $|\psi_2\rangle$ 间的距离,即

$$
\begin{aligned}
d_{\mathrm{E}}(|\psi_1\rangle, |\psi_2\rangle) &= \||\psi_1\rangle - |\psi_2\rangle\|_2 \\
&= \sqrt{\langle\psi_1 - \psi_2 | \psi_1 - \psi_2\rangle} \\
&= \sqrt{2(1 - \mathrm{Re}\langle\psi_1 | \psi_2\rangle)}
\end{aligned} \tag{4.1}
$$

2002 年 Vettori 给出了 Bures 距离的定义,它表示两个纯态等价类间的欧几里得距离,其数学表达式为

$$
d_{\mathrm{B}}(|\psi_1\rangle, |\psi_2\rangle) = \min_{\theta} \||\psi_1\rangle - e^{i\theta}|\psi_2\rangle\|_2 \tag{4.2}
$$

此式可以很容易地被简化为

$$d_{\mathrm{B}}(\mid \psi_1\rangle, \mid \psi_2\rangle) = \sqrt{2(1 - \mid \langle \psi_1 \mid \psi_2 \rangle \mid)} \qquad (4.3)$$

另外,Vettori 同时也给出了 Fubini-Study 距离的定义,它表示连接状态 $\mid \psi_1 \rangle$ 和 $\mid \psi_2 \rangle$ 间的测地距离,其数学表达式为

$$\cos d_{\mathrm{FS}}(\mid \psi_1\rangle, \mid \psi_2\rangle) = 2 \mid \langle \psi_1 \mid \psi_2 \rangle \mid^2 - 1 \qquad (4.4)$$

其中,$\mid \langle \psi_1 \mid \psi_2 \rangle \mid^2$ 代表状态 $\mid \psi_1 \rangle$ 向 $\mid \psi_2 \rangle$ 的转移概率.

对于用密度算子表达的量子状态,例如 ρ_1 和 ρ_2,根据空间的不同度量,也有几种不同的距离定义.

由迹类算子的迹范数的定义,可以得到 ρ_1 和 ρ_2 的迹距离为(Knöll,Orlowski, 1995)

$$d_{\mathrm{tr}}(\rho_1, \rho_2) = \mathrm{tr}\sqrt{(\rho_1 - \rho_2)^2} \qquad (4.5)$$

由算子 Frobenius 范数的定义,可以得到 Hilbert-Schmidt 距离的表达式为(Knöll, Orlowski,1995)

$$d_{\mathrm{HS}}(\rho_1, \rho_2) = \sqrt{\mathrm{tr}(\rho_1 - \rho_2)^2} \qquad (4.6)$$

类似于纯态的情况,密度算子也有 Bures 距离的定义(Życzkowski,Sommers, 2005),即

$$d_{\mathrm{B}}(\rho_1, \rho_2) = \sqrt{2(1 - \sqrt{\mathrm{tr}(\sqrt{\rho_1}\rho_2\sqrt{\rho_1})})} \qquad (4.7)$$

事实上,对于纯态描述的封闭量子系统而言,密度算子间的距离可以进一步简化,尤其是对于式(4.6)和式(4.7)描述的距离.

现在将 $\rho_1 = \mid \psi_1 \rangle \langle \psi_1 \mid$ 和 $\rho_2 = \mid \psi_2 \rangle \langle \psi_2 \mid$ 代入式(4.6),可以得到

$$\begin{aligned} d_{\mathrm{HS}}(\mid \psi_1\rangle, \mid \psi_2\rangle) &= \sqrt{\mathrm{tr}((\mid \psi_1\rangle\langle\psi_1\mid - \mid \psi_2\rangle\langle\psi_2\mid)(\mid \psi_1\rangle\langle\psi_1\mid - \mid \psi_2\rangle\langle\psi_2\mid))} \\ &= \sqrt{2(1 - \mid \langle \psi_1 \mid \psi_2 \rangle \mid^2)} \end{aligned} \qquad (4.8)$$

再将 $\rho_1 = \mid \psi_1 \rangle \langle \psi_1 \mid$ 和 $\rho_2 = \mid \psi_2 \rangle \langle \psi_2 \mid$ 代入式(4.7),可以得到

$$\begin{aligned} d_{\mathrm{B}}(\mid \psi_1\rangle, \mid \psi_2\rangle) &= \sqrt{2(1 - \sqrt{\mathrm{tr}(\mid \psi_1\rangle\langle\psi_1\mid\psi_2\rangle\langle\psi_1\mid)})} \\ &= \sqrt{2(1 - \mid \langle \psi_1 \mid \psi_2 \rangle \mid)} \end{aligned} \qquad (4.9)$$

此式正是式(4.3).

4.1.2 控制律的设计

在控制场作用下,封闭量子系统的状态演化方程为

$$\mathrm{i}\hbar \mid \dot{\psi}(t)\rangle = H \mid \psi(t)\rangle, \quad H = H_0 + H_C, \quad H_C = \sum_{k=1}^{r} H_k u_k(t) \quad (4.10)$$

其中,H_0 是内部哈密顿量;H_C 是相互作用哈密顿量;H_0 及 H_k 均不含时;$u_k(t)$ 是标量可实现实值控制函数.为简单起见,仍将约化普朗克常数 $\hbar$ 设为 1.方程(4.10)是封闭量子系统的半经典时间域模型,在形式上是一个双线性系统.

在量子控制中,目标态通常是系统内部哈密顿量的一个本征态,例如量子化学中的情况.因此,假定目标态$|\psi_f\rangle$满足下面的条件:

$$H_0 \mid \psi_f\rangle = \lambda_f \mid \psi_f\rangle \quad (4.11)$$

现在将利用李雅普诺夫理论来设计控制律,以驱动系统的状态至目标态.考虑到式(4.8)在计算上的方便性,本节将基于这一希尔伯特-施密特距离而选取下面的函数作为控制李雅普诺夫函数:

$$V_1 = \frac{1}{2}(1 - |\langle\psi_f \mid \psi\rangle|^2) \quad (4.12)$$

上式的物理意义比较明显,$|\langle\psi_f|\psi\rangle|^2$ 代表被控状态$|\psi\rangle$到目标态$|\psi_f\rangle$的转移概率,当$|\psi\rangle$被完全驱动至$|\psi_f\rangle$时,有 $V_1 = 0$ 成立,此时也对应 $d_{HS}(|\psi_f\rangle, |\psi\rangle) = 0$.

通过计算可得,V_1 的一阶时间导数为

$$\dot{V}_1 = \frac{1}{2}(-\langle\psi_f \mid \dot{\psi}\rangle\langle\psi \mid \psi_f\rangle - \langle\psi_f \mid \psi\rangle\langle\dot{\psi} \mid \psi_f\rangle)$$

$$= -\operatorname{Re}\left(\langle\psi \mid \psi_f\rangle\langle\psi_f \mid (-\mathrm{i})\left(H_0 + \sum_{k=1}^{r} u_k H_k\right) \mid \psi\rangle\right)$$

$$= -\sum_{k=1}^{r} u_k \cdot \operatorname{Im}(\langle\psi \mid \psi_f\rangle\langle\psi_f \mid H_k \mid \psi\rangle) \quad (4.13)$$

从式(4.13)可看出,为了保证 $\dot{V}_1 \leqslant 0$,最可靠的手段就是令求和符号中的每一项都非负.记 $x_k = \operatorname{Im}(\langle\psi|\psi_f\rangle\langle\psi_f|H_k|\psi\rangle)$,则 $u_k = f_k(x_k)$ 的函数形式应具有下述特性:$f_k(x_k)x_k \geqslant 0$.显然,当 $u_k = f_k(x_k)$ 的图像单调过平面 x_k-u_k 的原点且位于第一、三象限时满足上述要求.此时,$u_k x_k = 0$ 等价于 $x_k = 0$.

分析式(4.13)可以知道:反馈控制 u_k 不能用于解决初初态 $|\psi(0)\rangle$ 与目标态 $|\psi_f\rangle$ 正交的问题,也不能用于处理目标态 $|\psi_f\rangle$ 为所有 $H_k, k=1,2,\cdots,r$ 的本征态的情况.一般来说,后一种情况并不容易发生,但即使发生了,理论上说人们总可以通过加入新的控制量来解决.对于前一种情况,容易想到的办法是对系统进行一个适当的扰动(Vettori,2002),以引起系统状态的改变,然后再使用反馈控制 u_k.不过这样会给系统带来一个附加干扰,对此,可以采取如下措施:

将式(4.13)写为

$$\dot{V}_1 = -\sum_{k=1}^{r} u_k \cdot \mathrm{Im}(\langle\psi \mid \psi_f\rangle\langle\psi_f \mid H_k \mid \psi\rangle)$$

$$= -\sum_{k=1}^{r} u_k \cdot |\langle\psi \mid \psi_f\rangle| \cdot \mathrm{Im}(\mathrm{e}^{\mathrm{i}\angle\langle\psi|\psi_f\rangle}\langle\psi_f \mid H_k \mid \psi\rangle) \tag{4.14}$$

并取控制场的形式为

$$u_k = K_k f_k(\mathrm{Im}(\mathrm{e}^{\mathrm{i}\angle\langle\psi|\psi_f\rangle}\langle\psi_f \mid H_k \mid \psi\rangle)), \quad k=1,2,\cdots,r \tag{4.15}$$

其中,K_k 为正实数,可适当选取用以调整控制幅度;$f_k(x_k)$ 的函数形式同上.显然,式(4.15)中的 u_k 可以保证 $\dot{V}_1 \leqslant 0$.然而,当系统状态 $|\psi\rangle$ 与期望的目标态 $|\psi_f\rangle$ 正交时,复数 $\langle\psi|\psi_f\rangle$ 的辐角不确定.对此,本书定义

$$\text{如果}\langle\psi \mid \psi_f\rangle = 0, \quad \text{那么}\angle\langle\psi \mid \psi_f\rangle = 0° \tag{4.16}$$

这样,式(4.15)中的 u_k 可以不为 0,式(4.14)中的 $\dot{V}_1 = 0$,这意味着此时的状态在围绕目标态 $|\psi_f\rangle$ "转动",而当转动至条件 $\langle\psi|\psi_f\rangle \neq 0$ 满足时,则会出现 $\dot{V}_1 < 0$ 的情况,进而使状态向目标态 $|\psi_f\rangle$ "接近".

因此,满足式(4.15)和式(4.16)的控制律就是最终所设计的控制律.值得注意的是,当被控状态被完全驱动至目标态时,控制作用就会自动消失.

4.1.3 控制系统收敛性分析

鉴于 u_k 的函数形式,我们可以得到 $\dot{V}_1 \leqslant 0$,因此整个控制系统至少在李雅普诺夫意义下是收敛的.下面借助拉塞尔不变原理重点分析控制系统对于目标态的渐近收敛性.对于收敛性,研究被控状态是否一直停留在初始态上非常重要,事实上这与被控状态能否收敛到目标态上具有并列的重要性.

命题 4.1 考虑在式(4.15)中控制场作用下的系统(4.10),若条件$\langle\psi(0)|\psi_f\rangle\neq0$成立,则对于任意$t>0$,总有$\langle\psi(t)|\psi_f\rangle\neq0$(丛爽,2006a;Cong,Kuang,2007;Vettori,2002).

证明 由$\dot{V}_1\leqslant0$可知,$|\langle\psi|\psi_f\rangle|^2$随$t$的增加而不减,即

$$|\langle\psi(t)|\psi_f\rangle|^2\geqslant|\langle\psi(0)|\psi_f\rangle|^2,\quad t>0$$

考虑到条件$\langle\psi(0)|\psi_f\rangle\neq0$与$|\langle\psi(0)|\psi_f\rangle|>0$的等价性,可以得出

$$|\langle\psi(t)|\psi_f\rangle|^2>0,\quad t>0$$

即结论$\langle\psi(t)|\psi_f\rangle\neq0,t>0$成立.证毕.

命题 4.2 考虑在式(4.15)中的控制场作用下的系统(4.10),并假设系统的初始状态是H_0的一个与目标态正交的本征态(即$\langle\psi(0)|\psi_f\rangle=0$).若存在$k\in\{1,2,\cdots,r\}$,使条件$\mathrm{Im}\langle\psi_f|H_k|\psi(0)\rangle\neq0$成立,则有$\langle\psi(t)|\psi_f\rangle\neq0,t>0$(Kuang,Cong,2008).

证明 假设系统经历了无穷小的时间间隔$\mathrm{d}t$,那么可以将系统的演化方程写为

$$\mathrm{i}|\dot{\psi}(t)\rangle=\mathrm{i}\lim_{\mathrm{d}t\to0}\frac{|\psi(t+\mathrm{d}t)\rangle-|\psi(t)\rangle}{\mathrm{d}t}=H|\psi(t)\rangle$$

这就是说,随着$\mathrm{d}t\to0$,我们可以近似得到

$$|\psi(t+\mathrm{d}t)\rangle=(I-\mathrm{i}H\mathrm{d}t)|\psi(t)\rangle$$

对于$t=0$,上式为

$$|\psi(\mathrm{d}t)\rangle=(I-\mathrm{i}H\mathrm{d}t)|\psi(0)\rangle$$

因此,条件$\langle\psi_f|\psi(\mathrm{d}t)\rangle\neq0$就等价于

$$\sum_{k=1}^{r}u_k\langle\psi_f|H_k|\psi(0)\rangle=\mathrm{i}\sum_{k=1}^{r}u_k\mathrm{Im}(\langle\psi_f|H_k|\psi(0)\rangle)+\sum_{k=1}^{r}u_k\mathrm{Re}(\langle\psi_f|H_k|\psi(0)\rangle)$$
$$\neq0$$

其中的控制分量为

$$u_k=K_kf_k(\mathrm{Im}(\langle\psi_f|H_k|\psi(0)\rangle)),\quad k=1,2,\cdots,r$$

考虑到控制场的函数形式和命题4.1,可以证明出该命题.证毕.

命题 4.3 考虑在式(4.15)中的控制场作用下的系统(4.10),并假设系统的初始状态是H_0的一个与目标态正交的本征态(即$\langle\psi(0)|\psi_f\rangle=0$).如果下面的条件成立:

(1) 对于每个$k\in\{1,2,\cdots,r\}$,均有$\mathrm{Im}\langle\psi_f|H_k|\psi(0)\rangle=0$成立;

(2) 存在$k\in\{1,2,\cdots,r\}$,使$\mathrm{Re}\langle\psi_f|H_k|\psi(0)\rangle\neq0$成立;

（3）对应于$|\psi(0)\rangle$的H_0的本征值非零，

那么必然存在某个时刻t'，使$\langle\psi(t)|\psi_f\rangle\neq0$，$t\geqslant t'$成立. 否则，所设计的控制场不能实现控制系统的状态驱动（Kuang，Cong，2008）.

证明　条件（1）意味着初始时刻的所有控制分量均为0，即$u_k(0)=0$，$k=1,2,\cdots,$ r，因此系统以自由方式演化. 这样，系统在某个非常小的时刻t'，$t'>0$处的状态就为

$$|\psi(t')\rangle = \mathrm{e}^{-\mathrm{i}H_0 t'}|\psi(0)\rangle = \mathrm{e}^{-\mathrm{i}\lambda_0 t'}|\psi(0)\rangle$$

考虑到$\langle\psi_f|H_k|\psi(0)\rangle\in\mathbf{R}$，$k=1,2,\cdots,r$，我们可以将$t'$时刻的控制量写为

$$u_k(t') = K_k f_k(\mathrm{Im}(\mathrm{e}^{-\mathrm{i}\lambda_0 t'}\langle\psi_f|H_k|\psi(0)\rangle)) = K_k f_k(-\sin(\lambda_0 t')\langle\psi_f|H_k|\psi(0)\rangle)$$

显然，当条件（2）和（3）均满足时，t'时刻的控制分量u_k满足$u_k(t')\neq0$. 进一步，随着$\mathrm{d}t\to0$，我们可以近似得到

$$
\begin{aligned}
\langle\psi_f|\psi(t'+\mathrm{d}t)\rangle &= \langle\psi_f|\left(I-\mathrm{i}\left(H_0+\sum_{k=1}^r H_k u_k(t')\right)\mathrm{d}t\right)|\psi(t')\rangle \\
&= \mathrm{e}^{-\mathrm{i}\lambda_0 t'}\mathrm{d}t\langle\psi_f|\left(I-\mathrm{i}\left(H_0+\sum_{k=1}^r H_k u_k(t')\right)\mathrm{d}t\right)|\psi(0)\rangle \\
&= -\mathrm{i}\mathrm{e}^{-\mathrm{i}\lambda_0 t'}\mathrm{d}t\langle\psi_f|\sum_{k=1}^r H_k u_k(t')|\psi(0)\rangle \\
&= -\mathrm{i}\mathrm{e}^{-\mathrm{i}\lambda_0 t'}\mathrm{d}t\sum_{k=1}^r\langle\psi_f|H_k|\psi(0)\rangle u_k(t')
\end{aligned}
$$

考虑到控制场的函数形式，可以得到$\langle\psi_f|\psi(t'+\mathrm{d}t)\rangle\neq0$. 考虑控制场的函数形式和命题4.1，可以证明出此命题. 证毕.

命题4.1至命题4.3针对初始态与目标态正交和不正交的情况，说明了控制系统的被控状态不会停留在系统的初始态上的条件.

下面借助拉塞尔不变原理分析被控状态对于目标态的渐近收敛性. 拉塞尔不变原理保证控制系统的轨迹将收敛到$\dot{V}_1=0$中的最大不变集. 因此，我们需要首先分析满足$\dot{V}_1=0$的状态集合的特征.

命题4.4　在控制场（4.15）的作用下，可以证明下面三个条件在初始态与目标态不正交时是等价的；或在初始态与目标态正交且满足命题4.2或命题4.3的条件时也是等价的：

（1）$\dot{V}_1=0$；

（2）$\mathrm{i}|\dot{\psi}(t)\rangle=H_0|\psi(t)\rangle$；

（3）$\langle\psi_{\mathrm{f}}|(\lambda'_k I - H_k)|\psi\rangle = 0, k = 1, 2, \cdots, r; \lambda'_k \in \mathbf{R}$（丛爽，2006a；Cong，Kuang，2007；Vettori，2002）.

证明 由式(4.14)知

$$
\begin{aligned}
\dot{V}_1 = 0 \quad &\Leftrightarrow\quad |\langle\psi\mid\psi_{\mathrm{f}}\rangle| = 0 \text{ 或 } \mathrm{Im}(\mathrm{e}^{\mathrm{i}\angle\langle\psi\mid\psi_{\mathrm{f}}\rangle}\langle\psi_{\mathrm{f}}\mid H_k\mid\psi\rangle) = 0 \\
&\Leftrightarrow\quad |\langle\psi\mid\psi_{\mathrm{f}}\rangle| \cdot \mathrm{Im}(\mathrm{e}^{\mathrm{i}\angle\langle\psi\mid\psi_{\mathrm{f}}\rangle}\langle\psi_{\mathrm{f}}\mid H_k\mid\psi\rangle) = 0 \\
&\Leftrightarrow\quad \mathrm{Im}(\langle\psi\mid\psi_{\mathrm{f}}\rangle\langle\psi_{\mathrm{f}}\mid H_k\mid\psi\rangle) = 0 \\
&\Leftrightarrow\quad \lambda'_k\langle\psi_{\mathrm{f}}\mid\psi\rangle = \langle\psi_{\mathrm{f}}\mid H_k\mid\psi\rangle, \quad \lambda'_k \in \mathbf{R}, \langle\psi\mid\psi_{\mathrm{f}}\rangle \neq 0 \\
&\Leftrightarrow\quad \langle\psi_{\mathrm{f}}\mid(\lambda'_k I - H_k)\mid\psi\rangle = 0, \quad k = 1, 2, \cdots, r; \lambda'_k \in \mathbf{R}
\end{aligned}
$$

这样，(1)$\Leftrightarrow$(3)得证.

下面证明(1)$\Rightarrow$(2). 从前面的推导过程知道，条件(1)等价于

$$
\lambda'_k\langle\psi_{\mathrm{f}}\mid\psi\rangle = \langle\psi_{\mathrm{f}}\mid H_k\mid\psi\rangle, \quad \lambda'_k \in \mathbf{R}, \langle\psi\mid\psi_{\mathrm{f}}\rangle \neq 0
$$

将上式代入式(4.15)，可以得到

$$
\begin{aligned}
u_k &= K_k f_k(\mathrm{Im}(\mathrm{e}^{\mathrm{i}\angle\langle\psi\mid\psi_{\mathrm{f}}\rangle}\lambda'_k\langle\psi_{\mathrm{f}}\mid\psi\rangle)) \\
&= K_k f_k(\lambda'_k \cdot |\langle\psi_{\mathrm{f}}\mid\psi\rangle| \cdot \mathrm{Im}(\mathrm{e}^{\mathrm{i}\angle\langle\psi\mid\psi_{\mathrm{f}}\rangle}\mathrm{e}^{\mathrm{i}\angle\langle\psi_{\mathrm{f}}\mid\psi\rangle})) \\
&= 0
\end{aligned}
$$

再代入式(4.10)，即得条件(2).

下面再证明(2)$\Rightarrow$(1). 将条件(2)与式(4.10)作比较，可以得到

$$
\sum_{k=1}^{r} H_k u_k \mid\psi\rangle = 0
$$

对上式，以$\langle\psi_{\mathrm{f}}|$作内积，有

$$
\langle\psi_{\mathrm{f}}\mid\sum_{k=1}^{r} H_k u_k\mid\psi\rangle = \sum_{k=1}^{r} u_k\langle\psi_{\mathrm{f}}\mid H_k\mid\psi\rangle = 0
$$

再将$\mathrm{e}^{\mathrm{i}\angle\langle\psi\mid\psi_{\mathrm{f}}\rangle}$乘以上式两端，有

$$
\sum_{k=1}^{r} u_k \mathrm{e}^{\mathrm{i}\angle\langle\psi\mid\psi_{\mathrm{f}}\rangle}\langle\psi_{\mathrm{f}}\mid H_k\mid\psi\rangle = 0
$$

考虑到u_k为实标量函数，进一步可以得到

$$
\sum_{k=1}^{r} u_k |\langle\psi\mid\psi_{\mathrm{f}}\rangle| \mathrm{Im}(\mathrm{e}^{\mathrm{i}\angle\langle\psi\mid\psi_{\mathrm{f}}\rangle}\langle\psi_{\mathrm{f}}\mid H_k\mid\psi\rangle) = 0
$$

即$\dot{V}_1 = 0$. 因此，(1)$\Leftrightarrow$(2). 证毕.

命题 4.4 中的三个条件仅刻画了被控状态演化中的某一具体时刻、满足 $\dot{V}_1 = 0$ 的状态集合的特征,不能解释控制系统的渐近收敛性.换句话说,我们还应考虑在该时刻之后是否一直有 $\dot{V}_1 = 0$ 成立.由此观点,我们可以找到控制系统的最大不变集.

假设 t_0 时刻,有 $\dot{V}_1(t_0) = 0$,则该时刻之后系统状态停止向目标态演化意味着:在 $t_1 = t_0 + \mathrm{d}t$ 时刻有 $\dot{V}_1(t_1) = 0$,在 $t_2 = t_1 + \mathrm{d}t$ 时刻有 $\dot{V}_1(t_2) = 0$……同时,注意到系统的被控状态自 $|\psi(t_0)\rangle$ 开始以自由方式演化,通过对每一时刻系统状态的幺正算子进行 Taylor 展开,并取到 $\mathrm{d}t$ 的一次项,可以依次得到

$$t_0: \quad \mathrm{Im}(\langle\psi(t_0)\mid\psi_\mathrm{f}\rangle\langle\psi_\mathrm{f}\mid H_k\mid\psi(t_0)\rangle) = 0$$

$$t_1: \quad \mathrm{Im}(\langle\psi(t_1)\mid\psi_\mathrm{f}\rangle\langle\psi_\mathrm{f}\mid H_k\mid\psi(t_1)\rangle) = 0$$

$$\Longleftrightarrow \mathrm{Im}(\langle\psi(t_0)\mid(I + \mathrm{i}H_0\mathrm{d}t)\mid\psi_\mathrm{f}\rangle\langle\psi_\mathrm{f}\mid H_k(I - \mathrm{i}H_0\mathrm{d}t)\mid\psi(t_0)\rangle)$$

$$\approx \mathrm{Im}(\mathrm{i}\langle\psi(t_0)\mid\psi_\mathrm{f}\rangle\langle\psi_\mathrm{f}\mid[H_0, H_k]\mid\psi(t_0)\rangle)\mathrm{d}t = 0$$

$$\Longleftrightarrow \mathrm{Im}(\mathrm{i}\langle\psi(t_0)\mid\psi_\mathrm{f}\rangle\langle\psi_\mathrm{f}\mid[H_0, H_k]\mid\psi(t_0)\rangle) = 0$$

$$t_2: \quad \mathrm{Im}(\mathrm{i}^2\langle\psi(t_0)\mid\psi_\mathrm{f}\rangle\langle\psi_\mathrm{f}\mid[H_0, [H_0, H_k]]\mid\psi(t_0)\rangle) = 0$$

……

记 $[H_0^{(n)}, H_k] = \underbrace{[H_0, [H_0, \cdots, [H_0, H_k]\cdots]]}_{n\text{次}}$,则上面的方程可以写为

$$\mathrm{Im}(\mathrm{i}^n\langle\psi(t_0)\mid\psi_\mathrm{f}\rangle\langle\psi_\mathrm{f}\mid[H_0^{(n)}, H_k]\mid\psi(t_0)\rangle) = 0, \quad n = 0, 1, \cdots \quad (4.17)$$

式(4.17)在形式上较为复杂,下面对其进行相应的简化处理:

在 H_0 表象中讨论问题,因此 H_0 是对角矩阵,可以记为 $H_0 = \mathrm{diag}(\lambda_1, \lambda_2, \cdots, \lambda_N)$,并记 $|\psi(t_0)\rangle = (\psi_1 \quad \psi_2 \quad \cdots \quad \psi_N)^\mathrm{T}$;当 H_0 具有非退化谱时,H_0 的 N 个本征态可顺次记为 $(1 \quad 0 \quad \cdots \quad 0)^\mathrm{T}, (0 \quad 1 \quad \cdots \quad 0)^\mathrm{T}, \cdots, (0 \quad 0 \quad \cdots \quad 1)^\mathrm{T}$.为方便推导,我们假定 $|\psi_\mathrm{f}\rangle = (0 \quad 0 \quad \cdots \quad 1)^\mathrm{T}$.这样,式(4.17)中的 $[H_0^{(n)}, H_k]$ 可写为

$$[H_0^{(n)}, H_k] = ((\lambda_i - \lambda_j)^n (H_k)_{ij}), \quad k = 1, 2, \cdots, r \quad (4.18)$$

代入式(4.17),有

$$\mathrm{Im}\left(\mathrm{i}^n\psi_N^* \sum_{j=1}^{N} (\lambda_N - \lambda_j)^n (H_k)_{Nj}\psi_j\right) = 0, \quad k = 1, 2, \cdots, r \quad (4.19)$$

考虑到实际系统中 H_k 的对角元素常为零,可以将 $n = 0$ 时的式(4.17)写为

$$\mathrm{Im}\left(\psi_N^* \sum_{j=1}^{N-1} (H_k)_{Nj}\psi_j\right) = 0.记$$

$$\xi = \begin{bmatrix} (H_k)_{N1}\psi_1 \\ (H_k)_{N2}\psi_2 \\ \vdots \\ (H_k)_{N,N-1}\psi_{N-1} \end{bmatrix}$$

$$\Lambda = \begin{bmatrix} \lambda_N - \lambda_1 & & & \\ & \lambda_N - \lambda_2 & & \\ & & \ddots & \\ & & & \lambda_N - \lambda_{N-1} \end{bmatrix}$$

$$M = \begin{bmatrix} 1 & 1 & \cdots & 1 \\ (\lambda_N - \lambda_1)^2 & (\lambda_N - \lambda_2)^2 & \cdots & (\lambda_N - \lambda_{N-1})^2 \\ \vdots & \vdots & & \vdots \\ (\lambda_N - \lambda_1)^{2(N-2)} & (\lambda_N - \lambda_2)^{2(N-2)} & \cdots & (\lambda_N - \lambda_{N-1})^{2(N-2)} \end{bmatrix}$$

则对 n 的取值,可分两种情况分别讨论:

当 $n = 0,2,4,\cdots$ 时,式(4.17)可写为 $\mathrm{Im}(\psi_N^* M \xi) = 0$. 由于 M 是实值非奇异矩阵,故 $\mathrm{Im}(\psi_N^* M \xi) = 0$ 等价于 $M\mathrm{Im}(\psi_N^* \xi) = 0$,即

$$\mathrm{Im}(\psi_N^* \xi) = 0 \tag{4.20}$$

当 $n = 1,3,5,\cdots$ 时,式(4.17)可写为 $\mathrm{Re}(\psi_N^* M \Lambda \xi) = 0$. 鉴于 Λ 也是实值非奇异矩阵,故 $\mathrm{Re}(\psi_N^* M \Lambda \xi) = 0$ 等价于 $M\Lambda \mathrm{Re}(\psi_N^* \xi) = 0$,即

$$\mathrm{Re}(\psi_N^* \xi) = 0 \tag{4.21}$$

综合考虑式(4.20)和式(4.21),有

$$\psi_N^* \xi = 0 \tag{4.22}$$

命题 4.1 至命题 4.3 意味着 $\langle \psi(t_0) | \psi_f \rangle \neq 0$($t_0 \geqslant t'$,且 t' 非常小),即 $\psi_N^* \neq 0$,于是式(4.22)可简化为

$$\xi = 0 \tag{4.23}$$

在上式的推导中,我们将目标态假定为 H_0 的第 N 个本征态.一般地,我们可以将式(4.23)写为

$$\langle \psi_f | H_k | \psi(t_0) \rangle = 0, \quad k = 1,2,\cdots,r \tag{4.24}$$

这样,满足式(4.24)的所有状态 $|\psi(t_0)\rangle$ 就构成了控制系统的最大不变集.进一步地,可以将系统对于目标态的收敛性定理表述如下(Cong, Kuang, 2007;Kuang, Cong,

2008):

定理 4.1 考虑在式(4.15)的控制场作用下的系统(4.10),并假定目标态 $|\psi_f\rangle$ 是 H_0 的一个本征态.若 H_0 关于目标态具有非退化谱,则控制系统的最大不变集是 $S^{2N-1} \bigcap E_1$, $E_1 = \{|\psi\rangle : \langle\psi_f|H_k|\psi\rangle = 0, k = 1, 2, \cdots, r\}$. 如果 $\langle\psi_f|H_k|\psi\rangle = 0, k = 1, 2, \cdots, r$ 的所有解均在目标态 $|\psi_f\rangle$ 的等价类内,那么控制系统关于目标态 $|\psi_f\rangle$ 是渐近收敛的;如果存在 $\langle\psi_f|H_k|\psi\rangle = 0, k = 1, 2, \cdots, r$ 的一个解不在目标态 $|\psi_f\rangle$ 的等价类内,那么只能保证控制系统关于目标态 $|\psi_f\rangle$ 在李雅普诺夫意义下是收敛的,或者说控制系统关于 $S^{2N-1} \bigcap E_1$ 是渐近收敛的.

4.1.4 自旋 1/2 粒子系统的数值仿真

自旋 1/2 粒子系统有很多优点,其模型在数学结构上是一个最简单的双线性系统 (丛爽,2006a);应用中,自旋 1/2 粒子往往可以构成双态量子位作为量子通信、量子计算机的信息单元,通过适当控制量子态实现相应的信息处理(Nielsen,Chuang,2000). 为了阐述本节理论的正确性,现在我们来考察一个典型例子.

假定这个粒子仅受一个控制场的作用,且设控制作用 $u_1(t)$ 仅在 y 轴方向上改变电磁场(Vettori,2002). 选取自旋为 σ_z 表象,则系统的薛定谔方程可以写为

$$\mathrm{i}|\dot{\psi}(t)\rangle = (H_0 + u_1 H_1)|\psi(t)\rangle$$

其中,$H_0 = \sigma_z = \begin{pmatrix} 1 & 0 \\ 0 & -1 \end{pmatrix}$; $H_1 = \sigma_y = \begin{pmatrix} 0 & -\mathrm{i} \\ \mathrm{i} & 0 \end{pmatrix}$.

根据线性叠加原理,要执行量子信息中最简单的逻辑 NOT-门操作(概率交换),就必须驱动被控状态 $|\psi\rangle$ 使之能在 H_0 的两个本征态 $|0\rangle = \begin{pmatrix} 1 \\ 0 \end{pmatrix}$ 和 $|1\rangle = \begin{pmatrix} 0 \\ 1 \end{pmatrix}$ 之间相互转换. 假定系统的初始态为 $|\psi(0)\rangle = |0\rangle$,目标态为 $|\psi_f\rangle = |1\rangle$,并将系统的被控状态记为 $|\psi\rangle = \begin{pmatrix} c_1 \\ c_2 \end{pmatrix}$.

根据命题 4.3,可以验证条件 $\mathrm{Im}\langle 1|H_1|\psi(0)\rangle = \mathrm{Im}\langle 1|\sigma_y|0\rangle \neq 0$ 成立,因此系统的被控状态必然会在某一具体时刻离开初始态.进一步,根据定理 4.1,可以求得方程 $\langle\psi_f|H_1|\psi\rangle = \langle\psi_f|\sigma_y|\psi\rangle = 0$ 的所有解均在目标态 $|\psi_f\rangle$ 的等价类内,因此控制系统关于目标态是渐近收敛的.

为了充分说明所设计的控制律的灵活性,下面选择两种不同函数形式的控制场进行

仿真实验.首先,选择简单的符号函数形式的控制场,即将控制场的函数形式取为 $f(x) = \text{sign}(x)$,因为这一控制场随时间的变化过程比较简单,在实现中具有一定的优越性.其次,选择形式上较为一般的比例函数类型的控制场,即将控制场的函数形式取为 $f(x) = x$.

1. 符号函数形式的控制场

取式(4.15)中控制场的函数形式为符号函数,即 $f(x) = \text{sign}(x)$,比例因子 $K_1 = 0.15$,并选择控制时间 $t = 17$、时间步长 $\Delta t = 0.01$,基于状态间距离的李雅普诺夫方法在自旋 1/2 粒子系统上的仿真结果如图 4.1(a)、图 4.1(b)所示.

2. 比例函数形式的控制场

选取式(4.15)中控制场的函数形式为 $f(x) = x$、比例因子 $K_1 = 0.2$,并选择控制时间 $t = 60$、时间步长 $\Delta t = 0.01$,基于状态间距离的李雅普诺夫方法在自旋 1/2 粒子系统上的仿真结果如图 4.2(a)、图 4.2(b)所示.

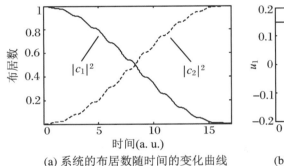

(a) 系统的布居数随时间的变化曲线

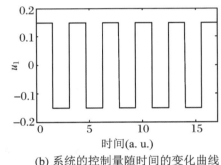

(b) 系统的控制量随时间的变化曲线

图 4.1 基于状态间距离的李雅普诺夫方法在自旋 1/2 粒子系统上的仿真结果(控制场为符号函数)

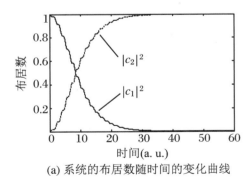

(a) 系统的布居数随时间的变化曲线

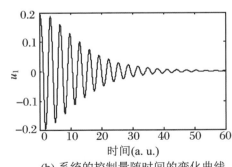

(b) 系统的控制量随时间的变化曲线

图 4.2 基于状态间距离的李雅普诺夫方法在自旋 1/2 粒子系统上的仿真结果(控制场为比例函数)

在图 4.1 和图 4.2 的仿真结果中,图 4.1(a) 和图 4.2(a) 是系统的布居数随时间 t 的变化曲线;图 4.1(b) 和图 4.2(b) 是控制场 u_1 随 t 的变化曲线. 从图 4.1 和图 4.2 中可以看出:在任意时刻 t,均有 $|c_1|^2 + |c_2|^2 = 1$ 成立,即封闭系统的概率守恒性;从图 4.1(b) 和图 4.2(b) 中可以得知:当系统完成状态转换时,控制量将基本保持为零. 仿真结果与前述理论完全一致.

经过多次实验,可以得出如下规律:当 K_1 固定时,系统到达目标态等价类的时间 t_f 不随时间步长的变化而变化;当时间步长固定时,t_f 随 K_1 的增大而减小.

4.2 基于偏差的李雅普诺夫控制方法

基于状态之间偏差的控制策略在经典控制系统中已经广泛应用,它主要是通过不断减小被控状态与目标态之间的偏差来实现相应的控制目标的. 这一思想也可以用于量子系统控制中.

假设所讨论的封闭量子系统仍为式(4.10)的模型. 我们将式(4.10)的李雅普诺夫函数取为(Mirrahimi,et al.,2005;Kuang,Cong,2008)

$$V_2 = \frac{1}{2}\langle \psi - \psi_f \mid \psi - \psi_f \rangle \tag{4.25}$$

其中,$|\psi_f\rangle$ 为目标态,且服从条件(4.11)的约束.

事实上,式(4.25)中的 $\langle \psi - \psi_f \mid \psi - \psi_f \rangle$ 也是系统状态空间中被控状态 $|\psi\rangle$ 与目标态 $|\psi_f\rangle$ 间的欧几里得距离的平方. 通过简单的计算,可以将式(4.25)简化为

$$V_2 = 1 - \text{Re}\langle \psi_f \mid \psi \rangle \tag{4.26}$$

为了处理问题上的方便,本节假定系统还受到一个虚构控制量的作用,即系统的完整模型为

$$\mathrm{i} \mid \dot{\psi}(t) \rangle = (H + \omega I) \mid \psi(t) \rangle \tag{4.27}$$

其中,哈密顿量 H 与式(4.10)中的哈密顿量完全一致;ω 是一个新的、虚构的、实数范围内取值的标量控制场.

可以验证,式(4.27)的解等于式(4.10)的解与全局相位因子 $\mathrm{e}^{-\mathrm{i}\omega t}$ 之积. 因此,系统模型中引入的 ω 可以用来调节被控状态的全局相位,而不改变系统的布居分布值. 换句话说,在

开环计算中,虚构控制 ω 对于每个时刻的控制量 $u_k, k = 1, 2, \cdots, r$ 的数值生成是必要的,但在实际应用中并不需要真实地加入系统中.这就是控制量 ω 被称为"虚构控制"的原因.

4.2.1　控制律的设计

考虑到系统模型(4.27),可以计算出 V_2 的一阶时间导数为

$$\dot{V}_2 = -\operatorname{Re}\left(\langle \psi_{\mathrm{f}} \mid \left(-\mathrm{i}\left(H_0 + \sum_{k=1}^{r} H_k u_k + \omega I\right)\right) \mid \psi\rangle\right)$$

$$= -\operatorname{Im}\left(\langle \psi_{\mathrm{f}} \mid \left(H_0 + \sum_{k=1}^{r} H_k u_k + \omega I\right) \mid \psi\rangle\right)$$

$$= -\operatorname{Im}(\langle \psi_{\mathrm{f}} \mid (H_0 + \omega I) \mid \psi\rangle) - \operatorname{Im}\left(\langle \psi_{\mathrm{f}} \mid \sum_{k=1}^{r} H_k u_k \mid \psi\rangle\right)$$

$$= -(\lambda_{\mathrm{f}} + \omega)\operatorname{Im}(\langle \psi_{\mathrm{f}} \mid \psi\rangle) - \sum_{k=1}^{r} \operatorname{Im}(\langle \psi_{\mathrm{f}} \mid H_k \mid \psi\rangle) u_k \tag{4.28}$$

其中,λ_{f} 为目标态 ψ_{f} 的本征值.令 $u_0 = \lambda_{\mathrm{f}} + \omega$,则式(4.28)可写为

$$\dot{V}_2 = -\operatorname{Im}(\langle \psi_{\mathrm{f}} \mid \psi\rangle) u_0 - \sum_{k=1}^{r} \operatorname{Im}(\langle \psi_{\mathrm{f}} \mid H_k \mid \psi\rangle) u_k \tag{4.29}$$

为了保证 $\dot{V}_2 \leqslant 0$,可以完全仿照4.1节中的控制场设计方法,即取控制场的函数形式满足(Mirrahimi, et al., 2005; Kuang, Cong, 2008)

$$\lambda_{\mathrm{f}} + \omega = u_0 = K_0 f_0(\operatorname{Im}(\langle \psi_{\mathrm{f}} \mid \psi\rangle)) \tag{4.30}$$

$$u_k = K_k f_k(\operatorname{Im}(\langle \psi_{\mathrm{f}} \mid H_k \mid \psi\rangle)), \quad k = 1, 2, \cdots, r \tag{4.31}$$

其中,$K_k > 0, k = 0, 1, \cdots, r$,函数 $y_k = f_k(x_k)$ 的图像单调过平面 x_k-y_k 的原点且位于第一或三象限.

4.2.2　控制系统收敛性分析

这一节主要分析下面的系统模型对于目标态的渐近收敛性:

$$\mathrm{i} \mid \dot{\psi}\rangle = (H_0 + H_1 u_1 + \omega I) \mid \psi\rangle \tag{4.32}$$

这一模型在典型应用中具有特殊的重要性,因为实际中往往只有一个激光场可以使

用,并且对多控制场的模型可以进行直接的推广(Ramakrishna,et al.,1995).

仍然采用拉塞尔不变原理讨论系统的渐近收敛性.从式(4.29)至式(4.31)可以看出,$\dot{V}_2 = 0$ 等价于

$$\omega = -\lambda_f \tag{4.33}$$

$$u_1 = 0 \tag{4.34}$$

对应的系统模型变为

$$i \mid \dot{\psi}\rangle = (H_0 - \lambda_f I) \mid \psi\rangle \tag{4.35}$$

设 t_0 时刻的系统状态演化满足 $\dot{V}_2(t_0) = 0$,即

$$\mathrm{Im}(\langle\psi_f \mid \psi(t_0)\rangle) = 0 \tag{4.36}$$

$$\mathrm{Im}(\langle\psi_f \mid H_1 \mid \psi(t_0)\rangle) = 0 \tag{4.37}$$

则系统状态在时间区间 $[t_0, t_0 + \Delta t]$,$\Delta t \in (0, +\infty)$ 上停止向目标态演化,这意味着

$$\mathrm{Im}(\langle\psi_f \mid \psi(t_0 + \Delta t)\rangle) = 0 \tag{4.38}$$

$$\mathrm{Im}(\langle\psi_f \mid H_1 \mid \psi(t_0 + \Delta t)\rangle) = 0 \tag{4.39}$$

将式(4.35)的解 $\mid\psi(t_0 + \Delta t)\rangle = \mathrm{e}^{-i(H_0 - \lambda_f I)\Delta t}\mid\psi(t_0)\rangle$ 代入式(4.38)和式(4.39),可以得到

$$\mathrm{Im}(\langle\psi_f \mid \psi(t_0)\rangle) = 0 \tag{4.40}$$

$$\mathrm{Im}(i^n\langle\psi_f \mid [H_0^{(n)}, H_1] \mid \psi(t_0)\rangle) = 0, \quad n = 0, 1, \cdots \tag{4.41}$$

其中,$[H_0^{(n)}, H_1] = \underbrace{[H_0, [H_0, \cdots, [H_0, H_1]\cdots]]}_{n次}$,特别地,当 $n = 0$ 时,$[H_0^{(0)}, H_1] = H_1$.

这样,控制系统最大不变集中的状态就完全由式(4.40)和式(4.41)的 $\mid\psi(t_0)\rangle$ 表征了.

如果 H_0 具有非退化谱,则可以仿照 4.1 节的处理,将式(4.41)简化为(Cong,Kuang,2007;Kuang,Cong,2008)

$$\langle\psi_f \mid H_1 \mid \psi(t_0)\rangle = 0 \tag{4.42}$$

由此可得下面关于系统对于目标态的收敛性的定理:

定理 4.2 考虑在式(4.30)和式(4.31)中控制场作用下的系统(4.32),并假定目标态 $\mid\psi_f\rangle$ 是 H_0 的一个本征态.如果 H_0 具有非退化谱,那么控制系统的最大不变集是 $S^{2N-1} \bigcap E_2$,$E_2 = \{\mid\psi\rangle : \langle\psi_f\mid H_1\mid\psi\rangle = 0, \mathrm{Im}(\langle\psi_f\mid\psi\rangle) = 0\}$.如果联立方程 $\langle\psi_f\mid H_1\mid\psi\rangle = 0$ 和 $\mathrm{Im}(\langle\psi_f\mid\psi\rangle) = 0$ 的所有解都在目标态 $\mid\psi_f\rangle$ 的等价类内,则控制系统关于目标态是渐

近收敛的；如果至少存在联立方程$\langle\psi_f|H_1|\psi\rangle=0$和$\mathrm{Im}(\langle\psi_f|\psi\rangle)=0$的一个解不在目标态$|\psi_f\rangle$的等价类内，则只能保证控制系统关于目标态在李雅普诺夫意义下是收敛的，或者说控制系统关于$S^{2N-1}\bigcap E_2$是渐近收敛的.

4.2.3　系统数值仿真

重新考虑4.1.4小节的自旋1/2粒子系统，这里将使用本节的控制律对完全相同的系统进行数值仿真实验.

根据定理4.2，可以计算出联立方程$\langle\psi_f|H_1|\psi\rangle=0$和$\mathrm{Im}(\langle\psi_f|\psi\rangle)=0$的所有解均在目标态$|\psi_f\rangle$的等价类内，因此控制系统关于目标态是渐近收敛的.选取式(4.30)和式(4.31)中控制场的函数形式为$f(x)=x$，比例因子$K_0=0.2$、$K_1=0.2$，并选择控制时间$t=60$、时间步长$\Delta t=0.01$，基于状态间偏差的李雅普诺夫方法在自旋1/2粒子系统的仿真结果如图4.3所示.

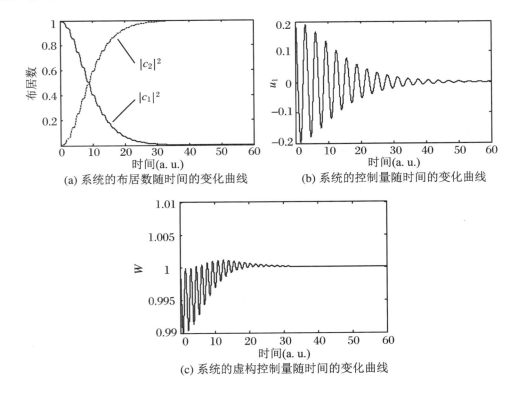

(a) 系统的布居数随时间的变化曲线　　　(b) 系统的控制量随时间的变化曲线

(c) 系统的虚构控制量随时间的变化曲线

图4.3　基于状态间偏差的李雅普诺夫方法在自旋1/2粒子系统上的仿真结果

量子系统控制理论与方法
Control Theory and Methods of Quantum Systems

从仿真图 4.3 中可以看出,对于同一个自旋 1/2 粒子系统,在采用相同函数形式的控制场,并选择相同的实验参数的情况下,系统的布居数分布完全相同;控制量的总体变化趋势也非常类似,但实验表明每个时刻的控制值不同,有时甚至差别非常大;偏差法中的虚构控制基本接近于 1,这是因为对应于目标态的本征值 λ_f 为 -1.

4.3 基于虚拟力学量均值的李雅普诺夫控制方法

前两节所讨论的李雅普诺夫函数实际上都可看作是根据相应的几何意义进行选取的,本节的李雅普诺夫函数则是根据量子理论中的一定物理意义进行选取的,因此设计的控制律及其相应的控制效果与前两种方法在形式上有较大的差别.

4.3.1 控制律的设计

假定厄米算符 P 是系统的一个力学量,根据量子理论,只要系统处在 P 的一个本征态上,那么 P 的平均值就是 P 的对应于该本征态的本征值. 由此,我们可以尝试把 P 的平均值作为李雅普诺夫函数,即设(Kuang,Cong,2008;Grivopoulos,Bamieh,2003)

$$V_3 = \langle \psi \mid P \mid \psi \rangle \tag{4.43}$$

其中,P 是厄米算符,被称为虚拟力学量.

Grivopoulos 和 Bamieh 在 2003 年利用变分法证明了下面的命题:

命题 4.5 在约束条件 $\langle \psi \mid \psi \rangle = 1$ 下,李雅普诺夫函数 $V_3 = \langle \psi \mid P \mid \psi \rangle$ 的临界点由 P 的正规化本征矢给出:P 的最大本征值对应的本征矢是 V_3 的极大值点;最小本征值对应的本征矢是 V_3 的极小值点;其他态矢量是鞍点.

此命题在理论上非常重要. 根据此命题,假设 P 的一个较小的本征值为 P_f,对应于 P_f 的本征矢为 $|\psi_f\rangle$(假定为目标态),则 $V_3 = \langle \psi \mid P \mid \psi \rangle$ 在 $|\psi\rangle = |\psi_f\rangle$ 处的取值为 P_f. 这样,当所设计的控制场使 V_3 连续减小到 P_f 的时候,系统状态就有可能被驱动到 $|\psi_f\rangle$. 至于是否能驱动到目标态上,还需要从理论上进行进一步的分析. 这一思路将被用来设计控制场,并构造相应的虚拟力学量.

假设所讨论的系统模型仍为式(4.10),期望的目标态仍然是系统内部哈密顿量的一

个本征态,即满足式(4.11),则李雅普诺夫函数 V_3 对时间的导数为

$$
\begin{aligned}
\dot{V}_3 &= \langle \dot{\psi} \mid P \mid \psi \rangle + \langle \psi \mid P \mid \dot{\psi} \rangle \\
&= \mathrm{i}\langle \psi \mid \left(H_0 + \sum_{k=1}^{r} H_k u_k \right) P \mid \psi \rangle - \mathrm{i}\langle \psi \mid P \left(H_0 + \sum_{k=1}^{r} H_k u_k \right) \mid \psi \rangle \\
&= \mathrm{i}\langle \psi \mid [H_0, P] \mid \psi \rangle + \mathrm{i}\langle \psi \mid \sum_{k=1}^{r} [H_k, P] u_k \mid \psi \rangle \\
&= \mathrm{i}\langle \psi \mid [H_0, P] \mid \psi \rangle + \mathrm{i}\sum_{k=1}^{r} \langle \psi \mid [H_k, P] \mid \psi \rangle u_k
\end{aligned}
\tag{4.44}
$$

考虑到式(4.44)中最后一行的第一项对于控制分量的独立性以及构造虚拟力学量 P 的方便性,我们可以令 P 满足

$$
[H_0, P] = 0 \tag{4.45}
$$

这样,为了使 $\dot{V}_3 \leqslant 0$,我们就可以选择控制量满足

$$
u_k = -K_k f_k(\mathrm{i}\langle \psi \mid [H_k, P] \mid \psi \rangle), \quad k = 1, 2, \cdots, r \tag{4.46}
$$

其中,$K_k > 0$,用以调节控制幅度;函数 $y_k = f_k(x_k)$ 的图像单调过平面 x_k-y_k 的原点且位于第一、三象限.

4.3.2　控制系统收敛性分析

本节将利用拉塞尔不变原理分析控制系统的渐近收敛性.假设系统的被控状态演化至 t_0 时刻有 $\dot{V}_3 = 0$,即 $\dot{V}_3(t_0) = 0$ 成立,则

$$
u_k(t_0) = 0, \quad k = 1, 2, \cdots, r \tag{4.47}
$$

此时的系统方程为

$$
\mathrm{i} \mid \dot{\psi} \rangle = H_0 \mid \psi \rangle \tag{4.48}
$$

为了确定 $\mid \psi(t_0) \rangle$ 是否是控制系统最大不变集中的一个不变点,只需判断 t_0 之后的时刻 $t_1 = t_0 + \Delta t, \Delta t \in (0, +\infty)$ 是否存在 k,使 $u_k(t_1) \neq 0$ 即可.

记 t_0 时刻的状态为

$$
\mid \psi(t_0) \rangle = \sum_{l=1}^{N} c_l(t_0) \mid \lambda_l \rangle \tag{4.49}
$$

量子系统控制理论与方法
Control Theory and Methods of Quantum Systems

其中,$|\lambda_l\rangle$ 为 H_0 的第 l 个本征态.在时刻 $t_1 \in [t_0, +\infty)$,系统状态不向目标态演化的条件要求 $u_k(t_1) = 0, k = 1, 2, \cdots, r$,即

$$\langle \psi(t_1) | [H_k, P] | \psi(t_1) \rangle = 0, \quad k = 1, 2, \cdots, r \tag{4.50}$$

由于在时间区间 $[t_0, t_1]$ 上,系统以式(4.48)演化,因此系统在 t_1 时刻的演化状态为

$$| \psi(t_1) \rangle = \mathrm{e}^{-\mathrm{i} H_0 \Delta t} | \psi(t_0) \rangle = \sum_{l=1}^{N} c_l(t_0) \mathrm{e}^{-\mathrm{i}\lambda_l \Delta t} | \lambda_l \rangle \tag{4.51}$$

代入式(4.50),有

$$\sum_{l,m=1}^{N} (P_l - P_m) c_l(t_0) c_m^*(t_0) \mathrm{e}^{\mathrm{i}\omega_{ml}\Delta t} \langle \lambda_m | H_k | \lambda_l \rangle = 0 \tag{4.52}$$

其中,$\omega_{ml} = \lambda_m - \lambda_l$.式(4.52)可进一步写为

$$\sum_{l,m=1}^{N} (P_l - P_m) \langle \lambda_l | \rho(t_0) | \lambda_m \rangle \langle \lambda_m | H_k | \lambda_l \rangle \mathrm{e}^{\mathrm{i}\omega_{ml}\Delta t} = 0 \tag{4.53}$$

其中,$\rho(t_0) = | \psi(t_0) \rangle \langle \psi(t_0) |$.

现在,假定系统的各能级差互不相同,故对于任意 Δt 而言,各 $\mathrm{e}^{\mathrm{i}\omega_{ml}\Delta t}$ 是线性无关的函数.这样,对于所有满足 $\langle \lambda_m | H_k | \lambda_l \rangle \neq 0$ 的本征态 $|\lambda_m\rangle, |\lambda_l\rangle$,只要构造的 P 满足 $P_l \neq P_m$,式(4.53)就可简化为

$$\langle \lambda_l | \rho(t_0) | \lambda_m \rangle \langle \lambda_m | H_k | \lambda_l \rangle = 0, \quad k = 1, 2, \cdots, r; l, m \in \{1, 2, \cdots, N\} \tag{4.54}$$

这样,就得到了下面关于控制系统渐近收敛性的定理(Kuang,Cong,2008):

定理 4.3 考虑式(4.46)中控制场作用下的系统(4.10),假定目标态 $|\psi_f\rangle$ 满足式(4.11)的约束条件.如果下面的条件成立:

(1) $[H_0, P] = 0$;

(2) $\omega_{i'j'} \neq \omega_{lm}, (i', j') \neq (l, m)$;

(3) $P_l \neq P_m, l \neq m$,

其中,$\omega_{lm} = \lambda_l - \lambda_m$ 是 H_0 的能级差,$\lambda_l, l = 1, 2, \cdots, N$ 是对应于 H_0 的本征矢 $|\lambda_l\rangle$ 的本征值,$P_l, l = 1, 2, \cdots, N$ 是对应于 P 的本征矢 $|\lambda_l\rangle$ 的本征值.那么控制系统的最大不变集是 $S^{2N-1} \bigcap E_3, E_3 = \{| \psi \rangle : \langle \lambda_l | \rho | \lambda_m \rangle \langle \lambda_m | H_k | \lambda_l \rangle = 0, k = 1, 2, \cdots, r; l, m \in \{1, 2, \cdots, N\}\}$,其中 $\rho = | \psi \rangle \langle \psi |$.

容易验证,由所有满足 $\langle \psi_f | H_k | \lambda_l \rangle = 0, k = 1, 2, \cdots, r; l \in \{1, 2, \cdots, N\}$ 的本征态 $|\lambda_l\rangle$ 张成的子空间是 E_3 的一个子集,记为 D_1,并将其称为目标态不变子空间.E_3 中 D_1 的补集,记为 $D_2 = E_3 - D_1$.如果 P 的本征值选择得适当,李雅普诺夫稳定性定理就允许人们使 V_3 连续降低到 D_1.这样,当 D_1 中仅包含本征态 $|\psi_f\rangle$ 的一个等价类时,$|\psi_f\rangle$

就可以被完全到达;如果 D_1 中至少还存在另一个不同于 $|\psi_f\rangle$ 的本征态,则只能保证 D_1 被完全到达.

4.3.3 虚拟力学量的构造

首先,式(4.45)意味着 P 和 H_0 拥有共同的本征矢,因此只需要构造满足控制要求的本征值 $P_1, P_2, \cdots, P_N$,并使这些本征值与 H_0 的本征矢适当对应起来即可.一旦这些本征值被构造出来,就可以通过下式计算出 P:

$$P = \sum_{l=1}^{N} P_l \, |\lambda_l\rangle\langle\lambda_l| \tag{4.55}$$

这里,已经将 P 的第 l 个本征值与 H_0 的第 l 个本征矢对应起来.当然,被构造的、对应于 D_1 中的本征矢的、P 的本征值的概率平均结果应该严格小于对应于初始态的李雅普诺夫函数的取值 $V_3(0)$.特别是,在约束条件 $\dot{V}_3 \leqslant 0$ 和 $\langle\psi|\psi\rangle = 1$ 下,被构造的 P_f 应该小于所有被构造的 P 的其他本征值,这样可以保证在演化过程的任意时刻,都有一个较高的概率被分配到目标态 $|\psi_f\rangle$ 上.事实上,当除了 P_f 之外的其他本征值被固定后,被控状态 $|\psi\rangle$ 到目标态 $|\psi_f\rangle$ 的最终转移概率的最大化关于 P_f 是一个复杂的数值优化问题.在一定范围内,这一最终转移概率会随 P_f 单调变化.通常情况下,可以通过几次试探来得到一个满意的 P_f 的值.

其次,考虑初始态也是 H_0 的一个本征态的特殊情况.此时,初始态不应在不变子集 D_1 内,否则所设计的控制律不能实现被控状态向目标态的概率转移.假设初始态在 D_2 内,那么当被构造的、对应于初始态的本征值小于等于被构造的、对应于 D_2 内其他本征矢的本征值时,系统的被控状态不会停留在 D_2 内.这样,我们就可以构造 P 的本征值满足

$$P_f < \langle\text{对应于 } D_1 \text{ 中其他本征矢的本征值}\rangle$$
$$\leqslant \langle\text{对应于初始态的本征值}\rangle$$
$$\leqslant \langle\text{对应于 } D_2 \text{ 中其他本征矢的本征值}\rangle \tag{4.56}$$

根据拉塞尔不变原理,满足下面条件的初始态必然能被渐近驱动至 D_1:

$$V_3(|\psi_0\rangle) = \min\{P_l : P\,|\lambda_l\rangle = P_l\,|\lambda_l\rangle, \, |\lambda_l\rangle \in D_2\} \tag{4.57}$$

显然,如果这些本征值被选择得比 P_f 大得多的话,那么 $|\psi_f\rangle$ 的吸引域就会变大.

事实上,式(4.46)的控制场不能直接用来实现 H_0 的两个正交本征态间的驱动.对

量子系统控制理论与方法
Control Theory and Methods of Quantum Systems

此,我们可以给系统引入一个适当的扰动.假定在时刻 $t=0$,系统受到了一些小的常值扰动 $K_k''(K_k''\neq 0)$ 的作用,即系统状态满足

$$\mathrm{i}\mid\dot{\psi}\rangle = \left(H_0 + \sum_{k=1}^{r} H_k K_k''\right)\mid\psi\rangle \tag{4.58}$$

在 $t=\mathrm{d}t$ 时刻,系统的状态 $|\psi(\mathrm{d}t)\rangle$ 逼近目标态 $|\psi_{\mathrm{f}}\rangle$ 意味着,被控状态到目标态的转移概率不为零,即随着 $\mathrm{d}t\to 0$,下式成立:

$$\langle\psi_{\mathrm{f}}\mid\psi(\mathrm{d}t)\rangle\approx\langle\psi_{\mathrm{f}}\mid\left(I - \mathrm{i}\left(H_0 + \sum_{k=1}^{r} H_k K_k''\right)\right)\mathrm{d}t\mid\psi_0\rangle$$

$$= -\mathrm{i}\mathrm{d}t\langle\psi_{\mathrm{f}}\mid\sum_{k=1}^{r} H_k K_k''\mid\psi_0\rangle$$

$$\neq 0 \tag{4.59}$$

因此,只要下述条件成立:

$$\sum_{k=1}^{r}\langle\psi_{\mathrm{f}}\mid H_k\mid\psi_0\rangle K_k''\neq 0 \tag{4.60}$$

任意非零常值扰动 K_k'' 都能使被控状态向目标态逼近.当然,被构造的 P 的本征值应保证在扰动的作用下李雅普诺夫函数 V_3 的值不会增加.

4.3.4　系统数值仿真

本节仍然采用 4.1.4 小节的自旋 1/2 粒子系统作为被控对象,且控制任务也完全相同.

控制目标是实现 H_0 的两个本征态间的驱动,因此,式(4.46)中的控制场不能直接使用.根据式(4.60)可知,初始时刻的任何非零常值扰动都可以用来驱动被控状态离开初始态.

考虑到 H_0 的两个本征值 1 和 -1 分别对应本征态 $|\psi_0\rangle=|0\rangle$ 和 $|\psi_{\mathrm{f}}\rangle=|1\rangle$,我们可以令 $P=H_0$.根据定理 4.3,目标态 $|\psi_{\mathrm{f}}\rangle$ 可以被完全达到,因为 D_1 中只有一个目标本征态存在.

选取式(4.46)中控制场的函数形式为 $f(x)=x$、比例因子 $K_1=0.2$、初始扰动 $K''=0.1K_1$,并选择控制时间 $t=60$、时间步长 $\Delta t=0.01$,基于一个虚拟力学量均值的李雅普诺夫方法在自旋 1/2 粒子系统的仿真结果如图 4.4 所示.

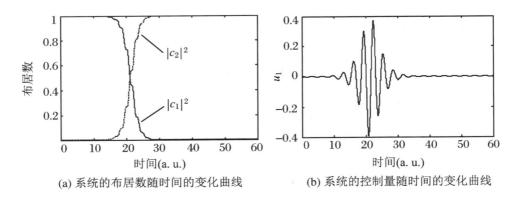

(a) 系统的布居数随时间的变化曲线　　　　　　(b) 系统的控制量随时间的变化曲线

图 4.4　基于虚拟力学量均值的李雅普诺夫方法在自旋 1/2 粒子系统上的仿真结果

从图 4.4 可以看出,对于这个自旋 1/2 粒子系统,本节的控制场也能实现被控状态向目标态的完全转移.但系统的布居数分布以及控制场随时间的变化形式与前两种方法差别较大.

4.4　三种李雅普诺夫控制方法的比较

本节将集中比较前面几节所讨论的李雅普诺夫方法.针对自旋 1/2 粒子系统,前面几节的理论推导和数值仿真实验均表明,三种李雅普诺夫方法中的控制律都能完全实现控制系统对于目标本征态的渐近收敛性.实际上,这与自旋 1/2 粒子系统的结构简单性密切相关.为了能对本章所涉及的三种李雅普诺夫方法进行合理的比较,本节将首先对一个结构上比较复杂的五能级量子系统进行各种方法的仿真实验;然后,研究涉及的三个李雅普诺夫函数间的关系;最后,对各种方法进行相应的比较.

4.4.1　对一个五能级系统控制效果的仿真及分析

本节实验所采用的模型选自 Tersigni 等人在 1990 年发表的论文,在半经典偶极近似下,系统的内部哈密顿量和相互作用哈密顿量分别是

$$H_0 = \begin{pmatrix} 1.0 & 0 & 0 & 0 & 0 \\ 0 & 1.2 & 0 & 0 & 0 \\ 0 & 0 & 1.3 & 0 & 0 \\ 0 & 0 & 0 & 2.0 & 0 \\ 0 & 0 & 0 & 0 & 2.15 \end{pmatrix}, \quad H_1 = \begin{pmatrix} 0 & 0 & 0 & 1 & 1 \\ 0 & 0 & 0 & 1 & 1 \\ 0 & 0 & 0 & 1 & 1 \\ 1 & 1 & 1 & 0 & 0 \\ 1 & 1 & 1 & 0 & 0 \end{pmatrix}$$

在这个模型中,前三个能级对应的能量值较小,它类似于一个基电子态表面的振动能级,而后两个较高能级的状态可以认为是激发电子态表面上的状态.控制的目的是要实现低能级状态和高能级状态间的概率转移,即前三个能级与后两个能级间的状态转移.

在 H_0 表象中,将系统的被控状态假定为 $|\psi\rangle = (c_1 \quad c_2 \quad c_3 \quad c_4 \quad c_5)^{\mathrm{T}}$,并假定系统的初始态为 $|\psi(0)\rangle = (1 \quad 0 \quad 0 \quad 0 \quad 0)^{\mathrm{T}}$,目标态为 $|\psi_{\mathrm{f}}\rangle = (0 \quad 0 \quad 0 \quad 0 \quad 1)^{\mathrm{T}}$.为方便比较,仍然统一选用控制场的函数形式为 $f(x) = x$.对于此系统,可以验证下面三个条件成立:① $\mathrm{Im}(\langle \psi_{\mathrm{f}} | H_1 | \psi(0)\rangle) = 0$;② $\mathrm{Re}(\langle \psi_{\mathrm{f}} | H_1 | \psi(0)\rangle) \neq 0$;③ 对应于 $|\psi(0)\rangle$ 的 H_0 的本征值非零.因此对于基于距离的李雅普诺夫方法和基于偏差的李雅普诺夫方法,控制系统的被控状态不会一直停留在初始态上;对于基于一个虚拟力学量均值的李雅普诺夫方法,可以通过初始、非零、常值微扰来激发系统的被控状态向目标态逼近.

1. 基于状态之间距离的李雅普诺夫方法

定理 4.1 不能保证方程 $\langle \psi_{\mathrm{f}} | H_1 | \psi\rangle = 0$ 有唯一解 $|\psi\rangle = |\psi_{\mathrm{f}}\rangle$(忽略全局相位),因此基于状态之间距离的李雅普诺夫方法中的控制场不能保证控制系统对于目标态的渐近收敛性.取式(4.15)中控制量的比例系数 $K_1 = 0.15$,并选择时间步长 $\Delta t = 0.1$、控制时间 $t = 150$,系统的仿真结果如图 4.5 所示.

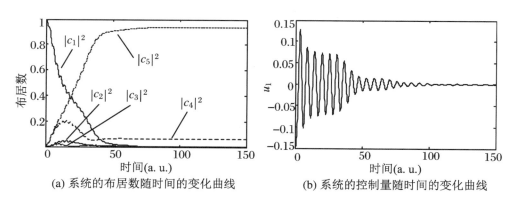

(a) 系统的布居数随时间的变化曲线　　　　(b) 系统的控制量随时间的变化曲线

图 4.5　基于状态间距离的李雅普诺夫方法在五能级系统上的仿真结果

2. 基于状态之间偏差的李雅普诺夫方法

容易验证,定理4.2中的条件并不能给出 $E_2 = \{|\psi_f\rangle\}$(不考虑全局相位).因此,基于偏差的李雅普诺夫方法中的控制场也不能保证控制系统对于目标态的渐近收敛性.取式(4.30)和式(4.31)中的比例系数 $K_0 = 0.15$,$K_1 = 0.15$,并选择时间步长 $\Delta t = 0.1$、控制时间 $t = 150$,系统的仿真结果如图4.6所示.

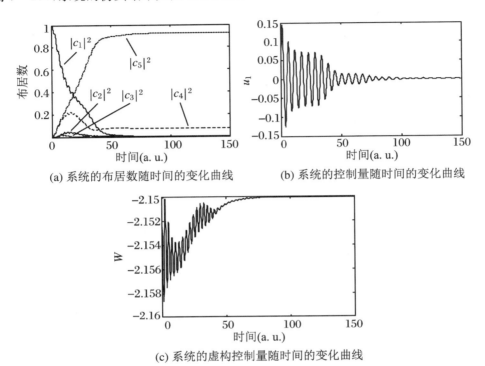

(a) 系统的布居数随时间的变化曲线　　　　(b) 系统的控制量随时间的变化曲线

(c) 系统的虚构控制量随时间的变化曲线

图4.6　基于偏差的李雅普诺夫方法在五能级量子系统上的仿真结果

3. 基于虚拟力学量均值的李雅普诺夫方法

根据定理4.3,除了目标态外,不变子集 D_1 中还存在对应于 P_4 的另一个本征态 $|\lambda_4\rangle$,因此这一方法仅能保证被控状态被渐近驱动到 D_1.然而,当固定 $P_1 = 1$,$P_2 = 1.2$,$P_3 = 1.3$,$P_4 = 0.9$ 后,通过给 P_f 指定一个适当的值,仍然可以得到从被控状态到目标态的一个高的转移概率.借助几次试探,最终构造出的虚拟力学量为 $P = \mathrm{diag}(1, 1.2, 1.3, 0.9, 0.6)$.取式(4.46)中的比例系数 $K_1 = 0.15$,式(4.60)中的初始扰动 $K'' = 0.1K_1$,并选择时间步长 $\Delta t = 0.1$、控制时间 $t = 300$,系统的仿真结果如图4.7所示.

量子系统控制理论与方法
Control Theory and Methods of Quantum Systems

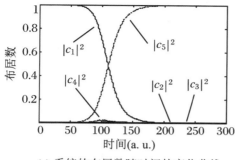
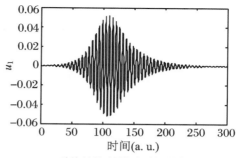

(a) 系统的布居数随时间的变化曲线　　　　　(b) 系统的控制量随时间的变化曲线

图 4.7　基于虚拟力学量均值的李雅普诺夫方法在五能级量子系统上的仿真结果

从仿真结果的图 4.5 至图 4.7 可以看出,基于距离的方法和基于偏差的方法仍然有类似的控制结果.对于此例,三种方法均不能实现控制系统对于目标态的完全转移.在每一种方法中,被控状态均被驱动到了本征态 $|\lambda_4\rangle$ 和 $|\lambda_5\rangle$ 所张成的子空间中.当控制场的函数形式及其比例系数被固定后,基于虚拟力学量均值的方法中的最终转移概率最大,而另外两种方法中的最终转移概率则比较小.数值结果表明,基于距离的方法和基于偏差的方法中的最终转移概率达到了 93.785%;而基于虚拟力学量均值的方法中的最终转移概率则达到了 99.955%,但其所用的控制时间较长,这是被构造的 P 的本征值比较大的结果.

4.4.2　三个李雅普诺夫函数之间的关系及其统一形式

在系统的刘维尔空间(即作用于系统状态空间上的有界线性算子的集合)中,任意两个算子 A 和 B 的内积定义为(Schirmer, et al., 1999;Kuang, Cong, 2008)

$$\langle\langle A \mid B \rangle\rangle = \mathrm{tr}(A^+ B) \tag{4.61}$$

状态空间中的纯态可以等价写为其密度算子的形式,即

$$\rho = |\psi\rangle\langle\psi|, \quad \rho_{\mathrm{f}} = |\psi_{\mathrm{f}}\rangle\langle\psi_{\mathrm{f}}| \tag{4.62}$$

因此,由式(4.61)中的内积诱导的 ρ 和 ρ_{f} 间的 Hilbert-Schmidt 距离就满足(Kuang, Cong, 2008)

$$d_{\mathrm{HS}}^2 = \langle\langle \rho - \rho_{\mathrm{f}} \mid \rho - \rho_{\mathrm{f}} \rangle\rangle$$

$$= \langle\langle(|\psi\rangle\langle\psi| - |\psi_f\rangle\langle\psi_f|)|(|\psi\rangle\langle\psi| - |\psi_f\rangle\langle\psi_f|)\rangle\rangle$$

$$= \mathrm{tr}(\rho + \rho_f - \langle\psi|\psi_f\rangle|\psi\rangle\langle\psi_f| - \langle\psi_f|\psi\rangle|\psi_f\rangle\langle\psi|)$$

$$= 2(1 - |\langle\psi_f|\psi\rangle|^2) \tag{4.63}$$

比较式(4.25)和式(4.63)右边的第一个等式,可以得出结论:V_1 和 V_2 在用等价的密度算子替换相应的纯态的意义上是等价的.

对于 V_3,如果取 $P = (1/2)(I - |\psi_f\rangle\langle\psi_f|)$,则 V_3 就退化为 V_1.因此,V_1 在形式上是 V_3 的一种特殊情形.

事实上,V_1,V_2 和 V_3 可以统一在下面的二次型李雅普诺夫函数中:

$$V = \langle\psi - \alpha\psi_f|Q|\psi - \alpha\psi_f\rangle \tag{4.64}$$

其中,$\alpha \in [0,1]$;Q 是一个厄米算子.在约束条件 $\langle\psi|\psi\rangle = 1$ 下,V 的临界点是下面函数的极值点:

$$V'(|\psi\rangle,\lambda) = \langle\psi - \alpha\psi_f|Q|\psi - \alpha\psi_f\rangle - \lambda(\langle\psi|\psi\rangle - 1) \tag{4.65}$$

其中,λ 是一个拉格朗日乘子.进一步,可计算出

$$0 = \frac{\partial V'}{\partial|\psi\rangle} = 2Q|\psi - \alpha\psi_f\rangle - 2\lambda|\psi\rangle \tag{4.66}$$

即

$$Q|\psi\rangle = \lambda|\psi\rangle + \alpha Q|\psi_f\rangle \tag{4.67}$$

一般情况下,上式是一个非齐次本征值问题,不容易求解.相应的控制律设计和稳定性分析也将是非常困难的.然而,人们可以考虑分别对应于 V_1,V_2 和 V_3 的三种特殊情况:

(1) $\alpha = 0$,$Q = \dfrac{1}{2}(I - |\psi_f\rangle\langle\psi_f|)$;

(2) $\alpha = 0$;

(3) $\alpha = 1$,$Q = \dfrac{1}{2}I$.

正如前面几节所讨论过的情况,方程(4.67)、相应的控制律设计和稳定性分析都比较容易处理.

4.4.3 三种方法的控制特性比较

考虑到前面的仿真实验,本节将在一个控制场的情况下,对本章的三种李雅普诺夫

方法进行比较,并假设下面三个条件成立:所讨论的系统是可控的;所选用的控制场的函数形式相同;比例系数尽可能相同.

第一,当 H_0 非退化时,基于距离的李雅普诺夫方法和基于偏差的李雅普诺夫方法在每个时刻的控制量的取值非常不同,但控制律随时间变化的总体趋势及其对系统布居数的控制结果基本一致,这是因为李雅普诺夫函数 V_1 和 V_2 是等价的,并且控制场的函数形式以及控制系统最大不变集的结构都非常类似.

第二,考虑非退化 H_0 的两个正交本征态间的驱动问题.通常情况下,H_0 的能量本征值并不为 0.因此,对于基于距离的方法和基于偏差的方法,只要条件 $\langle \psi_f | H_1 | \psi(0) \rangle \neq 0$ 成立,控制系统的被控状态就不会一直停留在初始态上.对于基于虚拟力学量均值的方法,只要条件 $\langle \psi_f | H_1 | \psi(0) \rangle \neq 0$ 成立,任何小的、非零、常值扰动都能驱使被控状态离开初始态.

第三,基于虚拟力学量均值的方法比另外两种方法更灵活,因为其中的虚拟力学量可以根据具体的控制要求灵活构造.李雅普诺夫函数 V_1(或 V_2)是 V_3 的一种特殊情形,也可以同样说明这一论断.进一步地,当比例系数和控制场的函数形式固定后,人们并不易于改变基于状态间距离和基于状态间偏差的方法中的控制律来实现对于目标态的最大转移,特别是对于系统在某一中间态上仅仅是李雅普诺夫意义上稳定的情况.而对于基于一个虚拟力学量均值的方法,人们总能设计出相应的控制器来实现向目标态的满意逼近.事实上,当控制系统在某个中间本征态上仅仅具有李雅普诺夫意义上的稳定时,可以设计能够自动调节虚拟力学量的控制器来实现最大的概率转移,即将对应于这个中间态的本征值调节为次小,对应于目标态的本征值仍然保持为最小.

4.5 向量控制律的设计

前面几节对于控制律的设计,均采用了控制律与相应的中间变量同号的特殊方式,这样的设计方式使控制量的取值范围受到了一定的限制.这一节将以基于状态之间距离的李雅普诺夫控制为例,利用向量处理方法从数学角度研究控制值的扩展问题;同时,还要研究这一处理方法是否会对控制系统的收敛性产生新的影响问题(匡森,丛爽,2006).当然,针对控制律设计的这一向量处理方法可以推广到基于偏差的方法和基于虚拟力学量均值的方法中,因为这仅仅是一个数学处理上的问题.

4.5.1 设计方法

为了能够设计出取值范围更大的控制律,现将式(4.14)中的所有控制分量 u_k 及相应的中间变量 $\mathrm{Im}(\mathrm{e}^{\mathrm{i}\angle\langle\psi|\psi_\mathrm{f}\rangle}\langle\psi_\mathrm{f}|H_k|\psi\rangle)$ 均写为下面的向量形式:

$$u = \begin{pmatrix} u_1 \\ u_2 \\ \vdots \\ u_r \end{pmatrix}, \quad I = \begin{pmatrix} I_1 \\ I_2 \\ \vdots \\ I_r \end{pmatrix} = \begin{pmatrix} \mathrm{Im}(\mathrm{e}^{\mathrm{i}\angle\langle\psi|\psi_\mathrm{f}\rangle}\langle\psi_\mathrm{f}\mid H_1\mid\psi\rangle) \\ \mathrm{Im}(\mathrm{e}^{\mathrm{i}\angle\langle\psi|\psi_\mathrm{f}\rangle}\langle\psi_\mathrm{f}\mid H_2\mid\psi\rangle) \\ \vdots \\ \mathrm{Im}(\mathrm{e}^{\mathrm{i}\angle\langle\psi|\psi_\mathrm{f}\rangle}\langle\psi_\mathrm{f}\mid H_r\mid\psi\rangle) \end{pmatrix} \tag{4.68}$$

这样,式(4.14)就变为

$$\dot{V}_1 = - \mid\langle\psi\mid\psi_\mathrm{f}\rangle\mid \cdot (u, I) \tag{4.69}$$

其中,$(,)$ 表示欧几里得空间 $\mathbf{R}^r$ 中的标准内积.

为了保证 $\dot{V}_1 \leqslant 0$,只要内积 $(u,I)\geqslant 0$ 即可.为此,需要引入一个参数 $\theta(t)$ 作为这两个向量间的夹角,显然只要 $0\leqslant\theta(t)<\dfrac{\pi}{2}$,就可保证 $(u,I)\geqslant 0$.根据内积的定义

$$(u, I) = \mid I\mid \cdot \mid u\mid \cdot \cos\theta(t) \tag{4.70}$$

其中,$(u, I) = u_1 I_1 + u_2 I_2 + \cdots + u_r I_r$;$\mid u\mid = \sqrt{u_1^2 + u_2^2 + \cdots + u_r^2}$;$\mid I\mid = \sqrt{I_1^2 + I_2^2 + \cdots + I_r^2}$.式(4.70)可显式写为

$$u_1 I_1 + u_2 I_2 + \cdots + u_r I_r = \sqrt{u_1^2 + u_2^2 + \cdots + u_r^2} \cdot \sqrt{I_1^2 + I_2^2 + \cdots + I_r^2} \cdot \cos\theta(t) \tag{4.71}$$

通过实时求解方程(4.71),就可以得到每个时刻的控制值.但为了计算方便,我们对式(4.71)进行下面的简化:

首先,当 $I(t)\neq 0$ 时,人们总可以令

$$\mid u(t)\mid = K(t) \cdot \mid I(t)\mid \tag{4.72}$$

其中,$K(t)>0$,代表控制向量 $u(t)$ 的可变比例系数,可由设计者确定.

其次,当 $I(t)=0$ 时,式(4.71)中的控制向量取值具有任意性.为了降低这种情况下控制向量取值的任意性,本节假定当 $I(t)=0$ 时,控制向量的模值也服从式(4.72),即 $u(t)=0$.根据这两种情况,我们可以将式(4.71)写为

$$u_1 I_1 + u_2 I_2 + \cdots + u_r I_r = K(t) \cdot |I|^2 \cdot \cos\theta(t), \quad 0 \leqslant \theta(t) < \frac{\pi}{2} \quad (4.73)$$

这样,同时满足式(4.72)和式(4.73)的控制场就是本节最终设计的控制场.显然,只要每个时刻的向量 $I(t)$ 给定,那么这一时刻的控制量就可以根据式(4.72)和式(4.73)完全确定了.

下面对本节所设计的控制场作两点说明:

第一,当系统只有一个控制分量时,条件 $\theta(t) = 0°$ 恒成立.于是,式(4.72)就简化为 $I_1 \cdot u_1 = K(t) \cdot I_1^2$,即 $u_1 = K(t) \cdot I_1$.由于比例系数 $K(t)$ 为可变的正实数,因此这种情况下控制场的取值等价于前面几节中特殊方式设计的控制场的取值.

第二,可以验证,式(4.15)中的控制场是式(4.72)和式(4.73)中控制场的一种特殊情形.事实上,将式(4.15)中的控制分量 u_k 和相应的中间变量 $I_k = \text{Im}(e^{i\angle\langle\psi|\psi_f\rangle}\langle\psi_f|H_k|\psi\rangle)$ 均写为向量的形式,并分别记为 u' 和 I'.考虑到式(4.15)中 u_k 和 I_k 的关系,可以知道:当存在 $k' \in \{1, 2, \cdots, r\}$ 使 $I_{k'} \neq 0$ 时,u' 和 I' 间的夹角 $\theta'(t)$ 必然满足 $0 \leqslant \theta'(t) < \frac{\pi}{2}$.因此,式(4.15)中的控制场是式(4.72)和式(4.73)中控制场的一种特殊情形.当然,式(4.72)和式(4.73)中的控制场的特殊情形并不唯一,例如

$$u = A(t)_{r \times r} \cdot I \quad (4.74)$$

其中,$A(t)_{r \times r}$ 是任意的 r 维含时的正定矩阵.

利用有关向量理论可以验证,式(4.74)也是式(4.72)和式(4.73)中控制场的一种特殊情形.因此,本节所设计的控制场的取值更具有一般性.

4.5.2 控制系统收敛性分析

本节仍然借用拉塞尔不变原理分析控制系统的渐近收敛性.下面证明命题 4.2 和命题 4.3 对于本节设计的控制场仍然成立,命题 4.4 的证明类似.

在本节所设计的控制场下,对命题 4.2 进行证明.

当系统经历无穷小时间间隔,即 $t = dt$ 时,有

$$|\psi(dt)\rangle \approx e^{-iHdt} |\psi(0)\rangle \approx (I - Hdt)|\psi(0)\rangle$$

因此

$$\langle\psi_f|\psi(dt)\rangle \neq 0 \iff \langle\psi_f|(I - iHdt)|\psi(0)\rangle \neq 0$$

$$\Leftrightarrow \quad \langle \psi_f \mid \sum_{k=1}^{r} u_k H_k \mid \psi(0) \rangle \neq 0$$

$$\Leftrightarrow \quad \sum_{k=1}^{r} u_k \langle \psi_f \mid H_k \mid \psi(0) \rangle \neq 0$$

上式中的 u_k 满足

$$\lim_{dt \to 0}(u(dt), I(dt)) = \lim_{dt \to 0} K(dt) \cdot \mid I(dt) \mid^2 \cdot \cos \theta(dt)$$

$$\lim_{dt \to 0} \mid u(dt) \mid = \lim_{dt \to 0} K(dt) \cdot \mid I(dt) \mid$$

即

$$(u(0), I(0)) = K(0) \cdot \mid I(0) \mid^2 \cdot \cos \theta(0)$$

$$\mid u(0) \mid = K(0) \cdot \mid I(0) \mid$$

其中

$$I(0) = \begin{bmatrix} \mathrm{Im}\langle \psi_f \mid H_1 \mid \psi(0) \rangle \\ \mathrm{Im}\langle \psi_f \mid H_2 \mid \psi(0) \rangle \\ \vdots \\ \mathrm{Im}\langle \psi_f \mid H_r \mid \psi(0) \rangle \end{bmatrix}$$

显然,只有当条件 $I(0) \neq 0$ 被满足时,$u(0) \neq 0$ 成立;等价地,有 $\sum_{k=1}^{r} u_k(0)\langle \psi_f \mid H_k \mid \psi(0) \rangle$ $\neq 0$ 成立.再由命题 4.1 可证得结论.证毕.

命题 4.2 的条件意味着 $u_k(0) = 0, k = 1, 2, \cdots, r$,因此系统自初始时刻起将以自由方式演化,故对于一个非常小的持续时间 $t' > 0$,系统的被控状态为 $\mid \psi(t') \rangle =$ $e^{-iH_0 t'} \mid \psi(0) \rangle = e^{-i\lambda_0 t'} \mid \psi(0) \rangle$.进一步地,考虑到 $\langle \psi_f | H_k | \psi(0) \rangle \in \mathbf{R}, k = 1, 2, \cdots, r$,可以得到

$$I(t') = \begin{bmatrix} \mathrm{Im}(e^{-i\lambda_0 t'}\langle \psi_f \mid H_1 \mid \psi(0) \rangle) \\ \mathrm{Im}(e^{-i\lambda_0 t'}\langle \psi_f \mid H_2 \mid \psi(0) \rangle) \\ \vdots \\ \mathrm{Im}(e^{-i\lambda_0 t'}\langle \psi_f \mid H_r \mid \psi(0) \rangle) \end{bmatrix} = \mathrm{Im}(e^{-i\lambda_0 t'}) \begin{bmatrix} \langle \psi_f \mid H_1 \mid \psi(0) \rangle \\ \langle \psi_f \mid H_2 \mid \psi(0) \rangle \\ \vdots \\ \langle \psi_f \mid H_r \mid \psi(0) \rangle \end{bmatrix}$$

$$= -\sin(\lambda_0 t') \begin{bmatrix} \langle \psi_f \mid H_1 \mid \psi(0) \rangle \\ \langle \psi_f \mid H_2 \mid \psi(0) \rangle \\ \vdots \\ \langle \psi_f \mid H_r \mid \psi(0) \rangle \end{bmatrix}$$

显然,当条件 $\mathrm{Re}(\langle\psi_{\mathrm{f}}|H_k|\psi(0)\rangle)\neq 0$ 对某个 $k\in\{1,2,\cdots,r\}$ 成立,且对应于初始态 $|\psi(0)\rangle$ 的 H_0 本征值 λ_0 非零时,在 t' 时刻的控制场向量满足 $u(t')\neq 0$.这样,就有

$$\langle\psi_{\mathrm{f}}\mid\psi(t'+\mathrm{d}t)\rangle=\langle\psi_{\mathrm{f}}\mid \mathrm{e}^{-\mathrm{i}\left(H_0+\sum\limits_{k=1}^r H_k u_k(t')\right)\mathrm{d}t}\mid\psi(t')\rangle$$

$$\approx \mathrm{e}^{-\mathrm{i}\lambda_0 t'}\mathrm{d}t\langle\psi_{\mathrm{f}}\mid\left(I-\mathrm{i}\left(H_0+\sum_{k=1}^r H_k u_k(t')\right)\right)\mid\psi(0)\rangle$$

$$=-\mathrm{i}\mathrm{e}^{-\mathrm{i}\lambda_0 t'}\mathrm{d}t\langle\psi_{\mathrm{f}}\mid\sum_{k=1}^r H_k u_k(t')\mid\psi(0)\rangle$$

$$=-\mathrm{i}\mathrm{e}^{-\mathrm{i}\lambda_0 t'}\mathrm{d}t\cdot(u(t'),I'')$$

$$\neq 0$$

其中,$I''=(\langle\psi_{\mathrm{f}}|H_1|\psi(0)\rangle\quad \langle\psi_{\mathrm{f}}|H_2|\psi(0)\rangle\quad\cdots\quad\langle\psi_{\mathrm{f}}|H_r|\psi(0)\rangle)^{\mathrm{T}}$.再次考虑命题 4.1,结论得证.证毕.

在本节所设计的控制场下,可以推证出控制系统对于目标态的渐近收敛性定理完全与定理 4.1 一致.因此,本节所设计的控制场仅在取值范围上加大了,而对稳定性并没有产生任何影响.

4.5.3　双控制场情况下的数值仿真

本小节将对两个控制场作用下的自旋 1/2 粒子系统进行数值仿真实验,以便验证本节方法的有效性.针对 4.1.4 小节讨论过的自旋 1/2 粒子系统,假设控制作用 $u_1(t)$ 和 $u_2(t)$ 分别在 x 轴和 y 轴方向上改变电磁场,且选取自旋为 σ_z 表象,于是系统的薛定谔方程为

$$\mathrm{i}\mid\dot{\psi}(t)\rangle=(H_0+u_1 H_1+u_2 H_2)\mid\psi(t)\rangle$$

其中,$H_0=\sigma_z=\begin{pmatrix}1&0\\0&-1\end{pmatrix}$;$H_1=\sigma_x=\begin{pmatrix}0&1\\1&0\end{pmatrix}$;$H_2=\sigma_y=\begin{pmatrix}0&-\mathrm{i}\\\mathrm{i}&0\end{pmatrix}$.

控制目标同样是驱动系统的被控状态 $|\psi\rangle$ 使之能在 H_0 的两个本征态 $|0\rangle=\begin{pmatrix}1\\0\end{pmatrix}$ 和 $|1\rangle=\begin{pmatrix}0\\1\end{pmatrix}$ 之间相互转换.现在假定系统的被控状态为 $|\psi\rangle=\begin{pmatrix}c_1\\c_2\end{pmatrix}$,初始态为 $|\psi(0)\rangle=|0\rangle$,目标态为 $|\psi_{\mathrm{f}}\rangle=|1\rangle$.

针对此例,命题 4.2 保证控制系统的被控状态不会停留在初始态上.进一步,根据定

理4.1,可以验证 $\begin{cases} \langle \psi_f | H_1 | \psi \rangle = 0 \\ \langle \psi_f | H_2 | \psi \rangle = 0 \end{cases}$ 的所有解都在目标态 $|\psi_f\rangle$ 的等价类内,因此控制系统对于目标态是渐近收敛的.

由于此系统含有两个控制场,为了减小控制量取值的自由度,这里通过将每一时刻的向量 $I(t) = \begin{bmatrix} \mathrm{Im}(\mathrm{e}^{\mathrm{i}\angle\langle\psi|\psi_f\rangle}\langle\psi_f|H_1|\psi\rangle) \\ \mathrm{Im}(\mathrm{e}^{\mathrm{i}\angle\langle\psi|\psi_f\rangle}\langle\psi_f|H_2|\psi\rangle) \end{bmatrix}$ 逆时针旋转 $\theta(t)\left(0 \leqslant \theta(t) < \dfrac{\pi}{2}\right)$ 角度所得向量的 $K(t)(K(t)>0)$ 倍作为该时刻的控制向量,即该时刻的所有控制分量值.选取 $K(t)=0.2$,$\theta(t)$ 在 $\left(0, \dfrac{\pi}{2}\right)$ 上随机取值、时间步长 $\Delta t = 0.01$、控制时间 $t=40$ 时的系统仿真结果如图4.8所示,其中,图4.8(a)是系统的布居数随时间 t 的变化曲线;图4.8(b)是控制量 u_1 随时间 t 的变化曲线;图4.8(c)是控制量 u_2 随时间 t 的变化曲线.从图4.8(b)和图4.8(c)可以看出:系统的控制量在每一时刻的取值具有一定的随机性,这是由 $\theta(t)$ 取值的随机性引起的.

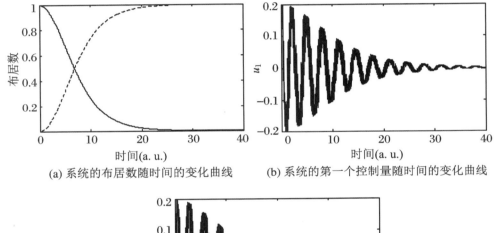

(a) 系统的布居数随时间的变化曲线　　(b) 系统的第一个控制量随时间的变化曲线

(c) 系统的第二个控制量随时间的变化曲线

图4.8　两个控制场情况下的李雅普诺夫方法在一个自旋 1/2 粒子系统上的仿真结果

量子系统控制理论与方法
Control Theory and Methods of Quantum Systems

由系统仿真实验结果图 4.8 可以看出,本节所设计的控制律也是有效的.进一步地,实验还表明,当把 $\theta(t)$ 固定为一个确定的角度时,同样可以达到预期的控制效果,并且控制量上的随机因素也会消失.理论和仿真实验均表明,本节借助向量处理方法设计的控制律的取值范围确实加大了.

第 5 章

基于李雅普诺夫的量子系统控制理论：一般态转移

李雅普诺夫方法是一种非常重要的设计方法，采用该方法进行量子控制的思想是构造一个合适的李雅普诺夫函数，利用李雅普诺夫稳定性定理，通过保证李雅普诺夫函数对时间的一阶导数不大于零来获得系统的控制律.第 4 章中提到的三种典型的李雅普诺夫函数分别为基于状态间距离的李雅普诺夫函数、基于力学量均值的李雅普诺夫函数和基于状态偏差的李雅普诺夫函数，不过第 4 章中的控制律都是在期望终态为本征态这一假设下得到的，只适应于目标状态为本征态的情况.本章将讨论一般状态的转移问题.

5.1　叠加态的驱动

基于李雅普诺夫理论的量子叠加态的驱动过程是通过先对系统状态方程进行幺正

变换,然后选取基于状态偏差的李雅普诺夫函数进行控制律的设计,这种方法不仅能使被控系统状态到达本征态,还可能到达任意指定的叠加态.

5.1.1　控制律的设计

纯态量子系统的数学模型可以用如下薛定谔方程来描述:

$$i\hbar \mid \dot{\psi} \rangle = H \mid \psi \rangle, \quad H = H_0 + H_C(t), \quad H_C(t) = \sum_{k=1}^{m} H_k u_k(t) \quad (5.1)$$

其中, H_0 为未受扰动的系统内部哈密顿量; $H_C(t)$ 为受微扰动的系统外部哈密顿量; H_0 , H_k 均为不含时的线性厄米算符,即 $H_k^+ = H_k, k = 0, 1, \cdots, m$,这里上标"+"表示共轭转置, $u_k(t)$ 是标量可实现实值控制场.将普朗克常数 $\hbar$ 设置为1.

算符 H_0 的本征值方程为

$$H_0 \mid \psi_n \rangle = \lambda_n \mid \psi_n \rangle \quad (5.2)$$

式(5.2)中, λ_n 称为算符 H_0 的本征值,相应的态矢 $\mid \psi_n \rangle$ 称为算符 H 属于本征值 λ_n 的本征态.对于所有的本征态 $\mid \psi_n \rangle$,张成一个希尔伯特空间,即有下式成立:

$$\mid \psi \rangle = \sum_n c_n \mid \psi_n \rangle \quad (5.3)$$

其中, $c_n \in \mathbf{C}$,且 $\sum_n \mid c_n \mid = 1$, $\mid c_n \mid$ 表示量子处在本征态 $\mid \psi_n \rangle$ 的概率.

量子系统控制研究的问题可以描述为状态转移问题,即给定一个初态和终态,如何寻找一个可实现的控制作用使系统从初态转移至终态.方程(5.1)所描述的系统在形式上是一个双线性系统,可以用经典控制领域中的双线性系统控制方法对其进行控制,如最优控制方法、李雅普诺夫方法等.这里采用李雅普诺夫方法来设计控制律.

采用李雅普诺夫方法设计控制律的优势是设计出的控制律能保证系统稳定,该方法的关键问题是如何选择合适的李雅普诺夫函数.一般来说,李雅普诺夫函数选取的不同会导致设计出的控制律不同以及控制效果的较大差别.利用状态偏差进行控制的思想在经典系统中的应用很普遍,它通过不断减小系统实际状态与期望状态间的偏差来实现期望的控制目标.这一思想可以用来处理量子系统控制问题.

基于状态偏差的李雅普诺夫函数为

$$V = \langle \psi - \psi_f \mid \psi - \psi_f \rangle \quad (5.4)$$

其中, $\mid \psi \rangle$ 为系统的实际状态; $\mid \psi_f \rangle$ 为控制的目标状态,假定为 H_0 的一个本征态,即满足

$H_0|\psi_f\rangle = \lambda_f|\psi_f\rangle$. 在 4.2 节中所讨论的系统模型与本节的式(5.1)稍有不同,为下面的形式:

$$\mathrm{i}|\dot{\psi}\rangle = \left(H_0 + \sum_{k=1}^{m}H_k u_k(t) + \omega I\right)|\psi\rangle \tag{5.5}$$

其中,ω 为一个新的实数标量控制场.可以验证,该模型的解是方程(5.1)的解与全局相位因子 $\mathrm{e}^{-\mathrm{i}\omega t}$ 之积.因此,ω 的引入可以调整全局相位,且不改变任何物理量(Mirrahimi,Rouchon,2004a;Mirrahimi,et al.,2005).V 对时间 t 的一阶导数为

$$\dot{V} = -2\sum_{k=1}^{m}\mathrm{Im}(\langle\psi_f|H_k|\psi\rangle)u_k - 2\mathrm{Im}(\langle\psi_f|(H_0 + \omega I)|\psi\rangle)$$

$$= -2\sum_{k=1}^{m}\mathrm{Im}(\langle\psi_f|H_k|\psi\rangle)u_k - 2(\lambda_f + \omega)\mathrm{Im}(\langle\psi_f|\psi\rangle) \tag{5.6}$$

式(5.6)中,"Im"表示取虚部,4.2 节中采用简易有效的控制场设计方式,取

$$\lambda_f + \omega = K_0 f_0(\mathrm{Im}(\langle\psi_f|\psi\rangle)) \tag{5.7}$$

$$u_k = K_k f_k(\mathrm{Im}(\langle\psi_f|H_k|\psi\rangle)), \quad k = 1,2,\cdots,m \tag{5.8}$$

其中,$K_k > 0$,$k = 0,1,\cdots,m$;函数 $y_k = f_k(x_k)$,$k = 0,1,\cdots,m$ 的图像单调通过 x_k-y_k 平面的原点且位于第一、三象限.

在 4.2 节中通过引入控制量 ω 调节全局相位来实现状态转移,但其有一定的局限性,即只能转移到系统固有哈密顿量的本征态.本节将通过调节局部相位来实现任意纯态的转移(Cong,Zhang,2008).

幺正变换在量子系统中起着重要的作用,正如我们在宏观系统中进行线性变换来简化计算一样,对量子态的操作过程可以通过幺正变换来方便我们的分析.假设 $|\psi(t)\rangle$ 满足薛定谔方程(5.1),作如下幺正变换:

$$|\psi(t)\rangle = U(t)|\tilde{\psi}(t)\rangle \tag{5.9}$$

其中,幺正矩阵 $U(t) = \mathrm{diag}(\mathrm{e}^{-\mathrm{i}\lambda_1 t},\mathrm{e}^{-\mathrm{i}\lambda_2 t},\cdots,\mathrm{e}^{-\mathrm{i}\lambda_n t})$,将式(5.9)代入式(5.1)得

$$\mathrm{i}|\dot{\tilde{\psi}}\rangle = \left(\tilde{H}_0 + \sum_{k=1}^{m}\tilde{H}_k u_k(t) - \Lambda\right)|\tilde{\psi}\rangle \tag{5.10}$$

其中,$\Lambda = \mathrm{diag}(\lambda_1,\lambda_2,\cdots,\lambda_n)$;$\tilde{H}_0 = U^+ H_0 U$;$\tilde{H}_k = U^+ H_k U$.由式(5.2)和式(5.9)可得

$$|\tilde{\psi}\rangle = \sum_n \tilde{c}_n|\tilde{\psi}_n\rangle \tag{5.11}$$

其中,$\tilde{c}_n = \mathrm{e}^{\mathrm{i}\lambda_n t}c_n$,则 $|\tilde{c}_n| = |c_n|$.

也就是说,方程(5.11)和式(5.1)描述了相同的物理系统(Boscain, et al., 2002). 为了书写简便,在下面的讨论中将不再区分$|\widetilde{\psi}\rangle$和$|\psi\rangle$.

下面针对方程(5.11)来设计控制律,李雅普诺夫函数仍然选取为式(5.4)的形式,V对时间的一阶导数为

$$\dot{V} = \langle \dot{\psi} \mid \psi - \psi_{\mathrm{f}}\rangle + \langle \psi - \psi_{\mathrm{f}} \mid \dot{\psi}\rangle \tag{5.12}$$

将方程(5.10)左右两边同除以 i 可得到如下形式:

$$\mid \dot{\psi}\rangle = -\,\mathrm{i}\Big(\widetilde{H}_0 + \sum_{k=1}^{m}\widetilde{H}_k u_k(t) - \Lambda\Big)\mid \psi\rangle \tag{5.13}$$

将式(5.13)代入式(5.12)可得

$$
\begin{aligned}
\dot{V} &= \langle \psi \mid \Big(-\,\mathrm{i}\widetilde{H}_0 - \mathrm{i}\sum_{k=1}^{m}\widetilde{H}_k u_k(t) + \mathrm{i}\Lambda\Big)^{+}\mid \psi - \psi_{\mathrm{f}}\rangle \\
&\quad + \langle \psi - \psi_{\mathrm{f}} \mid \Big(-\,\mathrm{i}\widetilde{H}_0 - \mathrm{i}\sum_{k=1}^{m}\widetilde{H}_k u_k(t) + \mathrm{i}\Lambda\Big)\mid \psi\rangle \\
&= 2\mathrm{Im}\Big(\langle \psi \mid \sum_{k=1}^{m}\widetilde{H}_k u_k(t)\mid \psi\rangle\Big) - 2\mathrm{Im}\Big(\langle \psi_{\mathrm{f}} \mid \Big(\widetilde{H}_0 + \sum_{k=1}^{m}\widetilde{H}_k u_k(t) - \Lambda\Big)\mid \psi\rangle\Big) \\
&= -\,2\mathrm{Im}\Big(\langle \psi_{\mathrm{f}} - \psi \mid \sum_{k=1}^{m}\widetilde{H}_k u_k(t)\mid \psi\rangle\Big) - 2\mathrm{Im}(\langle \psi_{\mathrm{f}} \mid (\widetilde{H}_0 - \Lambda)\mid \psi\rangle) \tag{5.14}
\end{aligned}
$$

又由于$|\psi_{\mathrm{f}}\rangle = \sum_{n}c_n\mid \psi_n\rangle$,且$\widetilde{H}_0\mid \psi_n\rangle = \lambda_n\mid \psi_n\rangle$,可推出 $\mathrm{Im}(\langle \psi_{\mathrm{f}} \mid (\widetilde{H}_0 - \Lambda)\mid \psi\rangle)$ $= 0$,则 $\dot{V}$ 的最终表达式为

$$\dot{V} = -\,2\sum_{k=1}^{m}u_k(t)\mathrm{Im}(\langle \psi_{\mathrm{f}} - \psi \mid \widetilde{H}_k \mid \psi\rangle) \tag{5.15}$$

考察式(5.15),为保证 $\dot{V}\leqslant 0$,最可靠的手段是令求和号中的每一项都非负,即要求 u_k 的符号与 $\mathrm{Im}(\langle \psi_{\mathrm{f}} - \psi|H_k|\psi\rangle)$ 的符号相反,u_k 可以选择为如下形式:

$$u_k = K_k \mathrm{Im}(\langle \psi_{\mathrm{f}} - \psi \mid \widetilde{H}_k \mid \psi\rangle) \tag{5.16}$$

其中 $K_k > 0$.

V 在 u_k 的作用下不断减小,当$|\psi\rangle = |\psi_{\mathrm{f}}\rangle$时,减小到 0,此时 $u_k = 0$,$\dot{V} = 0$,系统将稳定在终态$|\psi_{\mathrm{f}}\rangle$.

比较本节方法与 4.2 节中的方法,二者之间既有相似之处又有所区别:

第一,二者都是选取状态偏差作为李雅普诺夫函数,利用李雅普诺夫稳定性定理,

通过保证李雅普诺夫函数对时间的一阶导数不大于零来获得系统的控制律,当目标终态为系统固有哈密顿量的本征态时,都能得到在李雅普诺夫意义下的渐近稳定的控制结果.

第二,二者都对系统模型作了变换,4.2节中引入了一个新的、虚构的、实数范围内取值的标量控制场 ω,系统模型中引入的 ω 可以用来调节被控状态的全局相位,而不改变系统的概率分布值,本节对系统模型作了幺正变换,调整了被控对象的局部相位,但不改变系统的概率分布值.

第三,4.2节中变换不改变系统哈密顿量,而本节中变换改变了系统哈密顿量,对比式(5.8)和式(5.16),二者虽然表达形式相似,但式(5.8)中哈密顿量仍为系统原来的哈密顿量,而式(5.16)中 $\widetilde{H}_k$ 可能是含时的算符,实验中会比式(5.8)形式复杂.

第四,考察式(5.6),当系统期望终态不是系统固有哈密顿量的本征态时,$\mathrm{Im}\langle\psi_f|(H_0+\omega I)|\psi\rangle$ 的符号不能确定,因此不能得到在李雅普诺夫意义下的稳定的控制律,而式(5.14)中 $\mathrm{Im}\langle\psi_f|(\widetilde{H}_0-\Lambda)|\psi\rangle$ 恒等于0,与目标终态 $|\psi_f\rangle$ 取值无关,所以可以通过设计控制量 u_k 来获得任意期望终态.这个结果是由本节与4.2节中所满足的本征方程不同造成的,4.2节中系统所满足的本征方程为 $H_0|\psi_f\rangle=\lambda_f|\psi_f\rangle$,本节系统所满足的本征方程为式(5.2):$H_0|\psi_n\rangle=\lambda_n|\psi_n\rangle$.

5.1.2 数值仿真实验及其结果分析

自旋1/2粒子系统的数学模型是双线性的,而且可以构成双态量子位作为量子通信和量子计算的信息单元.因此选择这个典型例子作为研究对象,通过数值仿真来分析本节中提出的算法的性能.

假定自旋1/2粒子仅受一个控制场的作用,设控制作用 u_1 仅在 y 轴方向上改变电磁场,且选取自旋为 σ_z 表象,则系统的薛定谔方程为

$$\mathrm{i}|\dot{\psi}\rangle=(H_0+H_1u_1)|\psi\rangle \tag{5.17}$$

其中,$H_0=\sigma_z=\begin{pmatrix}1&0\\0&-1\end{pmatrix}$;$H_1=\sigma_y=\begin{pmatrix}0&-\mathrm{i}\\\mathrm{i}&0\end{pmatrix}$.$H_0$ 的本征值为 $\lambda_1=1,\lambda_2=-1$.

取幺正算符 $U=\mathrm{diag}(\mathrm{e}^{-\mathrm{i}t},\mathrm{e}^{\mathrm{i}t})$,作幺正变换后,系统方程(5.17)改写成如下形式:

$$\mathrm{i}|\dot{\psi}\rangle=(\widetilde{H}_0+\widetilde{H}_1u_1-\Lambda)|\psi\rangle \tag{5.18}$$

其中，$\tilde{H}_0 = U^+ H_0 U = \begin{pmatrix} 1 & 0 \\ 0 & -1 \end{pmatrix}$；$\tilde{H}_1 = U^+ H_1 U = \begin{pmatrix} 0 & -\mathrm{i}e^{2\mathrm{i}t} \\ \mathrm{i}e^{-2\mathrm{i}t} & 0 \end{pmatrix}$.

5.1.2.1　目标态为本征态

假设系统初态为 $|\psi_0\rangle = |0\rangle = \begin{pmatrix} 1 \\ 0 \end{pmatrix}$，期望终态为 $|\psi_f\rangle = |1\rangle = \begin{pmatrix} 0 \\ 1 \end{pmatrix}$. 由式(3.16)可得

$$u_1 = K_1 \mathrm{Im}(\langle \psi_f - \psi \mid \tilde{H}_1 \mid \psi \rangle) \tag{5.19}$$

下面通过具体对系统(5.18)的数值仿真，来分析参数 K_1 的大小对系统状态转移过程中花费的时间长短所起的作用和影响. 实验中采样周期 $T = 0.01$ a.u.，调节 K_1，$|c_2|^2 = 0.995$ 时，得到的结果如表5.1所示.

表 5.1　参数 K_1 变化时的仿真结果

仿真次序	K_1	u_1 变化范围	转移时间(a.u.)
1	0.5	$(-0.47, 0.5)$	13.09
2	1	$(-0.78, 1.0)$	6.57
3	2	$(-0.98, 2.0)$	3.47

由表5.1可见，随着 K_1 的增加，状态转移过程所花费的时间明显减少. 在本节所进行的计算机数值仿真中，$K_1 = 2$ 时，时间最短为 3.47 s；但是较大的 K_1 会引起较大的控制量幅值. 因此，如果想要以较短的控制时间获得期望终态，就需要付出较大的控制量作为代价，在实际应用中应该折中考虑控制时间长度和控制量幅值.

当选取控制律参数为 $K_1 = 2$ 时，对自旋 1/2 系统的计算机仿真结果作图，如图5.1所示.

从图5.1(a)中可以看出，初始时刻状态处在 $|0\rangle$ 态的概率为 1，处在 $|1\rangle$ 态的概率为 0，随后处在 $|0\rangle$ 态的概率逐渐减小并趋于 0，而处在 $|1\rangle$ 态的概率逐渐增大并趋于 1，但在任意时刻都有 $|c_1|^2 + |c_2|^2 = 1$ 成立，即概率守恒. 从图5.1(b)中可以看出，系统趋向期望状态时，控制量 u_1 趋于 0，并保持为 0，此时系统的终态能够持续稳定在期望状态上. 从图5.1(c)中可以看出，$t = 3.47$ a.u. 时，基本达到 $V = 0$，即完成了状态转移.

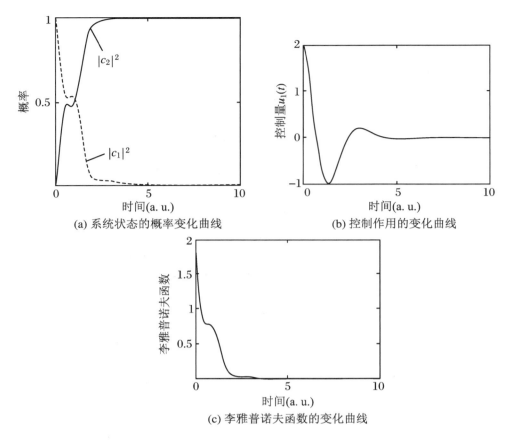

(a) 系统状态的概率变化曲线

(b) 控制作用的变化曲线

(c) 李雅普诺夫函数的变化曲线

图 5.1　$K_1 = 2$ 时终态为本征态的仿真结果

5.1.2.2　目标态为叠加态

假设上述自旋 1/2 系统初始状态仍为 $|\psi_0\rangle = |0\rangle = \begin{pmatrix} 1 \\ 0 \end{pmatrix}$，而期望终态为 $|\psi_\mathrm{f}\rangle = \dfrac{1}{\sqrt{2}}(|0\rangle + |1\rangle)$，这里期望终态不再是系统固有哈密顿量的本征态，而是叠加态. 控制量表达式不变，仍采用式(5.19)，仿真中采样周期 $T = 0.01\ \mathrm{a.\,u.}$，$K_1 = 2$，仿真曲线如图 5.2 所示.

从图 5.2(a)中可以看出，系统以相同概率 1/2 转移到 $|0\rangle$ 态和 $|1\rangle$ 态. 图 5.2(b)给出了控制量 u_1 随时间变化的曲线，当系统趋于期望状态时，控制量 u_1 趋于 0，使得系统的状态能够保持在期望终态上. 图 5.2(c)表示李雅普诺夫函数变化曲线，在整个演化过程中，李雅普诺夫函数值逐渐减小并趋于 0.

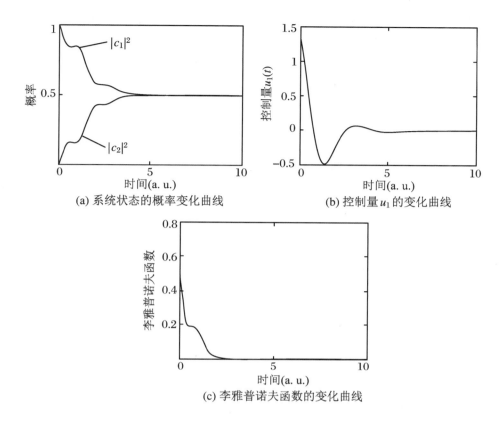

(a) 系统状态的概率变化曲线

(b) 控制量 u_1 的变化曲线

(c) 李雅普诺夫函数的变化曲线

图 5.2　$K_1 = 2$ 时终态为叠加态的仿真曲线

5.2　纯态的最优控制

最优控制是经典控制理论中非常重要的内容,把最优控制方法应用到量子系统已经成为一个非常热门的研究方向.在核磁共振和化学反应等量子系统中,有很多实际问题需要使用最优控制理论来解决.无疑,最优控制技术是实现量子系统控制的一条重要途径,但目前提出的最优控制律通常是通过复杂的数值迭代算法获得的,不便于实际操作与实现.

Benallou 等人在 1988 年提出一种最优化稳定控制器设计方法,用该方法设计的双线性系统控制律是全局渐近稳定的,并能保证选取的广义二次型形式的性能指标最小.

该方法的最大优点是不需要迭代求解. 纯态量子系统的状态方程在形式上是一个双线性系统. 本节把 Benallou 等人提出的宏观领域中的设计思想应用于微观领域中的纯态量子系统中, 分别针对目标态是本征态和任意叠加态的情况设计控制律(Zhang, Cong, 2008; Cong, Zhang, 2008).

5.2.1　控制律的设计

5.2.1.1　目标态为本征态

在量子化学中, 目标态通常是系统内部哈密顿量的一个本征态, 这里首先讨论该情况的控制. 被控系统数学模型选择为方程(5.5), 并假定目标态 $|\psi_f\rangle$ 满足条件 $H_0|\psi_f\rangle = \lambda_f|\psi_f\rangle$. 为方便计算, 方程(5.5)中取 $\omega = -\lambda_f$, 为常值, 于是可得 $(H_0 + \omega I)|\psi_f\rangle = 0$.

方程(5.5)所描述的系统模型在形式上是一个双线性系统, 因此可以采用 Benallou 等人提出的最优稳定控制方法设计控制律. 尽管也可以用复数状态空间研究量子系统, 但是为便于分析和计算, 这里用实数空间来描述. 为了得到方程(5.5)的实数状态空间的系统方程, 需要将方程(5.5)的系数矩阵以及状态的实部和虚部分离. 令

$$|\psi\rangle = (x_1 + ix_{n+1} \quad x_2 + ix_{n+2} \quad \cdots \quad x_n + ix_{2n})^T$$

由方程(5.5)两边的实部、虚部分别相等, 得到如下关于实向量 x 的状态空间方程:

$$\dot{x} = \left(A + \sum_{i=1}^m B_i u_i(t)\right)x \tag{5.20}$$

其中, $A = \begin{bmatrix} \mathrm{Im}(H_0 + \omega I) & \mathrm{Re}(H_0 + \omega I) \\ -\mathrm{Re}(H_0 + \omega I) & \mathrm{Im}(H_0 + \omega I) \end{bmatrix}$; $B_i = \begin{bmatrix} \mathrm{Im}(H_i) & \mathrm{Re}(H_i) \\ -\mathrm{Re}(H_i) & \mathrm{Im}(H_i) \end{bmatrix}$; A, B_i 均为斜对称矩阵, 即满足 $A + A^T = O, B_i + B_i^T = O$, 而且由 $(H_0 + \omega I)|\psi_f\rangle = 0$ 可得 $Ax_f = 0$. 此时实数状态空间的维数变为 $2n$.

状态方程(5.20)的最优控制律由下面的定理 5.1 给出:

定理 5.1　对于系统的状态方程(5.20), 给定如下性能指标:

$$J = \frac{1}{2}\int_0^\infty \left(\sum_{i=1}^m \frac{1}{r_i}((x - x_f)^T PB_i x)^2 + u^T Ru\right)dt \tag{5.21}$$

式中, $u = (u_1 \quad u_2 \quad \cdots \quad u_m)^T$, R 是对角矩阵, 其元素均大于零, 即 $r_i > 0, i = 1, 2, \cdots, m$, P 为正定对称矩阵, 并满足方程

$$PA + A^{\mathrm{T}}P = 0 \tag{5.22}$$

则存在最优控制律

$$u_i^* = -\frac{1}{r_i}(x - x_{\mathrm{f}})^{\mathrm{T}}PB_ix, \quad i = 1,2,\cdots,m \tag{5.23}$$

保证系统(5.20)稳定,并使性能指标(5.21)最小.

证明 (1) 稳定性.选择如下李雅普诺夫函数:

$$V(x) = \frac{1}{2}(x - x_{\mathrm{f}})^{\mathrm{T}}P(x - x_{\mathrm{f}}) \tag{5.24}$$

$V(x)$对时间的一阶导数为

$$\dot{V}(x) = (x - x_{\mathrm{f}})^{\mathrm{T}}P\dot{x} \tag{5.25}$$

将式(5.20)代入式(5.25)可得

$$\dot{V}(x) = (x - x_{\mathrm{f}})^{\mathrm{T}}PAx + \sum_{i=1}^{m}(x - x_{\mathrm{f}})^{\mathrm{T}}PB_iu_i(t)x \tag{5.26}$$

由于$PA + A^{\mathrm{T}}P = O$ 及$Ax_{\mathrm{f}} = 0$,可得$(x - x_{\mathrm{f}})^{\mathrm{T}}PAx = \frac{1}{2}x^{\mathrm{T}}(PA + A^{\mathrm{T}}P)x + (Ax_{\mathrm{f}})^{\mathrm{T}}Px = 0$,则式(5.26)可写为

$$\dot{V}(x) = \sum_{i=1}^{m}(x - x_{\mathrm{f}})^{\mathrm{T}}PB_iu_i(t)x \tag{5.27}$$

将式(5.23)代入式(5.27)可得

$$\dot{V}(x) = -\sum_{i=1}^{m}\frac{1}{r_i}((x - x_{\mathrm{f}})^{\mathrm{T}}PB_ix)^2 \leqslant 0 \tag{5.28}$$

且当在 $x = x_{\mathrm{f}}$ 时,$\dot{V}(x) = 0$.

根据李雅普诺夫稳定性定理可知,式(5.23)形式的控制律能保证系统(5.20)稳定.下面来证明式(5.23)形式的控制律也能使性能指标(5.21)最小,即为最优控制律.

(2) 最优性.系统的哈密顿函数为

$$H(x,u) = L(x,u) + V_x(x)\Big(Ax + \sum_{i=1}^{m}u_iB_ix\Big) \tag{5.29}$$

式中,$L(x,u) = \frac{1}{2}\sum_{i=1}^{m}\frac{1}{r_i}((x - x_{\mathrm{f}})^{\mathrm{T}}PB_ix)^2 + \frac{1}{2}u^{\mathrm{T}}Ru$,$V_x = \Big(\frac{\partial V}{\partial x}\Big)^{\mathrm{T}} = (x - x_{\mathrm{f}})^{\mathrm{T}}P$. Athans 和 Falb 给出最优性的充分条件是

$$\min_{u \in \mathbf{R}^m} H(x, u) = 0 \tag{5.30}$$

由式(5.29),有

$$\left(\frac{\partial H}{\partial u_i}\right) = r_i u_i + (x - x_f)^T P B_i x \tag{5.31}$$

将式(5.23)代入式(5.31),得$\frac{\partial H}{\partial u_i} = 0$,再将式(5.23)代入式(5.30),可得

$$H(x, u^*) = \frac{1}{2} \sum_{i=1}^{m} \frac{1}{r_i} ((x - x_f)^T P B_i x)^2 + \frac{1}{2} \sum_{i=1}^{m} \frac{1}{r_i} ((x - x_f)^T P B_i x)^2$$

$$+ \frac{1}{2} x^T (PA + A^T P) x + (Ax_f)^T Px - \sum_{i=1}^{m} \frac{1}{r_i} ((x - x_f)^T P B_i x)^2$$

$$= \frac{1}{2} x^T (PA + A^T P) x + (Ax_f)^T Px \tag{5.32}$$

又由于 $Ax_f = 0$,且 P 满足 $PA + A^T P = O$,则 $H(x, u^*) = 0$.

因此,控制律(5.23)为最优控制律,能使性能指标(5.21)最小.定理5.1证毕.

定理 5.1 的说明:

(1) 式(5.21)中的性能指标 J 为一个广义二次型形式性能指标,其中积分项 $\frac{1}{2} \int_0^\infty \sum_{i=1}^{m} \frac{1}{r_i} ((x - x_f)^T P B_i x)^2 \mathrm{d}t$ 反映了系统在控制过程中的状态误差的累积,积分项 $\frac{1}{2} \int_0^\infty u^T R u \mathrm{d}t$ 反映了整个控制过程中所消耗的控制能量.

(2) 从证明的过程可以看出,$PA + A^T P = O$ 是保证性能指标(5.21)为最小必须满足的条件.在 Benallou 等人的方法中,被控系统状态方程是宏观中的双线性系统,且系数矩阵 A 为 Hurwitz 阵,在他们的方法中,P 满足李雅普诺夫方程 $PA + A^T P = -Q$,其中 Q 为正定对称矩阵.而本节所研究的是微观中的量子系统,其哈密顿算符为厄米算符,转换成实数空间状态方程后,系数矩阵 A 为斜对称矩阵,即满足 $A + A^T = O$,因此本节中 P 需满足 $PA + A^T P = O$.

(3) 在定理 5.1 的最优控制律及性能指标中,加权矩阵 R 可以独立选择,正定矩阵 P 则需通过求解方程(5.22)来确定.方程(5.22)的解不唯一,由于控制律(5.23)的非线性性质,参数 P 对控制效果的影响很难通过数学方法来精确地分析,然而可以利用计算机数值仿真来定性地分析,通过仿真过程中对参数的调节来获得满意的控制效果.

具体地,可以采用下述步骤来设计量子系统的最优控制律:

(1) 选择控制向量加权矩阵 $R = \mathrm{diag}\{r_i\}$,$r_i > 0$,$i = 1, 2, \cdots, m$;

(2) 根据方程 $PA + A^T P = O$ 求出正定矩阵 P;

量子系统控制理论与方法
Control Theory and Methods of Quantum Systems

（3）由式(5.23)获得最优稳定控制律.

针对量子系统状态方程(5.5),由定理5.1设计的控制律只适用于期望终态为本征态的情况.在量子通信过程中,往往需要制备叠加态,这时采用控制律(5.23)将无法达到控制目标.基于该情况,下面采用另外一种量子系统状态方程表达形式设计控制律来使系统到达任意叠加态.

5.2.1.2　目标态为叠加态

考虑纯态量子系统状态方程(5.1),通常系统自由哈密顿量 H_0 为对角型,即 $H_0 = \text{diag}(\lambda_1, \lambda_2, \cdots, \lambda_n)$.这种情况下,经过幺正变换(5.9)后, $\widetilde{H}_0 = U^+ H_0 U = H_0$, H_0 被 Λ 抵消.因此,方程(5.10)变为如下形式:

$$\mathrm{i} \mid \dot{\widetilde{\psi}} \rangle = \sum_{i=1}^{m} \widetilde{H}_i u_i(t) \mid \widetilde{\psi} \rangle \tag{5.33}$$

令 $|\psi\rangle = (x_1 + \mathrm{i}x_{n+1} \quad x_2 + \mathrm{i}x_{n+2} \quad \cdots \quad x_n + \mathrm{i}x_{2n})^{\mathrm{T}}$,得到方程(5.34)的实数状态空间上的系统方程

$$\dot{x} = \sum_{i=1}^{m} \widetilde{B}_i u_i(t) x \tag{5.34}$$

其中, $\widetilde{B}_i = \begin{bmatrix} \text{Im}(\widetilde{H}_i) & \text{Re}(\widetilde{H}_i) \\ -\text{Re}(\widetilde{H}_i) & \text{Im}(\widetilde{H}_i) \end{bmatrix}$, $\widetilde{B}_i$ 为斜对称矩阵,即满足 $\widetilde{B}_i + \widetilde{B}_i^{\mathrm{T}} = O$.状态方程

(5.34)的最优控制律由下面的定理5.2给出:

定理 5.2　对于系统的状态方程(5.34),给定如下形式的性能指标:

$$J = \frac{1}{2} \int_0^{\infty} \left(\sum_{i=1}^{m} \frac{1}{r_i} ((x - x_{\mathrm{f}})^{\mathrm{T}} P \widetilde{B}_i x)^2 + u^{\mathrm{T}} R u \right) \mathrm{d}t \tag{5.35}$$

式中, $u = (u_1 \quad u_2 \quad \cdots \quad u_m)^{\mathrm{T}}$, R 是对角矩阵,其对角元素均大于零,即 $r_i > 0$, $i = 1, 2, \cdots, m$, P 为正定对称矩阵.则存在最优控制律

$$u_i^* = -\frac{1}{r_i} (x - x_{\mathrm{f}})^{\mathrm{T}} P \widetilde{B}_i x, \quad i = 1, 2, \cdots, m \tag{5.36}$$

保证系统(5.34)稳定,并使性能指标(5.35)最小.

定理5.2的证明方法与定理5.1类似,这里不再重复.对比控制律(5.36)和(5.16),会发现式(5.16)是式(5.36)中 $P = I$ 时的特殊情况.这并不矛盾,这是由于满足式(5.15)要求的控制律形式有很多,当选取式(5.16)这种特殊形式的控制律时,恰好能优化式

(5.35)这种形式的性能指标.李雅普诺夫方法与最优控制方法并没有绝对的界限.在最优控制中,性能指标的选取是很重要的,不同的性能指标将导致不同的控制律,而李雅普诺夫函数本身就可以作为性能指标来考虑.

比较定理 5.1 与定理 5.2 给出的控制律设计过程可以得到如下结论:

(1) 定理 5.1 与定理 5.2 针对的模型不同,定理 5.1 针对模型(5.5),即在量子系统的薛定谔方程(5.1)中引入了一个新的、虚构的、实数范围内取值的标量控制场 ω,ω 可以用来调节被控状态的全局相位,而不改变系统的概率分布值.定理 5.2 针对模型(5.33),即对薛定谔方程(5.1)作了幺正变换,调整了被控对象的局部相位,但不改变系统的概率分布值.

(2) 定理 5.1 只适用于目标终态为本征态的情况,且正定矩阵 P 需由方程(5.22)确定.而模型(5.33)中变换消除了漂移项,定理 5.2 适用于目标终态为任意纯态的情况,且加权矩阵 P 可以独立选择.

(3) 模型(5.5)中变换不改变系统哈密顿量,而模型(5.33)中变换改变了系统哈密顿量;对比控制律(5.23)和控制律(5.36),二者表达形式相似,但(5.23)中 B_i 为不含时间的常数矩阵,而(5.36)中 $\tilde{B}_i$ 是时变矩阵,实验中采用控制律(5.36)会比采用控制律(5.23)复杂.

下面将通过一个具体的量子系统例子来分析最优稳定控制律的设计方法以及控制律中各参数的影响.

5.2.2　数值仿真实验及其结果分析

这里仍然以自旋 1/2 粒子为例,假设系统初态为 $|\psi_0\rangle = |0\rangle = \begin{bmatrix} 1 \\ 0 \end{bmatrix}$,期望终态为 $|\psi_f\rangle$ $= |1\rangle = \begin{bmatrix} 0 \\ 1 \end{bmatrix}$.引入控制量 ω 后,方程(5.17)可以写为

$$\mathrm{i} \,|\dot{\psi}\rangle = (H_0 + H_1 u_1 + \omega I) \,|\psi\rangle \tag{5.37}$$

对于方程(5.37),令 $|\psi\rangle = (x_1 + \mathrm{i}x_3 \quad x_2 + \mathrm{i}x_4)^{\mathrm{T}}$,则 $|c_1|^2 = x_1^2 + x_3^2$,$|c_2|^2 = x_2^2 + x_4^2$,可以得到如下关于实向量 x 的状态方程:

$$\dot{x} = (A + B_1 u_1(t))x \tag{5.38}$$

其中，$A = \begin{pmatrix} 0 & 0 & 2 & 0 \\ 0 & 0 & 0 & 0 \\ -2 & 0 & 0 & 0 \\ 0 & 0 & 0 & 0 \end{pmatrix}$；$B_1 = \begin{pmatrix} 0 & -1 & 0 & 0 \\ 1 & 0 & 0 & 0 \\ 0 & 0 & 0 & -1 \\ 0 & 0 & 1 & 0 \end{pmatrix}$；且 $x_0 = (1 \quad 0 \quad 0 \quad 0)^T$，

$x_f = (0 \quad 1 \quad 0 \quad 0)^T$.

由定理 5.1 性能指标选为 $J = \dfrac{1}{2}\displaystyle\int_0^\infty \left(\dfrac{1}{r_1}((x - x_f)^T P B_1 x)^2 + r_1 u_1^2 \right) \mathrm{d}t$，式(5.23)
可得最优控制律为

$$u_1^* = -\frac{1}{r_1}(x - x_f)^T P B_1 x \tag{5.39}$$

其中，P 满足方程 $PA + A^T P = O$，且方程的解不唯一.

数值仿真前首先分析式(5.39)中参数 P 和 r_1 对控制律的影响. 当参数选择为 P_0 和 r_{01} 时，控制律可以写为 $u_{01} = -\dfrac{1}{r_{01}}(x - x_f)^T P_0 B_1 x$，这里 $P_0 A + A^T P_0 = O$. 当参数选择为 P_1 和 r_{11} 时，这里 $r_{11} = \alpha r_{01}$，$P_1 = \alpha P_0$，$\alpha > 0$，则 P_1 满足 $P_1 A + A^T P_1 = O$，此时的控制律为

$$u_{11} = -\frac{1}{r_{11}}(x - x_f)^T P_1 B_1 x = -\frac{1}{\alpha r_{01}}(x - x_f)^T \alpha P_0 B_1 x = u_{01} \tag{5.40}$$

由此可见，P 和 r_1 同时乘上相同的因子不改变控制律(5.40)的数值，因此可以只考察参数 P 对控制效果的影响. 仿真中，选择采样时间 $T = 0.01\,\mathrm{s}$，固定 $r_1 = 1$，改变 P 的取值，在 $|c_2|^2 = 0.995$ 时，得到的结果如表 5.2 所示.

表 5.2　选择不同 P 时的仿真结果

仿真次序	P	u_1 变化范围	转移时间(s)	性能指标 J
1	diag(1,1,1,1)	$(-0.78, 1.00)$	6.57	1.00
2	diag(2,2,2,2)	$(-0.98, 2.00)$	3.47	2.00
3	diag(2,1,2,1)	$(-1.09, 1.10)$	3.69	1.49
4	diag(1,2,1,2)	$(-0.79, 2.00)$	6.06	1.51

由表 5.2 可以看出：① 同时增大 P 中所有元素，可以缩短转移时间，但会增大控制量和性能指标，即整个控制过程中所消耗的控制能量会增加；② 如果只增大 P 中部分元素，则会同时影响 $|c_1|$ 和 $|c_2|$ 的数值，这是由式(5.39)的控制律的非线性特性导致的.

在 5.1 节中，没有考虑性能指标，只根据李雅普诺夫稳定性定理得到 $u_1 = -K_1 \mathrm{Im}(\langle \psi - \psi_f | H_1 | \psi \rangle)$（参见式(5.16)），该控制律中只含有一个参数 K_1，增大 K_1 会

缩短转移时间,但需要付出较大的控制量作为代价.而本节中控制律含有两个参数 P 和 K_1,与 5.1 节中控制律的最大区别是同时考虑了转移时间和控制量的大小,能使给定的性能指标最小.因此,可以在满足 $PA + A^{\mathrm{T}}P = O$ 的条件下合理选择矩阵 P,以较小的控制量实现较快的状态转移.

通过数次计算机数值仿真实验,$P = \mathrm{diag}(2,1,2,1)$ 时效果最好.利用该情况下的仿真结果作图,得到图 5.3.图 5.3(a)是系统状态的概率变化曲线,从图5.3(a)中可以看出,在任意时刻,都有 $|c_1|^2 + |c_2|^2 = 1$ 成立,即概率守恒.图 5.3(b)是最优控制量 u_1^* 的变化曲线,从图5.3(b)中可以看出,系统到达期望状态时,控制量 u_1^* 趋于 0,并保持在 0上,此时系统的终态能够保持在期望状态上.图 5.3(c)是性能指标 J 随时间的变化曲线,$t = 3.69\,\mathrm{s}$ 时,$J = 1.49$ 并基本上不再变化,即完成了系统状态的转移.

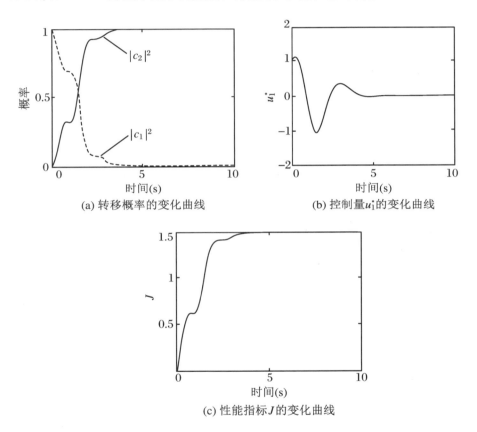

(a) 转移概率的变化曲线　　　　　　　　(b) 控制量u_1^*的变化曲线

(c) 性能指标J的变化曲线

图 5.3　最优李雅普诺夫控制在自旋 1/2 粒子系统上的仿真结果

采用定理 5.2 中的方法进行目标态为叠加态的数值仿真,其过程与 5.1.2.2 小节中的情形类似,最大的区别就是它可以通过调节 P 使得性能指标最优,这里不再赘述.由定

量子系统控制理论与方法
Control Theory and Methods of Quantum Systems

理 5.2 中的方法也可以实现终态为本征态的转移,考虑到实际需要和操作的难易程度,当只需要制备本征态时,采用定理 5.1 中的方法操作更简便,因而无需使用定理 5.2 中的方法.当需要制备叠加态时,定理 5.1 中的方法不能达到要求,此时可以采用定理 5.2 中的方法.

5.3 混合态的最优控制

混合态的产生有两个原因:一个原因是量子系统与环境相互作用,出现耗散现象,此时密度矩阵的演化不再是幺正的;另一个原因是大量处于不同纯态的同种粒子的非相干混合,即统计平均上的混合,从这样的纯态序列系综来看一个给定的混合态,就是将这些纯态密度矩阵按给定的概率非相干相加,成为一个单一的混合态矩阵.所研究的工作仅限于不受环境影响的封闭量子系统,因此,本章讨论的混合态均指系综混合态.本节旨在将 5.2 节中薛定谔方程描述的纯态量子系统的最优控制方法拓展到刘维尔方程描述的混合态量子系统情况.

5.3.1 混合态的描述

量子力学系统状态的描述方式有很多种.当系统处于不与环境发生作用的纯态时,系统的状态能够由依照薛定谔方程演化的波函数来描述.我们也可以用密度算符 $\hat{\rho}(t)$ 来描述系统的状态,它不仅能表示纯态也能表示混合态.在希尔伯特空间上起作用的密度算符 $\hat{\rho}(t)$ 遵循刘维尔方程演化:

$$i\hbar \frac{\partial}{\partial t}\hat{\rho}(t) = [\hat{H}(t), \hat{\rho}(t)], \quad \hat{H}(t) = \hat{H}_0 + \sum_{m=1}^{M} f_m(t)\hat{H}_m \qquad (5.41)$$

其中,$\hat{H}_0$ 是系统内部(或自由)哈密顿量;$\hat{H}_m$ 是控制场与系统间的相互作用哈密顿量,它们都被假定为不含时的.$f_m(t)$ 是容许实值外部控制场.令普朗克常量 $\hbar = 1$.系统的观测量用希尔伯特空间中的厄米算符 $\hat{A}$ 表示.它的期望值或系综平均值定义为 $\langle \hat{A}(t) \rangle =$ tr$(\hat{A}\hat{\rho}(t))$.

希尔伯特空间上的有界线性算符 $\hat{A}$ 的集合形成自身的希尔伯特空间,通常被称为刘维尔空间.希尔伯特空间中的每一个线性算符 $\hat{A}$ 对应一个刘维尔空间中的矢量 $|A\rangle\rangle$,称为刘维尔右矢.给定一个 $\hat{A}$ 的关于希尔伯特空间中基 $\{|n\rangle, n = 1, 2, \cdots\}$ 的矩阵表示,通过重排矩阵元素成为一个列矢量,可以获得关于刘维尔基相应的刘维尔空间表示.希尔伯特空间中的特殊算符与刘维尔空间矢量关联如下:$\hat{A} \leftrightarrow |A\rangle\rangle$,$|i\rangle\langle j| \leftrightarrow |ij\rangle\rangle$,$I \leftrightarrow |I\rangle\rangle$.对于希尔伯特空间中的标准正交基的 $|i\rangle$ 有 $|I\rangle\rangle = \sum_i |ii\rangle\rangle$,$\hat{A} = \sum_{ij} A_{ij} |i\rangle\langle j| \leftrightarrow \sum_{ij} A_{ij} |ij\rangle\rangle$,$|A\rangle\rangle$ 的对偶是刘维尔左矢 $\langle\langle A|$,它的矩阵表示是一个行矢量.刘维尔空间中的内积通过与希尔伯特空间中的迹运算相结合来定义:$\langle\langle A|B\rangle\rangle = \mathrm{tr}(\hat{A}^\dagger \hat{B})$,这里 $\hat{A}^\dagger$ 表示 $\hat{A}$ 的厄米共轭.容易证明,如果 $|A\rangle\rangle \doteq (A_1 \quad A_2 \quad \cdots \quad A_{N^2})^{\mathrm{T}}$,$|B\rangle\rangle \doteq (B_1 \quad B_2 \quad \cdots \quad B_{N^2})^{\mathrm{T}}$,这里上标"T"表示转置,则

$$\langle\langle A|B\rangle\rangle = (A_1 \quad A_2 \quad \cdots \quad A_{N^2})^* \begin{bmatrix} B_1 \\ B_2 \\ \vdots \\ B_{N^2} \end{bmatrix}$$

其中,a^* 表示 a 的复共轭.

令 $|\rho(t)\rangle\rangle$ 是密度算符 $\hat{\rho}(t)$ 的刘维尔空间表示,则方程(5.41)能够表示成与薛定谔方程同样的形式(Ohtsuki,Fujimura,1989):

$$\mathrm{i}\frac{\partial}{\partial t}|\rho(t)\rangle\rangle = \mathscr{L}(t)|\rho(t)\rangle\rangle, \quad \mathscr{L}(t) = \mathscr{L}_0 + \sum_{m=1}^M f_m(t)\mathscr{L}_m \tag{5.42}$$

其中,$\mathscr{L}$ 是通过下面的对偶对应定义的刘维尔算符:

$$\mathscr{L}(t)|\rho(t)\rangle\rangle \leftrightarrow [\hat{H}, \hat{\rho}(t)] \tag{5.43}$$

方程(5.43)确定了 $\mathscr{L}$ 的矩阵元素.至于标准刘维尔空间基 $|mn\rangle\rangle$,通过双射对应 $|mn\rangle\rangle \leftrightarrow |m\rangle\langle n|$ 与希尔伯特空间基 $|n\rangle$ 相关联(Schirmer,2000),因此可以得出

$$\begin{aligned} \mathscr{L}_{jk,mn} &= \langle\langle jk|\mathscr{L}|mn\rangle\rangle \\ &= \mathrm{tr}(|k\rangle\langle j|[\hat{H}, |m\rangle\langle n|]) \\ &= \sum_i (\langle i||k\rangle\langle j|\hat{H}|m\rangle\langle n||i\rangle - \langle i||k\rangle\langle j||m\rangle\langle n|\hat{H}|i\rangle) \\ &= \langle j|\hat{H}|m\rangle\delta_{nk} - \langle n|\hat{H}|k\rangle\delta_{jm} \end{aligned}$$

$$= H_{jm}\delta_{nk} - H^*_{kn}\delta_{jm} \tag{5.44}$$

由于 $\hat{H}$ 是厄米算符, 即 $H^*_{kn} = H_{nk}$, 因此算符 $\mathscr{L}$ 也是厄米的, 即

$$\mathscr{L}^*_{jk,mn} = H^*_{jm}\delta_{kn} - H_{kn}\delta_{jm} = \mathscr{L}_{mn,jk}$$

希尔伯特空间上厄米算符 $\hat{A}$ 表示的系统观测量的期望值, 在刘维尔空间中由刘维尔内积确定:

$$\langle \hat{A}(t) \rangle = \langle\langle A \mid \rho(t) \rangle\rangle$$

由以上分析可知, 对于一个希尔伯特空间上的 $N \times N$ 密度矩阵 $\hat{\rho}(t)$, 它在刘维尔空间上的代替形式是一个 N^2 维列矢量 $|\rho(t)\rangle\rangle$, 并且刘维尔算符 $\mathscr{L}$ 是一个 $N^2 \times N^2$ 矩阵. 虽然状态空间维数增长了, 但是方程(5.42)不需要求解对易算子, 比方程(5.41)要容易计算. 更重要的一点是方程(5.42)的表达形式与薛定谔方程相似, 可以应用薛定谔方程的求解方法来求解方程(5.42). 因此, 本节将采用方程(5.42)作为研究模型.

5.3.2　控制律的设计

量子系统控制问题能够表达为状态驱动(或转移)问题, 也就是说驱动系统从一个给定初始态到达一个期望目标态. 本节将针对混合态量子系统给出基于李雅普诺夫稳定性理论的最优控制方法.

5.3.2.1　固定目标态的情况

如果目标态是本征态的统计非相干混合, 即 $\hat{\rho}_f = \sum_{n=1}^{N} w_n |n\rangle\langle n|$, 则 $\hat{\rho}_f$ 是不随时间变化的固定目标态, 例如 $\hat{\rho}_f = |0\rangle\frac{1}{4}\langle 0| + |1\rangle\frac{3}{4}\langle 1| = \frac{1}{4}\begin{bmatrix} 1 & 0 \\ 0 & 3 \end{bmatrix}$. 在这种情况下, 目标态矩阵的所有非对角元素都是 0. 此时, 最优控制律由定理 5.1 给出, 该定理是将定理 5.1 拓展到刘维尔方程情况, 并且把实数空间的性能指标和控制律在复数空间重新表达. 下面首先给出实(数)状态空间与复(数)状态空间的对应关系.

如果令 $|\rho\rangle\rangle = (x_1 + ix_{N^2+1} \quad x_2 + ix_{N^2+2} \quad \cdots \quad x_{N^2} + ix_{2N^2})^{\mathrm{T}}$, 由方程(5.42)两边的实部、虚部分别相等, 得到如下关于实向量 x 的状态方程:

$$\dot{x} = \left(A + \sum_{m=1}^{M} B_m f_m(t)\right) x$$

其中,$A = \begin{bmatrix} \mathrm{Im}(\mathscr{L}_0) & \mathrm{Re}(\mathscr{L}_0) \\ -\mathrm{Re}(\mathscr{L}_0) & \mathrm{Im}(\mathscr{L}_0) \end{bmatrix}$;$B_m = \begin{bmatrix} \mathrm{Im}(\mathscr{L}_m) & \mathrm{Re}(\mathscr{L}_m) \\ -\mathrm{Re}(\mathscr{L}_m) & \mathrm{Im}(\mathscr{L}_m) \end{bmatrix}$;$A$,$B_m$ 均为斜对称矩阵,即满足 $A + A^\mathrm{T} = O, B_m + B_m^\mathrm{T} = O$. 如果存在 $P\mathscr{L}_0 - \mathscr{L}_0^\dagger P = O$,即 $P\mathrm{Re}(\mathscr{L}_0) = \mathrm{Re}(\mathscr{L}_0)P$,$P\mathrm{Im}(\mathscr{L}_0) = \mathrm{Im}(\mathscr{L}_0)P$,这里 P 为正定对称矩阵,令 $\bar{P} = \begin{bmatrix} P & O \\ O & P \end{bmatrix}$,则存在如下关系:

$$\bar{P}A + A^\mathrm{T}\bar{P}$$
$$= \begin{bmatrix} P & O \\ O & P \end{bmatrix} \begin{bmatrix} \mathrm{Im}(\mathscr{L}_0) & \mathrm{Re}(\mathscr{L}_0) \\ -\mathrm{Re}(\mathscr{L}_0) & \mathrm{Im}(\mathscr{L}_0) \end{bmatrix} + \begin{bmatrix} -\mathrm{Im}(\mathscr{L}_0) & -\mathrm{Re}(\mathscr{L}_0) \\ \mathrm{Re}(\mathscr{L}_0) & -\mathrm{Im}(\mathscr{L}_0) \end{bmatrix} \begin{bmatrix} P & O \\ O & P \end{bmatrix}$$
$$= 0$$

因此,$\bar{P}$ 满足定理 5.1 中的条件(5.22). 又因为

$$(x - x_\mathrm{f})^\mathrm{T}\bar{P}B_m x$$
$$= (\mathrm{Re}(\langle\langle \rho - \rho_\mathrm{f} |) - \mathrm{Im}(\langle\langle \rho - \rho_\mathrm{f} |)) \begin{bmatrix} P & O \\ O & P \end{bmatrix} \begin{bmatrix} \mathrm{Im}(\mathscr{L}_m) & \mathrm{Re}(\mathscr{L}_m) \\ -\mathrm{Re}(\mathscr{L}_m) & \mathrm{Im}(\mathscr{L}_m) \end{bmatrix} \begin{bmatrix} \mathrm{Re}(|\rho\rangle\rangle) \\ \mathrm{Im}(|\rho\rangle\rangle) \end{bmatrix}$$
$$= \mathrm{Re}(\langle\langle \rho - \rho_\mathrm{f} | P\mathrm{Im}(\mathscr{L}_m)\mathrm{Re}(|\rho\rangle\rangle)) + \mathrm{Re}(\langle\langle \rho - \rho_\mathrm{f} | P\mathrm{Re}(\mathscr{L}_m)\mathrm{Im}(|\rho\rangle\rangle))$$
$$\quad + \mathrm{Im}(\langle\langle \rho - \rho_\mathrm{f} | P\mathrm{Re}(\mathscr{L}_m)\mathrm{Re}(|\rho\rangle\rangle)) - \mathrm{Im}(\langle\langle \rho - \rho_\mathrm{f} | P\mathrm{Im}(\mathscr{L}_m)\mathrm{Im}(|\rho\rangle\rangle))$$

且

$$\langle\langle \rho - \rho_\mathrm{f} | P(-\mathrm{i}\mathscr{L}_m) | \rho\rangle\rangle$$
$$= (\mathrm{Re}(\langle\langle \rho - \rho_\mathrm{f} |) + \mathrm{i}\mathrm{Im}(\langle\langle \rho - \rho_\mathrm{f} |))P(\mathrm{Re}(-\mathrm{i}\mathscr{L}_m)$$
$$\quad + \mathrm{i}\mathrm{Im}(-\mathrm{i}\mathscr{L}_m))(\mathrm{Re}(|\rho\rangle\rangle) + \mathrm{i}\mathrm{Im}(|\rho\rangle\rangle))$$
$$= \mathrm{Re}(\langle\langle \rho - \rho_\mathrm{f} | P\mathrm{Im}(\mathscr{L}_m)\mathrm{Re}(|\rho\rangle\rangle)) + \mathrm{Im}(\langle\langle \rho - \rho_\mathrm{f} | P\mathrm{Re}(\mathscr{L}_m)\mathrm{Re}(|\rho\rangle\rangle))$$
$$\quad + \mathrm{Re}(\langle\langle \rho - \rho_\mathrm{f} | P\mathrm{Re}(\mathscr{L}_m)\mathrm{Im}(|\rho\rangle\rangle)) - \mathrm{Im}(\langle\langle \rho - \rho_\mathrm{f} | P\mathrm{Im}(\mathscr{L}_m)\mathrm{Im}(|\rho\rangle\rangle))$$
$$\quad - \mathrm{i}\mathrm{Re}(\langle\langle \rho - \rho_\mathrm{f} | P\mathrm{Re}(\mathscr{L}_m)\mathrm{Re}(|\rho\rangle\rangle)) + \mathrm{i}\mathrm{Im}(\langle\langle \rho - \rho_\mathrm{f} | P\mathrm{Im}(\mathscr{L}_m)\mathrm{Re}(|\rho\rangle\rangle))$$
$$\quad + \mathrm{i}\mathrm{Re}(\langle\langle \rho - \rho_\mathrm{f} | P\mathrm{Im}(\mathscr{L}_m)\mathrm{Im}(|\rho\rangle\rangle)) + \mathrm{i}\mathrm{Im}(\langle\langle \rho - \rho_\mathrm{f} | P\mathrm{Re}(\mathscr{L}_m)\mathrm{Im}(|\rho\rangle\rangle))$$

所以,$(x - x_\mathrm{f})^\mathrm{T}\bar{P}B_m x = \mathrm{Re}(\langle\langle \rho - \rho_\mathrm{f}| P(-\mathrm{i}\mathscr{L}_m)|\rho\rangle\rangle) = \mathrm{Im}(\langle\langle \rho - \rho_\mathrm{f}| P\mathscr{L}_m|\rho\rangle\rangle)$. 由此可见,在复状态空间中,只用状态误差 $\langle\langle \rho - \rho_\mathrm{f}| P\mathscr{L}_m|\rho\rangle\rangle$ 的虚部便能表达其全部信息,而且保证性能指标为实数. 同样,取虚部也能在不丢失信息的条件下保证系统的哈密顿函数为实数.

定理 5.3 由刘维尔空间中的方程(5.42)定义的系统,给定下面的性能指标:

$$J = \frac{1}{2}\int_0^\infty \left(\sum_{m=1}^M \frac{1}{r_m}(\mathrm{Im}(\langle\langle \rho - \rho_\mathrm{f} | P\mathscr{L}_m | \rho\rangle\rangle))^2 + f(t)^\mathrm{T}Rf(t) \right)\mathrm{d}t \quad (5.45)$$

量子系统控制理论与方法
Control Theory and Methods of Quantum Systems

其中，$f(t)=(f_1(t) \quad f_2(t) \quad \cdots \quad f_M(t))^{\mathrm{T}}$；$R$ 是具有正对角元素的对角矩阵，即 $r_m > 0$；$m = 1, 2, \cdots, M$；P 是正定对称矩阵且满足方程

$$P\mathscr{L}_0 - \mathscr{L}_0^{\dagger} P = 0 \tag{5.46}$$

则存在最优控制律

$$f_m^* = -\frac{1}{r_m}\mathrm{Im}(\langle\langle \rho - \rho_{\mathrm{f}} \mid P\mathscr{L}_m \mid \rho \rangle\rangle), \quad m = 1, 2, \cdots, M \tag{5.47}$$

使得系统(5.52)稳定且性能指标(5.45)最小.

事实上，依照李雅普诺夫稳定性定理，P 是一个正定对称矩阵，应该满足李雅普诺夫方程 $P(\mathrm{i}\mathscr{L}_0) + (\mathrm{i}\mathscr{L}_0)^{\dagger}P = -Q$. 因为 $\mathscr{L}_0$ 是一个线性厄米算符，它的本征值是实数，所以 $\mathrm{i}\mathscr{L}_0$ 是一个斜厄米算符，它的本征值是纯虚数. 因此，$Q = 0$，这就导致了条件(5.46)：$P\mathscr{L}_0 - \mathscr{L}_0^{\dagger}P = 0$.

证明 （1）稳定性. 选择下面的李雅普诺夫函数：

$$V(\mid \rho \rangle\rangle) = \frac{1}{2}\langle\langle \rho - \rho_{\mathrm{f}} \mid P \mid \rho - \rho_{\mathrm{f}} \rangle\rangle \tag{5.48}$$

其中，P 是一个正定对称矩阵且满足方程(5.46).

$V(\mid \rho \rangle\rangle)$ 关于时间的一阶导数为

$$\dot{V}(\mid \rho \rangle\rangle) = \mathrm{Re}(\langle\langle \rho - \rho_{\mathrm{f}} \mid P \mid \dot{\rho} \rangle\rangle) \tag{5.49}$$

将方程(5.42)代入方程(5.49)得

$$\dot{V}(\mid \rho \rangle\rangle) = \mathrm{Im}(\langle\langle \rho - \rho_{\mathrm{f}} \mid P\mathscr{L}_0 \mid \rho \rangle\rangle) + \sum_{m=1}^{M} f_m(t)\mathrm{Im}(\langle\langle \rho - \rho_{\mathrm{f}} \mid P\mathscr{L}_m \mid \rho \rangle\rangle) \tag{5.50}$$

由于 $P\mathscr{L}_0 - \mathscr{L}_0^{\dagger}P = 0$，因此 $\mathscr{L}_0 \mid \rho_{\mathrm{f}} \rangle\rangle = 0$，$\mathrm{Im}(\langle\langle \rho - \rho_{\mathrm{f}} \mid P\mathscr{L}_0 \mid \rho \rangle\rangle) = 0$，则方程(5.50)能够重写为如下形式：

$$\dot{V}(\mid \rho \rangle\rangle) = \sum_{m=1}^{M} f_m(t)\mathrm{Im}(\langle\langle \rho - \rho_{\mathrm{f}} \mid P\mathscr{L}_m \mid \rho \rangle\rangle) \tag{5.51}$$

将控制律(5.47)代入方程(5.51)得

$$\dot{V}(\mid \rho \rangle\rangle) = -\sum_{m=1}^{M} \frac{1}{r_m}(\mathrm{Im}(\langle\langle \rho - \rho_{\mathrm{f}} \mid P\mathscr{L}_m \mid \dot{\rho} \rangle\rangle))^2 \leqslant 0 \tag{5.52}$$

因此，系统(5.42)在控制律(5.47)的作用下是稳定的. 接下来证明控制律是最优的.

（2）最优性. 由方程(5.47)和方程(5.52)，我们得到 $J^*(\mid \rho \rangle\rangle, t)$ 为如下形式：

$$J^*(\mid \rho\rangle\rangle, t) = \frac{1}{2}\int_t^\infty \Big(\sum_{m=1}^M \frac{1}{r_m}(\text{Im}(\langle\langle\rho - \rho_f \mid P\mathscr{L}_m \mid \rho\rangle\rangle))^2 + f^*(t)^{\mathrm{T}}Rf^*(t)\Big)\mathrm{d}t$$

$$= \int_t^\infty \Big(\sum_{m=1}^M \frac{1}{r_m}(\text{Im}(\langle\langle\rho - \rho_f \mid P\mathscr{L}_m \mid \rho\rangle\rangle))^2\Big)\mathrm{d}t$$

$$= -\int_t^\infty \dot{V}(\mid \rho\rangle\rangle)\mathrm{d}t$$

$$= V(\mid \rho\rangle\rangle) \tag{5.53}$$

因此,系统的哈密顿函数是

$$H(\mid \rho\rangle\rangle, f) = L(\mid \rho\rangle\rangle, f) + \text{Im}\Big(\Big(\frac{\partial V(\mid \rho\rangle\rangle)}{\partial \mid \rho\rangle\rangle}\Big)^\dagger \Big(\mathscr{L}_0 + \sum_{m=1}^M f_m(t)\mathscr{L}_m\Big) \mid \rho\rangle\rangle\Big) \tag{5.54}$$

其中, $L = \frac{1}{2}\sum_{m=1}^M \frac{1}{r_m}(\text{Im}(\langle\langle\rho - \rho_f \mid P\mathscr{L}_m \mid \rho\rangle\rangle))^2 + f(t)^{\mathrm{T}}Rf(t)$.

由于 $\frac{\partial J^*}{\partial t}(\mid \rho\rangle\rangle, t) = 0$,最优性的充分条件是

$$\min_{f\in \mathbf{R}^M}(H(\mid \rho\rangle\rangle, f)) = 0 \tag{5.55}$$

由方程(5.54)可以得出

$$H(\mid \rho\rangle\rangle, f) = \frac{1}{2}\sum_{m=1}^M \frac{1}{r_m}(\text{Im}(\langle\langle\rho - \rho_f \mid P\mathscr{L}_m \mid \rho\rangle\rangle))^2 + f(t)^{\mathrm{T}}Rf(t)$$

$$+ \text{Im}\Big(\langle\langle\rho - \rho_f \mid P\Big(\mathscr{L}_0 + \sum_{m=1}^M f_m(t)\mathscr{L}_m\Big) \mid \rho\rangle\rangle\Big)$$

$$= \frac{1}{2}\sum_{m=1}^M \frac{1}{r_m}(\text{Im}(\langle\langle\rho - \rho_f \mid P\mathscr{L}_m \mid \rho\rangle\rangle))^2 + \sum_{m=1}^M r_m f_m^2(t)$$

$$+ \sum_{m=1}^M f_m(t)\text{Im}(\langle\langle\rho - \rho_f \mid P\mathscr{L}_m \mid \rho\rangle\rangle)$$

$$= \frac{1}{2}\sum_{m=1}^M \frac{1}{r_m}(\text{Im}(\langle\langle\rho - \rho_f \mid P\mathscr{L}_m \mid \rho\rangle\rangle) + r_m f_m(t))^2$$

$$\geqslant 0 \tag{5.56}$$

将方程(5.47)代入方程(5.56)得 $H(\mid \rho(t)\rangle\rangle, f^*) = 0$.

因此,控制律(5.47)是最优的,使得性能指标(5.45)最小.到这里定理5.3的证明就完成了.

基于定理5.3最优控制律的步骤如下:

（1）选择控制矢量中的权矩阵 $R = \mathrm{diag}\{r_i\}, r_i > 0, i = 1, 2, \cdots, m$；

（2）求出满足方程(5.46)的正定矩阵 P；

（3）由式(5.47)获得最优稳定控制律.

5.3.2.2 非固定目标态的情况

如果目标态矩阵中的非对角元素不全为 0，这也是混合态的一种情况，例如 $\hat{\rho}_{\mathrm{f}} = |1\rangle \frac{1}{2} \langle 1| + \left(\frac{\sqrt{2}}{2}|0\rangle + \frac{\sqrt{2}}{2}|1\rangle\right) \frac{1}{2} \left(\frac{\sqrt{2}}{2}\langle 0| + \frac{\sqrt{2}}{2}\langle 1|\right) = \frac{1}{4} \begin{bmatrix} 1 & 1 \\ 1 & 3 \end{bmatrix}$. 在这种情况下，混合态 $\hat{\rho}_{\mathrm{f}}(t)$ 事实上已不再是固定的，而是在 $\hat{H}_0$ 的作用下依照刘维尔-冯·诺依曼方程演化：

$$\mathrm{i} \frac{\partial}{\partial t} \hat{\rho}_{\mathrm{f}}(t) = [\hat{H}_0, \hat{\rho}_{\mathrm{f}}(t)] \tag{5.57}$$

此刻目标态是一个含时的函数，控制问题成为一个轨迹跟踪问题. 从系统控制角度，轨迹跟踪问题通过转变为状态驱动问题能够容易求解. 为了这个目的，可以首先实施下面的幺正变换：

$$\hat{\rho}(t) = U(t) \widetilde{\rho}(t) U^{\dagger}(t) \tag{5.58}$$

期望目标态也要经过同样的变换

$$\hat{\rho}_{\mathrm{f}}(t) = U(t) \widetilde{\rho}_{\mathrm{f}} U^{\dagger}(t) \tag{5.59}$$

其中，$\widetilde{\rho}_{\mathrm{f}}$ 是一个固定的目标态；$U(t) = \mathrm{diag}(\mathrm{e}^{-\mathrm{i}E_1 t}, \mathrm{e}^{-\mathrm{i}E_2 t}, \cdots, \mathrm{e}^{-\mathrm{i}E_N t})$，并且 $E_i, i = 1, 2, \cdots, N$ 满足 $\hat{H}_0 = \mathrm{diag}(E_1, E_2, \cdots, E_N)$.

将方程(5.58)代入方程(5.41)，可以得到

$$\mathrm{i} \frac{\partial}{\partial t} \widetilde{\rho}(t) = \left[\sum_{m=1}^{M} f_m(t) \widetilde{H}_m(t), \widetilde{\rho}(t) \right] \tag{5.60}$$

其中，$\widetilde{H}_m(t) = U^{\dagger}(t) \hat{H}_m U(t)$.

由于所进行的变换是幺正的，因此 $\hat{\rho}(t)$ 和 $\widetilde{\rho}(t)$ 具有相同的布居数. 以这样的方式，控制系统(5.41)的状态跟踪一个时变的目标态 $\hat{\rho}_{\mathrm{f}}(t)$ 的问题等价于驱动系统(5.60)的状态到固定本征态 $\widetilde{\rho}_{\mathrm{f}}$ 的问题.

在刘维尔空间中，方程(5.60)能够表达成如下形式：

$$\mathrm{i} \frac{\partial}{\partial t} | \widetilde{\rho}(t) \rangle\rangle = \sum_{m=1}^{M} f_m(t) \widetilde{\mathscr{L}}_m(t) | \widetilde{\rho}(t) \rangle\rangle \tag{5.61}$$

方程(5.61)的最优控制律由下面的定理5.4给出:

定理5.4 对于由方程(5.61)定义的系统,给出下面的性能指标:

$$J = \frac{1}{2}\int_0^\infty \left(\sum_{m=1}^M \frac{1}{r_m}(\mathrm{Im}(\langle\langle \widetilde{\rho} - \widetilde{\rho}_{\mathrm f} \mid P\widetilde{\mathscr{L}}_m(t) \mid \widetilde{\rho}\rangle\rangle))^2 + f(t)^{\mathrm T}Rf(t) \right) \mathrm{d}t \tag{5.62}$$

其中,$f(t) = (f_1(t) \quad f_2(t) \quad \cdots \quad f_M(t))^{\mathrm T}$;$R$ 是一个具有正对角元素的对角矩阵,即 $r_m > 0, m = 1, 2, \cdots, M$;$P$ 是一个正定对称矩阵,则存在最优控制律

$$f_m^* = -\frac{1}{r_m}\mathrm{Im}(\langle\langle \widetilde{\rho} - \widetilde{\rho}_{\mathrm f} \mid P\widetilde{\mathscr{L}}_m(t) \mid \widetilde{\rho}\rangle\rangle), \quad m = 1, 2, \cdots, M \tag{5.63}$$

使得系统(5.61)稳定并且性能指标(5.62)最小.

定理5.4的证明方法与定理5.3类似,这里不再重复.在计算机数值仿真中,必须选择一种合适的离散演化算法来求解微分方程(5.42)或方程(5.61).一种简单通用的计算方法是一阶欧拉方法.但是为了获得更有效的结果,本节中采用四阶龙格-库塔方法,它具有比一阶欧拉方法更高的精度和更快的收敛速度.

5.3.3 数值仿真实验及其结果分析

本节将通过两个具体的例子来验证上一节中所提出的方法是否有效,分别考虑了目标态是固定的和非固定的情况,并且分析了参数对仿真结果的影响.

5.3.3.1 固定目标态的情况

考虑典型的二原子分子模型作为一个清晰的例子.该模型具有 N 个关于系统独立本征态 $|n\rangle$ 的离散振动能级 E_n.内部哈密顿量由下式给出:

$$\hat{H}_0 = \sum_{n=1}^N E_n \mid n\rangle\langle n \mid \tag{5.64}$$

假设二原子分子系统由一个单独的控制场 $f(t)$ 控制,则系统总的哈密顿量能够表示成 $\hat{H}(t) = \hat{H}_0 + f(t)\hat{H}_1$,并且相应的刘维尔算符为 $\hat{\mathscr{L}}(t) = \hat{\mathscr{L}}_0 + f(t)\hat{\mathscr{L}}_1$.相互作用哈密顿量 $\hat{H}_1$ 选为偶极子形式(Girardeau, et al., 1998; Schirmer, et al., 1999; Schirmer, et al., 2001):

$$\hat{H}_1 = \sum_{n=1}^{N-1} d_n(\mid n\rangle\langle n+1 \mid + \mid n+1\rangle\langle n \mid) \tag{5.65}$$

为了简化计算,考虑由四能级 Morse 振荡模型描述的 HF 分子.振动能级如下:

$$E_n = \hbar\omega_0 \left(n - \frac{1}{2}\right)\left(1 - \frac{1}{2}\left(n - \frac{1}{2}\right)B\right) \tag{5.66}$$

其中,$\omega_0 = 7.8 \times 10^{-14} \text{ s}^{-1}$;$B = 0.041\,9$.

因此,相应的能级分别是 $E_1 = 0.494\,8$,$E_2 = 1.452\,9$,$E_3 = 2.369\,1$ 和 $E_4 = 3.243\,4$,单位是 $\hbar\omega_0$.在下面的计算中,所有参数均以原子单位(a.u.)表达.这里方程(5.65)中的偶极矩是 $d_n = \sqrt{n}$,$n = 1,2,3$.

假设系统初始时刻处于热平衡态,例如 $\hat{\rho}_0 = \sum_{n=1}^{4} w_n \mid n\rangle\langle n \mid$,具有权值 $w_n = C\exp(-E_n/(E_4 - E_1))$.这是一个玻尔兹曼分布,并且标准化常数

$$C = (\mathrm{e}^{-E_1/(kT)} + \mathrm{e}^{-E_2/(kT)} + \mathrm{e}^{-E_3/(kT)} + \mathrm{e}^{-E_4/(kT)})^{-1}, \quad kT = E_4 - E_1$$

具体地,$w_1 = 0.387\,7$,$w_2 = 0.273\,6$,$w_3 = 0.196\,1$,$w_4 = 0.142\,6$.控制目标是确定控制场 $f(t)$ 从而驱动系统从初始状态 $\hat{\rho}_0$ 到目标状态 $\hat{\rho}_f = \sum_{n=1}^{4} w_{5-n} \mid n\rangle\langle n \mid$.状态控制问题和观测控制问题是可以相互转化的.因此,本节中的状态控制问题等价于观测量 $\hat{A} = \hat{H}_0$ 的期望值的最小化问题.

根据定理 5.3 控制律能够获得

$$f(t) = -\frac{1}{r_1}\mathrm{Im}(\langle\langle \rho - \rho_f \mid P\mathscr{L}_1 \mid \rho\rangle\rangle) \tag{5.67}$$

系统初始状态处于致使 $\mathrm{Im}(\langle\langle \rho_0 - \rho_f \mid P\mathscr{L}_1 \mid \rho_0\rangle\rangle) = 0$ 的状态集合,此刻控制场 $f_0 = 0$.该问题能够通过施加一个初始小幅值扰动激发系统,使其逃离初始平衡状态来克服.本节数值仿真中,选择初始控制场为 $f_0 = 0.05$ a.u.,目标时间为 $t_f = 200$ a.u.,采样时间为 $\mathrm{d}t = 0.1$ a.u..参数 r_1 和 P 的选择对于控制结果影响很大.为了以较大概率获得目标态,应选择 P 使得李雅普诺夫函数(5.48)在初始时刻取较大值.由于初始状态的对角元素以降序排列,而目标态的对角元素以升序排列,使得初始时刻状态误差的对角元素以降序排列,所以 P 的相应对角元素也应该以降序排列.经过几次参数调节之后,比较仿真结果,在选择 $r_1 = 1$,$P = \mathrm{diag}(18,1,1,1,1,1.5,1,1,1,1,1,1,1,1,1,0.01)$ 时能够获得较好的控制效果.

数值仿真结果如图 5.4 所示.图 5.4(a)表示控制场曲线.能级 1 到能级 4 的相应布居数演化在图 5.4(b)中给出,由此能够看出各能级的布居数被翻转了,例如在目标时刻能级 4 的布居数非常接近初始时刻能级 1 的布居数,能级 3 的布居数趋于初始能级 2 的布居数.能级 1 到能级 4 的最终布居数分别为 $0.154\,7$,$0.192\,7$,$0.268\,0$ 和 $0.384\,5$.

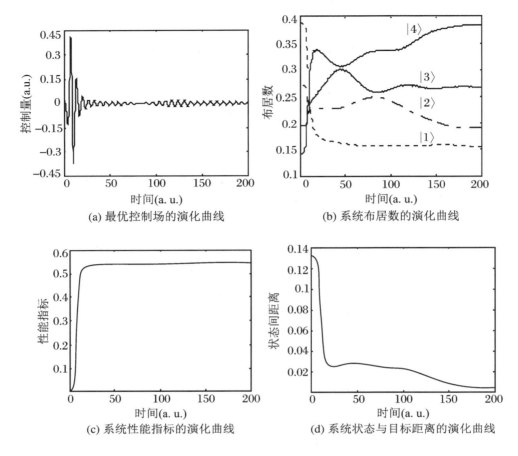

(a) 最优控制场的演化曲线

(b) 系统布居数的演化曲线

(c) 系统性能指标的演化曲线

(d) 系统状态与目标距离的演化曲线

图 5.4　目标态固定时最优控制在四能级 Morse 振荡模型上的仿真结果

图 5.4(c)表示性能指标,而图 5.4(d)表示被控状态与目标态之间的距离.在目标时刻,距离是 $\| \hat{\rho} - \hat{\rho}_{\mathrm{f}} \|^2 = 0.003\,4$,混合态的控制基本完成.Schirmer 等人在 1999 年曾经对该 Morse 振荡模型的最优控制问题进行过研究(Schirmer,et al.,1999),他们在数值仿真中取观测量 $\hat{A} = \hat{H}_0$,目标时间 $t_{\mathrm{f}} = 200$ a.u.,最后获得的期望观测值 $\langle \hat{A}(t_{\mathrm{f}}) \rangle$ 是理论最大值的 99%.而在本节中,该比率也达到了 99%.在这种要求下,仿真结果可以说是相同的,但本节中的设计过程要比 Schirmer 等人提出的需要迭代的方法简单得多.并且通过比较结果,我们发现本节仿真中的能级翻转速度更快,这是因为初始控制量较大.在实际应用中,控制量的大小可以按照要求来调节.

5.3.3.2　非固定目标态的情况

这里仍然以自旋 1/2 系统为例,其纯态可以表示成如下形式:

量子系统控制理论与方法
Control Theory and Methods of Quantum Systems

$$|\psi\rangle = \cos\frac{\theta}{2}|0\rangle + e^{i\varphi}\sin\frac{\theta}{2}|1\rangle$$

其中,θ 和 φ 都是实数,并且定义了三维单位球面上的一点,如图 5.5 所示,这个球面被称为 Bloch 球面. 纯态的 Bloch 矢量是 $p = (\cos\varphi\sin\theta \quad \sin\varphi\sin\theta \quad \cos\theta)$,为极化矢量. 5.2 节中提到的本征态 $|0\rangle$ 和 $|1\rangle$ 以及叠加态 $\frac{1}{\sqrt{2}}(|0\rangle + |1\rangle)$ 都对应 Bloch 球表面上的点. Bloch 球描述方法更重要的用途在于双态体系的混合态描述. 自旋 1/2 粒子的密度矩阵可以写成 $\hat{\rho} = \frac{1}{2}(I + x\sigma_x + y\sigma_y + z\sigma_z)$,其中,$p = (x \quad y \quad z) \in \mathbf{R}^3$,Pauli 矩阵是 $\sigma_x = \begin{bmatrix} 0 & 1 \\ 1 & 0 \end{bmatrix}$, $\sigma_y = \begin{bmatrix} 0 & -i \\ i & 0 \end{bmatrix}$, $\sigma_z = \begin{bmatrix} 1 & 0 \\ 0 & -1 \end{bmatrix}$.

容易得出 $\mathrm{tr}(\hat{\rho}^2) = \frac{1}{2}(1 + \|p\|^2)$,$\det\hat{\rho} = \frac{1}{4}(1 - \|p\|^2)$. $\hat{\rho}$ 的本征值非负要求 ($\mathrm{tr}\,\hat{\rho} = \lambda_1 + \lambda_2$,$\det\rho = \lambda_1\lambda_2$)导致混合态 Bloch 矢量模长小于 1,因此双态量子系统的混合态处于 Bloch 球内部(张永德,2006).

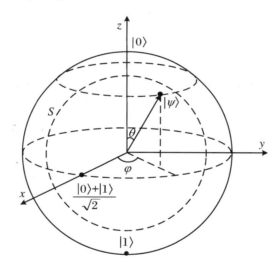

图 5.5 双态量子系统的 Bloch 球表示

在没有耗散作用的情况下,密度矩阵的演化是幺正的,因此演化过程中任意状态 $\hat{\rho}(t)$ 和初始状态 $\hat{\rho}_0$ 必须具有相同的谱,即 $\mathrm{tr}(\hat{\rho}(t)^n) = \mathrm{tr}(\hat{\rho}_0^n)$,$\forall n \in \mathbf{N}$,则目标态 $\hat{\rho}_f$ 和 $\hat{\rho}_0$ 也要具有相同的谱. 对于封闭的自旋 1/2 系统,混合态的演化将在同一个球面上进行,如图 5.5 中的球面 S 不会跑到其他球面上.

这里假定仅在 y 轴上施加控制场 f_1,且选取自旋为 σ_z 表象,则系统的刘维尔方程为

$$\mathrm{i}\frac{\partial}{\partial t}\hat{\rho}(t) = [\hat{H}_0 + \hat{H}_1 f_1(t), \hat{\rho}(t)] \tag{5.68}$$

其中,$\hat{H}_0 = \sigma_z = \begin{bmatrix} 1 & 0 \\ 0 & -1 \end{bmatrix}$;$\hat{H}_1 = \sigma_y = \begin{bmatrix} 0 & -\mathrm{i} \\ \mathrm{i} & 0 \end{bmatrix}$.$\hat{H}_0$ 的本征值为 $\lambda_1 = 1, \lambda_2 = -1$,取幺正算符 $U = \mathrm{diag}(\mathrm{e}^{-\mathrm{i}t}, \mathrm{e}^{\mathrm{i}t})$,作幺正变换后,系统方程(5.68)写成如下形式:

$$\mathrm{i}\frac{\partial}{\partial t}\tilde{\rho}(t) = [\tilde{H}_1 f_1(t), \tilde{\rho}(t)] \tag{5.69}$$

其中,$\tilde{H}_1 = U^+ \hat{H}_1 U = \begin{bmatrix} 0 & -\mathrm{i}\mathrm{e}^{2\mathrm{i}t} \\ \mathrm{i}\mathrm{e}^{-2\mathrm{i}t} & 0 \end{bmatrix}$.系统的初始状态为 $\tilde{\rho}_0 = \frac{1}{4}\begin{bmatrix} 1 & 1 \\ 1 & 3 \end{bmatrix}$,目标状态为 $\tilde{\rho}_\mathrm{f} = \frac{1}{4}\begin{bmatrix} 3 & 1 \\ 1 & 1 \end{bmatrix}$,可以验证 $\tilde{\rho}_0$ 和 $\tilde{\rho}_\mathrm{f}$ 具有相同的谱.

方程(5.69)改写成刘维尔空间中的形式为

$$\mathrm{i}\frac{\partial}{\partial t}|\tilde{\rho}(t)\rangle\rangle = f_1(t)\tilde{\mathscr{L}}_1(t)|\tilde{\rho}(t)\rangle\rangle \tag{5.70}$$

其中,$\tilde{\mathscr{L}}_1(t)$ 可以通过式(5.44)求出.依照定理5.4,控制律为

$$f_1^*(t) = -\frac{1}{r_1}\mathrm{Im}(\langle\langle \tilde{\rho}(t) - \tilde{\rho}_\mathrm{f} | P\tilde{\mathscr{L}}_1(t) | \tilde{\rho}(t)\rangle\rangle) \tag{5.71}$$

数值仿真中,选择目标时间为 $t_\mathrm{f} = 30\ \mathrm{a.u.}$,采样时间为 $\mathrm{d}t = 0.05\ \mathrm{a.u.}$,参数 $P = \mathrm{diag}(1,1,1,1)$,$r_1 = 2$.对于该仿真实例,$\mathrm{Im}(\langle\langle \rho_0 - \rho_\mathrm{f} | P\mathscr{L}_1 | \rho_0\rangle\rangle) \neq 0$,因此不需要额外的初始扰动.仿真结果如图5.6所示.图5.6(a)表示外加控制场,在被控状态趋于目标态时,控制场趋于0.图5.6(b)和图5.6(c)分别给出了密度矩阵 $\hat{\rho}$ 中对角元素 ρ_{11} 和 ρ_{22} 的演化过程,且 ρ_{11} 和 ρ_{22} 始终满足 $\rho_{11} + \rho_{22} = 1$,即概率守恒.图5.6(d)和图5.6(e)分别表示密度矩阵 $\hat{\rho}$ 的非对角元素 ρ_{12} 的实部和虚部的演化过程.由于 $\rho_{12} = \rho_{21}^*$,因此这里不再给出 ρ_{21} 的实、虚部变化曲线.

由图5.6(d)和图5.6(e)可以看出,ρ_{12} 的实部和虚部在初始时刻为0,经过中间过渡过程,当系统状态概率 ρ_{11} 和 ρ_{22} 趋于目标值时,ρ_{12} 的实部和虚部又趋于0.在整个演化过程中,ρ_{12} 起着非常重要的作用,正是 ρ_{12} 的变化才使得系统能够实现不同混合态之间的转移.

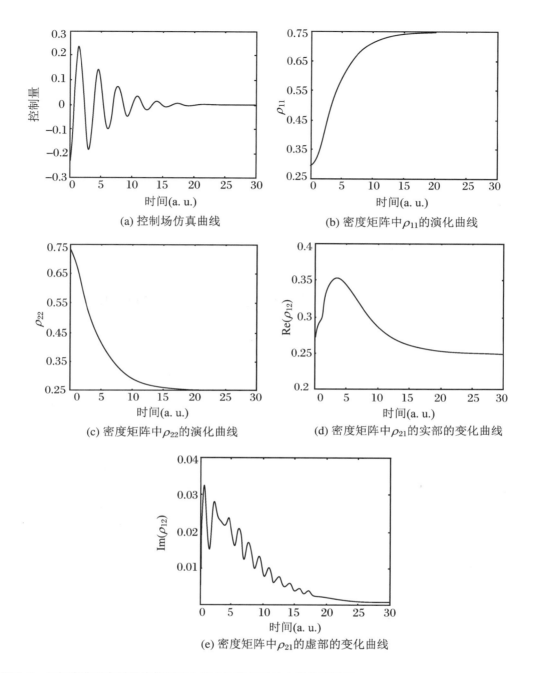

(a) 控制场仿真曲线

(b) 密度矩阵中ρ_{11}的演化曲线

(c) 密度矩阵中ρ_{22}的演化曲线

(d) 密度矩阵中ρ_{21}的实部的变化曲线

(e) 密度矩阵中ρ_{21}的虚部的变化曲线

图 5.6 目标态非固定时最优控制在自旋 1/2 粒子系统上的仿真结果

5.4 纯态到混合态的驱动

处于纯态的量子系统由于环境噪声可能会变成混合态,Henderson 等人在 2001 年研究成果中的结论是,并非所有类型的混合态都可以通过噪声从纯态得到,噪声只能使纯态到达有限范围的混合态,而不是全空间的混合态(Henderson, et al., 2001).因此,为了使系统状态能由纯态到达期望的混合态,需要设计一种控制方法实现.

Banks 等人(BPS)提出了针对密度矩阵 ρ 的刘维尔方程,其一般形式是

$$i\hbar \frac{\partial}{\partial t}\rho = [H, \rho] + i\sum_{n, m} h_{nm}(Q_m Q_n \rho + \rho Q_m Q_n - 2Q_n \rho Q_m) \tag{5.72}$$

其中,Q_n 是任意厄米算符;h_{nm} 是 c- 数厄米矩阵.矩阵 h 是正定的、确保 ρ 正定性的充分不必要条件.对于量子系统,ρ 是厄米的,本征值非负,且 $\mathrm{tr}(\rho) = 1$.但是,式(5.72)并不能保证 $\mathrm{tr}(\rho^2)$ 的值和 1 具有确定的比较关系,即 $\mathrm{tr}(\rho^2)$ 有可能等于 1 也有可能小于 1,当 ρ 描述纯态时,$\mathrm{tr}(\rho^2) = 1$;当 ρ 描述混合态时,$\mathrm{tr}(\rho^2) < 1$,因此,简单地从 ρ 满足的刘维尔方程的一般形式可以看出,纯态的确可以驱动到混合态(Reznik, 1996).

本节提出一种控制策略,针对二维的量子系统,经过三步控制将系统状态从任意纯态驱动到期望的混合态.第一步是本征态的制备,即通过纯态量子系统的控制将任意纯态驱动到本征态.第二步是将得到的本征态驱动到密度矩阵非对角元素不为零的混合态.在这一步中,借助一个辅助系统,将其和被控系统组成复合系统,通过辅助系统和被控系统之间的相互作用将被控系统的状态从本征态驱动到密度矩阵非对角元素不为零的混合态.如果期望的混合态是密度矩阵非对角元素为零的混合态,那么就需要经过第三步混合态量子系统的控制,将第二步中得到的密度矩阵非对角元素不为零的混合态驱动到期望的混合态.这样,经过三步控制实现目的.

5.4.1 纯态到本征态的驱动

考虑一个封闭量子系统 S,其系统状态 $|\psi_S(t)\rangle$ 的演化遵循薛定谔方程为

$$i\hbar |\dot{\psi}_S\rangle = H |\psi_S\rangle, \quad H = H_0 + H_C(t) \tag{5.73}$$

其中，H_0 为系统内部哈密顿量，$H_0|\psi_n\rangle = \lambda_n|\psi_n\rangle$；$H_C(t)$ 为系统外部哈密顿量；$u_k(t)$ 是控制场；普朗克常数 $\hbar$ 置为 1.

首先对系统状态 $|\psi_S(t)\rangle$ 作幺正变换：

$$|\psi_S(t)\rangle = U(t)|\widetilde{\psi}_S(t)\rangle \tag{5.74}$$

其中，$U(t) = \mathrm{diag}(\mathrm{e}^{-\mathrm{i}\lambda_1 t}, \mathrm{e}^{-\mathrm{i}\lambda_2 t}, \cdots, \mathrm{e}^{-\mathrm{i}\lambda_n t})$，将式(5.74)代入方程(5.73)得

$$\mathrm{i}|\dot{\widetilde{\psi}}_S\rangle = \left(\widetilde{H}_0 + \sum_{k=1}^m \widetilde{H}_k u_k(t) - \Lambda\right)|\widetilde{\psi}_S\rangle \tag{5.75}$$

其中，$\Lambda = \mathrm{diag}(\lambda_1, \lambda_2, \cdots, \lambda_n)$；$\widetilde{H}_0 = U^+ H_0 U$；$\widetilde{H}_k = U^+ H_k U$.

方程(5.73)和式(5.75)描述的是相同的物理系统，对式(5.75)选择李雅普诺夫函数为

$$V = \langle\psi_S - \psi_{Sf}|\psi_S - \psi_{Sf}\rangle \tag{5.76}$$

其中，$|\psi_S\rangle$ 为系统 S 的实际状态；$|\psi_{Sf}\rangle$ 为目标状态.

通过李雅普诺夫函数 V 对时间的一阶导数可得

$$
\begin{aligned}
\dot{V} &= \langle\dot{\psi}_S|\psi_S - \psi_{Sf}\rangle + \langle\psi_S - \psi_{Sf}|\dot{\psi}_S\rangle \\
&= -2\mathrm{Im}\left(\langle\psi_{Sf} - \psi_S|\sum_{k=1}^m \widetilde{H}_k u_k(t)|\psi_S\rangle\right) - 2\mathrm{Im}(\langle\psi_{Sf}|(\widetilde{H}_0 - \Lambda)|\psi_S\rangle)
\end{aligned}
\tag{5.77}
$$

由于 $|\psi_{Sf}\rangle = \sum_n c_n|\psi_n\rangle$，且 $\widetilde{H}_0|\psi_n\rangle = \lambda_n|\psi_n\rangle$，$\mathrm{Im}(\langle\psi_{Sf}|(\widetilde{H}_0 - \Lambda)|\psi_S\rangle) = 0$，"Im" 表示取虚部，则式(5.77)可以进一步写成

$$\dot{V} = -2\sum_{k=1}^m u_k(t)\mathrm{Im}(\langle\psi_{Sf} - \psi_S|\widetilde{H}_k|\psi_S\rangle) \tag{5.78}$$

为保证 $\dot{V} \leqslant 0$，u_k 选择下面的形式：

$$u_k = K_k \mathrm{Im}(\langle\psi_{Sf} - \psi_S|\widetilde{H}_k|\psi_S\rangle) \tag{5.79}$$

其中，$K_k > 0$，保证 V 在 u_k 的作用下不断减小，在 $|\psi_S\rangle = |\psi_{Sf}\rangle$ 时，$\dot{V} = 0$，$u_k = 0$，系统稳定在 $|\psi_{Sf}\rangle$ 上. 选择 $|\psi_{Sf}\rangle$ 为系统的一个本征态，采用基于李雅普诺夫方法的控制律(5.79)，就可以将系统 S 由任意纯态驱动到系统的一个本征态上并保持不变.

5.4.2　本征态到非零值非对角元混合态的驱动

根据量子控制理论,控制直接作用于被控系统的动力学方程相当于作适当的幺正变换.但是,幺正变换不改变状态纯度,不可能驱动单个粒子从纯态到混合态.因此,对单个粒子进行幺正变换实现纯态到混合态的驱动是不可能的,需要借助一个初始时与被控系统 S 不相关的辅助系统 P,利用两个系统之间的相互作用实现状态的驱动(Romano,D'Alessandro,2006).

通过第一步的操控,我们已经将任意一个初始纯态操控到系统 S 的一个本征态上,可以用密度矩阵将该本征态表示为 $\rho_S = |\psi_{sf}\rangle\langle\psi_{sf}|$.辅助系统 P 的初始状态为混合态 $\rho_P = \rho_P(u)$.通过 S 和 P 之间的相互作用,就可以改变被控系统 S 的状态.系统 S 的动力学方程为

$$\rho_S(t, u) = \mathrm{tr}_P\rho_T(t) \tag{5.80}$$

其中,T 是由系统 S 和系统 P 组成的复合系统 $S + P$,T 的动力学方程为

$$\rho_T = \gamma_t(\rho_S(0) \otimes \rho_P(u)) \tag{5.81}$$

其中,γ_t 是 T 的时间演化算符,当 T 是一个封闭系统:

$$\gamma_t(\bullet) = \mathrm{e}^{-\mathrm{i}H_T t} \bullet \mathrm{e}^{\mathrm{i}H_T t} \tag{5.82}$$

根据式(5.80),结合式(5.81)和式(5.82),当系统 S 和系统 P 组成一个复合系统时,S 的动力学方程可以写成

$$\rho_S(t, u) = \mathrm{tr}_P(U(t)\rho_S \otimes \rho_P(u)U^+(t)) \tag{5.83}$$

其中,$U(t) = \mathrm{e}^{-\mathrm{i}H_T t}$ 是幺正演化算符.H_T 是复合系统 T 的总的哈密顿量:

$$H_T = H_S + H_P + H_I \tag{5.84}$$

其中,H_S 和 H_P 分别是系统 S 和系统 P 各自不受扰动的哈密顿量;H_I 是 S 和 P 相互作用的哈密顿量.

在系统 S 和系统 P 均是二维的情况下,考虑一个特殊的动力学模型(Romano,2007):

$$H_S = \omega_S \sigma_z^S, \quad H_P = \omega_P \sigma_z^P, \quad H_I = g\sigma_x^S \otimes \sigma_x^P \tag{5.85}$$

其中,ω_S 和 ω_P 分别为系统 S 和系统 P 的本征频率;g 为耦合常数;σ_z^S 和 σ_x^S 是系统 S 的

Pauli 矩阵；σ_z^P 和 σ_x^P 是系统 P 的 Pauli 矩阵.

状态 ρ_S 的纯度定义为状态 ρ_S 和完全混合态 $I/2$ 的冯·诺依曼距离，即

$$\pi = \sqrt{2\mathrm{tr}\left(\rho_S - \frac{I}{2}\right)^2} = \sqrt{2\mathrm{tr}(\rho_S^2) - 1} \tag{5.86}$$

如果使用 Bloch 矢量描述状态 ρ_S，则

$$\rho_S(t) = \frac{1}{2}(I + s(t) \cdot \sigma^S) \tag{5.87}$$

纯度就可以表示成

$$\pi(t) = \parallel s(t) \parallel \tag{5.88}$$

这样从纯态到混合态的驱动就是 $\pi(t)$ 的减小过程.

考虑复合系统模型(5.83)，对于复合系统 T，总的哈密顿量由两部分组成：一部分是由系统 S 和系统 P 各自不受扰动的哈密顿量 H_S 和 H_P 复合组成的哈密顿量 $H_L = H_S + H_P$；另一部分是两者相互作用的哈密顿量 H_I. 本节选择相互控制，即通过量子反馈控制的形式将控制律 $u(t)$ 作用于 H_I. 设计控制律 $u(t)$ 有很多方法，李雅普诺夫方法对时变系统和非线性系统都是适用的，而且根据李雅普诺夫方法求出的控制律可以保证系统的稳定性，因此，本节还选择使用李雅普诺夫方法设计控制律 $u(t)$.

李雅普诺夫方法控制的思想就是选择一个合适的李雅普诺夫函数 V，然后试着找到一个控制律，使选择的李雅普诺夫函数 V 是单调递减的. 当复合系统 T 是一个封闭系统时，满足的刘维尔方程为

$$\dot{\rho}_T(t) = -\mathrm{i}[H_L + u(t)H_I, \rho_T(t)] \tag{5.89}$$

其中，$H_L = H_S + H_P$. 由于复合系统 T 是一个封闭系统，根据式(5.81)和式(5.82)，T 的动力学方程为

$$\rho_T(t) = U(t)\rho_S \otimes \rho_P(u)U^+(t) \tag{5.90}$$

式中 $U(t) = \mathrm{e}^{-\mathrm{i}H_T t}$，是幺正演化算符.

被控系统 S 的初始状态是本征态，辅助系统 P 的初始状态是混合态，初始时系统 S 和系统 P 是不相关的，复合系统 T 在相互作用结束之后的终态是

$$\rho_T^{\mathrm{f}} = \rho_S^{\mathrm{f}} \otimes \rho_P^{\mathrm{f}} \tag{5.91}$$

其中，ρ_T^{f} 代表复合系统 T 的终态，ρ_S^{f} 代表被控系统 S 的终态，为混合态，ρ_P^{f} 代表辅助系统 P 的终态.

选择希尔伯特–施密特距离 $\parallel \rho_T(t) - \rho_T^{\mathrm{f}} \parallel_2$ 作为李雅普诺夫函数：

$$V(\rho_T(t), \rho_T^f) = \frac{1}{2} \parallel \rho_T(t) - \rho_T^f \parallel_2 = \frac{1}{2} \mathrm{tr}((\rho_T(t) - \rho_T^f)^2) \tag{5.92}$$

李雅普诺夫函数 V 对时间的一阶导数为

$$\dot{V} = \mathrm{tr}((\rho_T(t) - \rho_T^f) \cdot \dot{\rho}_T(t)) \tag{5.93}$$

将式(5.89)代入式(5.93)可得

$$
\begin{aligned}
\dot{V} &= \mathrm{tr}((\rho_T(t) - \rho_T^f) \cdot (-\mathrm{i}[H_L + u(t)H_I, \rho_T(t)])) \\
&= \mathrm{tr}((\rho_T(t) - \rho_T^f) \cdot (-\mathrm{i}[H_L, \rho_T(t)] - \mathrm{i}[u(t)H_I, \rho_T(t)])) \\
&= \mathrm{tr}(\mathrm{i}\rho_T^f \cdot [H_L, \rho_T(t)] + \mathrm{i}\rho_T^f \cdot [u(t)H_I, \rho_T(t)]) \\
&= -\mathrm{tr}(\mathrm{i}[H_L, \rho_T^f] \cdot \rho_T(t)) - u(t)\mathrm{tr}(\rho_T^f \cdot [-\mathrm{i}H_I, \rho_T(t)])
\end{aligned} \tag{5.94}
$$

上式中只要满足 $[H_L, \rho_T^f] = 0$,式中的第一项就为 0,为了使 $\dot{V}$ 的计算结果整体不大于 0,式(5.94)中的第二项要不大于 0,则对于任意大于零的系数 k,控制律 $u(t)$ 选择为

$$u(t) = k\,\mathrm{tr}(\rho_T^f[-\mathrm{i}H_I, \rho_T(t)]) \tag{5.95}$$

将式(5.95)代入式(5.94)可得

$$\dot{V} = -\frac{1}{k}u(t)^2 \leqslant 0, \quad k > 0 \tag{5.96}$$

由于 $\dot{V} \leqslant 0$,李雅普诺夫函数 V 将会在 $u(t)$ 的作用下不断减小,根据李雅普诺夫稳定性定理,使用李雅普诺夫方法设计的控制律可以保证复合系统 T 在选定控制律 $u(t)$ 的作用下是稳定的.式(5.95)的控制律驱动复合系统 T 的状态 $\rho_T(t)$ 到终态 ρ_T^f,同时被控系统 S 被驱动到终态 ρ_S^f:

$$\mathrm{tr}_P(\rho_T^f) = \mathrm{tr}_P(\rho_S^f \otimes \rho_P^f) = \rho_S^f \tag{5.97}$$

通过上面的分析,只要复合系统的终态满足 $[H_L, \rho_T^f]$,通过被控系统 S 和辅助系统 P 的相互作用,在式(5.95)的控制律作用下,S 就可以由本征态驱动到密度矩阵非对角元素不为零的混合态.

5.4.3 非零值非对角元混合态到零值非对角元混合态的驱动

通过前面两步控制,可以将被控系统 S 的状态由任意纯态驱动到密度矩阵非对角元素不为零的混合态,如果期望的目标态是密度矩阵非对角元素为零的混合态,那么就需

量子系统控制理论与方法
Control Theory and Methods of Quantum Systems

要对从第二步中所获得的混合态进一步进行量子状态的控制,以便将得到的密度矩阵非对角元素不为零的混合态驱动到密度矩阵非对角元素为零的期望的混合态.本小节将给出第三步控制律的具体设计过程.

系统 S 的密度算符 $\rho_S(t)$ 在希尔伯特空间 H 上遵循刘维尔方程

$$i\hbar \frac{\partial}{\partial t}\rho_S(t) = [H(t), \rho_S(t)], \quad H(t) = H_0 + \sum_{m=1}^{M} f_m(t) H_m \tag{5.98}$$

其中,H_0 是系统内部哈密顿量;H_m 是控制场和系统间相互作用哈密顿量;$f_m(t)$ 是外部控制场.

希尔伯特空间上的有界线性算符 A 的集合形成自身的希尔伯特空间,就是刘维尔空间.希尔伯特空间中的每一个线性算符 A 对应一个刘维尔空间中的矢量 $|A\rangle\rangle$,令 $|\rho_S(t)\rangle\rangle$ 是密度算符 $\rho_S(t)$ 的刘维尔空间表示,则方程(5.98)能够表示为(Ohtsuki, Fujimura,1989)

$$i\frac{\partial}{\partial t}|\rho_S(t)\rangle\rangle = L(t)|\rho_S(t)\rangle\rangle, \quad L(t) = L_0 + \sum_{m=1}^{M} f_m L_m \tag{5.99}$$

选择李雅普诺夫函数

$$V(|\rho_S\rangle\rangle) = \frac{1}{2}\langle\langle\rho_S - \rho_{Sf} | P | \rho_S - \rho_{Sf}\rangle\rangle \tag{5.100}$$

其中,ρ_S 为系统 S 的实际状态;ρ_{Sf} 为目标状态;P 为正定对称矩阵,满足

$$PL_0 - L_0^+ P = 0 \tag{5.101}$$

根据式(5.99)和式(5.101),$V(|\rho_S\rangle\rangle)$ 关于时间的一阶导数为

$$\dot{V}(|\rho_S\rangle\rangle) = \text{Re}(\langle\langle\rho_S - \rho_{Sf} | P | \dot{\rho}_S\rangle\rangle)$$

$$= \text{Im}(\langle\langle\rho_S - \rho_{Sf} | PL_0 | \rho_S\rangle\rangle) + \sum_{m=1}^{M} f_m(t)\text{Im}(\langle\langle\rho_S - \rho_{Sf} | PL_m | \rho_S\rangle\rangle)$$

$$= \sum_{m=1}^{M} f_m(t)\text{Im}(\langle\langle\rho_S - \rho_{Sf} | PL_m | \rho_S\rangle\rangle) \tag{5.102}$$

为保证 $\dot{V}(|\rho_S\rangle\rangle) \leqslant 0$,选择控制律

$$f_m = -\frac{1}{r_m}\text{Im}(\langle\langle\rho_S - \rho_{Sf} | PL_m | \rho_S\rangle\rangle), \quad m = 1,2,\cdots,M \tag{5.103}$$

将式(5.103)代入式(5.102)可得

$$\dot{V}(|\rho_S\rangle\rangle) = \sum_{m=1}^{M} \frac{1}{r_m}(\text{Im}(\langle\langle\rho_S - \rho_{Sf} | PL_m | \rho_S\rangle\rangle))^2 \leqslant 0 \tag{5.104}$$

式(5.103)就是可以将被控系统 S 的状态由密度矩阵非对角元素不为零的混合态,
驱动到密度矩阵非对角元素为零的混合态的控制律.

5.4.4　数值仿真实验及其结果分析

本小节将通过具体的数值系统仿真实验对所提出控制策略的效果进行验证. 实验是
将被控系统 S 从初始的叠加态 $S(0) = (0.866 \quad 0 \quad -0.5)$ 驱动到期望的混合态 $S_{\text{final}} =$
$(0 \quad 0 \quad 0)$. 实验中使用 Bloch 矢量表示系统的状态.

第一步:通过纯态量子系统的控制将被控系统 S 由叠加态 $S(0) = (0.866 \quad 0 \quad -0.5)$ 驱动
到本征态 $S'(0) = (1 \quad 0 \quad 0)$. 采用式(5.79)所设计的控制律: $u_k = K_k \operatorname{Im}(\langle \psi_{Sf} - \psi_S | \tilde{H}_k | \psi_S \rangle)$,
数值仿真实验结果如图 5.7 所示,其中,图 5.7(a)为系统 S 的状态变化轨迹,图 5.7(b)
为控制律的变化曲线. 从图 5.7(a)可以看到:被控系统 S 在图 5.7(b)所示的控制律作用
下状态由叠加态驱动到本征态 $(1 \quad 0 \quad 0)$;从图 5.7(b)可以看到:当系统趋于本征态时,
控制量趋于零,并保持为零,此时系统能够持续稳定在所达到的本征态上.

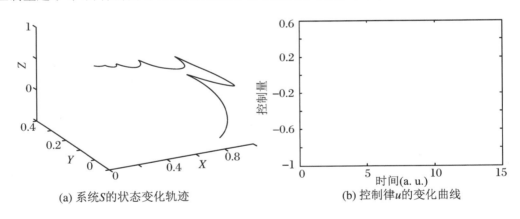

(a) 系统S的状态变化轨迹　　　　　(b) 控制律u的变化曲线

图 5.7　系统 S 第一步控制的实验结果

第二步:将得到的本征态 $S'(0) = (1 \quad 0 \quad 0)$ 驱动到密度矩阵非对角元素不为零的混
合态 $S_{\text{f}} = (0.7 \quad 0 \quad 0)$. 辅助系统 P 的初始状态为 $P(0) = (0.7 \quad 0 \quad 0)$,$P$ 的终态设为
$P_{\text{f}} = (0 \quad 0 \quad 1)$,设定系统 S 和 P 的本征频率均为1,即 $\omega_S = \omega_P = 1$. S 和 P 的哈密顿量分
别为 $H_S = \begin{bmatrix} 1 & 0 \\ 0 & -1 \end{bmatrix}$ 和 $H_P = \begin{bmatrix} 1 & 0 \\ 0 & -1 \end{bmatrix}$,$T$ 的哈密顿量为 $H_0 = \sigma_z^S \otimes I + I \otimes \sigma_z^P$,相互作用
哈密顿量 $H_I = \sigma_x^S \otimes \sigma_x^P$,控制律为式(5.95): $u(t) = k \operatorname{tr}(\rho_T^{\text{f}} [-iH_I, \rho_T(t)])$. 数值仿真

量子系统控制理论与方法
Control Theory and Methods of Quantum Systems

实验结果如图 5.8 所示,其中,图 5.8(a)给出了驱动过程中系统 S 的状态变化轨迹,图 5.8(b)给出了驱动过程中系统 S 的纯度变化轨迹,图 5.8(c)给出了驱动过程中控制律的变化曲线,图 5.8(d)给出了系统 S 的状态变化轨迹在时间段 90~100 时 x-y 平面上的投影.从图 5.8(a)可以看到:S 从 Bloch 球的北极在控制律的作用下进入 Bloch 球的内部,在相互作用结束后绕着 z 轴作圆周运动.在图 5.8(b)中,S 的纯度从 1 逐渐减小,最终稳定在 0.35 上,根据纯度的定义,纯度等于 1 时为纯态,纯度小于 1 时为混合态,因此,被控系统 S 从本征态驱动到混合态.图 5.8(c)中,在时间大约为 20 的时候,控制律的值收敛到 0,说明 S 和 P 两个系统之间的相互作用结束.结合图 5.8(a)和图 5.8(d)可以得出结论:被控系统 S 在控制律的作用下从本征态驱动到密度矩阵非对角元素不为 0 的混合态.

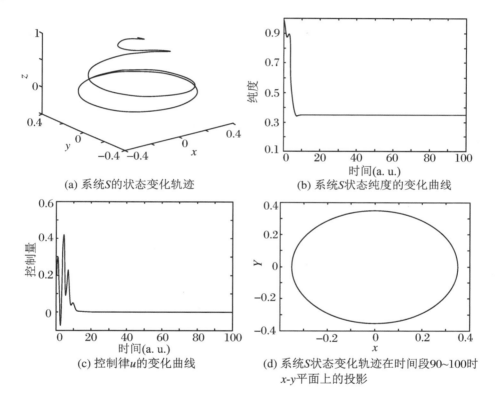

(a) 系统S的状态变化轨迹

(b) 系统S状态纯度的变化曲线

(c) 控制律u的变化曲线

(d) 系统S状态变化轨迹在时间段90~100时 x-y平面上的投影

图 5.8　系统 S 第二步控制的实验结果

为了将被控系统驱动到非对角元素为零的期望混合态 $S_{\text{final}} = (0 \quad 0 \quad 0)$,需要第三步混合态量子系统的控制.此时,采用式(5.103)的控制律来实现.第二步被控系统 S 的终态为 $S_{\text{f}} = (0.7 \quad 0 \quad 0)$,作为第三步的初态,终态为期望的混合态 $S_{\text{final}} = (0 \quad 0 \quad 0)$.$S$

的哈密顿量为 $H_0 = \begin{bmatrix} 1 & 0 \\ 0 & -1 \end{bmatrix}$，$H_I = \begin{bmatrix} 0 & 1 \\ 1 & 0 \end{bmatrix}$，控制律中的参数矩阵为 $P = \mathrm{diag}(16.5, 1, 1, 1)$，数值仿真的实验结果如图 5.9 所示，其中，图 5.9(a) 给出了系统 S 的状态变化轨迹，图 5.9(b) 给出了系统 S 的纯度变化曲线，图 5.9(c) 给出了控制律的变化曲线，图 5.9(d) 给出了表示系统 S 状态 Bloch 矢量中 x,y 坐标的变化曲线.

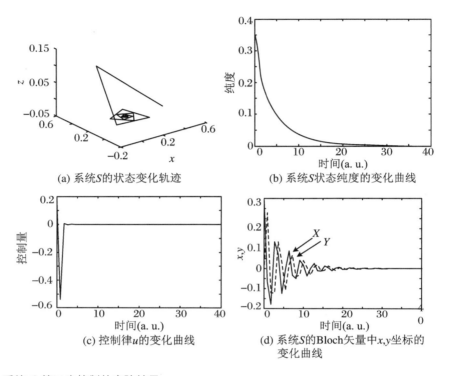

(a) 系统S的状态变化轨迹

(b) 系统S状态纯度的变化曲线

(c) 控制律u的变化曲线

(d) 系统S的Bloch矢量中x,y坐标的变化曲线

图 5.9　系统 S 第三步控制的实验结果

　　从图 5.9(a) 可以看到：系统 S 在控制律的作用下驱动到了完全混合态，即驱动到 Bloch 球的球心. 在图 5.9(b) 中，最后系统状态的纯度为 0，根据对纯度的定义，只有状态为完全混合态时，状态的纯度才会为 0，因此被控系统 S 到达了我们期望的混合态. 图 5.9(c) 中控制律的变化和参数 P 的选择有关系，选择不同的参数，会有不同的控制律变化曲线和控制效果，因此选择合适的参数会得到好的控制效果. 对于系统状态，其密度矩阵的非对角元素为零，也就是要求其 Bloch 矢量的 x 坐标和 y 坐标均为 0. 从图 5.9(d) 可以看到：表示系统 S 状态的 Bloch 矢量的 x 坐标和 y 坐标的值最后都趋于零，说明终态是密度矩阵非对角元素为零的混合态. 这样经过三步将被控系统 S 的状态从叠加态驱动到了期望的混合态.

如果被控系统的初始状态是本征态,就不需要第一步控制,可以直接进行第二步控制.如果期望的目标态是密度矩阵非对角元素不为零的混合态,那么就不需要经过第三步,只需要前两步就可以实现.另外,经过多次仿真实验,第二步中只有当辅助系统 P 的初始状态和被控系统 S 的终止状态相同时,S 才会被驱动到期望的密度矩阵非对角元素不为零的混合态.

本节研究了二维量子系统状态从任意纯态到期望混合态的驱动问题.如果被控系统的初始状态是叠加态,首先要使用纯态量子系统的控制将其驱动到本征态.如果期望的混合态是密度矩阵非对角元素不为零的混合态,对于得到的本征态,由于控制直接作用于被控系统的动力学系统相当于作适当的幺正变换,但是幺正变换不改变状态纯度,不可能驱动单个粒子从本征态到混合态,所以借助了辅助系统,与被控系统组成封闭的复合系统,采用李雅普诺夫方法设计控制律,通过两个系统之间的相互作用,将复合系统由初始状态驱动到终态,同时,被控系统在这个过程中从本征态驱动到了期望的混合态.如果期望的混合态是密度矩阵非对角元素为零的混合态,还需要使用混合态量子系统的控制将得到的密度矩阵非对角元素不为零的混合态驱动到期望的混合态.因此,最多经过三步控制就能实现控制目的.

5.5 量子位有效纯态的制备

量子计算因具有数据可叠加性以及幺正操作的线性性质使其可在一次操作中对所有数据进行并行处理,具有超越经典计算的速度而备受青睐.在量子计算过程中,要求对纯的量子态进行制备、操作、相干控制及测量等,因此量子计算的起点应该是一个纯态.在进行量子计算的物理体系中,核磁共振(NMR)体系研究不同核自旋组成的系综,利用大量分子热平衡态的统计性质,因此具有抗干扰能力强、退相干时间长、自旋自由度能够很好地独立于环境自由度和易于操作的特点,非常适合于量子计算的实验研究.近几年,基于核磁共振体系的量子计算取得了飞速的发展,多种量子算法如 Deutsch-Jozsa 算法(Marx,et al.,2000)、Grover 搜索算法(Chuang,et al.,1998)及量子傅里叶变换(Weinstein,et al.,2001)等已经可以在核磁共振设备上实现,但是利用核磁共振体系来实现量子计算亟待解决的一个重要问题是:在室温条件下,核磁共振体系的系综处于热平衡状态,其密度矩阵形式为

$$\rho_{\mathrm{eq}} = \frac{1}{N}I_N + \frac{1}{N}\rho_\Delta \tag{5.105}$$

其中,$N = 2^n$,n 指量子位的个数;I_N 是一个维数为 N 的单位矩阵;ρ_Δ 是一个迹为 0 且对单位矩阵一个非常小的偏移量($\sim o(10^{-6})$),常称为偏移矩阵.

对式(5.105)所示的状态实施幺正操作后发现,包含单位矩阵的项是不变的,只有偏移矩阵项 ρ_Δ 发生了变化,所以偏移矩阵在演化过程中给出可观测信号.式(5.105)描述的热平衡态是一个高度混合态,无法作为量子计算的初态.Cory 等人于 1997 年首次提出在核磁共振实验中先将量子系综制备到有效纯态(或赝纯态)上再进行量子计算(Cory,et al.,1997).赝纯态概念的提出大大扩展了核磁共振物理体系的适用范围.从定义上来说,有效纯态是指在核自旋系综内,除了一个态上的布居数不同之外,其他态上的布居数都相同.在数学形式上,有效纯态可表示为

$$\rho = \frac{1-\varepsilon}{N}I_N + \varepsilon \mid \psi \rangle\langle \psi \mid \tag{5.106}$$

其中,ε 为一个常量;其他参数同式(5.105).

比较式(5.105)和式(5.106),热平衡态 ρ_{eq} 转变成有效纯态 ρ 的本质在于将混合的偏移矩阵 ρ_Δ 变成纯态.由于式(5.106)中单位矩阵 I_N 的存在,有效纯态本质上仍是一个混合态,表示的是一个系综的状态,但是因为单位矩阵在幺正演化过程中不变,赝纯系综中有效纯态的观测值和真正纯态 $\mid \psi \rangle\langle \psi \mid$ 的观测值成比例,所以式(5.106)是一个伪纯态或赝纯态.实验室中可以通过对赝纯态的操作来模拟对真正纯态的观测和演化.

关于有效纯态的制备方法常用的有时间平均法、空间平均法、逻辑标识法以及 cat-benchmark 方法等,但是到目前为止都是通过实验的方法获得的,并且随着量子位数的增加,所需要的实验步骤和操作次数呈指数增加,使得多量子位有效纯态的制备变得很困难.本节试图从系统控制的角度,采用基于李雅普诺夫的控制方法来进行有效纯态的制备.

5.5.1 系统模型

利用核磁共振体系来实现量子计算时,由于单个分子中原子核自旋信号十分微弱,实验上常用含有大量分子的溶液.在液体核磁共振体系中,弱耦合同核系统的哈密顿量可以表示为

$$H_{\mathrm{sys}} = \sum_{i=1}^{n} 2\pi\omega_i I_z^i + \sum_{i<j} 2\pi J_{ij} I_z^i I_z^j + H_{\mathrm{env}} \tag{5.107}$$

其中，ω_i 表示第 i 个核自旋的 Larmor 进动频率；J_{ij} 为核自旋 i 和核自旋 j 的常量耦合常数；$I_z^k = \frac{1}{2}\sigma_z^k$ 表示第 k 个核自旋 z 方向上的积算符，$\sigma_z^k = I^1 \otimes I^2 \otimes \cdots \otimes \sigma^k \otimes \cdots \otimes I^n$ 为 z 方向上的泡利矩阵，$\sigma = \begin{bmatrix} 1 & 0 \\ 0 & -1 \end{bmatrix}$；$H_{env}$ 表示自旋系综和环境的作用项，在核磁共振体系中，消相干时间足够长，可不考虑消相干的影响，该项为 0，故而核磁共振体系的动力学方程遵循刘维尔-冯·诺伊曼方程：

$$i\hbar \frac{\partial}{\partial t}\rho(t) = [H, \rho(t)] \tag{5.108}$$

其中，$H = H_0 + \sum_m f_m(t)H_m$，$H_0$ 即为式(5.107)中令 H_{env} 等于 0 时的系统哈密顿量，$f_m(t)$ 为一个实值的控制函数，H_m 为控制哈密顿量；$\hbar$ 为普朗克常量，为简便起见，本节中取 $\hbar = 1$.

方程(5.108)即为我们要研究的控制系统，在核磁共振体系中制备有效纯态，初态为热平衡状态，其偏移矩阵在实验上常用积算符的形式表示为

$$\rho_\Delta = \sum_{k=1}^{n} \alpha_k I_z^k \tag{5.109}$$

其中，α_k 是一个非常小的常量，量级大约为 10^{-6}，在同核系统中，所有核的 α 都一样. ρ_Δ 是一个迹为 0 的矩阵，在控制任务中我们需要将其表示成规范式(5.105)的密度矩阵形式，可写为

$$\rho_0 = \frac{1}{N}I_N - \frac{\alpha}{N}\sum_{k=1}^{n} I_z^k \tag{5.110}$$

这是一个高度混合态.

目标态为一个有效纯态，形如方程(5.106). 对于一个 n 量子位的系统，不同系数 ε 对应的有效纯态视为同一类状态，则存在 2^n 类有效纯态. 因此，我们的控制任务就是在系统模型(5.108)中设计合适的控制律使得核自旋体系从热平衡初态(5.110)转移到目标态(5.106)，这是一个状态转移的问题.

5.5.2 控制律的设计

比较被控系统的初始状态(5.110)和目标状态(5.106)发现，控制任务是将一个高度混合态转移到类纯态上去，虽然可表示成混合态到混合态的状态转移问题，但初始状态

和目标态是非幺正等价的,若用 Bloch 球直观地表示可知初态和目标态不在一个轨道上运行,牵涉到能量的吸收或耗散.对不考虑环境作用的量子系统来说,量子状态的演化过程中只存在幺正变换,对于不在同一个轨道上的状态转移问题需要借助于外加系统的能量.因此,在本小节中我们通过引入辅助系统来完成非同圆混合态的转移问题.

假设原被控系统即核自旋系综为 S,辅助系统为 P,总系统用 T 来表示,其状态为 ρ_T.令系统 S 与系统 P 相互作用,二者之间就会有能量的交换.若 H_S 为自旋系综的自由哈密顿量,H_P 为辅助系统的自由哈密顿量,则总系统的哈密顿量可表示为

$$H_{\text{tot}} = H_S \otimes I_P + I_S \otimes H_P + H_I \tag{5.111}$$

其中,$I_i(i = S, P)$ 表示单位矩阵;H_I 表示系统 S 与辅助系统 P 的相互作用.

对于总系统 T 来说,它仍是一个封闭量子系统,其动力学满足方程(5.108).考虑外加控制作用后的总系统模型为

$$\mathrm{i} \frac{\partial}{\partial t} \rho_T(t) = [H_T, \rho_T(t)] \tag{5.112}$$

其中,$H_T(t) = H_S \otimes I_P + I_S \otimes H_P + f(t) H_I$,$f(t)$ 为控制函数.在 5.2 节中我们已经说明控制任务是驱动系统 S 的状态 ρ_0 到目标状态 ρ_f,对于辅助系统 P,我们设其具有和子系统一样的维数,并且令初始状态 $\rho_{P0} = \rho_f$,目标状态 $\rho_{Pf} = \rho_0$.设初始时刻系统 S 与辅助系统 P 非耦合,则总系统的初始状态为 $\rho_{T0} = \rho_0 \otimes \rho_{P0}$,目标态为 $\rho_{Tf} = \rho_f \otimes \rho_{Pf}$.通过初态和末态的形式即可发现,两者是幺正等价的,对于封闭量子系统的幺正演化总是可以实现的.

为了在利用李雅普诺夫稳定性定理求控制律时不出现非齐次项影响一阶导数正负号的判定,我们先对总系统模型进行幺正变换,将其变换到相互作用绘景,取幺正变换 $U(t) = \exp(-\mathrm{i} H_{T0} t)$,其中 $H_{T0} = H_S \otimes I_P + I_S \otimes H_P$.对方程(5.112)中的状态进行幺正变换 $\rho_T' = U^+(t) \rho_T U(t)$,因为幺正变换不改变状态的布居数,故而以下我们直接用 ρ_T 取代 ρ_T',模型(5.112)经过变换后可表示为

$$\mathrm{i} \frac{\partial}{\partial t} \rho_T(t) = [f(t) H_I(t), \rho_T(t)] \tag{5.113}$$

其中,$H_I(t) = U^+(t) H_I U(t)$.

针对模型(5.113)设计控制律 $f(t)$ 时,首先选择一个合适的李雅普诺夫函数,这里选择基于虚拟力学量平均值的函数,即

$$v(\rho_T) = \mathrm{tr}(Q \rho_T) \tag{5.114}$$

其中,Q 为虚拟力学量,对 Q 的选取应使方程(5.114)满足三个条件:① 李雅普诺夫函数

$v(\rho_T)$是正定或半正定的;② 当且仅当 $\rho_T = \rho_{Tf}$ 时,$v(\rho_T) = 0$;③ 李雅普诺夫函数的一阶导数 $\dot{v}(\rho_T)$ 是半正定的,即 $\dot{v}(\rho_T) \leqslant 0$.满足这三个条件得出的控制律在李雅普诺夫意义下是稳定的.一般可以选择虚拟力学量 $Q = -\rho_{Tf}$.

对方程(5.114)求一阶导数,可得

$$\dot{v}(\rho_T) = \mathrm{tr}(Q\dot{\rho}_T) = f(t)\mathrm{tr}(-iH_I(t)[\rho_T, Q]) \tag{5.115}$$

为了使李雅普诺夫函数的一阶导数小于等于零,可令

$$f(t) = -k\,\mathrm{tr}(iH_I(t)[Q, \rho_T]), \quad k > 0 \tag{5.116}$$

方程(5.116)就是我们针对总系统模型(5.113)的状态驱动问题根据李雅普诺夫稳定性定理设计出来的控制律,其中 k 是控制增益,可调节收敛速度.

5.5.3   数值仿真实验及其结果分析

为了验证以上制备有效纯态的理论是否可行,本节中选取一个双量子位的系统制备有效纯态.在 C13 标记的 Alanine 上(Xue, et al., 2002),选择两个 C13 的核自旋作为实验量子比特,其他非相关核的演化和耦合可以通过解耦去掉.两个碳核的 Larmor 进动频率为 $\omega_1 = 2\,073.6\,\mathrm{Hz}$,$\omega_2 = 6\,398.7\,\mathrm{Hz}$,两个核之间的耦合常数为 $J_{12} = 35\,\mathrm{Hz}$.对于该二量子位系统 S,两个核自旋在 z 方向上的积算符分别为 $I_z^1 = 0.5(\sigma_z \otimes I_2)$,$I_z^2 = 0.5(I_2 \otimes \sigma_z)$,则该系统的自由哈密顿量为 $H_0 = 2\pi\omega_1 I_z^1 + 2\pi\omega_2 I_z^2 + 2\pi J_{12} I_z^1 I_z^2$,其初始混合态为 $\rho_0 = \frac{1}{4}I_4 - \frac{1}{4}10^{-6}(I_z^1 + I_z^2)$,选取目标有效纯态为 $|00\rangle$,则目标态为 $\rho_f = \varepsilon|00\rangle\langle00| + \frac{1-\varepsilon}{4}I_4$,$\varepsilon$ 为可自由选择的参数,这里选取为 0.3.关于辅助量子系统 P,其初始状态 $\rho_{P0} = \rho_f$,末态 $\rho_{Pf} = \rho_0$,且为简单起见,我们令辅助系统的自由哈密顿量 $H_P = H_S$.对于由 S 和 P 组成的复合系统的自由哈密顿量为 $H_{T0} = H_S \otimes I_4 + I_4 \otimes H_P$,其控制哈密顿量 H_I 我们选为全连接形式,即除了对角线上的元素为 0 外,其他元素均不为 0.实验过程中,通过对总系统状态求偏迹可得到子系统 S 的状态.在控制律(5.116)的作用下,选取控制参数 $k = 15$,对该系统进行仿真后,实验结果如图 5.10 所示,其中图 5.10(a)是在控制场作用下系统 S 的状态演化过程,图 5.10(b)是控制场的演化曲线.

对于一个双量子位核自旋系统,应该有 $2^2 = 4$ 个有效纯态,对应于表达式 $\rho_f = \frac{1-\varepsilon}{N}I_N + \varepsilon|\psi\rangle\langle\psi|$ 中的 $|\psi\rangle$ 分别取 $|00\rangle$,$|01\rangle$,$|10\rangle$ 和 $|11\rangle$ 的情况,在控制律(5.116)的作用下,

驱动系统从热平衡状态到四个有效纯态中的任意一个都可以实现.这是因为从控制的角度来看,n 量子位的 2^n 个有效纯态差别仅在于 ρ_f 中最大的对角元素位置不同,相当于在两个能级上进行布居数交换,通过幺正变换是一定可以实现的,所以只要任一个有效纯态可以实现,其他 $2^n - 1$ 个有效纯态也都可以实现.

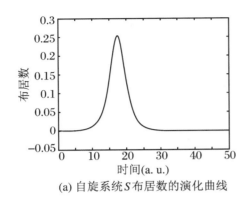

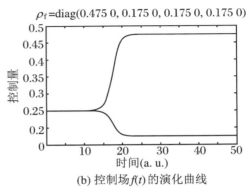

$\rho_f = \mathrm{diag}(0.475\ 0,\ 0.175\ 0,\ 0.175\ 0,\ 0.175\ 0)$

(a) 自旋系统 S 布居数的演化曲线   (b) 控制场 $f(t)$ 的演化曲线

图 5.10　在一个双量子位核自旋系统上的仿真结果

　　此外,对于有效纯态表达式中的常数 ε,我们认为不同 ε 对应同一类有效纯态.在量子力学中,常用 $p = \mathrm{tr}(\rho^2)$ 来表示状态的纯度,纯态的纯度等于 1,混合态的纯度小于 1.有效纯态制备过程中,初始状态是一个高度混合态,类似于单粒子的 Bloch 球描述方法,结合表达式 (5.105) 我们可以认为它是一个几乎接近于球心的垃圾态,所以状态转移问题都是球心向远离球心的位置转移,可以理解成混合态的提纯问题,参数 ε 越大,目标态的纯度越高,离初始态越远,在同一个控制律作用下,外加控制量 f 的幅值就越大,完成任务的作用时间相对较小.

　　从实验结果可以看出,基于李雅普诺夫控制理论制备双量子位有效纯态是可以的,基于该方法我们也仿真了制备三量子位、四量子位有效纯态的效果,它也是可行的.本节中进行理论分析时不依靠量子位的数目,原则上该方法可用来制备多量子位有效纯态.此外,我们也发现,只有当自旋系统 S 的哈密顿量 H_S 是强正则时,目标才可实现.

第 6 章

基于李雅普诺夫的量子系统控制理论：收敛性分析

量子李雅普诺夫方法具有设计简单、意义直观的特点. 然而, 蕴藏在其中的拉塞尔不变原理却保证控制系统的任一轨线只能收敛到相应的最大不变集中, 而不能保证收敛到其中某一指定的目标态上. 为了克服这一问题, 针对纯态量子系统, 2005 年, Mirrahimi 等人在分析控制系统对于任一参考轨线近跟踪的基础上, 借助量子绝热定理实现了系统对于其某一本征态的渐近逼近. 我们在 4.3 节中, 针对纯态系统提出了通过适当构造某一李雅普诺夫函数中的自由度实现系统对于其任一本征态高概率跃迁的不同处理思想. 研究表明, 这一处理问题的方式非常灵活, 只要自由度的构造合适, 往往可以得到满意的控制效果, 同时还可以实现控制系统对于其不变集中其他目标态的高概率跃迁或收敛性. 基于此, 本章将进一步研究和挖掘这一思想在混合态量子系统中的应用, 重点阐述系统对于平衡态的稳定化控制.

6.1　理想条件下混合态量子系统的控制策略

6.1.1　基本概念

考虑由密度算子描述的 N 级量子系统,且假定所考虑的量子系统是算子可控的.在控制场的作用下,控制系统的数学模型给定为

$$\dot{\rho}(t) = -\mathrm{i}\left(H_0 + \sum_{k=1}^{m} H_k u_k(t), \rho(t)\right), \quad \rho(0) = \rho_0 \tag{6.1}$$

其中,$\rho(t)$ 是描述系统动力学演化的密度算子;H_0 是系统的内部哈密顿量;$u_k(t)$ 是外加的实值控制场;H_k 是 $u_k(t)$ 作用于系统的控制哈密顿量,H_0 和 H_k 均不含时.下面将在能量表象的一组正交归一基下考虑问题.因此,算子 ρ,H_0 和 H_k 将体现为相应的 N 阶方阵形式,且 H_0 是一个对角矩阵.

由于被控系统自身的属性在很大程度上决定了控制设计的难易程度,因此结合系统自身的属性进行相应的研究是合理的.在第 4 章中,我们已经对纯态情况的收敛性进行了研究.本节讨论内部哈密顿量没有退化跃迁,且控制哈密顿量完全连通的混合态系统,并将这两个条件合称为理想条件.

式(6.1)所描述的量子系统是封闭系统,其状态随时间的演化是幺正的.因此,系统在时刻 t 的状态可以记为

$$\rho(t) = X(t)\rho_0 X^+(t), \quad X(t) \in U(N) \tag{6.2}$$

式(6.2)表明:无论式(6.1)中的控制律 $u_k(t)$ 具有什么样的形式,初始态 ρ_0 与其可达态 $\rho(t)$ 总是具有相同的谱值.这就是 ρ_0 的可达态所满足的必要条件.

物理上,系统的内部哈密顿量 $H_0 = \mathrm{diag}(\lambda_1, \lambda_2, \cdots, \lambda_N)$ 的本征值(或谱值)λ_j 表示该量子系统所具有的能量值(或称能级);而 $\omega_{jl} = \lambda_j - \lambda_l$ 则表示该量子系统能级间跃迁的 Bohr 频率(或称跃迁频率).现在,给出下面的概念:若一个量子系统的所有能级互不相同,则称该量子系统为非退化的;若一个量子系统的所有 Bohr 频率互不相同,则称该量子系统没有退化跃迁;若存在 $k' \in \{1,2,\cdots,m\}$,使 $(H_{k'})_{jl} \neq 0, j < l \in \{1,2,\cdots,N\}$ 成立,则称该量子系统是完全连通的;此外,将满足 $[H_0,\rho]=0$ 的状态 ρ 称为系统(6.1)的平衡态.

6.1.2 控制律的设计

考虑下面的李雅普诺夫函数：

$$V(\rho) = \text{tr}(P\rho) \tag{6.3}$$

其中，P 是一个待构造的正定厄米算子，可以看作系统的一个虚拟力学量. 数学上，$V(\rho)$ 是一个求迹运算；物理上，$V(\rho)$ 则代表厄米算子 P 的期望值. 李雅普诺夫函数(6.3)是我们在 4.3 节中曾经研究过的纯态均值李雅普诺夫函数的密度算子形式，因此更具有一般性.

对于一个给定的李雅普诺夫函数，由于其最小值点是唯一的，因此当将目标态与最小值点对应起来并控制李雅普诺夫函数使之单调下降至最小值时，被控状态必然被驱动至目标态上. 在系统的密度算子 ρ 以幺正方式(6.2)演化的前提下，借助 $su(N)$ 李代数的工具可以证明李雅普诺夫函数(6.3)关于其极值点的下述命题(D'Alessandro，2007)：

命题 6.1 在 ρ 以幺正方式变化的前提下，若 ρ 是 $V(\rho)$ 的任一极值点，则有 $[\rho, P]$ = 0 成立；反之，若 ρ 满足 $[\rho, P] = 0$，则 ρ 一定是 $V(\rho)$ 的一个极值点.

注意：命题 6.1 中 ρ 的幺正变化方式涵盖了系统(6.1)中 H_0, H_k 与 $u_k(t)$ 的所有可能的具体形式. 因此，这一幺正变化条件相当强.

由于李雅普诺夫函数(6.3)随时间的变化要体现于系统的演化方程(6.1)中，并进而体现于控制律 $u_k(t)$ 的形式上，因此可以通过控制律的设计来保证李雅普诺夫函数随时间演化的单调性. 计算李雅普诺夫函数(6.3)对时间的一阶导数，有

$$\dot{V}(\rho) = -\,\text{itr}([P, H_0]\rho) - \text{i}\sum_{k=1}^{m} \text{tr}([P, H_k]\rho)u_k \tag{6.4}$$

考虑到式(6.4)右边第一项对于控制分量的独立性和设计控制律的方便性，令

$$[P, H_0] = 0 \tag{6.5}$$

这样，为了保证李雅普诺夫函数不断下降，可以设计下面的控制律：

$$u_k = \text{i}\varepsilon_k \text{tr}([P, H_k]\rho), \quad k = 1, 2, \cdots, m \tag{6.6}$$

其中，$\varepsilon_k > 0$，用于调整控制场的幅度.

由于 H_0 是非退化的，利用式(6.5)和矩阵论的知识，容易证明出关于 P 的下面一个命题：

命题 6.2 若 H_0 是非退化的且 $[P,H_0]=0$,则 P 是一个对角矩阵.

6.1.3 拉塞尔不变集

由于在控制场(6.6)作用下的系统(6.1)是一个自治系统,因此可以利用拉塞尔不变原理分析系统的收敛性.拉塞尔不变原理保证,控制系统的任一轨线将收敛于集合 $\{\rho:\dot{V}(\rho)=0\}$ 中的最大不变集.因此,应该刻画出满足 $\dot{V}(\rho)=0$ 的状态 ρ 的特征,并计算 $\{\rho:\dot{V}(\rho)=0\}$ 中的最大不变集.

6.1.3.1 系统演化中的极值状态

本质上,满足 $\dot{V}(\rho)=0$ 的时间点就是系统演化过程中李雅普诺夫函数(6.3)关于时间的极值点,而对应于该时间点上的状态 ρ 就是系统演化过程中李雅普诺夫函数(6.3)的极值状态.对于这样的极值状态,容易给出下面的命题:

命题 6.3 假定在控制场(6.6)的作用下,系统自任一初始态 $\rho(0)=\rho_0$ 演化至 t_0 时刻的一个极值状态 $\rho(t_0)$ 上,则下面三个条件是等价的:

(1) $\dot{V}(\rho(t_0))=0$; (6.7)

(2) $\mathrm{tr}(\rho(t_0)[P,H_k])=0,k=1,2,\cdots,m$; (6.8)

(3) $u_k(t_0)=0,k=1,2,\cdots,m$. (6.9)

证明 考虑式(6.4)至式(6.6),容易证明此命题.

命题 6.3 刻画了系统在演化的某一时刻,作为演化过程中的极值状态的特征,同时也表明:伴随着系统的演化,李雅普诺夫函数(6.3)关于时间的极值点,就是系统演化至满足式(6.8)的状态处的时刻,也是控制场的过零时刻.由于式(6.4)至式(6.6)并不涉及具体的初始状态,因而式(6.7)至式(6.9)表征了始于所有初始态的系统演化中的极值状态.为了进一步分析的方便性,将控制场作用下始于所有初始态的、系统演化过程中的极值状态的集合记为 S.利用等式 $\mathrm{tr}(A[B,C])=\mathrm{tr}(C[A,B])$、命题 6.1 和式(6.7)容易知道:李雅普诺夫函数(6.3)关于 ρ 的极值点一定在 S 中.

6.1.3.2 控制系统的拉塞尔不变集

对于"控制系统"在 S 中的最大不变集,我们有:

定理 6.1 给定下面三个条件:(a) $[P,H_0]=0$;(b) 系统是非退化的;(c) 系统没有退化跃迁.考虑式(6.6)控制场作用下的系统(6.1),那么下面的结论成立:

(1) 若条件(a)成立,则控制系统在 S 中的最大不变集为 $E \triangleq \{\rho(0): \dot{V}(\rho(t)) = 0, t \in \mathbf{R}\}$,其中 $\rho(t), t \in \mathbf{R}$ 是对应于初始态 $\rho(0)$ 的控制系统的轨线.

(2) 若条件(a)和(b)同时成立,则结论(1)中的最大不变集可简化为 $E \triangleq \{\rho(0): \mathrm{tr}(\mathrm{e}^{\mathrm{i}H_0 t} H_k \mathrm{e}^{-\mathrm{i}H_0 t} [\rho(0), P]) = 0, k = 1, 2, \cdots, m; t \in \mathbf{R}\}$.

(3) 若条件(a)和(c)同时成立,则结论(2)中的最大不变集中的状态 $\rho(0)$ 的第 (l, j) 个元素满足 $(H_k)_{jl}(p_l - p_j)\rho_{lj}(0) = 0, j, l = 1, 2, \cdots, N; k = 1, 2, \cdots, m; j < l$,其中 p_l 和 p_j 分别为 P 的第 l 和第 j 个对角元.

证明 结论(1):

根据命题 6.3 可知,满足条件 $\dot{V}(\rho(t)) = 0, t \in \mathbf{R}$ 的状态就是满足条件

$$u_k(t) = \mathrm{i}\varepsilon_k \mathrm{tr}([P, H_k]\rho(t)) = 0, \quad k = 1, 2, \cdots, m; t \in \mathbf{R} \quad (6.10)$$

的状态.这同时也暗示了控制场中的 $\rho(t)$ 是系统的自由演化状态.通过将 $\dot{\rho}(t) = -\mathrm{i}[H_0, \rho(t)]$ 的解代入控制场(6.10)的表达式,可以计算出

$$\mathrm{tr}(\mathrm{e}^{-\mathrm{i}H_0 t}\rho(0)\mathrm{e}^{\mathrm{i}H_0 t}[P, H_k]) = 0, \quad k = 1, 2, \cdots, m; t \in \mathbf{R} \quad (6.11)$$

这就是说,包含在 S 中的最大不变集为

$$E = \{\rho(0): \mathrm{tr}(\mathrm{e}^{-\mathrm{i}H_0 t}\rho(0)\mathrm{e}^{\mathrm{i}H_0 t}[P, H_k]) = 0\}, \quad k = 1, 2, \cdots, m; t \in \mathbf{R} \quad (6.12)$$

现在,我们利用式(6.11)证明 E 的不变性和最大性.首先证明不变性.假定 $\rho_1(0) \in E$,即

$$\mathrm{tr}(\mathrm{e}^{-\mathrm{i}H_0 t}\rho_1(0)\mathrm{e}^{\mathrm{i}H_0 t}[P, H_k]) = 0, \quad k = 1, 2, \cdots, m; t \in \mathbf{R} \quad (6.13)$$

那么,t_0 时刻系统的状态等于 $\rho_1(t_0) = \mathrm{e}^{-\mathrm{i}H_0 t_0}\rho_1(0)\mathrm{e}^{\mathrm{i}H_0 t_0}$.将 $\rho_1(t_0)$ 看作一个新的初始态,并记为 $\rho_1(t_0)(0)$,那么计算式(6.11)的左边可以得到

$$\mathrm{tr}(\mathrm{e}^{-\mathrm{i}H_0 t}\rho_1(t_0)(0)\mathrm{e}^{\mathrm{i}H_0 t}[P, H_k]) = \mathrm{tr}(\mathrm{e}^{-\mathrm{i}H_0(t+t_0)}\rho_1(0)\mathrm{e}^{\mathrm{i}H_0(t+t_0)}[P, H_k]) \quad (6.14)$$

显然,对于 $t \in \mathbf{R}$,式(6.14)等价于式(6.13)的左边,即 $\rho_1(t_0) \in E$.这样,就完成了不变性的证明.

现在证明最大性.假定 E' 是 S 中的任一不变集,$\rho'(0)$ 是 E' 中的任一点,E' 的不变性保证了始于 $\rho'(0)$ 的轨线仍属于 E',并可记为 $\rho'(t) = \mathrm{e}^{-\mathrm{i}H_0 t}\rho'(0)\mathrm{e}^{\mathrm{i}H_0 t}, t \in \mathbf{R}$,即 $\rho'(0) = \mathrm{e}^{\mathrm{i}H_0 t}\rho'(t)\mathrm{e}^{-\mathrm{i}H_0 t}, t \in \mathbf{R}$.将式(6.11)的 $\rho(0)$ 替换为 $\rho'(0)$,可以得到 $\mathrm{tr}(\rho'(t)[P, H_k]) = 0, k = 1, 2, \cdots, m; t \in \mathbf{R}$.这正是 E 的特征(参见式(6.10)),E' 中 $\rho'(0)$ 的任意性保证了 $E' \subseteq E$.进一步,S 中 E' 的任意性保证了 E 是 S 中的最大不变集.

结论(2):

由于 H_0 是一个非退化的对角矩阵,基于命题 6.2 可知,P 也是一个对角矩阵.因此,

有 $P = \mathrm{e}^{-\mathrm{i}H_0 t} P \mathrm{e}^{\mathrm{i}H_0 t}$. 结合等式 $\mathrm{tr}(A[B,C]) = \mathrm{tr}(C[A,B])$,式(6.11)的左边可简化为

$$
\begin{aligned}
\mathrm{tr}(\mathrm{e}^{-\mathrm{i}H_0 t}\rho(0)\mathrm{e}^{\mathrm{i}H_0 t}[P,H_k]) &= \mathrm{tr}(H_k[\mathrm{e}^{-\mathrm{i}H_0 t}\rho(0)\mathrm{e}^{\mathrm{i}H_0 t},P]) \\
&= \mathrm{tr}(H_k[\mathrm{e}^{-\mathrm{i}H_0 t}\rho(0)\mathrm{e}^{\mathrm{i}H_0 t},\mathrm{e}^{-\mathrm{i}H_0 t}P\mathrm{e}^{\mathrm{i}H_0 t}]) \\
&= \mathrm{tr}(H_k \mathrm{e}^{-\mathrm{i}H_0 t}[\rho(0),P]\mathrm{e}^{\mathrm{i}H_0 t}) \\
&= \mathrm{tr}(\mathrm{e}^{\mathrm{i}H_0 t}H_k \mathrm{e}^{-\mathrm{i}H_0 t}[\rho(0),P])
\end{aligned}
$$

这样,式(6.11)等价于

$$
\mathrm{tr}(\mathrm{e}^{\mathrm{i}H_0 t}H_k \mathrm{e}^{-\mathrm{i}H_0 t}[\rho(0),P]) = 0, \quad k = 1,2,\cdots,m; t \in \mathbf{R} \tag{6.15}
$$

相应地,式(6.12)可等价写为

$$
E = \{\rho(0): \mathrm{tr}(\mathrm{e}^{\mathrm{i}H_0 t}H_k \mathrm{e}^{-\mathrm{i}H_0 t}[\rho(0),P]) = 0\}, \quad k = 1,2,\cdots,m; t \in \mathbf{R} \tag{6.16}
$$

结论(3):

将等式 $\mathrm{e}^A B \mathrm{e}^{-A} = \sum_{n=0}^{\infty} \dfrac{[A^{(n)},B]}{n!}$ 应用于式(6.15),可得

$$
\mathrm{tr}(\mathrm{e}^{\mathrm{i}H_0 t}H_k \mathrm{e}^{-\mathrm{i}H_0 t}[\rho(0),P]) = 0 \iff \mathrm{tr}\left(\sum_{n=0}^{\infty}\frac{[(\mathrm{i}H_0 t)^{(n)},H_k]}{n!}[\rho(0),P]\right) = 0
$$

$$
\iff \sum_{n=0}^{\infty}\frac{\mathrm{i}^n t^n}{n!}\mathrm{tr}([H_0^{(n)},H_k][\rho(0),P]) = 0 \tag{6.17}
$$

其中,$[H_0^{(n)},H_k] = \underbrace{[H_0,[H_0,\cdots,[H_0,H_k]\cdots]]}_{n\text{次}}$. 特别地,$[H_0^{(0)},H_k] = H_k$.

考虑时间函数 $1,t,t^2,\cdots$ 的独立性,式(6.17)可写为

$$
\mathrm{tr}([H_0^{(n)},H_k][P,\rho(0)]) = 0, \quad n = 0,1,\cdots; k = 1,2,\cdots,m \tag{6.18}
$$

记 $P \triangleq \mathrm{diag}(p_1,p_2,\cdots,p_N)$,并考虑到 H_0 是对角矩阵,我们可分别计算出

$$
[H_0^{(n)},H_k] = ((\lambda_j - \lambda_l)^n (H_k)_{jl}) = (\omega_{jl}^n (H_k)_{jl}), \quad j,l = 1,2,\cdots,N \tag{6.19}
$$

$$
[P,\rho(0)] = ((p_j - p_l)\rho_{jl}(0)), \quad j,l = 1,2,\cdots,N \tag{6.20}
$$

将式(6.19)和式(6.20)代入式(6.18),可得

$$
\sum_{j,l=1}^{N} \omega_{jl}^n (H_k)_{jl}(p_l - p_j)\rho_{lj}(0) = 0, \quad n = 0,1,\cdots; k = 1,2,\cdots,m \tag{6.21}
$$

考虑到 H_k 和 $\rho(0)$ 均为厄米算符,式(6.21)可进一步写为

$$
\sum_{j<l} \omega_{jl}^n (H_k)_{jl}(p_l - p_j)\rho_{lj}(t_1) + \omega_{lj}^n (H_k)_{jl}^*(p_j - p_l)\rho_{lj}^*(t_1) = 0 \tag{6.22}
$$

如果 n 为偶数,则式(6.22)可简化为

$$\sum_{j<l}\omega_{jl}^{n}\mathrm{Im}((H_k)_{jl}(p_l-p_j)\rho_{lj}(0))=0,\quad n=0,2,\cdots;k=1,2,\cdots,m\quad(6.23)$$

如果 n 为奇数,则式(6.22)可简化为

$$\sum_{j<l}\omega_{jl}^{n}\mathrm{Re}((H_k)_{jl}(p_l-p_j)\rho_{lj}(t_1))=0,\quad n=1,3,\cdots;k=1,2,\cdots,m\quad(6.24)$$

记

$$\xi_k=\begin{bmatrix}(H_k)_{12}(p_2-p_1)\rho_{21}(0)\\ \vdots\\ (H_k)_{1N}(p_N-p_1)\rho_{N1}(0)\\ (H_k)_{23}(p_3-p_2)\rho_{32}(0)\\ \vdots\\ (H_k)_{2N}(p_N-p_2)\rho_{N2}(0)\\ \vdots\\ (H_k)_{N-1,N}(p_N-p_{N-1})\rho_{N,N-1}(0)\end{bmatrix},\quad\Lambda=\begin{bmatrix}\omega_{12}&&&&&\\ &\ddots&&&&\\ &&\omega_{1N}&&&\\ &&&\omega_{23}&&\\ &&&&\ddots&\\ &&&&&\omega_{2N}&\\ &&&&&&\ddots\\ &&&&&&&\omega_{N-1,N}\end{bmatrix}$$

$$M=\begin{bmatrix}1&\cdots&1&1&\cdots&1&\cdots&1\\ \omega_{12}^{2}&\cdots&\omega_{1N}^{2}&\omega_{23}^{2}&\cdots&\omega_{2N}^{2}&\cdots&\omega_{N-1,N}^{2}\\ \omega_{12}^{4}&\cdots&\omega_{1N}^{4}&\omega_{23}^{4}&\cdots&\omega_{2N}^{4}&\cdots&\omega_{N-1,N}^{4}\\ \vdots&&\vdots&\vdots&&\vdots&&\vdots\\ \omega_{12}^{N(N-1)-2}&\cdots&\omega_{1N}^{N(N-1)-2}&\omega_{23}^{N(N-1)-2}&\cdots&\omega_{2N}^{N(N-1)-2}&\cdots&\omega_{N-1,N}^{N(N-1)-2}\end{bmatrix}$$

那么,式(6.23)和式(6.24)可分别等价为

$$M\mathrm{Im}(\xi_k)=0,\quad k=1,2,\cdots,m\quad(6.25)$$

$$M\Lambda\mathrm{Re}(\xi_k)=0,\quad k=1,2,\cdots,m\quad(6.26)$$

由于系统没有退化跃迁,所以 M 和 Λ 均为 $\dfrac{N(N-1)}{2}$ 阶的非奇异方阵.这样,式(6.25)和式(6.26)就意味着

$$\xi_k=0,\quad k=1,2,\cdots,m\quad(6.27)$$

即

$$(H_k)_{jl}(p_l-p_j)\rho_{lj}(0)=0,\quad j,l=1,2,\cdots,N;j<l\quad(6.28)$$

上式是最大不变集 E 中的任一状态 $\rho(0)$ 的第 (l,j) 个元素所满足的条件.

这样,我们就完成了定理6.1的证明.

定理6.1的三个结论实际上涵盖了系统自身的三种情况:结论(1)没有对系统施加任何约束,结论(2)要求系统是非退化的,而结论(3)则要求系统是没有退化跃迁的.从这三个结论可以看出,随着系统自身条件的逐渐严格化,最大不变集中的状态的具体表达式将越来越便于解析确定出来.本质上,条件(b)和(c)是系统自身所具有的条件,因此当我们仅考虑同时满足这两个条件的系统时,定理6.1的三个结论中的最大不变集是完全一致的.这样,根据命题6.1和定理6.1中的结论(2)即知,李雅普诺夫函数(6.3)关于ρ的极值点也一定在S的最大不变集E中.

6.1.4　收敛性分析

考虑式(6.28),当系统完全连通且条件$p_l \neq p_j$,$l \neq j$成立时,式(6.28)可进一步简化为

$$\rho_{lj}(0) = 0, \quad j, l = 1, 2, \cdots, N; j < l \tag{6.29}$$

式(6.29)意味着,最大不变集E中的状态$\rho(0)$是对角矩阵.进一步,由系统模型(6.1)和命题6.1、命题6.2知,$\rho(0)$分别是系统的一个平衡态和李雅普诺夫函数(6.3)的一个极值点;反之,若$\rho(0)$是系统的一个平衡态或李雅普诺夫函数(6.3)的一个极值点,则分别由平衡态的定义和命题6.1知,$[\rho(0), H_0] = 0$和$[\rho(0), P] = 0$分别成立.再考虑到H_0及P的非退化性和命题6.2可以知道,$\rho(0)$一定是一个对角矩阵.因此,这种情形下的下面四种表述是等价的:

$\rho(0)$是系统的一个收敛状态;

$\rho(0)$是对角矩阵;

$\rho(0)$是李雅普诺夫函数(6.3)的极值点;

$\rho(0)$是系统的平衡态.

这就是说,控制系统所收敛到的最大不变集E由对角矩阵下李雅普诺夫函数(6.3)的全体极值点或系统(6.1)的全体平衡态构成.基于这一结论,并考虑系统的幺正演化方式,可以得到下面的核心定理:

定理6.2　考虑P非退化情况下的理想系统(6.1)(即满足没有退化跃迁条件,且具有完全连通性),在式(6.6)控制场的作用下,如果预先给定一个初始态ρ_0,那么系统可以得到稳定的平衡态或收敛状态的集合$E(\rho_0)$,就是将ρ_0的所有本征值任意排列在对角线上所得到的有限个不相同的对角矩阵构成的集合.

值得指出的是:系统在 S 中的最大不变集 E 包含了系统在控制场作用下始于所有初始态的轨线最终所收敛的状态.因此,定理 6.2 中的集合 $E(\rho_0)$ 是 E 的一个子集.

6.1.5 P 的构造

6.1.5.1 构造原则

定理 6.2 表明,系统在控制场作用下始于初始态 ρ_0 的轨线必然收敛到状态集合 $E(\rho_0)$ 中,但不能保证收敛到 $E(\rho_0)$ 中某一指定的目标态上.事实上,这是李雅普诺夫稳定化策略的一个通常现象.这里,我们通过研究 P 的对角元的构造来试图克服这一困难,即保证系统能够最终稳定在平衡态集 $E(\rho_0)$ 中一个确定的状态上.

定理 6.2 暗示了 P 非退化且系统(6.1)是理想系统时,对应于 ρ_0 的平衡态集 $E(\rho_0)$ 是一个离散集合.记 $E(\rho_0)$ 中的所有状态为 $\rho_1,\rho_2,\cdots,\rho_n,n<N!$,并假定目标态是 $\rho_f\in E(\rho_0)$.根据吸引性,只要构造 P 使其满足下式:

$$\mathrm{tr}(P\rho_f)<\mathrm{tr}(P\rho_0)<\mathrm{tr}(P\rho_S),\quad S=1,2,\cdots,n;S\neq f \tag{6.30}$$

那么,始于 ρ_0 的控制系统轨线就必然渐近收敛至目标态 ρ_f 上.

6.1.5.2 构造实例

现在,通过一个数值例子来阐述 P 的构造方法.给定一个仅受单个外部场影响的二能级系统,且假定此系统在能量表象的正交归一基组 $\{|0\rangle=(1\quad 0)^{\mathrm{T}},|1\rangle=(0\quad 1)^{\mathrm{T}}\}$ 下的内部和控制哈密顿量分别为 $H_0=\begin{pmatrix}1&0\\0&-1\end{pmatrix}$ 和 $H_1=\begin{pmatrix}0&1\\1&0\end{pmatrix}$.进一步,假定该系统起初以 0.95 的概率处在态 $|\psi_1(0)\rangle=|0\rangle$ 上,同时以 0.05 的概率处在态 $|\psi_2(0)\rangle=1/\sqrt{2}|0\rangle+\mathrm{i}/\sqrt{2}|1\rangle$ 上,则可以计算出系统的初始密度矩阵为 $\rho(0)=\begin{pmatrix}0.975&-0.025\mathrm{i}\\0.025\mathrm{i}&0.025\end{pmatrix}$.借助数值计算可以得到 $\rho(0)$ 的两个本征值分别近似为 0.024 3 和 0.975 7,再根据定理 6.2 知,系统的收敛状态集 $E(\rho(0))$ 中共有 2! 个元素,分别为 $\rho_1=\mathrm{diag}(0.024\ 3,0.975\ 7)$ 和 $\rho_2=\mathrm{diag}(0.975\ 7,0.024\ 3)$.

假定目标态为 $\rho_f=\rho_1$,则根据式(6.30)有

$$0.024\ 3p_1+0.975\ 7p_2<0.975p_1+0.025p_2<0.975\ 7p_1+0.024\ 3p_2 \tag{6.31}$$

229

不等式(6.31)的解为 $p_1 > p_2$，因此存在无穷多组 p_1，p_2 的取值使系统能够收敛到 ρ_1 上，例如取 $p_1 = 2$，$p_2 = 1$，并取式(6.6)中 $\varepsilon_1 = 0.05$ 时，可以得到相应的仿真结果如图 6.1 所示.

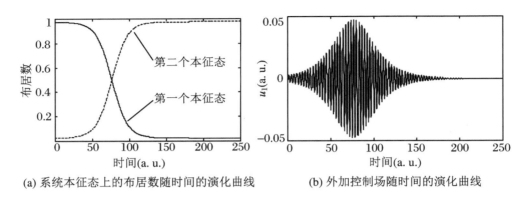

(a) 系统本征态上的布居数随时间的演化曲线   (b) 外加控制场随时间的演化曲线

图 6.1   理想条件下的李雅普诺夫方法在混合态二能级系统上的仿真结果

从图 6.1 以及相应的系统仿真实验的数据可以知道，系统的被控状态在有限时间内基本到达了目标态 ρ_1，即系统在控制场(6.6)的作用下最终渐近稳定在了 ρ_1 上.同时，这一数值仿真结果也说明了控制效果与理论推导的完全一致性.

6.2   广义条件下混合态量子系统的控制策略

对于完全连通的系统，根据定理 6.1 中的结论(3)可以得到系统任一轨线的极限点的特征.然而，当系统连通但不完全连通时，并不容易看出拉塞尔不变集 E 究竟由哪些具体的状态组成.为了求得这种情况下不变集 E 中的状态表达式，我们引入密度算子的 Bloch 矢量表示.

6.2.1   密度矩阵的 Bloch 矢量体系

假定 H_N 是对应于 N 级量子系统、同构于 C^N 的希尔伯特空间，则作用于 H_N 上，且赋予下述内积的所有有界线性厄米算子的集合本身就构成了一个希尔伯特空间，记

为 $L(H_N)$:

$$\langle\langle A \mid B \rangle\rangle = \mathrm{tr}(A^+ B) \tag{6.32}$$

在式(6.32)定义的内积下,人们通常选择 N 阶单位阵 I_N 和 $SU(N)$ 群的下列生成元作为 $L(H_N)$ 的一组正交基:

$$\sigma_{jl}^x := \mid j\rangle\langle l \mid + \mid l\rangle\langle j \mid, \quad 1 \leqslant j < l \leqslant N \tag{6.33}$$

$$\sigma_{jl}^y := -\mathrm{i}(\mid j\rangle\langle l \mid - \mid l\rangle\langle j \mid), \quad 1 \leqslant j < l \leqslant N \tag{6.34}$$

$$\sigma_j^z := \sqrt{\frac{2}{j(j+1)}}\left(\sum_{n=1}^{j} \mid n\rangle\langle n \mid - j \mid j+1\rangle\langle j+1 \mid\right), \quad 1 \leqslant j \leqslant N-1 \tag{6.35}$$

其中,x,y,z 是用于区分基元的标志,类似于两级系统中沿着 x,y,z 方向的泡利矩阵. 为了书写方便,将 $L(H_N)$ 的这组正交基元记为

$$\{\sigma_s\}_{s=0}^{N^2-1} := \{I_N\} \bigcup \{\sigma_s\}_{s=1}^{N^2-1} = \{I_N\} \bigcup \{\sigma_{jl}^x, \sigma_{jl}^y, \sigma_j^z\} = \{I_N, \sigma_{jl}^x, \sigma_{jl}^y, \sigma_j^z\} \tag{6.36}$$

其中,$1 \leqslant j < l \leqslant N, 1 \leqslant j \leqslant N-1$.

$L(H_N)$ 中所有密度矩阵的集合将构成密度矩阵空间,记为 $L_1(H_N)$. $L_1(H_N)$ 中的任一元素均可借助式(6.36)表示为下面的固定形式:

$$\rho = \frac{1}{N}I_N + \frac{1}{2}\sum_{s=1}^{N^2-1}\gamma_s\sigma_s = \frac{1}{N}I_N + \frac{1}{2}\sum_{j<l}\gamma_{jl}^x\sigma_{jl}^x + \frac{1}{2}\sum_{j<l}\gamma_{jl}^y\sigma_{jl}^y + \frac{1}{2}\sum_{j=1}^{N-1}\gamma_j^z\sigma_j^z \tag{6.37}$$

其中,$\gamma_s = \mathrm{tr}(\rho\sigma_s), 1 \leqslant s \leqslant N^2-1$,可以借助式(6.32)和基组(6.36)的正交性进行验证.

以 $\gamma_s, 1 \leqslant s \leqslant N^2-1$ 为分量构成的 N^2-1 维矢量 $\gamma = (\gamma_1 \quad \gamma_2 \quad \cdots \quad \gamma_N)^T$ 即是 ρ 的 Bloch 矢量,显然 Bloch 矢量是 $\mathbf{R}^{N^2-1}$ 中的实值矢量. 全体 Bloch 矢量的集合,将构成该系统在 $\mathbf{R}^{N^2-1}$ 中的 Bloch 空间,记作 $B(\mathbf{R}^{N^2-1})$. 一般地,给定了式(6.36)中参与生成密度矩阵 ρ 的基元之后,并不能通过对式(6.37)中的 γ 任意取值来生成 ρ,而必须在其所属的 Bloch 空间中对 ρ 取值才能生成相应的密度矩阵. 对于一般的 N 能级系统,Kimura 在 2003 年证明了关于其 Bloch 空间的下述命题(Kimura,2003):

命题 6.4 令 $a_v(\gamma)$ 是式(6.37)中 ρ 的特征多项式 $\det(\eta I_N - \rho)$ 的系数,且定义 $B(\mathbf{R}^{N^2-1}) := \{\gamma \in \mathbf{R}^{N^2-1}: a_v(\gamma) \geqslant 0, v = 1,2,\cdots,N\}$,那么映射 $\gamma \in B(\mathbf{R}^{N^2-1}) \mapsto \rho = \frac{1}{N}I_N + \frac{1}{2}\sum_{s=1}^{N^2-1}\gamma_s\sigma_s \in L_1(H_N)$ 是从 Bloch 空间 $B(\mathbf{R}^{N^2-1})$ 到密度矩阵空间 $L_1(H_N)$ 的双射.

命题 6.4 具有重要的理论价值,它直接指出了 N 能级系统的密度矩阵空间与其 Bloch 空间的一一对应关系. 特别地,对于二能级系统,利用命题 6.4 可以计算出其

Bloch 空间是人们熟知的、$\mathbf{R}^3$ 中的单位球 $B(\mathbf{R}^3) := \{\gamma \in \mathbf{R}^3 : |\gamma| \leqslant 1\}$.

6.2.2 控制系统的收敛状态集

定理 6.1 中的结论(3)对于 $j = l$ 自然成立.因此,所有对角型的基元 $\sigma_j^z, j = 1, 2, \cdots, N-1$ 都可以参与生成拉塞尔不变集中的状态.对于 $j \neq l$,由结论(3)中的关系式可知,至少下列两个条件之一满足时:

$$\exists j', l' \in \{1, 2, \cdots, N\}, \quad \text{s.t. } p_{l'} = p_{j'}, \quad j' < l' \tag{6.38}$$

$$\exists j', l' \in \{1, 2, \cdots, N\}, \quad \text{s.t. } (H_k)_{j'l'} = 0, \quad k = 1, 2, \cdots, m; j' < l' \tag{6.39}$$

基元对 $\sigma_{j'l'}^x$ 和 $\sigma_{j'l'}^y$ 将被容许参与生成拉塞尔不变集中的状态.

一般地,系统的控制矩阵 $H_k, k = 1, 2, \cdots, m$ 是给定的,对角矩阵 P 的对角元也需要给定或在控制之前确定下来.因此,直接根据式(6.38)和式(6.39)不难找到所有容许参与生成拉塞尔不变集中的状态的基元对.进而,就可以利用式(6.37)计算出最终的拉塞尔不变集.

定理 6.3 对于没有退化跃迁的系统(6.1),在式(6.6)控制场的作用下,若 $[P, H_0] = 0$ 成立,则闭环系统的任一轨线将收敛于不变集 $E = \left\{ \rho : \rho = \frac{1}{N} I_N + \frac{1}{2} \sum_{j=1}^{N-1} \gamma_j^z \sigma_j^z + \frac{1}{2} \sum_{j<l} \gamma_{jl}^x \sigma_{jl}^x + \frac{1}{2} \sum_{j<l} \gamma_{jl}^y \sigma_{jl}^y, ((H_k)_{jl} = 0, k = 1, 2, \cdots, m \text{ 或 } p_j = p_l; \gamma \in B(\mathbf{R}^{N^2-1})) \right\}$,其中 γ 是以 $\gamma_{jl}^x, \gamma_{jl}^y, \gamma_j^z, j = 1, 2, \cdots, N; j < l$ 为分量构成的 $N^2 - 1$ 维 Bloch 矢量,且对应于 $(H_k)_{jl} \neq 0, k \in \{1, 2, \cdots, m\}$ 的 $\gamma_{jl}^x, \gamma_{jl}^y, j = 1, 2, \cdots, N; j < l$ 为 0.

基于定理 6.3,并考虑系统的幺正演化方式,可以知道:如果预先给定一个初始态 ρ_0,那么始于初始态 ρ_0 的系统轨线在 $t \to \infty$ 时将收敛到 E 中与 ρ_0 同谱的那些状态上,所有这样的状态即构成了闭环系统的收敛状态集 $E(\rho_0)$.进一步,由于系统(6.1)平衡态是对角型的,所以系统可能稳定的平衡态集就是 E 中所有对角矩阵的集合,记为 E_e.相应地,如果给定一个初始态 ρ_0,那么闭环系统可稳定的平衡态集就是 $E(\rho_0)$ 中所有对角矩阵的集合,记为 $E_e(\rho_0)$.显然,$E_e(\rho_0)$ 中的元素个数是有限的,记为 $\rho_{e1}, \rho_{e2}, \cdots, \rho_{en}, n \leqslant N!$.

6.2.3 P 的构造

对于宏观系统而言,人们常常希望将一个系统稳定在它的一个确定的平衡态上.但对微观系统而言,人们更希望将系统稳定在它的某一平衡态的布居上.对本节而言,我们只需通过构造 P 将系统稳定在与期望的平衡态具有相同布居的一个状态上即可.

基于定理 6.3,不难发现:最大不变集 E 的形式取决于控制哈密顿量中不直接耦合的能级对和待构造的 P 的对角值.对于本节考虑的系统,定理 6.3 和平衡态的对角型保证了所有的平衡态都包含在最大不变集中.但一般情况下,这并不意味着任一闭环轨线必能收敛到某一指定平衡态的布居上.这里,我们将尝试采用构造 P 的一些简单考虑,试图尽可能提高对于平衡态布居的收敛程度.需要说明,这里的构造考虑只是经验性的考虑,而不是理论上的严格论证.

考虑到 P 的对角型,我们可以将式(6.3)写为

$$V(\rho) = \sum_{k=1}^{N} p_k \rho_{kk} \tag{6.40}$$

其中,ρ_{kk} 是 ρ 的第 (k,k) 个元素,表示系统在第 k 个本征态上的布居数.式(6.40)和系统演化的封闭性常常暗示:随着 V 的下降,对应于 P 的最大和最小对角元的本征态上的布居变化率相对较大.基于此,对应于目标平衡态最大对角元的 P 的对角值应取最小,而对应于目标平衡态最小对角元的 P 的对角值应取最大,P 的其他对角元可适当取值.

上述粗略确定对角元的方法仍然无法保证系统轨线对于某一期望平衡态布居的高概率跃迁性,因此通过仿真实验进一步调整那些对角值是非常必要的,其中的一种调整考虑是,通过观察仿真实验中的布居变化曲线来不断调整 P 的对角值,以改变相应布居分量的变化快慢程度.此外,改变整个李雅普诺夫函数相对于时间的变化率也可改变闭环系统的轨线走向.考虑式(6.3)至式(6.6),可以得到

$$\dot{V}(\rho) = \sum_{k=1}^{m} \varepsilon_k \operatorname{tr}^2([P, H_k]\rho) = -4 \sum_{k=1}^{m} \varepsilon_k \left(\sum_{j<l} (p_j - p_l) \operatorname{Im}(\rho_{jl}(H_k)_{lj}) \right)^2 \tag{6.41}$$

由式(6.41)可以看出,控制哈密顿量中直接耦合的能级对确定了能够影响李雅普诺夫函数变化率的、P 的对角元.因此,调整对应于直接耦合能级的 P 的对角元的相对大小即可实现对于李雅普诺夫函数下降率的调节.

6.2.4 构造实例

现在,我们通过一个数值例子阐述厄米算子 P 的上述构造方法.考虑一个仅有一个

外部控制场影响的三能级系统,假定在能量表象的正规化基矢 $\left\{|0\rangle = \begin{bmatrix} 1 \\ 0 \\ 0 \end{bmatrix}, |1\rangle = \begin{bmatrix} 0 \\ 1 \\ 0 \end{bmatrix}, \right.$

$\left. |2\rangle = \begin{bmatrix} 0 \\ 0 \\ 1 \end{bmatrix} \right\}$ 下,系统的内部和控制哈密顿量分别为 $H_0 = \begin{bmatrix} 0.3 & 0 & 0 \\ 0 & 0.5 & 0 \\ 0 & 0 & 0.9 \end{bmatrix}$ 和 $H_1 =$

$\begin{bmatrix} 0.3 & 0 & 0 \\ 0 & 0.5 & 0 \\ 0 & 0 & 0.9 \end{bmatrix}$. 进一步,假定系统初始以 0.9 的概率处在态 $|\psi_1(0)\rangle = |0\rangle$ 上,以 0.1

的概率处在态 $|\psi_2(0)\rangle = \dfrac{1}{\sqrt{2}}|0\rangle + \dfrac{i}{2}|1\rangle + \dfrac{i}{2}|2\rangle$ 上,即系统的初始密度算子为

$$\rho(0) = \begin{bmatrix} 0.95 & \dfrac{-i\sqrt{2}}{40} & \dfrac{-i\sqrt{2}}{40} \\[3mm] \dfrac{i\sqrt{2}}{40} & 0.025 & 0.025 \\[3mm] \dfrac{i\sqrt{2}}{40} & 0.025 & 0.025 \end{bmatrix}$$

根据定理 6.3,容易计算出最大不变集 E 和相应的收敛状态集 $E(\rho_0)$,其中 Bloch 空间 $B(\mathbf{R}^8)$ 可以借助命题 6.4 计算出来. 此外,数值计算表明,$\rho(0)$ 的三个本征值近似为 0, $0.047\,2, 0.952\,8$. 这就是说,闭环系统可能稳定的平衡态集 $E_e(\rho(0))$ 包含 3! 个元素:

$$\begin{cases} \rho_{e1} = \text{diag}(0, 0.047\,2, 0.952\,8) \\ \rho_{e2} = \text{diag}(0, 0.952\,8, 0.047\,2) \\ \rho_{e3} = \text{diag}(0.047\,2, 0, 0.952\,8) \\ \rho_{e4} = \text{diag}(0.047\,2, 0.952\,8, 0) \\ \rho_{e5} = \text{diag}(0.952\,8, 0, 0.047\,2) \\ \rho_{e6} = \text{diag}(0.952\,8, 0.047\,2, 0) \end{cases}$$

假定我们的控制目的是将系统稳定在目标平衡态 ρ_{e1} 的布居上,即稳定在三个本征态上的布居数分别为 $0, 0.047\,2, 0.952\,8$ 的任一量子态上. 基于 6.2.3 小节 P 的粗略构造原则,我们选择下面的参数做仿真实验:$p_1 = 1, p_2 = 0.7, p_3 = 0.5$ 和控制场的比例系数 $\varepsilon_1 = 0.05$. 仿真结果表明,当控制时间 t_f 足够长(例如 $t_f > 10\,000$)时,系统在三个本征态上的布居数最终基本稳定在了 $0.000\,3, 0.047\,2, 0.952\,5$ 的数值上,这一结果非常接近目标平衡态 ρ_{e1} 的三个本征态上的布居数. 为了清晰地看到闭环系统的布居演化过程,画

出时间区间\[0,1 500\]上的相应仿真曲线如图 6.2 所示.

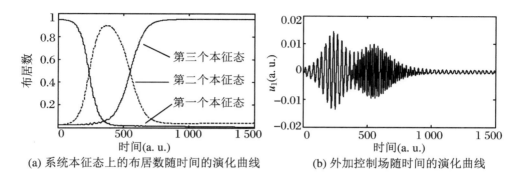

(a) 系统本征态上的布居数随时间的演化曲线   (b) 外加控制场随时间的演化曲线

图 6.2 广义条件下的李雅普诺夫方法在混合态三能级系统上的仿真结果

事实上,通过适当调节 P 的对角元的相对取值,还可以得到更好的控制结果.例如,取 $p_1 = 1.2$,$p_2 = 0.7$,$p_3 = 0.3$,那么系统三个本征态上的布居数最终能基本稳定在 0,$0.047\,2$,$0.952\,8$ 的数值上.进一步,根据仿真结果和式(6.41)可以知道:这种情况下,李雅普诺夫函数的下降速率增大了,系统轨线趋于稳态布居的时间缩短了.

6.3 基于轨迹规划方法的一种控制策略

本节的内容分为三个部分.首先介绍本节的研究背景以及量子李雅普诺夫函数选择、控制律设计的基本问题.然后针对量子李雅普诺夫方法只是一种稳定化控制方法、其收敛性不能够得到很好保证的问题,在设计李雅普诺夫函数中的虚拟力学量以保证稳定性的基础上,借助相互作用图景对量子系统进行分析,给出量子李雅普诺夫方法成为收敛控制方法时系统的哈密顿量需要满足的条件,并根据此条件提出路径拓展策略,即通过改变实现量子系统的物理体系,进而改变系统控制哈密顿量,从而提供新的量子跃迁路径,以解决量子系统状态的动态跟踪问题.路径拓展策略对实现量子控制的物理体系具有较为严格的要求,需要改变量子系统的控制哈密顿量,这在一般情况下是不允许实现的.为了解决当保证收敛性的系统哈密顿量条件得不到满足时的状态驱动问题,本节还借鉴了李群分解技术,提出了量子跃迁路径规划控制策略,即通过李群分解技术得到量子布居数转移路径上的若干个状态,然后根据这些状态以及李雅普诺夫控制律最终设计得到系统的控制场.

6.3.1 问题的描述

量子李雅普诺夫方法是借助经典系统中的李雅普诺夫稳定性理论而得到的,它的基本思想是,通过保证一个选定的李雅普诺夫函数 $V(X)$ 对时间的一阶导数非正定,也就是令函数 $V(X)$ 在演化过程中不断地减小来设计系统的控制律,实现状态驱动的目的.因此,从一般意义上讲,它是一种局部优化的控制方法.

为了更清晰地认识李雅普诺夫方法的优劣,将其与全局优化方法,比如最优控制方法相比较.最优控制方法基于最优化理论,通过对某一性能指标 $J(X)$ 的最优化来得到控制律.性能指标函数的选择范围广、形式灵活,因此能被应用于各种量子系统控制问题中,但往往求解很复杂,常常转化为对黎卡迪方程矩阵微分方程的求解,从而不可避免地需要多次的迭代,所要求的计算量非常大.而李雅普诺夫方法的控制律是通过使李雅普诺夫函数单调变化来实现的,每个时刻的控制场都由当时的系统状态决定,并立即反馈回被控量子系统,这样避免了最优控制的迭代计算.因此,量子李雅普诺夫方法的优点是设计出来的控制律不会使闭环系统发散(或者振荡),而总是能够趋向于某个状态(或者状态集),另外,它的控制律形式比较简单,计算量也小.相对于最优控制,它的不足之处在于李雅普诺夫函数的形式有限制,不像最优控制那样灵活多样,而且李雅普诺夫函数的选择对控制效果有很大影响,因此,如何选择一个合适的李雅普诺夫函数是该方法的核心问题之一.

第 4 章针对纯态描述的量子系统,讨论过三种意义的李雅普诺夫函数:基于状态误差距离的形式;基于希尔伯特-施密特距离(即迹距离)的形式;基于虚拟力学量的观测量平均的形式.从中可以看出,基于观测量平均形式的李雅普诺夫函数更具灵活性,因为其中的虚拟力学量可以根据具体的控制要求灵活构造.

本章的前两节讨论了系统的哈密顿量满足特定条件时混合态量子系统的李雅普诺夫控制问题,通过对系统不变集的分析,讨论了系统轨线对于某一平衡态布居的收敛性问题.在广义条件下,难以从理论上保证准确的收敛性.本节将针对基于虚拟力学量的李雅普诺夫函数,讨论使得所设计的控制律成为收敛控制律时系统的哈密顿量应满足的条件,并进一步讨论这一条件不能满足时的一种量子跃迁路径规划策略,以解决收敛性问题.

6.3.2　控制律的设计

在这一小节中,我们将针对 n 维封闭量子控制系统,得到李雅普诺夫方法控制律的具体形式.一个 n 维封闭量子控制系统的模型由下式描述:

$$i\hbar\dot{\rho} = [H(t),\rho] \tag{6.42a}$$

$$H(t) = H_0 + \sum_{j=1} H_j u_j(t) \tag{6.42b}$$

其中,H_0 为自由哈密顿量,是对角矩阵;H_j 为控制哈密顿量;u_j 为控制量.将系统变换到相互作用图景中,即进行变换 $\rho' = \mathrm{e}^{-\mathrm{i}H_0 t/\hbar}\rho\mathrm{e}^{\mathrm{i}H_0 t/\hbar}$,则变换后封闭量子控制系统的刘维尔方程可以写成

$$\dot{\rho}' = \left[\sum_j A_j(t)u_j(t),\rho'\right] \tag{6.43}$$

其中,$A_j(t) = \mathrm{e}^{\mathrm{i}H_0 t/\hbar}H_j\mathrm{e}^{-\mathrm{i}H_0 t/\hbar}/(\mathrm{i}\hbar)$ 为相互作用图景中的控制哈密顿量.相互图景变换只改变状态的相对相位,对各本征态的概率分布没有影响,而本章中是以控制概率分布为目的的,状态 ρ 和 ρ' 是等价的,为方便记,之后将省略“$'$”.

上一小节提到李雅普诺夫函数采用虚拟力学量的观测量平均形式具有更高的灵活性,因此在本章的讨论中我们将采用这类形式.现在取李雅普诺夫函数 $V(\rho)$ 为

$$V(\rho) = C_{\rho_f} + \mathrm{tr}(P\rho) \tag{6.44}$$

其中,P 为观测量算符,不一定要求正定,相当于一个虚拟力学量算符;C_{ρ_f} 为常数,跟目标状态 ρ_f 有关,用来调节李雅普诺夫函数的值.

对于封闭量子系统(6.42)而言,因为存在自由哈密顿量,所以严格意义上的平衡状态是不存在的,即状态的相对相位总是在变化的.而在相互作用图景中考虑的时候,由式(6.43)可知,任何状态都可以是系统的平衡状态,而我们希望目标状态在李雅普诺夫意义下是稳定的,即:① 李雅普诺夫函数半正定,且当系统处于目标状态时,李雅普诺夫函数等于零,否则大于零;② 一旦系统处于目标状态,之后系统也能够一直保持在目标状态,以及控制量为零;③ 李雅普诺夫函数的一阶导数半负定.根据前两个条件可得

$$V(\rho_f) = \min_\rho V(\rho) \tag{6.45a}$$

$$V(\rho_f) = 0 \tag{6.45b}$$

$$\dot{V}(\rho_f) = 0 \tag{6.45c}$$

而根据第三个条件,可以得到李雅普诺夫控制律.将李雅普诺夫函数对时间求导数并令其小于等于零,得

$$\dot{V}(\rho) = \sum_j u_j \text{tr}([\rho, P] A_j) \leqslant 0 \qquad (6.46)$$

于是可以得到控制律为

$$u_j(t) = -\kappa_j(t) \text{tr}([\rho(t), P] A_j(t)), \quad \kappa_j(t) > 0 \qquad (6.47)$$

其中,$\kappa_j(t)$为控制量增益,可用来调节系统状态收敛的快慢,在实际的设计过程中,$\kappa_j(t)$通常取常数,比如1.

需要注意的是,式(6.47)所表示的是一类控制律,并且只是建议性质而非强制性质的,因为根据式(6.46)的条件,我们不能够严格地得到控制律是式(6.47)的形式,它也可以是其他形式,比如取符号函数的形式 $u_j = \text{sign}(\text{tr}([\rho(t), P] A_j(t)))$. 而在相互作用图景中考虑问题则是为了方便数学处理.变换后的系统具有严格双线性系统的形式,这使得李雅普诺夫函数的一阶导数中不会出现不含控制量 $u_j(t)$ 的项,这极大地减小了控制律的设计难度和复杂度.

6.3.3 李雅普诺夫函数的分析

在这一小节中,我们将对式(6.44)所描述的李雅普诺夫函数 $V(\rho)$ 进行分析.

首先,从式(6.46)可以看出,式(6.44)中的常数项 C_{ρ_f} 对求解控制律并没有任何作用,只是规定了李雅普诺夫函数零点的位置,即根据式(6.45b)标定目标态是能量零点 $C_{\rho_f} = -\text{tr}(P\rho_f)$. 而在这里重要的是各状态之间李雅普诺夫函数的相对值,特别要求目标状态使李雅普诺夫函数具有最小值,这意味着李雅普诺夫函数半正定的条件可以放宽为函数有界,而李雅普诺夫函数成为广义李雅普诺夫函数,在本小节中,将不会对这两者的称呼进行区分.因此式(6.45b)是没有必要的.在以后的讨论中,总是取 $C_{\rho_f} = 0$.

其次,李雅普诺夫控制方法本质上可以看成是性能指标函数为 $V(\rho)$ 时,使用消元法的最优控制,即性能指标的一阶导数形式中只包含了密度矩阵的一阶导数,因此可以用系统演化方程(6.43)进行消元.只是对于一般的李雅普诺夫函数 $V(\rho)$,不一定能通过令其一阶导数等于零来得到控制律,而只能令其小于等于零,从而只能得到局部最优解.事实上,若系统的性能指标函数 $J(\rho)$ 由终态性能函数 $V(\rho)$ 和能量性能函数 $E(u)$ 组成,即

$$J(\rho, u) = V(\rho) + E(u) = \text{tr}(P\rho) + \int_0^t \sum_j u_j^2(\tau)/\kappa_j(\tau) \mathrm{d}\tau \qquad (6.48)$$

量子系统控制理论与方法
Control Theory and Methods of Quantum Systems

则式(6.47)的控制律使得 $\dot{J}(\rho,u)=0$,即李雅普诺夫控制律(6.47)是性能指标函数取式(6.48)时的最优控制律.

另外,利用李雅普诺夫方法可以避免黎卡迪微分方程的求解,这是因为在求解过程中,作为约束条件的系统状态演化方程不是通过以拉格朗日乘子的形式引入性能函数中的,而是利用消元法,通过李雅普诺夫函数的导数引入,最终体现在李雅普诺夫方程(6.46)中的.从控制律(6.47)中可以看到,控制量由系统当前时刻的状态和参数决定,不需要进行迭代,从而减小了计算量.

另一个值得注意的问题是性能指标(6.48)的极值并不是它的最优值.事实上,若取

$$u_j(t) = \gamma\kappa_j(t)\mathrm{tr}([P,A_j]\rho(t)), \quad \gamma > 0 \tag{6.49}$$

则可得到

$$J = \gamma\mathrm{tr}(P\rho(0)) + (1-\gamma)\mathrm{tr}(P\rho(t)) \tag{6.50}$$

当 $\gamma \to 0$,且系统最终达到目标态时,性能指标将具有最小值 $J_{\min} = \mathrm{tr}(P\rho_{\mathrm{f}})$.注意到这也是李雅普诺夫函数(6.44)(不考虑常数 $C_{\rho_{\mathrm{f}}}$)的极小值.这说明不存在合理的控制,使得式(6.48)达到最小值,或者说性能指标(6.48)的最优控制是不存在的.图 6.3 表示的是一个二能级系统,控制率采用式(6.49)时,性能指标与 γ,t 的关系,其中 x 轴表示 γ,y 轴表示时间 t,z 轴表示性能函数的值.被控对象采用的是自选 1/2 粒子,控制目标为从初态 $|0\rangle\langle0|$ 到目标状态 $|1\rangle\langle1|$,$\kappa_j = 1$,虚拟力学量 $P = \mathrm{diag}(0.75, 0.25)$.

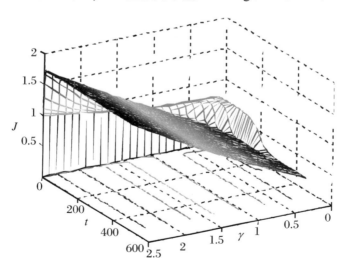

图 6.3　控制量增益 γ 与性能指标演化关系图

从图 6.3 中可以看到,γ 越大,所得到的性能指标值也越大,但是收敛到最终值越快;当 $\gamma = 1$ 时,性能指标值始终不变;而当 $\gamma \to 0$,$t \to \infty$ 时,性能函数值最终收敛到 0.25. 这也意味着在这种情况下,状态控制场消耗的能量将趋于零,而所用的时间将趋于无穷. 这一现象在宏观世界的系统中是不太可能出现的,因为宏观世界中的系统几乎都是耗散的,随着时间的增长,所耗散的能量也不断增加. 而封闭的量子系统不会出现能量的耗散现象,若控制场的能量完全被量子系统吸收,那么控制系统从初始状态到目标状态的能量也由此确定,由于式(6.42)是一个半经典模型,而非全量子模型,即控制场没有量子化,控制场的能量也没有全部被量子系统吸收,因此,消耗的能量将随着控制场的变化而产生变化.

以自旋 1/2 粒子的连续波控制为例,要使系统从初始基态到激发态需要施加一个 π 脉冲,即控制场的强度对时间的积分为 π:$\int u(\tau)\mathrm{d}\tau = \pi$,如果是常值控制,可写成 $ut = \pi$,则控制场所消耗的能量为 $E = u^2 t = u\pi$,当 $u \to 0$ 时,$E \to 0$,所需要的时间 $t \to \infty$,在实际应用中这是不合理的. 实际上,控制场的能量也并非能真正趋于零,而应该是量子系统体系能量的变化量,若跃迁频率为 ω_0,则消耗的最小能量为 $E_{\min} = \Delta E_s = \hbar\omega_0$. 为了能够得到一个合理的最优值,一个可行的办法是在动态性能函数中加上时间的积分,即

$$E(u) = \int \left(C + \sum_i u_i^2(t) \right) \mathrm{d}t \tag{6.51}$$

其中,C 为常数,通过调节 C 可以改变到达目标态的时间.

当然,具体某个性能指标有没有最优值,是由系统本身的特性以及所采用的模型所决定的,而应该与使用的控制方法无关.

通过上面的分析可以知道,采用式(6.44)作为性能指标(李雅普诺夫函数),即只包含终态性能函数是比较合理的,只要系统被控制到目标态,性能指标也同时达到最小值,而根据性能指标收敛速度与 γ 的关系可知,在李雅普诺夫控制律中,为了提高收敛速度,控制量增益可以设定为一个较大的常数.

6.3.4 收敛性的证明

鉴于目前针对量子李雅普诺夫方法收敛性的分析都是在系统结构参数(哈密顿量结构以及参数)确定的情况下,对系统拉塞尔不变集的结构进行讨论,并没有解决运用李雅普诺夫方法进行控制时状态有可能不收敛到目标态的问题,本节从另一个角度出发,研

究在什么样的系统参数结构下,量子李雅普诺夫方法将是收敛的.在此之前,为了保证控制的稳定性,即目标状态在李雅普诺夫意义下是稳定的,需要先对虚拟力学量算符进行设计.

6.3.4.1 P 的设计

若希望目标状态在李雅普诺夫意义下是稳定的,需要满足式(6.45a)和式(6.45c),现在根据李雅普诺夫函数的定义将它们改写如下:

$$\operatorname{tr}(P\rho_{\mathrm{f}}) = \min_{\rho} \operatorname{tr}(P\rho) \tag{6.52a}$$

$$\operatorname{tr}([\rho_{\mathrm{f}}, P]A_j(t)) = 0 \tag{6.52b}$$

我们可以通过分析上面的式(6.52)来设计虚拟力学量 P.下面我们将利用状态的相干向量表示来讨论.根据相干向量的定义,一个 n 维的状态密度矩阵 ρ 可以表示如下:

$$\rho = I/n + \sum x_l X_l \tag{6.53}$$

其中,$-iX_l$ 是李代数 $su(n)$ 的基,X_l 由 Gell-Mann 矩阵所定义,并且满足

$$\operatorname{tr}(X_l X_j) = \delta_{lj} \tag{6.54}$$

x_l 是实数,表示对应基 X_l 的相干向量分量.于是由 $x_1, x_2, \cdots, x_{n^2-1}$ 构成的向量 V_ρ 即是密度矩阵 ρ 的相干向量:

$$V_\rho = (x_1 \quad x_2 \quad \cdots \quad x_{n^2-1})^{\mathrm{T}} \tag{6.55}$$

相干向量的模长表示了状态的纯度,当状态是纯态时,它具有最大值 $\sqrt{(n-1)/n}$,而当状态处于极大混合态 I/n 时,它具有最小值零.由于封闭量子系统演化的幺正性,在整个演化过程中系统的纯度是不变的,即相干向量 V_ρ 的模长等于常值:

$$\sum_l |x_l|^2 = C \tag{6.56}$$

值得注意的是,任意两个纯度相等的状态 ρ_1 和 ρ_2 不一定是幺正等价的,即对于任意幺正矩阵 $U, \rho_1 \neq U\rho_2 U^+$,此时 ρ_1 和 ρ_2 是不可达的.因此,在本章中总是假设初始状态和目标状态是幺正等价的,参见后面的假设 6.3.

类似地,目标状态 ρ_{f} 和虚拟力学量 P 可以写成

$$\rho_{\mathrm{f}} = I/n + \sum_j f_j X_j \tag{6.57a}$$

$$P = c_0 I + \sum_k c_k X_k \tag{6.57b}$$

于是根据式(6.54),李雅普诺夫函数可以写成

$$\mathrm{tr}(P\rho_f) = c_0 + V_P^\mathsf{T} V_{\rho_f} \tag{6.58}$$

进一步考虑到相干向量的模长等于常值,即式(6.56),则根据式(6.52a)可知,相干向量 V_P 和 V_{ρ_f} 具有相反的方向:

$$V_P = \lambda V_{\rho_f}, \quad \lambda < 0 \tag{6.59}$$

可以验证,此时目标状态 ρ_f 和虚拟力学量 P 是对易的,即式(6.52b)得到满足.于是有:

定理 6.4 若希望系统(6.43)从给定的初始状态演化到特定的目标状态 ρ_f,要求目标状态在李雅普诺夫意义下是稳定的,即要求 ρ_f 是李雅普诺夫函数(6.44)的最小值点,则目标状态 ρ_f 和虚拟力学量 P 的相干向量必须具有相反的方向,即 $V_P = \lambda V_{\rho_f}, \lambda < 0$.

例如,设计虚拟力学量 P 的最简单的方式就是令 $P = -\rho_f$.需要强调的是满足定理6.4条件的 P 不是唯一的.例如,以 $\rho_f = |0\rangle\langle 0|$ 为目标状态的二能级量子系统,只要令 $P = a|0\rangle\langle 0| + b|1\rangle\langle 1|, a < b$,就可以使得 V_P 和 V_{ρ_f} 具有相反的方向.一般而言,对于纯态有如下推论:

推论 6.1 假设系统状态和目标状态是纯态,即 $\rho = |\psi\rangle\langle\psi|$ 和 $\rho_f = |\psi_f\rangle\langle\psi_f|$,为了保证目标状态 ρ_f 是李雅普诺夫函数(6.44)的最小值点,虚拟力学量 P 可以通过包含目标态 $|\psi_f\rangle$ 的一组正交基来构造:

$$P = p_h \sum_{j \neq f} |\psi_j\rangle\langle\psi_j| + p_l |\psi_f\rangle\langle\psi_f|, \quad p_h > p_l \tag{6.60}$$

其中, $\langle\psi_f | \psi_{j \neq f}\rangle = 0$.

根据式(6.60)可以证明当且仅当系统的状态 $|\psi\rangle = |\psi_f\rangle$ 时,李雅普诺夫函数(6.44)达到它的极小值.并且根据定理6.4可知,此时虚拟力学量 P 的相干向量的方向与目标状态 ρ_f 的相干向量的方向相反,即 $E(\rho) = -k\,\mathrm{tr}(\rho\rho_f)$,这不是一个标准的半正定李雅普诺夫函数,这里虚拟力学量 P 不再是正定的.这也是前面我们把半正定的李雅普诺夫函数放宽为有界的广义李雅普诺夫函数的原因.

6.3.4.2　收敛条件的证明

定理6.4和推论6.1分别给出了系统状态为一般混合态和纯态时虚拟观测量 P 的构造方法,用以保证目标状态 ρ_f 是李雅普诺夫函数(6.44)的极小值点.但到目前为止,控制律(6.47)只是一个稳定控制,为了使其成为一个收敛控制,必须对系统的控制哈密顿量进行一些限制.为此,在给出系统哈密顿量所满足的充要条件之前,首先引入三个假设:

量子系统控制理论与方法
Control Theory and Methods of Quantum Systems

假设 6.1 被控量子系统(6.42)是强正则的(strong regular),即所有的跃迁频率是不同的,或者说不同能级对之间的能级差是不同的.若设自由哈密顿量 H_0 的本征值为 e_j,能级差 $\omega_{jk} = e_j - e_k$,则对于 $\forall jk \neq pq$,$\omega_{jk} \neq \omega_{pq}$.

假设 6.2 控制哈密顿量具有如下的特殊结构:

$$H_j \in \{ \hbar h_{jk} \mid h_{jk} = \mid j \rangle \langle k \mid + \mid k \rangle \langle j \mid, j < k \} \tag{6.61}$$

其中,$\mid j \rangle$ 为对应本征值为 e_j 的本征态.

假设 6.3 被控量子系统的初始状态 ρ_0 和目标状态 ρ_f 是幺正等价的(或称酉相似的),即存在幺正变换 U,使得 $\rho_f = U\rho U^+$.

我们对假设 6.1 至假设 6.3 作如下说明:假设 6.1 中设定所有能级之间的跃迁频率是可以区分的,因此系统中的跃迁可以相互区别以及单独选择,这是假设 6.2 可能成立的先决条件.为了使假设 6.2 成立,还需要假设所施加的某一跃迁频率的控制场对其他的跃迁没有影响,或者影响很小可以忽略,这点在缓变假设下是成立的,即控制场包络变化缓慢,此时控制场的频谱很窄,只要各个能级跃迁频率之间差别较大,而施加的是共振控制场,因此,非共振效应可以忽略.具体每个算符 h_{jk} 表示的是能级 j 和 k 之间存在耦合,即它们之间的跃迁是允许的,不存在跃迁禁忌.如果两个跃迁具有相同的跃迁频率,比如 $\Delta_{12} = \Delta_{34}$,那么 h_{12} 和 h_{34} 不可能写成独立的形式,而必须结合成 $h = h_{12} + h_{34}$ 的形式.而假设 6.3 是为了保证目标状态在幺正操作下是可达的,如果目标状态是不可达的,则设计控制场将没有意义.

下面我们将给出一定前提条件下使控制律(6.47)成为收敛控制的哈密顿量的充要条件.

定理 6.5 基于假设 6.1 至假设 6.3,对于任意给定的初始状态和目标状态,控制律(6.47)为收敛控制时系统(6.42)的控制哈密顿量需要满足的充要条件是:对 $\forall j, k$,$\exists l$,使得 $H_l = \hbar h_{jk}$,其中控制律中的虚拟力学量 P 符合定理 6.4,即满足式(6.59).

定理 6.5 意味着当其中的条件满足时,对于任意允许的目标状态(与初态幺正等价的),用控制律(6.47)进行控制场仿真设计时,系统总是能够演化到目标状态.同时告诉我们,若其条件得不到满足,则总是存在某些状态,当以这些状态为目标状态时,总是存在除目标态之外的动力学局部极小值点,从而有可能使得系统状态无法收敛到目标状态.

接下来,我们将要证明定理 6.5.我们知道,若被控系统是渐近稳定的,则系统在控制律(6.47)的作用下会收敛到目标状态.若系统是自治的,则可以用拉塞尔不变原理分析系统的渐近稳定性.但本节中,在作了相互作用图景变换之后,系统由自治系统变为非自治系统,不再能直接运用拉塞尔不变原理进行分析.不过我们可以利用 Barbalat 引理获得类似的结论.

命题 6.5(Barbalat 引理) 如果可微函数 $f(t)$ 满足:当 $t \to \infty$ 时存在有限极限,且 $\dot{f}(t)$ 一致连续,那么当 $t \to \infty$ 时 $\dot{f}(t) \to 0$.

引理中的一致连续条件可以通过其导数是否有界来检验,因此 Barbalat 引理可以有如下推论:如果当 $t \to \infty$ 时可微函数 $f(t)$ 存在有限极限,$\ddot{f}(t)$ 存在且有界,则当 $t \to \infty$ 时 $\dot{f}(t) \to 0$.

根据 Barbalat 引理,我们可以得到类似于拉塞尔不变原理的如下结论:

命题 6.6(类李雅普诺夫引理) 如果标量函数满足:(1) $E(x,t)$ 有下界;(2) $\dot{E}(x,t)$ 是负半定的;(3) $\dot{E}(x,t)$ 对时间是一致连续的,则当 $t \to \infty$ 时 $\dot{E}(x,t) \to 0$.

考虑李雅普诺夫函数 $V(\rho) = -\mathrm{tr}(\rho\rho_{\mathrm{f}}) \geqslant -\mathrm{tr}(\rho_{\mathrm{f}}^2)$ 有下界,它的一阶导数在所设计控制律(6.47)的作用下负半定,它的二阶导数:

$$\ddot{V}(\rho(t)) = \sum_j \left(u_j \mathrm{tr}([\dot{\rho}(t), P]A_j(t)) + u_j \mathrm{tr}([\rho(t), P]\dot{A}_j(t)) \right) \quad (6.62)$$

当输入有界时有界,于是 $\dot{V}(\rho(t))$ 对时间是一致连续的,则根据命题 6.6,在控制律的作用下,李雅普诺夫函数的一阶导数最终收敛到零,即 $\dot{V}(\rho(\infty), u(\infty)) = 0$.

若令 R 是使得李雅普诺夫函数一阶导数为零的状态集合,即

$$R \equiv \{\rho : \mathrm{tr}([\rho, P]A_j(t)) = 0, \forall j, t\} \quad (6.63)$$

则系统的状态最终收敛到集合 R.

由控制律(6.47)的形式可知,集合 R 中的状态同时使得控制量为零,并且考虑到相互作用图景变换以后,系统是齐次的,根据不变集的定义可以得到,R 中的最大不变集是它本身.

定理 6.6 在控制律(6.47)的作用下,量子系统(6.43)的状态最终必然收敛到由式(6.63)定义的集合 R 中.

在控制场的控制系统设计中,控制场是由基于模型的计算机仿真得到的,在仿真过程中,量子状态的演化实际上是离散的,所以需要进一步考虑不变集中的状态是稳定的还是临界稳定的.这是因为,由于仿真中系统状态演化的离散化,系统状态的演化轨线即使经过不变集中的某个状态,若这个状态是临界稳定的,那么系统的状态实际上只是在某个时刻处于这个状态的邻域内,而不是严格地处于这个状态,于是能够继续演化.只有当不变集中的某个状态是稳定的时候,也即为李雅普诺夫函数的一个局部极小值点时,系统状态才有可能收敛到这个状态.因此不变集中临界稳定的状态并不会使设计控制场的仿真过程停止,只有稳定的状态才会使仿真过程停止,进而可能使得系统状态无法演

化到目标状态.

对于任意最大不变集 R 中的状态 ρ_s,可知它是函数 $V(\rho)$ 的一个驻点,即 $\dot{V}(\rho_s) = 0$. Wang 和 Schirmer 分析了在运动学中,即将 $V(\rho)$ 看成是幺正演化矩阵的函数 $V(U)$,它的驻点可以由 $[\rho,\rho_f] = 0$ 的状态表示,并指出在能控性条件下,除最大值点和最小值点之外的所有驻点都是临界稳定点(Wang, Schirmer, 2010a).在运动学分析中,实际上包含了系统状态演化方向场不受限制的条件,但实际上,系统状态的演化方向场由自由哈密顿量以及控制哈密顿量的结构所决定,往往受到一定的限制,而非任意的,即运动学上所允许的轨线在动力学上可能是不被允许的.因此运动学分析的结论并不一定等价于动力学分析的结果.下面将在假设 6.1 至假设 6.3 的条件下,分析动力学上的极值点及其稳定性.

首先,我们将证明当定理 6.5 中的条件得到满足时,运动学上的临界稳定点和动力学上的驻点是等价的.

命题 6.7 若定理 6.5 中的条件得到满足,并且 ρ_f 和 ρ_s 是幺正等价的,则 $V(\rho)$ 在动力学上的驻点 ρ_s 由 $[\rho_s,\rho_f] = 0$ 的状态所定义,即定理 6.6 中不变集 R 可以由下式重新定义:

$$R \equiv \{\rho : [\rho,\rho_f] = 0\} \tag{6.64}$$

证明 根据定理 6.6 中 R 的定义以及假设 6.2 可知,当定理 6.5 中的条件得到满足时,$[\rho_s,\rho_f] = D$,其中 D 是对角矩阵,且 $(D)_{jj} = d_j$.现在作幺正变换 U,将 ρ_f 变为对角矩阵,即 $[U\rho_s U^+, D_f] = UDU^+$.等式左边矩阵的对角元素为零,要使等式成立,等式右边矩阵的对角元素也应该为零,即

$$(UDU^+)_{jj} = \sum_k d_k \, |(U)_{jk}|^2 = 0 \tag{6.65}$$

于是有 $d_k = 0$,即 $[\rho_s,\rho_f] = 0$.证毕.

其次,我们将证明在假设 6.1、假设 6.2 的条件下不变集 R 中的点除了极大值点和极小值点之外,其他的点都是动力学上的临界稳定点时系统控制哈密顿量的充要条件.

考虑不变集中的一个点,若其是一个动力学上的局部极小值点,则对于任意时刻和任意允许的控制量 $u = (u_1 \quad u_2 \quad \cdots \quad u_N)$,$\ddot{V}(\rho_s, t) \geqslant 0$ 总是成立的,否则它就只是临界稳定的.因此考察李雅普诺夫函数(6.44)的二阶导数,计算可得

$$\mathrm{tr}([\rho_s, P]\dot{A}_j(t)) = \frac{\mathrm{i}}{\hbar}\mathrm{tr}([\rho_s, P][H_0, A_j]) = 0 \tag{6.66}$$

进一步考虑 $P = -\rho_f$,根据式(6.63)可得

$$
\begin{aligned}
\ddot{V}(\rho_s, t) &= \sum_j u_j \mathrm{tr}([\dot{\rho}_s, P]A_j(t)) \\
&= \sum_j u_j \mathrm{tr}(\dot{\rho}_s[P, A_j(t)]) \\
&= \mathrm{tr}([\sum_j u_j A_j(t), \rho_s][\sum_j u_j A_j(t), \rho_f])
\end{aligned}
\tag{6.67}
$$

显然 $\ddot{V}(\rho_f, t) \geqslant 0$,即目标状态是一个稳定点,且是最小值点,而与 ρ_f 具有相反方向相干向量的状态 $\rho_{\max}$ 是最大值点. 通过对 $\ddot{V}(\rho_s, t)$ 的进一步分析,我们可以得到下面的命题:

命题 6.8 对于任意的对角形式的目标状态 ρ_f,不变集 R 中除最小值点之外的其他驻点都是动力学上的临界稳定点的充要条件是:对 $\forall l_0, r_0$,总是 $\exists A_q(t)$,使得 $(A_q(t))_{l_0 r_0} \neq 0$.

证明 首先证明必要性,即证明若 $\exists l_0, r_0$,使得对 $A_q(t)$,$(A_q(t))_{lr} \neq 0$,$(A_q(t))_{l_0 r_0} = 0$,则必定 $\exists \rho_s \neq \rho_f$,使得任意的控制满足 $\ddot{V}(\rho_s, u) \geqslant 0$.

由于 ρ_f 和 ρ_s 是幺正等价的,因此它们具有相同的特征值,于是我们可以这样取 ρ_f 和 ρ_s:对于对角矩阵 ρ_f,假设它的最小两个元素分别为 $(\rho_f)_{r_0 r_0}$ 和 $(\rho_f)_{l_0 l_0}$. 而取 ρ_s 为 ρ_f 的第 l_0 和第 r_0 个对角元交换后的对角矩阵,即 $(\rho_s)_{l_0 l_0} = (\rho_f)_{r_0 r_0}$,$(\rho_s)_{r_0 r_0} = (\rho_f)_{l_0 l_0}$,显然 ρ_f 和 ρ_s 对易,即 ρ_s 是不变集 R 中的点. 记对应于 $A_q(t)$,$(A_q(t))_{lr} \neq 0$ 的 $H_q = H_{lr}$,以及 u_q 为 u_{lr},并根据假设6.1和假设6.2,写出 $A_j(t)$ 的形式为

$$
\mathrm{i}\hbar A_q(t) \in \{|j\rangle\langle k| \, \mathrm{e}^{\mathrm{i}\omega_{jk}t/\hbar} + |k\rangle\langle j| \, \mathrm{e}^{-\mathrm{i}\omega_{jk}t/\hbar}, j < k\}
\tag{6.68}
$$

代入计算 $\ddot{V}(\rho_s, u)$,可以得到

$$
\ddot{V}(\rho_s, u) = \sum_{l \neq l_0, r \neq r_0} u_{lr}^2 ((\rho_s)_{rr} - (\rho_s)_{ll})((\rho_f)_{rr} - (\rho_f)_{ll})
\tag{6.69}
$$

由于 $(\rho_f)_{r_0 r_0}$ 和 $(\rho_f)_{l_0 l_0}$ 是最小的两个元素,则对 $\forall l \neq l_0, r \neq r_0$ 而言,下式成立:

$$
((\rho_s)_{rr} - (\rho_s)_{ll})((\rho_f)_{rr} - (\rho_f)_{ll}) \geqslant 0
\tag{6.70}
$$

所以 $\ddot{V}(\rho_s, u) \geqslant 0$ 对任意的控制量 u 总是成立的. 必要性得证.

其次证明充分性. 只要证明总 $\exists u$,使得 $\ddot{V}(\rho_s, u) < 0$.

因为 ρ_f 和 ρ_s 是幺正等价的,且 $[\rho_s, \rho_f] = 0$,则 ρ_s 也是一个对角矩阵,即 ρ_s 是 ρ_f 某几个对角元素交换位置后的矩阵. 假设位置有变动的元素中,最大的为 $(\rho_f)_{l_0 l_0}$,交换位置后为 $(\rho_s)_{r_0 r_0}$,于是有 $(\rho_s)_{r_0 r_0} - (\rho_s)_{l_0 l_0} > 0$,$(\rho_f)_{r_0 r_0} - (\rho_f)_{l_0 l_0} < 0$. 根据式(6.74),若当

只有 $u_{l_0 r_0}$ 作用时，$\ddot{V}(\rho_s, u) < 0$. 充分性证毕. 命题 6.8 证毕.

当目标状态 ρ_f 的形式不限定在对角矩阵时，必要性的证明与命题 6.8 相同，只要重新证明充分性即可. 根据定理 6.6，ρ_f 和 ρ_s 对易，这意味着它们可以同时对角化. 现在假设 $\rho_f = \sum_j c_j |\varphi_j\rangle\langle\varphi_j|$，$|\varphi_j\rangle = \sum_k \alpha_{jk} |k\rangle$，作坐标变换，即在 $\ddot{V}(\rho_s)$ 两边分别作用 $U = \sum_j |j\rangle\langle\varphi_j|$ 和 U^+ 可得

$$U\ddot{V}(\rho_s)U^+ = \mathrm{tr}\left(\left[\sum_j u_j U A_j(t) U^+, U\rho_s U^+\right]\left[\sum_j u_j U A_j(t) U^+, U\rho_f U^+\right]\right)$$
$$\equiv \mathrm{tr}\left(\left[\sum_j u_j U A_j(t) U^+, D_s\right]\left[\sum_j u_j U A_j(t) U^+, D_f\right]\right) \tag{6.71}$$

其中，D_s，D_f 是两个对角矩阵. 现在计算 $\sum_j u_j U A_j(t) U^+$，同样记对应于 $A_q(t)$，$(A_q(t))_{lr} \neq 0$ 的 u_q 为 u_{lr}，可以得到

$$\sum_j u_j U A_j(t) U^+ = -\mathrm{i}\sum_j 2\mathrm{Re}\left(\left(\sum_{l<r} u_{lr}\alpha_{jl}^*\alpha_{jr}\mathrm{e}^{\mathrm{i}\omega_{lr}t}\right)|j\rangle\langle j|\right)$$
$$-\mathrm{i}\sum_{j<k}\left(\left(\sum_{l<r} u_{lr}(\alpha_{jl}^*\alpha_{kr}\mathrm{e}^{\mathrm{i}\omega_{lr}t} + \alpha_{jr}^*\alpha_{kl}\mathrm{e}^{-\mathrm{i}\omega_{lr}t})\right)|j\rangle\langle k|\right.$$
$$+ \left.\left(\sum_{l<r} u_{lr}(\alpha_{kl}^*\alpha_{jr}\mathrm{e}^{\mathrm{i}\omega_{lr}t} + \alpha_{kr}^*\alpha_{jl}\mathrm{e}^{-\mathrm{i}\omega_{lr}t})\right)|k\rangle\langle j|\right) \tag{6.72}$$

上式中第一个求和项因为是个对角矩阵，与 D_s，D_f 对易，因此对计算不作贡献. 现在令

$$f_{jk} \equiv \sum_{l<r} u_{lr}(\alpha_{jl}^*\alpha_{kr}\mathrm{e}^{\mathrm{i}\omega_{lr}t} + \alpha_{jr}^*\alpha_{kl}\mathrm{e}^{-\mathrm{i}\omega_{lr}t})$$
$$= \langle\varphi_j| \mathrm{e}^{\mathrm{i}H_0 t}\left(\sum_{l<r} u_{lr}H_{lr}\right)\mathrm{e}^{-\mathrm{i}H_0 t} |\varphi_k\rangle$$
$$= \langle\varphi_j'| \left(\sum_{l<r} u_{lr}H_{lr}\right) |\varphi_k'\rangle \tag{6.73}$$

则根据式(6.69)，有

$$\ddot{V}(\rho_s) = \sum_{j,k} |f_{jk}|^2 ((D_s)_{kk} - (D_s)_{jj})((D_f)_{kk} - (D_f)_{jj}) \tag{6.74}$$

考虑到 $D_f \neq D_s$（因为如果 $D_f = D_s$，则两个状态之间只相差一个局部相位，而具有相同的概率分布），而且它们具有相同的对角元素（不同的排列），因此如果能够做到对 j_0，k_0，$f_{j_0 k_0} \neq 0$ 且其他的 $f_{jk \neq j_0 k_0} = 0$，就可以使式(6.74)小于零，即 ρ_s 是临界稳定的.

现在将式(6.73)写成

$$\begin{bmatrix} \langle \varphi'_1 | H_{12} | \varphi'_2 \rangle & \langle \varphi'_1 | H_{13} | \varphi'_2 \rangle & \cdots & \langle \varphi'_1 | H_{(n-1)n} | \varphi'_2 \rangle \\ \langle \varphi'_1 | H_{12} | \varphi'_3 \rangle & \langle \varphi'_1 | H_{13} | \varphi'_3 \rangle & \cdots & \langle \varphi'_1 | H_{(n-1)n} | \varphi'_3 \rangle \\ \vdots & \vdots & & \vdots \\ \langle \varphi'_{n-1} | H_{12} | \varphi'_n \rangle & \langle \varphi'_{n-1} | H_{13} | \varphi'_n \rangle & \cdots & \langle \varphi'_{n-1} | H_{(n-1)n} | \varphi'_n \rangle \end{bmatrix} \begin{bmatrix} u_{12} \\ u_{13} \\ \vdots \\ u_{(n-1)n} \end{bmatrix} = \begin{bmatrix} f_{12} \\ f_{13} \\ \vdots \\ f_{(n-1)n} \end{bmatrix}$$

$$(6.75)$$

记式(6.75)中的方阵为 M,容易得到 M 是满秩的.因为若方阵中列的线性组合为零,则可得到对任意的 j,k,有

$$\langle \varphi'_j | \Big(\sum_{l<r} \beta_{lr} H_{lr} \Big) | \varphi'_k \rangle = 0 \tag{6.76}$$

于是只有 $\beta_{lr}=0$,即矩阵 M 是满秩的.

考虑到 M 是一个复矩阵,而控制向量 u 是一个实向量,因此目前还不能直接通过方阵 M 的求逆来证明使式(6.74)小于零的控制量总是存在的.为此,利用式(6.75)将式(6.74)写成

$$\ddot{V}(\rho_s, u) = f^+ K f = u^+ M^+ K M u \tag{6.77}$$

其中,K 是一个对角矩阵,根据式(6.74),它可由下式定义:

$$K = \begin{bmatrix} ((D_s)_{22} - (D_s)_{11})((D_f)_{22} - (D_f)_{11}) & \cdots & 0 \\ \vdots & & \vdots \\ 0 & \cdots & ((D_s)_{nn} - (D_s)_{(n-1)(n-1)})((D_f)_{nn} - (D_f)_{(n-1)(n-1)}) \end{bmatrix}$$

$$(6.78)$$

由于 $D_f \neq D_s$,且它们的对角元是相同元素的不同排列,因此 K 中必有一个负数元素,于是 K 是一个非正定的矩阵.又因为线性变换不改变矩阵的正定性,可以得到矩阵 $M^+ K M$ 也是一个非正定的矩阵,即它的特征值都是实数且具有负特征值.现在把 $M^+ K M$ 写成谱分解的形式:

$$M^+ K M = T^+ Q T \tag{6.79}$$

其中,Q 为实对角矩阵,并假设它的第 k_0 个对角元是负数,T 是幺正矩阵,它的第 k_0 行为 z^+,将矩阵 T 和向量 z 都写成实部和虚部分开的形式:

$$T = A + iB \tag{6.80}$$

以及

$$z = x + iy \tag{6.81}$$

考虑到 $\ddot{V}(\rho_s,u)$ 是一个实数,因此矩阵 M^+KM 的虚数部分对 $\ddot{V}(\rho_s,u)$ 的计算没有贡献,于是式(6.75)可以写成

$$\ddot{V}(\rho_s,u) = u^+(A'QA + B'QB)u \tag{6.82}$$

将向量 z 代入式(6.82)可得

$$\begin{aligned}
\ddot{V}(\rho_s,z) = (Q)_{k_0 k_0} &= z^+(A'QA + B'QB)z \\
&= x'(A'QA + B'QB)x + y'(A'QA + B'QB)y \\
&< 0
\end{aligned} \tag{6.83}$$

于是,$x'(A'QA + B'QB)x$ 和 $y'(A'QA + B'QB)y$ 中至少有一项小于零,不妨假设 $x'(A'QA + B'QB)x < 0$,因此,只要控制量取向量 z 的实部就可以使式(6.82)小于零,即 $\ddot{V}(\rho_s, \mathrm{Re}(z)) < 0$.

通过以上分析可知,总是存在控制量 u 使得 $\ddot{V}(\rho_s,u) < 0$,即 ρ_s 是一个临界稳定点,于是目标状态 ρ_f 的形式不限定时的充分性得到保证.

定理 6.7 在假设 6.1 至假设 6.3 的条件下,对于任意的目标状态 ρ_f,不变集 R 中除最小值点之外的其他驻点都是动力学上的临界稳定点的充要条件是:对 $\forall l_0, r_0$,总是 $\exists A_q(t)$,使得 $(A_q(t))_{l_0 r_0} \neq 0$.

由定理 6.7 可知,定理 6.5 成立.

定理 6.6 证毕.

定理 6.7 意味着状态演化方向场上的任意限制都将产生新的动力学稳定点,从而对控制场设计产生巨大的影响,使得原先收敛的控制成为仅仅是稳定的控制.定理 6.7 中得到的充要条件,是以假设 6.2 为前提的,假设 6.2 实际上定义了一组允许的状态演化方向场的基本正交基,当定理 6.7 中的充要条件满足时,这组基本正交基张成了整个状态演化方向场空间.实际上,假设 6.2 中的形式不是唯一的,如果另一组基也能够张成整个状态演化方向场空间,那么不变集 R 中的状态除去目标状态外也全都是动力学上的临界稳定点,控制律(6.47)同样是收敛的.

基于定理 6.5,我们提出了一种路径拓展策略,可使得原先不收敛的控制变成收敛的控制.路径拓展策略是通过削弱甚至消除状态演化方向场上的限制来实现的,具体的做法是增加新的控制哈密顿量,从而提供了新的演化路径并使得系统可以收敛到目标状态.

当然,路径拓展策略并不总是可以实现的,因为它改变了被控系统的能级跃迁结构,这在某些情况下是不行的.而对于许多情况,它是允许的,比如在量子计算领域,被控系统只是作为量子信息的载体,因而可以用其他具有更多跃迁路径的量子系统来替代,这

就相当于进行了一次路径拓展.

实际上,还可以采用其他策略解决李雅普诺夫控制方法收敛性问题,在下一小节中将会针对性地提出跃迁路径规划策略,它通过选择一些演化路径上的中间状态作为过渡目标态,从而系统可以一步一步地演化到期望目标状态.自然,作为过渡目标态的中间状态可以很多,一种极端的情况就是期望目标状态是随时间动态变化的(指概率分布),此时的状态控制问题转化为动态跟踪问题.在此情况下,控制律(6.47)必须是收敛控制,因此定理6.5必须得到满足,此时,虚拟力学量可以设计为

$$P(t) = - \rho_f(t) \tag{6.84}$$

6.3.4.3　量子跃迁路径规划控制策略及其收敛性证明

我们分析了量子李雅普诺夫方法的收敛性并给出了控制律(6.47)为收敛控制时系统控制哈密顿量所满足的充要条件,以此提出路径拓展策略来解决不收敛到目标状态的控制问题.但同时也提到了路径拓展策略并不总是可以实现的,为此,在这一小节中我们将提出一种新的策略,即跃迁路径规划策略,来解决量子李雅普诺夫方法的收敛性问题.

跃迁路径规划策略不需要像路径拓展策略那样改变系统的结构参数,而是通过将一步控制分解成为多步控制来实现.具体的做法是,选择系统从初始状态演化到目标状态的路径上的若干个中间状态作为过渡目标状态,此时,系统的演化路径很自然地被分割为若干段,每一段的初始状态到终止状态的演化由所设计的控制律(6.47)所确定,其中的虚拟力学量 P 都是根据该段的终止状态按照定理6.4所设计的.而这些中间状态的选择需要保证每段的演化都能够被控制律(6.47)实现,而并不会出现收敛到非目标状态的其他局部极小值状态上的情况.如此,系统将沿着所设计的路径一步一步地跃迁到我们所期望的目标状态上.

例如,假设我们所设计的跃迁路径中只有一个过渡目标状态 ρ_s,即系统的跃迁路径为

$$\rho(0) \rightarrow \rho_s \rightarrow \rho_f \tag{6.85}$$

于是,跃迁路径被分割为两段.在第一段中,驱动系统的控制场的虚拟力学量 $P^{(1)}$ 设计为

$$P^{(1)} = - \rho_s \tag{6.86}$$

从而根据控制律(6.47)可以设计得到第一段的控制场 $u^{(1)}$,使系统从状态 $\rho(0)$ 跃迁到状态 ρ_s.

在第二段中,相应的虚拟力学量 $P^{(2)}$ 可以设计为

$$P^{(2)} = - \rho_f \tag{6.87}$$

同样可以设计得到第二段的控制场 $u^{(2)}$. 如此,系统将通过两个顺序的控制场作用成功地跃迁到期望目标状态 ρ_f.

此策略的一个关键性问题是,如何选择过渡目标状态,使得系统在控制律(6.47)作用下一定能够完成每一段跃迁路径的演化,因此,过渡状态的选择显然不是随意的.在这里,我们将借鉴李群分解技术(Schirmer, 2001)来完成过渡目标状态的选择任务.在李群分解技术中,对应于不同能级跃迁的共振场是顺序施加的,每个共振场的作用对应于一个单步状态跃迁矩阵,于是,总体状态跃迁矩阵就可以分解成一系列单步状态跃迁矩阵的乘积.总体状态跃迁矩阵 $T(t)$ 可由系统的初始状态以及目标状态所确定:

$$\rho(t) = T(t)\rho_0 T^+(t) \tag{6.88}$$

从李群分解的技术特点可知,运用该技术同样需要引入假设6.1至假设6.3.

根据系统演化方程(6.43)可知,总体状态跃迁矩阵也满足薛定谔方程:

$$\dot{T}(t) = \left(\sum_j u_j(t) A_j(t)\right) T(t) \tag{6.89}$$

现在定义第 l 个控制脉冲的单步状态跃迁矩阵为 Ω_l,若与它对应的控制哈密顿量为 $\hbar h_{js}$,那么根据假设6.2,即控制哈密顿量具有结构 $H_j \in \{\hbar h_{jk} | h_{jk} = |j\rangle\langle k| + |k\rangle\langle j|, j < k\}$,单步状态跃迁矩阵 Ω_l 具有如下的形式:

$$\Omega_l = a|j\rangle\langle j| + b|j\rangle\langle s| + c|s\rangle\langle j| + d|s\rangle\langle s| + \sum_{k \neq j, s} |k\rangle\langle k| \tag{6.90}$$

其中,a, b, c 以及 d 都是复数.

假设期望目标状态的状态跃迁矩阵 T 具有如下分解:

$$T = \Omega_k \Omega_{k-1} \cdots \Omega_1 \tag{6.91}$$

则第 r 个过渡目标状态可以通过下式确定:

$$\rho_r = \Omega_r \rho_{r-1} \Omega_r^+ \tag{6.92}$$

接下来将说明如何获得 Ω_r 和 ρ_r. 考虑到封闭量子系统演化的幺正性,可知状态跃迁矩阵是幺正的,因此方程(6.91)可以改写为

$$I = \Omega_k \Omega_{k-1} \cdots \Omega_1 T^+ \tag{6.93}$$

方程(6.93)将方程(6.91)所表示的 $I \to T$ 过程变换为 $T^+ \to I$ 过程,并且从中我们可以获得每个单步状态跃迁矩阵 Ω_r. 下面,我们以一个四能级系统为例来说明获得过渡目标状态的过程.

假设系统是一个梯形能级系统,即能级1和2,2和3,以及3和4之间的跃迁是允许

的，如图 6.4 中实线所示，且各能级差互不相同，因此各个控制场可以顺序作用，此时，系统具有三个控制哈密顿量：

$$
H_1 = \begin{pmatrix} 0 & 1 & 0 & 0 \\ 1 & 0 & 0 & 0 \\ 0 & 0 & 0 & 0 \\ 0 & 0 & 0 & 0 \end{pmatrix}, \quad H_2 = \begin{pmatrix} 0 & 0 & 0 & 0 \\ 0 & 0 & 1 & 0 \\ 0 & 1 & 0 & 0 \\ 0 & 0 & 0 & 0 \end{pmatrix}, \quad H_3 = \begin{pmatrix} 0 & 0 & 0 & 0 \\ 0 & 0 & 0 & 0 \\ 0 & 0 & 0 & 1 \\ 0 & 0 & 1 & 0 \end{pmatrix} \tag{6.94}
$$

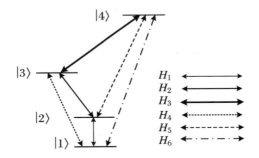

图 6.4　能级跃迁与控制哈密顿量关系图

则根据式(6.90)，存在三种类型的单步状态跃迁矩阵，分别为

$$
\Omega_{12} = \begin{pmatrix} a_1 & b_1 & 0 & 0 \\ c_1 & d_1 & 0 & 0 \\ 0 & 0 & 1 & 0 \\ 0 & 0 & 0 & 1 \end{pmatrix}, \quad \Omega_{23} = \begin{pmatrix} 1 & 0 & 0 & 0 \\ 0 & a_2 & b_2 & 0 \\ 0 & c_2 & d_2 & 0 \\ 0 & 0 & 0 & 1 \end{pmatrix}, \quad \Omega_{34} = \begin{pmatrix} 1 & 0 & 0 & 0 \\ 0 & 1 & 0 & 0 \\ 0 & 0 & a_3 & b_3 \\ 0 & 0 & c_3 & d_3 \end{pmatrix}
$$

$$\tag{6.95}$$

而总体的状态跃迁矩阵为

$$
T^+ = \begin{pmatrix} a_{11} & a_{12} & a_{13} & a_{14} \\ a_{21} & a_{22} & a_{23} & a_{24} \\ a_{31} & a_{32} & a_{33} & a_{34} \\ a_{41} & a_{42} & a_{43} & a_{44} \end{pmatrix} \tag{6.96}
$$

第一步，我们可以选择将 Ω_{12} 作用到式(6.96)上以使得元素 a_{14} 为零，于是 T^+ 的第四列变为 $(0 \quad a'_{24} \quad a_{34} \quad a_{44})^{\mathrm{T}}$．第二步，选择用 Ω_{23} 来使 a'_{24} 元素为零，此时状态跃迁矩阵的第四列变为 $(0 \quad 0 \quad a'_{34} \quad a_{44})^{\mathrm{T}}$．第三步，通过 Ω_{34} 的作用可以使得状态跃迁矩阵的第四列变为 $(0 \quad 0 \quad 0 \quad 1)^{\mathrm{T}}$．于是总体状态跃迁矩阵 T^+ 变成了 T'^+．又由于 T'^+ 是幺正矩阵，即 $T'^+ T' = I$，可以验证 T'^+ 的第四行为 $(0 \quad 0 \quad 0 \quad 1)$，即下式成立：

量子系统控制理论与方法
Control Theory and Methods of Quantum Systems

$$\Omega_{34}\Omega_{23}\Omega_{12}T^+ = T'^+ = \begin{pmatrix} b_{11} & b_{12} & b_{13} & 0 \\ b_{21} & b_{22} & b_{23} & 0 \\ b_{31} & b_{32} & b_{33} & 0 \\ 0 & 0 & 0 & 1 \end{pmatrix} \tag{6.97a}$$

方程(6.97a)中的单步跃迁矩阵 Ω_{js} 可以通过以上三个步骤具体计算出来,比如计算第一步中的 Ω_{12},不妨假设 $a_{14} \neq 0$,根据 $\begin{pmatrix} a_1 & b_1 \\ c_1 & d_1 \end{pmatrix}\begin{pmatrix} a_{14} \\ a_{24} \end{pmatrix} = \begin{pmatrix} 0 \\ a'_{24} \end{pmatrix}$ 以及 $\begin{pmatrix} a_1 & b_1 \\ c_1 & d_1 \end{pmatrix}\begin{pmatrix} a_1^* & c_1^* \\ b_1^* & d_1^* \end{pmatrix} = I$,可以计算得到 $|b_1|^2 = |c_1|^2 = 1/(1 + |a_{24}/a_{14}|^2)$,$a_1 = -b_1 a_{24}/a_{14}$ 以及 $d_1 = c_1 a_{24}^*/a_{14}^*$,其中,复数 b_1 和 c_1 的相位可以自由选择,因为它们只影响过渡目标状态非对角元素的相位,对于使用控制律(6.47)没有任何影响.类似地,可以分别计算出 Ω_{23} 和 Ω_{34}.

仿照获得 T'^+ 的过程,选择将 Ω'_{12} 以及 Ω'_{23} 作用到 T'^+ 上,使得它的第三列为 $(0 \quad 0 \quad 1 \quad 0)^{\mathrm{T}}$,于是状态跃迁矩阵变为

$$\Omega'_{23}\Omega'_{12}\Omega_{34}\Omega_{23}\Omega_{12}T^+ = \begin{pmatrix} c_{11} & c_{12} & 0 & 0 \\ c_{21} & c_{22} & 0 & 0 \\ 0 & 0 & 1 & 0 \\ 0 & 0 & 0 & 1 \end{pmatrix} \tag{6.97b}$$

并依此计算出单步跃迁矩阵 Ω'_{12} 和 Ω'_{23}.

最后,在作用 Ω''_{12} 后,状态跃迁矩阵将变为单位阵:

$$\Omega''_{12}\Omega'_{23}\Omega'_{12}\Omega_{34}\Omega_{23}\Omega_{12}T^+ = I \tag{6.97c}$$

于是根据式(6.92),一共可以获得六个过渡目标状态.

根据以上的推导以及分析可知,只要系统是能控的,在假设 6.1 至假设 6.3 的条件下,即各个能级在跃迁结构图上是连通的,比如例子中的梯形能级系统,任何状态跃迁矩阵都能够分解成方程(6.91)的形式.

定理 6.8 在假设 6.1 至假设 6.3 的条件下,只要被控系统的各个能级在跃迁图上是连通的,则系统的任何状态跃迁矩阵 T 都能够分解成单步跃迁矩阵的乘积序列,即可以写成方程(6.91)的形式:$T = \Omega_k\Omega_{k-1}\cdots\Omega_1$,其中 Ω_l 为单步状态跃迁矩阵.

现在,通过状态跃迁矩阵 T 的分解形式,根据式(6.92)确定了各个过渡目标矩阵 ρ_r,则 ρ_{r-1} 和 ρ_r 之间的演化可以通过第 r 个控制场来实现,若其对应的控制量为 $u_l(t)$,则施加 $u_l(t)$ 必能使李雅普诺夫函数 $V_{\rho_r}(\rho)$ 最小化.这里 $V_{\rho_r}(\rho)$ 表示李雅普

诺夫函数中的虚拟力学量 P 是根据 ρ_r 来设计的. 若 $u_l(t)$ 对应的控制哈密顿量为 hh_{js}, 即耦合的是能级 j 和能级 s, 则在 ρ_{r-1} 到 ρ_r 的演化路径上的任何状态都可以用下式来表示:

$$\rho = \Omega_{js}\rho_k\Omega_{js}^+ \tag{6.98}$$

但仅仅这样是不够的, 因为在使用控制律 (6.47) 设计控制场驱动系统从 ρ_{r-1} 演化到 ρ_r 的过程中, 还必须保证仅仅只有 $u_l(t)$ 作用 (非零), 即必须要保证其他的控制量为零:

$$\text{tr}([\rho,\rho_k]A_{q\neq l}(t)) = \text{tr}([U_{js}\rho_kU_{js}^+,\rho_k]A_{q\neq l}(t)) = 0 \tag{6.99}$$

如此才能够避免其他控制量对 $V_{\rho_r}(\rho)$ 的影响, 使系统的演化约束在从 ρ_{r-1} 到 ρ_r 的轨迹上, 从而避开可能遇到的局部极小值点, 保证系统演化到 ρ_r. 但是式 (6.99) 并不总是成立的, 为了保证其成立, 下式必须得到满足:

$$(\rho_r)_{pq} = 0, \quad \{pq \mid p\neq j,s; q = j,s \text{ 或 } p = j,s; q\neq j,s\} \tag{6.100}$$

为了满足式 (6.100), 必要的时候 (当其不满足时) 我们需要对 ρ_r 进行重新设计, 将其对应的元素改为零, 记重新设计后的新矩阵为 $\tilde{\rho}_r$. 为了系统状态的幺正等价性, 将 ρ_{r-1} 也重新设计成 $\tilde{\rho}_{r-1}$. 于是, 我们使用 $\tilde{\rho}_{r-1}$ 和 $\tilde{\rho}_r$ 作为初始状态和终止状态来设计相应的控制场, 得到的必然是只有 $u_l(t)$ 的控制场, 并且通过矩阵的块运算可以验证, 这个控制场必定能够驱动 ρ_{r-1} 到 ρ_r.

为了说明这一过程, 现在假设已经获得了总体状态跃迁矩阵的分解形式 (6.91) 以及过渡目标状态 (6.92). 从初始状态 ρ_0 到过渡目标状态 ρ_1 的跃迁通过 Ω_{12} 实现, 为了保证式 (6.99) 成立, 我们根据式 (6.100) 对 ρ_0 和 ρ_1 进行重新设计:

$$
\left\{
\begin{aligned}
\tilde{\rho}_0 &= \begin{pmatrix} (\rho_0)_{1,1} & (\rho_0)_{1,2} & 0 & 0 \\ (\rho_0)_{2,1} & (\rho_0)_{2,2} & 0 & 0 \\ 0 & 0 & (\rho_0)_{3,3} & (\rho_0)_{3,4} \\ 0 & 0 & (\rho_0)_{4,3} & (\rho_0)_{4,4} \end{pmatrix} \\
\tilde{\rho}_1^{(1)} &= \begin{pmatrix} (\rho_1)_{1,1} & (\rho_1)_{1,2} & 0 & 0 \\ (\rho_1)_{2,1} & (\rho_1)_{2,2} & 0 & 0 \\ 0 & 0 & (\rho_1)_{3,3} & (\rho_1)_{3,4} \\ 0 & 0 & (\rho_1)_{4,3} & (\rho_1)_{4,4} \end{pmatrix}
\end{aligned}
\right. \tag{6.101a}
$$

然后, 虚拟观测量设计为 $P^{(1)} = -\tilde{\rho}_1^{(1)}$, 于是根据控制律 (6.47) 可以设计得到第一个控制场.

接着, ρ_1 通过 Ω_{23} 变换到 ρ_2, 进行相应的重新设计之后可以得到 $\tilde{\rho}_1^{(2)}$ 和 $\tilde{\rho}_2^{(1)}$ 分别为

$$
\begin{cases}
\widetilde{\rho}_1^{(2)} = \begin{pmatrix} (\rho_1)_{1,1} & 0 & 0 & (\rho_1)_{1,4} \\ 0 & (\rho_1)_{2,2} & (\rho_1)_{2,3} & 0 \\ 0 & (\rho_1)_{3,2} & (\rho_1)_{3,3} & 0 \\ (\rho_1)_{4,1} & 0 & 0 & (\rho_1)_{4,4} \end{pmatrix} \\[4mm]
\widetilde{\rho}_2^{(1)} = \begin{pmatrix} (\rho_2)_{1,1} & 0 & 0 & (\rho_2)_{1,4} \\ 0 & (\rho_2)_{2,2} & (\rho_2)_{2,3} & 0 \\ 0 & (\rho_2)_{3,2} & (\rho_2)_{3,3} & 0 \\ (\rho_2)_{4,1} & 0 & 0 & (\rho_2)_{4,4} \end{pmatrix}
\end{cases}
\tag{6.101b}
$$

而这一阶段的虚拟力学量设计为 $P^{(2)} = -\widetilde{\rho}_2^{(1)}$，从而设计得到第二个控制场.

类似地，我们可以得到余下的各个控制场.

定理 6.9 假设期望目标状态的状态跃迁矩阵 T 具有 (6.91) 形式的分解，以及相应的过渡目标状态 (6.92)，这些过渡目标状态将确定若干段的跃迁路径. 若虚拟力学量 P 根据由式 (6.101) 定义的每一段路径的过渡目标状态 $\widetilde{\rho}_k^{(1)}$ 来设计，则系统在控制律 (6.47) 的作用下必定沿着这些过渡目标状态所确定的路径演化到期望目标状态.

定理 6.8 与定理 6.9 共同保证了采用跃迁路径规划策略对系统进行控制时的收敛性.

6.3.5　数值仿真实验及其结果分析

在本小节中，我们将以一个四能级量子系统作为被控对象进行数值仿真实验，来验证前面的分析结果以及提出的控制策略.

考虑四能级被控系统的自由哈密顿量为

$$
H_0 = \sum_{j=1}^{n=4} e_j \mid j \rangle\langle j \mid
\tag{6.102}
$$

其中，$e_1 = 0.494\,8$，$e_2 = 1.452\,9$，$e_3 = 2.369\,1$ 以及 $e_4 = 3.243\,4$. 它们的能级差分别为 $\Delta_{21} = 0.958\,1$，$\Delta_{31} = 1.874\,3$，$\Delta_{41} = 2.748\,6$，$\Delta_{32} = 0.916\,2$，$\Delta_{42} = 1.790\,5$ 以及 $\Delta_{43} = 0.874\,3$. 可以看出各个能级差之间是可以相互区分的，假设 6.1 得到满足.

我们的控制目标是将初始状态 $\rho_0 = \mathrm{diag}(0.385\,0, 0.275\,8, 0.197\,6, 0.141\,6)$ 进行概率翻转，即将系统驱动到目标状态 $\rho_{\mathrm{f}} = \mathrm{diag}(0.141\,6, 0.197\,6, 0.275\,8, 0.385\,0)$.

首先让我们考虑一个梯形能级系统，即能级 1 和 2，2 和 3 以及 3 和 4 之间的跃迁是允许的，如图 6.4 中实线所示. 此时系统具有三个控制哈密顿量，由式 (6.94) 所表示.

6.3.5.1　一般李雅普诺夫控制方法

控制律采用式(6.47),其中的控制哈密顿量为式(6.94),虚拟力学量则根据定理6.4设计,在仿真实验中取 $P = -\rho_f, \kappa_1 = \kappa_2 = \kappa_3 = 20$. 在仿真实验中,系统的演化是离散的,即整个时间坐标轴实际上被分割成很多片段,每个时间片段非常短,因此可以近似地认为在此期间系统哈密顿量是不变的. 于是系统的演化就可以通过迭代来实现. 为了避免计算误差的积累,我们不选用系统方程(6.43),而选择下式作为迭代方程:

$$\rho(t + \Delta t) = e^{i\sum_j A_j(t)u_j(t)\Delta t}\rho(t)e^{-i\sum_j A_j(t)u_j(t)\Delta t} \tag{6.103}$$

式(6.103)可以保证系统演化的幺正性,即 $\mathrm{tr}(\rho^2(t + \Delta t)) = \mathrm{tr}(\rho^2(t))$. 图6.5表示的是系统布居数和控制场的演化曲线.

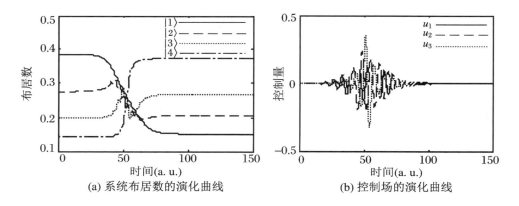

图 6.5　三个控制量情况下四能级系统上的仿真结果

从图6.5中可以看出,在150单位时间控制过程停止后,被控系统并没有被驱动到目标状态,此时系统的状态为

$$\rho_s = \begin{pmatrix} 0.151\,4 & 0 & -0.025\,4 + 0.019\mathrm{i} & 0.017\,8 + 0.007\,9\mathrm{i} \\ 0 & 0.206\,3 & 0 & -0.023\,8 + 0.032\,1\mathrm{i} \\ -0.025\,4 - 0.019\mathrm{i} & 0 & 0.267\,9 & 0 \\ 0.017\,8 - 0.007\,9\mathrm{i} & -0.023\,8 - 0.032\,1\mathrm{i} & 0 & 0.374\,4 \end{pmatrix} \tag{6.104}$$

实际上,可以验证此时定理6.5中的条件并没有得到满足. 接下来将通过数值仿真实验验证路径拓展策略以及实现对动态目标状态的跟踪任务.

6.3.5.2 路径拓展控制策略

根据定理6.5,如果能级1和3,2和4以及1和4之间的跃迁也是允许的,如图6.4中的虚线所示,即需要另外增加三个控制哈密顿量:

$$H_4 = \begin{pmatrix} 0 & 0 & 1 & 0 \\ 0 & 0 & 0 & 0 \\ 1 & 0 & 0 & 0 \\ 0 & 0 & 0 & 0 \end{pmatrix}, \quad H_5 = \begin{pmatrix} 0 & 0 & 0 & 0 \\ 0 & 0 & 0 & 1 \\ 0 & 0 & 0 & 0 \\ 0 & 1 & 0 & 0 \end{pmatrix}, \quad H_6 = \begin{pmatrix} 0 & 0 & 0 & 1 \\ 0 & 0 & 0 & 0 \\ 0 & 0 & 0 & 0 \\ 1 & 0 & 0 & 0 \end{pmatrix} \tag{6.105}$$

则系统必定能够收敛到目标状态.

现在,通过仿真实验重新设计控制场,控制量增益 $\kappa_4 = \kappa_5 = \kappa_6 = 20$,仿真结果如图6.6所示,从中我们可以看到,在100个原子单位时间之后系统完全达到了目标状态 ρ_f. 从图6.6中还可以看到,虽然六种跃迁都是允许的,但在此任务中,实际上只用到了两个控制场 u_2 和 u_6.控制场 u_2 翻转了能级2和3的概率,而控制场 u_6 翻转了能级1和4的概率,这两个控制场产生了类似于 π 脉冲的作用.基于图6.5(b)和图6.6(b)的仿真数据,我们统计可知:控制场的振荡频率大致等于相应能级间的跃迁频率.此外,从图6.6(a)中可以看出控制场 u_2 和 u_6 的作用是互不干扰的,因此,设计得到的控制场实际上就是两个 π 脉冲.当然,我们可以通过增加增益值 κ_2 来加速驱动过程,或者直接将设计得到的两个控制场叠加作用来减小演化时间.

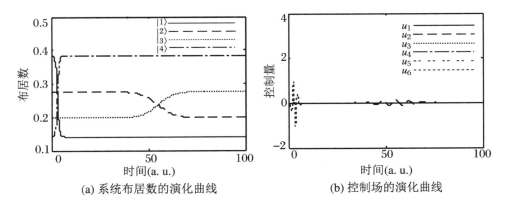

(a) 系统布居数的演化曲线   (b) 控制场的演化曲线

图6.6　进行路径拓展后四能级系统上的仿真结果

6.3.5.3 动态目标的跟踪

当控制哈密顿量由式(6.94)以及式(6.105)组成时,控制律(6.47)成为一个收敛控

制,因此我们可以用它来实现对动态目标状态的跟踪任务.假设初始状态为 $\rho_0 = |1\rangle\langle 1|$,而我们所期望的目标状态 $\rho_f(t) = |\psi_f(t)\rangle\langle\psi_f(t)|$ 是随时间变化的,其中 $|\psi_f(t)\rangle$ 由下式定义:

$$\begin{aligned}
|\psi_f(t)\rangle = {} & \cos(\omega_1 t)|1\rangle + i\sin(\omega_1 t)\cos(\omega_2 t)|2\rangle \\
& - \sin(\omega_1 t)\sin(\omega_2 t)\cos(\omega_3 t)|3\rangle \\
& - i\sin(\omega_1 t)\sin(\omega_2 t)\sin(\omega_3 t)|4\rangle
\end{aligned} \tag{6.106}$$

其中,$\omega_1 = 0.005$;$\omega_2 = 0.01$;$\omega_3 = 0.03$.图 6.7 显示了路径拓展后动态跟踪的仿真结果.

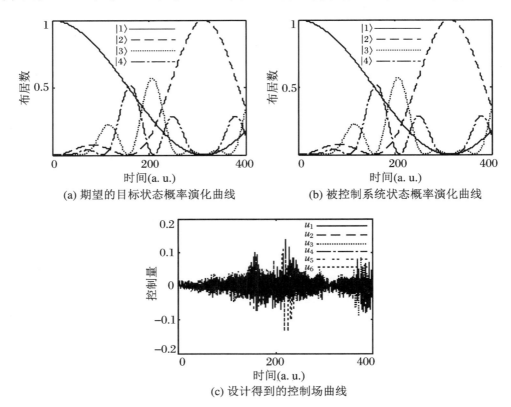

(a) 期望的目标状态概率演化曲线　　　　(b) 被控制系统状态概率演化曲线

(c) 设计得到的控制场曲线

图 6.7　路径拓展后四能级系统上的动态跟踪性能仿真结果

从图 6.7(a) 和图 6.7(b) 中可以看出:当目标状态变化不太快时,采用路径拓展后的控制律(6.47)具有很好的跟踪性能,期望的目标状态概率演化曲线与被控系统的实际概率演化曲线几乎完全相同.当然,当目标状态变化较快时,可以通过增大反馈增益来保证跟踪性能.

6.3.5.4 跃迁路径规划的控制策略

现在根据跃迁路径规划策略来设计控制场.

根据控制任务要求,期望目标状态的状态跃迁矩阵为

$$T = \begin{pmatrix} 0 & 0 & 0 & 1 \\ 0 & 0 & 1 & 0 \\ 0 & 1 & 0 & 0 \\ 1 & 0 & 0 & 0 \end{pmatrix} \tag{6.107}$$

由式(6.97)可得,各个单步状态跃迁矩阵分别为

$$\Omega_{12} = \Omega_{12}' = \Omega_{12}'' = \begin{pmatrix} 0 & 1 & 0 & 0 \\ 1 & 0 & 0 & 0 \\ 0 & 0 & 1 & 0 \\ 0 & 0 & 0 & 1 \end{pmatrix} \tag{6.108a}$$

$$\Omega_{23} = \Omega_{23}' = \begin{pmatrix} 1 & 0 & 0 & 0 \\ 0 & 0 & 1 & 0 \\ 0 & 1 & 0 & 0 \\ 0 & 0 & 0 & 1 \end{pmatrix} \tag{6.108b}$$

$$\Omega_{34} = \begin{pmatrix} 1 & 0 & 0 & 0 \\ 0 & 1 & 0 & 0 \\ 0 & 0 & 0 & 1 \\ 0 & 0 & 1 & 0 \end{pmatrix} \tag{6.108c}$$

则根据式(6.92)可得,过渡目标状态分别为

$$\rho_1 = \mathrm{diag}(0.275\,8, 0.385\,0, 0.197\,6, 0.141\,6) \tag{6.109a}$$

$$\rho_2 = \mathrm{diag}(0.275\,8, 0.197\,6, 0.385\,0, 0.141\,6) \tag{6.109b}$$

$$\rho_3 = \mathrm{diag}(0.275\,8, 0.197\,6, 0.141\,6, 0.385\,0) \tag{6.109c}$$

$$\rho_4 = \mathrm{diag}(0.197\,6, 0.275\,8, 0.141\,6, 0.385\,0) \tag{6.109d}$$

$$\rho_5 = \mathrm{diag}(0.197\,6, 0.141\,6, 0.275\,8, 0.385\,0) \tag{6.109e}$$

因此系统演化的路径为

$$\rho_0 \rightarrow \rho_1 \rightarrow \rho_2 \rightarrow \rho_3 \rightarrow \rho_4 \rightarrow \rho_5 \rightarrow \rho_f \tag{6.110}$$

因为式(6.99)中的方程满足式(6.100),所以在控制场设计时不需要对过渡目标状

态进行重新设计,即 $\tilde{\rho}_k = \rho_k$. 于是虚拟力学量以及控制场则可根据每段的过渡目标状态设计得到. 图 6.8 显示了跃迁路径规划策略的控制效果,其中,图 6.8(a) 表示的是系统状态的布居数演化曲线,而图 6.8(b) 是相应的控制场演化曲线.

从图 6.8(a) 中可以看出,在 700 原子单位时间之后,系统完全达到了期望目标状态. 在图 6.8(b) 中,一共有六个控制场作用,对应于三个控制哈密顿量,分为三类控制作用,每一类控制场都与相应跃迁产生共振. 比如,控制场 u_1 的振荡频率为能级 1 和能级 2 之间的跃迁频率,$\omega_1 = \Delta_{12}/\hbar = 0.9581$(仿真实验中取 $\hbar = 1$). 六个控制场的每次作用,都使相应的两个能级的概率发生翻转,因此,实际上得到了六个顺序的 π 脉冲.

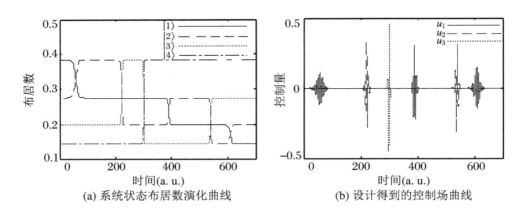

(a) 系统状态布居数演化曲线 (b) 设计得到的控制场曲线

图 6.8　四能级系统上跃迁路径规划策略的控制效果图

将图 6.8 与图 6.6 进行比较可知,采用跃迁路径规划策略的优势是,它不需要对系统的结构参数进行改变,只要系统是能控的,我们总是能够利用一系列的允许跃迁,将系统演化到期望目标状态,而它的不足之处是所花费的时间大大超过采用路径拓展策略,而且,从例子中可以看到,它一共用了三类、六个控制场,而不像采用路径拓展策略那样,能够用最少的控制场来完成控制任务.

另外,从图 6.6 和图 6.8 中可以看到,设计得到的控制场都是若干个 π 脉冲,于是我们可以得出结论:基于李雅普诺夫理论的控制场设计方法比起 π 脉冲设计方法来说是一种更一般的设计方法,它包含了 π 脉冲方法,对于一些特殊的控制任务,比如本节中的例子,两者是等价的. 而基于李雅普诺夫理论的设计方法却能够适用于更复杂的控制任务.

第 7 章

退化情况下的李雅普诺夫控制方法

7.1 基于状态距离的隐式李雅普诺夫方法

在过去的 30 年里,量子控制理论取得了一系列研究成果,并已经广泛应用在量子物理学、选键化学、纳米技术、量子信息等领域.量子系统的控制方法主要有开环控制(Peirce,et al.,1988a;Schirmer,2001)、基于仿真模型的反馈控制(Cong,Kuang,2007;Kuang,Cong,2008;Mirrahimi,et al.,2005;Grivopoulos,Bamieh,2003)、闭环学习控制(Judson,Rabitz,1992;Zhu,Rabitz,2003a;Geremia,Rabitz,2002)和反馈控制(Zhang,et al.,2005;Mancini,Wang,2005)等方法.李雅普诺夫控制方法由于设计简单,已经成为量子系统控制中的一种常用控制方法.其基本设计思想是,借助李雅普诺夫稳定性定理,选定一个半正定的李雅普诺夫函数,并使其对时间的一阶导数非正来设计系统的控制律.该方法的一个关键问题是选择适当的李雅普诺夫函数,通常不同的李雅普诺夫函数会导致不同的控制律和不同的控制效果,根据具体的几何或物理意义设计李雅普诺夫函数是一种不错的选择李雅普诺夫函数的方法.量子系统中李雅普诺夫控制方法主要有三种:基于状态之间的距离(Cong,Kuang,2007)、基于状态之间的偏差(Kuang,Cong,2008;Mirrahimi,et al.,2005)、基于虚拟力学量的均值(Kuang,Cong,2008;Grivopoulos,Bamieh,2003).

在基于李雅普诺夫方法的量子系统控制中,为了能够实现对量子态的控制,仅仅设计出使控制系统稳定的控制律是不行的,还必须设计出使控制系统渐近稳定的收敛控制律,以便使得系统以100%概率,或者是零误差达到目标态.研究结果已经表明,在基于状态距离和状态偏差的李雅普诺夫控制方法中,能够设计控制律使系统渐近稳定的条件是,强正则以及内部哈密顿量所有不同于目标态的本征态和目标态直接连接,其中强正则意味着内部哈密顿量不同的能级差的值是不相等的,即内部哈密顿量的谱是非退化的(Cong,Kuang,2007;Mirrahimi,et al.,2005).而在基于虚拟力学量均值的李雅普诺夫控制方法中,设计控制律使系统渐近稳定必须满足的条件是,强正则以及系统内部哈密顿量 H_0 的任意两个本征态之间有直接连接.然而这些条件是相当严格的,有许多实际系统不满足,比如耦合两自旋系统和一维振荡器(D'Alessandro,2007).

为了能够放宽条件,更加符合实际系统的情况,有人已经通过引入一个隐函数,来使不满足上述条件的退化情况的量子系统在加入隐函数后满足上述条件(Corn,1999;Beauchard,et al.,2007;Zhao,et al.,2009;Zhao,et al.,2012).隐函数在1999年被Corn用来分析不可压缩液体欧拉方程的稳定性(Zhao,et al.,2012),2007年法国的Beauchard等人提出退化情况下单控制哈密顿量的基于状态距离的隐式李雅普诺夫控制方法(Beauchard,et al.,2007),2009年和2011年上海同济大学的 Zhao 等人分别提出退化情况下单控制哈密顿量的基于虚拟力学量平均值的隐式李雅普诺夫控制方法(Zhao,et al.,2009;Zhao,et al.,2012)以及退化情况下单控制哈密顿量的基于状态偏差的隐式李雅普诺夫控制方法(Zhao,et al.,2012).

上述研究结果仅适用于控制哈密顿量为一个的情况,当系统控制哈密顿量多于一个时,其研究结果不再适用,且只能保证控制系统从任意纯态到本征态的完全转移,并且基于状态距离只适用于初态与目标态不正交的情况.我们采用隐式李雅普诺夫控制方法实现了两个纯态之间,并且适用于多控制哈密顿量子系统退化情况下的完全转移,并解决了初始态与目标态正交的情况(Meng,et al.,2012).

本节主要基于隐函数的处理思想,提出多控制哈密顿量基于状态距离的、适用于上述退化情况的、收敛的李雅普诺夫量子控制方法,并推广到目标态为叠加态的情况和初态与目标态不正交的情况,使基于状态距离的隐式李雅普诺夫方法更具普适性.基本思路是,通过在控制律中引入一系列隐函数微扰,将退化情况变为非退化情况,并将单控制哈密顿情况扩展到多控制哈密顿情况.对于多控制哈密顿情况,控制律的推导过程和控制系统收敛性的证明将变得比较复杂.在利用李雅普诺夫理论来设计控制律时,由于控制律中引入了一系列隐函数微扰,李雅普诺夫函数的一阶导数里含有微扰的一阶导数项,使其符号难以判断,需要消除这些项,此时问题将比单控制哈密顿控制系统引入一个微扰时要复杂很多,需要一些数学技巧.通过在控制律中引入常值扰动,将目标态拓展到叠加态的情况.通过设计合适的控制律,使该方法拓展到初始态与目标态不正交的情况.

7.1.1　控制律的设计

本小节首先给出多控制哈密顿量封闭量子系统的模型及基于状态距离的李雅普诺夫控制方法设计出的控制律,并给出控制系统渐近稳定的条件.在控制系统不满足渐近稳定条件的退化情况下,提出隐式李雅普诺夫控制方法.首先,介绍隐式李雅普诺夫控制方法的基本思想.然后,选用基于状态距离的隐式李雅普诺夫函数,并设计隐函数,证明隐函数的存在性.最后,根据李雅普诺夫稳定性理论推导出系统的控制律,并给出控制系统的收敛性定理.

多个控制哈密顿量的 N 能级封闭量子系统可以采用薛定谔方程描述为

$$\mathrm{i}\,|\,\dot{\psi}(t)\rangle = \left(H_0 + \sum_{k=1}^{r} H_k u_k(t)\right) |\,\psi(t)\rangle \tag{7.1}$$

其中,H_0 是系统内部哈密顿量和自由哈密顿量;H_k 是控制哈密顿量和相互作用哈密顿量,H_0 和 H_k 均不含时且是厄米的;$u_k(t)$ 是标量可实现实值控制函数.

这里所选择的李雅普诺夫函数是一个基于状态距离的函数:

$$V(\psi) = \frac{1}{2}(1 - |\langle \psi \,|\, \phi_\mathrm{f}\rangle|^2) \tag{7.2}$$

其中,$|\psi_\mathrm{f}\rangle$ 为目标态.

假定目标态 $|\psi_\mathrm{f}\rangle$ 为本征态,即满足 $H_0|\psi_\mathrm{f}\rangle = \lambda_\mathrm{f}|\psi_\mathrm{f}\rangle$.通过简单计算,可得到李雅普诺夫函数对时间的一阶导数 $\mathrm{d}V/\mathrm{d}t$ 为

$$\dot{V} = -\sum_{k=1}^{r} u_k(t) \cdot \mathrm{Im}(\langle \psi \,|\, \phi_\mathrm{f}\rangle\langle \phi_\mathrm{f} \,|\, H_k \,|\, \psi\rangle) \tag{7.3}$$

为了保证 $\dot{V} \leqslant 0$,选择的控制律 $u_k(t)$ 为

$$u_k(t) = K_k f_k(\mathrm{Im}(\langle \psi \mid \psi_\mathrm{f} \rangle \langle \psi_\mathrm{f} \mid H_k \mid \psi \rangle)), \quad k = 1, 2, \cdots, r \tag{7.4}$$

其中, $K_k > 0$; $y_k = f_k(x_k)$, $k = 1, 2, \cdots, r$ 是通过平面 $x_k\text{-}y_k$ 坐标原点, 且位于第一、三象限的单调函数.

采用式(7.4)所示的控制律, 可以保证由式(7.1)所描述的控制系统渐近稳定的条件是, H_0 的谱是非退化的, 即系统是强正则的, 且 H_0 所有不同于目标态 $\mid \psi_\mathrm{f} \rangle$ 的本征态 $\mid \phi \rangle$ 直接与 $\mid \psi_\mathrm{f} \rangle$ 连接: 至少存在一个 $k \in \{1, 2, \cdots, r\}$, 使若 $\mid \phi \rangle \neq \mid \psi_\mathrm{f} \rangle$, $\langle \phi \mid H_k \mid \psi_\mathrm{f} \rangle \neq 0$, $k = 1, 2, \cdots, r$.

为了在不满足上述稳定条件的退化情况下使控制系统实现到目标态 $\mid \psi_\mathrm{f} \rangle$ 为叠加态的状态转移, 在控制律中引入常值微扰项 η_k. 控制系统模型将变为

$$\mathrm{i} \mid \dot{\psi}(t) \rangle = \left(H_0 + \sum_{k=1}^{r} H_k (v_k(t) + \eta_k) \right) \mid \psi(t) \rangle \tag{7.5}$$

其中, $v_k(t)$ 和 η_k 为需要设计的控制律.

系统控制的基本思路是, 加入 η_k 使 $\mid \psi_\mathrm{f} \rangle$ 为 $H_0 + \sum_{k=1}^{r} H_k \eta_k$ 的本征态. 可以将 $H_0' = H_0 + \sum_{k=1}^{r} H_k \eta_k$ 看作控制系统新的内部哈密顿量, 目标态 $\mid \psi_\mathrm{f} \rangle$ 为 H_0' 的本征态, 即满足

$$\left(H_0 + \sum_{k=1}^{r} H_k \eta_k \right) \mid \psi_\mathrm{f} \rangle = \lambda_\mathrm{f}' \mid \psi_\mathrm{f} \rangle \tag{7.6}$$

其中, λ_f' 为 $H_0' = H_0 + \sum_{k=1}^{r} H_k \eta_k$ 对应于目标态 $\mid \psi_\mathrm{f} \rangle$ 的本征值.

为了解决退化情况下控制系统(7.5)的收敛性问题, 借用人们已提出的、仅适用于单控制哈密顿量的隐式李雅普诺夫控制方法(Corn, 1999; Beauchard, et al., 2007; Zhao, et al., 2009), 来对多控制哈密顿量的退化情况的量子系统进行收敛的李雅普诺夫控制方法的研究. 基本设计思想如下: 首先, 对于多控制哈密顿量系统的情况, 设计与控制哈密顿量数量相等的小扰动 $\gamma_k(t) \in \mathbf{R}$, $k = 1, 2, \cdots, r$, $\gamma_k(t)$ 是一个关于系统状态 $\mid \psi \rangle$ 以及函数自身的隐函数. 然后, 在控制律中加入 $\gamma_k(t)$, 控制系统的模型将变为

$$\mathrm{i} \mid \dot{\psi}(t) \rangle = \left(H_0 + \sum_{k=1}^{r} H_k (\gamma_k(t) + v_k(t) + \eta_k) \right) \mid \psi(t) \rangle \tag{7.7}$$

其中, $u_k(t) = \gamma_k(t) + v_k(t) + \eta_k$ 为需要设计的控制律. $H_0 + \sum_{k=1}^{r} H_k \eta_k + \sum_{k=1}^{r} H_k \gamma_k(t)$ 可以看作控制系统新的内部哈密顿量. 在 $H_0 + \sum_{k=1}^{r} H_k \eta_k + \sum_{k=1}^{r} H_k \gamma_k(t)$ 的本征基描述的系统下, 目标态 $\mid \psi_\mathrm{f} \rangle$ 转变为 $\mid \psi_{\mathrm{f}, \gamma_1, \cdots, \gamma_r}' \rangle$ ($\mid \psi_{\mathrm{f}, \gamma_1, \cdots, \gamma_r}' \rangle = f(\eta_k, \gamma_1(t), \cdots, \gamma_r(t))$ 为关

于 η_k 和 $\gamma_k(t)$ 的函数),λ'_f 变为 $\lambda'_{f,\gamma_1,\cdots,\gamma_r}$(关于 η_k 和 $\gamma_k(t)$ 的函数),H_0 的本征态 $|\phi\rangle$ 变为 $|\phi'_{\gamma_1,\cdots,\gamma_r}\rangle$(关于 η_k 和 $\gamma_k(t)$ 的函数).最后,使引入 $\gamma_k(t)$,$k=1,2,\cdots$,r 后的控制系统满足渐近稳定的两个假定条件:强正则和至少存在一个 $k \in \{1, 2,\cdots,r\}$,使 $\langle\phi'_{\gamma_1,\cdots,\gamma_r}|H_k|\psi'_{f,\gamma_1,\cdots,\gamma_r}\rangle \neq 0$,$k=1,2,\cdots,r$,$|\phi'_{\gamma_1,\cdots,\gamma_r}\rangle \neq |\psi'_{f,\gamma_1,\cdots,\gamma_r}\rangle$. 此时,就可以按照非退化情况下的设计方法设计控制律 $v_k(t)$,$k=1,2,\cdots,r$,使内部哈密顿量 $H_0 + \sum_{k=1}^{r}H_k\eta_k + \sum_{k=1}^{r}H_k\gamma_k(t)$ 和相互作用哈密顿量 H_k,$k=1,2,\cdots,r$ 的控制系统收敛到 $|\psi'_{f,\gamma_1,\cdots,\gamma_r}\rangle$,同时,使所设计的 $\gamma_k(t)$ 逐渐收敛到 0,即 $|\psi'_{f,\gamma_1,\cdots,\gamma_r}\rangle$ 收敛到目标态 $|\psi_f\rangle$,且其收敛速度必须慢于系统收敛到 $|\psi'_{f,\gamma_1,\cdots,\gamma_r}\rangle$ 的速度,从而使设计的小扰动 $\gamma_k(t)$ 起作用.

本小节选取基于状态距离的李雅普诺夫函数.根据上述分析,李雅普诺夫函数选为

$$V(|\psi\rangle) = \frac{1}{2}(1 - |\langle\psi|\psi'_{f,\gamma_1,\cdots,\gamma_r}\rangle|^2) \tag{7.8}$$

隐函数微扰 $\gamma_k(|\psi\rangle)$ 设计为

$$\gamma_k(|\psi\rangle) = \theta_k\left(\frac{1}{2}(1 - |\langle\psi|\psi'_{f,\gamma_1,\cdots,\gamma_r}\rangle|^2)\right), \quad k=1,2,\cdots,r \tag{7.9}$$

注 7.1 分析 $\gamma_k(|\psi\rangle)$ 选取式(7.9)隐含定义的原因.根据隐式李雅普诺夫控制方法的基本思想可知,$\gamma_k(|\psi\rangle)$ 的设计须满足的条件为:

(1) 李雅普诺夫函数 $V(|\psi\rangle)$ 逐渐减小,即控制系统逐渐收敛到 $|\psi'_{f,\gamma_1,\cdots,\gamma_r}\rangle$ 的同时,使所设计的 $\gamma_k(t)$ 逐渐减小到 0.

(2) 当 $\dot{V}=0$,控制系统收敛到 $|\psi'_{f,\gamma_1,\cdots,\gamma_r}\rangle$ 时,此时 $\gamma_k(t)$ 须满足 $\gamma_k=0$,$k=1,2,\cdots$,r,从而使系统收敛到 $|\psi_f\rangle$.

只要将 $\theta_k(\cdot)$,$k=1,2,\cdots,r$ 设计为关于 $V(|\psi\rangle)$ 的单调增函数,就可满足条件(1).而为了满足条件(2),设计 $\theta_k(\cdot)$,$k=1,2,\cdots,r$ 为 $\theta_k(\cdot)=\theta_k(V(|\psi\rangle))$ 且过坐标原点,即 $\theta_k(0)=0$,此时 $\gamma_k(|\psi_f\rangle)=0$.

下面首先研究式(7.9)所示的 $\gamma_k(|\psi\rangle)$ 的存在性,其结果由引理 7.1 给出.

引理 7.1 $\theta_k \in C^\infty(\mathbf{R}^+; [0, \gamma_k^*])$,$k=1,2,\cdots,r$(常数 $\gamma_k^* \in \mathbf{R}$,$\gamma_k^* > 0$),满足 $\theta_k(0) = 0$,对于任意 $s>0$,$\theta_k(s)>0$,$\theta'_k(s)>0$,$\|\theta'_k\|_\infty < 1/C^*$,其中 $C^* = 1 + \max\left\{\left\|\frac{\partial|\psi'_{f,\gamma_1,\cdots,\gamma_r}\rangle}{\partial\gamma_k}\Big|_{(\gamma_{10},\cdots,\gamma_{r0})}\right\|; \gamma_{k0} \in [0, \gamma_k^*], k=1,2,\cdots,r\right\}$,则对于任意一个态 $|\psi\rangle \in S^{2N-1} = \{x \in C^N; \|x\|=1\}$,存在唯一的 $\gamma_k \in C^\infty$,$\gamma_k \in [0, \gamma_k^*]$,满足 $\gamma_k(|\psi\rangle) = \theta_k\left(\frac{1}{2}(1 - |\langle\psi|\psi'_{f,\gamma_1(|\psi\rangle),\cdots,\gamma_r(|\psi\rangle)}\rangle|^2)\right)$,$k=1,2,\cdots,r$,$\gamma_k(|\psi_f\rangle)=0$.

证明 首先给出隐函数定理:设 $n+1$ 元函数 $F(x,y)$, $x = (x_1, \cdots, x_n) \in \mathbf{R}^n$, $y \in \mathbf{R}$ 满足:① $F(x_0, y_0) = 0$, $x_0 = (x_1^0, \cdots, x_n^0)$;② 在 (x_0, y_0) 的某邻域内 $F(x,y)$ 连续;③ $\left. \dfrac{\partial}{\partial y} F(x,y) \right|_{(x_0, y_0)} \neq 0$,且 $\dfrac{\partial}{\partial y} F(x,y)$ 连续,则在 x_0 的邻域内, $F(x,y)$ 唯一确定了隐函数 $y = f(x)$.

基于此定理,在 $H_0 + \sum\limits_{k=1}^{r} H_k \eta_k + \sum\limits_{k=1}^{r} H_k \gamma_k(t)$ 对应于特征值 $\lambda'_{\mathrm{f}, \gamma_1, \cdots, \gamma_r}$ 的本征态只有 $|\psi'_{\mathrm{f}, \gamma_1, \cdots, \gamma_r}\rangle$ 的非简并情况下, $|\psi'_{\mathrm{f}, \gamma_1, \cdots, \gamma_r}\rangle$ 和 $\lambda'_{\mathrm{f}, \gamma_1, \cdots, \gamma_r}$ 是关于 $\gamma_k(|\psi\rangle) \in [0, \gamma_k^*]$, $k = 1, 2, \cdots, r$ 的解析函数, $\dfrac{\partial |\psi'_{\mathrm{f}, \gamma_1, \cdots, \gamma_r}\rangle}{\partial \gamma_k}$ 在 $[0, \gamma_k^*]$ 内是有界的,则

$$C = \max \left\{ \left\| \left. \frac{\partial |\psi'_{\mathrm{f}, \gamma_1, \cdots, \gamma_r}\rangle}{\partial \gamma_k} \right|_{(\gamma_{10}, \cdots, \gamma_{r0})} \right\|; \gamma_{k0} \in [0, \gamma_k^*], k = 1, 2, \cdots, r \right\} < \infty \quad (7.10)$$

由式(7.9)可得

$$\frac{\partial \theta_k \left(\frac{1}{2} (1 - |\langle \psi | \psi'_{\mathrm{f}, \gamma_1, \cdots, \gamma_r} \rangle|^2) \right)}{\partial \gamma_k} = -\frac{\theta'_k}{2} \left(\left\langle \psi \left| \frac{\partial \psi'_{\mathrm{f}, \gamma_1, \cdots, \gamma_r}}{\partial \gamma_k} \right\rangle \langle \psi'_{\mathrm{f}, \gamma_1, \cdots, \gamma_r} | \psi \rangle \right.\right.$$
$$\left. + \langle \psi | \psi'_{\mathrm{f}, \gamma_1, \cdots, \gamma_r} \rangle \left\langle \frac{\partial \psi'_{\mathrm{f}, \gamma_1, \cdots, \gamma_r}}{\partial \gamma_k} \middle| \psi \right\rangle \right)$$
$$= -\theta'_k \Re \left(\left\langle \psi \left| \frac{\partial \psi'_{\mathrm{f}, \gamma_1, \cdots, \gamma_r}}{\partial \gamma_k} \right\rangle \langle \psi'_{\mathrm{f}, \gamma_1, \cdots, \gamma_r} | \psi \rangle \right) \quad (7.11)$$

定义

$$F_k(\gamma_1, \cdots, \gamma_r, |\psi\rangle) = \gamma_k - \theta_k \left(\frac{1}{2} (1 - |\langle \psi | \psi'_{\mathrm{f}, \gamma_1, \cdots, \gamma_r} \rangle|^2) \right), \quad k = 1, 2, \cdots, r \quad (7.12)$$

$F_k(\gamma_1, \cdots, \gamma_r, |\psi\rangle)$ 是连续的,对于一个固定的状态 $|\psi\rangle \in S^{2N-1} = \{x \in C^N; \|x\| = 1\}$, 可得

$$F_k(\gamma_1(|\psi\rangle), \cdots, \gamma_r(|\psi\rangle), |\psi\rangle) = 0, \quad k = 1, 2, \cdots, r \quad (7.13)$$

根据式(7.11)可得

$$\frac{\partial}{\partial \gamma_k(\psi)} F_k(\gamma_1(\psi), \cdots, \gamma_r(\psi), \psi)$$
$$= 1 + \theta'_k \Re \left(\left\langle \psi \left| \frac{\partial \psi'_{\mathrm{f}, \gamma_1, \cdots, \gamma_r}}{\partial \gamma_k} \right\rangle \langle \psi'_{\mathrm{f}, \gamma_1, \cdots, \gamma_r} | \psi \rangle \right) \quad (7.14)$$

且可得

$$\left| \Re\left(\left\langle \psi \left| \frac{\partial \psi'_{f,\gamma_1,\cdots,\gamma_r}}{\partial \gamma_k} \right\rangle \langle \psi'_{f,\gamma_1,\cdots,\gamma_r} \mid \psi \rangle \right) \right| \leqslant \left| \Re\left(\left\langle \psi \left| \frac{\partial \psi'_{f,\gamma_1,\cdots,\gamma_r}}{\partial \gamma_k} \right\rangle\right) \right| \left| \Re(\langle \psi'_{f,\gamma_1,\cdots,\gamma_r} \mid \psi \rangle) \right|$$

$$\leqslant \left| \Re\left(\left\langle \psi \left| \frac{\partial \psi'_{f,\gamma_1,\cdots,\gamma_r}}{\partial \gamma_k} \right\rangle\right) \right|$$

$$\leqslant \left| \left\langle \psi \left| \frac{\partial \psi'_{f,\gamma_1,\cdots,\gamma_r}}{\partial \gamma_k} \right\rangle \right|$$

$$\leqslant \left\| \frac{\partial \mid \psi'_{f,\gamma_1,\cdots,\gamma_r} \rangle}{\partial \gamma_k} \right\| \tag{7.15}$$

而由已知

$$\begin{cases} C^* = 1 + \max\left\{ \left\| \frac{\partial \mid \psi'_{f,\gamma_1,\cdots,\gamma_r} \rangle}{\partial \gamma_k} \right|_{(\gamma_{10},\cdots,\gamma_{r0})} \right\|; \gamma_{k0} \in [0, \gamma_k^*], k = 1,2,\cdots,r \right\} \\ \| \theta'_k \|_\infty < 1/C^* \end{cases} \tag{7.16}$$

可得

$$\left| \theta'_k \Re\left(\left\langle \psi \left| \frac{\partial \psi'_{f,\gamma_1,\cdots,\gamma_r}}{\partial \gamma_k} \right\rangle \langle \psi'_{f,\gamma_1,\cdots,\gamma_r} \mid \psi \rangle \right) \right| < 1 \tag{7.17}$$

则

$$\frac{\partial}{\partial \gamma_k(\mid \psi \rangle)} F_k(\gamma_1(\mid \psi \rangle), \cdots, \gamma_r(\mid \psi \rangle), \mid \psi \rangle) \neq 0 \tag{7.18}$$

引理得证. 证毕.

下面根据李雅普诺夫稳定性理论设计控制系统的控制律 $v_k(t)$,为了能够保证控制系统在稳定的前提下获得控制律,基于式(7.8)所选取的李雅普诺夫函数,对其求时间的一阶导数,可得

$$\frac{\mathrm{d}V}{\mathrm{d}t} = -\frac{1}{2}\Big(\langle \dot{\psi} \mid \psi'_{f,\gamma_1,\cdots,\gamma_r} \rangle \langle \psi'_{f,\gamma_1,\cdots,\gamma_r} \mid \psi \rangle + \langle \psi \mid \psi'_{f,\gamma_1,\cdots,\gamma_r} \rangle \langle \psi'_{f,\gamma_1,\cdots,\gamma_r} \mid \dot{\psi} \rangle$$

$$+ \left\langle \psi \left| \sum_{k=1}^{r} \frac{\partial \psi'_{f,\gamma_1,\cdots,\gamma_r}}{\partial \gamma_k} \dot{\gamma}_k(t) \right\rangle \langle \psi'_{f,\gamma_1,\cdots,\gamma_r} \mid \psi \rangle$$

$$+ \langle \psi \mid \psi'_{f,\gamma_1,\cdots,\gamma_r} \rangle \left\langle \sum_{k=1}^{r} \frac{\partial \psi'_{f,\gamma_1,\cdots,\gamma_r}}{\partial \gamma_k} \dot{\gamma}_k(t) \mid \psi \right\rangle \Big)$$

$$= -\Re\Big(-\mathrm{i} \langle \psi \mid \psi'_{f,\gamma_1,\cdots,\gamma_r} \rangle \langle \psi'_{f,\gamma_1,\cdots,\gamma_r} \mid \Big(\Big(H_0 + \sum_{k=1}^{r} H_k(\gamma_k + \eta_k)\Big)$$

$$+ \sum_{k=1}^{r} H_k v_k(t) \bigg) \mid \psi \rangle \bigg) - \sum_{k=1}^{r} \dot{\gamma}_k(t) \Re \bigg(\langle \psi \mid \psi'_{\mathrm{f}, \gamma_1, \cdots, \gamma_r} \rangle \bigg\langle \frac{\partial \psi'_{\mathrm{f}, \gamma_1, \cdots, \gamma_r}}{\partial \gamma_k} \bigg| \psi \bigg\rangle \bigg)$$

$$= - \Im \bigg(\langle \psi \mid \psi'_{\mathrm{f}, \gamma_1, \cdots, \gamma_r} \rangle \langle \psi'_{\mathrm{f}, \gamma_1, \cdots, \gamma_r} \mid \bigg(\bigg(H_0 + \sum_{k=1}^{r} H_k(\gamma_k + \eta_k) \bigg) + \sum_{k=1}^{r} H_k v_k(t) \bigg) \mid \psi \rangle \bigg)$$

$$- \sum_{k=1}^{r} \dot{\gamma}_k(t) \Re \bigg(\langle \psi \mid \psi'_{\mathrm{f}, \gamma_1, \cdots, \gamma_r} \rangle \bigg\langle \frac{\partial \psi'_{\mathrm{f}, \gamma_1, \cdots, \gamma_r}}{\partial \gamma_k} \bigg| \psi \bigg\rangle \bigg) \tag{7.19}$$

若式(7.6)成立,则 $\mid \psi'_{\mathrm{f}, \gamma_1, \cdots, \gamma_r} \rangle$ 是内部哈密顿量为 $H_0 + \sum_{k=1}^{r} H_k(\gamma_k + \eta_k)$ 的系统本征态,

即满足 $\bigg(H_0 + \sum_{k=1}^{r} H_k(\gamma_k + \eta_k) \bigg) \mid \psi'_{\mathrm{f}, \gamma_1, \cdots, \gamma_r} \rangle = \lambda'_{\mathrm{f}, \gamma_1, \cdots, \gamma_r} \mid \psi'_{\mathrm{f}, \gamma_1, \cdots, \gamma_r} \rangle.$ 因为

$$- \Im \bigg(\langle \psi \mid \psi'_{\mathrm{f}, \gamma_1, \cdots, \gamma_r} \rangle \langle \psi'_{\mathrm{f}, \gamma_1, \cdots, \gamma_r} \mid \bigg(H_0 + \sum_{k=1}^{r} H_k(\gamma_k + \eta_k) \bigg) \mid \psi \rangle \bigg)$$

$$= \Im \bigg(\langle \psi \mid \bigg(H_0 + \sum_{k=1}^{r} H_k(\gamma_k + \eta_k) \bigg) \mid \psi'_{\mathrm{f}, \gamma_1, \cdots, \gamma_r} \rangle \langle \psi'_{\mathrm{f}, \gamma_1, \cdots, \gamma_r} \mid \psi \rangle \bigg)$$

$$= \Im(\lambda'_{\mathrm{f}, \gamma_1, \cdots, \gamma_r} \langle \psi \mid \psi'_{\mathrm{f}, \gamma_1, \cdots, \gamma_r} \rangle \langle \psi'_{\mathrm{f}, \gamma_1, \cdots, \gamma_r} \mid \psi \rangle)$$

$$= \Im(\lambda'_{\mathrm{f}, \gamma_1, \cdots, \gamma_r} \mid \langle \psi \mid \psi'_{\mathrm{f}, \gamma_1, \cdots, \gamma_r} \rangle \mid^2)$$

$$= 0 \tag{7.20}$$

所以式(7.19)可化为

$$\frac{\mathrm{d}V}{\mathrm{d}t} = - \sum_{k=1}^{r} v_k(t) \Im(\langle \psi \mid \psi'_{\mathrm{f}, \gamma_1, \cdots, \gamma_r} \rangle \langle \psi'_{\mathrm{f}, \gamma_1, \cdots, \gamma_r} \mid H_k \mid \psi \rangle)$$

$$- \sum_{k=1}^{r} \dot{\gamma}_k(t) \Re \bigg(\langle \psi \mid \psi'_{\mathrm{f}, \gamma_1, \cdots, \gamma_r} \rangle \bigg\langle \frac{\partial \psi'_{\mathrm{f}, \gamma_1, \cdots, \gamma_r}}{\partial \gamma_k} \bigg| \psi \bigg\rangle \bigg) \tag{7.21}$$

由式(7.9)可得

$$\dot{\gamma}_j(t) = \sum_{k=1}^{r} \frac{\partial \theta_j}{\partial \gamma_k} \dot{\gamma}_k(t) - \frac{\theta'_j}{2} (\langle \dot{\psi} \mid \psi'_{\mathrm{f}, \gamma_1, \cdots, \gamma_r} \rangle \langle \psi'_{\mathrm{f}, \gamma_1, \cdots, \gamma_r} \mid \psi \rangle$$

$$+ \langle \psi \mid \psi'_{\mathrm{f}, \gamma_1, \cdots, \gamma_r} \rangle \langle \psi'_{\mathrm{f}, \gamma_1, \cdots, \gamma_r} \mid \dot{\psi} \rangle)$$

$$= - \sum_{k=1}^{r} \dot{\gamma}_k(t) \theta'_j \Re \bigg(\bigg\langle \psi \bigg| \frac{\partial \psi'_{\mathrm{f}, \gamma_1, \cdots, \gamma_r}}{\partial \gamma_k} \bigg\rangle \langle \psi'_{\mathrm{f}, \gamma_1, \cdots, \gamma_r} \mid \psi \rangle \bigg)$$

$$- \theta'_j \sum_{k=1}^{r} v_k(t) \Im(\langle \psi \mid \psi'_{\mathrm{f}, \gamma_1, \cdots, \gamma_r} \rangle \langle \psi'_{\mathrm{f}, \gamma_1, \cdots, \gamma_r} \mid H_k \mid \psi \rangle) \tag{7.22}$$

对式(7.22)所表示的 r 个式子左右两边求和,可得

量子系统控制理论与方法
Control Theory and Methods of Quantum Systems

$$\sum_{j=1}^{r} \dot{\gamma}_j(t) = -\sum_{j=1}^{r} \theta'_j \left(\sum_{k=1}^{r} \dot{\gamma}_k(t) \Re \left(\left\langle \psi \left| \frac{\partial \psi'_{\mathrm{f},\gamma_1,\cdots,\gamma_r}}{\partial \gamma_k} \right\rangle \langle \psi'_{\mathrm{f},\gamma_1,\cdots,\gamma_r} \mid \psi \rangle \right) \right.$$
$$\left. + \sum_{k=1}^{r} v_k(t) \Im \left(\langle \psi \mid \psi'_{\mathrm{f},\gamma_1,\cdots,\gamma_r} \rangle \langle \psi'_{\mathrm{f},\gamma_1,\cdots,\gamma_r} \mid H_k \mid \psi \rangle \right) \right) \tag{7.23}$$

将其化简为

$$\sum_{k=1}^{r} \left(\dot{\gamma}_k(t) \left(1 + \sum_{j=1}^{r} \theta'_j \Re \left(\left\langle \psi \left| \frac{\partial \psi'_{\mathrm{f},\gamma_1,\cdots,\gamma_r}}{\partial \gamma_k} \right\rangle \langle \psi'_{\mathrm{f},\gamma_1,\cdots,\gamma_r} \mid \psi \rangle \right) \right) \right.$$
$$\left. + v_k(t) \Im (\langle \psi \mid \psi'_{\mathrm{f},\gamma_1,\cdots,\gamma_r} \rangle \langle \psi'_{\mathrm{f},\gamma_1,\cdots,\gamma_r} \mid H_k \mid \psi \rangle) \sum_{j=1}^{r} \theta'_j \right) = 0 \tag{7.24}$$

则式(7.21)可化为

$$\frac{\mathrm{d}V}{\mathrm{d}t} = -\sum_{k=1}^{r} v_k(t) \Im (\langle \psi \mid \psi'_{\mathrm{f},\gamma_1,\cdots,\gamma_r} \rangle \langle \psi'_{\mathrm{f},\gamma_1,\cdots,\gamma_r} \mid H_k \mid \psi \rangle)$$
$$- \sum_{k=1}^{r} \dot{\gamma}_k(t) \Re \left(\langle \psi \mid \psi'_{\mathrm{f},\gamma_1,\cdots,\gamma_r} \rangle \left\langle \frac{\partial \psi'_{\mathrm{f},\gamma_1,\cdots,\gamma_r}}{\partial \gamma_k} \middle| \psi \right\rangle \right)$$
$$= -\sum_{k=1}^{r} \left(v_k(t) \Im (\langle \psi \mid \psi'_{\mathrm{f},\gamma_1,\cdots,\gamma_r} \rangle \langle \psi'_{\mathrm{f},\gamma_1,\cdots,\gamma_r} \mid H_k \mid \psi \rangle) \right.$$
$$\left. + \dot{\gamma}_k(t) \Re \left(\langle \psi \mid \psi'_{\mathrm{f},\gamma_1,\cdots,\gamma_r} \rangle \left\langle \frac{\partial \psi'_{\mathrm{f},\gamma_1,\cdots,\gamma_r}}{\partial \gamma_k} \middle| \psi \right\rangle \right) \right)$$
$$= -\sum_{k=1}^{r} \frac{\Re \left(\langle \psi \mid \psi'_{\mathrm{f},\gamma_1,\cdots,\gamma_r} \rangle \left\langle \frac{\partial \psi'_{\mathrm{f},\gamma_1,\cdots,\gamma_r}}{\partial \gamma_k} \middle| \psi \right\rangle \right)}{1 + \Re \left(\langle \psi \mid \psi'_{\mathrm{f},\gamma_1,\cdots,\gamma_r} \rangle \left\langle \frac{\partial \psi'_{\mathrm{f},\gamma_1,\cdots,\gamma_r}}{\partial \gamma_k} \middle| \psi \right\rangle \right) \sum_{j=1}^{r} \theta'_j}$$
$$\times \left[\frac{1 + \Re \left(\langle \psi \mid \psi'_{\mathrm{f},\gamma_1,\cdots,\gamma_r} \rangle \left\langle \frac{\partial \psi'_{\mathrm{f},\gamma_1,\cdots,\gamma_r}}{\partial \gamma_k} \middle| \psi \right\rangle \right) \sum_{j=1}^{r} \theta'_j}{\Re \left(\langle \psi \mid \psi'_{\mathrm{f},\gamma_1,\cdots,\gamma_r} \rangle \left\langle \frac{\partial \psi'_{\mathrm{f},\gamma_1,\cdots,\gamma_r}}{\partial \gamma_k} \middle| \psi \right\rangle \right)} v_k(t) \right.$$
$$\times \Im (\langle \psi \mid \psi'_{\mathrm{f},\gamma_1,\cdots,\gamma_r} \rangle \langle \psi'_{\mathrm{f},\gamma_1,\cdots,\gamma_r} \mid H_k \mid \psi \rangle)$$
$$+ \left(1 + \Re \left(\langle \psi \mid \psi'_{\mathrm{f},\gamma_1,\cdots,\gamma_r} \rangle \left\langle \frac{\partial \psi'_{\mathrm{f},\gamma_1,\cdots,\gamma_r}}{\partial \gamma_k} \middle| \psi \right\rangle \right) \sum_{j=1}^{r} \theta'_j \right) \dot{\gamma}_k(t)$$
$$+ v_k(t) \Im (\langle \psi \mid \psi'_{\mathrm{f},\gamma_1,\cdots,\gamma_r} \rangle \langle \psi'_{\mathrm{f},\gamma_1,\cdots,\gamma_r} \mid H_k \mid \psi \rangle) \sum_{j=1}^{r} \theta'_j$$
$$\left. - v_k(t) \Im (\langle \psi \mid \psi'_{\mathrm{f},\gamma_1,\cdots,\gamma_r} \rangle \langle \psi'_{\mathrm{f},\gamma_1,\cdots,\gamma_r} \mid H_k \mid \psi \rangle) \sum_{j=1}^{r} \theta'_j \right] \tag{7.25}$$

假设

$$\frac{\partial |\psi'_{f,\gamma_1,\cdots,\gamma_r}\rangle}{\partial \gamma_1} = \frac{\partial |\psi'_{f,\gamma_1,\cdots,\gamma_r}\rangle}{\partial \gamma_2} = \cdots = \frac{\partial |\psi'_{f,\gamma_1,\cdots,\gamma_r}\rangle}{\partial \gamma_r} \tag{7.26}$$

并联合式(7.24),式(7.25)可化为

$$
\begin{aligned}
\frac{\mathrm{d}V}{\mathrm{d}t} = &- \sum_{k=1}^{r} \frac{\Re\left(\langle\psi|\psi'_{f,\gamma_1,\cdots,\gamma_r}\rangle\left\langle\frac{\partial \psi'_{f,\gamma_1,\cdots,\gamma_r}}{\partial \gamma_k}\Big|\psi\right\rangle\right)}{1+\Re\left(\langle\psi|\psi'_{f,\gamma_1,\cdots,\gamma_r}\rangle\left\langle\frac{\partial \psi'_{f,\gamma_1,\cdots,\gamma_r}}{\partial \gamma_k}\Big|\psi\right\rangle\right)\sum_{j=1}^{r}\theta'_j}\\
&\times\left[\frac{1+\Re\left(\langle\psi|\psi'_{f,\gamma_1,\cdots,\gamma_r}\rangle\left\langle\frac{\partial \psi'_{f,\gamma_1,\cdots,\gamma_r}}{\partial \gamma_k}\Big|\psi\right\rangle\right)\sum_{j=1}^{r}\theta'_j}{\Re\left(\langle\psi|\psi'_{f,\gamma_1,\cdots,\gamma_r}\rangle\left\langle\frac{\partial \psi'_{f,\gamma_1,\cdots,\gamma_r}}{\partial \gamma_k}\Big|\psi\right\rangle\right)}v_k(t)\right.\\
&\times\Im(\langle\psi|\psi'_{f,\gamma_1,\cdots,\gamma_r}\rangle\langle\psi'_{f,\gamma_1,\cdots,\gamma_r}|H_k|\psi\rangle)\\
&\left.- v_k(t)\Im(\langle\psi|\psi'_{f,\gamma_1,\cdots,\gamma_r}\rangle\langle\psi'_{f,\gamma_1,\cdots,\gamma_r}|H_k|\psi\rangle)\sum_{j=1}^{r}\theta'_j\right]\\
= &- \sum_{k=1}^{r} v_k(t)\Im(\langle\psi|\psi'_{f,\gamma_1,\cdots,\gamma_r}\rangle\langle\psi'_{f,\gamma_1,\cdots,\gamma_r}|H_k|\psi\rangle)\\
&\times\frac{1}{1+\Re\left(\langle\psi|\psi'_{f,\gamma_1,\cdots,\gamma_r}\rangle\left\langle\frac{\partial \psi'_{f,\gamma_1,\cdots,\gamma_r}}{\partial \gamma_k}\Big|\psi\right\rangle\right)\sum_{j=1}^{r}\theta'_j}
\end{aligned}
\tag{7.27}
$$

由隐函数存在性证明中所推导出的式(7.15)可得,为保证 $\mathrm{d}V/\mathrm{d}t \leqslant 0$,假设系统满足

$$\|\theta'_j\| < 1/(rC^*) \tag{7.28}$$

此时

$$\frac{1}{1+\Re\left(\langle\psi|\psi'_{f,\gamma_1,\cdots,\gamma_r}\rangle\left\langle\frac{\partial \psi'_{f,\gamma_1,\cdots,\gamma_r}}{\partial \gamma_k}\Big|\psi\right\rangle\right)\sum_{j=1}^{r}\theta'_j} > 0$$

为使所设计控制也适合于初态与目标态正交的情况,将式(7.27)化为

$$\frac{\mathrm{d}V}{\mathrm{d}t} = - \sum_{k=1}^{r} v_k(t)\Im(\langle\psi|\psi'_{f,\gamma_1,\cdots,\gamma_r}\rangle\langle\psi'_{f,\gamma_1,\cdots,\gamma_r}|H_k|\psi\rangle)$$

量子系统控制理论与方法
Control Theory and Methods of Quantum Systems

$$\times \frac{1}{1 + \Re\left(\langle \psi \mid \psi'_{\mathrm{f},\gamma_1,\cdots,\gamma_r} \rangle \left\langle \frac{\partial \psi'_{\mathrm{f},\gamma_1,\cdots,\gamma_r}}{\partial \gamma_k} \Big| \psi \right\rangle \right) \sum_{j=1}^{r} \theta'_j}$$

$$= -\sum_{k=1}^{r} v_k(t) | \langle \psi \mid \psi'_{\mathrm{f},\gamma_1,\cdots,\gamma_r} \rangle | \Im(\mathrm{e}^{\mathrm{i}\angle\langle\psi|\psi'_{\mathrm{f},\gamma_1,\cdots,\gamma_r}\rangle} \langle \psi'_{\mathrm{f},\gamma_1,\cdots,\gamma_r} \mid H_k \mid \psi\rangle)$$

$$\times \frac{1}{1 + \Re\left(\langle \psi \mid \psi'_{\mathrm{f},\gamma_1,\cdots,\gamma_r} \rangle \left\langle \frac{\partial \psi'_{\mathrm{f},\gamma_1,\cdots,\gamma_r}}{\partial \gamma_k} \Big| \psi \right\rangle \right) \sum_{j=1}^{r} \theta'_j} \tag{7.29}$$

选取 $v_k(t)$ 为

$$v_k(t) = K_k f_k(\Im(\mathrm{e}^{\mathrm{i}\angle\langle\psi|\psi'_{\mathrm{f},\gamma_1,\cdots,\gamma_r}\rangle} \langle \psi'_{\mathrm{f},\gamma_1,\cdots,\gamma_r} \mid H_k \mid \psi\rangle)), \quad k = 1,2,\cdots,r \tag{7.30}$$

其中,$K_k > 0$,$y_k = f_k(x_k)$,$k = 1,2,\cdots,r$ 是过平面 x_k-y_k 坐标原点且在第一、三象限的单调函数.

综上所述,所设计的控制律为 $u_k(t) = \gamma_k(t) + v_k(t) + \eta_k$,$k = 1,2,\cdots,r$,$\eta_k$ 如式 (7.6) 所示,$v_k(t)$ 如式 (7.30) 所示,$\gamma_k(t)$ 如引理 7.1 所示. 控制系统 (7.7) 须满足的条件由假定 7.1 给出.

假定 7.1 设加入 $\gamma_k(t)$ 后,控制系统 (7.7) 满足:

(1) $\theta_k(0) = 0$,对于任意 $s > 0$,$\theta_k(s) > 0$,$\theta'_k(s) > 0$,$\| \theta'_k \| < 1/(rC^*)$;

(2) 强正则条件:$H_0 + \sum_{k=1}^{r} H_k(\gamma_k + \eta_k)$ 具有非退化谱;

(3) $H_0 + \sum_{k=1}^{r} H_k(\gamma_k + \eta_k)$ 所有不同于 $|\psi'_{\mathrm{f},\gamma_1,\cdots,\gamma_r}\rangle$ 的本征态 $|\phi'_{\gamma_1,\cdots,\gamma_r}\rangle$ 与 $|\psi'_{\mathrm{f},\gamma_1,\cdots,\gamma_r}\rangle$ 是直接连接的:若 $|\phi'_{\gamma_1,\cdots,\gamma_r}\rangle \neq |\psi'_{\mathrm{f},\gamma_1,\cdots,\gamma_r}\rangle$,至少存在一个 $k \in \{1,2,\cdots,r\}$,使 $\langle \phi'_{\gamma_1,\cdots,\gamma_r} \mid H_k \mid \psi'_{\mathrm{f},\gamma_1,\cdots,\gamma_r}\rangle \neq 0$;

(4) 满足 $\frac{\partial|\psi'_{\mathrm{f},\gamma_1,\cdots,\gamma_r}\rangle}{\partial \gamma_1} = \frac{\partial|\psi'_{\mathrm{f},\gamma_1,\cdots,\gamma_r}\rangle}{\partial \gamma_2} = \cdots = \frac{\partial|\psi'_{\mathrm{f},\gamma_1,\cdots,\gamma_r}\rangle}{\partial \gamma_r}$,即式 (7.26) 成立.

加入所设计的控制律后,仅能使控制系统稳定,不能保证系统一定收敛到期望的目标态. 要想使得所设计的控制系统的状态能够完全转移,必须要对系统进行进一步的分析来得到使系统能够收敛的条件,这些条件可以指导人们设计出保证系统状态完全转移的控制律. 下面对此进行深入研究,收敛性定理的研究结果为:

定理 7.1 控制系统 (7.7) 在式 (7.6) 所示 η_k、引理 7.1 所示 $\gamma_k(t)$ 和式 (7.30) 所示 $v_k(t)$ 控制场的作用下,若控制系统满足假定 7.1,则闭环系统的最大不变集为 $S^{2N-1} \bigcap E_1$,$E_1 = \{|\psi\rangle = \mathrm{e}^{\mathrm{i}\theta}|\psi_{\mathrm{f}}\rangle\}$,$\theta \in \mathbf{R}\}$,系统将收敛到目标态的等价态 $|\psi_{\mathrm{f}}\rangle \mathrm{e}^{\mathrm{i}\theta}$,$\theta \in \mathbf{R}$.

该收敛性定理将在 7.1.2 小节进行证明.

7.1.2 控制系统收敛性证明

定理 7.1 证明的基本思路是,首先分析被控状态演化中的某一具体时刻满足 $\dot{V}=0$ 的状态集合的特征;接着考虑在该时刻之后是否一直有 $\dot{V}=0$ 成立,并据此找出系统的最大不变集;最后根据拉塞尔不变原理证明收敛性定理.

首先给出在后面证明中要用到的三个命题.

命题 7.1 控制系统(7.7)在式(7.6)所示 η_k、引理 7.1 所示 $\gamma_k(t)$ 和式(7.30)所示 $\nu_k(t)$ 控制场的作用下,若条件 $\langle\psi(0)\mid\psi'_{\mathrm{f},\gamma_1,\cdots,\gamma_r}\rangle\neq0$ 成立,则对于任意 $t>0$,总有 $\langle\psi(t)\mid\psi'_{\mathrm{f},\gamma_1,\cdots,\gamma_r}\rangle\neq0$ 成立.

证明 由式(7.6)和 $\dot{V}\leqslant0$ 可得

$$|\langle\psi(t)\mid\psi'_{\mathrm{f},\gamma_1,\cdots,\gamma_r}\rangle|^2\geqslant|\langle\psi(0)\mid\psi'_{\mathrm{f},\gamma_1,\cdots,\gamma_r}\rangle|^2,\quad t>0 \tag{7.31}$$

由于 $\langle\psi(0)\mid\psi'_{\mathrm{f},\gamma_1,\cdots,\gamma_r}\rangle\neq0$,所以 $|\langle\psi(0)\mid\psi'_{\mathrm{f},\gamma_1,\cdots,\gamma_r}\rangle|^2>0$,则

$$|\langle\psi(t)\mid\psi'_{\mathrm{f},\gamma_1,\cdots,\gamma_r}\rangle|^2>0,\quad t>0 \tag{7.32}$$

即 $\langle\psi(t)\mid\psi'_{\mathrm{f},\gamma_1,\cdots,\gamma_r}\rangle\neq0$ 成立.证毕.

命题 7.2 控制系统(7.7)在式(7.6)所示 η_k、引理 7.1 所示 $\gamma_k(t)$ 和式(7.30)所示 $\nu_k(t)$ 控制场的作用下,系统初始态与 $|\psi'_{\mathrm{f},\gamma_1,\cdots,\gamma_r}\rangle$ 正交,即 $\langle\psi(0)\mid\psi'_{\mathrm{f},\gamma_1,\cdots,\gamma_r}\rangle=0$,若存在 $k\in\{1,2,\cdots,r\}$,使 $\Im(\langle\psi'_{\mathrm{f},\gamma_1,\cdots,\gamma_r}\mid H_k\mid\psi(0)\rangle)\neq0$,则对于任意 $t>0$,总有 $\langle\psi(t)\mid\psi'_{\mathrm{f},\gamma_1,\cdots,\gamma_r}\rangle\neq0$ 成立.

证明 设系统经历无穷小的时间间隔 $\mathrm{d}t$,则系统方程可写为

$$\mathrm{i}\mid\dot{\psi}(t)\rangle=\mathrm{i}\lim_{\mathrm{d}t\to0}\frac{\mid\psi(t+\mathrm{d}t)\rangle-\mid\psi(t)\rangle}{\mathrm{d}t}=H\mid\psi(t)\rangle \tag{7.33}$$

当 $\mathrm{d}t\to0$ 时,可近似得到

$$\mid\psi(t+\mathrm{d}t)\rangle=(I-\mathrm{i}H\mathrm{d}t)\mid\psi(t)\rangle \tag{7.34}$$

当 $t=0$ 时,式(7.34)为

$$\mid\psi(\mathrm{d}t)\rangle=(I-\mathrm{i}H\mathrm{d}t)\mid\psi(0)\rangle \tag{7.35}$$

所以 $\langle\psi(\mathrm{d}t)\mid\psi'_{\mathrm{f},\gamma_1,\cdots,\gamma_r}\rangle\neq0$ 等价于

$$\langle\psi'_{\mathrm{f},\gamma_1,\cdots,\gamma_r}\mid(I-\mathrm{i}H\mathrm{d}t)\mid\psi(0)\rangle$$

$$
\begin{aligned}
&= \langle \psi'_{\mathrm{f},\gamma_1,\cdots,\gamma_r} \mid \psi(0) \rangle - \mathrm{i} \mathrm{d} t \langle \psi'_{\mathrm{f},\gamma_1,\cdots,\gamma_r} \mid \left(H_0 + \sum_{k=1}^{r} H_k (\gamma_k + \eta_k) \right) \mid \psi(0) \rangle \\
&\quad - \mathrm{i} \mathrm{d} t \langle \psi'_{\mathrm{f},\gamma_1,\cdots,\gamma_r} \mid \sum_{k=1}^{r} H_k \nu_k(t) \mid \psi(0) \rangle \\
&= \mathrm{i} \mathrm{d} t \langle \psi(0) \mid \left(H_0 + \sum_{k=1}^{r} H_k (\gamma_k + \eta_k) \right) \mid \psi'_{\mathrm{f},\gamma_1,\cdots,\gamma_r} \rangle \\
&\quad - \mathrm{i} \mathrm{d} t \sum_{k=1}^{r} \nu_k(t) \langle \psi'_{\mathrm{f},\gamma_1,\cdots,\gamma_r} \mid H_k \mid \psi(0) \rangle \\
&= \lambda'_{\mathrm{f},\gamma_1,\cdots,\gamma_r} \mathrm{i} \mathrm{d} t \langle \psi(0) \mid \psi'_{\mathrm{f},\gamma_1,\cdots,\gamma_r} \rangle - \mathrm{i} \mathrm{d} t \sum_{k=1}^{r} \nu_k(t) \langle \psi'_{\mathrm{f},\gamma_1,\cdots,\gamma_r} \mid H_k \mid \psi(0) \rangle \\
&= - \mathrm{i} \mathrm{d} t \sum_{k=1}^{r} \nu_k(t) \langle \psi'_{\mathrm{f},\gamma_1,\cdots,\gamma_r} \mid H_k \mid \psi(0) \rangle \neq 0 \qquad (7.36)
\end{aligned}
$$

等价于

$$
\sum_{k=1}^{r} \nu_k(t) \Re(\langle \psi'_{\mathrm{f},\gamma_1,\cdots,\gamma_r} \mid H_k \mid \psi(0) \rangle) + \mathrm{i} \sum_{k=1}^{r} \nu_k(t) \Im(\langle \psi'_{\mathrm{f},\gamma_1,\cdots,\gamma_r} \mid H_k \mid \psi(0) \rangle) \neq 0 \tag{7.37}
$$

由式(7.30)和已知条件可得

$$
\mathrm{i} \sum_{k=1}^{r} \nu_k(t) \Im(\langle \psi'_{\mathrm{f},\gamma_1,\cdots,\gamma_r} \mid H_k \mid \psi(0) \rangle) \neq 0 \tag{7.38}
$$

则$\langle \psi(\mathrm{d} t) \mid \psi'_{\mathrm{f},\gamma_1,\cdots,\gamma_r} \rangle \neq 0$,考虑命题 7.1,则命题得证.证毕.

命题7.3 控制系统(7.7)在式(7.6)所示 η_k、引理 7.1 所示 $\gamma_k(t)$ 和式(7.30)所示 $\nu_k(t)$ 控制场的作用下,系统初始态与 $\mid \psi'_{\mathrm{f},\gamma_1,\cdots,\gamma_r} \rangle$ 正交,即$\langle \psi(0) \mid \psi'_{\mathrm{f},\gamma_1,\cdots,\gamma_r} \rangle = 0$,若: (i) 对于每个 $k \in \{1,2,\cdots,r\}$,均有 $\Im(\langle \psi'_{\mathrm{f},\gamma_1,\cdots,\gamma_r} \mid H_k \mid \psi(0) \rangle) = 0$; (ii) 存在 $k \in \{1,2,\cdots,r\}$,使 $\Re(\langle \psi'_{\mathrm{f},\gamma_1,\cdots,\gamma_r} \mid H_k \mid \psi(0) \rangle) \neq 0$; (iii) 对应于 $\mid \psi(0) \rangle$ 的 $H_0 + \sum_{k=1}^{r} H_k(\gamma_k + \eta_k)$ 的本征值非零,则必存在某个非常小的时刻 t',使$\langle \psi(t) \mid \psi'_{\mathrm{f},\gamma_1,\cdots,\gamma_r} \rangle \neq 0, t \geqslant t'$.

证明 因为$\Im(\langle \psi'_{\mathrm{f},\gamma_1,\cdots,\gamma_r} \mid H_k \mid \psi(0) \rangle) = 0$,所以所有 $\nu_k(0) = 0$. 从时刻 0 到一非常小时刻 t':$[0,t']$ 近似认为 V 为一常数,γ_k 为 $\gamma_k(0)$,记为 $\gamma_{k0} = \gamma_k(0)$.设

$$
\left(H_0 + \sum_{k=1}^{r} H_k(\gamma_k(0) + \eta_k) \right) \mid \psi(0) \rangle = \lambda'_{\mathrm{f},\gamma_{10},\cdots,\gamma_{r0}} \mid \psi(0) \rangle \tag{7.39}
$$

通过在 $H_0 + \sum_{k=1}^{r} H_k(\gamma_k + \eta_k)$ 的本征基上描述系统,可将 $H_0 + \sum_{k=1}^{r} H_k(\gamma_k + \eta_k)$ 化为对

角矩阵. 设 $H_0 + \sum_{k=1}^{r} H_k(\gamma_k + \eta_k)$ 的本征基分别为 $\mid \phi'_{1,\gamma_1,\cdots,\gamma_r}\rangle$, $\mid \phi'_{2,\gamma_1,\cdots,\gamma_r}\rangle,\cdots,$ $\mid \phi'_{N,\gamma_1,\cdots,\gamma_r}\rangle$, 记 $U = (\mid \phi'_{1,\gamma_1,\cdots,\gamma_r}\rangle, \mid \phi'_{2,\gamma_1,\cdots,\gamma_r}\rangle,\cdots, \mid \phi'_{N,\gamma_1,\cdots,\gamma_r}\rangle)$, 则在 $H_0 + \sum_{k=1}^{r} H_k(\gamma_k + \eta_k)$ 的本征基上描述的系统为

$$\mathrm{i}\mid \dot{\bar{\psi}}(t)\rangle = \left(\bar{H}_0 + \sum_{k=1}^{r} \bar{H}_k(\gamma_k(t) + \nu_k(t)) + \eta_k\right)\mid \bar{\psi}(t)\rangle \tag{7.40}$$

其中

$$\mid \psi(t)\rangle = U\mid \bar{\psi}(t)\rangle, \quad H_0 = U\bar{H}_0 U^H, \quad H_k = U\bar{H}_k U^H \tag{7.41}$$

将式(7.41)代入式(7.39),可得

$$\left(\bar{H}_0 + \sum_{k=1}^{r} \bar{H}_k(\gamma_k(0) + \eta_k)\right)\mid \bar{\psi}(0)\rangle = \lambda'_{\mathrm{f},\gamma_{10},\cdots,\gamma_{r0}}\mid \bar{\psi}(0)\rangle \tag{7.42}$$

在某个非常小时刻 $t'>0$ 处的状态为

$$\mid \bar{\psi}(t')\rangle = \mathrm{e}^{-\mathrm{i}\left(\bar{H}_0 + \sum_{k=1}^{r} \bar{H}_k(\gamma_k(0) + \eta_k)\right)t'}\mid \bar{\psi}(0)\rangle = \mathrm{e}^{-\mathrm{i}\lambda'_{\mathrm{f},\gamma_{10},\cdots,\gamma_{r0}}t'}\mid \bar{\psi}(0)\rangle \tag{7.43}$$

将式(7.41)代入式(7.43),可得

$$\mid \psi(t')\rangle = \mathrm{e}^{-\mathrm{i}\lambda'_{\mathrm{f},\gamma_{10},\cdots,\gamma_{r0}}t'}\mid \psi(0)\rangle \tag{7.44}$$

由已知可得 $\langle \psi'_{\mathrm{f},\gamma_1,\cdots,\gamma_r}\mid H_k\mid \psi(0)\rangle \in \mathbf{R}, k=1,2,\cdots,r$,因为 $\langle \psi(0)\mid \psi'_{\mathrm{f},\gamma_1,\cdots,\gamma_r}\rangle = 0$,根据式 (7.44), $\nu_k(t')$ 为

$$
\begin{aligned}
\nu_k(t') &= K_k f_k(\Im(\mathrm{e}^{\mathrm{i}\angle\langle \psi(t')\mid \psi'_{\mathrm{f},\gamma_1,\cdots,\gamma_r}\rangle}\langle \psi'_{\mathrm{f},\gamma_1,\cdots,\gamma_r}\mid H_k\mid \psi(t')\rangle)) \\
&= K_k f_k(\Im(\mathrm{e}^{-\mathrm{i}\lambda'_{\mathrm{f},\gamma_{10},\cdots,\gamma_{r0}}t'}\langle \psi'_{\mathrm{f},\gamma_1,\cdots,\gamma_r}\mid H_k\mid \psi(0)\rangle)) \\
&= K_k f_k(-\sin(\lambda'_{\mathrm{f},\gamma_{10},\cdots,\gamma_{r0}}t')\langle \psi'_{\mathrm{f},\gamma_1,\cdots,\gamma_r}\mid H_k\mid \psi(0)\rangle) \neq 0 \tag{7.45}
\end{aligned}
$$

当 $\mathrm{d}t \to 0$ 时,可近似得到

$$
\begin{aligned}
&\langle \psi'_{\mathrm{f},\gamma_1,\cdots,\gamma_r}\mid \psi(t'+\mathrm{d}t)\rangle \\
&\quad = \langle \psi'_{\mathrm{f},\gamma_1,\cdots,\gamma_r}\mid (I - \mathrm{i}H\mathrm{d}t)\mid \psi(t')\rangle \\
&\quad = \langle \psi'_{\mathrm{f},\gamma_1,\cdots,\gamma_r}\mid \left(I - \mathrm{i}\left(\left(H_0 + \sum_{k=1}^{r} H_k(\gamma_k(t) + \eta_k)\right) + \sum_{k=1}^{r} H_k \nu_k(t)\right)\mathrm{d}t\right)\mid \psi(t')\rangle \\
&\quad = \mathrm{e}^{-\mathrm{i}\lambda'_{\mathrm{f},\gamma_{10},\cdots,\gamma_{r0}}t'}\left(\langle \psi'_{\mathrm{f},\gamma_1,\cdots,\gamma_r}\mid \psi(0)\rangle - \mathrm{i}\mathrm{d}t\langle \psi'_{\mathrm{f},\gamma_1,\cdots,\gamma_r}\mid \left(H_0 + \sum_{k=1}^{r} H_k(\gamma_k(t) + \eta_k)\right)\mid \psi(0)\rangle\right.
\end{aligned}
$$

$$- \mathrm{i}\mathrm{d}t \sum_{k=1}^{r} v_k(t) \langle \psi'_{\mathrm{f},\gamma_1,\cdots,\gamma_r} \mid H_k \mid \psi(0) \rangle \Big]$$

$$= - \mathrm{i}\mathrm{d}t \mathrm{e}^{-\mathrm{i}\lambda'_{\mathrm{f},\gamma_{10},\cdots,\gamma_{r0}} t} \sum_{k=1}^{r} v_k(t) \langle \psi'_{\mathrm{f},\gamma_1,\cdots,\gamma_r} \mid H_k \mid \psi(0) \rangle \neq 0 \tag{7.46}$$

考虑命题 7.1,该命题得证.证毕.

下面分析被控状态演化中的某一具体时刻满足 $\dot{V}=0$ 的状态集合的特征,其结果由命题 7.4 给出:

命题 7.4 控制系统(7.7)在式(7.6)所示 η_k、引理 7.1 所示 $\gamma_k(t)$ 和式(7.30)所示 $v_k(t)$ 控制场的作用下,满足命题 7.1 或命题 7.2 或命题 7.3,下面三个条件等价:(i) $\dot{V}=0$;(ii) $\mathrm{i} \mid \dot{\psi}(t) \rangle = \Big(H_0 + \sum_{k=1}^{r} H_k(\gamma_k(t) + \eta_k) \Big) \mid \psi(t) \rangle$;(iii) $\langle \psi'_{\mathrm{f},\gamma_1,\cdots,\gamma_r} \mid (M_k I - H_k) \mid \psi(t) \rangle = 0, k = 1,2,\cdots,r, M_k \in \mathbf{R}$.

证明 首先证明条件(i)和(iii)等价:

$$\dot{V} = 0 \iff \Im(\langle \psi \mid \psi'_{\mathrm{f},\gamma_1,\cdots,\gamma_r} \rangle \langle \psi'_{\mathrm{f},\gamma_1,\cdots,\gamma_r} \mid H_k \mid \psi \rangle) = 0 \tag{7.47}$$

由命题 7.1 至命题 7.3 可知 $\langle \psi \mid \psi'_{\mathrm{f},\gamma_1,\cdots,\gamma_r} \rangle \neq 0$,所以上式等价于 $\langle \psi \mid \psi'_{\mathrm{f},\gamma_1,\cdots,\gamma_r} \rangle$ 和 $\langle \psi'_{\mathrm{f},\gamma_1,\cdots,\gamma_r} \mid H_k \mid \psi \rangle$ 都为实数或都为纯虚数,等价于

$$\langle \psi'_{\mathrm{f},\gamma_1,\cdots,\gamma_r} \mid H_k \mid \psi \rangle = M_k \langle \psi'_{\mathrm{f},\gamma_1,\cdots,\gamma_r} \mid \psi \rangle, \quad M_k \in \mathbf{R}$$

$$\iff \langle \psi'_{\mathrm{f},\gamma_1,\cdots,\gamma_r} \mid (M_k I - H_k) \mid \psi \rangle = 0, \quad k = 1,2,\cdots,r; M_k \in \mathbf{R} \tag{7.48}$$

下面证明(i)$\Rightarrow$(ii).条件(i)等价于 $\langle \psi'_{\mathrm{f},\gamma_1,\cdots,\gamma_r} \mid H_k \mid \psi \rangle = M_k \langle \psi'_{\mathrm{f},\gamma_1,\cdots,\gamma_r} \mid \psi \rangle, M_k \in \mathbf{R}$, $\langle \psi \mid \psi'_{\mathrm{f},\gamma_1,\cdots,\gamma_r} \rangle \neq 0$:

$$\begin{aligned} v_k(t) &= K_k f_k(\Im(\mathrm{e}^{\mathrm{i}\angle\langle\psi|\psi'_{\mathrm{f},\gamma_1,\cdots,\gamma_r}\rangle} \langle \psi'_{\mathrm{f},\gamma_1,\cdots,\gamma_r} \mid H_k \mid \psi \rangle)) \\ &= K_k f_k(\Im(\mathrm{e}^{\mathrm{i}\angle\langle\psi|\psi'_{\mathrm{f},\gamma_1,\cdots,\gamma_r}\rangle} M_k \langle \psi'_{\mathrm{f},\gamma_1,\cdots,\gamma_r} \mid \psi \rangle)) \\ &= K_k f_k(M_k \mid \langle \psi'_{\mathrm{f},\gamma_1,\cdots,\gamma_r} \mid \psi \rangle \mid \Im(\mathrm{e}^{\mathrm{i}\angle\langle\psi|\psi'_{\mathrm{f},\gamma_1,\cdots,\gamma_r}\rangle} \mathrm{e}^{\mathrm{i}\angle\langle\psi'_{\mathrm{f},\gamma_1,\cdots,\gamma_r}|\psi\rangle})) \\ &= 0 \end{aligned} \tag{7.49}$$

代入式(7.7),可得

$$\mathrm{i} \mid \dot{\psi}(t) \rangle = \Big(H_0 + \sum_{k=1}^{r} H_k(\gamma_k(t) + \eta_k) \Big) \mid \psi(t) \rangle \tag{7.50}$$

再证明(ii)$\Rightarrow$(i).由条件(ii)和式(7.7)可得

$$\sum_{k=1}^{r} v_k(t) H_k \mid \psi(t) \rangle = 0 \tag{7.51}$$

对式(7.51)左右两边以 $\langle \psi'_{\mathrm{f}, \gamma_1, \cdots, \gamma_r} \mid$ 作内积,可得

$$\sum_{k=1}^{r} v_k(t) \langle \psi'_{\mathrm{f}, \gamma_1, \cdots, \gamma_r} \mid H_k \mid \psi(t) \rangle = 0 \tag{7.52}$$

对式(7.52)左右两边乘以

$$\mathrm{e}^{\mathrm{i} \angle \langle \psi \mid \psi'_{\mathrm{f}, \gamma_1, \cdots, \gamma_r} \rangle} \mid \langle \psi \mid \psi'_{\mathrm{f}, \gamma_1, \cdots, \gamma_r} \rangle \mid \left/ \left[1 + \Re \left(\langle \psi \mid \psi'_{\mathrm{f}, \gamma_1, \cdots, \gamma_r} \rangle \left\langle \frac{\partial \psi'_{\mathrm{f}, \gamma_1, \cdots, \gamma_r}}{\partial \gamma_k} \middle| \psi \right\rangle \right) \sum_{j=1}^{r} \theta'_j \right] \right.$$

可得

$$\sum_{k=1}^{r} v_k(t) \langle \psi'_{\mathrm{f}, \gamma_1, \cdots, \gamma_r} \mid H_k \mid \psi(t) \rangle \langle \psi \mid \psi'_{\mathrm{f}, \gamma_1, \cdots, \gamma_r} \rangle$$

$$\div \left(1 + \Re \left(\langle \psi \mid \psi'_{\mathrm{f}, \gamma_1, \cdots, \gamma_r} \rangle \left\langle \frac{\partial \psi'_{\mathrm{f}, \gamma_1, \cdots, \gamma_r}}{\partial \gamma_k} \middle| \psi \right\rangle \right) \sum_{j=1}^{r} \theta'_j \right) = 0 \tag{7.53}$$

因为 $v_k(t) \in \mathbf{R}, 1 \left/ \left(1 + \Re \left(\langle \psi \mid \psi'_{\mathrm{f}, \gamma_1, \cdots, \gamma_r} \rangle \left\langle \frac{\partial \psi'_{\mathrm{f}, \gamma_1, \cdots, \gamma_r}}{\partial \gamma_k} \middle| \psi \right\rangle \right) \sum_{j=1}^{r} \theta'_j \right) \in \mathbf{R}\right.$,所以式 (7.53)可化为

$$\sum_{k=1}^{r} v_k(t) \left/ \left(1 + \Re \left(\langle \psi \mid \psi'_{\mathrm{f}, \gamma_1, \cdots, \gamma_r} \rangle \left\langle \frac{\partial \psi'_{\mathrm{f}, \gamma_1, \cdots, \gamma_r}}{\partial \gamma_k} \middle| \psi \right\rangle \right) \sum_{j=1}^{r} \theta'_j \right) \right.$$

$$\times \Im(\langle \psi'_{\mathrm{f}, \gamma_1, \cdots, \gamma_r} \mid H_k \mid \psi(t) \rangle \langle \psi \mid \psi'_{\mathrm{f}, \gamma_1, \cdots, \gamma_r} \rangle) = 0 \tag{7.54}$$

即 $\dot{V} = 0$. 证毕.

命题 7.4 中的三个条件仅描述了被控状态演化中的某一具体时刻满足 $\dot{V} = 0$ 的状态集合的特征,不能解释控制系统的收敛性.所以还须考虑在该时刻之后是否一直有 $\dot{V} = 0$ 成立,从而找到控制系统的最大不变集.

假设 t_0 时刻 $\dot{V}(t_0) = 0$,则该时刻之后系统状态停止向目标态演化意味着:$t_1 = t_0 + \mathrm{d}t$ 时刻 $\dot{V}(t_1) = 0, t_2 = t_1 + \mathrm{d}t$ 时刻 $\dot{V}(t_2) = 0 \cdots \cdots \dot{V} = 0, V$ 为一常数,则 $\gamma_k, k = 1, 2, \cdots, r$ 为常数,记为 $\gamma_k = \bar{\gamma}_k$.系统的被控状态自 $|\psi(t_0)\rangle$ 开始以自由方式演化,通过对每一时刻系统状态进行 Taylor 展开,并取到 $\mathrm{d}t$ 的一次项,根据式(7.47)可依次得到

$$t_0: \Im(\langle \psi(t_0) \mid \psi'_{\mathrm{f}, \bar{\gamma}_1, \cdots, \bar{\gamma}_r} \rangle \langle \psi'_{\mathrm{f}, \bar{\gamma}_1, \cdots, \bar{\gamma}_r} \mid H_k \mid \psi(t_0) \rangle) = 0 \tag{7.55}$$

$$t_1: \Im(\langle \psi(t_1) \mid \psi'_{\mathrm{f}, \bar{\gamma}_1, \cdots, \bar{\gamma}_r} \rangle \langle \psi'_{\mathrm{f}, \bar{\gamma}_1, \cdots, \bar{\gamma}_r} \mid H_k \mid \psi(t_1) \rangle)$$

$$
\begin{aligned}
&= \Im\Bigg(\bigg\langle\bigg(\Big(I - \mathrm{i}\mathrm{d}t\Big(H_0 + \sum_{k=1}^{r} H_k(\overline{\gamma}_k + \eta_k)\Big)\Big)\bigg)\psi(t_0) \mid \psi'_{\mathrm{f},\overline{\gamma}_1,\cdots,\overline{\gamma}_r}\rangle\langle\psi'_{\mathrm{f},\overline{\gamma}_1,\cdots,\overline{\gamma}_r} \mid H_k \mid \\
&\qquad \times \Big(I - \mathrm{i}\mathrm{d}t\Big(H_0 + \sum_{k=1}^{r} H_k(\overline{\gamma}_k + \eta_k)\Big)\Big)\psi(t_0)\bigg\rangle\Bigg) \\
&= \Im(\langle\psi(t_0) \mid \psi'_{\mathrm{f},\overline{\gamma}_1,\cdots,\overline{\gamma}_r}\rangle\langle\psi'_{\mathrm{f},\overline{\gamma}_1,\cdots,\overline{\gamma}_r} \mid H_k \mid \psi(t_0)\rangle) \\
&\quad + \Im\Big(-\mathrm{i}\mathrm{d}t\langle\psi(t_0) \mid \psi'_{\mathrm{f},\overline{\gamma}_1,\cdots,\overline{\gamma}_r}\rangle\langle\psi'_{\mathrm{f},\overline{\gamma}_1,\cdots,\overline{\gamma}_r} \mid H_k\Big(H_0 + \sum_{k=1}^{r} H_k(\overline{\gamma}_k + \eta_k)\Big) \mid \psi(t_0)\rangle\Big) \\
&\quad + \Im\Big(\mathrm{i}\mathrm{d}t\langle\psi(t_0) \mid \Big(H_0 + \sum_{k=1}^{r} H_k(\overline{\gamma}_k + \eta_k)\Big) \mid \psi'_{\mathrm{f},\overline{\gamma}_1,\cdots,\overline{\gamma}_r}\rangle\langle\psi'_{\mathrm{f},\overline{\gamma}_1,\cdots,\overline{\gamma}_r} \mid H_k \mid \psi(t_0)\rangle\Big) \\
&\quad + \Im\Big(\mathrm{d}t^2\langle\psi(t_0) \mid \Big(H_0 + \sum_{k=1}^{r} H_k(\overline{\gamma}_k + \eta_k)\Big) \mid \psi'_{\mathrm{f},\overline{\gamma}_1,\cdots,\overline{\gamma}_r}\rangle\langle\psi'_{\mathrm{f},\overline{\gamma}_1,\cdots,\overline{\gamma}_r} \mid \\
&\qquad \times H_k\Big(H_0 + \sum_{k=1}^{r} H_k(\overline{\gamma}_k + \eta_k)\Big) \mid \psi(t_0)\rangle\Big) \tag{7.56}
\end{aligned}
$$

其中

$$
\begin{aligned}
&\Im\Big(\mathrm{i}\mathrm{d}t\langle\psi(t_0) \mid \Big(H_0 + \sum_{k=1}^{r} H_k(\overline{\gamma}_k + \eta_k)\Big) \mid \psi'_{\mathrm{f},\overline{\gamma}_1,\cdots,\overline{\gamma}_r}\rangle\langle\psi'_{\mathrm{f},\overline{\gamma}_1,\cdots,\overline{\gamma}_r} \mid H_k \mid \psi(t_0)\rangle\Big) \\
&= \Im(\mathrm{i}\mathrm{d}t\lambda'_{\mathrm{f},\overline{\gamma}_1,\cdots,\overline{\gamma}_r}\langle\psi(t_0) \mid \psi'_{\mathrm{f},\overline{\gamma}_1,\cdots,\overline{\gamma}_r}\rangle\langle\psi'_{\mathrm{f},\overline{\gamma}_1,\cdots,\overline{\gamma}_r} \mid H_k \mid \psi(t_0)\rangle) \\
&= -\Im(\mathrm{i}\mathrm{d}t\lambda'_{\mathrm{f},\overline{\gamma}_1,\cdots,\overline{\gamma}_r}\langle\psi(t_0) \mid H_k \mid \psi'_{\mathrm{f},\overline{\gamma}_1,\cdots,\overline{\gamma}_r}\rangle\langle\psi'_{\mathrm{f},\overline{\gamma}_1,\cdots,\overline{\gamma}_r} \mid \psi(t_0)\rangle) \\
&= -\Im\Big(\mathrm{i}\mathrm{d}t\langle\psi(t_0) \mid H_k\Big(H_0 + \sum_{k=1}^{r} H_k(\overline{\gamma}_k + \eta_k)\Big) \mid \psi'_{\mathrm{f},\overline{\gamma}_1,\cdots,\overline{\gamma}_r}\rangle\langle\psi'_{\mathrm{f},\overline{\gamma}_1,\cdots,\overline{\gamma}_r} \mid \psi(t_0)\rangle\Big) \\
&= \Im\Big(\mathrm{i}\mathrm{d}t\langle\psi(t_0) \mid \psi'_{\mathrm{f},\overline{\gamma}_1,\cdots,\overline{\gamma}_r}\rangle\langle\psi'_{\mathrm{f},\overline{\gamma}_1,\cdots,\overline{\gamma}_r} \mid \Big(H_0 + \sum_{k=1}^{r} H_k(\overline{\gamma}_k + \eta_k)\Big)H_k \mid \psi(t_0)\rangle\Big) \tag{7.57}
\end{aligned}
$$

则式(7.56)为

$$
\begin{aligned}
&\Im(\langle\psi(t_1) \mid \psi'_{\mathrm{f},\overline{\gamma}_1,\cdots,\overline{\gamma}_r}\rangle\langle\psi'_{\mathrm{f},\overline{\gamma}_1,\cdots,\overline{\gamma}_r} \mid H_k \mid \psi(t_1)\rangle) \\
&\approx \Im\Big(\mathrm{i}\mathrm{d}t\langle\psi(t_0) \mid \psi'_{\mathrm{f},\overline{\gamma}_1,\cdots,\overline{\gamma}_r}\rangle\langle\psi'_{\mathrm{f},\overline{\gamma}_1,\cdots,\overline{\gamma}_r} \mid \Big[\Big(H_0 + \sum_{k=1}^{r} H_k(\overline{\gamma}_k + \eta_k)\Big), H_k\Big] \mid \psi(t_0)\rangle\Big) \\
&= 0 \tag{7.58}
\end{aligned}
$$

故

$$
\Im\Big(\mathrm{i}\langle\psi(t_0) \mid \psi'_{\mathrm{f},\overline{\gamma}_1,\cdots,\overline{\gamma}_r}\rangle\langle\psi'_{\mathrm{f},\overline{\gamma}_1,\cdots,\overline{\gamma}_r} \mid \Big[\Big(H_0 + \sum_{k=1}^{r} H_k(\overline{\gamma}_k + \eta_k)\Big), H_k\Big] \mid \psi(t_0)\rangle\Big) = 0 \tag{7.59}
$$

在 t_2 时刻，同理可得

$$\Im\left(\mathrm{i}^2\langle\psi(t_0)\mid\psi'_{\mathrm{f},\bar{\gamma}_1,\cdots,\bar{\gamma}_r}\rangle\langle\psi'_{\mathrm{f},\bar{\gamma}_1,\cdots,\bar{\gamma}_r}\mid\left[\left(H_0+\sum_{k=1}^{r}H_k(\bar{\gamma}_k+\eta_k)\right),\right.\right.$$

$$\left.\left.\left[\left(H_0+\sum_{k=1}^{r}H_k(\bar{\gamma}_k+\eta_k)\right),H_k\right]\right]\mid\psi(t_0)\rangle\right)=0 \tag{7.60}$$

记

$$\left[\left(H_0+\sum_{k=1}^{r}H_k(\bar{\gamma}_k+\eta_k)\right)^{(n)},H_k\right]$$

$$=\underbrace{\left[\left(H_0+\sum_{k=1}^{r}H_k(\bar{\gamma}_k+\eta_k)\right),\left[\left(H_0+\sum_{k=1}^{r}H_k(\bar{\gamma}_k+\eta_k)\right),\cdots,\left[\left(H_0+\sum_{k=1}^{r}H_k(\bar{\gamma}_k+\eta_k)\right),H_k\right]\cdots\right]\right]}_{n\text{次}}$$

则上式可写为

$$\begin{cases}\Im\left(\mathrm{i}^n\langle\psi(t_0)\mid\psi'_{\mathrm{f},\bar{\gamma}_1,\cdots,\bar{\gamma}_r}\rangle\langle\psi'_{\mathrm{f},\bar{\gamma}_1,\cdots,\bar{\gamma}_r}\mid\left[\left(H_0+\sum_{k=1}^{r}H_k(\bar{\gamma}_k+\eta_k)\right)^{(n)},H_k\right]\mid\psi(t_0)\rangle\right)=0\\ n=0,1,2,\cdots\end{cases} \tag{7.61}$$

通过在 $H_0+\sum_{k=1}^{r}H_k(\bar{\gamma}_k+\eta_k)$ 的本征基上描述系统，可将 $H_0+\sum_{k=1}^{r}H_k(\bar{\gamma}_k+\eta_k)$ 化为对角矩阵，在 $H_0+\sum_{k=1}^{r}H_k(\bar{\gamma}_k+\eta_k)$ 的本征基上描述的系统如式(7.40)所示，将式(7.41)代入式(7.61)可得

$$\begin{cases}\Im\left(\mathrm{i}^n\langle\bar{\psi}(t_0)\mid\bar{\psi}'_{\mathrm{f},\bar{\gamma}_1,\cdots,\bar{\gamma}_r}\rangle\langle\bar{\psi}'_{\mathrm{f},\bar{\gamma}_1,\cdots,\bar{\gamma}_r}\mid\left[\left(\bar{H}_0+\sum_{k=1}^{r}\bar{H}_k(\bar{\gamma}_k+\eta_k)\right)^{(n)},\bar{H}_k\right]\mid\bar{\psi}(t_0)\rangle\right)=0\\ n=0,1,2,\cdots\end{cases} \tag{7.62}$$

其中，$\bar{H}_0+\sum_{k=1}^{r}\bar{H}_k(\bar{\gamma}_k+\eta_k)=\mathrm{diag}(\lambda'_{1,\bar{\gamma}_1,\cdots,\bar{\gamma}_r},\lambda'_{2,\bar{\gamma}_1,\cdots,\bar{\gamma}_r},\cdots,\lambda'_{N,\bar{\gamma}_1,\cdots,\bar{\gamma}_r})$. 记 $\mid\bar{\psi}(t_0)\rangle=(\psi_1\quad\psi_2\quad\cdots\quad\psi_N)^{\mathrm{T}}$. 当 $H_0+\sum_{k=1}^{r}H_k(\gamma_k+\eta_k)$ 具有非退化谱时，$\bar{H}_0+\sum_{k=1}^{r}\bar{H}_k(\bar{\gamma}_k+\eta_k)$ 的 N 个本征态可顺次写成 $(1\quad 0\quad\cdots\quad 0)^{\mathrm{T}},(0\quad 1\quad\cdots\quad 0)^{\mathrm{T}},\cdots,(0\quad 0\quad\cdots\quad 1)^{\mathrm{T}}$. 为便于推导，假定 $\mid\psi'_{\mathrm{f},\bar{\gamma}_1,\cdots,\bar{\gamma}_r}\rangle=(0\quad 0\quad\cdots\quad 1)^{\mathrm{T}}$，则式(7.62)化为

$$\Im\left(\mathrm{i}^n\psi_N^*\sum_{j=1}^{N}(\lambda'_{N,\bar{\gamma}_1,\cdots,\bar{\gamma}_r}-\lambda'_{j,\bar{\gamma}_1,\cdots,\bar{\gamma}_r})^n\left(\bar{H}_k\right)_{Nj}\psi_j\right)=0,\quad k=1,2,\cdots,r \tag{7.63}$$

在实际系统中，$\bar{H}_k$ 的对角线元素常为 0，$n = 0$ 时，$\Im\left(\psi_N^* \sum\limits_{j=1}^{N-1} \left(\bar{H}_k\right)_{Nj} \psi_j\right) = 0$. 记

$$\begin{cases} \xi = ((\bar{H}_k)_{N1}\psi_1 \quad (\bar{H}_k)_{N2}\psi_2 \quad \cdots \quad (\bar{H}_k)_{NN-1}\psi_{N-1})^{\mathrm{T}} \\[2mm] \Lambda = \mathrm{diag}(\lambda'_{N,\bar{\gamma}_1,\cdots,\bar{\gamma}_r} - \lambda'_{1,\bar{\gamma}_1,\cdots,\bar{\gamma}_r}, \lambda'_{N,\bar{\gamma}_1,\cdots,\bar{\gamma}_r} - \lambda'_{2,\bar{\gamma}_1,\cdots,\bar{\gamma}_r}, \cdots, \lambda'_{N,\bar{\gamma}_1,\cdots,\bar{\gamma}_r} - \lambda'_{N-1,\bar{\gamma}_1,\cdots,\bar{\gamma}_r}) \\[2mm] M = \begin{pmatrix} 1 & 1 & \cdots & 1 \\ (\lambda'_{N,\bar{\gamma}_1,\cdots,\bar{\gamma}_r} - \lambda'_{1,\bar{\gamma}_1,\cdots,\bar{\gamma}_r})^2 & (\lambda'_{N,\bar{\gamma}_1,\cdots,\bar{\gamma}_r} - \lambda'_{2,\bar{\gamma}_1,\cdots,\bar{\gamma}_r})^2 & \cdots & (\lambda'_{N,\bar{\gamma}_1,\cdots,\bar{\gamma}_r} - \lambda'_{N-1,\bar{\gamma}_1,\cdots,\bar{\gamma}_r})^2 \\ \vdots & \vdots & & \vdots \\ (\lambda'_{N,\bar{\gamma}_1,\cdots,\bar{\gamma}_r} - \lambda'_{1,\bar{\gamma}_1,\cdots,\bar{\gamma}_r})^{2(N-2)} & (\lambda'_{N,\bar{\gamma}_1,\cdots,\bar{\gamma}_r} - \lambda'_{2,\bar{\gamma}_1,\cdots,\bar{\gamma}_r})^{2(N-2)} & \cdots & (\lambda'_{N,\bar{\gamma}_1,\cdots,\bar{\gamma}_r} - \lambda'_{N-1,\bar{\gamma}_1,\cdots,\bar{\gamma}_r})^{2(N-2)} \end{pmatrix} \end{cases} \tag{7.64}$$

当 $n = 0, 2, 4, \cdots$ 时，式（7.63）为 $\Im(\psi_N^* M \xi) = 0$，因为 M 是实值非奇异矩阵，所以 $\Im(\psi_N^* M \xi) = 0$ 等价于 $M \Im(\psi_N^* \xi) = 0$，可得

$$\Im(\psi_N^* \xi) = 0 \tag{7.65}$$

当 $n = 1, 3, 5, \cdots$ 时，式（7.63）为 $\Re(\psi_N^* M \Lambda \xi) = 0$，因为 M 和 Λ 是实值非奇异矩阵，所以 $\Re(\psi_N^* M \Lambda \xi) = 0$ 等价于 $M \Lambda \Re(\psi_N^* \xi) = 0$，可得

$$\Re(\psi_N^* \xi) = 0 \tag{7.66}$$

则

$$\psi_N^* \xi = 0 \tag{7.67}$$

由命题 7.1 至命题 7.3 可得 $\langle \bar{\psi}(t_0) | \psi'_{\mathrm{f},\bar{\gamma}_1,\cdots,\bar{\gamma}_r}\rangle = \langle \psi(t_0) | \psi'_{\mathrm{f},\bar{\gamma}_1,\cdots,\bar{\gamma}_r}\rangle \neq 0$（$t_0 \geqslant t'$，且 t' 非常小），即 $\psi_N^* \neq 0$，则式（7.67）可化为

$$\xi = 0 \tag{7.68}$$

若 $H_0 + \sum\limits_{k=1}^{r} H_k(\gamma_k + \eta_k)$ 所有不同于 $|\psi'_{\mathrm{f},\gamma_1,\cdots,\gamma_r}\rangle$ 的本征态 $|\phi'_{\gamma_1,\cdots,\gamma_r}\rangle$ 与 $|\psi'_{\mathrm{f},\gamma_1,\cdots,\gamma_r}\rangle$ 是直接连接的：至少存在一个 $k \in \{1, 2, \cdots, r\}$，使

$$\langle \psi'_{\mathrm{f},\gamma_1,\cdots,\gamma_r} | H_k | \phi'_{\gamma_1,\cdots,\gamma_r}\rangle \neq 0, \quad |\phi'_{\gamma_1,\cdots,\gamma_r}\rangle \neq |\psi'_{\mathrm{f},\gamma_1,\cdots,\gamma_r}\rangle \tag{7.69}$$

将式（7.41）代入式（7.69），可得

$$\langle \bar{\psi}'_{\mathrm{f},\gamma_1,\cdots,\gamma_r} | \bar{H}_k | \bar{\phi}'_{\gamma_1,\cdots,\gamma_r}\rangle \neq 0, \quad |\bar{\phi}'_{\gamma_1,\cdots,\gamma_r}\rangle \neq |\bar{\psi}'_{\mathrm{f},\gamma_1,\cdots,\gamma_r}\rangle \tag{7.70}$$

根据前面的假定 $|\bar{\psi}'_{\mathrm{f},\gamma_1,\cdots,\gamma_r}\rangle = (0 \quad 0 \quad \cdots \quad 1)^{\mathrm{T}}$，上式化为：至少存在一个 k，使

$$(\bar{H}_k)_{Nj} \neq 0, \quad j = 1, 2, \cdots, N-1 \tag{7.71}$$

$(\bar{H}_k)_{Nj}$ 是 $\bar{H}_k$ 的第 i 行、第 j 列元素,则由式(7.68)可得

$$\psi_j = 0, \quad j = 1, 2, \cdots, N-1 \tag{7.72}$$

因此式(7.63)等价于

$$|\bar{\psi}(t_0)\rangle = \psi_N |\bar{\psi}'_{\mathrm{f}, \bar{\gamma}_1, \cdots, \bar{\gamma}_r}\rangle = |\bar{\psi}'_{\mathrm{f}, \bar{\gamma}_1, \cdots, \bar{\gamma}_r}\rangle \mathrm{e}^{\mathrm{i}\theta}, \quad \theta \in \mathbf{R} \tag{7.73}$$

于是,根据式(7.41)可得

$$|\psi(t_0)\rangle = |\psi'_{\mathrm{f}, \bar{\gamma}_1, \cdots, \bar{\gamma}_r}\rangle \mathrm{e}^{\mathrm{i}\theta}, \quad \theta \in \mathbf{R} \tag{7.74}$$

由 $\gamma_k(|\psi\rangle)$ 的定义式(7.9)可得

$$\gamma_k(|\psi\rangle) = \theta_k \left(\frac{1}{2} (1 - |\langle\psi|\psi'_{\mathrm{f}, \gamma_1, \cdots, \gamma_r}\rangle|^2) \right) = 0, \quad k = 1, 2, \cdots, r \tag{7.75}$$

则式(7.74)化为

$$|\psi(t_0)\rangle = |\psi_{\mathrm{f}}\rangle \mathrm{e}^{\mathrm{i}\theta}, \quad \theta \in \mathbf{R} \tag{7.76}$$

因此,所要求的最大不变集为

$$E_1 = \{|\psi\rangle = \mathrm{e}^{\mathrm{i}\theta}|\psi_{\mathrm{f}}\rangle, \theta \in \mathbf{R}\} \tag{7.77}$$

下面根据拉塞尔不变原理证明控制系统的收敛性,拉塞尔不变原理保证系统收敛到 $\dot{V} = 0$ 的最大不变集.首先给出拉塞尔不变原理:

定理 7.2 对于一个自治动态系统,$\dot{x} = f(x)$,$V(x)$ 是在位相空间 $\Omega = \{x\}$ 的一个李雅普诺夫函数,对于所有的 $x \neq x_0$,满足 $V(x) > 0$,$\dot{V}(x) \leqslant 0$,设 $\vartheta(x(t))$ 为 $x(t)$ 在相位空间的轨道,则最大不变集 $E = \{\vartheta | \dot{V}(x(t)) = 0\}$ 包含所有有界解的正极限集,也就是当 $t \to \infty$ 时,任意的有界解收敛到 E(LaSalle,Lefschetz,1961).

根据拉塞尔不变原理,任意的有界解都将收敛到最大不变集 $E_1 = \{|\psi\rangle = \mathrm{e}^{\mathrm{i}\theta}|\psi_{\mathrm{f}}\rangle, \theta \in \mathbf{R}\}$,则控制系统收敛到 $|\psi_{\mathrm{f}}\rangle \mathrm{e}^{\mathrm{i}\theta}$,$\theta \in \mathbf{R}$,即定理 7.1 得证.

7.1.3 数值仿真实验

本小节将以一个四能级系统为例设计具体的控制器,并进行系统数值仿真实验,以此来对本节所提出的控制策略的有效性进行验证.

所选择的四能级系统的哈密顿量为

量子系统控制理论与方法
Control Theory and Methods of Quantum Systems

$$H_0 = \begin{pmatrix} 1.1 & 0 & 0 & 0 \\ 0 & 1.83 & 0 & 0 \\ 0 & 0 & 2.56 & 0 \\ 0 & 0 & 0 & 3.05 \end{pmatrix}, \quad H_1 = \begin{pmatrix} 0 & 0 & 1 & 1 \\ 0 & 0 & 1 & 0 \\ 1 & 1 & 0 & 0 \\ 1 & 0 & 0 & 0 \end{pmatrix}, \quad H_2 = \begin{pmatrix} 0 & 1 & 0 & 0 \\ 1 & 0 & 0 & 1 \\ 0 & 0 & 0 & 1 \\ 0 & 1 & 1 & 0 \end{pmatrix}$$

$$(7.78)$$

初态取为 $|\psi_0\rangle = 0.5\,(1 \quad 1 \quad 1 \quad 1)^{\mathrm{T}}$,目标态取为 $|\psi_{\mathrm{f}}\rangle = (0 \quad 0 \quad 0 \quad 1)^{\mathrm{T}}$. 从 H_0 的具体数值可以看出 $\omega_{21} = \omega_2 - \omega_1 = 1.83 - 1.1 = 0.73$, $\omega_{32} = \omega_3 - \omega_2 = 2.56 - 1.83 = 0.73$, 即 $\omega_{21} = \omega_{32}$, H_0 是退化的.

根据本小节所提出的设计思想,控制律为 $u_k(t) = \gamma_k(t) + \nu_k(t) + \eta_k$, $k = 1, 2$,其中,η_k 按照式(7.6)进行设计:

$$\eta_1 = \eta_2 = 0, \quad k = 1, 2 \tag{7.79}$$

隐函数 $\gamma_k(t)$ 按照引理 7.1 进行设计:

$$\gamma_k(|\psi\rangle) = \theta_k\left(\frac{1}{2}(1 - |\langle\psi \mid \psi'_{\mathrm{f}, \gamma_1, \cdots, \gamma_r}\rangle|^2)\right), \quad k = 1, 2; r = 2 \tag{7.80}$$

其中,函数 $\theta_1(s) = 0.04s$, $\theta_2(s) = 0.02s$.

控制函数 $\nu(t)$ 按照式(7.30)进行设计:

$$\nu_k(t) = K_k f_k(\Im(\mathrm{e}^{\mathrm{i}\angle\langle\psi \mid \psi'_{\mathrm{f}, \gamma_1, \cdots, \gamma_r}\rangle}\langle\psi'_{\mathrm{f}, \gamma_1, \cdots, \gamma_r} \mid H_k \mid \psi\rangle)), \quad k = 1, 2; r = 2 \tag{7.81}$$

其中

$$\nu_1(t) = 0.5\Im(\langle\psi \mid \psi'_{\mathrm{f}, \gamma_1, \gamma_2}\rangle\langle\psi'_{\mathrm{f}, \gamma_1, \gamma_2} \mid H_1 \mid \psi\rangle)$$

$$\nu_2(t) = 0.7\Im(\langle\psi \mid \psi'_{\mathrm{f}, \gamma_1, \gamma_2}\rangle\langle\psi'_{\mathrm{f}, \gamma_1, \gamma_2} \mid H_2 \mid \psi\rangle)$$

在系统仿真实验中,采样步长选为 0.01 a.u.,仿真时间选为 50 a.u.. 系统的仿真结果如图 7.1 所示,其中图 7.1(a)是在所设计的控制律下控制系统四个能级的布居数的演化曲线,$|c_i|^2$, $i = 1, 2, 3, 4$ 分别代表系统第 i 个能级的布居数;图 7.1(b)是所设计的控制律 $u_1(t)$ 和 $u_2(t)$ 的变化曲线.

从系统仿真的实验结果中可以看出:在 31 a.u. 时,$|c_1|^2 = 2.9111 \times 10^{-7}$, $|c_2|^2 = 8.9707 \times 10^{-6}$, $|c_3|^2 = 8.841 \times 10^{-7}$, $|c_4|^2 = 0.99999$. 使转移概率保持在 99.999% 所需的最短时间为 31 a.u.. 由此可得本节提出的多控制哈密顿量下的基于状态距离的隐式李雅普诺夫控制方法是有效的.

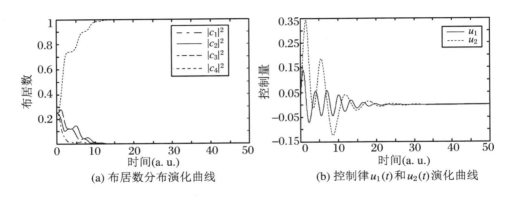

(a) 布居数分布演化曲线　　　　　　　　(b) 控制律 $u_1(t)$ 和 $u_2(t)$ 演化曲线

图 7.1　多控制哈密顿量下的隐式李雅普诺夫控制方法在退化四能级系统上的仿真结果

7.1.4　小结

当目标态为本征态时,若封闭量子系统非强正则或内部哈密顿量所有不同于目标态的本征态和目标态非直接连接,则采用非退化情况的基于状态距离的李雅普诺夫控制方法将不能保证控制系统的渐近稳定性.本节基于隐式李雅普诺夫控制方法的基本思想,提出多控制哈密顿量下的基于状态距离的隐式李雅普诺夫控制方法,该方法不仅适用于初态与目标态不正交的情况,也同样适用于初态与目标态正交的情况,且适用于目标态为叠加态的情况.

7.2　基于状态偏差的隐式李雅普诺夫控制方法

在 7.1 节中采用引入隐函数和基于距离的隐式李雅普诺夫函数的量子控制方法解决了多控制哈密顿量子系统的从任意初始纯态到纯态的转移控制.本节的主要目的是:① 针对薛定谔方程,通过采用基于状态偏差的隐式李雅普诺夫的量子控制方法,解决多控制哈密顿系统退化情况下目标态为任意纯态的状态转移的收敛控制问题,进而实现封闭量子系统退化情况下从任意的纯态到任意的纯态完全转移的目的.为了完成上述研究任务,本节的总体思路为:在选择状态偏差为李雅普诺夫函数的基础上,通过在控制律中引入一系列隐函数微扰来解决多控制哈密顿量子系统退化情况下的收敛问题.其次为了实现目标态为叠加态的状态转移,本节将采用在控制律中引入常值微扰项的方法.② 分析隐式李雅普诺夫函数分别选为基于状态距离和状态偏差的关系,并对比分别采用两种隐式李雅普诺夫函数时的控制效果.

7.2.1 控制律的设计

多控制哈密顿量的 N 能级封闭量子系统仍然采用薛定谔方程描述为

$$\mathrm{i} \mid \dot{\psi}(t)\rangle = \left(H_0 + \sum_{k=1}^{r} H_k u_k(t) \right) \mid \psi(t)\rangle \tag{7.82}$$

其中,H_0 是系统内部哈密顿量和自由哈密顿量;H_k 是控制哈密顿量和相互作用哈密顿量,H_0 和 H_k 均不含时且是厄米的,$u_k(t)$ 是标量可实现实值控制函数.

对于薛定谔方程,在非退化情况,人们通常重点研究任意初态到本征态的转移问题.为了在退化情况下实现控制系统到目标态 $\mid\psi_f\rangle$ 为叠加态的状态转移,可以考虑在控制律中引入常值微扰项 η_k.这样,控制系统模型将变为

$$\mathrm{i} \mid \dot{\psi}(t)\rangle = \left(H_0 + \sum_{k=1}^{r} H_k (v_k(t) + \eta_k) \right) \mid \psi(t)\rangle \tag{7.83}$$

其中,$v_k(t)$ 和 η_k 为需要设计的控制律.基本思路是,加入 η_k 使 $\mid\psi_f\rangle$ 为 $H_0 + \sum_{k=1}^{r} H_k \eta_k$ 的本征态.可以将 $H_0' = H_0 + \sum_{k=1}^{r} H_k \eta_k$ 看作控制系统新的内部哈密顿量,目标态 $\mid\psi_f\rangle$ 为 H_0' 的本征态,即满足

$$\left(H_0 + \sum_{k=1}^{r} H_k \eta_k \right) \mid \psi_f\rangle = \lambda_f' \mid \psi_f\rangle \tag{7.84}$$

其中,λ_f' 为 $H_0' = H_0 + \sum_{k=1}^{r} H_k \eta_k$ 对应于目标态 $\mid\psi_f\rangle$ 的特征值.

为了解决退化情况下控制系统的收敛问题,已有的手段是在控制律中引入微扰控制项.这里,在控制系统(7.82)的控制律 $u_k(t), k = 1, 2, \cdots, r$ 中引入隐函数微扰项 $\gamma_k(t)$.控制系统模型将变为

$$\mathrm{i} \mid \dot{\psi}(t)\rangle = \left(H_0 + \sum_{k=1}^{r} H_k (\gamma_k(t) + v_k(t) + \eta_k) \right) \mid \psi(t)\rangle \tag{7.85}$$

其中, $u_k(t) = \gamma_k(t) + \nu_k(t) + \eta_k$ 为需要设计的控制律.

基本思路就是使引入微扰后, 将 $H_0' + \sum_{k=1}^{r} H_k \gamma_k(t)$ 看作控制系统(7.85)新的内部哈密顿量, 相应地, 目标态 $|\psi_f\rangle$ 转变为 $\gamma_k(t)$ 的函数, 记为 $|\psi_{f,\gamma_1,\cdots,\gamma_r}'\rangle$, H_0 其他的本征态 $|\phi\rangle$ 也变为 $|\phi_{\gamma_1,\cdots,\gamma_r}'\rangle$. 此时设计微扰 $\gamma_k(t)$ 使该控制系统满足强正则和内部哈密顿量所有不同于目标态的本征态和目标态直接连接这两个条件, 从而变为非退化情况.

将系统状态的演化过程看为: 随着李雅普诺夫函数 V 的不断下降, 在适当控制律的作用下, 新控制系统逐渐收敛到 $|\psi_{f,\gamma_1,\cdots,\gamma_r}'\rangle$. 同时, 使微扰 $\gamma_k(t)$, $k = 1, 2, \cdots, r$ 逐渐收敛到 0, 且其收敛速度要慢于控制系统收敛到 $|\psi_{f,\gamma_1,\cdots,\gamma_r}'\rangle$ 的速度, 以便解决退化情况. 为了能使控制系统能收敛到目标态 $|\psi_f\rangle$, 需设计 $\gamma_k(|\psi_f\rangle) = 0$. 由于在李雅普诺夫控制方法下, 系统状态的演化依赖于 $V(t)$ 的不断下降, 可设计微扰 $\gamma_k(t)$ 为 $V(t)$ 的单调增函数.

此处采用基于状态偏差的量子李雅普诺夫控制, 则李雅普诺夫函数和 $\gamma_k(t)$ 分别选取和设计为

$$V(|\psi\rangle) = \frac{1}{2}\langle \psi - \psi_{f,\gamma_1,\cdots,\gamma_r}' \mid \psi - \psi_{f,\gamma_1,\cdots,\gamma_r}'\rangle \tag{7.86}$$

$$\gamma_k(|\psi\rangle) = \theta_k(V(|\psi\rangle)) = \theta_k\left(\frac{1}{2}\langle \psi - \psi_{f,\gamma_1,\cdots,\gamma_r}' \mid \psi - \psi_{f,\gamma_1,\cdots,\gamma_r}'\rangle\right), \quad k = 1, 2, \cdots, r \tag{7.87}$$

其中, 函数 $\theta_k(\cdot)$ 满足 $\theta_k(0) = 0$, 对于任意的 $s > 0$, 则 $\theta_k(s) > 0$, $\theta_k'(s) > 0$. 从式(7.86)和式(7.87)可以看出, 为解决退化情况的问题, 在控制律中引入隐函数微扰, 相应地, 也选取李雅普诺夫函数为隐函数. 这些隐函数微扰 $\gamma_k(t)$ 的存在性可用下述引理7.2描述.

引理 7.2 $\theta_k \in C^\infty(\mathbf{R}^+; [0, \gamma_k^*])$, $k = 1, 2, \cdots, r$(常数 $\gamma_k^* \in \mathbf{R}$, $\gamma_k^* > 0$), 满足 $\theta_k(0) = 0$, 对于任意 $s > 0$, $\theta_k(s) > 0$, $\theta_k'(s) > 0$, $\|\theta_k'\|_\infty < 1/(rC^*)$, 其中 $C^* = 1 + \max\left\{\left\|\frac{\partial|\psi_{f,\gamma_1,\cdots,\gamma_r}'\rangle}{\partial\gamma_k}\Big|_{(\gamma_{10},\cdots,\gamma_{r0})}\right\|; \gamma_{k0} \in [0, \gamma_k^*], k = 1, 2, \cdots, r\right\}$, 则对于任意的一个状态 $|\psi\rangle \in \{x \in C^N; \|x\| = 1\}$, 存在唯一的 $\gamma_k \in C^\infty$, $\gamma_k \in [0, \gamma_k^*]$, 满足 $\gamma_k(|\psi\rangle) = \theta_k\left(\frac{1}{2}\langle \psi - \psi_{f,\gamma_1(|\psi\rangle),\cdots,\gamma_r(|\psi\rangle)}' \mid \psi - \psi_{f,\gamma_1(|\psi\rangle),\cdots,\gamma_r(|\psi\rangle)}'\rangle\right)$, $k = 1, 2, \cdots, r$, $\gamma_k(|\psi_f\rangle) = 0$.

引理7.2是根据隐函数定理(Krantz, Parks, 2002)来证明的, 与7.1节中的引理7.1相似, 在此不再赘述.

在基于偏差的量子李雅普诺夫控制中, 为了消除内部哈密顿量所引起的漂移项, 从

而便于设计控制律,通常在系统中增加了一个全局相位控制项 ω,它不会改变系统的布居分布.

综上所述,控制系统模型将变为

$$\mathrm{i} \mid \dot{\psi}(t)\rangle = \left(H_0 + \sum_{k=1}^{r} H_k (\gamma_k(t) + \nu_k(t) + \eta_k) + \omega I \right) \mid \psi(t)\rangle \qquad (7.88)$$

其中,$H_0 + \sum_{k=1}^{r} H_k \eta_k + \sum_{k=1}^{r} H_k \gamma_k(t)$ 可以看作控制系统新的内部哈密顿量,$u_k(t) = \gamma_k(t) + \nu_k(t) + \eta_k$,$k = 1,2,\cdots,r$ 和全局相位控制项 ω 是需要设计的控制律.

控制目标就是通过设计控制律 $u_k(t) = \gamma_k(t) + \nu_k(t) + \eta_k$,$k = 1,2,\cdots,r$ 和全局相位控制项 ω 使控制系统(7.88)能从任意一个纯态初始态 $\mid \psi_0\rangle$ 完全转移到任意一个纯态目标态 $\mid \psi_{\mathrm{f}}\rangle$.

下面根据李雅普诺夫稳定性理论设计控制系统的控制律 $\nu_k(t)$ 和 ω,思路就是设计控制律使李雅普诺夫函数的一阶导数 $\dot{V}(t) \leqslant 0$. 记 $H_0 + \sum_{k=1}^{r} H_k \eta_k + \sum_{k=1}^{r} H_k \gamma_k(t)$ 对应于 $\mid \psi'_{\mathrm{f},\gamma_1,\cdots,\gamma_r}\rangle$ 的特征值为 $\lambda'_{\mathrm{f},\gamma_1,\cdots,\gamma_r}$,则由式(7.86)和式(7.88)可得李雅普诺夫函数的一阶导数为

$$\begin{aligned}
\frac{\mathrm{d}V}{\mathrm{d}t} = & -\sum_{k=1}^{r} \Re \left(\left\langle \left. \frac{\partial \psi'_{\mathrm{f},\gamma_1,\cdots,\gamma_r}}{\partial \gamma_k} \right| \psi \right\rangle \right) \dot{\gamma}_k(t) - (\lambda'_{\mathrm{f},\gamma_1,\cdots,\gamma_r} + \omega) \Im(\langle \psi'_{\mathrm{f},\gamma_1,\cdots,\gamma_r} \mid \psi \rangle) \\
& -\sum_{k=1}^{r} \Im(\langle \psi'_{\mathrm{f},\gamma_1,\cdots,\gamma_r} \mid H_k \mid \psi \rangle) \nu_k(t)
\end{aligned} \qquad (7.89)$$

式(7.89)中含有隐函数微扰项的一阶导数项 $\dot{\gamma}$ 是隐函数,得不出显式的表达式,所以需消除该项.对式(7.87)求导,可得

$$\begin{aligned}
\dot{\gamma}_j(t) = & -\theta'_j \left(\sum_{k=1}^{r} \Re \left(\left\langle \left. \frac{\partial \psi'_{\mathrm{f},\gamma_1,\cdots,\gamma_r}}{\partial \gamma_k} \right| \psi \right\rangle \right) \dot{\gamma}_k(t) + (\lambda'_{\mathrm{f},\gamma_1,\cdots,\gamma_r} + \omega) \Im(\langle \psi'_{\mathrm{f},\gamma_1,\cdots,\gamma_r} \mid \psi \rangle) \right. \\
& \left. + \sum_{k=1}^{r} \Im(\langle \psi'_{\mathrm{f},\gamma_1,\cdots,\gamma_r} \mid H_k \mid \psi \rangle) \nu_k(t) \right)
\end{aligned} \qquad (7.90)$$

对式(7.90)所表示的 r 个式子左右两边求和,可得

$$\begin{aligned}
\sum_{j=1}^{r} \dot{\gamma}_j(t) = & -\sum_{j=1}^{r} \theta'_j \left(\sum_{k=1}^{r} \Re \left(\left\langle \left. \frac{\partial \psi'_{\mathrm{f},\gamma_1,\cdots,\gamma_r}}{\partial \gamma_k} \right| \psi \right\rangle \right) \dot{\gamma}_k(t) + (\lambda'_{\mathrm{f},\gamma_1,\cdots,\gamma_r} + \omega) \Im(\langle \psi'_{\mathrm{f},\gamma_1,\cdots,\gamma_r} \mid \psi \rangle) \right. \\
& \left. + \sum_{k=1}^{r} \Im(\langle \psi'_{\mathrm{f},\gamma_1,\cdots,\gamma_r} \mid H_k \mid \psi \rangle) \nu_k(t) \right)
\end{aligned} \qquad (7.91)$$

将其化简为

$$\sum_{k=1}^{r} \dot{\gamma}_k(t) \left(1 + \sum_{j=1}^{r} \theta'_j \Re \left(\left\langle \frac{\partial \psi'_{\mathrm{f},\gamma_1,\cdots,\gamma_r}}{\partial \gamma_k} \middle| \psi \right\rangle \right) + \frac{1}{r} \sum_{j=1}^{r} \theta'_j (\lambda'_{\mathrm{f},\gamma_1,\cdots,\gamma_r} + \omega) \Im (\langle \psi'_{\mathrm{f},\gamma_1,\cdots,\gamma_r} \mid \psi \rangle) \right.$$

$$\left. + \sum_{j=1}^{r} \theta'_j \Im (\langle \psi'_{\mathrm{f},\gamma_1,\cdots,\gamma_r} \mid H_k \mid \psi \rangle) v_k(t) \right) = 0 \tag{7.92}$$

式(7.89)可化为

$$\frac{\mathrm{d}V}{\mathrm{d}t} = - \sum_{k=1}^{r} \frac{\Re \left(\left\langle \frac{\partial \psi'_{\mathrm{f},\gamma_1,\cdots,\gamma_r}}{\partial \gamma_k} \middle| \psi \right\rangle \right)}{1 + \Re \left(\left\langle \frac{\partial \psi'_{\mathrm{f},\gamma_1,\cdots,\gamma_r}}{\partial \gamma_k} \middle| \psi \right\rangle \right) \sum_{j=1}^{r} \theta'_j} \left[\frac{1 + \Re \left(\left\langle \frac{\partial \psi'_{\mathrm{f},\gamma_1,\cdots,\gamma_r}}{\partial \gamma_k} \middle| \psi \right\rangle \right) \sum_{j=1}^{r} \theta'_j}{\Re \left(\left\langle \frac{\partial \psi'_{\mathrm{f},\gamma_1,\cdots,\gamma_r}}{\partial \gamma_k} \middle| \psi \right\rangle \right)} \right.$$

$$\times \left(\frac{1}{r} (\lambda'_{\mathrm{f},\gamma_1,\cdots,\gamma_r} + \omega) \Im (\langle \psi'_{\mathrm{f},\gamma_1,\cdots,\gamma_r} \mid \psi \rangle) + \Im (\langle \psi'_{\mathrm{f},\gamma_1,\cdots,\gamma_r} \mid H_k \mid \psi \rangle) v_k(t) \right)$$

$$+ \left(1 + \Re \left(\left\langle \frac{\partial \psi'_{\mathrm{f},\gamma_1,\cdots,\gamma_r}}{\partial \gamma_k} \middle| \psi \right\rangle \right) \sum_{j=1}^{r} \theta'_j \right) \dot{\gamma}_k(t) + \frac{1}{r} \sum_{j=1}^{r} \theta'_j (\lambda'_{\mathrm{f},\gamma_1,\cdots,\gamma_r} + \omega) \Im (\langle \psi'_{\mathrm{f},\gamma_1,\cdots,\gamma_r} \mid \psi \rangle)$$

$$+ \sum_{j=1}^{r} \theta'_j \Im (\langle \psi'_{\mathrm{f},\gamma_1,\cdots,\gamma_r} \mid H_k \mid \psi \rangle) v_k(t) - \frac{1}{r} \sum_{j=1}^{r} \theta'_j (\lambda'_{\mathrm{f},\gamma_1,\cdots,\gamma_r} + \omega) \Im (\langle \psi'_{\mathrm{f},\gamma_1,\cdots,\gamma_r} \mid \psi \rangle)$$

$$\left. - \sum_{j=1}^{r} \theta'_j \Im (\langle \psi'_{\mathrm{f},\gamma_1,\cdots,\gamma_r} \mid H_k \mid \psi \rangle) v_k(t) \right] \tag{7.93}$$

假设

$$\frac{\partial \mid \psi'_{\mathrm{f},\gamma_1,\cdots,\gamma_r} \rangle}{\partial \gamma_1} = \frac{\partial \mid \psi'_{\mathrm{f},\gamma_1,\cdots,\gamma_r} \rangle}{\partial \gamma_2} = \cdots = \frac{\partial \mid \psi'_{\mathrm{f},\gamma_1,\cdots,\gamma_r} \rangle}{\partial \gamma_r} \tag{7.94}$$

并联合式(7.92),式(7.93)可化为

$$\frac{\mathrm{d}V}{\mathrm{d}t} = - \sum_{k=1}^{r} \frac{\Re \left(\left\langle \frac{\partial \psi'_{\mathrm{f},\gamma_1,\cdots,\gamma_r}}{\partial \gamma_k} \middle| \psi \right\rangle \right)}{1 + \Re \left(\left\langle \frac{\partial \psi'_{\mathrm{f},\gamma_1,\cdots,\gamma_r}}{\partial \gamma_k} \middle| \psi \right\rangle \right) \sum_{j=1}^{r} \theta'_j} \left[\frac{1 + \Re \left(\left\langle \frac{\partial \psi'_{\mathrm{f},\gamma_1,\cdots,\gamma_r}}{\partial \gamma_k} \middle| \psi \right\rangle \right) \sum_{j=1}^{r} \theta'_j}{\Re \left(\left\langle \frac{\partial \psi'_{\mathrm{f},\gamma_1,\cdots,\gamma_r}}{\partial \gamma_k} \middle| \psi \right\rangle \right)} \right.$$

$$\times \left(\frac{1}{r} (\lambda'_{\mathrm{f},\gamma_1,\cdots,\gamma_r} + \omega) \Im (\langle \psi'_{\mathrm{f},\gamma_1,\cdots,\gamma_r} \mid \psi \rangle) + \Im (\langle \psi'_{\mathrm{f},\gamma_1,\cdots,\gamma_r} \mid H_k \mid \psi \rangle) v_k(t) \right)$$

$$\left. - \frac{1}{r} \sum_{j=1}^{r} \theta'_j (\lambda'_{\mathrm{f},\gamma_1,\cdots,\gamma_r} + \omega) \Im (\langle \psi'_{\mathrm{f},\gamma_1,\cdots,\gamma_r} \mid \psi \rangle) - \sum_{j=1}^{r} \theta'_j \Im (\langle \psi'_{\mathrm{f},\gamma_1,\cdots,\gamma_r} \mid H_k \mid \psi \rangle) v_k(t) \right]$$

$$= - \frac{1}{1 + \Re\left(\left\langle \frac{\partial \psi'_{\mathrm{f},\gamma_1,\cdots,\gamma_r}}{\partial \gamma_k} \Big| \psi \right\rangle\right) \sum_{j=1}^{r} \theta'_j} (\lambda'_{\mathrm{f},\gamma_1,\cdots,\gamma_r} + \omega) \Im(\langle \psi'_{\mathrm{f},\gamma_1,\cdots,\gamma_r} | \psi \rangle)$$

$$- \frac{1}{1 + \Re\left(\left\langle \frac{\partial \psi'_{\mathrm{f},\gamma_1,\cdots,\gamma_r}}{\partial \gamma_k} \Big| \psi \right\rangle\right) \sum_{j=1}^{r} \theta'_j} \sum_{k=1}^{r} \Im(\langle \psi'_{\mathrm{f},\gamma_1,\cdots,\gamma_r} | H_k | \psi \rangle) v_k(t) \quad (7.95)$$

由引理 7.2 中的条件 $\| \theta'_j \| < 1/(rC^*)$，可得 $\dfrac{1}{1 + \Re\left(\left\langle \frac{\partial \psi'_{\mathrm{f},\gamma_1,\cdots,\gamma_r}}{\partial \gamma_k} \Big| \psi \right\rangle\right) \sum_{j=1}^{r} \theta'_j} > 0$. 为了

使 $\dot{V}(t) \leqslant 0$，可以设计 ω 和 $v_k(t)$ 分别为

$$\omega = -\lambda'_{\mathrm{f},\gamma_1,\cdots,\gamma_r} + cf_0 \Im(\langle \psi'_{\mathrm{f},\gamma_1,\cdots,\gamma_r} | \psi \rangle) \quad (7.96)$$

$$v_k(t) = K_k f_k(\Im(\langle \psi'_{\mathrm{f},\gamma_1,\cdots,\gamma_r} | H_k | \psi \rangle)), \quad k = 1,2,\cdots,r \quad (7.97)$$

其中，$K_k > 0$；$c > 0$；$y_k = f_k(x_k)$，$k = 0,1,\cdots,r$ 是过平面 x_k-y_k 坐标原点且在第一、三象限的单调函数.

注 7.2 由式(7.95)可以看出，当不加虚构控制 ω 时，所设计的控制律 $u_k(t) = \gamma_k(t) + v_k(t) + \eta_k$，$k = 1,2,\cdots,r$ 将不能保证 $\mathrm{d}V/\mathrm{d}t \leqslant 0$，所以也就不能保证系统的稳定性. 此时控制场的设计将会变得较复杂，即在计算中是需要加入 ω 的. 加入 ω 后，控制系统的薛定谔方程的解等于不加 ω 时薛定谔方程的解与全局相位因子 $\mathrm{e}^{-\mathrm{i}\omega t}$ 之积. 所以系统模型中引入的 ω 可以用来调节被控状态的全局相位，而不会改变系统的布居分布值. 因此在实际应用中，并不需要真实地将 ω 加入实际系统中，故控制量 ω 被称为"虚构控制".

式(7.96)和式(7.97)就是根据李雅普诺夫稳定性定理在李雅普诺夫函数选择为式(7.96)时控制系统(7.88)设计出来的控制律.

为解决目标态为叠加态的收敛控制问题引入的常值微扰和为解决退化问题引入的引理 7.1 所示的隐函数微扰以及根据李雅普诺夫稳定性定理设计出来的控制律(7.96)和(7.97)仅能使控制系统稳定，不能保证系统一定收敛到期望的目标态. 要想使得所设计的控制系统的状态能够完全转移，必须要对系统进行进一步的分析来得到使系统能够收敛的条件，这些条件可以指导人们设计出保证系统状态完全转移的控制律. 下面对此进行深入研究，收敛性定理的研究结果为：

定理 7.3 控制系统(7.88)在控制律：引理 7.2 所示 $\gamma_k(t)$、式(7.84)所示 η_k、式(7.97)所示 $v_k(t)$ 和式(7.96)所示 ω 的控制作用下，若控制系统满足：(i) $\omega'_{l,m,\gamma_1,\cdots,\gamma_r} \neq \omega'_{i,j,\gamma_1,\cdots,\gamma_r}$，$(l,m) \neq (i,j)$，$i,j,l,m \in \{1,2,\cdots,N\}$，$\omega'_{l,m,\gamma_1,\cdots,\gamma_r} = \lambda'_{l,\gamma_1,\cdots,\gamma_r} -$

$\lambda'_{m,\gamma_1,\cdots,\gamma_r}, \lambda'_{l,\gamma_1,\cdots,\gamma_r}$ 为 $H_0 + \sum_{k=1}^{r} H_k(\gamma_k + \eta_k)$ 对应于本征态 $|\phi'_{l,\gamma_1,\cdots,\gamma_r}\rangle$ 的本征值;

(ii) 若 $|\phi'_{\gamma_1,\cdots,\gamma_r}\rangle \neq |\psi_{f,\gamma_1,\cdots,\gamma_r}\rangle$, 至少存在一个 $k \in \{1,2,\cdots,r\}$, 使 $\langle \psi'_{f,\gamma_1,\cdots,\gamma_r} | H_k | \phi'_{\gamma_1,\cdots,\gamma_r} \rangle \neq 0$, 则闭环系统的最大不变集为 $S^{2N-1} \bigcap E_2$, $E_2 = \{|\psi\rangle = \mathrm{e}^{\mathrm{i}\theta} |\psi_f\rangle\}, \theta \in \mathbf{R}\}$, 系统将收敛到目标态的等价态 $|\psi_f\rangle \mathrm{e}^{\mathrm{i}\theta}, \theta \in \mathbf{R}$.

该收敛性定理将在 7.2.2 小节进行证明.

7.2.2 控制系统收敛性证明

证明定理 7.3 的基本思路与证明基于状态距离的隐式李雅普诺夫量子控制方法的情况是相似的,即首先分析被控状态演化中的某一具体时刻满足 $\dot{V} = 0$ 的状态集合的特征;接着考虑在该时刻之后是否一直有 $\dot{V} = 0$ 成立,并据此找出系统的最大不变集;最后根据拉塞尔不变原理证明收敛性定理. 由于所选择的李雅普诺夫函数的不同,具体的证明过程也不同.

首先分析被控状态演化中的某一具体时刻满足 $\dot{V} = 0$ 的状态集合的特征,其结果由命题 7.5 给出:

命题 7.5 控制系统(7.86)在控制律:引理 7.2 所示 $\gamma_k(t)$、式(7.83)所示 η_k、式(7.95)所示 $\nu_k(t)$ 和式(7.94)所示 ω 的控制作用下,下面两个条件等价:(i) $\dot{V} = 0$;

(ii) $\mathrm{i}|\dot{\psi}(t)\rangle = \left(H_0 + \sum_{k=1}^{r} H_k(\gamma_k(t) + \eta_k) - \lambda'_{f,\gamma_1,\cdots,\gamma_r}I \right) |\psi(t)\rangle$.

证明 首先证明条件(i)⇒(ii).

根据式(7.97)所示 $\nu_k(t)$ 和式(7.96)所示 ω 的形式,可得

$$\dot{V} = 0 \iff \Im(\langle \psi | \psi'_{f,\gamma_1,\cdots,\gamma_r} \rangle) = 0, \quad \Im(\langle \psi'_{f,\gamma_1,\cdots,\gamma_r} | H_k | \psi \rangle) = 0 \quad (7.98)$$

则

$$\lambda'_{f,\gamma_1,\cdots,\gamma_r} + \omega = 0, \quad \nu_k(t) = 0 \quad (7.99)$$

代入式(7.88),可得

$$\mathrm{i}|\dot{\psi}(t)\rangle = \left(H_0 + \sum_{k=1}^{r} H_k(\gamma_k(t) + \eta_k) - \lambda'_{f,\gamma_1,\cdots,\gamma_r}I \right) |\psi(t)\rangle \quad (7.100)$$

再证明(ii)⇒(i). 由条件(ii)和控制系统的薛定谔方程(7.88),可得

$$(\lambda'_{\mathrm{f},\gamma_1,\cdots,\gamma_r} + \omega) \mid \psi\rangle = 0 \tag{7.101}$$

$$\sum_{k=1}^{r} \nu_k(t) H_k \mid \psi(t)\rangle = 0 \tag{7.102}$$

对式(7.101)和式(7.102)左右两边以 $\langle\psi'_{\mathrm{f},\gamma_1,\cdots,\gamma_r}\mid$ 作内积,可得

$$(\lambda'_{\mathrm{f},\gamma_1,\cdots,\gamma_r} + \omega)\langle\psi'_{\mathrm{f},\gamma_1,\cdots,\gamma_r}\mid\psi\rangle = 0 \tag{7.103}$$

$$\sum_{k=1}^{r} \nu_k(t)\langle\psi'_{\mathrm{f},\gamma_1,\cdots,\gamma_r}\mid H_k \mid \psi(t)\rangle = 0 \tag{7.104}$$

将式(7.103)和式(7.104)左右两边乘以 $1\Big/\Big(1 + \Re\big(\langle\frac{\partial\psi'_{\mathrm{f},\gamma_1,\cdots,\gamma_r}}{\partial\gamma_k}\big|\psi\big\rangle\big)\sum_{j=1}^{r}\theta'_j\Big)$,可得

$$\frac{(\lambda'_{\mathrm{f},\gamma_1,\cdots,\gamma_r} + \omega)\langle\psi'_{\mathrm{f},\gamma_1,\cdots,\gamma_r}\mid\psi\rangle}{\Big(1 + \Re\big(\big\langle\frac{\partial\psi'_{\mathrm{f},\gamma_1,\cdots,\gamma_r}}{\partial\gamma_k}\big|\psi\big\rangle\big)\sum_{j=1}^{r}\theta'_j\Big)} = 0 \tag{7.105}$$

$$\frac{\sum_{k=1}^{r}\nu_k(t)\langle\psi'_{\mathrm{f},\gamma_1,\cdots,\gamma_r}\mid H_k \mid \psi(t)\rangle}{\Big(1 + \Re\big(\big\langle\frac{\partial\psi'_{\mathrm{f},\gamma_1,\cdots,\gamma_r}}{\partial\gamma_k}\big|\psi\big\rangle\big)\sum_{j=1}^{r}\theta'_j\Big)} = 0 \tag{7.106}$$

因为 $\nu_k(t) \in \mathbf{R}, 1\Big/\Big(1 + \Re\big(\big\langle\frac{\partial\psi'_{\mathrm{f},\gamma_1,\cdots,\gamma_r}}{\partial\gamma_k}\big|\psi\big\rangle\big)\sum_{j=1}^{r}\theta'_j\Big) \in \mathbf{R}$,联合式(7.105)和式(7.106),可得

$$\dot{V} = 0 \tag{7.107}$$

证毕.

命题 7.5 中的两个条件仅描述了被控状态演化中的某一具体时刻、满足 $\dot{V} = 0$ 的状态集合的特征,不能解释闭环系统的收敛性.所以还需考虑在该时刻之后是否一直有 $\dot{V} = 0$ 成立,从而找到闭环系统的最大不变集.

假设 t_0 时刻 $\dot{V}(t_0) = 0$,则该时刻之后系统状态停止向目标态演化意味着:$t_1 = t_0 + \mathrm{d}t$ 时刻 $\dot{V}(t_1) = 0, t_2 = t_1 + \mathrm{d}t$ 时刻 $\dot{V}(t_2) = 0$……系统的被控状态自 $|\psi(t_0)\rangle$ 开始以自由方式演化,$\dot{V} = 0, V$ 为一常数,则 $\gamma_k, k = 1,2,\cdots,r$ 为常数,记 $\gamma_k = \bar{\gamma}_k$.通过对每一时刻系统状态进行 Taylor 展开,并取到 $\mathrm{d}t$ 的一次项,可依次得到

t_0: $\Im(\langle\psi'_{\mathrm{f},\bar{\gamma}_1,\cdots,\bar{\gamma}_r}\mid\psi(t_0)\rangle) = 0$, $\Im(\langle\psi'_{\mathrm{f},\bar{\gamma}_1,\cdots,\bar{\gamma}_r}\mid H_k \mid \psi(t_0)\rangle) = 0$ (7.108)

t_1: $\Im(\langle\psi'_{\mathrm{f},\bar{\gamma}_1,\cdots,\bar{\gamma}_r}\mid\psi(t_0 + \mathrm{d}t)\rangle)$

$$= \Im\left(\langle \psi'_{\mathrm{f},\bar{\gamma}_1,\cdots,\bar{\gamma}_r} \mid I - \mathrm{i}\mathrm{d}t \Big(H_0 + \sum_{k=1}^{r} H_k(\bar{\gamma}_k + \eta_k) - \lambda'_{\mathrm{f},\bar{\gamma}_1,\cdots,\bar{\gamma}_r} I \Big) \mid \psi(t_0) \rangle \right)$$

$$= \Im(\langle \psi'_{\mathrm{f},\bar{\gamma}_1,\cdots,\bar{\gamma}_r} \mid \psi(t_0) \rangle) - \mathrm{d}t \lambda'_{\mathrm{f},\bar{\gamma}_1,\cdots,\bar{\gamma}_r} \Re(\langle \psi'_{\mathrm{f},\bar{\gamma}_1,\cdots,\bar{\gamma}_r} \mid \psi(t_0) \rangle)$$

$$\quad + \mathrm{d}t \lambda'_{\mathrm{f},\bar{\gamma}_1,\cdots,\bar{\gamma}_r} \Re(\langle \psi'_{\mathrm{f},\bar{\gamma}_1,\cdots,\bar{\gamma}_r} \mid \psi(t_0) \rangle)$$

$$= \Im(\langle \psi'_{\mathrm{f},\bar{\gamma}_1,\cdots,\bar{\gamma}_r} \mid \psi(t_0) \rangle)$$

$$= 0 \tag{7.109}$$

$$\Im(\langle \psi'_{\mathrm{f},\bar{\gamma}_1,\cdots,\bar{\gamma}_r} \mid H_k \mid \psi(t_1) \rangle)$$

$$= \Im\left(\langle \psi'_{\mathrm{f},\bar{\gamma}_1,\cdots,\bar{\gamma}_r} \mid H_k \Big(I - \mathrm{i}\mathrm{d}t \Big(H_0 + \sum_{k=1}^{r} H_k(\bar{\gamma}_k + \eta_k) - \lambda'_{\mathrm{f},\bar{\gamma}_1,\cdots,\bar{\gamma}_r} I \Big) \Big) \mid \psi(t_0) \rangle \right)$$

$$= \Im(\langle \psi'_{\mathrm{f},\bar{\gamma}_1,\cdots,\bar{\gamma}_r} \mid H_k \mid \psi(t_0) \rangle) + \Im\left(-\mathrm{i}\mathrm{d}t \langle \psi'_{\mathrm{f},\bar{\gamma}_1,\cdots,\bar{\gamma}_r} \mid H_k \Big(H_0 + \sum_{k=1}^{r} H_k(\bar{\gamma}_k + \eta_k) \Big) \mid \psi(t_0) \rangle \right)$$

$$\quad + \Im(-\mathrm{i}\mathrm{d}t \lambda'_{\mathrm{f},\bar{\gamma}_1,\cdots,\bar{\gamma}_r} \langle \psi(t_0) \mid H_k \mid \psi'_{\mathrm{f},\bar{\gamma}_1,\cdots,\bar{\gamma}_r} \rangle) \tag{7.110}$$

根据式(7.108),可得

$$\Im(\langle \psi'_{\mathrm{f},\bar{\gamma}_1,\cdots,\bar{\gamma}_r} \mid H_k \mid \psi(t_1) \rangle)$$

$$= \Im\left(-\mathrm{i}\mathrm{d}t \langle \psi'_{\mathrm{f},\bar{\gamma}_1,\cdots,\bar{\gamma}_r} \mid H_k \Big(H_0 + \sum_{k=1}^{r} H_k(\bar{\gamma}_k + \eta_k) \Big) \mid \psi(t_0) \rangle \right)$$

$$\quad + \Im(-\mathrm{i}\mathrm{d}t \lambda'_{\mathrm{f},\bar{\gamma}_1,\cdots,\bar{\gamma}_r} \langle \psi(t_0) \mid H_k \mid \psi'_{\mathrm{f},\bar{\gamma}_1,\cdots,\bar{\gamma}_r} \rangle)$$

$$= \Im\left(-\mathrm{i}\mathrm{d}t \langle \psi'_{\mathrm{f},\bar{\gamma}_1,\cdots,\bar{\gamma}_r} \mid H_k \Big(H_0 + \sum_{k=1}^{r} H_k(\bar{\gamma}_k + \eta_k) \Big) \mid \psi(t_0) \rangle \right)$$

$$\quad + \Im\left(-\mathrm{i}\mathrm{d}t \langle \psi(t_0) \mid H_k \Big(H_0 + \sum_{k=1}^{r} H_k(\bar{\gamma}_k + \eta_k) \Big) \mid \psi'_{\mathrm{f},\bar{\gamma}_1,\cdots,\bar{\gamma}_r} \rangle \right)$$

$$= \Im\left(\mathrm{i}\mathrm{d}t \langle \psi'_{\mathrm{f},\bar{\gamma}_1,\cdots,\bar{\gamma}_r} \mid \Big[\Big(H_0 + \sum_{k=1}^{r} H_k(\bar{\gamma}_k + \eta_k) \Big), H_k \Big] \mid \psi(t_0) \rangle \right) = 0 \tag{7.111}$$

则

$$\Im\left(\mathrm{i} \langle \psi'_{\mathrm{f},\bar{\gamma}_1,\cdots,\bar{\gamma}_r} \mid \Big[\Big(H_0 + \sum_{k=1}^{r} H_k(\bar{\gamma}_k + \eta_k) \Big), H_k \Big] \mid \psi(t_0) \rangle \right) = 0 \tag{7.112}$$

在 t_2 时刻,同理可得

$$\Im(\langle \psi'_{\mathrm{f},\bar{\gamma}_1,\cdots,\bar{\gamma}_r} \mid \psi(t_2) \rangle) = \Im(\langle \psi'_{\mathrm{f},\bar{\gamma}_1,\cdots,\bar{\gamma}_r} \mid \psi(t_0) \rangle) = 0$$

$$\Im\left(\mathrm{i}^2 \langle \psi'_{\mathrm{f},\bar{\gamma}_1,\cdots,\bar{\gamma}_r} \mid \Big[\Big(H_0 + \sum_{k=1}^{r} H_k(\bar{\gamma}_k + \eta_k) \Big), \Big[\Big(H_0 + \sum_{k=1}^{r} H_k(\bar{\gamma}_k + \eta_k) \Big), H_k \Big] \Big] \mid \psi(t_0) \rangle \right)$$

$$= 0 \tag{7.113}$$

记

$$\left[\left(H_0 + \sum_{k=1}^{r} H_k (\bar{\gamma}_k + \eta_k) \right)^{(n)}, H_k \right]$$

$$= \underbrace{\left[\left(H_0 + \sum_{k=1}^{r} H_k (\bar{\gamma}_k + \eta_k) \right), \left[\left(H_0 + \sum_{k=1}^{r} H_k (\bar{\gamma}_k + \eta_k) \right), \cdots, \left[\left(H_0 + \sum_{k=1}^{r} H_k (\bar{\gamma}_k + \eta_k) \right), H_k \right] \cdots \right] \right]}_{n\text{次}}$$

则上述方程可写为

$$\begin{cases} \Im(\langle \psi'_{\mathrm{f}, \bar{\gamma}_1, \cdots, \bar{\gamma}_r} \mid \psi(t_0) \rangle) = 0 \\ \Im\left(\mathrm{i}^n \langle \psi'_{\mathrm{f}, \bar{\gamma}_1, \cdots, \bar{\gamma}_r} \mid \left[\left(H_0 + \sum_{k=1}^{r} H_k (\bar{\gamma}_k + \eta_k) \right)^{(n)}, H_k \right] \mid \psi(t_0) \rangle \right) = 0, \quad n = 0, 1, \cdots \end{cases}$$

$$(7.114)$$

通过在 $H_0 + \sum_{k=1}^{r} H_k (\gamma_k + \eta_k)$ 的本征基上描述系统,可将 $H_0 + \sum_{k=1}^{r} H_k (\gamma_k + \eta_k)$ 化为对角矩阵. 设 $H_0 + \sum_{k=1}^{r} H_k (\gamma_k + \eta_k)$ 的本征基分别为 $\mid \phi'_{1, \gamma_1, \cdots, \gamma_r} \rangle$, $\mid \phi'_{2, \gamma_1, \cdots, \gamma_r} \rangle$, $\cdots$, $\mid \phi'_{N, \gamma_1, \cdots, \gamma_r} \rangle$, 记 $U = (\mid \phi'_{1, \gamma_1, \cdots, \gamma_r} \rangle, \mid \phi'_{2, \gamma_1, \cdots, \gamma_r} \rangle, \cdots, \mid \phi'_{N, \gamma_1, \cdots, \gamma_r} \rangle)$, 则在 $H_0 + \sum_{k=1}^{r} H_k (\gamma_k + \eta_k)$ 的本征基上描述的系统为

$$\mathrm{i} \mid \dot{\bar{\psi}}(t) \rangle = \left(\bar{H}_0 + \sum_{k=1}^{r} \bar{H}_k (\gamma_k(t) + v_k(t) + \eta_k) + \omega I \right) \mid \bar{\psi}(t) \rangle \quad (7.115)$$

其中

$$\mid \psi(t) \rangle = U \mid \bar{\psi}(t) \rangle, \quad H_0 = U \bar{H}_0 U^H, \quad H_k = U \bar{H}_k U^H \quad (7.116)$$

记 $\mid \bar{\psi}'_{\mathrm{f}, \gamma_1, \cdots, \gamma_r} \rangle = U^H \mid \psi'_{\mathrm{f}, \gamma_1, \cdots, \gamma_r} \rangle$, 将式(7.116)代入式(7.114),可得

$$\begin{cases} \Im(\langle \bar{\psi}'_{\mathrm{f}, \bar{\gamma}_1, \cdots, \bar{\gamma}_r} \mid \bar{\psi}(t_0) \rangle) = 0 \\ \Im\left(\mathrm{i}^n \langle \bar{\psi}'_{\mathrm{f}, \bar{\gamma}_1, \cdots, \bar{\gamma}_r} \mid \left[\left(\bar{H}_0 + \sum_{k=1}^{r} \bar{H}_k (\bar{\gamma}_k + \eta_k) \right)^{(n)}, \bar{H}_k \right] \mid \bar{\psi}(t_0) \rangle \right) = 0, \quad n = 0, 1, \cdots \end{cases}$$

$$(7.117)$$

其中, $\bar{H}_0 + \sum_{k=1}^{r} \bar{H}_k (\bar{\gamma}_k + \eta_k) = \mathrm{diag}(\lambda'_{1, \bar{\gamma}_1, \cdots, \bar{\gamma}_r}, \lambda'_{2, \bar{\gamma}_1, \cdots, \bar{\gamma}_r}, \cdots, \lambda'_{N, \bar{\gamma}_1, \cdots, \bar{\gamma}_r})$. 记 $\mid \bar{\psi}(t_0) \rangle = (\psi_1 \quad \psi_2 \quad \cdots \quad \psi_N)^{\mathrm{T}}$.

当 $H_0 + \sum_{k=1}^{r} H_k (\gamma_k + \eta_k)$ 具有非退化谱时, $\bar{H}_0 + \sum_{k=1}^{r} \bar{H}_k (\bar{\gamma}_k + \eta_k)$ 的 N 个本征态可

顺次写成 $(1 \quad 0 \quad \cdots \quad 0)^{\mathrm{T}}, (0 \quad 1 \quad \cdots \quad 0)^{\mathrm{T}}, \cdots, (0 \quad 0 \quad \cdots \quad 1)^{\mathrm{T}}$. 为便于推导，假定 $|\bar{\psi}'_{\mathrm{f}, \bar{\gamma}_1, \cdots, \bar{\gamma}_r}\rangle = (0 \quad 0 \quad \cdots \quad 1)^{\mathrm{T}}$，则式(7.117)化为

$$
\begin{cases}
\Im(\langle \bar{\psi}'_{\mathrm{f}, \bar{\gamma}_1, \cdots, \bar{\gamma}_r} \mid \bar{\psi}(t_0)\rangle) = 0 \\
\Im\left(\mathrm{i}^n \sum_{j=1}^{N} (\lambda'_{N, \bar{\gamma}_1, \cdots, \bar{\gamma}_r} - \lambda'_{j, \bar{\gamma}_1, \cdots, \bar{\gamma}_r})^n (\bar{H}_k)_{Nj} \psi_j\right) = 0, \quad k = 1, 2, \cdots, r
\end{cases}
\tag{7.118}
$$

在实际系统中，$\bar{H}_k$ 的对角线元素常为 0，$n = 0$ 时，式(7.118)为

$$
\Im(\langle \bar{\psi}'_{\mathrm{f}, \bar{\gamma}_1, \cdots, \bar{\gamma}_r} \mid \bar{\psi}(t_0)\rangle) = 0, \quad \Im\left(\sum_{j=1}^{N-1} (\bar{H}_k)_{Nj} \psi_j\right) = 0
$$

记

$$
\begin{cases}
\xi = ((\bar{H}_k)_{N1} \psi_1 \quad (\bar{H}_k)_{N2} \psi_2 \quad \cdots \quad (\bar{H}_k)_{NN-1} \psi_{N-1})^{\mathrm{T}} \\
\Lambda = \mathrm{diag}(\lambda'_{N, \bar{\gamma}_1, \cdots, \bar{\gamma}_r} - \lambda'_{1, \bar{\gamma}_1, \cdots, \bar{\gamma}_r}, \lambda'_{N, \bar{\gamma}_1, \cdots, \bar{\gamma}_r} - \lambda'_{2, \bar{\gamma}_1, \cdots, \bar{\gamma}_r}, \cdots, \lambda'_{N, \bar{\gamma}_1, \cdots, \bar{\gamma}_r} - \lambda'_{N-1, \bar{\gamma}_1, \cdots, \bar{\gamma}_r}) \\
M = \begin{bmatrix}
1 & 1 & \cdots & 1 \\
(\lambda'_{N, \bar{\gamma}_1, \cdots, \bar{\gamma}_r} - \lambda'_{1, \bar{\gamma}_1, \cdots, \bar{\gamma}_r})^2 & (\lambda'_{N, \bar{\gamma}_1, \cdots, \bar{\gamma}_r} - \lambda'_{2, \bar{\gamma}_1, \cdots, \bar{\gamma}_r})^2 & \cdots & (\lambda'_{N, \bar{\gamma}_1, \cdots, \bar{\gamma}_r} - \lambda'_{N-1, \bar{\gamma}_1, \cdots, \bar{\gamma}_r})^2 \\
\vdots & \vdots & & \vdots \\
(\lambda'_{N, \bar{\gamma}_1, \cdots, \bar{\gamma}_r} - \lambda'_{1, \bar{\gamma}_1, \cdots, \bar{\gamma}_r})^{2(N-2)} & (\lambda'_{N, \bar{\gamma}_1, \cdots, \bar{\gamma}_r} - \lambda'_{2, \bar{\gamma}_1, \cdots, \bar{\gamma}_r})^{2(N-2)} & \cdots & (\lambda'_{N, \bar{\gamma}_1, \cdots, \bar{\gamma}_r} - \lambda'_{N-1, \bar{\gamma}_1, \cdots, \bar{\gamma}_r})^{2(N-2)}
\end{bmatrix}
\end{cases}
\tag{7.119}
$$

当 $n = 0, 2, 4, \cdots$ 时，式(7.118)为 $\psi_N = 0, \Im(M\xi) = 0$，因为 M 是实值非奇异矩阵，所以 $\Im(M\xi) = 0$ 等价于 $M\Im(\xi) = 0$，可得

$$
\Im(\xi) = 0
\tag{7.120}
$$

当 $n = 1, 3, 5, \cdots$ 时，式(7.118)为 $\psi_N = 0, \Re(M\Lambda\xi) = 0$，因为 M 和 Λ 是实值非奇异矩阵，所以 $\Re(M\Lambda\xi) = 0$ 等价于 $M\Lambda\Re(\xi) = 0$，可得

$$
\Re(\xi) = 0
\tag{7.121}
$$

则

$$
\xi = 0
\tag{7.122}
$$

由条件(ii)和式(7.116)可得

$$
\langle \bar{\psi}'_{\mathrm{f}, \gamma_1, \cdots, \gamma_r} \mid \bar{H}_k \mid \bar{\phi}'_{\gamma_1, \cdots, \gamma_r}\rangle \neq 0, \quad |\bar{\phi}'_{\gamma_1, \cdots, \gamma_r}\rangle \neq |\bar{\psi}'_{\mathrm{f}, \gamma_1, \cdots, \gamma_r}\rangle
\tag{7.123}
$$

因为 $|\bar{\psi}'_{\mathrm{f}, \gamma_1, \cdots, \gamma_r}\rangle = (0 \quad 0 \quad \cdots \quad 1)^{\mathrm{T}}$，所以式(7.123)可化为：存在一个 k，使

量子系统控制理论与方法
Control Theory and Methods of Quantum Systems

$$(\bar{H}_k)_{Nj} \neq 0, \quad j = 1, 2, \cdots, N-1 \tag{7.124}$$

则由式(7.119)和式(7.122)可得

$$\psi_j = 0, \quad j = 1, 2, \cdots, N-1 \tag{7.125}$$

故式(7.118)等价于

$$|\bar{\psi}(t_0)\rangle = \psi_N |\bar{\psi}'_{f,\bar{\gamma}_1,\cdots,\bar{\gamma}_r}\rangle = |\bar{\psi}'_{f,\bar{\gamma}_1,\cdots,\bar{\gamma}_r}\rangle e^{i\theta}, \quad \theta \in \mathbf{R} \tag{7.126}$$

因此根据式(7.116),可得

$$|\psi(t_0)\rangle = |\psi'_{f,\bar{\gamma}_1,\cdots,\bar{\gamma}_r}\rangle e^{i\theta} \tag{7.127}$$

此时,由 $\gamma_k(|\psi\rangle)$ 的定义式(7.87)可得

$$\gamma_k(|\psi\rangle) = \theta_k \left(\frac{1}{2} \langle \psi - |\psi'_{f,\gamma_1,\cdots,\gamma_r}\rangle \mid \psi - |\psi'_{f,\gamma_1,\cdots,\gamma_r}\rangle \rangle \right)$$
$$= \theta_k (1 - \Re(\langle |\psi'_{f,\gamma_1,\cdots,\gamma_r}| \psi\rangle)) = 0, \quad k = 1, 2, \cdots, r \tag{7.128}$$

则式(7.127)化为

$$|\psi(t_0)\rangle = |\psi_f\rangle e^{i\theta} \tag{7.129}$$

故所要求的最大不变集为

$$E_2 = \{|\psi\rangle = e^{i\theta} |\psi_f\rangle, \theta \in \mathbf{R}\} \tag{7.130}$$

根据拉塞尔不变原理,任意的有界解都将收敛到最大不变集 $E_2 = \{|\psi\rangle = e^{i\theta}|\psi_f\rangle, \theta \in \mathbf{R}\}$,则控制系统收敛到 $|\psi_f\rangle e^{i\theta}$, $\theta \in \mathbf{R}$,即定理7.3得证.

7.2.3 基于距离和偏差方法之间的关系

在量子系统的刘维尔空间中,对于用密度算子表示的两个量子状态 ρ_1 和 ρ_2,它们之间的 Hilbert-Schmidt 距离为

$$d_{HS}(\rho_1, \rho_2) = \sqrt{\mathrm{tr}(\rho_1 - \rho_2)^2} \tag{7.131}$$

在刘维尔空间中,任意两个算子 A 和 B 的内积定义为

$$\langle\langle A \mid B \rangle\rangle = \mathrm{tr}(A^+ B) \tag{7.132}$$

且纯态与其密度算子的关系为

$$\rho = |\psi\rangle\langle\psi| \tag{7.133}$$

则可得任意一密度算子 ρ 与目标密度算子 $\rho_{\mathrm{f},\gamma_1,\cdots,\gamma_r}$ 之间的 Hilbert-Schmidt 距离的平方为

$$
\begin{aligned}
&d_{\mathrm{HS}}^2(\rho,\rho_{\mathrm{f},\gamma_1,\cdots,\gamma_r}) \\
&= \mathrm{tr}(\rho - \rho_{\mathrm{f},\gamma_1,\cdots,\gamma_r})^2 \\
&= \langle\langle \rho - \rho_{\mathrm{f},\gamma_1,\cdots,\gamma_r} \mid \rho - \rho_{\mathrm{f},\gamma_1,\cdots,\gamma_r} \rangle\rangle \\
&= \langle\langle (|\psi\rangle\langle\psi| - |\psi'_{\mathrm{f},\gamma_1,\cdots,\gamma_r}\rangle\langle\psi'_{\mathrm{f},\gamma_1,\cdots,\gamma_r}|) \mid (|\psi\rangle\langle\psi| - |\psi'_{\mathrm{f},\gamma_1,\cdots,\gamma_r}\rangle\langle\psi'_{\mathrm{f},\gamma_1,\cdots,\gamma_r}|) \rangle\rangle \\
&= \langle\langle (|\psi\rangle\langle\psi|) \mid (|\psi\rangle\langle\psi|) \rangle\rangle \\
&\quad + \langle\langle (|\psi'_{\mathrm{f},\gamma_1,\cdots,\gamma_r}\rangle\langle\psi'_{\mathrm{f},\gamma_1,\cdots,\gamma_r}|) \mid (|\psi'_{\mathrm{f},\gamma_1,\cdots,\gamma_r}\rangle\langle\psi'_{\mathrm{f},\gamma_1,\cdots,\gamma_r}|) \rangle\rangle \\
&\quad - \langle\langle (|\psi\rangle\langle\psi|) \mid (|\psi'_{\mathrm{f},\gamma_1,\cdots,\gamma_r}\rangle\langle\psi'_{\mathrm{f},\gamma_1,\cdots,\gamma_r}|) \rangle\rangle \\
&\quad - \langle\langle (|\psi'_{\mathrm{f},\gamma_1,\cdots,\gamma_r}\rangle\langle\psi'_{\mathrm{f},\gamma_1,\cdots,\gamma_r}|) \mid (|\psi\rangle\langle\psi|) \rangle\rangle \\
&= \mathrm{tr}(\rho + \rho_{\mathrm{f},\gamma_1,\cdots,\gamma_r} - \langle\psi'_{\mathrm{f},\gamma_1,\cdots,\gamma_r}|\psi\rangle|\psi'_{\mathrm{f},\gamma_1,\cdots,\gamma_r}\rangle\langle\psi| - \langle\psi|\psi'_{\mathrm{f},\gamma_1,\cdots,\gamma_r}\rangle|\psi\rangle\langle\psi'_{\mathrm{f},\gamma_1,\cdots,\gamma_r}|) \\
&= 2(1 - |\langle\psi|\psi'_{\mathrm{f},\gamma_1,\cdots,\gamma_r}\rangle|^2) \tag{7.134}
\end{aligned}
$$

基于距离的李雅普诺夫函数为 $V(|\psi\rangle) = \dfrac{1}{2}(1 - |\psi\langle\psi'_{\mathrm{f},\gamma_1,\cdots,\gamma_r}\rangle|^2)$,基于偏差的李雅普诺夫函数为 $V(|\psi\rangle) = \dfrac{1}{2}\langle\psi - \psi'_{\mathrm{f},\gamma_1,\cdots,\gamma_r}|\psi - \psi'_{\mathrm{f},\gamma_1,\cdots,\gamma_r}\rangle$,根据式(7.134)可得基于状态距离和偏差的李雅普诺夫函数在用等价的密度算子替换相应纯态的意义上是等价的.

注 7.3 根据基于状态距离和偏差的隐式李雅普诺夫控制方法的控制律表达式和收敛性定理,每个时刻两种方法的控制律是不相同的,但都可以使控制量子系统渐近稳定到任意的一个本征态,而且两种方法在用等价的密度算子替换相应纯态的意义上是等价的.

7.2.4　数值仿真实验

本小节将仍然考虑 7.1 节中四能级多控制哈密顿量子系统退化情况下的例子,分别采用基于状态距离和偏差的隐式李雅普诺夫控制方法进行具体的控制器的设计,并进行系统数值仿真实验.以此来对本节所提出的控制策略的正确性和有效性进行验证,并对比两种控制方法的控制效果.

在数值仿真实验中,所选择的四能级系统的哈密顿量为

$$H_0 = \begin{pmatrix} 1.1 & 0 & 0 & 0 \\ 0 & 1.83 & 0 & 0 \\ 0 & 0 & 2.56 & 0 \\ 0 & 0 & 0 & 3.05 \end{pmatrix}, \quad H_1 = \begin{pmatrix} 0 & 0 & 1 & 1 \\ 0 & 0 & 1 & 0 \\ 1 & 1 & 0 & 0 \\ 1 & 0 & 0 & 0 \end{pmatrix}, \quad H_2 = \begin{pmatrix} 0 & 1 & 0 & 0 \\ 1 & 0 & 0 & 1 \\ 0 & 0 & 0 & 1 \\ 0 & 1 & 1 & 0 \end{pmatrix}$$

$$(7.135)$$

初态取为 $|\psi_0\rangle = 0.5\,(1 \quad 1 \quad 1 \quad 1)^T$, 目标态取为 $|\psi_f\rangle = (0 \quad 0 \quad 0 \quad 1)^T$. 从 H_0 的具体数值可以看出 $\omega_{21} = \omega_2 - \omega_1 = 1.83 - 1.1 = 0.73, \omega_{32} = \omega_3 - \omega_2 = 2.56 - 1.83 = 0.73$, 即 $\omega_{21} = \omega_{32}$, H_0 是跃迁退化的.

根据(Beauchard, et al., 2007)和本节所提出的设计思想, 基于状态偏差的控制律为 $u_k(t) = \gamma_k(t) + v_k(t) + \eta_k, k = 1,2$, 虚构控制律为 ω, 其中, 隐函数 $\gamma_k(t)$ 按照引理 7.2 进行设计:

$$\gamma_k(|\psi\rangle) = \theta_k(V(|\psi\rangle)) = \theta_k\left(\frac{1}{2}\langle\psi - \psi'_{f,\gamma_1,\gamma_2} | \psi - \psi'_{f,\gamma_1,\gamma_2}\rangle\right), \quad k = 1,2$$

$$(7.136)$$

其中, $\theta_1(s) = C_1 s; \theta_2(s) = C_2 s$.

η_k 按照式(7.84)进行设计并有 $\eta_1 = \eta_2 = 0$.

控制函数 $v(t)$ 按照式(7.97)进行设计:

$$v_k(t) = K_k f_k(\Im(\langle\psi'_{f,\gamma_1,\gamma_2} | H_k | \psi\rangle)), \quad k = 1,2 \qquad (7.137)$$

其中, $v_1(t) = K_1 \Im(\langle\psi'_{f,\gamma_1,\gamma_2} | H_1 | \psi\rangle); v_2(t) = K_2 \Im(\langle\psi'_{f,\gamma_1,\gamma_2} | H_2 | \psi\rangle)$.

虚构控制场 ω 按照式(7.96)进行设计:

$$\omega = -\lambda'_{f,\gamma_1,\gamma_2} + c\Im(\langle\psi'_{f,\gamma_1,\gamma_2} | \psi\rangle) \qquad (7.138)$$

经过反复仔细地调节系统参数, 可得到能调到最好的控制效果的系统参数为 $C_1 = 0.04, C_2 = 0.02, K_1 = 0.3, K_2 = 0.7, c = 0.16$.

基于状态距离的控制律为 $u_k(t) = \gamma_k(t) + v_k(t), k = 1,2$, 其中隐函数 $\gamma_k(t)$ 设计为

$$\gamma_k(|\psi\rangle) = \theta_k\left(\frac{1}{2}(1 - |\langle\psi | \psi'_{f,\gamma_1,\gamma_2}\rangle|^2)\right), \quad k = 1,2 \qquad (7.139)$$

其中, $\theta_1(s) = 0.04s; \theta_2(s) = 0.02s$.

控制函数 $v(t)$ 设计为

$$v_k(t) = K_k f_k(\Im(e^{i\angle\langle\psi|\psi'_{f,\gamma_1,\gamma_2}\rangle}\langle\psi'_{f,\gamma_1,\gamma_2} | H_k | \psi\rangle)), \quad k = 1,2 \qquad (7.140)$$

其中

$$v_1(t) = 0.075\Im(\langle\psi\mid\psi'_{f,\gamma_1,\gamma_2}\rangle\langle\psi'_{f,\gamma_1,\gamma_2}\mid H_1\mid\psi\rangle)$$

$$v_2(t) = 0.07\Im(\langle\psi\mid\psi'_{f,\gamma_1,\gamma_2}\rangle\langle\psi'_{f,\gamma_1,\gamma_2}\mid H_2\mid\psi\rangle)$$

在系统仿真实验中,采样步长选为 0.01 a.u.,仿真时间选为 50 a.u..系统的仿真结果分别如图 7.2 至图 7.4 所示,其中图 7.2 是在两种控制方法所设计的控制律下,控制系统四个能级的布居数的演化曲线,$|c_i|^2$,$i=1,2,3,4$ 分别代表系统第 i 个能级的布居数;图 7.3 是两种控制方法所设计的控制律 $u_1(t)$ 和 $u_2(t)$ 的变化曲线;图 7.4 是基于状态偏差的隐式李雅普诺夫控制方法所设计的虚构控制 ω 的变化曲线.从图 7.2 和图 7.3 中可以看出:当控制系统转移到目标态时,控制量基本为零;从图 7.4 中可以看出:虚构控制基本接近于 -3.05,这是因为对应于目标态的本征值为 3.05.

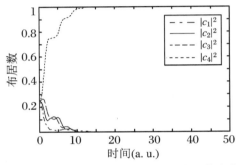 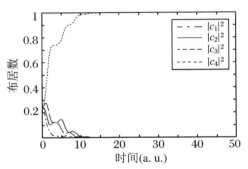

(a) 采用基于状态偏差的方法的布居数分布　　(b) 采用基于状态距离的方法的布居数分布

图 7.2　控制系统的布居数演化曲线

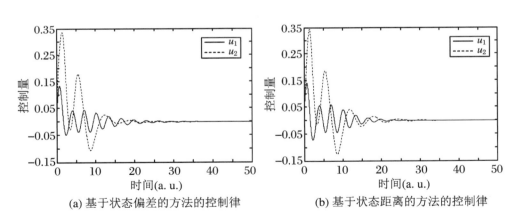

(a) 基于状态偏差的方法的控制律　　(b) 基于状态距离的方法的控制律

图 7.3　系统控制律 $u_1(t)$ 和 $u_2(t)$ 的演化曲线

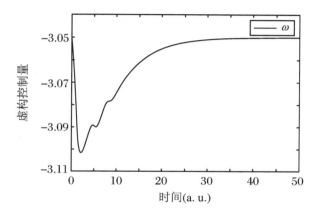

图 7.4　虚构控制律 ω

　　从系统仿真实验的结果中可以看出:最后在 31 a.u.,采用基于状态偏差的隐式李雅普诺夫控制方法时,四个能级的布居数分别为 $|c_1|^2=1.329\,6\times10^{-7}$,$|c_2|^2=3.542\,9\times10^{-7}$,$|c_3|^2=3.553\,4\times10^{-7}$,$|c_4|^2=1$,转移概率为 99.997%.采用基于状态距离的隐式李雅普诺夫控制方法时,四个能级的布居数分别为 $|c_1|^2=2.911\,1\times10^{-7}$,$|c_2|^2=8.970\,7\times10^{-6}$,$|c_3|^2=8.841\times10^{-7}$,$|c_4|^2=0.999\,99$,转移概率为 99.999%.采用基于状态偏差和状态距离的隐式李雅普诺夫控制方法时,使转移概率保持在 99.999% 所需的最短时间分别为 35 a.u. 和 31 a.u..

　　从上面的数值仿真实验可以看出:所提出的基于状态偏差的隐式李雅普诺夫控制是有效的,两种控制方法每个时刻的控制律和控制律随时间变化的趋势不相同,布居数随时间变化的趋势也不相同,这是由于两种控制方法的控制律和李雅普诺夫函数的形式是不同的.但两种控制方法的最终控制效果基本一致,这是由于两种方法在用等价的密度算子替换相应纯态的意义上是等价的.

7.3　基于虚拟力学量均值的隐式李雅普诺夫控制方法

　　本节将基于隐式李雅普诺夫控制方法的基本思想,在控制律中引入一系列隐函数微扰.与前两节情况不同,本节选取基于虚拟力学量均值的李雅普诺夫函数来设计隐函数,解决了退化情况下的控制系统的收敛问题,同时考虑多控制哈密顿情况.通过在控制律中引入常值扰动,解决了目标态为叠加态的完全状态转移.本节根据拉塞尔不变原理对控制系统的收敛性进行了分析和证明,分析了控制系统收敛需满足的条件,找出便于设计的显式的虚拟力学量的设计原则.分析了基于状态距离、状态偏差、虚拟力学量均值的三种隐式李雅普诺夫函数的关系.

7.3.1 控制律的设计

本小节考虑如下的 N 能级多控制哈密顿量的封闭量子系统:

$$\mathrm{i} \mid \dot{\psi}(t)\rangle = \left(H_0 + \sum_{k=1}^{r} H_k u_k(t) \right) \mid \psi(t)\rangle \tag{7.141}$$

其中,H_0 是系统内部哈密顿量和自由哈密顿量;H_k 是控制哈密顿量和相互作用哈密顿量,是含时的.H_0 和 H_k 均是厄米的,$u_k(t)$ 是标量可实现实值控制函数.

为了解决退化情况下控制系统的收敛问题,已有的手段是在控制律中引入微扰控制项,即在控制系统(7.141)的控制律 $u_k(t)$,$k=1,2,\cdots,r$ 中引入微扰项 $\gamma_k(t)$,此时控制系统变为

$$\mathrm{i} \mid \dot{\psi}(t)\rangle = \left(H_0 + \sum_{k=1}^{r} H_k(\gamma_k(t) + v_k(t)) \right) \mid \psi(t)\rangle \tag{7.142}$$

其中,$u_k(t) = \gamma_k(t) + v_k(t)$ 是需要设计的控制律.

本节的控制目标是,通过设计控制律 $u_k(t) = \gamma_k(t) + v_k(t)$ 来使控制系统(7.142)从任意一个初态 $|\psi_0\rangle$ 完全转移到任意的一个期望目标态 $|\psi_f\rangle$.

7.3.1.1 李雅普诺夫函数的选取

选取基于虚拟力学量平均值的李雅普诺夫函数为

$$V(\mid \psi\rangle) = \langle \psi \mid P_{\gamma_1,\cdots,\gamma_r} \mid \psi\rangle \tag{7.143}$$

其中,虚拟力学量 $P_{\gamma_1,\cdots,\gamma_r} = f(\gamma_1(t),\cdots,\gamma_r(t))$ 是关于微扰 $\gamma_k(t)$ 的函数,方便起见,写成 $P_{\gamma_1,\cdots,\gamma_r}$,$P_{\gamma_1,\cdots,\gamma_r}$ 正定.

下面设计控制律:

7.3.1.2 微扰的设计

为了解决退化情况下控制系统的收敛问题,控制律中引入了隐函数微扰.基本思路

就是引入微扰后,将 $H_0 + \sum_{k=1}^{r} H_k \gamma_k(t)$ 看作控制系统(7.142)新的内部哈密顿量,相应地,目标态 $|\psi_f\rangle$ 转变为 $\gamma_k(t)$ 的函数,记为 $|\psi_{f,\gamma_1,\cdots,\gamma_r}\rangle$,$H_0$ 的本征态 $|\phi\rangle$ 也变为 $|\phi_{\gamma_1,\cdots,\gamma_r}\rangle$. 此时设计微扰 $\gamma_k(t)$ 使该控制系统满足强正则和内部哈密顿量任意两个本征态直接连接这两个条件,变为非退化情况.

可以将系统状态的演化过程看为:随着李雅普诺夫函数 V 的不断下降,通过设计合适的控制律,控制系统逐渐收敛到 $|\psi_{f,\gamma_1,\cdots,\gamma_r}\rangle$. 同时,要设计微扰 $\gamma_k(t), k=1,2,\cdots,r$ 逐渐收敛到 0,且为了能解决退化情况,其收敛速度要慢于控制系统收敛到 $|\psi_{f,\gamma_1,\cdots,\gamma_r}\rangle$ 的速度,并且为了使控制系统能收敛到目标态 $|\psi_f\rangle$,需设计 $\gamma_k(|\psi_f\rangle) = 0$.

在非退化情况下,为了使控制系统能收敛到期望的目标态 $|\psi_f\rangle$,丛爽、Grivopoulos 等人曾提出了进一步的限制条件:$V(|\psi_f\rangle) < V(|\psi_0\rangle) < V(|\psi_{ot}\rangle)$,其中 $|\psi_{ot}\rangle$ 是 $E_1 = \langle |\psi\rangle | \dot{V}(|\psi\rangle) = 0 \rangle$ 中除目标态外的其他态(Cong,Kuang,2007;Grivopoulos,Bamieh,2003). 该条件与虚拟力学量 P 以及初始状态和目标态有关. 在实际应用中,初始态和目标态是不能任意选取的,且很难设计虚拟力学量使该限制条件对于任意的初始态和目标态都成立,并且所提出的限制条件 $V(|\psi_f\rangle) < V(|\psi_0\rangle) < V(|\psi_{ot}\rangle)$ 不是一个显式. 实际上,加入 $V(|\psi_f\rangle) < V(|\psi_0\rangle) < V(|\psi_{ot}\rangle)$ 这个限制是因为 $E_1 = \langle |\psi\rangle | \dot{V}(|\psi\rangle) = 0 \rangle$ 集合中不只包含目标态. 在对该条件的研究中已经指出 $\dot{V}(|\psi\rangle) = 0 \Leftrightarrow u_k(t) = 0, k=1,2,\cdots,r$. 所以当不加该限制时,随着李雅普诺夫函数 $V(t)$ 的不断下降,系统状态演化到某个 $|\psi_{ot}\rangle$,此时所有的控制律满足 $u_k(t) = 0, k=1,2,\cdots,r$,系统状态将停留在此处,不再进一步演化.

在退化情况下,为了使控制系统能收敛到给定的目标态,我们选择了一个更简单的限制条件:$V(|\psi_f\rangle) < V(|\psi_{ot}\rangle)$,该限制条件可以通过设计合适的虚拟力学量使其对任意的初始态和目标态都满足. 为了保证控制系统通过加入这个限制条件而能收敛到目标态,设计微扰函数:对于 $k=1,2,\cdots,r$,至少存在一个 $\gamma_k(|\psi\rangle) \neq 0$,$|\psi\rangle \neq |\psi_f\rangle$,$\gamma_k(|\psi_f\rangle) = 0$.

由于在李雅普诺夫控制方法下,系统状态的演化依赖于 $V(t)$ 的不断下降,故可设计微扰 $\gamma_k(t)$ 为 $V(t)$ 的单调增函数:

$$\gamma_k(\psi) = \theta_k(\langle \psi | P_{\gamma_1,\cdots,\gamma_r} | \psi\rangle - l_{\gamma_1,\cdots,\gamma_r}), \quad k=1,2,\cdots,r \qquad (7.144)$$

其中,$l_{\gamma_1,\cdots,\gamma_r}$ 是 $P_{\gamma_1,\cdots,\gamma_r}$ 的最小本征值. 函数 $\theta_k(\cdot)$ 满足 $\theta_k(0) = 0$;对于任意的 $s > 0$,有 $\theta_k(s) > 0, \theta'_k(s) > 0$. 这些隐函数微扰 $\gamma_k(t)$ 的存在性可用下述引理 7.3 描述.

引理 7.3 $\theta_k \in C^{\infty}(\mathbf{R}^+; [0, \gamma_k^*]), k=1,2,\cdots,r$(常数 $\gamma_k^* \in \mathbf{R}, \gamma_k^* > 0$),满足 $\theta_k(0)$

$= 0$,对于任意 $s > 0$,$\theta'_k(s) > 0$,$\theta_k(s) > 0$,$\|\theta'_k\|_\infty < 1/(2rC^*)$,$C^* = 1 +$ $\max\left\{\left\|\dfrac{\partial P_{\gamma_1,\cdots,\gamma_r}}{\partial\gamma_k}\right\|;\left\|\dfrac{\partial l_{\gamma_1,\cdots,\gamma_r}}{\partial\gamma_k}\right\|,\gamma_k\in[0,\gamma_k^*],\gamma_k^*>0,k=1,2,\cdots,r\right\}$,则对于任意的一个状态 $|\psi\rangle\in S^{2N-1}$,存在唯一的 $\gamma_k\in C^\infty$,$\gamma_k\in[0,\gamma_k^*]$,满足

$$\gamma_k(|\psi\rangle) = \theta_k(\langle\psi|P_{\gamma_1,\cdots,\gamma_r}|\psi\rangle - l_{\gamma_1,\cdots,\gamma_r}),\quad k=1,2,\cdots,r$$

证明 假设 $P_{\gamma_1(|\psi\rangle),\cdots,\gamma_r(|\psi\rangle)}$ 和 $l_{\gamma_1(|\psi\rangle),\cdots,\gamma_r(|\psi\rangle)}$ 是关于 $\gamma_k(|\psi\rangle)\in[0,\gamma_k^*]$,$k=1,2,\cdots,r$ 的解析函数,$\dfrac{\partial P_{\gamma_1,\cdots,\gamma_r}}{\partial\gamma_k}$ 和 $\dfrac{\partial l_{\gamma_1,\cdots,\gamma_r}}{\partial\gamma_k}$ 在 $[0,\gamma_k^*]$ 内有界,则

$$C = \max\left\{\left\|\dfrac{\partial P_{\gamma_1,\cdots,\gamma_r}}{\partial\gamma_k}\right\|,\left\|\dfrac{\partial l_{\gamma_1,\cdots,\gamma_r}}{\partial\gamma_k}\right\|;\gamma_k\in[0,\gamma_k^*],k=1,2,\cdots,r\right\}<\infty \quad (7.145)$$

由式(7.144)可得

$$\dfrac{\partial\theta_k(\langle\psi|P_{\gamma_1,\cdots,\gamma_r}|\psi\rangle - l_{\gamma_1,\cdots,\gamma_r})}{\partial\gamma_k} = \theta'_k\left(\langle\psi|\dfrac{\partial P_{\gamma_1,\cdots,\gamma_r}}{\partial\gamma_k}|\psi\rangle - \dfrac{\partial l_{\gamma_1,\cdots,\gamma_r}}{\partial\gamma_k}\right) \quad (7.146)$$

定义

$$F_k(\gamma_1,\cdots,\gamma_r,|\psi\rangle) = \gamma_k - \theta_k(\langle\psi|P_{\gamma_1,\cdots,\gamma_r}|\psi\rangle - l_{\gamma_1,\cdots,\gamma_r}),\quad k=1,2,\cdots,r$$
$$(7.147)$$

$F_k(\gamma_1,\cdots,\gamma_r,|\psi\rangle)$ 是连续的,对于一固定的态 $|\psi\rangle\in\{x\in C^N;\|x\|=1\}$,可得

$$F_k(\gamma_1(|\psi\rangle),\cdots,\gamma_r(|\psi\rangle),|\psi\rangle) = 0,\quad k=1,2,\cdots,r \quad (7.148)$$

由式(7.146)可得

$$\dfrac{\partial}{\partial\gamma_k(|\psi\rangle)}F_k(\gamma_1(|\psi\rangle),\cdots,\gamma_r(|\psi\rangle),|\psi\rangle) = 1 - \theta'_k\left(\langle\psi|\dfrac{\partial P_{\gamma_1,\cdots,\gamma_r}}{\partial\gamma_k}|\psi\rangle - \dfrac{\partial l_{\gamma_1,\cdots,\gamma_r}}{\partial\gamma_k}\right)$$
$$(7.149)$$

其中

$$\left|\langle\psi|\dfrac{\partial P_{\gamma_1,\cdots,\gamma_r}}{\partial\gamma_k}|\psi\rangle - \dfrac{\partial l_{\gamma_1,\cdots,\gamma_r}}{\partial\gamma_k}\right| \leqslant \left|\langle\psi|\dfrac{\partial P_{\gamma_1,\cdots,\gamma_r}}{\partial\gamma_k}|\psi\rangle\right| + \left\|\dfrac{\partial l_{\gamma_1,\cdots,\gamma_r}}{\partial\gamma_k}\right\|$$
$$\leqslant \left\|\dfrac{\partial P_{\gamma_1,\cdots,\gamma_r}}{\partial\gamma_k}\right\| + \left\|\dfrac{\partial l_{\gamma_1,\cdots,\gamma_r}}{\partial\gamma_k}\right\| \quad (7.150)$$

而由已知

$$C^* = 1 + \max\left\{\left\|\dfrac{\partial P_{\gamma_1,\cdots,\gamma_r}}{\partial\gamma_k}\bigg|_{(\gamma_{10},\cdots,\gamma_{r0})}\right\|,\left\|\dfrac{\partial l_{\gamma_1,\cdots,\gamma_r}}{\partial\gamma_k}\bigg|_{(\gamma_{10},\cdots,\gamma_{r0})}\right\|\right\};$$

$$\gamma_{k0} \in [0, \gamma_k^*], k = 1, 2, \cdots, r \Big\}, \qquad \| \theta_k' \|_\infty < 1/(2rC^*) \qquad (7.151)$$

可得 $\left| \theta_k' \left(\langle \psi \mid \dfrac{\partial P_{\gamma_1, \cdots, \gamma_r}}{\partial \gamma_k} \mid \psi \rangle - \dfrac{\partial l_{\gamma_1, \cdots, \gamma_r}}{\partial \gamma_k} \right) \right| < 1$, 则

$$\frac{\partial}{\partial \gamma_k(\mid \psi \rangle)} F_k(\gamma_1(\mid \psi \rangle), \cdots, \gamma_r(\mid \psi \rangle), \mid \psi \rangle) \neq 0 \qquad (7.152)$$

引理得证.

7.3.1.3 控制律 $v_k(t)$ 的设计

本小节将根据李雅普诺夫稳定性理论来设计控制律 $v_k(t)$, 主要思想是, 设计控制律使李雅普诺夫函数的一阶导数 $\dot{V}(t) \leqslant 0$. 根据李雅普诺夫函数(7.143), 可得

$$
\begin{aligned}
\frac{\mathrm{d}V}{\mathrm{d}t} &= \langle \dot{\psi} \mid P_{\gamma_1, \cdots, \gamma_r} \mid \psi \rangle + \langle \psi \mid P_{\gamma_1, \cdots, \gamma_r} \mid \dot{\psi} \rangle + \langle \psi \mid \sum_{k=1}^{r} \frac{\partial P_{\gamma_1, \cdots, \gamma_r}}{\partial \gamma_k} \dot{\gamma}_k \mid \psi \rangle \\
&= \mathrm{i} \Big\langle \Big(H_0 + \sum_{k=1}^{r} H_k(\gamma_k(t) + v_k(t)) \Big) \psi \mid P_{\gamma_1, \cdots, \gamma_r} \mid \psi \rangle - \mathrm{i} \langle \psi \mid P_{\gamma_1, \cdots, \gamma_r} \\
&\quad \times \Big| \Big(H_0 + \sum_{k=1}^{r} H_k(\gamma_k(t) + v_k(t)) \Big) \psi \Big\rangle + \langle \psi \mid \sum_{k=1}^{r} \frac{\partial P_{\gamma_1, \cdots, \gamma_r}}{\partial \gamma_k} \dot{\gamma}_k \mid \psi \rangle \\
&= \mathrm{i} \langle \psi \mid \Big(H_0 + \sum_{k=1}^{r} H_k(\gamma_k(t) + v_k(t)) \Big) P_{\gamma_1, \cdots, \gamma_r} \mid \psi \rangle - \mathrm{i} \langle \psi \mid P_{\gamma_1, \cdots, \gamma_r} \\
&\quad \times \Big(H_0 + \sum_{k=1}^{r} H_k(\gamma_k(t) + v_k(t)) \Big) \mid \psi \rangle + \langle \psi \mid \sum_{k=1}^{r} \frac{\partial P_{\gamma_1, \cdots, \gamma_r}}{\partial \gamma_k} \dot{\gamma}_k \mid \psi \rangle \\
&= \mathrm{i} \langle \psi \mid \Big[H_0 + \sum_{k=1}^{r} H_k \gamma_k(t), P_{\gamma_1, \cdots, \gamma_r} \Big] \mid \psi \rangle + \mathrm{i} \sum_{k=1}^{r} v_k(t) \langle \psi \mid [H_k, P_{\gamma_1, \cdots, \gamma_r}] \mid \psi \rangle \\
&\quad + \sum_{k=1}^{r} \dot{\gamma}_k \langle \psi \mid \frac{\partial P_{\gamma_1, \cdots, \gamma_r}}{\partial \gamma_k} \mid \psi \rangle
\end{aligned} \qquad (7.153)
$$

假设

$$\Big[H_0 + \sum_{k=1}^{r} H_k \gamma_k(t), P_{\gamma_1, \cdots, \gamma_r} \Big] = 0 \qquad (7.154)$$

则式(7.153)化为

$$\frac{\mathrm{d}V}{\mathrm{d}t} = \mathrm{i} \sum_{k=1}^{r} v_k(t) \langle \psi \mid [H_k, P_{\gamma_1, \cdots, \gamma_r}] \mid \psi \rangle + \sum_{k=1}^{r} \dot{\gamma}_k \langle \psi \mid \frac{\partial P_{\gamma_1, \cdots, \gamma_r}}{\partial \gamma_k} \mid \psi \rangle \qquad (7.155)$$

由式(7.144)可得

$$\dot{\gamma}_k(t) = \theta'_k \Big(\langle \dot{\psi} \mid P_{\gamma_1, \cdots, \gamma_r} \mid \psi \rangle + \langle \psi \mid P_{\gamma_1, \cdots, \gamma_r} \mid \dot{\psi} \rangle + \sum_{k=1}^{r} \langle \psi \mid \frac{\partial}{\partial \gamma_k} P_{\gamma_1, \cdots, \gamma_r} \mid \psi \rangle \dot{\gamma}_k$$

$$- \sum_{k=1}^{r} \frac{\partial}{\partial \gamma_k} l_{\gamma_1, \cdots, \gamma_r} \dot{\gamma}_k \Big)$$

$$= \theta'_k \Big(i \sum_{k=1}^{r} v_k(t) \langle \psi \mid [H_k, P_{\gamma_1, \cdots, \gamma_r}] \mid \psi \rangle + \sum_{k=1}^{r} \dot{\gamma}_k \langle \psi \mid \frac{\partial P_{\gamma_1, \cdots, \gamma_r}}{\partial \gamma_k} \mid \psi \rangle$$

$$- \sum_{k=1}^{r} \frac{\partial}{\partial \gamma_k} l_{\gamma_1, \cdots, \gamma_r} \dot{\gamma}_k \Big) \tag{7.156}$$

对上式所表示的 r 个式子左右两边求和,可得

$$\sum_{j=1}^{r} \dot{\gamma}_j(t) = \sum_{j=1}^{r} \theta'_j \Big(i \sum_{k=1}^{r} v_k(t) \langle \psi \mid [H_k, P_{\gamma_1, \cdots, \gamma_r}] \mid \psi \rangle + \sum_{k=1}^{r} \dot{\gamma}_k \langle \psi \mid \frac{\partial P_{\gamma_1, \cdots, \gamma_r}}{\partial \gamma_k} \mid \psi \rangle$$

$$- \sum_{k=1}^{r} \frac{\partial}{\partial \gamma_k} l_{\gamma_1, \cdots, \gamma_r} \dot{\gamma}_k \Big) \tag{7.157}$$

化为

$$\sum_{k=1}^{r} \dot{\gamma}_k(t) \Big(1 - \sum_{j=1}^{r} \theta'_j \Big(\langle \psi \mid \frac{\partial P_{\gamma_1, \cdots, \gamma_r}}{\partial \gamma_k} \mid \psi \rangle - \frac{\partial}{\partial \gamma_k} l_{\gamma_1, \cdots, \gamma_r} \Big) \Big)$$

$$- i \sum_{j=1}^{r} \theta'_j \sum_{k=1}^{r} v_k(t) \langle \psi \mid [H_k, P_{\gamma_1, \cdots, \gamma_r}] \mid \psi \rangle = 0 \tag{7.158}$$

则式(7.155)可化为

$$\frac{\mathrm{d}V}{\mathrm{d}t} = i \sum_{k=1}^{r} v_k(t) \langle \psi \mid [H_k, P_{\gamma_1, \cdots, \gamma_r}] \mid \psi \rangle + \sum_{k=1}^{r} \dot{\gamma}_k \langle \psi \mid \frac{\partial P_{\gamma_1, \cdots, \gamma_r}}{\partial \gamma_k} \mid \psi \rangle$$

$$= \sum_{k=1}^{r} \frac{\langle \psi \mid \frac{\partial P_{\gamma_1, \cdots, \gamma_r}}{\partial \gamma_k} \mid \psi \rangle}{1 - \sum_{j=1}^{r} \theta'_j \Big(\langle \psi \mid \frac{\partial P_{\gamma_1, \cdots, \gamma_r}}{\partial \gamma_k} \mid \psi \rangle - \frac{\partial}{\partial \gamma_k} l_{\gamma_1, \cdots, \gamma_r} \Big)} \Bigg(\frac{1 - \sum_{j=1}^{r} \theta'_j \Big(\langle \psi \mid \frac{\partial P_{\gamma_1, \cdots, \gamma_r}}{\partial \gamma_k} \mid \psi \rangle - \frac{\partial}{\partial \gamma_k} l_{\gamma_1, \cdots, \gamma_r} \Big)}{\langle \psi \mid \frac{\partial P_{\gamma_1, \cdots, \gamma_r}}{\partial \gamma_k} \mid \psi \rangle}$$

$$\times i v_k(t) \langle \psi \mid [H_k, P_{\gamma_1, \cdots, \gamma_r}] \mid \psi \rangle + \Big(1 - \sum_{j=1}^{r} \theta'_j \Big(\langle \psi \mid \frac{\partial P_{\gamma_1, \cdots, \gamma_r}}{\partial \gamma_k} \mid \psi \rangle - \frac{\partial}{\partial \gamma_k} l_{\gamma_1, \cdots, \gamma_r} \Big) \Big) \dot{\gamma}_k$$

$$- i \sum_{j=1}^{r} \theta'_j v_k(t) \langle \psi \mid [H_k, P_{\gamma_1, \cdots, \gamma_r}] \mid \psi \rangle + i \sum_{j=1}^{r} \theta'_j v_k(t) \langle \psi \mid [H_k, P_{\gamma_1, \cdots, \gamma_r}] \mid \psi \rangle \Bigg] \tag{7.159}$$

假设

$$\frac{\partial P_{\gamma_1, \cdots, \gamma_r}}{\partial \gamma_1} = \frac{\partial P_{\gamma_1, \cdots, \gamma_r}}{\partial \gamma_2} = \cdots = \frac{\partial P_{\gamma_1, \cdots, \gamma_r}}{\partial \gamma_r}, \quad \frac{\partial l_{\gamma_1, \cdots, \gamma_r}}{\partial \gamma_1} = \frac{\partial l_{\gamma_1, \cdots, \gamma_r}}{\partial \gamma_2} = \cdots = \frac{\partial l_{\gamma_1, \cdots, \gamma_r}}{\partial \gamma_r}$$

$$\tag{7.160}$$

并联合式(7.158),式(7.159)可化为

$$
\begin{aligned}
\frac{\mathrm{d}V}{\mathrm{d}t} &= \sum_{k=1}^{r} \frac{\langle \psi \mid \dfrac{\partial P_{\gamma_1,\cdots,\gamma_r}}{\partial \gamma_k} \mid \psi \rangle}{1 - \sum_{j=1}^{r} \theta_j' \left(\langle \psi \mid \dfrac{\partial P_{\gamma_1,\cdots,\gamma_r}}{\partial \gamma_k} \mid \psi \rangle - \dfrac{\partial}{\partial \gamma_k} l_{\gamma_1,\cdots,\gamma_r} \right)} \\
&\quad \times \left(\frac{1 - \sum_{j=1}^{r} \theta_j' \left(\langle \psi \mid \dfrac{\partial P_{\gamma_1,\cdots,\gamma_r}}{\partial \gamma_k} \mid \psi \rangle - \dfrac{\partial}{\partial \gamma_k} l_{\gamma_1,\cdots,\gamma_r} \right)}{\langle \psi \mid \dfrac{\partial P_{\gamma_1,\cdots,\gamma_r}}{\partial \gamma_k} \mid \psi \rangle} \mathrm{i} v_k(t) \langle \psi \mid [H_k, P_{\gamma_1,\cdots,\gamma_r}] \mid \psi \rangle \right. \\
&\quad \left. + \mathrm{i} \sum_{j=1}^{r} \theta_j' v_k(t) \langle \psi \mid [H_k, P_{\gamma_1,\cdots,\gamma_r}] \mid \psi \rangle \right) \\
&= \sum_{k=1}^{r} \mathrm{i} v_k(t) \langle \psi \mid [H_k, P_{\gamma_1,\cdots,\gamma_r}] \mid \psi \rangle \frac{1 + \sum_{j=1}^{r} \theta_j' \dfrac{\partial}{\partial \gamma_k} l_{\gamma_1,\cdots,\gamma_r}}{1 - \sum_{j=1}^{r} \theta_j' \left(\langle \psi \mid \dfrac{\partial P_{\gamma_1,\cdots,\gamma_r}}{\partial \gamma_k} \mid \psi \rangle - \dfrac{\partial}{\partial \gamma_k} l_{\gamma_1,\cdots,\gamma_r} \right)}
\end{aligned}
$$

$$(7.161)$$

由引理 7.3 中的条件 $\| \theta_j' \| < 1/(2rC^*)$ 可得

$$
\frac{1 + \sum_{j=1}^{r} \theta_j' \dfrac{\partial}{\partial \gamma_m} l_{\gamma_1,\cdots,\gamma_r}}{1 - \sum_{j=1}^{r} \theta_j' \left(\langle \psi \mid \dfrac{\partial P_{\gamma_1,\cdots,\gamma_r}}{\partial \gamma_m} \mid \psi \rangle - \dfrac{\partial}{\partial \gamma_m} l_{\gamma_1,\cdots,\gamma_r} \right)} > 0
$$

为了保证 $\mathrm{d}V/\mathrm{d}t \leqslant 0$,选取 $v_k(t)$ 为

$$
v_k(t) = - K_k f_k(\mathrm{i} \langle \psi \mid [H_k, P_{\gamma_1,\cdots,\gamma_r}] \mid \psi \rangle), \quad k = 1, 2, \cdots, r \quad (7.162)
$$

其中,$K_k > 0$;$y_k = f_k(x_k)$,$k = 1, 2, \cdots, r$ 是过平面 x_k-y_k 坐标原点且在第一、三象限的单调函数.

综上所述,所设计的控制律为 $u_k(t) = \gamma_k(t) + v_k(t)$,$k = 1, 2, \cdots, r$,$v_k(t)$ 如式 (7.162)所示,$\gamma_k(t)$ 如式(7.144)所示,控制系统须满足的条件由假定 7.2 给出.

假定 7.2 控制系统(7.142)满足:

(1) $\theta_k(0) = 0$,对于任意 $s > 0$,$\theta_k(s) > 0$,$\theta_k'(s) > 0$,$\| \theta_k' \| < 1/(2rC^*)$;

(2) 满足 $\left[H_0 + \sum_{k=1}^{r} H_k \gamma_k(t), P_{\gamma_1,\cdots,\gamma_r} \right] = 0$,即式(7.154)成立;

(3) 式(7.142)所示系统满足强正则条件:$\omega_{l,m,\gamma_1,\cdots,\gamma_r} \neq \omega_{i,j,\gamma_1,\cdots,\gamma_r}$,$(l,m) \neq$

$(i,j),\omega_{l,m,\gamma_1,\cdots,\gamma_r} = \lambda_{l,\gamma_1,\cdots,\gamma_r} - \lambda_{m,\gamma_1,\cdots,\gamma_r},\lambda_{l,\gamma_1,\cdots,\gamma_r},1 \leqslant l \leqslant N$ 是 $H_0 + \sum_{k=1}^{r} H_k\gamma_k$ 的本征值;

(4) $H_0 + \sum_{k=1}^{r} H_k\gamma_k$ 任意两个本征态 $|\phi_{i,\gamma_1(t),\cdots,\gamma_r(t)}\rangle$ 和 $|\phi_{j,\gamma_1(t),\cdots,\gamma_r(t)}\rangle$ 是直接连接的:对于任意的 $i \neq j, i,j \in \{1,2,\cdots,N\}$,至少存在一个 $k \in \{1,2,\cdots,r\}$,使得

$$\langle\phi_{i,\gamma_1(t),\cdots,\gamma_r(t)}|H_k|\phi_{j,\gamma_1(t),\cdots,\gamma_r(t)}\rangle \neq 0$$

注 7.4 条件(2)意味着 $H_0 + \sum_{k=1}^{r} H_k\gamma_k(t)$ 和 $P_{\gamma_1,\cdots,\gamma_r}$ 的特征向量相同.

7.3.2 控制系统收敛性证明

为解决退化情况问题引入的引理 7.3 所示的隐函数微扰和根据李雅普诺夫稳定性定理设计出来的控制律(7.162)仅能使控制系统稳定,并不能保证系统一定收敛到期望的目标态.要想使得所设计的控制系统状态能够完全转移,必须要对系统的收敛性作进一步的分析.根据拉塞尔不变原理,控制系统的轨迹将收敛到 $E = \{|\psi\rangle | \dot{V}(|\psi(t)\rangle) = 0\}$. 由式(7.161)和式(7.162)可得

$$\dot{V} = 0 \quad \Leftrightarrow \quad \langle\psi|[H_k,P_{\gamma_1,\cdots,\gamma_r}]|\psi\rangle = 0 \quad \Leftrightarrow \quad v_k(t) = 0 \qquad (7.163)$$

$\langle\psi|[H_k,P_{\gamma_1,\cdots,\gamma_r}]|\psi\rangle = 0$ 不是一个显式,得不出有用的信息,需要进一步的分析,结果用定理 7.4 描述.

定理 7.4 控制系统(7.142)在式(7.144)所示 $\gamma_k(t)$ 和式(7.162)所示 $v_k(t)$ 控制场的作用下.假定目标态 $|\psi_f\rangle$ 是一个纯态: $|\psi_f\rangle = \sum_{d=k_1}^{k_o} c_d|\phi_d\rangle, 1 \leqslant k_1,\cdots,k_o \leqslant N$,其中 $|\phi_d\rangle$ 是 H_0 对应于本征值 λ_d 的本征态: $H_0|\phi_d\rangle = \lambda_d|\phi_d\rangle$. 若闭环系统满足假定 7.2,且 $P_{k_1,\gamma_1,\cdots,\gamma_r} = P_{k_2,\gamma_1,\cdots,\gamma_r} = \cdots = P_{k_o,\gamma_1,\cdots,\gamma_r}, P_{k_1,\gamma_1,\cdots,\gamma_r}$ 是 $P_{\gamma_1,\cdots,\gamma_r}$ 的第 k_1 个特征值,即 $P_{k_1,\gamma_1,\cdots,\gamma_r}$ 满足 $P_{\gamma_1,\cdots,\gamma_r}|\phi_{k_1,\gamma_1,\cdots,\gamma_r}\rangle = P_{k_1,\gamma_1,\cdots,\gamma_r}|\phi_{k_1,\gamma_1,\cdots,\gamma_r}\rangle$ 以及 $P_{\gamma_1,\cdots,\gamma_r}$ 其他特征值互不相等: $P_{i,\gamma_1,\cdots,\gamma_r} \neq P_{j,\gamma_1,\cdots,\gamma_r} \neq P_{d,\gamma_1,\cdots,\gamma_r}, i \neq j \neq d \in \{1,2,\cdots,N\}, d = k_1,\cdots,k_o$,则控制系统的状态演化轨迹将收敛到 $S^{2N-1} \bigcap E_3, E_3 = \text{span}\{|\phi_{k_1}\rangle,|\phi_{k_2}\rangle,\cdots,|\phi_{k_o}\rangle, |\phi_l\rangle; l \in \{1,2,\cdots,N\}, l \neq k_1,\cdots,k_o\}$.

证明 不失一般性,假设 $t \geqslant t_0, t_0 \in \mathbf{R}, \dot{V} = 0$ 成立,则 $v_k(t) = 0, V$ 为一常数, $\gamma_k, k = 1,2,\cdots,r$ 为常数,记 $\gamma_k = \bar{\gamma}_k$.任意一个状态 $|\psi(t)\rangle$ 可写为

量子系统控制理论与方法
Control Theory and Methods of Quantum Systems

$$| \psi(t) \rangle = \sum_{l=1}^{N} c_l(t) | \phi_{l, \bar{\gamma}_1, \cdots, \bar{\gamma}_r} \rangle \tag{7.164}$$

其中，$| \phi_{l, \bar{\gamma}_1, \cdots, \bar{\gamma}_r} \rangle$ 是 $H_0 + \sum_{k=1}^{r} H_k \bar{\gamma}_k$ 对应于特征值 $\lambda_{l, \gamma_1, \cdots, \gamma_r}$ 的第 l 个本征态. 根据式 (7.142)的解并考虑 $v_k(t) = 0, \gamma_k = \bar{\gamma}_k$ 且联合式(7.162)，可得

$$| \psi(t) \rangle = e^{-i\left(H_0 + \sum_{k=1}^{r} H_k \bar{\gamma}_k \right)(t-t_0)} | \psi(t_0) \rangle = \sum_{l=1}^{N} c_l(t_0) e^{-i\left(H_0 + \sum_{k=1}^{r} H_k \bar{\gamma}_k \right)(t-t_0)} | \phi_{l, \bar{\gamma}_1, \cdots, \bar{\gamma}_r} \rangle \tag{7.165}$$

通过在 $H_0 + \sum_{k=1}^{r} H_k \gamma_k$ 的本征基上描述系统，可将 $H_0 + \sum_{k=1}^{r} H_k \gamma_k$ 化为对角矩阵. 记 $U = (| \phi_{1, \gamma_1, \cdots, \gamma_r} \rangle, | \phi_{2, \gamma_1, \cdots, \gamma_r} \rangle, \cdots, | \phi_{N, \gamma_1, \cdots, \gamma_r} \rangle)$，则在 $H_0 + \sum_{k=1}^{r} H_k \gamma_k$ 的本征基上描述的系统为

$$i | \dot{\bar{\psi}}(t) \rangle = \left(\bar{H}_0 + \sum_{k=1}^{r} \bar{H}_k (\gamma_k(t) + v_k(t)) \right) | \bar{\psi}(t) \rangle \tag{7.166}$$

其中

$$| \psi(t) \rangle = U | \bar{\psi}(t) \rangle, \quad H_0 = U \bar{H}_0 U^H, \quad H_k = U \bar{H}_k U^H \tag{7.167}$$

将式(7.167)代入式(7.165)，可得

$$\begin{aligned}
| \bar{\psi}(t) \rangle &= e^{-i\left(\bar{H}_0 + \sum_{k=1}^{r} \bar{H}_k \bar{\gamma}_k \right)(t-t_0)} | \bar{\psi}(t_0) \rangle \\
&= \sum_{l=1}^{N} c_l(t_0) e^{-i\left(\bar{H}_0 + \sum_{k=1}^{r} \bar{H}_k \bar{\gamma}_k \right)(t-t_0)} | \bar{\phi}_{l, \bar{\gamma}_1, \cdots, \bar{\gamma}_r} \rangle \\
&= \sum_{l=1}^{N} c_l(t_0) e^{-i\lambda_{l, \bar{\gamma}_1, \cdots, \bar{\gamma}_r}(t-t_0)} | \bar{\phi}_{l, \bar{\gamma}_1, \cdots, \bar{\gamma}_r} \rangle
\end{aligned} \tag{7.168}$$

将式(7.166)代入式(7.168)，可得

$$| \psi(t) \rangle = \sum_{l=1}^{N} c_l(t_0) e^{-i\lambda_{l, \bar{\gamma}_1, \cdots, \bar{\gamma}_r}(t-t_0)} | \phi_{l, \bar{\gamma}_1, \cdots, \bar{\gamma}_r} \rangle \tag{7.169}$$

则 $\dot{V}(t) = 0$ 等价于

$$\begin{aligned}
&\langle \psi(t) | [H_k, P_{\bar{\gamma}_1, \cdots, \bar{\gamma}_r}] | \psi(t) \rangle \\
&= \left\langle \sum_{l=1}^{N} c_l(t_0) e^{-i\lambda_{l, \bar{\gamma}_1, \cdots, \bar{\gamma}_r}(t-t_0)} \phi_{l, \bar{\gamma}_1, \cdots, \bar{\gamma}_r} \right| [H_k, P_{\bar{\gamma}_1, \cdots, \bar{\gamma}_r}]
\end{aligned}$$

$$\times \Bigg| \sum_{m=1}^{N} c_m(t_0) \mathrm{e}^{-\mathrm{i}\lambda_{m,\bar{\gamma}_1,\cdots,\bar{\gamma}_r}(t-t_0)} \phi_{m,\bar{\gamma}_1,\cdots,\bar{\gamma}_r} \Bigg\rangle$$

$$= \sum_{l,m=1}^{N} \langle \phi_{l,\bar{\gamma}_1,\cdots,\bar{\gamma}_r} \mid c_l^*(t_0) \mathrm{e}^{\mathrm{i}\lambda_{l,\bar{\gamma}_1,\cdots,\bar{\gamma}_r}(t-t_0)} [H_k, P_{\bar{\gamma}_1,\cdots,\bar{\gamma}_r}]$$

$$\times c_m(t_0) \mathrm{e}^{-\mathrm{i}\lambda_{m,\bar{\gamma}_1,\cdots,\bar{\gamma}_r}(t-t_0)} \mid \phi_{m,\bar{\gamma}_1,\cdots,\bar{\gamma}_r} \rangle$$

$$= \sum_{l,m=1}^{N} c_l^*(t_0) c_m(t_0) \mathrm{e}^{\mathrm{i}(\lambda_{l,\bar{\gamma}_1,\cdots,\bar{\gamma}_r} - \lambda_{m,\bar{\gamma}_1,\cdots,\bar{\gamma}_r})(t-t_0)} \langle \phi_{l,\bar{\gamma}_1,\cdots,\bar{\gamma}_r} \mid H_k P_{\bar{\gamma}_1,\cdots,\bar{\gamma}_r} \mid H_k P_{\bar{\gamma}_1,\cdots,\bar{\gamma}_r}$$

$$- P_{\bar{\gamma}_1,\cdots,\bar{\gamma}_r} H_k \mid \phi_{m,\bar{\gamma}_1,\cdots,\bar{\gamma}_r} \rangle$$

$$= \sum_{l,m=1}^{N} c_l^*(t_0) c_m(t_0) \mathrm{e}^{\mathrm{i}(\lambda_{l,\bar{\gamma}_1,\cdots,\bar{\gamma}_r} - \lambda_{m,\bar{\gamma}_1,\cdots,\bar{\gamma}_r})\Delta t} (\langle \phi_{l,\bar{\gamma}_1,\cdots,\bar{\gamma}_r} \mid H_k P_{\bar{\gamma}_1,\cdots,\bar{\gamma}_r} \mid \phi_{m,\bar{\gamma}_1,\cdots,\bar{\gamma}_r} \rangle$$

$$- \langle P_{\bar{\gamma}_1,\cdots,\bar{\gamma}_r} \phi_{l,\bar{\gamma}_1,\cdots,\bar{\gamma}_r} \mid H_k \mid \phi_{m,\bar{\gamma}_1,\cdots,\bar{\gamma}_r} \rangle)$$

$$= 0 \tag{7.170}$$

因为 $P_{\gamma_1,\cdots,\gamma_r}$ 为厄米矩阵,所以其特征值为实数,记 $P_{\gamma_1,\cdots,\gamma_r}$ 的第 l 个特征值为 $P_{l,\bar{\gamma}_1,\cdots,\bar{\gamma}_r}$,式(7.170)化为

$$\sum_{l,m=1}^{N} c_l^*(t_0) c_m(t_0) \mathrm{e}^{\mathrm{i}(\lambda_{l,\bar{\gamma}_1,\cdots,\bar{\gamma}_r} - \lambda_{m,\bar{\gamma}_1,\cdots,\bar{\gamma}_r})(t-t_0)} P_{m,\bar{\gamma}_1,\cdots,\bar{\gamma}_r} (\langle \phi_{l,\bar{\gamma}_1,\cdots,\bar{\gamma}_r} \mid H_k \mid \phi_{m,\bar{\gamma}_1,\cdots,\bar{\gamma}_r} \rangle$$

$$- P_{l,\bar{\gamma}_1,\cdots,\bar{\gamma}_r} \langle \phi_{l,\bar{\gamma}_1,\cdots,\bar{\gamma}_r} \mid H_k \mid \phi_{m,\bar{\gamma}_1,\cdots,\bar{\gamma}_r} \rangle)$$

$$= \sum_{l,m=1}^{N} c_l^*(t_0) c_m(t_0) \mathrm{e}^{\mathrm{i}(\lambda_{l,\bar{\gamma}_1,\cdots,\bar{\gamma}_r} - \lambda_{m,\bar{\gamma}_1,\cdots,\bar{\gamma}_r})(t-t_0)} (P_{m,\bar{\gamma}_1,\cdots,\bar{\gamma}_r} - P_{l,\bar{\gamma}_1,\cdots,\bar{\gamma}_r})$$

$$\times \langle \phi_{l,\bar{\gamma}_1,\cdots,\bar{\gamma}_r} \mid H_k \mid \phi_{m,\bar{\gamma}_1,\cdots,\bar{\gamma}_r} \rangle$$

$$= \sum_{l,m=1}^{N} \mathrm{e}^{\mathrm{i}\omega_{l,m,\bar{\gamma}_1,\cdots,\bar{\gamma}_r}(t-t_0)} (P_{m,\bar{\gamma}_1,\cdots,\bar{\gamma}_r} - P_{l,\bar{\gamma}_1,\cdots,\bar{\gamma}_r}) c_l^*(t_0) c_m(t_0)$$

$$\times \langle \phi_{l,\bar{\gamma}_1,\cdots,\bar{\gamma}_r} \mid H_k \mid \phi_{m,\bar{\gamma}_1,\cdots,\bar{\gamma}_r} \rangle$$

$$= 0 \tag{7.171}$$

其中,$\omega_{l,m,\bar{\gamma}_1,\cdots,\bar{\gamma}_r} = \lambda_{l,\bar{\gamma}_1,\cdots,\bar{\gamma}_r} - \lambda_{m,\bar{\gamma}_1,\cdots,\bar{\gamma}_r}$.

假定目标态 $|\psi_{\mathrm{f}}\rangle$ 是一个纯态:$|\psi_{\mathrm{f}}\rangle = \sum_{d=k_1}^{k_o} c_d |\phi_d\rangle, 1 \leqslant k_1,\cdots,k_o \leqslant N$.其中 $|\phi_d\rangle$ 是 H_0 对应于本征值 λ_d 的本征态:$H_0 |\phi_d\rangle = \lambda_d |\phi_d\rangle$.构造 $P_{\gamma_1,\cdots,\gamma_r}$ 满足

$$\begin{cases} P_{k_1,\gamma_1,\cdots,\gamma_r} = P_{k_2,\gamma_1,\cdots,\gamma_r} = \cdots = P_{k_o,\gamma_1,\cdots,\gamma_r} \\ P_{l,\gamma_1,\cdots,\gamma_r} \neq P_{m,\gamma_1,\cdots,\gamma_r}, l,m \neq k_1,\cdots,k_o; l \neq m \end{cases} \tag{7.172}$$

则式(7.171)简化为

$$\sum_{l,m=1;l,m\neq k_1,\cdots,k_o}^{N} e^{i\omega_{l,m,\bar{\gamma}_1,\cdots,\bar{\gamma}_r}(t-t_0)}(P_{m,\bar{\gamma}_1,\cdots,\bar{\gamma}_r} - P_{l,\bar{\gamma}_1,\cdots,\bar{\gamma}_r})c_l^*(t_0)c_m(t_0)$$

$$\times \langle \phi_{l,\bar{\gamma}_1,\cdots,\bar{\gamma}_r} \mid H_k \mid \phi_{m,\bar{\gamma}_1,\cdots,\bar{\gamma}_r} \rangle = 0 \tag{7.173}$$

由假定 7.2 条件(3):系统各能级差互不相同,即

$$\omega_{l,m,\gamma_1,\cdots,\gamma_r} \neq \omega_{i,j,\gamma_1,\cdots,\gamma_r}, \quad (l,m) \neq (i,j) \tag{7.174}$$

可得,对于任意的 $t-t_0$,各 $e^{i\omega_{l,m,\bar{\gamma}_1,\cdots,\bar{\gamma}_r}(t-t_0)}$ 线性无关,则式(7.173)可简化为

$$\begin{cases} c_l^*(t_0)c_m(t_0)\langle \phi_{l,\bar{\gamma}_1,\cdots,\bar{\gamma}_r} \mid H_k \mid \phi_{m,\bar{\gamma}_1,\cdots,\bar{\gamma}_r} \rangle = 0 \\ k = 1,\cdots,r; l,m \in \{1,2,\cdots,N\}; l,m \neq k_1,\cdots,k_o \end{cases} \tag{7.175}$$

由假定 7.2 条件(4):$H_0 + \sum_{k=1}^{r} H_k\gamma_k$ 任意两个本征态 $\mid \phi_{i,\gamma_1(t),\cdots,\gamma_r(t)} \rangle$ 和 $\mid \phi_{j,\gamma_1(t),\cdots,\gamma_r(t)} \rangle$ 是直接连接的,对于任意的 $i \neq j, i,j = 1,2,\cdots,N$,至少存在一个 $k \in \{1,2,\cdots,r\}$,使 $\langle \phi_{i,\gamma_1(t),\cdots,\gamma_r(t)} \mid H_k \mid \phi_{j,\gamma_1(t),\cdots,\gamma_r(t)} \rangle \neq 0$,则式(7.175)化为

$$c_l^*(t_0)c_m(t_0) = 0, \quad l,m \in \{1,2,\cdots,N\}; l,m \neq k_1,\cdots,k_o \tag{7.176}$$

于是最多有一个 $c_l(t_0), l \in \{1,2,\cdots,N\}, l \neq k_1,\cdots,k_o$ 不为 0,故所要求的

$$E = \{\mid \psi \rangle \mid \dot{V}(\mid \psi(t) \rangle) = 0\}$$

为

$$E_3 = \text{span}\{\mid \phi_{k_1} \rangle, \mid \phi_{k_2} \rangle, \cdots, \mid \phi_{k_o} \rangle, \mid \phi_l \rangle\}; l \in \{1,\cdots,N\}, l \neq k_1,\cdots,k_o\} \tag{7.177}$$

则根据拉塞尔不变原理,定理 7.4 得证.证毕.

当目标态是本征态时,令虚拟力学量 $P_{\gamma_1,\cdots,\gamma_r}$ 的本征值互不相等:$P_{m,\bar{\gamma}_1,\cdots,\bar{\gamma}_r} \neq P_{l,\bar{\gamma}_1,\cdots,\bar{\gamma}_r}, m \neq l; m,l \in \{1,2,\cdots,N\}$,则系统的最大不变集为 $E_3 = \{e^{i\theta_l} \mid \phi_l \rangle; \theta_l \in \mathbf{R}, l \in \{1,2,\cdots,N\}\}$.

在非退化情况下,丛爽、Grivopoulos 等人为使控制系统能够收敛到目标态,要求 $V(\mid \psi_f \rangle) < V(\mid \psi_0 \rangle) < V(\mid \psi_{ot} \rangle)$ 成立(Cong, Kuang, 2007; Grivopoulos, Bamieh, 2003).而本节通过引入隐函数微扰 $\gamma_k(t)$,为了使系统能够收敛到目标态 $\mid \psi_f \rangle$,一方面设计 $P_{\gamma_1,\cdots,\gamma_r}$ 使 $\mid \psi_f \rangle$ 对应的李雅普诺夫函数最小,对初始态无任何限制,即

$$V(\mid \psi_f \rangle) < V(\mid \psi_{ot} \rangle) \tag{7.178}$$

$\mid \psi_{ot} \rangle$ 为 E_3 中除目标态 $\mid \psi_f \rangle$ 外的其他态.另一方面当系统状态演化到 $\mid \psi_{ot} \rangle$ 时,$\dot{V} = 0$,控制律 $v_k(t) = 0$.但由于所设计的控制律:至少存在一个 $k = 1,2,\cdots,r, \gamma_k(t) \neq 0$,让 $\gamma =$

$\bar{\gamma}-\alpha, 0<\alpha\ll\bar{\gamma}$ 使系统状态继续向前演化,直至到达目标态 $|\psi_f\rangle$,此时,所有的控制律 $\nu_k(t)$ 和 $\gamma_k(t)$ 为 0. 所以若目标态为本征态,控制系统满足定理 7.4 中的条件和式 (7.178) 所示的条件,控制系统是可以从任意的纯态初始态收敛到本征态目标态的.

定理 7.4 中的假定 7.2 的条件(1),(3),(4)是可以通过设计合适的隐函数微扰 $\gamma_k(t)$ 满足的. 定理 7.4 中的假定 7.2 的条件(2): $\left[H_0 + \sum_{k=1}^{r} H_k\gamma_k(t), P_{\gamma_1,\cdots,\gamma_r}\right] = 0$ 意味着 $H_0 + \sum_{k=1}^{r} H_k\gamma_k(t)$ 和 $P_{\gamma_1,\cdots,\gamma_r}$ 的特征向量相同. 所以只需设计虚拟力学量 $P_{\gamma_1,\cdots,\gamma_r}$ 的 N 个特征值. 设计 $P_{\gamma_1,\cdots,\gamma_r}$ 的 N 个本征值为常数,记为 $P_1, P_2, \cdots, P_N$. 而 $P_{\gamma_1,\cdots,\gamma_r}$ 就等于

$$P_{\gamma_1,\cdots,\gamma_r} = \sum_{j=1}^{N} P_j \mid \phi_{j,\gamma_1,\cdots,\gamma_r}\rangle \tag{7.179}$$

其中,$\mid \phi_{j,\gamma_1,\cdots,\gamma_r}\rangle$ 是 $H_0 + \sum_{k=1}^{r} H_k\gamma_k(t)$ 和 $P_{\gamma_1,\cdots,\gamma_r}$ 的第 j 个本征态. 至于式(7.178)如何成立,下面将进行分析.

根据第 4 章,$P_{\gamma_1,\cdots,\gamma_r}$ 的最大本征值对应的本征矢是 $V(|\psi\rangle)$ 的极大值点;最小本征值对应的本征矢是极小值点;当设计 $P_{k_1} = P_{k_2} = \cdots = P_{k_o}$ 比 $P_{\gamma_1,\cdots,\gamma_r}$ 其他本征值小得多,所设计的控制律使李雅普诺夫函数逐渐减小到 $P_{\gamma_1,\cdots,\gamma_r}$ 的最小本征值 $l_{\gamma_1,\cdots,\gamma_r}$ 时,就有一个较高的概率收敛到 $\mathrm{span}\{|\phi_{k1}\rangle, |\phi_{k2}\rangle, \cdots, |\phi_{ko}\rangle\}$. 然后根据数值实验仿真结果,微调 $P_{k_1}, P_{k_2}, \cdots, P_{k_o}$,使其以较高的概率收敛到目标态 $|\psi_f\rangle = \sum_{d=k_1}^{k_o} c_d |\phi_d\rangle$.

综上所述,虚拟力学量 $P_{\gamma_1,\cdots,\gamma_r}$ 的设计步骤如下:

(1) 设计 $P_{\gamma_1,\cdots,\gamma_r}$ 的特征值:$P_{k_1} = P_{k_2} = \cdots = P_{k_o}$ 远小于其他特征值,至于究竟小多少,要根据具体数值实验仿真结果来调整. 目的就是使除了目标态 $|\psi_f\rangle = \sum_{d=k_1}^{k_o} c_d |\phi_d\rangle$ 对应的本征态外,其他状态对应的布居数为 0. 当然,数值实验仿真结果的布居数不可能完全为 0,有一定的误差.

(2) 根据数值实验仿真结果,微调 $P_{k_1}, P_{k_2}, \cdots, P_{k_o}$,从而使控制系统状态以高概率转移到目标态 $|\psi_f\rangle = \sum_{d=k_1}^{k_o} c_d |\phi_d\rangle$.

(3) 根据式(7.179),即可得出所要设计的满足控制要求的虚拟力学量 $P_{\gamma_1,\cdots,\gamma_r}$.

通过推导可以分析出除了假定 7.2 的条件和式(7.160)矛盾外,收敛到期望目标态所要求的其余条件和假设都是不矛盾的. 为了解决假定 7.2 的条件和式(7.160)的矛盾,我们设计对于某些 k,令 $\gamma_k(t) = \gamma(t)$;而对于其他 k,令 $\gamma_k(t) = 0$. 即令 $\gamma_n(t) =$

量子系统控制理论与方法
Control Theory and Methods of Quantum Systems

$\gamma(t)$，$C_n = 1$，$n = k_1, \cdots, k_m$；$C_n = 0$，$n \neq k_1, \cdots, k_m$，$1 \leqslant k_1, \cdots, k_m \leqslant r$.

注 7.5 从上面的收敛性定理和本节的虚拟力学量的设计方法可以看出，该方法不能保证可以收敛到任意的一个纯态，只能保证收敛到最大不变集 E_3 中. 但可以通过调整虚拟力学量本征值的大小使控制系统状态以较高的概率向目标态转移. 当目标态为本征态：$|\psi_f\rangle = |\phi_k\rangle$（$H_0$ 的第 k 个本征态）时，应令 $P_{\gamma_1, \cdots, \gamma_r}$ 的第 k 个本征值 $P_{k, \gamma_1, \cdots, \gamma_r}$ 小于其他的本征值.

7.3.3 目标态为叠加态时的情况

从 7.3.2 小节的收敛性分析可以看出，该方法不能保证可以收敛到任意的一个纯态，只能保证收敛到任意的一个本征态. 当目标态为叠加态时，需要进一步研究. 针对目标态为叠加态的情况，可采用如下方法：

在控制律中引入一系列常值扰动 η_k，从而使目标态 $|\psi_f\rangle$ 成为 $H_0' = H_0 + \sum_{k=1}^{r} H_k \eta_k$ 的本征态. 然后再按照 7.3.1 小节和 7.3.2 小节的方法设计控制律和分析新控制系统的收敛性.

在控制律中引入一系列常值扰动 η_k 后，动力学方程（7.142）将变为

$$\mathrm{i} \, | \dot{\psi}(t)\rangle = \left(H_0 + \sum_{k=1}^{r} H_k (\eta_k + \gamma_k(t) + \nu_k(t)) \right) | \psi(t)\rangle \tag{7.180}$$

如果控制哈密顿的个数 r 足够大，则设计 η_k 可使

$$\left(H_0 + \sum_{k=1}^{r} H_k \eta_k \right) | \psi_f\rangle = \lambda_f' | \psi_f\rangle \tag{7.181}$$

成立，其中 λ_f' 为 $H_0' = H_0 + \sum_{k=1}^{r} H_k \eta_k$ 对应于 $|\psi_f\rangle$ 的本征值. 然后再按照 7.3.1 小节和 7.3.2 小节的方法设计控制律和分析新控制系统的收敛性.

可以证明 7.3.2 小节中的收敛性定理和虚拟力学量设计原则仍然成立，只需将各个量进行相应的变化. 在此不再赘述.

7.3.4 三种隐式李雅普诺夫函数的关系

为便于区分，三种控制方法的李雅普诺夫函数分别记为 $V_1(|\psi\rangle)$，$V_2(|\psi\rangle)$ 和

$V_3(|\psi\rangle)$. 基于状态距离的李雅普诺夫函数为

$$V_1(|\psi\rangle) = \frac{1}{2}(1 - |\langle\psi|\psi_{f,\gamma_1(|\psi\rangle),\cdots,\gamma_r(|\psi\rangle)}\rangle|^2)$$

基于状态偏差的李雅普诺夫函数为

$$V_2(|\psi\rangle) = \frac{1}{2}\langle\psi - \psi_{f,\gamma_1(|\psi\rangle),\cdots,\gamma_r(|\psi\rangle)}|\psi - \psi_{f,\gamma_1(|\psi\rangle),\cdots,\gamma_r(|\psi\rangle)}\rangle$$

基于虚拟力学量均值的李雅普诺夫函数为 $V_3(|\psi\rangle) = \langle\psi|P_{\gamma_1,\cdots,\gamma_r}|\psi\rangle$. 当虚拟力学量

$$P_{\gamma_1,\cdots,\gamma_r} = (1/2)(I - |\psi_{f,\gamma_1(|\psi\rangle),\cdots,\gamma_r(|\psi\rangle)}\rangle\langle\psi_{f,\gamma_1(|\psi\rangle),\cdots,\gamma_r(|\psi\rangle)}|)$$

时, $V_3(|\psi\rangle)$ 就退化为 $V_1(|\psi\rangle)$, 即 $V_1(|\psi\rangle)$ 是 $V_3(|\psi\rangle)$ 的一种特殊情况,而 $V_1(|\psi\rangle)$ 和 $V_2(|\psi\rangle)$ 在用等价的密度算子替换相应纯态的意义上是等价的(Meng, et al., 2012).

事实上, $V_1(|\psi\rangle)$, $V_2(|\psi\rangle)$ 和 $V_3(|\psi\rangle)$ 可以统一表示为一个二次型李雅普诺夫函数:

$$V_4(|\psi\rangle) = \langle\psi - \alpha\psi_{f,\gamma_1(|\psi\rangle),\cdots,\gamma_r(|\psi\rangle)}|Q_{\gamma_1,\cdots,\gamma_r}|\psi - \alpha\psi_{f,\gamma_1(|\psi\rangle),\cdots,\gamma_r(|\psi\rangle)}\rangle \quad (7.182)$$

$V_1(|\psi\rangle)$, $V_2(|\psi\rangle)$ 和 $V_3(|\psi\rangle)$ 是 $V_4(|\psi\rangle)$ 的特殊情况:

(1) $\alpha = 0$, $Q_{\gamma_1,\cdots,\gamma_r} = (1/2)(I - |\psi_{f,\gamma_1(|\psi\rangle),\cdots,\gamma_r(|\psi\rangle)}\rangle\langle\psi_{f,\gamma_1(|\psi\rangle),\cdots,\gamma_r(|\psi\rangle)}|)$, $V_4(|\psi\rangle)$ 退化为 $V_1(|\psi\rangle)$;

(2) $\alpha = 1$, $Q_{\gamma_1,\cdots,\gamma_r} = (1/2)I$, $V_4(|\psi\rangle)$ 退化为 $V_2(|\psi\rangle)$;

(3) $\alpha = 0$, $V_4(|\psi\rangle)$ 退化为 $V_3(|\psi\rangle)$.

三种控制方法中,基于虚拟力学量均值的隐式李雅普诺夫控制方法可调参数多、更灵活,但也更复杂.基于状态距离和状态偏差的隐式李雅普诺夫控制方法可调参数少,较简单.由于 $V_1(|\psi\rangle)$ 是 $V_3(|\psi\rangle)$ 的一种特殊情况,所以基于虚拟力学量均值的控制效果要优于基于状态距离的控制效果,至少可调到和基于状态距离一样的控制效果.而 $V_1(|\psi\rangle)$ 和 $V_2(|\psi\rangle)$ 在用等价的密度算子替换相应纯态的意义上是等价的,所以基于状态距离和状态偏差的隐式李雅普诺夫的控制效果应基本一致.

7.3.5 数值仿真实验

本小节首先针对一个四能级系统叠加态的转移例子进行具体的控制器的设计,并进行系统数值仿真实验,以此来对 7.3 节所提出的控制策略的有效性进行验证.然后针对一个四能级系统本征态的转移例子,分别采用基于状态距离、状态偏差和虚拟力学量均

值的隐式李雅普诺夫控制方法来进行具体的控制器的设计,并进行系统数值仿真实验,从而对比三种控制方法的控制效果.

我们分别进行了目标态为叠加态和本征态的两个仿真实验.

在数值仿真实验1中,所选择的四能级系统的哈密顿量为

$$H_0 = \begin{pmatrix} 1.1 & 0 & 0 & 0 \\ 0 & 1.83 & 0 & 0 \\ 0 & 0 & 2.56 & 0 \\ 0 & 0 & 0 & 3.05 \end{pmatrix}, \quad H_1 = \begin{pmatrix} 0 & 0 & 1 & 1 \\ 0 & 0 & 1 & 0 \\ 1 & 1 & 0 & 0 \\ 1 & 0 & 0 & 0 \end{pmatrix}, \quad H_2 = \begin{pmatrix} 0 & 1 & 0 & 0 \\ 1 & 0 & 0 & 1 \\ 0 & 0 & 0 & 1 \\ 0 & 1 & 1 & 0 \end{pmatrix}$$

$$(7.183)$$

初态取为 $|\psi_0\rangle = 0.5\,(1 \quad 1 \quad 1 \quad 1)^{\mathrm{T}}$,目标态取为叠加态 $|\psi_f\rangle = \frac{\sqrt{2}}{2}(0 \quad 0 \quad 1 \quad 1)^{\mathrm{T}}$. 从 H_0 的具体数值可以看出 $\omega_{21} = \omega_2 - \omega_1 = 1.83 - 1.1 = 0.73$,$\omega_{32} = \omega_3 - \omega_2 = 2.56 - 1.83 = 0.73$,即 $\omega_{21} = \omega_{32}$,$H_0$ 是退化的.

根据本节所提出的设计思想,控制律为 $u_k(t) = \gamma_k(t) + v_k(t)$,$k = 1,2$,其中,隐函数 $\gamma_k(t)$ 按照式(7.144)进行设计:

$$\gamma_k(|\psi\rangle) = \theta_k(\langle\psi|\,P_{\gamma_1,\gamma_2}\,|\psi\rangle - l_{\gamma_1,\gamma_2}), \quad k = 1,2 \tag{7.184}$$

其中,$\theta_1(s) = C_1 s$;$\theta_2(s) = C_2 s$. 控制函数 $v_k(t)$ 按照式(7.162)进行设计:

$$v_k(t) = -K_k f_k(\mathrm{i}\langle\psi|\,[H_k, P]\,|\psi\rangle), \quad k = 1,2 \tag{7.185}$$

其中,$v_1(t) = -K_1 \mathrm{i}\langle\psi|[H_1, P_{\gamma_1,\gamma_2}]|\psi\rangle$;$v_2(t) = -K_2 \mathrm{i}\langle\psi|[H_2, P_{\gamma_1,\gamma_2}]|\psi\rangle$.

目标态为叠加态:$|\psi_f\rangle = \frac{\sqrt{2}}{2}(0 \quad 0 \quad 1 \quad 1)^{\mathrm{T}}$,按照7.3.4小节虚拟力学量的设计方法,先令虚拟力学量 P_{γ_1,γ_2} 的特征值 $P_3 = P_4 = K$ 远小于其他两个特征值. 通过多次仔细的仿真实验,选取参数如下:$P_1 = 2.442$,$P_2 = 1.5$,$K = 0.02$,$K_1 = 0.03$,$K_2 = 0.02$,$C_1 = 0.01$,$C_2 = 0.02$.

在系统仿真实验中,采样步长选为 0.01 a.u.,仿真时间选为 200 a.u.. 系统的仿真结果如图7.5所示,其中图7.5(a)是系统四个能级的布居数的演化曲线,$|c_i|^2$,$i = 1,2,3,4$ 分别代表系统第 i 个能级的布居数;图7.5(b)是所设计的控制律 $u_1(t)$ 和 $u_2(t)$ 的变化曲线.

从系统仿真的实验结果中可以看出:在179 a.u. 时,$|c_1|^2 = 3.144\,7 \times 10^{-9}$,$|c_2|^2 = 7.630\,8 \times 10^{-7}$,$|c_3|^2 = 0.500\,02$,$|c_4|^2 = 0.499\,97$. 使转移概率保持在99.997%所需的最短时间为179 a.u.. 我们可以看到,虽然 $\gamma_1(t)$,$\gamma_2(t)$ 并没有设计为0或者 $\gamma_1(t) = \gamma_2(t) = \gamma(t)$,但控制方法仍是有效的. 这是因为在7.3.2小节得到的收敛性条件是充

分条件,所以即使不满足这些条件,也是有可能使控制系统收敛到目标态的.

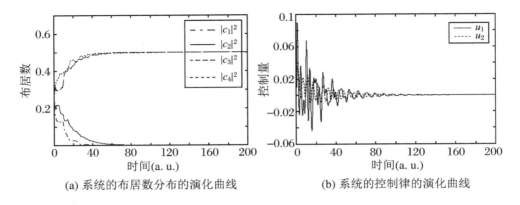

(a) 系统的布居数分布的演化曲线   (b) 系统的控制律的演化曲线

图 7.5   基于虚拟力学量均值的隐式李雅普诺夫方法在退化四能级系统上的仿真结果

在数值仿真实验 2 中,系统哈密顿量如式(7.183)所示,初态取为

$$| \psi_0 \rangle = 0.5 (1 \quad 1 \quad 1 \quad 1)^{\mathrm{T}}$$

目标态取为本征态

$$| \psi_{\mathrm{f}} \rangle = (0 \quad 0 \quad 0 \quad 1)^{\mathrm{T}}$$

基于虚拟力学量均值的隐式李雅普诺夫控制的控制律为 $u_k(t) = \gamma_k(t) + v_k(t)$, $k = 1,2$,其中,隐函数 $\gamma_k(t)$ 设计为

$$\gamma_k(| \psi \rangle) = \theta_k(\langle \psi | P_{\gamma_1, \gamma_2} | \psi \rangle - l_{\gamma_1, \gamma_2}), \quad k = 1,2 \tag{7.186}$$

其中,$\theta_1(s) = 0.01s$;$\theta_2(s) = 0.007s$.控制函数 $v_k(t)$ 设计为

$$v_k(t) = -K_k f_k(\mathrm{i} \langle \psi | [H_k, P_{\gamma_1, \gamma_2}] | \psi \rangle), \quad k = 1,2 \tag{7.187}$$

其中,$v_1(t) = -0.28\mathrm{i} \langle \psi | [H_1, P_{\gamma_1, \gamma_2}] | \psi \rangle$;$v_2(t) = -0.3\mathrm{i} \langle \psi | [H_2, P_{\gamma_1, \gamma_2}] | \psi \rangle$.

目标态为本征态:$| \psi_{\mathrm{f}} \rangle = (0 \quad 0 \quad 0 \quad 1)^{\mathrm{T}}$,按照 7.3.4 小节虚拟力学量的设计方法,令虚拟力学量 P_{γ_1, γ_2} 的本征值 P_2 远小于其他三个本征值.虚拟力学量 $P_{\gamma_1, \cdots, \gamma_r}$ 的本征值取为 $P_1 = 1.8, P_2 = 1, P_3 = 0.8, P_4 = 0.000\,1$.

基于状态偏差的隐式李雅普诺夫控制的控制律为 $u_k(t) = \gamma_k(t) + v_k(t)$, $k = 1,2$,虚构控制律为 ω,其中,隐函数 $\gamma_k(t)$ 设计为

$$\gamma_k(| \psi \rangle) = \theta_k(V(| \psi \rangle)) = \theta_k\left(\frac{1}{2}\langle \psi - \psi_{\mathrm{f}, \gamma_1, \gamma_2} | \psi - \psi_{\mathrm{f}, \gamma_1, \gamma_2} \rangle\right), \quad k = 1,2 \tag{7.188}$$

其中,$\theta_1(s) = 0.04s$;$\theta_2(s) = 0.02s$.控制函数 $v_k(t)$ 设计为

量子系统控制理论与方法
Control Theory and Methods of Quantum Systems

$$v_k(t) = K_k f_k(\mathfrak{I}(\langle \psi_{f,\gamma_1,\gamma_2} \mid H_k \mid \psi \rangle)), \quad k = 1,2 \tag{7.189}$$

其中, $v_1(t) = 0.3\mathfrak{I}(\langle \psi_{f,\gamma_1,\gamma_2} \mid H_1 \mid \psi \rangle)$; $v_2(t) = 0.7\mathfrak{I}(\langle \psi_{f,\gamma_1,\gamma_2} \mid H_2 \mid \psi \rangle)$. 虚构控制场 ω 设计为

$$\omega = -\lambda_{\gamma_1,\gamma_2} + 0.16\mathfrak{I}(\langle \psi_{f,\gamma_1,\gamma_2} \mid \psi \rangle) \tag{7.190}$$

基于状态距离的控制律为 $u_k(t) = \gamma_k(t) + v_k(t)$, $k = 1,2$, 其中, 隐函数 $\gamma_k(t)$ 设计为

$$\gamma_k(\mid \psi \rangle) = \theta_k\left(\frac{1}{2}(1 - \mid \langle \psi \mid \psi_{f,\gamma_1,\gamma_2} \rangle \mid^2)\right), \quad k = 1,2 \tag{7.191}$$

其中, $\theta_1(s) = 0.04s$; $\theta_2(s) = 0.02s$. 控制函数 $v_k(t)$ 设计为

$$v_k(t) = K_k f_k(\mathfrak{I}(e^{i\angle\langle \psi \mid \psi_{f,\gamma_1,\gamma_2}\rangle}\langle \psi_{f,\gamma_1,\gamma_2} \mid H_k \mid \psi \rangle)), \quad k = 1,2 \tag{7.192}$$

其中

$$v_1(t) = 0.5\mathfrak{I}(\langle \psi \mid \psi_{f,\gamma_1,\gamma_2}\rangle\langle \psi_{f,\gamma_1,\gamma_2} \mid H_1 \mid \psi \rangle)$$
$$v_2(t) = 0.7\mathfrak{I}(\langle \psi \mid \psi_{f,\gamma_1,\gamma_2}\rangle\langle \psi_{f,\gamma_1,\gamma_2} \mid H_2 \mid \psi \rangle)$$

仿真结果分别如图 7.6 至图 7.8 所示. 从系统仿真实验 2 的结果中可以看出: 在 22 a.u. 时, 基于虚拟力学量均值的隐式李雅普诺夫控制方法的控制效果: $\mid c_1 \mid^2 = 9.9937 \times 10^{-15}$, $\mid c_2 \mid^2 = 2.4002 \times 10^{-7}$, $\mid c_3 \mid^2 = 4.6518 \times 10^{-8}$, $\mid c_4 \mid^2 = 1$, 转移概率为 99.99997%; 采用基于状态偏差的隐式李雅普诺夫控制方法时, $\mid c_1 \mid^2 = 1.3296 \times 10^{-7}$, $\mid c_2 \mid^2 = 3.5429 \times 10^{-7}$, $\mid c_3 \mid^2 = 3.5534 \times 10^{-7}$, $\mid c_4 \mid^2 = 1$, 转移概率为 99.997%. 采用基于状态距离的隐式李雅普诺夫控制方法时, 四个能级的布居数分别为 $\mid c_1 \mid^2 = 2.9111 \times 10^{-7}$, $\mid c_2 \mid^2 = 8.9707 \times 10^{-6}$, $\mid c_3 \mid^2 = 8.841 \times 10^{-7}$, $\mid c_4 \mid^2 = 0.99999$, 转移概率为 99.999%. 分别采用基于虚拟力学量均值、状态偏差和状态距离的隐式李雅普诺夫控制方法时, 使转移概率在达到 99.999% 所需的最短时间分别为 22 a.u., 35 a.u. 和 31 a.u..

对于数值仿真实验 2 来说, 基于虚拟力学量均值的隐式李雅普诺夫控制方法实现状态转移的时间短、控制律最大值小, 效果要比另外两种控制方法好. 基于状态距离的控制效果的隐式李雅普诺夫控制方法次之, 基于状态偏差的隐式李雅普诺夫控制方法的控制效果最不好. 但并不代表对每个模型都是如此, 例如 (Meng, et al., 2012) 的数值仿真实验 1 中, 基于状态偏差的隐式李雅普诺夫控制方法的控制效果要好于基于状态距离的隐式李雅普诺夫控制方法.

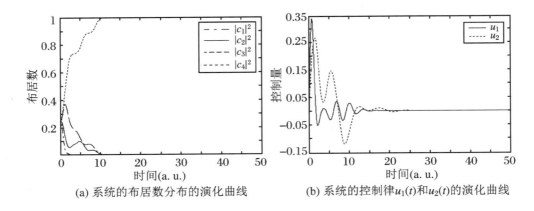

(a) 系统的布居数分布的演化曲线　　　　(b) 系统的控制律$u_1(t)$和$u_2(t)$的演化曲线

图 7.6　采用基于虚拟力学量均值的控制方法的仿真实验

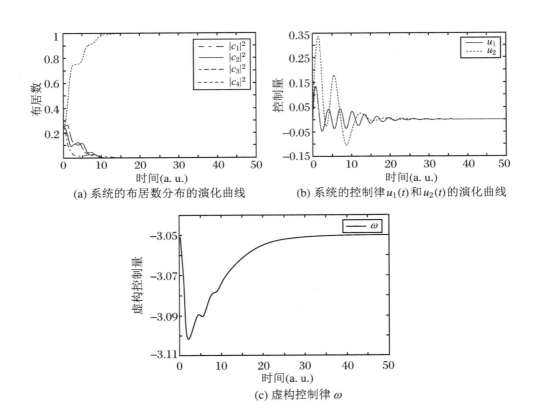

(a) 系统的布居数分布的演化曲线　　　　(b) 系统的控制律$u_1(t)$和$u_2(t)$的演化曲线

(c) 虚构控制律 ω

图 7.7　采用基于状态偏差的控制方法的仿真实验

量子系统控制理论与方法
Control Theory and Methods of Quantum Systems

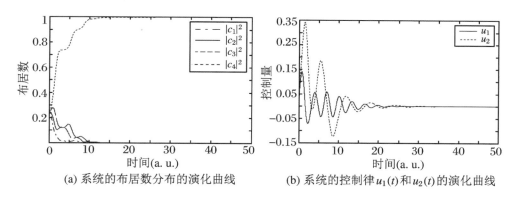

(a) 系统的布居数分布的演化曲线　　　　(b) 系统的控制律$u_1(t)$和$u_2(t)$的演化曲线

图 7.8　采用基于状态距离的控制方法的仿真实验

7.3.6　小结

当封闭量子系统非强正则或内部哈密顿量任意两个本征态非直接连接时,采用非退化情况的基于虚拟力学量均值的李雅普诺夫控制方法将不能保证控制系统的渐近稳定性.本节基于隐式李雅普诺夫控制方法的基本思想,提出多控制哈密顿量的基于虚拟力学量均值的隐式李雅普诺夫控制方法,该方法不仅适用于目标态为本征态的情况,也同样适用于目标态为叠加态的情况.

7.4　任意状态转移的隐式李雅普诺夫控制方法

最近几年里,有关李雅普诺夫方法下控制系统收敛性的研究成果主要分为两种情况:非退化情况和退化情况.非退化情况下,根据控制系统分别为薛定谔方程或量子刘维尔方程分别有以下研究成果:

(1) 对于采用薛定谔方程进行目标态为本征态的转移情况,保证控制系统收敛的条件为(Beauchard, et al., 2007; Grivopoulos, Bamieh, 2003; Kuang, Cong, 2008):(i)(控制系统)强正则,即满足:$\omega_{i'j'} \neq \omega_{lm}$,$(i',j') \neq (l,m)$,$i',j',l,m \in \{1,2,\cdots,N\}$,其中,$\omega_{lm} = \lambda_l - \lambda_m$,$\lambda_l$是内部哈密顿量$H_0$对应于本征态$|\phi_l\rangle$的本征值.(ii) 选择状态

距离和状态偏差为李雅普诺夫函数时,条件为:所有不同于目标态的本征态$|\phi_i\rangle$和目标态$|\psi_f\rangle$直接连接,即满足:对于$k=1,2,\cdots,r$,至少存在一个$\langle\phi_i|H_k|\psi_f\rangle\neq0$,$|\phi_i\rangle\neq|\psi_f\rangle$;选择虚拟力学量均值为李雅普诺夫函数时,条件为:任意两个本征态直接连接,即满足对于$k=1,2,\cdots,r$,至少存在一个$\langle\phi_i|H_k|\phi_j\rangle\neq0$,$|\phi_i\rangle\neq|\phi_j\rangle$.一般将控制系统满足条件(i)和(ii)的情况称为非退化情况.

(2) 对于采用量子刘维尔方程进行目标态为对角矩阵的转移情况,保证控制系统收敛的条件为:(i) 强正则;(ii) 控制哈密顿量H_k全连接,即$\forall j\neq l$,H_k的第j行第l列元素$(H_k)_{jl}\neq0$(Wang,Schirmer,2010a;Kuang,Cong,2010a).控制系统满足条件(i)和(ii)的情况称为非退化情况.

在实际系统中,能够满足非退化情况条件的量子系统是非常少的,大部分实际系统是不满足的.到目前为止,对于非退化情况,人们刚开始只解决了任意初态到目标态为本征态(薛定谔方程情况)以及目标态为对角矩阵(量子刘维尔方程情况)的状态转移的收敛控制问题,2012年我们通过一些幺正变换解决了与内部哈密顿非对易的目标态(量子刘维尔方程情况)的状态转移的收敛控制问题(Cong,Liu,2012).对于退化情况,人们只解决了在薛定谔方程情况下对任意初态到目标态为本征态转移的收敛控制问题,有关目标态为叠加态和混合态的状态转移的收敛控制问题还没有解决.

本节将在量子刘维尔方程下,通过采用基于李雅普诺夫理论的量子控制方法,解决多控制哈密顿系统退化情况下目标态为叠加态和混合态的状态转移的收敛控制问题,进而达到实现封闭量子系统退化情况下从任意初态到与其幺正等价的任意目标态的完全转移目的.在退化的情况下,有关与内部哈密顿非对易的目标态的状态转移的收敛控制问题解决起来通常较为困难,本节将致力于解决这两个问题,思路为:在选择虚拟力学量均值为李雅普诺夫函数的基础上,通过在控制律中引入隐函数微扰解决退化问题;基于李雅普诺夫理论来设计控制律,并基于拉塞尔不变原理来分析控制系统的收敛性,找出使控制系统收敛到期望目标态的条件,收敛性与控制系统的目标态以及控制律有关,其中,将具体分析如何使控制系统的收敛条件得到满足、如何构造虚拟力学量等问题.

7.4.1　控制系统模型

所考虑的N能级控制系统由如下量子刘维尔方程描述:

$$i\dot{\rho}(t)=\left[H_0+\sum_{k=1}^{r}H_ku_k(t),\rho(t)\right],\quad\rho(0)=\rho_0 \tag{7.193}$$

其中，$\rho(t)$是密度算符；H_0是内部哈密顿量；$H_k,k=1,2,\cdots,r$是控制哈密顿量；$u_k(t),k=1,2,\cdots,r$是控制律.

为了解决退化情况下控制系统的收敛问题，已有的手段是在控制律中引入微扰控制项，即在控制系统(7.193)的控制律$u_k(t),k=1,2,\cdots,r$中引入微扰项$\gamma_k(t)$，此时控制系统变为

$$\mathrm{i}\dot{\rho}(t)=\left[H_0+\sum_{k=1}^{r}H_k(\gamma_k(t)+v_k(t)),\rho(t)\right],\quad\rho(0)=\rho_0\qquad(7.194)$$

其中，$u_k(t)=\gamma_k(t)+v_k(t)$是需要设计的控制律.

控制目标是，通过设计控制律$u_k(t)=\gamma_k(t)+v_k(t)$来使控制系统(7.194)能从任意一个初态$\rho_0$完全转移到任意一个与$\rho_0$幺正等价的期望目标态$\rho_f$.这是由于在封闭量子系统中，系统状态的演化是幺正的.

7.4.2　控制律的设计

本节采用基于虚拟力学量均值的量子李雅普诺夫控制方法.所谓虚拟力学量是指该力学量可能并不是一个如坐标、动量、角动量和能量等具有物理意义的可观测量，而是人们用来设计的一个线性厄米算符.为了解决退化情况，需要在控制律中引入微扰函数$\gamma_k(t)$，所以具体的李雅普诺夫函数选为

$$V(\rho)=\mathrm{tr}(P_{\gamma_1,\cdots,\gamma_r}\rho)\qquad(7.195)$$

其中，虚拟力学量$P_{\gamma_1,\cdots,\gamma_r}=f(\gamma_1(t),\cdots,\gamma_r(t))$是关于微扰$\gamma_k(t)$的函数，为方便起见，写成$P_{\gamma_1,\cdots,\gamma_r}$，$P_{\gamma_1,\cdots,\gamma_r}$正定.

控制系统引入微扰后，$H_0+\sum_{k=1}^{r}H_k\gamma_k(t)$可看作控制系统(7.194)新的内部哈密顿量，通过设计微扰$\gamma_k(t)$可以使加入微扰后的控制系统满足强正则和全连接条件，成为非退化情况.一般情况下，习惯在内部哈密顿量的本征基上描述系统，即控制系统模型的内部哈密顿量为对角矩阵的形式.记$H_0+\sum_{k=1}^{r}H_k\gamma_k(t)$的本征值和本征向量分别为$\lambda_{n,\gamma_1,\cdots,\gamma_r}$和$\mid\phi_{n,\gamma_1,\cdots,\gamma_r}\rangle,1\leqslant n\leqslant N$.记$U=(\mid\phi_{1,\gamma_1,\cdots,\gamma_r}\rangle,\mid\phi_{2,\gamma_1,\cdots,\gamma_r}\rangle,\cdots,\mid\phi_{N,\gamma_1,\cdots,\gamma_r}\rangle)$，那么，在新的内部哈密顿量$H_0+\sum_{k=1}^{r}H_k\gamma_k$的本征基上所描述的系统为

$$\mathrm{i}\dot{\hat{\rho}}(t)=\left[\hat{H}_0+\sum_{k=1}^{r}\hat{H}_k(\gamma_k(t)+v_k(t)),\hat{\rho}(t)\right]\qquad(7.196)$$

其中,$\hat{\rho} = U^{+}\rho U$;$\hat{H}_0 = U^{+}H_0U$;$\hat{H}_k = U^{+}H_kU$.相应地,目标态 ρ_f 变成 $\hat{\rho}_f = U^{+}\rho_f U$ 是关于微扰 $\gamma_k(t)$ 的函数.

为了能够使加入微扰后的控制系统满足控制系统收敛的条件,成为非退化情况,引入微扰 $\gamma_k(t)$ 后,控制系统(7.194)和(7.196)需要满足以下两个假设条件:

假定 7.3 强正则:$\omega_{l,m,\gamma_1,\cdots,\gamma_r} \neq \omega_{i,j,\gamma_1,\cdots,\gamma_r}$,$(l,m) \neq (i,j)$,$i,j,l,m \in \{1,2,\cdots,N\}$,$\omega_{l,m,\gamma_1,\cdots,\gamma_r} = \lambda_{l,\gamma_1,\cdots,\gamma_r} - \lambda_{m,\gamma_1,\cdots,\gamma_r}$.

假定 7.4 全连接:$\forall j \neq l$,式(7.196)中的 $\hat{H}_k$ 的第 j 行第 l 列元素 $(\hat{H}_k)_{jl} \neq 0$.

此时,系统(7.196)状态的演化过程为:随着李雅普诺夫函数 V 的不断下降,通过设计合适的控制律,控制系统(7.196)逐渐收敛到 $\hat{\rho}_f$.所设计微扰 $\gamma_k(t)$,$k = 1,2,\cdots,r$ 应当逐渐收敛到 0,且为了能解决退化情况,其收敛速度要慢于控制系统(7.196)收敛到 $\hat{\rho}_f$ 的速度,并且为了使控制系统能收敛到目标态 ρ_f,需设计 $\gamma_k(\rho_f) = 0$.

在非退化情况下,为了使控制系统能收敛到期望的目标态 ρ_f,在第 6 章曾使用了限制条件:$V(\rho_f) < V(\rho_0) < V(\rho_{ot})$,其中 ρ_{ot} 是 $E_1 = \{\rho | \dot{V}(\rho) = 0\}$ 中除目标态外的其他态.该条件与虚拟力学量 P 以及初始态和目标态有关.在实际应用中,初始态和目标态是不能任意选取的,且很难设计虚拟力学量使该限制条件对于任意的初始态和目标态都成立,并且所提出的限制条件 $V(\rho_f) < V(\rho_0) < V(\rho_{ot})$ 不是一个显式,所以根据该条件来选取初始态也是比较困难的.因此需要放宽条件,消除对初始态的限制.实际上,加上 $V(\rho_f) < V(\rho_0) < V(\rho_{ot})$ 这个限制是因为 $E_1 = \{\rho | \dot{V}(\rho) = 0\}$ 集合中不只包含目标态.在对该条件的研究中已经指出 $\dot{V}(\rho) = 0 \Leftrightarrow u_k(t) = 0,k = 1,2,\cdots,r$.所以当不加该限制条件时,随着李雅普诺夫函数 $V(t)$ 的不断下降,系统状态演化到某个 ρ_{ot},此时所有的控制律都满足 $u_k(t) = 0,k = 1,2,\cdots,r$,系统状态将停留在此处,不再进一步演化.

在退化情况下,为了使控制系统能收敛到给定的目标态,我们选择了一个更简单的限制条件:$V(\rho_f) < V(\rho_{ot})$,该限制条件可以通过设计合适的虚拟力学量使其对任意的初始态和目标态都满足.为了保证控制系统通过加上这个限制条件而能收敛到目标态,设计微扰函数:对于 $k = 1,2,\cdots,r$,至少存在一个 $\gamma_k(\rho) \neq 0,\rho \neq \rho_f,\gamma_k(\rho_f) = 0$.

基于以上分析,下面来设计微扰 $\gamma_k(t)$,$k = 1,2,\cdots,r$.

由于在李雅普诺夫控制方法下,系统状态的演化依赖于 $V(t)$ 的不断下降,故可设计微扰 $\gamma_k(t) \geqslant 0$,且为 $V(t)$ 的单调增函数:

$$\begin{aligned}\gamma_k(\rho) &= C_k \cdot \theta_k(V(\rho) - V(\rho_f)) \\ &= C_k \cdot \theta_k(\mathrm{tr}(P_{\gamma_1,\cdots,\gamma_r}\rho) - \mathrm{tr}(P_{\gamma_1,\cdots,\gamma_r}\rho_f)), \quad k = 1,2,\cdots,r\end{aligned} \quad (7.197)$$

量子系统控制理论与方法
Control Theory and Methods of Quantum Systems

其中，$C_k \geqslant 0$ 是比例系数，且对于 $k = 1, 2, \cdots, r$，至少有一个 $C_k > 0$，函数 $\theta_k(\cdot)$ 满足 $\theta_k(0) = 0$；对于任意的 $s > 0$，有 $\theta_k(s) > 0, \theta_k'(s) > 0$.

由此可以看出，所选取的李雅普诺夫函数为一个隐函数，而设计的微扰也是隐函数，这些隐函数微扰 $\gamma_k(t)$ 的存在性可用下述引理 7.4 描述.

引理 7.4 若 $C_k = 0$，则 $\gamma_k(\rho) = 0$. 若 $C_k > 0$，$\theta_k \in C^\infty(\mathbf{R}^+; [0, \gamma_k^*])$，$k = 1, 2, \cdots$，$r$，$\gamma_k^*$ 为一正常数，满足：$\theta_k(0) = 0$，对于任意 $s > 0$，$\theta_k(s) > 0, \theta_k'(s) > 0$，$\| \theta_k' \|_{m_1} < 1/(2C^* C_k)$，$C^* = 1 + C$，$C = \max\{ \| \partial P_{\gamma_1, \cdots, \gamma_r}/\partial \gamma_k \|_{m_1}, k = 1, 2, \cdots, r\}$，则对于任意的 ρ，都存在唯一的 $\gamma_k \in C^\infty$，$\gamma_k \in [0, \gamma_k^*]$，满足 $\gamma_k(\rho) = C_k \cdot \theta_k(\mathrm{tr}(P_{\gamma_1, \cdots, \gamma_r} \rho) - \mathrm{tr}(P_{\gamma_1, \cdots, \gamma_r} \rho_\mathrm{f}))$，$k = 1, 2, \cdots, r$.

证明 假设 $P_{\gamma_1, \cdots, \gamma_r}$ 是 $\gamma_k(\rho) \in [0, \gamma_k^*]$，$k = 1, 2, \cdots, r$ 的解析函数. $\partial P_{\gamma_1, \cdots, \gamma_r}/\partial \gamma_k$ 在 $[0, \gamma_k^*]$ 上有界，则 $C < \infty$. 经过简单计算，可得 θ_k 关于 γ_k 的一阶偏导为

$$\partial \theta_k / \partial \gamma_k = \theta_k' \mathrm{tr}(\partial P_{\gamma_1, \cdots, \gamma_r}/\partial \gamma_k (\rho - \rho_\mathrm{f})) \tag{7.198}$$

定义

$$F_k(\gamma_1, \cdots, \gamma_r, \rho) = \gamma_k - C_k \cdot \theta_k(\mathrm{tr}(P_{\gamma_1, \cdots, \gamma_r} \rho) - \mathrm{tr}(P_{\gamma_1, \cdots, \gamma_r} \rho_\mathrm{f})), \quad k = 1, 2, \cdots, r \tag{7.199}$$

其中，$F_k(\gamma_1, \cdots, \gamma_r, \rho)$，$k = 1, 2, \cdots, r$ 是正则的. 对于一个固定的 ρ，有

$$F_k(\gamma_1(\rho), \cdots, \gamma_r(\rho), \rho) = 0, \quad k = 1, 2, \cdots, r \tag{7.200}$$

由式 (7.198) 可得

$$\partial F_k / \partial \gamma_k = 1 - C_k \cdot \theta_k' \mathrm{tr}(\partial P_{\gamma_1, \cdots, \gamma_r}/\partial \gamma_k (\rho - \rho_\mathrm{f})) \tag{7.201}$$

其中

$$| \mathrm{tr}(\partial P_{\gamma_1, \cdots, \gamma_r}/\partial \gamma_k (\rho - \rho_\mathrm{f})) | \leqslant 2 | \mathrm{tr}(\partial P_{\gamma_1, \cdots, \gamma_r}/\partial \gamma_k \rho) | \leqslant 2 \| \partial P_{\gamma_1, \cdots, \gamma_r}/\partial \gamma_k \|_{m_1} \tag{7.202}$$

根据给定的条件，可得

$$| \theta_k' \mathrm{tr}(\partial P_{\gamma_1, \cdots, \gamma_r}/\partial \gamma_k (\rho - \rho_\mathrm{f})) | < 1 \tag{7.203}$$

则

$$\partial F_k(\gamma_1(\rho), \cdots, \gamma_r(\rho), \rho)/\partial \gamma_k \neq 0 \tag{7.204}$$

根据隐函数定理，引理 7.4 得证. 证毕.

下面将根据李雅普诺夫稳定性理论来设计控制律 $v_k(t)$，主要思想是，设计控制律

使李雅普诺夫函数的一阶导数 $\dot{V}(t) \leqslant 0$. 由于微扰 $\gamma_k(t)$ 是隐函数,实际上在求使 $\dot{V}(t)$ $\leqslant 0$ 的控制律时非常困难. 本节为了便于求解和简单起见,对于某些 k,令 $\gamma_k(t) = \gamma(t)$;而对于其他 k,令 $\gamma_k(t) = 0$,即令

$$
\begin{cases}
\gamma_n(t) = \gamma(t), C_n = 1, n = k_1, \cdots, k_m \\
C_n = 0, n \neq k_1, \cdots, k_m, 1 \leqslant k_1, \cdots, k_m \leqslant r
\end{cases}
\tag{7.205}
$$

此时可将 $V(\rho) = \mathrm{tr}(P_{\gamma_1, \cdots, \gamma_r} \rho)$ 写为 $V(\rho) = \mathrm{tr}(P_\gamma \rho)$,其中 P_γ 是关于 $\gamma(t)$ 的函数. 由式(7.194)和式(7.195)可得李雅普诺夫函数的一阶导数为

$$
\dot{V} = -\mathrm{i}\,\mathrm{tr}\left(\left[P_\gamma, H_0 + \sum_{n=k_1}^{k_m} H_n \gamma(t)\right]\rho\right) - \mathrm{i}\sum_{k=1}^{r} v_k(t)\mathrm{tr}([P_\gamma, H_k]\rho) + \dot{\gamma}\,\mathrm{tr}((\partial P_\gamma/\partial \gamma)\rho)
\tag{7.206}
$$

式(7.206)右边第一项 $-\mathrm{i}\,\mathrm{tr}\left(\left[P_\gamma, H_0 + \sum_{n=k_1}^{k_m} H_n \gamma(t)\right]\rho\right)$ 是个漂移项.

由于该漂移项的正负性难以判断,所以很难设计控制律来确保 $\dot{V} \leqslant 0$. 根据已有的经验,可以通过令 $\left[P_\gamma, H_0 + \sum_{n=k_1}^{k_m} H_n \gamma(t)\right] = 0$ 来消除该漂移项,则式(7.206)变为

$$
\dot{V} = -\mathrm{i}\sum_{k=1}^{r} v_k(t)\mathrm{tr}([P_\gamma, H_k]\rho) + \dot{\gamma}\,\mathrm{tr}((\partial P_\gamma/\partial \gamma)\rho)
\tag{7.207}
$$

另一方面,由于式(7.207)中微扰函数的一阶导数项 $\dot{\gamma}$ 是隐函数,得不出显式的表达式,所以需消除该项. 对式(7.197)求导可得

$$
\dot{\gamma}(t) = \theta' \cdot \left(\mathrm{tr}((\partial P_\gamma/\partial \gamma)\dot{\gamma}(t)(\rho - \rho_\mathrm{f})) - \mathrm{i}\sum_{k=1}^{r} v_k(t)\mathrm{tr}([P_\gamma, H_k]\rho)\right)
\tag{7.208}
$$

可求出 $\dot{\gamma}(t) = \dfrac{\mathrm{i}\theta' \sum\limits_{k=1}^{r} v_k \mathrm{tr}([P_\gamma, H_k]\rho)}{\theta' \mathrm{tr}((\partial P_\gamma/\partial \gamma)(\rho - \rho_\mathrm{f})) - 1}$,代入式(7.208)可得

$$
\dot{V} = -\frac{1 + \theta' \mathrm{tr}((\partial P_\gamma/\partial \gamma)\rho_\mathrm{f})}{1 - \theta' \mathrm{tr}((\partial P_\gamma/\partial \gamma)(\rho - \rho_\mathrm{f}))} \sum_{k=1}^{r} \mathrm{i}\,\mathrm{tr}([P_\gamma, H_k]\rho) v_k(t)
\tag{7.209}
$$

根据引理 7.4 的证明过程中的结论 $|\theta' \mathrm{tr}((\partial P_\gamma/\partial \gamma)\rho_\mathrm{f})| < 1/2$, $|\theta'_k \mathrm{tr}(\partial P_{\gamma_1, \cdots, \gamma_r}/\partial \gamma_k(\rho - \rho_\mathrm{f}))| < 1$,可得 $\dfrac{1 + \theta' \mathrm{tr}((\partial P_\gamma/\partial \gamma)\rho_\mathrm{f})}{1 - \theta' \mathrm{tr}((\partial P_\gamma/\partial \gamma)(\rho - \rho_\mathrm{f}))} > 0$. 为使 $\dot{V} \leqslant 0$,可以通过令式(7.209)中右边每项都小于等于 0 来获得控制律 $v_k(t)$ 为

$$
v_k(t) = K_k f_k(\mathrm{i}\,\mathrm{tr}([P_\gamma, H_k]\rho)), \quad k = 1, 2, \cdots, r
\tag{7.210}
$$

其中，$K_k > 0$，函数 $y_k = f_k(x_k)$ 是过平面 x_k-y_k 的坐标原点和第一、三象限的单调增函数.

式(7.210)就是根据李雅普诺夫稳定性定理在李雅普诺夫函数选择为式(7.195)时为控制系统(7.194)设计出来的控制律.

为解决退化情况问题引入的引理7.1所示的隐函数微扰和根据李雅普诺夫稳定性定理设计出来的控制律(7.203)仅能使控制系统稳定,并不能保证系统一定收敛到期望的目标态.要想使得所设计的控制系统状态能够完全转移,必须要对系统进行进一步的分析来得到使系统能够收敛的条件,此条件可以指导人们设计出保证系统状态完全转移的控制律.下面对此进行具体研究.

7.4.3 控制系统收敛性分析

下面根据拉塞尔不变原理来分析控制系统的收敛性.根据拉塞尔不变原理,当 $t \to \infty$ 时,任意的有界解收敛到 $E = \{\rho \mid \dot{V}(\rho) = 0\}$.所以分析控制系统的收敛性就需要分析 $\dot{V}(\rho(t)) = 0$.由式(7.209)和式(7.210)可以得到

$$\dot{V} = 0 \quad \Leftrightarrow \quad \mathrm{tr}([P_\gamma, H_k]\rho) = 0 \quad \Leftrightarrow \quad v_k(t) = 0 \qquad (7.211)$$

但 $\mathrm{tr}([P_\gamma, H_k]\rho) = 0$ 不是显式表达式,得不出有用的信息,需要进一步分析.经过分析可得式(7.194)所示控制系统的收敛性定理为:

定理 7.5 控制系统(7.194)在引理7.4所示的 $\gamma_n(t) = \gamma(t), C_n = 1, n = k_1, \cdots, k_m; C_n = 0, n \neq k_1, \cdots, k_m, 1 \leq k_1, \cdots, k_m \leq r$ 和式(7.203)所示的 $v_k(t)$ 的控制作用下,若系统满足:(i) $\omega_{l,m,\gamma_1,\cdots,\gamma_r} \neq \omega_{i,j,\gamma_1,\cdots,\gamma_r}, (l,m) \neq (i,j), i,j,l,m \in \{1,2,\cdots,N\}$, $\omega_{l,m,\gamma_1,\cdots,\gamma_r} = \lambda_{l,\gamma_1,\cdots,\gamma_r} - \lambda_{m,\gamma_1,\cdots,\gamma_r}, \lambda_{l,\gamma_1,\cdots,\gamma_r}$ 为 $H_0 + \sum_{k=1}^{r} H_k \gamma_k$ 对应于本征态 $|\phi_{l,\gamma_1,\cdots,\gamma_r}\rangle$ 的本征值;(ii) $\forall j \neq l, \hat{H}_k = U^H H_k U$ 的第 j 行、第 l 列元素 $(\hat{H}_k)_{jl} \neq 0$,其中 $U = (|\phi_{1,\gamma_1,\cdots,\gamma_r}\rangle, |\phi_{2,\gamma_1,\cdots,\gamma_r}\rangle, \cdots, |\phi_{N,\gamma_1,\cdots,\gamma_r}\rangle)$;(iii) $[P_\gamma, H_0 + \sum_{n=k_1}^{k_m} H_n \gamma(t)] = 0, 1 \leq k_1, \cdots, k_m \leq r$;(iv) 对于任意的 $l \neq j, 1 \leq l, j \leq N, (\hat{P}_\gamma)_{ll} \neq (\hat{P}_\gamma)_{jj}$,其中 $(\hat{P}_\gamma)_{ll}$ 为 $\hat{P}_\gamma$ 的第 l 行、第 l 列元素,则系统将收敛到 $E_4 = \{\rho_{t_0} \mid (U^H \rho_{t_0} U)_{ij} = 0, \gamma = \gamma(\rho_{t_0}), t_0 \in \mathbf{R}\}$,其中 $\rho_{t_0} = \rho(t_0)$.

证明 证明收敛性定理就是分析 $\dot{V} = 0 \Leftrightarrow \mathrm{tr}([P_\gamma, H_k]\rho) = 0 \Leftrightarrow v_k(t) = 0$.不失一

般性,假设 $t \geqslant t_0$,$t_0 \in \mathbf{R}$,$\dot{V} = 0$ 成立,则 $\gamma(t) = \bar{\gamma}$,$\bar{\gamma}$ 为一常数. 为了便于证明,通过在 $H_0 + \sum\limits_{k=1}^{r} H_k \gamma_k$ 的本征基上描述的系统(7.196)来进行分析. 根据迹的性质,式(7.204)可化为

$$\dot{V} = 0 \iff \operatorname{tr}([\hat{P}_\gamma, \hat{H}_k]\hat{\rho}) = 0 \iff v_k(t) = 0 \tag{7.212}$$

其中,$\hat{P}_\gamma = U^+ P U$.

考虑 $\dot{V} = 0$ 时 $\gamma(t) = \bar{\gamma}$,$v_k(t) = 0$,则式(7.196)所示控制系统的解为

$$\hat{\rho}(t) = \mathrm{e}^{-\mathrm{i}\left(\hat{H}_0 + \sum\limits_{n=k_1}^{k_m} \hat{H}_n \bar{\gamma}\right)(t-t_0)} \hat{\rho}_{t_0} \mathrm{e}^{\mathrm{i}\left(\hat{H}_0 + \sum\limits_{n=k_1}^{k_m} \hat{H}_n \bar{\gamma}\right)(t-t_0)} [\hat{P}_\gamma, \hat{H}_k] = 0 \tag{7.213}$$

于是 $\operatorname{tr}([\hat{P}_\gamma, \hat{H}_k]\hat{\rho}) = 0$ 可写为

$$\operatorname{tr}(\mathrm{e}^{-\mathrm{i}\left(\hat{H}_0 + \sum\limits_{n=k_1}^{k_m} \hat{H}_n \bar{\gamma}\right)(t-t_0)} \hat{\rho}_{t_0} \mathrm{e}^{\mathrm{i}\left(\hat{H}_0 + \sum\limits_{n=k_1}^{k_m} \hat{H}_n \bar{\gamma}\right)(t-t_0)} [\hat{P}_\gamma, \hat{H}_k]) = 0, \quad k = 1,2,\cdots,r \tag{7.214}$$

在 7.4.3 小节设计控制律时为消除漂移项,设 $\left[P_\gamma, H_0 + \sum\limits_{n=k_1}^{k_m} H_n \gamma(t)\right] = 0$. 该式意味着 P_γ 和 $H_0 + \sum\limits_{n=k_1}^{k_m} H_n \gamma(t)$ 拥有相同的本征态,可以同时对角化. 所以 $\hat{P}_\gamma$ 为一对角矩阵,则 $\hat{P}_{\bar{\gamma}} = \mathrm{e}^{-\mathrm{i}\left(\hat{H}_0 + \sum\limits_{n=k_1}^{k_m} \hat{H}_n \bar{\gamma}\right)(t-t_0)} P_{\bar{\gamma}} \mathrm{e}^{\mathrm{i}\left(\hat{H}_0 + \sum\limits_{n=k_1}^{k_m} \hat{H}_n \bar{\gamma}\right)(t-t_0)}$ 成立. 代入式(7.214)可得

$$\operatorname{tr}(\mathrm{e}^{\mathrm{i}\left(\hat{H}_0 + \sum\limits_{n=k_1}^{k_m} \hat{H}_n \bar{\gamma}\right)(t-t_0)} \hat{H}_k \mathrm{e}^{-\mathrm{i}\left(\hat{H}_0 + \sum\limits_{n=k_1}^{k_m} \hat{H}_n \bar{\gamma}\right)(t-t_0)} [\hat{\rho}_{t_0}, \hat{P}_{\bar{\gamma}}]) = 0, \quad k = 1,2,\cdots,r \tag{7.215}$$

由 $\mathrm{e}^A B \mathrm{e}^{-A} = \sum\limits_{n=0}^{\infty} (1/n!)[A^{(n)}, B]$ 可得

$$\sum\limits_{n=0}^{\infty} (1/n!)(\mathrm{i}^n (t-t_0)^n) \operatorname{tr}\left(\left[\left(\hat{H}_0 + \sum\limits_{n=k_1}^{k_m} \hat{H}_n \bar{\gamma}\right)^{(n)}, \hat{H}_k\right][\hat{\rho}_{t_0}, \hat{P}_{\bar{\gamma}}]\right) = 0, \quad k = 1,2,\cdots,r \tag{7.216}$$

其中,$\left[\left(\hat{H}_0 + \sum\limits_{n=k_1}^{k_m} \hat{H}_n \bar{\gamma}\right)^{(n)}, \hat{H}_k\right] = \underbrace{\left[\left(\hat{H}_0 + \sum\limits_{n=k_1}^{k_m} \hat{H}_n \bar{\gamma}\right), \left[\left(\hat{H}_0 + \sum\limits_{n=k_1}^{k_m} \hat{H}_n \bar{\gamma}\right), \cdots, \hat{H}_k\right], \cdots\right]}_{n\text{个}}$.

设对角矩阵 $\hat{P}_\gamma = \operatorname{diag}(\hat{P}_{1,\gamma}, \hat{P}_{2,\gamma}, \cdots, \hat{P}_{N,\gamma})$,可得

$$\sum\limits_{j,l=1}^{N} \omega_{j,l,\bar{\gamma}}^n (\hat{H}_k)_{jl} (\hat{P}_{l,\bar{\gamma}} - \hat{P}_{j,\bar{\gamma}})(\hat{\rho}_{t_0})_{lj} = 0, \quad k = 1,2,\cdots,r \tag{7.217}$$

设

$$
\begin{cases}
\xi_k = ((\hat{H}_k)_{12}(\hat{P}_{2,\bar{\gamma}} - \hat{P}_{1,\bar{\gamma}})(\hat{\rho}_{t_0})_{21} \quad \cdots \quad (\hat{H}_k)_{(N-1)N}(\hat{P}_{N,\bar{\gamma}} - \hat{P}_{N-1,\bar{\gamma}})(\hat{\rho}_{t_0})_{N(N-1)})^{\mathrm{T}} \\
\Lambda = \mathrm{diag}(\omega_{1,2,\bar{\gamma}}, \cdots, \omega_{N-1,N,\bar{\gamma}}) \\
M = \begin{pmatrix}
1 & 1 & \cdots & 1 \\
\omega_{1,2,\bar{\gamma}}^2 & \omega_{1,3,\bar{\gamma}}^2 & \cdots & \omega_{N,N-1,\bar{\gamma}}^2 \\
\vdots & \vdots & & \vdots \\
\omega_{1,2,\bar{\gamma}}^{N(N-1)-2} & \omega_{1,3,\bar{\gamma}}^{N(N-1)-2} & \cdots & \omega_{N,N-1,\bar{\gamma}}^{N(N-1)-2}
\end{pmatrix}
\end{cases}
\tag{7.218}
$$

当 $n = 0, 2, 4, \cdots$ 时,式(7.217)可写为 $M\Im(\xi_k) = 0$. 当 $n = 1, 3, 5, \cdots$ 时,式(7.217)可写为 $M\Lambda\Re(\xi_k) = 0$. 由条件(i),可看出 M 和 Λ 是非奇异实矩阵,则

$$
(\hat{H}_k)_{jl}(\hat{P}_{l,\bar{\gamma}} - \hat{P}_{j,\bar{\gamma}})(\hat{\rho}_{t_0})_{lj} = 0, \quad k = 1, 2, \cdots, r
\tag{7.219}
$$

若控制系统满足条件(ii),则可推出

$$
(\hat{P}_{l,\bar{\gamma}} - \hat{P}_{j,\bar{\gamma}})(\hat{\rho}_{t_0})_{lj} = 0, \quad k = 1, 2, \cdots, r
\tag{7.220}
$$

也就是 $[\hat{P}_{\bar{\gamma}}, \hat{\rho}_{t_0}] = 0, k = 1, 2, \cdots, r$,则由 $\hat{\rho} = U^+ \rho U, \hat{P}_\gamma = U^+ P U$ 可得

$$
[P_{\bar{\gamma}}, \rho_{t_0}] = 0, \quad k = 1, 2, \cdots, r
\tag{7.221}
$$

由条件(iv),对任意的 $l \neq j, 1 \leqslant l, j \leqslant N, (\hat{P}_\gamma)_{ll} \neq (\hat{P}_\gamma)_{jj}$,有

$$
(\hat{\rho}_{t_0})_{lj} = 0
\tag{7.222}
$$

根据拉塞尔不变原理,定理7.5得证. 证毕.

根据定理 7.5,可以看出若满足条件(i)~(iv),则系统将会收敛到 $E_4 = \{\rho_{t_0} \mid (U^H \rho_{t_0} U)_{ij} = 0, \gamma = \gamma(\rho_{t_0}), t_0 \in \mathbf{R}\}$. 记 $\hat{\rho}_0 = \hat{\rho}(0) = U^H \rho(0) U$ 的本征值为 $\hat{\lambda}_{01}$, $\hat{\lambda}_{02}, \cdots, \hat{\lambda}_{0N}$,则 $E_5 = \{\hat{\rho} \mid (\hat{\rho})_{ij} = 0\}$ 的对角元素为 $\hat{\lambda}_{01}, \hat{\lambda}_{02}, \cdots, \hat{\lambda}_{0N}$ 的各种排列. 所以 E_4 中含有有限个元素. 为了使系统能够收敛到目标态 ρ_f,一方面设计 P_γ 使 ρ_f 对应的李雅普诺夫函数最小,对初始态无任何限制,即

$$
V(\rho_f) < V(\rho_{ot})
\tag{7.223}
$$

ρ_{ot} 为 E_1 中除目标态 ρ_f 外的其他态. 另一方面当系统状态演化到 ρ_{ot} 时,$\dot{V} = 0$,控制律 $v_k(t) = 0$. 但由于所设计的控制律:至少存在一个 $k = 1, 2, \cdots, r, \gamma_k(t) \neq 0$,让 $\gamma = \bar{\gamma} - \alpha$, $0 < \alpha \ll \bar{\gamma}$ 使系统状态继续向前演化,直至到达目标态,此时,所有的控制律 $v_k(t)$ 和

$\gamma_k(t)$ 为 0. 所以若目标态与内部哈密顿量 H_0 对易, 控制系统满足定理 7.5 中的条件和式 (7.223) 所示的条件, 控制系统是可以从任意的具有与目标态同谱的初始态收敛到目标态的. 一般而言, 最大混合态不考虑作为初始态, 这是因为: (i) 最大混合态没有任何信息含量, 常被称为垃圾态; (ii) 即使考虑了该初始态, 由上面分析可以看出, 当初始态 ρ_0 为最大混合态, 即 $\rho_0 = I/N$ 时, $\lambda_{01} = \lambda_{02} = \cdots = \lambda_{0N}$, E_1 中只有 I/N, 即初始态本身. 至于这些条件如何满足, 下面将进行分析.

根据定理 7.5, 系统收敛需要满足条件 (i) 和 (ii): 新控制系统跃迁非退化和全连接这两个条件. 这两个条件不仅与哈密顿量 H_0 和 H_k, $k = 1, 2, \cdots, r$ 有关, 还与微扰有关. 当一个系统根据实际的物理背景建模之后, H_0 和 H_k, $k = 1, 2, \cdots, r$ 是确定的. 然而微扰是可以设计的. 只要设计合适的微扰, 这两个条件一般情况下是可以满足的, 这也是本节引入微扰的目的之一. 为了简便起见, 将微扰设计为 $\gamma_n(t) = \gamma(t)$, $C_n = 1$, $n = k_1, \cdots$, k_m; $C_n = 0$, $n \neq k_1, \cdots, k_m$, $1 \leqslant k_1, \cdots, k_m \leqslant r$ 的一种形式. 一般情况下, 通过选择合适的 $k_1, \cdots, k_m$ 和 $\gamma(t)$, 这种形式的微扰大部分情况下是可以解决退化问题, 从而使两个条件成立的. 在实际应用中, 需要根据具体的实验仿真结果来调整 $k_1, \cdots, k_m$ 和 $\gamma(t)$ 的具体形式以及各个控制参数.

定理 7.5 中的条件 (iii): $\left[P_\gamma, H_0 + \sum_{n=k_1}^{k_m} H_n \gamma(t) \right] = 0$ 意味着需设计 P_γ 和 $H_0 + \sum_{n=k_1}^{k_m} H_n \gamma(t)$ 拥有相同的本征态, 记为 $| \phi_{j,\gamma} \rangle$, $j = 1, 2, \cdots, N$. 设计 P_γ 的本征值是常数, 不随 $\gamma(t)$ 的变化而变化, 而本征态随着 $\gamma(t)$ 的变化而变化. 设 P_γ 的本征值为 $P_1, P_2, \cdots, P_N$, 则 P_γ 可表示为

$$P_\gamma = \sum_{j=1}^{N} P_j | \phi_{j,\gamma} \rangle \langle \phi_{j,\gamma} | \tag{7.224}$$

至于条件 (iv): 对于 $\forall l \neq j$, $(\hat{P}_\gamma)_{ll} \neq (\hat{P}_\gamma)_{jj}$, 通过设计合适的 $P_1, P_2, \cdots, P_N$ 是可以满足的. 实际上, H_0 通常是对角矩阵, 所以 H_0 的本征向量为

$$(1 \ 0 \ 0 \ \cdots \ 0)^T, \quad (0 \ 1 \ 0 \ \cdots \ 0)^T, \quad \cdots, \quad (0 \ 0 \ 0 \ \cdots \ 1)^T$$

若取 $P_l \neq P_j$, $\forall l \neq j$; $1 \leqslant l, j \leqslant N$, 则条件 (iv) 成立.

至于如何设计 P_γ 来确保式 (7.223) 成立, 结果如下:

定理 7.6 对于目标态 ρ_f 为对角矩阵的情况: $\rho_f = \mathrm{diag}(\rho_{f11}, \rho_{f22}, \cdots, \rho_{fNN})$, 若 $\rho_{fii} < \rho_{fjj}$, $1 \leqslant i, j \leqslant N$, 设计 $P_i > P_j$; 若 $\rho_{fii} = \rho_{fjj}$, $1 \leqslant i, j \leqslant N$, 设计 $P_i \neq P_j$; 若 $\rho_{fii} > \rho_{fjj}$, $1 \leqslant i, j \leqslant N$, 设计 $P_i < P_j$, 则 $V(\rho_f) < V(\rho_{ot})$ 成立.

为了证明定理 7.6, 首先给出一些推论.

量子系统控制理论与方法
Control Theory and Methods of Quantum Systems

推论 7.1 如果对角矩阵目标态 ρ_f 的对角元素 $\{\rho_{f11}, \rho_{f22}, \cdots, \rho_{fNN}\}$ 以降序排列：$\rho_{f11} > \rho_{f22} > \cdots > \rho_{fNN}$，设计 P_γ 的本征值 $\{P_1, P_2, \cdots, P_N\}$ 以升序排列：$0 < P_1 < P_2 < \cdots < P_N$，则 $V(\rho_f) < V(\rho_{ot})$ 成立.

证明 记目标态 ρ_f 为

$$\rho_f = \mathrm{diag}(\rho_{f11}, \rho_{f22}, \cdots, \rho_{fNN}) \tag{7.225}$$

$$\rho_s = \mathrm{diag}(\rho_{f11(\tau)}, \rho_{f22(\tau)}, \cdots, \rho_{fNN(\tau)}) \tag{7.226}$$

其中，$\{11(\tau), 22(\tau), \cdots, NN(\tau)\}$ 是 $\{11, 22, \cdots, NN\}$ 的一种排列.

H_0 是对角矩阵，这样 $P_\gamma|_{\gamma=0} = \mathrm{diag}(P_1, P_2, \cdots, P_N)$，则在 $\gamma = 0$ 处的李雅普诺夫函数 (7.195) 为

$$V(\rho)\big|_{\gamma=0} = \sum_{j=1}^{N} P_j \rho_{jj} \tag{7.227}$$

当系统的能级 $n = 2$ 时

$$V(\rho_f)_2 - V(\rho_s)_2 = (P_1 - P_2)((\rho_f)_{11} - (\rho_f)_{22}) < 0 \tag{7.228}$$

其中，$V(\rho_f)_2$ 和 $V(\rho_s)_2$ 的下标 "2" 意味着 $n = 2$.

当 $n = 3$ 时

$$V(\rho_f)_3 - V(\rho_{s1})_3 = (P_1 - P_2)(\rho_{f11} - \rho_{f22}) < 0 \tag{7.229a}$$

$$V(\rho_f)_3 - V(\rho_{s2})_3 = (P_1 - P_3)(\rho_{f11} - \rho_{f33}) < 0 \tag{7.229b}$$

$$V(\rho_f)_3 - V(\rho_{s3})_3 = (P_2 - P_3)(\rho_{f22} - \rho_{f33}) < 0 \tag{7.229c}$$

$$V(\rho_f)_3 - V(\rho_{s4})_3 < P_3(\rho_{f11} - \rho_{f22} + \rho_{f22} - \rho_{f33} + \rho_{f33} - \rho_{f11}) = 0 \tag{7.229d}$$

$$V(\rho_f)_3 - V(\rho_{s5})_3 < P_3(\rho_{f11} - \rho_{f33} + \rho_{f22} - \rho_{f11} + \rho_{f33} - \rho_{f22}) = 0 \tag{7.229e}$$

下面用数学归纳法来证明 $V(\rho_f) < V(\rho_s)$.

假设 $n = N - 1$ 时推论 7.1 成立，则

$$V(\rho_f)_{N-1} - V(\rho_s)_{N-1} = \sum_{j=1}^{N-1} P_j((\rho_f)_{jj} - (\rho_f)_{jj(\tau)}) = \sum_{j=1}^{N-1} (P_{j(\tau)} - P_j)(\rho_f)_{jj(\tau)} < 0 \tag{7.230}$$

其中，$P_{j(\tau)} = (P_\gamma|_{\gamma=0})_{jj(\tau)}$.

当 $n = N$ 时

$$V(\rho_f)_N - V(\rho_s)_N = \sum_{j=1}^{N-1} (P_{j(\tau)} - P_j)(\rho_f)_{jj(\tau)} + (P_{N(\tau)} - P_N)(\rho_f)_{NN(\tau)} \tag{7.231}$$

由式(7.230)和 $0 < P_1 < P_2 < \cdots < P_N$ 可得

$$V(\rho_f)_N - V(\rho_s)_N < 0 \tag{7.232}$$

则 $V(\rho_f) < V(\rho_s)$ 成立.由于 $\partial\gamma/\partial V > 0$, $\dot{V} \leqslant 0$, $V(\rho_s) < V(\rho_{ot})$ 成立,则推论 7.1 得证. 证毕.

推论 7.2 如果对角矩阵目标态 ρ_f 的对角线元素 $\{\rho_{f11}, \rho_{f22}, \cdots, \rho_{fNN}\}$ 以非降序排列:$\rho_{fk_{11}k_{11}} = \cdots = \rho_{fk_{1r_1}k_{1r_1}} < \rho_{fk_{21}k_{21}} = \cdots = \rho_{fk_{2r_2}k_{2r_2}} < \cdots < \rho_{fk_{m1}k_{m1}} = \cdots = \rho_{fk_{mr_m}k_{mr_m}}$, $1 \leqslant k_{ij} \leqslant N$, $k_{11} = 1$, $k_{mm} = N$,设计 P_γ 的本征值 $\{P_1, P_2, \cdots, P_N\}$ 如下:$P_{k_{11}}, \cdots, P_{k_{1r_1}} > \cdots > P_{k_{m1}}, \cdots, P_{k_{mr_m}} > 0$,则 $V(\rho_f) < V(\rho_{ot})$ 成立.

证明 显然, $n = 2, 3$ 时, $V(\rho_f) < V(\rho_s)$ 成立.

假设 $n = N-1$ 时, $V(\rho_f) < V(\rho_s)$ 成立,则式(7.230)成立.

当 $n = N$ 时,若 $\rho_{f(N-1)(N-1)} < \rho_{fNN}$,设计 $P_{k_{11}}, \cdots, P_{k_{1r_1}} > \cdots > P_N$,则式(7.332)成立. 若 $\rho_{fk_{m1}k_{m1}} = \rho_{fk_{m2}k_{m2}} = \cdots = \rho_{fNN}$,则 $NN(\tau) \neq k_{m1}k_{m1} \neq \cdots \neq k_{mr(m-1)}k_{mr(m-1)}$,于是式(7.231)成立,设计 $P_{k_{11}}, \cdots, P_{k_{1r_1}} > \cdots > P_{k_{m1}}, \cdots, P_N$,则式(7.232)成立.推论 7.2 得证. 证毕.

很显然,根据推论 7.1、推论 7.2 和式(7.227),可以推出定理 7.6 成立.

综上所述,当期望的目标态与内部哈密顿量对易时,通过设计合适的控制律 $\gamma_k(t)$, $\nu_k(t)$,并设计合适的虚拟力学量 P_γ 的本征值:$P_1, P_2, \cdots, P_N$,则控制系统将会从任意的一个与目标态幺正等价的初始态收敛到期望的目标态.

从收敛性的分析可以看到,提出的方法只能确保控制系统能收敛到与内部哈密顿量对易的目标态,当目标态为叠加态或部分与内部哈密顿量 H_0 非对易的混合态时,需要作进一步的研究.

针对目标态为叠加态或部分与内部哈密顿量非对易的混合态时,采用的方法是,在控制律中引入一系列常值扰动 η_k,则动力学方程(7.194)变为

$$\mathrm{i}\dot{\rho}(t) = \left[H_0 + \sum_{k=1}^{r} H_k(\gamma_k(t) + \nu_k(t) + \eta_k), \rho(t) \right] \tag{7.233}$$

$H_0' = H_0 + \sum_{k=1}^{r} H_k\eta_k$ 作为系统新的哈密顿量.然后设计 η_k 使目标态 ρ_f 与 $H_0' = H_0 + \sum_{k=1}^{r} H_k\eta_k$ 对易,即

$$[H_0', \rho_f] = 0 \tag{7.234}$$

再按照 7.4.2 小节的方法来设计控制律和利用本小节前面证明收敛性的方法来证明收

敛性. 可以证明收敛性定理和虚拟力学量设计原则仍然成立, 只需将各个量进行相应的变化. 在此不再赘述.

7.4.4 数值仿真实验

前面在多控制哈密顿退化量子系统的情况下, 分别对于目标态与内部哈密顿量 H_0 对易和非对易两种情况设计了控制律, 并对控制系统的收敛性进行了证明和分析. 为了对本小节方法的有效性进行验证, 这里以一个三能级退化系统为例, 选取目标态为对角混合态来进行具体的控制器的设计, 并进行系统数值仿真实验, 以此来对本节所提出的控制策略的有效性进行验证.

所选择的三能级系统的哈密顿量为

$$H_0 = \begin{pmatrix} 0.3 & 0 & 0 \\ 0 & 0.6 & 0 \\ 0 & 0 & 0.9 \end{pmatrix}, \quad H_1 = \begin{pmatrix} 0 & 1 & 1 \\ 1 & 0 & 1 \\ 1 & 1 & 0 \end{pmatrix} \tag{7.235}$$

从 H_0 和 H_1 的具体数值可以看出, 系统是非强正则的.

初态取为一个混合态: $\rho_0 = \begin{pmatrix} 0.1 & 0.1 & 0.04 \\ 0.1 & 0.5 & 0.08 \\ 0.04 & 0.08 & 0.4 \end{pmatrix}$, 目标态取为 $\rho_f = $ diag$(0.568\,7, 0.356\,2, 0.075)$. 根据本节所提出的设计思想, 控制律为 $u_1(t) = \gamma_1(t) + v_1(t)$, 其中, 隐函数 $\gamma_k(t)$ 按照引理 7.4 进行设计:

$$\gamma_1(\rho) = C_1 \cdot (\mathrm{tr}(P_{\gamma_1}\rho) - \mathrm{tr}(P_{\gamma_1}\rho_f)) \tag{7.236}$$

控制函数 $v_k(t)$ 按照式(7.210)进行设计:

$$v_1(t) = K_1(\mathrm{itr}([P_{\gamma_1}, H_1]\rho)) \tag{7.237}$$

根据定理 7.6 设计虚拟力学量 P_{γ_1}: 设计 $P_1 < P_2 < P_3, P_{\gamma_1} = \sum_{j=1}^{3} P_j \mid \phi_{j,\gamma_1}\rangle$.

在实验时, 通过先粗调系统参数使控制系统向 ρ_f 收敛, 这样就达到了引入隐函数微扰的目的, 此时可以不再调节 C_1, 这是因为隐函数微扰的值较小, 再调节 C_1 对控制效果的影响不会太大. 然后通过细调其他系统参数来优化控制效果. 在调节系统参数时, 可以先固定其他参数, 调节一个参数观察控制效果, 然后再换一个系统参数进行调节. 经过反复、仔细地调节系统参数, 可得到能调到最好的控制效果的系统参数为 $C_1 = 0.1, K_1 = $

$0.42, P_1 = 0.5, P_2 = 1.8$ 和 $P_3 = 2$.

在系统仿真实验中,采样步长选为 $0.01\,\text{a.u.}$,仿真时间选为 $100\,\text{a.u.}$.系统的仿真结果如图 7.9 所示,其中图 7.9(a) 是 ρ_{ii},$i = 1,2,3$ 的演化曲线,ρ_{ii} 是 ρ 的第 i 个对角元素;图 7.9(b) 是所设计的控制律 $\gamma_1(\psi)$,$v_1(t)$ 和 $u_1(t)$ 的变化曲线.

从系统仿真的实验结果中可以看出:最后在 $100\,\text{a.u.}$ 时,$\rho_{11} = 0.568\,7$,$\rho_{22} = 0.356\,0$,$\rho_{33} = 0.075\,3$,$|c_4|^2 = 1$,转移概率为 99.97%.可以看出当目标态为对角矩阵时,提出的控制方法是有效的.

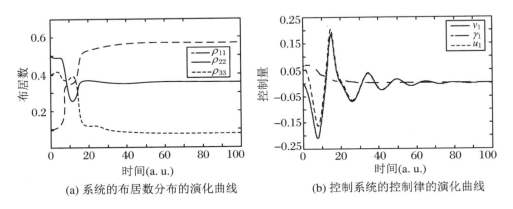

(a) 系统的布居数分布的演化曲线　　　　(b) 控制系统的控制律的演化曲线

图 7.9　实现任意态间转移的隐式李雅普诺夫方法在退化三能级系统上的仿真结果

7.4.5　小结

针对刘维尔方程,控制系统跃迁退化和非全连接两种退化情况,通过引入微扰,提出了一个收敛的基于虚拟力学量均值的李雅普诺夫控制方法.通过在控制律中引入常值扰动,解决了与内部哈密顿量非对易的目标态的状态完全转移问题,具有非常重要的意义.并且根据拉塞尔不变原理,对基于本节提出的控制方法的控制系统的收敛性进行了分析和证明.结果显示通过设计合适的控制律和虚拟力学量,可以实现从任意一个初始态到任意一个与初始态幺正等价的目标态的完全转移.本节同时分析了如何能满足保证控制系统收敛的条件,提出了显式的便于设计的虚拟力学量设计原则.

量子系统控制理论与方法
Control Theory and Methods of Quantum Systems

第 8 章

纠缠态的探测与制备

8.1 纠缠探测与纠缠测量

  1932 年,Einstein、Podolsky、Rosen(EPR)(Einstein,et al., 1935)和 Schrödinger (Schrödinger, 1935)描述了量子力学的一种"幽灵"般的特征,这种特征表明量子复合系统中存在不能写成子系统的直积形式的全局态. 这种只存在于复合量子系统中的现象被称作量子纠缠. 在早期,量子纠缠只是被视为量子理论区别于经典理论最显著的本质特征. 接着,Bell 在假设的 LHV(local hidden variable)模型中推出了 Bell 不等式,随后在实验中得到了一些违背 Bell 不等式的量子态. 从那时起,人们意识到可以在不同的量子系统间可控地产生纠缠. 并且,随着量子信息技术的发展,量子纠缠作为一种重要的资源被广泛地用在了量子通信(Bennett,et al., 1993)、量子编码(Ekert, 1991)和量子计算

(Raussendorf，Briegel，2001；Leibfried，et al.，2005)中.而量子操控实验技术的发展，使得如今纠缠的理论和实验大多关注纠缠态的产生.

在过去的几十年，制备纠缠态的研究取得了巨大的进展.比如，已经得到了 8 个离子的纠缠；在光量子实验中，6 个粒子或 10 量子比特之间可以产生纠缠(Lu，et al.，2007；Gao，et al.，2010)；在金刚石中的原子核及电子自旋间可以产生纠缠(Neumann，et al.，2008).这些都是微观意义下粒子之间的纠缠.此外，在一些系统中可以得到宏观意义的纠缠.比如，通过自旋压缩，在冷的原子云中产生了10^7 量级的原子的纠缠(Hald，et al.，1999)；在 10^5 量级的双态原子的光学晶格中实现了量子纠缠操控(Mandel，et al.，2003).随着量子操控技术的不断提高，更大系统的纠缠在将来有望产生.但是，在这些实验中人们会自然提出一些问题：如何判定在实验中产生了纠缠？ 实验中产生的量子态是否就是我们需要制备的纠缠态？ 这就需要对量子系统进行纠缠探测.除此之外，如何定量描述纠缠的大小也是一个亟须解决的问题，这本质上就是纠缠测量理论.纠缠的探测及测量是人们在现代量子纠缠理论与实验中需要解决的重要问题.Bell 不等式是第一个探测纠缠的有力工具，之后 Peres 证明了如下结论：如果一个两体复合系统的密度矩阵的部分转置是一个正定矩阵，则该量子态是一个分离态(Peres，1996).这是一个很强的探测纠缠的条件.后来，人们在研究该判定条件时发现部分转置是一种正映射，这使得人们对研究纠缠探测与正映射之间的联系产生了兴趣.Jamiolkowski 同构关系使得厄米空间上的正映射与厄米矩阵联系起来(Jamiolkowski，1972).而在此基础上，Horodecki 等人给出了用正映射来探测纠缠的充要条件(Horodecki，et al.，1997)，这成为一般纠缠探测理论的基础.在这之后，许多基于该理论的探测纠缠的分离判据被构造出来.Terhal 第一次构造了基于纠缠态的一系列可分解正映射算符(Terhal，2001)，并且指出 Bell 不等式可以用一种新的分离判据——纠缠目击者的形式表示.从那时起，关于用纠缠目击者探测纠缠的研究迅速发展起来.这种研究不仅是在理论分析上的，实验中纠缠目击者的应用也非常广泛.

众所周知，纠缠目击者的优点就是不用知道量子态的完全信息就能判断其是否为纠缠.那么很自然就会出现一个问题：当得到一些用来探测纠缠的算符的平均值时，如何用这些数据来最优地估计处于不完全可知态的复合系统的纠缠总量.这个问题涉及在某一种纠缠度定义下纠缠的最小化原理(Horodecki，et al.，2002).也就是说，若我们在某一种纠缠度的定义下得到了一些不完全的关于状态信息的数据，如何根据这些数据确定纠缠的最小值.这其实是两个问题：一个是纠缠度的定义，另一个是纠缠度的估计.人们提出了许多关于纠缠度的定义，其中最先提出的"提纯纠缠度"与"纠缠代价"是在操控纠缠的背景下出现的，但是由于这两种纠缠度都是极限意义下的测量，实际上是无法计算的.因此，Vedral 和 Plenio(Vedral，Plenio，1998)提出了一种公理化的方法来定义纠缠度.

他们认为一种好的纠缠度可以是满足某些假设的任何函数,其主导思想(Bennett, et al.,1996)就是纠缠在局域操作和经典通信(local operate and classical communication, 简称 LOCC)下不会增加,这就是所谓的单调性条件.从这个角度来说,任何人只要能构造一种满足该条件的函数就可以用来度量纠缠.但其实这是很困难的,迄今为止,只有少数比较有效的满足公理化假设的纠缠度定义,如相对熵纠缠度、形成纠缠度等.值得注意的是,虽然两体纯态的纠缠度是唯一、有序的,但对于多数情况,纠缠度不表现出有序性(Eisert,Plenio,1999),也就是说,不同的纠缠态在不同的纠缠度定义下其大小关系可能不同.在选择了一种纠缠度定义后,我们就可以解决纠缠测量中的第二个问题:利用实验中观测算符的数据来估计纠缠度的总量.这种方法的主要思想就是 Legendre 变换.当然,到目前为止只有少数纠缠度的估计可以用解析形式表达或用迭代方法得到.

本节将主要涉及两个内容.一个内容是纠缠探测,从分析非完全正映射与分离判据的关系入手,主要讨论两体纠缠的各种分离判据,并对其中的一些判据与正映射的关系进行分析.然后将重点讨论一种全新的分离判据:纠缠目击者,包括其定义、构造方法以及在实验中的应用;还将涉及多体纠缠的分离判据.另一个内容就是关于纠缠测量,不管是理论上的纠缠度的定义,还是它们在实验中的估计方法都将涉及.我们将对两体纠缠和多体纠缠的纠缠度定义进行分开讨论.最后将简要叙述探测纠缠的非线性分离判据.

8.1.1 纠缠态的表示

在量子系统中,一个由 n 个子系统组成的复合量子系统的状态空间是一个希尔伯特空间,它是所有子系统空间的张量积,即 $H = \otimes_{l=1}^{n} H_l$,则根据叠加原理,该系统的任意状态可以表示为

$$| \psi \rangle = \sum_{i_n} c_{i_n} | i_n \rangle \tag{8.1}$$

其中,$i_n = i_1, i_2, \cdots, i_n$ 是多重下标,并且 $| i_n \rangle = | i_1 \rangle \otimes | i_2 \rangle \otimes \cdots \otimes | i_n \rangle$,如果 $| \psi \rangle$ 不能表示为各个子系统的直积态,即 $| \psi \rangle \neq | \psi_1 \rangle \otimes | \psi_2 \rangle \otimes \cdots \otimes | \psi_n \rangle$,则称该态是一个纠缠态,这是纯态情况.考虑更一般的混合态,如果混合态的密度矩阵不能表示成直积态的凸性组合,即

$$\rho \neq \sum_i p_i \rho_1^i \otimes \cdots \otimes \rho_n^i \tag{8.2}$$

则称该态是纠缠态,相反则称其为可分离态.

8.1.2 分离判据

首先给出正映射与完全正映射的定义:正映射(positive map)是一种将厄米算符映射到厄米算符的映射,这种映射满足 $\Lambda(X^+) = \Lambda(X)^+$,同时保持正定性,即如果 $X \geqslant 0$,则 $\Lambda(X) \geqslant 0$. 而如果一个正映射在任意的扩展希尔伯特空间 $H_A \otimes H_N$ 里,映射 $I_A \otimes \Lambda$ 都是正映射,则称 Λ 是一个完全正映射(completely positive map,简称 CP). 在此基础上,有下面的定理(Horodecki, et al., 1997):如果一个状态 ρ 是分离的,当且仅当对于所有的正映射 Λ 都满足

$$(I_A \otimes \Lambda)(\rho) \geqslant 0 \tag{8.3}$$

也就是说,对于一个状态 ρ,如果存在一个非 CP 的正映射满足式(8.3),那么 ρ 是不可分离的,这就是我们构造分离判据的基本原理. 下面将要提到的大多数分离判据都是根据这个原理构造的.

我们将主要讨论两体系统的分离判据. 如果将式(8.3)中的 Λ 换成一个非 CP 正映射——转置映射 T,就得到著名的 Peres 判据:如果一个两体复合系统的密度矩阵 ρ 的部分转置是一个正定矩阵,则该量子态是一个分离态,反之 ρ 是一个纠缠态.

如果将 Λ 换成映射 $\Lambda(X) = \mathrm{tr}(X) \cdot I - X$,那么得到一种新的分离判据——约化判据:如果状态是可分离的,则必须满足 $\rho_A \otimes I - \rho \geqslant 0$,且 $I \otimes \rho_B - \rho \geqslant 0$,否则 ρ 是一个纠缠态. 这种判据比 Peres 判据要弱,满足 Peres 判据的态一定满足约化判据. 可以将上述映射推广为 $\Lambda(X) = \mathrm{tr}(X) \cdot I - X - UX^{\mathrm{T}}U^+$,其中 U 是一个幺正矩阵. 显然它是一种非 CP 的正映射,因此选择不同的 U 可以得到不同的分离判据(Hall, 2006).

一种比约化判据还要弱的判据是控制(majorization)判据,该判据主要利用了密度矩阵的特征值. 设量子态 ρ 的约化密度矩阵 $\rho_A = \mathrm{tr}_B(\rho)$,将它的特征值按递减顺序排列为 $q_1, q_2, \cdots$,而 ρ 的特征值按递减顺序排列为 $p_1, p_2, \cdots$,如果 ρ 是可分离的,则对所有的 k,都有 $\sum\limits_{i=1}^{k} p_i \leqslant \sum\limits_{i=1}^{k} q_i$,Hiroshima 于 2003 年证明了任意可以用控制判据探测的状态都可以用约化判据探测.

还有一种比较容易计算的判据是可计算交叉范数或重排判据(computable cross norm or realignment criterion,简称 CCNR). 该判据通过以下方式构造:将量子态在算符空间中进行 Schmidt 分解,即

$$\rho = \sum_k \lambda_k G_A^k \otimes G_B^k \tag{8.4}$$

这里 λ_k 被称为 Schmidt 系数,而 G_A^k 与 G_B^k 分别是子空间 H_A 和 H_B 中的标准正交基,并且满足 $\mathrm{tr}(G_A^k G_A^l) = \mathrm{tr}(G_B^k G_B^l) = \delta_{kl}$,这样就可以得到 CCNR 判据:如果状态 ρ 是分离的,那么 $\sum_k \lambda_k \leqslant 1$;反之,如果 $\sum_k \lambda_k > 1$,则 ρ 是一个纠缠态. 这个判据最初是作为 Peres 判据的补充而提出的,它用来探测一些 Peres 判据无法探测的纠缠态. 即便如此,该判据也不能探测所有的两体纠缠态.

此外,还有许多分离判据被用到探测两体纠缠中,如基于协方差矩阵的分离判据和 W-Z 判据(Zhang,2005)等,还有一系列根据非 CP 正映射构造的分离判据(Augusiak,Stasińska,2008),这里就不全部叙述了.

而相对于两体纠缠,多体纠缠的探测问题就要复杂得多. 但是一些两体纠缠判据可以推广到多体情况,如将 Peres 判据进行推广就得到广义部分转置(GPT)判据:如果密度矩阵是可分的,那么将密度矩阵对任意子系统的行或列转置后,其迹需小于等于 1. 而排列(permutation)判据是 CCNR 判据和 Peres 判据向多体情况的推广:多体量子态的密度矩阵在某一直积态的基中可以表示为

$$\rho = \sum_{i_1,j_1,\cdots,i_N,j_N} \rho_{i_1,j_1,\cdots,i_N,j_N} \mid i_1 \rangle \langle j_1 \mid \otimes \cdots \otimes \mid i_N \rangle \langle j_N \mid$$

则对于任意的分离态必须满足

$$\| \rho_{\pi(i_1,j_1,\cdots,i_N,j_N)} \|_1 \leqslant 1 \tag{8.5}$$

其中,$\pi(\cdots)$ 表示下标的任意排列.

Uffink 在 2002 年证明了二次 Bell 型不等式也是探测多体纠缠的有效工具. 其他方法有基于正映射(Horodecki, et al.,2001)的分离判据,也有利用 Bloch 矢量的判别工具(Yu,Song,2005). 但用这些方法探测多体纠缠时计算非常困难.

8.1.3 纠缠目击者

上述所有的两体或多体纠缠判据,都有很多共同点. 如它们都要求密度矩阵是已知的,并且需要某一个算符作用于密度矩阵. 还有一种完全不同类型的分离判据——纠缠目击者,它不但方便计算,而且是探测多体纠缠最有效的工具,并且,它是迄今为止在实验中探测纠缠最有效的工具. 在这一节中,我们将从纠缠目击者的定义入手,详细分析纠缠目击者在探测两体纠缠和多体纠缠中的应用,并且简述它们的构造方法. 而它们在实验中的应用将在 8.1.4 小节详细分析.

　　如果一个观测算符 W 满足:对所有的可分离态 ρ_s,都有 $\mathrm{tr}(W\rho_s)\geqslant 0$,并且至少存在一个纠缠态 ρ_e,有 $\mathrm{tr}(W\rho_e)<0$,则称 W 是一个纠缠目击者.因此如果在一次探测中得到 $\mathrm{tr}(W\rho)<0$,则可以判定 ρ 是纠缠的.而且 Horodecki 等人在 1996 年证明了对于任意的纠缠态,都至少存在一个目击者来探测它.因此,对于所有的纠缠态都可以构造探测它的目击者.但是如何构造目击者是一个比较困难的问题.下面我们介绍一些构造探测两体纠缠态目击者的常用方法.

　　一类构造方法的基本思想是,如果一个态 ρ 违背了某一种分离判据,那么根据 $\mathrm{tr}(W\rho)<0$ 来构造 W.第一个例子:如果状态 ρ_e 违背了 Peres 判据,那么 ρ_e 的部分转移矩阵存在一个负的特征值 λ_-,它所对应的特征向量是 $|\eta\rangle$.因此

$$W = |\eta\rangle\langle\eta|^{T_A} \tag{8.6}$$

是探测 ρ_e 的一个目击者,这时因为 $\mathrm{tr}(W\rho_e) = \mathrm{tr}(|\eta\rangle\langle\eta|^{T_A}\rho_e) = \mathrm{tr}(|\eta\rangle\langle\eta|\rho_e^{T_A}) = \lambda_-<0$,而对所有的分离态 ρ_s 满足 $\mathrm{tr}(W\rho_s) = \mathrm{tr}(|\eta\rangle\langle\eta|\rho_s^{T_A})\geqslant 0$.第二个例子是探测违背了 CCNR 判据的纠缠态 ρ_e,如果它的施密特分解形式为式(8.4),且满足 $\sum_k \lambda_k>1$,则可以构造一个目击者为

$$W = I - \sum_k G_A^k \otimes G_B^k \tag{8.7}$$

可以验证 $\mathrm{tr}(W\rho_e) = 1 - \sum_k \lambda_k<0$,$\mathrm{tr}(W\rho_s) = 1 - \sum_k \lambda_k\geqslant 0$,因此式(8.7)也是一个有效的目击者.

　　还有一种构造思想是一个越接近纠缠态的量子态越有可能是纠缠态.因此构造一种基于给定的某个纠缠纯态 ψ 的目击者

$$W = \alpha I - |\psi\rangle\langle\psi| \tag{8.8}$$

显然 $\mathrm{tr}(\rho W) = \alpha - \mathrm{tr}(\rho|\psi\rangle\langle\psi|) = \alpha - \langle\psi|\rho|\psi\rangle$,其实该式第二项就是状态 $|\psi\rangle$ 在混合态 ρ 上的保真度(fidelity).它的值越大,表示 ρ 越接近纠缠态 $|\psi\rangle$,直到超过临界值 α,就可认为 ρ 是纠缠的,因此 α 是确保对所有的可分离态,W 均有正定的最小值,因此

$$\alpha = \max_{\rho \text{是分离的}} \mathrm{tr}(\rho|\psi\rangle\langle\psi|) = \max_{|\phi\rangle = |a\rangle\otimes|b\rangle} |\langle\psi|\phi\rangle|^2 \tag{8.9}$$

这类目击者常常用来探测与 ψ 属于同一类的纠缠态.

　　式(8.8)中的纠缠目击者形式还可以推广到多体系统中,用来判定不同类别的多体纠缠态,如 GHZ 态(即最大纠缠态)、图态等,唯一的区别是 α 的值不相同.如测量 GHZ 态时 α 的值为 3/4.由于所有的图态与两体可分态的最大叠加全都是 0.5,因此探测图态的目击者一般还可以是 $W_{G_N} = I/2 - |G_N\rangle\langle G_N|$,测量 W_3 态的目击者的 α 值为 4/9.

值得注意的是,由于纠缠目击者是线性算符,因此满足 $\mathrm{tr}(W\rho)=0$ 的所有状态构成了一个超平面.然而所有可分离态的集合是一个凸集,因此目击者的符号并不能完全表示状态是否可分.在两体纠缠中,该超平面把整个状态空间切成了两个部分,所有可分离态的集合只是满足 $\mathrm{tr}(W\rho)>0$ 状态集合的一个子集,因此存在一些纠缠态是该目击者无法探测的.而对于不同的纠缠目击者,其 $\mathrm{tr}(W\rho)=0$ 所确定的状态集合的超平面将不同,这样就肯定存在最优的目击者使得该超平面最接近分离态的凸集,这就涉及纠缠目击者的优化问题.但是即使是最优的目击者,也不能将可分离态与纠缠态完全划分.同样地,在多体纠缠中,虽然目击者只是用来探测某一类纠缠态的集合,由于分割状态空间的是一个超平面,也不能完全探测某类纠缠态,这主要是与多体系统中整个状态空间的划分有关.因此,通过加入非线性项来使超平面变成超曲面从而提高目击者的探测性能是非常必要的,这就是所谓的非线性纠缠目击者.

8.1.4　纠缠目击者在实验中的应用

一般来说,前面所构造的目击者形式在实验上是无法实现的.为了能够在实验中实现用纠缠目击者来探测纠缠,人们必须将目击者分解成在实验中能够实现的算符和的形式,这种算符经常是局部观测算符(如 $\langle\sigma_z\otimes\sigma_z\rangle$)或投影算符.具体来说,就是要将一个目击者分解成以下形式:

$$W = \sum_{i=1}^{m} M_i = \sum_{i=1}^{m}\sum_{k,l=1}^{d} c_{kl}^{i}\,|\,a_k^i\rangle\langle a_k^i\,|\bigotimes|\,b_l^i\rangle\langle b_l^i\,| \tag{8.10}$$

其中,$\langle a_s^i\,|\,a_t^i\rangle = \langle b_s^i\,|\,b_t^i\rangle = \delta_{st}$.$M_i$ 表示一个局部 von Neumann 测量(LvNM),它将测量各种状态 $|\,a_k b_l\rangle$ 的概率值并且以权值 c_{kl} 对测量到的所有的概率值求和(Gühne,et al.,2003).显然分解的项数越多,需要的测量装置就越多,这就要求我们求解最优的分解方式,从而降低实验成本.值得注意的是,在这种测量方法中,如果选择观测算符 $\sigma_z\otimes\sigma_z$,那么诸如 $\langle\sigma_z\otimes\sigma_z\rangle$,$\langle\sigma_z\otimes I\rangle$ 与 $\langle I\otimes\sigma_z\rangle$ 的期望值都可以由相同的测量数据确定.因此,目击者的最优分解就是使 m 最小.目前已经得到了需要三个 LvNM 测量装置的两量子比特的纠缠目击者的最优分解(Gühne,Hyllus,2003)与三量子比特系统的各种纠缠态的目击者的最优分解(Gühne,et al.,2003).

除此之外,在实验中要确定一个纠缠探测算法的有效性,还需要分析其对噪声的鲁棒性.一般考虑白噪声,并且将此时实验中含有噪声的混合态表示成

$$\rho(p) = p\rho + (1-p)\frac{I}{\alpha} \tag{8.11}$$

其中,p 表示噪声的概率;I/α 表示量子系统最大混合态.算法对于噪声的鲁棒性也就是目击者能够探测纠缠所能容忍的最大噪声概率 p_{max},也就是满足 $\mathrm{tr}(W\rho(p))<0$ 时 p 的最大值.当然,证明某一个局部分解为最优的是非常困难的,特别是随着量子位数目的增加,这种难度将成指数倍增加,因此许多纠缠目击者的最优分解形式到目前仍然是未知的.Gühne 和 Géza 在 2009 年总结了目前已经得到的不同状态的不同目击者的分解形式.

8.1.5 纠缠的量化

将纠缠量化的初始思想是与通信有关的(Bennett,et al.,1997).我们知道,每一个两量子比特的最大纠缠态可以传送一比特的信息.但是如果传送信息的不是最大纠缠态,那么这种单比特的传送方式就不是可信的.根据 Shannon 通信理论,如果有大量的这种非最大纠缠态的拷贝,我们就能以某一比率 r 来有效地传送信息.为了定量描述 r,就定义了两种纠缠度——可提纯纠缠度(distillable entanglement)E_D 与代价纠缠度(entanglement cost)E_C.具体来说,Alice 和 Bob 最初共享 n 份两体量子态 ρ_{AB} 的拷贝,通过局域操作和经典通信的 LOCC 操作,最多得到 $r \times n$ 个 EPR 对,即 $\phi(2^m)$,这里,$\phi(2^m) = |\psi_{2^m}^+\rangle\langle\psi_{2^m}^+|$,这样就可以定义

$$E_D(\rho) = \sup\{r : \lim_{n\to\infty}(\inf_{\Lambda}\mathrm{tr}|\Lambda(\rho^{\otimes n}) - \phi(2^m)|)\} \tag{8.12}$$

相反地,代价纠缠度记录了为了产生 n 份量子态至少需要传送多少量子比特,即

$$E_C(\rho) = \inf\{r : \lim_{n\to\infty}(\inf_{\Lambda}\mathrm{tr}|\rho^{\otimes n} - \Lambda(\phi(2^m))|)\} \tag{8.13}$$

其中,Λ 表示 LOCC 操作.

以上两种纠缠度均有操控纠缠的意义,有实际的物理背景,它们描述了纠缠的某一种任务.而且可提纯纠缠度(代价纠缠度)是所有纠缠度的下界(上界),但是由于它们都是在极限意义下的测量,无法真正进行计算,因此有必要找到方便计算的纠缠度定义.

8.1.5.1 纠缠度的公理化定义

随着基于公理化假设的纠缠测量思想的提出,人们提出了各种纠缠度定义.在这些假设中,最基本的是单调性条件,即在 LOCC 操作下,纠缠度不会增加.其他假设都遵循该公理:

(1) 分离态的纠缠度消失,这是因为各个分离态可通过 LOCC 操作相互转换;

（2）凸性，即 $E\left(\sum_i p_i \rho_i\right) \leqslant \sum_i p_i E(\rho_i)$；

（3）当纯态进行局域测量变为纯态系综，纠缠度不会增加；

（4）纠缠度在局部幺正演化下不会变化.

但不是所有的纠缠度定义都满足全部假设.这里介绍两体量子系统中基于公理化假设的一些纠缠度定义.

一类纠缠度是基于距离测量提出的，其基本思想是状态越靠近可分离态的集合，它的纠缠度越小.因此可以将纠缠度定义为状态 ρ 与集合 S 中态的最小距离 $E_{D,S}(\rho) = \inf_{\sigma \in S} D(\rho, \sigma)$，其中 S 在 LOCC 操作下是一个闭集.当选定某一种合适的距离定义，就可以通过选择不同的集合 S 来得到不同的纠缠度，如 $E_{D,PPT}$ 和 $E_{D,ND}$，其中，下标 ND 表示状态不能通过 LOCC 操作得到极大纠缠纯态，即非可提纯态；下标 PPT 表示密度矩阵的部分转置没有负特征值的状态（Rains，2007）.显然，集合 S 越大，纠缠度就越小.

根据单调性条件，距离定义需要满足 $D(\rho, \sigma) \geqslant D(\Lambda(\rho), \Lambda(\sigma))$. Vedral 和 Plenio 在 1998 年发表的论文中有两种距离定义是满足该条件的，一种是 Bures 矩阵的平方 $B^2 = 2 - 2\sqrt{F(\rho, \sigma)}$，其中 $F(\rho, \sigma)$ 表示状态 ρ 在状态 σ 中的保真度，而另一种距离就是相对熵 $S(\rho|\sigma) = \mathrm{tr}\rho(\log\rho - \log\sigma)$，这样就可以得到常用的相对熵纠缠度

$$E_R = \inf_{\sigma \in \mathrm{SEP}} \mathrm{tr}\rho(\log\rho - \log\sigma) \tag{8.14}$$

当然，状态集合 S 中的态还可以是 PPT 态、ND 态，与之对应的纠缠度就是 E_R^{PPT} 与 E_R^{ND}.

当获得了纯态纠缠度后，通过构造凸函数的方法将其推广到混合态，这是定义混合态纠缠度的一般方法.首先纯态的纠缠测量函数为 E，那么混合态的纠缠度可以是

$$E(\rho) = \inf \sum_i p_i E(\psi_i), \quad \sum_i p_i = 1, \quad p_i \geqslant 0 \tag{8.15}$$

其中，$\{p_i, \psi_i\}$ 可以是任意纯态系综.如果密度矩阵分解为某一个系综时，可以取到最小值，我们就称这个系综为密度矩阵的最优分解.第一次用这种方法构造的纠缠度叫作形成纠缠度 E_F（Bennett，et al.，1996），其中 $E(\psi)$ 表示 ψ 的约化密度矩阵的 von Neumann 熵.如果将 ρ 换成 $\rho^{\otimes n}$，当 $n \to \infty$ 时，形成纠缠度 E_F^∞ 就等于纠缠代价 E_C.显然式（8.15）中最小值的计算是十分困难的.为了方便计算，纯态的纠缠度定义至关重要，到目前为止只有一种纯态的纠缠度——并发度（concurrence）（Hill，Wootters，1997）使得式（8.15）可以解析表达，即 $C(\rho) = \max\{0, \lambda_1 - \lambda_2 - \lambda_3 - \lambda_4\}$，这里 λ_i 是矩阵 $\rho\sigma_y \otimes \sigma_y \rho^* \sigma_y \otimes \sigma_y$ 按递减顺序的本征值的平方根，而且形成纠缠度可以用并发度来计算：

$$E_F(\rho) = H\left(\frac{1 + \sqrt{1 - C^2(\rho)}}{2}\right) \tag{8.16}$$

其中,$H(x) = -x\log x - (1-x)\log(1-x)$是二元熵函数.但这种关系对于高维系统是不满足的.

另外还有一些其他纠缠度定义.

负性(negativity)纠缠度是一种容易计算并且具有凸函数性质的纠缠度,它定义为(Vidal,Werner,2002)

$$N(\rho) = \frac{\parallel \rho^{T_B} \parallel_1 - 1}{2} \tag{8.17}$$

该纠缠度在 LOCC 操作下是不增的,为了使该纠缠度具有可加性,可以在此基础上定义对数负性纠缠度 $E_N(\rho) = \log_2 \parallel \rho^{T_B} \parallel_1$.

纠缠鲁棒性(robustness of entanglement)定义为(Vidal,Tarrach,1999):使状态 $\frac{1}{1+t}(\rho + t\sigma_{\text{sep}})$ 为可分离态的最小的 t,其中 σ_{sep} 是所有的可分离态.还有一种纠缠度称为最大交叉范数(Rudolph,2001),具体来说,将密度矩阵分解成张量积的和的形式 $\rho = \sum_i A_i \otimes B_i$,这样该纠缠度就可以定义为

$$E(\rho) = \sup \sum_i \parallel A_i \parallel_1 \cdot \parallel B_i \parallel_1 \tag{8.18}$$

压缩纠缠度(Tucci,2002)的定义为 $E_{sq} = \inf\limits_{\rho_{ABE}} \frac{1}{2}(S_{AE} + S_{BE} - S_E - S_{ABE})$($S$ 表示 von Neumann 熵),它单调可加,其中 ρ_{ABE} 表示所有满足 $\text{tr}_E\rho_{ABE} = \rho_{AB}$ 的密度矩阵.由于无法知道其下确界是否能达到最小值,因此无法知道当状态为可分离态时纠缠度是否消失,也就是说该纠缠度不满足假设(1).

除此之外,还有许多纠缠度定义,如最优可分离近似值测量(best separable approximation measure)(Karnas,Lewenstein,2001);基于纠缠目击者的纠缠度 $E = -\inf\limits_W \text{tr}(\rho W)$,其中目击者是满足某类条件的集合(如迹为 1)(Brandão,Vianna,2004);还有将相对熵纠缠度与负性纠缠度结合起来的 Rains bound 定义(Rains,2007)和调节(conditioning)纠缠度(Yang,et al.,2005).

8.1.5.2 多体系统的纠缠度

前一小节主要涉及两体量子系统的基于公理化假设的纠缠度定义,其中大多可以直接推广到多体情况,如方程(8.14)中的相对熵纠缠度.一般来说,多体量子系统中,描述量子态纠缠需要更多的参数,因此有很多多体系统的纠缠度定义与两体系统中的完全不同.在这些纠缠度中,主要是针对纯态情况的,然后利用式(8.15),可以将纯态纠缠度推广到所有态.本小节介绍多体系统的纠缠纯态的纠缠度定义.

量子系统控制理论与方法
Control Theory and Methods of Quantum Systems

一个多体系统可以分割为两个子系统,并且可以求两个子系统之间的纠缠度.由于分割方法有很多种,所以一些多体纯态纠缠度就是定义为所有分割情况的纠缠度和的简单函数,如全局纠缠度就是对所有的单量子位与其他量子位的并发度求和.3-tangle 定义为 $\tau(A:B:C) = \tau(A:BC) - \tau(AB) - \tau(AC)$,其中等式右边的 2-tangles 是并发度的平方,而 $A:BC$ 表示三量子比特系统的一种分割,其他分割方法是不改变其值的.另外一种三体纠缠纯态的纠缠度定义为 $E(\psi_{ABC}) = E_R(\rho_{AB}) + S(\rho_C)$.

以上两种纠缠度仅仅限于三体纠缠,第一次真正的多体纠缠度是 Schmidt 纠缠度:假设状态可以分解成直积项和的形式,而 r 表示这种分解中出现的直积项的最少个数,则 Schmidt 纠缠度就是 $\log_2 r$,如 GHZ_3 态的 Schmidt 纠缠度等于 1.几何测量纠缠度定义为 $E_g(\psi) = 1 - \sum_{\phi \in S_k} 1 - |\psi\rangle\langle\phi|^2$,其中 S_k 表示 k-可分离态的集合.还有一种纠缠度与并发度非常相似,但它只对有偶数量子位系统有效,这种纠缠度定义为 $\langle \psi^* | \sigma_y^n | \psi \rangle$.其他的纠缠度定义还有压缩纠缠度和可局域化(localisable)纠缠度(Horodecki,et al.,2009)等.

8.1.5.3 实验中的纠缠度估计

尽管已经给出大量纠缠度的定义,但这仅仅限于理论分析.因为它们需要状态的完整信息,这就要求在实验中进行状态的层析技术(tomography),但这种技术也只是针对低维量子位系统有效,而真正用于制备纠缠态实验往往是多量子位系统,从而人们往往无法得到量子态的完整信息,相反我们得到的状态信息仅仅是某一些观测算符的平均值,因此在不知道状态完整信息的情况下根据这些数据来推测纠缠度的大小是非常有必要的.这个过程中将用到纠缠最小化原理,也就是说,在得到观测算符的平均值后,通过某种算法来推断出该态的纠缠程度最小值.

将以上所述的问题抽象成数学问题就是:考虑下面的基本情况,在实验中得到了 n 个目击者算符(实际上可以是任意的厄米算符)的平均值 $w_k = \langle W_k \rangle = \mathrm{tr}(\rho W_k)$,基于这些数据,我们如何推断 $E(\rho)$ 的最小下界,即 $\inf_\rho \{ E(\rho) | \mathrm{tr}(\rho W_k) = w_k \}$.为了得到这个下界,利用 E 的 Legendre 变换(Eisert,et al.,2007),即定义

$$\hat{E}(W) = \sup_\rho \Big\{ \sum_k r_k \mathrm{tr}(\rho W_k) - E(\rho) \Big\} \tag{8.19}$$

根据这个定义,因为密度矩阵是任意的,所以对任意特定的密度矩阵都有 $E(\rho) \geqslant \mathrm{tr}(\rho W) - \hat{E}(W)$,从而得到纠缠度的下界.现在的问题就是如何计算 $\hat{E}(W)$,如果选择任意一组系数 $r_1, r_2, \cdots, r_n$,可以得到该条件下最优的 $\hat{E}(W)$,此时下界的求解问题可以变为

$$\varepsilon(r) = \sup_r \left\{ \sum_k r_k w_k - \hat{E}(W) \right\} \tag{8.20}$$

再次利用该式的 Legendre 变换,最终可以得到 $E(\rho)$ 的下界.这里我们只给出了这种方法的基本思想.它的计算依赖于 $\hat{E}$ 的计算和 W 的选取.当然如果是纯态情况而且只有一个观测算符时,计算 Legendre 变换式要简单许多.利用这种方法已经得到了一些纠缠度的下界的解析表达,如 Gühne 等人 2007 年提出的形成纠缠度、几何测量纠缠度. 2007 年 Eisert 等人给出关于负性纠缠度、纠缠鲁棒性和并发度下界的计算.需要注意的是,用这种方法估计的纠缠度下界只能表示在最坏情况下对纠缠程度的推断,实际上实验中产生的纠缠态的纠缠程度完全可能比这个值要大.

8.1.6 非线性分离判据

非线性分离判据一般分为两类:一类是关于少数非集体(noncollective)测量结果的函数,这类判据主要包括基于不确定性关系的分离判据和非线性纠缠目击者;另一类应用于不能够对单个量子位进行测量,相反需要对若干个状态"拷贝"进行集体(collective)测量的情况,这时就需要集体观测算符.

下面简单介绍基于不确定性关系的分离判据.考虑希尔伯特空间 H_A, H_B 上的局域观测算符的集合 $\{A_i\}_{i=0}^N$, $\{B_i\}_{i=0}^N$,如果这些观测算符没有相同的本征态,那么这些算符的变分的总和必定存在下界,也就是说存在非负数 c_a, c_b 满足 $\sum_i (\Delta A_i)^2 \geqslant c_a$, $\sum_i (\Delta B_i)^2 \geqslant c_b$,而且变分具有凸性,则可以得到以下的分离判据:对任意的可分离态 ρ_{AB} 和空间 $H_A \otimes H_B$ 中的观测算符 $M_i = A_i \otimes I + I \otimes B_i$,满足

$$\sum_i (\Delta M_i)_{\rho_{AB}}^2 \geqslant c_a + c_b \tag{8.21}$$

这种方法还可以推广到多体纠缠的情况.

纠缠目击者可以看作关于厄米观测算符的均值的不等式.那么能否利用算符的变分得到类似式(8.21)的分离判据就是一个值得关注的问题,这些目击者关于密度矩阵是非线性的,可以称它们为非线性纠缠目击者.另一方面,从几何角度来说,它们能够更好地接近可分离态的凸集.在 Gühne 和 Lütkenhaus 于 2006 年提出的非线性修正方法中,对目击者 W 的非线性改进的一般形式为

$$F_\rho = \langle W \rangle_\rho - \sum_k \alpha_k |\langle X_k \rangle_\rho|^2 \tag{8.22}$$

量子系统控制理论与方法
Control Theory and Methods of Quantum Systems

其中，X_k 是观测算符，可以分解成厄米算符 $X_k^{(h)}$ 与斜厄米算符 $X_k^{(antih)}$ 之和，对该算符求均值可以分别对 $X_k^{(h)}$ 和 $X_k^{(antih)}$ 求均值.选择合适的 α_k, X_k，使得对任意的分离态都有 $F_\rho \geqslant 0$.那么满足 $F_\rho < 0$ 的态 ρ 就是纠缠态.式(8.22)中的第二项是对目击者均值的二次修正，更高阶次的修正也是可以的.这样一来，分割态空间将不是一个超平面，而是一个超曲面，以便能更好地接近分离态凸集，这样就能提高线性纠缠目击者的性能.

如果在多量子比特的物理系统中，对单个量子比特无法测量，这时就需要集体观测算符.人们经常选择总角动量算符 $J_l := \dfrac{1}{2} \sum_{k=1}^{N} \sigma_l^{(k)}$ 的分量作为集体观测算符，那么可以得到一系列的自旋压缩不等式来探测纠缠.2007 年 Tóth 等人给出了这种方法的统一形式，利用总角动量算符的一阶与二阶分量，得到了八个最优自旋压缩不等式，这些不等式组成了以 $\langle J_x^2 \rangle, \langle J_y^2 \rangle, \langle J_z^2 \rangle$ 为坐标轴的三维空间多面体.在这个多面体内的状态则是可分离态，否则是纠缠态.除此之外，哈密顿算符也可作为集体观测算符：考虑 N 自旋的一维 Heisenberg 哈密顿算符 H_H，则完全可分离态必须满足 $\langle H_\mathrm{H} \rangle \geqslant -N$.

8.2　量子系统的施密特分解及其几何分析

量子系统和经典物理系统的本质区别在于量子纠缠.纠缠的概念自 20 世纪被提出，已经在量子物理学中起到了至关重要的作用，并被公认为量子信息科学的关键所在，对于纠缠的量化在量子信息领域也有十分重要的意义.

量子纠缠所表现出来的关联无法用经典的定域论（local realism）来解释，并无法赋予这些子系统确定的量子态及确定的实在性，否则将得出与实验结果相违背的结论.具有纠缠的量子系统状态称为纠缠态，其既可以是纯态，也可以是混合态.量子纠缠的一个显著特征是违背了 Bell 不等式，但是并非所有的纠缠态都违背了 Bell 不等式.显然，Bell 不等式并不能很好地反映量子纠缠，因而需要寻找其他纠缠度量方式.在物理学中，纠缠意味着非定域性，多粒子系统的纠缠态不能用几个单粒子的状态共同描述，但采用施密特分解可以对两量子系统的纠缠特性进行分析.

对于任意两粒子复合系统的纯态 $|\psi\rangle_{AB}$，若能表示为两体纯态直积的形式，即有 $|\psi\rangle_{AB} = |\psi\rangle_A \otimes |\psi\rangle_B$，则称其为可分态（separable state）；反之，称之为纠缠态（entangled state）.

对于两量子系统纯态的纠缠度已经有很多好的定义方式（Abouraddy, et al., 2001;

Ekert，1991），而对于混合态纠缠度并没有非常完美的定义，Hill 和 Wootters 给出了两个自旋 1/2 粒子生成纠缠的定义（Hill，Wootters，1997；Wootters，1998），Vedral 和 Plenio 给出了一种基于距离的纠缠度定义（Vedral，Plenio，1998）.

Schmidt 分解为直观地认识量子纠缠提供了方便的数学工具. 对于两量子比特复合系统的纯态 $|\psi\rangle_{AB}$，若其为纠缠态，可以对状态进行如下分解：

$$|\psi\rangle = \sqrt{p_1}\,|u_1\rangle \otimes |v_1\rangle + \sqrt{p_2}\,|u_2\rangle \otimes |v_2\rangle = \sum_i \sqrt{p_i}\,|u_i\rangle \otimes |v_i\rangle \quad (8.23)$$

其中，$\sum_i p_i = 1$，且 $p_1, p_2 \neq 0$；$\{|u\rangle\}$ 为 H_A 空间的单位正交向量，$\{|v\rangle\}$ 为 H_B 空间的单位正交向量. 这种分解被称为施密特分解（Ekert，Knight，1995）. 这种分解对于两量子系统的纯态必然存在，然而对于三体量子系统，这种分解形式就未必存在.

几何代数（Somaroo，et al.，1999；丛爽，2006a）可以用直观的数学语言描述量子系统，这为分析多体量子系统提供了有力的数学工具. 由两量子系统纯态的施密特分解式可以写出其对应的几何代数表达式，该式可以分解为单个自旋体部分和两粒子相互作用部分几何积的形式，从而可以对两量子系统状态有更深的认识. Bloch 矢量可以勾画出每个子系统状态的几何图景（丛爽，冯先勇，2006b），从而使我们从个体来了解纯态系统内部相互作用的信息.

本节首先介绍两量子系统的施密特分解，在此基础上给出纠缠度的定义，进而分析两量子系统的纠缠；通过引入 Bloch 矢量，给出量子系统相应的几何图景，这一图景将有助于进一步理解量子系统的特性.

8.2.1　量子态的施密特分解

考虑希尔伯特空间的两粒子系统，两粒子相互作用的联合希尔伯特空间可以表示为 $H_A \otimes H_B$，其中，H_A 和 H_B 分别为单粒子希尔伯特空间. $H_A \otimes H_B$ 中的基由 H_A 和 H_B 空间中的基矢量的张量积构成. 对于任意复合系统的纯态 $|\psi\rangle$，有 $|\psi\rangle \in H_A \otimes H_B$：

$$|\psi\rangle = \sum_{i,j} a_i b_j\,|i\rangle \otimes |j\rangle = \sum_{i,j} a_i b_j\,|i\rangle\,|j\rangle = \sum_{i,j} a_i b_j\,|i,j\rangle$$

当上式中系数 $a_i b_j$ 多余一个非 0 项时，复合系统将可能处于纠缠态.

下面介绍施密特分解定理：

两子系统 H_A 和 H_B 构成的复合系统，它的希尔伯特空间为 $H_A \otimes H_B$，则该系统中任意的纯态为

$$| \psi \rangle_{AB} = \sum_{i,j} a_{ij} | i \rangle_A \otimes | j \rangle_B$$

该状态可作如下分解:

$$| \psi \rangle_{AB} = \sum_i \sqrt{p_i} | i \rangle_A | i' \rangle_B$$

其中,$\sum_i p_i = 1$;$\sum_{i,j} a_{ij}^2 = 1$;$\{| i \rangle_A\}$为H_A空间的标准正交基;$\{| j \rangle_B\}$和$\{| i' \rangle_B\}$均为H_B空间中的标准正交基.

施密特分解具有如下性质:

(1) 施密特分解仅适用于两量子系统的纯态,不同状态$| \psi \rangle_1$和$| \psi \rangle_2$具有不同的分解形式;

(2) 施密特分解不要求两个子系统具有相同维数,且分解的项数和较低维空间的维数相等;

(3) 通过选择合适的基,使得施密特分解后所得到系统的约化密度矩阵ρ_A和ρ_B具有相同的本征值,即ρ_A和ρ_B具有相同的冯·诺依曼熵;

(4) 施密特分解一般很难推广到多于两体的量子系统中去.

下面以三粒子系统为例来说明施密特分解不能推广到多于两体的量子系统中去. 对于三粒子系统,若存在施密特分解,则有如下形式:

$$| \phi \rangle_{ABC} = \sum_i \sqrt{p_i} | i \rangle_A \otimes | i \rangle_B \otimes | i \rangle_C$$

其中,$\sqrt{p_i}$满足状态$| \phi \rangle$的归一化条件;$\{| i \rangle_A\}$,$\{| i \rangle_B\}$和$\{| i \rangle_C\}$分别为空间H_A,H_B和H_C的标准正交基. 分别对A,B和C子系统求约化密度矩阵,则可得到在施密特基下的对角矩阵,且这三个约化密度矩阵具有相同的本征值$\sqrt{p_i}$. 量子系统经过局域幺正变换后,子系统的本征值不发生变化,并且每个子系统的约化密度矩阵仍具有相同的本征值. 因而,量子系统能够进行施密特分解的必要条件是各子系统具有相同的本征值. 但是并非所有的状态$| \phi \rangle_{ABC}$都满足此必要条件. 对于以下一个简单的状态:

$$| \psi \rangle_{ABC} = | 0 \rangle_A \left[\frac{1}{\sqrt{2}} (| 00 \rangle_{BC} + | 11 \rangle_{BC}) \right]$$

$$\rho_{ABC} = | \psi \rangle_{ABC\ ABC} \langle \psi | = \frac{1}{2} (| 000 \rangle \langle 000 | + | 000 \rangle \langle 011 | + | 011 \rangle \langle 000 | + | 011 \rangle \langle 011 |)$$

求系统的约化密度矩阵ρ_A,ρ_B和ρ_C:

$$\rho_A = \mathrm{tr}_B \mathrm{tr}_C \rho_{ABC} = | 0 \rangle_{A\ A} \langle 0 | = \begin{pmatrix} 1 & 0 \\ 0 & 0 \end{pmatrix}, \quad \rho_B = \rho_C = \begin{pmatrix} 1/2 & 0 \\ 0 & 1/2 \end{pmatrix} \tag{8.24}$$

根据施密特分解性质(3),若系统可以进行施密特分解,则需要满足 ρ_A,ρ_B 和 ρ_C 具有相同的本征值,而由式(8.24)可见,ρ_A 与 ρ_B,ρ_C 并不具有相同的本征值,即状态 $|\psi\rangle_{ABC}$ 不能进行施密特分解.所以,可以得出并非所有三粒子系统的纯态都能进行施密特分解.同理,可以推知施密特分解不能推广到多于两体的量子系统中去.

8.2.2　基于施密特分解的纠缠度定义

本小节将介绍一种常规的基于施密特分解的二量子位系统纯态纠缠度的定义.考虑式(8.23)的施密特分解形式,子系统 A 和 B 的约化密度矩阵 ρ_A 和 ρ_B 具有相同的本征值 $\sqrt{p_i}$.两个子系统具有相同的冯·诺依曼熵,即 $S(\rho_A) = S(\rho_B)$.可以定义系统的纠缠度为

$$E(\psi) = S(\rho_A) = S(\rho_B) = -\operatorname{tr}(\rho_A \log_2 \rho_A) = -\sum_i p_i \log_2 p_i$$

因为二量子位系统满足 $p_1 + p_2 = 1$,令 $p_1 = p$,则 $p_2 = 1 - p$.可得纠缠度的另一种表达形式:

$$E(\psi) = -p \log_2 p - (1 - p) \log_2 (1 - p)$$

纠缠度 E 随 p 变化的曲线如图 8.1 所示.当 $p_1 = p_2 = 1/2$ 时,纠缠度 $E(\psi)$ 达到最大值 1,此时系统处于最大纠缠态;当 $p_1 = 0$ 或 $p_2 = 0$ 时,系统状态为可分态,纠缠度 $E(\psi)$ 为 0.显然,Bell 态 $|\psi^{\pm}\rangle$ 和 $|\phi^{\pm}\rangle$ 为最大纠缠态.系统纠缠度的变化范围为 0~1.

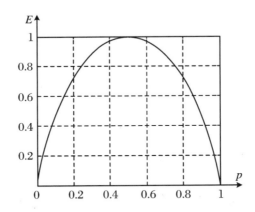

图 8.1　系统纠缠度随 p 的变化曲线

8.2.3 施密特分解的应用

量子系统的哈密顿量最简单的形式为

$$H_{\text{sys}} = -\sum_i \hbar \omega_0^i I_z^i + \hbar \sum_{i<j} 2\pi J_{ij} I_z^i I_z^j$$

其中，ω_0^i 为第 i 个量子位的特征频率；$I_z = \dfrac{1}{2}\sigma_z = \dfrac{1}{2}\begin{pmatrix} 1 & 0 \\ 0 & -1 \end{pmatrix}$.

在核磁共振（NMR）量子计算实验中，量子系统可以很好地由该哈密顿量来描述（Vandersypen，Chuang，2004）.

两量子逻辑门可由相互作用的哈密顿量来产生，相互作用哈密顿量可以表示为

$$H_J = \hbar 2\pi J I_z^1 I_z^2$$

可得到系统随时间演化的算符

$$U_J(t) = \exp(-\mathrm{i}2\pi J I_z^1 I_z^2)$$

假设系统初态为 $|\psi(0)\rangle$，经幺正演化算符 $U_J(t)$ 作用后，可以得到系统 t 时刻的状态 $|\psi(t)\rangle = U_J(t)|\psi(0)\rangle$，算符 $U_J(t)$ 表示为矩阵形式：

$$U_J(t) = \begin{pmatrix} \mathrm{e}^{-\mathrm{i}\pi Jt/2} & 0 & 0 & 0 \\ 0 & \mathrm{e}^{\mathrm{i}\pi Jt/2} & 0 & 0 \\ 0 & 0 & \mathrm{e}^{\mathrm{i}\pi Jt/2} & 0 \\ 0 & 0 & 0 & \mathrm{e}^{-\mathrm{i}\pi Jt/2} \end{pmatrix}$$

可以利用 $U_J(t)$ 来构造受控非门（CNOT）U_{CNOT} 和受控相位门 U_{CPHASE}.

量子计算的基本定理（Nielsen，Chuang，2000）指出，n 量子比特的任意幺正变换可以由受控非门 U_{CNOT} 和单个粒子的逻辑门 $R_{\hat{n}}(\theta)$ 组合而成，因而量子控制的问题就归结为实现 U_{CNOT} 和 $R_{\hat{n}}(\theta)$. 受控非门的功能是将二量子位系统首位作为控制位，当该位为 $|0\rangle$ 时，第二位不发生变化；当首位为 $|1\rangle$ 时，第二个量子位发生翻转，即 $U_{\text{CNOT}}|i\rangle|j\rangle = |i\rangle|i\oplus j\rangle$，其中，$i,j \in \{0,1\}$. 特别当受控非门输入的首位量子位处于叠加态时，则第二个量子位将以一定概率进行翻转操作，例如，当输入的状态为 $|\psi\rangle = (a|0\rangle + b|1\rangle)\otimes|0\rangle$ 时，则系统的第二个量子位将以 $|b|^2$ 的概率进行翻转操作，经过受控非门操作后状态演化为 $a|0\rangle\otimes|0\rangle + b|1\rangle\otimes|1\rangle$.

首先选择系统的初态

$$|\psi(0)\rangle_{AB} = c_0 |00\rangle + c_1 |01\rangle + c_2 |10\rangle + c_3 |11\rangle$$

其中,$|c_0|^2 + |c_1|^2 + |c_2|^2 + |c_3|^2 = 1$. 系统在 t 时刻的状态 $|\psi(t)\rangle$ 为

$$\begin{aligned}|\psi(t)\rangle_{AB} &= U_J(t) |\psi(0)\rangle_{AB} \\ &= c_0 e^{-i\pi Jt/2} |00\rangle + c_1 e^{i\pi Jt/2} |01\rangle + c_2 e^{i\pi Jt/2} |10\rangle + c_3 e^{-i\pi Jt/2} |11\rangle\end{aligned}$$

对状态 $|\psi(t)\rangle$ 进行施密特分解,令 $\{u_i(t)\}$ 和 $\{v_i(t)\}$ 分别为空间 H_A 和 H_B 的标准正交基,此时的基向量随时间发生变化,则系统的施密特分解表达式为

$$|\psi(t)\rangle_{AB} = k_1(t) |u_1(t)\rangle \otimes |v_1(t)\rangle + k_2(t) |u_2(t)\rangle \otimes |v_2(t)\rangle$$

其中,$|k_1(t)|^2 + |k_2(t)|^2 = 1$.

从而可以分别求得 A,B 子系统的约化密度矩阵:

$$\rho_A = |k_1(t)|^2 |u_1(t)\rangle\langle u_1(t)| + |k_2(t)|^2 |u_2(t)\rangle\langle u_2(t)|$$

$$\rho_B = |k_1(t)|^2 |v_1(t)\rangle\langle v_1(t)| + |k_2(t)|^2 |v_2(t)\rangle\langle v_2(t)|$$

可见 ρ_A 和 ρ_B 有相同的本征值 $|k_1(t)|^2$ 和 $|k_2(t)|^2$,即具有相同的冯·诺依曼熵.

复合系统的密度矩阵 ρ_{AB} 为

$$\begin{aligned}\rho_{AB}(t) &= |\psi(t)\rangle_{AB}\langle\psi(t)| \\ &= |c_0|^2 |0\rangle_A\langle 0| \otimes |0\rangle_B\langle 0| + |c_1|^2 |0\rangle_A\langle 0| \otimes |1\rangle_B\langle 1| \\ &\quad + |c_2|^2 |1\rangle_A\langle 1| \otimes |0\rangle_B\langle 0| \\ &\quad + |c_3|^2 |1\rangle_A\langle 1| \otimes |1\rangle_B\langle 1| + c_0\bar{c}_1 e^{-i\pi Jt} |0\rangle_A\langle 0| \otimes |0\rangle_B\langle 1| \\ &\quad + c_0\bar{c}_2 e^{-i\pi Jt} |0\rangle_A\langle 1| \otimes |0\rangle_B\langle 0| + c_0\bar{c}_3 |0\rangle_A\langle 1| \otimes |0\rangle_B\langle 1| \\ &\quad + c_1\bar{c}_0 e^{i\pi Jt} |0\rangle_A\langle 0| \otimes |1\rangle_B\langle 0| + c_1\bar{c}_2 |0\rangle_A\langle 1| \otimes |1\rangle_B\langle 0| \\ &\quad + c_1\bar{c}_3 e^{i\pi Jt} |0\rangle_A\langle 1| \otimes |1\rangle_B\langle 1| + c_2\bar{c}_0 e^{i\pi Jt} |1\rangle_A\langle 0| \otimes |0\rangle_B\langle 0| \\ &\quad + c_2\bar{c}_1 |1\rangle_A\langle 0| \otimes |0\rangle_B\langle 1| + c_2\bar{c}_3 e^{i\pi Jt} |1\rangle_A\langle 1| \otimes |0\rangle_B\langle 1| \\ &\quad + c_3\bar{c}_0 |1\rangle_A\langle 0| \otimes |1\rangle_B\langle 0| + c_3\bar{c}_1 e^{-i\pi Jt} |1\rangle_A\langle 0| \otimes |1\rangle_B\langle 1| \\ &\quad + c_3\bar{c}_2 e^{-i\pi Jt} |1\rangle_A\langle 1| \otimes |1\rangle_B\langle 0|\end{aligned}$$

则 A,B 子系统在正交基 $\{|0\rangle,|1\rangle\}$ 下的密度矩阵为

$$\begin{cases} \rho_A(t) = \begin{pmatrix} |c_0|^2 + |c_1|^2 & c_0\bar{c}_2 e^{-i\pi Jt} + c_1\bar{c}_3 e^{i\pi Jt} \\ c_2\bar{c}_0 e^{i\pi Jt} + c_3\bar{c}_1 e^{-i\pi Jt} & |c_2|^2 + |c_3|^2 \end{pmatrix} \\ \rho_B(t) = \begin{pmatrix} |c_0|^2 + |c_2|^2 & c_0\bar{c}_1 e^{-i\pi Jt} + c_2\bar{c}_3 e^{i\pi Jt} \\ c_1\bar{c}_0 e^{i\pi Jt} + c_3\bar{c}_2 e^{-i\pi Jt} & |c_1|^2 + |c_3|^2 \end{pmatrix} \end{cases} \tag{8.25}$$

可以证明 ρ_A 和 ρ_B 具有相同的本征值, 即具有相同的冯·诺依曼熵.

下面进一步分析 ρ_A 所对应的 Bloch 矢量:

$$\rho_A = \frac{1}{2}(I + \vec{\sigma} \cdot \vec{n}_A) = \frac{1}{2}\begin{bmatrix} 1 + n_{A3}(t) & n_{A1}(t) + in_{A2}(t) \\ n_{A1}(t) - in_{A2}(t) & 1 - n_{A3}(t) \end{bmatrix} \tag{8.26}$$

由式(8.25)和式(8.26)的对应关系可得

$$n_{A1}(t) = c_0\bar{c}_2 e^{-i\pi Jt} + c_1\bar{c}_3 e^{i\pi Jt} + c_2\bar{c}_0 e^{i\pi Jt} + c_3\bar{c}_1 e^{-i\pi Jt}$$

$$n_{A2}(t) = -i(c_0\bar{c}_2 e^{-i\pi Jt} + c_1\bar{c}_3 e^{i\pi Jt} - c_2\bar{c}_0 e^{i\pi Jt} - c_3\bar{c}_1 e^{-i\pi Jt})$$

$$n_{A3}(t) = |c_0|^2 + |c_1|^2 - |c_2|^2 - |c_3|^2$$

$n_{A1}(t)$ 和 $n_{A2}(t)$ 均是含时的, 则 A 子系统状态的 Bloch 矢量是随时间变化的, 因而施密特分解所用到空间的基也是时变的. A 子系统状态的 Bloch 矢量的模随时间发生变化, 则 ρ_A 的本征值也发生变化, 系统的纠缠度也随之变化. 显然, 当 Bloch 矢量位于球心时, A 子系统处于最大混合态, 复合系统达到最大纠缠态; 当 Bloch 矢量位于单位球面上时, A 子系统处于纯态, 复合系统处于可分态.

若设定系统初态为

$$|\psi(0)\rangle_{AB} = \sqrt{\frac{1}{8}}|00\rangle + \sqrt{\frac{1}{4}}|01\rangle + \sqrt{\frac{7}{16}}|10\rangle + \sqrt{\frac{3}{16}}|11\rangle$$

则 A 子系统状态的 Bloch 矢量 n 随时间的变化情况如图 8.2 所示, 其中, 图 8.2(a)为 n 在 σ_x 方向上的分量随时间的变化趋势, 图 8.2(b)为 n 在 σ_y 方向上的分量随时间的变化趋势, 图 8.2(c)为 n 在 σ_z 方向上的分量随时间的变化趋势, 图 8.2(d)为 n 在 Bloch 球上随时间的变化趋势. 由图 8.2(d)可见, Bloch 矢量 n 始终处于球面内, 这表明子系统的状态为混合态, 进一步可推得 2-量子位状态始终处于纠缠态.

Ekert 和 Knight 在 1995 年给出了施密特分解向量与子系统 Bloch 矢量的关系, 子系统所对应的 Bloch 矢量与施密特分解其中一个分解向量方向相同, 与另一个分解向量方向相反. 下面以 A 子系统为例进行分析, 施密特分解的向量 $|u_1(t)\rangle$ 和 $|u_2(t)\rangle$ 所对应的 Bloch 矢量分别记为 m_1 和 m_2. 若向量 $|u_1(t)\rangle$ 和 $|u_2(t)\rangle$ 是正交的, 则它们对应的 Bloch 矢量方向相反, 且 m_1 和 m_2 的模均为 1. m_1 与 A 子系统状态的 Bloch 矢量 n 方向相同, 则 m_2 与 A 子系统状态的 Bloch 矢量 n 方向相反, 如图 8.2(d)所示.

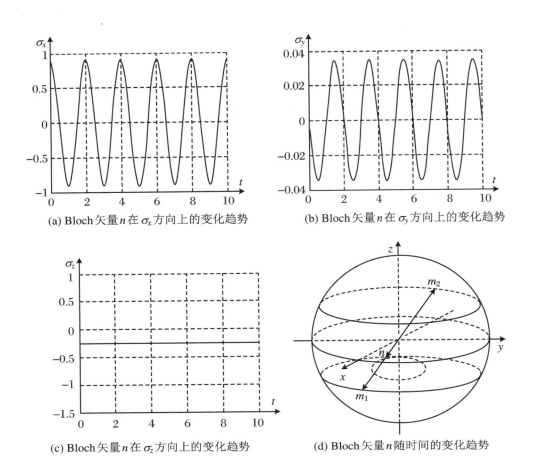

(a) Bloch矢量n在σ_x方向上的变化趋势

(b) Bloch矢量n在σ_y方向上的变化趋势

(c) Bloch矢量n在σ_z方向上的变化趋势

(d) Bloch矢量n随时间的变化趋势

图 8.2 A 子系统状态的 Bloch 矢量 n 随时间的变化情况

8.2.4 小结

本节介绍了量子系统的施密特分解方法,通过对 2-量子位状态进行施密特分解可以方便地计算系统的纠缠度,这为分析二量子位系统的特性提供了方便.最后,将施密特分解应用于分析 NMR 量子计算的状态分析中,通过引入 Bloch 矢量给出量子系统相应的几何图景,这为我们分析系统状态提供了很大的帮助.

8.3 双自旋系统的纠缠态制备

量子纠缠表现为多体系统中各个子系统互相关联,不可分离,它是量子力学中与经典物理不相同的最引人注目的特征.量子纠缠作为量子信息中最重要的资源被用到很多方面,如量子通信、量子编码、量子计算等(Nielsen,Chuang,2000).近年来,人们提出了很多产生纠缠态的方法,如腔量子电动力学(Xiao,et al.,2007;Rice,et al.,2006;Li,et al.,2008;Ye,et al.,2005)、囚禁离子(Sharmal,et al.,2008;Semião,Furuya,2007;Fujiwara,et al.,2007)、量子点(Kis,Paspalakis,2008;Sridharan,Waks,2008;Buscemi,et al.,2008)、核磁共振(Vandersypen,et al.,2001)等.在这些方法中,纠缠态的产生机理主要是粒子间的相互作用和粒子与外场的相互作用.这些粒子可以是腔中的原子,也可以是势阱中的离子.同时外场的形式通常是事先假定了的,它主要分为两种情况:一是固定频率,如许多腔 QED 系统中,就是由于腔场与原子的共振(Xiao,et al.,2007;Liao,et al.,2006)或失谐作用产生纠缠态(Liao,et al.,2006);二是变频率(Xie,et al.,2009),其中最典型的情况是频率变化为正弦和矩形,这样一来,原子与场的耦合作用随时间变换,这样极大地改变了系统的动力学特性.这种假定了外场形式的控制场设计方法从系统控制的角度来看被认为是开环控制(Cong,2006),此外其他产生纠缠态的开环控制方法还有绝热通道技术(Lazarou,Garraway,2008;Yang,Cong,2011)、相干控制(Basharov,et al.,2005;Malinovsky,2004;Osnaghi,et al.,2001)等.

相对于开环控制来说,基于状态反馈的闭环控制,控制场的形式可以是任意的.毫无疑问,基于模型反馈及最优化的最优控制理论是比较重要的方法,Mishima 和 Yamashita于 2009 年提出了时间自由、终态固定的最优控制方法用于裁剪激光脉冲产生纠缠态.此外,考虑到量子测量中误差的随机控制理论也用到了量子系统中,并且建立了量子系统的随机主方程模型(Bouten,et al.,2004).Yamamoto 等人于 2005 年用连续反馈控制产生了 Bell 态,并且证明了它的稳定性与收敛性.原则上,只要系统能控,就能设计出期望的控制律,而李雅普诺夫控制方法的一个优点就是设计出的控制律使闭环系统稳定.本节将对一个相互作用的双自旋系统通过李雅普诺夫方法设计控制场,实现纠缠态的制备.

8.3.1　相互作用图景下的系统模型

任意一个 n 维系统的量子态都可以用一个复数向量 $\psi \in C^n$ 来表示,而且满足 $\| \psi \| \triangleq \sqrt{\psi^* \psi} = 1$,$*$ 表示共轭转置.例如,考虑单个自旋系统,它的自旋朝上与自旋朝下状态可以分别用 ψ_u, ψ_d 表示,其中 $\psi_u = (1 \quad 0)^T, \psi_d = (0 \quad 1)^T$.根据量子态的叠加原理,该系统的任意状态都可以表示为 $\psi = a\psi_u + b\psi_d$,系数 $a, b \in C$,而且满足 $|a|^2 + |b|^2 = 1$.

在本小节中,将考虑由两个自旋粒子组成的系统.这个系统可以用两个自旋的直积空间来表示,也就是说 $C^4 = C^2 \otimes C^2$.这个系统的基可以表示为

$$\{\psi_u \otimes \psi_u, \psi_u \otimes \psi_d, \psi_d \otimes \psi_u, \psi_d \otimes \psi_d\} = \{|1\rangle, |2\rangle, |3\rangle, |4\rangle\}$$

$$= \left\{ \begin{pmatrix} 1 \\ 0 \\ 0 \\ 0 \end{pmatrix}, \begin{pmatrix} 0 \\ 1 \\ 0 \\ 0 \end{pmatrix}, \begin{pmatrix} 0 \\ 0 \\ 1 \\ 0 \end{pmatrix}, \begin{pmatrix} 0 \\ 0 \\ 0 \\ 1 \end{pmatrix} \right\} \quad (8.27)$$

此时,该系统的任意量子态可以表示为 $\psi = (a_1 \quad a_2 \quad a_3 \quad a_4)^T, \sum_i |a_i|^2 = 1$,当两个自旋粒子之间没有关联时,这种量子态可以表示为

$$\psi = \psi_1 \otimes \psi_2 = \begin{bmatrix} a \\ b \end{bmatrix} \otimes \begin{bmatrix} c \\ d \end{bmatrix} = (ac \quad ad \quad bc \quad bd)^T \quad (8.28)$$

否则,两个自旋间存在关联,即处于纠缠状态.例如:

$$\psi = a\psi_u \otimes \psi_d + b\psi_d \otimes \psi_u = (0 \quad a \quad b \quad 0)^T, \quad a \neq 0, b \neq 0 \quad (8.29)$$

不能表示为式(8.28)的形式,因此,它是一个纠缠态.比较重要的两个最大纠缠态可以表示为

$$\psi_1 = \frac{1}{\sqrt{2}}(\psi_u \otimes \psi_d + \psi_d \otimes \psi_u) = \frac{1}{\sqrt{2}}(0 \quad 1 \quad 1 \quad 0)^T \quad (8.30)$$

$$\psi_2 = \frac{1}{\sqrt{2}}(\psi_u \otimes \psi_u + \psi_d \otimes \psi_d) = \frac{1}{\sqrt{2}}(1 \quad 0 \quad 0 \quad 1)^T \quad (8.31)$$

为了建立两个相邻粒子之间相互作用的量子系统的数学模型,考虑在外场作用下的一维 Ising 模型.此时系统的哈密顿函数由系统未受扰动的(或内部的)哈密顿算符 H_0 与外部哈密顿 $H_1(t)$ 组成,即

$$H(t) = H_0 + H_1(t) \tag{8.32}$$

当考虑一般的海森伯模型的相互作用时,两个自旋 1/2 粒子系统内部未受扰动的哈密顿 H_0 为(为方便起见,令 $\hbar = 1$)

$$H_0 = J \sum_{k=x,y,z} I_{1k} I_{2k} \tag{8.33}$$

其中,$J > 0$ 为相互作用强度,是一个定常系数.

如果在外部可以同时从 x, y, z 方向对该系统进行控制,则此时的外部哈密顿函数为

$$H_1(t) = - \sum_{k=x,y,z} (\gamma_1 I_{1k} + \gamma_2 I_{2k}) u_k(t) \tag{8.34}$$

其中,γ_1 与 γ_2 分别是两粒子具有的回旋磁比;$u_k(t)$ 表示外部控制量.

由式(8.32)至式(8.34)知

$$H(t) = - \sum_{k=x,y,z} (\gamma_1 I_{1k} + \gamma_2 I_{2k}) u_k(t) - J \sum_{k=x,y,z} I_{1k} I_{2k} \tag{8.35}$$

对于 $k = x, y, z$,有 $I_{1k} = \frac{1}{2} \sigma_k \otimes I$,$I_{2k} = I \otimes \frac{1}{2} \sigma_k$,$I_{1k} I_{2k} = \sigma_k \otimes \sigma_k$,其中,$\sigma_k$ 泡利矩阵

$\sigma_x = \begin{bmatrix} 0 & 1 \\ 1 & 0 \end{bmatrix}$,$\sigma_y = \begin{bmatrix} 0 & -i \\ i & 0 \end{bmatrix}$,$\sigma_z = \begin{bmatrix} 1 & 0 \\ 0 & -1 \end{bmatrix}$;$I$ 为 2×2 单位矩阵.

众所周知,在 t 时刻量子力学系统的状态 $|\psi(t)\rangle$ 的演化由薛定谔方程决定,即

$$i\hbar \, |\dot{\psi}\rangle = H(t) \, |\psi\rangle \tag{8.36}$$

考虑在所确定的四维希尔伯特空间中的一组基(8.27),在这组基下,通过直积运算,可以将式(8.36)转化为

$$|\dot{\psi}\rangle = (\bar{A} + \bar{B}_x \bar{u}_x + \bar{B}_y \bar{u}_y + \bar{B}_z \bar{u}_z) \, |\psi\rangle \tag{8.37}$$

其中,$\bar{A} = iJ \sum_{k=x,y,z} I_{1k} I_{2k}$;$\bar{B}_x = i\gamma_1(I_{1x} + rI_{2x})$;$\bar{B}_y = i\gamma_1(I_{1y} + rI_{2y})$;$\bar{B}_z = i\gamma_1(I_{1z} + rI_{2z})$;$r = \gamma_1/\gamma_2$.矩阵 $\bar{A}, \bar{B}_x, \bar{B}_y$ 和 $\bar{B}_z$ 是 4×4 具有迹为零的斜厄米矩阵(SU),即为式(8.30)中的矩阵.

为了使 $\bar{A}$ 对角化,对系统状态作变换 $|\psi'\rangle = T|\psi\rangle$,其中,$T$ 满足 $T^* = T^{-1}$,而且

$$T = \frac{1}{\sqrt{2}} \begin{bmatrix} 0 & i & -i & 0 \\ 0 & 1 & 1 & 0 \\ -i & 0 & 0 & -i \\ -1 & 0 & 0 & 1 \end{bmatrix} \tag{8.38}$$

并通过调整控制量的幅值,式(8.37)变为

$$|\dot{\psi}'\rangle = (A + B_x u_x + B_y u_y + B_z u_z)|\psi'\rangle \tag{8.39}$$

可以证明,在此变换下,布居分布是不变的,即$|\psi\rangle$与$|\psi'\rangle$关于布居分布是等价的,因此为了方便,将$|\psi'\rangle$记为$|\psi\rangle$,即式(8.39)写为

$$|\dot{\psi}\rangle = (A + B_x u_x + B_y u_y + B_z u_z)|\psi\rangle \tag{8.40}$$

其中

$$A = T\bar{A}T^{-1}\mathrm{diag}(-3\mathrm{i},\mathrm{i},\mathrm{i},\mathrm{i})$$

$$B_x = T\bar{B}_x T^{-1} = \begin{pmatrix} 0 & 0 & 0 & 1-r \\ 0 & 0 & r+1 & 0 \\ 0 & -r-1 & 0 & 0 \\ r-1 & 0 & 0 & 0 \end{pmatrix}$$

$$B_y = T\bar{B}_y T^{-1} = \begin{pmatrix} 0 & 0 & 1-r & 0 \\ 0 & 0 & 0 & -r-1 \\ r-1 & 0 & 0 & 0 \\ 0 & r+1 & 0 & 0 \end{pmatrix}$$

$$B_z = T\bar{B}_z T^{-1} = \begin{pmatrix} 0 & 1-r & 0 & 0 \\ r-1 & 0 & 0 & 0 \\ 0 & 0 & 0 & r+1 \\ 0 & 0 & -1-r & 0 \end{pmatrix}$$

将该系统模型变换到相互作用绘景中,即进行变换$|\psi'\rangle = \exp(-At)|\psi\rangle$,则变换后的系统控制模型为

$$|\dot{\psi}'\rangle = \sum_{k=x,y,z} A_k(t) u_k |\psi'\rangle \tag{8.41}$$

其中,$A_k(t) = \exp(-At)B_k\exp(At)$.

该变换对于布居分布是等价的,因此,为了方便,之后将省略"$'$"号.

8.3.2 基于李雅普诺夫的控制律设计

利用李雅普诺夫理论设计控制律的基本思想是,借助李雅普诺夫稳定性定理,通过

量子系统控制理论与方法
Control Theory and Methods of Quantum Systems

保证所选定的李雅普诺夫函数的一阶时间导数非正来设计系统的控制律,这样能保证系统稳定.因此其关键是选择合适的李雅普诺夫函数,本小节选择一个观测量的平均值作为李雅普诺夫函数,即设

$$V = \langle \psi \mid P \mid \psi \rangle \tag{8.42}$$

其中,P 是厄米的观测量算符.

李雅普诺夫函数(8.42)对时间的一阶导数为

$$
\begin{aligned}
\dot{V} &= \langle \dot{\psi} \mid P \mid \psi \rangle + \langle \psi \mid P \mid \dot{\psi} \rangle \\
&= \sum_{k=x,y,z} u_k \langle \psi A_k(t) \mid P \mid \psi \rangle + \sum_{k=x,y,z} u_k \langle \psi \mid P \mid A_k(t) \mid \psi \rangle \\
&= \sum_{k=x,y,z} u_k \langle \psi \mid A_k^{\dagger}(t) P \mid \psi \rangle + \sum_{k=x,y,z} u_k \langle \psi \mid P A_k(t) \mid \psi \rangle \\
&= 2 \sum_{k=x,y,z} u_k \operatorname{Re}(\langle \psi \mid A_k(t) P \mid \psi \rangle) \\
&= \cdots \\
&= 2 \sum_{k=x,y,z} u_k \operatorname{tr}([\rho, P] A_k)
\end{aligned}
\tag{8.43}
$$

为了使 $\dot{V} \leqslant 0$,可得到李雅普诺夫控制律为

$$u_k = -K_k \operatorname{Re}\langle \psi \mid P A_k \mid \psi \rangle, \quad k = x, y, z \tag{8.44}$$

其中,$K_k > 0$,用来调整控制幅度;Re 表示取实部.

虽然式(8.44)设计出了控制律函数,但是其中的观测量算符 P 是待定的,必须对其进行设计和构造,而对 P 值设计的优劣直接关系到对系统状态控制效果的好坏.我们的设计思路如下:

我们希望被控系统最终能够收敛到目标态,因此目标态应该是系统的一个平衡点,这就要求:① 目标态应当位于系统演化的最大不变集中,这样保证了当系统演化到目标态 ψ_f 时,控制量为零,即系统一直处于目标态;② 当系统演化到目标态 ψ_f 时,李雅普诺夫函数同时达到其最小值,即目标态是控制律作用下的稳定点.实际上,条件①可以由条件②得到,因为如果目标态使得李雅普诺夫函数值最小,根据李雅普诺夫控制律的特性,控制场的作用只能使李雅普诺夫函数减小,当系统达到目标态时,控制场必然为零,即目标态是不变集中的点.于是,我们只要考虑如何设计观测量算符 P 使得目标态 ψ_f 成为李雅普诺夫函数的最小值点.

8.3.3　数值仿真实验及其结果分析

在这一小节中,我们将用两个仿真实例说明用李雅普诺夫方法设计控制律来实现纠缠态制备的有效性,即分别产生式(8.30)、式(8.31)所表示的最大纠缠态.对于式(8.40)所表示的模型,取 $r = 2$,则得到了具体模型.两个仿真实验所选择的初始态均是 $\psi_0 = (1 \quad 0 \quad 0 \quad 0)^\mathrm{T}$.

(1) 取 $\psi_\mathrm{f} = \dfrac{1}{\sqrt{2}}(1 \quad 0 \quad 0 \quad 1)^\mathrm{T}$,即目标态在 $|2\rangle$,$|3\rangle$ 上的布居数为 0,而 $|1\rangle$ 与 $|4\rangle$ 的布居数为 0.5,按照式(8.45)中控制律形式,并且设 $K_x = K_y = K_z = 1$,时间步长 $\Delta t = 0.01$,选择控制时间为 $t = 40$.另外根据式(8.54),若令 $p_h = 0$,$p_1 = -2$,可得到 $P =$

$$-2|\psi_\mathrm{f}\rangle\langle\psi_\mathrm{f}| = -\begin{pmatrix} 1 & 0 & 0 & 1 \\ 0 & 0 & 0 & 0 \\ 0 & 0 & 0 & 0 \\ 1 & 0 & 0 & 1 \end{pmatrix}.$$ 考虑到由于初始控制律的值为 0,不能驱动系统达到控制目的,因此选择一个初始扰动为 $u_x(0) = u_y(0) = u_z(0) = 0.1$.此时的仿真结果如图 8.3 所示.

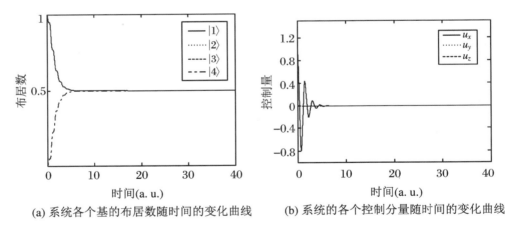

(a) 系统各个基的布居数随时间的变化曲线　　(b) 系统的各个控制分量随时间的变化曲线

图 8.3　目标态为 $\psi_\mathrm{f} = 1/\sqrt{2}(1 \quad 0 \quad 0 \quad 1)^\mathrm{T}$ 时的系统仿真结果

从图 8.3(a)中可以看出,$|1\rangle$ 的布居数由 1 变为 0.5,$|4\rangle$ 的布居数由 0 变为 0.5.而 $|2\rangle$ 与 $|3\rangle$ 的布居数一直为 0,大约经过 8 a.u. 后各个布居分布基本达到期望值并且能够

保持稳定.

从图 8.3(b)中可以看出,y,z 方向的控制分量始终为 0,只有 x 方向对系统有控制作用,并且最终的控制量变为 0.因此,在实际控制中,只需对系统从 x 方向施加控制场.

(2) 取 $\psi_f = \dfrac{1}{\sqrt{2}}(0 \quad 1 \quad 1 \quad 0)^T$,即目标态的基 $|2\rangle$,$|3\rangle$ 的布居数均为 0.5,$|1\rangle$ 与 $|4\rangle$ 的布居数为 0.按照式(8.45)中控制律形式,并且设 $K_x = K_y = K_z = 1$,时间步长 $\Delta t = 0.01$,选择控制时间为 $t = 30$. $P = -2|\psi_f\rangle\langle\psi_f| = -\begin{pmatrix} 0 & 0 & 0 & 0 \\ 0 & 1 & 1 & 0 \\ 0 & 1 & 1 & 0 \\ 0 & 0 & 0 & 0 \end{pmatrix}$,另外由于初始控制律的值为 0,不能驱动系统达到控制目的,因此选择一个初始扰动为 $u_x(0) = u_y(0) = u_z(0) = 0.1$,则此时的仿真结果如图 8.4(a)所示.从图 8.4 中可以看出 $|1\rangle$ 的布居数由 1 变为 0,$|4\rangle$ 的布居数一直为 0,而 $|2\rangle$ 与 $|3\rangle$ 的布居数变化曲线基本相同,大约经过 12 a.u. 后能达到目标值 0.5 并且保持不变.从图 8.4(b)中还可以看到 x 方向的控制分量始终为 0,而 y,z 方向的控制分量变化曲线基本相同.最终控制量均变为 0.

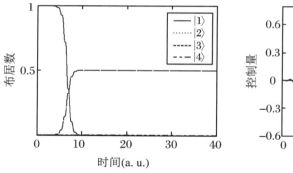
(a) 系统各个基的布居数随时间的变化曲线

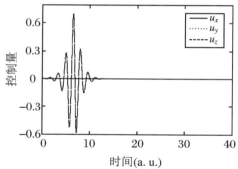
(b) 系统的各个控制分量随时间的变化曲线

图 8.4 目标态为 $\psi_f = 1/\sqrt{2}(0 \quad 1 \quad 1 \quad 0)^T$ 时的系统仿真结果

8.3.4 小结

本节建立了一个双自旋系统在外场作用下的相互作用绘景下的系统控制模型.外部磁场可以是 x,y,z 三个方向.在此基础上,选择以观测量算符平均作为李雅普诺夫函数设计了李雅普诺夫意义稳定下的控制场.为了使系统能达到并保持在纠缠状态,需要使目标态处于系统的最大不变集中,另外为了使系统演化到目标态时,李雅普诺夫函数减小到最小,设计了观测量算符 P.最后,通过数值实例进行了系统仿真实验,采用本节所设计的控制场,制备出两个最大纠缠态:Bell 态.当然从控制场的变化曲线可以看出,某些方向的控制场是不需要的.

第 9 章

开放量子系统的模型

9.1　热浴环境下的马尔可夫量子系统模型

　　量子系统若与外界环境发生相互作用,则成为开放量子系统或耗散量子系统.当这种相互作用与系统内各部分间的相互作用相比微不足道时,可以将其看成孤立系统或封闭系统,此时系统状态的演化可以用理想的薛定谔方程描述.但是许多实际系统具有足够大的外部相互作用,最典型的就是量子测量.测量设备能改变量子系统的自身演化并破坏状态间的关联.与外界环境相互作用起关键性作用的另一个重要例子就是自发放射或共振吸收.原子与真空电磁场相互作用,导致原子的动量发生漂移,使得处于激发态的原子可以自发放射出光子并跃迁至基态.与环境的相互作用会使系统变成一个耗散的、波动的且不可逆的演化过程,并最终到达热平衡态.耗散演化过程中伴随着消相干,即哈密顿本征态间失去关联,体现在非对角线元素中非零项的消失.量子系统中的环境 E 是指所研究量子系统 S 之外并与系统有相互作用的全部自由度,这些被称为环境的自由度,其中有些是属于另一些系统的,但也可能属于所研究系统本身而为人们所不感兴趣,或是难以计入的某方面的自由度.如果环境 E 的自由度数目远大于量子系统 S 本身所对应的自由度数目,使得可以近似地认为环境 E 不受所研究的量子系统 S 的影响,就可以将这种环境称为热库.一个具有无限能量与给定温度量子态的热库被称为热浴(张永德,2006).与热浴相互作用的量子系统演化过程可以分为两个时间段:系统消相干的一个短时间段和系统演化至热平衡态的长时间段.

在经典力学中,研究与环境相互作用的耗散系统动力学已有相当长的时间,其中能描述系统变量概率密度演化的主方程有 Blotzmann 方程、Chapman-Kolmogorov 主方程、Fokker-Planck 方程和 Langevin 方程.在量子力学中,研究与环境相互作用的耗散系统动力学对量子理论发展起着基础性作用,也是对其本身进行控制器设计的前提.开放量子系统建模的基本目标是建立一个包含环境参数的系统描述.目前已有大量研究投入路径积分方法中,即写出环境下系统的路径积分,利用启发式平均法来积分去除环境的自由度.但利用路径积分方法最终得到的系统约化路径积分是时间非局域且较难处理的.另一种建模方法是推导密度矩阵的确定性方程,通常称为主方程.此方法更适用于量子光学、量子传输理论等领域.由于主方程具有 non-Markovian 特性,引起消相干和耗散的方程项形式取决于量子系统的类型.而某些分析处理过程只能适用于最简单的情况,即相互作用绘景下相关的时变算符是明确的.因此许多研究都是建立在两个最简单的量子力学系统上:谐振子模型(Stefanescu, et al.,2008)和二能级系统(Weiss,2008).虽然量子力学是一门概率性的理论,但基于波函数的薛定谔方程和基于密度算符的主方程都有着确定性的随时间变化的状态演化.当对环境进行测量时,可以得到具有不确定的状态演化的随机薛定谔方程(Gambetta,2003).

1928 年,Pauli 通过对系统与环境组成的大系统求偏迹去除环境的自由度,得到了第一个量子主方程,称为 Pauli 方程.它描述了当系统受到哈密顿量中的附加项微扰时的布居数演化,其布居数间的跃迁率由费米黄金定律给出.1957 年,Redfield 推导出了核磁共振下的 Redfield 方程(Redfield,1957),描述了一个与环境相互作用的自旋.此方程被广泛应用于环境动力学演化比系统动力学演化更快的系统中.自此,人们从 von Neumann 方程中推导出了许多类似的主方程,并提出了一些假设,如弱耦合限制、马尔可夫性、系统与环境间的时间尺度分离等.1976 年,Lindblad 推导出了马尔可夫方程的最一般形式(Lindblad,1976).当 Redfield 方程具有 δ 关联函数时即成为 Lindblad 型.最近,人们得到了一个非马尔可夫 Redfield 方程,且在马尔可夫限制下可以约化至 Redfield 方程.Suárez 和 Silbey 证明了当具有非马尔可夫效应的初始条件应用到马尔可夫 Redfield 方程上时,它能保持正定性.类似的考虑也可以应用于不同的主方程(Strunz,2001).只要在弱耦合条件下,目前为止所有用二阶微扰理论推导得到的主方程都可以由非马尔可夫 Redfield 方程约化获得.至于热浴,通常假设其自由度的数目极大,以至于系统对它的影响能迅速地耗散,从而不再反作用到系统上,即热浴状态是恒定的.近年来,人们研究了当系统和环境的总能量守恒时的系统主方程(Esposito,Gaspard,2003),即环境的状态不是恒定的.

开放量子系统的动力学演化主方程可分为两大类:马尔可夫主方程和非马尔可夫主方程.若不存在记忆效应,只需要系统的当前状态就可以决定系统的将来状态,则称演化过程是马尔可夫,反之则是非马尔可夫.有限维系统马尔可夫主方程最一般的形式是 Lindblad 型,通过标准的 Born 逼近和马尔可夫逼近得到.Born 逼近假设系统与环境的相互作用很弱.马尔可夫逼近假设系统与热库间的记忆效应可忽略,则热库的关联函数可表示为描述白噪声的 δ 函数,得到的 Lindblad 超算符生成了一个完全正定的动力学半群.若将环境对系统的噪声过程描述为对系统状态的算符操作,则称能确保系统密度矩阵保持单位迹且完全正定的算符满足 Kraus 分解(Kraus,1983).所有的 Lindblad 超算符都满足 Kraus 分解.若主方程中含有记忆核,则成为一个非马尔可夫方程,其对应的热库关联函数为描述有色噪声的非 δ 函数,此时系统先前时刻对环境的作用能反作用到系统上,影响系统当前时刻的状态.若忽略环境的长时间记忆效应,直接施加马尔可夫方法,则无法得到合适的运动方程.

我们将目前已有的开放量子系统的各种主方程模型归纳为两大类:① 热浴能量守恒时的开放量子系统模型;② 热浴与开放量子系统组成的复合系统能量守恒时的开放量子系统模型.实际上绝大多数开放量子系统模型是基于①类中热浴能量守恒的假设,②类更接近实际开放量子系统的情况.由于开放量子系统的精确动力学模型难以求得形式解和数值解,人们设计出了几种马尔可夫逼近方法,使得近似后的开放量子系统模型成为可解的主方程模型.本节推导了完整的逼近过程;分析了逼近前的精确动力学模型和逼近后的马尔可夫主方程特性;分析了具有最一般形式的 Lindblad 主方程及其三种变形;给出了四种常用的马尔可夫逼近和四种特定条件下的马尔可夫主方程.对于不适用于马尔可夫逼近的开放量子系统,给出了能较完美描述系统动力学的后马尔可夫主方程.对于热浴能量不守恒的②类情况,同样可以通过马尔可夫逼近得到马尔可夫主方程.

封闭量子系统的状态服从用波函数 $|\psi(t)\rangle$ 表示的薛定谔方程:

$$i\hbar|\dot{\psi}(t)\rangle = H(t)|\psi(t)\rangle \tag{9.1}$$

或用密度矩阵 $\rho(t)$ 表示的刘维尔方程:

$$i\hbar\dot{\rho}(t) = \left[H(t), \rho(t)\right] \tag{9.2}$$

其中，$[A, B] = AB - BA$ 是对易子；$\hbar$ 为约化普朗克常数；哈密顿量 $H(t)$ 是一个定义在希尔伯特空间上的能决定系统动力学的时变厄米算符.式(9.1)只能描述纯态系统，而式(9.2)还能描述混合态系统.

当封闭量子系统不再处于理想的绝对零度，或与外界环境，如热浴、其他量子系统、测量仪器等有了相互作用时，就成为一个开放量子系统.与外界的相互作用，使得状态信息在演化过程中发生泄漏，状态演化不再遵循刘维尔方程(9.2).

下面将具体讨论开放量子系统在不同条件下的演化方程.

9.1.1　与热浴作用的量子系统的精确动力学方程

若把热浴看成一个与量子系统耦合的具有大量内部自由度的量子系统，则此热浴与量子系统组成的复合系统是封闭的，其总哈密顿可以分解为

$$H_{\text{tot}} = H_S \otimes I_B + H_I + I_S \otimes H_B \tag{9.3}$$

复合系统的哈密顿被分解为系统自由哈密顿、热浴哈密顿和相互作用哈密顿三部分之和，其中，H_S 为不受扰动的系统自由哈密顿；H_I 为系统与热浴的相互作用哈密顿，其扰动前因子 $\lambda \leqslant 1$；H_B 为纯热浴哈密顿（环境通常选择为谐振子热浴，即底部粒子是费密子，事实证明这个环境选择对于很多物理设备是有用且合适的，但当噪声呈高斯分布时，这种选择也会失败）.通常假设热浴的自由度数目极大，以至于系统对它的影响能迅速地耗散，从而不再反作用到系统上，即热浴状态是恒定的.

相互作用绘景下，哈密顿量 H 分成了与时间无关的 H_0 和表示相互作用的 H_I 两部分.将复合系统状态满足的刘维尔方程(9.2)转化为相互作用绘景：

$$\frac{\mathrm{d}}{\mathrm{d}t}\rho_{\text{tot}}(t) = -\frac{\mathrm{i}}{\hbar}\left[H_0 + H_I(t), \rho_{\text{tot}}(t)\right] \tag{9.4}$$

为了统计性地排除环境的影响，求偏迹去除热浴的自由度，得到关于量子系统约化密度矩阵的系统方程：

$$\frac{\mathrm{d}}{\mathrm{d}t}\rho_S(t) = -\frac{\mathrm{i}}{\hbar}\left[H_0, \rho_S(t)\right] - \frac{\mathrm{i}}{\hbar}\text{tr}_B\left[H_I(t), \rho_{\text{tot}}(t)\right] \tag{9.5}$$

对式(9.4)两边求积分得到

$$\rho_{\text{tot}}(t) = \rho_{\text{tot}}(t_0) - \frac{\mathrm{i}}{\hbar}\int_{t_0}^{t}\mathrm{d}t'\left[H_0 + H_I(t'), \rho_{\text{tot}}(t')\right] \tag{9.6}$$

将式(9.6)代入式(9.5),得到

$$\frac{\mathrm{d}}{\mathrm{d}t}\rho_S(t) = -\frac{\mathrm{i}}{\hbar}[H_0, \rho_S(t)] - \frac{\mathrm{i}}{\hbar}\mathrm{tr}_B[H_I(t), \rho_{\mathrm{tot}}(t_0)]$$

$$- \frac{1}{\hbar^2}\int_{t_0}^{t}\mathrm{d}t'\,\mathrm{tr}_B[H_I(t), [H_0 + H_I(t'), \rho_{\mathrm{tot}}(t')]] \tag{9.7}$$

式(9.7)就是与热浴相互作用的开放量子系统精确的动力学方程(Melikidze, 2001),其中,右端第一项 $-(\mathrm{i}/\hbar)[H_0, \rho_S(t)]$ 即为刘维尔方程(9.2)的右端部分,描述了系统状态演化的幺正部分;右端后两项

$$- (\mathrm{i}/\hbar)\mathrm{tr}_B[H_I(t), \rho_{\mathrm{tot}}(t_0)]$$

和

$$- (1/\hbar^2)\int_{t_0}^{t}\mathrm{d}t'\,\mathrm{tr}_B[H_I(t), [H_0 + H_I(t'), \rho_{\mathrm{tot}}(t')]]$$

为在刘维尔方程(9.2)的基础上增加的两个非幺正项,描述了由于系统与热浴耦合导致的跃迁、耗散和消相干.

通过分析可以看出,式(9.7)具有以下三个特性:

(1) 由于式(9.7)中所具有的状态变量不是一个,而是两个:量子系统的约化密度矩阵 $\rho_S(t)$ 和复合系统的密度矩阵 $\rho_{\mathrm{tot}}(t')$,因此,式(9.7)是一个非封闭方程;

(2) 由于式(9.7)右端包含了从初始时刻 t_0 到当前时刻 t 的积分项,所以式(9.7)是一个积分微分方程;

(3) 由于式(9.7)中当前时刻量子系统的状态 $\rho_S(t)$ 依赖于从初始时刻 t_0 到当前时刻 t 之间复合系统的所有状态 $\rho_{\mathrm{tot}}(t')$,$t_0 \leqslant t' < t$,即式(9.7)具有一般的非马尔可夫特性,是一个典型的不等时(具有时间延迟)非马尔可夫方程.

对于开放量子系统精确的动力学方程(9.7),人们无法求得形式解或数值解. 为了对方程(9.7)进行近似处理,使其成为一个关于量子系统约化密度矩阵的马尔可夫微分主方程,需要将方程(9.7)封闭化,使得约化密度矩阵 $\rho_S(t)$ 成为唯一的状态变量,且当前时刻的系统状态 $\rho_S(t)$ 只依赖于上一时刻的系统状态.

9.1.2 玻恩主方程

为了得到关于量子系统约化密度矩阵 $\rho_S(t)$ 的主方程,需要作如下三个假设:

(1) 假设外部热浴处于热平衡状态,环境温度为 T. 利用 $\beta = 1/(k_B T)$(k_B 为玻尔兹

曼常数)和一般的麦克斯韦-玻尔兹曼分布的密度矩阵可以得到热浴的状态.只要环境比系统大得多,这就是个合理的假设.从热力学角度讲,热浴在固定温度上能提供一个无限能量的热库.

(2) 假设系统的初态和热浴的初态是无关联的,即它们的总密度矩阵可分解为 $\rho_{\text{tot}}(t_0) = \rho_S(t_0) \otimes \rho_B(t_0)$,则考虑到 $\text{tr}_B[H_I(t),\rho_B(t_0)] = 0$,可以忽略方程(9.7)中的第二项 $-(\text{i}/h)\text{tr}_B[H_I(t),\rho_{\text{tot}}(t_0)]$.

(3) 假设相互作用哈密顿 H_I 的形式选择为可分离表达式之和 $H_I = \sum_j S_j \otimes B_j$.

假设(3)不是一条关键的约束,因为至少每个解析的系统与热浴的能级耦合可以写成系统与热浴算符基的展开形式,所以可以接受这种标记方式的形式.

考虑到式(9.7)中仍然包含了复合系统的状态 $\rho_{\text{tot}}(t')$,玻恩(Born)逼近假设系统与热浴之间的耦合非常弱,则复合系统的状态可以分解为 $\rho_{\text{tot}}(t') = \rho_S(t') \otimes \rho_B(t_0) + O(H_I(t'))$.

有了这三个先决条件和玻恩逼近,精确状态方程(9.7)就可以近似改写为

$$\frac{\text{d}}{\text{d}t}\rho_S(t) = -\frac{\text{i}}{\hbar}[H_0,\rho_S(t)] - \frac{1}{\hbar^2}\int_{t_0}^t \text{d}t'\text{tr}_B[H_I(t),[H_0 + H_I(t'),\rho_S(t')\rho_B(t_0)]]$$

$$(9.8)$$

其中,右端第一项 $-(\text{i}/h)[H_0,\rho_S(t)]$ 仍为刘维尔方程(9.2)右端部分,描述系统的幺正演化;右端第二项 $-(1/h^2)\int_{t_0}^t \text{d}t'\text{tr}_B[H_I(t),[H_0 + H_I(t'),\rho_S(t')\rho_B(t_0)]]$ 仍为非幺正项,描述由于系统与热浴耦合导致的跃迁、耗散和消相干.

与式(9.7)相比,式(9.8)借助假设(2)忽略了式(9.7)中的第二项

$$-(\text{i}/h)\text{tr}_B[H_I(t),\rho_{\text{tot}}(t_0)]$$

并借助玻恩逼近,将式(9.7)第三项中的复合系统状态 $\rho_{\text{tot}}(t')$ 近似分解为 $\rho_S(t')\rho_B(t_0)$.这使得式(9.8)成为只含一个状态变量 $\rho_S(t)$ 的封闭积分微分方程,即关于系统约化密度矩阵 $\rho_S(t)$ 的玻恩主方程.然而由于式(9.8)右端仍包含从初始时刻 t_0 到当前时刻 t 的积分项,即当前时刻量子系统的状态 $\rho_S(t)$ 仍依赖于从初始时刻 t_0 到当前时刻 t 之间量子系统的所有状态 $\rho_S(t'),t_0 < t' < t$,即式(9.8)仍为一个非马尔可夫方程,具有一般的非马尔可夫主方程的结构:

$$\frac{\text{d}}{\text{d}t}\rho_S(t) = -\frac{\text{i}}{\hbar}[H_0,\rho_S(t)] - \frac{1}{\hbar^2}\int_{t_0}^t \text{d}t'K(t-t')\rho_S(t') \qquad (9.9)$$

其中,$K(t-t')$ 为记忆核,表示环境保留且记忆了 t' 时刻起从量子系统流过来的信息,

并在 t 时刻以时间间隔 $t-t'$ 的函数形式返还给量子系统,以影响量子系统将来的状态. 这是环境对系统的反馈,即量子系统对环境反作用的时间非局域行为.

9.1.3 马尔可夫主方程

借助于玻恩逼近,量子系统动力学方程已经近似为关于系统约化密度矩阵 $\rho_S(t)$ 的封闭积分微分方程(9.8),但其仍包含环境对系统的反馈,具有非马尔可夫特性.

为了去除系统主方程的非马尔可夫特性,需要假设在信息反馈中,热浴的记忆与反馈时间尺度 $\tau_{记忆}$ 和量子系统演化时间尺度 $\tau_{演化}$ 相比十分短暂,才有可能找到适当的微分方程描写量子系统的动力学演化过程. 这就是最低阶马尔可夫逼近,完全忽略热浴记忆效应,认为热浴对信息的衰减和反馈是瞬时的. 另外,若热浴中还包含了量子系统本身被忽略掉的自由度,即存在时间的粗粒化过程,则马尔可夫逼近要求粗粒化的时间间隔 $\tau_{粗粒}$ 不仅远小于量子系统演化衰减的时间尺度 $\tau_{演化}$,而且应当远大于热浴记忆的时间尺度 $\tau_{记忆}$. 因此,在通常情况下,马尔可夫逼近的前提描述为 $\tau_{演化} \gg \tau_{粗粒} \gg \tau_{记忆}$.

在完全忽略热浴记忆效应的最低阶马尔可夫逼近下,式(9.8)中的 $\rho_S(t')$ 可以替换为 $\rho_S(t)$,即由一个具有时间延迟的积分微分方程简化为一个关于 $\rho_S(t)$ 的封闭等时微分方程:

$$\frac{\mathrm{d}}{\mathrm{d}t}\rho_S(t) = -\frac{\mathrm{i}}{\hbar}\big[H_0,\rho_S(t)\big] - \frac{1}{\hbar^2}\int_{t_0}^t \mathrm{d}t'\,\mathrm{tr}_B\big[H_I(t),\big[H_0+H_I(t'),\rho_S(t)\rho_B(t_0)\big]\big]$$

$$(9.10)$$

与式(9.8)相比,式(9.10)将式(9.8)第二项中的从初始时刻 t_0 到当前时刻 t 之间量子系统状态 $\rho_S(t')$,$t_0 < t' < t$ 替换为了当前时刻 t 的量子系统状态 $\rho_S(t)$,使得下一时刻量子系统状态的变化只依赖于当前时刻的量子系统状态 $\rho_S(t)$.

若环境为一系列谐振子组成的热浴,则热浴哈密顿为 $H_B = \hbar\sum_k \omega_k a_k^\dagger a_k$,其中,$\omega_k$ 为频率;a_k 和 $a_k^\dagger$ 分别为第 k 模的湮灭算子和产生算子. 这是标准的电磁场模型. 假设相互作用哈密顿 H_I 与热浴的幅值呈线性关系,则相互作用绘景下的相互作用哈密顿为 $H_I = \mathrm{i}\hbar\sum_k (g_k^* L a_k^+ \mathrm{e}^{\mathrm{i}\Omega_k(t-t_0)} - g_k L^+ a_k \mathrm{e}^{-\mathrm{i}\Omega_k(t-t_0)})$,其中,$\Omega_k = \omega_k - \omega_S$ 为第 k 模热浴与量子系统的频率之差. 若初始时刻的热浴处于真空态,则其状态可以分解为 $\rho_B(t_0) = |\{0_k\}\rangle_B\langle\{0_k\}|$. 将热浴初态 $\rho_B(t_0)$ 和相互作用哈密顿 H_I 的形式代入式(9.10),可以将式(9.10)中的第二项整理并展开成 16 项. 但由于热浴初态是真空的,只剩下 4 项是非

零项,所以式(9.10)变为

$$\frac{\mathrm{d}}{\mathrm{d}t}\rho_S(t) = -\frac{\mathrm{i}}{\hbar}[H_0,\rho_S(t)] + \int_{t_0}^{t}\mathrm{d}t'(\alpha^*(t-t')L\rho_S(t)L^+ - \alpha^*(t-t')\rho_S(t)L^+L$$

$$-\alpha(t-t')L^+L\rho_S(t) + \alpha(t-t')L\rho_S(t)L^+) \tag{9.11}$$

其中,$\alpha(t-t') = \sum_k |g_k|^2 \mathrm{e}^{-\mathrm{i}\Omega_k(t-t')}$. 由于马尔可夫逼近要求环境具有无穷大模,则 $|g_k|^2$ 为无穷小,因此可以将 $\alpha(t-t')$ 的求和展开形式改写为积分展开形式. 计算 $\lim\limits_{t\to\infty}\int_0^{t-t_0}\mathrm{d}\tau\alpha(\tau)$ 并代入式(9.11),可以得到

$$\frac{\mathrm{d}}{\mathrm{d}t}\rho_S(t) = -\frac{\mathrm{i}}{\hbar}[H_0,\rho_S(t)] + \frac{\gamma}{2}(2L\rho_S(t)L^+ - \rho_S(t)L^+L - L^+L\rho_S(t))$$

$$-\mathrm{i}\Delta[L^+L,\rho_S(t)] \tag{9.12}$$

其中,γ 为辐射衰减率;Δ 表示在主方程上增加一个旋转项. 假设 $\Delta=0$,则可以得到描述系统状态演化的马尔可夫主方程的 Lindblad 形式为

$$\frac{\mathrm{d}}{\mathrm{d}t}\rho_S(t) = -\frac{\mathrm{i}}{\hbar}[H_0,\rho_S(t)] + L_k\rho_S(t)L_k^+ - \frac{1}{2}L_k^+L_k\rho_S(t) - \frac{1}{2}\rho_S(t)L_k^+L_k$$

$$= L(\rho_S(t)) = L_{\mathrm{unitary}}(\rho_S(t)) + L_{\mathrm{diss}}(\rho_S(t)) \tag{9.13}$$

其中,L_k 为 Lindblad 算符. 式(9.13)与方程(9.2)拥有相同的 $-(\mathrm{i}/\hbar)[H_0(t),\rho_S(t)]$,即由厄米算符 $H_0(t)$ 引起的量子系统状态演化的幺正部分 $L_{\mathrm{unitary}}(\rho_S(t))$;式(9.13)比方程(9.2)增加的非幺正部分 $L_k\rho_S(t)L_k^+ - L_k^+L_k\rho_S(t)/2 - \rho_S(t)L_k^+L_k/2$ 称为耗散项 $L_{\mathrm{diss}}(\rho_S(t))$,它由一系列可数的、正定的、有界的 Lindblad 算符 L_k 决定,描述了由于系统与环境耦合导致的跃迁、耗散和消相干,其中,$L_k\rho_S(t)L_k^+$ 诱导一种量子跃迁,$-L_k^+L_k\rho_S(t)/2 - \rho_S(t)L_k^+L_k/2$ 是在无跃迁情况下归一化,即方程保迹所需要的. 任何幺正部分都可以在 L_{unitary} 和 L_{diss} 间交换,因此这种对系统动力学方程的分解不是唯一的.

9.1.3.1 GKS、Bloch 球和 Kraus 表达形式

1. Lindblad 方程的 GKS 表达形式

Lindblad 方程(9.13)为关于量子系统约化密度矩阵 $\rho_S(t)$ 的系统动力学方程,描述了量子系统状态 $\rho_S(t)$ 的演化过程. 作为一个量子系统状态密度矩阵,必须满足厄米、单位迹、半正定三个条件. 为了方便检验通过式(9.13)求得的系统状态 $\rho_S(t)$ 是否满足密度矩阵的正定性条件,Gorini,Kossakowski 和 Sudarshan 提出了另一种 Lindblad 方程描述(Gorini, et al., 1976),称为 Lindblad 方程的 GKS 形式. 选择一组标准正交基 $\{B_k\}$,

这样 Lindblad 算符就可以展开成 $L_j = \sum_k \gamma_{j,k} B_k$. 根据这组基,重写耗散项 $L_{\text{diss}}(\rho_S(t))$:

$$L_{\text{diss}}^{\text{GKS}}(\rho(t)) = \frac{1}{2}\sum_{k,l}\gamma_{k,l}([B_k,\rho(t)B_l^+] + [B_k\rho(t),B_l^+]) \qquad (9.14)$$

式(9.14)就是 Lindblad 方程的 GKS 表达形式,也称为 GKS 主方程.

对于一个自旋系统,本身的基包括四个元素,则显而易见最有效的选择就是 Pauli 自旋矩阵加上单位算符 $\{I, \sigma_x, \sigma_y, \sigma_z\}$. 此时,GKS 形式的 Lindblad 方程为(Dacies,1976)

$$L_{\text{diss}}^{\text{GKS}}(\rho(t)) = \frac{1}{2}\sum_{j,k}c_{j,k}([\sigma_j,\rho(t)\sigma_k^+] + [\sigma_j\rho(t),\sigma_k^+]) \qquad (9.15)$$

GKS 主方程(9.14)的最大优势在于容易检验正定性:由于 L_j 的 Lindblad 性质能确保系数矩阵 $\gamma_{k,l}$ 有正定性,反之亦然,故检验系统状态的正定性等同于检验对应的 GKS 系数矩阵 $\gamma_{j,k}$ 或 $c_{j,k}$ 的正定性. GKS 主方程的唯一限制是最初选择的算符空间的基 $\{B_k\}$ 是有限维的. 不过对于绝大多数实际系统,量子系统都会被限制为有限数量的自由度,因此对基 $\{B_k\}$ 的限制是可行的.

2. Lindblad 方程的 Bloch 球表达形式

Bloch 球是关于二能级量子系统或单量子位系统的几何表示. 它能清晰地反映球面及球内任一几何位置与量子系统状态间的一一对应关系. 考虑一个单量子位系统,通常的四维自旋密度矩阵可以写成一个 Pauli 矩阵的线性组合 $\rho(t) = \sigma_x(t)\sigma_x + \sigma_y(t)\sigma_y + \sigma_z(t)\sigma_z + I/2$,则可以将马尔可夫主方程 $\dot{\rho}(t) = M(\rho(t))$ 转化成对应的 Bloch 向量形式 $\dot{\vec{\sigma}}(t) = \hat{M}\vec{\sigma}(t) + \vec{I}$. 这种矩阵主方程可以规范地、唯一地区分为一个幺正部分和一个耗散部分(Gutmann,2005):

$$\dot{\vec{\sigma}}(t) = \underbrace{\begin{bmatrix} 0 & -h_x & h_y \\ h_x & 0 & -h_x \\ -h_y & h_x & 0 \end{bmatrix}}_{\text{非均衡的}}\vec{\sigma}(t) + \begin{bmatrix} I_{yz} \\ I_{xz} \\ I_{xy} \end{bmatrix}$$

$$+ \underbrace{\begin{bmatrix} \Gamma_{xx} - \Gamma_{yy} - \Gamma_{zz} & \Gamma_{xy} & \Gamma_{xz} \\ \Gamma_{xy} & \Gamma_{yy} - \Gamma_{xx} - \Gamma_{zz} & \Gamma_{yz} \\ \Gamma_{xz} & \Gamma_{yz} & \Gamma_{zz} - \Gamma_{xx} - \Gamma_{yy} \end{bmatrix}}_{\text{均衡的}}\vec{\sigma}(t) \qquad (9.16)$$

其中,非均衡部分对应自由哈密顿的再归一化效应;均衡矩阵项和非齐次项引起了耗散. 这个分解可以唯一地转化为 GKS 形式.

3. Kraus 表达形式

当量子系统与环境相互作用时,可以将环境的跳变对量子系统的影响表示成一组作用在量子系统上的算符 $M_k(t)$,则量子系统从初始状态 $\rho_S(0)$ 到 $\rho_S(t)$ 的演化过程可以表示为

$$\rho_S(t) = \sum_k M_k(t)\rho_S(0)M_k^+(t) \tag{9.17}$$

其中,$M_k(t) = {}_B\langle k|U_{SB}(t)|0\rangle_B$,被称为 Kraus 算符,$\{|k\rangle_B\}$ 为环境哈密顿 H_B 的一组正交归一基,$U_{SB}(t)$ 为复合系统的幺正演化算符,$|0\rangle_B$ 为环境的基态.

式(9.17)被称为 Kraus 表达形式或算符和表达形式.由于复合系统是封闭的,其演化算符 $U_{SB}(t)$ 具有幺正性,故 Kraus 算符满足 $\sum_k M_k^+(t)M_k(t) = 1$,从而使得系统密度矩阵 $\rho_S(t)$ 能始终保持单位迹.Kraus 算符是完全正定的,反之,一个完全正定的算符必能进行 Kraus 分解.Kraus 算符把量子系统的初始时刻密度矩阵 $\rho_S(0)$ 线性地映射为 t 时刻的密度矩阵 $\rho_S(t)$,它提供了密度矩阵演化的一个普遍描述,包括从纯态到混合态的演化、混合态到混合态的演化过程.Kraus 表达形式的优势在于只需要确定 Kraus 算符 $M_k(t)$ 的形式,不需要知道明确的环境信息就可以描述开放量子系统的动力学.

9.1.3.2 其他马尔可夫逼近

考察非马尔可夫主方程的一般形式(9.9)可以发现,式(9.9)右端的第二项 $-(1/\hbar^2)\int_{t_0}^t \mathrm{d}t' K(t-t')\rho_S(t')$ 构成了一个时间卷积形式,其中记忆核 $K(t-t')$ 记忆了从 t' 到 t 的时间间隔内的信息,使之对当前时刻的系统状态产生影响.所有马尔可夫逼近方法都是为了解决这个时间卷积问题,也称为进行"时间平均"或"时间粗粒化",也就是从积分部分抽出先前时刻 t' 的密度矩阵 $\rho_S(t')$,同时将记忆核 $K(t-t')$ 近似为定常矩阵.$t - t'$ 的函数描述了环境对系统的反馈,即量子系统对热浴反作用的时间非局域行为.各种马尔可夫逼近方法完成这种"时间平均"的方法不一样,但都包含一个时间平均过程,即时间粗化技术,它们的区别在于计算的精确程度(Gutmann, 2005).

1. Naïve 逼近

将时间非局域主方程转变成时间局域主方程最简单的办法是严格假设环境的记忆时间尺度比自由系统动力学的演化时间尺度快得多,则相应的记忆核可描述为 $K(\Delta t) \sim \mathrm{e}^{-|\Delta t|/(\delta t)}$.在此前提下,式(9.9)中的积分微分部分可以简化为 $\int_{t_0}^t K(t-t')\rho_S(t')\mathrm{d}t' \simeq \int_{t_0}^t K(t-t')\mathrm{d}t'\rho_S(t) = M_0\rho_S(t)$,其中,$M_0 = \int_{t_0}^t K(t-t')\mathrm{d}t' = \int_{t_0}^t K(t')\mathrm{d}t' \simeq$

$\int_{t_0}^{\infty} K(t')\mathrm{d}t'$. 只要考虑足够大的演化时间,则 M_0 显然已不再是时变的. 由此得到的马尔可夫主方程为

$$\frac{\mathrm{d}}{\mathrm{d}t}\rho_S(t) = -\frac{\mathrm{i}}{\hbar}[H_0, \rho_S(t)] - \frac{1}{\hbar^2}M_0\rho_S(t) \tag{9.18}$$

Naïve 逼近是最简单的马尔可夫逼近方法. 它要求环境的记忆时间尺度比自由系统动力学的演化时间尺度快得多,且系统演化时间足够长. 用 GKS 表达形式验证发现,通过 Naïve 逼近得到的系统状态在整个温度范围内都不满足完全正定性的条件,故无法通过 Naïve 逼近得到 Lindblad 型的马尔可夫主方程(Gutmann,2005).

2. Bloch-Redfield 逼近

Bloch-Redfield 逼近是另一种马尔可夫处理方法,特别适用于低温的情况,其主要包括两个关键步骤:首先,对式(9.9)积分部分中 $\rho_S(t')$ 与 $\rho_S(t)$ 的关系进行估计. 由于耗散过程是不能逆转的,每个初始态趋向于唯一的热平衡状态,这样的向前传播不是内射对应关系(injective mapping),故随时间的倒退无法定义. 但为了与微扰理论逼近保持一致,可以用二阶 λ 对 $\rho_S(t)$ 进行估计:$\rho_S(t) = \mathrm{e}^{-\mathrm{i}\hat{H}_0(t-t')/\hbar}\rho_S(t')\mathrm{e}^{\mathrm{i}\hat{H}_0(t-t')/\hbar} + O(|\lambda|^2) \cong \mathrm{e}^{L_0(t-t')}\rho_S(t')$,其中,$\mathrm{e}^{L_0(t-t')}$ 为超算符,同时作用于 $\rho_S(t')$ 的左右两边. 通过简单的变换可以得到 $\rho_S(t') = \mathrm{e}^{-L_0(t-t')}\rho_S(t) - O(|\lambda|^2)$. 至此得到了一个反向的自由传播,并在 $O(|\lambda|^2)$ 阶上有了一个误差,但由于积分微分部分里有纠正,故可以当作 $O(|\lambda|^4)$ 阶的有效项而忽略它们. 这样就引出了一个有效的记忆方程:

$$\int_{t_0}^{t} K(t-t')\rho_S(t')\mathrm{d}t' = \int_{t_0}^{t} K(t-t')\mathrm{e}^{-L_0(t-t')}\rho_S(t)\mathrm{d}t' + O(|\lambda|^4) \simeq M_{\mathrm{BR}}(t)\rho_S(t)$$

其中,$M_{\mathrm{BR}}(t) \simeq \int_{t_0}^{t} K(t-t')\mathrm{e}^{-L_0(t-t')}\mathrm{d}t' = \int_{t_0}^{t} K(t')\mathrm{e}^{-L_0 t'}\mathrm{d}t' \cong \int_{t_0}^{\infty} K(t')\mathrm{e}^{-L_0 t'}\mathrm{d}t'$. 所以 Bloch-Redfield 逼近的第二步是与 M_0 类似的时间平均方法. 由此得到的马尔可夫主方程为

$$\frac{\mathrm{d}}{\mathrm{d}t}\rho_S(t) = -\frac{\mathrm{i}}{\hbar}[H_0, \rho_S(t)] - \frac{1}{\hbar^2}M_{\mathrm{BR}}\rho_S(t) \tag{9.19}$$

Bloch-Redfield 逼近要求环境温度较低. 通过 GKS 表达形式可以发现,只有在纯移相情况下,通过 Bloch-Redfield 逼近得到的系统状态在任意温度下都具有完全正定性;在纯松弛和其他一般情况下,系统状态只有在较高的温度时才具有完全正定性(Gutmann,2005).

3. Dacies-Luczka 逼近

Luczka 提出了另一种不同的马尔可夫逼近概念(Luczka,1989). 它使用了先前由

Dacies 在一个自旋玻色子模型上发展出的时间平均方法(Dacies,1976),其时间粗粒化过程基本上分为两步:首先得到薛定谔方程中记忆核的暂时的、静止的、不独立的精确平均值;然后使用 Dacies 方法,同时对记忆核用长时间的、弱耦合的限制.据此,对自由刘维尔量以及在此限制下投影算符项中自由刘维尔量对应的传播算符的分解构成了马尔可夫特性.

首先考虑式(9.9)的形式积分求解.变换积分阶数并利用缩放论证 $t \to t' := t/\lambda^2$.考虑极限 $\lambda \to 0$ 且附加条件 $t' = t/\lambda^2 = \mathrm{const}$,可以得到式(9.9)的有效形式解 $\rho_S(t') = \rho_S(0) + \int_{t_0}^{t'} \bar{k} \rho_S(s) \mathrm{d}s$,其中,$\bar{k} = \sum_n P_n k_0 P_n$ 为 k_0 的投影算符分解;$k_0 = \int_{t_0}^{\infty} \mathrm{e}^{-L_0 \tau} K(\tau) \mathrm{d}\tau$.该形式解连接了记忆函数的弱耦合、长时间约束.当且仅当 L_0 的本征态光谱是非退化的,且投影算符的分解是正确的,可以得到有弱耦合、长时间约束下的马尔可夫主方程:

$$\frac{\partial \rho_S(t')}{\partial t'} = M_{\mathrm{DL}} \rho_S(t') \tag{9.20}$$

因此,Dacies-Luczka 逼近为 $M_{\mathrm{DL}} = \bar{k} = \sum_n P_n \left(\int_{t_0}^{\infty} \mathrm{e}^{-L_0 \tau} K(\tau) \mathrm{d}\tau \right) P_n$.

Dacies-Luczka 逼近要求记忆的时间尺度非常长,且系统与环境之间的耦合非常弱.通过 GKS 表达形式验证表明,Dacies-Luczka 逼近也无法得到完美的结果.对于纯移相、纯松弛和一般情况,相应的 GKS 系数矩阵都包含了至少一个负的本征值,故不满足完全正定性的条件,无法得到 Lindblad 型的马尔可夫主方程(Gutmann,2005).

4. Celio-Loss 逼近

Celio 和 Loss 从一个自旋玻色子系统中用不同的方法推导出了对马尔可夫主方程的相似分析(Celio,Loss,1989).他们对这些逼近的完全正定行为的考察主要基于相应的矩阵描述的对称性,同时进行了高温限制.这两个不同的马尔可夫逼近的矩阵描述说明了电子的互补对称性,它们构成了一个对称的组合,即它们的算术平均.

一方面,利用 Bloch-Redfield 型主方程得到 $M_{\mathrm{CL},1} = -\frac{\lambda^2}{\hbar^2} \int_{t_0}^{\infty} \langle L_I \mathrm{e}^{-L_0 \tau} L_I \rangle_\beta \mathrm{e}^{L_S \tau} \mathrm{d}\tau$,其中,$\mathrm{e}^{-l_S(t-s)} \rho_{\mathrm{sys}}(t) = \rho_{\mathrm{sys}}(s) + O(\lambda^2)$ 表示系统密度矩阵的反向自由传播;另一方面,引入反对称的情况,得到 $M_{\mathrm{CL},2} = -\frac{\lambda^2}{\hbar^2} \int_{t_0}^{\infty} \mathrm{e}^{L_S \tau} \langle L_I \mathrm{e}^{-L_0 \tau} L_I \rangle_\beta \mathrm{d}\tau$.如果环境的反作用不依赖于时间,即严格意义下的 Lindblad 型马尔可夫,则自由反向传播和双热浴激发的相互作用在有时间差 τ 时不起变化.

Celio 和 Loss 的最终结论是 $M_{\mathrm{CL},1}$ 和 $M_{\mathrm{CL},2}$ 的算术平均:

$$M_{CL} = (M_{CL,1} + M_{CL,2})/2$$

$$= -(\lambda^2/(2\hbar^2)) \int_{t_0}^{\infty} (\mathrm{e}^{L_S\tau} \langle L_I \mathrm{e}^{-L_0\tau} L_I \rangle_\beta + \langle L_I \mathrm{e}^{-L_0\tau} L_I \rangle_\beta \mathrm{e}^{L_S\tau}) \mathrm{d}\tau$$

其相应的 Bloch 球表示包含了一个对称的矩阵形式. 由此得到的马尔可夫主方程为

$$\frac{\mathrm{d}}{\mathrm{d}t} \rho_S(t) = -\frac{\mathrm{i}}{\hbar} [H_0, \rho_S(t)] - \frac{1}{\hbar^2} M_{CL} \rho_S(t) \tag{9.21}$$

Celio-Loss 逼近要求环境温度不能太高. 通过 GKS 表达形式可以发现, Celio-Loss 逼近的结果类似 Bloch-Redfield 逼近的结果, 只有在纯移相情况下, 通过 Celio-Loss 逼近得到的系统状态在任意温度下才具有完全正定性; 在纯松弛和一般情况下, 系统状态只有在较高的温度时才具有完全正定性. 与 Bloch-Redfield 逼近相比, Celio-Loss 逼近获得完全正定性的性能更好些 (Gutmann, 2005).

9.1.4　几种常见的马尔可夫主方程

在对量子系统与环境的相互作用研究中, 有几种特定情形下的马尔可夫主方程是被普遍采用的. 例如, 量子光学中的标准主方程 (SME)、全量子化主方程 (QME)、微分主方程 (DME) 以及由经典波动力来仿真环境得到的唯象主方程 (PME) 等等.

9.1.4.1　标准主方程

SME 即为标准主方程, 常见于量子光学领域中. 当系统与温度为 T 的热浴相互作用, 并假设耦合很弱时推导而得 (Scully, Zubairy, 1997)

$$\frac{\mathrm{d}}{\mathrm{d}t} \rho = -\frac{\mathrm{i}}{\hbar} [H_0, \rho] + \frac{\lambda}{2} (1 + \bar{n})(2a\rho a^+ - a^+ a\rho - \rho a^+ a)$$

$$+ \frac{\lambda}{2} \bar{n} (2a^+ \rho a - aa^+ \rho - \rho aa^+) \tag{9.22}$$

其中, a 和 a^+ 分别为湮灭和产生算子; λ 为系统与热浴的耦合常数; $\bar{n} = (\mathrm{e}^\beta - 1)^{-1}$ 为温度是 T 且频率是 ω_0 时热浴的平均光子数, 且 $\beta = \hbar\omega_0/(k_B T)$. 当系统为谐振子时, 其自由哈密顿为 $H_0 = \hbar\omega_0(a^+ a + 1/2)$, 此时标准主方程 (9.22) 成为一个 Fokker-Planck 方程. 当温度为绝对零度, 即 $T = 0$ 时, 热浴的平均光子数 $\bar{n} = 0$, 标准主方程 (9.22) 简化成 $\dot{\rho} = -(\mathrm{i}/\hbar)[H_0, \rho] + (\lambda/2)(2a\rho a^+ - a^+ a\rho - \rho a^+ a)$.

量子光学领域中一个极常见的模型为 Jaynes-Cummings (J-C) 模型. 它描述了一个二

能级系统与一个量子化光腔模的相互作用. 二能级系统与光腔模组成的复合系统哈密顿为 $H_{tot} = H_{field} + H_{atom} + H_I$,满足式(9.3)的形式,其中,光腔模哈密顿为 $H_{field} = \hbar\nu a^+ a$;原子激发哈密顿为 $H_{atom} = \hbar\omega\sigma_z/2$;J-C 相互作用哈密顿为 $H_I = \hbar\Omega(a\sigma_+ + a^+\sigma_-)/2$,$\sigma_+$ 和 σ_- 为极化算符. 对于 J-C 模型,其哈密顿形式为

$$H_{JC} = \hbar\nu a^+ a + \hbar\omega\sigma_z/2 + \hbar\Omega(a\sigma_+ + a^+\sigma_-)/2$$

9.1.4.2 全量子化主方程

Dekker,Sandulescu 和 Scutaru 于 1977 年提出了一般化的全量子主方程,也称为 D-主方程:

$$\frac{\mathrm{d}}{\mathrm{d}t}\rho = -\frac{\mathrm{i}}{\hbar}[H_0, \rho] - \mathrm{i}\frac{\lambda}{2\hbar}[x, \{p, \rho\}] - \frac{D_{pp}}{\hbar^2}[x, [x, \rho]]$$

$$- \frac{D_{xx}}{\hbar^2}[p, [p, \rho]] + \frac{D_z}{\hbar^2}[x, [p, \rho]] \tag{9.23}$$

其中,x 和 p 为笛卡儿坐标系中的变量;D 为将噪声算符作用于系统变量并求均值的算符. 将耗散模型的坐标系从经典的实数笛卡儿坐标转换为标准复数变量,然后对哈密顿量应用规范的量子化过程,并将模型从海森伯绘景转换至薛定谔绘景,就可以得到全量子主方程(9.23).

Hasse,Caldeira 和 Leggett 于 1979 年推导出了一个微分主方程,也称为 CL-主方程:

$$\frac{\mathrm{d}}{\mathrm{d}t}\rho = -\frac{\mathrm{i}}{\hbar}[H_0, \rho] - \mathrm{i}\frac{\lambda}{2\hbar}[x, \{p, \rho\}] - \frac{\alpha}{\hbar^2}[x, [x, \rho]] \tag{9.24}$$

CL-主方程针对高温热浴的情况,即 $k_B T \gg \hbar\omega_0$. 与 D-主方程(9.23)相比可以发现,D-主方程中的 $D_{xx} = D_z = 0$ 且 $D_{pp} \equiv \alpha = m\lambda k_B T$ 时,即成为 CL-主方程.

9.1.4.3 唯象主方程

针对实际系统,除非能精确地了解环境的特性及其与量子系统之间的相互作用,并用哈密顿量描述出来,否则严格来讲,应该唯象地推导量子系统主方程,而不是通过对环境做出一系列假设并仿真环境,从而推导量子系统主方程. 一种更清晰、直观且简便的方法是用时变的经典波动力 $F_i(t)$ 来仿真环境的效果,使之与量子系统相互作用. 由于这种方案的唯一假设是整体均值 $\overline{F_i(t)} = 0$,因此被称为是一种唯象方案.

唯象主方程是一个从唯象模型中推导出的标准坐标系下的主方程. 首先从系统哈密顿中区分出有效哈密顿 $H(t) = H_{eff}(t) + W(t)$,代入刘维尔方程并推导出量子系统约

化密度矩阵的精确方程.若严格限制随机波动力满足 $\overline{F_t} = \overline{G_t} = 0$，$\overline{F_t F_{t'}} = 2A(t)\delta(t - t')$，$\overline{G_t G_{t'}} = 2m^2 B(t)\delta(t - t')$，$\overline{F_t G_{t'}} = 2mC(t)\delta(t - t')$，则利用这些性质可以得到唯象主方程：

$$\frac{\mathrm{d}}{\mathrm{d}t}\rho = -\frac{\mathrm{i}}{\hbar}\left[H_{\mathrm{eff}}, \rho\right] - \mathrm{i}\frac{A(t)}{\hbar^2}\mathrm{e}^{2\Gamma t}\left[x, \{x, \rho\}\right]$$
$$- \frac{B(t)}{\hbar^2}\left[P, [P, \rho]\right] - \frac{C(t)}{\hbar^2}\mathrm{e}^{\Gamma t}\left[x, [P, \rho]\right] \quad (9.25)$$

当系统为谐振子模型时，利用时变漂移，唯象主方程(9.25)可转化为一个 Fokker-Planck 方程.当指定 $\Gamma_t \leftrightarrow \lambda$，$D_{pp} \leftrightarrow A$，$D_{xx} \leftrightarrow B$，$D_z \leftrightarrow C$ 时，唯象主方程(9.25)即成为一个 D-主方程(9.23).

9.1.5　非马尔可夫主方程简介

当环境的记忆效应非常短暂时，开放量子系统的状态演化可以描述为一个 Lindblad 型的时间局域半群主方程(9.13).这个方程对应着一系列无穷小的、完全正定的、保迹的映射.

当环境的记忆效应被完全忽略时，环境对量子系统完全正定的初态产生的状态演化过程是可逆的.这个演化过程可以描述为一个时间局域的主方程：

$$\dot{\rho}_S(t) \otimes \rho_B = K(t)\rho_S(t) \otimes \rho_B \quad (9.26)$$

式(9.26)是一个马尔可夫主方程，通常称为时间无卷积(TCL)主方程(Oreshkov，2008).由于假设系统初态具有乘积形式，故 TCL 方程是一个齐次方程.与 Lindblad 方程不同，TCL 主方程描述的是一个不完全正定的演化.

当环境记忆效应的时间尺度不短且记忆效应不被忽略时，能描述开放量子系统最一般的连续确定性演化的是 Nakajima-Zwanzig(NZ)方程.首先利用投影算符 $P\rho = \mathrm{tr}_B\{\rho_{\mathrm{tot}}\} \otimes \rho_B$ 获得 αt 阶近似的非马尔可夫主方程.由于热浴状态 ρ_B 的选择是任意的，为了计算简便可以设为 $\rho_B(0)$.假设系统初态具有乘积形式，故 NZ 方程是一个齐次方程：

$$\dot{\rho}_S(t) \otimes \rho_B = \int_0^t N(t, s)\rho_S(s) \otimes \rho_B \mathrm{d}s \quad (9.27)$$

式(9.27)即为 NZ 主方程，是一个带记忆核 $N(t, s)$ 的积分微分方程.它利用了投影算符技术，方程中包含了对时间的卷积.

把式(9.26)和式(9.27)以 αt 展开，可以看到 NZ 主方程和 TCL 主方程在耦合常数

α 为二阶、三阶、四阶时都可以得到形式解,其中,NZ 主方程的二阶形式解即为玻恩逼近.

开放量子系统动力学对于系统状态的完美要求有三点:① 包含热浴的记忆效应且能生成马尔可夫性的 Lindblad 方程;② 可求得形式解和数值解;③ 保持完全正定性.鉴于 TCL 方程不能保持完全正定性,Shabani 和 Lidar 于 2005 年提出了后马尔可夫主方程:

$$\frac{\partial \rho(t)}{\partial t} = D \int_0^t \mathrm{d}t' k(t') \exp(Dt') \rho(t - t') \tag{9.28}$$

其中,算符 D 是 Lindblad 方程(9.13)中的耗散算符 L;$k(t)$ 为唯象记忆核.后马尔可夫主方程的建立是介于开放量子系统的精确动力学和马尔可夫逼近动力学之间的,它包含了热浴的记忆效应和一个唯象的记忆核 $k(t)$.推导后马尔可夫主方程的关键思想是综合了精确的 NZ 方程和马尔可夫性的 Lindblad 方程.得到的后马尔可夫主方程(9.28)能同时满足开放量子系统对于系统状态的三个要求.

9.1.6 热浴能量不守恒时的系统动力学方程

人们对于开放量子系统动力学主方程的研究一般都基于一个假设,即热浴的自由度数目极大,以至于系统对它的影响能迅速地耗散,从而不再反作用到系统上,也就是说,热浴状态是恒定的.这个假设对于宏观环境的情况是合理的,但若热浴与系统组成的复合系统是纳米级的,且热浴与系统在能量变化的尺度上具有相同大小的阶数,则该假设就不合适了.目前人们已经开始设想量子在纳米级耗散上的应用,如量子点阵的自旋动力学(Cohen,Kottos,1999)、微正则系综内原子或分子集群的异构化(Marcus,1998)、多原子分子内部的能量松弛(Deng,Stratt,2002)等.

最近几年,人们开始考虑热浴与系统组成的复合系统具有有限、定常能量的情况,即热浴的能量分布会受到与系统的能量交互影响,热浴的状态不是恒定的.同样从复合系统满足的刘维尔方程(9.2)入手,Massimiliano Esposito 和 Pierre Gaspard 推导出了复合系统能量恒定时的开放量子系统主方程:

$$\dot{P}_{ss'}(\varepsilon;t) = -\mathrm{i}(E_s - E_{s'}) P_{ss'}(\varepsilon;t) - \lambda^2 \sum_{\bar{s},\bar{s}'} \int \mathrm{d}\varepsilon' F(\varepsilon,\varepsilon') \int_0^t \mathrm{d}\tau (\langle s \mid S \mid \bar{s}' \rangle \langle \bar{s}' \mid S \mid \bar{s} \rangle$$

$$\times P_{\bar{s}\bar{s}'}(\varepsilon;t) n(\varepsilon') \mathrm{e}^{+\mathrm{i}(\varepsilon - \varepsilon' + E_{\bar{s}} - E_{\bar{s}'})\tau} - \langle s \mid S \mid \bar{s} \rangle \langle \bar{s}' \mid S \mid s' \rangle P_{\bar{s}\bar{s}'}(\varepsilon';t) n(\varepsilon)$$

$$\times \mathrm{e}^{+\mathrm{i}(\varepsilon - \varepsilon' + E_{s'} - E_{\bar{s}'})\tau} - \langle s \mid S \mid \bar{s} \rangle \langle \bar{s}' \mid S \mid s' \rangle P_{\bar{s}\bar{s}'}(\varepsilon';t) n(\varepsilon) \mathrm{e}^{-\mathrm{i}(\varepsilon - \varepsilon' + E_s - E_{\bar{s}})\tau}$$

$$+ \langle \bar{s}' \mid S \mid \bar{s} \rangle \langle \bar{s} \mid S \mid s' \rangle P_{ss'}(\varepsilon;t)$$

$$\times n(\varepsilon') e^{-i(\varepsilon - \varepsilon' + E_{\bar{s}'} - E_{\bar{s}})\tau}) + O(\lambda^3) \tag{9.29}$$

其中,$P_{ss'}(\varepsilon;t)$是厄米的、归一化的、能描述系统布居数和相干性的分布函数,其对角元素 $P_{ss}(\varepsilon;t)$ 是当热浴能量为 ε 时,系统处于状态 s 的概率密度,非对角元素 $P_{ss'}(\varepsilon;t)$ 是当热浴能量为 ε 时,系统处于状态 s 和 s' 之间的量子相干密度;E_s 和 $E_{s'}$ 分别为对应系统状态 s 和 s' 的能量;能量密度 $n(\varepsilon)$ 定义为 $n(\varepsilon) = \mathrm{tr}_B \delta(\varepsilon - H_B)$;函数 $F(\varepsilon, \varepsilon')$ 定义为 $F(\varepsilon, \varepsilon') = |\langle \varepsilon | B | \varepsilon' \rangle|^2$,其中,$|\varepsilon\rangle$ 表示对应于能量本征值为 $E_b = \varepsilon$ 的热浴哈密顿 H_B 的本征态 $|b\rangle$.

式(9.29)决定了分布函数 $P_{ss'}(\varepsilon;t)$ 的时间演化.由于式(9.29)右端存在对时间的积分项,所以这是一个非马尔可夫方程.式(9.29)中的函数 $n(\varepsilon)F(\varepsilon, \varepsilon')$ 决定了量子系统与热浴的耦合特性,尤其是热浴的时间尺度.如果热浴的时间尺度比系统的时间尺度 $2\pi/(E_s - E_{s'})$ 短,就可以对式(9.29)施加马尔可夫逼近,得到复合系统能量恒定时的开放量子系统马尔可夫主方程:

$$\dot{P}_{ss'}(\varepsilon;t) \simeq (-i(\widetilde{E}_s(\varepsilon) - \widetilde{E}_{s'}(\varepsilon)) - \Gamma_{ss'}(\varepsilon)) P_{ss'}(\varepsilon;t) \tag{9.30}$$

$$\dot{P}_{ss}(\varepsilon;t) \simeq 2\pi\lambda^2 \sum_{s'} |\langle s | S | s' \rangle|^2 F(\varepsilon, \varepsilon + E_s - E_{s'}) \times (n(\varepsilon) P_{s's'}(\varepsilon + E_s - E_{s'};t)$$
$$- n(\varepsilon + E_s - E_{s'}) P_{ss}(\varepsilon;t)) \tag{9.31}$$

其中,$\Gamma_{ss'}(\varepsilon)$ 为衰减率.

式(9.30)是非对角线元素的动力学演化方程,式(9.31)是对角线元素的动力学演化方程,描述了系统布居数的演化过程.式(9.31)具有 Pauli 方程的形式,但比标准 Pauli 方程增加了热浴能量 ε 的信息.式(9.30)和式(9.31)将系统密度矩阵的元素根据热浴的能量作了分解,建立了系统状态与热浴状态之间的关联.

与热浴状态恒定时的系统动力学相比,当量子系统从状态 s 跃迁至 s' 时,传统的系统动力学中热浴能量不发生变化.而在式(9.31)描述的动力学中,热浴能量改变了 $E_s - E_{s'}$,即复合系统总能量不变,这是符合费米黄金定律的.因此,除非环境足够大,以至于具有无穷大的能量,否则,对热浴状态恒定的假设是不合适的,式(9.30)和式(9.31)是更一般化的开放量子系统马尔可夫主方程.

9.1.7 小结

开放量子系统模型的建立可以从与环境组成的复合系统模型入手,即从封闭的复合系统满足的刘维尔方程中去除环境的自由度,得到关于开放量子系统的动力学演化方程.开放量子系统与环境之间的耦合关系,使得环境具有对开放量子系统的记忆和反馈效应.这种记忆和反馈效应在开放量子系统的动力学方程中体现为对时间的卷积项,即具有non-Markovian特性.

通过玻恩逼近可以得到玻恩主方程,进一步通过马尔可夫逼近得到关于开放量子系统约化密度矩阵的封闭的、等时的、微分的马尔可夫主方程.玻恩逼近和各种马尔可夫逼近(Naïve 逼近、Bloch-Redfield 逼近、Dacies-Luczka 逼近、Celio-Loss 逼近)去除了开放量子系统动力学方程的 non-Markovian 特性,得到了各种描述开放量子系统动力学的近似主方程:最一般的 Lindblad 主方程、能方便检验正定性的 GKS 表达形式、针对单量子位系统的 Bloch 球表达形式、无需明确的环境信息也能对开放系统进行描述的 Kraus 表达形式等.当环境对开放量子系统的记忆效应被完全忽略时,描述开放量子系统的可逆状态演化过程的主方程为时间无卷积方程.当环境的记忆效应的时间尺度不短且记忆效应不被忽略时,能描述开放量子系统最一般的连续确定性演化的是 Nakajima-Zwanzig 方程.时间无卷积方程和 Nakajima-Zwanzig 方程描述的动力学演化都无法完全符合开放量子系统状态的特性,能同时满足开放量子系统动力学对于系统状态的三个完美要求(包含热浴的记忆效应且能生成马尔可夫性的 Lindblad 方程、可求得形式解和数值解、保持完全正定性)的动力学方程为 post-Markovian 主方程.以上系统动力学方程都是基于热浴能量守恒的假设.当热浴与量子系统发生能量交换,且热浴与量子系统组成的封闭系统能量守恒时,本节给出了热浴状态不恒定时的开放量子系统的动力学方程,并通过马尔可夫逼近得到马尔可夫主方程.

9.2　非马尔可夫量子系统模型

对于孤立的封闭量子系统,量子态的演化是幺正的,描述其动力学的方程常用薛定谔方程或者刘维尔方程.但是系统与其他系统、系统与环境相互作用以及对被控系统进行测量时,都会导致量子态的非幺正演化,此时系统与外界的相互作用相比于系统内部各部分之间的相互作用不可忽略,系统由于不断和外界进行能量和信息的交换而变成开放的.因此,描述开放量子系统的动力学模型中常常要包含系统和环境相互作用引起的耗散、扩散、松弛、消相干等项,在环境的记忆时间尺度与系统状态演化时间尺度差不多时,还要考虑环境的记忆效应.若把系统及其环境作为一个整体来考虑,仍是一个封闭系统,可用幺正演化的动力学方程描述,但通常情况下,人们只对整体的某些部分感兴趣,因此只需推导感兴趣的子系统约化密度矩阵的演化主方程即可进行分析或实验.环境的多样性以及子系统的复杂性使得精确地描述系统动力学演化变得非常困难,即便可以得到精确的主方程模型,要对其进行进一步处理也是不可能的.因此,常需进行各种简化或近似以得到有实际用处的主方程.根据系统的复杂度和不同的近似条件,描述开放量子系统的动力学方程可以被划分为马尔可夫型和非马尔可夫型两种.对于未来系统状态只取决于当前状态即不考虑环境记忆效应的开放量子系统,可以通过 Born 逼近或者马尔可夫逼近得到 Lindblad 型的马尔可夫主方程,其限制条件是系统与环境的弱耦合以及环境相关时间相对于系统状态改变的时间尺度来说很短,可以忽略.当然并非所有的马尔可夫型主方程都是 Lindblad 形式的(Wang,et al.,2007).开放量子系统马尔可夫型主方程的研究及应用在很多文章中进行过描述(Tanimura,2006).

虽然马尔可夫型主方程在量子光学的很多领域得到了广泛应用(Carmichael,1993),但在另外一些情况下,比如系统-环境的强耦合、初态的相关与纠缠以及大部分凝聚态如量子系统与一个具有纳米结构的环境作用都会导致长的环境记忆时间,马尔可夫近似就会失效.环境的记忆效应导致了系统显著的非马尔可夫特性.非马尔可夫动力学系统常见于物理学的很多分支,比如固态物理、量子化学以及量子信息处理等.综合近几年来对纳米新技术材料的需求及量子计算机的发展,很有必要研究非马尔可夫主方程.

对考虑了环境记忆效应的非马尔可夫动力学模型的研究,已经有了许多研究成果.Nakajima 在 1958 年和 Zwanzig 在 1960 年引入了超算符投影技术从冯·诺依曼方程入手推导出一个精确地描述非马尔可夫动力学模型的 Nakajima-Zwanzig(NZ)主方程(Nakajima,1958),该方程是一个积分微分形式的带记忆内核的时间非局域主方程,其记忆内核的计算是非常复杂的,很难应用于实际系统中,常作为推导其他近似主方程的基础.1977 年,Shibata 等人借助于阻尼理论消去了 NZ 型主方程中的积分项,得到一个时间无卷积(time-convolutionless,简称 TCL)主方程(Shibata,et al.,1977).这是一个时间局域的一阶微分方程,包含一个和时间有关的生成子.上述两种方程都是对非马尔可夫动力学模型的精确描述,但是只在一小部分简单系统如玻色子模型和布朗谐振子模型中能数值求解,大多数情况下必须进行微扰近似.控制领域中,TCL 主方程和 NZ 主程的二阶微扰形式是最常用的非马尔可夫主方程,在这些模型上,最优控制和相干控制的方法已被应用在布居数转移(Cui,et al.,2009a)、消相干控制(Cui,et al.,2009b)等方面.1992 年,Hu 等人利用 Feynman-Vernon 影响函数路径积分的方法针对粒子的布朗运动推导出了 HPZ 型非马尔可夫主方程(Hu,et al.,1992),该方程为研究系统与环境相互作用引起的量子消相干提供了非常有用的工具.鉴于量子力学的概率特性,20 世纪 90 年代中期,很多人致力于研究非马尔可夫的概率薛定谔方程,不仅提供了非马尔可夫系统的概率解释,还通过对态矢量求统计平均很容易得到 TCL 型的主方程.概率薛定谔方程已广泛应用于量子光学、测量理论和固态物理中.2000 年,Wilkies 首先考虑了非马尔可夫主方程的正定性问题,并根据完全正定的动力学半群(completely positive dynamical semigroup,简称 CPDS)理论推导出了时间非局域非马尔可夫主方程的正定性条件(Wilkie,2000).随后 2004 年,Shabani 和 Lidar 提出的后马尔可夫主方程(Shabani,Lidar,2005)是一种可以自动保持系统完全正定性的非马尔可夫主方程.近年来,许多其他形式的非马尔可夫主方程相继出现,如非微扰的非马尔可夫主方程等.

根据以上已有的研究成果,本节的主要内容是将目前有关非马尔可夫动力学的各种主方程模型的特点、使用条件及其具有的性质进行分析与归纳,分别从带记忆内核的时间非局域主方程和时间局域的主方程这两大类入手进行研究;在 NZ 型主方程和 TCL 型主方程的推导、二阶微扰近似下的相关驱动和耗散方程(correlated driving and dissipation equations,简称 CODDE)以及非马尔可夫 Redfield 主方程的基础上,分析了突破弱耦合限制的两种非微扰形式的非马尔可夫主方程(nonperturbative non-Markovian quantum master equation, 简称 NN-QME 和 nonperturbative non-Markovian Redfield,简称 NN-Redfield);关于非马尔可夫主方程的正定性问题研究了保持正定性后马尔可夫(post-Markovain)主方程;并对应用于量子消相干领域的 HPZ 型主方程及另外两种普遍应用的主方程模型进行讨论;最后从合理解释非马尔可夫主方程的角度对概率薛定谔方程进行分析.

环境的形式是多种多样的,一般情况下,我们利用热库环境,即环境不受量子系统的影响.具有无限能量与给定温度量子态的热库被称为热浴,本节中的讨论就是基于这种热浴环境.开放量子系统与其环境相耦合,总系统的控制哈密顿量可以表示成 $H = H_S + H_B + \alpha H_{SB} = H_0 + \alpha H_{SB}$,其中,$H_S$ 为系统哈密顿量;H_B 为环境哈密顿量;H_{SB} 表示系统和环境的相互作用哈密顿量;α 表示相互作用的耦合系数.若把系统和环境作为整体考虑,就是封闭量子系统,总系统的量子态 $\rho(t)$ 演化遵循刘维尔-冯·诺依曼方程,该方程表示在相互作用绘景中为

$$\frac{\partial}{\partial t}\rho(t) = -\frac{\mathrm{i}}{\hbar}\alpha\big[H_{SB}(t),\rho(t)\big] \equiv \alpha L_{SB}(t)\rho(t) \tag{9.32}$$

其中,$\hbar$ 为普朗克常量,为方便起见,本节中取为 1;$H_{SB}(t)$ 是相互作用哈密顿在相互作用绘景中的表示,且 $H_{SB}(t) = \exp(\mathrm{i}H_0 t)H_{SB}\exp(-\mathrm{i}H_0 t)$;$L_{SB}(t)$ 表示刘维尔超算符.

系统量子态的约化密度矩阵 $\rho_S(t)$ 可以通过在总系统状态 $\rho(t)$ 中对环境求偏迹得到,即 $\rho_S(t) = \mathrm{tr}_B\{\rho(t)\}$,其中 tr_B 表示对环境求偏迹.为了对量子系统进行控制,常常对其环境进行某种近似或者简化以求得约化密度矩阵 $\rho_S(t)$ 的演化主方程.

9.2.1 Nakajima-Zwanzig 主方程

Nakajima 和 Zwanzig 分别将子系统和环境构成的封闭总系统态空间中的量子态 ρ 分为相关部分和不相关部分，引入投影超算符 P，满足映射关系：

$$\rho \mapsto P\rho = \mathrm{tr}_B\{\rho\} \otimes \rho_B \equiv \rho_S \otimes \rho_B \tag{9.33}$$

其中，$P\rho$ 就表示总系统状态 ρ 的相关部分，提供了构造子系统约化密度矩阵 ρ_S 所需要的全部信息；ρ_B 是环境的某一个固定态或者热平衡态，且 $\mathrm{tr}_B\{\rho_B\} = 1$. 也就是说，通过该投影算符，在任意时刻都可以将封闭系统的状态表示成系统状态与环境状态的直积形式. 同时，定义超算符 Q 为 P 的互补超算符，即 $P + Q = I$，$Q\rho = \rho - P\rho$.

将超算符 P 和 Q 应用于方程(9.32)中可得到两个耦合的微分方程，通过对互补微分方程形式求解即可得到 Nakajima-Zwanzig 方程(Breuer，Petruccione，2002)：

$$\frac{\partial}{\partial t}P\rho(t) = \alpha P L_{SB}(t) g(t,t_0) Q\rho(t_0) + \alpha P L_{SB}(t) P\rho(t)$$
$$+ \alpha^2 \int_{t_0}^{t} dt' P L_{SB}(t) g(t,t') Q L_{SB}(t') P\rho(t') \tag{9.34}$$

结合映射关系(9.33)及方程(9.34)，很容易得到关于子系统约化密度矩阵 ρ_S 的 Nakajima-Zwanzig 主方程(Meier，Tannor，1999)：

$$\frac{\partial}{\partial t}\rho_S(t) = I(t) + L_S^{\mathrm{eff}}\rho_S(t) + \int_{t_0}^{t} dt' K(t,t')\rho_S(t') \tag{9.35}$$

其中，$I(t) = \alpha \mathrm{tr}_B L_{SB}(t) g(t,t_0) Q\rho(t_0)$ 是非齐次项，取决于初始 t_0 时刻总系统的初始状态，若初始时刻系统与热浴非耦合，则该项为 0；$g(t,t_0) \equiv T_{\leftarrow} \exp\left(\alpha \int_{t_0}^{t} ds Q L_{SB}(s)\right)$ 是一个按时间顺序的前向传播子，$T_{\leftarrow}$ 表示正向时间顺序；$L_S^{\mathrm{eff}}\rho_S(t) = \alpha \mathrm{tr}_B L_{SB}\rho_B$；关于状态历史的积分项完全描述了约化系统的非马尔可夫记忆效应，$K(t,t') = \alpha^2 \mathrm{tr}_B L_{SB} g(t,t') Q L_{SB}\rho_B$ 是记忆内核，描述了热浴对系统动力学的影响.

从方程(9.35)可以看出，NZ 主方程是关于约化密度矩阵的精确方程，原则上是不加任何限制的，但是它是一个积分微分方程，一方面包含了积分形式难以求解，另一方面其记忆内核是很难获得的，因此很少直接使用.

9.2.2　时间无卷积主方程

推导时间无卷积(TCL)主方程的主要思想就是利用时间无卷积投影技术从 NZ 方程中消去积分项. 在 NZ 方程的互补微分方程形式解中引入后向传播子 $G(t,s)\equiv T_\to \exp\left(-\alpha\int_s^t \mathrm{d}s'L_{SB}(s')\right)$, $T_\to$ 表示反向时间顺序,可得到精确描述系统动力学的 TCL 主方程(Breuer,et al.,2006):

$$\frac{\partial}{\partial t}P\rho(t) = K(t)P\rho(t) + I(t)Q\rho(t_0) \tag{9.36}$$

其中,P 和 Q 的定义同 9.2.1 小节中一样,是两个互补的投影超算符. $K(t) = \alpha PL_{SB}(t)\left(1-\sum(t)\right)^{-1}P$ 叫作 TCL 生成子,

$$\sum(t) = \alpha\int_{t_0}^t \mathrm{d}sg(t,s)QL_{SB}(s)PG(t,s)$$

是一个和时间有关的超算符;式(9.36)等号右边的第二项中算符

$$I(t) = \alpha PL_{SB}(t)\left(1-\sum(t)\right)^{-1}g(t,t_0)Q$$

该项为非齐次项,关联着总系统的状态初始情况,若初始时刻子系统和环境非耦合,则该项为 0.

由方程(9.36)可以看出,消除了积分项以后,环境的记忆效应包含在 TCL 生成子里,且该方程存在的一个前提条件是算符 $1-\sum(t)$ 的逆存在. 利用映射关系(9.33),可得到约化系统密度矩阵的 TCL 型主方程:

$$\frac{\partial}{\partial t}\rho_S(t) = \kappa(t)\rho_S(t) + I(t)Q\rho(t_0) \tag{9.37}$$

其中,$\kappa(t) = \alpha\mathrm{tr}_B L_{SB}(t)\left(1-\sum(t)\right)^{-1}\rho_B$.

可见该方程是一个一阶非齐次的微分方程,相比于 NZ 主方程,该方程是一个时间局域的方程,也即在任意时刻 t,子系统状态 $\rho_S(t)$ 的变化只依赖于其本身,其生成子保存了状态的历史记录,生成子的形式可能比较麻烦,但是动力学方程却是很规则的. 该方程一般情况下也只能用于简单量子系统如玻色子系统和二能级系统. Cui 等人针对一个强耦合下的二能级系统采用精确模型如式(9.37),利用最优控制技术讨论了其消相干情

况,并且证明了在控制开放、耗散量子系统的消相干时,非马尔可夫情况下的人造热库要优于马尔可夫近似下的人造热库(Cui, et al.,2009a).

9.2.3 微扰形式下的非马尔可夫主方程

NZ 型主方程和 TCL 型主方程虽然都是精确的方程,但是包含环境记忆效应的项常常难以获得,需要借助于微扰理论进行处理,最常用的就是二阶微扰理论.1991 年 Laird 等人在讨论和热浴相耦合的二能级系统的松弛特性时,提出了关于二阶耦合项的微扰计算,他们指出密度矩阵的对角耦合项和非对角耦合项在二阶的时候有意义且在松弛过程中有独立的作用.在开放量子系统建模中,二阶微扰理论是一种很好的近似方法,但该方法要求系统和环境之间仅存在弱相互作用.

9.2.3.1 相关驱动和耗散方程

对于 NZ 型主方程,假设初始时刻系统与热浴非耦合,利用二阶微扰理论展开以后变成(Chruściński,Kossakowski,2009)

$$\frac{\partial}{\partial t}\rho_S(t) = \int_{t_0}^{t} k(t-u)\rho_S(u)\mathrm{d}u, \quad \rho_S(t_0) = \rho_{S0} \tag{9.38}$$

其中,$k(t)$为记忆内核.显然,由于利用了二阶微扰理论,方程只能适用于系统与热浴的弱耦合情况.在弱耦合的条件下,初始时刻系统与热浴的耦合对系统动力学的影响很小.该近似方程可以有效地用于计算较大温度范围内的反应速率(Pomyalov,et al.,2010)、固态相位中特殊叠加态的制备(Ohtsuki,2003)等.针对 TCL 型主方程(9.36),假设在奇时刻,相互作用哈密顿关于环境参考态为 0,即 $\mathrm{tr}_B\{H_{SB}(t_1)H_{SB}(t_2)\cdots H_{SB}(t_{2n+1})\rho_B\} = 0$,等同于$PL(t_1)L(t_2)\cdots L(t_{2n+1})P = 0$.这个假设在很多物理应用中都是成立的.通过对约化密度矩阵的运动方程进行展开使其包含耦合常数的二阶校正项,就可以得到 TCL 型主方程的二阶微扰形式(Mo,et al.,2005):

$$\frac{\partial}{\partial t}\rho_S(t) = -R(t)\rho_S(t) = -\alpha^2\int_{t_0}^{t}\mathrm{d}u\,\mathrm{tr}_B([H_{SB}(t),[H_{SB}(u),\rho_S(t)\otimes\rho_B]])$$

$$\tag{9.39}$$

式(9.39)中的双重交换子是由对系统-热浴哈密顿量的二阶微扰处理产生的.这里假设了系统对热浴的影响很小,从而任意时刻总系统状态都可以进行分解.TCL 型二阶微扰主方程不依赖于总系统初始状态,已被应用于各个温度热库作用下的最优消相干控制等.

当考虑耗散超算符 $\kappa(t)$ 和 $R(t)$ 的时间顺序时,带记忆内核的 NZ 方程可以看成是按时间顺序的描述(chronological ordering prescription,简称 COP),而 TCL 方程则被看成是偏时间顺序的描述(partial ordering prescription,简称 POP).一般情况下,POP 在系统-热浴相互作用参数、温度、非马尔可夫特性等的适用范围上要优于 COP,比如在布朗系统中,POP 方程能很好地作用,而 COP 方程可能会导致一些非物理的结果.但是若按照对耦合项进行分解的形式来重写式(9.38)的积分项和式(9.39)(Yan,Xu,2005),就可以发现 POP 包含一组半群非线性微分方程,而 COP 只包含一组线性耦合的运动方程,因此 POP 在数值分析和应用上比不上 COP.

借助于完全二阶量子耗散理论推导出来的相关驱动和耗散方程(CODDE)兼具了 POP 和 COP 方程的优点.设外加磁场下约化量子系统的哈密顿量为 $H(t) \equiv H_S + H_{\text{Sf}}(t)$,其中 H_S 是无磁场的不含时系统哈密顿量,$H_{\text{Sf}}(t)$ 是系统和外加经典驱动磁场 $\varepsilon(t)$ 的相互作用.系统和热浴相互作用的哈密顿量选为 $H'(t) = -QF(t)$,$F(t)$ 为概率热浴算符,则 CODDE 为(Mo,et al.,2005)

$$\dot{\rho}(t) = -(\mathrm{i}L(t) + R_S)\rho(t) - \sum_{m=0}^{\bar{m}}(Q, \nu_m \rho_m^{(-)}(t) - \nu_m^* \rho_m^{(+)}(t)) \tag{9.40a}$$

$$\dot{\rho}_m^{(-)}(t) = \delta_{m0} \rho_1^{(-)}(t) - (\mathrm{i}L(t) + \zeta_m)\rho_m^{(-)}(t) - \mathrm{i}(H_{\text{Sf}}(t), \hat{Q}_m)\rho(t) \tag{9.40b}$$

$$\dot{\rho}_m^{(+)}(t) = \delta_{m0} \rho_1^{(+)}(t) - (\mathrm{i}L(t) + \zeta_m^*)\rho_m^{(+)}(t) - \mathrm{i}\rho(t)(H_{\text{Sf}}(t), \hat{Q}_m^+) \tag{9.40c}$$

其中,ν_m,ζ_m 为两个复数;$\hat{Q}_m \equiv (\mathrm{i}L_S + \zeta_m)^{-(\delta_{m0}+1)}Q$,$L_S \cdot \equiv [H_S, \cdot]$;附加态算符 $\{\rho_m^{(\pm)}(t); m = 0, 1, \cdots, \bar{m}\}$ 表示相关驱动和耗散,有效地表达了约化密度算符的偏时间顺序的记忆耗散内核;$L(t)$ 是约化系统的刘维尔算符,满足 $L(t)A \equiv [H(t), A]$;R_S 表示不加磁场情况下的耗散超算符,通常也叫作 Redfield 张量,满足 $R_S A \equiv [Q, \tilde{Q}A - A\tilde{Q}^+]$.

由方程(9.40)可以看出:① 如果 $H_{\text{Sf}}(t)$ 和 $\rho(t)$ 是厄米的,则式(9.40b)和式(9.40c)是厄米共轭的;② 该方程也适用于利用任意非厄米的系统 — 磁场耦合作用 $H_{\text{Sf}}(t)$ 制备的非厄米约化门态 $\rho(0)$ 的演化;③ 同样地,由于引入完全二阶微扰理论,该方程也只适用于弱耦合情况.该方程对于任意热浴相关函数或含时的外部驱动场都是有效的,并且在任意温度下满足相关平衡关系,即约化系统的平衡行为 $\rho(t \to \infty) = \rho_{\text{eq}}(T) \propto \text{tr}_B \mathrm{e}^{-H_T/(k_B T)}$.文(Yan,Xu,2005)中基于该方程,通过设计最优控制场 $\varepsilon(t)$ 完成了在一定时间内量子态从初态转移到目标态的任务.

9.2.3.2 非马尔可夫 Redfield 主方程

假设总系统哈密顿量为 $H_{\text{tot}} = H_S + H_B + \lambda SB$,$\lambda$ 表示系统和环境的耦合强度,S 是

系统算符,B 是环境算符,则非马尔可夫 Redfield 主方程为(Esposito,Gaspard,2003)

$$\dot{\rho}_S(t) = -\mathrm{i}[H_S, \rho_S(t)] - \lambda^2 S \int_0^t \mathrm{d}\tau \alpha(\tau) S(-\tau) \rho_S(t) + \lambda^2 S \rho_S(t) \int_0^t \mathrm{d}\tau \alpha^*(\tau) S(-\tau)$$

$$+ \lambda^2 \int_0^t \mathrm{d}\tau \alpha(\tau) S(-\tau) \rho_S(t) S - \lambda^2 \rho_S(t) \int_0^t \mathrm{d}\tau \alpha^*(\tau) S(-\tau) S + O(\lambda^3) \quad (9.41)$$

其中,环境算符的相关函数为 $\alpha(t) = \langle B(t)B(0) \rangle = \mathrm{tr}_B \rho_B B(t) B(0)$,它是时间的函数. 方程(9.41)中包含了对相关函数表达式的积分,因而该方程是非马尔可夫的.

非马尔可夫 Redfield 主方程有三个特点:① 该方程是基于二阶微扰近似推导出来的,因而只适用于弱耦合,并且只要是在弱耦合范围内,所有的基于二阶微扰理论推导而来的主方程,不管是马尔可夫的还是非马尔可夫的都可以从该方程中得到;② 该方程在推导过程中利用了封闭近似,即整个状态演化的过程中,总系统状态都可以分解成系统态和环境态的直积形式 $\rho_{tot} = \rho_S \otimes \rho_B$,$\rho_B$ 通常取环境的热平衡状态,与时间无关;③ 这个方程是可以保持密度矩阵正定性的.

如果对方程进行马尔可夫近似,即把方程中的积分上限变为无穷,就可以得到标准的(马尔可夫)Redfield 主方程,但是其正定性不能保证,必须对初始条件进行一些处理后才能应用于实际系统.

9.2.4 非微扰形式下的非马尔可夫主方程

综上所述,二阶微扰形式下的非马尔可夫主方程应用最广泛,却摆脱不了系统-热浴弱耦合的限制,使得很多无法用弱耦合近似的非马尔可夫系统不能用合适的主方程表述,比如固态相位系统,而理解固态相位量子力学对解释诸如振荡松弛、化学反应、电子或光子的转移以及分子的能量转移等过程至关重要.为了解决这个问题,2002 年 Jang 等人曾将二阶微扰扩展到四阶来求主方程,虽然对中等耦合强度系统的性能有所改善,但是微扰性质决定了高阶主方程的适用范围可能并不比二阶的大多少,且推导出来的高阶主方程形式也不易处理.对于系统与热浴线性耦合的模型,路径积分可以作为一种非常有效的非微扰近似方法替代微扰方法.下面介绍的是非微扰处理的非马尔可夫主方程.

假设总系统被划分为相关系统部分(S)和剩下的热浴部分(B),则总系统哈密顿量可以被分解为 $H = H_S + H_B + H_{SB}$,对应的刘维尔分解为 $L = L_S + L_B + L_{SB}$.假设相关系统与热浴线性耦合,初始时刻子系统与热浴不相关,即 $\rho_{tot}(t_0) = \rho_S(t_0)\rho_B^{eq}$,其中 ρ_B^{eq} 为环境的热平衡密度矩阵.根据子系统密度矩阵在相互作用绘景中的一般表示方法:$\rho_S(t) = g(t, t_0)\rho_S(t_0)$,$g(t, t_0)$ 为传播子,利用路径积分的方法处理该传播子,就可以得到薛定谔绘景中精确的非微扰的非马尔可夫主方程(Ishizaki，Tanimura，2008)：

$$\frac{\partial}{\partial t}\rho_S(t) = -iL_S\rho_S(t) - \int_{t_0}^{t}ds\langle L_{SB}e^{-iL_0(t-s)}L_{SB}e^{-iL_0(s-t)}\rangle_B\rho_S(t) \tag{9.42}$$

其中，$\langle\cdots\rangle_B$ 表示 $tr_B\{\cdots\rho_B^{eq}\}$；$L_0 \equiv L_S + L_B$. 该方程实际上是一个 TCL 型主方程，只要热浴是谐振子，利用公式 $\rho_S^I(t) = e^{iH_St}\rho_S(t)e^{-iH_St}$，$L\cdot = -i[H,\cdot]$，$L^I(t) = e^{-L_0t}Le^{L_0t}$ 将式(9.42)表示在相互作用绘景中，发现变换后的方程和 TCL 型主方程的二阶微扰形式(9.39)一致，这是因为在非微扰的情况下，由于系统-热浴相互作用产生的高阶项作为影响算子包含在约化密度矩阵内，运动方程里只留下二阶项，也即虽然式(9.39)和式(9.42)形式一样，但约化密度矩阵包含的信息是不一样的. 方程(9.42)不受系统与热浴弱耦合的限制，但是不适合计算非线性响应函数，这里响应函数记录系统-热浴的量子相干效应.

除了上述假设之外，若系统哈密顿量是不含时的，其本征表示为 $H_S|a\rangle = \lambda_a|a\rangle$，则方程(9.42)可以改写为

$$\frac{\partial}{\partial t}\rho_{ab}(t) = -i\lambda_{ab}\rho_{ab}(t) + \sum_{c,d}R_{ab,cd}(t)\rho_{cd}(t) \tag{9.43}$$

其中，$\rho_{ab}(t) = \langle a|\rho_S(t)|b\rangle$；$\lambda_{ab} \equiv \lambda_a - \lambda_B$；$R_{ab,cd}(t) \equiv \Gamma_{db,ac}(\lambda_{ca},t) + \Gamma_{ca,bd}^*(\lambda_{db},t) - \delta_{bd}\sum_e\Gamma_{ae,ec}(\lambda_{ce},t) - \delta_{ac}\sum_e\Gamma_{be,ed}^*(\lambda_{de},t)$，$\Gamma_{ab,cd}(\lambda_{dc},t)$ 是阻尼矩阵，包含了一个积分形式的松弛函数 $\widetilde{C}_B(\lambda,t-t_0) \equiv \int_0^{t-t_0}dsC_B(s)e^{i\lambda(-s)}$. 方程(9.43)叫作非微扰的非马尔可夫 Redfield(NN-Redfield)主方程(Ishizaki，Tanimura，2008). 对于任何线性耦合于热浴的系统，都可以用非微扰的方法推导出 Redfield 主方程，但是该方程只适用于非转移过程，比如自旋松弛和振荡松弛.

一般情况下，热浴相关函数 $C_B(t)$ 在特定的时间尺度 τ_c 内衰减到 0，如果 $t-t_0 > \tau_c$，则松弛函数的积分上限可以用无穷大替代，此时方程就是马尔可夫的，方程(9.43)也就变成常规的 Redfield 方程.

9.2.5　保持正定性的非马尔可夫主方程

当推导出一个有关量子系统密度矩阵的主方程时，该方程必须满足三个条件才是有意义的：① 密度矩阵的保厄米性，保证所有的概率都是实的；② 密度矩阵的保迹性，使得任何一组完备正交态的概率和为1；③ 保正定性，一个系统是正定的，当且仅当所有可能

态的概率都是正定的,这是保证密度矩阵统计解释的必要条件.马尔可夫领域有一套完整的数学理论支撑,即完全正定的量子力学半群理论(completely positive dynamical semigroup,简称CPDS),使得相应的Lindblad型的马尔可夫主方程保持正定性.但是非马尔可夫主方程所描述的动力学系统通常情况下不能表示成Lindblad形式,导致的结果之一就是非物理行为:不能保证动力学映射的完全正定性,甚至违背了正定性.从定义上来说,精确的主方程并不违背正定性,非马尔可夫主方程的非正定性问题主要是由于所采取的非马尔可夫方法的唯象特征导致的,比如无旋转波近似的低温系统中就常常引起非正定性问题.

马尔可夫情况下,借助于CPDS理论推导出来的Lindblad型主方程可保持密度矩阵的正定性.因此,在非马尔可夫领域,希望考虑了环境的记忆效应以后主方程仍能具有Lindblad形式的良好特性,后马尔可夫主方程就是Lindblad形式的马尔可夫主方程向非马尔可夫领域的推广,其一般形式为(Shabani,Lidar,2005)

$$\frac{\mathrm{d}\rho}{\mathrm{d}t} = L\int_0^t \mathrm{d}t'k(t')\exp(Lt')\rho(t-t') \tag{9.44}$$

这是一个积分微分方程,其中,$\rho(t)$是约化系统的密度矩阵;$k(t')$是记忆内核;L是马尔可夫超算符:$L\rho(t) = \sum_j \frac{a_j}{2}(2C_j\rho(t)C_j^+ - \{C_j^+C_j,\rho(t)\})$,$C_j$是Lindblad算符,$a_j$是它们的相关系数.该方程的建立是介于基于广义测量解释的Kraus算符与映射和基于连续测量解释的马尔可夫动力学之间的.

该方程具有一些很好的特性:① 相比于其他非马尔可夫主方程需要用不同的约束条件来保持系统正定性来说,该方程总是自动保持完全正定性的;② 相比于概率薛定谔方程可能不易求解析解来说,借助于拉普拉斯变换,方程(9.44)易于进行数值或解析处理.后马尔可夫主方程主要应用在量子通信方面,通过选择不同的Lindblad算符方程可描述不同量子信道的影响,比如Pauli信道、阻尼振幅信道(Tan,et al.,2010).

通过对方程(9.44)进行分析发现,与NZ型主方程(9.35)中记忆内核$k(t,t')$相比,后马尔可夫主方程的记忆内核为$k(t')$,因此方程(9.44)是NZ主方程的一个特例.此外,若选择算符$\|L\|\ll 1/t$,则方程(9.44)变成典型的带记忆内核的唯象主方程:

$$\frac{\mathrm{d}\rho}{\mathrm{d}t} = \int_0^t \mathrm{d}t'k(t')L\rho(t-t') \tag{9.45}$$

虽然后马尔可夫主方程总是可以保证系统的完全正定性,唯象主方程(9.45)却不一定能保证系统的正定性,比如对于自旋玻色子模型中的二能级系统,若耦合于零温玻色子热库,方程(9.45)无法保证正定性,而对于中温或高温热库,在满足$4R \leqslant 1$(R 和唯象耗散常数及热库的平均激发数有关)的条件下,系统是完全正定的(Maniscalco,2007).

9.2.6 其他非马尔可夫主方程

非马尔可夫的记忆特性描述的是对系统流失信息的补偿,对于具有非马尔可夫特性的开放量子系统,演化结束后,系统状态能部分地保持或记忆初始状态的情况,因此,非马尔可夫主方程的一大类应用就是量子消相干和量子纠缠,HPZ 型主方程在这方面能产生更精确的结果.除了上面我们讨论过的几种主方程形式,非马尔可夫 Fokker-Planck 主方程和广义 Lindblad-Kossakowski 型主方程也是比较常用的形式.

9.2.6.1 HPZ 型主方程

1992 年,Hu 等人针对线性耦合与一个任意温度的一般环境的量子布朗运动粒子利用路径积分的方法推导出了一个 HPZ 型主方程(Hu, et al., 1992),并将其用于量子消相干的研究上.下面给出最常用的 HPZ 型主方程.

假设子系统与热浴在初始时刻非耦合,HPZ 型主方程的形式为(Chou, et al., 2008)

$$\frac{\partial}{\partial t}\rho_r(t) = -\mathrm{i}[H_s,\rho_r(t)] - \frac{\mathrm{i}}{2}\Delta(t)[X^2,\rho_r(t)] - \mathrm{i}\lambda(t)[X,\{P,\rho_r(t)\}]$$
$$+ c(t)[X,[P,\rho_r(t)]] - d(t)[X,[X,\rho_r(t)]] \tag{9.46}$$

其中,H_s 为子系统哈密顿量;$\rho_r(t)$ 表示子系统约化密度矩阵;X,P 分别为质心变量;系数 $\Delta(t)$ 表示和时间有关的能量转移;$\lambda(t)$ 是经典的阻尼项;$c(t)$ 和 $d(t)$ 表示耗散项.系统的非马尔可夫特性就体现在这些与时间有关的系数上.

因为不含积分项,故 HPZ 型主方程在时间上是局域的,并且该方程是一个精确的运动方程,适用于任意温度下系统与热浴的线性耦合,常被用来研究量子消相干和量子信道中的纠缠动力学(Maniscalco, et al., 2007).

方程(9.46)也可通过对魏格纳函数的演化方程求迹(Halliwell, Yu, 1995)或者对概率态矢量求综合平均(Strunz, Yu, 2004)得到.

9.2.6.2 非马尔可夫 Fokker-Planck 主方程

一大类与松弛有关的物理过程常用 NMFP 主方程来表示(Assis, et al., 2006):

$$\frac{\partial}{\partial t}\rho(r,t) = \int_0^t \mathrm{d}\bar{t}K(t-\bar{t})L\{\rho(r,\bar{t})\} \tag{9.47}$$

其中，$K(t)$ 为记忆内核；$L\{\cdots\}$ 为作用于空间变量的线性算符，不失一般性，可描述为 $L\{\rho\} \equiv D \widetilde{\nabla}^2 \rho - \nabla \cdot [\overline{F}(r)\rho] + \alpha(r)\rho$，$\widetilde{\nabla}^2 \equiv r^{1-N} \partial_r \{r^{N-1-\theta} \partial_r [r^{-\beta} \cdots]\}$，$D$ 是一个耗散系数，$\overline{F}(r) = F(r)\overline{r}$ 表示作用于系统的外力，$\alpha(r)$ 是一个和反应耗散过程有关的吸收项.

NMFP 主方程可以描述一大类有外力作用的物理过程，通过选择不同的记忆内核来描述不同的物理过程，在物理、化学领域应用极其广泛.

根据方程(9.47)，若 $K(t) = \delta(t)$，NMFP 主方程就是描述马尔可夫过程的主方程.

9.2.6.3　广义 Lindblad-Kossakowski 型的非马尔可夫主方程

1976 年，Lindblad 和 Kossakowski 分别针对有限维和无限维开放量子系统模型独立地推导出了完全正定单参数半群的无穷小生成子的显式表达(Lindblad，1976)，由此得到了最一般的马尔可夫主方程：Linblad 型主方程，也叫作 Lindblad-Kossakowski 型主方程. 该方程的一个显著特点是能够保持系统的完全正定性. 鉴于 Lindblad-Kossakowski 型主方程的良好特性，人们将其推广到非马尔可夫领域，得到广义 Lindblad-Kossakowski 型的非马尔可夫主方程(Wilkie，Wong，2009)：

$$\frac{\partial}{\partial t}\rho(t) = \int_0^t \mathrm{d}t' K(t - t')(2q\rho(t')q - q^2\rho(t') - \rho(t')q^2) \tag{9.48}$$

其中，若满足 q 是一个厄米生成子算符且 $K(t)$ 是一个实的记忆函数，方程就可保持正定性. 这里只考虑了一个生成子的情况，对于多个生成子的和式表达，可以用广义的 Trotter 直积公式进行分析.

9.2.7　非马尔可夫概率薛定谔方程

与马尔可夫情况类似，人们对于非马尔可夫主方程的解释大致也有两种：一种涉及量子态在某个时间的跳变，也称为量子跳变轨迹；另一种是基于方程的连续解，如量子态传播(演化)，用概率薛定谔方程来表示.

非马尔可夫量子跳变理论是马尔可夫动力学中标准 Monte Carle 波函数方法的推广，主要思想是，由于环境的记忆效应，系统流向环境的信息有可能再流回来，导致和时间有关的衰减速率暂时为负值，常用下面的时间局域的非马尔可夫主方程描述(Pillo，et al.，2008)：

$$\dot{\rho}(t) = -\mathrm{i}[H_S, \rho(t)] + \sum_j \Delta_j(t) C_j(t) \rho(t) C_j^+(t) - \frac{1}{2} \sum_j \Delta_j(t) \{\rho(t), C_j^+(t) C_j(t)\}$$

$$(9.49)$$

其中,H_S 为系统哈密顿;$C_j(t)$ 是跳变算符,描述由于和环境相互作用导致的系统的改变;$\Delta_j(t)$ 是信道 j 的衰减速率,是时间的函数,在有限时间间隔内可以取负值,这一点不同于马尔可夫情况中所有的 Δ_j 必须都为正. 事实上,非马尔可夫系统的大多数时间局域主方程都可以表示成方程(9.49)的形式(Breuer,2004).

关于概率薛定谔方程,在马尔可夫情况下,假设对热浴进行连续测量,方程可以理解成量子态的轨迹. 对于一个给定的量子主方程,对热浴不同的测量方式导致不同的解释(不同的概率薛定谔方程). 在非马尔可夫情况下,某个时刻 t,概率波函数的值的确代表此时对热浴进行测量时系统的状态,但是波函数在 t 时刻之前的值和当前值没有任何关系,方程描述的就不再是真正意义上的系统演化轨迹. 本小节中,我们分析描述非马尔可夫演化的概率薛定谔方程.

假设归一化的初始态 $\psi_0(z) \equiv \psi_0$ 在初始时刻 $t = 0$ 时和噪声无关,对量子系综来说相当于初始为纯态 $\rho_0 = |\psi_0\rangle\langle\psi_0|$. 该条件等价于主方程描述中假设初始时刻系统状态与环境状态非耦合. 这里,子系统与一组任意数量的谐振子环境相互作用,得到的概率薛定谔方程为(Diósi, et al.,1998):

$$\frac{\mathrm{d}}{\mathrm{d}t}\widetilde{\psi}_t = -\mathrm{i}H\widetilde{\psi}_t + (L - \langle L \rangle_t)\widetilde{\psi}_t \widetilde{z}_t - \int_0^t \alpha(t,s)(\Delta L_t^+ \hat{O}(t,s,\widetilde{z})$$

$$- \langle \Delta L_t^+ \hat{O}(t,s,\widetilde{z}) \rangle_t) \mathrm{d}s \widetilde{\psi}_t \qquad (9.50)$$

式(9.50)也称为非线性的非马尔可夫量子态传播(quantum state diffusion,简称QSD)方程. 这里,态矢量 $\widetilde{\psi}_t$ 和噪声过程 z 有关. 环境的概率影响表现在有色的复高斯噪声过程 z_t 借助 Lindblad 算符 L 驱动子系统,其中,$M[z_t z_s] = 0$,$M[z_t^* z_s] = \alpha(t,s)$,$M$ 表示综合平均值. 方程(9.50)中,$\widetilde{\psi}_t$ 表示归一化的态矢量;$\widetilde{z}_t = z_t + \int_0^t \alpha(t,s)^* \langle L^+ \rangle_s \mathrm{d}s$ 是转移噪声;$\alpha(t,s)$ 是环境的相关函数,描述环境对系统的影响;$\Delta L_t^+ = L^+ - \langle L^+ \rangle_t$;假设算符 $\hat{O}(t,s,\widetilde{z})$ 满足 $\frac{\delta\psi_t}{\delta z_s} \equiv \hat{O}(t,s,\widetilde{z})\psi_t$,是该方程中待确定的一个量.

前面几小节的内容中,密度矩阵 ρ_t 表示的量子态描述的是和环境相互作用的子系统的约化态,通过在总系统状态中对环境求偏迹得到. 本节中 ρ_t 可以通过对态矢量的外积关于所有可能噪声过程求综合平均得到,即 $\rho_t = M[|\psi_t(z)\rangle\langle\psi_t(z)|]$,由该表达式入手很容易求得系统约化密度矩阵的 TCL 型主方程,并且不涉及对耦合强度或者时间

尺度的任何假设，推导出来的主方程自动保持正定、厄米和保迹性质，因此概率薛定谔方程也为推导量子主方程提供了有力的工具.

非马尔可夫 QSD 方程的优点是：① 不用存储 $\psi_t(z)$ 整条轨迹的值，且记忆积分只针对量子期望值；② 概率薛定谔方程的变量是一个 N 维矢量，相对于 $N \times N$ 维密度矩阵的主方程来说有数值上的优势，对于较大系统来说，借助于该方程仍可以进行数值仿真；③ 由此推导出来的主方程不会出现非正定性问题.它的缺点是不存在精确的解，必须通过某种近似才能得到.

9.2.8　小结

开放量子系统的模型从形式上来说有两类：一类是关于子系统约化密度矩阵的主方程形式；另一类是以和噪声过程有关的波函数为变量的概率薛定谔方程.量子系统的马尔可夫模型通常是在高温欧姆热浴近似下得到的，并且要利用系统与热浴的弱耦合假设.强耦合和低温环境的记忆效应是引起量子系统非马尔可夫行为的主要原因.本节中有关具有非马尔可夫特性的开放量子系统动力学的建模总是基于这样一个假设，环境不受系统的影响，也就是说热浴是守恒的.热浴守恒情况下，非马尔可夫主方程分为时间局域和时间非局域两种.从封闭系统的刘维尔方程入手，可以推出精确描述量子系统动力学的时间非局域 NZ 型主方程和时间局域的 TCL 型主方程.鉴于精确主方程中有关环境记忆效应的项难以获得，分析了二阶微扰近似下的 NZ 型、TCL 型、CODDE 型及 Redfield 主方程.为突破微扰近似下系统与热浴弱耦合的限制条件，讨论了利用路径积分方法推导出来的两种非微扰形式的非马尔可夫主方程.关于非马尔可夫方法引起的系统正定性问题，研究了能够自动保持完全正定性的后马尔可夫主方程.一些其他的主方程形式如 HPZ 型主方程、非马尔可夫 Fokker-Planck 主方程和广义 Lindblad-Kossakowski 型主方程在本节中也给出了简单的分析.最后基于对非马尔可夫系统的正确理解，讨论了概率薛定谔方程.本节对研究具有非马尔可夫特性的开放量子系统的模型具有指导意义.

第 10 章

开放量子系统状态调控

对于实际中普遍存在的开放量子系统,如何操控系统的状态,使之按照人们期望的方式进行演化是一项很有研究价值的工作.操控状态的研究具体可以细分为布居数的转移、状态的转移、状态的保持、状态的跟踪等几项内容.本章将主要研究开放量子系统的布居数转移和状态转移控制,其中,布居数转移可以看作一种特殊的状态转移.

10.1 布居数转移最短路径的决策

马尔可夫决策过程(MDP)是研究一类随机序贯决策问题的理论.所谓随机序贯决策问题,是指在一系列相继或连续的时刻点上做出决策.在每个决策点上,决策者都根据观察到的状态从可用的若干个决策中选择一个并实施.付诸实施后,系统将获得与所处的状态和所采取的决策有关的一项报酬,从而影响系统在下一决策点时所处的随机状态.

在下一个新的决策点上,决策者要观察系统所处的新状态并采取新的决策,如此一步步进行下去.在每一决策点上采取的决策都会影响下一决策时刻系统的运行,并以此影响将来.决策的目的便是使系统的运行在某种意义下达到最优(胡奇英,刘建庸,2000).

MDP 模型可以根据观察系统的时刻分为离散时间马氏决策过程、连续时间马氏决策过程;根据决策阶段数分为有限阶段马氏决策过程和无限阶段马氏决策过程;根据状态分为状态可观马氏决策过程和状态部分可观马氏决策过程;根据约束条件分为单约束马氏决策过程、多约束马氏决策过程和无约束马氏决策过程;根据目标分为单目标马氏决策过程和多目标马氏决策过程;根据参数变动分为摄动马氏决策过程和非摄动马氏决策过程;根据准则函数分为折扣准则、平均准则、期望总报酬准则以及加权准则、折扣矩最优准则、样本路径准则等等;根据系统环境分为随机环境马氏决策过程和一般环境马氏决策过程;另外,还有半马尔可夫决策过程(丛爽,等,2007).

我们考虑的量子系统正是一个离散时间的有限阶段马尔可夫决策过程,它是状态可观的,这里我们仅考虑一个目标:状态转换所需路径最短,即转换步骤最少.我们选择期望总报酬准则为准则函数,因为对量子系统我们认为近期报酬和长远报酬是一样的.另外,我们在这里认为量子系统是封闭的,不在随机环境中.

建立模型是研究一个问题的关键步骤,有的时候比寻找解决方法更重要.马尔可夫决策过程由于自身的一般性、简单性和关注主体与环境间相互作用的特性在人工智能、强化学习、人工神经网络方面得到了广泛的应用(Sutton,1997),例如网络的结构配置(Pedram,et al.,2005)和包的分配(Bookstaber,2005)、排队系统(Geroliminis,Skabardonis,2005)、多主体系统(Yang,Ong,2005)等等,但人们仍致力于进一步改善马尔可夫决策过程的性能.例如 Dean 和 Givan 研究了马尔可夫决策过程的模型化简问题(Dean,Givan,1997);Marbach 研究了基于仿真的马尔可夫决策过程方法(Marbach,1998);McMahan 和 Gordon 着重研究了如何使马尔可夫决策过程的计算更快速、更准确(McMahan,Gordon,2005);Fern 研究了具有相关性的马尔可夫决策过程(Fern,et al.,2002);Fu 研究了新的马尔可夫决策过程算法——演化随机搜索(Fu,et al.,2007).

10.1.1　离散时间马尔可夫决策过程模型

假定在时刻点 $n = 0,1,2,\cdots,N$ 处观察系统,一个离散时间马尔可夫决策过程(DTMDP)模型由如下的五重组组成:

$$\{S, A(i), p_{ij}(a), r(i,a), V, i, j \in S, a \in A(i)\} \qquad (10.1)$$

其中,各元素的含义如下:

(1) S 是系统所有可能的状态所组成的非空的状态集,也可称为系统的状态空间.

(2) 对状态 $i \in S, A(i)$ 是在状态 i 处可用的决策集,a 表示决策.

(3) 当系统在决策时刻点 n 处于状态 i,采取决策 $a \in A(i)$ 时,系统在下一决策时刻点 $n+1$ 时处于状态 j 的概率为 $p_{ij}(a)$,它与决策时刻 n 无关.

(4) 当系统在决策时刻点 n 处于状态 i,采取决策 $a \in A(i)$ 时,系统于本阶段获得的报酬为 $r(i,a)$,r 为报酬函数.

(5) V 为准则函数,可分为期望总报酬的和平均的等多种.

MDP 的历史由相继的状态和决策组成,其形式为

$$h_n = (i_0, a_0, i_1, a_1, \cdots, i_{n-1}, a_{n-1}, i_n), \quad n \geqslant 0 \qquad (10.2)$$

其中,$i_k \in S$ 和 $a_k \in A(i_k)$,$k = 0, 1, \cdots, n-1$ 分别表示在第 k 个观察时刻点处,系统所处的状态和采取的决策;$i_n \in S$ 为系统当前所处的状态;h_n 被称为系统到 n 时刻为止的一个历史,其全体可记为 H_n.

系统的策略 π 是指一个序列 $\pi = (\pi_0, \pi_1, \cdots)$. 当系统到 n 时刻为止的历史为 h_n 时,该策略则按 $A(i_n)$ 上的概率分布 $\pi_n(\cdot | h_n)$ 采取决策.策略全体可记为 Π,也被称为 MDP 的策略空间.若 π 满足

$$\pi_n(\cdot | h_n) = \pi_n(\cdot | i_0, i_n), \quad h_n \in H_n, n \geqslant 0 \qquad (10.3)$$

则称 π 是半马氏策略,其全体可记为 Π_{sm}.若 π 满足

$$\pi_n(\cdot | h_n) = \pi_n(\cdot | i_n), \quad h_n \in H_n, n \geqslant 0 \qquad (10.4)$$

则与历史完全无关,称 π 为随机马氏策略,其全体可记为 Π_m.在随机马氏策略下,系统在 n 时刻所采取的策略仅仅依赖于所处的决策时刻 n 和状态 i_n.

定义决策函数集 $F = \underset{i}{\times} A(i)$.$f \in F$ 可看作从 S 到 $\underset{i \in S}{\bigcup} A(i)$ 的一个映射,它满足条件 $f(i) \in A(i)$,$i \in S$.因此,称 f 为决策函数.

准则函数 V_β 满足如下最优方程:

$$V_\beta(i) = \sup_{a \in A(i)} \left\{ r(i,a) + \beta \sum_j p_{ij}(a) V_\beta(j) \right\}, \quad i \in S \qquad (10.5)$$

其中,折扣因子 $\beta \in [0, 1]$.

式(10.5)中,当前状态为 i,在决策集中选择了决策 a 后,将以概率 $p_{ij}(a)$ 到达状态 j,状态 j 的准则函数最优值为 $V_\beta(j)$,β 为下一时刻准则函数值转换为当前时刻准则函数

值所乘的系数,称为折扣因子(这在经济问题中很必要).这样,将当前状态 i 采取决策 a 的报酬 $r(i,a)$ 与下一时刻的最优准则函数值 $\beta \sum_j p_{ij}(a) V_\beta(j)$ 相加,就是在当前状态 i 采取决策 a 得到的最优准则函数.然后,针对当前可采取的不同决策,求准则函数的最大值,得到的就是当前状态 i 的准则函数最优值(即最大值).

10.1.2 二能级量子系统布居数转移的最短路径

对于两个量子位的量子系统,本征态 $|00\rangle$,$|01\rangle$,$|10\rangle$,$|11\rangle$ 分别用数字 $1,2,3,4$ 来表示,现在考虑本征态之间的状态转换问题,即系统的能级跃迁问题,不考虑叠加态的情况.图 10.1 中的双箭头表示连接的两个状态间可以相互转换(存在耦合),每一次转换称为一步.现在的问题是求从状态 1 到状态 4 的具有最短步数的转换过程,即最短路径,这就等价为求状态 1 的准则函数最优值(最大值),这是一个最典型的马尔可夫决策过程问题.

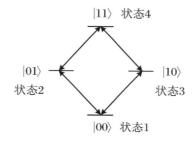

图 10.1　二量子位系统能级结构

这里有几个简单的假设:

(1) 转换步骤越少路径就越短,得到的准则函数应该最大,所以这里简单地选取每走一步的报酬函数 $r(i,a)$ 为 -1.

(2) 在状态 i 采取决策 a,即施加具有一定共振频率脉冲(π 脉冲,其作用是使能级产生相应的跃迁),使系统状态转换为 j,因此系统将以 $p_{ij}(a)=1$ 的概率到达下一状态 j.

(3) 目标状态的准则函数值为 0($V(4)=0$).

(4) 折扣因子 $\beta=1$,即不考虑报酬随时间的折扣.

(5) 一旦系统到达目标状态,马尔可夫决策过程就结束.

根据式(10.1),考虑状态 1:状态 1 的决策集为 $A(1)=\{a_1,a_2\}=\{1\rightarrow2,1\rightarrow3\}$;当前

步骤报酬函数 $r(1, a_i) = -1, i-1, 2; \beta = 1; p_{12}(a_1) = 1, p_{13}(a_2) = 1$,据此可以得到状态 1 的准则函数为 $V(1) = \sup\{-1 + V(2), -1 + V(3)\}$. 类似地,可以得到其他各个状态的准则函数形式:

$$V(4) = V(4) \tag{10.6a}$$
$$V(3) = \sup\{-1 + V(4), -1 + V(1)\} \tag{10.6b}$$
$$V(2) = \sup\{-1 + V(4), -1 + V(1)\} \tag{10.6c}$$
$$V(1) = \sup\{-1 + V(2), -1 + V(3)\} \tag{10.6d}$$

每个状态的准则函数都与下一时刻有可能所处的状态的准则函数有关. 最优方程就是状态 1 的准则函数:

$$V(1) = \sup\{-1 + V(2), -1 + V(3)\} \tag{10.7}$$

当状态 1 的准则函数取最大值时,得到的决策序列就是该马尔可夫决策过程问题的最优决策.

显然,对于这个简单的马尔可夫决策过程问题可以直接观察得到最优策略为 $|00\rangle \to |01\rangle \to |11\rangle$ 或者 $|00\rangle \to |10\rangle \to |11\rangle$. 在这个简单的二量子位系统能级结构中,我们任取初始状态和目标状态,同样可以得到最优决策.

10.1.3 复杂马尔可夫决策过程

然而,绝大多数马尔可夫问题是无法用肉眼直接得解的,需要借助于计算机程序. 在前面的五条假设条件下,求最短路径的离散时间马尔可夫决策过程模型问题其实退化成了求图中点之间的最短路径问题. 下面将对量子位数为 n 的量子系统说明用计算机编程实现的具体方法.

系统的状态按二进制数转化为十进制数的规律排序,得到状态的序号 $0, 1, \cdots, 2^n - 1$. 不妨假设初始状态为 ds,目标状态为 ss,那么,问题就转化为求从 ds 到 ss 的最短路径. 具体设计步骤为:

(1) 定义连通矩阵 A:定义一个如下 $2^n \times 2^n$ 的连通矩阵 A,A 中的元素 a_{ij} 表示所在的行与列代表的状态之间是否可转换:

$$a_{ij} = \begin{cases} 1, & \text{状态 } i-1 \text{ 与状态 } j-1 \text{ 能相互转换} \\ 0, & \text{状态 } i-1 \text{ 与状态 } j-1 \text{ 不能相互转换} \end{cases} \tag{10.8}$$

$$a_{ij} = \begin{cases} 1, & \text{当 } \mathrm{rem}\left(\mathrm{fix}\left(\dfrac{j-1}{i-j}\right),2\right) = 1 \text{ 且 } i-j = 2^q, q \in Q \text{ 时}, i,j = 1,2,\cdots,2^n \\ 0, & \text{否则} \end{cases}$$

(10.9)

其中，rem 函数为求两整数相除的余数；fix 函数为向零方向取整.

（2）得到连通状态矩阵 B：通过对状态连通矩阵 A 每一行的值依次进行 0-1 判断得到如下一个 $2^n \times n$ 的连通状态矩阵 B，B 中第 i 行的元素 b_{ij} 表示能与相应行代表的状态相互转换的状态序号：

$$b_{ij} = m, \quad \text{当 } \sum_{l=0}^{m} a_{il} = j, \sum_{l=0}^{m-1} a_{il} = j-1 \text{ 时}, i = 1,2,\cdots,2^n; j = 1,2,\cdots,n$$

(10.10)

（3）得到路径表 C：初始状态为 ds，将连通状态矩阵 B 中状态 ds 对应的 $ds+1$ 行中 n 个元素 $b_{ds+1,j}, j = 1,2,\cdots,n$ 依次列入路径表 C 的第一行. 将第一行、第一列的元素状态 $b_{ds+1,j}$ 在连通状态矩阵 B 中对应的 $b_{ds+1,j}+1$ 行中的 n 个元素 $b_{b_{ds+1,j}+1,k}, k = 1, 2,\cdots,n$ 依次列入路径表 C 的第二行. 用从第一行扩展至第二行的方法，继续迭代下去，直到完成路径表 C 的第 n 行. 所以，路径表 C 中的元素 c_{ij} 为

$$c_{ij} = \begin{cases} b_{ds+1,j}, & i = 1; j = 1,2,\cdots,n \\ b_{c_{i-1,\mathrm{fix}\left(\frac{j}{n}\right)+1}+1,\mathrm{rem}(j,n)}, & i = 2,\cdots,n; j = 1,2,\cdots,n^i \end{cases}$$

(10.11)

（4）得到最小步数、最大报酬和准则函数最优值：在路径表 C 中按行搜索目标状态 ss. 第一次搜索到状态 ss 是在路径表 C 的第 r 行，则从状态 ds 到状态 ss 的最小步数就是 r 步，最大报酬是 $-r$，准则函数最优值是 $-r$.

（5）得到路径表 D：在路径表 C 中第一次搜索到目标状态 ss 所在的第 r 行再次搜索，得到该行元素中状态 ss 出现的总次数 N 和每次出现所在的列，出现 N 次即表示满足最优条件的最短路径共有 N 条. 假设路径表 C 中搜索到的第 i 个状态 ss 位于第 r 行、第 p 列，可知它的上一步是路径表 C 第 $r-1$ 行、第 $\mathrm{fix}\left(\dfrac{p}{4}\right)+1$ 列元素 $c_{r-1,\mathrm{fix}\left(\frac{p}{4}\right)+1}$，以此类推，将得到的状态序列依次反向列入路径表 D 的第 i 行. 对在路径表 C 第 r 行搜索到的其他状态 ss 也进行同样的操作，就得到了路径表 D. 路径表 D 中的元素 d_{ij} 为

$$d_{ij} = \begin{cases} ds, & i = 1,2,\cdots,N; j = 1 \\ c_{j-1,\mathrm{fix}\left(\frac{p_j}{4}\right)+1}, & i = 1,2,\cdots,N; j = 2,3,\cdots,r \\ ss, & i = 1,2,\cdots,N; j = r+1 \end{cases}$$

(10.12)

其中,p_j 为 $d_{i,j+1}$ 在路径表 C 中的列数.

(6) 得到可行的最短路径:路径表 D 的每一行就表示一条可行的最短路径从起始状态 ds 到目标状态 ss 依次经过的状态序号.将它们按顺序排列出来就得到了我们想要的结果.路径表 D 的行数 N 代表可行最短路径的条数.

此算法适用于不同的 n 量子位系统能级结构和不同的起始状态 ds、目标状态 ss.

下面,我们以四量子位系统能级结构为例(图 10.2),结合上述设计过程来进行最优路径的决策设计.图 10.2 中的双箭头表示连接的两个状态间可以相互转换.

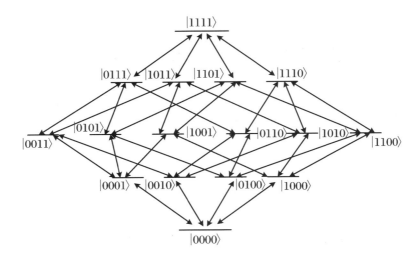

图 10.2 四量子位系统能级结构

不妨选取起始状态为 $|0001\rangle$,目标状态为 $|1010\rangle$,则 $ds = 1$, $ss = 10$.求解步骤:① 得到 16×16 的连通矩阵 A;② 得到 16×4 的连通状态矩阵 B;③ 得到关于初始状态 $|0001\rangle$ 的路径表 C,C 的第一行元素依次为 0,3,5,9;④ 在路径表 C 中按行搜索目标状态 10,第一次搜索到状态 10 是在路径表 C 的第三行,则得到从状态 $|0001\rangle$ 到状态 $|1010\rangle$ 的最小步数就是 3,最大报酬就是 -3,准则函数最优值就是 -3;⑤ 在路径表 C 的第 3 行搜索状态 10,搜索结果为该行中状态 10 共出现了 6 次,分别位于第 8,15,24,31,55,59 列,则得到可行的最短路径共有 6 条,并求出路径表 D;⑥ 根据路径表 D 得到所有可行的最短路径,分别为 1→0→2→10,1→0→8→10,1→3→2→10,1→3→11→10,1→9→8→10,1→9→11→10.

另外,我们可以看到,状态 $|0001\rangle$ 处于能级 2,状态 $|1010\rangle$ 处于能级 3,它们之间的最短路径为 3 步.而同样处于能级 3 的状态 $|0011\rangle$ 与状态 $|0001\rangle$ 之间的最短路径却只有 1 步.所以,最短路径不仅与起始本征态和目标本征态所处的能级有关,还与具体的各量子位取值有关.

10.2 Lindblad 主方程的最优布居数转移

系统控制领域中的一项重要任务是对给定的系统根据合适的控制理论设计出有效的控制律,将系统的初始状态操控并稳定在期望的目标状态.目前的量子系统控制主要是将经典控制理论和现代控制方法应用于量子系统上,实现对量子系统状态的操控.封闭量子系统的系统状态演化相对简单,已经产生和实现了很多成功的量子系统的控制(Cong,Kuang,2007;丛爽,2006a;丛爽,郑毅松,2003)、反馈控制(Kuang,Cong,2008)是自动控制中最常用的一种控制方法.量子系统状态具有一旦被测量即遭破坏而塌缩到本征态的特性,使得基于测量的量子系统反馈控制的实现目前还有较大难度.不过可以通过求解被控系统状态的动力学微分方程获得系统状态来实现反馈控制.我们把此种控制的实现方案称为"带有状态反馈的程序控制".在现有的封闭量子系统的控制中,已经提出的控制方法有:最优控制(Cong,Kuang,2007;匡森,丛爽,2006;Matthew,2005)、双线性系统的控制理论(丛爽,东宁,2006;丛爽,郑祺星,2005)、李雅普诺夫控制方法(Wang,Schirmer,2010a)等.开放量子系统与外界热浴相互作用,产生耦合,发生耗散,使系统模型变得复杂.人们对开放量子系统的控制还尚未形成完整的理论,但已有很多相关研究结果(丛爽,2006a;Katz,et al.,2006;Bouten,et al.,2005;Schirmer,Solomon,2002;Lloyd,Viola,2000),其中不少介绍了开放量子系统最优控制的思路(Matthew,2005;Grivopoulos,2005;Xu,et al.,2004),并进行了某些特定条件下的最优控制(Schirmer,2000).

由于开放量子系统状态的系统动力学方程是一个复杂的矩阵微分方程,所以很难求解出系统状态的表达式.本节利用刘维尔超算符的思想(Schirmer,Solomon,2004),将系统微分方程的矩阵表达形式变换到刘维尔空间的向量表达形式,采用拓展微分方程维数的方法来换取求解系统微分方程的简便.同时,运用最优控制的思想,以系统状态到达目标状态的期望值为性能指标,推导最优控制的控制律.最后,在 MATLAB 环境下,以二能级开放量子系统为例,进行最优控制仿真实验,并考察不同参数取值下,控制时间 t 的长短和布居数转移概率 p 的大小的关系.

10.2.1 问题的描述

N 能级量子系统各能级$E_1,\cdots,E_N$ 分别对应系统能量本征态$|1\rangle,\cdots,|N\rangle$，系统状态也可以用作用在希尔伯特空间 H 上的密度算符ρ 表示. 若系统封闭，则系统状态的演化过程由量子刘维尔方程给出：

$$\dot{\rho}(t) = -\frac{\mathrm{i}}{\hbar}[H,\rho(t)] \tag{10.13}$$

其中，H 是系统自身的哈密顿.

开放量子系统 S 是其本身与环境E 组成的大封闭系统$S+E$ 的一部分. 这个大封闭系统由 $S+E$ 的哈密顿控制. 子系统 S 的状态可以通过对整个系统的密度算符ρ_{S+E}求偏迹得到.

当系统与环境相互作用时，会发生两类耗散：相位松弛和布居数松弛. 当相互作用破坏了量子态间的相位关系时就发生了相位松弛，这导致了系统密度矩阵非对角元素衰减为

$$\dot{\rho}_{kn}(t) = -\frac{\mathrm{i}}{\hbar}([H,\rho(t)])_{kn} - \Gamma_{kn}\rho_{kn} \tag{10.14}$$

其中，$\Gamma_{kn}=\Gamma_{nk}$为状态$|k\rangle$和$|n\rangle$之间的移相速率.

当激发态$|n\rangle$自发发射出一个光子，衰减到低激发态$|k\rangle$，$E_n>E_k$ 时，就发生了布居数松弛. 这同时影响能量本征态$|n\rangle$的布居数(ρ 的对角元素)和相干性(ρ 的非对角元素)布居数松弛改变系统密度矩阵的对角元素为

$$\dot{\rho}_{nn}(t) = -\frac{\mathrm{i}}{\hbar}([H,\rho(t)])_{nn} - \sum_{k\neq n}\gamma_{kn}\rho_{nn} + \sum_{k\neq n}\gamma_{nk}\rho_{kk} \tag{10.15}$$

其中，γ_{kn}和γ_{nk}为布居数松弛速率，γ_{kn}是从状态$|n\rangle$到状态$|k\rangle$的布居数松弛速率，取决于状态$|n\rangle$的寿命. 当有多条衰减路径时，它还与特殊的转移概率有关(丛爽，郑毅松，2003). 因为布居数松弛同时引起相位松弛和能量耗散，所以有

$$\Gamma_{nk} = \frac{1}{2}(\gamma_{kn}+\gamma_{nk}) + \widetilde{\Gamma}_{nk} \tag{10.16}$$

其中，$\widetilde{\Gamma}_{nk}$为ρ_{kn}的纯移相速率，$(\gamma_{kn}+\gamma_{nk})/2$ 为从$|n\rangle$到$|k\rangle$的由布居数松弛导致的移相速率.

由此，相位松弛和布居数松弛改变了系统的状态演化，导致量子刘维尔方程(10.13)

变为

$$\dot{\rho}(t) = -\frac{i}{\hbar}[H, \rho(t)] + L_D(\rho(t)) \tag{10.17}$$

其中，$L_D(\rho(t))$ 是由松弛速率决定的耗散（超）算符.

刘维尔耗散（超）算符的第一种标准型为量子动力学半群的生成子标准型（杨洁，丛爽，2008a）：

$$L_D(\rho(t)) = \frac{1}{2}\sum_{k,k'=1}^{N^2-1} a_{kk'}([V_k\rho(t), V_{k'}^+] + [V_k, \rho(t)V_{k'}^+]) \tag{10.18}$$

耗散（超）算符的第二种标准型为 Lindblad 首先给出的耗散动力学的生成子标准型：

$$L_D(\rho(t)) = \frac{1}{2}\sum_{k=1}^{N^2-1} r_k([A_k\rho(t), A_k^+] + [A_k, \rho(t)A_k^+]) \tag{10.19}$$

量子系统与环境的相互作用使能量耗散或相对相位改变，从而导致量子相干性消失，量子信息散失在无法控制的环境中. 为了解决这种量子消相干现象，我们对系统 S 施加外部控制场，力图抵消环境 E 的作用，并使系统 S 的状态 ρ_S 演化到原定的目标态 ρ_{tar}.

设系统 S 受到数量为 M 的有限个外部线性控制函数作用：

$$\overrightarrow{f(t)} = (f_1(t), f_2(t), \cdots, f_M(t)) \tag{10.20}$$

此时，系统的总哈密顿可以分解为

$$H = H_0 + \sum_{m=1}^{M} f_m(t)H_m \tag{10.21}$$

其中，控制哈密顿的形式为

$$H_C = \sum_{m=1}^{M} f_m H_m \tag{10.22}$$

相应地，刘维尔算符可以分解为

$$L = L_0 + \sum_{m=1}^{M} f_m(t)L_m \tag{10.23}$$

其中，控制量 $f_m(t)$ 是定义在 $[t_0, t_f]$ 上的有界、可测、实值函数.

此时，受控耗散系统的动力学方程(10.17)可写为

$$\dot{\rho}_c = -\frac{i}{\hbar}[H_0, \rho_c] - \frac{i}{\hbar}\sum_{m=1}^{M} f_m[H_m, \rho_c] + L_D[\rho_c] \tag{10.24}$$

10.2.2　最优控制律的设计

我们的目标是采用最优控制思想对开放量子系统(10.24)进行控制律设计.对与环境相耦合的被控系统 S 施加不同方向的控制场 f_m,使系统状态 $\rho_c(t)$ 尽可能演化到目标状态 ρ_{tar}.

要设计合适的控制场 f_m,使 $\rho_c(t)$ 逼近 ρ_{tar}.若不考虑对控制场能量的限制,系统的性能指标可以设定为被控状态到达目标状态的期望值,即

$$J(t) = \mathrm{tr}\{\rho_c \rho_{tar}\} = \langle \rho_{tar} \rangle \tag{10.25}$$

为达到目标状态,需要通过外加控制场来增大目标算符的期望值 $J(t)$ 直至最大,即求取合适的 f_m,使被控对象 ρ_c 在 $t \in [t_0, t_f]$ 中的任何时刻都满足

$$\frac{\mathrm{d}}{\mathrm{d}t}J(t) = \frac{\mathrm{d}}{\mathrm{d}t}\langle \rho_{tar} \rangle \geqslant 0 \tag{10.26}$$

由于式(10.26)中的目标算符 $\langle \rho_{tar} \rangle$ 与时间 t 有关,在求解 $\frac{\mathrm{d}}{\mathrm{d}t}\langle \rho_{tar} \rangle$ 中需要用到海森伯方程.当 $[H_0, \rho_{tar}] = 0$ 时,整理 $\frac{\mathrm{d}}{\mathrm{d}t}\langle \rho_{tar} \rangle$ 表达式可得

$$\frac{\mathrm{d}}{\mathrm{d}t}\langle \rho_{tar} \rangle = -\mathrm{i}\langle [H_0 + H_C, \rho_{tar}] \rangle = -\mathrm{i}\langle [H_C, \rho_{tar}] \rangle$$
$$= -\mathrm{i}\mathrm{tr}([H_C, \rho_{tar}]\rho_c) = -\mathrm{i}\mathrm{tr}(H_C \rho_{tar} \rho_c - \rho_{tar} H_C \rho_c) \tag{10.27}$$

将式(10.22)代入式(10.27),可得

$$\frac{\mathrm{d}}{\mathrm{d}t}\langle \rho_{tar} \rangle = -\mathrm{i}\mathrm{tr}\Big(\sum_{m=1}^{M} f_m H_m \rho_{tar} \rho_c - \rho_{tar} \sum_{m=1}^{M} f_m H_m \rho_c \Big)$$
$$= -\mathrm{i}\sum_{m=1}^{M} f_m \mathrm{tr}(H_m \rho_{tar} \rho_c - \rho_{tar} H_m \rho_c) \tag{10.28}$$

要满足 $\frac{\mathrm{d}}{\mathrm{d}t}\langle \rho_{tar} \rangle \geqslant 0$,需要

$$-\mathrm{i}f_m \mathrm{tr}(H_m \rho_{tar} \rho_c - \rho_{tar} H_m \rho_c) \geqslant 0, \quad m = 1, 2, \cdots, M \tag{10.29}$$

由式(10.29)我们可以选择一种控制律为

$$f_m = \mathrm{i}K \mathrm{tr}(H_m \rho_{tar} \rho_c - \rho_{tar} H_m \rho_c)^*, \quad m = 1, 2, \cdots, M \tag{10.30}$$

其中，$K \in (0, +\infty)$.

到此，我们求得了保证系统性能指标(10.26)为最大，即驱动系统状态 ρ_c 趋向于目标态 ρ_{tar} 的外加控制场 f_m 的表达式(10.30).从中可以看出，要想调控系统的状态，必须在每一个控制时刻获得该时刻的系统状态 ρ_c，并选择合适的参数 K，按照式(10.30)求解控制量.这里最难解决的问题是求解系统状态 ρ_c，它需要通过求解式(10.24)得到.下面我们将专门解决这个问题.

10.2.3　微分方程的变换

开放量子系统状态的演化微分方程(10.24)是一个复杂的矩阵微分方程，因此很难求解出系统状态的表达式.为了简化方程(10.24)的求解，我们按列堆垛，将 $N \times N$ 的密度矩阵 $\rho(t)$ 重写为 $1 \times N^2$ 的列向量，记为 $|\rho(t)\rangle\rangle$.由于 $[H, \rho(t)]$ 和 $L_D(\rho(t))$ 是密度矩阵的线性算符，因此可以将式(10.17)重写为

$$\frac{\mathrm{d}}{\mathrm{d}t} |\rho(t)\rangle\rangle = \left(-\frac{\mathrm{i}}{\hbar}L_H + L_D\right) |\rho(t)\rangle\rangle \tag{10.31}$$

其中，L_H 和 L_D 分别为表示动力学的哈密顿部分和耗散部分的 $N^2 \times N^2$ 矩阵.需要说明的是，式(10.31)中 L_D 与式(10.17)中 L_D 不相同，为了书写方便，我们采用的是同一个符号.本节后面所提到的无说明的 L_D 均是式(10.31)中的 L_D.式(10.31)被称为刘维尔超算符型方程.

若仅考虑式(10.31)中包含 L_H 的哈密顿部分：$\frac{\mathrm{d}}{\mathrm{d}t} |\rho(t)\rangle\rangle = -\frac{\mathrm{i}}{\hbar}L_H |\rho(t)\rangle\rangle$，则 $|\rho(t)\rangle\rangle$ 的解为

$$|\rho(t)\rangle\rangle = \exp\left(-\frac{\mathrm{i}}{\hbar}L_H t\right) |\rho(0)\rangle\rangle \tag{10.32}$$

若只考虑包含 L_D 的耗散部分：$\frac{\mathrm{d}}{\mathrm{d}t} |\rho(t)\rangle\rangle = L_D |\rho(t)\rangle\rangle$，则 $|\rho(t)\rangle\rangle$ 的解为

$$|\rho(t)\rangle\rangle = \exp(L_D t) |\rho(0)\rangle\rangle \tag{10.33}$$

其中，L_H 生成一个群，而 L_D 生成一个半群.式(10.31)的解是式(10.32)与式(10.33)之和.

下面以一个二能级开放量子系统为例，给出采用刘维尔超算符变换方法对其微分方程进行变换的详细过程.二能级开放量子系统的动力学微分方程为

$$\dot{\rho} = -\mathrm{i}[H,\rho] + \frac{1}{2}\sum_{j=1}^{3}\left([V_j\rho, V_j^+] + [V_j, \rho V_j^+]\right), \quad \hbar = 1 \tag{10.34}$$

其中,变换前的 L_D 采用式(10.19)描述的标准型.

令

$$H \triangleq w\begin{bmatrix} 1 & 0 \\ 0 & -1 \end{bmatrix} + f_x\begin{bmatrix} 0 & 1 \\ 1 & 0 \end{bmatrix} + f_y\begin{bmatrix} 0 & -\mathrm{i} \\ \mathrm{i} & 0 \end{bmatrix} \tag{10.35}$$

$$V_1 = \begin{bmatrix} 0 & 0 \\ \sqrt{\gamma_{21}} & 0 \end{bmatrix}, \quad V_2 = \begin{bmatrix} 0 & \sqrt{\gamma_{12}} \\ 0 & 0 \end{bmatrix}, \quad V_3 = \begin{bmatrix} \sqrt{2\widetilde{\Gamma}_{12}} & 0 \\ 0 & 0 \end{bmatrix} \tag{10.36}$$

其中,γ_{21},γ_{12} 和 $\widetilde{\Gamma}_{12}$ 满足关系式(10.16).

将式(10.35)代入式(10.34),整理得到哈密顿部分的矩阵微分方程为

$$\begin{bmatrix} \dot{\rho}_{11} & \dot{\rho}_{12} \\ \dot{\rho}_{21} & \dot{\rho}_{22} \end{bmatrix} = \begin{bmatrix} (\mathrm{i}f_x - f_y)\rho_{12} - (\mathrm{i}f_x + f_y)\rho_{21} & (\mathrm{i}f_x + f_y)\rho_{11} - (\mathrm{i}f_x - f_y)\rho_{22} - 2\mathrm{i}w\rho_{12} \\ (\mathrm{i}f_x - f_y)\rho_{22} - (\mathrm{i}f_x - f_y)\rho_{11} + 2\mathrm{i}w\rho_{21} & (\mathrm{i}f_x + f_y)\rho_{21} - (\mathrm{i}f_x - f_y)\rho_{12} \end{bmatrix}$$
$$\tag{10.37}$$

转化为刘维尔超算符型:

$$\frac{\mathrm{d}}{\mathrm{d}t}\,|\,\rho(t)\rangle\rangle = (\dot{\rho}_{11} \quad \dot{\rho}_{12} \quad \dot{\rho}_{21} \quad \dot{\rho}_{22})^{\mathrm{T}}$$

$$= \begin{bmatrix} 0 & \mathrm{i}f_x - f_y & -\mathrm{i}f_x - f_y & 0 \\ \mathrm{i}f_x + f_y & -2\mathrm{i}w & 0 & -\mathrm{i}f_x - f_y \\ -\mathrm{i}f_x + f_y & 0 & 2\mathrm{i}w & \mathrm{i}f_x - f_y \\ 0 & -\mathrm{i}f_x + f_y & \mathrm{i}f_x + f_y & 0 \end{bmatrix} \begin{bmatrix} \rho_{11} \\ \rho_{12} \\ \rho_{21} \\ \rho_{22} \end{bmatrix}$$

$$= \begin{bmatrix} 0 & \mathrm{i}f_x - f_y & -\mathrm{i}f_x - f_y & 0 \\ \mathrm{i}f_x + f_y & -2\mathrm{i}w & 0 & -\mathrm{i}f_x - f_y \\ -\mathrm{i}f_x + f_y & 0 & 2\mathrm{i}w & \mathrm{i}f_x - f_y \\ 0 & -\mathrm{i}f_x + f_y & \mathrm{i}f_x + f_y & 0 \end{bmatrix}\,|\,\rho(t)\rangle\rangle \tag{10.38}$$

其中,$\begin{bmatrix} 0 & \mathrm{i}f_x - f_y & -\mathrm{i}f_x - f_y & 0 \\ \mathrm{i}f_x + f_y & -2\mathrm{i}w & 0 & -\mathrm{i}f_x - f_y \\ -\mathrm{i}f_x + f_y & 0 & 2\mathrm{i}w & \mathrm{i}f_x - f_y \\ 0 & -\mathrm{i}f_x + f_y & \mathrm{i}f_x + f_y & 0 \end{bmatrix}$ 为 $-\mathrm{i}L_H$.

将式(10.36)代入式(10.34),整理得到耗散部分的矩阵微分方程为

$$
\begin{pmatrix} \dot{\rho}_{11} & \dot{\rho}_{12} \\ \dot{\rho}_{21} & \dot{\rho}_{22} \end{pmatrix} = \begin{pmatrix} -\gamma_{21}\rho_{11} + \gamma_{12}\rho_{22} & -\widetilde{\Gamma}_{12}\rho_{12} - \dfrac{1}{2}\gamma_{12}\rho_{12} - \dfrac{1}{2}\gamma_{21}\rho_{12} \\ -\widetilde{\Gamma}_{12}\rho_{21} - \dfrac{1}{2}\gamma_{12}\rho_{21} - \dfrac{1}{2}\gamma_{21}\rho_{21} & \gamma_{21}\rho_{11} - \gamma_{12}\rho_{22} \end{pmatrix}
$$

(10.39)

转化为刘维尔超算符型:

$$
\dfrac{\mathrm{d}}{\mathrm{d}t}|\rho(t)\rangle\rangle = (\dot{\rho}_{11} \ \dot{\rho}_{12} \ \dot{\rho}_{21} \ \dot{\rho}_{22})^{\mathrm{T}}
$$

$$
= \begin{pmatrix} -\gamma_{21} & 0 & 0 & \gamma_{12} \\ 0 & -\widetilde{\Gamma}_{12} - \dfrac{1}{2}\gamma_{12} - \dfrac{1}{2}\gamma_{21} & 0 & 0 \\ 0 & 0 & -\widetilde{\Gamma}_{12} - \dfrac{1}{2}\gamma_{12} - \dfrac{1}{2}\gamma_{21} & 0 \\ \gamma_{21} & 0 & 0 & -\gamma_{12} \end{pmatrix} \begin{pmatrix} \rho_{11} \\ \rho_{12} \\ \rho_{21} \\ \rho_{22} \end{pmatrix}
$$

$$
= \begin{pmatrix} -\gamma_{21} & 0 & 0 & \gamma_{12} \\ 0 & -\Gamma_{12} & 0 & 0 \\ 0 & 0 & -\Gamma_{12} & 0 \\ \gamma_{21} & 0 & 0 & -\gamma_{12} \end{pmatrix} \begin{pmatrix} \rho_{11} \\ \rho_{12} \\ \rho_{21} \\ \rho_{22} \end{pmatrix} = \begin{pmatrix} -\gamma_{21} & 0 & 0 & \gamma_{12} \\ 0 & -\Gamma_{12} & 0 & 0 \\ 0 & 0 & -\Gamma_{12} & 0 \\ \gamma_{21} & 0 & 0 & -\gamma_{12} \end{pmatrix} |\rho(t)\rangle\rangle
$$

(10.40)

其中, $\begin{pmatrix} -\gamma_{21} & 0 & 0 & \gamma_{12} \\ 0 & -\Gamma_{12} & 0 & 0 \\ 0 & 0 & -\Gamma_{12} & 0 \\ \gamma_{21} & 0 & 0 & -\gamma_{12} \end{pmatrix}$ 为 L_{D}.

至此,合并式(10.38)和式(10.40),我们得到了二能级开放量子系统动力学方程(10.34)的刘维尔超算符型为

$$
\dfrac{\mathrm{d}}{\mathrm{d}t}|\rho(t)\rangle\rangle = (-\mathrm{i}L_{\mathrm{H}} + L_{\mathrm{D}})|\rho(t)\rangle\rangle
$$

$$
= \begin{pmatrix} -\gamma_{21} & \mathrm{i}f_x - f_y & -\mathrm{i}f_x - f_y & \gamma_{12} \\ \mathrm{i}f_x + f_y & -2\mathrm{i}w - \Gamma_{12} & 0 & -\mathrm{i}f_x + f_y \\ -\mathrm{i}f_x + f_y & 0 & 2\mathrm{i}w - \Gamma_{12} & \mathrm{i}f_x - f_y \\ \gamma_{21} & -\mathrm{i}f_x + f_y & \mathrm{i}f_x + f_y & -\gamma_{12} \end{pmatrix} |\rho(t)\rangle\rangle
$$

(10.41)

根据式(10.41),给定系统初始状态,选定采样周期 Δt,即可计算出每个采样时刻的系统状态 $|\rho(t)\rangle\rangle$,进而计算出操控系统状态演化的控制律.

10.2.4 数值仿真实验及其结果分析

本小节将在 MATLAB 环境下使式(10.34)所描述的二能级开放量子系统变换成刘维尔超算符型以求解系统状态,并采用式(10.30)描述的最优控制律对系统状态的演化过程进行控制系统的仿真实验.图 10.3 为系统仿真实验中控制算法实现过程的流程图.

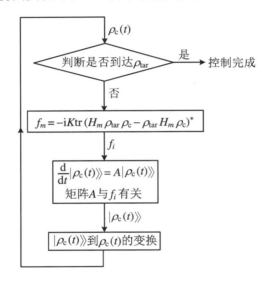

图 10.3 系统仿真实验控制算法实现过程示意图

在系统仿真实验中,我们调控系统状态 ρ_c 的控制律为式(10.30),并着重通过调节控制场的比例系数 K 来考量系统的布居数转移概率 p 的大小以及控制时间 t 的长短.我们针对本征态和相干叠加态进行了两组不同的状态间转移实验.在所进行的两组实验中,均是仅在 y 方向上施加式(10.30)所示控制场,采样周期都是取 $\Delta t = 10^{-6}$.被控系统的哈密顿量和 Lindblad 算符 V_i 分别如式(10.35)、式(10.36)所示,参数取值分别为 $w = 20\,000$,$r_{12} = 19.8\ \mathrm{cm}^{-1}$,$r_{21} = 20\ \mathrm{cm}^{-1}$,$\Gamma_{12} = 29.9\ \mathrm{cm}^{-1}$.

首先进行的第一组系统实验的初始状态和目标状态分别设为本征态:

$$\rho_0 = \begin{bmatrix} 1 & 0 \\ 0 & 0 \end{bmatrix}, \quad \rho_{\mathrm{tar}} = \begin{bmatrix} 0 & 0 \\ 0 & 1 \end{bmatrix} \tag{10.42}$$

由于此本征态导致初始时刻的控制量为 0,所以对此初始状态需要人为给出初始扰动,取 $f(0)=2$,$K=50\,000$.在此参数下进行系统状态演化的仿真实验,得到布居数转移概率及其控制量的变化如图 10.4 所示.

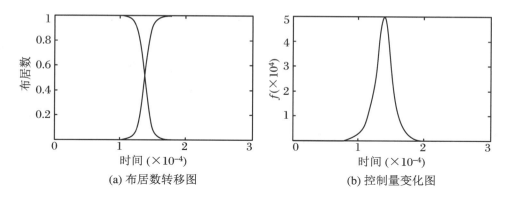

(a) 布居数转移图　　　　　　　　(b) 控制量变化图

图 10.4　二能级开放系统上的第一组仿真实验结果

从图 10.4 中可以看出:系统的布居数转移概率 $p=0.996\,36$;控制量最大值达到 $4.970\,1\times10^4$;达到最大转移概率时的控制时间为 $t=1.819\,5\times10^{-4}$.若 K 减小为 $30\,000$,则控制量最大值减小为 2.9×10^4,控制时间增大为 $t=2.960\,5\times10^{-4}$.通过实验可以得出结论:随着 K 的减小,控制量减小,控制时间增大.

为了考察系统在任意相干叠加态之间的转移性能,我们进行的第二组系统实验初始状态和目标状态分别为叠加态:

$$\rho_0 = \begin{pmatrix} \dfrac{1}{4} & \dfrac{\sqrt{3}}{4} \\[2mm] \dfrac{\sqrt{3}}{4} & \dfrac{3}{4} \end{pmatrix}, \quad \rho_{\text{tar}} = \begin{pmatrix} \dfrac{15}{16} & \dfrac{\sqrt{15}}{16} \\[2mm] \dfrac{\sqrt{15}}{16} & \dfrac{1}{16} \end{pmatrix} \tag{10.43}$$

由于该初始状态下的控制量非零,所以不需要人为给出初始扰动.在给定 $K=20\,000$ 的情况下获得的系统状态的布居数转移概率及其控制量的变化如图 10.5 所示,从中可以看出:系统的布居数转移概率在控制时间 $t=1.705\,7\times10^{-4}$ 时达到最大值 $p=0.996\,54$;控制量的最大值为 $1.999\,7\times10^4$.当 K 减小为 $10\,000$,控制量最大值减小为 $0.999\,8\times10^4$,控制时间增大为 $t=3.162\,3\times10^{-4}$.通过实验可以得出与第一组实验相同的结论:随着 K 减小,控制量减小,控制时间增大.

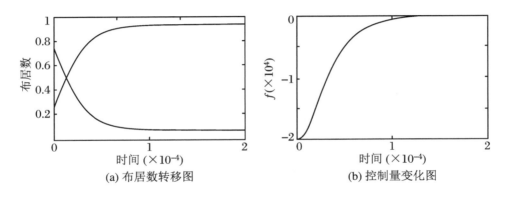

| (a) 布居数转移图 | (b) 控制量变化图 |

图 10.5　二能级开放系统上的第二组仿真实验结果

10.3　状态转移的最优控制

耗散是量子系统与高自由度的环境相互作用导致的运动学现象.在某些情况下,环境的作用只带来弱松弛效应,因而在短时间尺度上可以被忽略.然后,在绝大多数情况下,环境的出现足以改变系统的行为(Zwolak,2008),例如化学反应的激光控制、激光冷却、状态转移等等.在经典控制中,反馈控制是最有效的控制策略.然而对于量子系统来说,由于测量会破坏系统状态,因此反馈控制很难实现(Ferrante, et al.,2002a;Ferrante, et al.,2002b).最优控制是在系统数学模型的基础上离散计算运动轨迹(Hekman,Singhose,2007),一般用来寻找使得一个给定性能指标最大或最小的控制场(Roloff,et al.,2009).在过去的 15 年中,最优控制已在物理和化学领域解决了大量的遵循薛定谔方程的量子系统问题(Kuang,Cong,2008;Mirrahimi,Turinici,2005;D'Alessandro,Dahleh,2001),包括化学反应控制、状态布居数转移、波包成形控制、NMR 自旋动力学、玻色-爱因斯坦凝聚、量子计算、定向旋转波包等(Kormann,et al.,2010;Shapiro,Brumer,2003;Rice,Zhao,2000;Rabitz,et al.,2004),它们的处理对象为密度矩阵,而不再是波函数.刘维尔-冯•诺依曼方程作为薛定谔方程的拓展,可以包含耗散过程(杨洁,丛爽,2008a;Grivopoulos,2005;Khaneja,et al.,2003).鉴于量子系统状态难以测量的情况,我们引入了一种基于模型的反馈控制策略,则控制律中的系统状态不再由测量得到,而是通过系统模型得到.

本节我们研究在环境的作用下设计控制场,使得开放量子系统能在相位消相干和布居数松弛的条件下进行期望的状态转移.我们利用刘维尔超算符将开放量子系统遵循的刘维尔-冯·诺依曼方程从矩阵微分方程转化为向量微分方程以便于获得系统状态.对于给定了动力学模型的耗散量子系统,我们选择系统的状态转移概率作为性能指标,推导出一种能使系统从初态转移到期望目标态的无需迭代过程的最优控制律.在数值仿真实验中,我们以开放的自旋 1/2 粒子作为对象,分别选择 Bloch 球上的本征态、纯态和混合态作为初态和目标态,验证所设计控制律的控制效果,并分析实验结果.

10.3.1　问题的描述

由于被控系统与热浴耦合,因此它的演化遵循开放量子系统的动力学特性.令 $\hbar = 1$,用 Lindblad 方程描述此被控开放量子系统的演化方程为

$$\dot{\rho}_s = -\mathrm{i}[H_0, \rho_s] + L_D(\rho_s) \tag{10.44}$$

其中,ρ_s 表示无控制场作用下系统状态的密度矩阵;H_0 为系统的自由哈密顿量;L_D 描述热浴引起的消相干动力学,一般具有 Lindblad 半群形式:

$$L_D(\rho_s) = \frac{1}{2}\sum_{j=1}^{N^2-1} r_j([L_j\rho_s, L_j^+] + [L_j, \rho_s L_j^+]) \tag{10.45}$$

其中,L 是希尔伯特空间中的算符;r 为热浴下系统的消相干速率.具体的热浴性质决定了 L 的形式,从而决定了耗散模型.

我们的目标是设计一个时变外部控制场 $\overrightarrow{f(t)} = (f_1(t), f_2(t), \cdots, f_M(t))$,驱动这个与热浴耦合的开放量子系统,使之逼近我们期望的目标状态 ρ_{tar},并保持一段时间.外加控制场 $f(t)$ 通过分子的跃迁偶极子与被控系统相耦合.此时,控制哈密顿变成 $H_C = \sum_{m=1}^{M} H_m f_m(t)$,被控系统动力学演化方程可写为

$$\dot{\rho}_c = -\mathrm{i}[H_0, \rho_c] - \mathrm{i}[H_C, \rho_c] + L_D(\rho_c) \tag{10.46}$$

其中,ρ_c 为系统在外部控制场下的状态密度矩阵.问题的关键在于如何设计出一个控制场 $f(t)$,使得系统状态 ρ_c 的演化能尽可能地接近目标状态 ρ_{tar}.

10.3.2 最优控制律的设计

为了评价系统状态 ρ_c 与目标状态 ρ_{tar} 的接近程度，我们在最优控制中选取一个 Mager 型性能指标（杨洁，丛爽，2008a），强调在时间终点的系统性能：

$$J(t) = \mathrm{tr}(\rho_c - \rho_{tar})^2 \tag{10.47}$$

下面证明此性能指标的可行性.由于量子系统密度矩阵具有复共轭性质，因此任意时刻的系统状态密度矩阵 ρ_c 和目标状态密度矩阵 ρ_{tar} 都可以分别写为

$$\rho_c = \begin{pmatrix} a_{11} & a_{12} & \cdots & a_{1n} \\ a_{12}^* & a_{22} & \cdots & a_{2n} \\ \vdots & \vdots & & \vdots \\ a_{1n}^* & a_{2n}^* & \cdots & a_{nn} \end{pmatrix}, \quad \rho_{tar} = \begin{pmatrix} b_{11} & b_{12} & \cdots & b_{1n} \\ b_{12}^* & b_{22} & \cdots & b_{2n} \\ \vdots & \vdots & & \vdots \\ b_{1n}^* & b_{2n}^* & \cdots & b_{nn} \end{pmatrix} \tag{10.48}$$

将式(10.48)代入式(10.47)，可以得到

$$J(t) = \sum_{i=1}^{n}(a_{ii}(t) - b_{ii})^2 + 2\sum_{i,j=1;i\neq j}^{n}|a_{ij}(t) - b_{ij}|^2 \tag{10.49}$$

从式(10.49)中可以看出，当且仅当 $a_{ij}(t) = b_{ij}$，$i,j = 1,2,\cdots,n$，即系统状态密度矩阵 ρ_c 完全等于目标状态密度矩阵 ρ_{tar} 时（包括对角元素和非对角元素），此性能指标 $J(t)$ 达到最小值零.

为达到目标状态，需要通过施加控制场来改变系统状态以减小性能指标 $J(t)$ 的值直至最小，即求取合适的 $f_m(t)$ 使被控状态在 $t \in [t_0, t_f]$ 中的任何时刻都满足性能指标 $J(t)$ 对时间的一阶导数非正：

$$\frac{\mathrm{d}}{\mathrm{d}t}J(t) = \frac{\mathrm{d}}{\mathrm{d}t}\mathrm{tr}(\rho_c - \rho_{tar})^2 \leqslant 0 \tag{10.50}$$

计算式(10.50)，可以得到（为了简便，下文中我们把 $\rho_c(t)$ 简写为 ρ_c）

$$\frac{\mathrm{d}}{\mathrm{d}t}\mathrm{tr}(\rho_c - \rho_{tar})^2 = \frac{\mathrm{d}}{\mathrm{d}t}\mathrm{tr}(\rho_c^2 - 2\rho_c\rho_{tar} + \rho_{tar}^2)$$
$$= \mathrm{tr}(2\dot{\rho}_c\rho_c - 2\dot{\rho}_c\rho_{tar})$$
$$= 2\mathrm{tr}(\dot{\rho}_c(\rho_c - \rho_{tar})) \tag{10.51}$$

根据控制哈密顿的形式 $H_C = \sum_{m=1}^{M} H_m f_m(t)$，并将被控系统动力学演化方程(10.46)代入式(10.51)，可以得到

$$
\begin{aligned}
\frac{\mathrm{d}}{\mathrm{d}t} \mathrm{tr}(\rho_c - \rho_{\mathrm{tar}})^2 &= 2\mathrm{tr}((-\mathrm{i}[H_0, \rho_c] - \mathrm{i}[H_C, \rho_c] + L_D)(\rho_c - \rho_{\mathrm{tar}})) \\
&= 2\mathrm{tr}((-\mathrm{i}[H_0, \rho_c] - \mathrm{i}[\sum_{m=1}^{M} H_m f_m, \rho_c] + L_D)(\rho_c - \rho_{\mathrm{tar}})) \\
&= -2\mathrm{i}\sum_{m=1}^{M} f_m \mathrm{tr}([H_m, \rho_c](\rho_c - \rho_{\mathrm{tar}})) \\
&\quad + 2\mathrm{tr}((L_D - \mathrm{i}[H_0, \rho_c])(\rho_c - \rho_{\mathrm{tar}}))
\end{aligned} \tag{10.52}
$$

为了保证 $\frac{\mathrm{d}}{\mathrm{d}t}\mathrm{tr}(\rho_c - \rho_{\mathrm{tar}})^2 \leqslant 0$，即使式(10.52)右端为负，需要使得

$$
\sum_{m=1}^{M} f_m \mathrm{i}\,\mathrm{tr}([H_m, \rho_c](\rho_c - \rho_{\mathrm{tar}})) \geqslant \mathrm{tr}((L_D - \mathrm{i}[H_0, \rho_c])(\rho_c - \rho_{\mathrm{tar}})) \tag{10.53}
$$

为了使得式(10.53)成立，我们令

$$
\begin{cases}
f_m \mathrm{i}\,\mathrm{tr}([H_m, \rho_c](\rho_c - \rho_{\mathrm{tar}})) \geqslant \mathrm{tr}((L_D - \mathrm{i}[H_0, \rho_c])(\rho_c - \rho_{\mathrm{tar}}))/M \\
m = 1, 2, \cdots, M
\end{cases} \tag{10.54}
$$

根据式(10.54)，可以得到满足性能指标(10.50)最小的控制场范围：

$$
\begin{cases}
f_m \geqslant C/(MD), & \text{若 } D > 0 \\
f_m \leqslant C/(MD), & \text{若 } D < 0
\end{cases}, \quad m = 1, 2, \cdots, M \tag{10.55}
$$

其中

$$
C = \mathrm{tr}((L_D - \mathrm{i}[H_0, \rho_c])(\rho_c - \rho_{\mathrm{tar}})) \tag{10.56a}
$$

$$
D = \mathrm{i}\,\mathrm{tr}([H_m, \rho_c](\rho_c - \rho_{\mathrm{tar}})) \tag{10.56b}
$$

当系统状态到达期望的目标状态时，$C = D = 0$.

将不等式(10.55)化为定值等式，可以得到满足条件的一组控制场形式：

$$
f_m = \begin{cases}
K_1 C/(MD), & \text{若 } D > 0, C \geqslant 0 \\
-K_2 C/(MD), & \text{若 } D > 0, C < 0 \\
K_3 C/(MD), & \text{若 } D < 0, C \geqslant 0 \\
-K_4 C/(MD), & \text{若 } D < 0, C < 0
\end{cases}, \quad m = 1, 2, \cdots, M \tag{10.57}
$$

其中，比例系数 $K_{1,2,3,4} > 1$. 整合式(10.57)得到一组可行控制场形式：

$$f_m = \begin{cases} K_1 C/(MD), & \text{若 } C \geqslant 0 \\ -K_2 C/(MD), & \text{若 } C < 0 \end{cases}, \quad m = 1, 2, \cdots, M \tag{10.58}$$

其中，$K_{1,2} > 1$.

考察使得性能指标最小的控制场(10.55)的取值范围，我们令

$$K_{1,3} = k_{1,3}/D = k_{1,3}/(\mathrm{itr}([H_m, \rho_c](\rho_c - \rho_{\mathrm{tar}}))) \tag{10.59}$$

其中，$k_{1,3} > 1$.

在式(10.59)中，D 从 f_m 的分母中消失，整合到可调比例系数 $K_{1,3}$ 中，$K_{2,4}$ 的取值范围由于 D 取有限值而不受影响. 由此，可以得到满足不等式(10.55)的一组控制律：

$$f_m = \begin{cases} K_1 C/M, & \text{若 } D > 0, C \geqslant 0 \\ -K_2 C/M, & \text{若 } D > 0, C < 0 \\ -K_3 C/M, & \text{若 } D < 0, C \geqslant 0 \\ K_4 C/M, & \text{若 } D < 0, C < 0 \end{cases}, \quad m = 1, 2, \cdots, M \tag{10.60}$$

其中，$K_{1,3} = k_{1,3}/D$；$k_{1,3} > 1$；$K_{2,4} > 0$；$C = \mathrm{tr}((L_D - \mathrm{i}[H_0, \rho_c])(\rho_c - \rho_{\mathrm{tar}}))$；$D = \mathrm{itr}([H_m, \rho_c](\rho_c - \rho_{\mathrm{tar}}))$.

这里，对式(10.60)作如下几点说明：

第一，式(10.60)是我们设计的状态转移最优控制率，控制时间 t_f 未固定. 本节所采用的控制场设计方法的优势在于：由于时间终点 t_f 不固定，标准的量子最优控制方法中存在的迭代过程在式(10.60)的推导过程中可以避免. 由于我们得到的式(10.60)的控制律是解析解而不是数值解，因此可以通过调节式(10.60)中的比例系数 $K_j, j = 1, 2, 3, 4$ 使得系统状态 ρ_c 在给定的时间点 $t = t_f$ 完全转移至目标状态 ρ_{tar}. 因此，对于给定时间终点 t_f 的控制问题也可以用本小节我们设计的最优控制方法解决.

第二，控制律(10.60)在形式上是一个分段函数，这有可能会影响控制效果. 因此我们需要讨论式(10.60)中边界点的连续问题. 由 $C = 0$ 和 $D = 0$ 都可以得到 $\rho_c = \rho_{\mathrm{tar}}$. 因此当 $C = 0$ 或 $D = 0$ 时，$K_1 C/M, -K_2 C/M, -K_3 C/M, K_4 C/M$ 都等于零，也就是说，控制律(10.60)是一个没有断点的连续函数.

第三，考察控制律(10.60)中 f_m 的形式可以发现，当系统状态 ρ_c 逼近于期望目标状态 ρ_{tar} 时，分子中的 $C = \mathrm{tr}((L_D - \mathrm{i}[H_0, \rho_c])(\rho_c - \rho_{\mathrm{tar}}))$ 和分母中的 $D = \mathrm{itr}([H_m, \rho_c](\rho_c - \rho_{\mathrm{tar}}))$ 都会趋向于零. 根据 L'Hospital 法则，可以推导出

$$\lim_{\rho_c \to \rho_{tar}} f_m = \begin{cases} \dfrac{k_1 \operatorname{tr}\left(\displaystyle\sum_{j=1}^{N^2-1} \gamma_j \left(L_j L_j^+ - L_j^+ L_j\right) - \mathrm{i}\left[H_0, \rho_{tar}\right]\right)}{\mathrm{i}M\operatorname{tr}\left(\left[H_m, \rho_{tar}\right]\right)}, & \text{若 } D > 0, C \geqslant 0 \\[4mm] \dfrac{-K_2}{M}, & \text{若 } D > 0, C < 0 \\[4mm] \dfrac{-k_3 \operatorname{tr}\left(\displaystyle\sum_{j=1}^{N^2-1} \gamma_j \left(L_j L_j^+ - L_j^+ L_j\right) - \mathrm{i}\left[H_0, \rho_{tar}\right]\right)}{\mathrm{i}M\operatorname{tr}\left(\left[H_m, \rho_{tar}\right]\right)}, & \text{若 } D < 0, C \geqslant 0 \\[4mm] \dfrac{K_4}{M}, & \text{若 } D < 0, C < 0 \end{cases}$$
$$m = 1, 2, \cdots, M$$

$$(10.61)$$

从式(10.61)中可以看到,当系统状态到达目标状态,即 $\rho_c \to \rho_{tar}$ 时,控制场(10.60)的取值是有限的,即控制场有限不会使得系统发散.

第四,控制律(10.60)包含了系统状态 ρ_c,这是在最优控制每个采样周期中的反馈量.在基于模型的反馈控制中,ρ_c 的取值来自于系统模型(10.46)而不是测量.

10.3.3 数值仿真实验及其结果分析

为了分析上一小节得到的控制律的控制效果,本小节将对自旋1/2粒子系统进行仿真实验.被控系统 Lindblad 方程可写为

$$\dot{\rho}_c = -\mathrm{i}\left[H, \rho_c\right] + \frac{1}{2}\sum_{j=1}^{3}\left(\left[L_j \rho, L_j^+\right] + \left[L_j, \rho L_j^+\right]\right) \tag{10.62}$$

其中,Lindblad 算符与系统的布居数松弛速率 γ 和纯移相速率 $\widetilde{\Gamma}$ 有关,分别为

$$L_1 = \begin{bmatrix} 0 & 0 \\ \sqrt{\gamma_{21}} & 0 \end{bmatrix}, \quad L_2 = \begin{bmatrix} 0 & \sqrt{\gamma_{12}} \\ 0 & 0 \end{bmatrix}, \quad L_3 = \begin{bmatrix} \sqrt{2\widetilde{\Gamma}_{12}} & 0 \\ 0 & 0 \end{bmatrix} \tag{10.63}$$

状态 $|1\rangle$ 和状态 $|2\rangle$ 之间的移相速率 Γ_{12} 为

$$\Gamma_{12} = \frac{1}{2}\left(\gamma_{12} + \gamma_{21}\right) + \widetilde{\Gamma}_{12} \tag{10.64}$$

令哈密顿量为

$$H \triangleq w \begin{bmatrix} 1 & 0 \\ 0 & -1 \end{bmatrix} + f_x \begin{bmatrix} 0 & 1 \\ 1 & 0 \end{bmatrix} + f_y \begin{bmatrix} 0 & -\mathrm{i} \\ \mathrm{i} & 0 \end{bmatrix} \qquad (10.65)$$

其中,f_x 和 f_y 是分别作用在 x 和 y 方向上的外加控制场.

将式(10.63)、式(10.65)代入式(10.62),可以得到含控制量的二能级开放量子系统动力学方程,它是一个矩阵微分方程.为了简便求解状态的过程,我们将 $N \times N$ 维的系统密度矩阵按列堆垛,得到 $1 \times N^2$ 维的向量,记为 $|\rho(t)\rangle\rangle$.以 $|\rho(t)\rangle\rangle$ 作为自变量,可以得到二能级开放量子系统动力学方程的刘维尔超算符形式:

$$\frac{\mathrm{d}}{\mathrm{d}t} |\rho(t)\rangle\rangle = \begin{bmatrix} -\gamma_{21} & \mathrm{i}f_x - f_y & -\mathrm{i}f_x - f_y & \gamma_{12} \\ \mathrm{i}f_x + f_y & -2\mathrm{i}w - \varGamma_{12} & 0 & -\mathrm{i}f_x - f_y \\ -\mathrm{i}f_x + f_y & 0 & 2\mathrm{i}w - \varGamma_{12} & \mathrm{i}f_x - f_y \\ \gamma_{21} & -\mathrm{i}f_x + f_y & \mathrm{i}f_x + f_y & -\gamma_{12} \end{bmatrix} |\rho(t)\rangle\rangle$$

$$(10.66)$$

各参数取值设为

$$w = 20, \quad \gamma_{12} = 19.8 \, \mathrm{cm}^{-1}, \quad \gamma_{21} = 20 \, \mathrm{cm}^{-1}, \quad \varGamma_{12} = 29.9 \, \mathrm{cm}^{-1} \quad (10.67)$$

外部控制场可以改变开放量子系统的状态演化路径并驱动状态到期望的目标状态.本小节中,我们研究的状态转移需要同时考虑系统状态密度算符的对角元素和非对角元素.为了更清楚地显示状态轨迹,我们选择能将点与状态一一对应的 Bloch 球在显示系统状态从初态到期望目标态的演化路径.

由式(10.65)中的系统哈密顿形式可知,外部控制场具有两个可能的方向:x 和 y. x 方向的外部控制场只能诱导系统状态在 Bloch 球的 y-z 平面上的转移;y 方向的外部控制场只能诱导系统状态在 Bloch 球的 x-z 平面上的转移;同时在 x 和 y 方向上的外部控制场可以诱导系统状态在 Bloch 球上任意相位的状态转移.为了方便起见,这里我们对被控系统选用单方向的控制场.若电磁场只施加在 y 方向上,则被控系统的动力学方程可以简化为

$$\dot{\rho}_c = -\mathrm{i}[H_0, \rho_c] - \mathrm{i}[H_1 f_y, \rho_c] + \frac{1}{2} \sum_{j=1}^{3} ([L_j \rho, L_j^+] + [L_j, \rho L_j^+]) \quad (10.68)$$

将式(10.67)中的参数和 $f_x = 0$ 代入式(10.66),则超算符形式的系统演化方程可以写为

$$\frac{\mathrm{d}}{\mathrm{d}t} |\rho(t)\rangle\rangle = \begin{bmatrix} -20 & 0 & 0 & 19.8 \\ 0 & -40\mathrm{i} - 29.9 & 0 & 0 \\ 0 & 0 & 40\mathrm{i} - 29.9 & 0 \\ 20 & 0 & 0 & -19.8 \end{bmatrix} |\rho(t)\rangle\rangle \quad (10.69)$$

仿真实验都采用式(10.69)中的超算符型动力学方程.

分别选取本征态 ρ_{0a}、纯态 ρ_{0b} 和混合态 ρ_{0c} 这三种不同的状态作为系统的初始状态:

$$\rho_{0a} = \begin{pmatrix} 0 & 0 \\ 0 & 1 \end{pmatrix}, \quad \rho_{0b} = \begin{pmatrix} \dfrac{3}{4} & \dfrac{\sqrt{3}}{4} \\ \dfrac{\sqrt{3}}{4} & \dfrac{1}{4} \end{pmatrix}, \quad \rho_{0c} = \begin{pmatrix} \dfrac{3}{8} & \dfrac{\sqrt{3}}{8} \\ \dfrac{\sqrt{3}}{8} & \dfrac{5}{8} \end{pmatrix} \tag{10.70}$$

f_y 等于控制场(10.60),其中,比例系数为 $K_{1,3} = k_{1,3}/(\mathrm{itr}([H_m,\rho_c](\rho_c - \rho_{\mathrm{tar}})))$,$K_{2,4} = k_{2,4}$.控制量越大,环境被抑制得越明显,但是量子控制系统的微扰特性又要求控制场取一个较小值.因此,仿真实验中的控制场比例系数取为能使系统状态到达目标状态的最小整数.另外,由式(10.60)可以看到,控制场比例系数的取值范围为

$$k_{1,3} > 1, \quad k_{2,4} > 0 \tag{10.71}$$

下面将根据不同的目标状态,分别进行仿真实验,并给出关于各种状态间的演化和控制效果的分析.实验的采样周期设为 $\Delta t = 10^{-4}$.

实验1:不施加控制场时的系统自由演化.

令控制场 $f_y = 0$,系统初态为式(10.70)中的本征态、纯态和混合态,分别得到了如图10.6所示的系统状态在 Bloch 球上的演化过程.图中,系统初态用"o"表示,系统终态用"+"表示,系统目标态用"×"表示.如图10.6所示,在不施加控制场的情况下,无论系统初态为何态,在 Bloch 球上,系统状态都以近乎直线的方式演化至系统吸引子,即 $\rho_{\mathrm{f}} = \mathrm{diag}\left(\dfrac{99}{199}, \dfrac{100}{199}\right)$.图10.6展示的就是开放二能级量子系统相位和布居数的整个松弛过程.

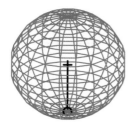 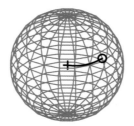 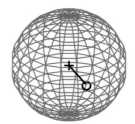

(a) 初始状态为本征态　　　(b) 初始状态为纯态　　　(c) 初始状态为混合态

图10.6　不施加控制场时的系统自由演化路径

实验2:目标状态为系统吸引子时的控制效果.

将目标状态设定为

$$\rho_{\text{tar1}} = \text{diag}\left(\frac{99}{199},\frac{100}{199}\right) \quad\quad\quad (10.72)$$

系统初态为式(10.70)中的本征态、纯态和混合态,施加控制场(10.60),分别得到如图 10.7 所示的系统状态在 Bloch 球上的演化过程.图中,系统初态用"o"表示,系统终态用"+"表示,系统目标态用"×"表示.控制场比例系数为 $k_{1,3}=2,k_{2,4}=1$.

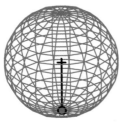
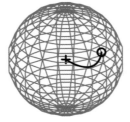
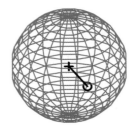

(a) 初始状态为本征态 (b) 初始状态为纯态 (c) 初始状态为混合态

图 10.7 目标状态为系统吸引子时的状态演化路径

由图 10.7 所示,当目标状态为系统吸引子时,无论初始状态处于 Bloch 球面和球内的任一点,在本小节所用的控制律下均可以 100%的概率平滑地演化到目标状态,即系统终态与目标状态完全重合.事实上,图 10.6(b)和图 10.7(b)具有相同的初态和终态,唯一的区别是图 10.6(b)不存在外部控制场,而图 10.7(b)有外部控制场.为了分析具有相同初态和终态的实验 2(有外部控制场)和实验 1(无外部控制场),我们在图 10.8 中给出了两者的布居数转移图,其中,横轴为时间轴,纵轴显示两个量子位上的布居数.从图 10.8 中可以看到,图 10.6(b)中系统到达目标状态的时间为 0.08 a.u.,而图 10.7(b)中系统到达目标状态的时间为 0.03 a.u.,这表明外部控制场大大加速了系统从初态到终态的演化,而此效果在 Bloch 球上无法显现出来.

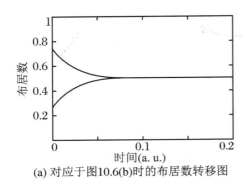
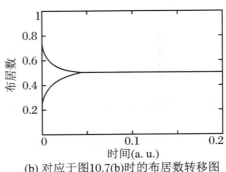

(a) 对应于图10.6(b)时的布居数转移图 (b) 对应于图10.7(b)时的布居数转移图

图 10.8 实验 1 和实验 2 的布居数转移图对比

实验3:目标状态为 z 轴上的混合态时的控制效果.

将目标状态设定为

$$\rho_{\text{tar2}} = \text{diag}\left(\frac{1}{3}, \frac{2}{3}\right) \tag{10.73}$$

系统初态为式(10.70)中的本征态、纯态和混合态,施加控制场(10.60),分别得到图 10.9 所示的系统状态在 Bloch 球上的演化过程.图中,系统初态用"o"表示,系统终态用"+"表示,系统目标态用"×"表示.当初态为本征态时,比例系数为 $k_{1,3} = 2, k_{2,4} = 1$(如图 10.9(a)所示);当初态为纯态时,比例系数为 $k_{1,3} = 2, k_{2,4} = 8$(如图 10.9(b)所示);当初态为混合态时,比例系数为 $k_{1,3} = 2, k_{2,4} = 58$(如图 10.9(c)所示).

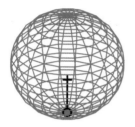 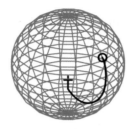 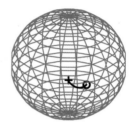

(a) 初始状态为本征态　　　(b) 初始状态为纯态　　　(c) 初始状态为混合态

图 10.9　目标状态为 z 轴上的混合态时的状态演化路径

如图 10.9 所示,当目标状态为 z 轴上的混合态时,系统状态需先演化至 z 轴,进而沿 z 轴演化至目标状态.从图 10.9(b)和图 10.9(c)中可以看出,由于系统初态不在 z 轴上,即目标状态不在初始状态与吸引子的连线上,故实验中需要相对较强的控制场才能抵抗环境对系统产生的松弛作用,从而驱动系统状态向目标状态演化.

实验4:目标状态设定为一般混合态.

$$\rho_{\text{tar3}} = \begin{bmatrix} \dfrac{3}{8} & \dfrac{1}{8} \\ \dfrac{1}{8} & \dfrac{5}{8} \end{bmatrix} \tag{10.74}$$

系统初态为式(10.70)中的本征态、纯态和混合态,施加控制场(10.60),分别得到图 10.10 所示的系统状态在 Bloch 球上的演化过程.图中,系统初态用"o"表示,系统终态用"+"表示,系统目标态用"×"表示.当初态为本征态时,比例系数为 $k_{1,3} = 2, k_{2,4} = 3$(如图 10.10(a)所示);当初态为纯态时,比例系数为 $k_{1,3} = 2, k_{2,4} = 6$(如图 10.10(b)所示);当初态为混合态时,比例系数为 $k_{1,3} = 2, k_{2,4} = 27$(如图 10.10(c)所示).

如图 10.10 所示,当目标状态为一般混合态时,系统状态需先演化至吸引子与目标状态的连线上,进而沿此线演化至目标状态.然而一般情况下,目标状态都不在吸引子与目标状态的连线上,故实验中也需要相对较强的控制场才能抵抗环境对系统的松弛作用,驱动系统状态向目标状态演化.

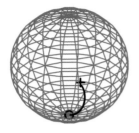 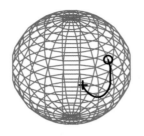 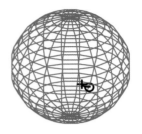

(a) 初始状态为本征态　　　(b) 初始状态为纯态　　　(c) 初始状态为混合态

图 10.10　目标状态为一般混合态时的状态演化路径

由以上四组实验可以看出,当不施加外加控制场时,开放系统有其自身的状态演化路径,布居数和相位同时发生松弛,直至系统吸引子.若期望的目标状态不在此状态演化路径上,我们可以通过施加外加控制场,改变系统的状态演化路径,使其演化经过我们期望的目标状态,完成系统状态从初态到目标状态的转移,若期望的目标状态在开放系统自身的状态演化路径上,则控制场施加与否都能完成系统状态从初态到目标状态的转移.而此时控制场的作用则是加速系统从初态到目标状态的转移.

由于环境会导致系统状态纯度的单调下降,这使得初态和目标状态的选择需要遵循一定的限制,即初态的纯度必须大于目标状态的纯度,否则转移控制将无法完成.在满足该条件的情况下,初态和目标状态可以任意选择.

10.4　相互作用粒子的纯度保持

量子系统和环境的耦合引起了系统的消相干,引起了量子状态纯度的降低和相干性的消失,由此导致的后果便是量子系统向环境信息流失或概率泄漏.量子控制的一个重要的目的,便是保持粒子的纯度,进而保持状态的相干性,从而保持量子系统原有的信息.因此保持量子系统状态的纯度和相干性在量子信息过程以及相干控制等领域有重要的应用价值.到目前为止,量子消相干的控制仍然是开放量子系统邻域的一个未解决的问题.本章后几节将针对开放量子系统,研究纯度、相干性的保持以及耗散补偿的问题.具体地,在本节中,我们将研究连续场对开放系统的影响以及如何利用连续场进行开放量子系统纯度及相干性的保持问题.在 10.5 节中,针对马尔可夫型的开放量子系统,我们将利用辅助粒子及其与被控粒子间的相互作用来对耗散进行补偿.而在 10.6 节中,将探讨利用弱测量进行纯度、相干性保持以及耗散补偿的可行性.

目前,描述开放量子系统的一种常用形式是量子马尔可夫主方程.对于马尔可夫型开放量子系统,由于通常的控制手段(连续场、激光脉冲等)引入的都是幺正操作,并不能完全阻止消相干的发生,只能在一定时间内实现一定程度的抑制,并且对于纯度的保持起不到任何作用(Lidar, Schneider, 2005).这其实是由系统与环境相互作用的马尔可夫性造成的,即信息由系统流向环境之后并不从环境流回系统,或者说信息从环境流回系统所需要的时间为 ∞.另外,当控制场作用时,控制场对环境与系统的相互作用是存在一定影响的,这种影响有可能起到阻碍纯度和相干性流失的作用.而在量子马尔可夫主方程模型中,环境的信息是被忽略的,在这种情况下,控制场对系统与环境相互作用的影响也被忽略.这时,如果还是采用原来的系统模型显然是不太合适的,因此,我们必须适当了解控制场对系统与环境相互作用的影响,从而获得一些设计控制场的指导性原则.

为了确切地了解连续控制场对系统与环境相互作用的影响,从而为设计控制场保持纯度及相干性提供帮助,需要连同环境一起考虑(当然,在很多时候这是不可能的),为此,我们将把环境与量子系统作为一个整体——封闭的复合量子系统——来研究,而且系统与环境之间的相互作用还必须是非马尔可夫的.一种简单的情况是,系统与环境都只具有很低的自由度,比如,在一些量子信息和量子计算的过程中,人们把关心的粒子作为系统而把其他的粒子作为环境.在本节中,为简化问题,我们将具体研究两个相互作用的自旋 1/2 粒子所组成的封闭复合系统,其中一个粒子作为被控对象而另一个粒子作为环境(Lou, et al., 2009).因此,作为被控对象的粒子,由于其与另一个粒子(作为环境)的相互作用,粒子的纯度(以及相干性)是变化的.而作为整体的封闭系统,其纯度(以及相干性)是不变的,显然,量子粒子间的相互作用是非马尔可夫的.

10.4.1　问题的描述

在这里,我们考虑 3.4 节中具有 Ising 相互作用的两个自旋 1/2 粒子,其中一个作为控制粒子,而另一个作为与系统相互作用的环境.控制场施加于第一个粒子.于是,两个

粒子组成了一个封闭的复合量子系统,它的哈密顿量为

$$
\begin{aligned}
H &= H_0 + H_C \\
&= -\frac{\hbar}{2}(\gamma_1 B \sigma^z \otimes I + \gamma_2 B I \otimes \sigma^z + J \sigma^z \otimes \sigma^z) \\
&\quad -\frac{\hbar \gamma_1 A_1}{2}(\mathrm{e}^{\mathrm{i}\omega t} \mid 0\rangle\langle 1 \mid + \mathrm{e}^{-\mathrm{i}\omega t} \mid 1\rangle\langle 0 \mid) \otimes I \\
&= -\frac{\hbar}{2}(\omega_1 \sigma^z \otimes I + \omega_2 I \otimes \sigma^z + J \sigma^z \otimes \sigma^z + \Omega_1(\mathrm{e}^{\mathrm{i}\omega t} \mid 0\rangle\langle 1 \mid + \mathrm{e}^{-\mathrm{i}\omega t} \mid 1\rangle\langle 0 \mid) \otimes I) \\
&= -\frac{\hbar}{2}\begin{bmatrix}
\omega_1 + \omega_2 + J & 0 & \Omega_1 \mathrm{e}^{\mathrm{i}\omega t} & 0 \\
0 & \omega_1 - \omega_2 - J & 0 & \Omega_1 \mathrm{e}^{\mathrm{i}\omega t} \\
\Omega_1 \mathrm{e}^{-\mathrm{i}\omega t} & 0 & -\omega_1 + \omega_2 - J & 0 \\
0 & \Omega_1 \mathrm{e}^{-\mathrm{i}\omega t} & 0 & -\omega_1 - \omega_2 + J
\end{bmatrix}
\end{aligned} \tag{10.75}
$$

其中,B 是外加恒定磁场强度;A_j 是施加在粒子 j 上的控制场的幅值;J 是粒子间的耦合强度;$\omega_j = \gamma_j B$ 是粒子 j 的本征频率;$\Omega_j = \gamma_j A_j$ 是拉比频率,作为控制量;ω 对应控制场的频率;σ^z 是 Pauli 矩阵 σ_3,表示粒子的 Bloch 向量绕 z 轴的旋转.

封闭系统的状态密度矩阵为 $\rho = |\psi\rangle\langle\psi|$,其中 $|\psi\rangle$ 由下式所定义:

$$
|\psi\rangle = \alpha_1(t) \mid 00\rangle + \alpha_2(t) \mid 01\rangle + \alpha_3(t) \mid 10\rangle + \alpha_4(t) \mid 11\rangle \tag{10.76}
$$

为了更方便地描述粒子的纯度以及相干性,我们采用相干向量表示来描述问题. 为此,先将密度矩阵分解成相干向量 ρ 分量的形式:

$$
\rho = \sum_{j=0}^{15} \mathrm{tr}(4\rho X_j) X_j = \sum_{j=0}^{15} p_j X_j \tag{10.77}
$$

其中,p_j 为相干向量 $\rho = (p_1 \quad p_2 \quad \cdots \quad p_{n^2-1})^{\mathrm{T}}$ 的分量;X_j 为相应的相干向量基. 需要注意的是,这里的相干向量基 X_j 不同于第 2 章中定义的 Gell-Mann 矩阵,而是由下式所定义:

$$
X_j = \frac{1}{4}\left\{
\begin{aligned}
&I \otimes I, \sigma_x \otimes I, \sigma_y \otimes I, \sigma_z \otimes I, I \otimes \sigma_x, I \otimes \sigma_y, I \otimes \sigma_z, \\
&\sigma_x \otimes \sigma_x, \sigma_x \otimes \sigma_y, \sigma_x \otimes \sigma_z, \sigma_y \otimes \sigma_x, \sigma_y \otimes \sigma_y, \sigma_y \otimes \sigma_z, \sigma_z \otimes \sigma_x, \sigma_z \otimes \sigma_y, \sigma_z \otimes \sigma_z
\end{aligned}
\right\}
$$

$$\tag{10.78}$$

于是,系统演化所满足的薛定谔方程可以变换为相干向量方程:

$$\dot{\rho} =$$

$$\begin{pmatrix}
0 & \omega_1 & \Omega_1\sin\omega t & 0 & 0 & 0 & 0 & 0 & 0 & 0 & 0 & J & 0 & 0 & 0 \\
-\omega_1 & 0 & \Omega_1\cos\omega t & 0 & 0 & 0 & 0 & 0 & -J & 0 & 0 & 0 & 0 & 0 & 0 \\
-\Omega_1\sin\omega t & -\Omega_1\cos\omega t & 0 & 0 & 0 & 0 & 0 & 0 & 0 & 0 & 0 & 0 & 0 & 0 & 0 \\
0 & 0 & 0 & 0 & \omega_2 & 0 & 0 & 0 & 0 & 0 & 0 & 0 & J & 0 \\
0 & 0 & 0 & -\omega_2 & 0 & 0 & 0 & 0 & 0 & 0 & 0 & -J & 0 & 0 \\
0 & 0 & 0 & 0 & 0 & 0 & \omega_2 & 0 & \omega_1 & 0 & 0 & \Omega_1\sin\omega t & 0 & 0 \\
0 & 0 & 0 & 0 & 0 & -\omega_2 & 0 & 0 & 0 & \omega_1 & 0 & \Omega_1\sin\omega t & 0 \\
0 & J & 0 & 0 & 0 & 0 & 0 & 0 & 0 & \omega_1 & 0 & 2 & \Omega_1\sin\omega t \\
0 & 0 & 0 & 0 & 0 & -\omega_1 & 0 & 0 & 0 & \omega_2 & 0 & \Omega_1\cos\omega t & 0 & 0 \\
0 & 0 & 0 & 0 & 0 & 0 & -\omega_1 & 0 & -\omega_2 & 0 & 0 & \Omega_1\cos\omega t & 0 \\
-J & 0 & 0 & 0 & 0 & 0 & 0 & -\omega_1 & 0 & 0 & 0 & \Omega_1\cos\omega t \\
0 & 0 & 0 & 0 & J & 0 & -\Omega_1\sin\omega t & 0 & 0 & -\Omega_1\cos\omega t & 0 & 0 & \omega_2 & 0 \\
0 & 0 & 0 & -J & 0 & 0 & -\Omega_1\sin\omega t & 0 & 0 & -\Omega_1\cos\omega t & 0 & -\omega_2 & 0 \\
0 & 0 & 0 & 0 & 0 & -\Omega_1\sin\omega t & 0 & 0 & -\Omega_1\cos\omega t & 0 & 0 & 0 & 0
\end{pmatrix} \rho$$

$$(10.79)$$

因此 p_j 可由密度矩阵 ρ 的元素所确定,比如:

$$\begin{cases} p_1 = \rho_{31} + \rho_{42} + \rho_{13} + \rho_{24} \\ p_2 = (\rho_{31} + \rho_{42} - \rho_{13} - \rho_{24})/\mathrm{i} \\ p_3 = \rho_{11} + \rho_{22} - \rho_{33} - \rho_{44} \end{cases} \qquad (10.80)$$

实际上,$p_{i=1,2,3}$ 为对应于 Bloch 球上三个轴的分量,即 Bloch 向量的分量. 而被控粒子 1 的纯度 pu_1 由 Bloch 向量的长度所定义:

$$pu_1 = \sqrt{p_1^2 + p_2^2 + p_3^2} \qquad (10.81)$$

该定义与纯度定义的一般式 $\mathrm{tr}(\rho^2)$ 是等价的,实际上式(10.81)可写成 $pu_1 = 2\mathrm{tr}(\rho^2) - 1$,为讨论方便,本节中纯度取式(10.81)的定义形式. 相应的相干性即 Bloch 向量在 x-y 平面上的投影长度:

$$co_1 = \sqrt{p_1^2 + p_2^2} \qquad (10.82)$$

在未施加控制量时,即 $\Omega_1 = 0$ 的情况下,由相干向量方程(10.79)可知,粒子 1 的相干向量分量 p_1,p_2 只与 p_9,p_{12} 有耦合,而 Bloch 球的 z 轴分量始终不变. 由于两个粒子的对称性,只考虑粒子 1 的状态演化. 由式(10.79)可得 p_1,p_2 的演化满足方程为

$$
\begin{pmatrix} \dot{p}_1 \\ \dot{p}_2 \\ \dot{p}_9 \\ \dot{p}_{12} \end{pmatrix} = \begin{pmatrix} 0 & \omega_1 & 0 & J \\ -\omega_1 & 0 & -J & 0 \\ 0 & J & 0 & \omega_1 \\ -J & 0 & -\omega_1 & 0 \end{pmatrix} \begin{pmatrix} p_1 \\ p_2 \\ p_9 \\ p_{12} \end{pmatrix}
\tag{10.83}
$$

上式的解为

$$
\begin{cases}
p_1 = C_1 \cos\left((\omega_1 + J)t\right) + C_2 \sin\left((\omega_1 + J)t\right) - C_3 \cos\left((-\omega_1 + J)t\right) - C_4 \sin\left((-\omega_1 + J)t\right) \\
p_2 = -C_1 \sin\left((\omega_1 + J)t\right) + C_2 \cos\left((\omega_1 + J)t\right) - C_3 \sin\left((-\omega_1 + J)t\right) + C_4 \cos\left((-\omega_1 + J)t\right) \\
p_9 = C_1 \cos\left((\omega_1 + J)t\right) + C_2 \sin\left((\omega_1 + J)t\right) + C_3 \cos\left((-\omega_1 + J)t\right) + C_4 \sin\left((-\omega_1 + J)t\right) \\
p_{12} = -C_1 \sin\left((\omega_1 + J)t\right) + C_2 \cos\left((\omega_1 + J)t\right) + C_3 \sin\left((-\omega_1 + J)t\right) - C_4 \cos\left((-\omega_1 + J)t\right)
\end{cases}
\tag{10.84}
$$

当初始条件为 $p_2(0) = 1$, $p_1(0) = p_3(0) = p_9(0) = p_{12}(0) = 0$ 时,解得 $C_2 = C_4 = 1/2$, $C_1 = C_3 = 0$,从而有

$$
\begin{cases}
p_1 = \sin\left(\omega_1 t\right) \cos\left(Jt\right) \\
p_2 = \cos\left(\omega_1 t\right) \cos\left(Jt\right)
\end{cases}
\tag{10.85}
$$

所以粒子纯度 pu_1 的演化方程为

$$
pu_1(t) = \left| \cos\left(Jt\right) \right|
\tag{10.86}
$$

可见,当粒子间的相互作用强度 $J \neq 0$ 时,粒子纯度会在 0 和 1 之间不停振荡,其振荡周期为 $1/J$. 实际上,如果我们把整个量子系统作为一个整体考虑,由于是封闭系统,其纯度是不变的,这一点可从 $\| \dot{p}u_1 \| = 0$ 上看出来. 从式(10.85)可以得到,当相互作用强度 $J = 0$ 时,则回到单个粒子封闭系统的情况,即状态以频率 ω_1 绕 z 轴旋转.

我们的最终目的是保持被控粒子的纯度,但为了深入了解连续控制场对粒子与环境相互作用的影响,接下来的任务是分析在固定场强连续场的作用下被控粒子纯度的演化.

10.4.2 连续场作用下纯度的演化

为了获得纯度演化的解析解,将薛定谔方程变换到相互作用图景中,即对密度矩阵 ρ 作变换 $\rho = \mathrm{e}^{-\mathrm{i}H_0 t/\hbar} \tilde{\rho} \, \mathrm{e}^{\mathrm{i}H_0 t/\hbar}$. 变换后系统的哈密顿量变为

量子系统控制理论与方法
Control Theory and Methods of Quantum Systems

$$\widetilde{H}(t) = -\frac{\hbar}{2}\begin{pmatrix} 0 & 0 & \Omega_1 e^{i(\Delta-J)t} & 0 \\ 0 & 0 & 0 & \Omega_1 e^{i(\Delta+J)t} \\ \Omega_1 e^{-i(\Delta-J)t} & 0 & 0 & 0 \\ 0 & \Omega_1 e^{-i(\Delta+J)t} & 0 & 0 \end{pmatrix} \tag{10.87}$$

其中,$\Delta = \omega - \omega_1$ 为被控粒子与控制场之间的失谐.解相互作用图解中的薛定谔方程,可得式(10.76)中各项系数为

$$\begin{cases} \widetilde{\alpha}_1(t) = (\widetilde{\alpha}_1(0) - c_1)e^{i(\sqrt{\Omega_1^2+(\Delta-J)^2}+(\Delta-J))t/2} + c_1 e^{-i(\sqrt{\Omega_1^2+(\Delta-J)^2}-(\Delta-J))t/2} \\[2mm] \widetilde{\alpha}_2(t) = (\widetilde{\alpha}_4(0) - c_2)\dfrac{\sqrt{\Omega_1^2+(\Delta+J)^2}-(\Delta+J)}{\Omega_1}e^{i(\sqrt{\Omega_1^2+(\Delta+J)^2}+(\Delta+J))t/2} \\[3mm] \qquad - c_2\dfrac{\sqrt{\Omega_1^2+(\Delta+J)^2}+(\Delta+J)}{\Omega_1}e^{-i(\sqrt{\Omega_1^2+J^2}-(\Delta+J))t/2} \\[3mm] \widetilde{\alpha}_3(t) = (\widetilde{\alpha}_1(0) - c_1)\dfrac{\sqrt{\Omega_1^2+(\Delta-J)^2}+(\Delta-J)}{\Omega_1}e^{i(\sqrt{\Omega_1^2+(\Delta-J)^2}-(\Delta-J))t/2} \\[3mm] \qquad - c_1\dfrac{\sqrt{\Omega_1^2+(\Delta-J)^2}-(\Delta-J)}{\Omega_1}e^{-i(\sqrt{\Omega_1^2+(\Delta-J)^2}+(\Delta-J))t/2} \\[3mm] \widetilde{\alpha}_4(t) = (\widetilde{\alpha}_4(0) - c_2)e^{i(\sqrt{\Omega_1^2+(\Delta+J)^2}-(\Delta+J))t/2} + c_2 e^{-i(\sqrt{\Omega_1^2+(\Delta+J)^2}+(\Delta+J))t/2} \end{cases} \tag{10.88a}$$

式(10.88a)中

$$\begin{cases} c_1 = \dfrac{\widetilde{\alpha}_1(0)\sqrt{\Omega_1^2+(\Delta-J)^2} + \widetilde{\alpha}_1(0)(\Delta-J) - \widetilde{\alpha}_3(0)\Omega_1}{2\sqrt{\Omega_1^2+(\Delta-J)^2}} \\[3mm] c_2 = \dfrac{\widetilde{\alpha}_4(0)\sqrt{\Omega_1^2+(\Delta+J)^2} - \widetilde{\alpha}_4(0)(\Delta+J) - \widetilde{\alpha}_2(0)\Omega_1}{2\sqrt{\Omega_1^2+(\Delta+J)^2}} \end{cases} \tag{10.88b}$$

于是纯度 pu_1 可由式(10.80)、式(10.81)以及式(10.88)求得.由于其一般表达式过于复杂,在此就不将其列出了.很显然,纯度 pu_1 是一个关于失谐 Δ 的函数,由于其表达式过于复杂,我们将通过系统数值仿真实验考察在演化过程中纯度的最小值与失谐的关系,这里不作理论分析.

现在具体分析失谐为零($\Delta = 0$)时的纯度演化,假设初始状态 $\rho(0) = (0 \quad 1 \quad 0 \quad 0 \quad 1 \quad 0 \quad \cdots \quad 0)^T$,即 $p_2(0) = p_5(0) = 1$,其余分量为零.根据式(10.80)、式(10.81)以及式(10.88),可得

$$pu_1 = 2|\rho_{31} + \rho_{42}|$$
$$= 2|\widetilde{\alpha}_3(t)\widetilde{\alpha}_1^*(t) + \widetilde{\alpha}_4(t)\widetilde{\alpha}_2^*(t)e^{2iJt}|$$

$$= \left| \frac{\Omega_1^2}{\Omega_1^2 + J^2} + \frac{J^2}{\Omega_1^2 + J^2} \cos \left(\sqrt{\Omega_1^2 + J^2}\, t \right) \right| \tag{10.89}$$

这里，由于 z 方向分量为零，纯度与相干性是等价的. 从式(10.89)可以看出，纯度 pu_1 在演化过程中存在振荡，振荡的频率为 $\omega_p = \sqrt{\Omega_1^2 + J^2}$，这是拉比频率 Ω_1 和相互作用强度 J 的向量和(从物理意义上看，拉比频率表示 x 轴方向的角速率，而相互作用强度表示两个粒子 z 方向的角速率的耦合，也具有 z 轴的方向，因此 Ω_1 与 J 具有 90° 夹角)，振荡的幅值 A_p 则由 $J^2/(\Omega_1^2 + J^2)$ 表示. 因此，为了获得一个较小的振荡幅值，拉比频率 Ω_1 应该比相互作用强度 J 大很多，比如，当 $\Omega_1 = 10J$ 时，振荡幅值就只有 0.01. 可以看出，我们可以通过施加合适强度的共振场来控制纯度演化. 而从纯度振荡的频率上我们可以看到，控制场强越强，纯度振荡得越剧烈，当场强为零，即没有施加控制场时，纯度振荡的频率为 J，而当 $\Omega_1 = J$ 时，纯度为 $pu_1(t) = \cos^2(\sqrt{2}\, t)$，以频率 $\sqrt{2}$ 在 0 和 1 之间振荡. 因此，当控制场的场强不够大时，不仅不能够保持粒子的纯度，反而加速了粒子纯度减小，也即加速了消相干过程.

10.4.3　控制场的设计

虽然通过施加常值的共振控制场可以将粒子的纯度限制在一定的值之上，但此时粒子纯度是振荡的，为了消除这种波动，即将粒子纯度保持在某个特定的值，我们需要对控制场场强进行设计.

为了将粒子的纯度保持在 1 上，当纯度小于 1 时，必须将其增大，即 $\dot{p}u_1(t) > 0$，而当纯度等于 1 时，由于达到了最大值，$\dot{p}u_1(t) = 0$，综上所述，下式必须满足：

$$\begin{cases} \dot{p}u_1(t) = 0, & pu_1(t) = 1 \\ \dot{p}u_1(t) > 0, & pu_1(t) < 1 \end{cases} \tag{10.90}$$

而根据式(10.79)可以得到 $\dot{p}_i, i = 1,2,3$ 的表达式：

$$\begin{cases} \dot{p}_1 = \omega_1 p_2 + \Omega_1 \sin(\omega t) p_3 + J p_{12} \\ \dot{p}_2 = -\omega_1 p_1 + \Omega_1 \cos(\omega t) p_3 - J p_9 \\ \dot{p}_3 = -\Omega_1 \sin(\omega t) p_1 - \Omega_1 \cos(\omega t) p_2 \end{cases} \tag{10.91}$$

将式(10.91)代入纯度的定义式(10.80)中，可以得到

$$\dot{p}u_1(t) = \frac{\mathrm{d}}{2\,pu_1(t)\mathrm{d}t}(pu_1^2(t))$$

$$= (p_1\dot{p}_1 + p_2\dot{p}_2 + p_3\dot{p}_3)/(pu_1(t))$$

$$= J(p_1 p_{12} - p_2 p_9)/(pu_1(t)) \tag{10.92}$$

式(10.92)是一个不包含控制量的表达式,因此控制量并不能直接改变粒子的纯度. 为此,我们进一步考虑纯度的二阶导数:

$$\frac{\mathrm{d}^2}{2\mathrm{d}t^2}(pu_1^2(t)) = \dot{p}_1 p_{12} + p_1 \dot{p}_{12} - \dot{p}_2 p_9 - p_2 \dot{p}_9$$

$$= (\sin(\omega t)\,p_3 p_{12} + \cos(\omega t)\,p_1 p_{15} - \sin(\omega t)\,p_2 p_{15}$$

$$- \cos(\omega t)\,p_3 p_9)\Omega_1 - J(p_1^2 + p_2^2 - p_9^2 - p_{12}^2) \tag{10.93}$$

于是,我们可以通过纯度的二阶导数来实现式(10.93)的条件. 为此,可以令

$$\frac{\mathrm{d}^2}{\mathrm{d}t^2}(pu_1^2(t)) = M\left|\frac{\mathrm{d}}{\mathrm{d}t}(pu_1^2(t))\right|, \quad M > 0 \tag{10.94}$$

由式(10.94)可以解得

$$pu_1^2(t) = \left|\frac{\mathrm{d}}{\mathrm{d}t}(pu_1^2(0))\right|\exp\left(\mathrm{sign}\left(\frac{\mathrm{d}}{\mathrm{d}t}(pu_1^2(0))\right)Mt\right)/M$$

$$+ pu_1^2(0) - \left|\frac{\mathrm{d}}{\mathrm{d}t}(pu_1^2(0))\right|/M \tag{10.95}$$

通过分析式(10.95)我们可以知道,当 $\frac{\mathrm{d}}{\mathrm{d}t}(pu_1^2(0)) > 0$ 时,$pu_1^2(t)$ 一直增加直到纯度为 1;而当 $\frac{\mathrm{d}}{\mathrm{d}t}(pu_1^2(0)) < 0$ 时,随着 $t \to \infty$,$p_1^2(t)$ 将收敛到 $pu_1^2(0) - \left|\frac{\mathrm{d}}{\mathrm{d}t}(pu_1^2(0))\right|/M$,否则,$pu_1^2(t) = pu_1^2(0)$.

考虑到粒子纯度的初始值为其极大值1,并且将会在 0 和 1 之间振荡,当某时刻纯度达到它的极值点时,$\frac{\mathrm{d}}{\mathrm{d}t}(pu_1^2(t))$ 为 0,从而根据式(10.94),$\frac{\mathrm{d}}{\mathrm{d}t}(pu_1^2(t))$ 将一直保持在 0 上,即纯度将不再变化,则纯度将保持在它的极值点上. 但当纯度处于极小值点时,只要有一个扰动使得 $\frac{\mathrm{d}}{\mathrm{d}t}(pu_1^2(t)) > 0$,纯度将会一直增加,直到其极大值. 因此,只有其极大值点 1 才是稳定的.

于是,根据式(10.92)至式(10.94),可得

$$\Omega_1 = \frac{J(p_1^2 + p_2^2 - p_9^2 - p_{12}^2) + MJ|p_1 p_{12} - p_2 p_9|}{\sin(\omega t)\,p_3 p_{12} + \cos(\omega t)\,p_1 p_{15} - \sin(\omega t)\,p_2 p_{15} - \cos(\omega t)\,p_3 p_9} \tag{10.96}$$

考虑到当上式的分母接近于零时,控制量将会很大,而实际上控制量总是限制在一定的阈值 $\Omega_{\max}$ 以内的,因此当计算出 Ω_1 超过阈值时,它将被限制在阈值上.于是施加的控制量应该是

$$
\Omega_1^{\text{practice}} = \begin{cases} \Omega_{\max}, & |\Omega_1| \geqslant \Omega_{\max} \\ \dfrac{J(p_1^2 + p_2^2 - p_9^2 - p_{12}^2) + M|p_1 p_{12} - p_2 p_9|}{\sin(\omega t)p_3 p_{12} + \cos(\omega t)p_1 p_{15} - \sin(\omega t)p_2 p_{15} - \cos(\omega t)p_3 p_9}, & \text{其他} \end{cases}
$$

$$(10.97)$$

10.4.4 数值仿真实验及其结果分析

本小节将对前面所叙述的内容,即粒子的自由演化、纯度最小值与控制场失谐的关系、共振场以及所设计控制场(10.97)作用下粒子纯度的演化进行系统数值仿真实验分析.

在数值仿真实验中,时间轴被分割成极短的片段 Δt,在每个片段中哈密顿量被认为是不变的,因此系统演化的迭代方程为

$$
|\tilde{\psi}(k+1)\rangle = \exp(\tilde{H}(k)\Delta t)|\tilde{\psi}(k)\rangle \tag{10.98}
$$

其中,$\tilde{H}$ 由式(10.87)所定义.

1. 粒子的自由演化

当不施加控制场时,粒子状态在 Bloch 球上的演化轨迹将与两个粒子间的相互作用强度有关.通过数值仿真实验,我们得知:当 $J = \omega_1$ 时,状态在 $x\text{-}y$ 平面内的轨迹将是一个以 $(0,1/2)$ 为圆心、$1/4$ 为半径的圆.当 J 等于 ω_1 的偶数 m 倍时,$x\text{-}y$ 平面内的轨迹将是一个具有 $2m$ 个瓣的花形,如图 10.11(a)所示;而当 J 等于 ω_1 的奇数 n 倍时,$x\text{-}y$ 平面内的轨迹将是一个具有 n 个瓣的花形,如图 10.11(b)所示.实验中粒子的本征频率为 $\omega_1 = 10$.在一般情况下,我们认为相互作用强度 J 相对本征频率而言较小,在后面的数值仿真实验中,相互作用强度 J 将设定为粒子本征频率的 $1/10$.

2. 粒子演化中纯度最小值与控制场失谐的关系

图 10.12 显示了粒子纯度演化过程中最小值与失谐的关系,其中 x 轴表示控制场频率与本征频率之间的失谐,而 y 轴表示粒子状态演化过程中纯度的最小值.仿真实验中系统初始状态为 $|\varphi\rangle = (|0\rangle + i|1\rangle) \otimes (|0\rangle + i|1\rangle)/2$,它的相干向量表示为 $\rho(0) = (0\ 1\ 0\ 0\ 1\ 0\ \cdots\ 0)^{\mathrm{T}}$,粒子本征频率 $\omega_1 = \omega_2 = 10$,相互作用强度 $J = 1$.从

量子系统控制理论与方法
Control Theory and Methods of Quantum Systems

图 10.12 中可以看出,当失谐为零时,两个粒子的纯度最小值达到极大,为 0.98.特别是从图10.12(b)中可以看到,当失谐不为零时,环境粒子的纯度极小值都是零,即意味着粒子 2 的纯度将在 0 和 1 之间振荡.因此图 10.12 在一定程度上说明了共振控制场具有一定的解耦作用.

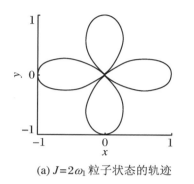

(a) $J=2\omega_1$ 粒子状态的轨迹

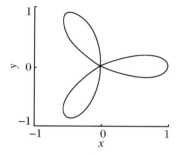

(b) $J=3\omega_1$ 粒子状态的轨迹

图 10.11　不同参数系粒子状态在 x-y 平面内的演化轨迹

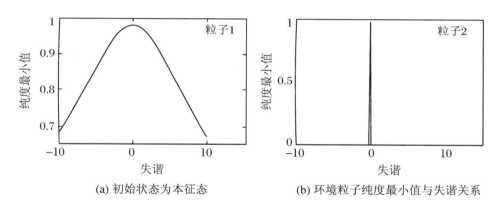

(a) 初始状态为本征态

(b) 环境粒子纯度最小值与失谐关系

图 10.12　粒子纯度演化过程中最小值与失谐的关系图

3. 共振场作用下粒子状态和纯度的演化

图 10.13 是共振场作用下粒子状态和纯度的演化图,其中图 10.13(a)是粒子状态在 Bloch 球的 x-y 平面上的演化轨迹,而图 10.13(b)表示的是其纯度随时间的演化.仿真实验中系统初始状态为 $|\psi\rangle=(|0\rangle+\mathrm{i}|1\rangle)\otimes(|0\rangle+\mathrm{i}|1\rangle)/2$,粒子本征频率 $\omega_1=\omega_2=10$,相互作用强度 $J=1$,失谐 $\Delta=0$.从图 10.13(a)中可以看到,当共振控制场作用时,粒子状态的演化轨迹仍然是绕 z 轴旋转的一个圆,而图 10.13(b)则验证了在共振场作用下纯度的演化满足式(10.89).

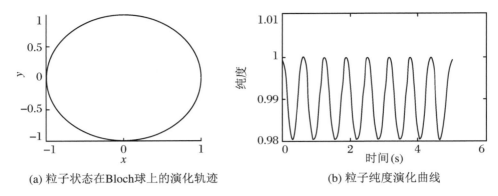

(a) 粒子状态在Bloch球上的演化轨迹

(b) 粒子纯度演化曲线

图 10.13　共振场作用下粒子状态和纯度的演化图

4. 设计控制场进行纯度保持

图 10.14 是根据控制律(10.97)对粒子进行控制时所获得的控制场曲线以及粒子的纯度演化曲线.粒子的初始状态为 $|\varphi\rangle = (|0\rangle + \mathrm{i}|1\rangle) \otimes (|0\rangle + \mathrm{i}|1\rangle)/2$,控制参数 $\omega_1 = \omega_2 = 10$,相互作用强度 $J = 1$,失谐 $\Delta = 0$,$M = 10$,控制量的阈值为 $\Omega_{\max} = 40$.从图10.14(b)中可以看到,在所设计的控制场的作用下,粒子的纯度最终保持在一个非常接近于 1 的数值上,但不能最终收敛到 1.这是因为在仿真实验中,控制量阈值的存在以及仿真过程的离散化,不能够完全符合式(10.95)的分析.从图 10.14(a)中可以看到,在控制过程的后期,控制量保持在阈值上,而这时我们并没有在图 10.14(b)的相应阶段看到粒子纯度的振荡,这不同于前面施加常值控制场的情况,因此可以认为,所设计的保持粒子纯度的控制律是有效的.

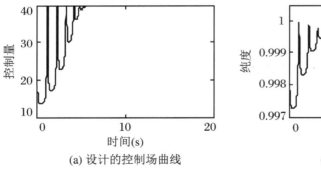
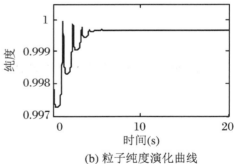

(a) 设计的控制场曲线

(b) 粒子纯度演化曲线

图 10.14　设计得到的控制场以及粒子纯度变化图

以上的研究表明,对于最简单的开放量子系统情况,即系统和环境都只有两个自由度时,施加控制场确实可以影响由于相互作用而引起的消相干,虽然对于更复杂的情况

量子系统控制理论与方法
Control Theory and Methods of Quantum Systems

有待进一步的分析研究,但可以初步得到这样的结论:第一,施加共振场能够有效地抑制消相干作用,具有一定的解耦效应;第二,所施加的共振场的场强应该足够大,否则将会起到反作用,即加速消相干的过程.

10.5　基于相互作用的耗散补偿

在 10.4 节中,我们研究了连续场对开放量子系统的影响,表明共振场具有一定的解耦作用.但从操作特性上讲,连续场控制提供的是一个幺正操作,而开放量子系统的消相干以及耗散是非幺正的作用,这在根本上否定了用连续场控制来完全抵消消相干以及耗散作用的可能.因此需要引入非幺正操作来增加被控系统的纯度,从而对其流入环境的纯度和相干性进行补偿.本节将提出一种新的控制手段,即利用辅助粒子,通过适当选择被控粒子与辅助粒子的相互作用,实现纯度和相干性从辅助粒子到被控粒子的流动,从而对被控粒子的纯度以及相干性流失进行补偿(Lou,Cong,2008).

10.5.1　问题的描述

与 10.4 节类似,本节中被控粒子以及辅助粒子都选用自旋 1/2 粒子.它们之间可以存在九种基本类型的相互作用哈密顿量,两个粒子间的相互作用哈密顿量可以由这九种基本类型的哈密顿量线性组合而成:

$$\sigma_m \otimes \sigma_n, \quad m,n = x,y,z \tag{10.99}$$

$\sigma_{x,y,z}$ 为 Pauli 矩阵,分别表示了 x,y,z 方向的旋转.

于是,系统的相互作用哈密顿量为

$$H_i = -\frac{\hbar}{2}\left(\sum_{m,n=x,y,z} J_{mn}(t)\sigma_m \otimes \sigma_n\right) \tag{10.100}$$

其中,随时间变化的 $J_{mn}(t) \geqslant 0$ 表示 $\sigma_m \otimes \sigma_n, m,n = x,y,z$ 型相互作用的强度.

同样根据式(10.77)可以建立密度矩阵 ρ 和相干向量 $\rho = (p_1 \quad p_2 \quad \cdots \quad p_{15})^{\mathrm{T}}_{15}$ 的 1-1 对应. $b_1 = (p_1 \quad p_2 \quad p_3)^{\mathrm{T}}$ 和 $b_2 = (p_4 \quad p_5 \quad p_6)^{\mathrm{T}}$ 分别对应了粒子 1 和粒子 2 在 Bloch 球上的向量 $b = (x \quad y \quad z)^{\mathrm{T}}$,被称作 Bloch 向量. $p_7 \sim p_{15}$ 为表示两个粒子间关系

的量,当它们为零时,表示封闭系统的状态是可分离态,即可写成粒子 1 和粒子 2 状态的张量积的形式.

定义两个 Bloch 向量的内积为

$$\langle b_1, b_2 \rangle = (p_1 p_4 + p_2 p_5 + p_3 p_6)^{1/2} \tag{10.101}$$

于是,根据前面的定义式(10.81)和式(10.82),被控粒子 1 的纯度和相干性分别表示为

$$pu_1 = (p_1^2 + p_2^2 + p_3^2)^{1/2} = \langle b_1, b_1 \rangle \equiv \| b_1 \| \tag{10.102}$$

$$co_1 = (p_1^2 + p_2^2)^{1/2} = \langle P_{xy} b_1, P_{xy} b_1 \rangle \equiv \| P_{xy} b_1 \| \tag{10.103a}$$

$$P_{xy} = \begin{bmatrix} 1 & 0 & 0 \\ 0 & 1 & 0 \\ 0 & 0 & 0 \end{bmatrix} \tag{10.103b}$$

其中,P_{xy} 为向量向 x-y 平面的投影算符.

现在将系统演化所满足的方程表示成相干向量的形式,并将 $J_{xx}, J_{xy}, J_{xz}, J_{yx}, J_{yy}, J_{yz}, J_{zx}, J_{zy}, J_{zz}$ 分别用 $J_1 \sim J_9$ 表示,可得到相干向量表示下的哈密顿量:

$$\hat{H}(t) = \begin{pmatrix}
0 & 0 & 0 & 0 & 0 & 0 & 0 & 0 & 0 & J_7 & J_8 & J_9 & -J_4 & -J_5 & -J_6 \\
0 & 0 & 0 & 0 & 0 & 0 & -J_7 & -J_8 & -J_9 & 0 & 0 & 0 & J_1 & J_2 & J_3 \\
0 & 0 & 0 & 0 & 0 & 0 & J_4 & J_5 & J_6 & -J_1 & -J_2 & -J_3 & 0 & 0 & 0 \\
0 & 0 & 0 & 0 & 0 & 0 & 0 & J_3 & -J_2 & 0 & J_6 & -J_5 & 0 & J_9 & -J_8 \\
0 & 0 & 0 & 0 & 0 & 0 & -J_3 & 0 & J_1 & -J_6 & 0 & J_4 & -J_9 & 0 & J_7 \\
0 & 0 & 0 & 0 & 0 & 0 & J_2 & -J_1 & 0 & J_5 & -J_4 & 0 & J_8 & -J_7 & 0 \\
0 & J_7 & -J_4 & 0 & J_3 & -J_2 & 0 & 0 & 0 & 0 & 0 & 0 & 0 & 0 & 0 \\
0 & J_8 & -J_5 & -J_3 & 0 & J_1 & 0 & 0 & 0 & 0 & 0 & 0 & 0 & 0 & 0 \\
0 & J_9 & -J_6 & J_2 & -J_1 & 0 & 0 & 0 & 0 & 0 & 0 & 0 & 0 & 0 & 0 \\
-J_7 & 0 & J_1 & 0 & J_6 & -J_5 & 0 & 0 & 0 & 0 & 0 & 0 & 0 & 0 & 0 \\
-J_8 & 0 & J_2 & -J_6 & 0 & J_4 & 0 & 0 & 0 & 0 & 0 & 0 & 0 & 0 & 0 \\
-J_9 & 0 & J_3 & J_5 & -J_4 & 0 & 0 & 0 & 0 & 0 & 0 & 0 & 0 & 0 & 0 \\
J_4 & -J_1 & 0 & 0 & J_9 & -J_8 & 0 & 0 & 0 & 0 & 0 & 0 & 0 & 0 & 0 \\
J_5 & -J_2 & 0 & -J_9 & 0 & J_7 & 0 & 0 & 0 & 0 & 0 & 0 & 0 & 0 & 0 \\
J_6 & -J_3 & 0 & J_8 & -J_7 & 0 & 0 & 0 & 0 & 0 & 0 & 0 & 0 & 0 & 0
\end{pmatrix} \tag{10.104}$$

为了方便,式(10.104)中将 $J_k(t)$ 简记为 J_k.

若进一步考虑被控粒子 1 和环境相互作用所引起的消相干过程,这时由被控粒子 1

量子系统控制理论与方法
Control Theory and Methods of Quantum Systems

和辅助粒子2组成的复合系统状态演化满足的方程为

$$\dot{\rho}(t) = (\hat{H}(t) + \hat{L}(t))\rho(t) + \lambda(t) \tag{10.105}$$

其中，$\hat{L}(t)$ 和 $\lambda(t)$ 表示由于被控粒子与环境的相互作用产生的对相干向量的影响.

为了实现纯度及相干性从辅助粒子到被控粒子的转移，九种基本相互作用并不都是必需的. 选择基本相互作用的个数太多，会使问题复杂化，选得太少或者选得不对则无法达到预期目的. 如何适当地选择基本相互作用类型，需要通过考察 $\hat{H}(t)$ 的结构来确定.

10.5.2 相互作用类型的选择

根据 $\hat{H}(t)$ 的结构，可以得到图 10.15. 图 10.15 是一个有向图，表示的是系统 Bloch 向量各个分量之间的关系. 考虑 $p_A \xrightarrow{J_k} p_B$，它表达了两层含义：一方面，说明 p_A 促进 p_B 的增长，即 $\dot{p}_B = J_k p_A$；另一方面，p_B 也导致了 p_A 的减小，即 $\dot{p}_A = -J_k p_B$. 值得注意的是，$p_A + p_B$ 并不守恒，而 $p_A^2 + p_B^2$ 是守恒的，p_A^2 减小的速率和 p_B^2 增加的速率是相等的，并且只有在 $p_A^2 = 0$ 的时候才为零. 由于纯度和相干性在计算时进行了开根号操作，因此两个粒子间纯度和相干性转移并不守恒.

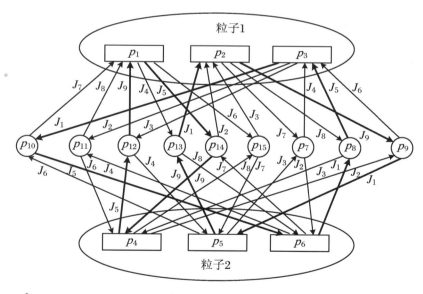

图 10.15 由 $\hat{H}(t)$ 的结构得到的相干向量各个分量之间的关系图

对被控粒子的纯度或相干性的补偿,即使得 $pu_1^2 = p_1^2 + p_2^2 + p_3^2$ 或者 $co_1^2 = p_1^2 + p_2^2$ 增大,其增加的部分需要从辅助粒子获得,因此,我们选择的相互作用应该能够建立从 p_4, p_5, p_6 到 p_1, p_2, p_3 的连通路径. 要建立这样的连通路径,至少需要选择三种基本相互作用,对应三种不同的 1-1 连通情况:

$$\sigma_x \otimes \sigma_x, \sigma_y \otimes \sigma_y, \sigma_z \otimes \sigma_z \iff J_1(t)J_5(t)J_9(t) \neq 0 \iff \begin{cases} p_4 \leftrightarrow p_1 \\ p_5 \leftrightarrow p_2 \\ p_6 \leftrightarrow p_3 \end{cases}$$

(10.106a)

$$\sigma_x \otimes \sigma_y, \sigma_y \otimes \sigma_z, \sigma_z \otimes \sigma_x \iff J_2(t)J_6(t)J_7(t) \neq 0 \iff \begin{cases} p_4 \leftrightarrow p_3 \\ p_5 \leftrightarrow p_1 \\ p_6 \leftrightarrow p_2 \end{cases}$$

(10.106b)

$$\sigma_x \otimes \sigma_z, \sigma_y \otimes \sigma_x, \sigma_z \otimes \sigma_y \iff J_3(t)J_4(t)J_8(t) \neq 0 \iff \begin{cases} p_4 \leftrightarrow p_2 \\ p_5 \leftrightarrow p_3 \\ p_6 \leftrightarrow p_1 \end{cases}$$

(10.106c)

式(10.106)的三种选择是最简洁的情形,对于另三种连通情况,则至少需要选择六种基本相互作用,连通情况更为复杂,问题处理起来也更不方便.

选择式(10.106a)的情况进行分析,此时两个粒子的 Bloch 向量分量间的连通情况在图 10.15 中用粗线标出. 从图中可以看到,$p_8, p_9, p_{10}, p_{12}, p_{13}, p_{14}$ 处于连通路径上,而 p_7, p_{11}, p_{15} 并未与其他任何分量连通,因此在系统演化过程中保持不变.

10.5.3　耗散补偿的设计

为了分析方便,我们假设

$$J_1(t) = J_5(t) = J_9(t) = J(t)$$

(10.107)

先不考虑消相干过程的影响. 式(10.105)的解的形式为

$$\rho(t) = \exp\left(\int_0^t \hat{H}(s)\mathrm{d}s\right)\rho(0)$$

(10.108)

其中,$\rho(0)$ 是系统的初始相干向量.

量子系统控制理论与方法
Control Theory and Methods of Quantum Systems

假设相互作用开始前,两个粒子是可分离的,即 $p_7(0)\sim p_{15}(0)$ 都为 0,并记

$$Q(t) = \int_0^t J(s)\mathrm{d}s \tag{10.109}$$

可得到粒子 1 和粒子 2 的 Bloch 分量的解析形式为

$$\begin{cases} p_1(t) = \dfrac{p_1(0) - p_4(0)}{2}\cos(2Q(t)) + \dfrac{p_1(0) + p_4(0)}{2} \\[3mm] p_2(t) = \dfrac{p_2(0) - p_5(0)}{2}\cos(2Q(t)) + \dfrac{p_2(0) + p_5(0)}{2} \\[3mm] p_3(t) = \dfrac{p_3(0) - p_6(0)}{2}\cos(2Q(t)) + \dfrac{p_3(0) + p_6(0)}{2} \end{cases} \tag{10.110a}$$

$$\begin{cases} p_4(t) = \dfrac{p_4(0) - p_1(0)}{2}\cos(2Q(t)) + \dfrac{p_1(0) + p_4(0)}{2} \\[3mm] p_5(t) = \dfrac{p_5(0) - p_2(0)}{2}\cos(2Q(t)) + \dfrac{p_2(0) + p_5(0)}{2} \\[3mm] p_6(t) = \dfrac{p_6(0) - p_3(0)}{2}\cos(2Q(t)) + \dfrac{p_3(0) + p_6(0)}{2} \end{cases} \tag{10.110b}$$

根据式(10.102)和式(10.103),得到粒子 1 的纯度和相干性的表达式:

$$pu_1(t) = \frac{1}{2}\parallel b_1(0)(1 + \cos(2Q(t))) + b_2(0)(1 - \cos(2Q(t)))\parallel \tag{10.111}$$

$$co_1(t) = \frac{1}{2}\parallel P_{xy}(b_1(0)(1 + \cos(2Q(t))) + b_2(0)(1 - \cos(2Q(t))))\parallel \tag{10.112}$$

根据式(10.111)和式(10.112),可以分析出系统演化的一些性质,比如控制 $Q(t) = \pi/2$ 时,可以实现两个粒子状态的互换.根据式(10.111)和式(10.112)可得纯度(相干性)保持不变的充要条件是两个粒子的初始 Bloch 向量(在 x-y 平面上的投影向量)相等,而由式(10.110)可知,此时两个粒子的状态也保持不变.系统演化的另外一个重要的特点是,根据两个粒子的初态,可以马上得到两个粒子状态演化在 Bloch 球上的轨迹.具体地说,即:

定理 10.1 当给定两个粒子初始的 Bloch 向量,两个粒子状态演化在 Bloch 球上的轨迹为两个初始向量点所确定的线段.

证明 给定两个粒子的初始 Bloch 向量 $B_1(0) = (p_1(0) \quad p_2(0) \quad p_3(0))^{\mathrm{T}}$ 和 $B_2(0) = (p_4(0) \quad p_5(0) \quad p_6(0))^{\mathrm{T}}$,它们在三维空间中所确定的直线上的点的坐标满足

$$\begin{cases} (y - p_2(0))(p_4(0) - p_1(0)) = (p_5(0) - p_2(0))(x - p_1(0)) \\ (z - p_3(0))(p_4(0) - p_1(0)) = (p_6(0) - p_3(0))(x - p_1(0)) \end{cases} \quad (10.113)$$

将式(10.110)直接代入可验证式(10.113)成立,说明了任意时刻粒子的状态都处于式(10.113)所确定的直线上.另外考察式(10.110),由 $\cos(2Q(t)) \in [-1,1]$ 可知

$$p_1(t) \in [\min\{p_1(0), p_4(0)\}, \max\{p_1(0), p_4(0)\}] \quad (10.114)$$

同理可知 $p_2(t) \sim p_6(t)$ 也满足类似式(10.114)的条件.由此可知两个粒子状态演化在 Bloch 球上的轨迹为两个初始向量点所确定的线段.证毕.

根据定理 10.1,马上可以得到:

推论 10.1 辅助粒子可以对被控粒子进行纯度(相干性)补偿的充要条件是初始时刻辅助粒子的纯度(相干性)大于被控粒子,并且补偿量的最大值为两者的纯度(相干性)差值.

在对处于混合态的被控粒子,利用辅助粒子进行纯度或相干性补偿时,由推论 10.1 知所选辅助粒子的纯度或相干性必须大于被控粒子,补偿量的大小则通过控制相互作用的面积 $Q(t)$ 来控制.

接下来考虑消相干的影响.若被控粒子 1 由于与环境相互作用,导致纯度(或相干性)的流失速率为 $V_{\text{de}}(t)$,我们同样可以利用辅助粒子进行补偿,以保持被控粒子的纯度(相干性)不变.在这种情况下,所选择的辅助粒子需要满足比推论 10.1 更严格的条件.

定理 10.2 被控粒子在纯度流失(或消相干)过程开始后的一段时间内能够保持纯度(或相干性)基本不变的充要条件是辅助粒子和被控粒子的 Bloch 向量(或在 x-y 平面内的投影)组成钝角三角形,并且辅助粒子的 Bloch 向量(或其投影)是三角形的长边,即

$$\| b_2(0) \|^2 - \| b_1(0) \|^2 - \| b_2(0) - b_1(0) \|^2 > 0 \quad (10.115a)$$

$$\| P_{xy} b_2(0) \|^2 - \| P_{xy} b_1(0) \|^2 - \| P_{xy}(b_2(0) - b_1(0)) \|^2 > 0 \quad (10.115b)$$

证明 考虑仅有两个粒子间相互作用时被控粒子的纯度变化率,根据式(10.111)可得

$$p\dot{u}_1(t) = \frac{J(t)\sin(2Q(t))}{2} \frac{\| b_2(0) \|^2 - \| b_1(0) \|^2 - \| b_2(0) - b_1(0) \|^2 \cos(2Q(t))}{\| b_1(0)(1 + \cos(2Q(t))) + b_2(0)(1 - \cos(2Q(t))) \|}$$

$$(10.116)$$

在初始的 dt 时刻,由于被控粒子与环境相互作用造成的对其状态的影响很微小,因

此在 $\mathrm{d}t$ 时刻其纯度的变化率仍可用式(10.116)表示. 为了抵消被控粒子向环境的纯度流失, 则必须有

$$pu\!\!\!\dot{}_1(\mathrm{d}t) = V_{\mathrm{de}}(\mathrm{d}t) \tag{10.117}$$

对于有限的 $J(t)$, 总可以取很小的 $\mathrm{d}t$ 使得 $Q(\mathrm{d}t)$ 足够小, 因此根据式(10.116)和式(10.117)可得到

$$
\begin{aligned}
J(\mathrm{d}t) &= \frac{2V_{\mathrm{de}}(\mathrm{d}t)\parallel b_1(0)(1+\cos(2Q(\mathrm{d}t)))+b_2(0)(1-\cos(2Q(\mathrm{d}t)))\parallel}{\sin(2Q(\mathrm{d}t))(\parallel b_2(0)\parallel^2 - \parallel b_1(0)\parallel^2 - \parallel b_2(0)-b_1(0)\parallel^2\cos(2Q(\mathrm{d}t)))}\\
&\approx \frac{2V_{\mathrm{de}}(\mathrm{d}t)\parallel b_1(0)\parallel}{Q(\mathrm{d}t)(\parallel b_2(0)\parallel^2 - \parallel b_1(0)\parallel^2 - \parallel b_2(0)-b_1(0)\parallel^2)} \tag{10.118}
\end{aligned}
$$

因此, $J(\mathrm{d}t)$ 存在的充要条件是式(10.115a)成立.

同理, 可证明相干性情况的充要条件是式(10.115b)成立. 证毕.

在设计被控粒子和辅助粒子的相互作用强度时, 为了保持被控粒子的纯度(相干性), 任意 t 时刻被控粒子在与辅助粒子相互作用下纯度的增长量应与其向环境流失的速率 $V_{\mathrm{de}}(t)$ 相等, 于是根据式(10.105)可以得到

$$
\begin{aligned}
pu\!\!\!\dot{}_1(t) &= \frac{J(t)(p_1(t)p_{12}(t)-p_1(t)p_{14}(t)+p_2(t)p_{13}(t)-p_2(t)p_9(t)+p_3(t)p_8(t)-p_3(t)p_{10}(t))}{pu_1(t)}\\
&= V_{\mathrm{de}}(t) \tag{10.119a}\\
co\!\!\!\dot{}_1(t) &= \frac{J(t)(p_1(t)p_{12}(t)-p_1(t)p_{14}(t)+p_2(t)p_{13}(t)-p_2(t)p_9(t))}{co_1(t)} = V_{\mathrm{de}}(t) \tag{10.119b}
\end{aligned}
$$

10.5.4　数值仿真实验及其结果分析

在这一小节中, 我们将针对混合态纯度补偿以及消相干过程中相干性保持这两种情况进行系统数值仿真实验, 并通过分析得到利用辅助粒子对被控粒子进行相干性补偿的时间.

1. 对混合态的纯度及相干性补偿

假设初始时刻被控粒子处于极大混合态, 辅助粒子处于基态, 并且整个封闭系统处于可分离态, 因此系统的初始相干向量为

$$\rho(0) = (0\ \ 0\ \ 0\ \ 0\ \ 0\ \ 1\ \ 0\ \ \cdots\ \ 0)_{15}^{\mathrm{T}} \tag{10.120}$$

根据推论 10.1 可知, 被控粒子纯度补偿后的最大值为 1, 此时相互作用的面积 $Q(t) = \pi/2$. 因此相互作用强度的形状设计为

$$J(t) = \begin{cases} (1 - \cos t)^2/6, & 0 \leqslant t \leqslant 2\pi \\ 0, & \text{其他} \end{cases} \tag{10.121}$$

实验中仿真步长 τ 为 0.01,仿真时间为 7. 在仿真步长的时间内,认为 $J(t)$ 保持不变,根据式(10.122)迭代可得到系统相干向量随时间的演化,然后通过计算得到被控粒子和辅助粒子纯度的变化,如图 10.16 所示.

$$\rho(t + dt) = \exp(\hat{H}(t)dt)\rho(t) \tag{10.122}$$

图 10.16(a)是被控粒子 1 和辅助粒子 2 之间的相互作用强度 $J(t)$ 的变化曲线,图 10.16(b)是它们的纯度随时间的演化曲线.从图 10.16(b)中可以看到,被控粒子 1 的纯度在相互作用下不断增加,并最终达到 1,成功地实现了被控粒子的纯度补偿.相应地,辅助粒子 2 的纯度不断减小到 0.

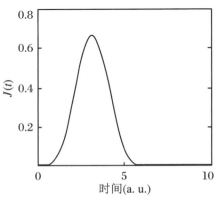

(a) 两个粒子间的相互作用强度变化曲线

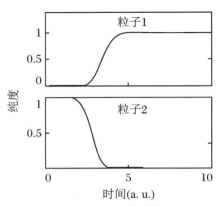

(b) 两个粒子的纯度变化曲线

图 10.16　利用辅助粒子进行纯度补偿效果图

2. 对消相干过程的补偿

若被控粒子与环境发生相互作用,导致其相干性到环境的流失,此时也可利用辅助粒子来保持被控粒子的相干性.考虑纯消相位过程,此时有

$$\lambda(t) = 0 \tag{10.123a}$$

并且 $\hat{L}(t)$ 具有如下形式:

$$\hat{L}(t) = \begin{pmatrix} -\gamma & 0 & 0 & \cdots & 0 \\ 0 & -\gamma & 0 & \cdots & 0 \\ 0 & 0 & 0 & \cdots & 0 \\ \vdots & \vdots & \vdots & & \vdots \\ 0 & 0 & 0 & 0 & 0 \end{pmatrix}_{15\times15} \qquad (10.123b)$$

根据式(10.105)和式(10.123)知,被控粒子相干性到环境的流失速率为

$$V_{\mathrm{de}}(t) = \gamma co_1(t) \qquad (10.124)$$

由式(10.119)可知要保持被控粒子 1 的相干性,其与辅助粒子 2 之间的相互作用强度 $J(t)$ 需要满足

$$J(t) = \frac{\gamma co_1^2(t)}{p_1(t)p_{12}(t) - p_1(t)p_{14}(t) + p_2(t)p_{13}(t) - p_2(t)p_9(t)} \qquad (10.125a)$$

由于式(10.125a)的分母会出现零的情况,因此需要设定 $J(t)$ 的上限 $J_{\max}$,当分母过小导致计算出的 $J(t)$ 过大时,就令其为所设定的最大值. 另外,当分母小于零时,实际的 $J(t)$ 不应该为负,就将其设为零. 因此仿真中的相互作用强度设计为

$$J(t) = \begin{cases} 0, & J(t) \leqslant 0 \\ J_{\max}, & J(t) \geqslant J_{\max} \\ \dfrac{\gamma co_1^2(t)}{p_1(t)p_{12}(t) - p_1(t)p_{14}(t) + p_2(t)p_{13}(t) - p_2(t)p_9(t)}, & \text{其他} \end{cases}$$

$$(10.125b)$$

图 10.17 是 $\gamma = 0.1, \rho(0) = (0.8 \quad 0 \quad 0 \quad 1 \quad 0 \quad 0 \quad 0 \quad \cdots \quad 0)_{15}^{\mathrm{T}}, J_{\max} = 2, \tau = 0.01$ 时得到的相互作用强度以及粒子相干性变化图. 从图 10.17 中可以看出,当粒子 1 的相干性向环境流失时,辅助粒子及它们之间相互作用的存在依然能够保证在(0,5)时间段内粒子 1 的相干性基本保持不变. 在这之后,相互作用停止,粒子 1 的相干性开始减小,粒子 2 的相干性保持不变. 从图 10.17(b)中看到,在粒子 1 相干性保持不变的时间内,粒子 2 的相干性下降的速率为常数,即等于被控粒子 1 的相干性向环境流失的速率.

在对混合态被控粒子 1 进行纯度补偿的情况,推论 10.1 给出了能够实现纯度补偿的辅助粒子的条件. 要获得最大的纯度补偿,需控制相互作用的面积 $Q(t) = \pi/2$,这实际上起到了被控粒子和辅助粒子状态互换的效果. 对于处于混合态的单个粒子而言,它实际上是处于与环境中的某些粒子相纠缠的状态,被控粒子和辅助粒子的状态互换意味着,在使被控粒子 1 的状态变为纯态的同时,保证了与之纠缠的粒子的状态不变. 这在某些情况下也许很有用,比如与被控粒子纠缠的粒子也是我们需要考虑的系统,并且在此

过程中需要保持其状态.因为若用测量为手段虽然也能恢复粒子 1 的纯度,但这样会导致测量塌缩,从而改变与之纠缠的粒子的状态.

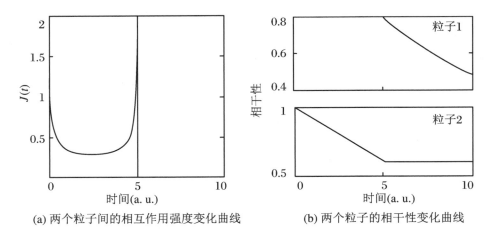

(a) 两个粒子间的相互作用强度变化曲线   (b) 两个粒子的相干性变化曲线

图 10.17   在消相干过程中保持被控粒子相干性的仿真结果

在对动态消相干过程进行补偿时,定理 10.2 给出了保持被控粒子相干性时,辅助粒子需要满足的条件.这里所说的保持被控粒子相干性并不是十分严格的,考察式(10.118),在初始时刻后很短的时间 $\mathrm{d}t$ 内,由于 $Q(\mathrm{d}t)$ 很小,将导致 $J(\mathrm{d}t)$ 很大.然而,实际中 $J(t)$ 当然是有限制的,这就导致此时被控粒子 1 相干性的补偿不足以抵消其向环境的流失.因此在初始时刻后很小的时间段内,被控粒子的相干性是有所下降的,只不过一般来说,这段时间很短,粒子 1 相干性的下降量也很小.对应图 10.17(a)来看,在初始时刻,相互作用强度保持在最大值 2 的时间就是粒子 1 相干性有所下降的时间.只是由于下降的时间太短,下降量太小,从图 10.17(b)中并不能看出来.从图 10.17(a)中还可以看到,在相互作用将结束时其强度也达到最大值,此时是由于式(10.125a)的分母减小到非常接近于 0,并最终小于 0.在这以后,相互作用的存在不再能够对被控粒子 1 的相干性流失进行补偿,不仅如此,粒子 2 将从粒子 1 获得相干性,从而导致粒子 1 相干性的减小比向环境的流失还要迅速.因此在设计相互作用时将其设为 0.

现在我们自然会有这样的疑问:当对动态消相干过程进行补偿时,被控粒子相干性保持的时间如何确定?虽然在一般的情况下并不能在这里给出答案,但是当被控粒子和辅助粒子的初始 Bloch 向量满足一定的关系时,还是可以确定被控粒子相干性保持不变的时间的.

定理 10.3   在纯消相位情况下进行相干性补偿,若辅助粒子的初始 Bloch 向量在 $x\text{-}y$ 平面上的投影与被控粒子的初始 Bloch 向量在 $x\text{-}y$ 平面上的投影的夹角为零,即若

$$P_{xy}b_2(0) = \alpha P_{xy}b_1(0), \quad \alpha > 1 \tag{10.126}$$

则通过控制两个粒子间的相互作用,被控粒子 1 能够保持不变的时间是

$$T = \frac{2(co_2(0) - co_1(0))}{\gamma co_1(0)} \tag{10.127}$$

证明 首先可以用归纳法证明,满足条件(10.126)时,在仿真迭代过程中,始终有

$$\frac{p_2(t)}{p_1(t)} = \frac{p_5(t)}{p_4(t)} = \frac{p_{13}(t)}{p_{12}(t)} = \frac{p_9(t)}{p_{14}(t)} = \kappa \tag{10.128}$$

其中,κ 为相干向量在 x-y 平面内投影的辐角的正切值.

考虑 $p_{1,2,4,5,9,12,13,14}(t)$ 的一阶导数,根据式(10.105)和式(10.123)有

$$\begin{cases} \dot{p}_1(t) = J(t)(p_{12}(t) - p_{14}(t)) - \gamma p_1(t) \\ \dot{p}_2(t) = J(t)(p_{13}(t) - p_9(t)) - \gamma p_2(t) \\ \dot{p}_4(t) = -J(t)(p_{12}(t) - p_{14}(t)) \\ \dot{p}_5(t) = -J(t)(p_{13}(t) - p_9(t)) \\ \dot{p}_{12}(t) = J(t)(p_4(t) - p_1(t)) = -\dot{p}_{14}(t) \\ \dot{p}_{13}(t) = J(t)(p_5(t) - p_2(t)) = -\dot{p}_9(t) \end{cases} \tag{10.129}$$

设初始时刻 $\dfrac{p_5(0)}{p_4(0)} = \dfrac{p_2(0)}{p_1(0)} = \kappa$,由于初始时刻复合系统处于可分离态,$p_{9,12,13,14}(0)$ $= 0$,一步迭代之后有 $\dfrac{p_{13}(\tau)}{p_{12}(\tau)} = \dfrac{p_9(\tau)}{p_{14}(\tau)} = \kappa$ 以及 $\dfrac{p_5(\tau)}{p_4(\tau)} = \dfrac{p_2(\tau)}{p_1(\tau)} = \kappa$ 成立.

现假设在某个时刻 t_k 有 $\dfrac{p_{13}(k)}{p_{12}(k)} = \dfrac{p_9(k)}{p_{14}(k)} = \kappa$ 以及 $\dfrac{p_5(k)}{p_4(k)} = \dfrac{p_2(k)}{p_1(k)} = \kappa$,则根据式 (10.129),迭代一步之后,有

$$\begin{cases} p_1(k+1) = p_1(k) + J(k)(p_{12}(k) - p_{14}(k))\tau \\ p_2(k+1) = p_2(k) + J(k)(p_{13}(k) - p_9(k))\tau = \kappa p_1(k+1) \\ p_4(k+1) = p_3(k) - J(k)(p_{12}(k) - p_{14}(k))\tau \\ p_5(k+1) = p_4(k) - J(k)(p_{13}(k) - p_9(k))\tau = \kappa p_4(k+1) \\ p_{12}(k+1) = p_{12}(k) + J(k)(p_4(k) - p_1(k))\tau \\ p_{13}(k+1) = p_{13}(k) + J(k)(p_5(k) - p_2(k))\tau = \kappa p_{12}(k+1) \\ p_{14}(k+1) = p_{14}(k) - J(k)(p_4(k) - p_1(k))\tau \\ p_9(k+1) = p_9(k) - J(k)(p_5(k) - p_2(k))\tau = \kappa p_{14}(k+1) \end{cases} \tag{10.130}$$

因此,当式(10.126)成立时,在整个仿真迭代过程中,式(10.128)成立.

现在考虑粒子 2 失去相干性的速率,并且利用式(10.119)、式(10.123)以及式(10.128),可得

$$
\begin{aligned}
\dot{co}_2(t) &= \frac{-J(t)(p_{12}(t) - p_{14}(t) + \kappa(p_{13}(t) - p_9(t)))}{\sqrt{1+\kappa^2}} \frac{p_4(t)}{|p_4(t)|} \\
&= \frac{-J(t)(p_{12}(t) - p_{14}(t) + \kappa(p_{13}(t) - p_9(t)))}{\sqrt{1+\kappa^2}} \frac{p_1(t)}{|p_1(t)|} \\
&= -V_{de}(t) = -\gamma co_1(0)
\end{aligned}
\tag{10.131}
$$

假设被控粒子 1 在相干性补偿下能够在 T 时间内保持不变,考虑到 $\sum_k p_k^2(t)$ 的守恒性,我们有

$$
\begin{aligned}
co_1^2(0) + co_2^2(0) &= co_1^2(T) + co_2^2(T) + \sum_{k=9,12,13,14} p_k^2(T) \\
&\approx co_1^2(0) + (co_2(0) - \gamma co_1(0)T)^2
\end{aligned}
\tag{10.132}
$$

其中,约等号是由于在相互作用结束时,$p_k^2(T)$,$k=9,12,13,14$ 非常小.

根据式(10.132)可解得粒子 1 相干性保持不变的时间为式(10.127).证毕.

根据定理 10.3 可知,在条件(10.126)满足时,利用与辅助粒子的相互作用,被控粒子 1 的相干性在 T 时间内保持不变,进一步考虑式(10.128)可知,在此段时间内,可以认为粒子 1 的状态是不变的,而辅助粒子的初始 Bloch 向量我们总是可以选择满足式(10.126),这就是说利用辅助粒子 2 以及与其相互作用,被控粒子 1 与环境的纯消相位作用可以被完全抵消.

10.6 弱测量及其在开放系统控制中的应用

测量在开放系统的量子消相干控制中的应用,常见的有利用测量的反馈控制以及测量的量子芝诺效应.在早期的反馈控制以及关于量子芝诺效应的讨论中,使用的都是投影测量或称为强测量(Doherty, et al., 2000),它是通过一系列对应于观测量哈密顿量特征向量的正交投影算符来实现的,测量之后,系统状态以子空间分量系数的模的平方为概率投影到对应的子空间中.这样的测量对被控系统的状态产生了很大的干扰,破坏

了系统状态的相干性,并为量子反馈控制引入了很大的随机性.后来一种更通用的测量概念被普遍提及,即正定算子值测量(POVM)或称一般测量(the generalized measurement). POVM 不仅在形式上更一般,还具有一些投影测量所不具备的有用特性,包括的范围更广,如测量可以给出不完全的信息,测量可以是非正交的、不可重复的测量,等等.

弱测量作为 POVM 的一类特殊形式,近年来被广泛研究(Audretsch,et al.,2002; Johansen,2004;Ruskov,et al.,2006).由于反馈控制的需要,系统信息的获取往往需要是微扰的、连续的,而弱测量正是一类对被测系统状态改变很小的测量,因此常常被选择用在某些量子系统反馈控制中,如核磁共振系统等一些能够跟测量设备弱耦合的量子系统(Vandersypen,Chuang,2004;Negrevergne,et al.,2005).本节从弱测量算符的构造出发,具体研究弱测量的一些性质,并且初步讨论弱测量在开放量子系统消相干以及耗散控制中的潜在应用.

10.6.1 弱测量算子的构造

设 A 是密度矩阵空间,$\rho \in A$,定义:

$$\| \rho \| = \left(\sum_{ij} | \rho_{ij} |^2 \right)^{1/2} \tag{10.133}$$

下面证明$(A, \| \cdot \|)$是线性赋范空间,即满足:(i) $\| \rho \| = 0 \Leftrightarrow \rho = 0$;(ii) $\| \lambda \rho \| = | \lambda | \cdot \| \rho \|$;(iii) $\| \rho + \chi \| \leqslant \| \rho \| + \| \chi \|$,$\rho, \chi \in A$.

证明 条件(i)和(ii)很显然,下面证明条件(iii).利用 Minkowski 不等式:

$$\left(\sum_i^n | a_i + b_i |^k \right)^{1/k} \leqslant \left(\sum_i^n | a_i |^k \right)^{1/k} + \left(\sum_i^n | b_i |^k \right)^{1/k}, \quad k \geqslant 1 \tag{10.134}$$

可得

$$\| \rho + \chi \| = \left(\sum_{ij} | \rho_{ij} + \chi_{ij} |^2 \right)^{1/2}$$

$$\leqslant \left(\sum_{ij} | \rho_{ij} |^2 \right)^{1/2} + \left(\sum_{ij} | \chi_{ij} |^2 \right)^{1/2}$$

$$= \| \rho \| + \| \chi \| \tag{10.135}$$

另外,利用 Hölder 不等式:

$$\sum_i^n |a_i b_i| \leqslant \left(\sum_i^n |a_i|^p\right)^{1/p} \left(\sum_i^n |b_i|^q\right)^{1/q}, \quad p > 1, \frac{1}{p} + \frac{1}{q} = 1 \quad (10.136)$$

可得

$$\|\rho\chi\| = \left(\sum_{ij} \left|\sum_k \rho_{ik}\chi_{kj}\right|^2\right)^{1/2} = \left(\sum_{ij}\sum_{pq} |\rho_{ip}\chi_{pj}\rho_{iq}\chi_{qj}|\right)^{1/2}$$

$$\leqslant \left(\left(\sum_{pq}\sum_{ij} |\rho_{ip}\chi_{qj}|^2\right)^{1/2} \left(\sum_{pq}\sum_{ij} |\rho_{iq}\chi_{pj}|^2\right)^{1/2}\right)^{1/2}$$

$$= \left(\sum_{ip}\sum_{qj} |\rho_{ip}\chi_{qj}|^2\right)^{1/2} = \|\rho\| \cdot \|\chi\|, \quad \rho, \chi \in A \quad (10.137)$$

对于测量算符 F_j,由测量假设可知得到相应结果的概率为 $p_j = \mathrm{tr}(F_j^2\rho)$,测量后被测系统的密度矩阵为 $\rho_j = (F_j\rho F_j)/p_j$.因此,弱测量可以定义为满足下式的测量:

$$\sum_j p_j \|\rho - \rho_j\| < \varepsilon, \quad 0 < \varepsilon \ll 1 \quad (10.138)$$

定义 10.1 假设 $\{M_j\}$,$1 \leqslant j \leqslant n$ 是 n 维系统中的正交投影测量算子,定义弱测量算符:

$$F_j = \sum_k \alpha_{jk} M_k, \quad \alpha_{jk} \geqslant 0 \quad (10.139)$$

显然 F_j 是正定的.根据 POVM 的条件:$\sum_j F_j^2 = I$ 以及 $\mathrm{tr}(F_j^2) = 1$,可得

$$\sum_j \alpha_{jk}^2 = 1 \quad (10.140\mathrm{a})$$

$$\sum_k \alpha_{jk}^2 = 1 \quad (10.140\mathrm{b})$$

根据弱测量的条件(10.138),我们可以得到由式(10.139)定义的弱测量算符 F_j 的充分条件(Lou,Cong,2008).

定理 10.4 由式(10.139)定义的测量算符是弱测量算符的充分条件是

$$\sum_j \left(\max_k \alpha_{jk}^2 - \min_l \alpha_{jl}^2\right) < \varepsilon, \quad 0 < \varepsilon \ll 1 \quad (10.141)$$

证明

$$\sum_j p_j \|\rho - \rho_j\| = \sum_j \left(\sum_{kl} (p_j - \alpha_{jk}\alpha_{jl})^2 |\rho_{kl}|^2\right)^{1/2}$$

$$\leqslant \sum_j \left(\sum_{kl} (p_j - \alpha_{jk}\alpha_{jl})^2 | \rho_{kk}\rho_{ll} | \right)^{1/2}$$

$$\leqslant \sum_j \left(\max_{kl} (p_j - \alpha_{jk}\alpha_{jl})^2 \sum_{kl} | \rho_{kk}\rho_{ll} | \right)^{1/2}$$

$$\leqslant \left(\sum_j \max_{kl} | p_j - \alpha_{jk}\alpha_{jl} | \right) \left(\sum_k | \rho_{kk} |^2 \right)^{1/4} \left(\sum_l | \rho_{ll} |^2 \right)^{1/4}$$

$$\leqslant \sum_j \max_{kl} | p_j - \alpha_{jk}\alpha_{jl} | = \sum_j \max_{kl} \left| \sum_m \alpha_{jm}^2 \operatorname{tr}(M_m\rho) - \alpha_{jk}\alpha_{jl} \right|$$

$$\leqslant \sum_j \left(\max_k \alpha_{jk}^2 - \min_l \alpha_{jl}^2 \right) \tag{10.142}$$

在上式中利用了 Hölder 不等式, $| \rho_{kl} | \leqslant | \rho_{kk}\rho_{ll} |$, $\sum_k | \rho_{kk} |^2 \leqslant 1$ 以及 $\sum_m \operatorname{tr}(M_m\rho) = 1$ 等事实. 由此可得到弱测量算符的充分条件是式(10.141).

10.6.2 弱测量的适用性

弱测量对被测系统状态的改变很小, 相应地所获得的状态信息也极少. 由于 F_j 非常接近于单位矩阵, 因此测量得到相应结果的概率非常接近于 1, 得到其他结果的概率接近于 0. 要得到尽量准确的概率值, 可以对同一个系统进行大量的重复测量, 又或者我们必须有大量的全同非相互作用量子系统以供测量. 当然, 完全非相互作用是不可能的, 但在许多情况下, 比如液体核磁共振、量子光学, 这样的近似是可以的. 并且, 有研究表明, 当非相互作用的全同量子系统的数目 $N \to \infty$, 而相互作用作用强度 $\gamma \to 0$ 时, 就可以在几乎不扰动系统状态的情况下获得高精度的测量结果 (Lloyd, Slotine, 2000). 这说明, 对于具有大量全同非相互作用的量子系统, 弱测量可以作为一种有效地获得系统状态信息的手段, 而不会像投影测量那样对系统状态有破坏性的影响.

而对于单个的量子系统, 尽管其状态的数学描述无法与纯态系统相区别, 但由于测量引起的不可逆的塌缩, 投影测量是无法准确获得被测状态的 (概率) 信息的. 这种情况下, 虽然弱测量也会对被测系统的状态造成一定的改变, 但是我们仍然可以对其进行重复测量以获得需要的概率信息. 事实上, 我们可以通过连续地施加一系列弱测量, 使得系统恢复到测量之前的状态.

定理 10.5 若可以任意地施加弱测量算符, 则可以利用弱测量对单个量子系统进行测量, 并且其最终状态不发生改变.

证明 要证明可以利用弱测量对单个量子系统进行测量, 必须要实现对单个量子系

统（原状态）的重复测量，即可以消除由弱测量对单个量子系统状态的影响. 为此考虑

$$\prod_j F_j = \sum_k \left(\prod_j \alpha_{jk} \right) M_k \tag{10.143}$$

若令

$$\prod_j \alpha_{jk} = \prod_j \alpha_{jl} = \beta \tag{10.144}$$

则有

$$\prod_j F_j = \beta \cdot I \tag{10.145}$$

这样，当在同一个系统上连续施加一系列弱测量 F_j 时，系统最终回到原来的状态，并且，这一结果是不依赖于算符施加顺序的. 下面将说明满足式（10.144）的系数 $\{\alpha_{jk}\}$ 总是存在的. 若令 $\{\alpha_{11}, \alpha_{21}, \cdots, \alpha_{s1}, s = n\}$ 满足 $\max_j \alpha_{j1}^2 - \min_k \alpha_{k1}^2 < \varepsilon/n$ 以及式（10.140a）时，取 $\alpha_{jk}, k > 1$ 为 $\alpha_{nk} = \alpha_{1,k-1}$ 以及 $\alpha_{jk} = \alpha_{j+1,k-1}, j < n$，则 $\{\alpha_{jk}, k \neq 1, k\ \text{固定}\}$ 是 $\{\alpha_{11}, \alpha_{21}, \cdots, \alpha_{s1}\}$ 的一个排列，不同的 k 代表了一个不同的排列，则由这些 $\{\alpha_{jk}\}$ 所确定的一系列测量算符必是弱测量算符，并同样满足式（10.140b）以及 $\max_k \alpha_{jk}^2 - \min_l \alpha_{jl}^2 < \varepsilon/n$，于是式（10.141）得到满足，因此这样的弱测量算符总是存在的. 于是命题成立. 证毕.

定理 10.5 意味着，由式（10.139）所定义的弱测量，不仅仅对大量全同非相互作用粒子的量子系统适用，而且若可以任意地施加弱测量算符，则对单个的量子系统也适用. 因为当进行了一次弱测量之后，我们可以根据测量得到的结果，将剩余的弱测量算符也施加在系统的状态上，从而使系统又回到测量之前的状态，接着进行下一次测量. 通过这样多次的弱测量，我们不仅能够获得单个系统状态的概率信息，而且能够使其最终恢复到原来的状态.

10.6.3 基于弱测量的耗散控制

现在考虑当对大量全同量子系统进行弱测量时，平均状态密度矩阵的变化. 为方便起见，在接下来的说明中，假设投影算符 $\{M_j\}$ 是自然投影，即对计算基的投影. 对于初始平均状态密度矩阵为 ρ 的系统，一次弱测量之后，其平均状态密度矩阵变为 $\rho^1 = \sum_j F_j \rho F_j$，它的矩阵元素

$$\rho_{kl}^1 = \Big(\sum_j \alpha_{jk}\alpha_{jl}\Big)\rho_{kl} \tag{10.146a}$$

当 $l = k$ 时

$$\rho_{kk}^1 = \Big(\sum_j \alpha_{jk}^2\Big)\rho_{kk} = \rho_{kk} \tag{10.146b}$$

而当 $l \neq k$ 时

$$\rho_{kl}^1 = \Big(\sum_j \alpha_{jk}\alpha_{jl}\Big)\rho_{kl} \leqslant \Big(\sum_j \alpha_{jk}^2\Big)^{1/2}\Big(\sum_j \alpha_{jl}^2\Big)^{1/2}\rho_{kl} = \rho_{kl} \tag{10.146c}$$

于是,当瞬时地施加 N 次弱测量时,平均状态密度矩阵变为

$$\rho_{kk}^N = \rho_{kk} \tag{10.147a}$$

$$\rho_{kl}^N = \Big(\sum_j \alpha_{jk}\alpha_{jl}\Big)^N\rho_{kl} \tag{10.147b}$$

当 $N \to \infty$ 时,$\rho_{kl}^\infty \to 0$.这相当于对算符 $\{M_j\}$ 的一次投影测量.实际上,可以证明,$\{M_j\}$ 不是自然投影时,这一结论仍然成立.也就是说投影测量可以分解为一系列弱测量的乘积.弱测量的这一特性说明,投影测量所引起的波包塌缩和状态跃迁可以理解为一个连续的过程.有研究表明,通过利用一个附加的量子系统以及联合幺正变换,可以用弱测量实现任何的一般测量(Bennett,et al.,1999;Oreshkov,Brun,2005).

之前的推导并没有考虑系统哈密顿量引起的演化,考虑到 N 次弱测量是在一段相对较长的时间段内施加的,现假设在每 Δt 的时间内,对状态系综进行一次弱测量,则我们可以得到连续弱测量下的系统演化模型,这是一个类似于连续测量主方程(Walls,Milburn,1994)的平均状态密度矩阵演化方程.

定理 10.6 在弱连续测量作用下,系统的平均状态密度矩阵满足下面的演化方程:

$$i\hbar \dot{\rho} = [H, \rho] - \frac{i\hbar}{2}\eta \sum_j [F_j, [F_j, \rho]] \tag{10.148}$$

其中,H 为系统哈密顿量;F_j 为弱测量算符;η 为测量强度.

证明 考虑式(10.146a):

$$\rho_{kl}^1 = \Big(\sum_j \alpha_{jk}\alpha_{jl}\Big)\rho_{kl}$$

$$= \sum_j \Big(\alpha_{jk}\alpha_{jl} + \frac{\alpha_{jk}^2 + \alpha_{jl}^2}{2} - \frac{\alpha_{jk}^2 + \alpha_{jl}^2}{2}\Big)\rho_{kl}$$

$$= \Big(\sum_j F_j \rho F_j\Big)_{kl} + \rho_{kl} - \frac{1}{2}\sum_j (F_j^2 \rho + \rho F_j^2)_{kl}$$

$$= \rho_{kl} - \frac{1}{2} \left(\sum_j [F_j, [F_j, \rho]] \right)_{kl} \tag{10.149a}$$

考虑到测量间隔为 Δt, 因此有 $\frac{\Delta \rho}{\Delta t} = \frac{\rho^1 - \rho}{\Delta t} = -\frac{1}{2} \eta \sum_j [F_j, [F_j, \rho]]$, $\eta = \frac{1}{\Delta t}$. 令 $\Delta t \to 0$, 便有

$$\dot{\rho} = -\frac{1}{2} \eta \sum_j [F_j, [F_j, \rho]] \tag{10.149b}$$

进一步考虑系统原有的演化哈密顿量, 便得到式(10.148). 证毕.

也就是说, 在弱连续测量的作用下, 大量全同量子系统的平均状态密度矩阵的非对角项将逐渐变化到零, 这相当于一个相位消相干的过程.

然而, 当对单个量子系统进行弱测量时, 情况又有所不同. 当某个混合态表示单个量子系统的状态时, 尽管它可能与大量全同非相互作用粒子的量子系统的状态具有相同的数学描述, 但它们具有不同的物理意义. 当某个混合态密度矩阵表示的是大量全同非相互作用粒子时, 它表示的是许多纯态的混合, 即纯态系综; 而若其表示单个量子系统的状态时, 它表示系统与另外的系统存在一定程度上的纠缠, 由于缺乏另外系统的信息(或者对其并不感兴趣), 所考察系统的状态需要对总体系统的状态的偏迹运算来得到. 从统计的观点看, 若单个系统的混合态与纯态系综具有相同的投影测量结果, 则它们可以具有相同的数学描述. 因此, 对于单个量子系统, 它在一次测量后的状态是确定的: $\rho^1 = (F_j \rho F_j)/p_j$, 其中 j 取决于测量得到的结果. 这与纯态系综的情况不同, 纯态系综测量后的状态是一个统计结果: $\rho^1 = \sum_j F_j \rho F_j$. 于是由定理10.5可知, 如果某个弱测量算符的作用使得单个量子系统的相干性有所降低, 而最终我们又可以使其恢复到原先的状态, 那么必然存在某个弱测量算符能够使其相干性增加. 如果不停地将这个测量算符作用到系统上, 那便可以在一定程度上抑制系统原有的消相干过程. 我们将以二能级系统为例, 说明如何确定这一弱测量算符.

定理 10.7 对于一个二能级量子系统, 能够抑制相位消相干的弱测量算符可以构造为 $F_0 = \alpha_1 |0\rangle\langle 0| + \alpha_2 |1\rangle\langle 1|$, 其中, α_1 和 α_2 可以通过下式计算得到:

$$\alpha_1 = \frac{1}{\sqrt{1 + 4\rho_{11}^2 e^{2\zeta \Delta t}}}, \quad \alpha_2 = \frac{2\rho_{11} e^{\zeta \Delta t}}{\sqrt{1 + 4\rho_{11}^2 e^{2\zeta \Delta t}}} \tag{10.150a}$$

而一次测量成功抑制相位消相干的概率为

$$p_0 = \alpha_1^2 \rho_{11} + \alpha_2^2 \rho_{22} \tag{10.150b}$$

并且, 通过由 $F_0 = \alpha_1 |0\rangle\langle 0| + \alpha_2 |1\rangle\langle 1|$ 和 $F_1 = \alpha_2 |0\rangle\langle 0| + \alpha_1 |1\rangle\langle 1|$ 定义的测量可以抑

制系统的能量耗散.

证明 假设二能级量子系统的状态密度矩阵为 ρ,它的消相位速率为 ζ,$\zeta \ll 1$,即 $\dot{\rho}_{12} = -\zeta\rho_{12}$.当作用在系统上的测量算符为 $F_0 = \alpha_1|0\rangle\langle0| + \alpha_2|1\rangle\langle1|$,那么算符作用后 ρ 的非对角元素为 $\rho'_{12} = \dfrac{\alpha_1\alpha_2}{\alpha_1^2\rho_{11} + \alpha_2^2\rho_{22}}\rho_{12}$.而时间段 Δt 后由于消相位作用而导致的 ρ_{12} 的减少量为 $\Delta\rho_{12} = (\mathrm{e}^{\zeta\Delta t} - 1)\rho_{12}(\Delta t)$.因此,若消相位过程得到抑制,则测量后 ρ_{12} 的增加量应该等于消相位引起的减少量:

$$\left(\frac{\alpha_1\alpha_2}{\alpha_1^2\rho_{11}(\Delta t) + \alpha_2^2\rho_{22}(\Delta t)} - 1\right)|\rho_{12}(\Delta t)| \geqslant (\mathrm{e}^{\zeta\Delta t} - 1)|\rho_{12}(\Delta t)| \quad (10.151)$$

根据式(10.151)可以得到

$$(1 - \sqrt{1 - 4\rho_{11}\rho_{22}\mathrm{e}^{2\zeta\Delta t}})/(2\rho_{11}\mathrm{e}^{\zeta\Delta t}) \leqslant \frac{\alpha_1}{\alpha_2} \leqslant (1 + \sqrt{1 - 4\rho_{11}\rho_{22}\mathrm{e}^{2\zeta\Delta t}})/(2\rho_{11}\mathrm{e}^{\zeta\Delta t})$$

$$(10.152a)$$

$$0 < \rho_{11} < (1 - \sqrt{1 - \mathrm{e}^{-2\zeta\Delta t}})/2 \text{ 或者} (1 + \sqrt{1 - \mathrm{e}^{-2\zeta\Delta t}})/2 < \rho_{11} < 1 \quad (10.152b)$$

于是,我们可以选择 $\alpha_1/\alpha_2 = 1/(2\rho_{11}\mathrm{e}^{\zeta\Delta t})$.考虑到式(10.140),即 $\alpha_1^2 + \alpha_2^2 = 1$,可以得到式(10.150a).

通过计算可以得到测量获得期望结果的概率为 $p_0 = \alpha_1^2\rho_{11} + \alpha_2^2\rho_{22}$.换个角度讲,获得对应于算符 $F_1 = \alpha_2|0\rangle\langle0| + \alpha_1|1\rangle\langle1|$ 的结果的概率为 $1 - p_0$.如果我们得到对应于 F_0 的结果,那么系统的消相位过程就能够成功地得到抑制,可以在等待 Δt 时间后进行另一次测量;反之,消相位过程会得到加速.为了在总体上抑制消相位过程,一次测量成功抑制消相位的概率必须大于 $1/2$,即 $p_0 > 1/2$.然而,根据条件 $\alpha_1/\alpha_2 = 1/(2\rho_{11}\mathrm{e}^{\zeta\Delta t})$,$\alpha_1^2 + \alpha_2^2 = 1$ 以及 $p_0 > 1/2$,可以计算得到 $1/(2\mathrm{e}^{\zeta\Delta t}) < \rho_{11} < 1/2$.容易验证 $(1 - \sqrt{1 - \mathrm{e}^{-2\zeta\Delta t}})/2 < 1/(2\mathrm{e}^{\zeta\Delta t})$,这意味着式(10.152b)所允许的 ρ_{11} 的取值将使得消相位成功的概率总是小于 $1/2$,即 $p_0 < 1/2$.也就是说,从总体上看,并不能单纯地通过测量来抑制消相位过程.

尽管如此,并不能说弱测量就对量子消相干控制毫无用处.当只需要保持单个量子系统的一小段时间的相干性,而且有大量处于相同初态的可区分量子系统时,我们就可以通过测量来抑制消相位过程:每一次测量后,由于各个系统之间是可区分的,我们就可以根据测量结果把 F_0 作用的那些系统挑选出来,这些挑选出来的系统的消相位是得到了成功的抑制.因此,如果系统的数目足够多,完全可以多进行几次这样的操作,对于最后剩下的系统而言,这一小段时间内它们的消相位过程是成功地抑制了的.

必须强调这种方法只有在具有大量可区分的系统时才能应用,否则,如果各个系统之间不可区分,那么在测量后,那些成功抑制了消相位的系统无法被挑选出来,我们只能够计算得到系统状态密度矩阵的系综平均,即成了定理 10.6 的情况;又若系统的数目不够多,则有可能在一次测量后得到的全都是 F_1 的结果.

进一步考虑作用算符 F_0 后密度矩阵对角元素的变化.作用前后 ρ_{11} 的变化量为

$$\Delta\rho_{11} = \left(\frac{\alpha_1^2}{\alpha_1^2\rho_{11} + \alpha_2^2\rho_{22}} - 1\right)\rho_{11} = \frac{1-\rho_{11}}{\alpha_1^2\rho_{11}/\alpha_2^2 + \rho_{22}}\left(\frac{\alpha_1}{\alpha_2} + 1\right)\left(\frac{\alpha_1}{\alpha_2} - 1\right)\rho_{11} \quad (10.153)$$

容易验证,当 $0 < \rho_{11} < (1 - \sqrt{1 - e^{-2\zeta\Delta t}})/2$ 时 $\Delta\rho_{11} > 0$,而当 $(1 + \sqrt{1 - e^{-2\zeta\Delta t}})/2 < \rho_{11} < 1$ 时 $\Delta\rho_{11} < 0$. 从 Bloch 球上看,即算符 F_0 相当于将状态向 x-y 平面移动.式 (10.152b) 是这样的算符 F_0 存在的条件,然而条件的限制并不强,因为只要 $\rho_{11} \neq 1/2$,我们就可以通过缩短时间间隔 Δt 来满足条件 (10.152b).因此,随着 ρ_{11} 越来越靠近 $1/2$,所需要的测量将越来越频繁.

类似地,可以验证算符 F_1 作用的效果:当 $0 < \rho_{11} < (1 - \sqrt{1 - e^{-2\zeta\Delta t}})/2$ 时,$\Delta\rho_{11} < 0$,而当 $(1 + \sqrt{1 - e^{-2\zeta\Delta t}})/2 < \rho_{11} < 1$ 时,$\Delta\rho_{11} > 0$,这意味着算符 F_1 使得状态向 z 轴两极移动.考虑到成功抑制消相位的概率总是小于 $1/2$,即 $p_0 < 1/2$ 以及 $F_0 F_1 = F_1 F_0 = \beta I$,那么从总体上看,在进行了一系列的测量之后,相当于只有 F_1 算符在作用.如果 $\Delta t \to 0$,则 $e^{\zeta\Delta t} \to 1$,此时,根据式 (10.150a),当 $\rho_{11} < 1/2$ 时,$\alpha_1 > \alpha_2$,$(F_1)^m \overset{m\to\infty}{=} \xi|1\rangle\langle 1|$;而当 $\rho_{11} > 1/2$ 时,$\alpha_1 < \alpha_2$,$(F_1)^m \overset{m\to\infty}{=} \xi|0\rangle\langle 0|$.这意味着多次的测量等效于投影算子 M_0 或者 M_1,而是 M_0 还是 M_1 取决于初始状态的概率分布.因此,我们可以知道对于前面所构造的测量算符能够抑制二能级量子系统的能量耗散,即状态的布居数从 $|1\rangle$ 到 $|0\rangle$ 的转移.

第 11 章

无消相干子空间中量子态的控制与保持

对于开放量子系统,对系统状态的调控仍然是一个主要的控制问题,包含了对状态的转移控制、跟踪控制等.而消相干问题是由开放量子系统与环境的耦合引起的一大难题,是开放量子系统控制中特有的控制任务,即抑制系统在与环境的相互作用过程中状态相干性的损失.主动纠错(Shor,1995)和被动纠错(Duan,Guo,1998b)是最早被提出的解决消相干问题的方法,思想直接但需要引入大量的冗余量子位;Viola 和 Lloyd 提出的"棒棒控制"消相干抑制方案能有效解决简单量子系统的消相干问题,但需要产生超高频的脉冲(Viola,Lloyd,1998).无消相干子空间(decoherence-free subspaces,简称DFS)是目前解决消相干问题的一条引人关注的途径.DFS 是指在系统非幺正动力学中保持不变的一个希尔伯特子空间(Lidar,Whaley,2003).在 DFS 中,系统与环境解耦,其演化是完全幺正的.利用 DFS 的特性,2009 年 Li 和 Chen 以无消相干子空间的方法作为出发点,推导了外加激光场和系统无消相干态之间的关系,并通过激光场的作用,构造出不受消相干过程影响的状态;Yi 研究了如何通过李雅普诺夫控制方法将 Λ 型开放量子系统状态驱动到 DFS 中(Yi,et al.,2009).

11.1　Λ 型三能级原子的相干态保持

本节将研究如何不仅将 Λ 型开放量子系统状态驱动到 DFS 中,并且能通过构造一个包含了期望目标状态的 DFS,将系统状态驱动到此目标状态,通过将系统状态保持在 DFS 中的目标状态,使得系统与环境解耦.为了达到这一目标,我们设计两个步骤:第一,利用外部激光场 I,构造一个包含目标状态的 DFS,使得目标状态成为一个无消相干态;第二,设计一个李雅普诺夫控制场 II,使系统初态尽可能地完全转移并保持在我们所构造的无消相干目标状态,实现与环境的解耦.

11.1.1　问题描述及无消相干目标态的构造

量子系统状态会受到自发辐射等消相干因素的影响,使得量子相干性很容易遭到破坏,因此我们期望通过一种激光场(记为控制场 I)控制方案,构造出一种能够不受到系统消相干效应影响的状态,作为状态转移的目标状态.

图 11.1 为一个无外场时 Λ 型 N 能级原子系统的物理模型,其中,三个简并稳态通过 $N-1$ 条外部激光与一个激发态 $|e\rangle$ 分别耦合,耦合常数为 g_i, $i=1,2,\cdots,N-1$; Ω_i, $i=1,2,\cdots,N-1$ 为激光场的拉比频率; E_i, $i=1,2,\cdots,N-1$ 为激光场强度; Δ 为失谐量; μ_{ie}, $i=1,2,\cdots,N-1$ 为电偶极矩.该系统的动力学演化遵循 Lindblad 型马尔可夫主方程($\hbar=1$):

$$\dot{\rho} = -\mathrm{i}[H,\rho] + L(\rho) \tag{11.1a}$$

$$L(\rho) = \frac{1}{2}\sum_{i,j=1}^{3}\gamma_{ij}(2F_i\rho(t)F_j^+ - F_j^+F_i\rho(t) - \rho(t)F_j^+F_i) \tag{11.1b}$$

其中, γ_{ij}, $i,j=1,2,\cdots,N-1$ 为衰减率;Lindblad 算符 $F_i=|i\rangle\langle e|$, $i=1,2,\cdots,N-1$ 代表状态 $|j\rangle$ 与状态 $|e\rangle$ 之间的衰减通道.

仅仅考虑由真空模电磁场诱导的自发辐射相干,即原子和量子化的真空模场之间的相互作用.控制的目的即为引入外加相干光场 I,通过调节耦合激光场的拉比频率弱化交叉耦合所导致的自发辐射相干所引起的系统消相干,使得系统的状态和环境解耦,从而制备出基于四能级原子系统的无消相干子空间.

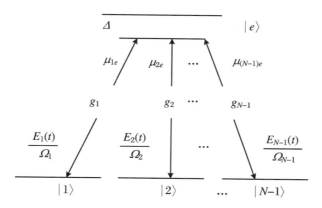

图 11.1　激光场下 Λ 型 N 能级原子系统

基于上述思想的无消相干目标态构造方案的设计可以分为两个步骤：

（1）根据引入控制场Ⅰ后的一类四能级原子系统的特性,讨论引入控制场Ⅰ后系统的主方程模型,得出系统的消相干表达,以便于分析控制场Ⅰ的参数；

（2）根据系统的消相干表达,通过无消相干子空间的条件,构造控制场Ⅰ的参数,得出控制场Ⅰ的参数和系统无消相干态之间的关系,获得系统的相干光场Ⅰ的控制律.

假设 $N-1$ 个光场的载波频率和相应的跃迁频率之间的失谐量相等,即 $\Delta_i = \Delta$, $i = 1,2,\cdots,N-1$,则系统哈密顿量为

$$H = \Delta \mid e\rangle\langle e \mid + \left(\sum_{j=1}^{N-1} \Omega_j \mid e\rangle\langle j \mid + hc. \right) \tag{11.2}$$

其中, $hc.$ 表示厄米共轭.

根据 DFS 的定义（Karasik, et al., 2008；Ficek, Swain, 2005；Lidar, et al., 1998）,DFS 的两个判定条件为

$$H \mid \psi_\alpha\rangle\langle \psi_\beta \mid = S, \quad \alpha,\beta = 1,2,\cdots,m \tag{11.3}$$

$$L \mid \psi_\alpha\rangle\langle \psi_\beta \mid = 0, \quad \alpha,\beta = 1,2,\cdots,m \tag{11.4}$$

其中, S 是由 $\{\mid \psi_\alpha\rangle\langle \psi_\beta \mid\}$, $\alpha,\beta = 1,2,\cdots,n$ 张成的 m 维 DFS.式(11.3)保证了空间的完备性,式(11.4)保证了系统在算符基 $\{\mid \psi_\alpha\rangle\}$, $\alpha = 1,2,\cdots,n$ 作用下的演化是幺正的.

定理 11.1　式(11.1)所示开放量子系统的无消相干态为

$$\mid \psi_\alpha\rangle = \sum_{i=1}^{N-1} c_i \mid i\rangle \tag{11.5}$$

其中,c_i,$i = 1,2,\cdots,N-1$满足

$$\sum_{i=1}^{N-1} \Omega_i c_i = 0, \quad \sum_{i=1}^{N-1} c_i^2 = 1 \tag{11.6}$$

其中,Ω_i,$i = 1,2,\cdots,N-1$为单色激光场 I 的拉比频率.

证明 由 DFS 中状态的定义 $F_i|\psi_\alpha\rangle = \lambda_i|\psi_\alpha\rangle$,$i = 1,2,\cdots,N-1$ 可得

$$\lambda_2^* \lambda_1 = \langle \psi_\alpha \mid e \rangle \langle 2 \mid 1 \rangle \langle e \mid \varphi_\alpha \rangle = 0 \tag{11.7}$$

假设 $\lambda_1 = 0$,根据 $F_1|\psi_\alpha\rangle = \lambda_1|\psi_\alpha\rangle$可得 $F_1|\psi_\alpha\rangle = 0$,即

$$|1\rangle \langle e \mid \psi_\alpha \rangle = 0 \tag{11.8}$$

将 DFS 中状态 $|\psi_\alpha\rangle$ 的展开式 $|\psi_\alpha\rangle = \sum_{i=1}^{N-1} c_i |i\rangle + c_N |e\rangle$,$\sum_{i=1}^{N-1} c_i^2 = 1$ 代入式 (11.8),要使式(11.8)为真,必须满足 $c_N|1\rangle\langle e \mid e\rangle = 0$,故 $c_N = 0$.于是 DFS 中的态可以表示为

$$|\psi_\alpha\rangle = \sum_{i=1}^{N-1} c_i |i\rangle \tag{11.9}$$

再由 $\lambda_2|\psi_\alpha\rangle = F_2|\psi_\alpha\rangle = |2\rangle\langle e|\left(\sum_{i=1}^{N-1} c_i|i\rangle\right) = 0$可得$\lambda_2 = 0$.同理可推导得$\lambda_i = 0$,$i = 1,2,\cdots,N-1$.

故 DFS 由 $N-1$ 个低能级态$\{|1\rangle,\cdots,|N-1\rangle\}$线性展开,由于 $H|\varphi_\alpha\rangle$ 与$|\varphi_\alpha\rangle$同属于 DFS,则

$$|1\rangle\langle e \mid H \mid \psi_\alpha\rangle = 0 \tag{11.10}$$

联立式(11.8)、式(11.10)可得

$$(|1\rangle\langle e \mid H - H \mid 1\rangle\langle e \mid)|\psi_\alpha\rangle = 0 \tag{11.11}$$

代入式(11.2)所示的哈密顿量 H 可得

$$|1\rangle\left(\sum_{i=1}^{N-1} \Omega_i \langle i \mid \psi_\alpha\rangle\right) = 0 \tag{11.12}$$

代入式(11.9)所示的 DFS 态,可得无消相干态的表达形式为

$$|\psi_\alpha\rangle = \sum_{i=1}^{N-1} c_i |i\rangle \tag{11.13a}$$

$$\sum_{i=1}^{N-1} \Omega_i c_i = 0 \tag{11.13b}$$

$$\sum_{i=1}^{N-1} c_i^2 = 1 \tag{11.13c}$$

其中,$\Omega_i, i = 1, 2, \cdots, N-1$ 为单色激光场 I 的拉比频率.证毕.

注 11.1 满足式(11.13)的状态 $|\psi_D\rangle$ 同时满足 DFS 的两个判定条件,与环境完全解耦.同时,由式(11.13)可知,该无消相干态仅取决于外加光场 I 的拉比频率 $\Omega_i, i = 1, 2, \cdots, N-1$.在电偶极矩 $\mu_{ie}, i = 1, 2, \cdots, N-1$ 一定的前提下,外加光场 I 的拉比频率仅仅与其强度 $E_i, i = 1, 2, \cdots, N-1$ 和方向有关:

$$E_i = \frac{\Omega_i \hbar}{2\mu_{ie}}, \quad i = 1, 2, \cdots, N-1 \tag{11.14}$$

所以,如果激光连续可调,则可以通过外加光场 I 的调制获得所需要的无消相干态,组成该系统的 DFS.这些无消相干态将不会受到原子自发辐射等因素所引起的消相干影响,即可作为下一步状态转移控制的目标状态 ρ_D.

11.1.2 系统状态转移和相干保持控制律的设计

将期望的目标状态 $\rho_D = |\psi_D\rangle\langle\psi_D|$ 比照式(11.13)所示的状态形式,施加式(11.14)所示的外加激光场,即可将期望的目标状态构造成无消相干态.至此,状态转移控制的任务即为设计一系列控制场 $\{f_n(t), n = 1, 2, \cdots, F\}$ 作为控制场 II,使得系统状态 $\rho(t)$ 演化至 DFS 中的目标状态 ρ_D 并保持.此时系统哈密顿量为

$$H = H_0 + \sum_{n=1}^{F} f_n(t) H_n \tag{11.15}$$

其中,自由哈密顿量 H_0 的形式如式(11.2)所示;$H_n, n = 1, 2, \cdots, F$ 为控制哈密顿量;$f_n(t), n = 1, 2, \cdots, F$ 为状态转移控制场 II.

通过李雅普诺夫控制方法建立控制场 II $\{f_n(t)\}$.首先定义李雅普诺夫函数 $V(\rho_D, \rho)$ 为

$$V = 1 - \mathrm{tr}(\rho_D \rho) \tag{11.16}$$

其中,$\mathrm{tr}(\rho_D \rho)$ 的物理意义为系统状态 $\rho(t)$ 处于目标状态 ρ_D 的概率.V 作为 Lyapunov 函数必须满足 $V \geq 0$ 且 $\dot{V} \leq 0$.由式(11.16)可知 $V \geq 0$,且其对时间的一阶导数为

$$\dot{V} = -\mathrm{tr}(\rho_D(-\mathrm{i}[H_0, \rho] + L(\rho))) - \sum_{n=1}^{F} f_n(t)\mathrm{tr}(\rho_D[-\mathrm{i}H_n, \rho]) \tag{11.17}$$

449

选择一个满足 $\mathrm{tr}(\rho_D[-\mathrm{i}H_{n_0},\rho])\neq 0$ 的 n_0,令

$$f_{n_0}(t) = \frac{-\mathrm{tr}(\rho_D(-\mathrm{i}[H_0,\rho]+L(\rho)))}{\mathrm{tr}(\rho_D[-\mathrm{i}H_{n_0},\rho])} \tag{11.18}$$

$f_{n_0}(t)$ 抵消了自由哈密顿量 H_0 和耗散项 $L(\rho)$.令控制场 II 的其他分量为

$$f_n(t) = K\mathrm{tr}(\rho_D[-\mathrm{i}H_n,\rho]), \quad K>0 \text{ 且 } n\neq n_0 \tag{11.19}$$

可使 $\dot{V}\leqslant 0$.式(11.18)、式(11.19)为满足李雅普诺夫函数条件的李雅普诺夫控制律 II.

由拉塞尔不变集原理(Lasalle,Lefschetz,1961)可知,当系统演化至某些使得控制场值为零的状态集合,状态演化将会停滞,因此闭环系统会收敛至使得李雅普诺夫函数一阶导数 $\dot{V}$ 为零的最大状态不变集 $\varepsilon = \{\dot{V}=0\}$.由式(11.17)中 $\dot{V}$ 的展开式可知,对于我们的被控系统,不变集 ε 等同于满足式(11.19)中 $f_n(t)=0,n\neq n_0$ 的状态集合,即满足

$$\mathrm{tr}(\rho_D\rho H_n) = \mathrm{tr}(\rho_D H_n\rho), \quad n\neq n_0 \tag{11.20}$$

的状态构成拉塞尔不变集.

注 11.2 根据控制律的设计原理可知,目标状态 ρ_D 一定是最大不变集中的一个状态.最理想的最大不变集只包含目标状态 ρ_D 这一个状态,否则系统就会有一定的概率演化至最大不变集中的其他状态.这是一个关于控制系统收敛性的问题,它不是本小节的重点.然而,我们要强调对于给定被控系统,目标状态能以 100% 的概率到达.下一小节将详细给出结果和分析.

11.1.3　数值仿真实验及其结果分析

为了验证上一小节得到的状态转移控制律(11.18)、(11.19),我们以一个 Λ 型四能级原子系统为例进行系统仿真实验.系统的哈密顿形式为

$$H = H_0 + \sum_{n=1}^{3} f_n(t)H_n \tag{11.21}$$

其中,自由哈密顿量 H_0 的形式如式(11.2)所示;控制哈密顿量 $H_n = |e\rangle\langle n| + |n\rangle\langle e|$,$n=1,2,3$;$\Omega_j$ 一般表示为 $\Omega_1 = \Omega\sin\theta\cos\theta$,$\Omega_2 = \Omega\sin\theta\sin\phi$,$\Omega_3 = \Omega\cos\theta$,$\Omega = \sqrt{\Omega_1^2 + \Omega_2^2 + \Omega_3^2}$.不稳定的激发态 $|e\rangle$ 衰减至三个简并基态的速率分别为 γ_1,γ_2 和 γ_3.自由哈密顿量 H_0 的两个简并暗态为

$$|D_1\rangle = \cos\phi \, |2\rangle - \sin\phi \, |1\rangle \tag{11.22a}$$

$$|D_2\rangle = \cos\theta(\cos\phi \, |1\rangle + \sin\phi \, |2\rangle) - \sin\theta \, |3\rangle \tag{11.22b}$$

$\{|D_1\rangle, |D_2\rangle\}$ 张成了 DFS,子空间中的状态 $|\psi_D\rangle = \sqrt{p_1}|D_1\rangle \pm \sqrt{1-p_1}|D_2\rangle$ 作为无消相干态可以作为状态转移的目标状态.

为了更清晰地体现所设计的控制律对状态转移的效果,我们将系统初态 $|\psi_0\rangle$ 统一设定为激发态 $|\psi_0\rangle = |e\rangle$. 令三条衰减通道的速率等值,即 $\gamma_1 = \gamma_2 = \gamma_3 = \gamma$. 其他参数设定为 $\Delta = 3, \Omega = 5, \phi = \pi/4, \theta = \pi/3, f_n(0) = 0.01, \Delta t = 10^{-2}$ a.u.. 控制时间设定为 $t_f = 300$ a.u..

首先,我们进行从系统初态 $|\psi_0\rangle = |e\rangle$ 到目标态 $|\psi_D\rangle = \sqrt{p_1}|D_1\rangle + \sqrt{1-p_1}|D_2\rangle$, $p_1 = 0.1$ 的状态转移仿真实验.取衰减速率 $\gamma_1 = \gamma_2 = \gamma_3 = 0.1, K = 1. n_0 = 1, 2, 3$ 均能满足 $\mathrm{tr}\{\rho_D[-\mathrm{i}H_{n_0}, \rho]\} \neq 0$ 的条件.图 11.2(a) 至图 11.2(c) 分别为 $n_0 = 1$ 时李雅普诺夫函数的变化图、系统状态 $\rho(t)$ 到达 DFS 的概率变化图、系统状态 $\rho(t)$ 到达无消相干目标态 $\rho_D(t)$ 的概率变化图.图 11.2(d) 为 $n_0 = 2$ 时系统状态 $\rho(t)$ 到达无消相干目标态 $\rho_D(t)$ 的概率变化图.为了显示出李雅普诺夫控制方法的控制效果,我们让系统进行自由演化,并在图 11.2(e) 中给出了对比实验的结果.

由图 11.2 可知,当 $n_0 = 1$ 时,系统状态演化至 DFS 和期望目标状态的概率分别为 100%(如图 11.2(b) 所示)和 98%(如图 11.2(c) 所示).通过比较图 11.2(a) 和图 11.2(e) 可知,利用我们所设计的李雅普诺夫控制方法,系统从初态转移到了期望目标状态并得到保持.当 $n_0 = 2$ 时,系统状态到达目标态 ρ_D 的概率仅为 50%(如图 11.2(d) 所示).因此,系统状态转移的控制效果与 n_0 的选取有关.下面将推导 n_0 的最佳选择.

控制场分量 $f_{n_0}(t)$ 的作用是抵消自由哈密顿量 H_0 和耗散项 $L(\rho)$ 的影响,而 $f_n(t), n \neq n_0$ 的作用是将系统状态从 $|e\rangle$ 转移到 $|n\rangle$ 上.当 $n_0 = 1$ 时,系统状态将演化至 $|2\rangle$ 和 $|3\rangle$ 的叠加态;当 $n_0 = 2$ 时,系统状态将演化至 $|1\rangle$ 和 $|3\rangle$ 的叠加态;当 $n_0 = 3$ 时,系统状态将演化至 $|2\rangle$ 和 $|1\rangle$ 的叠加态.因此,选择目标状态在 $|1\rangle, |2\rangle, |3\rangle$ 上的概率分布最小的分量作为 n_0,可以有效地提高最大状态转移概率.图 11.2 中的目标状态为 $|\psi_D\rangle = 0.1118|1\rangle + 0.5590|2\rangle - 0.8216|3\rangle$,因此选择 $n_0 = 1$ 时的最大状态转移概率 98%(如图 11.2(c) 所示)大大好于选择 $n_0 = 2$ 时的最大状态转移概率 50%(如图 11.2(d) 所示),即 $n_0 = 1$ 能有效提高状态转移概率.

将目标状态 $|\psi_D\rangle = \sqrt{p_1}|D_1\rangle + \sqrt{1-p_1}|D_2\rangle$ 代入式(11.20),得到

$$p_1\langle D_1 | [-\mathrm{i}H_n, \rho] | D_1\rangle + (1-p_1)\langle D_2 | [-\mathrm{i}H_n, \rho] | D_2\rangle = 0, \quad n \neq n_0 \tag{11.23}$$

451

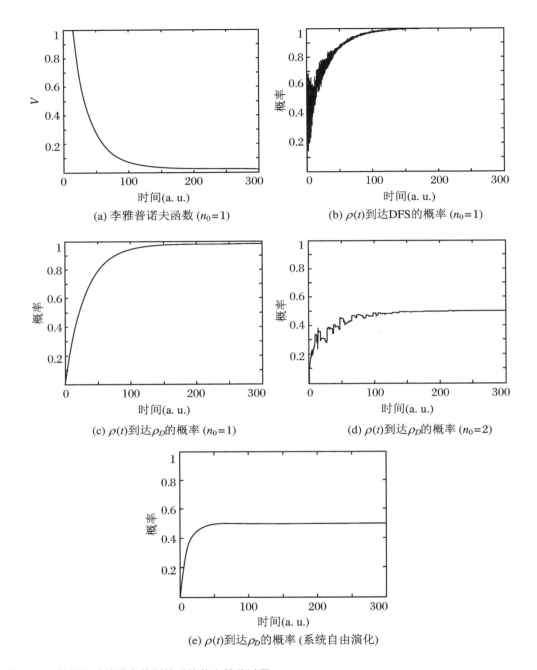

(a) 李雅普诺夫函数 $(n_0=1)$

(b) $\rho(t)$ 到达DFS的概率 $(n_0=1)$

(c) $\rho(t)$ 到达 ρ_D 的概率 $(n_0=1)$

(d) $\rho(t)$ 到达 ρ_D 的概率 $(n_0=2)$

(e) $\rho(t)$ 到达 ρ_D 的概率 (系统自由演化)

图 11.2 基于李雅普诺夫控制的系统状态转移过程

显然,当系统状态为 $\rho = |D_1\rangle\langle D_1|$ 或 $\rho = |D_2\rangle\langle D_2|$ 时,都能使式(11.20)成立.因此,$\{|D_1\rangle, |D_2\rangle\}$ 张成了拉塞尔不变集,也就是说,无消相干子空间即为拉塞尔不变集.我们所设计的李雅普诺夫控制律(11.18)、(11.19)是在系统状态 $\rho(t)$ 转移至 DFS 的过程中,

尽可能地令系统状态 $\rho(t)$ 从无消相干目标态 $\rho_D(t)$ 进入 DFS.

改变目标状态 $|\psi_D\rangle = \sqrt{p_1}|D_1\rangle + \sqrt{1-p_1}|D_2\rangle$ 中 p_1 和衰减速率 γ 的取值,将状态转移控制时间设定为 $t_f = 300$ a.u., n_0 选择目标状态 $\rho_D(t)$ 在 $|1\rangle,|2\rangle,|3\rangle$ 上概率分布最小的分量,通过仿真实验可以得到图 11.3 所示系统状态 $\rho(t)$ 到达 DFS 和无消相干目标态 $\rho_D(t)$ 的概率关于 p_1 和 γ 的曲面图.

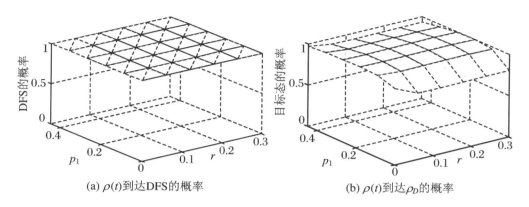

(a) $\rho(t)$ 到达DFS的概率   (b) $\rho(t)$ 到达ρ_D的概率

图 11.3　系统状态转移概率关于 p_1 和 γ 的曲面图

如图 11.3 所示,系统状态 $\rho(t)$ 达到无消相干目标态 $\rho_D(t)$ 的最大转移概率与 p_1 和 γ 的取值有关. $\gamma = 0$ 时,系统不存在自发衰减,状态转移完全由所设计的控制律操纵,因此控制效果比 $\gamma \neq 0$ 时更好.对于大多数 $\gamma \neq 0$ 的情况,由于控制场存在一个最小分量用来抵消自由哈密顿量 H_0 和耗散项 $L(\rho)$ 的影响,没有引导该分量方向上的状态转移,故最大转移概率不能到达 100%.将式(11.12)代入目标状态 $|\psi_D\rangle = \sqrt{p_1}|D_1\rangle \pm \sqrt{1-p_1}|D_2\rangle$,可得

$$
\begin{aligned}
|\psi_D\rangle = &(\pm \sqrt{1-p_1}\cos\theta\cos\phi - \sqrt{p_1}\sin\phi)|1\rangle \\
&+ (\pm \sqrt{1-p_1}\cos\theta\sin\phi + \sqrt{p_1}\cos\phi)|2\rangle \\
&\pm \sqrt{1-p_1}\sin\theta\,|3\rangle
\end{aligned}
\tag{11.24}
$$

故能使 $\rho_D(t)$ 在 $|1\rangle,|2\rangle,|3\rangle$ 上概率分布最小的分量等于 0 的 p_1 的取值为

$$
p_1 = 1 \quad \text{或} \quad \frac{\cos^2\theta\cos^2\phi}{\sin^2\phi + \cos^2\theta\cos^2\phi} \quad \text{或} \quad \frac{\cos^2\theta\sin^2\phi}{\cos^2\phi + \cos^2\theta\sin^2\phi}
\tag{11.25}
$$

此时控制场的作用发挥最完全,最大状态转移概率达到 100%.

11.2　一般开放量子系统的状态转移和相干保持

本节我们将对具有更一般结构的四能级开放量子系统进行研究,针对期望的目标状态构造 DFS,并通过设计控制哈密顿缩小系统的不变集,最后进行李雅普诺夫状态转移控制,将系统状态从激发态转移到 DFS 中的叠加态.具体的思路是,先构造一个包含所期望目标状态的 DFS,再设计控制律将开放量子系统状态驱动并收敛到 DFS 中的目标态.为达到此目的,我们设计了两个步骤:第一,设计一个外加激光场 I,改造开放量子系统原本的 DFS,使其包含所期望的目标状态;第二,设计一个李雅普诺夫控制场 II,驱动 DFS 外的开放量子系统初态到 DFS 中期望的目标状态.

11.2.1　问题描述及无消相干子空间的构造

对于开放量子系统的状态转移控制问题,为了达到相干性保持的要求,需要期望的目标状态属于 DFS,也就是说,希望在状态转移控制场 II 的作用下,开放量子系统状态在转移至目标状态后能与环境解耦,不再发生消相干.那么在被控系统给定的情况下,首先需要判断期望的目标状态是否在 DFS 中.如果期望的目标状态不在 DFS 中,那么,在实施状态转移控制之前,需要先根据此目标状态重新构造一个 DFS,使其包含期望的目标状态,之后再实施状态转移控制.

图 11.4 即为外界激光场 I 作用下的四能级开放原子系统,激发态 $|0\rangle$ 通过三个激光场 I 与三个简并基态耦合,其中,E_j,$j=1,2$ 为激光场 I 的场强;Ω_j,$j=1,2$ 为激光场 I 的拉比频率;μ_{j0},$j=1,2$ 为电偶极矩;Δ 为激光场 I 的载波频率与跃迁频率间的失谐量;激发态 $|0\rangle$ 分别以速率 γ_j,$j=1,2$ 自发衰减至三个基态.激光场 I 就是我们所要设计的用来构造 DFS 的控制场 I.假设其衰减过程是马尔可夫的,那么其主方程模型可以用一般的 Lindblad 形式表述:

$$\frac{\mathrm{d}\rho(t)}{\mathrm{d}t} = -\frac{\mathrm{i}}{\hbar}[H_0, \rho(t)] + L(\rho(t)) \tag{11.26}$$

$$H_0 = \Delta_L A_{00} + \frac{1}{2}(\Omega_1 A_{10} + \Omega_2 A_{20} + hc.) \tag{11.27}$$

$$L(\rho(t)) = \frac{1}{2} \sum_{j=1}^{3} \gamma_j (2F_j \rho(t) F_j^+ - F_j^+ F_j \rho(t) - \rho(t) F_j^+ F_j) \qquad (11.28)$$

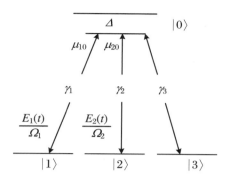

图 11.4　受外加激光场驱动的四能级原子系统

其中, $hc.$ 表示厄米共轭; $A_{ij} = |i\rangle\langle j|$; 耗散项 $L(\rho(t))$ 包含了所有产生消相干的因素; 衰减速率 $\gamma_j, j = 1, 2, 3$ 是非负常数; F_i 为 Lindblad 算符; $\Omega_j, j = 1, 2$ 为激光场 I 的拉比频率.

仅仅考虑由真空模电磁场诱导的自发辐射相干, 即原子和量子化的真空模场之间的相互作用. 控制的目的为引入外加相干光场 I, 通过调节耦合激光场的拉比频率弱化交叉耦合导致的自发辐射相干所引起的系统消相干, 使得系统的状态与环境解耦, 从而制备出基于四能级原子系统的 DFS.

基于上述思想的无消相干目标态构造方案的设计可以分为两个步骤:

(1) 根据引入控制场 I 后的四能级原子系统的特性, 通过引入控制场 I 后系统的主方程模型, 获得系统的消相干表达;

(2) 根据系统的消相干表达, 通过无消相干子空间的条件, 构造控制场 I 的参数, 得出控制场 I 的参数和系统无消相干态之间的关系, 最后获得系统的相干光场 I 的控制律.

假设 DFS 子空间 Θ 由状态展开 $(\{|\psi_\alpha\rangle\}, \alpha = 1, 2, \cdots, n)$, 则定义在子空间 Θ 中的任意约化密度算符可以表示为

$$\rho = \sum_{\alpha, \beta=1}^{n} \rho_{\alpha, \beta} |\psi_\alpha\rangle\langle\psi_\beta| \qquad (11.29)$$

根据 DFS 中的状态定义 (Karasik, et al., 2008): $F_j |\varphi_\alpha\rangle = \lambda_j |\varphi_\alpha\rangle, j = 1, 2, \cdots, M$ 和 Lidar 定理 (Lidar, et al., 1998), 可得 DFS 子空间 Θ 的两个判定条件 (Lidar, Whaley, 2003):

$$H_0 \mid \psi_\alpha \rangle \langle \psi_\beta \mid \in S \tag{11.30}$$

$$L \mid \psi_\alpha \rangle \langle \psi_\beta \mid = 0, \quad \alpha, \beta = 1, 2, \cdots, n \tag{11.31}$$

其中,S 为 DFS 子空间;式(11.30)保证了空间完备性;式(11.31)保证了在算符基的作用下系统演化是幺正的.

假设子空间 Θ 中的状态满足本征方程式

$$F_j \mid \psi_\alpha \rangle = \lambda_j \mid \psi_\alpha \rangle, \quad j = 1, 2, \cdots, M \tag{11.32}$$

其中,$\mid \psi_\alpha \rangle$ 为所有算符 F_j 的简并本征态,则将式(11.29)和式(11.32)代入式(11.28),可以推出式(11.31),即若子空间 Θ 中的元素满足式(11.32),则子空间 Θ 满足 DFS 的判定条件(11.4).

下面将考虑满足 DFS 判定条件(11.3)的 DFS 状态表达形式:从系统自发辐射产生的消相干项入手,推导出基于四能级原子系统的 DFS 扩展基,从而得出 DFS 中态的表达形式.

假设态之间跃迁的偶极矩矢量是相互垂直的,则外加光场的拉比频率保持恒定,这是外场持续作用的前提条件.控制的目的是使得主方程模型中的消相干项为零,因此首先需要得到该系统消相干项的具体形式:

$$
\begin{aligned}
L(\rho(t)) = & \frac{1}{2} \gamma_{10} (2 A_{10} \rho A_{01} - A_{01} A_{10} \rho - \rho A_{01} A_{10}) \\
& + \frac{1}{2} \gamma_{20} (2 A_{20} \rho A_{02} - A_{02} A_{20} \rho - \rho A_{02} A_{20}) \\
& + \frac{1}{2} \gamma_{30} (2 A_{30} \rho A_{03} - A_{03} A_{30} \rho - \rho A_{03} A_{30})
\end{aligned}
\tag{11.33}
$$

考虑到偶极禁戒,可以得到 F_j 算子的表达式为

$$F_1 = A_{10}, \quad F_2 = A_{20}, \quad F_3 = A_{30} \tag{11.34}$$

根据 DFS 的定义,如果要在该系统中寻找 DFS,则需要寻找独立于参数 α 的特征值 λ_j 且满足式(11.32)的解.对式(11.32)两边取共轭得

$$\langle \psi_\alpha \mid \lambda_j^* = \langle \psi_\alpha \mid F_j^+ \tag{11.35}$$

则有

$$\lambda_2^* \lambda_1 = \langle \psi_\alpha \mid A_{02} A_{10} \mid \psi_\alpha \rangle = 0 \tag{11.36}$$

不失一般性,假设 $\lambda_1 = 0$,则根据 $F_1 \mid \psi_\alpha \rangle = \lambda_1 \mid \psi_\alpha \rangle$ 可得 $F_1 \mid \psi_\alpha \rangle = 0$,即

$$A_{10} \mid \psi_\alpha \rangle = 0 \tag{11.37}$$

将 $|\psi_a\rangle$ 用子空间 Θ 中的基展开,得到

$$|\psi_a\rangle = c_0 |0\rangle + c_1 |1\rangle + c_2 |2\rangle + c_3 |3\rangle \tag{11.38}$$

其中,系数满足 $|c_0|^2 + |c_1|^2 + |c_2|^2 + |c_3|^2 = 1$.

将式(11.35)代入式(11.33),可得 $c_0 = 0$.于是子空间 Θ 中的态可以表示为

$$|\psi_a\rangle = c_1 |1\rangle + c_2 |2\rangle + c_3 |3\rangle \tag{11.39}$$

将式(11.38)代入 $F_2 |\psi_a\rangle = \lambda_2 |\psi_a\rangle$ 和 $F_3 |\psi_a\rangle = \lambda_3 |\psi_a\rangle$,可得 $\lambda_2 = \lambda_3 = 0$.

于是子空间 Θ 将由三个低能级态线性展开,即满足 DFS 判定条件(11.4)的子空间退化为 $Z = \{|1\rangle, |2\rangle, |3\rangle\}$.若要满足判定条件(11.3),则必须满足:若 $|\psi_a\rangle$ 属于子空间 Z,则 $H_0 |\psi_a\rangle$ 也属于子空间 Z,即 $H_0 |\psi_a\rangle$ 中不含高能态 $|0\rangle$,故

$$A_{10} H_0 |\psi_a\rangle = 0 \tag{11.40}$$

根据式(11.37)和式(11.40),可得

$$(A_{10} H_0 - H_0 A_{10}) |\psi_a\rangle = 0 \tag{11.41}$$

将式(11.27)代入式(11.41),整理可得 $|1\rangle (\Omega_1 \langle 1|\psi_a\rangle + \Omega_2 \langle 2|\psi_a\rangle) = 0$,因此波函数 $|\psi_a\rangle$ 的表达式为

$$|\psi_a\rangle = c_1 |1\rangle + c_2 |2\rangle + c_3 |3\rangle \tag{11.42a}$$

$$\Omega_1 c_1 + \Omega_2 c_2 = 0 \tag{11.42b}$$

$$c_1^2 + c_2^2 + c_3^2 = 1 \tag{11.42c}$$

满足式(11.42)的状态 $|\psi_a\rangle$ 同时满足 DFS 的两个判定条件(式(11.3)和式(11.4)),与环境完全解耦.由式(11.42)可知,该无消相干态只与外界光场的拉比频率 Ω_j, $j = 1, 2$ 有关.在电偶极矩一定的前提下,外界光场的拉比频率 Ω 仅与其强度 E 和电偶极矩 μ 有关:$\Omega_j = 2\mu_{j0} E_j / \hbar$, $j = 1, 2$.故若激光场连续可调,则可通过外界光场的调制获得所需要的无消相干态,进而制备出该系统的 DFS.

基于以上 DFS 的构造过程可知,对于图 11.4 所示的四能级原子系统,若状态转移的期望目标状态为

$$|\psi_D\rangle = c' |1\rangle + c'' |2\rangle + c''' |3\rangle \tag{11.43}$$

其中,$c'^2 + c''^2 + c'''^2 = 1$,则只需调节外界光场 I 的拉比频率 Ω_j, $j = 1, 2$,使之满足 $\Omega_1 c' + \Omega_2 c'' = 0$,于是此目标状态 $|\psi_D\rangle$ 即为 DFS 中的一个无消相干态.

11.2.2　系统状态转移和相干保持控制律的设计

在将目标态包含在所设计的 DFS 中后,状态转移控制的任务就变成:设计一系列控制场$\{f_n(t), n = 1, 2, \cdots, F\}$作为控制场 II,使得系统状态 $\rho(t)$ 演化至 DFS 中的目标状态 $\rho_D = |\psi_D\rangle\langle\psi_D|$,系统状态的相干性在 DFS 中就会同时得到保持.施加控制场 II 后的系统哈密顿为

$$H = H_0 + \sum_{n=1}^{F} f_n(t) H_n \tag{11.44}$$

其中,自由哈密顿量 H_0 的形式如式(11.27)所示;H_n,$n = 1, 2, \cdots, F$ 为控制哈密顿量;$f_n(t)$,$n = 1, 2, \cdots, F$ 为状态转移控制场 II.

为了根据李雅普诺夫的稳定性定律进行控制场 II $\{f_n(t)\}$ 设计,首先需要定义一个合适的李雅普诺夫函数 $V(\rho_D, \rho)$,为此,我们选择李雅普诺夫函数 V 为

$$V = 1 - \text{tr}(\rho_D \rho) \tag{11.45}$$

其中,$\text{tr}(\rho_D \rho)$ 的物理意义为系统状态 $\rho(t)$ 处于目标状态 ρ_D 的概率,该李雅普诺夫函数能确保目标状态 ρ_D 为稳定点(Lou, et al., 2011).V 作为李雅普诺夫函数必须满足 $V \geqslant 0$ 且 $\dot{V} \leqslant 0$.

由式(11.45)可知 $V \geqslant 0$,且其对时间的一阶导数为

$$\dot{V} = -\text{tr}\{\rho_D(-\text{i}[H_0, \rho] + L(\rho))\} - \sum_{n=1}^{F} f_n(t) \text{tr}\{\rho_D[-\text{i}H_n, \rho]\} \tag{11.46}$$

选择一个满足 $\text{tr}\{\rho_D[-\text{i}H_{n_0}, \rho]\} \neq 0$ 的 n_0,令

$$f_{n_0}(t) = \frac{-\text{tr}\{\rho_D(-\text{i}[H_0, \rho] + L(\rho))\}}{\text{tr}\{\rho_D[-\text{i}H_{n_0}, \rho]\}} \tag{11.47}$$

$f_{n_0}(t)$ 抵消了自由哈密顿量 H_0 和耗散项 $L(\rho)$ 的作用.令控制场 II 的其他分量为

$$f_n(t) = K_n (\text{tr}\{\rho_D[-\text{i}H_n, \rho]\})^*, \quad K_n > 0 \text{ 且 } n \neq n_0 \tag{11.48}$$

可使 $\dot{V} \leqslant 0$.式(11.47)、式(11.48)即是满足李雅普诺夫函数条件的李雅普诺夫控制律.

此时,李雅普诺夫控制下的开放量子系统演化方程为如下非线性方程:

$$\frac{\text{d}\rho(t)}{\text{d}t} = -\frac{\text{i}}{\hbar}\left[H_0 + \sum_n f_n(t) H_n, \rho(t)\right] + L(\rho(t)) \tag{11.49}$$

其中，$f_n(t)$由式(11.47)和式(11.48)决定.

由拉塞尔不变集原理(LaSalle，Lefschetz，1961)可知,式(11.49)所描述的动力学系统将最终演化至由 $\varepsilon = \{\dot{V} = 0\}$ 定义的不变集.此不变集 ε 包含了目标状态和其他一些状态.由式(11.46)可知,此不变集 ε 为满足

$$\mathrm{tr}\{\rho_D[-iH_n,\rho]\} = 0, \quad n \neq n_0 \tag{11.50}$$

的状态集合.

由式(11.50)可知,不变集 ε 的大小取决于 H_n 的选择.由于系统状态一旦演化进入不变集 ε,则控制场将变为零,不再对状态转移起控制作用.因此,我们希望通过设计 H_n 的形式,使得满足式(11.50)的系统状态集合尽可能小,亦即不变集 ε 尽可能小.分析可知,满足$[\rho_D,H_n] = 0$ 或 $[\rho,H_n] = 0$ 或 $[\rho_D,\rho] = 0$ 均可使得式(11.50)成立,那么如果我们能构造出一组 H_n 使得满足这三个等式的系统状态变少,则不变集 ε 将缩小,开放量子系统状态最终演化至我们期望的目标状态的可能性将加大.下面我们通过分别分析这三个等式,讨论控制哈密顿 H_n 的设计和不变集 ε 的构成.

(1) 对任意的 n,均满足$[\rho_D,H_n] = 0$ 的充要条件为 ρ_D 与 H_n 具有完全相同的特征向量.为了使得$[\rho_D,H_n] \neq 0$,最简单的做法即为设计一组具有不同的特征向量的控制哈密顿 $H_n,n = 1,2,3$,则当且仅当 $\rho_D = I/N$ 时,对任意的 n,均满足$[\rho_D,H_n] = 0$.然而,由于本系统中的 DFS 是纯态的状态集合,故 ρ_D 的选择只能为纯态,不可能为 $\rho_D = I/N$,因此$[\rho_D,H_n] \neq 0$ 成立.

(2) 根据(1)中对控制哈密顿 H_n 的设计,由于 $H_n,n = 1,2,3$ 具有不同的特征向量,故除非系统状态为 $\rho_D = I/N$,对于 $n = 1,2,3$,不可能同时满足$[\rho,H_n] = 0$.但由于 $\rho_D = I/N$ 在本系统中不是一个稳定态,故 $\rho_D = I/N$ 不属于系统不变集 ε,$[\rho,H_n] \neq 0$ 成立.

(3) 满足$[\rho_D,\rho] = 0$ 的状态 ρ 为与 ρ_D 具有相同特征向量的状态 ρ.由于不变集 ε 中的状态为稳定态,故 ρ 只可能是三个基态$|1\rangle,|2\rangle,|3\rangle$的叠加态或混合态,其中包含我们期望的目标状态 ρ_D.至此,我们通过设计控制哈密顿 H_n 缩小了不变集 ε 的范围.

下面将通过数值仿真实验说明如何根据期望的目标状态构造 DFS,并将系统状态转移至目标状态.

11.2.3　数值仿真实验及其结果分析

对于图 11.4 所示的四能级开放量子系统,假设我们期望的系统目标状态为 $|\psi_D\rangle = -0.525\,7|1\rangle + 0.723\,6|2\rangle - 0.447\,2|3\rangle$,即 $c' = -0.525\,7, c'' = 0.723\,6, c''' = -0.447\,2$,

则根据式(11.43)中无消相干态的构造可知,施加一个满足 $c'\Omega_1 + c''\Omega_2 = 0$ 的激光场 I 即可使得目标状态 $|\psi_D\rangle$ 成为系统的一个无消相干态.不妨选择激光场 I 的拉比频率为 $\Omega_1 = 4.0451, \Omega_2 = 2.9389$.至此,我们完成了将期望的目标状态 $|\psi_D\rangle$ 构造成为无消相干态的过程.而 DFS 则由系统自由哈密顿 H_0 的简并暗态张成:

$$|D_1\rangle = -\frac{\Omega_2}{\sqrt{\Omega_1^2 + \Omega_2^2}}|1\rangle + \frac{\Omega_1}{\sqrt{\Omega_1^2 + \Omega_2^2}}|2\rangle \tag{11.51a}$$

$$|D_2\rangle = |3\rangle \tag{11.51b}$$

下面我们将缩小不变集,并利用式(11.47)和式(11.48)构造的控制律 II 进行状态转移控制,使开放量子系统状态转移至 DFS 中的目标状态,并得到消相干保持.为此,我们构造控制哈密顿量

$$H_C = \sum_{n=1}^{3} f_n(t)H_n \tag{11.52}$$

其中,$H_n = |0\rangle\langle n| + |n\rangle\langle 0|, n = 1,2,3$ 具有不同的特征向量.根据 11.2.2 小节中的分析,此控制哈密顿的选择将会缩小不变集 ε 的范围.其他参数设置如下:系统初态为基态 $|0\rangle$,系统的失谐量为 $\Delta = 3$,衰减速率为 $\gamma_1 = \gamma_2 = \gamma_3 = 0.1$,控制场比例系数为 $K_n = 110$,实验采样周期为 $\Delta t = 0.01$.得到的系统状态转移控制结果如图 11.5 所示.图 11.5(a)中的实线为控制场 II 作用下,系统状态到达期望的目标状态 $|\psi_D\rangle$ 的概率随时间变化曲线,虚线为不施加控制场 II 时,系统状态处于 $|\psi_D\rangle$ 的概率曲线;图 11.5(b)中的实线为控制场 II 作用下,系统状态到达 DFS 的概率随时间变化曲线,虚线为不施加控制场 II 时,系统状态处于 DFS 的概率曲线.

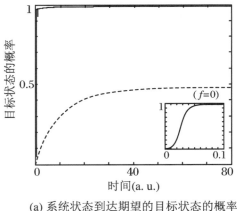

(a) 系统状态到达期望的目标状态的概率

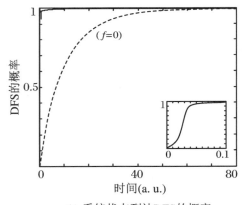

(b) 系统状态到达DFS的概率

图 11.5　系统状态转移控制结果

由图 11.5 可知,在我们设计的控制场 Ⅱ 作用下,开放量子系统状态由初始的基态 $|0\rangle$ 转移到了期望的目标状态 $|\psi_D\rangle = -0.5257|1\rangle + 0.7236|2\rangle - 0.4472|3\rangle$,转移概率达到 99%. 同时,系统状态在控制场 Ⅱ 作用后保持在目标状态 $|\psi_D\rangle$,这也验证了我们设计的激光场 Ⅰ 能将目标状态 $|\psi_D\rangle$ 构造成一个无消相干态,使系统状态转移到此目标状态后能得到相干性的保持. 控制场比例系数 K_n 的选择与系统的衰减速率 γ 有关,γ 越大表示系统受环境影响导致的衰减效应越强,则需要的控制场强度越大.

图 11.5 中的虚线对应不施加控制场 Ⅱ 时的系统状态演化,此时开放量子系统在环境的影响下,以衰减速率 γ 衰减至系统的一个稳定态,该稳定态为 $|D_1\rangle$ 和 $|D_2\rangle$ 的最大混合态,即稳定态中的能量最小态. 此开放量子系统在环境的影响下,最终一定会演化至稳定态,但是在控制场 Ⅱ 的作用下,系统不但能以远快于自由演化的速度到达稳定态,且能以较高的概率转移到我们期望的目标状态.

针对开放量子系统,我们提出了一种基于 DFS 的控制方法来进行状态转移和相干性保持. 通过外部激光场 Ⅰ,我们将期望的目标状态构造成为无消相干态,使其与环境解耦能进行幺正演化;通过基于李雅普诺夫稳定性定律的控制场 Ⅱ 将激发态转移至无消相干目标态. 在四能级原子系统中,仿真实验转移概率达到 99%.

11.3 无消相干子空间中量子态调控的收敛性

量子系统的状态驱动是量子控制的主要任务之一. 具体来说,就是设计一个可实现的控制律将量子系统从某个初始量子态驱动到期望的目标态. 一般来说,量子系统可分为封闭量子系统和开放量子系统. 在封闭量子系统中,量子态在外加控制场的作用下的动力学演化都是幺正的. 到目前为止,封闭量子系统中已经设计出多种控制策略来实现一些特定的状态驱动任务,如 Boscain 等人在 2002 年利用量子最优控制实现了自旋系统中的纠缠态制备;闭环学习控制(Rabitz,2000;Phan,Rabitz,1999)也被多次用来控制量子动力学的演化. Dong 和 Petersen 提出了利用滑模控制来镇定存在哈密顿量不确定的二能级系统中的本征态(Dong,Petersen,2009;Dong,Petersen,2010a). 近年来,李雅普诺夫方法也被应用到量子系统中来实现量子态的驱动. 与其他方法相比,量子李雅普诺夫方法具有设计简单、物理意义直观的特点. 在此方法中,人们往往利用拉塞尔不变原理来分析量子系统的收敛性(Kuang,Cong,2008;Wang,Schirmer,2010a;Mirrahimi,et al.,2005;Kuang,Cong,2010a;Mirrahimi,Rouchon,2007). 作者所在研组针对封闭量子系统中的纯态提出了通过构造李雅普诺夫函数中的观测算符,来实现系统对其任意本征态高概率收敛的处理方法(Kuang,Cong,2008),文献(Wang,Schirmer,2010a)将李雅普诺夫方法推广到了更一般的量子态,如伪纯态的驱动中.在封闭量子系统的李雅普诺夫控制策略中,收敛性分析是非常重要的,它的结果直接表明状态驱动的任务是否成功.但是,以上的收敛性结论都是基于量子系统幺正动力学演化得到的.当系统动力学演化是非幺正的开放量子系统时,这些结果将不再适用.也就是说,人们需要在开放量子系统的动力学特性的情况下,研究基于李雅普诺夫方法的状态控制策略的收敛性.

在量子信息领域,由于纯态包含的信息量最大,因此往往作为信息的载体(Romano,2007).量子系统不可避免受到环境的影响,在消相干作用下量子态纯度下降变为混合态.无消相干子空间(Lidar,et al.,1998)是目前解决消相干问题的一条引人关注的途径.DFS 是指在系统非幺正动力学中保持不变的一个希尔伯特子空间.在 DFS 中,系统与环境解耦,其演化是完全幺正的.这样一来,只要将系统驱动到 DFS 中的某一个纯态,该量子态在环境作用下仍然是纯态,从而 DFS 为量子信息的保存提供了重要途径.2010年 Wang 提出了利用李雅普诺夫方法将量子开放系统驱动到 DFS 中,并操控量子态到任意的系统自由哈密顿量的本征态.虽然他们的结果表明通过设计控制哈密顿量和观察算符可以实现基于李雅普诺夫控制在开放量子系统中目标状态的收敛控制,但是,他们有两方面有待进一步研究:一是没有给出控制哈密顿量应当满足的条件以及李雅普诺夫函数中的观测算符的具体的设计方法,而且其收敛性只是用了说明性的语言来证明;二是目标状态是 DFS 中的叠加态时,他们的方法将不再适用.据作者所知,到目前为止还没有文献给出开放量子系统中 DFS 中的目标态的收敛性证明,因此,本节希望基于李雅普诺夫控制方法设计出一个收敛的控制律,来驱动开放量子系统从任意初始态到 DFS 中的任意期望的目标纯态.一般而言,将被控系统驱动到 DFS 中是较容易做到的,但要把被控系统驱动到包括由不同本征态所组成叠加态的某个期望的目标态,是一项困难的任务,这就是本项研究中所要解决的关键问题.

我们的设计思想是,利用李雅普诺夫方法在相互作用绘景下设计控制律.由于变换后的系统是一个非自治系统,通过引入 Barbalat 引理来分析系统的最大不变集,这个集合实际上依赖于李雅普诺夫函数中观测算符的选取.为了使目标态是全局渐近稳定的,在假定被控系统哈密顿量各个本征态的能级差互不相同并且任意能级都是直接耦合的前提下,我们通过精心设计这个观测算符,来使得系统的最大不变集与 DFS 的交集只含有目标态,以此方式来使开放量子系统在所设计的控制律作用下,达到从任意的初态收敛到期望的目标态的目的.

11.3.1　系统描述与问题的提出

人们在研究开放量子系统时,构建了许多开放量子系统模型,其中在量子光学与固态物理中经常用到的一类模型是马尔可夫主方程(Breuer,Petruccione,2002).本小节将在马尔可夫主方程的前提下研究开放量子系统的状态控制问题.在特定条件下,与环境相互作用的量子系统可以用量子动力学半群描述,并且开放量子系统的密度矩阵 ρ 的演化满足 Lindblad 主方程(Lindblad master equation,简称 LME)(Altafini,2004):

$$\dot{\rho}(t) = -\mathrm{i}[H,\rho] + \mathscr{L}(\rho) \tag{11.53a}$$

$$\mathscr{L}(\rho) = \frac{1}{2}\sum_{m=1}^{M}\lambda_m([L_m,\rho L_m^{\dagger}] + [L_m\rho,L_m^{\dagger}]) \tag{11.53b}$$

$$H = H_0 + \sum_{n=1}^{F}f_n(t)H_n \tag{11.53c}$$

其中,H_0 是系统的自由哈密顿量;H_n 是控制哈密顿量;$f_n(t)$ 是外加控制场;$\mathscr{L}(\rho)$ 是 Lindblad 项,即系统的耗散项,表征了量子系统与环境的相互作用特性;λ_m 是正的非时变参数,表现了系统消相干的强度.在能量表象下讨论问题,H_0 可以表示成对角矩阵的形式,即 $H_0 = \sum_{j=1}^{N}w_j|j\rangle\langle j|$.物理上,系统的内部哈密顿量的本征值 w_j 表示量子系统所具有的能量值(或称能级),而 $\omega_{jl} = \omega_j - \omega_l$ 表示该量子系统的能级 j 与 l 间的 Bohr 频率(或称跃迁频率).这里我们给出以下定义:

定义 11.1　如果一个量子系统的任意能级间的跃迁频率都是不同的,即 $\omega_{jk} \neq \omega_{pq}$,$(j,k) \neq (p,q)$,则称该量子系统为强正则的.

在开放量子系统中,DFS 是一个很重要的概念.一般来说,DFS 就是所有的在环境影响下仍然以幺正形式演化的状态集合.在马尔可夫主方程的情况下,DFS 常常被定义成使马尔可夫主方程耗散部分为 0 的所有状态集合.如对系统(11.53),这些状态满足 $\mathscr{L}(\rho) = 0$.Karasik 等人在 2008 年给出了一种 DFS 定义,在这个定义下,DFS 中纯态是系统的动力学稳定点.

定义 11.2　对于式(11.53)所描述的 N 维量子系统,它的子空间 $\mathscr{H}_{\mathrm{DFS}} = \mathrm{span}\{|\psi_1\rangle,|\psi_2\rangle,\cdots,|\psi_D\rangle\}$ 在任意时刻 t 都是 DFS 的充要条件是:① 在 H_0 作用下 $\mathscr{H}_{\mathrm{DFS}}$ 是不变的;② $L_m|\psi_k\rangle = c_m|\psi_k\rangle$;③ $\Gamma|\psi_k\rangle = g|\psi_k\rangle$ 对所有的 $m = 1,2,\cdots,M$ 和 $k = 1,2,\cdots,D$ 均成立,其中,$g = \sum_{m=1}^{M}\lambda_m|c_m|^2$,$\Gamma = \sum_{m=1}^{M}\lambda_m L_m^{\dagger}L_m$.

显然,这个定义表明 DFS 不是唯一的,而且该定义只是给出了判断一个子空间是否是 DFS 的充要条件,并不能指导我们去构造 DFS.尽管现在还没有文献给出构造 DFS 的通用方法,但对于一些比较简单的系统,我们可以凭直觉得到 DFS 的基,并且利用定义 11.2 来判断这些基是否能够张成一个无消相干子空间.比如考虑一个三能级 Λ 型原子,它的激发态是 $|3\rangle$,它在环境作用下分别衰减到两个稳定态 $|1\rangle$,$|2\rangle$,即它的 Lindblad 算符可以表示成 $L_1 = |1\rangle\langle3|$,$L_2 = |2\rangle\langle3|$,很容易验证,它的 DFS 是 $\mathrm{span}\{|1\rangle,|2\rangle\}$.

众所周知,开放量子系统在耗散动力学的作用下将不可避免地向系统的动力学稳定点转移.根据定义 11.2,DFS 中的所有纯态都是动力学稳定点,它是一个连续空间.系统将演化到该空间的某一个状态是依赖于耗散作用,它是不可控的.如果我们期望目标态是 DFS 中的某一个特定的状态,则要求对其进行相干动力学控制时系统向该目标态移动,因此设计控制场将开放量子系统驱动到 DFS 中的期望的状态是开放系统中状态控制的一个基本任务,这也是本小节的出发点.

我们的控制问题可以描述为:对于一个由式(11.53)描述的 N 维开放量子系统,设计控制场 $f_n(t), n = 1,2,\cdots,F$,使得该量子系统收敛到 DFS 中期望的目标态 $\psi_{\mathrm{f}} = \sum_{d=1}^{D} c_d |\psi_d\rangle$,其中 $\sum_{d=1}^{D} |c_d|^2 = 1$.

11.3.2　控制场的设计

在这一小节中,我们主要利用李雅普诺夫方法来设计控制律.为了使设计过程简单,我们将在相互作用绘景下进行.

对系统(11.53)进行相互作用绘景变换,即取 $\rho' = \mathrm{e}^{iH_0 t}\rho\mathrm{e}^{-iH_0 t}$,变换后的 Lindblad 主方程可以写成

$$\dot{\rho}' = \left[\sum_{j=1}^{F} A_j(t)f_j(t), \rho'\right] + \mathscr{L}'(\rho') \tag{11.54a}$$

$$\mathscr{L}'(\rho') = \frac{1}{2}\sum_{m=1}^{M}\lambda_m([L_m', \rho'L_m'^{\dagger}] + [L_m'\rho', L_m'^{\dagger}]) \tag{11.54b}$$

$$L_m' = \mathrm{e}^{iH_0 t}L_m\mathrm{e}^{-iH_0 t} \tag{11.54c}$$

这里,$A_j(t) = -i\mathrm{e}^{iH_0 t}H_j\mathrm{e}^{-iH_0 t}$ 和 $L_m' = \mathrm{e}^{iH_0 t}L_m\mathrm{e}^{-iH_0 t}$ 分别是相互作用绘景下的控制哈密顿量与 Lindblad 算符.可以验证相互作用绘景变换不改变系统状态的布居数分布.本小节以状态的概率分布为控制性能指标,因此可以认为 ρ 与 ρ' 是等价的,为了方便,之后的

讨论中将省略"'".

这里我们将选用观测算符 P 的平均值作为李雅普诺夫函数,这是因为其中的观测算符是待构造的,这就增加了我们设计的一个自由度,即李雅普诺夫函数选为

$$V(\rho) = \text{tr}(P\rho) \tag{11.55}$$

其中,P 是一个待构造的、厄米的、非时变的算符.

用李雅普诺夫方法设计控制律的基本思想就是,设计控制律,使得李雅普诺夫函数的一阶导数小于等于零.这样一来,在所设计的控制律作用下,被控系统在李雅普诺夫意义下是稳定的.为了求出控制律,需要对 $V(\rho)$ 进行求导,即

$$\dot{V}(\rho(t)) = \sum_{j=1}^{F} f_j \text{tr}([\rho(t), P]A_j) + \text{tr}(P\mathscr{L}(\rho)) \tag{11.56}$$

为了使 $\dot{V}(\rho) \leqslant 0$,我们需要将控制场设计为

$$f_{j_0}(t) = -\frac{\text{tr}(\mathscr{L}(\rho)P)}{\text{tr}([\rho(t), P]A_{j_0})}, \quad j_0 \in \{1, 2, \cdots, F\}$$

$$f_j(t) = -\kappa_j(t)\text{tr}([\rho(t), P]A_j(t)), \quad \kappa_j(t) > 0, j \neq j_0 \tag{11.57}$$

其中,$\kappa_j(t)$ 为控制量增益,可用来调节系统状态收敛的快慢,在实际的设计过程中,它通常取常数.

注 11.3 与控制系统中李雅普诺夫控制方法设计的不同之处是,开放量子系统中需要专门设计一个特殊的控制场 $f_{j_0}(t)$ 来抵消 $\dot{V}$ 中的 $\text{tr}(P\mathscr{L}(\rho))$ 项,并且它对开放量子系统(11.54)的动力学是有贡献的.另外,系统在收敛到目标态之前,要求 $f_{j_0}(t)$ 始终存在,否则无法保证 $\dot{V}(\rho) \leqslant 0$.为了找到 $f_{j_0}(t)$,要求 $\text{tr}([\rho(t), A_{j_0}]P) \neq 0$.这可以通过构造 P 和控制哈密顿量来实现.

注 11.4 容易验证所有设计的控制场均为实数.根据 $\mathscr{L}(\rho)$ 的定义,它是厄米的,加上 P 也是厄米矩阵,从而 $\text{tr}(\mathscr{L}(\rho)P)$ 是实数.注意到 $\rho(t), A_{j_0}$ 都是厄米的,因此 $\text{tr}([\rho(t), P]A_{j_0})$ 也是实数,从而 $f_{j_0}(t)$ 是实数.同样地,只要控制哈密顿量是厄米的,可以验证 $f_j(t), j \neq j_0$ 都是实数.

一般来说,李雅普诺夫方法所设计的控制律能保证系统是稳定的,但不一定是收敛的.这是因为控制器的设计是利用李雅普诺夫稳定性定律中的等号而非严格的小于号条件来设计的.因此,控制场(11.57)可能驱动系统到某一个局部极小值点并保持在该点,而不一定能使系统收敛到我们期望的目标态.为了解决这个问题,在下一小节,我们将分析能够保证系统收敛所需要满足的条件,并且在此基础上设计出合适的观测算符 P,使得系统收敛到目标态.

11.3.3　*P* 的构造与收敛性分析

为了使任意 DFS 中的目标态都是全局渐近稳定的,我们将推导观测算符 *P* 需要满足的基本条件.一般来说,在控制律的作用下,系统将收敛到一个状态集合,而不能收敛到某个特定状态.为了使系统收敛到期望的目标态,需要对系统增加限制条件.为此我们作以下假设:

假设 11.1　被控量子开放系统(11.53)是强正则的.

假设 11.2　控制哈密顿量除了 H_{j_0} 外具有如下的特殊结构:

$$H_l \in \{ h_{jk} \mid h_{jk} = \mid j \rangle \langle k \mid + \mid k \rangle \langle j \mid, j < k \} \tag{11.58}$$

其中,$\mid j \rangle$ 是对应本征值为 ω_j 的本征态,并且对 $\forall j, k, \exists l$,使得 $H_l = h_{jk}$,也就是说任意能级间都是允许跃迁的.

假设 11.3　被控量子系统(11.53)的 DFS 空间已知,并且由系统的 *D* 个正交本征态组成,即 $\mathscr{H}_{\mathrm{DFS}} = \mathrm{span}\{\mid d_1 \rangle, \mid d_2 \rangle, \cdots, \mid d_D \rangle\}$,$D < N$,$\mid d_j \rangle \in \{\mid 1 \rangle, \mid 2 \rangle, \cdots, \mid N \rangle\}$,$j = 1, 2, \cdots, D$.

注 11.5　假设 11.1 中设定所有能级之间的跃迁频率是可以区分的,因此系统的跃迁可以相互区别,这使得假设 11.2 在考虑旋转波近似的情况下是成立的.在假设 11.3 的条件下,系统在相互作用绘景变换后,DFS 的基是不变的,因此 DFS 在相互作用绘景变换下不变.因此在相互作用绘景下考虑问题与原问题是等价的.在假设 11.3 满足的情况下,我们的目标态就是系统自由哈密顿函数某些本征态的相干叠加,即 $\psi_f = \sum\limits_{d=1}^{D} c_d \mid \psi_d \rangle$,其中 $\sum\limits_{d=1}^{D} \mid c_d \mid^2 = 1$.

根据拉塞尔不变原理,一个自治动力学系统将收敛到一个最大不变集 $R = \{\rho : \dot{V}(\rho) = 0\}$,但本小节中,在进行了相互作用绘景变换后,系统由一个自治系统(11.53)变为非自治系统(11.54),不能直接运用拉塞尔不变原理进行分析.不过,我们可以利用 Barbalat 引理获得类似的结论.

引理 11.1　如果一个标量函数满足:① $E(x, t)$ 有下界;② $\dot{E}(x, t)$ 是负半定的;③ $\dot{E}(x, t)$ 对时间是一致连续的,则当 $t \to \infty$ 时,$\dot{E}(x, t) \to 0$.

考虑李雅普诺夫函数 $V(\rho) = \mathrm{tr}(\rho P)$ 的最小值是 *P* 的最小本征值,因此它是有下界的.它的一阶导数在所设计的控制律(11.57)的作用下是负半定的,它的二阶导数

$$\ddot{V}(\rho,t) = \sum_j \{f_j \text{tr}([\dot{\rho}(t),P]A_j(t)) + f_j \text{tr}([\rho(t),P]\dot{A}_j(t))\} + \text{tr}(P\mathscr{L}(\dot{\rho}))$$

当控制律有界时有界. 于是 $\dot{V}(\rho,t)$ 对时间是一致连续的, 则根据引理 11.1, 在控制律的作用下, 李雅普诺夫函数的一阶导数收敛到零, 即 $\dot{V}(\rho(\infty),\infty) = 0$, 这就意味着系统收敛到使李雅普诺夫函数一阶导数为零的某些状态.

若令 R 是使得李雅普诺夫函数一阶导数为零的状态集合, 即

$$R \equiv \{\rho : \text{tr}([\rho,P]A_j(t)) = 0, \forall j \neq j_0, t\} \tag{11.59}$$

则系统的状态最终收敛到集合 R 中的最大不变集. 满足 $\dot{V}(\rho) = 0$ 的时间点, 本质上是系统演化过程中李雅普诺夫函数关于时间的极值点, 而对于该时间点上的状态, 则是系统演化过程中李雅普诺夫函数的极值状态. 下面分析集合 R 中的最大不变集 ε.

假定系统在控制场的作用下从系统任一初始态 ρ_0 开始演化, 在时刻 t_1 演化至 R 中的一个极限点上, 即 $\rho(t_1) \in R$, 此时

$$f_j(t_1) = -\kappa_j(t_1)\text{tr}([\rho(t_1),P]A_j(t_1)) = 0, \quad \kappa_j(t_1) > 0$$

此刻状态的演化方程变为

$$\dot{\rho}(t_1) = [f_{j0}(t_1),\rho(t_1)] + \mathscr{L}(\rho(t_1))$$

若 $\rho(t_1)$ 是最大不变集 ε 中的状态, 则需要 $\forall t \geqslant t_1, \rho(t) \in R$, 即需满足 $\dot{\rho}(t_1) = 0$, 这就要求 $\mathscr{L}(\rho(t_1)) = 0$. 因此集合 R 中的最大不变集 ε 为

$$\varepsilon = \{\rho(t_1) : \text{tr}([\rho(t_1),P]A_j(t_1)) = 0, \mathscr{L}(\rho(t_1)) = 0, \forall j \neq j_0, \forall t_1\}$$

很容易验证集合 ε 的最大不变性. 于是以下定理成立:

定理 11.2 在控制律 (11.57) 的作用下, 动力学系统 (11.54) 的状态必将收敛到集合 ε 中, 其中, ε 可以表示成

$$\varepsilon = \varepsilon_1 \bigcap \varepsilon_2, \quad \varepsilon_1 = \{\rho : \text{tr}([\rho,P]A_j(t)) = 0, \forall j \neq j_0, t\}, \quad \varepsilon_2 = \{\rho : \mathscr{L}(\rho) = 0\}$$
$$\tag{11.60}$$

注 11.6 在推导最大不变集的过程中, 我们对于初始态是没有限制的, 因此定理 11.2 表明对于任意的初始态 (纯态或混合态), 系统在控制律 (11.57) 的作用下都将收敛到式 (11.60) 定义的最大不变集中. 另外, 如果系统是封闭的, 即不存在耗散项 $\mathscr{L}(\rho)$, 则系统的最大不变集退化为 ε_1, 它与在薛定谔绘景下用拉塞尔不变原理分析得到的最大不变集是一致的. 这也在一定程度上说明在相互作用绘景下考虑问题与在薛定谔绘景下是等价的.

命题 11.1　若假设 11.1 与假设 11.2 同时满足,则式(11.60)中的 ε_1 可以简化成

$$\varepsilon_1 = \{\rho : [\rho, P] = 0\} \tag{11.61}$$

证明　根据假设 11.2,$A_j(t)$ 可以表示为 $A_{lk}(t) = \mathrm{e}^{\omega_{lk}t}|k\rangle\langle l| + |l\rangle\langle k|\mathrm{e}^{-\omega_{lk}t}$,因此,由 $\mathrm{tr}([\rho, P]A_{lk}(t)) = \langle l|[\rho, P]|k\rangle\mathrm{e}^{-\omega_{lk}t} + \langle k|[\rho, P]|l\rangle\mathrm{e}^{\omega_{lk}t} = 0$ 对 $\forall t$ 成立,可知 $([\rho, P])_{kl} = 0$.而且由于任意能级间都是允许跃迁的,所以定理 11.2 中 ε_1 中状态 ρ_s 满足 $[\rho_s, P] = D$,其中 D 是一个对角矩阵,且 $(D)_{jj} = d_j$.现在作幺正变换 U,将 P 变为对角矩阵,即 $[U\rho_s U^+, D_f] = UDU^+$.等式左边矩阵的对角元素为零,要使等式成立,等式右边矩阵的对角元素也应该为零,即

$$(UDU^\dagger)_{jj} = \sum_k d_k |(U)_{jk}|^2 = 0 \tag{11.62}$$

于是有 $d_k = 0$,即 $[\rho_s, P] = 0$.证毕.

命题 11.2　若 N 阶厄米矩阵 A, B 对易,即 $[A, B] = 0$,则 A, B 具有相同的本征态 (曾谨言,2000).

2010 年 Wang 等人利用变分原理证明了以下命题(Wang, et al., 2010):

命题 11.3　在条件 $\mathrm{tr}(\rho) = 1$ 以及 $\rho \geqslant 0$ 的限制下,李雅普诺夫函数 $V = \mathrm{tr}(\rho P)$ 的极值点由 P 的归一化本征态给出,其中对应于 P 的最大本征值的本征态是 V 的局部最大值点,P 的最小本征值所对应的本征态是 V 的局部最小值点,其余本征态是 V 的鞍点.

这个命题在理论上非常重要.根据这个命题,如果 P 的最小本征值所对应的本征态正好是我们的目标态,则由于李雅普诺夫函数是单调下降的,系统在控制律的作用下很可能被驱动到目标态.并且由于目标态是李雅普诺夫函数的最小值点,因此,目标态是李雅普诺夫函数的稳定点.这个思想可以用来构造 P.

厄米算符 P 唯一的谱分解可以写成 $P = \sum_{k=1}^{N} p_k|\phi_k\rangle\langle\phi_k|$,这里 p_k 是 P 的本征值,$|\phi_k\rangle$ 是与之对应的本征态.为了得到 P,关键是设计它的 N 个本征值与本征态,根据命题 11.3,我们设定 P 的一个本征态是目标态,并且它对应的本征值是最小的.其余的本征态与本征值可根据下面的定理来构造:

定理 11.3　假定三个假设同时满足,如果观测算符 P 具有如下形式:

$$\begin{cases} P = \sum_{j=1}^{N-1} p_j|\psi_j\rangle\langle\psi_j| + p_0|\phi_f\rangle\langle\phi_f|, \langle\psi_j|\psi_k\rangle = \delta_{jk}, \\ \text{对 } \forall k, j \neq k, p_k \neq 0 \text{ 且 } 0 < p_0 < p_j, p_j \neq p_k \end{cases} \tag{11.63}$$

其中,$|\psi_f\rangle \in \mathscr{H}_{\mathrm{DFS}}$,$|\psi_j\rangle \notin \mathscr{H}_{\mathrm{DFS}}$,则系统(11.54)在控制律(11.57)的作用下将收敛到 $\varepsilon = \{\rho : \rho = |\psi_f\rangle\langle\psi_f|\}$.

证明 需要证明系统的最大不变集只含有目标态.一方面,定理11.2中的 ε_2 的任一状态可以写成 $\rho = \sum_j c_j \mid \varphi_j \rangle\langle \varphi_j \mid$,其中,$\mid \varphi_j \rangle = \sum_{k=1}^{D} d_{jk} \mid d_k \rangle$,即 $\mid \varphi_j \rangle$ 是 DFS 中的任意纯态;另一方面,根据命题11.1、命题11.2以及式(11.63),ε_1 中的状态可以表示成 $\varepsilon_1 = \left\{\rho : \sum_{j=1}^{N-1} \alpha_j \mid \psi_j \rangle\langle \psi_j \mid + \alpha_0 \mid \psi_f \rangle\langle \psi_f \mid, \sum_{k=0}^{N-1} \alpha_k = 1\right\}$,由于 $\mid \psi_j \rangle \notin \mathscr{H}_{\mathrm{DFS}}$,且 $\langle \psi_j \mid \psi_f \rangle = \delta_{jk}$,则 $\varepsilon_1 \bigcap \varepsilon_2 = \{\rho : \rho = \mid \psi_f \rangle\langle \psi_f \mid\}$.证毕.

注 11.7 式(11.63)中 P 的所有特征值都要求是正的,是为了保证李雅普诺夫函数正定.此外,所有的特征值互不相等,意味着 P 不存在简并态,并且所有本征态都是相互正交的.

定理11.3表明,如果我们按照式(11.63)构造观测算符 P,则开放量子系统(11.54)在控制律(11.57)的作用下可以从任意的初始态收敛到无消相干子空间 $\mathscr{H}_{\mathrm{DFS}}$ 中的任何一个期望的纯态.但是如何得到 P 的除 $\mid \psi_f \rangle$ 之外的 $n-1$ 个正交基仍然不明显.这里,我们将给出一种利用施密特正交化得到观测算符 P 的 n 个正交基的方法.具体方法如下:

(1) 选择 N 维希尔伯特空间的 N 个线性无关的矢量:$\phi_0, \phi_1, \cdots, \phi_{N-1}$,其中 $\phi_0 = \mid \psi_f \rangle$,并且 $\phi_1, \cdots, \phi_{N-1} \notin \mathscr{H}_{\mathrm{DFS}}$.比如我们可以选择

$$\phi_j = \sqrt{N-D+1}\left(\mid d_j \rangle + \sum_{\mid k \rangle \notin \mathscr{H}_{\mathrm{DFS}}} \mid k \rangle\right), \quad j = 1, 2, \cdots, D \tag{11.64}$$

$$\phi_j = \mid k \rangle, \quad \mid k \rangle \notin \mathscr{H}_{\mathrm{DFS}}, \quad j = D+1, D+2, \cdots, N-1 \tag{11.65}$$

显然,$\phi_1, \cdots, \phi_{N-1} \notin \mathscr{H}_{\mathrm{DFS}}$,并且容易验证 $\mathrm{rank}(\phi_0, \phi_1, \cdots, \phi_{N-1}) = N$,即这些矢量线性无关.

(2) 对这 N 个矢量进行施密特正交化得到 N 个标准正交基,即

$$\beta_0 = \phi_0 = \psi_f, \quad \eta_0 = \psi_f$$
$$\beta_1 = \phi_1 - \langle \phi_1 \mid \eta_0 \rangle \eta_0, \quad \eta_1 = \beta_1 / \parallel \beta_1 \parallel$$
$$\beta_2 = \phi_2 - \langle \phi_2 \mid \eta_0 \rangle \eta_0 - \langle \phi_2 \mid \eta_1 \rangle \eta_1, \quad \eta_2 = \beta_2 / \parallel \beta_2 \parallel$$
$$\vdots$$
$$\beta_{N-1} = \phi_{N-1} - \sum_{i=0}^{N-2} \langle \phi_{N-1} \mid \eta_i \rangle \eta_i, \quad \eta_{N-1} = \beta_{N-1} / \parallel \beta_{N-1} \parallel \tag{11.66}$$

(3) 利用 $\eta_0, \eta_1, \cdots, \eta_{N-1}$ 构造 P:

$$P = \sum_{j=1}^{N-1} p_j \mid \eta_j \rangle\langle \eta_j \mid + p_0 \mid \eta_0 \rangle\langle \eta_0 \mid, \quad 0 < p_0 < p_j, p_j \neq p_k \text{ 且 } j \neq k \tag{11.67}$$

注 11.8 显然,这样的施密特正交基有无数个.最为关键的是第一步中 N 个线性无

关矢量的选取.它必须满足两个基本条件:一是必须有目标态$|\psi_f\rangle$;二是其余所有的矢量不能完全用 DFS 中的基来表示.

事实上,定理 11.3 的结论还可以用文献(Schirmer,Wang,2010)中的理论来解释,即对于一个由 Lindblad 主方程描述的开放量子系统,如果它的稳定态有且仅有一个,那么这个稳定态具有收敛性和全局渐近稳定性.这里稳定态 ρ 的定义是$\dot{\rho}=0$.根据这个定义,本节中系统(11.54)的平衡态属于集合$\{\rho:f_j(\rho,t)=0,\forall j,\mathscr{L}(\rho)=0\}$,这与定理 11.2 的最大不变集是一致的.在 P 满足式(11.63)的情况下,系统只存在唯一的平衡态 $\rho_{ss}=|\psi_f\rangle\langle\psi_f|$.因此,根据文献(Schirmer,Wang,2010)的结论,可以得到相同的结果.相对地,我们可以推测,如果观测算符 P 有特征值 0,则目标态不是全局渐近稳定的.

11.3.4 数值仿真实验及其结果分析

为了更形象地说明控制策略,我们将以一个三能级量子系统作为被控对象进行数值仿真实验.

考虑图 11.6 所示的三能级被控系统,其中$|e\rangle$为激发态,并且分别以衰减比率 γ_1,γ_2 向稳定态$|1\rangle$和$|2\rangle$衰减.假定每个能级之间都是允许跃迁的.

于是,系统的自由哈密顿量为

$$H_0 = \omega_e\,|e\rangle\langle e| + \omega_1\,|1\rangle\langle 1| + \omega_2\,|2\rangle\langle 2| \tag{11.68}$$

其中,$\omega_e=0.8$,$\omega_1=0.5$,$\omega_2=0.4$.它们之间的能级差分别为 $\omega_{e1}=0.3$,$\omega_{e2}=0.4$,$\omega_{12}=0.1$.

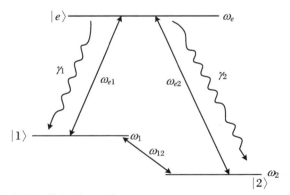

图 11.6 三能级系统能级结构及能级跃迁示意图

可以看出各个能级差之间是可以区分的,假设 11.1 得到满足.在仿真中我们将各个本征态表示为 $|e\rangle = (1\ \ 0\ \ 0)^{\mathrm{T}}$, $|1\rangle = (0\ \ 1\ \ 0)^{\mathrm{T}}$ 和 $|2\rangle = (0\ \ 0\ \ 1)^{\mathrm{T}}$.

假定衰减过程是马尔可夫型的,并且可以用以下的 Lindblad 项表示:

$$\mathscr{L}(\rho) = \frac{1}{2}\sum_{k=1}^{2} \gamma_k \{ [\sigma_-^{(k)}, \rho\sigma_+^{(k)}] + [\sigma_-^{(k)}\rho, \sigma_+^{(k)}] \} \tag{11.69}$$

其中,$\sigma_k^- = |k\rangle\langle e|$, $\sigma_k^+ = (\sigma_k^-)^{\dagger}$.不难发现该系统的 DFS 可以表示成 span$\{|1\rangle, |2\rangle\}$, 从而假设 11.3 得到满足.根据假设 11.2,我们选择控制哈密顿为 $\sum_{n=1}^{4} f_n(t) H_n$,其中

$$\begin{cases} H_1 = |1\rangle\langle e| + |e\rangle\langle 1|, & H_2 = |1\rangle\langle 2| + |2\rangle\langle 1| \\[2mm] H_3 = |2\rangle\langle e| + |e\rangle\langle 2|, & H_4 = \begin{bmatrix} 1 & 1 & 1 \\ 1 & 1 & 1 \\ 1 & 1 & 1 \end{bmatrix} \end{cases} \tag{11.70}$$

这里,控制函数 $f_4(t)$ 用来抵消 $\dot{V}$ 中的 $\mathrm{tr}(P\mathscr{L}(\rho))$.

我们选定初始态为 $|\psi_0\rangle = \sqrt{2}/2(|e\rangle + |1\rangle)$,任意目标态表示成 $|\psi_\mathrm{f}\rangle = \sin\beta|1\rangle + \cos\beta|2\rangle$,$\beta \in (0, 2\pi)$,这样就可以完全表示 DFS 中所有的纯态.具体参数选择如下:$\gamma_1 = \gamma_2 = 0.1$,$\kappa_1 = \kappa_2 = \kappa_3 = 10$,控制场 f_k,$k = 1, 2, 3, 4$ 根据式(11.57)得到,而其中的观测算符 P 按照式(11.64)至式(11.67)设计,其中的参数选择为 $p_1 = 3$,$p_2 = 2$,$p_0 = 1$.在区间 $(0, 2\pi)$ 每隔 0.1 选取一个值,即得到 63 个 DFS 中的目标态.选择时间步长为 $\Delta t = 0.01$,用四阶龙格库塔法对系统的动力学方程(11.54)进行仿真.这 63 条关于演化过程中状态与目标态的保真度变化显示在图 11.7 中,其中,保真度的定义是 $F(\rho, \rho_\mathrm{f}) = \mathrm{tr}\sqrt{\sqrt{\rho}\rho_\mathrm{f}\sqrt{\rho}}$,只有当系统达到目标态时,保真度才等于 1.

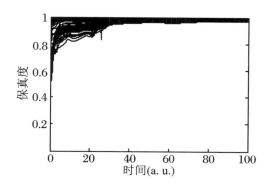

图 11.7　保真度变化曲线

从图 11.7 中我们可以看到, 所有的保真度变化曲线都向 1 收敛. 虽然在 $t =$ 100 a.u. 时, 系统还没有完全地达到目标态, 这是因为仿真时间是有限的, 而根据定理 11.3, 系统在时间为无穷时一定完全收敛到目标态. 尽管如此, 在状态制备时, 保真度为 0.95 也意味着状态非常接近目标态了. 实验结果表明, 我们的控制策略对于几乎所有的 DFS 中的纯态目标态都是有效的. 事实上, 保真度反映了系统状态在目标态的投影分量 的大小. 从图 11.7 中可以看出, 当状态接近目标态时, 保真度以振荡的形式增加, 这是因 为控制律使得李雅普诺夫函数的值不断减小, 也就是说在控制作用下系统状态向 P 较小 的本征值所对应的本征态的投影分量增加, 而不仅仅使系统状态向目标态的投影分量增 加, 这就造成了保真度变化有振荡发生.

以上的仿真实例只是表明所提方法对于初始态是纯态的情况有效, 为了表明此方法 对于任意初始态都是有效的, 我们还对初始态为混合态的情况进行了仿真实验. 假定目 标态为 $|2\rangle$, 在状态空间中随机选择 100 个混合态作为初始态, 其他参数的选择与图 11.7 一致. 保真度变化曲线显示在图 11.8 中, 从中我们可以看出所有的曲线都收敛到 1. 这个 结果表明, 我们的方法对于任意的初态都是有效的. 也就是说该方法可以用于混合态的 纯化.

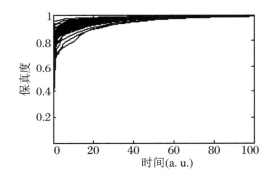

图 11.8　初态为混合态时的保真度变化曲线总结

第 12 章

动力学解耦量子控制方法

实际中,量子系统都要与环境间相互耦合,这使得系统的量子相干性逐渐消失,这样的量子系统被称为开放量子系统,而与周围环境相干作用导致的系统量子相干性衰减过程叫作量子消相干现象.为了方便更好地了解开放量子系统的这些特性,本章将通过对开放量子系统的演化模型描述及系统自由演化时的消相干退化分析,具体地加以说明.

12.1 量子动力学解耦原理

众所周知,对于一个封闭的量子系统,它的演化过程是幺正的、理想的.但对实际的量子系统,由于系统与环境不可避免地相互耦合,使得系统本身的一些重要信息转移到环境中,从而导致量子系统自身信息出现退化,此时,就发生了量子消相干现象.在量子控制发展前期,量子消相干指的是因与环境相互纠缠的影响,系统状态从相干态退化到

经典态的过程(Zurck,1982;Zurck,2003);然而,随着量子控制的不断发展,消相干的定义和理解已经被人们扩大了,现在表示的是任何系统和环境之间相互作用的过程,而不只是指通过某种方式使得系统自身的信息流向环境.

按对量子系统产生的影响,量子消相干可分为三大类:振幅消相干、相位消相干和一般消相干.振幅消相干导致系统本身的能量耗散,使得能量从量子系统转移到环境中,它的显著特点是使系统的本征态概率发生变化,如系统与一个真空噪声环境耦合而引发的自发辐射.对于相位消相干,量子系统的本征态不会变化,但会慢慢累积一个正比于本征值的相位,一段时间之后,该量子相位的一些信息丢失.一般消相干则是振幅和相位消相干同时发生时的情况.例如,假定量子系统和环境之间的相互作用哈密顿量 H_{SB} 为

$$H_{SB} = \hbar \sum_{i,j} \sum_{ki} (c_{ki}\sigma_z^{(i,j)} + b_{ki}\sigma_x^{(i,j)})^* (j_{ki}g_{ki}^+ e^{iw_{ki}t} + j_{ki}^* g_{ki} e^{-iw_{ki}t}) \tag{12.1}$$

其中,$\sigma_z^{(i,j)}$ 和 $\sigma_x^{(i,j)}$ 表示 z 和 x 方向上的泡利矩阵;j_{ki} 表示系统与环境耦合强度;b_{ki},c_{ki} 表示振幅和相位消相干下的相对系数.那么,当 $c_{ki}=0$,$b_{ki}\neq0$ 时,可认为系统只发生了振幅消相干;当 $c_{ki}\neq0$,$b_{ki}=0$ 时,可认为系统只发生了相位消相干;当 $c_{ki}\neq0$,$b_{ki}\neq0$ 时,可认为系统发生了一般消相干.

量子动力学解耦策略又被称为量子棒棒控制,它的基本思想是通过设计一个经典控制场与系统发生作用,选择性地消除系统总哈密顿量中与环境相互作用项.本节中,将设计强而快的脉冲序列作为控制场,消除掉哈密顿量中系统和环境的相互作用项,以达到系统与环境解耦的目的.

设一个开放量子系统的总哈密顿量 H 为

$$H = H_S + H_B + H_{SB} \tag{12.2}$$

其中,H_S 为量子系统哈密顿量;H_B 表示环境哈密顿量;H_{SB} 表示它们之间的相互作用哈密顿量.

由于系统中含有与环境相互作用的哈密顿量 H_{SB},系统发生消相干现象.量子棒棒控制的核心思想就是通过外加棒棒控制场,消除系统总哈密顿量 H 中与环境的相互作用项 H_{SB},来保持系统状态的相干性.该思想的实现是通过设计周期性的瞬时超强快的相同的孪生脉冲序列作为控制场,抵消总哈密顿量 H 中系统与环境的相互作用项 H_{SB},以达到系统与环境解耦.脉冲序列中的每一次脉冲就是一个棒棒操作,一个脉冲序列就是一个棒棒解耦操作群.由此可见,棒棒控制设计的关键是棒棒控制操作群的设计,并且所设计出的棒棒操作个数应当是有限、最优的,也就是最少的.

设系统的演化时间为 T,若将 T 等分成 N 个解耦周期,则整个演化时间 T 内的脉冲序列如图 12.1 所示,其中每个解耦周期时间 T_c 为

$$T_c = T/N \tag{12.3}$$

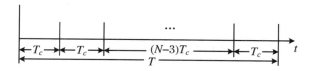

图 12.1　演化时间 T 内的脉冲序列

设每个解耦周期 T_c 内的脉冲序列为 $\{g_m\}$, $m = 0, 1, \cdots, |g| - 1$,其中,$|g|$ 表示棒棒操作群中棒棒操作的个数,g_m 为第 m 次常值脉冲矩阵.

在每个解耦周期 T_c 内,通过施加一个脉冲序列,可将 T_c 等分为 $|g|$ 段,用 Δt 表示相邻两次脉冲时间的间隔,每次脉冲用 D_m, $j = 1, 2, \cdots, |g|$ 表示为(Viola, et al., 1999)

$$D_m = g_j g_{j-1}^+ \tag{12.4}$$

其持续时间为 τ_p^m.一个解耦周期 T_c 内的脉冲序列如图 12.2 所示.

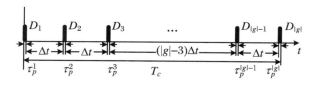

图 12.2　一个解耦周期 T_c 内的脉冲序列

由于 $\tau_p^m \ll \Delta t$,可忽略不计,于是可得

$$\Delta t = T_c / |g| \tag{12.5a}$$

$$\Delta t = T_c / |g| = T/(N \times |g|) \tag{12.5b}$$

在每个解耦周期 T_c 内,每隔 Δt 时间按照所设计的具有 $|g|$ 个脉冲序列的棒棒操作群对系统施加脉冲序列,在每个 Δt 时间内所施加控制场 $U_c(t)$ 为

$$U_c(t = m\Delta t + s) = g_m, \quad s \in [0, \Delta t] \tag{12.6}$$

从式(12.6)可以看出,控制场 $U_c(t = m\Delta t + s)$ 实际上是一个分段常量控制.将系统变换到相互作用绘景中,可以得到总系统的哈密顿量由 H 变为 $\tilde{H}(t)$,且 $\tilde{H}(t) = U_c^+(t)HU_c(t)$.总系统相应的演化传播子 $\tilde{U}(t)$ 可通过 Magnus 展开进行计算.当 $t = T_c$ 时,有

$$\widetilde{U}(T_c) = \mathrm{e}^{-\mathrm{i}(H^{(0)} + H^{(1)} + \cdots)T_c} \tag{12.7}$$

其中

$$H^{(0)} = \frac{1}{T_c} = \int_0^{T_c} \widetilde{H}(t)\mathrm{d}t = \frac{\Delta t}{T_c}\sum_{i=0}^{|g|-1} g_i^+ H g_i = \frac{1}{|g|}\sum_{m=0}^{|g|-1} g_m^+ H g_m \tag{12.8}$$

$H^{(1)}, H^{(2)}, \cdots$ 表示高阶修正项.

由式(12.5)知,当 $N \to \infty$ 时, $T_c \to 0$. 此时,式(12.7)中的高阶修正项均趋于 0,式 (12.7)可以近似为 $\widetilde{U}(T_c) = \mathrm{e}^{-\mathrm{i}(H^{(0)} + H^{(1)} + \cdots)T_c} \approx \mathrm{e}^{-\mathrm{i}H^{(0)}T_c}$. 由式(12.8)可以得到

$$H^{(0)} = \frac{1}{|g|}\sum_{m=0}^{|g|-1} g_m^+ H g_m = \frac{1}{|g|}\sum_{m=0}^{|g|-1} g_m^+ (H_S + H_B + H_{SB}) g_m \tag{12.9}$$

为了达到解耦的目的,需将式(12.9)中系统与环境相互作用项 H_{SB} 消除,于是可以得到量子动力学解耦的条件为

$$\frac{1}{|g|}\sum_{m=0}^{|g|-1} g_m^+ H_{SB} g_m = 0 \tag{12.10}$$

从而,根据式(12.10),再结合具体的量子系统,就可以得到具体的动力学解耦条件,然后根据具体的条件设计出最佳的动力学解耦策略.

12.2　振幅和相位消相干下的动力学解耦策略

动力学解耦策略用于量子消相干的抑制已经有一段很长的历史了.自量子动力学解耦方案提出以来,它就被经常用于研究消相干的抑制问题.但是,目前这些动力学解耦的研究对象大多集中于低能级的简单的量子系统,而实际中的量子系统往往是一些高能级的复杂的系统,这就使得研究能够用于高能级复杂量子系统的相干性保持的动力学解耦策略非常重要.于是,本节选择 Ξ 型 n 能级原子系统作为研究对象来研究各种消相干抑制问题.在本节中,先介绍 Ξ 型 n 能级原子系统的哈密顿量,并推导该系统在振幅和相位消相干下应满足的动力学解耦条件,之后提出相应的动力学解耦方案,最后在具体 Ξ 型八能级原子系统上进行验证.

12.2.1 模型介绍:Ξ型 n 能级原子系统

图 12.3 中的Ξ型 n 能级原子,用$|j\rangle, j=0,1,\cdots,n-1$ 表示原子的 n 个能级,它们对应的能量为 $E_j, j=0,1,\cdots,n-1$.当原子从$|j\rangle$到$|j+1\rangle$跃迁时,该过程受频率为 $w_{j+1,j}=(E_{j+1}-E_j)/\hbar$ 的控制场驱动.

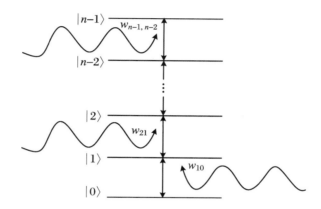

图 12.3 受频率为 $w_{n-1,n-2},\cdots,w_{21}$ 和 w_{10} 的控制场驱动的Ξ型 n 能级原子图示

在希尔伯特空间内,定义状态$|j\rangle$为

$$|j\rangle = (\overbrace{00\cdots0}^{j}1\overbrace{0\cdots0}^{n-j-1})', \quad j=0,1,\cdots,n-1 \tag{12.11a}$$

泡利矩阵为

$$\begin{cases} \sigma_x^{(a,b)} = |a\rangle\langle b| + |b\rangle\langle a| \\ \sigma_z^{(a,b)} = |a\rangle\langle a| - |b\rangle\langle b| \\ \sigma_y^{(a,b)} = (|a\rangle\langle b| - |b\rangle\langle a|)*\mathrm{i} \\ \sigma_+^{(a,b)} = |a\rangle\langle b| \\ \sigma_-^{(a,b)} = |b\rangle\langle a| \end{cases} \tag{12.11b}$$

其中,i 为虚数单位;$a,b=0,1,\cdots,n-1$.

于是,复合系统的总哈密顿量为

$$H = H_S + H_B + H_{R.F.} + H_{SB} \tag{12.12}$$

其中,原子哈密顿量为

$$H_S = \sum_{i>j=0}^{n-1} \frac{\hbar w_{i,j}}{n} \sigma_z^{(i,j)} \tag{12.13}$$

其中,忽略了常数项 $\sum_{i=0}^{n-1} E_i/n$.

环境热库常常用许许多多的相互之间没有耦合作用的玻色场模来描述,也就是用忽略基态能量的简谐振子的集合来表示:

$$H_B = \sum_{i=0}^{n-2} \sum_{ki} \hbar w_{ki} a_{ki}^+ a_{ki} \tag{12.14}$$

其中,a_{ki} 和 a_{ki}^+ 表示环境热库的湮没算符和产生算符.

控制哈密顿量为

$$H_{R.F.} = -\sum_{i=1}^{n-1} (g_{i,i-1} \mid i \rangle \langle i-1 \mid + g_{i-1,i}^* \mid i-1 \rangle \langle i \mid) \varepsilon_i \cos(w_{i,i-1} t) \tag{12.15}$$

为了方便起见,这里假定驱动控制场 $g_{i,i-1}$ 的元素都为实数,且 $g_{i,i-1} = g_{i-1,i}^*$,ε_i 是控制场的幅度.

系统和环境的相互作用哈密顿量为

$$H_{SB} = \hbar \sum_{i=0}^{n-2} \sum_{ki} (c_{ki} \sigma_z^{(i+1,i)} + b_{ki} \sigma_x^{(i+1,i)})(j_{ki} a_{ki}^+ + j_{ki}^* a_{ki}) \tag{12.16}$$

其中,j_{ki} 表示引起能级 $\mid i \rangle \leftrightarrow \mid i+1 \rangle$ 跃迁的相互作用的耦合强度;b_{ki} 和 c_{ki} 分别表示系统发生振幅消相干和相位消相干的相对系数.

因此,结合式(12.12)至式(12.16),可得总哈密顿量为

$$\begin{aligned}
H = & \sum_{i>j=0}^{n-1} \frac{\hbar w_{i,j}}{n} \sigma_z^{(i,j)} + \sum_{i=0}^{n-2} \sum_{ki} \hbar w_{ki} a_{ki}^+ a_{ki} \\
& + \left(-\sum_{i=1}^{n-1} (g_{i,i-1} \mid i \rangle \langle i-1 \mid + g_{i-1,i}^* \mid i-1 \rangle \langle i \mid) \varepsilon_i \cos(w_{i,i-1} t) \right) \\
& + \hbar \sum_{i=0}^{n-2} \sum_{ki} (c_{ki} \sigma_z^{(i+1,i)} + b_{ki} \sigma_x^{(i+1,i)})(j_{ki} a_{ki}^+ + j_{ki}^* a_{ki})
\end{aligned} \tag{12.17}$$

在 12.2.2 小节中将根据量子动力学解耦思想,推出系统满足解耦的条件.

12.2.2　Ξ 型 n 能级原子系统的动力学解耦条件

在设计动力学解耦方案之前,首先要推导 Ξ 型 n 能级原子系统的动力学解耦条件.

根据12.1节和12.2.1小节可知,动力学解耦主要是要消除系统总哈密顿量(12.12)H中的相互作用哈密顿量(12.16)H_{SB}.又根据12.1节对量子消相干的分类可知,不同消相干情况下的动力学解耦条件不同,本小节中只推导三型n能级原子系统分别在振幅和相位消相干情况下的解耦条件.

12.2.2.1 振幅消相干下的动力学解耦条件

根据12.1节对消相干的分类,结合式(12.16),可以得到三型n能级原子系统在振幅消相干的系统与环境之间的相互作用哈密顿量为

$$H_{SB} = \hbar \sum_{i=0}^{n-2} \sum_{ki} b_{ki} \sigma_x^{(i+1,i)} (j_{ki} a_{ki}^+ + j_{ki}^* a_{ki}) \tag{12.18}$$

再根据12.1节中的一般性动力学解耦条件(12.10),可以得到三型n能级原子系统只发生振幅消相干时,系统能够保持相干性需要满足

$$\frac{1}{|g|} \sum_{m=0}^{|g|-1} g_m^+ H_{SB} g_m$$

$$= \frac{1}{|g|} \sum_{m=0}^{|g|-1} g_m^+ \left(\hbar \sum_{i=0}^{n-2} \sum_{ki} b_{ki} \sigma_x^{(i+1,i)} (j_{ki} a_{ki}^+ + j_{ki}^* a_{ki}) \right) g_m$$

$$= \sum_{i=0}^{n-2} \sum_{m=0}^{|g|-1} g_m^+ \sigma_x^{(i+1,i)} g_m \cdot \frac{\hbar}{|g|} \sum_{ki} b_{ki} (j_{ki} a_{ki}^+ + j_{ki}^* a_{ki}) = 0 \tag{12.19}$$

由于解耦脉冲序列$\{g_m\}$只作用在系统上,所以通过上式可以得到在振幅消相干下的动力学解耦条件为

$$\sum_{i=0}^{n-2} \sum_{m=0}^{|g|-1} g_m^+ \sigma_x^{(i+1,i)} g_m = 0 \tag{12.20}$$

12.2.2.2 相位消相干下的动力学解耦条件

同理,根据12.1节对消相干的分类,结合式(12.16),首先我们可以得到三型n能级原子系统在相位消相干的系统与环境之间的相互作用哈密顿量为

$$H_{SB} = \hbar \sum_{i=0}^{n-2} \sum_{ki} c_{ki} \sigma_z^{(i+1,i)} (j_{ki} a_{ki}^+ + j_{ki}^* a_{ki}) \tag{12.21}$$

结合12.1节得到的一般性动力学解耦条件(12.10),可以得到三型n能级原子系统只发生相位消相干时,系统能够保持相干性需要满足

$$\frac{1}{|g|} \sum_{m=0}^{|g|-1} g_m^+ H_{SB} g_m = \frac{1}{|g|} \sum_{m=0}^{|g|-1} g_m^+ \left(\hbar \sum_{i=0}^{n-2} \sum_{ki} c_{ki} \sigma_z^{(i+1,i)} (j_{ki} a_{ki}^+ + j_{ki}^* a_{ki}) \right) g_m$$

$$= \sum_{i=0}^{n-2} \sum_{m=0}^{|g|-1} g_m^+ \sigma_z^{(i+1,i)} g_m \cdot \frac{\hbar}{|g|} \sum_{ki} c_{ki} (j_{ki} a_{ki}^+ + j_{ki}^* a_{ki}) = 0 \tag{12.22}$$

由于解耦脉冲序列 $\{g_m\}$ 只作用在系统上,所以通过上式可以得到在相位消相干下的动力学解耦条件为

$$\sum_{i=0}^{n-2} \sum_{m=0}^{|g|-1} g_m^+ \sigma_z^{(i+1,i)} g_m = 0 \tag{12.23}$$

12.2.3 动力学解耦策略的设计

量子动力学解耦是通过设计瞬时超强而快的孪生脉冲序列,选择性地消除掉哈密顿量中系统和环境的相互作用项,以达到系统与环境解耦目的. 于是,设计量子动力学解耦策略的关键就是找到有限棒棒控制操作群 $\{g_m\}$, $m = 0,1,\cdots,|g|-1$ 和对应的脉冲序列. 在本小节中,将结合 12.2.2 小节中得到的动力学解耦条件,分别根据设计出 Ξ 型 n 能级原子在振幅消相干和相位消相干两种情况下的动力学解耦方案.

12.2.3.1 振幅消相干下的设计

考虑当系统只发生振幅消相干时,根据式(12.20)的解耦条件,结合式(12.11),我们可以找到一个满足相应的解耦条件($g_m = 2$)的棒棒操作群: $G = \{I, V\}$,其中,I 为 n 阶单位矩阵;矩阵 V 为 n 阶对角矩阵:

$$V = \mathrm{diag}(p_1, p_2, \cdots, p_n) \tag{12.24}$$

其中,我们选择 $p_1 = -1$, $|p_k| = 1$, $k = 1,2,\cdots,n$, $p_k \cdot p_{k-1} = -1$.

现在,我们用以上找到的棒棒操作群代入解耦条件来验证它的正确性. 将 $G = \{g_0, g_1\}$ $= \{I, V\}$ 代入式(12.20),有

$$\sum_{i=0}^{n-2} \sum_{m=0}^{|g|-1} g_m^+ \sigma_x^{(i+1,i)} g_m = \sum_{i=0}^{n-2} (\sigma_x^{(i+1,i)} + V^+ \sigma_x^{(i+1,i)} V) \tag{12.25}$$

于是,有

$$\sum_{i=0}^{n-2} (\sigma_x^{(i+1,i)} + V^+ \sigma_x^{(i+1,i)} V)$$

$$= (\sigma_x^{(1,0)} + V^+ \sigma_x^{(1,0)} V) + \cdots + (\sigma_x^{(k,k-1)} + V^+ \sigma_x^{(k,k-1)} V)$$

$$+ \cdots + (\sigma_x^{(n-1,n-2)} + V^+ \sigma_x^{(n-1,n-2)} V)$$

量子系统控制理论与方法
Control Theory and Methods of Quantum Systems

$$
\begin{aligned}
= & \left[\begin{pmatrix} 0 & 1 & 0 & \cdots & 0 & 0 \\ 1 & 0 & 0 & \cdots & 0 & 0 \\ \vdots & \vdots & \vdots & & \vdots & \vdots \\ 0 & 0 & 0 & \cdots & 0 & 0 \\ 0 & 0 & 0 & \cdots & 0 & 0 \end{pmatrix} + \begin{pmatrix} -1 & 0 & 0 & \cdots & 0 & 0 \\ 0 & 1 & 0 & \cdots & 0 & 0 \\ \vdots & \vdots & \vdots & & \vdots & \vdots \\ 0 & 0 & 0 & \cdots & (-1)^{n-1} & 0 \\ 0 & 0 & 0 & \cdots & 0 & (-1)^{n} \end{pmatrix} \right. \\[2mm]
& \times \left.\begin{pmatrix} 0 & 1 & 0 & \cdots & 0 & 0 \\ 1 & 0 & 0 & \cdots & 0 & 0 \\ \vdots & \vdots & \vdots & & \vdots & \vdots \\ 0 & 0 & 0 & \cdots & 0 & 0 \\ 0 & 0 & 0 & \cdots & 0 & 0 \end{pmatrix} \begin{pmatrix} -1 & 0 & 0 & \cdots & 0 & 0 \\ 0 & 1 & 0 & \cdots & 0 & 0 \\ \vdots & \vdots & \vdots & & \vdots & \vdots \\ 0 & 0 & 0 & \cdots & (-1)^{n-1} & 0 \\ 0 & 0 & 0 & \cdots & 0 & (-1)^{n} \end{pmatrix} \right] + \cdots \\[2mm]
& + \left[\begin{pmatrix} 0 & \cdots & 0 & 0 & \cdots & 0 \\ \vdots & & \vdots & \vdots & & \vdots \\ 0 & \cdots & 0 & 1 & \cdots & 0 \\ 0 & \cdots & 1 & 0 & \cdots & 0 \\ \vdots & & \vdots & \vdots & & \vdots \\ 0 & \cdots & 0 & 0 & \cdots & 0 \end{pmatrix} + \begin{pmatrix} -1 & \cdots & 0 & 0 & \cdots & 0 \\ \vdots & & \vdots & \vdots & & \vdots \\ 0 & \cdots & (-1)^{k-1} & 0 & \cdots & 0 \\ 0 & \cdots & 0 & (-1)^{k} & \cdots & 0 \\ \vdots & & \vdots & \vdots & & \vdots \\ 0 & \cdots & 0 & 0 & \cdots & (-1)^{n} \end{pmatrix} \right. \\[2mm]
& \times \left.\begin{pmatrix} 0 & \cdots & 0 & 0 & \cdots & 0 \\ \vdots & & \vdots & \vdots & & \vdots \\ 0 & \cdots & 0 & 1 & \cdots & 0 \\ 0 & \cdots & 1 & 0 & \cdots & 0 \\ \vdots & & \vdots & \vdots & & \vdots \\ 0 & \cdots & 0 & 0 & \cdots & 0 \end{pmatrix} \begin{pmatrix} -1 & \cdots & 0 & 0 & \cdots & 0 \\ \vdots & & \vdots & \vdots & & \vdots \\ 0 & \cdots & (-1)^{k-1} & 0 & \cdots & 0 \\ 0 & \cdots & 0 & (-1)^{k} & \cdots & 0 \\ \vdots & & \vdots & \vdots & & \vdots \\ 0 & \cdots & 0 & 0 & \cdots & (-1)^{n} \end{pmatrix} \right] \\[2mm]
& + \cdots + \left[\begin{pmatrix} 0 & 0 & 0 & \cdots & 0 & 0 \\ 0 & 0 & 0 & \cdots & 0 & 0 \\ \vdots & \vdots & \vdots & & \vdots & \vdots \\ 0 & 0 & 0 & \cdots & 0 & 1 \\ 0 & 0 & 0 & \cdots & 1 & 0 \end{pmatrix} + \begin{pmatrix} -1 & 0 & 0 & \cdots & 0 & 0 \\ 0 & 1 & 0 & \cdots & 0 & 0 \\ \vdots & \vdots & \vdots & & \vdots & \vdots \\ 0 & 0 & 0 & \cdots & (-1)^{n-1} & 0 \\ 0 & 0 & 0 & \cdots & 0 & (-1)^{n} \end{pmatrix} \right. \\[2mm]
& \times \left.\begin{pmatrix} 0 & 0 & 0 & \cdots & 0 & 0 \\ 0 & 0 & 0 & \cdots & 0 & 0 \\ \vdots & \vdots & \vdots & & \vdots & \vdots \\ 0 & 0 & 0 & \cdots & 0 & 1 \\ 0 & 0 & 0 & \cdots & 1 & 0 \end{pmatrix} \begin{pmatrix} -1 & 0 & 0 & \cdots & 0 & 0 \\ 0 & 1 & 0 & \cdots & 0 & 0 \\ \vdots & \vdots & \vdots & & \vdots & \vdots \\ 0 & 0 & 0 & \cdots & (-1)^{n-1} & 0 \\ 0 & 0 & 0 & \cdots & 0 & (-1)^{n} \end{pmatrix} \right]
\end{aligned}
$$

$$
= \left(\begin{pmatrix} 0 & 1 & 0 & \cdots & 0 & 0 \\ 1 & 0 & 0 & \cdots & 0 & 0 \\ \vdots & \vdots & \vdots & & \vdots & \vdots \\ 0 & 0 & 0 & \cdots & 0 & 0 \\ 0 & 0 & 0 & \cdots & 0 & 0 \end{pmatrix} + \begin{pmatrix} 0 & -1 & 0 & \cdots & 0 & 0 \\ -1 & 0 & 0 & \cdots & 0 & 0 \\ \vdots & \vdots & \vdots & & \vdots & \vdots \\ 0 & 0 & 0 & \cdots & 0 & 0 \\ 0 & 0 & 0 & \cdots & 0 & 0 \end{pmatrix} + \cdots \right)
$$

$$
+ \left(\begin{pmatrix} 0 & \cdots & 0 & 0 & \cdots & 0 \\ \vdots & & \vdots & \vdots & & \vdots \\ 0 & \cdots & 0 & 1 & \cdots & 0 \\ 0 & \cdots & 1 & 0 & \cdots & 0 \\ \vdots & & \vdots & \vdots & & \vdots \\ 0 & \cdots & 0 & 0 & \cdots & 0 \end{pmatrix} + \begin{pmatrix} 0 & \cdots & 0 & 0 & \cdots & 0 \\ \vdots & & \vdots & \vdots & & \vdots \\ 0 & \cdots & 0 & -1 & \cdots & 0 \\ 0 & \cdots & -1 & 0 & \cdots & 0 \\ \vdots & & \vdots & \vdots & & \vdots \\ 0 & \cdots & 0 & 0 & \cdots & 0 \end{pmatrix} + \cdots \right)
$$

$$
+ \left(\begin{pmatrix} 0 & 0 & 0 & \cdots & 0 & 0 \\ 0 & 0 & 0 & \cdots & 0 & 0 \\ \vdots & \vdots & \vdots & & \vdots & \vdots \\ 0 & 0 & 0 & \cdots & 0 & 1 \\ 0 & 0 & 0 & \cdots & 1 & 0 \end{pmatrix} + \begin{pmatrix} 0 & 0 & 0 & \cdots & 0 & 0 \\ 0 & 0 & 0 & \cdots & 0 & 0 \\ \vdots & \vdots & \vdots & & \vdots & \vdots \\ 0 & 0 & 0 & \cdots & 0 & -1 \\ 0 & 0 & 0 & \cdots & -1 & 0 \end{pmatrix} \right) = 0
$$

因此,可以得到

$$
\sum_{i=0}^{n-2} \sum_{m=0}^{|g|-1} g_m^+ \sigma_x^{(i+1,i)} g_m = \sum_{i=0}^{n-2} (\sigma_x^{(i+1,i)} + V^+ \sigma_x^{(i+1,i)} V) = 0 \tag{12.26}
$$

可见,矩阵 V 可以满足振幅消相干情况下式(12.20)的解耦条件. 于是,我们找到的矩阵 V(式(12.24))满足解耦目的.

利用棒棒控制设计三能级、五能级、六能级原子系统在振幅消相干情况下的棒棒操作群也分别被研究过(Cao, et al., 2008;Wang, et al., 2008),其中,设计的棒棒操作群当采用上述设计方法时,也得到同样的棒棒操作群.

12.2.3.2 相位消相干下的设计

考虑当系统只发生相位消相干时,根据式(12.23)的解耦条件,结合式(12.11),我们找到一组($|g| = n$)棒棒操作群 $G = \{I, g_1, g_2, \cdots, g_{n-1}\}$ 可以满足相应的解耦条件.

设这个棒棒操作群为 $G = \{I, g_1, g_2, \cdots, g_{n-1}\}$,其中,$I$ 表示 n 阶单位矩阵;n 阶矩阵 g_1 可表示为(Chan, Cong, 2011)

$$
g_1 = \exp(i \times \sigma_x^{(1,0)} \times \pi/2) \times \cdots \times \exp(i \times \sigma_x^{(k+1,k)} \times \pi/2)
$$
$$
\times \exp(i \times \sigma_x^{(k+2,k+1)} \times \pi/2) \times \cdots \times \exp(i \times \sigma_x^{(n-1,n-2)} \times \pi/2) \tag{12.27a}
$$

$$g_2 = (g_1)^2, \quad \cdots, \quad g_{n-1} = (g_1)^{n-1} \tag{12.27b}$$

其中，$\exp(\mathrm{i} \times \sigma_x^{(k+1,k)} \times \pi/2)$ 可以通过以下公式来计算：

$$\exp(At) = I + tA + \frac{t^2}{2!}A^2 + \cdots = \sum_{k=0}^{\infty} \frac{1}{k!} t^k A^k, \quad A \text{ 为矩阵} \tag{12.28}$$

现在，我们用以上找到的棒棒操作群代入解耦条件验证它的正确性.

首先，对于任意的 n 阶对角矩阵 $Z = \mathrm{diag}(q_1, q_2, \cdots, q_n)$，如果对角线元素之和 $\sum_{i=1}^{n} q_i = 0$，则有

$$\begin{aligned}
Z + g_1^+ Z g_1 + \cdots + g_{n-1}^+ Z g_{n-1} &= \mathrm{diag}(q_1, q_2, \cdots, q_{n-1}, q_n) \\
&\quad + \mathrm{diag}(q_n, q_1, \cdots, q_{n-2}, q_{n-1}) + \cdots \\
&\quad + \mathrm{diag}(q_2, q_3, \cdots, q_n, q_1) \\
&= \mathrm{diag}\left(\sum_{i=1}^{n} q_i, \sum_{i=1}^{n} q_i, \cdots, \sum_{i=1}^{n} q_i, \sum_{i=1}^{n} q_i \right) \\
&= 0
\end{aligned} \tag{12.29}$$

根据解耦条件 (12.23)，结合式 (12.11)，可以发现 $\sigma_z^{(i,j)}$ 是一个对角线元素之和为零的对角矩阵. 于是，从式 (12.29) 可知，采用以上的棒棒操作群 $G = \{I, g_1, g_2, \cdots, g_{n-1}\}$ 可以使系统达到解耦的目的. 并且，由于该棒棒操作群是幺正的，所以它在物理上是可以通过脉冲实现的.

实际上，满足解耦条件的 n 阶棒棒操作群 $G = \{I, g_1, g_2, \cdots, g_{n-1}\}$ 不是只有以上的那种，因为棒棒操作可以用不同的脉冲来实现，这样设计出的操作群会有多种. 但一般可以按照以下方法设计：

$$g_0 = I, \quad g_2 = (g_1)^2, \quad \cdots, \quad g_{n-1} = (g_1)^{n-1} \tag{12.30}$$

将式 (12.30) 代入式 (12.23) 求得的棒棒操作群都可以达到解耦目的.

12.2.4 Ξ 型八能级原子系统的实例设计

在介绍了 Ξ 型 n 能级原子在振幅和相位消相干情况下的棒棒控制操作群设计方法后，本小节中将采用以上提出的方法分别对 Ξ 型八能级原子在振幅和相位消相干情况下的棒棒控制操作群进行设计，来验证这种方法的正确性.

12.2.4.1 振幅消相干下的设计

考虑一个 Ξ 型八能级原子，它的八个能级态分别是基态 $|0\rangle$、较高能级的态 $|1\rangle$，$|2\rangle$，$|3\rangle$，$|4\rangle$，$|5\rangle$，$|6\rangle$ 和最高能级的态 $|7\rangle$，它们分别对应能量 E_0，E_1，E_2，E_3，E_4，E_5，E_6 和 E_7，其中，相邻能级之间是可跃迁的，而其他能级之间是禁止跃迁的. 该原子受七个频率分别为 $w_{76} = (E_7 - E_6)/\hbar$，$w_{65} = (E_6 - E_5)/\hbar$，$w_{54} = (E_5 - E_4)/\hbar$，$w_{43} = (E_4 - E_3)/\hbar$，$w_{32} = (E_3 - E_2)/\hbar$，$w_{21} = (E_2 - E_1)/\hbar$ 和 $w_{10} = (E_1 - E_0)/\hbar$ 的控制场驱动，如图 12.4 所示.

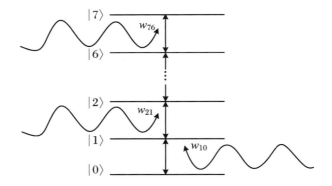

图 12.4　受频率分别为 w_{76}，$\cdots$，w_{21} 和 w_{10} 的控制场驱动的 Ξ 型八能级原子图示

该 Ξ 型八能级原子系统的总哈密顿量为

$$H = H_S + H_B + H_{R.F.} + H_{SB} \tag{12.31}$$

其中

$$H_S = \sum_{i>j=0}^{7} \frac{\hbar\omega_{i,j}}{8}\sigma_z^{(i,j)} + \sum_{i=0}^{7} \frac{E_i}{8} \tag{12.32a}$$

而且通常可以忽略常数项 $\sum_{i=0}^{7} E_i/8$.

$$H_B = \sum_{i=0}^{6} \sum_{ki} \hbar\omega_{ki} a_{ki}^{+} a_{ki} \tag{12.32b}$$

$$H_{R.F.} = -\sum_{i=0}^{6} (g_{i+1,i} \mid i+1\rangle\langle i \mid + g_{i,i+1}^{*} \mid i\rangle\langle i+1 \mid)\varepsilon_i \cos(\omega_{i+1,i}t) \tag{12.32c}$$

相互作用哈密顿量为

量子系统控制理论与方法
Control Theory and Methods of Quantum Systems

$$H_{SB} = \hbar \sum_{i=0}^{6} \sum_{pi} \sigma_z^{(i+1,i)} (j_{pi} a_{pi}^+ + j_{pi}^* a_{pi}) + \hbar \sum_{i=0}^{6} \sum_{qi} \sigma_x^{(i+1,i)} (j_{qi} a_{qi}^+ + j_{qi}^* a_{qi})$$

$$(12.33)$$

在给出系统的哈密顿量后,再根据 12.2.3.1 小节介绍的方法设计 Ξ 型八能级原子振幅消相干情况下的二阶棒棒操作群 $M = \{I, V\}$.根据式(12.24),可以得到矩阵 V 为

$$V = \begin{pmatrix} -1 & 0 & 0 & 0 & 0 & 0 & 0 & 0 \\ 0 & 1 & 0 & 0 & 0 & 0 & 0 & 0 \\ 0 & 0 & -1 & 0 & 0 & 0 & 0 & 0 \\ 0 & 0 & 0 & 1 & 0 & 0 & 0 & 0 \\ 0 & 0 & 0 & 0 & -1 & 0 & 0 & 0 \\ 0 & 0 & 0 & 0 & 0 & 1 & 0 & 0 \\ 0 & 0 & 0 & 0 & 0 & 0 & -1 & 0 \\ 0 & 0 & 0 & 0 & 0 & 0 & 0 & 1 \end{pmatrix}$$

$$= \begin{pmatrix} -1 & 0 & 0 & 0 & 0 & 0 & 0 & 0 \\ 0 & -1 & 0 & 0 & 0 & 0 & 0 & 0 \\ 0 & 0 & 1 & 0 & 0 & 0 & 0 & 0 \\ 0 & 0 & 0 & 1 & 0 & 0 & 0 & 0 \\ 0 & 0 & 0 & 0 & 1 & 0 & 0 & 0 \\ 0 & 0 & 0 & 0 & 0 & 1 & 0 & 0 \\ 0 & 0 & 0 & 0 & 0 & 0 & 1 & 0 \\ 0 & 0 & 0 & 0 & 0 & 0 & 0 & 1 \end{pmatrix} \begin{pmatrix} 1 & 0 & 0 & 0 & 0 & 0 & 0 & 0 \\ 0 & -1 & 0 & 0 & 0 & 0 & 0 & 0 \\ 0 & 0 & -1 & 0 & 0 & 0 & 0 & 0 \\ 0 & 0 & 0 & 1 & 0 & 0 & 0 & 0 \\ 0 & 0 & 0 & 0 & 1 & 0 & 0 & 0 \\ 0 & 0 & 0 & 0 & 0 & 1 & 0 & 0 \\ 0 & 0 & 0 & 0 & 0 & 0 & 1 & 0 \\ 0 & 0 & 0 & 0 & 0 & 0 & 0 & 1 \end{pmatrix}$$

$$\times \begin{pmatrix} 1 & 0 & 0 & 0 & 0 & 0 & 0 & 0 \\ 0 & 1 & 0 & 0 & 0 & 0 & 0 & 0 \\ 0 & 0 & 1 & 0 & 0 & 0 & 0 & 0 \\ 0 & 0 & 0 & 1 & 0 & 0 & 0 & 0 \\ 0 & 0 & 0 & 0 & -1 & 0 & 0 & 0 \\ 0 & 0 & 0 & 0 & 0 & -1 & 0 & 0 \\ 0 & 0 & 0 & 0 & 0 & 0 & 1 & 0 \\ 0 & 0 & 0 & 0 & 0 & 0 & 0 & 1 \end{pmatrix} \begin{pmatrix} 1 & 0 & 0 & 0 & 0 & 0 & 0 & 0 \\ 0 & 1 & 0 & 0 & 0 & 0 & 0 & 0 \\ 0 & 0 & 1 & 0 & 0 & 0 & 0 & 0 \\ 0 & 0 & 0 & 1 & 0 & 0 & 0 & 0 \\ 0 & 0 & 0 & 0 & 1 & 0 & 0 & 0 \\ 0 & 0 & 0 & 0 & 0 & -1 & 0 & 0 \\ 0 & 0 & 0 & 0 & 0 & 0 & -1 & 0 \\ 0 & 0 & 0 & 0 & 0 & 0 & 0 & 1 \end{pmatrix}$$

$$= \exp(\mathrm{i} \times \sigma_z^{(1,0)} \times \pi) \times \exp(\mathrm{i} \times \sigma_z^{(2,1)} \times \pi) \times \exp(\mathrm{i} \times \sigma_z^{(5,4)} \times \pi) \times \exp(\mathrm{i} \times \sigma_z^{(6,5)} \times \pi)$$

$$(12.34)$$

其中

$$\sigma_z^{(1,0)} = |1\rangle\langle 1| - |0\rangle\langle 0| = \begin{pmatrix} -1 & 0 & 0 & 0 & 0 & 0 & 0 & 0 \\ 0 & 1 & 0 & 0 & 0 & 0 & 0 & 0 \\ 0 & 0 & 0 & 0 & 0 & 0 & 0 & 0 \\ 0 & 0 & 0 & 0 & 0 & 0 & 0 & 0 \\ 0 & 0 & 0 & 0 & 0 & 0 & 0 & 0 \\ 0 & 0 & 0 & 0 & 0 & 0 & 0 & 0 \\ 0 & 0 & 0 & 0 & 0 & 0 & 0 & 0 \\ 0 & 0 & 0 & 0 & 0 & 0 & 0 & 0 \end{pmatrix}$$

$$\sigma_z^{(2,1)} = |2\rangle\langle 2| - |1\rangle\langle 1| = \begin{pmatrix} 0 & 0 & 0 & 0 & 0 & 0 & 0 & 0 \\ 0 & -1 & 0 & 0 & 0 & 0 & 0 & 0 \\ 0 & 0 & 1 & 0 & 0 & 0 & 0 & 0 \\ 0 & 0 & 0 & 0 & 0 & 0 & 0 & 0 \\ 0 & 0 & 0 & 0 & 0 & 0 & 0 & 0 \\ 0 & 0 & 0 & 0 & 0 & 0 & 0 & 0 \\ 0 & 0 & 0 & 0 & 0 & 0 & 0 & 0 \\ 0 & 0 & 0 & 0 & 0 & 0 & 0 & 0 \end{pmatrix}$$

$$\sigma_z^{(5,4)} = |5\rangle\langle 5| - |4\rangle\langle 4| = \begin{pmatrix} 0 & 0 & 0 & 0 & 0 & 0 & 0 & 0 \\ 0 & 0 & 0 & 0 & 0 & 0 & 0 & 0 \\ 0 & 0 & 0 & 0 & 0 & 0 & 0 & 0 \\ 0 & 0 & 0 & 0 & 0 & 0 & 0 & 0 \\ 0 & 0 & 0 & 0 & -1 & 0 & 0 & 0 \\ 0 & 0 & 0 & 0 & 0 & 1 & 0 & 0 \\ 0 & 0 & 0 & 0 & 0 & 0 & 0 & 0 \\ 0 & 0 & 0 & 0 & 0 & 0 & 0 & 0 \end{pmatrix}$$

$$\sigma_z^{(6,5)} = |6\rangle\langle 6| - |5\rangle\langle 5| = \begin{pmatrix} 0 & 0 & 0 & 0 & 0 & 0 & 0 & 0 \\ 0 & 0 & 0 & 0 & 0 & 0 & 0 & 0 \\ 0 & 0 & 0 & 0 & 0 & 0 & 0 & 0 \\ 0 & 0 & 0 & 0 & 0 & 0 & 0 & 0 \\ 0 & 0 & 0 & 0 & 0 & 0 & 0 & 0 \\ 0 & 0 & 0 & 0 & 0 & -1 & 0 & 0 \\ 0 & 0 & 0 & 0 & 0 & 0 & 1 & 0 \\ 0 & 0 & 0 & 0 & 0 & 0 & 0 & 0 \end{pmatrix}$$

将以上设计好的棒棒操作群代入振幅消相干情况下的解耦条件中,可以得到该棒棒操作群能达到解耦的目的,可抑制振幅消相干.

现在从物理实现上考虑,根据式(12.34),我们可以通过合适地选择控制场来实现 V 操作. V 可以通过用绕 z 轴旋转的孪生脉冲来实现,也就是首先加一个频率为 w_{65} 的超快"π 脉冲"($\exp(\mathrm{i}\times\pi\times\sigma_z^{(6,5)})$),紧接着加一个频率为 w_{54} 的超快"π 脉冲"($\exp(\mathrm{i}\times\pi\times\sigma_z^{(5,4)})$),紧接着加一个频率为 w_{21} 的超快"π 脉冲"($\exp(\mathrm{i}\times\pi\times\sigma_z^{(2,1)})$),紧接着加一个频率为 w_{10} 的超快"π 脉冲"($\exp(\mathrm{i}\times\pi\times\sigma_z^{(1,0)})$).

于是,在一个周期 T_c 内,可以编程设计脉冲序列为 $\{V,V^+\}$.根据式(12.4),这个脉冲序列 $\{D_j\}, j=1,2$ 表示为

$$D_1 = V \tag{12.35a}$$

$$D_2 = (V)^+ = V \tag{12.35b}$$

如图 12.5 所示,一个周期 T_c 内系统的演化可表示为

$$V^+\,\tilde{U}(t_p^{(1)}+\tau_p^1,t_p^{(2)})V\tilde{U}(t_p^{(0)},t_p^{(1)}) = V\tilde{U}(t_p^{(1)}+\tau_p^1,t_p^{(2)})V\tilde{U}(t_p^{(0)},t_p^{(1)})$$

其中,$\tilde{U}(t_i,t_j)$ 表示在 t_i 到 t_j 时间段内系统的自由演化.在有限时间内,如果重复操作的周期次数足够多,就会非常有效地抑制住振幅消相干.

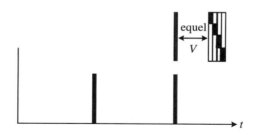

图 12.5　作用在 Ξ 型八能级原子上的孪生脉冲序列图示

图 12.5 中横轴表示时间轴 t.在时间轴 t 的上方,分成四段的长方柱,从上往下,第一段是实心的长方柱,表示频率为 w_{65} 的 π 脉冲,第二段是实心的长方柱,表示频率为 w_{54} 的 π 脉冲,第三段是实心的长方柱,表示频率为 w_{21} 的 π 脉冲,第四段是实心的长方柱,表示频率为 w_{10} 的 π 脉冲.图中用实心柱表示脉冲 V.

12.2.4.2　相位消相干下的设计

再根据 12.2.3.2 小节介绍的方法,考虑 Ξ 型八能级原子在只存在相位消相干时,根

据式(12.27)设计出矩阵 $g_1', g_2', g_3', g_4', g_5', g_6', g_7'$,得到的该八阶棒棒操作群即满足相位消相干时的解耦条件. 矩阵 $g_1', g_2', g_3', g_4', g_5', g_6', g_7'$ 分别为

$$
\begin{aligned}
g_1' &= \exp(\mathrm{i} \times \sigma_x^{(1,0)} \times \pi/2) \times \exp(\mathrm{i} \times \sigma_x^{(2,1)} \times \pi/2) \times \exp(\mathrm{i} \times \sigma_x^{(3,2)} \times \pi/2) \\
&\quad \times \exp(\mathrm{i} \times \sigma_x^{(4,3)} \times \pi/2) \times \exp(\mathrm{i} \times \sigma_x^{(5,4)} \times \pi/2) \times \exp(\mathrm{i} \times \sigma_x^{(6,5)} \times \pi/2) \\
&\quad \times \exp(\mathrm{i} \times \sigma_x^{(7,6)} \times \pi/2)
\end{aligned}
$$

$$
= \begin{bmatrix}
0 & 0 & 0 & 0 & 0 & 0 & 0 & -\mathrm{i} \\
\mathrm{i} & 0 & 0 & 0 & 0 & 0 & 0 & 0 \\
0 & \mathrm{i} & 0 & 0 & 0 & 0 & 0 & 0 \\
0 & 0 & \mathrm{i} & 0 & 0 & 0 & 0 & 0 \\
0 & 0 & 0 & \mathrm{i} & 0 & 0 & 0 & 0 \\
0 & 0 & 0 & 0 & \mathrm{i} & 0 & 0 & 0 \\
0 & 0 & 0 & 0 & 0 & \mathrm{i} & 0 & 0 \\
0 & 0 & 0 & 0 & 0 & 0 & \mathrm{i} & 0
\end{bmatrix}
\tag{12.36a}
$$

$$
\begin{aligned}
g_2' &= (g_1')^2 = (\exp(\mathrm{i} \times \sigma_x^{(1,0)} \times \pi/2) \times \exp(\mathrm{i} \times \sigma_x^{(2,1)} \times \pi/2) \times \exp(\mathrm{i} \times \sigma_x^{(3,2)} \times \pi/2) \\
&\quad \times \exp(\mathrm{i} \times \sigma_x^{(4,3)} \times \pi/2) \times \exp(\mathrm{i} \times \sigma_x^{(5,4)} \times \pi/2) \times \exp(\mathrm{i} \times \sigma_x^{(6,5)} \times \pi/2) \\
&\quad \times \exp(\mathrm{i} \times \sigma_x^{(7,6)} \times \pi/2))^2
\end{aligned}
$$

$$
= \begin{bmatrix}
0 & 0 & 0 & 0 & 0 & 0 & 1 & 0 \\
0 & 0 & 0 & 0 & 0 & 0 & 0 & 1 \\
-1 & 0 & 0 & 0 & 0 & 0 & 0 & 0 \\
0 & -1 & 0 & 0 & 0 & 0 & 0 & 0 \\
0 & 0 & -1 & 0 & 0 & 0 & 0 & 0 \\
0 & 0 & 0 & -1 & 0 & 0 & 0 & 0 \\
0 & 0 & 0 & 0 & -1 & 0 & 0 & 0 \\
0 & 0 & 0 & 0 & 0 & -1 & 0 & 0
\end{bmatrix}
\tag{12.36b}
$$

$$
\begin{aligned}
g_3' &= (g_1')^3 = (\exp(\mathrm{i} \times \sigma_x^{(1,0)} \times \pi/2) \times \exp(\mathrm{i} \times \sigma_x^{(2,1)} \times \pi/2) \times \exp(\mathrm{i} \times \sigma_x^{(3,2)} \times \pi/2) \\
&\quad \times \exp(\mathrm{i} \times \sigma_x^{(4,3)} \times \pi/2) \times \exp(\mathrm{i} \times \sigma_x^{(5,4)} \times \pi/2) \times \exp(\mathrm{i} \times \sigma_x^{(6,5)} \times \pi/2) \\
&\quad \times \exp(\mathrm{i} \times \sigma_x^{(7,6)} \times \pi/2))^3
\end{aligned}
$$

$$
=\begin{bmatrix}
0 & 0 & 0 & 0 & 0 & \mathrm{i} & 0 & 0 \\
0 & 0 & 0 & 0 & 0 & 0 & \mathrm{i} & 0 \\
0 & 0 & 0 & 0 & 0 & 0 & 0 & \mathrm{i} \\
-\mathrm{i} & 0 & 0 & 0 & 0 & 0 & 0 & 0 \\
0 & -\mathrm{i} & 0 & 0 & 0 & 0 & 0 & 0 \\
0 & 0 & -\mathrm{i} & 0 & 0 & 0 & 0 & 0 \\
0 & 0 & 0 & -\mathrm{i} & 0 & 0 & 0 & 0 \\
0 & 0 & 0 & 0 & -\mathrm{i} & 0 & 0 & 0
\end{bmatrix}
\tag{12.36c}
$$

$$
\begin{aligned}
g_4' = (g_1')^4 &= (\exp(\mathrm{i}\times\sigma_x^{(1,0)}\times\pi/2)\times\exp(\mathrm{i}\times\sigma_x^{(2,1)}\times\pi/2)\times\exp(\mathrm{i}\times\sigma_x^{(3,2)}\times\pi/2)\\
&\quad\times\exp(\mathrm{i}\times\sigma_x^{(4,3)}\times\pi/2)\times\exp(\mathrm{i}\times\sigma_x^{(5,4)}\times\pi/2)\times\exp(\mathrm{i}\times\sigma_x^{(6,5)}\times\pi/2)\\
&\quad\times\exp(\mathrm{i}\times\sigma_x^{(7,6)}\times\pi/2))^4
\end{aligned}
$$

$$
=\begin{bmatrix}
0 & 0 & 0 & 0 & -1 & 0 & 0 & 0 \\
0 & 0 & 0 & 0 & 0 & -1 & 0 & 0 \\
0 & 0 & 0 & 0 & 0 & 0 & -1 & 0 \\
0 & 0 & 0 & 0 & 0 & 0 & 0 & -1 \\
1 & 0 & 0 & 0 & 0 & 0 & 0 & 0 \\
0 & 1 & 0 & 0 & 0 & 0 & 0 & 0 \\
0 & 0 & 1 & 0 & 0 & 0 & 0 & 0 \\
0 & 0 & 0 & 1 & 0 & 0 & 0 & 0
\end{bmatrix}
\tag{12.36d}
$$

$$
\begin{aligned}
g_5' = (g_1')^5 &= (\exp(\mathrm{i}\times\sigma_x^{(1,0)}\times\pi/2)\times\exp(\mathrm{i}\times\sigma_x^{(2,1)}\times\pi/2)\times\exp(\mathrm{i}\times\sigma_x^{(3,2)}\times\pi/2)\\
&\quad\times\exp(\mathrm{i}\times\sigma_x^{(4,3)}\times\pi/2)\times\exp(\mathrm{i}\times\sigma_x^{(5,4)}\times\pi/2)\times\exp(\mathrm{i}\times\sigma_x^{(6,5)}\times\pi/2)\\
&\quad\times\exp(\mathrm{i}\times\sigma_x^{(7,6)}\times\pi/2))^5
\end{aligned}
$$

$$
=\begin{bmatrix}
0 & 0 & 0 & -\mathrm{i} & 0 & 0 & 0 & 0 \\
0 & 0 & 0 & 0 & -\mathrm{i} & 0 & 0 & 0 \\
0 & 0 & 0 & 0 & 0 & -\mathrm{i} & 0 & 0 \\
0 & 0 & 0 & 0 & 0 & 0 & -\mathrm{i} & 0 \\
0 & 0 & 0 & 0 & 0 & 0 & 0 & -\mathrm{i} \\
\mathrm{i} & 0 & 0 & 0 & 0 & 0 & 0 & 0 \\
0 & \mathrm{i} & 0 & 0 & 0 & 0 & 0 & 0 \\
0 & 0 & \mathrm{i} & 0 & 0 & 0 & 0 & 0
\end{bmatrix}
\tag{12.36e}
$$

$$
\begin{aligned}
g_6' = (g_1')^6 &= (\exp(\mathrm{i}\times\sigma_x^{(1,0)}\times\pi/2)\times\exp(\mathrm{i}\times\sigma_x^{(2,1)}\times\pi/2)\times\exp(\mathrm{i}\times\sigma_x^{(3,2)}\times\pi/2)\\
&\quad\times\exp(\mathrm{i}\times\sigma_x^{(4,3)}\times\pi/2)\times\exp(\mathrm{i}\times\sigma_x^{(5,4)}\times\pi/2)\times\exp(\mathrm{i}\times\sigma_x^{(6,5)}\times\pi/2)
\end{aligned}
$$

$$\times \exp(\mathrm{i} \times \sigma_x^{(7,6)} \times \pi/2))^6$$

$$= \begin{pmatrix} 0 & 0 & 1 & 0 & 0 & 0 & 0 & 0 \\ 0 & 0 & 0 & 1 & 0 & 0 & 0 & 0 \\ 0 & 0 & 0 & 0 & 1 & 0 & 0 & 0 \\ 0 & 0 & 0 & 0 & 0 & 1 & 0 & 0 \\ 0 & 0 & 0 & 0 & 0 & 0 & 1 & 0 \\ 0 & 0 & 0 & 0 & 0 & 0 & 0 & 1 \\ -1 & 0 & 0 & 0 & 0 & 0 & 0 & 0 \\ 0 & -1 & 0 & 0 & 0 & 0 & 0 & 0 \end{pmatrix} \tag{12.36f}$$

$$g'_7 = (g'_1)^7 = (\exp(\mathrm{i} \times \sigma_x^{(1,0)} \times \pi/2) \times \exp(\mathrm{i} \times \sigma_x^{(2,1)} \times \pi/2) \times \exp(\mathrm{i} \times \sigma_x^{(3,2)} \times \pi/2)$$
$$\times \exp(\mathrm{i} \times \sigma_x^{(4,3)} \times \pi/2) \times \exp(\mathrm{i} \times \sigma_x^{(5,4)} \times \pi/2) \times \exp(\mathrm{i} \times \sigma_x^{(6,5)} \times \pi/2)$$
$$\times \exp(\mathrm{i} \times \sigma_x^{(7,6)} \times \pi/2))^7$$

$$= \begin{pmatrix} 0 & \mathrm{i} & 0 & 0 & 0 & 0 & 0 & 0 \\ 0 & 0 & \mathrm{i} & 0 & 0 & 0 & 0 & 0 \\ 0 & 0 & 0 & \mathrm{i} & 0 & 0 & 0 & 0 \\ 0 & 0 & 0 & 0 & \mathrm{i} & 0 & 0 & 0 \\ 0 & 0 & 0 & 0 & 0 & \mathrm{i} & 0 & 0 \\ 0 & 0 & 0 & 0 & 0 & 0 & \mathrm{i} & 0 \\ 0 & 0 & 0 & 0 & 0 & 0 & 0 & \mathrm{i} \\ -\mathrm{i} & 0 & 0 & 0 & 0 & 0 & 0 & 0 \end{pmatrix} \tag{12.36g}$$

其中, i 为虚数单位.

$$\sigma_x^{(1,0)} = |1\rangle\langle 0| + |0\rangle\langle 1| = \begin{pmatrix} 0 & 1 & 0 & 0 & 0 & 0 & 0 & 0 \\ 1 & 0 & 0 & 0 & 0 & 0 & 0 & 0 \\ 0 & 0 & 0 & 0 & 0 & 0 & 0 & 0 \\ 0 & 0 & 0 & 0 & 0 & 0 & 0 & 0 \\ 0 & 0 & 0 & 0 & 0 & 0 & 0 & 0 \\ 0 & 0 & 0 & 0 & 0 & 0 & 0 & 0 \\ 0 & 0 & 0 & 0 & 0 & 0 & 0 & 0 \\ 0 & 0 & 0 & 0 & 0 & 0 & 0 & 0 \end{pmatrix}$$

$$\sigma_x^{(2,1)} = |2\rangle\langle 1| + |1\rangle\langle 2| = \begin{pmatrix} 0 & 0 & 0 & 0 & 0 & 0 & 0 & 0 \\ 0 & 0 & 1 & 0 & 0 & 0 & 0 & 0 \\ 0 & 1 & 0 & 0 & 0 & 0 & 0 & 0 \\ 0 & 0 & 0 & 0 & 0 & 0 & 0 & 0 \\ 0 & 0 & 0 & 0 & 0 & 0 & 0 & 0 \\ 0 & 0 & 0 & 0 & 0 & 0 & 0 & 0 \\ 0 & 0 & 0 & 0 & 0 & 0 & 0 & 0 \\ 0 & 0 & 0 & 0 & 0 & 0 & 0 & 0 \end{pmatrix}$$

$$\sigma_x^{(3,2)} = |3\rangle\langle 2| + |2\rangle\langle 3| = \begin{pmatrix} 0 & 0 & 0 & 0 & 0 & 0 & 0 & 0 \\ 0 & 0 & 0 & 0 & 0 & 0 & 0 & 0 \\ 0 & 0 & 0 & 1 & 0 & 0 & 0 & 0 \\ 0 & 0 & 1 & 0 & 0 & 0 & 0 & 0 \\ 0 & 0 & 0 & 0 & 0 & 0 & 0 & 0 \\ 0 & 0 & 0 & 0 & 0 & 0 & 0 & 0 \\ 0 & 0 & 0 & 0 & 0 & 0 & 0 & 0 \\ 0 & 0 & 0 & 0 & 0 & 0 & 0 & 0 \end{pmatrix}$$

$$\sigma_x^{(4,3)} = |4\rangle\langle 3| + |3\rangle\langle 4| = \begin{pmatrix} 0 & 0 & 0 & 0 & 0 & 0 & 0 & 0 \\ 0 & 0 & 0 & 0 & 0 & 0 & 0 & 0 \\ 0 & 0 & 0 & 0 & 0 & 0 & 0 & 0 \\ 0 & 0 & 0 & 0 & 1 & 0 & 0 & 0 \\ 0 & 0 & 0 & 1 & 0 & 0 & 0 & 0 \\ 0 & 0 & 0 & 0 & 0 & 0 & 0 & 0 \\ 0 & 0 & 0 & 0 & 0 & 0 & 0 & 0 \\ 0 & 0 & 0 & 0 & 0 & 0 & 0 & 0 \end{pmatrix}$$

$$\sigma_x^{(5,4)} = |5\rangle\langle 4| + |4\rangle\langle 5| = \begin{pmatrix} 0 & 0 & 0 & 0 & 0 & 0 & 0 & 0 \\ 0 & 0 & 0 & 0 & 0 & 0 & 0 & 0 \\ 0 & 0 & 0 & 0 & 0 & 0 & 0 & 0 \\ 0 & 0 & 0 & 0 & 0 & 0 & 0 & 0 \\ 0 & 0 & 0 & 0 & 0 & 1 & 0 & 0 \\ 0 & 0 & 0 & 0 & 1 & 0 & 0 & 0 \\ 0 & 0 & 0 & 0 & 0 & 0 & 0 & 0 \\ 0 & 0 & 0 & 0 & 0 & 0 & 0 & 0 \end{pmatrix}$$

$$\sigma_x^{(6,5)} = |6\rangle\langle5| + |5\rangle\langle6| = \begin{pmatrix} 0 & 0 & 0 & 0 & 0 & 0 & 0 & 0 \\ 0 & 0 & 0 & 0 & 0 & 0 & 0 & 0 \\ 0 & 0 & 0 & 0 & 0 & 0 & 0 & 0 \\ 0 & 0 & 0 & 0 & 0 & 0 & 0 & 0 \\ 0 & 0 & 0 & 0 & 0 & 0 & 0 & 0 \\ 0 & 0 & 0 & 0 & 0 & 0 & 0 & 0 \\ 0 & 0 & 0 & 0 & 0 & 0 & 1 & 0 \\ 0 & 0 & 0 & 0 & 0 & 1 & 0 & 0 \\ 0 & 0 & 0 & 0 & 0 & 0 & 0 & 0 \end{pmatrix}$$

$$\sigma_x^{(7,6)} = |7\rangle\langle6| + |6\rangle\langle7| = \begin{pmatrix} 0 & 0 & 0 & 0 & 0 & 0 & 0 & 0 \\ 0 & 0 & 0 & 0 & 0 & 0 & 0 & 0 \\ 0 & 0 & 0 & 0 & 0 & 0 & 0 & 0 \\ 0 & 0 & 0 & 0 & 0 & 0 & 0 & 0 \\ 0 & 0 & 0 & 0 & 0 & 0 & 0 & 0 \\ 0 & 0 & 0 & 0 & 0 & 0 & 0 & 0 \\ 0 & 0 & 0 & 0 & 0 & 0 & 0 & 1 \\ 0 & 0 & 0 & 0 & 0 & 0 & 1 & 0 \end{pmatrix}$$

将以上设计好的棒棒操作群代入相位消相干情况下的解耦条件中,可以得到该棒棒操作群能达到解耦的目的,可抑制相位消相干.

现在从物理实现上考虑,根据式(12.36),我们可以通过合适地选择控制场实现 g_1', $g_2', g_3', g_4', g_5', g_6', g_7'$ 这些操作.比如说,g_1' 通过用绕 x 轴旋转的孪生脉冲来实现,也就是首先加一个频率为 ω_{76} 的超快"$\pi/2$ 脉冲"($\exp(\mathrm{i}\times\sigma_x^{(7,6)}\times\pi/2)$),紧接着加一个频率为 ω_{65} 的超快"$\pi/2$ 脉冲"($\exp(\mathrm{i}\times\sigma_x^{(6,5)}\times\pi/2)$),紧接着加一个频率为 ω_{54} 的超快"$\pi/2$ 脉冲"($\exp(\mathrm{i}\times\sigma_x^{(5,4)}\times\pi/2)$),紧接着加一个频率为 ω_{43} 的超快"$\pi/2$ 脉冲"($\exp(\mathrm{i}\times\sigma_x^{(4,3)}\times\pi/2)$),紧接着加一个频率为 ω_{32} 的超快"$\pi/2$ 脉冲"($\exp(\mathrm{i}\times\sigma_x^{(3,2)}\times\pi/2)$),紧接着加一个频率为 ω_{21} 的超快"$\pi/2$ 脉冲"($\exp(\mathrm{i}\times\sigma_x^{(2,1)}\times\pi/2)$),紧接着加一个频率为 ω_{10} 的超快"$\pi/2$脉冲"($\exp(\mathrm{i}\times\sigma_x^{(1,0)}\times\pi/2)$);其他 $g_1', g_2', g_3', g_4', g_5', g_6', g_7'$ 都可以根据式(12.36)按照以上的方式用相应的脉冲实现.

于是,在一个周期 T_c 内,可以编程设计脉冲序列为

$$\{g_1', g_1'^+, g_2', g_2'^+, g_3', g_3'^+, g_4', g_4'^+, g_5', g_5'^+, g_6', g_6'^+, g_7', g_7'^+\}$$

根据式(12.4),这个脉冲序列 $\{D_j\}$,$j=1,2,\cdots,8$ 可表示为

$$D_1 = D_2 = D_3 = D_4 = D_5 = D_6 = D_7 = g_1' \tag{12.37a}$$

$$D_8 = (g_7')^+ = (g_1')^{7+} \tag{12.37b}$$

如图 12.6 所示，一个周期 T_c 内系统的演化可表示为

$$g_7'^+ \widetilde{U}(t_p^{(7)} + \tau_p^7, t_p^{(8)}) g_7' g_6'^+ \widetilde{U}(t_p^{(6)} + \tau_p^6, t_p^{(7)}) g_6' g_5'^+ \widetilde{U}(t_p^{(5)} + \tau_p^5, t_p^{(6)}) g_5' g_4'^+$$

$$\times \widetilde{U}(t_p^{(4)} + \tau_p^4, t_p^{(5)}) g_4' g_3'^+ \widetilde{U}(t_p^{(3)} + \tau_p^3, t_p^{(4)}) g_3' g_2'^+ \widetilde{U}(t_p^{(2)} + \tau_p^2, t_p^{(3)}) g_2' g_1'^+$$

$$\times \widetilde{U}(t_p^{(1)} + \tau_p^1, t_p^{(2)}) g_1' \widetilde{U}(t_p^{(0)}, t_p^{(1)})$$

$$= (g_1')^{7+} \widetilde{U}(t_p^{(7)} + \tau_p^7, t_p^{(8)}) g_1' \widetilde{U}(t_p^{(6)} + \tau_p^6, t_p^{(7)}) g_1' \widetilde{U}(t_p^{(5)} + \tau_p^5, t_p^{(6)}) g_1'$$

$$\times \widetilde{U}(t_p^{(4)} + \tau_p^4, t_p^{(5)}) g_1' \widetilde{U}(t_p^{(3)} + \tau_p^3, t_p^{(4)}) g_1' \widetilde{U}(t_p^{(2)} + \tau_p^2, t_p^{(3)}) g_1'$$

$$\times \widetilde{U}(t_p^{(1)} + \tau_p^1, t_p^{(2)}) g_1' \widetilde{U}(t_p^{(0)}, t_p^{(1)})$$

其中，$\widetilde{U}(t_i, t_j)$ 表示在 t_i 到 t_j 时间段内系统的自由演化．在有限时间内，如果重复操作的周期次数足够多，就会非常有效地抑制住去相位消相干．

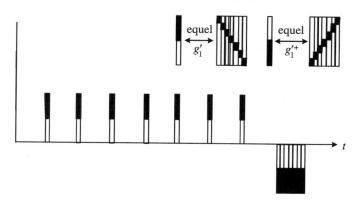

图 12.6　作用在三型八能级原子上的孪生脉冲序列图示

图 12.6 中横轴表示时间轴 t．在时间轴 t 的上方，分成七段的长方柱，从上往下，第一段是实心的长方柱，表示频率为 ω_{76} 的 $\pi/2$ 脉冲，第二段是实心的长方柱，表示频率为 ω_{65} 的 $\pi/2$ 脉冲，第三段是实心的长方柱，表示频率为 ω_{54} 的 $\pi/2$ 脉冲，第四段是实心的长方柱，表示频率为 ω_{43} 的 $\pi/2$ 脉冲，第五段是实心的长方柱，表示频率为 ω_{32} 的 $\pi/2$ 脉冲，第六段是实心的长方柱，表示频率为 ω_{21} 的 $\pi/2$ 脉冲，第七段是实心的长方柱，表示频率为 ω_{10} 的 $\pi/2$ 脉冲．位于时间轴 t 下方的各脉冲是其上方对应的孪生脉冲．图中用上半实心柱等价表示脉冲 g_1'，用下半实心柱等价表示脉冲 $g_1'^+$．

12.3　一般消相干下的动力学解耦策略设计

在 12.1 节中,以 Ξ 型 n 能级原子系统为对象,介绍了在振幅消相干和相位消相干情况下的动力学解耦策略.但是,在实际情况中,量子系统常常发生的是一般消相干,这就对一般消相干下的动力学解耦方案的设计提出了需求.因此,本节将继续以 Ξ 型 n 能级原子系统为对象,进一步地研究并提出一般消相干情况下的动力学解耦方案.首先,推导出 Ξ 型 n 能级原子系统的解耦条件;其次,根据这个条件,提出一种动力学解耦方案来抑制一般消相干;最后,对所提出的动力学解耦方案在具体的量子系统中进行验证.

12.3.1　动力学解耦条件推导

根据 12.1 节对消相干的分类,结合式(12.16),可以得到 Ξ 型 n 能级原子系统在一般消相干的系统与环境之间的相互作用哈密顿量为

$$H_{SB} = \hbar \sum_{i=0}^{n-2} \sum_{ki} (c_{ki}\sigma_z^{(i+1,i)} + b_{ki}\sigma_x^{(i+1,i)})(j_{ki}a_{ki}^+ + j_{ki}^* a_{ki}) \tag{12.38}$$

再根据 12.1 节中的一般性动力学解耦条件(12.10),可以得到 Ξ 型 n 能级原子系统发生一般消相干时,系统能够保持相干性需要满足

$$\frac{1}{|g|}\sum_{m=0}^{|g|-1} g_m^+ H_{SB} g_m = \frac{1}{|g|}\sum_{m=0}^{|g|-1} g_m^+ \left(\hbar \sum_{i=0}^{n-2}\sum_{ki}(c_{ki}\sigma_z^{(i+1,i)} + b_{ki}\sigma_x^{(i+1,i)})(j_{ki}a_{ki}^+ + j_{ki}^* a_{ki})\right) g_m$$

$$= \sum_{i=0}^{n-2}\sum_{m=0}^{|g|-1} g_m^+ \sigma_x^{(i+1,i)} g_m \cdot \frac{\hbar}{|g|}\sum_{ki} b_{ki}(j_{ki}a_{ki}^+ + j_{ki}^* a_{ki})$$

$$+ \sum_{i=0}^{n-2}\sum_{m=0}^{|g|-1} g_m^+ \sigma_z^{(i+1,i)} g_m \cdot \frac{\hbar}{|g|}\sum_{ki} c_{ki}(j_{ki}a_{ki}^+ + j_{ki}^* a_{ki}) = 0 \tag{12.39}$$

由于解耦脉冲序列 $\{g_m\}$ 只作用在系统上,所以通过上式可以得到在一般消相干下的动力学解耦条件为

$$\begin{cases} \sum\limits_{i=0}^{n-2}\sum\limits_{m=0}^{|g|-1} g_m^+ \sigma_x^{(i+1,i)} g_m = 0 \\ \sum\limits_{i=0}^{n-2}\sum\limits_{m=0}^{|g|-1} g_m^+ \sigma_z^{(i+1,i)} g_m = 0 \end{cases} \tag{12.40}$$

从以上的解耦条件可知,一般消相干下使得系统能够保持相干性的条件就是要系统同时满足在振幅消相干和相位消相干情况下的动力学解耦条件,也就是说,当系统同时抑制住振幅消相干和相位消相干时,就抑制住一般消相干了.

12.3.2 动力学解耦方案设计

考虑当系统存在一般消相干(即同时发生振幅消相干和相位消相干)时,解耦必须满足式(12.40)的条件.于是,我们根据系统存在振幅消相干时设计的二阶操作群 $G = \{I, V\}$,再结合系统存在相位消相干时设计出的所有 n 阶操作群 $G = \{I, g_1', g_2', \cdots, g_{n-1}'\}$,可以从中找到这样一个($|g| = 2n$)棒棒操作群 $M = \{I, g_1', g_2', \cdots, g_{n-1}', g_n', g_{n+1}', g_{n+2}', \cdots, g_{2n-1}'\} = \{I, g_1', g_2', \cdots, g_{n-1}', V, Vg_1', Vg_2', \cdots, Vg_{n-1}'\}$ 满足式(12.40)的解耦条件.

根据振幅消相干时设计出来的 V,从在相位消相干时设计出的所有 n 阶棒棒操作群 $G = \{I, g_1', g_2', \cdots, g_{n-1}'\}$ 中找出一个棒棒操作群满足以下条件:

$$\sum_{i=0}^{n-2}(V^+ \sigma_z^{(i+1,i)} V + g_{n+1}'^+ \sigma_z^{(i+1,i)} g_{n+1}' + \cdots + g_{2n-1}'^+ \sigma_z^{(i+1,i)} g_{2n-1}')$$
$$= \sum_{i=0}^{n-2}(V^+ \sigma_z^{(i+1,i)} V + g_1'^+ V^+ \sigma_z^{(i+1,i)} Vg_1' + \cdots + g_{n-1}'^+ V^+ \sigma_z^{(i+1,i)} Vg_{n-1}') = 0$$

$$\tag{12.41}$$

即要找出满足以上式(12.41)的 $g_1', g_2', \cdots, g_{n-1}'$ 才满足一般消相干时的解耦要求.经过分析验证,我们发现当采用以上相位消相干时所设计的那组 $g_1', g_2', \cdots, g_{n-1}'$ 满足式(12.41)的条件.

因此,可以得到一个满足一般消相干时解耦条件的 $2n$ 阶棒棒操作群 $M = \{I, g_1', g_2', \cdots, g_{n-1}', V, Vg_1', Vg_2', \cdots, Vg_{n-1}'\}$,其中,矩阵 V 可用式(12.24)表示(Chan, Cong, 2011):

$$g_1' = \exp(\mathrm{i} \times \sigma_x^{(1,0)} \times \pi/2) \times \cdots \times \exp(\mathrm{i} \times \sigma_x^{(k+1,k)} \times \pi/2)$$
$$\times \exp(\mathrm{i} \times \sigma_x^{(k+2,k+1)} \times \pi/2) \times \cdots \times \exp(\mathrm{i} \times \sigma_x^{(n-1,n-2)} \times \pi/2) \quad (12.42\mathrm{a})$$

$$\vdots$$

$$g'_{n-1} = (g'_1)^{n-1} \tag{12.42b}$$

$$g'_n = V \tag{12.42c}$$

$$g'_{n+1} = Vg_1, \quad g'_{n+2} = Vg_2, \quad \cdots, \quad g'_{2n-1} = Vg_{n-1} \tag{12.42d}$$

现在,我们用以上找到的棒棒操作群代入解耦条件来验证它的正确性.首先,将以上棒棒操作群 M 代入式(12.40),有

$$\sum_{i=0}^{n-2} \sum_{m=0}^{|g|-1} g_m^+ \sigma_x^{(i+1,i)} g_m$$

$$= \sum_{i=0}^{n-2} (\sigma_x^{(i+1,i)} + g_1'^+ \sigma_x^{(i+1,i)} g_1' + \cdots + g_{n-1}'^+ \sigma_x^{(i+1,i)} g_{n-1}' + V^+ \sigma_x^{(i+1,i)} V + g_1'^+ V^+ \sigma_x^{(i+1,i)} V g_1'$$

$$+ \cdots + g_{n-1}'^+ V^+ \sigma_x^{(i+1,i)} V g_{n-1}')$$

$$= \sum_{i=0}^{n-2} ((\sigma_x^{(i+1,i)} + V^+ \sigma_x^{(i+1,i)} V) + g_1'^+ (\sigma_x^{(i+1,i)} + V^+ \sigma_x^{(i+1,i)} V) g_1' + \cdots$$

$$+ g_{n-1}'^+ (\sigma_x^{(i+1,i)} + V^+ \sigma_x^{(i+1,i)} V) g_{n-1}')$$

$$= 0$$

$$\sum_{i=0}^{n-2} \sum_{m=0}^{|g|-1} g_m^+ \sigma_z^{(i+1,i)} g_m$$

$$= \sum_{i=0}^{n-2} (\sigma_z^{(i+1,i)} + g_1'^+ \sigma_z^{(i+1,i)} g_1' + \cdots + g_{n-1}'^+ \sigma_z^{(i+1,i)} g_{n-1}' + V^+ \sigma_z^{(i+1,i)} V + g_1'^+ V^+ \sigma_z^{(i+1,i)} V g_1'$$

$$+ \cdots + g_{n-1}'^+ V^+ \sigma_z^{(i+1,i)} V g_{n-1}')$$

$$= \sum_{i=0}^{n-2} ((\sigma_z^{(i+1,i)} + g_1'^+ \sigma_z^{(i+1,i)} g_1' + \cdots + g_{n-1}'^+ \sigma_z^{(i+1,i)} g_{n-1}') + (V^+ \sigma_z^{(i+1,i)} V$$

$$+ g_1'^+ V^+ \sigma_z^{(i+1,i)} V g_1' + \cdots + g_{n-1}'^+ V^+ \sigma_z^{(i+1,i)} V g_{n-1}'))$$

$$= 0$$

因此,对于一个 Ξ 型 n 能级原子系统,当系统存在一般消相干时,采用以上的棒棒操作群 $M = \{I, g'_1, g'_2, \cdots, g'_{n-1}, V, Vg'_1, Vg'_2, \cdots, Vg'_{n-1}\}$ 可以达到系统与环境解耦的目的.

12.3.3　Ξ 型三能级原子系统的实例设计

在介绍了一般消相干下 Ξ 型 n 能级原子的棒棒操作群设计方法后,本小节将根据以上方法分别对 Ξ 型三能级原子和 Ξ 型八能级原子在一般消相干情况下的动力学解耦方

案进行设计,来验证这种方法的正确性.

12.3.3.1　一般消相干下的设计

考虑一个 Ξ 型三能级原子,它的三个能级态分别是基态 $|0\rangle$、较高能级的态 $|1\rangle$ 和最高能级的态 $|2\rangle$,它们分别对应能量 E_0,E_1,E_2,其中,能级 $|2\rangle$,$|0\rangle$ 与 $|1\rangle$ 是可跃迁的,而 $|2\rangle$,$|0\rangle$ 之间是禁止跃迁的.我们假设该原子受两个频率分别为 $w_{21}=(E_2-E_1)/\hbar$,$w_{10}=(E_1-E_0)/\hbar$ 的控制场驱动,如图 12.7 所示.

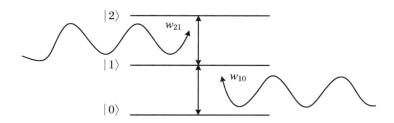

图 12.7　受两个频率分别为 w_{21} 和 w_{10} 的控制场驱动的 Ξ 型三能级原子图示

该 Ξ 型三能级原子系统的总哈密顿量为

$$H = H_S + H_B + H_{R.F.} + H_{SB} \tag{12.43}$$

其中

$$H_S = \frac{\hbar w_{10}}{3}\sigma_z^{(1,0)} + \frac{\hbar w_{20}}{3}\sigma_z^{(2,0)} + \frac{\hbar w_{21}}{3}\sigma_z^{(2,1)} + \frac{E_2+E_1+E_0}{3} \tag{12.44a}$$

而且通常可以忽略常数项 $\dfrac{E_2+E_1+E_0}{3}$.

$$H_B = \sum_{i=0}^{1}\sum_{ki}\hbar w_{ki}a_{ki}^{+}a_{ki} \tag{12.44b}$$

$$\begin{aligned}
H_{R.F.} = &-(g_{21}|2\rangle\langle1| + g_{12}^{*}|1\rangle\langle2|)\varepsilon_1\cos(w_{21}t) - (g_{10}|1\rangle\langle0|\\
&+ g_{01}^{*}|0\rangle\langle1|)\varepsilon_2\cos(w_{10}t)
\end{aligned} \tag{12.44c}$$

相互作用哈密顿量为

$$\begin{aligned}
H_{SB} = &\hbar\sum_{p}\sigma_z^{(2,1)}(j_p a_p^{+} + j_p^{*}a_p) + \hbar\sum_{q}\sigma_z^{(1,0)}(j_q a_q^{+} + j_q^{*}a_q)\\
&+ \hbar\sum_{m}\sigma_x^{(2,1)}(j_m a_m^{+} + j_m^{*}a_m) + \hbar\sum_{n}\sigma_x^{(1,0)}(j_n a_n^{+} + j_n^{*}a_n)
\end{aligned} \tag{12.45}$$

给出系统的哈密顿量后,再根据 12.3.2 小节介绍的方法设计 Ξ 型三能级原子一般消相干情况下的六阶棒棒操作群 $M = \{I, g'_1, g'_2, g'_3, g'_4, g'_5\} = \{I, g'_1, g'_2, V, Vg'_1, Vg'_2\}$.

首先,考虑 Ξ 型三能级原子在只存在振幅消相干时设计出矩阵 V.按照 12.2.3.1 小节的步骤,根据式(12.24),可以得到矩阵 V 为

$$V = \begin{bmatrix} -1 & 0 & 0 \\ 0 & 1 & 0 \\ 0 & 0 & -1 \end{bmatrix} = \begin{bmatrix} -1 & 0 & 0 \\ 0 & -1 & 0 \\ 0 & 0 & 1 \end{bmatrix} \begin{bmatrix} 1 & 0 & 0 \\ 0 & -1 & 0 \\ 0 & 0 & -1 \end{bmatrix}$$

$$= \exp(\mathrm{i} \times \pi \times \sigma_x^{(1,0)}) \times \exp(\mathrm{i} \times \pi \times \sigma_x^{(2,1)}) \tag{12.46}$$

其中,$\sigma_x^{(1,0)} = |1\rangle\langle 0| + |0\rangle\langle 1| = \begin{bmatrix} 0 & 1 & 0 \\ 1 & 0 & 0 \\ 0 & 0 & 0 \end{bmatrix}$;$\sigma_x^{(2,1)} = |2\rangle\langle 1| + |1\rangle\langle 2| = \begin{bmatrix} 0 & 0 & 0 \\ 0 & 0 & 1 \\ 0 & 1 & 0 \end{bmatrix}$.

再根据 12.2.3.2 小节介绍的方法,考虑 Ξ 型三能级原子在只存在相位消相干时,根据式(12.27),设计出矩阵 g'_1, g'_2,得到的该三阶棒棒操作群即满足相位消相干时的解耦条件.矩阵 g'_1, g'_2 分别为

$$g'_1 = \exp(\mathrm{i} \times \sigma_x^{(1,0)} \times \pi/2) \times \exp(\mathrm{i} \times \sigma_x^{(2,1)} \times \pi/2)$$

$$= \begin{bmatrix} 0 & \mathrm{i} & 0 \\ \mathrm{i} & 0 & 0 \\ 0 & 0 & 1 \end{bmatrix} \begin{bmatrix} 1 & 0 & 0 \\ 0 & 0 & \mathrm{i} \\ 0 & \mathrm{i} & 0 \end{bmatrix} = \begin{bmatrix} 0 & 0 & -1 \\ \mathrm{i} & 0 & 0 \\ 0 & \mathrm{i} & 0 \end{bmatrix} \tag{12.47a}$$

$$g'_2 = (g'_1)^2 = (\exp(\mathrm{i} \times \sigma_x^{(1,0)} \times \pi/2) \times \exp(\mathrm{i} \times \sigma_x^{(2,1)} \times \pi/2))^2$$

$$= \begin{bmatrix} 0 & 0 & -1 \\ \mathrm{i} & 0 & 0 \\ 0 & \mathrm{i} & 0 \end{bmatrix} \begin{bmatrix} 0 & 0 & -1 \\ \mathrm{i} & 0 & 0 \\ 0 & \mathrm{i} & 0 \end{bmatrix} = \begin{bmatrix} 0 & -\mathrm{i} & 0 \\ 0 & 0 & -\mathrm{i} \\ -1 & 0 & 0 \end{bmatrix} \tag{12.47b}$$

其中,i 为虚数单位.

于是,可以得到最后的六阶棒棒操作群为 $M = \{I, g'_1, g'_2, g'_3, g'_4, g'_5\}$,其中,$g'_1, g'_2$ 可用式(12.47)表示;g'_3, g'_4, g'_5 分别为

$$g'_3 = V = \exp(\mathrm{i} \times \pi \times \sigma_x^{(1,0)}) \times \exp(\mathrm{i} \times \pi \times \sigma_x^{(2,1)}) = \begin{bmatrix} -1 & 0 & 0 \\ 0 & 1 & 0 \\ 0 & 0 & -1 \end{bmatrix} \tag{12.48a}$$

$$g'_4 = Vg'_1$$

$$= \exp(\mathrm{i} \times \pi \times \sigma_x^{(1,0)}) \times \exp(\mathrm{i} \times \pi \times \sigma_x^{(2,1)}) \times \exp(\mathrm{i} \times \sigma_x^{(1,0)} \times \pi/2) \times \exp(\mathrm{i} \times \sigma_x^{(2,1)} \times \pi/2)$$

$$= \begin{pmatrix} -1 & 0 & 0 \\ 0 & 1 & 0 \\ 0 & 0 & -1 \end{pmatrix} \begin{pmatrix} 0 & 0 & -1 \\ i & 0 & 0 \\ 0 & i & 0 \end{pmatrix} = \begin{pmatrix} 0 & 0 & 1 \\ i & 0 & 0 \\ 0 & -i & 0 \end{pmatrix} \tag{12.48b}$$

$$g_5' = Vg_2' = V(g_1')^2 = \exp(i \times \pi \times \sigma_x^{(1,0)}) \times \exp(i \times \pi \times \sigma_x^{(2,1)}) \times (\exp(i \times \sigma_x^{(1,0)} \times \pi/2) \\ \times \exp(i \times \sigma_x^{(2,1)} \times \pi/2))^2$$

$$= \begin{pmatrix} -1 & 0 & 0 \\ 0 & 1 & 0 \\ 0 & 0 & -1 \end{pmatrix} \begin{pmatrix} 0 & -i & 0 \\ 0 & 0 & -i \\ -1 & 0 & 0 \end{pmatrix} = \begin{pmatrix} 0 & i & 0 \\ 0 & 0 & -i \\ 1 & 0 & 0 \end{pmatrix} \tag{12.48c}$$

将以上设计好的棒棒操作群代入一般消相干情况下的解耦条件中,可以发现该棒棒操作群能达到解耦的目的,可抑制一般消相干.

现在从物理实现上考虑,结合式(12.47)和式(12.48),我们可选择合适的控制场实现 $g_1', g_2', g_3', g_4', g_5'$ 这些操作.比如说,g_1' 通过用绕 x 轴旋转的孪生脉冲来实现,也就是首先加一个频率为 w_{21} 的超快"$\pi/2$ 脉冲"($\exp(i \times \sigma_x^{(2,1)} \times \pi/2)$),紧接着加一个频率为 w_{10} 的超快"$\pi/2$ 脉冲"($\exp(i \times \sigma_x^{(1,0)} \times \pi/2)$);$g_3'$ 通过用绕 x 轴旋转的孪生脉冲来实现,也就是首先加一个频率为 w_{21} 的超快"π 脉冲"($\exp(i \times \pi \times \sigma_x^{(2,1)})$),紧接着加一个频率为 w_{10} 的超快"π 脉冲"($\exp(i \times \pi \times \sigma_x^{(1,0)})$);其他 g_2', g_4', g_5' 都可以根据式(12.47)和式(12.48)按照以上的方式用相应的脉冲实现.

于是,在一个周期 T_c 内,可以编程设计脉冲序列为 $\{g_3', {g_3'}^+, g_1', {g_1'}^+, g_4', {g_4'}^+, g_2', {g_2'}^+, g_5', {g_5'}^+\}$,其中 $g_3' = {g_3'}^+$.根据式(12.4),这个脉冲序列 $\{D_j\}$,$j=1,2,\cdots,6$ 可表示为

$$D_1 = D_3 = D_5 = g_3' \tag{12.49a}$$

$$D_2 = D_4 = g_1' {g_3'}^+ = g_1' g_3' \tag{12.49b}$$

$$D_6 = (g_3' g_2')^+ \tag{12.49c}$$

如图 12.8 所示,一个周期 T_c 内系统的演化可表示为

$${g_5'}^+ \widetilde{U}(t_p^{(5)} + \tau_p^5, t_p^{(6)}) g_5' g_2'^+ \widetilde{U}(t_p^{(4)} + \tau_p^4, t_p^{(5)}) g_2' g_4'^+ \widetilde{U}(t_p^{(3)} + \tau_p^3, t_p^{(4)}) g_4' g_1'^+ \\ \times \widetilde{U}(t_p^{(2)} + \tau_p^2, t_p^{(3)}) g_1' g_3'^+ \widetilde{U}(t_p^{(1)} + \tau_p^1, t_p^{(2)}) g_3' \widetilde{U}(t_p^{(0)}, t_p^{(1)})$$

$$= (g_3' g_2')^+ \widetilde{U}(t_p^{(5)} + \tau_p^5, t_p^{(6)}) g_3' \widetilde{U}(t_p^{(4)} + \tau_p^4, t_p^{(5)}) g_1' g_3'^+ \widetilde{U}(t_p^{(3)} + \tau_p^3, t_p^{(4)}) g_3' \\ \times \widetilde{U}(t_p^{(2)} + \tau_p^2, t_p^{(3)}) g_1' g_3'^+ \widetilde{U}(t_p^{(1)} + \tau_p^1, t_p^{(2)}) g_3' \widetilde{U}(t_p^{(0)}, t_p^{(1)})$$

其中,$\widetilde{U}(t_i, t_j)$ 表示在 t_i 到 t_j 时间段内系统的自由演化.在有限时间内,如果重复操作的周期次数足够多,就会非常有效地抑制住一般消相干.

图 12.8 中横轴表示时间轴 t.在时间轴 t 的上方,分成四段的实心柱,从上到下,第一段表示频率为 w_{21} 的 π 脉冲,第二段表示频率为 w_{10} 的 π 脉冲,第三段表示频率为 w_{21} 的 $\pi/2$ 脉冲,第四段表示频率为 w_{10} 的 $\pi/2$ 脉冲.位于时间轴 t 下方的各脉冲是其上方对应的孪生脉冲.

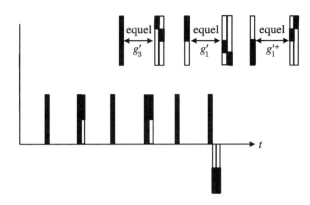

图 12.8　作用在 Ξ 型三能级原子上的孪生脉冲序列图示

12.3.3.2　一般消相干下的设计

在 12.2 节的实例仿真中,我们已经以 Ξ 型八能级原子系统为对象,设计了系统分别在振幅消相干和相位消相干情况下的动力学解耦方案,于是在此基础上,本小节将进一步设计在一般消相干情况下的动力学解耦方案.根据 12.3.2 小节提出的策略,可以得到最后的 16 阶棒棒操作群为 $M = \{I, g_1', g_2', g_3', g_4', g_5', g_6', g_7', g_8', g_9', g_{10}', g_{11}', g_{12}', g_{13}', g_{14}', g_{15}'\}$,其中,矩阵 $g_1', g_2', g_3', g_4', g_5', g_6', g_7'$ 满足式(12.36);矩阵 $g_8', g_9', g_{10}', g_{11}', g_{12}', g_{13}', g_{14}', g_{15}'$ 分别为

$$
\begin{aligned}
g_8' = V &= \exp(\mathrm{i} \times \sigma_z^{(1,0)} \times \pi) \times \exp(\mathrm{i} \times \sigma_z^{(2,1)} \times \pi) \times \exp(\mathrm{i} \times \sigma_z^{(5,4)} \times \pi) \\
&\quad \times \exp(\mathrm{i} \times \sigma_z^{(6,5)} \times \pi)
\end{aligned}
$$

$$
= \begin{pmatrix}
-1 & 0 & 0 & 0 & 0 & 0 & 0 & 0 \\
0 & 1 & 0 & 0 & 0 & 0 & 0 & 0 \\
0 & 0 & -1 & 0 & 0 & 0 & 0 & 0 \\
0 & 0 & 0 & 1 & 0 & 0 & 0 & 0 \\
0 & 0 & 0 & 0 & -1 & 0 & 0 & 0 \\
0 & 0 & 0 & 0 & 0 & 1 & 0 & 0 \\
0 & 0 & 0 & 0 & 0 & 0 & -1 & 0 \\
0 & 0 & 0 & 0 & 0 & 0 & 0 & 1
\end{pmatrix} \tag{12.50a}
$$

$$g_9' = Vg_1' = \exp(\mathrm{i} \times \sigma_z^{(1,0)} \times \pi) \times \exp(\mathrm{i} \times \sigma_z^{(2,1)} \times \pi) \times \exp(\mathrm{i} \times \sigma_z^{(5,4)} \times \pi)$$
$$\times \exp(\mathrm{i} \times \sigma_z^{(6,5)} \times \pi) \times \exp(\mathrm{i} \times \sigma_x^{(1,0)} \times \pi/2) \times \exp(\mathrm{i} \times \sigma_x^{(2,1)} \times \pi/2)$$
$$\times \exp(\mathrm{i} \times \sigma_x^{(3,2)} \times \pi/2) \times \exp(\mathrm{i} \times \sigma_x^{(4,3)} \times \pi/2) \times \exp(\mathrm{i} \times \sigma_x^{(5,4)} \times \pi/2)$$
$$\times \exp(\mathrm{i} \times \sigma_x^{(6,5)} \times \pi/2) \times \exp(\mathrm{i} \times \sigma_x^{(7,6)} \times \pi/2)$$

$$= \begin{pmatrix}
0 & 0 & 0 & 0 & 0 & 0 & 0 & \mathrm{i} \\
\mathrm{i} & 0 & 0 & 0 & 0 & 0 & 0 & 0 \\
0 & -\mathrm{i} & 0 & 0 & 0 & 0 & 0 & 0 \\
0 & 0 & \mathrm{i} & 0 & 0 & 0 & 0 & 0 \\
0 & 0 & 0 & -\mathrm{i} & 0 & 0 & 0 & 0 \\
0 & 0 & 0 & 0 & \mathrm{i} & 0 & 0 & 0 \\
0 & 0 & 0 & 0 & 0 & -\mathrm{i} & 0 & 0 \\
0 & 0 & 0 & 0 & 0 & 0 & \mathrm{i} & 0
\end{pmatrix} \qquad (12.50\mathrm{b})$$

$$g_{10}' = Vg_2' = \exp(\mathrm{i} \times \sigma_z^{(1,0)} \times \pi) \times \exp(\mathrm{i} \times \sigma_z^{(2,1)} \times \pi) \times \exp(\mathrm{i} \times \sigma_z^{(5,4)} \times \pi)$$
$$\times \exp(\mathrm{i} \times \sigma_z^{(6,5)} \times \pi) \times (\exp(\mathrm{i} \times \sigma_x^{(1,0)} \times \pi/2) \times \exp(\mathrm{i} \times \sigma_x^{(2,1)} \times \pi/2)$$
$$\times \exp(\mathrm{i} \times \sigma_x^{(3,2)} \times \pi/2) \times \exp(\mathrm{i} \times \sigma_x^{(4,3)} \times \pi/2) \times \exp(\mathrm{i} \times \sigma_x^{(5,4)} \times \pi/2)$$
$$\times \exp(\mathrm{i} \times \sigma_x^{(6,5)} \times \pi/2) \times \exp(\mathrm{i} \times \sigma_x^{(7,6)} \times \pi/2))^2$$

$$= \begin{pmatrix}
0 & 0 & 0 & 0 & 0 & 0 & -1 & 0 \\
0 & 0 & 0 & 0 & 0 & 0 & 0 & 1 \\
1 & 0 & 0 & 0 & 0 & 0 & 0 & 0 \\
0 & -1 & 0 & 0 & 0 & 0 & 0 & 0 \\
0 & 0 & 1 & 0 & 0 & 0 & 0 & 0 \\
0 & 0 & 0 & -1 & 0 & 0 & 0 & 0 \\
0 & 0 & 0 & 0 & 1 & 0 & 0 & 0 \\
0 & 0 & 0 & 0 & 0 & -1 & 0 & 0
\end{pmatrix} \qquad (12.50\mathrm{c})$$

$$g_{11}' = Vg_3' = \exp(\mathrm{i} \times \sigma_z^{(1,0)} \times \pi) \times \exp(\mathrm{i} \times \sigma_z^{(2,1)} \times \pi) \times \exp(\mathrm{i} \times \sigma_z^{(5,4)} \times \pi)$$
$$\times \exp(\mathrm{i} \times \sigma_z^{(6,5)} \times \pi) \times (\exp(\mathrm{i} \times \sigma_x^{(1,0)} \times \pi/2) \times \exp(\mathrm{i} \times \sigma_x^{(2,1)} \times \pi/2)$$
$$\times \exp(\mathrm{i} \times \sigma_x^{(3,2)} \times \pi/2) \times \exp(\mathrm{i} \times \sigma_x^{(4,3)} \times \pi/2) \times \exp(\mathrm{i} \times \sigma_x^{(5,4)} \times \pi/2)$$
$$\times \exp(\mathrm{i} \times \sigma_x^{(6,5)} \times \pi/2) \times \exp(\mathrm{i} \times \sigma_x^{(7,6)} \times \pi/2))^3$$

$$
= \begin{pmatrix}
0 & 0 & 0 & 0 & 0 & -i & 0 & 0 \\
0 & 0 & 0 & 0 & 0 & 0 & i & 0 \\
0 & 0 & 0 & 0 & 0 & 0 & 0 & -i \\
-i & 0 & 0 & 0 & 0 & 0 & 0 & 0 \\
0 & i & 0 & 0 & 0 & 0 & 0 & 0 \\
0 & 0 & -i & 0 & 0 & 0 & 0 & 0 \\
0 & 0 & 0 & i & 0 & 0 & 0 & 0 \\
0 & 0 & 0 & 0 & -i & 0 & 0 & 0
\end{pmatrix}
\tag{12.50d}
$$

$$
\begin{aligned}
g'_{12} = Vg'_4 = & \exp(i \times \sigma_z^{(1,0)} \times \pi) \times \exp(i \times \sigma_z^{(2,1)} \times \pi) \times \exp(i \times \sigma_z^{(5,4)} \times \pi) \\
& \times \exp(i \times \sigma_z^{(6,5)} \times \pi) \times (\exp(i \times \sigma_x^{(1,0)} \times \pi/2) \times \exp(i \times \sigma_x^{(2,1)} \times \pi/2) \\
& \times \exp(i \times \sigma_x^{(3,2)} \times \pi/2) \times \exp(i \times \sigma_x^{(4,3)} \times \pi/2) \times \exp(i \times \sigma_x^{(5,4)} \times \pi/2) \\
& \times \exp(i \times \sigma_x^{(6,5)} \times \pi/2) \times \exp(i \times \sigma_x^{(7,6)} \times \pi/2))^4
\end{aligned}
$$

$$
= \begin{pmatrix}
0 & 0 & 0 & 0 & 1 & 0 & 0 & 0 \\
0 & 0 & 0 & 0 & 0 & -1 & 0 & 0 \\
0 & 0 & 0 & 0 & 0 & 0 & 1 & 0 \\
0 & 0 & 0 & 0 & 0 & 0 & 0 & -1 \\
-1 & 0 & 0 & 0 & 0 & 0 & 0 & 0 \\
0 & 1 & 0 & 0 & 0 & 0 & 0 & 0 \\
0 & 0 & -1 & 0 & 0 & 0 & 0 & 0 \\
0 & 0 & 0 & 1 & 0 & 0 & 0 & 0
\end{pmatrix}
\tag{12.50e}
$$

$$
\begin{aligned}
g'_{13} = Vg'_5 = & \exp(i \times \sigma_z^{(1,0)} \times \pi) \times \exp(i \times \sigma_z^{(2,1)} \times \pi) \times \exp(i \times \sigma_z^{(5,4)} \times \pi) \\
& \times \exp(i \times \sigma_z^{(6,5)} \times \pi) \times (\exp(i \times \sigma_x^{(1,0)} \times \pi/2) \times \exp(i \times \sigma_x^{(2,1)} \times \pi/2) \\
& \times \exp(i \times \sigma_x^{(3,2)} \times \pi/2) \times \exp(i \times \sigma_x^{(4,3)} \times \pi/2) \times \exp(i \times \sigma_x^{(5,4)} \times \pi/2) \\
& \times \exp(i \times \sigma_x^{(6,5)} \times \pi/2) \times \exp(i \times \sigma_x^{(7,6)} \times \pi/2))^5
\end{aligned}
$$

$$
= \begin{pmatrix}
0 & 0 & 0 & i & 0 & 0 & 0 & 0 \\
0 & 0 & 0 & 0 & -i & 0 & 0 & 0 \\
0 & 0 & 0 & 0 & 0 & i & 0 & 0 \\
0 & 0 & 0 & 0 & 0 & 0 & -i & 0 \\
0 & 0 & 0 & 0 & 0 & 0 & 0 & i \\
i & 0 & 0 & 0 & 0 & 0 & 0 & 0 \\
0 & -i & 0 & 0 & 0 & 0 & 0 & 0 \\
0 & 0 & i & 0 & 0 & 0 & 0 & 0
\end{pmatrix}
\tag{12.50f}
$$

$$g'_{14} = Vg'_6 = \exp(i \times \sigma_z^{(1,0)} \times \pi) \times \exp(i \times \sigma_z^{(2,1)} \times \pi) \times \exp(i \times \sigma_z^{(5,4)} \times \pi)$$
$$\times \exp(i \times \sigma_z^{(6,5)} \times \pi) \times (\exp(i \times \sigma_x^{(1,0)} \times \pi/2) \times \exp(i \times \sigma_x^{(2,1)} \times \pi/2)$$
$$\times \exp(i \times \sigma_x^{(3,2)} \times \pi/2) \times \exp(i \times \sigma_x^{(4,3)} \times \pi/2) \times \exp(i \times \sigma_x^{(5,4)} \times \pi/2)$$
$$\times \exp(i \times \sigma_x^{(6,5)} \times \pi/2) \times \exp(i \times \sigma_x^{(7,6)} \times \pi/2))^6$$

$$= \begin{pmatrix} 0 & 0 & -1 & 0 & 0 & 0 & 0 & 0 \\ 0 & 0 & 0 & 1 & 0 & 0 & 0 & 0 \\ 0 & 0 & 0 & 0 & -1 & 0 & 0 & 0 \\ 0 & 0 & 0 & 0 & 0 & 1 & 0 & 0 \\ 0 & 0 & 0 & 0 & 0 & 0 & -1 & 0 \\ 0 & 0 & 0 & 0 & 0 & 0 & 0 & 1 \\ 1 & 0 & 0 & 0 & 0 & 0 & 0 & 0 \\ 0 & -1 & 0 & 0 & 0 & 0 & 0 & 0 \end{pmatrix} \tag{12.50g}$$

$$g'_{15} = Vg'_7 = \exp(i \times \sigma_z^{(1,0)} \times \pi) \times \exp(i \times \sigma_z^{(2,1)} \times \pi) \times \exp(i \times \sigma_z^{(5,4)} \times \pi)$$
$$\times \exp(i \times \sigma_z^{(6,5)} \times \pi) \times (\exp(i \times \sigma_x^{(1,0)} \times \pi/2) \times \exp(i \times \sigma_x^{(2,1)} \times \pi/2)$$
$$\times \exp(i \times \sigma_x^{(3,2)} \times \pi/2) \times \exp(i \times \sigma_x^{(4,3)} \times \pi/2) \times \exp(i \times \sigma_x^{(5,4)} \times \pi/2)$$
$$\times \exp(i \times \sigma_x^{(6,5)} \times \pi/2) \times \exp(i \times \sigma_x^{(7,6)} \times \pi/2))^7$$

$$= \begin{pmatrix} 0 & -i & 0 & 0 & 0 & 0 & 0 & 0 \\ 0 & 0 & i & 0 & 0 & 0 & 0 & 0 \\ 0 & 0 & 0 & -i & 0 & 0 & 0 & 0 \\ 0 & 0 & 0 & 0 & i & 0 & 0 & 0 \\ 0 & 0 & 0 & 0 & 0 & -i & 0 & 0 \\ 0 & 0 & 0 & 0 & 0 & 0 & i & 0 \\ 0 & 0 & 0 & 0 & 0 & 0 & 0 & -i \\ -i & 0 & 0 & 0 & 0 & 0 & 0 & 0 \end{pmatrix} \tag{12.50h}$$

将以上设计好的棒棒操作群代入一般消相干情况下的解耦条件中,可以发现该棒棒操作群能达到解耦的目的,可抑制一般消相干.

现在从物理实现上考虑,根据式(12.36)和式(12.50),我们可以通过合适地选择控制场来实现 $g'_1, g'_2, g'_3, g'_4, g'_5, g'_6, g'_7, g'_8, g'_9, g'_{10}, g'_{11}, g'_{12}, g'_{13}, g'_{14}, g'_{15}$ 这些操作. 比如说,g'_1 通过用绕 x 轴旋转的孪生脉冲来实现,也就是首先加一个频率为 ω_{76} 的超快"$\pi/2$ 脉冲"($\exp(i \times \sigma_x^{(7,6)} \times \pi/2)$),紧接着加一个频率为 ω_{65} 的超快"$\pi/2$ 脉冲"($\exp(i \times \sigma_x^{(6,5)} \times \pi/2)$),紧接着加一个频率为 ω_{54} 的超快"$\pi/2$ 脉冲"($\exp(i \times \sigma_x^{(5,4)} \times \pi/2)$),紧接着加一个频率为 ω_{43} 的超快"$\pi/2$ 脉冲"($\exp(i \times \sigma_x^{(4,3)} \times \pi/2)$),紧接着加一个

频率为 ω_{32} 的超快"$\pi/2$脉冲"($\exp(\mathrm{i}\times\sigma_x^{(3,2)}\times\pi/2)$),紧接着加一个频率为 ω_{21} 的超快"$\pi/2$脉冲"($\exp(\mathrm{i}\times\sigma_x^{(2,1)}\times\pi/2)$),紧接着加一个频率为 ω_{10} 的超快"$\pi/2$ 脉冲"($\exp(\mathrm{i}\times\sigma_x^{(1,0)}\times\pi/2)$);$g_8'$ 通过用绕 z 轴旋转的孪生脉冲来实现,也就是首先加一个频率为 ω_{65} 的超快"π 脉冲"($\exp(\mathrm{i}\times\pi\times\sigma_z^{(6,5)})$),紧接着加一个频率为 ω_{54} 的超快"π 脉冲"($\exp(\mathrm{i}\times\pi\times\sigma_z^{(5,4)})$),紧接着加一个频率为 ω_{21} 的超快"π 脉冲"($\exp(\mathrm{i}\times\pi\times\sigma_z^{(2,1)})$),紧接着加一个频率为 ω_{10} 的超快"π 脉冲"($\exp(\mathrm{i}\times\pi\times\sigma_z^{(1,0)})$);其他 $g_2',g_3',g_4',g_5',g_6',g_7',g_9',g_{10}',g_{11}',g_{12}',g_{13}',g_{14}',g_{15}'$ 都可以根据式(12.26)和式(12.50)按照以上的方式用相应的脉冲实现.

于是,在一个周期 T_c 内,可以编程设计脉冲序列为

$$\{g_8',g_8'^+,g_1',g_1'^+,g_9',g_9'^+,g_2',g_2'^+,g_{10}',g_{10}'^+,g_3',g_3'^+,g_{11}',g_{11}'^+,g_4',g_4'^+,$$
$$g_{12}',g_{12}'^+,g_5',g_5'^+,g_{13}',g_{13}'^+,g_6',g_6'^+,g_{14}',g_{14}'^+,g_7',g_7'^+,g_{15}',g_{15}'^+\}$$

其中 $g_8'=g_8'^+$.根据式(12.4),这个脉冲序列 $\{D_j\},j=1,2,\cdots,16$ 可表示为

$$D_1=D_3=D_5=D_7=D_9=D_{11}=D_{13}=D_{15}=g_8' \tag{12.51a}$$
$$D_2=D_4=D_6=D_8=D_{10}=D_{12}=D_{14}=g_1'g_8'^+=g_1'g_8' \tag{12.51b}$$
$$D_{16}=(g_8'g_7')^+ \tag{12.51c}$$

如图12.9所示,一个周期 T_c 内系统的演化可表示为

$$g_{15}'^+\tilde{U}(t_p^{(15)}+\tau_p^{15},t_p^{(16)})g_{15}'g_7'^+\tilde{U}(t_p^{(14)}+\tau_p^{14},t_p^{(15)})g_7'g_{14}'^+\tilde{U}(t_p^{(13)}+\tau_p^{13},t_p^{(14)})g_{14}'g_6'^+$$

$$\times\tilde{U}(t_p^{(12)}+\tau_p^{12},t_p^{(13)})g_6'g_{13}'^+\tilde{U}(t_p^{(11)}+\tau_p^{11},t_p^{(12)})g_{13}'g_5'^+\tilde{U}(t_p^{(10)}+\tau_p^{10},t_p^{(11)})g_5'g_{12}'^+$$

$$\times\tilde{U}(t_p^{(9)}+\tau_p^{9},t_p^{(10)})g_{12}'g_4'^+\tilde{U}(t_p^{(8)}+\tau_p^{8},t_p^{(9)})g_4'g_{11}'^+\tilde{U}(t_p^{(7)}+\tau_p^{7},t_p^{(8)})g_{11}'g_3'^+$$

$$\times\tilde{U}(t_p^{(6)}+\tau_p^{6},t_p^{(7)})g_3'g_{10}'^+\tilde{U}(t_p^{(5)}+\tau_p^{5},t_p^{(6)})g_{10}'g_2'^+\tilde{U}(t_p^{(4)}+\tau_p^{4},t_p^{(5)})g_2'g_9'^+$$

$$\times\tilde{U}(t_p^{(3)}+\tau_p^{3},t_p^{(4)})g_9'g_1'^+\tilde{U}(t_p^{(2)}+\tau_p^{2},t_p^{(3)})g_1'g_8'^+\tilde{U}(t_p^{(1)}+\tau_p^{1},t_p^{(2)})g_8'\tilde{U}(t_p^{(0)},t_p^{(1)})$$

$$=(g_8'g_7')^+\tilde{U}(t_p^{(15)}+\tau_p^{15},t_p^{(16)})g_8'\tilde{U}(t_p^{(14)}+\tau_p^{14},t_p^{(15)})g_1'g_8'^+\tilde{U}(t_p^{(13)}+\tau_p^{13},t_p^{(14)})g_8'$$

$$\times\tilde{U}(t_p^{(12)}+\tau_p^{12},t_p^{(13)})g_1'g_8'^+\tilde{U}(t_p^{(11)}+\tau_p^{11},t_p^{(12)})g_8'\tilde{U}(t_p^{(10)}+\tau_p^{10},t_p^{(11)})g_1'g_8'^+$$

$$\times\tilde{U}(t_p^{(9)}+\tau_p^{9},t_p^{(10)})g_8'\tilde{U}(t_p^{(8)}+\tau_p^{8},t_p^{(9)})g_1'g_8'^+\tilde{U}(t_p^{(7)}+\tau_p^{7},t_p^{(8)})g_8'$$

$$\times\tilde{U}(t_p^{(6)}+\tau_p^{6},t_p^{(7)})g_1'g_8'^+\tilde{U}(t_p^{(5)}+\tau_p^{5},t_p^{(6)})g_8'\tilde{U}(t_p^{(4)}+\tau_p^{4},t_p^{(5)})g_1'g_8'^+$$

$$\times\tilde{U}(t_p^{(3)}+\tau_p^{3},t_p^{(4)})g_8'\tilde{U}(t_p^{(2)}+\tau_p^{2},t_p^{(3)})g_1'g_8'^+\tilde{U}(t_p^{(1)}+\tau_p^{1},t_p^{(2)})g_8'\tilde{U}(t_p^{(0)},t_p^{(1)})$$

其中,$\tilde{U}(t_i,t_j)$ 表示在 t_i 到 t_j 时间段内系统的自由演化.在有限时间内,如果重复操作的周期次数足够多,就会非常有效地抑制住一般消相干.

图 12.9 中横轴是时间轴 t. 在时间轴 t 的上方, 分成七段的长方柱, 从上往下, 第一段是实心的长方柱, 表示频率为 ω_{76} 的 $\pi/2$ 脉冲, 第二段是实心的长方柱, 表示频率为 ω_{65} 的 $\pi/2$ 脉冲, 第三段是实心的长方柱, 表示频率为 ω_{54} 的 $\pi/2$ 脉冲, 第四段是实心的长方柱, 表示频率为 ω_{43} 的 $\pi/2$ 脉冲, 第五段是实心的长方柱, 表示频率为 ω_{32} 的 $\pi/2$ 脉冲, 第六段是实心的长方柱, 表示频率为 ω_{21} 的 $\pi/2$ 脉冲, 第七段是实心的长方柱, 表示频率为 ω_{10} 的 $\pi/2$ 脉冲; 分成四段的长方柱, 从上往下, 第一段是实心的长方柱, 表示频率为 ω_{65} 的 π 脉冲, 第二段是实心的长方柱, 表示频率为 ω_{54} 的 π 脉冲, 第三段是实心的长方柱, 表示频率为 ω_{21} 的 π 脉冲, 第四段是实心的长方柱, 表示频率为 ω_{10} 的 π 脉冲. 位于时间轴 t 下方的各脉冲是其上方对应的孪生脉冲. 图中用实心柱等价表示脉冲 g_8', 用上半实心柱等价表示脉冲 g_1', 用下半实心柱等价表示脉冲 $g_1'^{+}$.

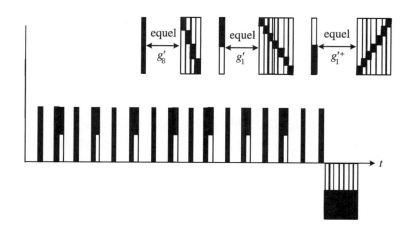

图 12.9 作用在 Ξ 型八能级原子上的孪生脉冲序列图示

12.3.4 小结

本节在 12.2 节的基础上, 进一步提出了一种动力学解耦方案用来抑制 Ξ 型 n 能级原子开放系统的一般消相干. 为此, 首先推导了在一般消相干下 Ξ 型 n 能级原子系统的解耦条件; 在此基础上提出了动力学解耦策略, 并给出了理论证明以及具体 Ξ 型三能级原子系统和 Ξ 型八能级原子系统上的仿真验证. 通过分别对三种不同的消相干下的动力学解耦方案设计, 我们可知一般消相干下设计动力学解耦策略是最复杂的. 针对 Ξ 型 n 能级原子系统, 从设计的方案中可以看出, 用来抑制振幅消相干的棒棒操作个数为 2, 是最少的.其次是用于抑制相位消相干的棒棒操作个数,它需要 n 个棒棒脉冲.而在一般消相干情况下,抑制消相干需要的棒棒脉冲个数为 $2n$,是最多最复杂的,虽然这种情况是最麻烦的,但它是最接近实际情况的,所以以后继续对它进行研究是十分必要的.

12.4 一种优化的动力学解耦策略设计

量子动力学解耦策略因为设计简单和物理上容易实现等,一直都被当作用来抑制消相干的基本方法,人们对其的优化研究也不曾间断过.到目前为止,按照相邻脉冲间的时间间隔不同,可以将其分为两大类:等间距脉冲序列和不等间距脉冲序列.在第一大类中,具体有 PDD(Viola,Lloyd,1998;Viola,et al.,1999)和 CPMG(Carr,Purcell,1954;Meiboom,Gill,1958);第二大类中包括 UDD(Uhrig,2009),LODD(Biercuk,et al.,2009),OFDD(Uys,et al.,2009),BADD(Khodjasteh,et al.,2001),CDD(Khodjasteh,Lidar,2005),CUDD(Uhrig,2009),QDD(West,et al.,2010)和 NUDD(Mukhtar,et al.,2010).从以上的分析可以看出,通过优化相邻脉冲间的发射间隔,可以得到一种优化的动力学解耦策略,而且这种优化策略也可以在特定情况下得到更好的消相干抑制效果.于是,本节将在目前研究的基础上,采用另一种优化相邻脉冲时间间隔的方法,从而设计出一种新的优化的动力学解耦策略.为此,先简要介绍两种动力学解耦策略:PDD 和 UDD,并对比分析这两种策略的消相干抑制效果;在此基础上,提出我们的优化动力学解耦策略,并且优越的效果在具体的 Ξ 型三能级原子系统上得到验证;之后,探讨一类复合动力学解耦策略的设计思路.

12.4.1 两种动力学解耦策略原理简介

为了更好地体现所设计优化动力学解耦策略的方法,本小节中先简要介绍两种基本的动力学解耦策略(PDD 和 UDD),以方便以后的比较.

12.4.1.1 基本动力学解耦(PDD)原理

结合 12.1 节中介绍的动力学解耦原理,当相邻两次脉冲时间的间隔 Δt 等分时,所设计出的动力学解耦被称为 PDD.在 PDD 控制下,演化时间 T 被等分成 $N \times |G|$ 份,在

每一份的最后时刻 $t_i, i=1,2,\cdots,N\times|G|$ 产生一次棒棒脉冲,于是,在时间区间 $(0,T)$ 内一共产生的脉冲个数为 $M=|G|\times N-1$,在 $t_{N\times|G|}=T$ 时刻产生第 $M+1=|G|\times N$ 个脉冲.

现在要观测在棒棒脉冲控制下 T 时刻系统的相干保持特性,在 $0\to T$ 时间间隔内,分别在 $t_i=\delta_i T, i=1,2,\cdots,M; 0<\delta_1<\delta_2<\cdots<\delta_{M-1}<\delta_M<1$ 时刻施加棒棒脉冲,在 T 时刻产生第 $M+1=|G|\times N$ 个脉冲.根据 PDD 原理,每相邻两次脉冲时间的间隔是相等的,所以这 M 个脉冲产生的时刻 t_i 可以写为

$$t_i = T\times\delta_{i\text{-PDD}} = T\times i/(M+1) \tag{12.52a}$$

$$\delta_{i\text{-PDD}} = i/(M+1), \quad i=1,2,\cdots,M \tag{12.52b}$$

12.4.1.2 优化动力学解耦(UDD)原理

UDD 是由 Uhring 提出的优化动力学解耦策略.它也是采用设计瞬时超强而快的脉冲序列来尽可能地消除系统与环境的相互作用项 H_{SB},以达到解耦、保持相干性的目的.脉冲设计与 PDD 相同.但它与 PDD 不同的是,UDD 的 M 个脉冲产生时间的间隔 Δt 是不等的.Uhring 设计的动力学解耦方案中,选择这 M 个脉冲产生的时刻 t_i 为

$$t_i = T\times\delta_{i\text{-UDD}} \tag{12.53a}$$

$$\delta_{i\text{-UDD}} = \sin^2(i\times\pi/(2M+2)), \quad i=1,2,\cdots,M \tag{12.53b}$$

例如,当取脉冲个数 $M=1,2,3,4,5,6,7$ 时,对应的 UDD 分别用 UDD1,UDD2,UDD3,UDD4,UDD5,UDD6,UDD7 来表示,PDD 也同样表示.如图 12.10 所示.

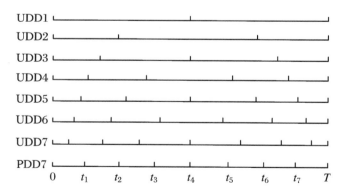

图 12.10 UDD 的脉冲时刻图

12.4.1.3 相干性保持的性能指标

在实现一个物理量子信息系统的量子纠错时,量子比特因消相干而产生的错误必须保持在一定的容错范围内(Biercuk, et al., 2009),当量子消相干越厉害时,量子比特产生的错误将越大.因此,我们要做的是通过施加控制策略使得在尽可能多的时间内保持量子相干性的衰减很小,从而保证量子比特产生的错误在一定的容错范围内.在动力学解耦中,观察量子相干性的性能指标之一是通过系统密度矩阵的非对角线元素在演化过程中的衰减程度来评价的(Viola, Lloyd, 1998).在施加所设计出的脉冲序列后的 T 时刻,计算此时系统密度矩阵的非对角元素 $\rho_S^{ij}(T)$, $i \neq j$ 与初始时刻其非对角元素 $\rho_S^{ij}(0)$ 之间的偏差 $K^{ij}(t)$. $K^{ij}(t)$ 的计算公式为

$$K^{ij}(T) = \rho_S^{ij}(0) - \rho_S^{ij}(T) \tag{12.54}$$

12.4.1.4 PDD 和 UDD 相干性保持的性能对比

为了能够更好地观察 PDD 和 UDD 的消相干抑制效果,本小节中将以具体的 Ξ 型三能级原子系统为对象,对比分析它们在抑制消相干方面的效果.

1. 棒棒操作群的设计

假设一个 Ξ 型三能级原子系统的总哈密顿量为

$$H = H_S + H_B + H_{SB}$$

$$= \sum_{i>j=0}^{2} \frac{\hbar \omega_{i,j}}{3} \sigma_z^{(i,j)} + \sum_{i=0}^{1} \sum_{ki} \hbar \omega_{ki} a_{ki}^+ a_{ki} + \hbar \sum_{i=0}^{1} \sum_{ki} \sigma_z^{(i+1,i)} (j_{ki} a_{ki}^+ + j_{ki}^* a_{ki}) \tag{12.55}$$

其中,第一项 $\sum_{i>j=0}^{2} \frac{\hbar \omega_{i,j}}{3} \sigma_z^{(i,j)}$ 表示原子哈密顿量 H_S, $\omega_{i,j}$ 为 $|i\rangle$ 与 $|j\rangle$ 之间的跃迁频率, $\sigma_x, \sigma_y, \sigma_z$ 表示 x, y, z 方向上的泡利矩阵;第二项 $\sum_{i=0}^{1} \sum_{ki} \hbar \omega_{ki} a_{ki}^+ a_{ki}$ 表示环境哈密顿量 H_B, a_{ki} 和 a_{ki}^+ 表示环境热库的湮没算符和产生算符;第三项 $\hbar \sum_{i=0}^{1} \sum_{ki} \sigma_z^{(i+1,i)} (j_{ki} a_{ki}^+ + j_{ki}^* a_{ki})$ 表示相互作用哈密顿量 H_{SB}, $\{j_{ki}\}$ 表示耦合强度.

根据式(12.10)的动力学解耦条件,再结合式(12.55),可以将动力学解耦的条件具体写为

$$\sum_{m=0}^{|G|-1} g_m^+ \sigma_z^{(1,0)} g_m = 0 \quad 和 \quad \sum_{m=0}^{|G|-1} g_m^+ \sigma_z^{(2,1)} g_m = 0 \tag{12.56}$$

根据解耦条件(12.56),我们找到一种棒棒操作群 $G = \{g_0, g_1, g_2\}$,其中, $|G| = 3$,

$g_0 = I$, I 为单位矩阵，$g_1 = \exp(\mathrm{i} \times \sigma_x^{(1,0)} \times \pi/2) \times \exp(\mathrm{i} \times \sigma_x^{(2,1)} \times \pi/2)$, $g_2 = (g_1)^2 = g_1^+ = \exp(-\mathrm{i} \times \sigma_x^{(2,1)} \times \pi/2) \times \exp(-\mathrm{i} \times \sigma_x^{(1,0)} \times \pi/2)$. 将此棒棒操作群代入式(12.56)，满足解耦条件. 于是一个解耦周期的脉冲序列 $\{D_i\}$, $i = 1,2,3$ 根据式(12.4)为 $D_1 = g_1 g_0^+ = g_1$, $D_2 = g_2 g_1^+ = g_1$, $D_2 = g_0 g_2^+ = g_1$, 其中，$g_1 = \exp(\mathrm{i} \times \sigma_x^{(1,0)} \times \pi/2) \times \exp(\mathrm{i} \times \sigma_x^{(2,1)} \times \pi/2)$, 可用 x 方向的一个频率为 ω_{21} 的 $\pi/2$ 脉冲后再接一个频率为 ω_{10} 的 $\pi/2$ 脉冲实现.

2. 系统在动力学解耦下的演化

将系统变换到相互作用绘景中，可以得到相互作用项 $\widetilde{H}_{SB}$ 为

$$\widetilde{H}_{SB} = \hbar \sum_{i=0}^{1} \sum_{ki} \sigma_z^{(i+1,i)} (j_{ki} a_{ki}^+ \mathrm{e}^{\mathrm{i}\omega_{ki}t} + j_{ki}^* a_{ki} \mathrm{e}^{-\mathrm{i}\omega_{ki}t}) \tag{12.57}$$

复合系统的演化为

$$\widetilde{U}(t_s, t_o) = \exp\left\{ \sum_{i=0}^{1} \sum_{ki} \sigma_z^{(i+1,i)} (a_{ki}^+ \mathrm{e}^{\mathrm{i}\omega_{ki}t_o} \zeta_{ki}(t_o - t_s) - hc.) \right\} \tag{12.58}$$

其中，t_s 和 t_o 分别表示对应该段演化过程中的开始时刻和结束时刻，$\zeta_{ki}(t_o - t_s) = \dfrac{j(\omega_{ki})}{\omega_{ki}}(1 - \mathrm{e}^{\mathrm{i}\omega_{ki}(t_o - t_s)})$.

于是在第 j 个解耦周期里，施加脉冲序列后，复合系统的演化算子为

$$\widetilde{U}(t_j^s, t_j^o) = D_3 \widetilde{U}(t_j^{(2)}, t_j^{(3)}) D_2 \widetilde{U}(t_j^{(1)}, t_j^{(2)}) D_1 \widetilde{U}(t_j^{(0)}, t_j^{(1)}) \tag{12.59}$$

其中，t_j^s 和 t_j^o 分别表示第 j 个解耦周期的开始时刻和结束时刻，且 $t_j^s = t_j^{(0)}$, $t_j^o = t_j^{(3)}$；用 $T_{c,j}$ 表示第 j 个解耦周期的长度，则 $T_{c,j} = t_j^o - t_j^s$. 第 j 个周期里脉冲 D_i, $i = 1,2,3$ 的产生时刻分别为 $t_j^{(i)}$, 用 $\Delta t_j(i)$ 表示第 j 个周期里第 i 个相邻脉冲之间的间隔，且 $\Delta t_j(i) = t_j^{(i)} - t_j^{(i-1)}$.

因此，在施加了 N 个解耦周期的脉冲序列后，可以得到复合系统的演化算子为

$$\widetilde{U}(0, T) = \widetilde{U}(t_N^s, T) \widetilde{U}(t_{N-1}^s, t_{N-1}^o) \cdots \widetilde{U}(t_2^s, t_2^o) \widetilde{U}(0, t_1^o) \tag{12.60}$$

3. 实验结果对比分析

为了考察脉冲序列的相干保持性能，我们选用式(12.44)的性能指标来计算. 利用式(12.60)这个演化算子计算三能级原子的密度矩阵的非对角元素而求出消相干的衰减律. 例如，我们计算 $|0\rangle$ 和 $|1\rangle$ 之间的密度矩阵元素 $\rho_S^{01}(T)$.

假设初始时，系统和环境之间状态是可分离的：

$$\rho_{\text{total}}(0) = \rho_S(0) \bigotimes \rho_B(0) \tag{12.61a}$$

$\rho_B(0)$ 是热库的初态，它处于热平衡态，可以分解为每个模式的密度矩阵的张量积：

$$\rho_B(0) = \prod_k (1 - e^{\beta\hbar\omega_k}) \times e^{-\beta\hbar\omega_k a_k^+ a_k} \tag{12.61b}$$

其中，$\beta = 1/(k_B \times T')$，$T'$ 表示环境温度，k_B 是玻尔兹曼常数.

结合式(12.56)至式(12.61)，可计算 T 时刻非对角线元素 $\rho_S^{01}(T)$ 为

$$\rho_S^{01}(T) = \langle 0 \mid \mathrm{tr}_B\{\widetilde{U}(0,T)\rho_{\mathrm{total}}(0)\widetilde{U}^+(0,T)\} \mid 1 \rangle$$

$$= \rho_S^{01}(0) \times \exp\{-\Gamma_1(\Delta t_j(i), T_{c,j}, T) - \Gamma_2(\Delta t_j(i), T_{c,j}, T)\} \tag{12.62}$$

其中，$i = 1, 2, 3, j = 1, 2, \cdots, N$.

$$\Gamma_1(\Delta t_j(i), T_{c,j}, T) = \frac{1}{2}\sum_{ki} \mid \chi_1(\Delta t_j(i), T_{c,j}, T) \mid^2 \coth\frac{\omega_{ki}}{2T} \tag{12.63a}$$

$$\Gamma_2(\Delta t_j(i), T_{c,j}, T) = \frac{1}{2}\sum_{ki} \mid \chi_2(\Delta t_j(i), T_{c,j}, T) \mid^2 \coth\frac{\omega_{ki}}{2T} \tag{12.63b}$$

在式(12.63)中又有

$$\chi_1(\Delta t_j(i), T_{c,j}, T) = -2 \times \eta_1(\Delta t_j(i), T_{c,j}, T) + \eta_2(\Delta t_j(i), T_{c,j}, T)$$
$$+ \eta_3(\Delta t_j(i), T_{c,j}, T) \tag{12.64a}$$

$$\chi_2(\Delta t_j(i), T_{c,j}, T) = -2 \times \eta_3(\Delta t_j(i), T_{c,j}, T) + \eta_1(\Delta t_j(i), T_{c,j}, T)$$
$$+ \eta_2(\Delta t_j(i), T_{c,j}, T) \tag{12.64b}$$

其中

$$\eta_1(\Delta t_j(i), T_{c,j}, T) = \zeta_{ki}(\Delta t_1(1)) + \zeta_{ki}(\Delta t_2(1)) \times e^{i\omega_{ki}T_{c,1}} + \cdots$$
$$+ \zeta_{ki}(\Delta t_n(1)) \times e^{i\omega_{ki}\sum_{j=1}^{N-1}T_{c,j}} \tag{12.65a}$$

$$\eta_2(\Delta t_j(i), T_{c,j}, T) = \zeta_{ki}(\Delta t_1(2)) \times e^{i\omega_{ki}\Delta t_1(1)} + \zeta_{ki}(\Delta t_2(2)) \times e^{i\omega_{ki}\Delta t_2(1)} \times e^{i\omega_{ki}T_{c,1}}$$
$$+ \cdots + \zeta_{ki}(\Delta t_N(2)) \times e^{i\omega_{ki}\Delta t_N(1)} \times e^{i\omega_{ki}\sum_{j=1}^{N-1}T_{c,j}} \tag{12.65b}$$

$$\eta_3(\Delta t_j(i), T_{c,j}, T) = \zeta_{ki}(\Delta t_1(3)) \times e^{i\omega_{ki}(\Delta t_1(1)+\Delta t_1(2))} + \zeta_{ki}(\Delta t_2(3)) \times e^{i\omega_{ki}(\Delta t_2(1)+\Delta t_2(2))}$$
$$\times e^{i\omega_{ki}T_{c,1}} + \cdots + \zeta_{ki}(\Delta t_N(3)) \times e^{i\omega_{ki}(\Delta t_N(1)+\Delta t_N(2))} \times e^{i\omega_{ki}\sum_{j=1}^{N-1}T_{c,j}}$$
$$\tag{12.65c}$$

因为环境存在一个截断频率 ω_c，即当 $\omega > \omega_c$ 时，环境的谱密度 $I(\omega) \to 0$（Viola，Lloyd，1998）. 当环境为热库时，通常取

$$I(\omega) = \frac{\alpha}{4}\omega^r e^{-\omega/\omega_c} \tag{12.66}$$

其中，$\alpha > 0$ 表示量子系统与环境之间的耦合强度，$r = 1$(Leggett，et al.，1987；Palma，et al.，1996；Hu，et al.，1992；Mozyrsky，Provman，1998). 于是式(12.63)变换为(Viola，Lloyd，1998；Hu，et al.，1992)

$$\Gamma_1(\Delta t_j(i), T_{c,j}, T) = \frac{1}{2} \int_0^{\omega_c} d\omega_{ki} I(\omega_{ki}) \coth \frac{\omega_{ki}}{2T} \left| \frac{\chi_1(\Delta t_j(i), T_{c,j}, T)}{j(\omega_{ki})} \right|^2 \quad (12.67a)$$

$$\Gamma_2(\Delta t_j(i), T_{c,j}, T) = \frac{1}{2} \int_0^{\omega_c} d\omega_{ki} I(\omega_{ki}) \coth \frac{\omega_{ki}}{2T} \left| \frac{\chi_2(\Delta t_j(i), T_{c,j}, T)}{j(\omega_{ki})} \right|^2 \quad (12.67b)$$

结合式(12.62)至式(12.67)，可以得到式(12.54)为

$$\begin{aligned} K^{01}(T) &= \rho_S^{01}(0) - \rho_S^{01}(T) \\ &= \rho_S^{01}(0) \times (1 - \exp(-\Gamma_1(\Delta t_j(i), T_{c,j}) - \Gamma_2(\Delta t_j(i), T_{c,j}))) \end{aligned} \quad (12.68)$$

令

$$P^{01}(T) = 1 - \exp(-\Gamma_1(\Delta t_j(i), T_{c,j}, T) - \Gamma_2(\Delta t_j(i), T_{c,j}, T))$$

则 $K^{01}(T) = \rho_S^{01}(0) - \rho_S^{01}(T) = \rho_S^{01}(0) \times P^{01}(T)$. $P^{01}(T)$ 表示在 T 时刻非对角线元素 $\rho_S^{01}(T)$ 相对于初始时非对角线元素 $\rho_S^{01}(0)$ 的衰减百分比，于是可以通过观察函数 $P^{01}(T)$ 的变化曲线来了解系统的相干性的衰减情况.

现在根据 PDD，UDD 和 CCDD 不同的脉冲间隔取法，分别对 $\Delta t_j(i)$ 和 $T_{c,j}$ 取值，通过计算函数 $P^{01}(T)$ 就可以观察系统分别在 PDD，UDD 和 CCDD 控制下相干性的衰减情况.

（1）采用 PDD 时，取

$$\delta_{0\text{-PDD}} = 0, \quad \delta_{(3 \times N)\text{-PDD}} = 1 \quad (12.69a)$$

$$\begin{cases} \Delta t_j(i) = (\delta_{m\text{-PDD}} - \delta_{(m-1)\text{-PDD}}) \times T, \quad m = (j-1) \times 3 + i \\ i = 1, 2, 3, j = 1, 2, \cdots, N \end{cases} \quad (12.69b)$$

$$T_{c,j} = \Delta t_j(1) + \Delta t_j(2) + \Delta t_j(3) \quad (12.69c)$$

（2）采用 UDD 时，取

$$\delta_{0\text{-UDD}} = 0, \quad \delta_{(3 \times N)\text{-UDD}} = 1 \quad (12.70a)$$

$$\begin{cases} \Delta t_j(i) = (\delta_{m\text{-UDD}} - \delta_{(m-1)\text{-UDD}}) \times T, \quad m = (j-1) \times 3 + i \\ i = 1, 2, 3, j = 1, 2, \cdots, N \end{cases} \quad (12.70b)$$

$$T_{c,j} = \Delta t_j(1) + \Delta t_j(2) + \Delta t_j(3) \quad (12.70c)$$

在保持其他参数一样的情况下，通过分别仿真在采用 PDD 和 UDD 时函数 $P^{01}(T)$ 的衰减曲线来观察系统相干性的衰减情况，如图 12.11 所示.

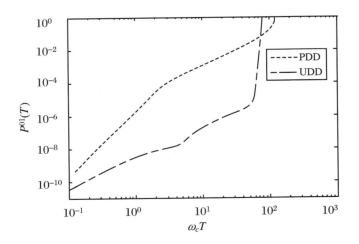

图 12.11　采用 UDD 和 PDD 时的 $P^{01}(T)$ 曲线

在图 12.11 中,横轴表示时间 T,纵轴 $P^{01}(T)$ 表示在 T 时刻非对角线元素 $\rho_S^{01}(T)$ 相对于初始时非对角线元素 $\rho_S^{01}(0)$ 的衰减百分比.虚线表示采用 PDD 时系统相干性的衰减曲线;点划线表示采用 UDD 时系统相干性的衰减曲线.其他仿真参数为:耦合强度 $\alpha = 0.25$,环境温度 $T' = 1\,\mathrm{K}$,脉冲周期数 $N = 20$ 和截止频率 $\omega_c = 100\,\mathrm{Hz}$.

在保持其他条件相同的情况下,如环境温度、耦合强度、脉冲周期数和截止频率等,对比图 12.9 的仿真曲线可以看出:① UDD 下系统相干性的衰减曲线要比 PDD 慢得多,UDD 脉冲序列维持的时间要比 PDD 脉冲序列更长一些;② 若保持系统相干性在一定的误差范围相同的时间下,UDD 需要的脉冲个数比 PDD 少得多.

12.4.2　动力学解耦策略的优化设计

在 12.4.1 小节对 PDD 和 UDD 分析的基础上,提出另一种优化动力学解耦方案,我们称它为 CCDD,其每一个脉冲的设计也是根据满足解耦条件(12.10)来确定的,这点与 UDD 相同.它与 UDD 不同的是,所产生脉冲的时刻不同.

对于 CCDD 来说,所产生的 M 个脉冲时间间隔 Δt 是服从高斯分布的,这 M 个脉冲产生的时刻满足

$$t_i = T \times \delta_{i\text{-CCDD}} \tag{12.71a}$$

$$\delta_{i\text{-CCDD}} = F(i,\mu,\sigma) = \frac{1}{\sqrt{2\pi}} \int_{-\infty}^{i} \exp\left(-\frac{(x-\mu)^2}{2\sigma^2}\right)\mathrm{d}x, \quad i = 1,2,\cdots,M \tag{12.71b}$$

其中,μ 和 σ 分别为正态分布函数 $F(i,\mu,\sigma)$ 的均值和方差.

取 $\mu=(M+1)/2$,方差 σ 可以变化,当它取定一个值时就得到一个对应的脉冲序列.例如,当取 $\sigma=(M-\mu)/2.5$,$M=1,2,3,4,5,6,7$ 时,对应的 CCDD 分别用 CCDD1,CCDD2,CCDD3,CCDD4,CCDD5,CCDD6,CCDD7 来表示,则可以得到它们脉冲产生的时刻,如图 12.12 所示.

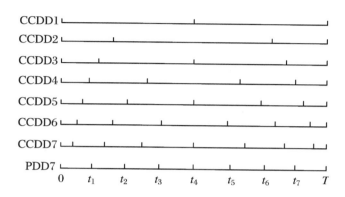

图 12.12　CCDD 的脉冲时刻图

12.4.3　Ξ 型三能级原子系统的实例仿真

为了考察所提的 CCDD 的相干态保持的性能的优劣性和对比 PDD 与 UDD,我们继续以 12.4.1.4 小节的 Ξ 型三能级原子系统为模型,采用 CCDD 进行仿真实验.

当采用 CCDD 时,取

$$\delta_{0\text{-CCDD}}=0,\quad \delta_{(3\times N)\text{-CCDD}}=1 \tag{12.72a}$$

$$\begin{cases} \Delta t_j(i)=(\delta_{m\text{-CCDD}}-\delta_{(m-1)\text{-CCDD}})\times T,\quad m=(j-1)\times 3+i \\ i=1,2,3,j=1,2,\cdots,N \end{cases} \tag{12.72b}$$

$$T_{c,j}=\Delta t_j(1)+\Delta t_j(2)+\Delta t_j(3) \tag{12.72c}$$

在保持其他参数一样的情况下,分别采用 PDD,UDD 和 CCDD 时观察系统相干性的衰减情况,如图 12.13 所示.

在图 12.13 中,横轴表示时间 T,纵轴 $P^{01}(T)$ 表示在 T 时刻非对角线元素 $\rho_S^{01}(T)$ 相对于初始时非对角线元素 $\rho_S^{01}(0)$ 的衰减百分比.虚线表示采用 PDD 时系统相干性的衰减曲线;点划线表示采用 UDD 时系统相干性的衰减曲线;一组实线表示采用 CCDD 时系统相干性的衰减曲线,并且从上到下 CCDD 的三条曲线选取的方差分别为 $\sigma = (M - \mu)/3$,$\sigma = (M - \mu)/3.5$ 和 $\sigma = (M - \mu)/4.5$.其他仿真参数为:耦合强度 $\alpha = 0.25$,环境温度 $T' = 1\,\mathrm{K}$,脉冲周期数 $N = 20$ 和截止频率 $\omega_c = 100\,\mathrm{Hz}$.

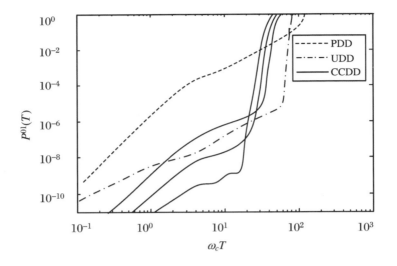

图 12.13　采用 PDD,UDD 和 CCDD 时的 $P^{01}(T)$ 曲线

众所周知,量子系统密度矩阵的非对角元素衰减得越快,系统消相干就越厉害.因此,在保持其他条件相同的情况下,如环境温度、耦合强度、脉冲周期数、截止频率等,对比图 12.13 的仿真曲线可以看出:

(1) CCDD 脉冲序列产生的时刻是跟方差 σ 有关系的.当方差 σ 取不同的值时,系统将得到多组 CCDD 脉冲序列,并随着方差 σ 的取值不断减小,得到的 CCDD 脉冲序列使得系统相干性的衰减越来越慢.

(2) UDD 下系统相干性的衰减曲线要比 PDD 慢得多,在系统相干性衰减很小的部分 CCDD 的衰减要比 PDD 和 UDD 慢.

(3) 可以找到适当小的方差 σ 值,使得 CCDD 在保持系统相干性衰减很少的时候有:相比维持相干性的时间,CCDD 比 UDD 和 UDD 要更长.图 12.13 中,当取方差 $\sigma = (M - \mu)/3.5$ 和 $\sigma = (M - \mu)/4.5$ 时,CCDD 得到的仿真曲线在衰减很小的时候持续的时间要比 PDD 和 UDD 长.比如,当取 $P(T) = 10^{-7}$ 时,采用 PDD 所维持的时间 T 为 $0.0050\,\mathrm{s}$;采用 UDD 所维持的时间 T 为 $0.0730\,\mathrm{s}$,而采用 CCDD 方差取 $\sigma = (M - \mu)/3.5$ 时所维持的时间 T 为 $0.2069\,\mathrm{s}$,比 PDD 多了 $0.2019\,\mathrm{s}$,比 UDD 多了 $0.1339\,\mathrm{s}$.又如,当取 $P(T) = 10^{-9}$ 时,采用 PDD 所维持的时间 T 为 $0.0020\,\mathrm{s}$;采用 UDD 所维持的时间 T 为 $0.0060\,\mathrm{s}$,而采用 CCDD 方差取 $\sigma = (M - \mu)/4.5$ 时所维持的时间 T 为 $0.1080\,\mathrm{s}$,比

PDD 多了 $0.106\,0\,s$,比 UDD 多了 $0.102\,0\,s$.具体数据如表 12.1 所示.

表 12.1　为维持相干性在一定范围内 PDD,UDD 和 CCDD 所需的时间对比

误差范围 ＼ 保持时间 ＼ 方法	PDD(s)	UDD(s)	CCDD(s)
$P^{01}(T)=10^{-7}$	0.005 0	0.073 0	$0.206\,9(\sigma=(M-\mu)/3.5)$
$P^{01}(T)=10^{-9}$	0.002 0	0.006 0	$0.108\,0(\sigma=(M-\mu)/4.5)$

另一个用来估计所提出的优化动力学解耦策略的优越性的标准是维持系统相干性在一定的误差范围内所需的脉冲个数.众所周知,维持相干性在某一误差范围内相同的时间下,使用的脉冲个数越少就说明这种策略越优越.为了分析 CCDD 在这方面的优越性,我们给出了系统分别在 UDD 和 CCDD 作用下的 $P^{01}(T)$ 曲线,通过它计算出具体的脉冲数来比较,如图 12.14 所示.

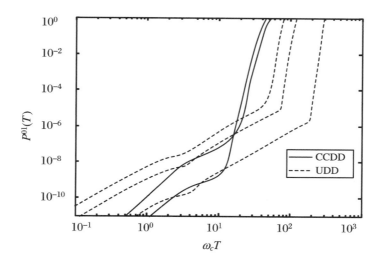

图 12.14　分别采用 UDD 和 CCDD 时的 $P^{01}(T)$ 曲线

在图 12.14 中,一组实线表示采用 CCDD 时 $P^{01}(T)$ 的衰减曲线,并且从上到下 CCDD 的两条曲线选取的方差分别为 $\sigma=(M-\mu)/3.5$ 和 $\sigma=(M-\mu)/4$.其他仿真参数为:耦合强度 $\alpha=0.25$,环境温度 $T'=1\,K$,脉冲周期数 $N=20$ 和截止频率 $\omega_c=100\,Hz$.另一组虚线表示采用 UDD 时 $P^{01}(T)$ 的衰减曲线,并且从上到下 UDD 的三条曲线选取的脉冲周期数分别为 $N=20,30,70$.其他仿真参数为:耦合强度 $\alpha=0.25$,截止频率 $\omega_c=100\,Hz$ 和温度 $T'=1\,K$.

从图 12.14 中可以很容易得到,当选取脉冲周期数 $N = 20$,或者说脉冲个数为 $60 = N \times 3 = 20 \times 3$ 时,在 UDD 和 CCDD($\sigma = (M - \mu)/3.5$)中,如果选择误差范围为 $P^{01}(T) \leqslant 10^{-6}$,CCDD 可以得到更好的消相干抑制效果. 比如说,选择误差范围 $P^{01}(T) = 10^{-7}$,并要求 UDD 和 CCDD 保持相同时间时,通过计算可以得到 UDD 所需要的脉冲个数为 $90 = 30 \times 3$;而使用 CCDD($\sigma = (M - \mu)/3.5$)时需要的脉冲个数为 $60 = 20 \times 3$,比 UDD 要少 30 个. 又比如,选择误差范围 $P^{01}(T) = 10^{-9}$,并要求 UDD 和 CCDD 保持相同时间时,通过计算可以得到 UDD 所需要的脉冲个数为 $210 = 70 \times 3$;而使用 CCDD($\sigma = (M - \mu)/4$)时需要的脉冲个数为 $60 = 20 \times 3$,比 UDD 要少 150 个. 具体的数据如表 12.2 所示.

表 12.2　采用 UDD 和 CCDD 使系统相干性保持在相同范围下相同时间所需脉冲个数对比

方法 脉冲个数 误差范围	UDD	CCDD
$P^{01}(T) = 10^{-7}$	90	$60(\sigma = (M - \mu)/3.5)$
$P^{01}(T) = 10^{-9}$	210	$60(\sigma = (M - \mu)/4)$

现在我们来分析其他因素对消相干抑制的影响. 图 12.15 给出了系统在 CCDD($\sigma = (M - \mu)/4$)作用下随着不断改变影响因素来观察 $P^{01}(T)$ 的衰减曲线. 图 12.15(a)给出了截止频率 ω_c 对系统相干性保持的影响,从上到下对应的 $P^{01}(T)$ 曲线所选择的截止频率分别为 $\omega_c = 50\,\mathrm{Hz}, 200\,\mathrm{Hz}, 500\,\mathrm{Hz}$,其他参数为 $\alpha = 0.25, T' = 1\,\mathrm{K}, N = 20$. 图 12.15(b)给出了耦合强度 α 对系统相干性保持的影响,从上到下对应的 $P^{01}(T)$ 曲线所选择的截止频率分别为 $\alpha = 0.25, 2.5, 25$,其他参数为 $\omega_c = 100\,\mathrm{Hz}, T' = 1\,\mathrm{K}, N = 20$. 图 12.15(c)给出了环境温度 T' 对系统相干性保持的影响,从上到下对应的 $P^{01}(T)$ 曲线所选择的截止频率分别为 $T' = 1\,\mathrm{K}, 100\,\mathrm{K}, 200\,\mathrm{K}$,其他参数为 $\omega_c = 100\,\mathrm{Hz}, \alpha = 0.25, N = 20$. 图 12.15(d)给出了脉冲周期数 N 对系统相干性保持的影响,从上到下对应的 $P^{01}(T)$ 曲线所选择的截止频率分别为 $N = 10, 20, 40$,其他参数为 $\omega_c = 100\,\mathrm{Hz}, \alpha = 0.25, T' = 1\,\mathrm{K}$.

观察图 12.15,可得:

(1) 图 12.15(a)中 ω_c 越大,$P^{01}(T)$ 曲线衰减得越快. 这说明当截止频率 ω_c 增大时,消相干的抑制效果变得越差;

(2) 由于 α 表示系统与环境之间的耦合强度,由图 12.15(b)可以很明显知道,当 α 增大时,$P^{01}(T)$ 曲线下降加快,因此我们需要使用更多的脉冲来获得相同的消相干抑制效果;

(3) 图 12.15(c)显示当环境温度 T' 增高时,消相干的抑制效果变得越差;

量子系统控制理论与方法
Control Theory and Methods of Quantum Systems

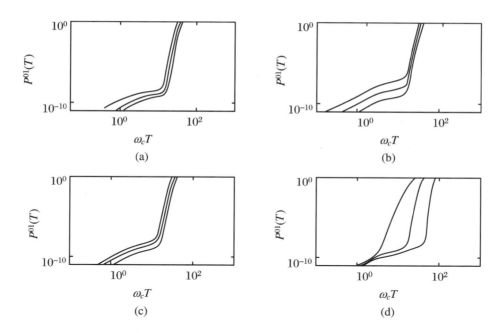

图 12.15　CCDD 下各种参数变化对控制的影响

（4）图 12.15(d)显示当 N 增大时，$P^{01}(T)$ 曲线由慢变快，这表明当脉冲周期数 N 增大时，消相干的抑制效果变得越好.

具体的数据如表 12.3 所示.

表 12.3　用 CCDD($\sigma = (M - \mu)/4$)时各种参数对系统相干保持的影响

变化的参数	其他参数	变化参数的取值	当 $T = 0.5\,\mathrm{K}$ 时的 $P^{01}(T)$	变化参数的影响
截止频率 ω_c	$\alpha = 0.25$ $T' = 1\,\mathrm{K}$ $N = 20$	50 Hz 200 Hz 500 Hz	7.22×10^{-5} 0.999 632 0.999 999	ω_c 增大时，效果变差
耦合强度 α	$T' = 1\,\mathrm{K}$ $N = 20$ $\omega_c = 100\,\mathrm{Hz}$	0.25 2.5 25	0.932 612 0.999 324 0.999 999	α 增大时，效果变差
环境温度 T'	$\alpha = 0.25$ $N = 20$ $\omega_c = 100\,\mathrm{Hz}$	1 K 100 K 200 K	0.932 612 0.998 793 0.999 997	T' 增大时，效果变差

变化的参数	其他参数	变化参数的取值	当 $T = 0.5\,\mathrm{K}$ 时的 $P^{01}(T)$	变化参数的影响
脉冲周期数 N	$\alpha = 0.25$ $T' = 1\,\mathrm{K}$ $\omega_c = 100\,\mathrm{Hz}$	10	0.981 746	N 增大时,效果变好
		20	0.932 612	
		40	4.74×10^{-8}	

12.4.4 复合动力学解耦策略的设计讨论

从以上设计优化的动力学解耦方案中可以明显看出,不断改变优化相邻脉冲间的发射间隔是一个很好的优化途径,这种方法也可以在某些特定的条件下得到更理想的效果.于是,本小节将继续沿着这一思路出发,探讨一下几种复合动力学解耦策略的设计方法.

1. P-UDD 策略的设计

这种复合策略是将 PDD 和 UDD 的特点结合起来的一种控制策略.它的原理是这样的:脉冲的设计原理跟 PDD 的脉冲设计相同,要满足式(12.10)的解耦条件.但其脉冲的产生时刻却不同,具体是这样的:假设系统要产生 K 个脉冲,它先将这 K 个脉冲按 PDD 等分成 m 份,然后在每一个等份中的 K/m 脉冲的产生时刻按照 UDD 设计.比如, $K = 8$ 对应的 P-UDD 可为 P-UDD$(1,8)$,P-UDD$(2,4)$,P-UDD$(4,2)$,P-UDD$(8,1)$.这里,P-UDD(i,j) 中 i 表示份数,j 表示每一份中的脉冲数.于是有

$$\text{P-UDD}(1,8) = \text{PDD}, \quad \text{P-UDD}(8,1) = \text{UDD}$$

如图 12.16 所示.

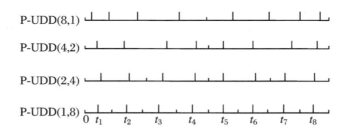

图 12.16 P-UDD 的脉冲时刻图

这种策略的优点是,环境谱密度 $J_r(w) = 2aw/(1 + (w/w_D)^r)$ 中 r 大表示硬截止,

小表示软截止. 当 r 取中间值时, 可得到 P-UDD 比 UDD 的效果要好.

2. P-CCDD 策略的设计

这种复合策略是将 PDD 和 CCDD 的特点结合起来的一种控制策略. 它的原理是这样的: 脉冲的设计原理与 PDD 的脉冲设计相同, 要满足式 (12.10) 的解耦条件. 但其脉冲的产生时刻却不同, 具体是这样的: 假设系统要产生 K 个脉冲, 它先将这 K 个脉冲按 PDD 等分成 m 份, 然后在每一个等份中的 K/m 脉冲的产生时刻按照 CCDD 设计. 例如, 取 $K=8$ 对应的 P-CCDD 可以分别为 P-CCDD(1,8), P-CCDD(2,4), P-CCDD(4,2), P-CCDD(8,1). 这里, P-CCDD(i,j) 中 i 表示份数, j 表示每一份中的脉冲数. 于是有

$$\text{P-CCDD}(1,8) = \text{PDD}, \quad \text{P-CCDD}(8,1) = \text{CCDD}$$

如图 12.17 所示.

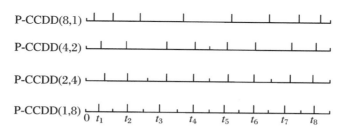

图 12.17　P-CCDD 的脉冲时刻图

这种策略的优点是, 当环境谱密度中的 r 取中间值时, P-CCDD 比 CCDD 的效果要好.

按照以上设计思想, 我们还可以设计出 U-PDD, CC-PDD, U-CCDD 和 CC-UDD 等复合动力学解耦策略, 这里将不一一列举. 从上面的分析可以看出, 只要在特定的条件下合理地搭配两种动力学解耦策略, 这样得到的效果要比单独采用一种时更好.

12.4.5　小结

本节提出了一种优化的动力学解耦策略 (CCDD), 这种优化方案的亮点在于优化相邻脉冲之间的发射间距, 使之服从于正态函数分布. 我们设定正态函数的均值 μ 为脉冲个数的中值, 然而由于正态函数的方差 σ 能够选择不同的值, 因此对应可以得到多组不同的相邻脉冲时间间隔, 从而得到多种 CCDD 脉冲序列. 并且通过在一个具体的 Ξ 型三能级原子系统对 PDD, UDD 和 CCDD 的仿真实验比较表明, 当 CCDD 的方差 σ 选择一

些适当的值时,CCDD 可以得到比 PDD 和 UDD 更好的消相干抑制效果.不但如此,我们还选用密度矩阵的非对角线元素的衰减比作为性能指标来计算系统分别在 PDD,UDD 和 CCDD 情况下的相干保持时间,结果表明在一些小的衰减误差内,CCDD 的相干保持时间是 PDD 和 UDD 的几倍,换句话说,如果系统要保持相干性衰减的误差在某个小范围内,相同的时间内,CCDD 所需要的脉冲个数要比 PDD 和 UDD 少很多,这就大大地节约了资源.同时,实验还分析了其他因素,如环境温度 T'、耦合强度 α、脉冲序列周期数 N 以及截止频率 ω_c 等对相干保持的影响,结果发现当 T',α 和 ω_c 减小或 N 增大时,系统的消相干抑制效果更好.最后,我们还从优化相邻脉冲的时间间隔出发,对复合动力学解耦策略的设计方法进行了探讨.

第 13 章

量子系统的跟踪控制

13.1 基于李雅普诺夫方法的量子轨迹跟踪

自 1983 年首次提出"量子系统控制"概念之后,世界各地专家学者对量子控制的研究工作纷纷开展起来,激光技术的发展进一步推动了量子控制的进展,研究成果已广泛应用于化学反应(Shapiro,Brumer,1997)、分子跟踪(Chen,et al.,1995)、量子通信(Wang,2001)等多个领域.随着人们对微观世界认识的加深,主动操纵微观粒子的运行规律已经变成了一种客观需要.经过半个多世纪的深入研究,经典控制的各种控制方法也有条件地慢慢引入微观量子世界中,例如最优控制(D'Alessandro,Dahleh,2001)、自适应跟踪(Zhu,Rabitz,2003a)、李雅普诺夫稳定性控制等.归根结底,量子系统的控制就是对量子态的操纵和控制的理论和方法.在许多文章中都介绍过量子态的驱动问题

(Ferrante，et al.，2002a)：给定一个被控量子系统和初态，通过外部施加控制作用，使系统从初态演化到终态.换句话说，当目标态固定不变时，量子控制问题就是量子态的驱动问题.当系统目标态是随时间变化的函数，希望通过施加控制作用，使被控系统追踪目标态的演化路径，称之为轨迹跟踪.到目前为止，人们所做过的量子态的跟踪主要是在纯态范围内的跟踪(Mirrahimi，Rouchon，2004a).本节在已有研究成果的基础上，从控制的角度出发，提出以态误差函数作为新的被控变量，基于李雅普诺夫稳定性定理设计控制律，来实现混合态到混合态以及纯态之间的跟踪.

13.1.1　量子态的描述与系统模型

在经典物理中，描述一个物理系统运动状态的物理量如动量、位置等通常建立在一个三维空间中，称之为坐标系.在量子力学中，由态叠加原理可知，一个量子系统的所有可能状态的集合构成希尔伯特空间，其维数通常是无穷的，对量子系统的各种描述就建立在这个空间中，系统的每一个状态对应于该空间中的一个矢量$|\psi\rangle$.量子系统的纯态可以由一个波函数或者态矢即$|\psi\rangle$来描述，叠加态是系统可能状态的线性叠加：$|\psi\rangle = c_1|\psi_1\rangle + c_2|\psi_2\rangle + \cdots + c_n|\psi_n\rangle$，也是纯态.而混合态需要由一组态矢及其概率来表示：$|\psi_1\rangle, \alpha_1; |\psi_2\rangle, \alpha_2; \cdots; |\psi_n\rangle, \alpha_n$，若用密度矩阵的形式表示则为$\rho = \sum_i \alpha_i |\psi_i\rangle\langle\psi_i|$，其中，$\alpha_i$为态矢$|\psi_i\rangle$出现的概率，且满足$\sum_i \alpha_i = 1$.这种密度矩阵的表示形式也可以表示纯态，$\rho = |\psi\rangle\langle\psi|$，因而具有更普遍的意义.因为希尔伯特空间中的态矢量或者密度矩阵的元素都是复数形式，为方便起见，我们用单位球上或球内的矢量来描述量子纯态和混合态.一个球心在原点的单位球即 Bloch 球，第 2 章中介绍了密度矩阵极化矢量与Bloch 矢量是完全一一对应的，纯态对应于球面上的一点，球内任一点对应着一个混合态.通过 Bloch 矢量来表示量子态，更直观，意义也更明确，可以帮助我们理解实验结果.

在量子系统中，量子态的演化过程可以用多种方法来描述，对于和周围环境没有相互作用的纯态系统可用薛定谔方程来描述，而对于纯态和混合态的量子系统可用密度算子的形式来表示，其演化过程可用希尔伯特空间的刘维尔方程来描述：

$$i\hbar \frac{\partial}{\partial t} \hat{\rho}(t) = [H, \hat{\rho}(t)], \quad \hat{\rho}(0) = \hat{\rho}_0 \tag{13.1}$$

$$i\hbar \frac{\partial}{\partial t} \hat{\rho}_f(t) = [H_0, \hat{\rho}_f(t)], \quad \hat{\rho}_f(0) = \hat{\rho}_{f0} \tag{13.2}$$

其中，$H = H_0 + \sum_{m=1}^{M} f_m(t)H_m$，$H_0$，$H_m$ 分别表示系统的内部（或自由）哈密顿量以及外部（或控制）哈密顿量，且都为不含时的量，$f_m(t)$ 为外加控制场，是时间的函数；$\hbar$ 为普朗克常量，为计算方便，取 $\hbar = 1$.

方程(13.1)为被控系统的模型，初始态为 $\hat{\rho}_0$，方程(13.2)为目标系统随时间变化的演化方程，可见目标态在自由哈密顿量的作用下按照刘维尔方程进行演化，其初态为 $\hat{\rho}_{f0}$. 我们的控制任务是，设计一个有效的控制律，通过选择合适控制律中的参数，使得被控系统和目标系统的态演化轨迹重合.

分析方程(13.2)所示的量子刘维尔方程，其哈密顿量为 H_0，是不含时的，故可以写出解的形式：

$$\hat{\rho}_f(t) = U(t)\hat{\rho}_f(0)U^+(t), \quad U(t) = e^{-iH_0 t} \tag{13.3}$$

13.1.2　控制律的设计

在宏观系统中，系统状态的跟踪控制常常是通过引入被控系统状态与目标系统状态的状态误差，使该误差趋于 0，将状态的控制问题变成调节问题来达到控制目的的. 引入量子态误差函数：$\hat{e}(t) = \hat{\rho}(t) - \hat{\rho}_f(t)$，由式(13.1)减去式(13.2)推出误差演化方程为

$$i\frac{\partial}{\partial t}\hat{e}(t) = \left[H_0 + \sum_{m=1}^{M} f_m(t)H_m, \hat{e}(t)\right] + \left[\sum_{m=1}^{M} f_m(t)H_m, \hat{\rho}_f(t)\right], \quad \hat{e}(0) = \hat{\rho}_0 - \hat{\rho}_{f0} \tag{13.4}$$

为了简化求解过程，需要消去方程(13.4)中的漂移项 H_0. 为此，引入幺正变换 $U(t) = e^{-iH_0 t}$，令 $e(t) = U^+(t)\hat{e}(t)U(t)$，其中"+"表示取共轭转置，变换后方程(13.4)为

$$i\frac{\partial}{\partial t}e(t) = \left[\sum_{m=1}^{M} f_m(t)H_m(t), e(t)\right] + \left[\sum_{m=1}^{M} f_m(t)H_m(t), \rho_f(t)\right] \tag{13.5}$$

其中，$H_m(t) = U^+(t)H_m U(t)$；$\rho_f(t) = U^+(t)\hat{\rho}_f(t)U(t)$. 将方程(13.2)的解即式(13.3)代入 $\rho_f(t)$，可得 $\rho_f(t) = U^+(t)U(t)\hat{\rho}_f(0)U^+(t)U(t) = \hat{\rho}_f(0)$.

由此可见，通过引入量子态误差函数的概念，方程(13.5)中的 $\rho_f(t)$ 已经由原来随时间变化的量变成一个与时间无关的量，即其初值 $\hat{\rho}_f(0)$. 而控制哈密顿量由原来与时间无关的量 H_m 变成了含时的量 $H_m(t)$. 对误差初值进行同样的幺正变换，因为 $t = 0$ 时，幺

正变换 $U(0) = U^{+}(0) = 1$,所以 $e(0) = \hat{e}(0) = e_0$. 为了形式上与式(13.5)一致,将初值表示成 $e(0) = e_0 = \rho_0 - \rho_{f0}$,其中 $\rho_0 = \hat{\rho}_0, \rho_{f0} = \hat{\rho}_{f0}$. 因此,式(13.5)变成

$$\mathrm{i} \frac{\partial}{\partial t} e(t) = \left[\sum_{m=1}^{M} f_m(t) H_m(t), e(t) \right] + \left[\sum_{m=1}^{M} f_m(t) H_m(t), \rho_{f0} \right] \tag{13.6}$$

引入量子态误差函数之前,控制目标是使被控系统(13.1)渐近地跟踪目标系统(13.2),也即使两个系统的运动轨迹尽可能地接近. 利用误差函数的概念将两个系统的跟踪与被跟踪的关系变成一个系统(13.5)的调节问题,将被控系统状态与目标系统状态之差 $e(t)$ 变成被控变量,当误差函数 $e(t)$ 渐近地趋于零就等同于系统(13.1)达到了对系统(13.2)的跟踪. 而变量 $e(t)$ 趋于零的控制就是常见的状态调节问题,不管是在宏观控制还是在微观控制中,都是比较容易实现的. 到此为止,我们已将一个量子系统的状态轨迹跟踪问题化成了系统的量子态驱动问题,最终的目标态是 $e_f = 0$.

在众多的控制方法中,基于李雅普诺夫的方法是一种相对比较简单而且易实现的控制方法. 该方法的基本思想是,选取一个虚拟能量函数 $V(x)$ 作为李雅普诺夫函数,且需要满足三个条件:① $V(x)$ 在定义域内连续且具有连续的一阶导数;② $V(x)$ 是正定的,即 $V(x) \geqslant 0$,当且仅当 $x = x_0$ 时 $V(x) = 0$;③ $\dot{V}(x) \leqslant 0$. 通过李雅普诺夫稳定性定理设计的控制律总是稳定的.

这里我们选取基于状态间偏差的李雅普诺夫函数:

$$V = \frac{1}{2} \mathrm{tr}(e^2) \tag{13.7}$$

由式(13.7)可以看出,对任意 e 都有 $V \geqslant 0$,当且仅当 $e = 0$ 时 $V = 0$,满足李雅普诺夫函数的条件①,②,根据条件③可求出控制律:

$$\dot{V} = -\mathrm{i} \sum_{m=1}^{M} f_m(t) \mathrm{tr}(H_m(t)[\rho_{f0}, e(t)]) \tag{13.8}$$

其中,$f_m(t) = -k_m \Im(\mathrm{tr}(H_m(t)[\rho_{f0}, e(t)])), k_m > 0$ 为系统的控制增益.

因此,被控系统(13.4)变成

$$\mathrm{i} \frac{\partial}{\partial t} e(t) = \left[\sum_{m=1}^{M} f_m(t) H_m(t), e(t) \right] + \left[\sum_{m=1}^{M} f_m(t) H_m(t), \rho_{f0} \right], e(0) = e_0 = \rho_0 - \rho_{f0} \tag{13.9a}$$

$$f_m(t) = -k_m \mathrm{Im}(\mathrm{tr}(H_m(t)[\rho_{f0}, e(t)])), \quad k_m > 0 \tag{13.9b}$$

其中,Im 表示取虚部.

式(13.9a)就是通过引入误差函数变换后的被控系统,参变量为 e,初始值为 $e(0)$.

量子系统控制理论与方法
Control Theory and Methods of Quantum Systems

式(13.9b)就是我们设计出的控制律,k_m 为可调参数,用来调整系统的收敛速度.要实现的目标是通过施加外部控制律 $f_m(t)$,使式(13.9a)中的参变量 $e(t)$ 趋于零.

13.1.3 数值仿真实验及其结果分析

为了对所提方法的效果进行验证,本小节将给出纯态之间以及混合态到混合态跟踪问题的数值仿真实验,并对结果进行分析.

考虑一个四能级量子系统,被控系统的自由哈密顿量为

$$H_0 = \sum_{j=1}^{n} E_j \mid j \rangle \langle j \mid,$$

其中,$E_1 = 0.494\,8$;$E_2 = 1.452\,9$;$E_3 = 2.369\,1$;$E_4 = 3.243\,4$.

因此,自由哈密顿量为 $H_0 = \mathrm{diag}(0.494\,8, 1.452\,9, 2.369\,1, 3.243\,4)$,$\mathrm{diag}(\,\cdot\,)$ 代表一个对角矩阵.设该系统由一个单控制场 $f(t)$ 控制,则系统总哈密顿量为 $H = H_0 + f(t)H_1$,系统的能级结构选为梯形,允许能级 1 到 2,2 到 3,3 到 4 之间有相互作用,因此控制哈密顿量为

$$H_1 = \begin{pmatrix} 0 & 1 & 0 & 0 \\ 1 & 0 & 1 & 0 \\ 0 & 1 & 0 & 1 \\ 0 & 0 & 1 & 0 \end{pmatrix}$$

13.1.3.1 实验 A:纯态之间的跟踪控制

对于上述系统,设 $|\lambda_1\rangle$,$|\lambda_2\rangle$,$|\lambda_3\rangle$,$|\lambda_4\rangle$ 为系统自由哈密顿量 H_0 的本征值 λ_1,λ_2,λ_3,λ_4 对应的本征态.

1. 本征态到本征态的跟踪

原系统(13.1)的初态为 H_0 的一个本征态,这里选择 $|\lambda_1\rangle$,即 $\hat{\rho}_0 = \mathrm{diag}(1,0,0,0)$,目标系统(13.2)的状态为 H_0 的另一个本征态 $|\lambda_2\rangle$,即 $\hat{\rho}_{f0} = \mathrm{diag}(0,1,0,0)$,控制目标是系统(13.1)在初值为 $\hat{\rho}_0$ 的情况下跟踪初值为 $\hat{\rho}_{f0}$ 的目标系统(13.2),称之为本征态到本征态的跟踪.将已知条件代入新方程(13.9a)中可得 $e_0 = \mathrm{diag}(1, -1, 0, 0)$,由于 $t = 0$ 时控制量为 0,需给定一个初始扰动来启动控制系统,设 $f_0 = 0.015$.经过多次实验,选取控制律中的参数 $k = 0.05$.系统仿真结果如图 13.1 所示,其中,图 13.1(a)是能级 1 到 4 的布

居数误差的变化,也即矩阵 $e(t)$ 的对角元素随时间的变化图,图 13.1(b) 是控制场 $f(t)$ 随时间变化的图形.为了定量地表示控制器的效果,设性能指标为 $\nu = \| \rho(t) - \rho_f(t) \|^2 = \text{tr}(e^2(t))$,表示被控系统(13.1)状态与目标系统(13.2)状态之间的距离,实验后 $\nu = 0.0016$.

根据所选择的控制哈密顿量 H_1 的形式,允许 1、2,2、3,3、4 能级之间有相互作用,因此本征态到本征态的实验可以做六组,利用设计的控制律调节控制增益 k 的大小,本征态 $|\lambda_1\rangle \leftrightarrow |\lambda_2\rangle$,$|\lambda_2\rangle \leftrightarrow |\lambda_3\rangle$,$|\lambda_3\rangle \leftrightarrow |\lambda_4\rangle$) 的跟踪都可以实现.

2. 叠加态到叠加态的跟踪

选取被控系统(13.1)的初态为第一个本征态 $|\lambda_1\rangle$ 和第二个本征态 $|\lambda_2\rangle$ 的叠加,即 $|\psi_0\rangle = \frac{1}{2}|\lambda_1\rangle + \frac{1}{2}|\lambda_2\rangle$,转化成密度矩阵的形式为 $\hat{\rho}_0 = |\psi_0\rangle\langle\psi_0|$,目标系统(13.2)目标初态选取为 $|\psi_f\rangle = \sqrt{1/8}|\lambda_1\rangle + 1/2|\lambda_2\rangle + 1/2|\lambda_3\rangle + \sqrt{3/8}|\lambda_4\rangle$,即 $\hat{\rho}_{f0} = |\psi_f\rangle\langle\psi_f|$,代入方程(13.9)的两个式子中可得新的系统以及控制律.在控制律 $f(t)$ 中,选取控制增益 $k = 0.1$,初始控制量 $f_0 = 0.015$,实验后性能指标函数的值 $\nu = \| \rho(t) - \rho_f(t) \|^2 = \text{tr}(e^2(t)) = 0.0012$.

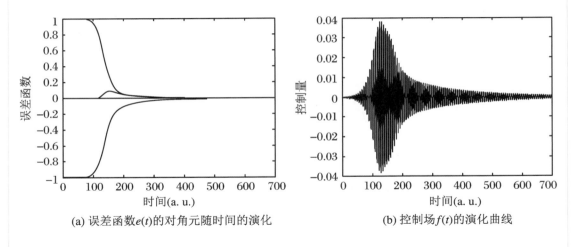

(a) 误差函数 $e(t)$ 的对角元随时间的演化　　　　(b) 控制场 $f(t)$ 的演化曲线

图 13.1　四能级系统上本征态到本征态的跟踪仿真实验结果

系统仿真结果如图 13.2 所示,由图 13.2(b) 可以看出,随着时间的变化,控制波包越来越小,即控制量越来越小,最后将趋于 0.对于叠加态,因为存在量子干涉现象,若用如图 13.1(b) 所示的布居数误差曲线图来描述则是不全面的,因此,图中只画出了以被控系统(13.1)的状态 $\rho(t)$ 和目标态 $\rho_f(t)$ 的距离作为性能指标 ν 的演化曲线图,由图 13.2(a) 可以看出,随着时间的推移,当 $t = 700$ a.u. 时,$\rho(t)$ 与目标态 $\rho_f(t)$ 之间的距离趋于零.

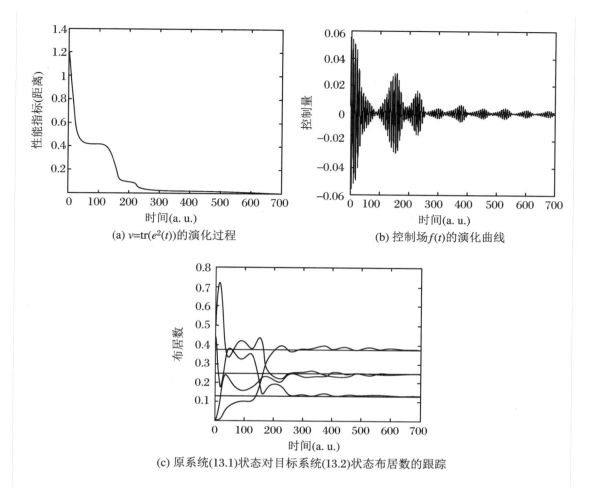

(a) $v=\mathrm{tr}(e^2(t))$的演化过程

(b) 控制场$f(t)$的演化曲线

(c) 原系统(13.1)状态对目标系统(13.2)状态布居数的跟踪

图 13.2　四能级系统上叠加态到叠加态的跟踪仿真实验结果

为了验证将误差函数作为被控变量的方法设计出的控制律确实可以达到跟踪的目的,在该例实验中,将控制作用加在原系统上,选取叠加态的布居数来考察实验效果. 考察系统(13.1)和(13.2),为简化系统(13.1)的求解过程,需要去掉式(13.1)中的漂移项H_0,对式(13.1)、式(13.2)同时进行幺正变换,$\rho(t)=U^+(t)\hat{\rho}(t)U(t)$,$\rho_f(t)=U^+(t)\hat{\rho}_f(t)U(t)$,幺正变换不改变各能级布居数,系统变为

$$\mathrm{i}\frac{\partial}{\partial t}\rho(t)=[f(t)H_1(t),\rho(t)],\quad \rho(0)=\hat{\rho}_0=\rho_0 \tag{13.10}$$

$$\mathrm{i}\frac{\partial}{\partial t}\rho_f(t)=0,\quad \rho_f(0)=\hat{\rho}_{f0}=\rho_{f0} \tag{13.11}$$

使用与式(13.7)相同的控制律设计方法:

$$V = \frac{1}{2}\mathrm{tr}(e^2) = \frac{1}{2}\mathrm{tr}((\rho - \rho_f)^2) \tag{13.12}$$

式(13.12)与式(13.7)是相同的,因此对式(13.12)的后半部分直接求导可得出控制律的另一种表现形式:

$$f(t) = -k\,\mathrm{Im}(\mathrm{tr}(H_1(t)[\rho_{f0}, \rho(t)])), \quad k > 0 \tag{13.13}$$

在式(13.13)的控制律作用于变换后系统(13.10)、(13.11),选取与式(13.7)控制律中相同的参数 $k = 0.1, f_0 = 0.015$,可得系统跟踪效果图 13.2(c).横线是目标态 ρ_f 的布居数变化,由式(13.11)可以看出,进行幺正变换后,目标态求导为 0,即目标态为一个常值,为其初始值,相当于将原来的目标系统旋转到其本征系中,故为常量.图中第二能级和第三能级的布居数相同.由图 13.2(c)亦可看出,当时间为 700 a.u.时,原系统已经可以完全跟踪目标系统了,与图 13.2(a)得到的结果是一样的.

3. 本征态到叠加态的跟踪

被控系统(13.1)的初态 $\hat{\rho}_0 = \mathrm{diag}(1,0,0,0)$,目标系统(13.2)的初值 $\hat{\rho}_{f0} = |\psi\rangle\langle\psi| = \begin{bmatrix} 0.5 & 0.5 & 0 & 0 \\ 0.5 & 0.5 & 0 & 0 \\ 0 & 0 & 0 & 0 \\ 0 & 0 & 0 & 0 \end{bmatrix}$.控制律 $f(t)$ 中的参数 $k = 0.01$,初始控制量 $f_0 = 0.005$,实验后性能指标 $v = 0.003\,3$,仿真结果如图 13.3 所示.

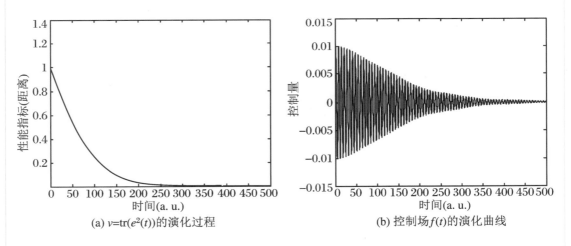

(a) $v = \mathrm{tr}(e^2(t))$ 的演化过程　　　　(b) 控制场 $f(t)$ 的演化曲线

图 13.3　四能级系统上本征态到叠加态的跟踪仿真实验结果

由图 13.3(a)可以看出,当时间为 350 a.u. 时,被控系统(13.1)的状态 $\rho(t)$ 与目标系统的状态 $\rho_f(t)$ 之间的距离几乎趋于 0,再经过一段时间的演化到达 $t = 500$ a.u. 时,控制精度可为 0.003 3.

4. 叠加态到本征态的跟踪

该例实验中,原被控系统(13.1)的初态是一个叠加态,$\hat{\rho}_0 = \begin{bmatrix} 1/3 & 0 & \sqrt{2}/3 & 0 \\ 0 & 0 & 0 & 0 \\ \sqrt{2}/3 & 0 & 2/3 & 0 \\ 0 & 0 & 0 & 0 \end{bmatrix}$,被

跟踪系统(13.2)的初始状态是一个本征态,$\hat{\rho}_{f0} = \mathrm{diag}(0,1,0,0)$,控制律 $f(t)$ 中的参数 $k = 0.01$,初始控制量 $f_0 = 0.005$,实验后性能指标 $v = 5.190\ 1\mathrm{e} - 004$. 与实验"叠加态到叠加态的跟踪"中的原因一样,实验中涉及叠加态不能仅用布居数的变化来描述,因此仿真实验结果给出了描述态距离的性能指标的变化曲线,图 13.4 为控制场随时间变化的图形.

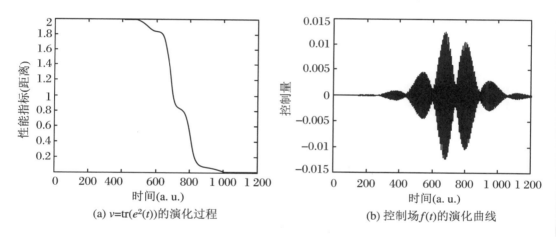

(a) $v = \mathrm{tr}(e^2(t))$ 的演化过程   (b) 控制场 $f(t)$ 的演化曲线

图 13.4   四能级系统上叠加态到本征态的跟踪仿真实验结果

从以上实验亦可得知,所选取的初始控制量 f_0 的大小不仅影响控制精度 v,更重要的是影响系统的收敛速度,例如在实验"叠加态到本征态的跟踪"中,如果选取 $f_0 = 0.01$,反应时间只需 1 000 a.u.,控制精度 $v = 0.002\ 4$.

一般情况下,系统的收敛速度和控制量的大小总是矛盾的,适当增大初始控制量可以加快系统的收敛,在实际控制中,初始控制量的大小可以按照需要调节.

13.1.3.2　实验 B:混合态之间的跟踪控制

量子系统之所以处于混合态的原因有两个:其一是量子系统与周围环境相互纠缠造成的量子耗散,即便原来的量子态是一个纯态,也将变成一个混合态,此时在开放系统中,密度矩阵的演化不再是幺正的;其二是大量处于不同纯态的同一粒子的非相干混合,形成系综,在该系综内以一定概率分布容纳着同一粒子的不同纯态,即统计平均上的混合,本小节研究不受环境影响的封闭量子系统,因此所指的混合态为系综混合态.

选取系统(13.1)的初值 $\hat{\rho}_0 = \mathrm{diag}(0.387\,7, 0.273\,6, 0.196\,1, 0.142\,6)$,是一个混合态,系统(13.2)的初值 $\hat{\rho}_{f0} = \mathrm{diag}(0.142\,6, 0.196\,1, 0.273\,6, 0.387\,7)$,也是个混合态.控制律中参数选取为 $k = 25$,初始控制量 $f_0 = 0.002$,实验后性能指标 $\nu = 0.003\,7$.

由图 13.5(a)可以看出,当时间为 60 a.u. 时,被控系统状态与目标系统状态的布居数之差趋于零,由性能指标 ν 得到最终的态距离为 0.003 7.

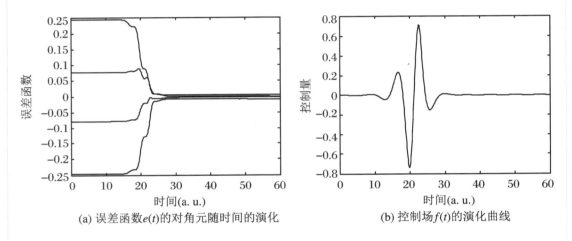

(a) 误差函数 $e(t)$ 的对角元随时间的演化　　　(b) 控制场 $f(t)$ 的演化曲线

图 13.5　四能级系统上混合态之间的跟踪仿真实验结果

实验中发现,纯态与混合态之间的跟踪是达不到控制精度的.究其原因,不论是从定义上还是从描述形式上来看,纯态与混合态都有很大的不同(张登玉 等,2008).若用 Bloch 球上的矢量表示,纯态与混合态之间的演化相当于从球内到球面上或从球面上到球内之间的变换,需要考虑更复杂的情况.

13.2　量子系统的跟踪控制

　　量子系统的状态制备与驱动问题已经得到了广泛的研究（Lou，et al.，2011；Kuang，et al.，2009），因为它们在量子通信、量子计算以及量子信息中都具有重要的应用前景.与量子状态的驱动问题同样重要的是量子系统的跟踪.与状态驱动不同，量子系统的跟踪要求系统的状态紧跟一个随时间变化的目标系统的状态，所以，量子系统的跟踪控制要远比量子状态驱动问题复杂.在进行量子系统跟踪控制研究的同时，其收敛性问题研究更加重要，因为在量子系统控制中，其系统的状态一般是概率，仅仅稳定控制是不够的，只有设计出100%的收敛控制器，才能够确保实际实验的可行性.所以，量子系统控制收敛性的研究直接涉及设计出的控制律，在确保控制系统收敛的条件下给设计者提供设计控制律的方法和途径.尤其在量子系统控制中，量子系统模型自身所具有的复杂性，不同量子态的独特性以及被控变量的概率性，导致量子系统在不同态的状态转移上就显示出巨大的困难.而在跟踪控制中，又出现了非自治情况，所有这些都表现出量子控制所具有的独特难点.在13.1节中我们借助于系统控制的一些概念，对量子系统的轨迹跟踪问题进行了研究：通过引入目标状态 $\hat{\rho}_f(t)$ 与系统状态 $\hat{\rho}(t)$ 之差为误差状态 $e(t)$，将系统的控制任务转变成驱动任意初始误差状态 $e(0)$ 到其稳定的终态 e_f，其中 e_f 为一个零矩阵，由此将 $\hat{\rho}(t)$ 对 $\hat{\rho}_f(t)$ 的跟踪问题变换成状态 e 的驱动问题.为了能够设计出合适的控制律，又引入了幺正变换：$U(t) = \exp(-itH_0)$，消除了控制律设计过程中李雅普诺夫函数一阶导数中的漂移项.

　　在13.1节中，还可以发现：幺正变换的使用，在消除李雅普诺夫函数一阶导数中的漂移项的同时，也使原系统随时间变化的目标状态 $\hat{\rho}_f(t)$ 在幺正变换后变成了不动点初态 $\hat{\rho}_{f0}$，换句话说，幺正变换的使用，同时起到了将量子态 $\hat{\rho}(t)$ 对 $\hat{\rho}_f(t)$ 的跟踪问题变换成该状态对不动点初态 $\hat{\rho}_{f0}$ 的驱动问题的作用.通过研究，我们发现，实际上不用进行系统状态 $\hat{\rho}(t)$ 到误差状态 $e(t)$ 的变换过程，就可以直接进行量子系统的跟踪控制.这就是本节研究的动因.

　　本节直接在原系统上施加幺正变换，将遵循自由演化的目标系统 $\hat{\rho}_f(t)$ 变成了不随时间变化的固定的状态 $\hat{\rho}_{f0}$，通过驱动系统初态 $\hat{\rho}_0$ 到该固定状态 $\hat{\rho}_{f0}$ 将跟踪问题变成状态的驱动问题.

13.2.1　系统模型及其变换

本节所研究的被控系统是基于用密度算子 $\hat{\rho}(t)$ 表示状态的刘维尔方程:

$$i\hbar \frac{\partial}{\partial t}\hat{\rho}(t) = [H, \hat{\rho}(t)], \quad \hat{\rho}(0) = \hat{\rho}_0 \tag{13.14}$$

$$i\hbar \frac{\partial}{\partial t}\hat{\rho}_f(t) = [H_0, \hat{\rho}_f(t)], \quad \hat{\rho}_f(0) = \hat{\rho}_{f0} \tag{13.15}$$

其中,$H = H_0 + \sum_{m=1}^{M} f_m(t)H_m$,$H_0$ 和 H_m 分别表示系统的内部(或自由)哈密顿量以及外部(或控制)哈密顿量,且都为不含时的量,$f_m(t)$ 为外加控制场,是时间的函数;$\hbar$ 为普朗克常量,仍取 $\hbar = 1$.方程(13.14)为被控系统,方程(13.15)是目标系统的状态演化,它是一个随时间变化的自由演化方程.

针对系统(13.14)和(13.15),我们希望达到的控制目标是对于给定任意初态的目标系统(13.15),被控系统(13.14)的状态 $\hat{\rho}(t)$ 能够按照刘维尔方程的自由演化轨迹跟踪目标系统.由于在封闭哈密顿量子系统中,系统状态的演化是幺正的,故状态的谱是不变的,即要使 $\hat{\rho}(t)$ 跟踪上 $\hat{\rho}_f(t)$ 的变化,必须有 $\hat{\rho}(t)$,$\hat{\rho}_f(t)$ 是同谱的,即 $\mathrm{tr}(\hat{\rho}^n(t))$ $= \mathrm{tr}(\hat{\rho}_f^n(t))$.

由一个线性幺正算符 U 导致的变换称为一个幺正变换,在原系统中引入幺正变换 $U(t) = \exp(-itH_0)$,即对被控状态 $\hat{\rho}(t)$ 和目标状态 $\hat{\rho}_f(t)$ 同时进行幺正变换,可得

$$\rho(t) = U^+(t)\hat{\rho}(t)U(t), \quad \rho_f(t) = U^+(t)\hat{\rho}_f(t)U(t) \tag{13.16}$$

其中,"+"表示共轭;$\hat{\rho}(t)$,$\hat{\rho}_f(t)$ 分别表示幺正变换前的系统状态和目标状态.由于 $U(0) = U^+(0) = 1 (t = 0)$,所以变换后系统的初态仍为 $\rho(0) = \hat{\rho}(0) = \hat{\rho}_0$,$\rho_f(0) = \hat{\rho}_f(0)$ $= \hat{\rho}_{f0}$.此外,目标系统(13.15)是一个在自由哈密顿量 H_0 的作用下自由演化的方程,由于 H_0 不显含时间,故方程(13.15)的解为 $\hat{\rho}_f(t) = U(t)\hat{\rho}_f(0)U^+(t)$,其中 $U(t)$ 为一个幺正演化矩阵且 $U(t) = \exp(-itH_0)$.将该解代入方程(13.16),目标态变为

$$\rho_f(t) = U^+(t)U(t)\hat{\rho}_f(0)U^+(t)U(t) = \hat{\rho}_f(0) = \hat{\rho}_{f0} \tag{13.17}$$

因此,系统(13.14)、(13.15)变成

$$i\hbar \frac{\partial}{\partial t}\rho(t) = \left[\sum_m f(t)H_m(t), \rho(t)\right], \quad \rho(0) = \hat{\rho}_0 \tag{13.18a}$$

$$\rho_f(t) = \hat{\rho}_{f0} \tag{13.18b}$$

方程(13.18)就是新的控制系统和目标系统,可以看出:

(1) 在原目标系统(13.15)中,目标状态 $\hat{\rho}_f(t)$ 的轨迹遵循刘维尔方程自由演化,因此状态本身是一个和时间有关的、非固定的点.经过幺正变换后的新系统(13.18b)中,目标系统的轨迹变成了一个与时间无关的、固定的点,它是一个常量且等于其初值 $\hat{\rho}_{f0}$.

(2) 幺正变化后,原控制哈密顿量 H_m 由一个非时变的量变成了一个时变函数 $H_m(t)$,在相互作用绘景中决定着量子态的演化.

这里进行的幺正变换有两层含义:其一就是希尔伯特空间基矢组的转动.可以理解为一个幺正算符导致希尔伯特空间的转动,通过幺正变换,可以用一组新的态算符 $\rho(t)$, $\rho_f(t)$ 来描述量子系统,系统的一切物理性质不变,对应于新系统(13.18).对于方程(13.18b),可以认为是基矢组的跟随转动部分地抵消了目标系统在希尔伯特空间中的变化.其二是变换后的系统方程(13.18a)中只含有控制哈密顿项,在下面的控制律设计中求李雅普诺夫函数的一阶导数时因为无 H_0 项更容易判断一阶导数的正负.

由以上分析可知,通过引入幺正变换,系统状态 $\hat{\rho}(t)$ 跟踪自由演化目标状态 $\hat{\rho}_f(t)$ 的问题变成了新系统(13.18)中状态 $\rho(t)$ 到目标初态 $\hat{\rho}_f(0)$ 的状态驱动问题.我们的控制任务是设计有效的控制律 $f_m(t)$ 来完成上述控制目标,并且能够说明达到了系统状态 $\hat{\rho}(t)$ 对目标态 $\hat{\rho}_f(t)$ 的跟踪.

13.2.2　控制律的设计

一般情况下,针对薛定谔方程有三种李雅普诺夫函数可供选择,本小节针对刘维尔方程描述的量子系统选择基于虚拟可观测力学量的李雅普诺夫函数:

$$V = \mathrm{tr}(P\rho) \tag{13.19}$$

其中,P 为一个虚拟的可观测算符,不对应实际的力学量,因此不一定为正定,称其为虚拟力学量.C 为一个常量,用来调节李雅普诺夫函数的值使其不小于 0.

根据李雅普诺夫需要满足的条件③,可得

$$\dot{V} = - \sum_m f_m(t) \mathrm{tr}(\mathrm{i}H_m(t)[\rho(t), P]) \tag{13.20}$$

为了简便起见,我们令方程(13.20)右边求和号的每一项都非正以确保 $\dot{V} \leqslant 0$,故控制律为

$$f_m(t) = k_m \mathrm{tr}(\mathrm{i}H_m(t)[\rho(t), P]), \quad k_m > 0 \tag{13.21}$$

其中,$k_m > 0$ 是控制系统的增益,可用来调节状态的收敛速度.

一般说来,根据李雅普诺夫稳定性定理设计出的控制律只是一个稳定控制.在该控制律作用下,不能保证系统一定收敛到最小值.下面我们来研究确保系统收敛的条件.

下面需要设计出一个合适的观测算符 P,目的是使目标态 ρ_f 为方程(13.19)的最小点.

李雅普诺夫函数需要满足的条件②、条件③可重新列写如下:

$$V(\rho_f) = \min_\rho V(\rho) \tag{13.22a}$$

$$\dot{V}(\rho_f) = 0 \tag{13.22b}$$

根据方程(13.22)设计出来的 P 的结构需要保证目标态是在李雅普诺夫意义下的稳定点.由条件(13.22b)可得到在某一时刻 t,控制量为 0 时,系统状态 $\rho(t)$ 应属于集合

$$R \equiv \{\rho : \mathrm{tr}(\mathrm{i}H_m(t)[\rho, P]) = 0, \forall m, t\} \tag{13.23}$$

对比 13.1 节中引入误差状态处理跟踪问题的方法,稳定误差终态始终为零矩阵且必须是李雅普诺夫函数的稳定点,结合条件(13.22b)很容易得到观测算符 P 满足的条件,P 的设计比较简单.这里方程(13.22)的两个条件并不能给出显然的信息,因此可用相干矢量的方法求 P 的结构.

对方程(13.22)进行整理,可得

$$\mathrm{tr}(P\rho_f) = \min_\rho V(\rho) \tag{13.24a}$$

$$\rho_f \in R \tag{13.24b}$$

用幺正李代数对厄米矩阵进行分解,矩阵可用相干矢量表示.假设幺正李代数的基为

$$\{X_1, \cdots, X_m\} \tag{13.25}$$

且满足

$$\mathrm{tr}(X_l) = 0 \tag{13.26a}$$

$$\mathrm{tr}(X_l X_j) = \delta_{lj} \tag{13.26b}$$

量子系统控制理论与方法
Control Theory and Methods of Quantum Systems

即 $\forall l, \exists \gamma_j, \gamma_k \neq 0$,可得

$$\left[\sum_j \gamma_j X_j, \sum_k \gamma_k X_k\right] = \mathrm{i} X_l \tag{13.26c}$$

按这种表达方式,一个 n 维密度矩阵 ρ 可表示成

$$\rho = I/n + \sum x_l X_l \tag{13.27}$$

因此,密度矩阵 ρ 的相干矢量 R_ρ 可写成

$$R_\rho = (x_1 \quad x_2 \quad \cdots \quad x_{n^2-1})^{\mathrm{T}} \tag{13.28}$$

相干矢量的模表示密度矩阵的纯度,当量子态为纯态时,其模值是其最大值 $\sqrt{(n-1)/n}$,当量子态为最大混合态 I/n 时,其模值为 0.

由于封闭量子系统演化的幺正特性,整个演化过程中态的纯度是不变的,因此可得在任意时刻

$$\sum_l |x_l|^2 = C, \quad C \text{ 是一个常量} \tag{13.29}$$

假设系统状态以及目标状态都是可控的.

根据以上的理论分析,将目标态和观测算符 P 按下式展开:

$$\rho_f = I/n + \sum_j f_j X_j \tag{13.30a}$$

$$P = c_0 I + \sum_k c_k X_k \tag{13.30b}$$

代入方程(13.24)可得

$$\mathrm{tr}(P\rho_f) = c_0 + \sum_k c_k f_k \tag{13.31}$$

要使方程(13.31)达到其最小点,则有

$$c_k = \lambda f_k, \quad \lambda < 0 \tag{13.32}$$

这意味着观测算符 P 的相干矢量 R_P 和目标态 ρ_f 的相干矢量方向相反,即

$$R_P = \lambda R_{\rho_f}, \quad \lambda < 0 \tag{13.33}$$

根据以上分析,构造 P 最简单的方式是选取

$$P = -\rho_f \tag{13.34}$$

式(13.34)就是我们用构造的方法得出的观测算符 P 的结构,保证了目标态 ρ_f 是李雅普诺夫函数(13.19)的最小点,控制律(13.21)是稳定的.

13.2.3　数值仿真实验及其结果分析

为了对所提方法的效果进行验证,本小节将给出一个例子进行数值仿真实验,并对结果进行了分析.

选择一个五能级量子系统(Kuang, et al., 2009；Ramakrishna, et al., 1995),被控系统的自由哈密顿量为 $H_0 = \mathrm{diag}(1,1.2,1.3,2,2.15)$,$\mathrm{diag}(\cdot)$ 代表一个对角矩阵,则 H_0 的本征值为 $\lambda_1 = 1, \lambda_2 = 1.2, \lambda_3 = 1.3, \lambda_4 = 2, \lambda_5 = 2.15$,对应的本征态为 $|\lambda_1\rangle = (1\ \ 0\ \ 0\ \ 0\ \ 0)^{\mathrm{T}}$, $|\lambda_2\rangle = (0\ \ 1\ \ 0\ \ 0\ \ 0)^{\mathrm{T}}$, $|\lambda_3\rangle = (0\ \ 0\ \ 1\ \ 0\ \ 0)^{\mathrm{T}}$, $|\lambda_4\rangle = (0\ \ 0\ \ 0\ \ 1\ \ 0)^{\mathrm{T}}$, $|\lambda_5\rangle = (0\ \ 0\ \ 0\ \ 0\ \ 1)^{\mathrm{T}}$.被控系统(13.14)的量子初态选择 H_0 的一个本征态 $|\lambda_1\rangle = (1\ \ 0\ \ 0\ \ 0\ \ 0)^{\mathrm{T}}$,则 $\hat{\rho}_0 = \mathrm{diag}(1,0,0,0,0)$,自由演化的目标系统(13.15)选择其初态为本征态 $|\lambda_2\rangle$ 和 $|\lambda_3\rangle$ 的概率叠加 $|\psi_{f0}\rangle = \frac{1}{\sqrt{2}}|\lambda_2\rangle + \frac{1}{\sqrt{2}}|\lambda_3\rangle$,即 $\hat{\rho}_{f0}$

$$= |\psi_{f0}\rangle\langle\psi_{f0}| = 0.5 \times \begin{pmatrix} 0 & 0 & 0 & 0 & 0 \\ 0 & 1 & 1 & 0 & 0 \\ 0 & 1 & 1 & 0 & 0 \\ 0 & 0 & 0 & 0 & 0 \\ 0 & 0 & 0 & 0 & 0 \end{pmatrix}$$.根据上述条件,系统(13.14)和(13.15)进行幺正变换后得到新的控制系统(13.18),原系统状态 $\hat{\rho}(t)$ 跟踪自由演化目标状态 $\hat{\rho}_f(t)$ 的跟踪问题变成驱动系统(13.18)中的量子态 $\rho(t)$ 从其初态 $\hat{\rho}_0$ 到一个固定目标态 $\hat{\rho}_{f0}$ 的状态驱动问题.

在该量子系统中,各能级之间的转移频率都不相同,即 $\omega_{jk} \neq \omega_{pq}, (j,k) \neq (p,q)$,其中 $\omega_{jk} = \lambda_j - \lambda_k$,满足确保控制律收敛的假设条件①.根据假设条件②,我们可知要使所设计的控制律一定收敛,则控制哈密顿的形式必须是全连接的,对于该五能级系统来说则需有 10 个控制哈密顿量.但是考察控制系统(13.18)的初态 $\hat{\rho}_0$ 和目标态 $\hat{\rho}_{f0}$ 的形式可知,表示初态与目标态的密度矩阵只在能级 1,2,3 的布居数以及 2 和 3 之间的干涉项上有差异,其他矩阵元都相等,因此所设计出来的控制律只需针对差异项即可,即只有能级 1,2,3 之间有相互作用,控制哈密顿量只要三个就足够了,如式(13.35).下面将分别对表示量子态布居数的密度矩阵对角元 $\rho_{nn}, n = 1,2,\cdots,5$ 以及表示干涉项的非对角元 ρ_{23} 进行讨论.

$$H_1 = \begin{pmatrix} 0 & 1 & 0 & 0 & 0 \\ 1 & 0 & 0 & 0 & 0 \\ 0 & 0 & 0 & 0 & 0 \\ 0 & 0 & 0 & 0 & 0 \end{pmatrix}, \quad H_2 = \begin{pmatrix} 0 & 0 & 1 & 0 & 0 \\ 0 & 0 & 0 & 0 & 0 \\ 1 & 0 & 0 & 0 & 0 \\ 0 & 0 & 0 & 0 & 0 \end{pmatrix}, \quad H_3 = \begin{pmatrix} 0 & 0 & 0 & 0 & 0 \\ 0 & 0 & 1 & 0 & 0 \\ 0 & 1 & 0 & 0 & 0 \\ 0 & 0 & 0 & 0 & 0 \end{pmatrix}$$

$$(13.35)$$

根据所选的控制哈密顿的形式,不同控制哈密顿所对应的控制场分别是 f_1, f_2, f_3. 控制律如式(13.21),其中控制增益 $k = 0.5$,初始控制量选择 $f_0 = 0.015$.设置一个性能指标表示初态与目标态的距离:$v = \| \rho_f(t) - \rho(t) \|^2$.系统仿真结果如图 13.6 所示.图 13.6(a)为性能指标 v 的变化趋势,$v = 1.4125e-006$($t = 30$ a.u.).图 13.6(b)为控制场的演化曲线.

由于跟踪问题等价于幺正变换后的系统(13.18)的状态驱动问题,且针对该五能级量子系统所选择初态和目标态的特征,我们可将该状态驱动问题中布居数以及 2 和 3 能级干涉项的变化画出,如图 13.6(c)和图 13.6(d)所示.

图 13.6 显示的是状态 $\rho(t)$ 从其初态 $\hat{\rho}_0$ 到一个固定目标态 $\hat{\rho}_{f0}$ 的状态驱动问题,为验证其等价于原系统(13.14)对目标系统(13.15)的跟踪问题,我们将上面控制函数 $f_m(t), m = 1, 2, 3$ 在各个时刻的值保存起来并加在原控制系统(13.14)上,因封闭量子系统演化的幺正性,目标系统(13.15)的布居数在幺正演化下是不变的,故而布居数的跟踪如图 13.6(c)所示,干涉项的跟踪如图 13.6(e)所示,其中,点线为目标矩阵 $\hat{\rho}_f(t)$ 的元素 $\hat{\rho}_{f23}$ 的自由演化曲线,实线为被控系统状态矩阵 $\hat{\rho}(t)$ 的矩阵元 $\hat{\rho}_{23}$ 的跟踪曲线.

由图 13.6(e)可以看出,针对幺正变换后的新系统(13.18)所设计出来的控制律能够完成原控制系统的跟踪任务,因而该方法是有效的.此外,在讨论控制量个数的时候我们通过分析得出最多需要三个控制量即可完成控制任务,实验结果也验证了这一点.有些文章中将各个控制哈密顿量加起来作为一个控制哈密顿量,即 $H_I = H_1 + H_2 + H_3$,此时相应的只需一个控制量即可,这意味着每个控制量所对应的控制作用是相等的,无法根据控制系统的情况自由发挥,使得完成控制任务的时间变得很长,有时候甚至有较大误差.

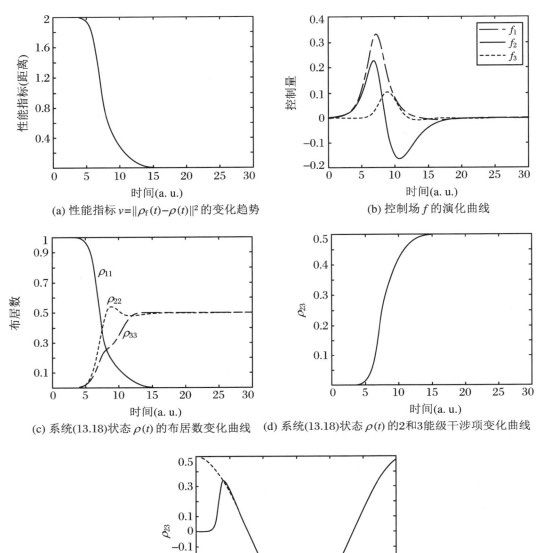

(a) 性能指标 $v=\|\rho_f(t)-\rho(t)\|^2$ 的变化趋势

(b) 控制场 f 的演化曲线

(c) 系统(13.18)状态 $\rho(t)$ 的布居数变化曲线

(d) 系统(13.18)状态 $\rho(t)$ 的2和3能级干涉项变化曲线

(e) 原被控系统状态对原目标系统状态矩阵元 ρ_{23} 的跟踪

图 13.6　五能级系统上的跟踪控制仿真实验结果

13.3 不同目标函数的量子系统动态跟踪

量子系统控制方法和技术近年来作为国际研究的一个前沿方向在多方面都取得了快速的发展(Marcos,Vadim,2004;Nuernberger,et al.,2007).量子系统最典型的控制问题是设计一组控制律,使系统状态从一个给定的初态驱动到期望的目标态,并能够最终稳定在该目标态上的控制.如果目标态是固定态,量子控制就是一个状态调节问题,或称为量子状态的转移控制.目前国内外已经发表了很多有关对量子系统各种状态转移的研究(Cong,Zhang,2008;Cong,Zhang,2011;Wen,Cong,2011;Yang,Cong,2010;Lou,et al.,2011);如果目标态是一个随时间变化的函数,量子控制问题就是一个状态跟踪问题.由于量子系统本身具有各种不同的状态,如叠加态、混合态、纠缠态等宏观系统中所不具有的状态,使得量子系统的跟踪控制与其状态转移一样,是一大类具有相当难度的控制问题,并且,与量子状态转移通常只关心最终时刻的状态不同,状态跟踪需要时刻关注目标系统的状态轨迹的变化,并保证其跟踪特性.在达到快速跟踪效果的同时,还必须考虑其他影响因素,比如在设计控制律时如果不去考虑控制律强度的大小,就有可能导致控制律出现奇异点或控制量过大的问题.因此,对量子系统状态的跟踪问题有必要进行系统深入的研究.到目前为止,有关此方面的研究成果较少,Wang 和 Schirmer 于 2010 年从理论上分析了基于李雅普诺夫方法的量子系统状态跟踪问题,13.1 节进行了量子系统状态跟踪自由演化刘维尔方程的问题,Zhu 和 Rabitz 于 2003 年利用最优控制并结合自适应算法研究了量子系统状态的跟踪问题.

本节将针对目标函数系统分别为指数函数和斜坡函数,采用不同的措施来进行目标跟踪控制.当目标系统为指数函数时,在利用李雅普诺夫稳定性理论设计出一个能够跟踪随时间变化的目标函数的控制律的基础上,借用 Zhu 和 Rabitz 在 2003 年提出的自适应算法来分析并解决量子控制系统中存在的控制量过大的问题;当目标系统为斜坡函数时,直接利用李雅普诺夫稳定性理论设计出一个能够跟踪随时间变化的目标函数的控制律,并调整相应的参数来实现状态跟踪.我们所做的研究的另一个特点是,不需要被控限定系统初态与目标系统初态相同,被控系统的初态可以是任意态.当被控系统的初态与目标系统初态不同时,在所设计的控制律的作用下,依然可以完成对目标系统的跟踪.被控系统在尽可能短的时间内从其初始状态跟踪上目标系统,之后保持跟踪.

13.3.1 问题描述与控制目标

本小节中所要研究的问题为:对封闭量子系统的纯态进行动态轨迹的跟踪控制.为此可以采用薛定谔方程来描述控制系统模型:

$$i\hbar \frac{\partial}{\partial t}\psi(t) = H\psi(t), \quad \psi(0) = \psi_0 \tag{13.36}$$

其中,$H = H_0 + \sum_{m=1}^{M} u_m(t)H_m$,$H_0$ 是系统内部(或自由)哈密顿量,H_m 是外部(或控制)哈密顿量,且假定均为独立于时间的函数,$u_m(t)$ 是允许的外加控制场;ψ_0 为初始状态;为了简单起见,一般取普朗克常数 $\hbar = 1$.

在封闭量子系统中,可观测量或观测算符由希尔伯特空间中的线性、自轭算符 $P(t)$ 来表示.可观测值为算符 $P(t)$ 的平均值或期望值.本小节中选择 $P(t)$ 为控制任务的目标算符,系统的输出变量是目标算符的平均值.令控制系统输出为 $Y(t)$,那么目标算符的平均值为

$$Y(t) = \langle \psi(t) \mid P(t) \mid \psi(t) \rangle \tag{13.37}$$

由式(13.37)可以看出,系统输出 $Y(t)$ 是标量.一般选择观测算符为自由哈密顿量的本征投影,所以 $Y(t)$ 的输出值始终在区间\[0,1\]内变化,表示状态之间的转移概率.

随时间变化的目标函数应当根据需要来进行选择,只要满足目标系统输出数值在区间\[0,1\]内变化即可.为了能够满足不同的目标函数的跟踪任务,本小节中我们假定目标系统为 $S(t)$.

此时控制系统的跟踪控制问题及其控制目标可以描述为:希望通过设计控制律来使被控系统(13.36)的系统输出(13.37)能够跟踪随时间变化的目标系统 $S(t)$ 的输出.那么,系统输出 $Y(t)$ 与目标系统输出 $S(t)$ 的差值 $e(t) = S(t) - Y(t)$ 将被用来作为控制系统跟踪的性能指标.

从控制理论的角度来看,一个系统的跟踪控制问题可以通过改变系统的状态为误差而变成状态转移问题.为此,控制目标可以转变成:通过设计一个控制器来使被控系统(13.36)和控制器组成的控制系统的输出 $Y(t)$ 与目标函数的输出 $S(t)$ 的误差为零,来达到两者输出一致而跟踪的目标.因此,我们需要根据被控系统及目标函数的信息设计控制律.

定义误差函数 $e(t)$ 为

$$e(t) = S(t) - Y(t) \tag{13.38}$$

那么,可得误差为

$$e(t) = S(t) - \langle \psi(t) \mid P(t) \mid \psi(t) \rangle \tag{13.39}$$

误差函数随时间的一阶导数为

$$\dot{e}(t) = \dot{S}(t) - \langle \dot{\psi}(t) \mid P(t) \mid \psi(t) \rangle$$
$$- \langle \psi(t) \mid \dot{P}(t) \mid \psi(t) \rangle - \langle \psi(t) \mid P(t) \mid \dot{\psi}(t) \rangle \tag{13.40}$$

将式(13.36)代入式(13.40),可得

$$\dot{e}(t) = \dot{S}(t) - \langle \psi(t) \mid \mathrm{i}[H, P(t)] + \dot{P}(t) \mid \psi(t) \rangle \tag{13.41}$$

根据目标系统输出 $S(t)$ 与控制系统输出(13.37)之间的误差 $e(t)$,我们采用基于李雅普诺夫的控制策略来设计控制律,通过实现被控状态与目标态间的误差状态 $e(t)$ 从任意初始状态到零的转移来实现相应的动态系统的跟踪控制.

13.3.2 控制系统设计

13.3.2.1 控制律的设计

在此,我们选择李雅普诺夫函数为

$$V(x) = \frac{1}{2} e^2(t) \tag{13.42}$$

其中,$V(x)$ 满足李雅普诺夫函数的前两个条件.

对选定的李雅普诺夫函数求一阶导数,可得

$$\dot{V}(x) = e(t) \cdot \dot{e}(t) \tag{13.43}$$

同时,为了方便控制律的求解,令可观测算符为系统自由哈密顿量 H_0 第一个本征态 $|\lambda_1\rangle$ 上的投影:$P = |\lambda_1\rangle\langle\lambda_1|$.将式(13.41)代入式(13.43),可以得到李雅普诺夫函数的一阶导数的表达式为

$$\dot{V}(t) = e(t) \cdot (\dot{S}(t) - 2\mathrm{Im}(\langle \psi(t) \mid P \cdot H_0 \mid \psi(t) \rangle))$$
$$- 2\sum_{m=1}^{M} u_m(t) \mathrm{Im}(\langle \psi(t) \mid P \cdot H_m \mid \psi(t) \rangle)) \tag{13.44}$$

由式(13.44)可以看出,等式右边包含漂移项 $\dot{S}(t) - 2\mathrm{Im}(\langle\psi(t)|P \cdot H_0|\psi(t)\rangle)$,这一项是由目标函数以及自由哈密顿量引起的,可能会影响 $\dot{V}(x) \leqslant 0$ 是否成立的判断.因此,为了使一阶导数 $\dot{V}(x)$ 满足半负定的条件,将式(13.44)拆分成两个部分:

$$\dot{V}(t) = e(t) \cdot (\dot{S}(t) - 2\mathrm{Im}(\langle\psi(t)|P \cdot H_0|\psi(t)\rangle) - 2u_1(t)\mathrm{Im}(\langle\psi(t)|P \cdot H_1|\psi(t)\rangle)$$
$$- 2\sum_{m=2}^{M} u_m(t)\mathrm{Im}(\langle\psi(t)|P \cdot H_m|\psi(t)\rangle) \tag{13.45}$$

首先,令

$$e(t) \cdot (\dot{S}(t) - 2\mathrm{Im}(\langle\psi(t)|P \cdot H_0|\psi(t)\rangle) - 2u_1(t)\mathrm{Im}(\langle\psi(t)|P \cdot H_1|\psi(t)\rangle) = 0 \tag{13.46}$$

由此可得控制律

$$u_1(t) = \frac{\dot{S}(t) - 2\mathrm{Im}(\langle\psi(t)|P \cdot H_0|\psi(t)\rangle)}{2\mathrm{Im}(\langle\psi(t)|P \cdot H_1|\psi(t)\rangle)} \tag{13.47}$$

其次,令

$$-2e(t) \cdot \sum_{m=2}^{M} u_m(t)\mathrm{Im}(\langle\psi(t)|P \cdot H_m|\psi(t)\rangle) \leqslant 0 \tag{13.48}$$

由此可得控制律

$$u_m(t) = k_m e(t) \cdot \mathrm{Im}(\langle\psi(t)|P \cdot H_m|\psi(t)\rangle), \quad m = 2,3,\cdots,M \tag{13.49}$$

其中,$k_m > 0, m = 2,3,\cdots,M$ 为控制增益.

由以上控制律的求解过程可以看出,控制律 u_1 的主要作用是消除漂移项,而控制律 $u_m(t), m \geqslant 2$ 起主要的控制作用.

13.3.2.2 控制系统的性能分析

首先分析控制律 u_1 可能引发的两个问题:① 奇异点问题;② 控制律过大问题.由推导出的控制律 $u_1(t)$ 及 $u_m(t)$ 的表达式形式可以看出,由于 $u_1(t)$ 主要用来消除漂移项 $\dot{S}(t) - 2\mathrm{Im}(\langle\psi(t)|P \cdot H_0|\psi(t)\rangle)$ 导致 $u_1(t)$ 的形式是分式,而分母是与系统状态有关的时变的量,这就可能会导致 $u_1(t)$ 的分母为 0,即在动态跟踪目标状态的过程中,控制律 $u_1(t)$ 可能会在某些状态由于其分母为零而导致控制律为无穷大出现奇异点.数学计算上出现的奇异点并非说明系统不可控,实际上,在量子控制的动态跟踪中,根据系统可控性可以将奇异点分为可去除的奇异点与系统本身所固有的奇异点,它们的形式分别

为 0/0 与 $\alpha/0$，$\alpha \neq 0$(Zhu，Rabitz，1999)．对于第一种形式，也就是说可去除的奇异点，它们只是出现在被控系统跟踪目标系统过程中的某些时刻，如若在动态跟踪过程中遇到可去除奇异点，是可以通过一些有效的手段来解决的，比如针对一些低阶系统可以将比较明显易于求解的奇异点解出，并对控制律进行分段设计进而剔除；针对四阶或四阶以上的高阶系统，由于系统结构和控制律形式都比较复杂，并且奇异点的个数较多，这对直接求解会造成一定的困难，不过可以在出现奇异点的时刻对控制律 $u_1(t)$ 运用洛必达法则，使控制律形式从 0/0 变为 α/β，α，$\beta \neq 0$，进而将奇异点剔除；或者，利用对目标函数进行修正来回避这些奇异点，总之，此类奇异点实际上对跟踪控制并不会造成太大困扰．而对于系统固有奇异点，也就是说，在任何时刻控制律的分母始终为 0，这可能是系统本身所具有的特性，也可能是由目标系统过高的限制条件导致，是无法剔除的．

同时，即使系统本身没有奇异点，或者已经通过洛必达法则将奇异点去除，由于控制律 $u_1(t)$ 消除漂移项的特殊作用，那么系统就完全靠控制律 $u_m(t)$ 来控制，然而用来消除系统漂移项的 $u_1(t)$ 对系统的控制实际上会产生影响，比如 $u_1(t)$ 分母过小将导致整体数值过大，稳定跟踪就无法保证．不过，对于大多数的量子系统的动态跟踪问题，在误差允许的范围内，系统状态在较长的时间范围内都能以较小的误差动态跟踪目标状态更加重要．并且根据选择的目标函数，目标系统稳态为 1，系统状态能否跟踪上最终稳态更重要．因此，我们可以对控制律限幅，当限幅无法满足控制精度的需求时，也可以同时对目标轨迹函数进行微调，以此来避免控制幅值过大的问题．

13.3.3　数值仿真实验及其结果分析

为了对所提控制方法的效果进行验证，本小节将对不同目标函数系统下跟踪进行系统仿真实验，并对结果进行分析．

考虑一个四能级的量子系统，控制系统的自由哈密顿量为

$$H_0 = \sum_{i=1}^{4} E_i = |j\rangle\langle j| \tag{13.50}$$

其中，$E_1 = 0.494\,8$；$E_2 = 1.452\,9$；$E_3 = 2.369\,1$；$E_4 = 3.243\,4$，即自由哈密顿量为

$$H_0 = \mathrm{diag}(0.494\,8, 1.452\,9, 2.369\,1, 3.243\,4) \tag{13.51}$$

对于此四阶系统，我们假设任何两个能级之间都有相互作用，因此控制哈密顿量为

$$\begin{pmatrix} 0 & 1 & 1 & 1 \\ 1 & 0 & 0 & 0 \\ 1 & 1 & 0 & 1 \\ 1 & 1 & 1 & 0 \end{pmatrix}.$$ 由 13.3.2.1 小节可知，该系统中至少需要两个控制场的作用，我们可以

将控制哈密顿量拆分成 $H_1 = \begin{pmatrix} 0 & 1 & 1 & 0 \\ 1 & 0 & 0 & 1 \\ 1 & 0 & 0 & 1 \\ 0 & 1 & 1 & 0 \end{pmatrix}$ 和 $H_2 = \begin{pmatrix} 0 & 1 & 0 & 1 \\ 1 & 0 & 1 & 0 \\ 0 & 1 & 0 & 1 \\ 1 & 0 & 1 & 0 \end{pmatrix}$，系统总的哈密顿量为

$$H = H_0 + u_1(t)H_1 + u_2(t)H_2 \tag{13.52}$$

系统的本征值分别为 $\lambda_1 = 0.494\,8$，$\lambda_2 = 1.452\,9$，$\lambda_3 = 2.369\,1$，$\lambda_4 = 3.243\,4$，相应的本征态分别为 $|\lambda_1\rangle = (1\quad 0\quad 0\quad 0)^{\mathrm{T}}$，$|\lambda_2\rangle = (0\quad 1\quad 0\quad 0)^{\mathrm{T}}$，$|\lambda_3\rangle = (0\quad 0\quad 1\quad 0)^{\mathrm{T}}$，

$|\lambda_4\rangle = (0\quad 0\quad 0\quad 1)^{\mathrm{T}}$. 实验中观测算符选取为 $P = |\lambda_1\rangle\langle\lambda_1| = \begin{pmatrix} 1 & 0 & 0 & 0 \\ 0 & 0 & 0 & 0 \\ 0 & 0 & 0 & 0 \\ 0 & 0 & 0 & 0 \end{pmatrix}$，时间步长

选为 $\Delta t = 0.01$.

根据 13.2 节和 13.3.2 小节的理论分析，将对目标系统分别为指数函数和斜坡函数进行系统仿真实验.

13.3.3.1 性能目标为指数函数

此时目标系统 $S(t)$ 为一个指数函数：

$$S(t) = 1 - \mathrm{e}^{-t^2/(2\tau^2)}, \quad t \geqslant 0 \tag{13.53}$$

其中，目标系统的参数 $\tau = 20$.

因为控制律中需要用到目标函数的导数，所以对目标系统 $S(t)$ 求导，即对式(13.53)求导，并代入控制律(13.47)和(13.49)中，可求出控制律 $u_1(t)$ 和 $u_2(t)$. 根据 13.3.1 小节和 13.3.2 小节的理论分析，将对控制律进行限幅，并同时对目标轨迹进行微调. 修正目标轨迹的步骤如下：

当 $t = t_0$，$u_1(t)$ 大于设定的值 A_1 或 $u_2(t)$ 大于设定的值 A_2 时，令 $t = t_1$ 时的目标状态 $S(t_1)$ 为修正目标轨迹(Zhu，Rabitz，2003b)：

$$S(t_1) = S(t_0) + (1 - S(t_0))(1 - \mathrm{e}^{-(t-t_0)/(2\tau^2)}) \tag{13.54}$$

此时，当 $t_1 = t_0$ 时，满足 $S(t_1) = S(t_0)$，并且，当 $t_1 \to \infty$ 时，$S(t_1) \to 1$，所以 $S(t_1)$ 与

$S(t_0)$有着一致的走向.虽然,这样修正目标系统的轨迹会对动态跟踪的精确性造成影响,不过如果我们将时间间隔划分得足够小,可以认为$S(t_1) = S(t_0)$.同理,可以写出轨迹修正的一般表达式为

$$S_{k+1}(t) = S_{t_k}(t_k) + (1 - S_k(t_k))(1 - \mathrm{e}^{-(t-t_k)/(2\tau^2)}) \tag{13.55}$$

只要任一控制律超过设定的值,就对目标轨迹进行式(13.54)的修正.为了进一步减小控制律$u_2(t)$过大的影响,我们在修正轨迹的同时,减小$u_2(t)$的比例系数.在控制律未超过设定值的跟踪过程中,被控系统会按照李雅普诺夫设计出的控制律朝误差减小的方向控制.因为$u_1(t)$的主要目的是消除漂移项,所以其控制系数$k_1 = 1$.在整个控制过程中主要是通过系统仿真实验调整出合适的控制系数k_2来完成误差状态的调节与系统跟踪任务的.

具体来说,整个控制过程将有两种控制律来保证控制效果.实验中,在每一时刻都进行条件判断后来选择执行下述两种控制之一:

(1) 当$u_1 \leqslant A_1$且$u_2 \leqslant A_2$时,此时采用期望的目标轨迹式为(13.53):$S(t) = 1 - \mathrm{e}^{-t^2/(2\tau^2)}$,采用控制律(13.47)和(13.49),其中式(13.49)中的控制律的比例系数为k_2'.

(2) 当其中有任一控制律超过限定值,即$u_1 > A_1$或$u_2 > A_2$时,按式(13.55)对目标轨迹进行修正,同时调整控制律(13.49)中的比例系数为k_2.

系统仿真实验中,选取被控系统(13.36)的四个本征态$|\lambda_1\rangle$,$|\lambda_2\rangle$,$|\lambda_3\rangle$和$|\lambda_4\rangle$的叠加态为初态$|\psi_0\rangle$:

$$|\psi_0\rangle = (1/2)|\lambda_1\rangle + (1/2)|\lambda_2\rangle + (1/2)|\lambda_3\rangle + (1/2)|\lambda_4\rangle \tag{13.56}$$

转化成被控系统的输出为

$$Y(0) = \langle\psi_0|P|\psi_0\rangle = 0.25 \tag{13.57}$$

目标系统的初值$S(0) = 0$,则误差状态的初始值$e(0) = S(0) - Y(0) = -0.25$.

控制律$u_1(t)$的主要作用为消除漂移项,其比例系数$k_1 = 1$,但$u_1(t)$值的大小也影响到对系统的跟踪,因此在实验中需要根据所选择的期望误差大小来调节两个控制律的限定值和不同情况下的比例系数k_2'和k_2.

第一,调整无限幅情况下的控制参数即控制律$u_2(t)$的比例系数k_2'.由于误差初值$e(0) = -0.25$,为了尽快地使被控系统跟踪上目标系统,挑选一个较大的控制增益$k_2 = 100$,在此基础上多次调整该参数,对比最大误差,可得$k_2 = 120$时出现最优值.

第二,调整限幅情况下的控制参数:控制律的限定值和比例系数k_2.通过实验发现,控制律$u_2(t)$的幅值在不同的参数下不尽相同,不过整体都不大于3,虽然从数值上看不会出现过大的问题,但依然会影响整个时间段的控制精度,通过对不同的参数下最大误

差的比较,最后限定 $|u_2(t)|\leqslant 2$.在此情况下,我们分别对不同的 $u_1(t)$ 与比例系数 k_2 选取不同值的情况下对控制性能的影响进行了系统仿真实验.表 13.1 为 k_2 与 $u_1(t)$ 在不同参数组合下进行系统仿真实验所获得的控制系统的最大误差,其中,对 $u_1(t)$ 幅值的限制范围为 $0.5:0.5:7$;k_2 的取值范围为 $40:5:60$.由表 13.1 中的实验结果可以看出:当 $k_2=50$,$u_1(t)$ 限定值为 6 时,控制系统的误差最小为 0.0069,也就是说系统的跟踪精度达到 99.31%.

根据以上调整好的参数进行系统仿真,实验结果如图 13.7 所示,其中,图 13.7(a)为被控系统输出跟踪目标系统输出的跟踪曲线,图 13.7(b)为误差函数随时间的演化曲线,图 13.7(c)为控制律 $u_1(t)$ 随时间的变化曲线,图 13.7(d)为控制律 $u_2(t)$ 随时间的变化曲线.从图 13.7(a)可以看出,在系统整个演化过程的前 5 a.u.,被控系统输出在控制律作用下由初值 0.25 很快地跟踪上目标系统,并且在整个跟踪时间段内,被控系统都能够很好地跟踪目标系统.从图 13.7(b)的误差曲线可以看出,在刚开始的前 5 a.u.,误差绝对值由初始的 0.25 减小到 0,在 18 a.u. 时,误差增大到 0.0069.但在整个跟踪过程中,误差能够始终控制在 0.0069 内,跟踪精度达到 99.31%,并且在 50 a.u.过后误差趋向于 0,由图 13.7(b)亦可看出,被控系统状态能够稳定地跟踪目标系统的状态.图 13.7(c)和图 13.7(d)显示两个控制律大小始终在各自的限定值之内变动.

表 13.1 k_2,$u_1(t)$ 不同取值下最大误差表($e_{\max}\times 10^{-2}$)

u_1 $\diagdown$ k_2	40	45	50	55	60
5	1.01	1.18	1.34	1.13	1.16
5.5	0.99	1.62	1.15	1.03	1.14
6	1.86	1.05	0.69	1.04	1.16
6.5	1.02	1.18	1.08	1.05	0.96
7	1.42	1.15	1.09	1.04	0.96

为了进一步考察系统参数变化与系统控制性能之间的关系,我们在将控制 $u_2(t)$ 的幅值限制为 $|u_2(t)|\leqslant 2$ 的情况下,对 $u_1(t)$ 的幅值限定以及比例系数 k_2 选取不同值来进行系统仿真实验.通过实验我们得出它们与系统控制性能的关系如图 13.7(e)所示,其中,x 和 y 坐标分别为 $u_1(t)$ 和 k_2 取值;z 坐标为控制系统相应的输出误差的最大值 $e_{\max}$;$|u_1(t)|$ 的限值范围为 $0.5:0.5:8$;k_2 的取值范围为 $5:5:100$.从图 13.7(e)中可以看出,控制器参数的变化与系统控制性能之间没有一定规律的关系,存在多样变化的误差曲面,系统误差的最小值需要通过仿真实验,精心调整不同参数来获得.

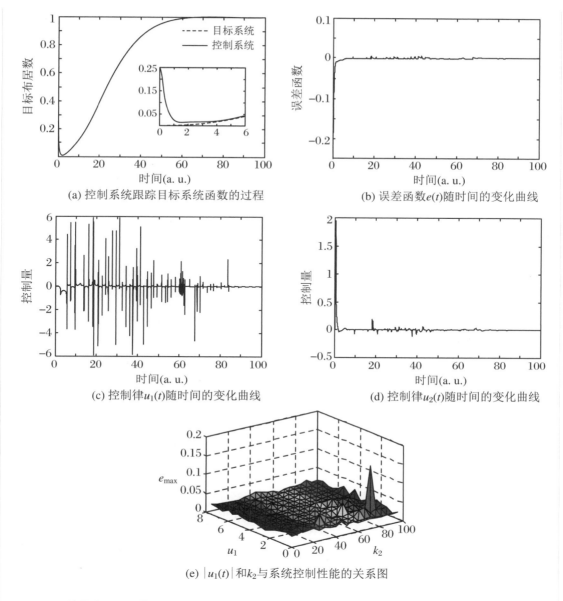

图 13.7　性能指标为指数函数时的跟踪控制仿真效果

13.3.3.2　性能目标为斜坡函数

选定目标系统 $S(t)$ 为斜坡函数:

$$S(t) = 0.5t, \quad t \in [0,2] \tag{13.58}$$

同样通过对目标系统求导,即对式(13.54)求导,并代入式(13.47)和式(13.49)中,得出控制律 $u_1(t)$ 和 $u_2(t)$.

选取被控系统(13.36)的初态为三个本征态 $|\lambda_1\rangle$,$|\lambda_3\rangle$ 和 $|\lambda_4\rangle$ 的叠加态:

$$|\psi_0\rangle = (1/\sqrt{3})|\lambda_1\rangle + (1/\sqrt{3})|\lambda_3\rangle + (1/\sqrt{3})|\lambda_4\rangle \tag{13.59}$$

转化成被控系统的输出为

$$Y(0) = \langle\psi_0|P|\psi_0\rangle = \frac{1}{3} \tag{13.60}$$

目标系统的初值 $S(0)=0$,则误差的初始值 $e(0)=S(0)-Y(0)=-0.3333$.虽然目标函数不同,同样,$u_1(t)$ 的主要作用依然为消除漂移项,其比例系数 $k_1=1$.因此,在此实验中只需对控制律 $u_2(t)$ 的比例系数进行调整,并对控制律 $u_1(t)$ 进行硬性限制.当控制过程出现异常时,则说明控制律 $u_1(t)$ 过大,使得出现了奇异点,将采用前一时刻的控制律来规避此类问题.

由于目标函数是一条斜直线,在本实验过程中并未对期望函数轨迹进行微调.为了避免出现起初控制律过大而导致后期无法正确跟踪的情况,挑选一个较小的控制增益 $k_2=0.1$,在此基础上多次调整该参数,对比最大误差,可得 $k_2=0.065$ 时出现最优值.同时,我们给出最优值前后 10 组数据,如表 13.2 所示.从表中数据可以看出,当 $k_2=0.065$ 时,所对应的系统最大误差为 0.0014,也就是说,在此参数下,控制精度达到了 99.86%.从此表可以看出,随着 k_2 的增大,误差也会随之增大.在 k_2 值小于 0.065 的几个数据中,控制精度也有不同程度恶化,当 $k_2=0.062$ 时尤为明显,误差为无穷,也就是说出现了奇异点的问题,针对此问题,采取了对控制律进行硬性限制,即当控制律大于设定的值 200 时,让此时刻的控制律沿用前一时刻的控制律来规避此类问题,因此出现了括号内的误差为 0.2128,但显然误差依然较大,所以这个参数也是不合适的.最后我们选定 $k_2=0.065$.

根据以上调整好的参数进行系统仿真,实验结果如图 13.8 所示,其中,图 13.8(a)为被控系统输出跟踪目标系统输出的跟踪曲线,图 13.8(b)为误差函数随时间的变化曲线,图 13.8(c)为控制律 $u_1(t)$ 随时间的变化曲线,图 13.8(d)为控制律 $u_2(t)$ 随时间的变化曲线.从图 13.8(a)可以看出,系统花了 $0.2\,\text{a.u.}$ 的时间,从初始误差 0.33 逐渐跟踪上目标函数(13.58),并且在其后的跟踪过程中,跟踪误差的最大值为 0.0014.从图 13.8(b)的误差曲线可以看出,在开始的 $0.2\,\text{a.u.}$,误差绝对值由初始的 0.33 逐渐地趋向于 0,在 $0.2\,\text{a.u.}$ 之后,被控系统都能以较小的误差跟踪,最大时刻的误差才到 0.0014,也就是说,被控系统状态能够稳定地跟踪目标系统的状态.图 13.8(c)和图 13.8(d)分别为两个控制律 $u_1(t)$ 和 $u_2(t)$ 在整个跟踪时间段内值的大小.

量子系统控制理论与方法
Control Theory and Methods of Quantum Systems

表 13.2　k_2 不同取值下最大误差表

k_2	0.061	0.062	0.063	0.064	0.065	0.066	0.067	0.068	0.069	0.07
$e_{\max}$	0.034 2	∞ (0.212 8)	0.052 7	0.007 1	0.001 4	0.010 8	0.020 1	0.03	0.046	0.060 4

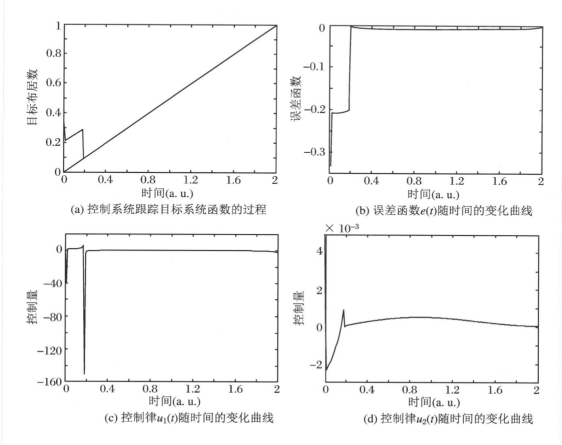

图 13.8　性能指标为指数函数时的跟踪控制仿真效果

13.3.4　小结

在量子系统的轨迹跟踪过程中,漂移项的存在常导致控制律过大甚至出现奇异点,使得跟踪控制变得比较困难.针对该问题,本节采用基于李雅普诺夫稳定性理论对薛定谔方程描述的量子系统进行控制律的设计,同时对控制律是否会出现过大的情况进行判断.根据理论分析对一个四能级量子系统进行仿真实验,并对不同的目标系统采取不同的措施.当目标系统为指数函数时,控制律的大小超过了所规定的上限,通过重新设计目标轨迹,绕过奇异点来避免控制律过大而导致不能稳定跟踪的问题,而新的目标轨迹是对原轨迹的微调.当目标系统为斜坡函数时,通过对控制律进行硬性限制来规避控制值过大问题,并调节控制律参数来实现跟踪过程.实验结果表明被控系统可以从任意初态对目标系统进行快速跟踪,并达到期望的跟踪精度.

13.4 收敛性分析与证明

激光技术的发展带来了量子控制理论的不断进步,在过去的 20 年里,量子控制理论取得了一系列研究成果,并已经广泛地应用在化学反应(Shapiro,Brumer,1997)、分子运动控制(Chen,et al.,1995)、量子传输等各个领域.经过半个多世纪的发展,宏观领域的很多控制方法在一定的条件下已经被引入微观领域,比如最优控制(Peirce,et al.,1988a;Cong,Zhang,2011;Sugawara,2003;Salomon,Turinici,2006;Zhang,Chen,2008;Chen,et al.,2008)、自适应控制(Zhu,Rabitz,2003a;Jha,et al.,2009)以及李雅普诺夫控制(Wang,Schirmer,2010a;Liu,Cong,2011;Wang,Schirmer,2010b;Karasik,et al.,2008;Mirrahimi,et al.,2005;Beauchard,et al.,2007)等.根据系统是否孤立或与外界环境相互作用,可以将量子系统分为封闭量子系统和开放量子系统.在封闭量子系统中,系统的演化是幺正的,描述封闭系统演化的 Liouville 方程可以表示为 $\dot{\rho} = -\frac{i}{\hbar}[H_0,\rho]$. 而在开放量子系统中,系统向环境中信息的流失导致了系统的非幺正演化.用来描述开放系统的主方程最常用的是 Lindblad 型主方程 $\dot{\rho} = -\frac{i}{\hbar}[H_0,\rho] + L_D(\rho)$,形式上就是一个封闭系统加上一个引起信息流失的耗散项 $L_D(\rho)$. 很显然,封闭量子系统特性及其控制的研究要相对简单,实际上更重要的是,封闭量子系统的研究是开放量子系统研究的基础,比如开放系统中克服消相干的重要手段:无消相干子空间,就是寻找开放系统中可以表示为封闭系统的子空间.到目前为止,许多封闭量子系统特性及其控制问题没有得到解决,仍有必要对封闭量子系统的控制特性进行进一步深入的研究.

从系统控制的角度来看,量子控制问题分为两大类,一类是状态转移,也叫状态驱动或制备,主要思想是根据某种控制理论设计控制律,在该控制律的作用下驱动系统从一个任意初态到期望的目标态;另一类是状态跟踪,包括轨道跟踪和轨迹跟踪两种.对于量子系统的跟踪,轨道跟踪是指被控系统跟踪其自身的自由演化的目标系统,因而被控系统和目标系统均按照同一个自由哈密顿量 H_0 进行演化.轨道跟踪是量子系统所特有的现象,不管有没有控制作用,量子系统的状态都有其自身自由演化的轨道,对轨道起决定性作用的是系统的自由哈密顿量 H_0 和系统初态.轨迹跟踪包括两种,一种是量子系统跟踪另外一个目标量子系统,目标系统可能和跟踪系统拥有相同的 H_0(两者是一个系统,可能初态不同等),这一种也就是轨道跟踪,也可能拥有不同的 H_0(两者不是同一个系统).由此可见,轨迹跟踪包含轨道跟踪.轨迹跟踪的第二种形式是量子系统跟踪的目标函数,是一个任意的随时间变化的函数,比如阶跃函数、斜坡函数等等.

量子系统的状态驱动长期以来一直是学者们最多关注的研究问题,并且已经有很多研究成果(Cong,Zhang,2011;Sugawara,2003;Kuang,Cong,2010a).关于量子系统的轨道跟踪问题也有不少报道(Salomon,Turinici,2006;Wang,Schirmer,2010a;Liu,Cong,2011;Mirrahimi,et al.,2005;Mirrahimi,Rouchon,2004a),其中,Salomon 和 Turinici 于 2006 年、Zhang 和 Chen 于 2008 年采用最优控制进行轨道控制研究;Wang 和 Schirmer 于 2008 年研究了基于李雅普诺夫稳定性定理针对目标态具有非退化本征谱情况下的收敛控制律;Mirrahimi 等人于 2005 年、Mirrahimi 和 Rouchon 于 2004 年解决了目标态为纯态时的控制律设计及收敛性问题.13.1 节介绍了通过引入误差的方法来处理量子态的第一种轨迹跟踪问题,即被控量子系统跟踪另一个目标量子系统,其主要做法是通过定义误差变量为 $\hat{e}(t) = x_f(t) - x(t)$,其中 $x_f(t)$ 是目标变量,$x(t)$ 是被控变量.通过此变换将原系统状态变量 $x(t)$ 对 $x_f(t)$ 的跟踪问题转变成对误差变量 $\hat{e}(t)$ 的状态转移的调节问题:调节误差变量从其任意初值 $\hat{e}(0)$ 到终点 $\hat{e}_f = 0$ 矩阵的控制.这种方法同样适用于第二种对一个任意随时间变化函数的跟踪.由此可见,引入误差的方法是解决量子轨迹跟踪的通用方法.这里的误差变量不一定是一个实际的物理量,只是一种简化处理问题的数学变换.此方法的设计原理和过程如下:

不失一般性,采用刘维尔方程来描述量子系统:

$$i\hbar \frac{\partial}{\partial t}\hat{\rho}(t) = \left[H_0 + \sum_{m=1}^{M} f_m(t)H_m, \hat{\rho}(t) \right], \quad \hat{\rho}(0) = \hat{\rho}_0 \qquad (13.61)$$

其中,H_0,H_m 分别表示系统的自由哈密顿量和控制哈密顿量,它们都是与时间无关的;$f_m(t)$ 表示随时间变化的外部控制场.

对于轨迹跟踪的两类问题,当采用上述将系统跟踪问题转变成误差状态转移问题的做法时,其设计过程如下:

1. 跟踪一个自由演化的量子系统

对于被跟踪的目标系统与被控系统同样都是一个量子系统的情况,目标系统可以表

示为 $\mathrm{i}\hbar \frac{\partial}{\partial t}\hat{\rho}_{\mathrm{f}}(t) = \left[H_{0\mathrm{f}} + \sum_r f_r H_r, \hat{\rho}_{\mathrm{f}}(t)\right]$，其中 f_r 为目标系统的参考输入. 一般情况下，目标系统多选择为一个自由演化的量子系统（Wang，Schirmer，2010a；Wang，Schirmer，2010b），即选择 $f_r = 0$，此时目标系统具有封闭的、周期的轨道，这也是本节中所选择的目标系统：

$$\mathrm{i}\hbar \frac{\partial}{\partial t}\hat{\rho}_{\mathrm{f}}(t) = \left[H_{0\mathrm{f}}, \hat{\rho}_{\mathrm{f}}(t)\right], \quad \hat{\rho}_{\mathrm{f}}(0) = \hat{\rho}_{\mathrm{f0}} \tag{13.62}$$

其中，$H_{0\mathrm{f}}$ 表示目标系统的自由哈密顿量.

误差定义为 $\hat{e}(t) = \hat{\rho}_{\mathrm{f}}(t) - \hat{\rho}(t)$，一个关于状态误差 $\hat{e}(t) = x_{\mathrm{f}}(t) - x(t)$ 的新的被控系统可以描述为

$$\begin{cases} \mathrm{i}\frac{\partial}{\partial t}\hat{e}(t) = \left[H_0 + \sum_{m=1}^{M} f_m(t)H_m, \hat{e}(t)\right] - \left[H_{0\mathrm{f}} - H_0 + \sum_{m=1}^{M} f_m(t)H_m, \hat{\rho}_{\mathrm{f}}(t)\right] \\ \hat{e}(0) = \hat{\rho}_{\mathrm{f0}} - \hat{\rho}_0 \end{cases}$$
$$\tag{13.63}$$

由于方程（13.63）中含有时变的目标态 $\hat{\rho}_{\mathrm{f}}(t)$，需要对该方程进行幺正变换：$U(t) = \exp(\mathrm{i}H_{0\mathrm{f}}t)$，将方程（13.63）变成

$$\mathrm{i}\frac{\partial}{\partial t}e(t) = \left[H', e(t)\right] - \left[H', \hat{\rho}_{\mathrm{f0}}\right], \quad e(0) = \hat{\rho}_{\mathrm{f0}} - \hat{\rho}_0 \tag{13.64}$$

其中，$H' = H_0 - H_{0\mathrm{f}} + \sum_{m=1}^{M} f_m(t)H_m$. 轨道跟踪时，$H_0 = H_{0\mathrm{f}}$，$H' = \sum_{m=1}^{M} f_m(t)H_m$.

方程（13.64）的优势在于只含有一个含时的误差 $e(t)$ 变量，将需要解决系统方程（13.61）和方程（13.62）同时考虑随时间变化的被控状态 $\hat{\rho}(t)$ 和目标状态 $\hat{\rho}_{\mathrm{f}}(t)$ 的跟踪问题，等价于解决误差变量的状态转移问题，此时许多已经建立的有关状态转移的控制方法都可以加以应用.

2. 跟踪一个随时间变化的函数

此时，目标系统是一个时变函数 $s(t)$，比如 $s(t) = 1 - \mathrm{e}^{-t^2/(2\tau^2)}$，$s(t) = at$ 等. 此时误差变量可以定义为 $\hat{e}(t) = x_{\mathrm{f}}(t) - x(t) = s(t) - \mathrm{tr}(O(t)\rho(t))$，其中 $O(t)$ 是一个观测算符. 对于一个封闭量子系统，可观测量或者观测算符是由希尔伯特空间的线性、自共轭的算符 $O(t)$ 表示的. $\mathrm{tr}(O(t)\rho(t))$ 表示 $O(t)$ 在时刻 t 的平均值.

系统控制理论中进行控制律设计的主要方法是基于被控系统模型的. 基于模型的控制律的设计一般分为三步：第一步是选择或建立被控系统的数学模型；第二步是根据控

制理论进行控制律的设计;第三步是进行控制系统的性能分析.基于李雅普诺夫稳定性定理的量子控制方法实际上是一种局部最优控制,它的另一个局限性是一般情况下,李雅普诺夫方法只是一种稳定控制,稳定控制意味着系统的控制性能存在着一定的误差.由于量子系统是一种概率控制,具有误差的量子系统控制在一定程度上就意味着系统可能完全达不到期望的目标.要想使系统能够完全达到期望的目标,必须设计出收敛的(而不仅仅是稳定的)李雅普诺夫的量子控制方法,这也是最近几年里有关李雅普诺夫的量子控制方法的研究热点.

本节将详细给出目标态为对角混合态的收敛条件,并就目标态为非对角密度矩阵时的控制特性进行深入研究,给出解决方案.本节的目的有两个:① 解决上述问题以便能够达到采用李雅普诺夫的量子控制方法实现封闭量子系统的任意初态到任意目标态的完全转移;② 基于①的目标来实现对跟踪自由演化目标系统的控制理论.

采用误差变量的跟踪控制的设计思想是借用了宏观系统控制理论中将系统跟踪问题转化为状态调节问题的概念来进行的.误差变量的引入只是作为一种数学工具,此时的误差只是一个数学变量而非物理量.误差 $e = \rho_f - \rho \rightarrow 0$ 等同于 $\rho \rightarrow \rho_f$.对于轨迹跟踪来说,量子系统固有的特性使得利用幺正变换也可以将含时的目标态转变为固定的不动点(Cong,Zhang,2011).因而可以通过幺正变换来达到采用误差变量所起到的作用.通过综合分析量子控制系统的特性,我们得出结论(Cong,Liu,2012):可以直接对原系统方程(13.61)和方程(13.62)中的被控变量,通过进行幺正变换来进行控制律的设计而无需进行误差变换,同样能够解决量子系统跟踪问题.因此本节中我们将直接对原系统方程(13.61)和方程(13.62)进行研究与分析,并且为了简单起见,本节中的目标系统选为一个自由演化的系统,且令 $H_{0f} = H_0$,也就是说,我们研究的是轨迹跟踪中的轨道跟踪问题,这种情况在实际系统中也很常用.我们的总体思路是,首先将轨迹跟踪转化为状态转移;然后对状态转移问题进行控制律设计及控制特性分析;状态跟踪问题转化为状态转移问题后,收敛性和被控系统初态、目标系统初态以及控制律有关;在状态转移过程中,分别考虑目标系统为混合态以及叠加态时的控制性能.

13.4.1 控制系统的模型

本小节所考虑的被控系统与目标系统是由量子刘维尔方程(13.61)和方程(13.62)描述的:

$$i\hbar \frac{\partial}{\partial t}\hat{\rho}(t) = \left[H_0 + \sum_{m=1}^{M} f_m(t)H_m, \hat{\rho}(t) \right], \quad \hat{\rho}(0) = \hat{\rho}_0 \qquad (13.65a)$$

$$i\hbar \frac{\partial}{\partial t}\hat{\rho}_{\mathrm{f}}(t) = [H_{0\mathrm{f}}, \hat{\rho}_{\mathrm{f}}(t)], \quad \hat{\rho}_{\mathrm{f}}(0) = \hat{\rho}_{\mathrm{f}0} \tag{13.65b}$$

其中,各参数的意义与方程(13.61)和方程(13.62)相同.为简单起见,我们取 $\hbar = 1$,且只考虑 $H_0 = H_{0\mathrm{f}}$ 的情况.

希望的控制目标是,通过设计一个收敛的控制律来使系统(13.65a)的状态 $\hat{\rho}(t)$ 跟踪系统(13.65b)的状态 $\hat{\rho}_{\mathrm{f}}(t)$.因为封闭量子系统的演化是幺正的,故演化过程中状态的谱是时不变的,即有 $\mathrm{tr}(\hat{\rho}^n(t)) = \mathrm{tr}(\hat{\rho}_{\mathrm{f}}^n(t))$ 成立.

13.4.2 控制律的设计

在众多的控制方法中,基于李雅普诺夫的方法是一种相对比较简单而且易实现的控制方法.该方法的基本思想是,选取一个虚拟能量函数 $V(x)$ 作为李雅普诺夫函数,且需要满足三个条件:① $V(x)$ 在定义域内连续且具有连续的一阶导数;② $V(x)$ 是正定的,即 $V(x) \geqslant 0$,当且仅当 $x = x_0$ 时 $V(x) = 0$;③ $\dot{V}(x) \leqslant 0$.通过李雅普诺夫稳定性定理设计的控制律总是稳定的.第4章中提出了三种李雅普诺夫函数的设计方法,本小节中我们选取基于虚拟力学量的李雅普诺夫函数为

$$V(\rho) = \mathrm{tr}(P\hat{\rho}) \tag{13.66}$$

其中,P 是一个虚拟的观测算符,不一定时刻都对应一个实际的可观测量,所以不必为正定.P 也叫作虚拟力学量.

为了判断控制系统的收敛性,根据李雅普诺夫函数的第三个条件及系统(13.65),可得李雅普诺夫函数对时间的一阶导数为

$$\dot{V} = -\sum_m f_m(t)\mathrm{tr}(iH_m[\hat{\rho}(t), P]) - \mathrm{tr}(P[H_0, \hat{\rho}(t)]) \tag{13.67}$$

其中,第二项为漂移项,它含有 H_0 并与 P 有关.

由于式(13.67)中漂移项的正负性难以判断,所以我们希望此项为零,即希望 $\mathrm{tr}(P[H_0, \hat{\rho}(t)]) = 0$. 为 此 我 们 引 入 一 个 幺 正 变 换:$\mathrm{e}^{-it\lambda_n} \mid \psi \rangle$,其 中 $\{|\psi\rangle: n = 1, 2, \cdots, N = \dim H\}$ 是 H 的一组基矢量,也是 H_0 的相对应于本征值 λ_n 的本征态,即 $H_0|\psi\rangle = \lambda_n|\psi\rangle$.令 $U(t) = \exp(-itH_0)$,通过对原系统(13.65)进行幺正变换:$\rho(t) = U^+(t)\hat{\rho}(t)U(t)$,$\rho_{\mathrm{f}}(t) = U^+(t)\hat{\rho}_{\mathrm{f}}(t)U(t)$,其中"+"表示共轭转置,"^"表示

变换前的状态,可将原系统(13.65)变成

$$\mathrm{i} \frac{\partial}{\partial t} \rho(t) = \Big[\sum_{m=1}^{M} f_m(t) H_m(t), \rho(t) \Big], \quad \rho(0) = \hat{\rho}_0 \tag{13.68a}$$

$$\mathrm{i} \frac{\partial}{\partial t} \rho_{\mathrm{f}}(t) = 0, \quad \rho_{\mathrm{f}}(0) = \hat{\rho}_{\mathrm{f}0} \tag{13.68b}$$

其中,$H_m(t) = U^+(t) H_m U(t)$.

从式(13.68a)可见,幺正变换后的动力学系统将由一个新的哈密顿量 $H_m(t) = \mathrm{e}^{\mathrm{i}H_0 t} H_m \mathrm{e}^{-\mathrm{i}H_0 t}$ 控制,系统由原来的薛定谔绘景转换到相互作用绘景,且方程(13.68b)等价于

$$\rho_{\mathrm{f}}(t) = \hat{\rho}_{\mathrm{f}0} \tag{13.69}$$

根据新系统(13.68a)和(13.69)来设计控制律,李雅普诺夫函数的一阶导数为

$$\dot{V} = - \sum_{m=1}^{M} f_m(t) \mathrm{tr}(\mathrm{i}H_m(t)[\rho(t), P]) \tag{13.70}$$

此时,我们对原系统(13.65a)跟踪目标系统(13.65b)的控制任务转变成对新的被控系统(13.68a)的状态转移到目标状态(13.69)的控制任务,并且基于李雅普诺夫的控制器设计稳定性判定条件变为式(13.70)中的 $\dot{V} \leqslant 0$.

为了简单起见,我们让方程(13.70)的求和符号中的每一项都为非负以确保 $\dot{V} \leqslant 0$,则控制律为

$$f_m(t) = - k_m \mathrm{tr}(\mathrm{i}H_m(t)[\rho(t), P]), \quad k_m > 0 \tag{13.71}$$

其中,k_m 是控制增益,用来调节系统的收敛速度.

比较原来的控制系统(13.65)和变换后的系统(13.68a)、(13.69),可以发现:

(1) 原系统(13.65)是一个自治系统,变换后的系统(13.68)为非自治的;

(2) 坐标变换后,控制哈密顿量 H_m 由一个时不变的量变成一个含时的量 $H_m(t) = \mathrm{e}^{\mathrm{i}H_0 t} H_m \mathrm{e}^{-\mathrm{i}H_0 t}$;

(3) 时变的目标系统(13.65b)变成了一个系统(13.69)中的固定状态 $\hat{\rho}_{\mathrm{f}0}$;

(4) 进行控制律设计时,消除了漂移项.

方程(13.71)就是根据李雅普诺夫稳定性定理在李氏函数选择为(13.66)时设计出来的控制律,基于控制律(13.71)可以实现对一个自由演化的目标系统(13.65b)的轨迹跟踪问题.从上面分析(1)中可以看出,幺正变换导致了系统的非自治性,原本适用于自治系统的理论,如拉塞尔不变集原理等不再适用,需要采用 Barbalat 引理来分析系统的

跟踪性能(Lou，et al.，2011).从(3)中可以看出,原系统(13.65)中时变的目标系统在变换后的系统中是一个固定状态:目标系统的初态.这表明,通过幺正变换将系统(13.65a)跟踪随时间变化的目标系统(13.65b)的问题,变成了将系统(13.65a)的状态转移到系统(13.65b)的初始状态 $\hat{\rho}_{\text{f0}}$ 的问题.由此可见,变换后系统的跟踪特性和目标系统的初态有关.

根据李雅普诺夫稳定性定理设计出来的控制律(13.71)仅是一个稳定控制,不能保证系统一定收敛到目标态.要想使得所设计的控制系统状态能够完全转移和跟踪,必须要对系统进行进一步的分析来得到使系统能够收敛的条件,此条件可以指导人们设计出保证系统状态的完全转移.下面我们对此进行研究.

13.4.3 控制系统跟踪性能分析

为了更好地控制量子系统,能够设计出一组收敛的控制律甚至比获得控制律本身更重要.在状态转移的过程中,目标是一个状态,在量子系统中,各种不同的量子态导致了目标态形式的多样性.从量子跟踪的控制特性来看,目标系统的初态可以分为定态和不定态两种.对于目标系统为定态的情况,根据系统(13.65b),必然有 $\mathrm{i}\hbar\frac{\partial}{\partial t}\hat{\rho}_{\text{f}}(t) = 0$,所以 $\hat{\rho}_{\text{f}}(t) = \hat{\rho}_{\text{f}}(0)$,故有 $[H_0, \hat{\rho}_{\text{f}}(0)] = 0$,此时系统(13.65a)对目标系统(13.65b)的状态跟踪问题等价于状态转移.而针对目标系统的初态为不定态的情况,我们可以通过幺正变换将跟踪转化成状态转移.因此,从这一方面,我们总是可以将跟踪问题变成转移问题来处理.从分析收敛性的角度来看,我们将量子目标系统的初态分为两类,一类是对角的目标初态,它可以用一个对角形式的密度矩阵来表示,包括本征态和部分混合态.因为系统的自由哈密顿量在能量坐标下的表示为对角形式,所以当 $\hat{\rho}_{\text{f}}(0)$ 为一个对角形式的密度矩阵时, $[H_0, \hat{\rho}_{\text{f}}(0)] = 0$ 满足,则 $\hat{\rho}_{\text{f}}(t) = \hat{\rho}_{\text{f}}(0)$,在这种情况下,目标系统为一个定(不动)态.关于本征态的收敛性问题迄今为止已经得到很好的解决(Wang，Schirmer，2010a；Kuang，Cong，2010a),目标态为对角混合态的情况也有了一定的研究成果(Kuang，Cong，2010b).另一类非对角目标初态包括叠加态和部分混合态,这一类量子态的收敛性问题至今尚未得到充分解决.

本小节中,我们将给出目标态为对角混合态时具体的收敛条件,同时解决非对角目标初态的跟踪问题以便完成对任意目标态的跟踪问题.解决问题的具体方案是,第一,利用幺正变换将状态跟踪转化为状态转移,对于转换后的系统,目标态就是原来目标系统

的初态 $\hat{\rho}_{f0}$，所以在讨论轨迹跟踪的收敛性时，我们把目标系统的初态也说成是目标态以方便叙述；第二，由于目标态 $\hat{\rho}_{f0}$ 是厄米矩阵，必然存在一个幺正变换 U_f 将非对角的目标态变换为对角的目标态，然后进行收敛性分析. 下面我们将分析控制系统的收敛问题.

对于自治系统(13.65)来说，拉塞尔不变集原理可以用来分析收敛性，其中必须有两个假设(LaSalle，Lefschetz，1961). 假设 1：H_0 是强正则的，即所有的转移频率是不相同的，$\Delta_{jk} \neq \Delta_{pq}$，$(j,k) \neq (p,q)$，其中 $\Delta_{jk} = \lambda_j - \lambda_k$ 且 λ_j 是 H_0 的本征值；假设 2：H_m 是全连接的，$H_m \in \{hh_{jk} \mid h_{jk} = |j\rangle\langle k| + |k\rangle\langle j|, j > k\}$，$|j\rangle$ 是 λ_j 对应的本征态. 由于封闭量子系统的演化一定是幺正的，所以目标态如果是可达的，必然需要满足初态与目标态幺正等价的条件，即存在幺正矩阵 U，使得 $\rho_0 = U\rho_f U^+$，我们把这个条件也作为一个假设，即假设 3.

对于系统(13.68)，幺正变换导致了系统是非自治的，此时拉塞尔不变集原理失效，同样基于上面三个假设，可以采用 Barbalat 引理来分析系统的收敛性，引理内容如下：如果标量函数 $V(x,t)$ 满足：① $V(x,t)$ 有下界；② $\dot{V}(x,t)$ 半负定；③ $\dot{V}(x,t)$ 一致连续，那么当 $t \to \infty$ 时，$\dot{V}(x,t) \to 0$. 对于我们所选择的李雅普诺夫函数(13.66)来说：① 选择 P 为一个厄米正定的矩阵，则 $V = \mathrm{tr}(P\rho) \geqslant 0$ 是有下界的；② 它的一阶导数在控制律(13.71)的作用下是半负定的；③ 引理的第三个条件可以用二阶导数存在且连续来代替，在本小节中，$\ddot{V}(\rho,t) = -\sum_{m=1}^{M} f_m(t)(\mathrm{tr}(\mathrm{i}\dot{H}_m(t)[\rho,P]) + \mathrm{tr}(\mathrm{i}H_m(t)[\dot{\rho},P]))$ 是输入输出有界的，所以 $\dot{V}(\rho,t)$ 是一致连续的. 因此 Barbalat 引理的三个条件是都满足的.

根据 Barbalat 引理，李雅普诺夫函数的一阶导数在 $t \to \infty$ 时收敛于 0，即 $\dot{V}(\rho(\infty),\infty) = 0$. 所以由 Barbalat 引理推导出来的系统稳态集合是一个极限集，即时间趋于无穷时的状态集合. 而使方程(13.70)为零的状态是动力学系统的稳态，我们定义这样的状态组成的集合叫作稳态集，它是一个类似于自治系统中不变集的概念. 因为由控制律的形式可得，稳态集即为 $f = 0$ 时满足的状态集合. 对于非自治系统(13.68)来说，一旦状态进入稳态集，系统将一直停留在该集合内，即如果 ρ 属于稳态集，则由式(13.68a)可知，$\dot{\rho} = 0$，系统将永远停留在稳态集内.

设稳态集为 R，则 R 是任意动力学轨迹上的临界点的集合，即

$$R \equiv \{\rho_s : \mathrm{tr}(\mathrm{i}H_m(t)[\rho_s,P]) = 0, \forall m, t\} \tag{13.72}$$

其中，状态 ρ_s 表示系统(13.68)的稳态，且目标态 $\rho_f \in R$. 系统可能收敛于稳定集中的任何一个状态，因此欲增大系统收敛于目标态的概率，方法之一就是尽量缩小稳态集.

观察 Barbalat 引理推导出来的稳态集(13.72)可见,这并不是一个显式的表达,我们得不出有用的信息,只从式(13.72)的形式来看,稳态集中的状态有无数个,但是根据假设 2,控制哈密顿量是全连接的,这样一个条件限制了稳态集中的状态是可数的,则稳态集的形式可以简化,得到如下命题:

命题 13.1 根据假设 1 和假设 2,方程(13.72)中的稳态集 R 可以表示为

$$R \equiv \{\rho_s : [\rho_s, P] = 0\} \tag{13.73}$$

证明 根据假设 2,控制哈密顿量可以表示成 $H_m = H_{kl} = |k\rangle\langle l| + |l\rangle\langle k|$,则

$$H_{mt} = \mathrm{e}^{\mathrm{i}H_0 t}(|k\rangle\langle l| + |l\rangle\langle k|)\mathrm{e}^{-\mathrm{i}H_0 t} = \mathrm{e}^{\mathrm{i}\omega_{kl}t}|k\rangle\langle l| + \mathrm{e}^{-\mathrm{i}\omega_{kl}t}|l\rangle\langle k|$$

其中,$\omega_{kl} = \lambda_k - \lambda_l, \lambda_i, i = 0, 1, \cdots, n$ 是 H_0 的本征值,由假设 1,H_0 是强正则的,故而 $\omega_{kl} \neq 0$.

方程(13.72)变成

$$\mathrm{tr}(H_m(t)[\rho_s, P]) = \mathrm{e}^{\mathrm{i}\omega_{kl}t}\langle l|[\rho_s, P]|k\rangle + \mathrm{e}^{-\mathrm{i}\omega_{kl}t}\langle k|[\rho_s, P]|l\rangle$$

由 Barbalat 引理可知,$\dot{V} \to 0$ 对 $t \to \infty$ 成立,则 $\langle l|[\rho_s, P]|k\rangle = 0$,即 $([\rho_s, P])_{kl} = 0$.

令 $A = [\rho_s, P]$,因为 P 是一个正定厄米矩阵,可得 A 是一个斜厄米矩阵. 由于 H_m 是全连接的,所以 $([\rho_s, P])_{kl} = 0$ 对所有 $k \neq l$ 都成立,可得 $[\rho_s, P] = D$(对角矩阵).

这里 P 是待设计的参量,有很大的自由度. 如果 P 为一个对角矩阵,则必然有式(13.73)成立. 否则,根据参考文献(Wang,Schirmer,2010a)中的引理 4,只要我们选择 P 的本征值使其满足条件 $\mathrm{rank}\tilde{A}(\vec{P}) = n^2 - n$,即 P 的 Bloch 矩阵的前 $n^2 - n$ 行是满秩的,则 $[\rho_s, P] = D$ 可以简化为 $[\rho_s, P] = 0$,稳态集为 $R \equiv \{\rho_s : [\rho_s, P] = 0\}$. 在接下来的收敛性分析中,我们假设总可以找到一组 P 的本征值,使其满足引理 4 的条件,从而得到稳态集为式(13.73). 证毕.

方程(13.73)就是系统(13.68)的稳态集,该方程是由控制哈密顿量的全连接来保证的,与状态的形式无关.

已知李雅普诺夫函数(13.66)是状态的函数,由式(13.73)可得,系统(13.68)将收敛于稳态集 R,而能否收敛于目标态则取决于目标态和被控系统初态的相对位置以及稳态集中目标态和其他稳态的位置. 因此,为了使系统从被控系统初态收敛到目标态,还需要满足的条件是,被控系统初态与稳态集中除目标态之外的其他状态 ρ_s 之间的关系是(Kuang,Cong,2010a)

$$V(\rho_f) < V(\rho_0) < V(\rho_s) \tag{13.74}$$

方程(13.74)意味着要做三件事:① 对于选定的李雅普诺夫函数(13.66)来说,目标

状态 ρ_f 对应着函数(13.66)最小值的状态;② 初态 ρ_0 是使函数(13.66)取次小值的状态;③ 稳态集中的所有其他状态都比初态 ρ_0 所对应的李雅普诺夫函数值要大.由于所选择的控制律(13.71)可以保证 $\dot{V} \leqslant 0$,此时,V 为一个单调递减函数,随着时间的演化,必然使李雅普诺夫函数(13.66)向其值减小的方向演化,所以如果条件(13.74)满足,则被控系统(13.68a)从初态出发唯一地收敛于目标态.

式(13.74)给出了能够保证控制系统收敛的条件.如何实现此条件是本小节另一个重要内容.我们的设计思想是通过研究构造特殊的 P 结构来使系统满足(13.74)的条件的.下面将分别针对目标态为对角矩阵和非对角阵情况下 P 的具体构造的设计过程.

13.4.3.1 目标态为对角矩阵混合态时的情况

本小节将具体给出满足收敛条件的李雅普诺夫函数中虚拟力学量 P 的构造方法.

当目标态 ρ_f 为对角形式的混合态时,设 $\{\lambda_i, i=1,2,\cdots,n\}$ 为初始状态 ρ_0 的本征谱,此时,目标态 ρ_f 必为本征谱 $\{\lambda_i, i=1,2,\cdots,n\}$ 的一个排列,即 $\rho_\mathrm{f} = \mathrm{diag}(\lambda_1, \lambda_2, \cdots, \lambda_n)$;根据方程(13.73),稳态集为 $R \equiv \{\rho_s: [\rho_s, P]=0\}$,$P$ 可为一个对角矩阵,而稳态集中的其他状态 ρ_s 应当为 ρ_0 本征态的不同排列.为了构造一个 P 使其满足式(13.74),根据上面已经作的分析可知,可以分三步进行:

第1步:需要构造 P 使得目标态 ρ_f 为对应李雅普诺夫函数(13.66)最小值时的状态.这一目标可以通过第1步实现:

命题 13.2 如果目标态是对角形式的混合态:$\rho_\mathrm{f} = \mathrm{diag}(\lambda_1, \lambda_2, \cdots, \lambda_n)$,假设与 ρ_f 相对应的 P 矩阵取为 $P = \mathrm{diag}(p_1, p_2, \cdots, p_n)$,只要有 P 中的各个对角元满足 $(\lambda_i - \lambda_j)(p_i - p_j) < 0, \forall i \neq j$,则 ρ_f 为李雅普诺夫函数的最小值.

证明 若 P 取为对角矩阵,由式(13.70)可得,$\dot{V}(\rho_\mathrm{f}) = 0$.

$$\ddot{V}(\rho) = -\mathrm{i} \times \sum_m f_m \{\mathrm{tr}(\dot{H}_{mt}[\rho, P]) + \mathrm{tr}(H_{mt}[\dot{\rho}, P])\}$$

$$\ddot{V}(\rho_\mathrm{f}) = -\sum_m f_m^2 \mathrm{tr}([H_{mt}, \rho_\mathrm{f}] \times [P, H_{mt}]) = \sum_m f_m^2 \mathrm{tr}([H_{mt}, \rho_\mathrm{f}] \times [H_{mt}, P])$$

令 $A = [H_{mt}, \rho_\mathrm{f}]$,$B = [H_{mt}, P]$,则 $(A)_{ij} = (\lambda_j - \lambda_i)(H_{mt})_{ij}$,$(B)_{ij} = (p_j - p_i)(H_{mt})_{ij}$,所以

$$\mathrm{tr}(AB) = \sum_{i=1}^n \sum_{j=1}^n A_{ij} B_{ji} = \sum_{i=1}^n \sum_{j=1}^n (\lambda_j - \lambda_i)(p_i - p_j)(H_{mt})_{ij}^2$$

$$= -\sum_{i=1}^n \sum_{j=1}^n (\lambda_j - \lambda_i)(p_j - p_i)(H_{mt})_{ij}^2$$

若 ρ_{f} 为系统稳态,则有 $\dot{V}(\rho_{\mathrm{f}})>0$,即 ρ_{f} 为函数 $V(\rho)$ 的极小值,从上式可得, $(\lambda_i - \lambda_j)(p_i - p_j)<0$, $\forall i \neq j$. 如果将 ρ_{f} 的各个对角元按从小到大排列为 $\rho_{\mathrm{f}} = \mathrm{diag}(\mu_1, \mu_2, \cdots, \mu_n)$,其中 $\mu_1 < \mu_2 < \cdots < \mu_n$,根据上述证明,对应的矩阵 P 的元素应为 $P = \mathrm{diag}(p_1, p_2, \cdots, p_n)$,且 $p_1 > p_2 > \cdots > p_n$,可以看出 P 的一种取法为 $P = -\rho_{\mathrm{f}}$,即文献(Liu,Cong,2011)中的取法,命题 13.2 关于 P 的选择具有一般性.稳态集中的其他任意状态 ρ_s 均可表示为 $\{\mu_1, \mu_2, \cdots, \mu_n\}$ 中每次交换两个元素的位置,经过 m 次换位后得来的,令 $bool = \mathrm{tr}(P\rho_{\mathrm{f}}) - \mathrm{tr}(P\rho_s)$.

设目标态从小到大的本征谱排列为 $\{\mu_1, \mu_2, \cdots, \mu_i, \cdots, \mu_j, \cdots, \mu_k, \cdots, \mu_n\}$,则

$$i \leftrightarrow j: \quad bool = p_i(\mu_i - \mu_j) + p_j(\mu_j - \mu_i) = (p_i - p_j)(\mu_i - \mu_j) < 0$$

$$
\begin{aligned}
i \leftrightarrow j, j \leftrightarrow k: \quad bool &= p_i(\mu_i - \mu_j) + p_j(\mu_j - \mu_k) + p_k(\mu_k - \mu_i) \\
&= p_i(\mu_i - \mu_j) + p_j(\mu_j - \mu_i + \mu_i - \mu_k) + p_k(\mu_k - \mu_i) \\
&= (p_i - p_j)(\mu_i - \mu_j) + (p_i - p_k)(\mu_i - \mu_k) < 0
\end{aligned}
$$

$$
\begin{aligned}
i \leftrightarrow j, j \leftrightarrow k, k \leftrightarrow l: \quad bool &= p_i(\mu_i - \mu_j) + p_j(\mu_j - \mu_k) + p_k(\mu_k - \mu_l) + p_l(\mu_l - \mu_i) \\
&= p_i(\mu_i - \mu_j) + p_j(\mu_j - \mu_i + \mu_i - \mu_k) \\
&\quad + p_k(\mu_k - \mu_i + \mu_i - \mu_l) + p_l(\mu_l - \mu_i) \\
&= (p_i - p_j)(\mu_i - \mu_j) + (p_j - p_k)(\mu_i - \mu_k) \\
&\quad + (p_k - p_l)(\mu_i - \mu_l) < 0
\end{aligned}
$$

……

以此类推即可得 $V(\rho_{\mathrm{f}}) < V(\rho_s)$.证毕.

在命题 13.2 的基础上,需要进一步确定 P 的结构以满足式(13.74),这里将式(13.74)分成两部分考虑,即如下的第 2 步和第 3 步.

第 2 步: $V(\rho_{\mathrm{f}}) < V(\rho_0)$.

$V(\rho_{\mathrm{f}}) < V(\rho_0)$ 意味着初态对应的李雅普诺夫函数值需比目标态对应的函数值大,否则不符合式(13.66)随时间单调递减的规律,目标态将会是不可达的. 欲使 $V(\rho_{\mathrm{f}}) < V(\rho_0)$,已知 $V(\rho_{\mathrm{f}}) - V(\rho_0) = \sum_{i=1}^{n} (P)_{ii}(\lambda_i - (\rho_0)_{ii})$,由于目标态与初态本征谱相同,且根据本征值与矩阵对角元的关系可得 $\sum_{i=1}^{n} \lambda_i = \sum_{i=1}^{n} \mu_i = \sum_{i=1}^{n} (\rho_0)_{ii} = 1$,因此必存在 $\lambda_k < (\rho_0)_{kk}$,若要

$$V(\rho_{\mathrm{f}}) - V(\rho_0) = (P)_{kk}(\lambda_k - (\rho_0)_{kk}) + \sum_{i=1, i\neq k}^{n} (P)_{ii}(\lambda_i - (\rho_0)_{ii}) < 0$$

其中, $(P)_{kk}$ 为矩阵 P 的第 k 个对角元, $(\rho_0)_{kk}$ 为初态 ρ_0 的第 k 个对角元,则有

量子系统控制理论与方法
Control Theory and Methods of Quantum Systems

$$(P)_{kk} > \sum_{i=1, i \neq k}^{n} (P)_{ii} (\lambda_i - (\rho_0)_{ii}) / ((\rho_0)_{kk} - \lambda_k)$$

即当 $\lambda_k < (\rho_0)_{kk}$ 时

$$(P)_{kk} > \sum_{i=1, i \neq k}^{n} (P)_{ii} (\lambda_i - (\rho_0)_{ii}) / ((\rho_0)_{kk} - \lambda_k) \tag{13.75}$$

在实际应用中,满足条件 $\lambda_k < (\rho_0)_{kk}$ 的 k 值可能不止一个,一般选择所对应的 $(P)_{kk}$ 最大的那个值,判定是否满足 $V(\rho_f) < V(\rho_0)$,如不满足,可以通过对 $(P)_{kk}$ 的微调来使其满足条件 $V(\rho_f) < V(\rho_0)$.

第 3 步:$V(\rho_0) < V(\rho_s)$.

除了目标态,稳态 ρ_s 可以为本征谱的任意一个组合.已知 $V(\rho_0) - V(\rho_s) = \mathrm{tr}(P\rho_0) - \mathrm{tr}(P\rho_s)$,根据假设 3,$\rho_0 = U\rho_f U^+$,故

$$\mathrm{tr}(P\rho_0) = \mathrm{tr}(PU\rho_f U^+) = \mathrm{tr}(U^+ PU\rho_f) = \sum_{i=1}^{n} (P)_{ii} \sum_{j=1}^{n} (\rho_f)_{jj} (U_{ij})^2$$

$$\mathrm{tr}(P\rho_s) = \sum_{i=1}^{n} (P)_{ii} (\rho_s)_{ii}$$

$$\mathrm{tr}(P\rho_0) - \mathrm{tr}(P\rho_s) = \sum_{i=1}^{n} (P)_{ii} \left(\sum_{j=1}^{n} (\rho_f)_{jj} (U_{ij})^2 - (\rho_s)_{ii} \right)$$

由于 ρ_s 和 ρ_f 谱相同,故必存在 $(\rho_f)_{kk} = (\rho_s)_{ii}$,又因为 U 为幺正矩阵,所以 $UU^+ = U^+ U = I$ 成立,则 $\sum_{j=1}^{n} (U_{ij})^2 = 1$,可得

$$\mathrm{tr}(P\rho_0) - \mathrm{tr}(P\rho_s) = \sum_{i=1}^{n} (P)_{ii} \left(\sum_{j \neq k}^{n} (\rho_f)_{jj} (U_{ij})^2 + (\rho_f)_{kk} ((U_{ik})^2 - 1) \right)$$

$$= \sum_{i=1}^{n} (P)_{ii} \left(\sum_{j \neq k}^{n} (\rho_f)_{jj} (U_{ij})^2 - (\rho_f)_{kk} \sum_{j \neq k}^{n} (U_{ij})^2 \right)$$

$$= \sum_{i=1}^{n} (P)_{ii} \sum_{j \neq k}^{n} ((\rho_f)_{jj} - (\rho_f)_{kk}) (U_{ij})^2$$

对于上式,必存在某个 l 使得 $(\rho_f)_{ll} - (\rho_f)_{kk} < 0$,则欲使 $\mathrm{tr}(P\rho_0) - \mathrm{tr}(P\rho_s) < 0$,只要满足条件

$$(P)_{ll} > \left(\sum_{i \neq l}^{n} (P)_{ii} \sum_{j \neq k}^{n} ((\rho_f)_{jj} - (\rho_f)_{kk}) (U_{ij})^2 + (P)_{ll} \sum_{j \neq k, j \neq l}^{n} ((\rho_f)_{jj} \right.$$

$$\left. - (\rho_f)_{kk}) (U_{lj})^2 \right) / ((\rho_f)_{kk} - (\rho_f)_{ll}) \tag{13.76}$$

以上过程即为当目标态是对角混合态时的构造 P 中元素的过程. 其结论是,当目标态是对角矩阵形式的混合态时,P 取为一个厄米正定的对角矩阵. 为使系统收敛于目标态,P 矩阵的对角元素应该同时满足命题 13.2 及方程(13.75)和方程(13.76),除此之外,我们一般取 P 的各个矩阵元是大于零的数,以保证其正定性.

13.4.3.2 目标态为非对角矩阵的情况

目标态为非对角矩阵的情况包括叠加态和混合态两种,此时情况变得较为复杂. 解决此问题的主要思路是,将非对角的目标态转化为对角矩阵,然后按照 13.4.3.1 小节中的方法来构造虚拟力学量 P 即可使系统收敛. 由于叠加态是纯态的一种,可以用波函数表示出来:$\rho_f = |\psi_f\rangle\langle\psi_f|$,基于这种形式,关于叠加态收敛性不需要化为对角矩阵,只要设计一个合适的虚拟力学量 P 的形式即可. 下面分别对目标态为非对角叠加态和非对角混合态进行性能分析.

1. 目标初态为非对角叠加态的情况

在进行分析之前,首先引入如下引理:

命题 13.3(Karasik, et al., 2008) 对于一个 n 能级的厄米矩阵 A 和 B,如果它们对易,即\[A,B\]=0,则 A 和 B 拥有相同的本征态.

由命题 13.1 可知,系统的稳态集合为 $R \equiv \{\rho_s:[\rho_s,P]=0\}$. 将厄米矩阵 P 的本征分解表示为 $P = \sum_k p_k |\psi_k\rangle\langle\psi_k|$,其中,$|\psi_k\rangle$ 是 P 的本征态而 p_k 是对应的本征值. 当目标态 ρ_f 是纯态时,就可以用波函数的形式表示出来,即 $\rho_f = |\psi_f\rangle\langle\psi_f|$. 又由于 $\rho_f \in \mathbf{R}$,根据命题 13.3 可知,P 和 ρ_s 有相同的本征态,故而 P 的形式可表示为

$$P = p_1 |\psi_f\rangle\langle\psi_f| + \sum_{k=2}^{n} p_k |\psi_k\rangle\langle\psi_k|, \quad |\psi_1\rangle = |\psi_f\rangle, \text{ 并且对 } \forall i \neq j, \langle\psi_i|\psi_j\rangle = 0$$

$$(13.77)$$

则 ρ_s 应该表示为

$$\rho_s = \lambda_1 |\psi_f\rangle\langle\psi_f| + \sum_{k=2}^{n} \lambda_k |\psi_k\rangle\langle\psi_k|, \quad \sum_{k=1}^{n} \lambda_k = 1 \qquad (13.78)$$

已知在幺正演化下,量子态的谱相同,即演化过程中的每一个量子态拥有相同的本征值,ρ_0 和 ρ_s,ρ_s 和 ρ_f 都是如此.

将目标态 ρ_f 代入 ρ_s 的表达式即可得该系统演化下,状态的本征谱为 $\{1,0,\cdots,0\}$,也就是说,对于任意稳态 ρ_s,只有一个本征值为 1,其他为 0,即式(13.78)中只有一项存在 $\rho_s = \lambda_i|\psi_i\rangle\langle\psi_i|, \lambda_i = 1$.

为了使系统渐近稳定,需要满足式(13.74),如果记式(13.77)中 $\rho_j = |\psi_j\rangle\langle\psi_j|$,则有

$$
\begin{cases}
v(\rho_f) = \mathrm{tr}(P\rho_f) = p_1 \\
v(\rho_0) = p_1\mathrm{tr}(\rho_f\rho_0) + \displaystyle\sum_{k=2}^{n} p_k\mathrm{tr}(\rho_k\rho_0) \\
v(\rho_s) = p_j, \quad j \neq 1
\end{cases}
\tag{13.79}
$$

将方程组(13.79)与式(13.74)相结合,可得 P 需要满足的条件为

$$
0 < p_1 < p_1\mathrm{tr}(\rho_f\rho_0) + \sum_{k=2}^{n} p_k\mathrm{tr}(\rho_k\rho_0) < p_j, \quad j \neq 1
\tag{13.80}
$$

由式(13.80)可以看出:当目标态是非对角的叠加态时,虚拟力学量 P 未必是对角矩阵.基于方程(13.77)和式(13.80)设计出来的 P 可保证目标态为非对角叠加态时系统的收敛性,其中,式(13.77)描述了如何构造 P 的本征态,式(13.80)确定了 P 的本征值的范围;另外,目标态对应的本征值 p_1 最小,且 $(1 - \mathrm{tr}(\rho_f\rho_0))p_1 < \displaystyle\sum_{k=2}^{n} p_k\mathrm{tr}(\rho_k\rho_0)$,$p_1 < p_k, \forall k \neq 1$.为了便于性能分析,在本小节中,我们选取 $\dfrac{(1 - \mathrm{tr}(\rho_f\rho_0))}{\mathrm{tr}(\rho_k\rho_0)}p_1 < p_k$,$p_1 < p_k, \forall k \neq 1$,并设比例系数 g_k 为

$$
g_k > \max\left\{\frac{(1 - \mathrm{tr}(\rho_f\rho_0))}{\mathrm{tr}(\rho_k\rho_0)}, 1\right\}, \quad p_k = g_k p_1
\tag{13.81}
$$

式(13.81)表明 p_k 与最小本征值成正比例,比例系数 g_k 对控制性能的影响将在实验部分给出.很显然,虚拟力学量 P 的本征值取法并不唯一.

2. 目标态为非对角混合态的情况

系统(13.65)为被控系统的模型,已知式(13.65b)中目标初态 $\hat{\rho}_{f0}$ 是一个非对角的混合态,而且 $\hat{\rho}_f(t) = \mathrm{e}^{-\mathrm{i}H_0 t}\hat{\rho}_{f0}\mathrm{e}^{\mathrm{i}H_0 t}$.对于这样一个状态跟踪的任务,通过幺正变换可以将系统(13.65)变成方程(13.68)中的状态转移问题,从分析收敛性的角度来看,目标态 $\hat{\rho}_{f0}$ 是一个厄米矩阵,所以可通过另一个幺正变换,将非对角的 $\hat{\rho}_{f0}$ 变成对角矩阵,再根据13.4.3.1 小节中的内容设计一个收敛的控制律.

根据系统控制的概念,经过一个幺正变换 $U = \exp(\mathrm{i}H_0 t)$,可以将原来系统(13.65)中跟踪一个自由演化目标函数(13.65b)的问题变成一个将被控系统(13.68a)的初态转移到一个固定目标态 $\hat{\rho}_{f0}$ 的问题.$\hat{\rho}_{f0}$ 为一个非对角厄米矩阵,必定还存在另一个幺正变换 U_f,使得 $U_f\hat{\rho}_{f0}U_f^+ = D_f$ 成立,经过幺正变换后系统(13.68)中的目标态 $\hat{\rho}_{f0}$ 变成一个对角矩阵 D_f.换句话说,通过对原系统(13.65)进行 U 和 U_f 两次幺正变换操作,就可

以将跟踪一个具有非对角目标初态 $\hat{\rho}_{f0}$ 的目标系统的状态跟踪问题变为一个目标态为对角矩阵 D_f 的状态转移问题.实际上完全可以将两次幺正变换合为一次幺正变换 U_T 来解决目标态为非对角混合态的情况.具体做法如下:

令 $U_T = U_f e^{iH_0 t}$,两次幺正变换的结果就是 $\rho = U_T \hat{\rho} U_T^+$,$\rho_f = U_T \hat{\rho}_f U_T^+ = U_T U_T^+ D_f U_T U_T^+ = D_f$,则原方程(13.65)变成

$$i\hbar \frac{\partial}{\partial t}\rho(t) = \Big[\sum_{m=1}^{M} f_m(t)H_{mt}, \rho(t)\Big], \quad \rho(0) = U_f \hat{\rho}_0 U_f^+ \tag{13.82a}$$

$$i\hbar \frac{\partial}{\partial t}\rho_f(t) = 0, \quad \rho_f(0) = D_f \tag{13.82b}$$

其中,$H_{mt} = U_T H_m U_T^+$.

由方程(13.82)可以看出,经过幺正变换 U_T,原被控系统(13.65)中跟踪目标初态为非对角矩阵 $\hat{\rho}_{f0}$ 的目标系统的轨迹跟踪问题变成跟踪方程(13.82)中目标系统为一个对角形式目标态的状态转移问题.按照命题 13.1 的推导方法仍可证其稳态集合为 $R \equiv \{\rho_s : [\rho_s, P] = 0\}$,则根据 13.4.3.1 小节中命题 13.2 和方程(13.75)、方程(13.76)来选取 P 的结构即可获得收敛的控制律.

综合上面的分析,我们得到了目标态为非对角叠加态和非对角混合态时的系统收敛条件.

13.4.4 数值仿真实验及其结果分析

我们知道一个二能级系统的量子态的运行轨迹能够表示为 Bloch 球上点的运动,因此在本小节中我们将分析一个受单控制场作用的二能级原子系统的轨道跟踪特性,以便展现前面所给出的控制方法的正确性,并分析各种参数选取的不同对系统控制的性能影响.

被控系统(13.6a)的自由哈密顿量为 $H_0 = \omega\sigma_z$,控制哈密顿量为 $H_1 = \sigma_x$,其中 σ_i,$i = x, y, z$ 表示泡利矩阵,$\sigma_x = \begin{pmatrix} 0 & 1 \\ 1 & 0 \end{pmatrix}$,$\sigma_z = \begin{pmatrix} 1 & 0 \\ 0 & -1 \end{pmatrix}$.

对于该二能级系统,我们标记 H_0 的基矢量为 $e_1 = |0\rangle$,$e_2 = |1\rangle$.根据方程(13.71)可得,控制律为 $f_1(t) = -k_1 \text{tr}(iH_1(t)[\rho(t), P])$.根据 13.4.3 小节中控制系统跟踪性能分析的要求,该实例满足三个假设条件.

13.4.4.1 目标态为非对角叠加态的情况

被控系统(13.65a)的初始状态为一个非对角叠加态：$|\psi_0\rangle = \frac{1}{\sqrt{3}}|0\rangle + \sqrt{\frac{2}{3}}|1\rangle$，目标

系统(13.65b)的初态也为一个非对角叠加态：$|\psi_f\rangle = \frac{1}{\sqrt{8}}|0\rangle + \sqrt{\frac{7}{8}}|1\rangle$，$\rho_{f0} = |\psi_f\rangle\langle\psi_f|$.

1. 构造一个合适的 P

为了构造 P，首先选定一组线性无关的矢量 $|\psi_k\rangle$，$k = 1, 2$，在这个实例中，选择 $|\psi_1\rangle$
$= |\psi_f\rangle$，$|\psi_2\rangle = e_1$. 然后用施密特正交化过程使矢量组正交，设正交化后的矢量为 $|s_1\rangle$ 和
$|s_2\rangle$，其中 $|s_1\rangle = |\psi_f\rangle$. 根据式(13.77)，$P = p_1|s_1\rangle\langle s_1| + p_2|s_2\rangle\langle s_2|$. 再根据式
(13.78)，稳态集 R 中除目标态之外的其他态只有 $\rho_s = |s_2\rangle\langle s_2|$. 为保证系统渐近收敛，
需要满足式(13.74)，可得 $p_1 < p_1 \mathrm{tr}(\rho_f\rho_0) + p_2 \mathrm{tr}(\rho_s\rho_0) < p_2$，根据方程(13.81)可得
$p_2 = g_2 p_1$，其中 $g_2 > \max\left\{\dfrac{1 - \mathrm{tr}(\rho_f\rho_0)}{\mathrm{tr}(\rho_2\rho_0)}, 1\right\}$，$g_2$ 是第二个本征值 p_2 相对于本征值 p_1 的

权重. 若取 $p_1 = 0.2$，$g_2 = 10$，则 $P = \begin{bmatrix} 1.775 & -0.595 \\ -0.595 & 0.425 \end{bmatrix}$.

2. 系统仿真实验及其结果

本例中，控制律(13.71)中的控制增益取 $k = 0.1$，进行幺正变换后目标系统变成一
个固定状态，即初态 ρ_{f0}. 将控制律(13.71)作用于系统(13.68)上，系统仿真实验的结果
如图 13.9 所示，其中，"○"表示被控系统的初态，"•"表示目标态，实线为被控状态从初
态出发到达目标态的状态转移轨迹，箭头指示状态转移的演化方向. 图 13.9(a)为
$t \in [0, 50]$ 时间段内的状态转移过程，从中可见，经过一个幺正变换后，系统状态跟踪问
题变成如图 13.9(a)所示的状态转移问题. 图 13.9(b)为控制量随时间变化的曲线.

为了更好地说明控制场(图 13.9(b))的作用以及原系统的跟踪过程，我们将同样的
控制律作用于原系统(13.65)上，再次进行系统仿真实验. 由于图 13.9(b)显示在 $t =$
30 a.u. 时控制量几乎为 0，所以将 t 为 0～30 a.u. 时间段内的状态跟踪过程表示出来，如
图 13.10 所示，其中虚线表示被控系统(13.65a)在控制律(13.71)作用下的演化轨迹，实
线表示目标系统(13.65b)的状态演化轨迹；虚线和实线上的"○"分别表示被控系统
(13.65a)和目标系统(13.65b)在当前演化时间段内的初始位置，虚线和实线上的"•"分
别表示当前时间段末的被控状态和目标状态的位置；箭头指示状态轨迹的演化方向. 图
13.10(a)表示时间段为 $t \in [0, 8]$ 内的被控状态和目标状态的演化轨迹，从中可以看出：
在控制律的作用下，被控系统沿着 Bloch 球面渐近趋向于目标系统；图 13.10(b)表示时
间段 $t \in [8, 30]$ 内的状态轨迹跟踪过程；图 13.10(c)为对图 13.10(b)进行放大后的仰视

图,其中方框特别标注了各个状态的位置,从图 13.10(c)中可见,在 $t=30$ 时虚线和实线上的"•"是重合的(最上方的黑框内),即已经完成了被控系统(13.65a)对目标系统(13.65b)的轨迹跟踪,从此之后,被控系统将在目标系统的轨道上演化.图 13.10 的三幅图完整地显示了被控系统(13.65a)是以何种方式渐近地跟踪目标系统(13.65b)的.如果用一个性能指标 $\nu = \| \hat{\rho}(t) - \hat{\rho}_f(t) \|^2 = \mathrm{tr}((\hat{\rho} - \hat{\rho}_f)^+(\hat{\rho} - \hat{\rho}_f))$ 来衡量跟踪程度,当 $t=50$ 时,$\nu = 9.41 \times 10^{-5}$.

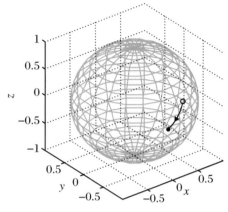

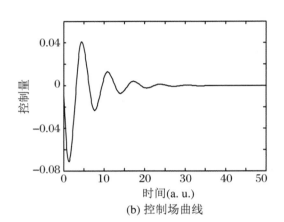

(a) $t \in [0,50]$ 内系统(13.68)的状态转移过程   (b) 控制场曲线

图 13.9 目标态为非对角叠加态时二能级系统上的控制仿真结果

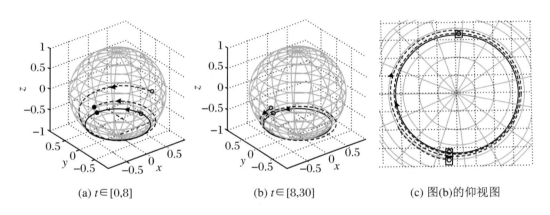

(a) $t \in [0,8]$ (b) $t \in [8,30]$ (c) 图(b)的仰视图

图 13.10 目标态为非对角叠加态情况下状态跟踪演化的过程

量子系统控制理论与方法
Control Theory and Methods of Quantum Systems

3. 系统跟踪特性分析

根据方程(13.81)可知,所给数值实例中的 P 的两个本征值成正比例,13.4.3 小节中的分析也已经说明成正比例的本征值,比例系数越大控制效果越明显.这一部分的实验用来分析方程(13.81)中不同比例系数 g_k 对控制系统收敛性能的影响.在保持控制系统中其他参数不变的情况下,分别取 g_2 为 3,6 和 12 三个不同的值,观察跟踪性能指标 $v = \| \hat{\rho}(t) - \hat{\rho}_f(t) \|^2$ 的变化情况,实验结果如图 13.11 所示,其中,实线表示 $g_2 = 3$ 时的性能指标曲线,虚线和点划线分别表示 $g_2 = 6$ 和 $g_2 = 12$ 时控制系统跟踪性能指标 $v = \| \hat{\rho}(t) - \hat{\rho}_f(t) \|^2$ 的变化情况.如果我们设要求的跟踪性能指标为 $v = 9.5 \times 10^{-5}$,那么当比例系数 $g_2 = 3$ 时,大约在 123.9 a.u. 时系统跟踪达到期望值($v = 9.48 \times 10^{-5}$),其中,时间大于 100 的性能指标演化曲线放在图 13.11 中;$g_2 = 6$ 时,收敛时间缩短为 39.6 a.u.($v = 9.46 \times 10^{-5}$);$g_2 = 12$ 时,系统在 15.1 a.u. 收敛至 $v = 9.26 \times 10^{-5}$.这个实验表明:g_2 越大,系统跟踪性能指标的收敛速度就越快.

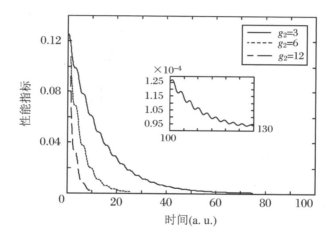

图 13.11　不同比例系数 g_2 对跟踪性能指标 $v = \| \hat{\rho}(t) - \hat{\rho}_f(t) \|^2$ 的影响

13.4.4.2　目标态为非对角混合态的情况

选取被控系统(13.65a)的初始状态为混合态:$\hat{\rho}_0 = \begin{pmatrix} 0.45 & 0.274 \\ 0.274 & 0.55 \end{pmatrix}$,目标系统(13.65b)的初态为非对角混合态:$\hat{\rho}_{f0} = \begin{pmatrix} 0.762 & -0.094 \\ -0.094 & 0.238 \end{pmatrix}$.由于混合态的纯度是小于 1 的,而对于可达的目标态,初态和目标态须是幺正等价的,所以混合态的状态演化是在 Bloch 球内的某个球面上进行的.按照 13.4.3.2 小节中所述,通过对该系统进行一次幺正变换：$U_T = U_f \mathrm{e}^{\mathrm{i}H_0 t}$，其中，$U_f = \begin{bmatrix} 0.985 & -0.171 \\ 0.171 & 0.985 \end{bmatrix}$，就将方程(13.65)的跟踪问题变成

式(13.82)中目标态为对角矩阵 D_f 的转移问题．变换后系统(13.82)的初态为 $\rho(0) =$

$U_f \hat{\rho}_0 U_f^+ = \begin{bmatrix} 0.361 & 0.241 \\ 0.241 & 0.639 \end{bmatrix}$，目标态为 $\rho_f(0) = D_f = U_f \hat{\rho}_{f0} U_f^+ = \mathrm{diag}([0.778, 0.222])$．

然后通过满足式(13.74)来构造 $P = \mathrm{diag}([p_1, p_2])$ 可得 $p_1 (D_f)_{11} + p_2 (D_f)_{22} <$ $p_1 (\rho_0)_{11} + p_2 (\rho_0)_{22} < p_1 (D_f)_{22} + p_2 (D_f)_{11}$．在本例中取 P 的最小本征值为 $p_1 = 0.1$，根据方程(13.81)，取 $g_2 = 2$，则可以得到 $P = \mathrm{diag}([0.1, 0.2])$．控制律(13.71)中的控制增益取为 $k = 2$．针对变换后方程(13.82)的系统仿真实验结果如图 13.12 所示，图 13.12(a) 为状态转移的演化曲线，其中，"○"表示被控系统的初态，"·"表示目标态，实线为被控状态从初态出发到达目标态的状态转移轨迹，箭头指示状态转移的演化方向．图 13.12(b) 为控制场演化曲线．

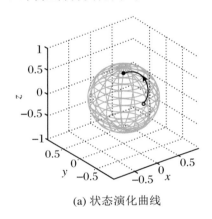 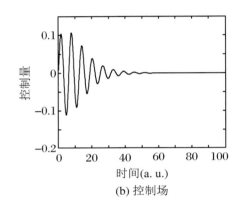

(a) 状态演化曲线　　　　　　　　　(b) 控制场

图 13.12　目标态为非对角混合态时二能级系统上的控制仿真结果

同样将该控制律应用于原系统(13.65)中，原系统状态的跟踪轨迹如图 13.13 所示，其中，图 13.13(a) 和图 13.13(c) 分别表示在不同时间段内（$t \in [0, 14.2]$ 以及 $t \in [14.2, 60]$）的跟踪过程，图 13.13(b) 和图 13.13(d) 分别为图 13.13(a) 和图 13.13(c) 放大后的俯视图．

在图 13.13 中，虚线表示被控系统状态轨迹，实线表示目标系统状态轨迹，虚线和实线上的"○"分别表示被控系统和目标系统在当前演化时间段内的起点，虚线和实线上的"·"分别表示被控系统和目标系统在当前演化时间段末的轨迹终点，箭头指示被控状态或目标状态的演化方向，矩形框特别标记了各个状态的位置．

量子系统控制理论与方法
Control Theory and Methods of Quantum Systems

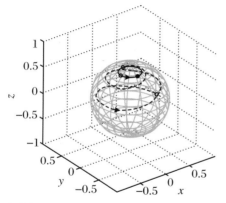
(a) 原系统(13.65)在 $t \in [0,14.2]$ 内的状态轨迹跟踪过程

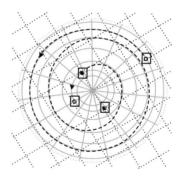
(b) 图(a)放大后的俯视图

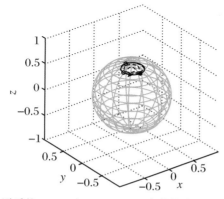
(c) 原系统(13.65)在 $t \in [14.2,60]$ 内的状态轨迹跟踪过程

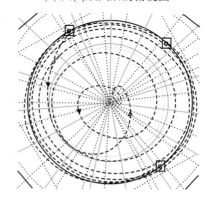
(d) 图(c)放大后的俯视图

图 13.13　目标态为非对角混合态时状态轨迹跟踪的过程

　　图 13.13(a)表示在时间范围 $t \in [0,14.2]$ 内的轨迹跟踪结果,图 13.13(b)是图 13.13(a)放大后的俯视图,从图 13.13 中可以看出,被控状态是由外向内渐近逼近目标态的轨道,并且在 $t = 14.2$ 的时刻,被控状态已经进入了目标轨道,但是,此时的目标状态(实线上的"○")与被控状态(虚线上的"·")并不在同一位置,所以控制律不为 0,被控系统并不会停止演化.图 13.13(c)表示在时间范围 $t \in [14.2,60]$ 内的轨迹跟踪结果,图 13.13(d)为图13.13(c)放大后的俯视图,左上角和右下角方框内的"○"就是在 $t = 14.2$ 时被控状态和目标状态的位置,从 $t = 14.2$ 出发,被控系统的状态轨迹远离了目标轨道以后,在控制律的驱动下又从内向外渐近地趋近目标轨道,在 $t = 60$ 时被控状态和目标状态重合于右上角的位置,此后,被控状态能够停留在目标轨道内,保持与目标态相同的运行轨道.同 13.4.4.1 小节中的实验性能指标计算方法,该例中 $t = 100$ 时,$v = 6.52 \times 10^{-5}$.

通过以上一系列的实验可以看出,目标态为非固定的量子态,包括混合态和叠加态,在控制律(13.71)的作用下,通过构造合适的虚拟观测算符 P 系统都能够收敛到其目标态.

13.4.5　小结

本节研究跟踪自由演化目标系统的量子轨道跟踪问题,通过幺正变换将轨道跟踪转化成状态转移;在对状态转移问题中的控制收敛性进行分析时,将目标态分为对角矩阵和非对角矩阵分别进行处理.针对对角目标态,在前人已经充分解决了目标态为本征态的基础上,完善了目标态为对角混合态时的收敛性分析,推导出了关于虚拟力学量 P 的显式的收敛条件;针对非对角目标态,目标态为叠加态时可通过构造特殊的非对角虚拟力学量 P 来使系统收敛,目标态为非对角混合态时,由于密度矩阵是厄米矩阵,必存在另一个幺正变换将非对角矩阵变换成对角矩阵,再按照对角混合态的收敛条件来设计控制参数即可.基于本节所给出的控制策略,实现和解决了基于李雅普诺夫方法的跟踪具有与被控系统初态幺正等价的任意目标初态的目标系统的量子系统轨道跟踪问题.

第 14 章

量子系统控制的应用

　　随着超短脉冲激光、荧光探针标记、微弱信号探测和显微成像技术的不断发展,光学显微成像技术已经成为推动科学技术发展的重要动力,其中既具有高时间和空间分辨率、高探测灵敏度和化学选择性,又能够实时获取待测样品三维层析图像的显微成像技术成为发展的重点(Yuan, et al., 2004).特别是共焦显微拉曼(Raman)光谱成像技术,已经成为研究材料、物理、生物、化学、火药、医药等领域的重要手段.和传统物理探针测量方法相比,拉曼光谱技术作为一种非接触式测量技术,具有远距离操作、快速测量、对体系无扰动等特点.但是普通拉曼散射信号通常比较微弱,且拉曼散射信号常规激发方式将同时激发多个相邻的拉曼模,其相互间的干扰导致光谱识别困难,使其应用受到一定程度的制约.相干反斯托克斯拉曼散射(coherent anti-Stokes Raman scattering,简称CARS)显微成像技术与传统的光学显微成像技术结合在一起,利用待测样品中特定分子所固有的分子振动光谱信号作为显微成像的对比度,能够在无需引入外源标记的条件下选择性地快速获取样品中特定分子的空间分布图像以及分子之间相互作用的功能信息.飞秒 CARS 技术已经被广泛应用到许多领域(Zou, 2003),只是由于飞秒激光具有较宽的频谱,产生 CARS 的频谱较宽且同时产生非共振背景干扰信号,无法满足复杂分子体系(特别是生物和材料体系)拉曼光谱频谱高分辨率的要求(Sun，2006).非共振背景噪声的存在,大大降低了系统的探测灵敏度,所以抑制非共振背景噪声成为 CARS 显微成像技术走向实用化之前必须解决的问题.在生物样品中,样品所处的液体环境产生的非共振背景噪声常常淹没样品产生的较弱的 CARS 信号,因此抑制来自待测样品自身的和其所处溶液环境的非共振背景噪声是提高 CARS 显微成像技术光谱选择性、探测灵敏度、时间和空间分辨率的关键.为了优化 CARS 显微成像系统、提高探测灵敏度、改善时间和空间分辨率,世界各国的科研工作者进行了大量卓有成效的研究和改进工作.人们为达到这一目标,结合不同的 CARS 显微成像方法,提出了众多抑制非共振背景噪声的方案,如偏振探测(Cheng，et al.，2001)、时间分辨探测(Volkmer，et al.，2002)、相位控制和整形(Dudovich，et al.，2002)及外差干涉方法(Potma，et al.，2006)等.CARS 应用中的另一个带宽较宽产生的相邻能级选择激发(Weinacht，et al.，1999)也是人们关注的一个重要问题.到目前为止,相邻能级选择激发问题可用相干控制方法来解决:一种是开环相干控制(Cong，et al.，2003),一种是自适应反馈控制(Cong，et al.，2003).开环相干控制方法的设计和物理实现都较简单,但该方法需要不断地通过实验尝试,具有很大的盲目性,耗时较长.2002 年,以色列魏兹曼研究所的 Dan Oron 等人提出通过控制泵浦光和斯托克斯光的相位来实现 CARS 光谱的相邻能级的选择激发,该方法假设泵浦光和斯托克斯光的相位是矩形窗函数,矩形窗内相位为 π,其余相位为 0,通过控制矩形窗的中心频率和矩形窗的宽度来实现相邻能级的选择激发.2010 年,张诗按小组假设泵浦光和探测光的相位是 π 的阶跃函数,该方法通过控制相位 π 的阶跃位置来实现相邻能级的选择激发(Zhang，et al.，2010).自适应反馈控制用来实现相邻能级的选择激发(Konradi，et al.，2006；Zhang，et al.，2007),无需任何信息就可根据自适应度函数自动优化,获得理想的结果,但了解并分析其内部控制机理较难,不便于总结出实现相邻能级选择激发的简单且普遍适用的方法.

本章针对甲醇溶液中 CH_3 对称和反对称伸缩振动的选择激发问题,采用 Silberberg 提出的控制方法,在一系列参数调整实验基础上,总结了泵浦光和斯托克斯光相位函数的矩形窗宽度和中心频率对目标函数的影响.根据相关公式与理论,分析了调节前 CH_3 对称与反对称伸缩振动峰值大小之间的关系及原因,定性分析了参数调控方法的内部机理,分析了最佳可调参数能够实现相邻能级选择激发的原因以及最佳可调参数的大致范围.通过分析总结出实现相邻能级选择激发的参数调控方法,对实际物理实验有一定的指导作用.

14.1 问题描述和控制任务

CARS 过程是一个四波混频的非线性光学过程,包含特定的拉曼活性分子的振动模式与导致分子系统中基态至激发态振动跃迁的入射光场相互作用的过程.

设物质中有一对属于拉曼允许跃迁的能级 g 和 i,如图 14.1 所示,其中,ω_p,ω_s 和 ω_{pr} 分别为三束入射激光泵浦光、斯托克斯光和探测光的频率.相位匹配条件为 $\vec{k}_{as} = \vec{k}_p - \vec{k}_s + \vec{k}_{pr}$,其中,$\vec{k}_p$,$\vec{k}_s$ 和 $\vec{k}_{pr}$ 分别为泵浦光、斯托克斯光和探测光的波矢;$\vec{k}_{as}$ 为输出光的波矢.在满足相位匹配条件下,可以产生频率为 $\omega_{as} = \omega_p - \omega_s + \omega_{pr}$ 的四波混频输出光.

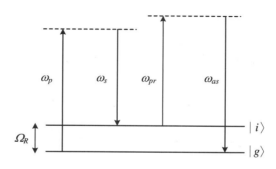

图 14.1　CARS 的能级图

从物理上,CARS 可看作如下过程:频率为 ω_p 的泵浦光和频率为 ω_s 的斯托克斯光两束光联合作用,当 $\omega_p - \omega_s \simeq \Omega_R$ 时,其中,Ω_R 是能级 $|i\rangle$ 和 $|g\rangle$ 之间的频率差,将会激发起频率为 $\omega_p - \omega_s$ 的物质波;接着该物质波再与频率为 ω_{pr} 的探测光相互作用(混频),产生 $\omega_{as} = \omega_p - \omega_s + \omega_{pr}$ 的输出光波.输出光波可以通过 CARS 的极化强度来表示:

$$P^{(3)}(\omega_{as}) = \varepsilon_0 \int_{-\infty}^{\infty} \int_{-\infty}^{\infty} \int_{-\infty}^{\infty} d\omega_p d\omega_s d\omega_{pr} \chi^{(3)}(-\omega_{as}, \omega_p, -\omega_s, \omega_{pr})$$

$$\times E_p(\omega_p) E_s^*(\omega_s) E_{pr}(\omega_{pr}) \cdot \delta(\omega_{as} - \omega_p + \omega_s - \omega_{pr}) \quad (14.1)$$

其中,$E_p(\omega_p)$,$E_s(\omega_s)$ 和 $E_{pr}(\omega_{pr})$ 分别是泵浦光、斯托克斯光和探测光的光波电场.式 (14.1) 中的极化率 $\chi^{(3)}(-\omega_{as}, \omega_p, -\omega_s, \omega_{pr})$ 为

$$\chi^{(3)}(-\omega_{as}, \omega_p, -\omega_s, \omega_{pr}) = \chi_r^{(3)} + \chi_{nr}^{(3)} \tag{14.2}$$

其中,非共振项 $\chi_{nr}^{(3)}$ 为一常数,共振项 $\chi_r^{(3)}$ 为

$$\chi_r^{(3)} = \frac{A}{(\Omega_R - \omega_p + \omega_s) - \mathrm{i}\Gamma_{ig}} \tag{14.3}$$

可观测的输出光的光强 I 为

$$I = \int_{-\infty}^{\infty} |P^{(3)}(\omega_{as})|^2 \mathrm{d}\omega_{as} \tag{14.4}$$

现考虑甲醇溶液 CH_3 中对称与反对称伸缩振动模式下的选择激发.其对称和反对称伸缩振动的能级分别为 $\Omega_{RA} = 2\,832\ \mathrm{cm}^{-1}$ 和 $\Omega_{RB} = 2\,948\ \mathrm{cm}^{-1}$.相邻能级选择激发的实验为首先输入泵浦光、斯托克斯光和探测光,观测到的是输出的 CARS 光的光强 I,通过计算可以得到极化强度 $P^{(3)}(\omega_{as})$、$P^{(3)}(\omega_{as})$ 与各输入之间的关系,由式(14.1)表示.然后通过调节输入光谱 $E_p(\omega_p)$,$E_s(\omega_s)$ 和 $E_{pr}(\omega_{pr})$ 中的相位 $\theta_p(\omega_p)$ 和 $\theta_s(\omega_s)$,$\theta_{pr}(\omega_{pr})$ 为一常数,来控制输出的极化强度 $P^{(3)}(\omega_{as})$.

泵浦光、斯托克斯光和探测光的幅频一般选择服从高斯分布,即

$$\begin{cases} E_p(\omega_p) = \dfrac{A_p}{\Delta_p^{1/2}} \exp\left(-\dfrac{(\omega_p - \Omega_p)^2}{\Delta_p^2}\right) \cdot \mathrm{e}^{\mathrm{i}\theta_p(\omega_p)} \\[3mm] E_s(\omega_s) = \dfrac{A_s}{\Delta_s^{1/2}} \exp\left(-\dfrac{(\omega_s - \Omega_s)^2}{\Delta_s^2}\right) \cdot \mathrm{e}^{\mathrm{i}\theta_s(\omega_s)} \\[3mm] E_{pr}(\omega_{pr}) = \dfrac{A_{pr}}{\Delta_{pr}^{1/2}} \exp\left(-\dfrac{(\omega_{pr} - \Omega_{pr})^2}{\Delta_{pr}^2}\right) \cdot \mathrm{e}^{\mathrm{i}\theta_{pr}(\omega_{pr})} \end{cases} \tag{14.5}$$

其中,$\sqrt{2\ln 2}\Delta_p$,$\sqrt{2\ln 2}\Delta_s$ 和 $\sqrt{2\ln 2}\Delta_{pr}$ 分别是泵浦光、斯托克斯光和探测光的频谱带宽(spectral full width at half-maximum,简称 FWHM);Ω_p,Ω_s 和 Ω_{pr} 分别是泵浦光、斯托克斯光和探测光的中心频率;$\theta_p(\omega_p)$,$\theta_s(\omega_s)$ 和 $\theta_{pr}(\omega_{pr})$ 分别是泵浦光、斯托克斯光和探测光的相频.

一般情况下,泵浦光和探测光共用一个光源,即 $A_p = A_{pr}$,$\Omega_p = \Omega_{pr}$,$\Delta_p = \Delta_{pr}$.不失一般性,本章假设 $A_p = A_s = A_{pr} = 1$.为了更加有效地在较窄的范围内确定最优参数,在本小节的实验设计中,我们设计选择 $\Delta_p = \Delta_s = \Delta$,$\Delta_{pr} = \Delta/5$.输出的 CARS 光谱的极化强度的非共振项可以通过偏振 CARS 方法和相干控制等方法来抑制或消除,为了便于分析,本小节选择甲醇溶液中 CH_3 对称和反对称伸缩振动的非线性极化率的非共振项分别为 $\chi_{nrA}^{(3)}$ 和 $\chi_{nrB}^{(3)}$,且 $\chi_{nrA}^{(3)} = \chi_{nrB}^{(3)} = 0$.共振项为

$$\chi_{rA}^{(3)} = \frac{A_A}{\Omega_{RA} - (\omega_p - \omega_s) - \mathrm{i}\Gamma_A}, \quad \chi_{rB}^{(3)} = \frac{A_B}{\Omega_{RB} - (\omega_p - \omega_s) - \mathrm{i}\Gamma_B} \tag{14.6}$$

其中，$A_A = A_B = 1$，$\Gamma_A = \Gamma_B = 4.8$.

设激光器产生的泵浦光和斯托克斯光的中心频率之差为 $\Omega_{ps} = \Omega_p - \Omega_s$，为了能够实现相邻能级的选择激发，应当选择 Ω_{ps} 在甲醇溶液中 CH_3 对称伸缩振动的振动能级 Ω_{RA} 和反对称伸缩振动的振动能级 Ω_{RB} 之间，由于本章的 CH_3 对称伸缩振动的振动能级是 $\Omega_{RA} = 2\,832 \text{ cm}^{-1}$，$CH_3$ 反对称伸缩振动的振动能级是 $\Omega_{RB} = 2\,948 \text{ cm}^{-1}$，所以选择 $\Omega_{ps} = 2\,898 \text{ cm}^{-1}$.

将所选择的参数代入式(14.1)，同时令 $\omega_p = \omega'_p + \Omega_p$，$\omega_s = \omega'_s + \Omega_s$，$\omega_{as} = \omega'_{as} + \Omega_{as}$，$\Omega_{as} = 2\Omega_p - \Omega_s$，并根据 δ 函数的性质可得

$$|P^{(3)}(\omega'_{as})|^2 = \left| \frac{\varepsilon_0}{\sqrt{5}\Delta^{3/2}} \int_{-\infty}^{\infty} \int_{-\infty}^{\infty} \mathrm{d}\omega'_p \mathrm{d}\omega'_s \chi^{(3)}(-\omega'_{as}, \omega'_p, -\omega'_s, \omega'_{pr}) \mathrm{e}^{\mathrm{i}\theta(\omega'_p, \omega'_s)} \right.$$
$$\left. \times \exp\left(-\frac{\omega'^2_p + \omega'^2_s + (5 \cdot (\omega'_{as} - \omega'_p + \omega'_s))^2}{\Delta^2} \right) \right|^2 \tag{14.7a}$$

其中

$$\chi^{(3)}(-\omega'_{as}, \omega'_p, -\omega'_s, \omega'_{pr}) = \chi^{(3)}_{nrA} + \chi^{(3)}_{nrB} + \frac{A_A}{(\Omega_{RA} - \Omega_{ps}) - (\omega'_p - \omega'_s) - \mathrm{i}\Gamma_A}$$
$$+ \frac{A_B}{(\Omega_{RB} - \Omega_{ps}) - (\omega'_p - \omega'_s) - \mathrm{i}\Gamma_B} \tag{14.7b}$$

$$\theta(\omega'_p, \omega'_s) = \theta_p(\omega'_p) - \theta_s(\omega'_s) \tag{14.7c}$$

在调节泵浦光、斯托克斯光和探测光的相位均为 0 的情况下，根据式(14.7)和所选参数，通过仿真可以得到输出的 CARS 光的极化强度的模值平方 $|P^{(3)}(\omega'_{as})|^2$ 随频率 ω'_{as} 变化的关系曲线图，如图 14.2 所示，其中，横轴是式(14.7a)中的 ω'_{as}，纵轴是 $|P^{(3)}(\omega'_{as})|^2$.从图 14.2 中可以看到，$|P^{(3)}(\omega'_{as})|^2$ 有两个峰值：$\omega'_{as} = -66 \text{ cm}^{-1}$ 时的 $|P^{(3)}(\omega'_{as})|^2 = 0.222\,1$ 以及 $\omega'_{as} = 55 \text{ cm}^{-1}$ 时的 $|P^{(3)}(\omega'_{as})|^2 = 0.245\,3$，分别是对应 CH_3 对称和反对称伸缩振动的共振峰，两峰值之比为 0.905.

我们的控制任务是，在以上所有参数选择的基础上，通过对式(14.7)进一步调整泵浦光的相位 $\theta_p(\omega_p)$ 和斯托克斯光的相位 $\theta_s(\omega_s)$，来实现相邻能级的选择激发.为了简单起见，令 $\theta_{pr}(\omega_{pr}) = 0$，通过实验发现，不同的控制作用将使 CH_3 对称和反对称伸缩振动峰值对应的频率 ω'_{as} 在调节相位前共振峰对应频率附近频段有所移动，所以选择其附近频段 $|P^{(3)}(\omega'_{as})|^2$ 的积分之比为所控制的目标函数，定义为

$$J = \frac{\int_{\Omega_{RA} - \Omega_{ps} - F}^{\Omega_{RA} - \Omega_{ps} + F} |P^{(3)}(\omega'_{as})|^2 \mathrm{d}\omega'_{as}}{\int_{\Omega_{RB} - \Omega_{ps} - F}^{\Omega_{RB} - \Omega_{ps} + F} |P^{(3)}(\omega'_{as})|^2 \mathrm{d}\omega'_{as}} \tag{14.8}$$

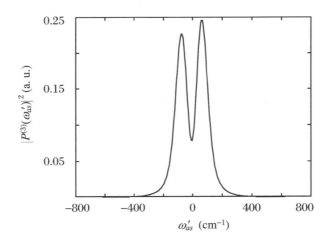

图 14.2　调节相位前的 CARS 光谱

其中,分子 $\int_{\Omega_{RA}-\Omega_{ps}-F}^{\Omega_{RA}-\Omega_{ps}+F}\mid P^{(3)}(\omega'_{as})\mid^2\mathrm{d}\omega'_{as}$ 是输出光 $\Omega_{RA}-\Omega_{ps}$ 附近频段 $\mid P^{(3)}(\omega'_{as})\mid^2$ 的积分,分母 $\int_{\Omega_{RB}-\Omega_{ps}-F}^{\Omega_{RB}-\Omega_{ps}+F}\mid P^{(3)}(\omega'_{as})\mid^2\mathrm{d}\omega'_{as}$ 是输出光 $\Omega_{RB}-\Omega_{ps}$ 附近频段 $\mid P^{(3)}(\omega'_{as})\mid^2$ 的积分. 由所定义的式(14.8)可得:如果要选择激发 CH_3 对称伸缩振动,同时抑制 CH_3 反对称伸缩振动,则要最大化目标函数 J;反之,要最小化目标函数 J.

14.2　控制律的设计与系统仿真实验

14.2.1　参数调控方法与思路

本小节采用的是 Silberberg 提出的方法,其控制任务的实现是通过对泵浦光和斯托克斯光的相位加 π 矩形窗,使 $\theta(\omega'_p,\omega'_s)$ 某些频率段的相位为 π,其余频率段的相位为 0. 该方法如图 14.3 所示,其中实线代表相频,虚线代表幅频.泵浦光和斯托克斯光的相频是矩形窗,可表示为

$$\theta_p(\omega_p) = \begin{cases} \pi, & \omega_0^p - \dfrac{d}{2} \leqslant \omega_p \leqslant \omega_0^p + \dfrac{d}{2} \\ 0, & \text{其他} \end{cases}, \quad \theta_s(\omega_s) = \begin{cases} \pi, & \omega_0^s - \dfrac{d}{2} \leqslant \omega_s \leqslant \omega_0^s + \dfrac{d}{2} \\ 0, & \text{其他} \end{cases}$$

(14.9)

其中,d 为矩形窗的宽度;ω_0^p 和 ω_0^s 分别为泵浦光和斯托克斯光相频特性矩形窗的中心频率.该方法通常是固定其中一束光相频特性矩形窗的中心频率,控制矩形窗宽度和另一束光相频特性矩形窗的中心频率来控制输入光的相频特性,从而实现相邻能级的选择激发.本章固定 $\omega_0^p = \Omega_p$,则有

$$\theta_p(\omega_p') = \begin{cases} \pi, & -\dfrac{d}{2} \leqslant \omega_p' \leqslant \dfrac{d}{2} \\ 0, & \text{其他} \end{cases}, \quad \theta_s(\omega_s') = \begin{cases} \pi, & \omega_0^{s\prime} - \dfrac{d}{2} \leqslant \omega_s' \leqslant \omega_0^{s\prime} + \dfrac{d}{2} \\ 0, & \text{其他} \end{cases}$$

(14.10)

其中,$\omega_0^{s\prime} = \omega_0^s - \Omega_s$.

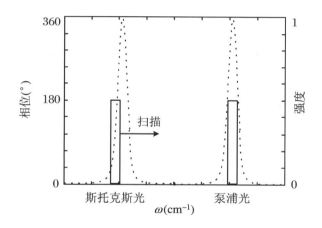

图 14.3　泵浦光和斯托克斯光的相频

　　由式(14.10)可以看出,其可调参数有两个,一个是 d,另一个是 $\omega_0^{s\prime}$.最佳控制参数的调整思路是,首先固定变量 d,对一定范围内变化的 $\omega_0^{s\prime}$ 值,做出目标函数 J 与 $\omega_0^{s\prime}$ 的关系曲线;然后再根据不同的 d 值,做出目标函数 J 与 $\omega_0^{s\prime}$ 的对应关系曲线;根据所有曲线,可以确定出 d 和 $\omega_0^{s\prime}$ 的最佳控制参数的范围;最后,令 d 和 $\omega_0^{s\prime}$ 各自在最佳控制参数范围内变化,求出最优目标函数 J 所对应的 d 和 $\omega_0^{s\prime}$ 值.

14.2.2 参数调整实验

根据 14.2.1 小节所述的最佳控制参数的调整思路进行实验.实验主要以选择激发 CH_3 对称伸缩振动抑制 CH_3 反对称伸缩振动为例,即使目标函数 J 最大为例.首先做的是 d 固定为不同值的情况下,$\omega_0^{s\prime}$ 在一定范围内变化时,目标函数 J 与 $\omega_0^{s\prime}$ 的关系曲线,如图 14.4 所示,其中,d 分别选为 $d=5$,$d=80$,$d=85$ 和 $d=94$,$\omega_0^{s\prime}$ 的变化范围为 $[-300,300]$,横轴是 $\omega_0^{s\prime}$,纵轴是目标函数 J.目标函数 J 越大,选择激发对称振动抑制反对称振动的效果越好;反之,选择激发反对称振动抑制对称振动的效果越好.

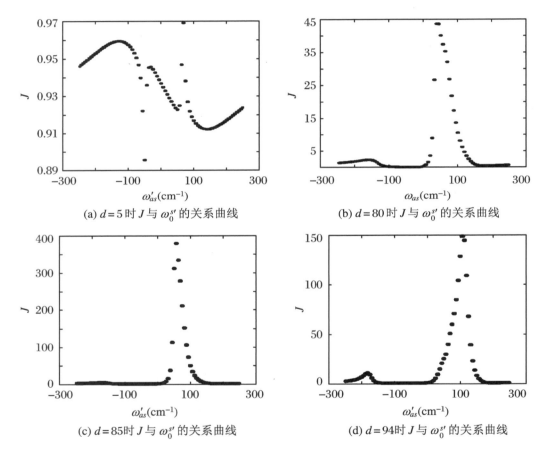

(a) $d=5$ 时 J 与 $\omega_0^{s\prime}$ 的关系曲线

(b) $d=80$ 时 J 与 $\omega_0^{s\prime}$ 的关系曲线

(c) $d=85$ 时 J 与 $\omega_0^{s\prime}$ 的关系曲线

(d) $d=94$ 时 J 与 $\omega_0^{s\prime}$ 的关系曲线

图 14.4 不同 d 值的情况下目标函数 J 与 $\omega_0^{s\prime}$ 的关系曲线

从图 14.4(a)可以看出,$d=5$ 时,J 的最大值约为 0.96,最小值约为 0.895,对称振动始终比反对称振动的峰值要小,即当 d 太小时,控制作用太小,控制效果不明显.从图 14.4(b)和图 14.4(c)可以看到,当 d 分别为 80 和 85,$\omega_0^\delta{}'$ 分别约为 50 和 55 时,J 的最大值分别约为 44 和 380,即随着 d 的增加,J 的最大值也在不断增加.从图 14.4(d)可以看到,当 d 为 94 时,J 的最大值约为 150,最小值约为 0.对比图 14.4(c)和图 14.4(d)可以看出,当 d 增加到一定程度继续增加时,目标函数 J 的最大值将会减小(380 左右减为 150 左右),即控制效果变差.

综上所述,d 的值不能选得太小,太小时控制作用较小,控制效果不明显,但 d 的值也不能选得太大,否则控制效果也会变差.综合图 14.4 可知,当 d 在 80~94 范围内和 $\omega_0^\delta{}'$ 在 55 附近时,选择激发对称振动抑制反对称振动效果较好.对 d 在 80~94 范围内和 $\omega_0^\delta{}'$ 在 50~60 范围内进行扫描,可以获得 J 的最大值及相应的参数:J 的最大值为 376.44,对应的最佳参数为 $d=82,\omega_0^\delta{}'=53.324$.同样地,也可获得选择激发反对称振动抑制对称振动的最佳参数为 $d=82,\omega_0^\delta{}'=-46.676$,此时 J 达到最小,为 0.002 529 1.

根据获得的最佳参数,得到最佳参数下的 CARS 光谱,如图 14.5 所示,其中,横轴是输出光的频率 ω_{as}',纵轴是输出光的极化强度的模值的平方 $|P^{(3)}(\omega_{as}')|^2$,图 14.5(a)为选择激发对称振动抑制反对称振动的 CARS 光谱,可以看到对称振动峰值大约是 0.17(ω_{as}' 大约在 -60 附近),反对称振动的峰值大约是 0.001(ω_{as}' 大约在 200 附近),两峰值之比约为 170,即控制相位后两峰值之比是控制相位前的 187.8 倍.图 14.5(b)是选择激发反对称振动抑制对称振动的 CARS 光谱,可以看到对称振动峰值大约为 0.001(ω_{as}' 大约在 -200 附近),反对称振动峰值大约为 0.21(ω_{as}' 大约在 50 附近),反对称振动与对称振动峰值之比约为 210,控制相位后两峰值之比是控制相位前的 190 倍.

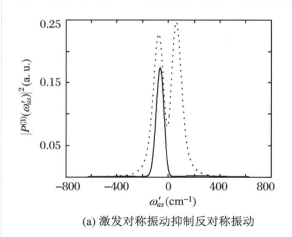

(a) 激发对称振动抑制反对称振动

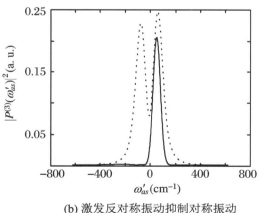

(b) 激发反对称振动抑制对称振动

图 14.5 最佳参数下的 CARS 光谱

14.3　实验结果分析

下面分析一下调节相位前 CH_3 对称与反对称伸缩振动峰值大小之间的关系及原因. 由式(14.7)可得

$$P^{(3)}(\omega'_{as}) = \frac{\varepsilon_0}{\sqrt{5}\Delta^{3/2}} \int_{-\infty}^{\infty} \int_{-\infty}^{\infty} \mathrm{d}\omega'_p \mathrm{d}\omega'_s M(\omega'_p, \omega'_s) \tag{14.11}$$

其中

$$M(\omega'_p, \omega'_s) = \left(\frac{A_A}{(\Omega_{RA} - \Omega_{ps}) - (\omega'_p - \omega'_s) - \mathrm{i}\Gamma_A} + \frac{A_B}{(\Omega_{RB} - \Omega_{ps}) - (\omega'_p - \omega'_s) - \mathrm{i}\Gamma_B} \right)$$
$$\times \mathrm{e}^{\mathrm{i}\theta(\omega'_p, \omega'_s)} \cdot \exp\left(- \frac{\omega'^2_p + \omega'^2_s + (5 \cdot (\omega'_{as} - \omega'_p + \omega'_s))^2}{\Delta^2} \right) \tag{14.12}$$

令 $\exp(-(\omega'^2_p + \omega'^2_s + (5 \cdot (\omega'_{as} - \omega'_p + \omega'_s))^2)/\Delta^2) = N$,将 ω'_{as} 看作变量,所做出的 N 关于 ω'_{as} 的关系曲线是高斯型,所以当其他条件一样时,$|\omega'_{as}|$ 越大,N 越小,则式(14.7) 中的 $|P^{(3)}(\omega'_{as})|^2$ 越小. 而当不调节泵浦光和斯托克斯光的相位,即 $\theta(\omega'_p, \omega'_s) = 0$ 时, 对称振动在 $\omega'_{as} = \Omega_{RA} - \Omega_{ps} = -66\,\mathrm{cm}^{-1}$ 处出现共振峰,反对称振动在 $\omega'_{as} = \Omega_{RB} - \Omega_{ps} = 55\,\mathrm{cm}^{-1}$ 处出现共振峰,所以对称振动比反对称振动的峰值小.

下面定性分析一下 Silberberg 提出的方法的控制机理,调节前和调节后的积分项 $M(\omega'_p, \omega'_s)$ 的关系如式(14.13)所示:

$$M_{\mathrm{after}}(\omega'_p, \omega'_s) = \begin{cases} M_{\mathrm{before}}(\omega'_p, \omega'_s), & \theta(\omega'_p, \omega'_s) = 0 \\ -M_{\mathrm{before}}(\omega'_p, \omega'_s), & \theta(\omega'_p, \omega'_s) = \pi \end{cases} \tag{14.13}$$

将式(14.12)写成如下形式:

$$M(\omega'_p, \omega'_s) = \left(\frac{A_A}{(\Omega_{RA} - \Omega_{ps}) - (\omega'_p - \omega'_s) - \mathrm{i}\Gamma_A} + \frac{A_B}{(\Omega_{RB} - \Omega_{ps}) - (\omega'_p - \omega'_s) - \mathrm{i}\Gamma_B} \right)$$
$$\times E_p(\omega'_p) \cdot E_s(\omega'_s) \cdot \exp\left(- \frac{(5(\omega'_{as} - \omega'_p + \omega'_s))^2}{\Delta^2} \right)$$
$$= \left(\frac{A_A}{(\Omega_{RA} - \Omega_{ps}) - (\omega'_p - \omega'_s) - \mathrm{i}\Gamma_A} + \frac{A_B}{(\Omega_{RB} - \Omega_{ps}) - (\omega'_p - \omega'_s) - \mathrm{i}\Gamma_B} \right)$$
$$\times E(\omega'_p, \omega'_s) \tag{14.14}$$

其中，$E_p(\omega'_p) = \mathrm{e}^{\mathrm{i}\theta(\omega'_p)} \cdot \exp(-\omega'^2_p/\Delta^2)$，$E_s(\omega'_s) = \mathrm{e}^{\mathrm{i}\theta(\omega'_s)} \cdot \exp(-\omega'^2_s/\Delta^2)$. 由式 (14.14) 可知，控制相位前积分项 $M_{\mathrm{before}}(\omega'_p, \omega'_s)$ 始终处于一、二象限，由式 (14.7) 可知，对 CH_3 对称伸缩振动共振峰起主要作用的非线性极化率是

$$A_A/((\Omega_{RA} - \Omega_{ps}) - (\omega'_p - \omega'_s) - \mathrm{i}\Gamma_A)$$

部分，对 CH_3 对称伸缩振动共振峰起主要作用的频率分量主要位于 $\omega'_p - \omega'_s \simeq \Omega_{RA} - \Omega_{ps}$ 附近，所以 $M(\omega'_p, \omega'_s)$ 的实部较小，当调节输入光相位后，实部的影响很小，而虚部的影响必然使积分后输出的共振峰的极化强度的模值下降. Silberberg 提出的方法通过控制泵浦光和斯托克斯光相位的矩形窗的位置和矩形窗的宽度使对称振动和反对称振动的共振峰的模值下降的程度不一样，从而达到选择激发的目的.

下面近似分析一下 $d = 82$，$\omega'^{s}_0 = 53.324$ 时能够选择激发 CH_3 对称伸缩振动而抑制 CH_3 反对称伸缩振动的原因. 对 CH_3 对称伸缩振动共振峰作主要贡献的频段满足 $\omega'_p - \omega'_s \simeq \Omega_{RA} - \Omega_{ps}$，即 $\omega'_s = \omega'_p - (\Omega_{RA} - \Omega_{ps}) = \omega'_p + 66$，对 CH_3 反对称伸缩振动共振峰作主要贡献的频段满足 $\omega'_p - \omega'_s \simeq \Omega_{RB} - \Omega_{ps}$，即 $\omega'_s = \omega'_p - (\Omega_{RB} - \Omega_{ps}) = \omega'_p - 55$，输入光相频的矩形窗函数将式 (14.7) 中的积分区间分成了若干段，下面通过列表进行分析. 表 14.1 和表 14.2 分别给出了 CH_3 对称和反对称伸缩振动在 ω'_p 与 ω'_s 对共振峰作主要贡献的频段内，$E_p(\omega'_p)$，$E_s(\omega'_s)$ 和 $E(\omega'_p, \omega'_s)$ 的取值情况，其中，$E_p(\omega'_p)$，$E_s(\omega'_s)$ 和 $E(\omega'_p, \omega'_s)$ 的表达式见式 (14.14)，幅频都是高斯型脉冲，所以 $|\omega'_p|$ 或 $|\omega'_s|$ 越小，$|E_p(\omega'_p)|$ 或 $|E_s(\omega'_s)|$ 的值越大，相频由式 (14.10) 所示，根据不同的频率取值，其值为 0 或 π，相应的 $E_p(\omega'_p)$ 或 $E_s(\omega'_s)$ 为正值或负值，相应的 $E(\omega'_p, \omega'_s)$ 为正值或负值，其中 $E(\omega'_p, \omega'_s)$ 为正值时，式 (14.14) 中的积分项 $M(\omega'_p, \omega'_s)$ 调节相位前后不变；$E(\omega'_p, \omega'_s)$ 为负值时，式 (14.14) 中的积分项 $M(\omega'_p, \omega'_s)$ 调节相位前后旋转 180°，使积分后输出的共振峰的极化强度的模值下降.

表 14.1　CH_3 对称伸缩振动

ω'_p	ω'_s	$E_p(\omega'_p)$	$E_s(\omega'_s)$	$E(\omega'_p, \omega'_s)$
$\omega'_p < -54.324$	$\omega'_s < 12.324$	正值	正值	正值
$-54.324 < \omega'_p < -41$	$12.324 < \omega'_s < 25$	正值	负值	负值
$-41 < \omega'_p < 28.324$	$25 < \omega'_s < 94.324$	负值	负值	正值
$28.324 < \omega'_p < 41$	$94.324 < \omega'_s < 107$	负值	正值	负值
$\omega'_p > 41$	$\omega'_s > 107$	正值	正值	正值

表 14.2　CH_3 反对称伸缩振动

ω'_p	ω'_s	$E_p(\omega'_p)$	$E_s(\omega'_s)$	$E(\omega'_p,\omega'_s)$
$\omega'_p<-41$	$\omega'_s<-91$	正值	正值	正值
$-41<\omega'_p<41$	$-91<\omega'_s<-9$	负值	正值	负值
$41<\omega'_p<62.324$	$-9<\omega'_s<12.324$	正值	正值	正值
$62.324<\omega'_p<144.324$	$12.324<\omega'_s<94.324$	正值	负值	负值
$\omega'_p>144.324$	$\omega'_s>94.324$	正值	正值	正值

从表 14.1 可以看出,泵浦光和斯托克斯光的相位加上 π 矩形窗后,$E(\omega'_p,\omega'_s)$ 出现负值的范围较小,而且模值也较小,所以 π 矩形窗使 CH_3 对称伸缩振动对应的峰值有所减小,但减小得较少.从表 14.2 可以看出,泵浦光和斯托克斯光的相位加上 π 矩形窗后,$E(\omega'_p,\omega'_s)$ 出现负值的范围较大,而且模值较大,所以有效地抑制了 CH_3 反对称伸缩振动.通过上述分析,可以得出 $d=82$,$\omega_0^{s'}=53.324$ 时,能够选择激发 CH_3 对称伸缩振动而抑制反对称伸缩振动.

实际上,通过近似分析可以得到激发 CH_3 对称伸缩振动而抑制 CH_3 反对称伸缩振动的参数的大致范围.表 14.3 给出了对 CH_3 对称和反对称伸缩振动共振峰作主要贡献的不同 ω'_p 频段对应的 ω'_s 范围.从表 14.3 可以看出,由于 $-d/2<\omega'_p<d/2$ 时,$E_p(\omega'_p)$ 为负值,且值较大,所以要选择激发 CH_3 对称伸缩振动而抑制 CH_3 反对称伸缩振动,需使 $-d/2+66<\omega'_s<d/2+66$ 范围内的 $E_s(\omega'_s)$ 大部分为负值,同时 $-d/2-50<\omega'_s<d/2-50$ 范围内的 $E_s(\omega'_s)$ 大部分为正值,所以 $\omega_0^{s'}$ 应选在 66 附近;且需使 $\omega'_s>d/2+66$ 频区内 $E_s(\omega'_s)$ 为正,所以 $\omega_0^{s'}<66$.这样,在对 CH_3 对称伸缩振动共振峰作主要贡献的频段中,$E(\omega'_p,\omega'_s)$ 为正值的频段的模值较大,即调节相位前后起主要作用的积分项 $M(\omega'_p,\omega'_s)$ 不变;而在对 CH_3 反对称伸缩振动共振峰作主要贡献的频段中,$E(\omega'_p,\omega'_s)$ 为负值的频段的模值较大,和其他频段的正值的作用可以互相抵消;而斯托克斯光相位的 π 矩形窗落在 CH_3 反对称伸缩振动峰值对应的 ω'_s 的 $\omega'_s>d/2-50$ 区间内,所以 $d/2-50<66-d/2$,即 $d<116$,并且 d 的值不能太小,太小的话,则对 CH_3 反对称伸缩振动的削弱较少,控制作用不明显.反之,如果要选择激发 CH_3 反对称伸缩振动而抑制 CH_3 对称伸缩振动,需使 $-d/2+66<\omega'_s<d/2+66$ 范围内的 $E_s(\omega'_s)$ 大部分为正值,同时 $-d/2-50<\omega'_s<d/2-50$ 范围内的 $E_s(\omega'_s)$ 大部分为负值,$\omega'_s>d/2-50$ 范围内的 $E_s(\omega'_s)$ 为正,所以 $\omega_0^{s'}$ 应选在 -50 附近,且 $\omega_0^{s'}>-50$.

表 14.3　激发对称振动而抑制反对称振动

ω'_p	$E_p(\omega'_p)$	对称振动峰值对应 ω'_s	反对称振动峰值对应 ω'_s
$\omega'_p < -d/2$	正值	$\omega'_s < -d/2 + 66$	$\omega'_s < -d/2 - 50$
$-d/2 < \omega'_p < d/2$	负值,模值较大	$-d/2 + 66 < \omega'_s < d/2 + 66$	$-d/2 - 50 < \omega'_s < d/2 - 50$
$\omega'_p > d/2$	正值	$\omega'_s > d/2 + 66$	$\omega'_s > d/2 - 50$

由上述分析可知,实现选择激发甲醇溶液 CH_3 对称伸缩振动抑制 CH_3 反对称伸缩振动的方法:令 $\omega_0^{p'} = 0$, $\omega_0^{s'} < \Omega_{ps} - \Omega_{RA}$,且在 $\Omega_{ps} - \Omega_{RA}$ 附近,调节 d, d 不能太小,且 $d < \Omega_{RB} - \Omega_{RA}$,可以将 d 从 $\Omega_{RB} - \Omega_{RA}$ 逐渐减小调节.实现选择激发甲醇溶液 CH_3 反对称伸缩振动抑制 CH_3 对称伸缩振动方法:令 $\omega_0^{p'} = 0$, $\omega_0^{s'} > \Omega_{ps} - \Omega_{RB}$,且在 $\Omega_{ps} - \Omega_{RB}$ 附近,将 d 从 $\Omega_{RB} - \Omega_{RA}$ 逐渐减小调节.

参考文献

Abouraddy A F, Saleh B E A, Sergienko A V, 2001. Degree of entanglement for two qubits[J]. Physical Review: A, 64: 050101.

Adam R, Tak S, Rabitz H, 2005. Quantum observable homotopy tracking control[J]. The Journal of Chemical Physics, 123: 134104.

Ahsan N, Brendon W L, Briggs G A D, 2004. Creating excitonic entanglement in quantum dots through the optical stark effect[J]. Physical Review: A, 70: 052301.

Alicki R, Lendi K, 1987. Quantum dynamical semigroups and applications[M]. Berlin: Springer.

Allen L, Eberly J H, 1987. Optical resonance and two-level Atoms[M]. New York: Dover.

Altafini C, 2002. Controllability of quantum mechanical systems by root space decomposition of $su(n)$[J]. Journal of Mathematical Physics, 43(5): 2051-2062.

Altafini C, 2003a. Controllability properties for finite dimensional quantum Markovian master equations[J]. Journal of Mathematical Physics, 44(6): 2357-2372.

Altafini C, 2003b. Quantum Markovian master equation driven by coherent control: a controllability analysis[C]. Proceedings of the 42nd IEEE Conference on Decision and Control, Hawaii: 411-415.

Altafini C, 2004. Coherent control of open quantum dynamical systems[J]. Physical Review: A, 70: 062321.

Altafini C, 2007a. Feedback control of spin systems[J]. Quantum Information Processing, 6(1): 9-36.

Altafini C, 2007b. Feedback stabilization of isospectrol control systems on complex flag manifolds: application to quantum ensembles[J]. IEEE Transactions on Automatic Control, 52(11): 2019-2028.

Altafini C, 2007c. Feedback stabilization of quantum ensembles: a global convergence analysis on complex flag manifolds[J]. IEEE Transactions on Automatic Control, 52(11): 1-13.

Ambartsumian R V, Letokhov V S, 1976. Laser isotope separation: chemical and biochemical applications of lasers[M]. New York: Academic Press: 166-316.

Armen M A, Au J K, Stockton J K, et al., 2002. Adaptive homodyne measurement of optical phase [J]. Physical Review Letters, 89: 13360.

Artiles L, Gill R, Guta M, 2005. An invitation to quantum tomography[J]. Journal of the Royal Statistical Society: Series B, 67(1): 109-134.

Assis P C Jr, de Souza R P, da Silva P C, et al., 2006. Non-Markovian Fokker-Planck equation: solutions and first passage time distribution[J]. Physical Review: E, 73: 032101.

Audretsch J, Diósi L, Konrad T, 2002. Evolution of a qubit under the influence of a succession of weak measurements with unitary feedback[J]. Physical Review: A, 66(2): 022310-022320.

Augusiak R, Stasińska J, 2008. General scheme for construction of scalar separability criteria from positive maps[J]. Physical Review: A, 77: 010303(R).

Baier T, Hangos K, Magyar A, et al., 2005. Comparison of some methods of quantum state estimation[DB]. arXiv: quant-ph/0511263.

Ballard J B, Arrowsmith A N, Hüwel L, et al., 2003. Inducing a sign inversion in one state of a two-state superposition using ultrafast pulse shaping[J]. Physical Review: A, 68: 043409.

Banaszek K, D'Ariano G, Paris M, et al., 2000. Maximum-likelihood estimation of the density matrix [J]. Physical Review: A, 61: 010304.

Bardroff P, Mayr E, Schleich W, et al., 1996. Simulation of quantum state endoscopy[J]. Physical Review: A, 53(4): 2736-2741.

Bartels R A, 2002. Coherent control of atoms and molecules[D]. Ann Arbor: The University of Michigan.

Basharov A M, Bashkeev A A, Manykin É A, 2005. Coherent control of quantum correlations in atomic systems[J]. Journal of Experimental and Theoretical Physics, 100(3): 475-486.

Beauchard K, Coron J M, Mirrahimi M, et al., 2007. Implicit Lyapunov control of finite dimensional Schrödinger equations[J]. Systems & Control Letters, 56: 388-395.

Belavkin V, 1983. Theory of control of observable quantum systems, Autom[J]. Remote Control, 44: 178-188.

Bell J S, 1964. Physics[J]. Physical Review Letters, 1: 195.

Bennett C H, Brassard G, Crepeau C, et al., 1993. Teleporting an unknown quantum state via dual classical and Einstein-Podolsky-Rosen channels[J]. Physical Review Letters, 70(13): 1895-1899.

Bennett C H, Brassard G, Popescu S, et al., 1997. Purification of noisy entanglement and faithful teleportation via noisy channels[J]. Physical Review Letters, 78(10): 2031.

Bennett C H, DiVincenzo D P, Fuchs C A, et al., 1999. Quantum nonlocality without entanglement [J]. Physical Review: A, 59(2): 1070-1090.

Bennett C H, DiVincenzo D P, Smolin J A, et al., 1996. Mixed-state entanglement and quantum error correction[J]. Physical Review: A, 54(5): 3824-3851.

Berman G P, Doolen G D, Kamenev D I, et al., 2001. Perturbation theory for quantum computation with a large number of qubits[J]. Physical Review: A, 65: 012321.

Biercuk M J, Uys H, Vandevender A P, et al., 2009. Optimized dynamical decoupling in a model quantum memory[J]. Nature, 458: 996-1000.

Bloembergen N, Zewail A H, 1984. Energy redistribution in isolated molecules and the question of mode-selective laser chemistry revisited[J]. The Journal of Physical Chemistry, 88(23): 5459-5465.

Bookstaber D, 2005. Using Markov decision processes to solve a portfolio allocation problem[D]. Providence: Brown University.

Borzì A, Stadler X, Hohenester U, 2002. Optimal quantum control in nanostructures: theory and application to a generic three-level system[J]. Physical Review: A, 66: 053811.

Boscain U, Chambrion T, Gauthier J P, 2002. On the K + P problem for a three-level quantum system [J]. Journal of Dynamical and Control Systems, 8(4): 547-572.

Boscain U, Charlot G, Gauthier J P, et al., 2002. Optimal control in laser-induced population transfer for two-and three-level quantum systems [J]. Journal of Mathematical Physics, 43: 2107-2132.

Boscain U, Mason P, 2006. Time minimal trajectories for a spin 1/2 particle in a magnetic field[J]. Journal of Mathematical Physics, 47: 062101.

Bouten L, Edwards S C, Belavkin V P, 2005. Bellman equations for optimal feedback control of qubit states[J]. Journal of Physics: A, Atomic, Molecular and Optical Physics, 38(3): 151-160.

Bouten L, Guta M, Maassen H, 2004. Stochastic Schrödinger equations[J]. Journal of Physics: A, 37: 3189-3209.

Brandão F G S, Vianna R O, 2004. Separable multipartite mixed states-operational asymptotically necessary and sufficient conditions[J]. Physical Review Letters, 93: 220503.

Breuer H P, 2004. Genuine quantum trajectories for non-Markovian processes[J]. Physics Review: A, 70: 012106.

Breuer H P, Gemmer J, Michel M, 2006. Non-Markovian quantum dynamics: correlated projection superoperators and Hilbert space averaging[J]. Physics Review: E, 73: 016139.

Breuer H P, Petruccione F, 2002. The theory of open quantum systems[M]. Oxford: Oxford University Press.

Brumer P W, Shapiro M, 1989. Coherence chemistry: controlling chemical reactions with lasers[J]. Accounts of Chemical Research, 22(12): 407-413.

Brumer P W, Shapiro M, 2003. Principles of the quantum control of molecular processes[M]. Hoboken: John Wiley & Sons, Inc.

Buscemi F, Bordone P, Bertoni A, 2008. Effects of scattering resonances on carrier-carrier entanglement in charged quantum dots[J]. Journal Computational Electronics, 7: 263-267.

Buzek V, 2004. Quantum Tomography from incomplete data via Maxent principle[J]. Lecture Notes in Physics, 649: 189-234.

Buzek V, Derka R, Adam G, et al., 1998. Reconstruction of quantum states of spin systems: from quantum Bayesian inference to quantum tomography[J]. Annals of Physics, 266(2): 454-496.

Buzek V, Drobny G, Adam G, et al., 1997. Reconstruction of quantum states of spin systems via the Jaynes principle of maximum entropy[J]. Journal of Modern Optics, 44: 2607-2627.

Byrd M S, Lidar D A, 2003. Empirical determination of dynamical decoupling operations[J]. Physical Review: A, 67: 012324.

Cao J, Bardeen C J, Wilson K R, 1998. Molecular "Pulse" for total inversion of electronic state population[J]. Physical Review Letters, 80: 1406.

Cao W C, Liu X S, Bai H B, et al., 2008. Bang-bang control suppression of amplitude damping in a three-level atom[J]. Science in China Series G, Physics Mechanics and Astronomy, 51(1): 29-37.

Carmichael H J, 1993. An open systems approach to quantum optics[R]. Lecture Notes in Physics: 18.

Carr H Y, Purcell E M, 1954. Effects of diffusion on free precession in nuclear magnetic resonance experiments[J]. Physical Review, 94: 630-638.

Cassinelli G, D'Ariano G, Vito E, et al., 2000. Group theoretical quantum tomography[J]. Journal of Mathematical Physics, 41: 7940-7951.

Celio M, Loss D, 1989. Comparison between different Markov approximations for open spin systems[J]. Physica: A, 158: 769-783.

Chan L P, Cong S, 2011. Phase decoherence suppression in arbitrary n-level atom in Ξ-configuration with bang-bang controls[C]. WCICA 2011, Taibei, 6: 196-201.

Chen B, Chen W, Hsu F, et al., 2008. Optimal tracking control design of quantum systems via tensor formal power series method[J]. The Open Automation and Control System Journal, 1: 50-64.

Chen Y, Gross P, Ramakrishna V, et al., 1995. Competitive tracking of molecular objectives described by quantum mechanics[J]. Journal of Chemistry and Physics, 102: 8001-8010.

Chen Z H，Dong D Y，Zhang C B，2005. Introduction to quantum control［M］. Hefei：University of Science and Technology of China Press.

Cheng J X，Book L D，Xie X S，2001. Polarization coherent anti-Stokes Raman scattering microscopy ［J］. Optics Letters，26(17)：1341-1343.

Chou C，Yu T，Hu B L，2008. Exact master equation and quantum decoherence of two coupled harmonic oscillators in a general environment［J］. Physical Review：E，77：011112.

Chris D，Anthony L，2003. Geometric algebra for physicists［M］. Cambridge：Cambridge University Press.

Chruściński D，Kossakowski A，2009. Non-Markovian quantum dynamics：local versus nonlocal［J］. Physical Review Letters，104：070406.

Chuang I L，Gershenfeld N，Kubinec M，1998. Experimental implementation of fast quantum searching［J］. Physical Review Letters，80(15)：3408-3411.

Chuang I L，Yamamoto Y，1995. Simple quantum computer［J］. Physical Review：A，52：3489-3496.

Chuang I L，Yamamoto Y，1997. Quantum bit regeneration［J］. Physical Review Letters，76：4281-4284.

Clark J W，Ong C K，Tarn T J，et al.，1985. Quantum nondemolition filters［J］. Mathematical Systems Theory，18：33-35.

Cohen D，Kottos T，1999. Quantum dissipation due to the interaction with chaotic degrees of freedom and the correspondence principle［J］. Physical Review Letters，82：4951-4955.

Cong S，2006. Introduction to quantum mechanical system control［M］. Beijing：Science Press.

Cong S，Feng X Y，2008. Quantum system Schmidt decomposition and its geometric analysis［C］. Proceeding of the 27th Chinese Control Conference，Kunming：7-142.

Cong S，Kuang S，2007. Quantum control strategy based on state distance［J］. Acta Automatica Sinica，33(1)：28-31.

Cong S，Liu J X，2012. Trajectory tracking control of quantum systems［J］. Chinese Science Bulletin，57(18)：2252-2258.

Cong S，Lou Y S，2008a. Coherent control of spin 1/2 quantum systems using phases［J］. Control Theory and Applications，25(2)：187-192.

Cong S，Lou Y S，2008b. Design of control sequence of pulses for the population transfer of high dimensional spin 1/2 quantum systems ［J］. Journal of Systems Engineering and Electronics，19(2)：1-9.

Cong S，Zhang Y，2008. Superposition states preparation based on Lyapunov stability theorem in quantum systems［J］. Journal of University of Science and Technology of China，38(7)：821-827.

Cong S，Zhang Y，2011. Optimal control of mixed-state quantum systems based on Lyapunov method ［C］. International Conference on Bio-inspired Systems and Signal Processing 2011，Rome：22-30.

Cong S，Zheng J，2006. The design and manipulation of a two-level quantum system controller[J]. System Simulation Technology & Application，8：817-821.

Cong S，Zheng S，Ji B，et al.，2003. Review of the development of quantum systems control[J]. Chinese Journal of Quantum Electronics，20(1)：1-9.

Constantinescu T，Ramakrishna V，2003. Parameterizing quantum states and channels[J]. Quantum Information Processing，2：221-248.

Corn J M，1999. On the null asymptotic stabilization of the two-dimensional incompressible Euler equations in a simply connected domain[J]. SIAM Journal on Control and Optimization，37(6)：1874-1896.

Cory D G，Fahmy A F，Havel T F，1997. Ensemble quantum computing by NMR spectroscopy[J]. Proceedings of the National Academy of Sciences of the United States of America，94：1634-1639.

Cui W，Xi Z，Pan Y，2009a. Controlled population transfer for quantum computing in non-Markovian noise environment[C]. The Joint 48th IEEE Conference on Decision and Control and 28th Chinese Control Conference，Shanghai.

Cui W，Xi Z，Pan Y，2009b. Optimal decoherence control in non-Markovian open，dissipative quantum systems[J]. Physical Review：A，77(3)：032117.

Dacies E B，1976. Markovian master equations ii[J]. Mathematical Annals，219：147-158.

Daffer S L，1999. Markovian，non-Markovian state evolution in open quantum systems[D]. New Mexico：University of New Mexico.

Dahleh M，Peirce A，Rabitz H，et al.，1996. Control of molecular motion[J]. Proceedings of the IEEE，84(1)：7-15.

D'Alessandro D，2002. The optimal control problem on so and its applications to quantum control[J]. IEEE Transaction on Automatic Control，47(1)：87-92.

D'Alessandro D，2003. On quantum state observability and measurement[J]. Journal of Physics：A，36：9721-9735.

D'Alessandro D，2004. On the observability and state determination of quantum mechanical systems [C]. Proceedings of the 43rd Conference on Decision and Control.

D'Alessandro D，2007. Introduction to quantum control and dynamics[M]. Boca Raton，Florida：CRC Press.

D'Alessandro D，Dahleh M，2001. Optimal control of two-level quantum systems [J]. IEEE Transactions on Automatic Control，46(6)：866-876.

D'Alessandro D，Dobrovitski V，2002. Control of a two level open quantum system[C]. Proceedings of the 41st IEEE Conference on Decision and Control，Las Vegas：40-45.

D'Ariano G，2000. Universal quantum estimation[J]. Physics Letters：A，268(3)：151-157.

D'Ariano G，2002. In quantum communications，computing and measurement[M]. New York and

London: Kluwer Academic/Plenum Pubilishing.

D'Ariano G, Kumar P, Sacchi M, 2000. Universal homodyne tomography with a single local oscillator [J]. Physical Review: A, 61: 013806.

D'Ariano G, Leonhardt U, Paul H, 1995. Homodyne detection of the density matrix of the radiation field[J]. Physical Review: A, 52: 1801-1804.

D'Ariano G, Macchiavello C, Paris M, 1994. Detection of the density matrix through optical homodyne tomography without filtered back projection[J]. Physical Review: A, 50: 4298-4302.

D'Ariano G, Maccone L, Paris M, 2001. Quorum of observables for universal quantum estimation[J]. Journal of Physics: A, 34(1): 93-103.

D'Ariano G, Paris M, 1999. Adaptive quantum homodyne tomography[J]. Physical Review: A, 60 (1): 518-528.

D'Ariano G, Paris M, Sacchi M F, 2004. Quantum tomographic methods[J]. Lecture Notes in Physics, 649: 7-58.

Dean T, Givan R, 1997. Model minimization in Markov decision processes[C]. Proceedings of the 14th National Conference on Artificial Intelligence and 9th Innovative Applications of Artificial Intelligence Conference, Menlo Park, CA: AAAI Press: 106-111.

Deng Y, Stratt R M, 2002. Vibrational energy relaxation of polyatomic molecules in liquids: the solvent's perspective[J]. Journal of Chemical Physics, 117: 1735-1749.

Ding Z, Xi Z, Wang H, 2008. Quantum mechanics, control theory and quantum control[J]. Transactions of the Institute of Measurement and Control, 30(1): 17-32.

Diósi L, Gisin N, Strunz W T, 1998. Non-Markovian quantum state diffusion[J]. Physics Review: A, 58: 1699-1712.

Diósi L, Strunz W T, 1997. The non-Markovian stochastic Schrödinger equation for open systems[J]. Physics Letters: A, 23(6): 569-573.

Doherty A C, Habib S, Jacobs K, et al., 2000. Quantum feedback control and classical control theory [J]. Physical Review: A, 62: 012105.

Doherty A C, Jacobs K, 1999. Feedback control of quantum systems using continuous state estimation [J]. Physical Review: A, 60: 2700-2711.

Dong D Y, Chen C, Zhang C, et al., 2006. Quantum robot: structure, algorithms and applications [J]. Robotica, 24(4): 513-521.

Dong D Y, Petersen I R, 2009. Sliding mode control of quantum systems[J]. New Journal of Physics, 11: 105033.

Dong D Y, Petersen I R, 2010a. Quantum control theory and applications: a survey[J]. IET Control Theory & Applications, 4(12): 2651-2671.

Dong D Y, Petersen I R, 2010b. Sliding mode control of two-level quantum system with bounded uncertainties[C]. The 2010 American Control Conference：2446-2451.

Dong N，Cong S，2005. Comparative study on unitary evolution operator decompositions inquantum system[C]. Proceedings of the 24th Chinese Control Conference，Guangzhou：28-32.

Du J，Rong X，Zhao N，et al.，2009. Preserving electron spin coherence in solids by optimal dynamical decoupling[J]. Nature，461：1265-1268.

Duan L M，Guo G C，1998a. Prevention of dissipation with two particles[J]. Physical Review：A，57(4)：2399-2402.

Duan L M，Guo G C，1998b. Reducing decoherence in quantum-computer memory with all quantum bits coupling to the same environment[J]. Physical Review：A，57：737-741.

Dudovich N，Oron D，Silberberg Y，2002. Single-pulse coherently controlled nonlinear Raman spectroscopy and microscopy[J]. Nature，418：512-514.

Dunn T，Sweetser J，Walmsley I，1995. Experimental determination of the quantum-mechanical state of a molecular vibrational mode using fluorescence tomography[J]. Physical Review Letters，74(6)：884-887.

Edwards S C，Belavkin V P，2005. Optimal quantum filtering and quantum feedback control[DB]. arXiv：quant-ph/0506018.

Einstein A，Podolsky B，Rosen N，1935. Can quantum-mechanical description of physical reality be considered complete[J]. Physical Review，47(10)：777-780.

Eisert J，Brandão F G S L，Audenaert K M R，2007. Quantitative entanglement witnesses[J]. New Journal of Physics，9：46.

Eisert J，Plenio M B，1999. A comparison of entanglement measure[J]. Journal of Modern Optics，46(1)：145-154.

Ekert A K，1991. Quantum cryptography based on Bell's theorem[J]. Physical Review Letters，67(6)：661-663.

Ekert A K，Knight P L，1995. Entangled quantum system and the Schmidt decomposition[J]. American Journal of Physics，63(5)：415-423.

Esposito M，Gaspard P，2003. Quantum master equation for a system influencing its environment[J]. Physical Review：E，68(6)：066112.

Facchi P，Lidar D A，Pascazio S，2004. Unification of dynamical decoupling and the quantum Zeno effect[J]. Physical Review：A，69：032314.

Facchi P，Pascazio S，2002. Quantum zeno subspaces[J]. Physical Review Letters，89：080401.

Facchi P，Tasaki S，Pascazio S，et al.，2005. Control of decoherence：analysis and comparison of three different strategies[J]. Physical Review：A，71：022302.

Fano U，1957. Description of states in quantum mechanics by density matrix and operator techniques [J]. Reviews of Modern Physics，29：74-93.

Fern A，Yoon S，Givan R，2002. Approximate policy iteration with a policy language bias：solving relational Markov decision processes［C］. Proceedings of the 19th International Conference on Machine Learning，Sydney：267-274.

Ferrante A，Pavon M，Raccanelli G，2002a. Control of quantum systems using model-based feedback strategies［C］. 15th International Symposium on Mathematical Theory of Networks and Systems （MTNS），Indiana，6：1-9.

Ferrante A，Pavon M，Raccanelli G，2002b. Driving the propagator of a spin system：a feedback approach［C］. Proceedings of the 41st IEEE Conference on Decision and Control，Las Vegas：46-50.

Ficek Z，Swain S，2005. Quantum interference and coherence-theory and experiments［M］. Berlin：Springer-Verlag.

Fick E，Sauermann G，1990. The quantum statistics of dynamics processes［M］. Berlin：Springer-Verlag.

Frishman E，Shapiro M，2001. Complete suppression of spontaneous decay of a manifold of states by infrequent interruptions［J］. Physical Review Letters，87：253001.

Fu H C，Dong H，Liu X F，et al.，2007. Indirect control with a quantum accessor：coherent control of multilevel system via a qubit chain［J］. Physical Review：A，75：052317.

Fujiwara S，Osaki H，Buluta I M，et al.，2007. Efficient quantum logic with cold trapped ions for maximally entangled states［J］. Physical Review：A，75：012301.

Gallardo J，Leite F，2003. Spin systems and minimal switching decompositions［C］. IEEE International Proceeding on Physics and Control：855-860.

Gambetta J M，2003. Non-Markovian stochastic Schrödinger equations and interpretations of quantum mechanics［D］. Queensland：Griffith University.

Gambetta J M，Wiseman H，2001. State and dynamical parameter estimation for open quantum systems［J］. Physical Review：A，64：042105.

Gao W B，Lu C Y，Yao X C，et al.，2010. Experimental demonstration of a hyper-entangled ten-qubit Schrödinger cat state［J］. Nature Physics，6：331-335.

Garraway B M，Suominen K A，1998. Adiabaticpassage by light-induced potentials in molecules［J］. Physical Review Letters，80（5）：932-935.

Gaspard P，Nagaoka M，1999. Slippage of initial conditions for the Redfield master equation［J］. Journal of Chemical Physics，111：5668-5675.

Geremia J M，Rabitz H，2002. Optimal identification of Hamiltonian information by closed-loop laser control of quantum systems［J］. Physical Review Letters，89：263902.

Geremia J M，Stockton J K，Doherty A C，et al.，2003. Quantum Kalman filtering and the Heisenberg limit for atomic magnetometry［J］. Physical Review Letters，91：250801.

Geroliminis N，Skabardonis A，2005. Prediction of arrival profiles and queue lengths along signalized arterials using a Markov decision process[C]. Transportation Research Board of the National Academies, Washington, D.C.: 116-124.

Girardeau M D, Schirmer S G, Leahy J V, et al., 1998. Kinematical bounds on optimization of observables for quantum systems[J]. Physical Review: A, 58(4): 2684-2689.

Gorini V, Kossakowski A, Sudarshan E C G, 1976. Completely positive dynamical semigroup of n-level systems[J]. Journal of Mathematical Physics, 17: 821-825.

Grivopoulos S, 2005. Optimal control of quantum systems[D]. Santa Barbara: University of California.

Grivopoulos S, Bamieh B, 2003. Lyapunov-based control of quantum systems[C]. Proceedings of the 42nd IEEE Conference on Decision and Control, Hawaii: 434-438.

Gross P, Singh H, Rabitz H, et al., 1993. Inverse quantum-mechanical control: a means for design and a test of intuition[J]. Physical Review: A, 47: 4593.

Gühne O, Hyllus P, 2003. Investigating three qubit entanglement with local measurement[J]. International Journal of Theoretical Physics, 42(5): 1001-1013.

Gühne O, Hyllus P, Bruss D, et al., 2003. Experimental detection of entanglement via witness operators and local measurements[J]. Journal of Modern Optics, 50(6-7): 1079-1102.

Gühne O, Lütkenhaus N, 2006. Nonlinear entanglement witness[J]. Physical Review Letters, 96: 170502.

Gühne O, Reimpell M, Werner R F, 2007. Estimating entanglement measures in experiments[J]. Physical Review Letters, 98: 110502.

Gühne O, Tóth G, 2009. Entanglement detection[J]. Physics Reports, 474(1-6): 1-75.

Gutmann H P G, 2005. Description and control of decoherence in quantum bit systems[D]. Munchen: Ludwig-Maximilians University.

Haeberlen U, Waugh J, 1968. Coherent averaging effects in magnetic resonance[J]. Physical Review, 175: 453-467.

Häffner H, Hänsel W, Roos C F, et al., 2005. Scalable multiparticle entanglement of trapped ions [J]. Nature, 438: 643-646.

Hahn E L, 1950. Spin echoes[J]. Physical Review, 80(4): 580-594.

Hald J, Sɸrensen J L, Schori C, et al., 1999. Spin squeezed atoms: a macroscopic entangled ensemble created by light[J]. Physical Review Letters, 83(77): 1319-1322.

Hall W, 2006. A new criterion for indecomposability of positive maps[J]. Journal of Physics: A, Mathematical and Genernal, 39(45): 14119.

Halliwell J J, Yu T, 1995. Alternative derivation of the Hu-Paz-Zhang master equation for quantum brownian motion[J]. Physical Review: D, 53(4): 2012-2019.

Hekman K A, Singhose W E, 2007. A feedback control system for suppressing crane oscillations with on-off motors[J]. International Journal of Control, Automation and Systems, 5(3): 223-233.

Henderson L, Linden N, Popescu S, 2001. Are all noisy quantum states obtained from pure ones[J]. Physical Review Letters, 87: 237901.

Hill S, Wootters W K, 1997. Entanglement of a pair of quantum bits[J]. Physical Review Letters, 78(26): 5022-5025.

Hiroshima T, 2003. Majorization criterion for distillability of a bipartite quantum state[J]. Physical Review Letters, 91: 0303057.

Horodecki M, Horodecki P, Horodecki R, 1996. Separability of mixed states: necessary and sufficient conditions[J]. Physics Letters: A, 223(1-2): 1-8.

Horodecki M, Horodecki P, Horodecki R, 1997. Inseparable two spin 1/2 density matrices can be distilled to a singlet form[J]. Physical Review Letters, 78(4): 574-577.

Horodecki M, Horodecki P, Horodecki R, 2001. Separability of n-particle mixed states: necessary and sufficient conditions in terms of linear maps[J]. Physics Letters: A, 283(1-2): 1-7.

Horodecki M, Oppenheim J, Horodecki R, 2002. Are the laws of entanglement theory thermodynamical[J]. Physical Review Letters, 89: 240403.

Horodecki R, Horodecki P, Horodecki M, et al., 2009. Quantum entanglement[J]. Reviews of Modern Physics, 81(2): 865-942.

Hosseini S A, Goswami D, 2001. Coherent control of multiphoton transitions with femtosecond pulse shaping[J]. Physical Review: A, 64: 033410.

Hou Z B, Zhong H S, Tian Y, et al., 2016. Full reconstruction of a 14-qubit state within 4 hours[J]. New Journal of Physics, 18: 83036.

Hradil Z, Rehacek J, Fiurasek J, et al., 2004. Maximum-likelihood methods in quantum mechanics [J]. Lecture Notes in Physics, 649: 59-112.

Hu B, Paz J P, Zhang Y, 1992. Quantum Brownian motion in a general environment: exact master equation with nonlocal dissipation and colored noise[J]. Physical Review: D, 45(8): 2843-2861.

Huang G M, Tarn T J, 1983. On the controllability of quantum mechanical systems[J]. Journal of Mathematical Physics, 24(11): 2608-2618.

Ishizaki A, Tanimura Y, 2008. Nonperturbative non-Markovian quantum master equation: validity and limitation to calculate nonlinear response functions[J]. Chemical Physics, 347(1-3): 185-193.

Jamiolkowski A, 1972. Linear transformations which preserve trace and positive semidefiniteness of operators[J]. Reports on Mathematical Physics, 3(4): 275-278.

Jang S, Cao J, Silbe R J, 2002. Fourth-order quantum master equation and its Markovian bath limit [J]. Journal of Chemical Physics, 116(7): 2705-2717.

Janicke U, Wilkens M, 1995. Tomography of atom beams[J]. Journal of Modern Optics, 42(11): 2183-2199.

Jaynes E, 1957. Information theory and statistical mechanics[J]. Physical Review, 106(4): 620-630.

Jha A, Beltrani V, Rosenthal C, et al., 2009. Multiple solutions in the tracking control of quantum systems[J]. The Journal of Physical Chemistry: A, 113: 7667-7670.

Johansen L M, 2004. Weak measurement with arbitary probe states[J]. Physical Review Letters, 93: 120402-120405.

Judson R S, Rabitz H, 1992. Teaching lasers to control molecules[J]. Physical Review Letters, 68 (10):1500-1503.

Karasik R I, Marzlin K P, Sanders B C, et al., 2008. Criteria for dynamically stable decoherence-free subspaces and incoherently generated coherences[J]. Physical Review: A, 77: 052301.

Karnas S, Lewenstein M, 2001. Separable approximations of density matrices of composite quantum systems[J]. Journal of Physics: A, Mathematical and General, 34(35): 6919-6937.

Katz G, Ratner M A, Kosloff R, 2006. Decoherence control: a feedback mechanism based on Hamiltonian tracking[J]. Arxiv Preprint Quantum Physics: 0603021.

Khaneja N, Brockett R, Glaser S, 2001. Time optimal control in spin systems[J]. Physical Review: A, 63: 032308.

Khaneja N, Glaser S J, Brockett R W, 2002. Sub-Riemannian geometry and time optimal control of three spin systems: coherence transfer and quantum gates[J]. Physical Review: A, 65: 032301.

Khaneja N, Kramer F, Glaser S J, 2005. Optimal experiments for maximizing coherence transfer between coupled spins[J]. Journal of Magnetic Resonance, 173: 116-124.

Khaneja N, Reiss T, Kehlet C, et al., 2005. Optimal control of coupled spin dynamics: design of NMR pulse sequences by gradient ascent algorithms[J]. Journal of Magnetic Resonance, 172(2): 296-305.

Khaneja N, Reiss T, Luy B, et al., 2003. Optimal control of spin dynamics in the presence of relaxation[J]. Journal of Magnetic Resonance, 162(2): 311-319.

Khodjasteh K, Erd'elyi T, Viola L, 2001. Limits on preserving quantum coherence using multipulse control[J]. Physical Review: A, 83: 020305.

Khodjasteh K, Lidar D A, 2005. Fault-tolerant quantum dynamical decoupling[J]. Physical Review Letters, 95: 180501.

Kimura G, 2003. The Bloch vector for n-level systems[J]. Physics Letters: A, 314(5-6): 339-349.

Kis Z, Paspalakis E, 2008. Controlled creation of entangled states of exciton in coupled quantum dots [J]. The Journal of Applied Physics, 96(6): 3435-3439.

Knöll L, Orlowski A, 1995. Distance between density operators: applications to the Jaynes-Cummings model[J]. Physical Review: A, 51(2): 1622-1630.

Konradi J, Singh K A, Matemy A, 2006. Selective excitation of molecular modes in a mixture by optimalcontrol of electronically nonresonant femtosecond four-wave mixing spectroscopy[J]. Journal of Photocbemistry and Photobiology: A, Chemistry, 180(3): 289-299.

Kormann K, Holmgren S, Karlsson H O, 2010. A fourier-coefficient based solution of an optimal control problem in quantum chemistry[J]. Journal of Optimization Theory and Applications, 147: 491-506.

Kosloff R, Rice S A, Gaspard P, et al., 1989. Wavepacket dancing: achieving chemical selectivity by shaping light pulses[J]. Chemical Physics, 139(1): 201-220.

Krantz S G, Parks H R, 2002. The implicit function theorem: history, theory, and applications[M]. Boston: Birkhauser.

Kraus K, 1983. States, effects and operations: fundamental notions of quantum theory[M]. Berlin: Springer-Verlag.

Krzysztof W, 2001. Stochastic decoherence of qubits[J]. Optics Express, 8(2): 145-152.

Kuang S, Cong S, 2006. Optimal control of closed quantum systems based on optimized search step length[J]. Journal of the Graduate School of the Chinese Academy of Sciences, 23(5): 601-606.

Kuang S, Cong S, 2008. Lyapunov control methods of closed quantum systems[J]. Automatica, 44: 98-108.

Kuang S, Cong S, 2010a. Lyapunov stabilization strategy of mixed-state quantum systems with ideal conditions[J]. Control and Decision, 25(2): 273-277.

Kuang S, Cong S, 2010b. Population control of equilibrium states of quantum systems via Lyapunov method[J]. Acta Automatica Sinica, 36(9): 1257-1263.

Kuang S, Cong S, Lou Y S, 2009. Population control of quantum states based on invariant subsets under a diagonal Lyapunov function[C]. Joint 48th IEEE Conference on Decision and Control and 28th Chinese Conference, Shanghai: 2486-2491.

Kurtsiefer C, Pfau T, Mlynek J, 1997. Measurement of the Wigner function of an ensemble of helium atoms[J]. Nature, 386: 150-153.

Laird B, Budimir J, Skinner J L, 1991. Quantum-mechanical derivation of the Bloch equations: beyond the weak coupling limit[J]. Journal of Chemical Physics, 94(6): 4391-4404.

LaSalle J, Lefschetz S, 1961. Stability by Lyapunov's direct method with applications[J]. New York: Academic Press.

Lazarou C, Garraway B M, 2008. Adiabatic entanglement in two-atom cavity QED[J]. Physical Review: A, 77: 023818.

Légaré F, 2003. Control of population transfer in degenerate systems by nonresonant Stark shifts[J]. Physical Review: A, 68: 063403.

Leggett A J, Chakravarty S, Dorsey A T, et al., 1987. Dynamics of the dissipative two-state system [J]. Reviews of Modern Physics, 59: 1-85.

Leibfried D, Knill E, Seidelin S, et al., 2005. Creation of a six-atom "Schrödinger cat" state[J].

Nature，438：639-642.

Leibfried D，Meekhof D，King B，et al.，1996. Experimental determination of the motional quantum state of a trapped atom[J]. Physical Review Letters，77(21)：4281-4285.

Li M，Chen Z，2009. Coherence-preserving control strategy in three-level atom system[J]. Control and Decision，24(3)：451-454.

Li P B，Gu Y，Gong Q H，et al.，2008. Effective generation of polarization-entangled photon pairs in a cavity-QED system[J]. Physics Letters：A，372(38)：5959-5963.

Liao J，Guo Y，Zeng H，et al.，2006. Preparation of hybrid entangled states and entangled coherent states for a single trapped ion in a cavity[J]. Journal of Physics：B，Atomic，Molecular and Optical Physics，39(22)：4709-4718.

Lidar D A，Bacon D，Whaley K B，1999. Concatenating decoherence free subspaces with quantum error correcting codes[J]. Physical Review Letters，82(22)：4556-4559.

Lidar D A，Chuang I L，Whaley K B，1998. Decoherence free subspaces for quantum computation [J]. Physical Review Letters，81(12)：2594-2597.

Lidar D A，Schneider S，2005. Stabilizing qubit coherence via tracking-control[J]. Quantum Information and Computation，5(4-5)：350-363.

Lidar D A，Whaley K B，2003. Irreversible quantum dynamics[J]. Lecture Notes in Physics，622：83-120.

Lindblad G，1976. On the generators of quantum dynamical semigroups[J]. Communications in Mathematical Physics，48：119-130.

Liu J，Cong S，2011. Trajectory tracking of quantum states based on Lyapunov method[C]. The 9th IEEE International Conference on Control & Automation：318-323.

Lloyd S，2000. Coherent quantum feedback[J]. Physical Review：A，62(2)：1-12.

Lloyd S，Slotine J，2000. Quantum feedback with weak measurements[J]. Physical Review：A，62：012307-012311.

Lloyd S，Viola L，2000. Control of open quantum system dynamics[J]. Arxiv Preprint Quantum Physics：0008101.

Lou Y S，2010. Design methods of control fields for quantum systems[D]. Hefei：University of Science and Technology of China.

Lou Y S，Cong S，2008. Purity and coherence compensation by using interactions between particles in quantum system[J]. Journal of the Graduate of the Chinese of Science，25(5)：687-697.

Lou Y S，Cong S，Xu R X，2009. Purity preservation of quantum systems by resonant field[C]. Proceedings of 7th Asian Control Conference：959-963.

Lou Y S，Cong S，Yang J，et al.，2011. Path programming control strategy of quantum state transfer [J]. IET Control Theory & Applications，5(2)：291-298.

Lu C Y, Zhou X Q, Guhne O, et al., 2007. Experimental entanglement of six photons in graph states [J]. Nature Physics, 3: 91-95.

Luczka J, 1989. On Markovian kinetic equations: Zubarev's nonequilibrium statistical operator approach[J]. Physica: A, 149: 245-266.

Lvovsky A, 2004. Iterative maximum-likelihood reconstruction in quantum homodyne tomography [J]. Journal of Optics: B, Quantum Semiclass Optics, 6(6): 556-559.

MacWilliams F J, Sloane N J A, 1977. The theory of error-correcting codes[J]. North-Holland, Amsterdam.

Maday Y, Turinici G, 2003. New formulations of monotonically convergent quantum control algorithms[J]. Journal of Chemistry and Physics, 118(18): 8191-8196.

Magnus W, 1954. On the exponential solution of differential equations for linear operator [J]. Communications on Pure and Applied Mathematics, 7: 649-673.

Malinovskaya S A, Bucksbaum P H, Berman P R, 2004. Theory of selective excitation in stimulated Raman scattering[J]. Physical Review: A, 69: 013801.

Malinovsky V S, 2004. Quantum control of entanglement by phase manipulation of time-delayed pulse sequences[J]. Physical Review: A, 70: 042305.

Malinovsky V S, Krause J L, 2001. Efficiency and robustness of coherent population transfer with intense, chirped laser pulses[J]. Physical Review: A, 63: 043415.

Malinovsky V S, Sola I R, 2004. Quantum phase control of entanglement [J]. Physical Review Letters, 93: 190502.

Mancini S, Bonifacio R, 2001. Quantum Zeno-like effect due to competing decoherence mechanisms [J]. Physical Review: A, 64: 042111.

Mancini S, Wang J, 2005. Towards feedback control of entanglement[J]. European Physical Journal: D, 32: 257-260.

Mandel O, Greiner M, Widera A, et al., 2003. Controlled collisions for multiparticle entanglement of optically trapped atoms[J]. Nature, 425(6961): 937-940.

Mandilara A, Clark J W, Byrd M S, 2005. Elliptical orbits in the Bloch sphere[J]. Journal of Optics: B, Quantum and Semiclass Optics, 7(10): 277-282.

Maniscalco S, 2007. Complete positivity of a spin 1/2 master equation with memory[J]. Physical Review: A, 75: 062103.

Maniscalco S, Olivares S, Paris M G A, 2007. Entanglement oscillations in non-Markovian quantum channels[J]. Physical Review: A, 75: 062119.

Marbach P, 1998. Simulation-based methods for Markov decision processes [J]. Laboratory for Information and Decision Systems, Massachusetts Institute of Technology.

Marcos D, Vadim V L, 2004. Experimental coherent laser control of physicochemical processes[J].

Chemical Reviews，104(4)：1813-1860.

Marcus R A，1998. Ion pairing and electron transfer[J]. The Journal of Physical Chemistry：B，102(49)：10071-10077.

Marx R，Fahmy A F，Myers J M，et al.，2000. Approaching five-bit NMR quantum computing[J]. Physical Review：A，62：012310.

Matthew R J，2005. Control theory：from classical to quantum；optimal stochastic，and robust controls[G]. Notes for Quantum Control Summer School，Caltech，August.

Mathew R J，Pryor C，Flatt'e M，et al.，2011. Optimal quantum control for conditional rotation of exciton qubits in semiconductor quantum dots[J]. Physical Review：B，84：205322.

McMahan H B，Gordon G J，2005. Fast exact planning in Markov decision processes [C]. International Conference on Automated Planning and Scheduling，Monterey：151-160.

Meiboom S，Gill D，1958. Modified spin-echo method for measuring nuclear relaxation times[J]. Review of Scientific Instume，29(8)：688-691.

Meier C，Tannor D，1999. Non-Markovian evolution of the density operator in the presence of strong laser fields[J]. Journal of Chemical Physics，111(8)：3365-3376.

Melikidze A，2001. Quantum mechanics of open systems[D]. Princeton：Princeton University.

Meng F F，Cong S，2011. Design of the best adjustable parameters of the selective excitation of CARS [J]. Chinese Journal of Quantum Electronics，28(5)：513-521.

Meng F F，Cong S，Kuang S，2012. Implicit Lyapunov control of multi-control Hamiltonian systems based on state distance[C]. The 9th World Congress on Intelligent Control and Automation，Beijing.

Mensky M，1996. A note on reversibility of quantum jumps[J]. Physics Letters：A，222：137-140.

Mirrahimi M，Rouchon P，2004a. Trajectory generation for quantum systems based on Lyapunov techniques[C]. Proceedings of IFAC Symposium NOLCOS.

Mirrahimi M，Rouchon P，2004b. Trajectory tracking for quantum systems：a Lyapunov approach [C]. Proceedings of the International Symposium MTNS.

Mirrahimi M，Rouchon P，2007. Implicit Lyapunov control of finite dimensional Schrödinger equations[J]. Systems & Control Letters，56：388-395.

Mirrahimi M，Rouchon P，Turinici G，2005. Lyapunov control of bilinear Schrödinger equations[J]. Automatica，41：1987-1994.

Mirrahimi M，Turinici G，Rouchon P，2005. Reference trajectory tracking for locally designed coherent quantum controls[J]. The Journal of Physical Chemistry：A，109(11)：2631-2637.

Mishima K，Yamashita K，2009. Free-time and fixed end-point optimal control theory in quantum mechanics：application to entanglement generation [J]. The Journal of Chemical Physics，130：034108.

Misra B, Sudarshan E C G, 1977. The Zeno's paradox in quantum theory[J]. Journal of Mathematical Physics, 18(4): 756-763.

Mo Y, Xu R, Cui P, et al., 2005. Correlation and response functions with non-Markovian dissipation: a reduced Liouville-space theory[J]. The Journal of Chemical Physics, 122: 084115.

Mosseri R, Dandoloff R, 2001. Geometry of entangled states, Bloch spheres and Hopf fibrations[J]. Journal of Physics: A, Mathematical and General, 34: 10243-10252.

Mozyrsky D, Provman V, 1998. Adiabatic decoherence[J]. Journal of Statistical Physics, 91: 787-799.

Mukhtar M, Soh W T, Saw T B, et al., 2010. Protecting unknown two-qubit entangled states by nesting Uhrig's dynamical decoupling sequences[J]. Physical Review: A, 82: 052338-052348.

Munroe M, Boggavarapu D, Anderson M, et al., 1995. Photon number statistics from phase-averaged quadrature field distribution: theory and ultrafast measurement[J]. Physical Review: A, 52: 924-927.

Nakajima S, 1958. On quantum theory of transport phenomena: steady diffusion[J]. Progress of Theoretical Physics, 20(6): 948-959.

Namiki M, Pascazio S, Nakazato H, 1997. Decoherence and quantum measurements[M]. Singapore: World Scientific.

Nazir A, Lovett B, Briggs G, 2004. Creating excitonic entanglement in quantum dots through the optical Stark effect[J]. Physical Review: A, 70: 052301.

Negrevergne C, Somma R, Ortiz G, et al., 2005. Liquid-state NMR simulation of quantum many body problems[J]. Physical Review: A, 71: 032344.

Neumann J, 1955. Mathematical foundations of quantum mechanics[M]. Princeton: Princeton University Press.

Neumann P, Mizuochi N, Rempp F, et al., 2008. Multipartite entanglement among single spins in diamond[J]. Science, 320(5881): 1326-1329.

Nielsen M A, Chuang I L, 2000. Quantum computation and quantum information[M]. Cambridge: Cambridge University Press.

Nuernberger P, Vogt G, Brixner T, et al., 2007. Femtosecond quantum control of molecular dynamics in the condensed phase[J]. Physical Chemistry Chemical Physics, 9(5): 2470-2497.

Ohtsuki Y, 2003. Non-Markovian effects on quantum optimal control of dissipative wave packet dynamics[J]. The Journal of Chemical Physics, 119(2): 661-671.

Ohtsuki Y, Fujimura Y, 1989. Bath-induced vibronic coherence transfer effects on femtosecond time-resolved resonant light scattering spectra from molecules[J]. Journal of Chemical Physics, 91(7): 3903-3915.

Ohtsuki Y, Zhu W, Rabitz H, 1999. Monotonically convergent algorithm for quantum control with dissipation[J]. Journal of Chemistry and Physics, 110(20): 9825-9832.

Ong C K, Huang G M, Tarn T J, et al., 1984. Invertibility of quantum-mechanical control systems [J]. Mathematical Systems Theory, 17: 335-350.

Opatrny T, Welsch D, Vogel W, 1997. Least-squares inversion for density-matrix reconstruction[J]. Physical Review: A, 56(3): 1788-1799.

Oreshkov O, 2008. Topics in quantum information and the theory of open quantum systems[D]. Los Angeles: University of Southern California.

Oreshkov O, Brun T, 2005. Weak measurement are universal [J]. Physical Review Letters, 95: 110409.

Oron D, Dudovich N, Yelin D, et al., 2002. Quantum control of coherent anti-Stokes Raman processes[J]. Physical Review: A, 65: 043408.

Osnaghi S, Bertet P, Auffeves A, et al., 2001. Coherent control of an atomic collision in a cavity[J]. Physical Review Letters, 87(3): 037902.

Paini M, 2000. Quantum tomography via group theory[DB]. arXiv: quant-ph/0002078.

Palao J P, Kosloff R, 2002. Quantum computing by an optimal control algorithm for unitary transformations[J]. Physical Review Letters, 89: 188301.

Palao J P, Kosloff R, 2003. Optimal control theory for unitary transformations[J]. Physical Review: A, 68: 062308.

Palma G M, Suominen K A, Ekert A K, 1996. Quantum computers and dissipation[J]. Proceedings of the Royal Society: A, 452: 567-584.

Pauli W, 1980. General principles of quantum mechanics[M]. Berlin: Springer-Verlag.

Pearson B J, White J L, Weinacht T C, et al., 2001. Coherent control using adaptive learning algorithms[J]. Physical Review: A, 63: 063412.

Pedram J F, Richard J L, Kwangil L, et al., 2005. Reconfiguration of MPLS/WDM networks using simulation-based Markov decision processes[C]. Conference on Information Sciences and Systems, Princeton, Princeton University: 16-18.

Peirce A P, 2003. Fifteen years of quantum control: from concept to experiment[J]. Engineering, Multidisciplinary Reseach in Control, Lecture Notes in Control and Information Sciences, 289: 65-72.

Peirce A P, Dahleh M A, Rabitz H, 1988a. Optimal control of quantum-mechanical systems: existence, numerical approximation and applications[J]. Physical Review: A, 37(12): 4950-4956.

Peirce A P, Dahleh M A, Rabitz H, 1988b. Optimal control of uncertain quantum systems [J]. Physical Review: A, 37: 4950.

Peres A, 1996. Collective tests for quantum nonlocality[J]. Physical Review: A, 54(4): 2685-2689.

Phan M Q, Rabitz H, 1999. A self-guided algorithm for learning control of quantum-mechanical systems[J]. Journal of Chemical Physics, 110(1): 34-41.

Pillo J, Maniscalco S, Härkönen K, et al., 2008. Non-Markovian quantum jumps[J]. Physical Review Letters, 100: 180402.

Pomyalov A, Meier C, Tannor D J, 2010. The importance of initial correlations in rate dynamics: a consistent non-Markovian master equation approach[J]. Chemical Physics, 370(1-3): 98-108.

Potma E O, Evans C L, Xie X S, 2006. Heterodyne coherent anti-Stokes Raman scattering (CARS) imaging[J]. Optics Letters, 31(2): 241-243.

Rabi I, Zacharias J, Millman S, et al., 1938. A new method of measuring nuclear magnetic moment [J]. Physical Review, 53(4): 318.

Rabitz H, 2000. Algorithms for closed loop control of quantum dynamics[C]. IEEE International Conference on Decision and Control: 937-941.

Rabitz H, Hsieh M, Rosenthal C, 2004. Quantum optimally controlled transition landscapes[J]. Science, 303(5666): 1998-2001.

Raffaele R, 2007. Resonant purification of mixed states for closed and open quantum systems[J]. Physical Review: A, 75: 024301.

Rains E M, 2007. A semidefinite program for distillable entanglement[J]. IEEE Transactions on Information Theory, 47(7): 2921-2933.

Ramakrishna V, Ober R J, Flores K L, et al., 2002. Control of a coupled two-spin system without hard pulses[J]. Physical Review: A, 65: 063405.

Ramakrishna V, Salapaka M V, Dahleh M, et al., 1995. Controllability of molecular systems[J]. Physical Review: A, 51(2): 960-966.

Rangelov A A, Vitanov N V, Yatsenko L P, et al., 2005. Stark-shift-chirped rapid-adiabatic-passage technique among three states[J]. Physical Review: A, 72: 053403.

Raussendorf R, Briegel H J, 2001. A one-way quantum computer[J]. Physical Review Letters, 86(22): 5188-5191.

Raymer M G, Beck M, 2001. Experimental quantum state tomography of optical fields and ultrafast statistical sampling[J]. Lecture Notes in Physics, 649: 235-295.

Recht B, Maguire Y, Lloyd S, et al., 2002. Using unitary operations to preserve quantum states in the presence of relaxation[DB]. arXiv: quant-ph/0210078.

Redfield A G, 1957. On the theory of relaxation processes[J]. IBM Journal of Research and Development, 1(1): 19-31.

Reznik B, 1996. Unitary evolution between pure and mixed states[J]. Physical Review Letters, 76(8): 1192-1195.

Rice P R, Banacloche J G, Terraciano M L, et al., 2006. Steady state entanglement in cavity QED [J]. Optics Express, 14(10): 4514-4524.

Rice S A, Zhao M, 2000. Optical control of molecular dynamics[M]. New York: Wiley-Interscience.

Roloff R, Wenin M, Pötz W, 2009. Optimal control for open systems: qubits and quantum gates[J]. Journal of Computational and Theoretical Nanoscience, 6(8): 1837-1863.

Romano R, 2007. Resonant purification of mixed states for closed and open quantum systems[J]. Physical Review: A, 75: 024301.

Romano R, D'Alessandro D, 2006. Incoherent control and entanglement for two dimensional coupled systems[J]. Physical Review: A, 73: 022323.

Rosenbrock H, 2000. Doing quantum mechanics with control theory[J]. IEEE Transactions on Automation Control, 45(1): 73-77.

Rudolph O, 2001. A new class of entanglement measures[J]. Journal of Mathematical Physics, 42(11): 5306-5314.

Ruskov R, Korothov A N, Mize A, 2006. Signatures of quantum behavior in single-qubit weak measurements[J]. Physical Review Letters, 96: 200404-200407.

Salomon J, Turinici G, 2006. On the relationship between the local tracking procedures and monotonic schemes in quantum optimal control[J]. The Journal of Chemical Physics, 124: 074102.

Schack R, Brun T, Caves C, 2001. Quantum Bayes rule[J]. Physical Review: A, 64: 0143051.

Schiller S, Breitenbach G, Pereira S, et al., 1996. Quantum statistics of the squeezed vacuum by measurement of the density matrix in the number state representation[J]. Physical Review Letters, 77: 2933-2936.

Schirmer S G, 2000. Theory of control of quantum systems[D]. Eugene: University of Oregon.

Schirmer S G, 2001. Quantum control using lie group decompositions[C]. Proceedings of the 40th IEEE Conference on Decision and Control, Florida: 298-303.

Schirmer S G, 2007. Hamiltonian engineering for quantum systems[J]. Lagrangian and Hamiltonian Methods for Nonlinear Control, 366: 293-304.

Schirmer S G, Fu H, Solomon A I, 2001. Complete controllability of quantum systems[J]. Physical Review: A, 63: 063410.

Schirmer S G, Girardeau M D, Leahy J V, 1999. Efficient algorithm for optimal control of mixed-state systems[J]. Physical Review: A, 61: 012101.

Schirmer S G, Greentree A D, Ramakrishna V, et al., 2002. Constructive control of quantum systems using factorization of unitary operators[J]. Journal of Physics: A, Mathematical and General, 35 (39): 8315-8339.

Schirmer S G, Solomon A I, 2002. Quantum control of dissipative systems[C]. Proceedings of SIAM Conference on Mathematical Theory of Systems and Networks, South Bend.

Schirmer S G, Solomon A I, 2004. Constraints on relaxation rates for n-level quantum systems[J]. Physical Review: A, 70: 022107.

Schirmer S G，Wang X T，2010. Stabilizing open quantum systems by Markovian reservoir engineering [J]. Physical Review：A，81：062606.

Schmidt R，Negretti A，Ankerhold J，et al.，2011. Optimal control of open quantum systems：cooperative effects of driving and dissipation[J]. Physical Review Letters，107：130404.

Schrödinger E，1935. Die gegenwärtige situation in der quanten mechanik[J]. Biomedical and Life Sciences，Naturwissenschaften，23(49)：823-828.

Scully M O，Zubairy M S，1997. Quantum optics[M]. Cambridge：Cambridge University Press.

Semião F L，Furuya K，2007. Entanglement in the dispersive interaction of trapped ions with a quantized field[J]. Physical Review：A，75：042315.

Shabani A，Lidar D A，2005. Completely positive post-Markovian master equation via a measurement approach[J]. Physical Review：A，71：020101.

Shapiro E A，Milner V，Menzel J C，et al.，2007. Piecewise adiabatic passage with a series of femtosecond pulses[J]. Physical Review Letters，99：033002.

Shapiro M，Brumer P，1997. Quantum control of chemical reactions[J]. Journal of Chemical Society，Faraday Transactions，93(7)：1263-1277.

Shapiro M，Brumer P，2003. Principles of the quantum control of molecular processes[M]. New York：Wiley-Interscience.

Sharmal S S，Almeidal E D，Sharma N K，2008. Multipartite entanglement of three trapped ions in a cavity and W-state generation[J]. Journal of Physics：B，Atomic，Molecular and Optical Physics，41：165503.

Shen L，Shi S，Rabitz H，1993. Control of coherent wave function：a linearized molecular dynamics view[J]. Physical Chemistry，97：8874-8881.

Shi S，Rabitz H，1990. Quantum mechanical optimal control of physical observables in microsystems [J]. The Journal of Chemical Physics，92：364-376.

Shibata F，Takahashi Y，Hashitsume N A，1977. Generalized stochastic Liouville equation：non-Markovian versus memoryless master equations[J]. Journal of Statistical Physics，17(4)：171-187.

Shor P W，1995. Scheme for reducing decoherence in quantum computer memory[J]. Physical Review：A，52(4)：2493-2496.

Silberfarb A，Jessen P，Deutsch I，2005. Quantum state reconstruction via continuous measurement [J]. Physical Review Letters，95：030402.

Smithey A，Beck M，Raymer M，et al.，1993. Measurement of the Wigner distribution and the density matrix of a light mode using optical homodyne tomography：application to squeezed states and the vacuum[J]. Physical Review Letters，70：1244-1247.

Somaroo S，Lasenby A，Doran C，1999. Geometric algebra and the causal approach to multiparticle quantum mechanics[J]. Journal of Mathematical Physics，40：3327-3340.

Sridharan D, Waks E, 2008. Generating entanglement between quantum dots with different resonant frequencies based on dipole-induced transparency[J]. Physical Review: A, 78: 052321.

Steane A M, 1996. Error correcting codes in quantum theory[J]. Physical Review Letters, 77(5): 793-797.

Steane A M, 1999. Introduction to quantum computation and information[M]. Singapore: World Scientific.

Stefanescu E, Scheid W, Sandulescu A, 2008. Non-Markovian master equation for a system of Fermions interacting with an electromagnetic field[J]. Annals of Physics, 323(5): 1168-1190.

Strunz W T, 2001. The Brownian motion stochastic Schrödinger equation[J]. Chemical Physics, 268: 237-248.

Strunz W T, Yu T, 2004. Convolutionless non-Markovian master equations and quantum trajectories: Brownian motion[J]. Physical Review: A, 69: 052115.

Sugawara M, 2003. General formulation of locally designed coherent control theory for quantum systems[J]. Journal of Chemistry and Physics, 118(15): 6784-6800.

Sun Z, 2006. Femtosecond coherent anti-Stokes Raman spectroscopy and Raman spectroscopycell recognition probe microscopy[J]. World Science, 29(11): 27-28.

Suominem K, Palma G, Ekert A, 1996. Quantum computers and dissipation[J]. Proceedings of the Royal Society: A, 452(1946): 567-584.

Sussman B J, Lvanov M Y, Stolow A, 2005. Nonperturbative quantum control via the nonresonant dynamic Stark effect[J]. Physical Review: A, 71: 051401.

Sutton R S, 1997. On the significance of Markov decision processes[J]. Artificial Neural Networks-ICANN'97, 1327: 273-282.

Symeon G, Bassam B, 2003. Lyapunov-based control of quantum systems[C]. Proceedings of the 42nd IEEE Coference on Decision and Control, Hawaii.

Tan J, Kyaw T, Yeo Y, 2010. Non-Markovian environments and entanglement preservation[J]. Physical Review: A, 81: 062119.

Tanimura Y, 2006. Stochastic Liouville, Langevin, Fokker-Planck and master equation approaches to quantum dissipative systems[J]. Journal of Physical Society of Japan, 75: 082001.

Tannor D J, Rice S A, 1988. Coherent pulse sequence control of product formation in chemical reactions[J]. Advances in Chemical Physics, 70: 441-523.

Terhal B M, 2001. A family of indecomposable positive linear maps based on entangled quantum states [J]. Linear Algebra and Its Applications, 323(1-3): 61-73.

Tersigni S H, Gaspard P, Rice S A, 1990. On using shaped light pulses to control the selectivity of product formation in a chemical reaction: an application to a multiple level system[J]. Journal of Chemical Physics, 93(3): 1670-1680.

Tesch C M, Riedle R, 2002. Quantum computation with vibrationally excited molecules[J]. Physical Review Letters, 89: 157901.

Tóth G, Knapp C, Gühne O, et al., 2007. Optimal spin squeezing inequalities detect bound entanglement in spin models[J]. Physical Review Letters, 99: 250405.

Tucci R, 2002. Entanglement of distillation and conditional mutual information[DB]. arXiv: quant-ph/0202144.

Uffink J, 2002. Quadratic bell inequalities as tests for multipartite entanglement[J]. Physical Review Letters, 88: 230406.

Uhrig G S, 2009. Concatenated control sequences based on optimized dynamic decoupling[J]. Physical Review Letters, 102: 120502.

Unanyan R G, Vitanov N V, Bergmann K, 2001. Preparation of entangled states by adiabatic passage [J]. Physical Review Letters, 87: 137902.

Underwood J G, Spanner M, Ivanov M Y, et al., 2003. Switched wave packets: a route to nonperturbative quantum control[J]. Physical Review Letters, 90: 223001.

Uys H, Biercuk M J, Bollinger J J, 2009. Optimized noise filtration through dynamical decoupling[J]. Physical Review Letters, 103: 040501-040505.

Vaidya U, D'Alessandro D, Mezic I, 2003. Control of Heisenberg spin systems: lie algebraic decompositions and action-angle variables[C]. Proceedings of the 42nd IEEE Conference on Decision and Control, Hawaii.

Vandersypen L M K, Chuang I L, 2004. NMR techniques for quantum control and computation[J]. Reviews of Modern Physics, 76(4): 1037-1069.

Vandersypen L M K, Steffen M, Breyta G, et al., 2001. Experimental realization of Shor's quantum factoring algorithm using nuclear magnetic resonance[J]. Nature, 414: 883-887.

Vedral V, Plenio M B, 1998. Entanglement measures and purification procedures[J]. Physical Review: A, 57(3): 1619-1633.

Vettori P, 2002. On the convergence of a feedback control strategy for multilevel quantum systems [J]. Proceedings of the International Symposium MTNS'2002.

Vidal G, Tarrach R, 1999. Robustness of entanglement[J]. Physical Review: A, 59(1): 141-155.

Vidal G, Werner R F, 2002. Computable measure of entanglement[J]. Physical Review: A, 65: 032314.

Viola L, 2002. Quantum control via encoded dynamical decoupling[J]. Physical Review: A, 66: 012307.

Viola L, Knill E, Lloyd S, 1999. Dynamical decoupling of open quantum systems[J]. Physical Review Letters, 82: 2417-2421.

Viola L, Knill E, Lloyd S, 2000. Dynamical generation of noiseless quantum subsystems[J]. Physical

Review Letters，85(16)：3520-3523.

Viola L，Lloyd S，1998. Dynamical suppression of decoherence in two-state quantum systems[J]. Physical Review：A，58(4)：2733.

Viola L，Lloyd S，Knill E，1999. Universal control of decoupled quantum systems[J]. Physical Review Letters，83：4888-4891.

Vitali D，Tombesi P，2001. Heating and decoherence suppression using decoupling techniques[J]. Physical Review：A，65：012305.

Vitanov N V，Fleischhauer M，Shore B W，et al.，2001. Advances in atomic molecular and optical physics[J]. Academic，46：55-190.

Vogel K，Risken H，1989. Determination of quasiprobability distributions in terms of probability distributions for the rotated quadrature phase[J]. Physical Review：A，40：7113-7120.

Volkmer A，Book L D，Xie X S，2002. Time-resolved coherent anti-Stokes Raman scattering microscopy：imaging based on Raman free induction decay[J]. Applied Physics Letters，80(9)：1505-1507.

Walls D F，Milburn G J，1994. Quantum Optics[M]. Berlin：Springer.

Wang Q F，2009. Quantum optimal control of nuclei in the presence of perturbation in electric field [J]. IET Control Theory and Applications，3(9)：1175-1182.

Wang S，Jin J，Li X，2007. Continuous weak measurement and feedback control of a solid-state charge qubit：a physical unravelling of non-lindblad master equation[J]. Physical Review：B，75：155304.

Wang W，Wang L C，Yi X X，2010. Lyapunov control on quantum open systems in decoherence-free subspaces[J]. Physical Review：A，82：034308.

Wang X，2001. Quantum teleportation of entangled coherent states[J]. Physical Review：A，64：022302.

Wang X T，Schirmer S G，2010a. Analysis of effectiveness of Lyapunov control for non-generic quantum states[J]. IEEE Transactions on Automatic Control，55(6)：1406-1411.

Wang X T，Schirmer S G，2010b. Analysis of Lyapunov method for control of quanum states[J]. IEEE Transactions on Automatic Control，55(10)：2259-2270.

Wang Y H，Hao L，Zhou X，et al.，2008. Behavior of quantum coherence of Ξ-type four-level atom under bang-bang control[J]. Optics Communications，281：4793-4799.

Wang Y H，Liu X S，Long G L，2008. Suppression of amplitude decoherence in arbitrary n-level atom in Ξ-configuration with bang-bang controls[J]. Communications in Theoretical Physics，49(6)：1432-1434.

Wang Y H，Liu X S，Ruan D，et al.，2008. General decoherence suppression in three-level atom in V- and Ξ-configurations[J]. Communications in Theoretical Physics，49(4)：881-886.

Warren W S, Rabitz H, Dahleh M, 1993. Coherent control of quantum dynamics: the dream is alive [J]. Science, 259: 1581-1589.

Wei J, Norman E, 1964. On global representations of the solutions of linear differential equations as a product of exponentials[J]. Proceedings of the American Mathematical Society, 15: 327-334.

Weinacht T C, White J L, Bucksbaum P H, 1999. Toward strong field mode-selective chemistry[J]. The Journal of Physical Chemistry: A, 103(49): 10166-10168.

Weiner A M, 1999. International trends in optics and photonics[J]. Trends in Optics and Photonics: 233-246.

Weinstein Y S, Pravia M A, Fortunato E M, et al., 2001. Implementation of the quantum Fourier transform[J]. Physical Review Letters, 86(9): 1889-1891.

Weiss U, 2008. Quantum dissipative systems[M]. 3rd ed. Singapore: World Scientific.

Wen J, Cong S, 2011. Transfer from arbitrary pure state to target mixed state for quantum systems [C]. The 18th World Congress of the International Federation of Automation Control, Milano.

Werschnik J, Gross E K U, 2007. Quantum optimal control theory[J]. Journal of Physics: B, Atomic, Molecular and Optical Physics, 40(18): 175-211.

West J R, Fong B H, Lidar D A, 2010. Near-optimal dynamical decoupling of a qubit[J]. Physical Review Letters, 104: 130501-130505.

Wilkie J, 2000. Positivity preserving non-Markovian master equations[J]. Physics Review: E, 62(6): 8808-8810.

Wilkie J, Wong Y, 2009. Sufficient conditions for positivity of non-Markovian master equations with Hermitian generators[J]. Journal of Physics: A, Mathematical and Theoretical, 42: 015006.

Wiseman H M, Milburn G J, 1993. Quantum theory of optical feedback via homodyne detection[J]. Physical Review Letters, 70(5): 548-551.

Wootters W K, 1998. Entanglement of formation of an arbitrary state of two qubits[J]. Physical Review Letters, 80(10): 2245-2248.

Xiao Y, Zou X, Guo G C, 2007. Generation of atomic entangled states with selective resonant interaction in cavity quantum electrodynamics[J]. Physical Review: A, 75: 012310.

Xie S, Jia F, Yang Y, 2009. Dynamic control of the entanglement in the presence of the time-varying field[J]. Optics Communications, 282(13): 2642-2649.

Xu R, Yan Y J, Ohtsuki Y, et al., 2004. Optimal control of quantum non-Markovian dissipation: reduced Liouville-space theory[J]. Journal of Chemical Physics, 120(14): 6600-6608.

Xue F, Du J F, Fan Y M, et al., 2002. Preparation of 3-qubit and 4-qubit pseudo-pure states in NMR quantum computation[J]. Acta Physica Sinica, 51(4): 763-770.

Yamamoto N, Tsumura K, Hara S, 2005. Feedback control of quantum entanglement in a two-spin system[C]. Proceedings of the 44th IEEE Conference on Decision and Control, and the European

Control Conference.

Yan Y，Xu R，2005. Quantum mechanics of dissipative systems［J］. Annual Review Physical Chemistry，56：187-219.

Yang F，Cong S，2010. Purification of mixed state for two-dimensional systems via interaction control ［C］. 2010 International Conference on Intelligent Systems Design and Engineering Appilications （ISDEA2010）：91-94.

Yang J，Cong S，2011. Research on models of open quantum system interacted with bath［J］. Chinese Journal of Quantum Electrics，28(6)：660-673.

Yang J，Cong S，Liu X，et al.，2017. Effective quantum state reconstruction using compressed sensing in NMR quantum computing［J］. Physical Review：A，96：52101.

Yang J，Ong Y Y，2005. Application of Markov models to multi-agents world［J］. Agent Programming Languages：433-481.

Yang R C，Li H C，Lin X，et al.，2007. Simple scheme for preparing W states and cloning via adiabatic passage in ion-trap systems［J］. Optics Communications，279(2)：399-402.

Yang T，Zhang Q，Zhang J，et al.，2005. All-versus-nothing violation of local realism by two-photon，four-dimensional entanglement［J］. Physical Review Letters，95：240406.

Ye L，Yu L B，Guo G C，2005. Generation of entangled states in cavity QED［J］. Physical Review：A，72：034304.

Yi X X，Huang X L，Wu C F，et al.，2009. Driving quantum systems into decoherence-free subspaces by Lyapunov control［J］. Physical Review：A，80：052316.

Yu C S，Song H S，2005. Separability criterion of tripartite qubit systems［J］. Physical Review：A，72：022333.

Yuan J H，Xiao F R，Wang G Y，et al.，2004. The basic principle of CARS microscopy and its progress［J］. Laser & Optoelectronics Progress，41(7)：17-23.

Yuen H P，1986. Amplification of quantum states and noiseless photon amplifiers［J］. Physics Letters：A，113(8)：405-407.

Zanardi P，1998. Dissipation and decoherence in a quantum register［J］. Physical Review：A，57(5)：3276-3284.

Zanardi P，1999. Symmetrizing evolutions［J］. Physics Letters：A，258：77-82.

Zanardi P，Rasetti M，1997a. Error avoiding quantum codes［J］. Modern Physics Letters：B，11(25)：1085-1093.

Zanardi P，Rasetti M，1997b. Noiseless quantum codes［J］. Physical Review Letters，79(17)：3306-3309.

Zhang C W，Li C F，Guo G C，2000. Quantum clone and state estimation for n-state system［J］. Physical Review Letters：A，271：31-34.

Zhang J, Li C W, Wu R B, et al., 2005. Maximal suppression of decoherence in Markovian quantum systems[J]. Journal of Physics: A, Mathematical and General, 38: 6587-6601.

Zhang J, Li K, Cong S, 2017. Efficient reconstruction of density matrices for high dimensional quantum state tomography[J]. Signal Processing, 139: 136-142.

Zhang J, Liu Y X, Wu R B, et al., 2017. Quantum feedback: theory, experiments, and applications [J]. Physics Reports, 679: 1-60.

Zhang L, Li C, 2006. Critical dwell time of switched linear systems[J]. Journal of Control Theory and Applications, 4(4): 6317-6340.

Zhang L, Li X, Zhang S A, et al., 2007. Selective enhancement of coherent anti-Stokes Raman scattering from dibromomethane by adaptive feedback control[J]. Chinese Journal of Quantum Electronics, 24(6): 694-698.

Zhang M, Dai H, Zhu X, et al., 2006. Control of the quantum open system via quantum generalized measurement[J]. Physical Review: A, 73: 032101.

Zhang S A, Zhang H, Jia T Q, et al., 2010. Selective excitation of femtosecond coherent anti-Stokes Raman scattering in the mixture by phase-modulated pump and probe pulses[J]. The Journal of Physical Chemistry, 132: 044505.

Zhang W, Chen B, 2008. Stochastic affine quadratic regulator with applications to tracking control of quantum systems[J]. Automatica, 44(11): 2869-2875.

Zhang Y, Cong S, 2008. Optimal quantum control based on Lyapunov stability theorem[J]. Journal of University of Science and Technology of China, 38(3): 331-336.

Zhang Y D, 2005. Principles of quantum information physics[M]. Beijing: Science Press.

Zhao S, Lin H, Sun J, et al., 2009. Implicit Lyapunov control of closed quantum systems[C]. Joint 48th IEEE Conference on Decision and Control and 28th Chinese Control Conference, Shanghai: 3811-3815.

Zhao S, Lin H, Sun J, et al., 2012. An implicit Lyapunov control for finite-dimensional closed quantum systems[J]. International Journal of Robust and Nonlinear Control.

Zhu W, Rabitz H, 1998. A rapid monotonically convergent iteration algorithm for quantum optimal control over the expectation value of a positive definite operator[J]. The Journal of Chemical Physics, 109(2): 385-391.

Zhu W, Rabitz H, 1999. Managing singular behavior in the tracking control of quantum dynamical observables[J]. Journal of Chemical Physics, 10(4): 1905-1915.

Zhu W, Rabitz H, 2003a. Closed loop learning control to suppress the effects of quantum decoherence [J]. Journal of Chemical Physics, 118: 6751-6757.

Zhu W, Rabitz H, 2003b. Quantum control design via adaptive tracking[J]. Journal of Chemistry and Physics, 119(7): 3619-3625.

Zhu Y，Cong S，Liu J，2012. Dynamical trajectory tracking control in quantum systems［C］// Proceedings of the 31st Chinese Control Conference（CCC2012），Hefei：7154-7159.

Zou W，2003. Theoretical analysis of photoacoustic Raman effect in solids［J］. Chinese Journal of Quantum Electronics，20(2)：162-167.

Zurck W H，1982. Environment-induced superselection rules［J］. Physical Review：D, 26：1862-1880.

Zurck W H，2003. Decoherence and the transition from quantum to classical［DB］. arXiv：quant-ph/0306072.

Zwolak M，2008. Dynamics and simulation of open quantum systems［D］. Pasadena：California Institute of Technology.

Życzkowski K，Sommers H，2005. Average fidelity between random quantum states［J］. Physical Review：A，71：032313.

陈宗海，董道毅，张陈斌，2005. 量子控制导论［M］. 合肥：中国科学技术大学出版社.

丛爽，2004a. 量子力学系统控制中的薛定谔方程及其应用［C］. 第 23 届中国控制会议，无锡.

丛爽，2004b. 量子力学系统控制中研究的问题［J］. 自动化博览，21(3)：53-54.

丛爽，2004c. 量子系统控制中状态模型的建立［J］. 控制与决策，19(10)：1105-1108.

丛爽，2006a. 量子力学系统控制导论［M］. 北京：科学出版社.

丛爽，2006b. 相互作用的量子系统模型及其物理控制过程［J］. 控制理论与应用，23(1)：131-134.

丛爽，东宁，2006. 量子力学系统与双线性系统可控性关系的对比研究［J］. 量子电子学报，23(1)：83-92.

丛爽，冯先勇，2006a. 量子纯态与混合态的几何代数分析［J］. 科技导报(北京)，24(10)：25-28.

丛爽，冯先勇，2006b. 量子系统状态与 Bloch 球的几何关系［C］. 系统仿真技术及其应用学术年会，合肥.

丛爽，楼越升，2008a. 开放量子系统中消相干及其控制策略［J］. 量子电子学报，25(6)：665-669.

丛爽，楼越升，2008b. 利用相位的自旋 1/2 量子系统的相干控制［J］. 控制理论与应用，25(2)：187-192.

丛爽，杨洁，楼越升，2007. 基于 Markov 决策过程的量子系统状态布居数转移最短路径的决策［C］// 2007 年中国控制与决策学术年会论文集. 沈阳：东北大学出版社：367-370.

丛爽，郑捷，2006. 两能级量子系统控制场的设计与操纵［C］. 系统仿真技术及其应用学术年会，合肥.

丛爽，郑祺星，2005. 双线性系统下的量子系统最优控制［J］. 量子电子学报，22(5)：736-742.

丛爽，郑毅松，2003. 量子力学系统控制的基础及现状［J］. 自动化博览，20(1)：41-44.

丛爽，郑毅松，姬北辰，等，2003. 量子系统控制发展综述［J］. 量子电子学报，20(1)：1-9.

邓乃扬，1982. 无约束最优化计算方法［M］. 北京：科学出版社.

东宁，丛爽，2005. 量子系统中幺正演化矩阵分解方法的对比［C］//第 24 届中国控制会议论文集，广州：28-32.

胡奇英，刘建庸，2000. Markov 决策过程引论[M]. 西安：电子科技大学出版社.

匡森，2007. 基于 Lyapunov 和最优控制理论的量子系统控制方法的研究[D]. 合肥：中国科学技术大学.

匡森，丛爽，2006. 基于最优搜索步长的封闭量子系统的控制[J]. 中国科学院研究生院学报，23(5)：601-606.

匡森，丛爽，2010. 理想条件下混合态量子系统的 Lyapunov 稳定化策略[J]. 控制与决策，2：273-277.

李国勇，2006. 最优控制理论及参数优化[M]. 北京：国防工业出版社.

李明，2008. 开放量子系统量子态相干保持的控制策略研究[D]. 合肥：中国科学技术大学.

李明，何耀，陈宗海，2008. 二能级开放量子系统相干保持的最优控制策略[J]. 系统仿真学报，20(20)：5605-5609.

楼越升，2010. 量子系统控制场设计方法研究[D]. 合肥：中国科学技术大学.

吴嵩，旷冶，2004. 激光诱导的四能级系统电子布居转移[J]. 原子与分子物理学报，21(2)：210-214.

杨洁，丛爽，2008a. 基于 Liouville 超算符变换的开放量子系统最优控制[C]//2008 年系统仿真技术及应用学术会议论文集. 合肥：中国科学技术大学出版社：837-843.

杨洁，丛爽，2008b. 基于量子系统仿真实验的两种控制方法的性能对比研究[C]//2009 中国自动化大会暨两化融合高峰会议论文集，杭州：1-10.

叶配弦，2007. 非线性光学物理[M]. 北京：北京大学出版社.

叶庆凯，郑应平，1991. 变分法及其应用[M]. 北京：国防工业出版社.

袁景和，肖繁荣，王桂英，等，2004. CARS 显微术的基本原理及其进展[J]. 激光与光电子学进展，41(7)：17-23.

曾谨言，2000. 量子力学[M]. 北京：科学出版社.

张登玉，郭萍，高峰，2008. 量子纯态与混合态中力学量测量研究[J]. 量子电子学报，25(4)：423-429.

张靖，2006. 开放量子系统退相干抑制及纠缠控制研究[D]. 北京：清华大学.

张靖，李春文，2006. 基于相干控制的二能级量子系统退相干抑制[J]. 控制与决策，21(5)：508-512.

张亮，李霞，张诗按，等，2007. 二溴甲烷相干反斯托克斯拉曼光谱的选择激发增强研究[J]. 量子电子学报，24(6)：694-698.

张嗣瀛，高立群，2006. 现代控制理论[M]. 北京：清华大学出版社.

张永德，2006. 量子信息物理原理[M]. 北京：科学出版社.

周艳微，叶存云，林强，等，2005. 基于绝热快速通道控制原子布居数及其相干性的研究[J]. 物理学报，54(6)：2799-2803.

邹晖，陈万春，殷兴良，2004. 几何代数及其在飞行力学中的应用[J]. 飞行力学，22(4)：60-64.